HANDBUCH DER KÄLTETECHNIK

UNTER MITARBEIT
ZAHLREICHER FACHLEUTE

HERAUSGEGEBEN VON
RUDOLF PLANK
KARLSRUHE

ERSTER BAND

ENTWICKLUNG
WIRTSCHAFTLICHE BEDEUTUNG
WERKSTOFFE

Springer-Verlag Berlin Heidelberg GmbH
1954

ENTWICKLUNG
WIRTSCHAFTLICHE BEDEUTUNG
WERKSTOFFE

BEARBEITET VON

J. S. CAMMERER-TUTZING/OBB. · M. DIEM-KARLSRUHE
O. HERRMANN-STUTTGART · F. HICKEL-KARLSRUHE
H. JUNGBLUTH-KARLSRUHE · S. KIESSKALT-AACHEN
R. PLANK-KARLSRUHE · W. STRIGEL-MÜNCHEN
O. WAGNER-WIESBADEN

MIT 322 ABBILDUNGEN
ZAHLREICHEN TABELLEN UND KLIMATAFELN

Springer-Verlag Berlin Heidelberg GmbH
1954

ISBN 978-3-662-11681-4   ISBN 978-3-662-11680-7 (eBook)
DOI 10.1007/978-3-662-11680-7

Gesamtvorwort.

Die Kältetechnik erscheint dem Außenstehenden als ein enges Teilgebiet des Maschinenbaues, und in diesem Sinne wird sie auch meist an Technischen Hochschulen gelehrt. Oft sieht man in ihr sogar nur ein Anwendungsbeispiel der technischen Thermodynamik. Ihren vollen Umfang und ihre große wirtschaftliche Bedeutung erkennt man erst, wenn man sich nicht nur mit der Erzeugung tiefer Temperaturen befaßt, sondern auch deren zahlreiche Anwendungsmöglichkeiten betrachtet.

Ein die gesamte Kältetechnik umfassendes Handbuch, das, mit wissenschaftlicher Strenge und den Bedürfnissen der Praxis Rechnung tragend, dieses weitverzweigte Gebiet behandelt, ist bisher nicht geschrieben worden. Es läßt sich auch nicht in einen einzigen, noch so dicken Band fassen und kann nicht von *einem* Verfasser bewältigt werden.

Der Herausgeber und der Verlag wollen durch das vorliegende Werk, das zwölf Bände von je rund 400 Seiten umfassen soll, eine vorhandene Lücke in der technischen Weltliteratur schließen. In den verschiedenen Ländern sind zahlreiche Lehrbücher der Kältetechnik erschienen, von denen manche in vorzüglicher Weise einzelne Teilgebiete darstellen, wie z. B. den Kältemaschinenbau, die Klimatechnik, das Transportwesen, die Lebensmittelfrischhaltung u. a. Keines dieser Werke setzte sich aber das Ziel, den Kälteingenieur in umfassender und vertiefter Weise in die Gesamtheit seines Aufgabenbereiches einzuführen. Auch die in Frankreich unter der Schriftleitung von Dr. M. PIETTRE bisher erschienenen Bände einer ,,Encyclopédie du Froid" besitzen zwar jeder für sich einen beachtlichen Wert, stellen aber eher eine Sammlung von Monographien über einzelne Sondergebiete als ein in sich geschlossenes Gesamtwerk dar.

Viele Kälteingenieure beherrschen nur einen Ausschnitt ihres Faches und sind nur einseitig orientiert. Eine solche Beschränkung ist ganz besonders bedenklich, wenn sie auf einem typischen Grenzgebiet geübt wird, wie es die Kältetechnik zweifellos darstellt. In ihr begegnet sich der Ingenieur mit dem Physiker, Chemiker, Botaniker, Mikrobiologen, Zoologen und Hygieniker, aber auch mit den Vertretern aller Berufskreise, die sich mit der Verarbeitung und Aufbewahrung schnellverderblicher Lebensmittel befassen. Es kann vom Kältetechniker nicht verlangt werden, daß er alle diese Gebiete beherrscht; aber er muß sich in ihnen soweit auskennen, wie sie in die Kältetechnik eingehen, damit er sich mit den Vertretern dieser verschiedenen Disziplinen verständigen kann. Es genügt nicht, wenn er die Leistung einer Kälteanlage richtig zu berechnen und das kältetechnische Verfahren zweckmäßig auszuwählen vermag; er muß auch die Eigenschaften der Objekte kennen, die gekühlt werden sollen, und wissen, wie sie auf die Einwirkung tiefer Temperaturen reagieren. Handelt es sich um unbelebte Materie, dann genügt die Kenntnis der physikalisch-chemischen Eigenschaften; bei Erzeugnissen tierischer oder pflanzlicher Herkunft muß aber auch das biologische Verhalten in Betracht gezogen werden.

Die Kältebehandlung einer Ware stellt aber häufig nur eine Stufe im Rahmen eines verwickelten technischen Verfahrens dar, das von der Rohware zum Halbfabrikat oder zum Fertigprodukt führt. In solchen Fällen muß sich der Kältetechniker mit dem gesamten Verfahren vertraut machen, um beurteilen zu können, ob der kältetechnische Einsatz schon bestmöglich und vollständig erfolgt, oder ob durch weitere oder andersartige Anwendung tiefer Temperaturen Verbesserungen und Weiterentwicklungen möglich sind. So sind z. B. Verfeinerungen im Kälteeinsatz auf Fischereifahrzeugen zur Verbesserung der Qualität angelandeter Fische nicht ohne genauere Kenntnis der Fangmethoden und der Bordverhältnisse möglich. Bei den zahlreichen Anwendungen der Kälte in der chemischen Technik, sei es bei der Herstellung von Kunstseide, Zellwolle oder Buna, der Glaubersalzgewinnung, der Ölraffination, der Trennung von Gasgemischen und in vielen anderen Industrien, kann die zweckmäßigste Art der Kälteanwendung nur aus der eingehenden Kenntnis des gesamten Verfahrens angegeben werden. Und eine Klimaanlage in bewohnten Räumen kann nur richtig entworfen werden, wenn man den Einfluß von Temperatur, Feuchtigkeit und Luftbewegung auf den menschlichen Körper kennt.

Beim Aufbau des *Handbuches der Kältetechnik* mußte auf alle diese Anforderungen sorgfältig geachtet werden. Neben der Bearbeitung von Bänden, die der Thermodynamik der Kältemaschinen, den Grundlagen der Wärmeübertragung, der Konstruktion von Maschinen und Apparaten und wichtigen Sondergebieten der Kälteerzeugung gewidmet sind, mußte daher auch daran gedacht werden, in weiteren Bänden die biologischen Grundlagen und die zahlreichen Anwendungen der Kälte in der Lebensmittelwirtschaft, in den chemischen Industrien, im Transportwesen, in der Klimatechnik usw. eingehend zu behandeln.

Den gegenwärtigen Stand einer Technik und ihre zukünftigen Entwicklungsmöglichkeiten kann man nur dann richtig beurteilen, wenn man ihre Entwicklungsgeschichte kennt; daher erschien es notwendig, auch der Geschichte der Kältetechnik einen Abschnitt zu widmen. Die Kältetechnik hat sich inzwischen zu einem machtvollen Wirtschaftsfaktor entwickelt, dessen Bedeutung in der Zukunft ohne Zweifel noch weiter zunehmen wird. Eine organisierte Lebensmittelwirtschaft, ein Export schnellverderblicher Waren und die Massenerzeugung zahlreicher Gebrauchswaren ist ohne Einsatz der Kältetechnik nicht denkbar. Es mußte daher auf die wirtschaftliche Bedeutung der Kältetechnik in einem besonderen Abschnitt eingegangen werden. Eine genaue statistische Erfassung der Erzeugung von Kältemaschinen, des Verbrauchs an gekühlten oder gefrorenen Lebensmitteln, der Eiserzeugung u. a. findet man nur in wenigen Ländern. Trotzdem wurde versucht, in einem Abschnitt „Statistik" das verfügbare Material zusammenzufassen.

Es ist selbstverständlich, daß in dem vorliegendem Handbuch nicht nur die Kälteindustrie in Deutschland, sondern auch in anderen Ländern, insbesondere in den Vereinigten Staaten von Nordamerika, berücksichtigt wurde. Der heutige hohe Stand der Kältetechnik ist den vereinten Bemühungen in vielen Ländern zu verdanken; Physiker, Chemiker, Ingenieure und Wirtschaftler haben zu der Entwicklung und Ausbreitung dieses jungen Zweiges der Technik entscheidend beigetragen.

Die Auswahl der Mitarbeiter an den verschiedenen Bänden des Handbuchs war nicht einfach. Nahezu 30 Vertreter verschiedenartiger Disziplinen mußten herangezogen werden; trotzdem mußte vermieden werden, den einheitlichen Charakter des Gesamtwerkes zu gefährden. Glücklicherweise konnte sich der Herausgeber die Mitwirkung zahlreicher früherer und gegenwärtiger Mitarbeiter am Kältetechnischen Institut der Technischen Hochschule Karlsruhe und an der Bundesforschungsanstalt (früher Reichsforschungsanstalt) für Lebensmittelfrischhaltung in Karlsruhe sichern. Es sind dies: Dr.-Ing. H. D. BAEHR, Karlsruhe;

Dr.-Ing. R. Fuchs, Hagnau (Bodensee); Oberingenieur E. Hofmann, Wiesbaden; Dr.-Ing. G. Kaess, Brisbane (Australien); Professor Dr.-Ing. S. Kiesskalt, Aachen; Professor Dr.-Ing. J. Kuprianoff, Karlsruhe; Professor Dr.-Ing. K. Linge, Karlsruhe; Dr.-Ing. E. Loeser, München; Privatdozent Dr.-Ing. W. Niebergall, Berlin; Professor Dr. K. Paech, Tübingen; Dr.-Ing G. Ruppel, Karlsruhe; Privatdozent Dr.-Ing. Th. E. Schmidt, Karlsruhe; Professor Dr. G. Steiner, Heidelberg; Dr.-Ing. W. Tamm, München; Professor Dr.-Ing. L. Váhl, Delft; Dr. J. E. Wolf, Karlsruhe.

Dieser Karlsruher Kreis konnte aber doch nicht alle zu behandelnden Gebiete decken, und so war es notwendig, sich nach anderen Mitarbeitern umzusehen. Der Herausgeber schätzt sich glücklich, namhafte Fachleute für die Bearbeitung wichtiger Teilgebiete gewonnen zu haben: Professor Dr. F. F. Nord von der Fordham University in New York hat gemeinsam mit seinem Mitarbeiter, Dr. M. Bier, den Abschnitt über die kolloidchemischen Grundlagen der Lebensmittelfrischhaltung bearbeitet; Professor Dr.-Ing. H. Hausen, Hannover, hat das umfangreiche Gebiet der Erzeugung tiefster Temperaturen, der Gasverflüssigung und der Trennung von Gasgemischen behandelt; den Abschnitt über Bau- und Isolierstoffe hat Dr.-Ing. J. S. Cammerer, Tutzing, den über metallische Werkstoffe Professor Dr.-Ing. H. Jungbluth, Karlsruhe, in Gemeinschaft mit Oberingenieur Dr.-Ing. F. Hickel, Karlsruhe, übernommen; Professor Dr.-Ing. P. Grassmann, Zürich, bearbeitet den Abschnitt über Kaltluftmaschinen und Professor Dr.-Ing. U. Senger, Stuttgart, das Gebiet der Turbokompressoren.

Für die Behandlung der verschiedenen Anwendungsgebiete der künstlichen Kälte wurden gewonnen: Professor Dr.-Ing. W. Fischer, Weihenstephan (Brauereien), Professor Dr. E. Kallert, Kulmbach (Fleisch), der leider allzu früh verstorbene Adjunkt an der Eidgen. Versuchsanstalt für Wein-, Obst- und Gartenbau in Wädenswil, Dipl. agr. H. Kessler (Obst und Gemüse), Dipl.-Ing. W. Pohlmann, Hamburg (Kühlhäuser) und Oberingenieur W. Sell, Hildesheim (Milch).

Oberingenieur Dipl.-Ing. O. Wagner, Wiesbaden, bringt die wirtschaftliche Bedeutung der Kältetechnik zum Ausdruck, Dr. W. Strigel, München, hat das statistische Material zusammengetragen und bearbeitet, und Privatdozent Dr. M. Diem, Karlsruhe, hat die meteorologischen Daten gesammelt.

Allen Mitarbeitern sei dafür gedankt, daß sie der Aufforderung des Herausgebers gefolgt sind und die für das Gesamtwerk aufgestellten allgemeinen Richtlinien befolgt haben.

Besonderer Dank gebührt dem Verlag für das verständnisvolle Eingehen auf alle Wünsche der Autoren und des Herausgebers.

Wir hoffen, daß das Handbuch der Kältetechnik in der Fachwelt Anklang finden und den Benutzern ein zuverlässiger Helfer sein wird. Wir wünschen auch, daß es dazu beiträgt, Kältetechniker mit weitem Gesichtskreis und fortschrittlicher Gesinnung auszubilden.

Der Herausgeber.

Plan des Handbuches.

Außer dem vorliegenden Band erschienen bisher:

Zweiter Band: **Thermodynamische Grundlagen.**

Bearbeitet von: Prof. Dr.-Ing. Dr. phil. nat. h. c. R. PLANK, Karlsruhe.

Neunter Band: **Biochemische Grundlagen der Lebensmittelfrischhaltung.**

Bearbeitet von: Dozent D. M. BIER, New York; Prof. Dr.-Ing. Dz. phil. W. DIE-
MAIR, Frankfurt a. M.; Dozent Dr. phil. H. KÜHLWEIN, Regierungsbotaniker,
Karlsruhe; Prof. F. F. NORD, New York; Prof. Dr. phil. K. PAECH, Tübingen;
Prof. Dr. G. STEINER, Heidelberg; Dr. phil. habil. J. E. WOLF, Karlsruhe.

Es befinden sich in Vorbereitung:

Dritter Band: **Verfahren zur Kälteerzeugung und Grundlagen der Wärmeübertragung.**

Bearbeitet von: Dr.-Ing. H. D. BAEHR, Karlsruhe; Oberingenieur E. HOFMANN,
Wiesbaden; Prof. Dr.-Ing. R. PLANK, Karlsruhe.

Vierter Band: **Die Kältemittel.**

Bearbeitet von: Prof. Dr.-Ing. J. KUPRIANOFF, Karlsruhe; Prof. Dr.-Ing.
R. PLANK, Karlsruhe; Dr. H. STEINLE, Stuttgart.

Fünfter Band: **Verdichter für Kältemaschinen.**

Bearbeitet von: Prof. Dr. P. GRASSMANN, Zürich; Prof. Dr.-Ing. J. KUPRIANOFF,
Karlsruhe; Prof. Dr.-Ing. habil. K. LINGE, Karlsruhe; Prof. Dr. U. SENGER,
Stuttgart; Prof. Dr.-Ing. L. VAHL, Delft.

Sechster Band: **Wärmeübertragungsapparate, Zubehör, Verdichtungskälteanlagen, Betrieb, Automatik.**

Bearbeitet von: Oberingenieur F. HOFMANN, Wiesbaden; Prof. Dr.-Ing. J. KUPRI-
ANOFF, Karlsruhe; Prof. Dr.-Ing. habil. K. LINGE, Karlsruhe.

Siebenter Band: **Sorptionskältemaschinen.**

Bearbeitet von: Priv.-Doz. Dr.-Ing. W. NIEBERGALL, Berlin-Tegel.

Achter Band: **Erzeugung tiefster Temperaturen.**

Bearbeitet von: Prof. Dr.-Ing. H. HAUSEN, Hannover.

Zehnter Band: **Anwendung der Kälte in der Lebensmittelindustrie.**

Bearbeitet von: Prof. Dr.-Ing. W. FISCHER †, Weihenstephan; Dipl.-Ing. J. GUTSCHMIDT, Karlsruhe; Priv.-Doz. Dr.-Ing. W. HEIMANN, Karlsruhe; Prof. Dr. E. KALLERT †, Kulmbach; Dr.-Ing. G. KAESS, Brisbane; Dipl.-Ing. agr. H. KESSLER †, Wädenswil; Prof. Dr.-Ing. J. KUPRIANOFF, Karlsruhe; Prof. Dr.-Ing. habil. K. LINGE, Karlsruhe; Dr.-Ing. E. LOESER, München; Prof. Dr.-Ing. R. PLANK, Karlsruhe; Dr. W. SCHLIENZ, Bremerhaven; Dr.-Ing. W. SELL, Hildesheim.

Elfter Band: **Lagerung und Transport.**

Bearbeitet von: Prof. Dr.-Ing. habil. K. LINGE, Karlsruhe; Dr.-Ing. E. LOESER, München; Prof. Dr.-Ing. R. PLANK, Karlsruhe; Dipl.-Ing. W. POHLMANN, Hamburg; Priv.-Doz. Dr.-Ing. Th. E. SCHMIDT, Karlsruhe.

Zwölfter Band: **Die Anwendung der Kälte in der Verfahrenstechnik.**

Bearbeitet von: Dr.-Ing. R. FUCHS, Hagnau; Oberingenieur E. HOFFMANN, Wiesbaden; Prof. Dr.-Ing. J. KUPRIANOFF, Karlsruhe; Prof. Dr.-Ing. habil. K. LINGE, Karlsruhe; Priv.-Doz. Dr.-Ing. W. NIEBERGALL, Berlin-Tegel; Prof. Dr.-Ing. R. PLANK, Karlsruhe; Dr.-Ing. G. RUPPEL, Karlsruhe; Priv.-Doz. Dr.-Ing. Th. E. SCHMIDT, Karlsruhe; Prof. Dr.-Ing. L. VÁHL, Delft.

Vorwort zum ersten Band.

Für das tiefere Verständnis des gegenwärtigen Standes eines technischen Gebiets, seiner wirtschaftlichen Bedeutung und seiner Zukunftsaussichten ist es wesentlich, die *geschichtliche Entwicklung* zu kennen. Man muß sich darüber klar sein, aus welchen Bedürfnissen der menschlichen Gesellschaft das neue Gebiet entstanden ist, wieweit es gelungen ist, diese Bedürfnisse zu befriedigen, ob die naturgesetzlich bedingten, ökonomischen und betrieblichen Mittel erschöpft sind und ob nicht vielleicht ganz neue Wege der Forschung und Verwirklichung beschritten werden können.

Die Kälteindustrie ist ein sehr junger Zweig der Technik — sie hat ihr erstes Jahrhundert noch nicht vollendet — und doch sind darin erstaunliche technische Erfolge aufzuweisen; sie ist aus unserer heutigen Wirtschaft nicht mehr fortzudenken. An dieser Entwicklung haben alle Kulturvölker entscheidenden Anteil, es gibt aber leider keine Geschichte der Kältetechnik, in der die Beiträge der einzelnen Völker zu dem erreichten hohen Stand objektiv behandelt werden. Verfolgt man die einzelnen Darstellungen, dann gewinnt man den Eindruck, als wäre die ganze Entwicklung überwiegend in der Heimat des jeweiligen Verfassers erfolgt, und als hätten die anderen Länder nur ergänzende Beiträge oder geschickte Nachahmungen zustande gebracht. Ich will keinesfalls behaupten, daß sich die Autoren dabei bewußter Fälschungen schuldig machten; die Enge ihrer nationalen Erziehung hat ihnen bereits die Überzeugung suggeriert, daß kein anderes Land und kein Volk dem ihrigen geistig gleichwertig ist. Sie hatten auch weder Zeit noch Gelegenheit, sich mit den Schöpfungen in anderen Ländern in gleichem Maße und mit gleicher Sympathie zu befassen, wie mit denen des eigenen Landes. Für diese These ist es kaum notwendig, Beispiele anzuführen. Ganz abgesehen davon, daß fast nirgends die Geschichte der Technik gelehrt wird, sind die wenigen bekanntgewordenen Darstellungen ebenso einseitig wie die Lehrbücher der politischen Geschichte in den Schulen.

Es war unser Bemühen, in dem ersten Artikel dieses Bandes, der zugleich die Einleitung in unser Handbuch der Kältetechnik darstellt, eine wenn auch nur knappe, so doch möglichst neutrale Darstellung der geschichtlichen Entwicklung der Kältetechnik zu geben. Denn es ist unsere Überzeugung, daß Erfindungen und Entdeckungen in der ganzen Kulturwelt ausreifen und es mehr oder weniger Zufall ist, in welchem Lande sie zuerst öffentlich proklamiert werden. Nur allzuoft kann man gerade bei wesentlichen Erfindungen eine Duplizität der Ereignisse feststellen, und der Wettstreit um die Priorität betrifft häufig nur Monate oder gar Tage. Eine solche Polemik mag wirtschaftlich ihre Berechtigung haben; geistig ist sie gegenstandslos, und es ist erfreulicher, zwei großen Männern den Lorbeer zu reichen, als einen gegen den anderen auszuspielen.

Der Überblick über die gegenwärtige *wirtschaftliche Bedeutung* der Kältetechnik soll einen Eindruck darüber vermitteln, auf wie zahlreichen und verschiedenartigen Gebieten sich die Anwendung tiefer Temperaturen als nutzbringend und unentbehrlich erwiesen hat. Neben der Frischhaltung von Lebensmitteln dient die Kältetechnik der Herstellung und Veredelung zahlreicher Erzeugnisse der chemischen Großindustrie und trägt im warmen und feuchten Klima wesentlich zur Steigerung der menschlichen Arbeitsfähigkeit und Behaglichkeit bei. Eine Vorstellung von der Bedeutung der Kältetechnik können am besten *statistische Übersichten* über die ständig zunehmenden Produktionszahlen und über die Exportziffern der Industrieländer vermitteln. Obwohl es nur wenige Länder gibt, in denen genaue Statistiken über Umsätze in kältetechnischen Erzeugnissen vorliegen, wurde doch in dem betreffenden Abschnitt dieses Bandes versucht, ein Bild vom Welthandel in Kältemaschinen und Apparaten zu entwerfen.

Ein richtiger Einsatz der Kältetechnik setzt neben der Kenntnis der Erzeugungs- und Verbrauchsgebiete unserer Nahrungsmittel auch eine genaue Orientierung über das Klima in den verschiedensten Punkten der Erde voraus. Die diesem Werk beigegebenen zahlreichen *Klimatabellen* sollen es dem projektierenden Ingenieur ermöglichen, für jedes Angebot die richtigen Werte für die örtlichen Temperaturen und Feuchtigkeiten, die Wind- und Wasserverhältnisse, die Sonnenstrahlung und dergleichen zugrunde zu legen.

Der zweite Teil dieses Bandes befaßt sich ausschließlich mit den für die Kältetechnik wichtigen *Werkstoffen*. Da es viel kostspieliger ist, Kälte als Wärme zu erzeugen, so muß die erzeugte Kälte sorgsam vor Verlusten geschützt werden. Die richtige *Isolierung* von kalten Räumen, Behältern und Leitungen ist daher eine wichtige Aufgabe. Die Isolierung gegen Kälte ist aber wegen der Feuchtigkeitswanderung viel schwieriger dauernd aufrechtzuerhalten, als es bei hohen Temperaturen der Fall ist. Die Auswahl der Stoffe muß daher auf deren Verhalten gegenüber der Wasserdampfdiffusion und auf die kapillare Saugkraft Rücksicht nehmen, und es sind bei der Anbringung der Isolierung zahlreiche Vorschriften zu beachten.

Nicht minder wichtig ist die Kenntnis des Verhaltens *metallischer und nichtmetallischer Werkstoffe* bei tiefen Temperaturen. Die Kältetechnik erstreckt sich heute schon bis zu Temperaturen von $-200°$ C und, wenn man die Verflüssigung von Wasserstoff und Helium einbezieht, sogar bis zur unmittelbaren Nähe des absoluten Nullpunktes. Die Festigkeitseigenschaften erfahren aber mit sinkender Temperatur sehr wesentliche Änderungen, die der Kälteingenieur unbedingt beachten muß. Eine zusammenfassende Darstellung dieses Verhaltens der Werkstoffe unter Beachtung neuerer Forschungsergebnisse hat es bisher nicht gegeben, und die weit verstreuten einzelnen Originalberichte sind dem Kälteingenieur kaum zugänglich.

In Haushalt-Kältemaschinen wird der Antriebs-Elektromotor mit dem Kompressor vielfach im gleichen Gehäuse hermetisch eingekapselt, so daß auch die *elektrotechnischen Werkstoffe* der Einwirkung des Kältemittels ausgesetzt sind. Die Art dieser Einwirkungen muß daher genauestens bekannt sein, denn von der richtigen Auswahl der Stoffe hängt der einwandfreie Dauerlauf der Maschinen wesentlich ab.

Es ließ sich leider nicht vermeiden, daß in diesem einleitenden Bande heterogene Gebiete behandelt werden, die nur einen losen Zusammenhang miteinander haben. Die Kältetechnik greift in so viele Fachgebiete ein, daß man von ihren Jüngern eine größere geistige Regsamkeit und raschere Umschaltfähigkeit als auf manchen anderen technischen Gebieten erwarten muß. Die weiteren Bände dieses Handbuchs werden eine größere Einheitlichkeit des behandelten Stoffes aufweisen.

Karlsruhe, im Juni 1954.

R. Plank.

Inhaltsverzeichnis.

Erster Teil

Die geschichtliche Entwicklung und gegenwärtige Bedeutung der Kältetechnik
nebst einer Übersicht der klimatischen Verhältnisse auf der Erdkugel.

Geschichte der Kälteerzeugung und Kälteanwendung.

Von Dr.-Ing. Dr. phil. nat. h. c. RUDOLF PLANK,
o. Professor an der Technischen Hochschule Karlsruhe.

Mit 103 Abbildungen.

Die wirtschaftliche Bedeutung der Kältetechnik.

Von Obering. Dipl.-Ing. OTTO WAGNER,

Gesellschaft für Lindes Eismaschinen, Wiesbaden.

Meteorologische Daten.

Von Dr. phil. habil. MAX DIEM,
Professor an der Technischen Hochschule Karlsruhe.

Mit 2 Abbildungen.

Zweiter Teil.

Die Werkstoffe für Kältemaschinen und -anlagen.

Bau- und Wärmeisolierstoffe.

Von Dr.-Ing. habil. Joseph Sebastian Cammerer,
Forschungsbau Tutzing/Obb.

Mit 50 Abbildungen

Elektrotechnische Isolierstoffe.

Von Ing. Otto Herrmann, Stuttgart.

Mit 4 Abbildungen.

Metallische Werkstoffe.

Von Dr.-Ing. habil. HANS JUNGBLUTH,

o. Prof. f. mechanische Technologie an der Technischen Hochschule Karlsruhe

und Dr.-Ing. FRANZ HICKEL,

Obering. und Privatdozent an der Technischen Hochschule Karlsruhe.

Mit 149 Abbildungen.

Nichtmetallische Werkstoffe.

Von Dr.-Ing. SIEGFRIED KIESSKALT,
Professor an der Technischen Hochschule Aachen.

Mit 10 Abbildungen.

Erster Teil

Die geschichtliche Entwicklung und gegenwärtige Bedeutung der Kältetechnik

nebst einer Übersicht der klimatischen Verhältnisse auf der Erdkugel.

Geschichte der Kälteerzeugung und Kälteanwendung.

Von

Dr.-Ing. Dr. phil. nat. h. c. **Rudolf Plank.**

o. Professor an der Technischen Hochschule Karlsruhe.

Mit 103 Abbildungen.

A. Die frühesten Anwendungen tiefer Temperaturen[1].

I. Die Anwendung von Schnee und Eis im Altertum und im Mittelalter.

Das Sammeln von Schnee und Eis in den Wintermonaten und deren Aufbewahrung in Höhlen und künstlich isolierten Kellerräumen bis zum Sommer wurde schon im grauen Altertum ausgeübt. Der Hauptzweck scheint weniger in der Frischhaltung von Lebensmitteln als in der Kühlung von Getränken gelegen zu haben. Andeutungen hierauf findet man z. B. im Alten Testament[2] und in chinesischen Dichtungen, die bis zu 11 Jahrhunderten v. Chr. zurückreichen[3]. Mit dem Füllen und Entleeren der Eiskeller waren in China gewisse religiöse Zeremonien verbunden. In Ägypten, wo es in keiner Jahreszeit Natureis gibt, finden wir die erste zielbewußte Durchführung der künstlichen Kühlung: auf ägyptischen Fresken, deren Alter bis zu 2500 Jahre v. Chr. zurückdatiert wird, sieht man Sklaven abgebildet, die große Fächer über irdenen Wasserkrügen schwingen und auf diese Weise das Trinkwasser durch Verdunstung kühlen (Abb. 1)[4]. Die Inder benutzten seit unbestimmbar langer Zeit die gleichzeitige Wirkung der Verdunstungskälte und der Wärmeausstrahlung[5]; in klaren Nächten stellten sie flache irdene Pfannen mit Wasser auf trockenen Unterlagen aus Stroh in kleine Erdgruben (Abb. 2)[5], das Wasser kühlte sich dabei stark ab, und manchmal bildete sich sogar eine Eisschicht. Der griechische

---

[1] Für die in diesem Abschnitt enthaltenen Angaben vgl.: E. O. von Lippmann: Z. angew. Chem. 1898, H. 13 — Z. ges. Kälteind. Bd. 6 (1899) S. 73. — A. Neuburger: The Technical Arts and Sciences of the Ancients. New York: Macmillan Co., 1930.

[2] Sprüche *Salomonis*, Kap. 25, Vers 13 (etwa 950 v. Chr.).

[3] Im kanonischen Liederbuch „*Schiking*", übersetzt von Strauss. Heidelberg 1880, S. 241 und Vorr. 23.

[4] Aus D. L. Fiske: Refrig. Engng. Bd. 24 (1932) S. 201.

[5] Vgl. Joseph Black: Lectures of the Elements of Chemistry. Edinburgh 1803. Deutsch von Crell, Hamburg 1804, Bd. I, S. 352. — Ferner F. Parlby (Parks): Wanderings of a Pilgrim, in Search of the Picturesque, during four and twenty years in the East. Bd. I, S. 78, London, 1850.

Sophist Protagoras, der die Nilebene im 5. Jahrhundert v. Chr. besuchte, berichtet, daß die dortigen Einwohner große, bei niedrigen Temperaturen gebrannte Tongefäße mit Trinkwasser nachts auf die Dächer ihrer Häuser bringen und sie von Sklaven außen mit Wasser besprengen lassen, wobei die Kannen der Wirkung

der kühlen und trockenen Nachtluft ausgesetzt werden. Es kam auch hier nicht selten vor, daß sich auf der Oberfläche eine Eiskruste bildete. In ähnlicher Weise berichtete später auch Galenos (131—200 n. Chr.)[1].

Hippokrates, der berühmte Arzt des Altertums (460—377 v. Chr.), erläutert in seinen Aphorismen die schädliche Wirkung plötzlicher Änderungen des Wärmezustandes des menschlichen Körpers. Er

Abb. 1. Kühlung von Wasser in Ägypten.

betont dabei ausdrücklich die Gefahr des Genusses eiskalter Getränke.

Athenäus berichtet, daß Alexander der Grosse auf seinen persischen Feldzügen (330 v. Chr.) während der langen Belagerung von Petra 30 Gräben mit Schnee ausfüllen ließ, um darin den Wein für seine Legionen kühl zu erhalten. Aus den Schriften des Athenäus und seiner Zeitgenossen, so z. B. aus dem Kochbuch des Apicius Coelius, in dem die Zubereitung von gefrorenen und mit Schnee bestreuten Sülzen erwähnt wird, kann man sich eine Vorstellung von dem Luxus machen, der in dem verfallenden römischen Reich herrschte.

Im Altertum wurde der wenig saubere Schnee vielfach mit den Getränken vermischt[2], was nicht selten zu Erkrankungen führte. Plinius berichtet[3], daß Kaiser Nero, der sich für seine üppigen Gastmähler den Schnee von den Bergen bringen ließ, ein sehr hygienisches Verfahren anwendete: er ließ das Trinkwasser erst abkochen und versenkte dann die Behälter in den Schnee.

Der römische Kaiser Varius Avitus (Heliogabalus, 218—222 n. Chr.) ging noch weiter: er ließ in seinem Garten ganze Berge von Schnee anhäufen, um sich im Sommer durch einen frischen Wind erfrischen zu lassen[4]. Das dürfte die erste Klimaanlage gewesen sein (s. S. 142).

Im Mittelalter wurde ein ähnlicher Luxus von den Kalifen in Damaskus und Bagdad und von den ägyptischen Sultanen in Kairo getrieben. Der Kalif Mahdi (775—785) ließ ganze Kamelladungen von Schnee aus dem Libanon und

---

[1] Die Bildung von „Verdunstungseis" bei Lufttemperaturen über null Grad findet in ganz großem Maßstab auch in der Natur statt. In den vulkanischen Gipfelregionen der Anden an der bolivianisch-chilenischen Grenze, wo es trotz der Höhe von rund 6000 m weder Gletscher noch Firnfelder und nicht einmal eine dauernde Schneedecke gibt, hat man unter den lockeren trockenen Gesteinstrümmern der Oberfläche das Vorhandensein einer dicken vereisten Schicht festgestellt. Es handelt sich hier um eines der trockensten Gebiete Südamerikas; die Atmosphäre ist so wasserarm, daß die eingesickerten Niederschläge durch die ausgetrocknete Deckschicht sehr rasch verdunsten. Dabei kommt es auch bei Lufttemperaturen über null Grad zu umfangreicher Eisbildung. Vgl. W. Knoche: Verdunstungseis auf dem Andenvulkan Oyahue. Z. Gletscherkunde, Leipzig Bd. 20 (1932) S. 101.

[2] Seneca (1—65 n. Chr.): Naturgesch. Betrachtungen 4, 13 — Briefe 78 und 95. — Martial: Epigramme 14, 116 u. 118. — Juvenal: Satiren 5, 50 u. 63.

[3] Plinius: Historia naturalis. Bd. 31, Kap. 23.

[4] Lampridius: Heliogabalus, Kap. 23.

den armenischen Bergen nach Mekka schaffen, und einer seiner Nachfolger ließ
Schnee zwischen die doppelten Wände seines Sommerwohnsitzes stampfen.
Der persische Reisende Nassiri Chosrau erzählt um 1040, daß die Küche des
Sultans in Kairo täglich vierzehn Kamelladungen Schnee erhielt und daß
dazu ein besonderer Eildienst von Syrien nach Ägypten mit mehreren Zwischen-
stationen eingerichtet war[1]. Viele Hinweise auf den Gebrauch von Schnee
finden sich auch in den Erzählungen „Tausendundeine Nacht".

Walter Scott erzählt von der Verwundung des englischen Königs Richard I.
Löwenherz, als ihm während seines Kreuzzuges (1190) vom Sultan Saladin
ein eisgekühltes Sorbett kredenzt wurde.

Abb. 2. Eiserzeugung in Indien.

In Europa fand die Anwendung von Schnee und Eis auch nach den Kreuz-
zügen keine schnelle Verbreitung. Nur in Spanien und Portugal kamen die
porösen Tongefäße, die man „Alcarazza" nannte, bald in Mode. Sie wurden zur
Zeit König Franz I. (1494—1547) nach Frankreich eingeführt, um dem Dauphin
stets reichlich kaltes Wasser bieten zu können. In dem Werk von Dirck: Life and
Times of the Marquis of Worcester, das 1865 erschien, werden auf den
S. 316 und 412 bis 414 Springbrunen (fountains of pleasure) aus dem Jahr 1663
beschrieben, die Schnee und Hagel in unbegrenzten Mengen verspritzten.

II. Die Kältemischungen.

Es läßt sich nicht feststellen, wo und wann zum erstenmal erkannt wurde,
daß man Wasser durch Auflösen von Salz abkühlen kann. Daß diese Erscheinung
aber schon lange bekannt war, schließt man aus der indischen Schrift „Panca-
tantram" (4. Jahrhundert n. Chr.), in der es heißt: „Dann ist das Wasser kühl,
wenn es Salz enthält." Monardus (1493—1578) behauptet, die Kühlung des
Wassers durch Auflösen von Salpeter sei von durstgequälten Galeerensklaven
erfunden worden. Wahrscheinlich ist es, daß diese Sklaven nur ein Verfahren
verbreitet haben, dessen Ursprung im Orient zu suchen ist[2]. Der apulische

---

[1] v. Lippmann, E. O.: Geschichte des Zuckers. S. 142. Leipzig: Max Hesse 1890.
[2] Vgl. die „Geschichte der Ärzte" des arabischen Schriftstellers Ibn-Abi-Usaibia
(1203—1269), der zwei verschiedene Methoden für die Herstellung von Eis erwähnt.

Arzt Zimara, der von 1525 bis 1532 als Professor in Padua wirkte, erwähnt die Kühlung durch Salpeter in seinem Buch „Problemata", das wahrscheinlich 1530 erschienen ist. Der spanische Arzt Blasius Villafranca, der in Rom praktizierte, beschreibt die beim Auflösen von Salpeter in Wasser eintretende Abkühlung in seiner im Jahre 1550 erschienenen Schrift „Methodus refrigerandi ex vocato salenitro vinum aquamque ac potus quodvis aliud genus". Er sagt, daß dieses Verfahren zur Kühlung von Wasser und Wein in den Häusern vornehmer Bürger vielfach in Gebrauch sei, und will es nur allgemein bekanntgeben.

Den nächsten Schritt auf dem Wege zu tieferen Temperaturen bildete die Mischung von Salpeter mit Schnee, die zuerst von Baptista Porta in Neapel 1589 in seiner „Magia naturalis" erwähnt wird. Der neapolitanische Arzt Latinus Tancredus veröffentlichte 1607 ein Buch „De Fame et Siti", in dem er berichtet, daß man mit der erwähnten Mischung eine sehr intensive Kälte erreichen könne; versenkt man in diese Mischung ein Glas mit Wasser, so verwandle sich das Wasser sehr rasch in Eis. Einige Jahre später bestätigte der Begründer des Empirismus Francis Bacon (1561—1626) die Richtigkeit dieser Angaben und nannte eine Reihe anderer Kältemischungen, die die gleiche Wirkung ausüben[1].

Bacon hatte die große Bedeutung der Kälte neben der Wärme vollkommen erkannt. In seinem Werk „Sylva Sylvarum" findet man folgende Äußerung:

„Heat and Cold are Nature's two hands whereby she chiefly worketh, and heat we have in readiness in respect of the fire, but for cold we must stay till it cometh or seek it in deep caves or mountains, and when all is done, we cannot obtain it in any great degree, for furnaces of fire are far hotter than a summer's sun but vaults and hills are not much colder than a winter's frost."

In dem Kommentar zur Meteorologie des Aristoteles behauptete der Jesuit Cabeus (1644), 100 Teile Wasser durch Zugabe von 35 Teilen Salpeter bei heftigem Umrühren in Eis verwandelt zu haben. Er gibt der Verwunderung Ausdruck, daß die Rührbewegung nicht Wärme, sondern Kälte erzeugt habe, was die Philosophie nicht zu erklären vermag. Diese anscheinend wenig beachtete Bemerkung ist insofern sehr wesentlich, als daraus zu ersehen ist, daß schon im Jahre 1644 die Vorstellung nicht fremd war, es könne aus der Reibungsarbeit beim Rühren Wärme entstehen. Eine wissenschaftliche Begründung des energetischen Charakters der Wärme wurde allerdings erst am Ende des 18. Jahrhunderts gegeben; eine allgemeine Anerkennung fand diese Vorstellung in der Mitte des 19. Jahrhunderts nach Festlegung der quantitativen Zusammenhänge zwischen der Wärme und der mechanischen Arbeit (s. S. 22).

Zu wissenschaftlichen Zwecken wurden Kältemischungen zuerst von den Florentiner Physikern der „Academia del Cimento" (1657) benutzt. Die ältesten zusammenhängenden Gedankengänge über Kälteerzeugung finden sich in einem im Jahre 1665 erschienenen Werk des englischen Physikers und Chemikers Robert Boyle (1627—1691)[2]. Mit Versuchen über die Temperaturerniedrigung beschäftigten sich ferner St. Geoffroy (1700), Homberg (1701), Fahrenheit (1724) und Réaumur (1734).

Fahrenheit verwendete die mit Schnee und Salmiak erzielte Temperatursenkung zur Festlegung des Nullpunktes seiner Temperaturskala. Eine ausführliche Zusammenstellung aller bekannten Tatsachen und Ansichten findet sich

---

[1] Bacon, F.: Natural History Bd. 1, S. 83 (Works Bd. I, S. 95, London 1879).

[2] Boyle, R.: Historia experimentalis de Frigore. Phil. Trans. roy. Soc. Lond. Bd. 4 (1665), Nr. 15. — Es ist der gleiche Boyle, dessen Gasgesetz später durch Mariotte nachgeprüft und bestätigt wurde (s. S. 37).

in der Leipziger Dissertation von J. H. Winckler, 1737, „Causae frigoris et glaciei".

Der wissenschaftliche Ehrgeiz konzentrierte sich dann auf das Problem, Quecksilber zum Gefrieren zu bringen, was zuerst von de l'Isle 1736 bei natürlicher Kälte in Irkutsk beobachtet wurde. Auf künstlichem Wege wurde dieses Ziel zuerst 1760 von Braun in Petersburg erreicht, der durch eine Mischung von Schnee mit verdünnter Schwefelsäure oder Salpetersäure die Temperatur unter $-40°$ C senken konnte[1]. Mit trockenem Schnee und Kalziumchlorid erreichte Lowitz (1793) eine Temperatur von $-50°$ C.

Im 19. Jahrhundert befassen sich die Untersuchungen über Kältemischungen vornehmlich mit den dabei auftretenden Gesetzmäßigkeiten. Die wichtigsten Arbeiten stammen von Karsten (1840)[2], Hanamann (1864)[3], Rüdorff (1869)[4] und Pfaundler mit seinen Schülern (1875—1878)[5]. Erwähnt sei ferner die Baseler Dissertation von Brendel „Über Kältemischungen" (1892).

Außer in Laboratorien bediente man sich der Kältemischungen in Krankenhäusern sowie zur Herstellung von Speiseeis und kalten Getränken in Haushaltungen und Konditoreien. Es sind sehr zahlreiche Bauarten solcher „Eismaschinen" bekanntgeworden, auf die hier jedoch nicht näher eingegangen werden kann[6]. Auf die Geschichte des Speiseeises kommen wir auf S. 110 zurück. Eine Übersicht über die Verwendung von Kältemischungen auch in größerem Maßstab für verschiedene Zwecke und eine Zusammenstellung der üblichen Gemische von Salzen und Säuren mit Wasser oder Schnee lieferte Lightfoot 1886[7]. In den Arbeiten über Kältemischungen und in den weiter unten zu besprechenden Untersuchungen über die Verdampfung leicht flüchtiger Stoffe und über die Abkühlung bei der Expansion der Luft liegen die Anfänge einer naturwissenschaftlichen Grundlegung der Gesetze der Kälteerzeugung. Wie auch auf anderen Gebieten, z. B. in der Geschichte der Dampfmaschine, eilte aber die Praxis häufig der Theorie voraus, so daß wir rückschauend nicht eine systematisch-logische Entwicklung erkennen, sondern ein durch viele Irrwege getrübtes, aber um so lebendiger anmutendes Wachsen und Werden. Aus der gegenseitigen Durchdringung ungehemmter schöpferischer Erfindungen mit wissenschaftlich begründeten Erkenntnissen entstand der verwickelte Bau der modernen Kältetechnik.

B. Der Aufbau der physikalischen Grundlagen der Kälteerzeugung.

I. Die Kalorimetrie[8].

Schon 1715 machte Mairau die Beobachtung, daß ein Thermometer, das aus einer leicht flüchtigen Flüssigkeit herausgezogen wurde, eine tiefere Temperatur anzeigte als die der Umgebung; er konnte diese Erscheinung aber nicht

---

[1] Vgl. Blagden: Geschichte der Versuche über das Gefrieren des Quecksilbers. Phil. Trans. roy. Soc. Lond. Bd. 73 (1783) S. 329.

[2] Karsten: Sitz.-Ber. Akad. Berlin 1840, S. 95.

[3] Hanamann: Wittsteins Vierteljahrsschr. prakt. Pharm. München Bd. 3 (1864) S. 3.

[4] Rüdorff, Fr.: Pogg. Ann. Bd. 122 (1864) S. 337; Bd. 136 (1869) S. 276 — Ber. dtsch. chem. Ges. Bd. 2 (1869) S. 68.

[5] Wien. Ber. Bd. 71 II (1875) S. 509; Bd. 72 II (1875) S. 535; Bd. 78, II (1878) S. 59.

[6] Zum Beispiel die Maschine von Toselli: Dinglers polytechn. J. Bd. 184 (1867) S. 406; Bd. 185 (1867) S. 244; Bd. 190 (1868) S. 26. — Maschine von Meidinger: Dinglers polytechn. J. Bd. 204 (1872) S. 209; Bd. 213 (1874) S. 84; Bd. 217 (1875) S. 474.

[7] Lightfoot, T. B.: Proc. Instn. mech. Engrs., Lond. May 1886, S. 202—204 u. 239 bis 240.

[8] Eine ausführliche Schilderung der Entwicklung der Kalorimetrie findet man bei E. Mach: Prinzipien der Wärmelehre, 2. Aufl., S. 153ff. Leipzig: A. Barth 1900.

erklären[1]. Erst WILLIAM CULLEN, Professor der Chemie an der Universität Glasgow, sprach 1755 die Vermutung aus, daß die beobachtete Temperatursenkung durch die Verdampfung der Flüssigkeit an der benetzten Thermometerkugel verursacht war[2]. Als er ferner (1755) Äther unter der Glocke einer Luftpumpe zum Verdampfen brachte, kühlte sich der Äther so stark ab, daß Wasser, welches das Gefäß mit Äther umgab, erstarrte[3].

Der Schüler und Nachfolger CULLENS, der praktische Arzt und Professor der Chemie an den Universitäten Glasgow und Edinburgh JOSEPH BLACK (1728 bis 1799), Abb. 3, muß als der eigentliche Begründer der wissenschaftlichen Kalorimetrie und darüber hinaus als einer der größten Naturwissenschaftler angesehen werden[4]. Es gelang ihm (seit etwa 1756), in die recht verworrenen Vorstellungen seiner Vorgänger volle Klarheit zu bringen und die Begriffe Wärmemenge, Wärmestärke (Temperatur) und Wärmekapazität (spezifische Wärme)[5] abzusondern. Er erkannte, daß Kälte und Wärme nur verschiedene Stufen der gleichen Zustandsreihe sind und daß das Gefrieren kalter Körper und das Schmelzen heißer Körper die gleiche Erscheinung darstellen. Er bemerkte auch, daß Eis in strömender Luft rascher schmilzt als in ruhender. Die Kälteempfindung, die der Wind verursacht, erklärte er bereits durch die rasche Wärmeableitung. Er wußte, daß poröse Körper nicht nur vor Kälte, sondern auch vor Wärme schützen.

Abb. 3. JOSEPH BLACK
(aus BWK, 1952, S. 77).

Zu den wesentlichsten Arbeiten BLACKS gehören seine Untersuchungen über das Schmelzen von Eis (1761), in deren Verlauf er mit den älteren irrigen Vorstellungen aufräumte und den Begriff der *latenten Wärme* („Caloricum latens") einführte. Es bestimmte die Schmelzwärme des Eises nach zwei verschiedenen Verfahren und fand dafür 77 bis 78 kcal/kg, also einen Wert, der sich von dem mit modernsten Mitteln erhaltenen (79,80) nur wenig unterscheidet. Die Vorstellung der latenten Wärme beim Schmelzen wurde von BLACK nicht nur auf alle anderen Körper übertragen, sondern auch auf andere Vorgänge angewendet. Durch die latente Lösungswärme erklärte er die schon viel früher beobachteten Erscheinungen bei Kältemischungen. BLACK benutzte auch als erster das Ab-

---

[1] v. WIRKNER, S. 8, vgl. Zusammenstellung der Literatur auf. S. 160.

[2] CULLEN, W.: On the Cold produced by evaporating fluids and on some other means of producing cold. Essays and observations, physical and literary, of a Society at Edinburgh, Bd. II (1755).

[3] CULLEN beschreibt in dem in Fußnote 3 genannten Artikel die Vorgänge wie folgt: „In an experiment made with nitrous ether when the heat of the air was about 43 F we set the vessel containing the ether in another a little larger, containing water. Upon exhausting the receiver, and the vessels remaining for a few minutes in vacuo, we found most of the water frozen and the vessel containing the ether surrounded with a thick and firm crust of ice."

[4] BLACKS Vorlesungen wurden erst nach seinem Tode von seinem Schüler JOHN ROBINSON herausgegeben. Sehr interessante Einzelheiten über BLACK und andere Begründer der Kalorimetrie findet man im Werk von McKIE, DOUGLAS und NIELS H. DE V. HEATHCOTE: The Discovery of Specific and Latent Heats. London: E. Arnold & Co. 1936.

[5] Den Ausdruck „Wärmekapazität" hat IRVINE, ein Schüler BLACKS, eingeführt (Essay on chemical subjects, London, 1805), während GADOLIN in Abo erstmals den Ausdruck „spezifische Wärme" benutzte.

schmelzen bestimmter Eismengen zur Messung der spezifischen Wärme verschiedener Flüssigkeiten. Das dabei verwendete Eiskalorimeter wurde später (1780) von LAVOISIER und LAPLACE weiter ausgebildet und schließlich von BUNSEN zu hoher Vollendung gebracht.

Sehr bald übertrug BLACK die gewonnene Vorstellung der latenten Wärme auch auf den Verdampfungsvorgang (1764). Bei seinen ersten Versuchen erhielt er für die latente Verdampfungswärme des Wassers bei gewöhnlichem Druck nur den Wert 445 bis 456 kcal/kg (statt 539). JAMES WATT wiederholte die Messungen nach dem von BLACK angegebenen Verfahren, berücksichtigte jedoch die Wärmeverluste und fand dabei Werte zwischen 495 und 525 kcal/kg.

MACH[1] schließt seine Betrachtungen über die Persönlichkeit BLACKS mit den Worten: „Es geschieht nicht ohne Grund so häufig, daß Ärzte und Ingenieure als wissenschaftlich hochgebildete Menschen, die gleichwohl dem Leben nicht entfremdet und nicht in einem engen fachlichen Gesichtskreis gebannt sind, so ausgiebig zur Förderung der Wissenschaft beitragen." Als Beweise für die Richtigkeit dieser Auffassung können im Zusammenhang mit den hier behandelten Fragen außer BLACK noch CARNOT, J. ROBERT MAYER, HIRN, RANKINE, HELMHOLTZ und ANDREWS genannt werden.

Es galt nun, ein großes und zuverlässiges Zahlenmaterial für die spezifische Wärme, die Schmelzwärme und die Verdampfungswärme verschiedener Körper zu sammeln und die dazu notwendigen kalorimetrischen Methoden immer feiner zu entwickeln. Diese Arbeit wurde bis 1820 vorwiegend von französischen Physikern geleistet, und zwar von folgenden Forscherpaaren: LAVOISIER und LAPLACE, DULONG und PETIT, CLÉMENT und DESORMES, DELAROCHE und BÉRARD, FAVRE und SILBERMANN. Von den erhaltenen Versuchswerten machte bereits CARNOT ausgiebig Gebrauch. Sehr genaue Messungen auf kalorimetrischem Gebiet wurden erst später (ab 1840) durch V. REGNAULT (1810—1878) ausgeführt, dessen Werte der spezifischen Wärme und der Verdampfungswärme zahlreicher auch für die Kältetechnik wichtiger Stoffe durch die in neuester Zeit ausgeführten Messungen oft nur wenig berichtigt werden konnten. Auf deutscher Seite haben wohl BUNSEN, PFAUNDLER und E. WIEDEMANN das Wesentlichste zur Verfeinerung der Kalorimetrie beigetragen.

II. Die Gasverflüssigung[2].

Die ersten unklaren Gedanken über die Gasverflüssigung hingen mit der Frage zusammen, ob sich Luft in Wasser verwandeln ließe, die man seit ARISTOTELES diskutierte. PLINIUS hielt diese Verwandlung für wahrscheinlich und erklärte die Entstehung der Wolken durch Verdichtung der Luft. Solche Ansichten findet man bis zum Ende des 18. Jahrhunderts; sie wurden erst durch die Kenntnis der chemischen Zusammensetzung von Luft und Wasser endgültig widerlegt.

Von der Möglichkeit, den Aggregatzustand eines Gases (Luft) zu ändern, sprach zuerst HERMAN BOERHAAVE (1668—1738), doch hatten auch seine Äußerungen nur den Charakter phantastischer Spekulationen. Viel klarer äußerte sich darüber der französische Physiker AMONTONS zu Beginn des 18. Jahrhunderts; auf dessen Gedanken fußend, hielt auch JOSEPH BLACK die

---

[1] MACH, E.: Prinzipien der Wärmelehre, 2. Aufl., S. 180. Leipzig: A. Barth 1900.
[2] Zusammenfassende Darstellungen: MEISSNER, W., im Handbuch der Physik von GEIGER-SCHEEL, Bd. XI, Kap. 7. Berlin: J. Springer 1926. — J. A. VAN LAMMEREN: Technik der tiefen Temperaturen. Berlin: J. Springer 1941.

Luft nur für einen flüchtigen Körper, der durch genügende Wärmeentziehung flüssig und sogar fest werden könnte[1].

Otto von Guericke[2], der Erfinder der Luftpumpe, stellte 1672 fest, daß Wasser unter stark vermindertem Druck schon bei Zimmertemperatur zum Sieden gebracht werden kann. Die Abhängigkeit der Siedetemperatur vom Druck hat dann Robert Boyle (1680) bei seinen Luftpumpenversuchen festgestellt; Fahrenheit, der Schöpfer der wissenschaftlichen Thermometrie, wußte, daß der Siedepunkt des Wassers vom Barometerstand abhängt, und auch Denis Papin (1647—1712) blieb diese Abhängigkeit bei seinen Versuchen nicht verborgen. Eine erstaunliche Vorahnung der Luftverflüssigung und Trennung in ihre Bestandteile findet sich in Jonathan Swifts politischer Satire „Gulliver's Travels" (1726), 3. Teil, Reise nach Laputa, Kapitel V, Die große Akademie von Lagado. Es heißt da: „Dem Universalkünstler unterstanden 50 Arbeiter. Die einen kondensierten Luft, so daß sie greifbar wurde, wobei das Nitrum ausgeschieden wurde und die flüchtigen Teilchen verdampften . . ." (Dieses Zitat entdeckte der Ingenieur G. Steinkel, vgl. G. Claude, Air liquide, 2. Aufl., S. 5, Paris 1926.)

Die tatsächliche Verflüssigung eines Gases (SO_2) durch Verdichtung und Abkühlung gelang erstmalig Louis Clouet und Gaspard Monge um 1780; sie ließen das verdichtete Gas durch eine Rohrschlange fließen, die in ein Gemisch von Eis und Salz getaucht war. Unter dem Druck von 6 Atm wurde ein Gas — das im Jahre 1773 von Joseph Priestley entdeckte Ammoniak — 1787 von Martinus van Marum (1750—1837) in Haarlem in Zusammenarbeit mit dem Amsterdamer Kaufmann und Chemiker Adriaan Paets van Troostwijk (1752—1837) zuerst verflüssigt. Es besteht jedoch der Verdacht, daß das verwendete Ammoniak sehr feucht war, so daß die entstandene Flüssigkeit kein reines Ammoniak darstellte[3]. Es ist interessant festzustellen, daß diese ersten Erfolge in der Gasverflüssigung in dem gleichen Lande erzielt wurden, das später durch die Arbeiten von J. D. van der Waals, J. P. Kuenen, H. Kamerlingh Onnes und W. H. Keesom soviel zur theoretischen und experimentellen Klärung dieses Gebietes beizutragen vermochte und durch die Verflüssigung des Heliums das Schlußglied einer langen Kette lieferte.

Die Verflüssigung des Ammoniaks bei Atmosphärendruck in einer Kältemischung von Schnee und salzsaurer Kalkerde gelang 1799 Fourcroy und Vauquelin und 1804 Guyton de Morveau. Dieser berichtete darüber in einer Arbeit „Sur les refroidissements artificiels"[4].

Chlor und einige andere Gase wurden 1805—1806 durch Northmere unter Druck verflüssigt. Aber erst 1823 erschien die erste klassische Arbeit von Michael Faraday (1791—1867)[5], Abb. 4, bei der die zu verflüssigenden Gase in einem Ende eines beiderseitig geschlossenen, dickwandigen gebogenen Glasrohres aus chemisch reagierenden Stoffen durch Erhitzung erzeugt und am anderen, gekühlten Ende unter dem eigenen Druck verflüssigt wurden. Auf diesem Wege gelang es Faraday, SO_2, H_2S, CO_2, N_2O, C_2H_2, NH_3 und HCl zu verflüssigen.

---

[1] Black, J.: Vorlesungen, a. a. O. Bd. I, S. 252.

[2] Guericke, O. v.: Experimenta nova (ut vocantur) Magdeburgica. Amsterdam 1672.

[3] Cohen, E.: Chemisch Weekblad 1922, Nr. 45. — C. A. Crommelin: Koeltechniek Bd. 4 (1933) S. 86. — A. Becker: Naturwiss. Rundschau Bd. 24 (1909) S. 41. — K. Olszewski: Zur Geschichte der Verflüssigung der Gase. Z. kompr. flüss. Gase Bd. 9 (1905) S. 95 u. 195. — H. Alt: Die Kälte, ihr Wesen, ihre Erzeugung, ihre Verwertung. Aus Natur und Geisteswelt Bd. 131. Leipzig u. Berlin: B. G. Teubner 1910.

[4] G. de Morveau: Bull. Soc. Philomat. Bd. 12 (1804).

[5] Faraday, M.: Phil. Trans. roy. Soc. Lond. 1823, S. 160 u. 189 — Ann. chim. et phys. (2) Bd. 22 (1823). — Vgl. auch J. Tyndall: Faraday und seine Entdeckungen. Deutsch von H. v. Helmhotz. Braunschweig: Vieweg 1870.

Für die Verflüssigung von Ammoniak ging FARADAY von Silberchlorid aus.
Er berichtet, daß 100 Gramm dieses getrockneten Salzes in Pulverform etwa
130 Kubikzoll Ammoniak absorbieren. Wenn er nun dieses Ammoniakat in
dem einen Arm seines gebogenen Glasrohres erhitzte, dann begann schon bei
38° C die Austreibung des Ammoniaks, wobei das Ammoniakat schmolz und
siedete; das ausgetriebene Ammoniak verflüssigte sich am andern gekühlten
Ende des gebogenen Rohres. Ließ man das Silberchlorid sich abkühlen, dann
fing es wieder an, die Ammoniakdämpfe zu absorbieren, wodurch das flüssige
Ammoniak unter starker Tempera-
tursenkung zum Verdampfen gebracht wurde. Wie man sieht, ist
diese Anordnung mit einer periodisch
wirkenden Absorptionsmaschine identisch, wobei ein festes Absorptionsmittel verwendet wird (vgl. Bd. VII.
dieses Handbuchs)[1]. FARADAY hat
aber dabei niemals an die künstliche Erzeugung von Kälte gedacht;
er wollte nur reines wasserfreies
Ammoniak verflüssigen.

Bei der zweiten Arbeit FARADAYS
(1845)[2] standen ihm bereits bessere
experimentelle Hilfsmittel zur Verfügung: einerseits konnte er den
Druck der Gase durch zwei hintereinandergeschaltete Pumpen auf
40 Atm erhöhen, andererseits hatte
THILORIER inzwischen gezeigt (siehe
S. 18), daß man mit Gemischen
aus Äther und fester Kohlensäure
die Temperatur des Kältebades bis

Abb. 4. MICHAEL FARADAY.

auf −110° absenken kann. Mit diesen Mitteln gelang FARADAY die Verflüssigung zahlreicher Gase einschließlich des Äthylens. Nicht verflüssigbar blieben
nur noch O_2, N_2, CH_4, CO, NO, H_2 und das erst viel später entdeckte Helium
mit anderen Edelgasen. Man nannte sie damals die „permanenten" Gase. Der
Arzt JOHANNES NATTERER in Wien[3] versuchte diese Gase durch Anwendung
sehr hoher Drücke, von 1000 und später sogar von 3600 Atm, zu verflüssigen,
doch blieb er dabei erfolglos, weil es ihm nicht gelang, die Temperatur gleichzeitig tief genug bis unter die kritische herabzusetzen.

Die ersten Hinweise auf den kritischen Zustand (von Äther, Alkohol und
Wasserdampf) finden sich in den Untersuchungen von CAGNIARD DE LA TOUR
(1822)[4]. Auf die Bedeutung dieser Arbeiten hat FARADAY (1848) nachdrücklich
aufmerksam gemacht. Genauer äußerte sich 1860 der russische Chemiker MEN-
DELEJEFF, der den Begriff der „absoluten Siedetemperatur" einführte, die mit

---

[1] Dieser Versuch veranlaßte die General Motors Co. in Dayton, Ohio, ihrer mit Ammo-
niakaten betriebenen Absorptionsmaschine den Handelsnamen „Faraday-Maschine" zu
geben.

[2] FARADAY, M.: Phil. Trans. roy. Soc. Lond. 1845, S. 155 — Ann. chim. et phys. (3)
Bd. 15 (1845).

[3] NATTERER, J.: Pogg. Ann. Bd. 62 (1844) S. 132 — Wien. Ber. Bd. 5 (1850) S. 351;
Bd. 6 (1851) S. 557; Bd. 12 (1854) S. 199 — Ann. Phys., Lzg. (2) Bd. 62 (1844) S. 132.

[4] CAGNIARD DE LA TOUR: Ann. chim. et phys. (2) Bd. 21 (1822) S. 127 u. 178; Bd. 22
(1823) S. 140; Bd. 23 (1823) S. 410.

der kritischen Temperatur identisch ist[1]. Eine vollständige Klärung der Vorgänge im kritischen Gebiet brachten aber erst 1869 die klassischen Untersuchungen des Arztes und Chemikers Thomas Andrews in Belfast (1813—1885), Abb. 5.

Nach einem Studium der Chemie in Glasgow und der Medizin in Dublin und Edinburgh ließ sich Andrews 1835 als praktischer Arzt in Belfast nieder. Gleichzeitig befaßte er sich mit chemischen Fragen und wurde Professor an der Royal Belfast Academical Institution. 1845 gab Andrews seine Privatpraxis auf und widmete sich ausschließlich wissenschaftlicher Arbeit; aber erst 1860, im reifen Mannesalter, wandte er sich seiner Hauptarbeit, der Messung der Kompressibilität von Gasen zu. Im Jahre 1861 erschien eine kurze Notiz über das Verhalten einiger „permanenter" Gase[2]. Die ersten Andeutungen über seine klassischen Untersuchungen im kritischen Gebiet des Kohlendioxyds finden sich in einem Brief an Dr. Miller (wahrscheinlich aus dem Jahre 1862), der damals als Verfasser eines vielgelesenen Werkes „Chemical Physics" bekannt war. In der dritten Auflage dieses Werkes von 1863 stehen auf S. 328 folgende Sätze aus dem erwähnten Brief:

Abb. 5. Thomas Andrews.

„Bei teilweiser Verflüssigung des Kohlendioxyds nur durch Druck und gleichzeitige allmähliche Steigerung der Temperatur bis 88° F (31,1° C) wurde die Trennungsfläche zwischen der Flüssigkeit und dem Gas immer undeutlicher, sie verlor ihre Krümmung und verschwand endlich ganz. Der Raum wurde dann von einer homogenen Flüssigkeit eingenommen, die, wenn man den Druck plötzlich verringerte oder die Temperatur ein wenig erniedrigte, ein eigentümliches Aussehen von sich bewegenden oder flatternden Streifen durch die ganze Masse annahm. Bei Temperaturen über 88° F konnte keine scheinbare Verflüssigung des Kohlendioxyds oder Trennung in zwei verschiedene Aggregatzustände hervorgebracht werden, selbst wenn ein Druck von 300 oder 400 Atmosphären angewandt wurde."

Die vollständigen Ergebnisse seiner Untersuchungen über den kritischen Zustand veröffentlichte Andrews erst 1869 in seiner berühmten Abhandlung „On the Continuity of the Gaseous and Liquid States of Matter"[3], die er am 17. Juni 1869 als „Bakerian Lecture" vor der Royal Society vortrug. Andrews hat Isothermen des Kohlendioxyds bei 13,1, 21,5, 31,1, 32,5, 35,5 und 48,1° C aufgenommen und dann das kritische Temperatur zu 30,92° C (87,7° F) angegeben. Es gelang ihm, das Kohlendioxyd vollkommen stetig, also ohne plötzliche Volumänderungen, aus einem zweifellos gasförmigen in einen ebenso zweifel-

---

[1] Mendelejeff, D.: J. russ. Chem. Ges. 1860 — Liebigs Ann. Chem. Bd. 119 (1861) S. 11 — Pogg. Ann. Bd. 141 (1870) S. 623.
[2] Andrews, Th.: Rep. of the Brit. Assoc. for 1861, Transactions of Sections, S. 76.
[3] Andrews, Th.: Phil. Trans. roy. Soc. Lond. Bd. 159 II (1869) S. 575—590.

los flüssigen Zustand zu überführen, indem er z. B. gasförmiges Kohlendioxyd von 50° C von 1 auf 150 Atmosphären verdichtete und es dann auf Zimmertemperatur abkühlen ließ, wobei es zum Schluß flüssig war. Er schrieb dazu:

„Es beginnt mit einem Gas, und durch eine Reihe allmählicher Veränderungen hindurch, die niemals eine plötzliche Volumänderung oder eine jähe Wärmeentwicklung zeigen, endet es mit einer Flüssigkeit. Die sorgfältigste Beobachtung vermag nirgends ein Anzeichen zu entdecken, daß das Kohlendioxyd seinen Aggregatzustand verändert habe oder zu irgendeiner Periode des Vorganges zum Teil in dem einen physikalischen Zustand, zum Teil in dem andern gewesen sei."

ANDREWS stellte sich nun folgende Fragen:

1. ob zwischen dem gasförmigen und dem flüssigen Zustand ein grundsätzlicher Unterschied besteht,

2. ob eine einwandfreie Unterscheidung zwischen einem Gas und einem Dampf möglich sei.

Er äußerte seine Ansicht dahingehend, daß „der gewöhnliche Gas- und Flüssigkeitszustand nur weit voneinander getrennte Formen eines und desselben Aggregatzustandes sind ... Bei 35,5° C und 108 Atmosphären ist das Kohlendioxyd auf $1/_{430}$ des Volums reduziert, das es unter dem Druck von 1 Atmosphäre einnimmt; allein wenn jemand fragte, ob es sich nun im gasförmigen oder im flüssigen Zustand befinde, so würde sich darauf, glaube ich, keine bestimmte Antwort geben lassen ... Kurz, diese Zustände sind die *intermediären*, die die Materie annimmt, wenn sie ohne plötzliche Volumänderung oder plötzliche Wärmeentwicklung aus dem gewöhnlichen Gaszustand in den gewöhnlichen Flüssigkeitszustand übergeht".

Das ist das Wesen der Kontinuitätstheorie.

Die zweite Frage beantwortet ANDREWS in der Weise, daß er die kritische Temperatur als Grenze zwischen dem Gaszustand und dem Dampfzustand festlegt. „Nach dieser Definition kann ein Dampf allein durch Druck in eine Flüssigkeit verwandelt werden und vermag deshalb in Gegenwart seiner eigenen Flüssigkeit zu existieren, während ein Gas nicht durch Druck verflüssigt, d. h. nicht durch Druck so verändert werden kann, daß eine Flüssigkeit getrennt vom Gas durch eine sichtbare Oberfläche unterschieden werden kann."

1876 veröffentlichte ANDREWS seine zweite bedeutsame Abhandlung, betitelt „On the Gaseous State of Matter"[1]. Sie stellt eine unmittelbare Fortsetzung seiner früheren Arbeiten dar, wobei er sich das Ziel gesetzt hatte, „die allgemeinen Gesetze zu entdecken, die die physikalischen Zustände der Materie im gasförmigen und flüssigen Aggregatzustand bestimmen". Während ANDREWS in seiner Abhandlung von 1869 auf molekularkinetische Fragen kaum einging, stellte er hier einige Überlegungen über die in realen Gasen wirkenden Molekularkräfte an. Er bestimmte für Kohlendioxyd die Isothermen von 6,5, 64 und 100,6° C und maß sowohl die Ausdehnungskoeffizienten bei konstantem Druck als auch die Spannungskoeffizienten bei konstantem Volum. Der ungeheuren Schwierigkeit, die Ergebnisse seiner Untersuchungen durch ein einfaches Gesetz (z. B. durch eine Zustandsgleichung, s. S. 37) darzustellen, war sich ANDREWS vollkommen bewußt:

„Der Gegenstand ist, in seinem ganzen Bereich und von allen Gesichtspunkten aus betrachtet, an sich so umfassend, seine Untersuchung in vielen Fällen mit so großen experimentellen Schwierigkeiten verbunden, daß ich die

---

[1] ANDREWS, TH.: Phil. Trans. roy. Soc. Lond. Bd. 166, II (1876) S. 421—499. — Beide Abhandlungen (von 1869 und 1876) sind in deutscher Übersetzung in Ostwalds Klassikern der exakten Wissenschaften Nr. 132, Leipzig 1902, erschienen.

Gesellschaft um Nachsicht bitten muß, wenn das bis jetzt erreichte Resultat gering erscheint im Vergleich mit der darauf verwendeten Zeit". (S. 421.)

Eine letzte Abhandlung von Andrews „On the Properties of Matter in the Gaseous and Liquid States under Various Conditions of Temperature and Pressure" erschien 1886 nach seinem Tode[1]. Sie enthält die Ergebnisse seiner hinterlassenen Notizen über die Zusammendrückbarkeit von Gemischen aus Kohlendioxyd und Stickstoff.

In voller Erkenntnis der Bedeutung des kritischen Zustandes bemühten sich im Jahre 1877 Louis Cailletet in Paris und Raoul Pictet in Genf um die Verflüssigung der „permanenten" Gase, wobei sie auch Teilerfolge erzielten. Nachdem Cailletet beim Zerspringen eines mit hochverdichtetem Äthylen gefüllten Rohres eine Nebelbildung beobachtet hatte, stellte er systematische Versuche mit plötzlicher Entspannung komprimierter Gase an, die auch aus theoretischen Gründen eine starke Abkühlung erwarten ließen. So gelang es ihm, auch bei der Entspannung von Sauerstoff eine Nebelbildung zu beobachten[2], die auf die Erreichung der Verflüssigungsgrenze schließen läßt.

Pictet benutzte bei seinen Versuchen die sogenannte Kaskadenmethode, eine Hintereinanderschaltung mehrerer Stufen von Kältemaschinen, bei denen der Verdampfer einer Stufe stets als Kondensator der nächstfolgenden Stufe verwendet wird. Dabei wird in jeder Stufe von einem anderen Kältemittel Gebrauch gemacht, wobei der normale Siedepunkt der Kältemittel von Stufe zu Stufe sinkt. Pictet begann mit SO_2, nahm in der zweiten Stufe CO_2 oder N_2O und in der dritten O_2, das er bei einem Druck von etwa 50 at verflüssigen konnte. (Die kritische Temperatur des Sauerstoffs liegt bei $-118{,}8°$ C, der kritische Druck bei 51,4 at.) Die Art, in der Pictet diese Versuche beschrieben hat, klingt allerdings reichlich phantastisch[3]. Pictet hat später durch unsachliche und von geringem Verständnis zeugende Angriffe gegen C. v. Linde seinem wissenschaftlichen Ruf geschadet[4].

In etwas größeren Mengen gelang die Verflüssigung mehrerer „permanenter" Gase 1883 den polnischen Physikern Karol Olszewski (1846—1915) und Siegmund v. Wroblewski (1845—1888) in der Universität Krakau[5]. Bei diesen Versuchen wurde komprimierter Sauerstoff in einem Rohr ausgedehnt, das in ein Bad von flüssigem Äthylen versenkt wurde, welches bei niedrigem Druck auf $-136°$ abgekühlt war. Später wurde durch weitere Drucksenkung die Temperatur auf $-152°$ herabgesetzt, und es gelang, größere Sauerstoffmengen zu verflüssigen. Ließ man den gewonnenen flüssigen Sauerstoff seinerseits unter vermindertem Druck verdampfen, so sank die Temperatur weiter ab, und es gelang, N_2, CO, CH_4 und Luft bei normalem Druck zu verflüssigen. Die tiefste damals erreichte Temperatur betrug $-225°$ C; dabei konnte Stickstoff in den festen Zustand versetzt werden.

Die bisher beschriebenen Verfahren der Gasverflüssigung waren noch recht umständlich und kostspielig. Sie eigneten sich eher für wissenschaftliche Labo-

---

[1] Andrews, Th: Phil. Trans. roy. Soc. Lond. 1886, II, S. 45—56.

[2] Cailletet, L.: C. R. Acad. Sci., Paris Bd. 85 (1879) S. 1210 u. 1270 — Ann. Chim. Phys. (5) Bd. 15 (1878) S. 138.

[3] Pictet, R.: C. R. Acad. Sci., Paris Bd. 85 (1877) S. 1214 ; Bd. 86 (1878) S. 37 u. 106 — Ann. Chim. Phys. (5) Bd. 13 (1878) S. 145 — Arch. sci. phys. nat. (2) Bd. 61 (1878) S. 16. — Später baute Pictet in Berlin eine Kaskade, in der er Kohlendioxyd, Stickoxydul und Luft als Kältemittel verwendete.

[4] Pictet, R.: Die Theorie der Apparate zur Herstellung flüssiger Luft durch Entspannung. Weimar: Carl Steinert 1903.

[5] Olszewski, K., u. S. v. Wroblewski: C. R. Acad. Sci., Paris Bd. 96 (1883) S. 1140 — Ann. Phys. Bd. 20 (1883) S. 243. — S. v. Wroblewski: C. R. Acad. Sci., Paris Bd. 97 (1883) S. 1553 — Ann. Phys., (3), Bd. 25 (1885) S. 371; Bd. 26 (1885) S. 134.

ratorien als für den praktischen Gebrauch. In industriellem Maßstab wurde Luft erst 1895, und zwar fast gleichzeitig durch v. LINDE[1] und HAMPSON[2] verflüssigt. Auch OLSZEWSKI begann wenig später mit dem Bau kleiner Luftverflüssigungsanlagen[3]. Während v. LINDE und HAMPSON die Verflüssigung in sehr einfacher Weise durch Drosselung hochgespannter Luft, also durch Anwendung des JOULE-THOMSON-Effektes, erzielten (s. S. 31, 91), machte GEORGE CLAUDE wenige Jahre später (1902) von der Expansion mit äußerer Arbeitsleistung Gebrauch[4]. Das gleiche Verfahren wandte auch HEYLANDT an[5]. Der Gedanke stammt ursprünglich von SOLVAY[6], der ihn jedoch nicht praktisch auszuführen vermochte. Auf alle diese Verfahren und ihre Weiterentwicklung werden wir auf S. 90 zurückkommen.

Nun widerstanden nur noch *Wasserstoff* und *Helium* der Verflüssigung. Die ersten nicht sehr überzeugenden Erfolge auf dem Wege zur Wasserstoffverflüssigung werden OLSZEWSKI und WROBLEWSKI zugeschrieben. Indem OLSZEWSKI auf über 100 Atm. verdichtetes Wasserstoffgas mit Hilfe von flüssigem Stickstoff, den er unter

Abb. 6. JAMES DEWAR.

Vakuum sieden ließ, abkühlte und anschließend expandieren ließ, will er 1884 eine Kondensation in Gestalt einer Nebelbildung („une mousse bien visible") beobachtet haben[7]. Eine vollständige Verflüssigung von Wasser-

---

[1] v. LINDE, C.: DRP 88824 (1896); Brit. Pat. 12528 (1895).

[2] HAMPSON, W.: Brit. Pat. 10165 (1895); U.S. Pat. 630312 (1906).

[3] OLSZEWSKI, K.: Phil. Mag. (5), Bd. 39 (1895) S. 188, 200, 210 — Z. kompr. flüss. Gase Bd. 7 (1903); Bd. 14 (1912) S. 127, Nr. 1 u 2 — Anz. Krakau Akad. 1908, S. 375 u. 483.

[4] CLAUDE, G.: C. R. Acad. Sci., Paris Bd. 134 (1912) S. 1568 — DRP 192594 (1907) — Air liquide, oxygene, azote, Paris 1909, zweite Auflage 1926; deutsche Übersetzung von L. KOLBE. Leipzig: J. A. Barth 1920.

[5] HEYLANDT, C. W. P.: Z. Sauerst.-Ind. Bd. 12 (1920) S. 43 — Chemiker-Ztg. Bd. 61 (1937) S. 10.

[6] SOLVAY, E.: C. R. Acad. Sci., Paris Bd. 121 (1895) S. 1141.

[7] OLSZEWSKI, K.: C. R. Acad. Sci., Paris Bd. 98 (1884) S. 365; Bd. 101 (1885) S. 238 — Wied. Ann. Bd. 25 (1885) S. 371. — WROBLEWSKI, S.: C. R. Acad. Sci., Paris Bd. 98 (1884) S. 149; Bd. 100 (1885) S. 979 — Wiener Ber. Bd. 97 (1885) S. 1321.

stoff, bei der auch ein Meniskus beobachtet werden konnte, ist aber erst 1898 James Dewar gelungen (Abb. 6), der, nach vorheriger Abkühlung des auf 180 Atm. verdichteten Gases durch flüssige Luft unter seine Inversionstemperatur, vom Joule-Thomsom-Effekt und dem Regenerativverfahren Gebrauch machte, also den gleichen Weg einschlug, den v. Linde bei der Luftverflüssigung gewählt hatte[1]. Dewar hat die Tieftemperaturtechnik auch durch die Erfindung der nach ihm benannten doppelwandigen Vakuumgefäße sehr wesentlich gefördert; dies Prinzip wurde bekanntlich in den Thermosflaschen allgemein nutzbar gemacht. Die Dewar-Gefäße ermöglichen es erst, flüssige Luft und andere flüssige Gase längere Zeit in einfacher Weise aufzubewahren und zu transportieren.

Verbesserungen an Wasserstoffverflüssigern wurden von Kamerlingh Onnes, Olszewski, Lilienfeld und besonders von Meissner[2] durchgeführt. Meissners Verflüssiger für 5 Liter Wasserstoff je Stunde wurde von der Gesellschaft Linde für die Physikalisch-Technische Reichsanstalt in Berlin ausgeführt.

Es ist verständlich, daß sich nunmehr die Bemühungen aller Tieftemperaturphysiker darauf richteten, das einzige übriggebliebene „permanente" Gas, *Helium*, zu verflüssigen. Dieses Gas wurde erstmalig im Jahre 1868 von Lockyer und Frankland im Sonnenspektrum gefunden. Auf der Erde wurde es zuerst 1891 in dem Mineral Cleveit festgestellt und 1895 von Crookes und Ramsay auf spektroskopischem Wege als das gleiche Gas erkannt, das Lockyer im Sonnenspektrum gefunden hatte. Später fand man Helium in größeren Mengen im Monazitsand und schließlich noch sehr viel größere Mengen (bis 1%) im Naturgas in den Ölfeldern von Texas und Kansas in USA.

An dieser Stelle ist es angebracht, einige Worte über die Entstehung und Entwicklung des Kältelaboratoriums in Leiden (Holland), Abb. 7, einzuschalten. Es wurde 1882 von Heike Kamerlingh Onnes gegründet, Abb. 8, wobei zuerst eine Kaskade mit den Stufen Methylchlorid-Äthylen-Sauerstoff errichtet wurde[3]. Als vierte Stufe trat einige Jahre später Luft hinzu. Inzwischen war das Linde-Verfahren der Luftverflüssigung bekanntgeworden, und Kamerlingh Onnes stellte es in den Dienst der Wasserstoffverflüssigung. Nachdem es ihm auf diese Weise gelungen war, mehrere Liter flüssigen Wasserstoffs zu erhalten, ließ er diese Flüssigkeit unter einem Druck von etwa 6 cm QS sieden, wobei die Temperatur auf 14° K gesenkt werden konnte. Diese Temperatur bildete den Ausgangspunkt für die Heliumverflüssigung, bei der ebenfalls von dem Linde-Verfahren (Joule-Thomson-Effekt und Regenerativprinzip) Gebrauch gemacht wurde. Die ursprüngliche Anlage, mit der am 10. Juli 1908 die Heliumverflüssigung zum erstenmal gelang, ist in Abb. 9 dargestellt[4]. Ihre Wirkungsweise ist die folgende:

Das gasförmige Helium wird im Kompressor P_1 auf etwa 40 Atm. verdichtet und anschließend in drei hintereinandergeschalteten Gegenströmern S_1, S_2 und S_3 durch kalte Heliumdämpfe tief abgekühlt. Die das Heliumgas führende

---

[1] Dewar, J.: Proc. roy. Soc., Lond. Bd. 63 (1898) S. 256; Bd. 68 (1901) S. 360 — J. chem. Soc. Bd. 73 (1898) S. 529 — C. R. Acad. Sci., Paris Bd. 126 (1898) S. 1408.

[2] Meissner, W.: Naturwiss. Bd. 13 (1925) S. 695 — Phys. Z. Bd. 26 (1925) S. 689.

[3] Über die verschiedenen von Kamerlingh Onnes benutzten Kaskaden vgl. Commun. phys. Lab. Univ. Leiden Nr. 51 (1899); Nr. 87 (1903); Nr. 94 (1906); Nr. 109 (1909); Suppl. 18 (1907). Die verschiedenen in Leiden benutzten Apparate und Methoden sind beschrieben von C. A. Crommelin in Suppl. 45 (1922) und von Kamerlingh Onnes in Commun. phys. Lab. Univ. Leiden Nr. 158 (1926).

[4] Kammerlingh Onnes, H.: Commun. phys. Lab. Univ. Leiden Nr. 108 (1908); Nr. 112 (1909); Nr. 119 (1911).

Spirale S_2 ist außerdem teilweise in ein Bad von flüssigem Wasserstoff versenkt, das unter Vakuum bei 14° K siedete. Die gebildeten H_2-Dämpfe wurden vom Kompressor P_2 abgesaugt. Das in S_2 abgekühlte verdichtete Heliumgas wurde

Abb. 7. KAMERLINGH ONNES-Laboratorium in Leiden.

Abb. 8. HEIKE KAMERLINGH ONNES.

nun in den dritten Gegenströmer geleitet und am Ende der Spirale S_3 auf den Druck von 1 Atm. abgedrosselt, wobei die Temperatur auf 4,2° K sank und das Gas sich teilweise verflüssigte, während die kalten Dämpfe durch die drei Gegenströmer zurückflossen und dann von dem Kompressor P_1 wieder angesaugt wurden. Die gebildete Menge von flüssigem Helium blieb zunächst unbemerkt; erst bei richtiger Beleuchtung wurde der Meniskus deutlich erkannt.

Mit der Verflüssigung des Heliums war für die Forschung ein ganz neues Tieftemperaturgebiet erschlossen, in dem es gelang, bis in den Bereich von 1° K herunterzukommen und zahlreiche neue Erkenntnisse über das Verhalten der Materie zu gewinnen; es braucht nur an die Entdeckung der Supraleitfähigkeit durch KAMERLINGH ONNES (1911) erinnert zu werden[1].

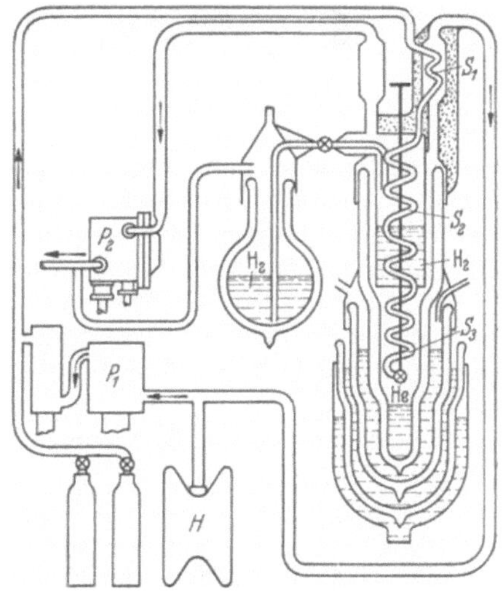

Abb. 9. Anlage, mit der am 10. Juli 1908 zum ersten Male Helium verflüssigt wurde (aus v. LAMMEREN, S. 118, Bild 57).

---

[1] KAMERLINGH ONNES, H.: Commun. phys. Lab. Univ. Leiden Nr. 122b u. 124c (1911).

Kamerlingh Onnes hat seinen Heliumverflüssiger später wesentlich verbessert[1]. Durch Senkung des Vakuums auf 2 mm QS gelangte er selbst bis zu einer Temperatur von etwa 1,35° K. Die tiefste Temperatur, die mit flüssigem Helium erzielt werden konnte, lag bei 0,71° K; sie wurde von Keesom in Leiden durch Senkung des Drucks auf 0,0036 mm QS erreicht. Eine Verfestigung des Heliums gelang Keeson erst 1926 durch Anwendung hoher Drücke[2]; dabei wurde festgestellt, daß festes Helium nur bei Drücken oberhalb 25 Atm. existenzfähig ist, selbst wenn die Temperatur bis in die Nähe des absoluten Nullpunktes gesenkt wird. Mit wachsendem Druck steigt die Erstarrungs- bzw. Schmelztemperatur rasch an. F. E. Simon und seinen Mitarbeitern gelang es 1950, die Schmelztemperatur des Heliums durch Steigerung des Drucks auf über 7000 Atm. bis auf 50° K zu heben, was etwa dem zehnfachen Wert der kritischen Temperatur entspricht[3].

Dem Beispiel von Leiden folgend, wurden Heliumverflüssiger 1923 in Toronto (Ontario)[4], 1925 an der Physikalisch-Technischen Reichsanstalt in Berlin[5] und um 1930 in Charkow (UdSSR) errichtet. Sie blieben zunächst eine große Seltenheit.

Da das Heliumgas die Gesetze idealer Gase viel genauer befolgt als Luft, ist der Joule-Thomson-Effekt bei Helium nur sehr schwach. Man kann daher für die Verflüssigung dieses Gases eine wesentliche Verbesserung erwarten, wenn man an Stelle der Drosselung von der adiaba-

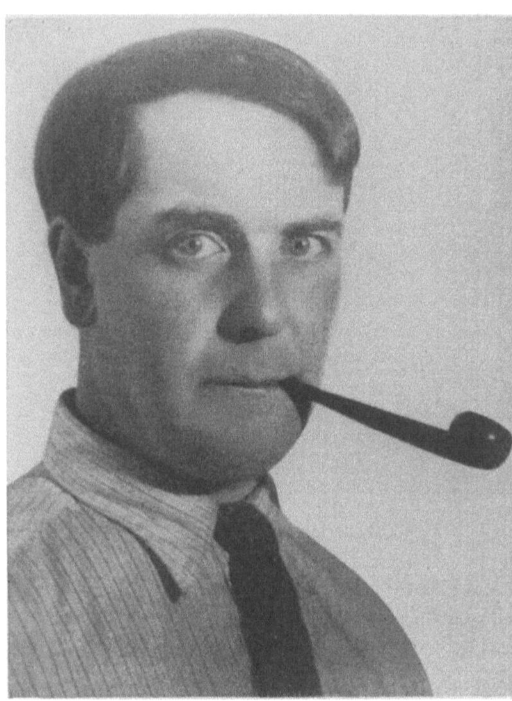

Abb. 10. Peter Kapitza.

tischen Expansion mit Arbeitsleistung Gebrauch macht. Diesen Weg hat zuerst Kapitza, Abb. 10, zielbewußt verfolgt[6]; gleichzeitig verzichtete er auf die Vorkühlung mit flüssigem Wasserstoff, dessen Verwendung wegen der Explosionsgefahr stets als Nachteil angesehen wurde. Er begnügte sich mit einer Vorkühlung auf 65° K durch flüssigen Stickstoff, der unter vermindertem Druck siedete, und überbrückte die Temperatursenkung von 65 auf 10° K dadurch, daß er einen Teil des auf 20 bis 30 Atm. verdichteten Heliumgases in einer Expansionsmaschine unter

---

[1] Kamerlingh Onnes, H.: Commun. phys. Lab. Univ. Leiden Nr. 159 (1922) — Trans. Faraday Soc. Bd. 18 (1922) S. 145.

[2] Keesom, W. H.: Commun. phys. Lab. Univ. Leiden Nr. 184b (1926).

[3] Vgl. Nature (Lond.) Bd. 165 (1950) S. 147.

[4] McLennan, J. C.: Nature (Lond.) Bd. 112 (1923) S. 135.

[5] Meissner, W.: Z. Phys. Bd. 36 (1926) S. 325 — Naturwiss. Bd. 13 (1925) S. 695 — Phys. Z. Bd. 29 (1928) S. 610.

[6] Kapitza, P.: Proc. roy. Soc. Lond., Bd. 147 (1934) S. 189 — Nature (Lond.) Bd. 133 (1934) S. 708. — Vgl. auch J. D. Cockcroft: Ber. d. 7. intern. Kältekongresses, den Haag, Bd. 1 (1936) S. 373.

Arbeitsleistung bis auf Atmosphärendruck ausdehnte, wobei in der Tat eine Abkühlung bis auf 10° K erreicht wurde. Dieses kalte Gas wurde dann im Gegenstrom zum verdichteten Restgas geleitet und dieses schließlich durch Drosselung auf 4° K abgekühlt, wobei Verflüssigung eintrat. Wie man sieht, wurde hierbei von dem gleichen Verfahren Gebrauch gemacht, das schon CLAUDE bei der Luftverflüssigung mit Erfolg angewandt hatte. KAPITZA führte die Expansion zuerst in besonders konstruierten Kolbenmaschinen durch, die keiner Schmierung bedurften, benutzte aber später Expansionsturbinen, in denen er trotz ihrer Kleinheit adiabatische Wirkungsgrade bis über 80% erreichte[1].

Einen kompakten, leicht herstellbaren und nicht kostspieligen Heliumverflüssiger für kleine Mengen hat SIMON entwickelt[2]: Heliumgas wird auf 100 bis 150 Atm. verdichtet und mit flüssigem Wasserstoff, der unter Vakuum siedet, auf etwa 11° K abgekühlt. Das Gefäß, in dem sich das verdichtete kalte Heliumgas befindet, wird dann gegen die Umgebung thermisch isoliert. Läßt man dann durch Öffnen eines Hahnes das Gas aus dem Gefäß ausströmen (was durchaus nicht schnell geschehen muß, sondern einige Minuten dauern kann), so expandiert das Restgas im Gefäß nahezu adiabatisch und kühlt sich dabei so stark ab, daß ein erheblicher Teil der Füllung verflüssigt wird. Von dem SIMONschen Verfahren haben zahlreiche Forscher Gebrauch gemacht, um Untersuchungen bei Temperaturen bis zu 1° K durchzuführen, die durch Abpumpen der Dämpfe über der Flüssigkeit erreicht wurden.

Man verdankt SIMON noch ein zweites einfaches Verfahren für die Erzeugung von kleinen Mengen flüssigen Heliums; es ist das sogenannte Desorptionsverfahren[3]: Heliumgas wird an aktiver Kohle absorbiert, die durch flüssigen Wasserstoff möglichst tief abgekühlt wird. Nach Unterbrechung des thermischen Kontaktes mit dem Wasserstoffbad wird dann die Kohle einem hohen Vakuum ausgesetzt, wodurch die Desorption des Heliums einsetzt. Das aus der Kohle entweichende Gas wird abgepumpt, und es gelingt auf diese Weise, die Temperatur der Kohle unterhalb des kritischen Punktes von Helium zu senken. In einem mit verdichtetem Heliumgas gefüllten Rohr, das in die Kohle versenkt wird, tritt dann eine Verflüssigung des Heliums ein. Verflüssiger dieser Art wurden zuerst in Leiden und im Physikalisch-Chemischen Institut der Universität Berlin[4] aufgestellt. Man kommt damit bis auf 2° K herunter.

Wenn die bisherigen Bemühungen auch dazu geführt haben, die Verflüssigung des Heliums wesentlich zu vereinfachen, so war es doch immer noch notwendig, über flüssigen Wasserstoff oder mindestens flüssigen Stickstoff für die Vorkühlung des Heliumgases zu verfügen, was zweifellos eine erhebliche Komplikation bedeutet. Kurz vor dem zweiten Weltkrieg ist es aber S. C. COLLINS am Massachusetts Institute of Technology in Cambridge, Mass., gelungen, ein Verfahren zu entwickeln, das nicht mehr der Verflüssigung eines Hilfsgases bedarf. COLLINS macht von der Abkühlung eines Teilstromes des auf 15 Atm. verdichteten Heliumgases durch adiabatische Expansion in verschiedenen Temperaturgebieten zweimal Gebrauch, und so gelingt es ihm, unter Ausnutzung

---

[1] KAPITZA, P.: J. of Phys. of the USSR 1939, Nr. 1, S. 17 — Z. techn. Phys. (russisch) Bd. 9 (1939) Nr. 2, S. 99.

[2] SIMON, F. E.: Z. ges. Kälteind. Bd. 34 (1927) S. 12; Bd. 39 (1932) S. 89 — Phys. Z. Bd. 27 (1926) S. 790; Bd. 34 (1933), S. 232 — Naturwiss. Bd. 18 (1930) S. 342. — Vgl. auch F. A. LINDEMANN u. T. C. KEELY: Nature (Lond.) Bd. 131 (1933) S. 191. — K. MENDELSSOHN: Z. Phys. Bd. 73 (1931) S. 482.

[3] SIMON, P. E.: Phys. Z. Bd. 27 (1926) S. 790 — Physica, Haag Bd. 4 (1937) S. 879. — Eine ausführliche Beschreibung des Desorptionsverfahrens findet man bei VAN LAMMEREN: Technik der tiefen Temperaturen, S. 149—163. Berlin: J. Springer 1941.

[4] MENDELSSOHN, K.: Z. Phys. Bd. 73 (1931/32) S. 482.

des Gegenstromprinzips und Anwendung wirksamster Isolierung das verdichtete Gas bis auf $-261°$ C abzukühlen. Diese letzte Temperatursenkung bis unter den kritischen Punkt $(-268°$ C) wird durch Drosselung erreicht[1]. Heliumverflüssiger dieser Art werden jetzt von Arthur D. Littel, Inc., in Cambridge, Mass., serienweise gebaut[2].

Zum Abschluß dieses Paragraphen wollen wir noch kurz auf die *Verfestigung von Kohlendioxyd* eingehen, dessen Verflüssigung erstmalig FARADAY im Jahre 1823 gelungen war (s. S. 8). Festes CO_2 in der Gestalt von lockerem Schnee wurde zuerst im Jahre 1834 von THILORIER durch Drosselung von flüssigem CO_2 erhalten[3]. Er teilte mit, daß man diesen Schnee leicht verdichten könne und daß er bei Atmosphärendruck eine Temperatur von $-78,5°$ besitzt, wobei er aus dem festen Zustand unmittelbar in den Dampfzustand übergeht (sublimiert), ohne zu schmelzen. Durch Mischung von festem Kohlendioxyd mit Äther konnte FARADAY Temperaturen unterhalb $-100°$ C erreichen und zahlreiche Gase verflüssigen (S. 9). Die physikalischen Eigenschaften des festen Kohlendioxyds wurden erst 1895 von VILLARD und JARRY näher untersucht[4]. Eine vollständige Dampftafel und thermodynamische Diagramme für die dampfförmige, flüssige und feste Phase wurden 1929 von PLANK und KUPRIANOFF aufgestellt[5].

Festes CO_2, das heute den Namen „*Trockeneis*" (Dry Ice) führt, wurde zuerst im Jahre 1924 in Montreal (Canada) industriell hergestellt. In großem Umfang setzte die Herstellung aber erst ab 1925 ein, nachdem die Dry Ice Corporation in New York den Verbrauch von Trockeneis für die Kühlung von Speiseeis und für den Transport gefrorener Lebensmittel zu propagieren begann (s. S. 149 und 151). In den Jahren von 1925 bis 1935 stieg die Erzeugung von 135 t auf 120000 t im Jahr. Eine ausführliche Darstellung der technischen Entwicklung in der Erzeugung und Anwendung von Trockeneis lieferte KUPRIANOFF[6].

III. Der erste Hauptsatz der Thermodynamik[7].

Die technischen Fortschritte in der Erzeugung künstlicher Kälte fußen zu einem großen Teil auf der Vertiefung thermodynamischer Erkenntnisse. Ein wirkliches Verständnis der thermischen Vorgänge in einer Kältemaschine ist ohne ein gründliches Studium thermodynamischer Gesetze, insbesonders des ersten und zweiten Hauptsatzes und der Lehre von den Kreisprozessen, nicht möglich. Wenn die ersten tastenden Versuche, Kältemaschinen zu bauen, auch schon im Anfang des 19. Jahrhunderts gemacht wurden und damit den großen thermodynamischen Entdeckungen vorauseilten, so trat eine planvolle Entwicklung der Kältemaschinen im industriellen Maßstab und auf wirtschaftlicher Grundlage doch erst nach völliger Klärung der theoretischen Grundlagen ein. Die Geburtsjahre der klassischen Thermodynamik liegen zwischen 1842 und 1852 (JULIUS ROBERT MAYER, JAMES PRESCOTT JOULE, RUDOLPH CLAUSIUS, WILLIAM THOMSON, HERMANN V. HELMHOLTZ), während die Kältemaschinenindustrie in der Zeit von 1860 bis 1875 entstanden ist.

---

[1] COLLINS, S. C.: Rev. sci. Instrum. Bd. 18 (1947) S. 157 — Science, New York Bd. 116 (1952) S. 289.

[2] LATHAM jr., A., u. H. O. MACMAHON: Refrig. Engng. Bd. 57 (1949) S. 549.

[3] THILORIER: Ann. Chim. Phys. (2) Bd. 60 (1835) S. 432.

[4] VILLARD u. JARRY, J. de Phys. (3) Bd. 4 (1895) S. 511.

[5] PLANK, R., u. J. KUPRIANOFF: Beiheft z. Z. ges. Kälteind., Reihe 1, H. 1. Berlin: Ges. f. Kältewesen 1929.

[6] KUPRIANOFF, J.: Die feste Kohlensäure (Trockeneis). Stuttgart: Ferd. Enke 1939; zweite Auflage 1953.

[7] Vgl. R. PLANK: Naturwiss. Bd. 30 (1942) S. 285.

Im Altertum gehörte die Wärme zur Kategorie des *Feuers*, das von Empedokles (490—430 v. Chr.) als eines der vier Grundelemente angenommen wurde
(Feuer, Wasser, Luft und Erde). Diese Vorstellung erhielt sich bis tief in das
Mittelalter hinein und wurde erst 1697 durch die Phlogiston-Theorie des deutschen Chemikers Georg Ernst Stahl (1660—1734) abgelöst[1]. An die Stelle
des Phlogiston setzte Lavoisier 1787 den Begriff des „*Calorique*"[2]. Im Jahre
1789 führte er diesen Begriff in sein grundlegendes Lehrbuch der Chemie ein[3].
Der sehr vorsichtige Lavoisier äußerte sich dabei wie folgt:

„Nous avons en conséquence designé la cause de la chaleur, le fluide éminem-
ment élastique qui la produit, par le nom *calorique*. Indépendamment de ce que
cette expression remplit notre object dans le système que nous avons adopté,
elle a encore un autre avantage c'est de pouvoir s'adapter à toutes sortes d'opi-
nions, puisque, rigoureusement parlant, nous ne sommes pas même obligés de
supposer que le calorique soit une matière réelle; il suffit, comme on le sentira
mieux par la lecture de ce qui va suivre, que ce soit une cause répulsive quel-
conque qui écarte les molécules de la matière et on peut ainsi en envisager les
effets d'une manière abstraite et mathématique."

Das bedeutet jedenfalls schon ein deutliches Abrücken von dem bis dahin
allgemein angenommenen stofflichen Charakter der Wärme. An Stelle eines
Wärme*stoffes* konnte man sich auch ein abstraktes Medium denken, dessen Vorhandensein in größerer oder klei-
nerer Menge einen Körper mehr oder
weniger warm erscheinen läßt, das
von einem Körper auf den anderen
übergehen und dabei auch Aggregat-
zustandsänderungen bewirken
kann, das aber an sich unzerstörbar
ist[4]. Die Vorstellung vom stofflichen
Charakter der Wärme geriet in der
Jahrhundertwende durch die Beobachtungen von Benjamin Thompson und Sir Humphrey Davy
weiter ins Wanken.

B. Thompson (1753—1814),
Abb. 11, wurde in Woburn, Mass.,
30 Meilen nördlich von Boston als

Abb. 11. Benjamin Thompson (Graf Rumford).

---

[1] Stahl, G. E.: Zymotechnia fun-
damentalis sive fermentationis theoria
generalis. Halle 1697. — Ausführlicher
in desselben Verfassers Specimen Becche-
rianum sistens fundamenta, documenta,
experimenta usw. bei Joh. Ludwig Gle-
ditschium, Leipzig 1703, deutsche Ausgabe bei Caspar Jacob Eysseln, Leipzig 1720.

[2] Die Bezeichnung „Calorique" erschien bei Lavoisier zuerst in der im April 1787 der
Akademie vorgelegten Schrift „Méthode de nomenclature chimique". Es muß aber betont
werden, daß schon Joseph Black den Wärmestoff als „Caloricum" bezeichnet hatte und
zwischen Caloricum liber und Caloricum latens unterschied (1761, bei seinen Versuchen
über das Schmelzen von Eis).

[3] Lavoisier, A. L.: Traité élémentaire de chimie, présenté dans un ordre nouveau et
d'après les découvertes modernes. Paris 1789, S. 4.

[4] Über die Vorstellungen von der Wärme und der Verbrennung vor dem Aufkommen
der energetischen Betrachtungsweise vgl. H. Schimank: Brennstoff, Wärme, Kraft Bd. 4
(1952) S. 73.

der Sohn einer aus England stammenden Familie geboren und hat niemals eine systematische Ausbildung genossen. Nach dem amerikanischen Freiheitskriege mußte er aus Amerika auswandern und ließ sich zuerst in England bei König Georg III., später in München nieder, wo er nach Bekleidung verschiedener Staatsämter vom Kurfürsten Karl Theodor zum Kriegsminister ernannt wurde und den Titel eines Grafen Rumford erhielt. Er beobachtete in den Werkstätten des Militärzeughauses in München, daß beim Bohren der bronzenen Kanonenläufe große Wärmemengen entwickelt wurden, durch die Wasser zum Sieden gebracht werden konnte. Er stellte fest, daß die spezifische Wärme des vollen Metalles und der Bohrspäne gleich groß sei, so daß die Wärmestofftheorie versagte und ein unmittelbarer Zusammenhang zwischen der Bohrarbeit und der entwickelten Wärmemenge bestehen mußte. Diese Erkenntnisse wurden also an Kriegswerkeugen im Zuge technischer Forschungsarbeiten gewonnen (1798)[1]. Später kehrte Thompson nach England zurück, gründete 1800 die Royal Institution und heiratete 1805 die Witwe Lavoisiers. Er ist in Auteuil bei Paris begraben[2].

Sir Humphrey Davy (1778—1829) begann seine Ausbildung als Medizinpraktikant und gelangte über die Pharmazie zur praktischen Chemie. Er war im wesentlichen Autodidakt. Auf Grund seines Bücherstudiums machte er sich bestimmte Vorstellungen über das Wesen der Wärme, die mit der damaligen Stofftheorie im Widerspruch standen, und wies deren Unhaltbarkeit durch Versuche nach, bei denen zwei von äußeren Einflüssen gänzlich isolierte Eisstücke durch gegenseitige Reibung zum Schmelzen gebracht wurden[3]. Im Jahre 1812 äußerte Davy: „The immediate cause of heat is motion."

Bevor wir auf den endgültigen Wandel in den Vorstellungen über die Wärme eingehen, der durch die Arbeiten von Robert Mayer, Joule und v. Helmholtz eingetreten ist und zum Gesetz von der Erhaltung der Energie führte, wollen wir noch einen Blick in die Vergangenheit werfen und daran erinnern, wie sich die *Erhaltungsprinzipien* allmählich herausgebildet haben[4].

Aus religiösen, philosophischen und metaphysischen Vorstellungen heraus hat sich schon im Altertum die Auffassung gebildet, daß die Schöpfung der Welt in sich vollendet war und daß nichts Neues hinzugeschaffen, aber auch nichts von dem Erschaffenen vernichtet werden kann. Worin das Erschaffene greifbar bestand, darüber war man sich freilich nicht im klaren und begnügte sich daher mit der Hypothese, daß „Etwas" in der Welt unverändert bleiben müsse. Die eleatische Schule (6. und 5. Jahrhundert v. Chr.) lehrte die unveränderte Einheit des Seins; es gäbe kein Entstehen und kein Vergehen, sondern das Ganze stehe unbeweglich fest. Die Anhänger dieser Schule, Parmenides und Melissos, verkündeten, „daß aus dem Nichtseienden auch nichts werden könne, daß daher das, was je war, auch immer war und immer sein wird". Empedokles (490—439 v. Chr.) lehrte, daß etwas Bestehendes niemals vernichtet werden könne, und Anaxagoras (500—428 v. Chr.) deutete alles Geschehen

---

[1] Rumford: An inquiry concerning the source of the heat which is excited by friction. Phil. Trans. roy. Soc., Lond. 1798, S. 80 — An inquiry concerning the weight of heat. Phil. Trans. roy. Soc., Lond. 1799. — Vgl. auch Complete Works Bd. 2, S. 2. Herausgegeben von Ellis. London 1876. — R. Berthold: Rumford und die mechanische Wärmetheorie. Heidelberg 1874.

[2] Über B. Thomson vgl. H. M. Smith: Torchbearers of Chemistry (Bilder und Biographien von über 200 Chemikern). New York: Academic Press 1949.

[3] Davy, H.: An essay on heat, light and the combinations of light. Beddoes contributions to physical and medical knowledge. Bristol 1799. Collected Works Bd. 2, S. 11. London 1839/41.

[4] Strunz, F.: Naturbetrachtung und Naturerkenntnis im Altertum. Hamburg und Leipzig 1904.

als Verbindung und Trennung vieler Urkörperchen, die von einem allmächtigen Geist belebt werden; sein Leitspruch war, daß nichts entsteht und nichts vergeht. DEMOKRIT (etwa 460—400 v. Chr.), der alles Geschehen aus der Bewegung von Atomen ableitete, prägte die Worte: „Nichts wird aus nichts und nichts vergeht zu nichts", auf die sich ROBERT MAYER in seiner zweiten Veröffentlichung stützte. Auch der Stoizismus (ZENON, 336—264 v. Chr.) lehrte, daß der Kosmos aus dem Urfeuer entstanden sei, sich periodisch wieder in dasselbe auflöse und von neuem aus ihm entstehen werde. Nach jeder Wiedergeburt (Palingenesie) nimmt die Weltentwicklung wieder genau denselben Verlauf wie das vorige Mal. Es treten auch dieselben Menschenseelen wieder ins Dasein, deren individuelle Existenz während der Weltverbrennung (Ekpyrosis) nur unterbrochen und in die Einheit der göttlichen Substanz zurückgekehrt war. So vollzieht sich in aller Ewigkeit die Wiederholung alles Gewesenen. Am ausführlichsten hat später LUCRETIUS CARUS (97—55 v. Chr.) in seinem philosophischen Gedicht „De rerum natura", gestützt auf die Lehre EPIKURS, das Gesetz von der Erhaltung des Stofflichen behandelt und daran den Gedanken geknüpft, daß auch die Bewegung unzerstörbar sei.

In der neuen deutschen Philosophie treten ähnliche Gedanken bei FRIEDRICH NIETZSCHE in den Worten von der *Wiederkehr alles Gleichen* auf.

Wenn es sich bei allen diesen Aussprüchen auch nur um gedankliche Spekulationen handelte, für die keine Beweise gesucht und aus denen keine Schlüsse gezogen wurden, so erkennt man daraus doch, wie stark schon im Alterum das Bedürfnis nach Feststellung einer Ordnung im Weltgeschehen war und daß man diese Ordnung in der Unveränderlichkeit von allem Erschaffenen erblickte. Nach dem Untergang der antiken Kultur wurden diese Gedanken von den griechisch-alexandrinischen Alchemisten weiter vertreten; sie finden sich auch in der indischen Naturphilosophie.

Im Mittelalter wurden die Erhaltungsprinzipien von den Empirikern zuerst wieder aufgegriffen. JOHANN BAPTIST VAN HELMONT (1577—1644) hat das Gesetz von der Erhaltung des Stoffes durch zahlreiche Experimente nachzuweisen versucht. FRANCIS BACON VON VERULAM (1561—1626), der als der Begründer des Empirismus gilt, machte in seinem letzten Werk „Wald der Wälder" die Bemerkung: „Auch haben wir Instrumente, die Hitze nur durch Bewegung erzeugen", was ihn jedoch nicht hinderte, an die Ausführbarkeit des Perpetuum mobile zu glauben.

Erst im 17. Jahrhundert beginnt das Erhaltungsprinzip konkrete und in unserem Sinne wissenschaftliche Formen anzunehmen, wobei es sich jedoch ausdrücklich auf das Gebiet der Mechanik beschränkt. RENÉ DESCARTES (1596 bis 1650) stützte sich auf theologische Betrachtungen und auf die Ewigkeit des Schöpfers und verfocht die Unzerstörbarkeit dessen, aus dem alle Bewegung und Wirkung in der Welt hervorgeht. Dieses Etwas sollte die Kraft sein, als deren Maß DESCARTES das Produkt aus Gewicht (Masse) und Geschwindigkeit verstand, also das, was wir heute den Impuls oder die Bewegungsgröße nennen. GOTTFRIED WILHELM V. LEIBNIZ (1646—1716) bekämpfte diese Auffassung; auch er hielt an der Unzerstörbarkeit der Kraft fest, verstand aber darunter das Produkt aus Gewicht (Masse) und dem Quadrat der Geschwindigkeit (den Faktor 1/2 fügte erst später CORIOLIS hinzu). Diese Größe nannte er „lebendige Kraft" (vis viva, 1695), was später zu zahlreichen Verwirrungen und Verwechslungen mit dem NEWTONschen Kraftbegriff führte[1]. LEIBNIZ ging bei seinem

---

[1] Auch ROBERT MAYER benutzte den irreführenden Begriff Kraft (an Stelle von Energie), und das gleiche tat ursprünglich auch HELMHOLTZ. JOULE gebrauchte neben dem Ausdruck „force" auch „power". EULER sprach von „effort", CARNOT und CLAPEYRON von „puissance

Fortsetzung nächste Seite

Erhaltungsprinzip vom Gesetz der Ursache und Wirkung aus und behauptete, daß eine Ursache nur diejenige Wirkung hervorbringen kann, die ihr gerade entspricht, und da der Ablauf des Weltgeschehens aus einer Aneinanderreihung von Ursachen und Wirkungen besteht, so ist weder eine Zunahme noch eine Abnahme des die Ursache und Wirkung erfüllenden Begriffs, der die „Kraft" sein sollte, möglich. Den Übergang zum Arbeitsbegriff vollzog bald darauf

Johann Bernoulli; er hält an der Conservatio virium vivarum im Leibnizschen Sinne fest und behauptet, daß beim Verschwinden von lebendiger Kraft die Arbeitsfähigkeit (Facultas agendi) erhalten bleibt und nur in einer veränderten Form (z. B. Kompression) erscheint.

Aus den vorstehenden Ausführungen ist zu erkennen, daß die althergebrachten Vorstellungen über das Wesen der Wärme von einigen erleuchteten Geistern schon stark angezweifelt wurden, als Robert Mayer, Abb. 12, etwa im Jahre 1840 darüber nachzudenken begann. Die führenden Fachleute hielten aber zäh an der stofflichen Natur der Wärme fest.

Schon in seiner ersten Veröffentlichung „Bemerkungen über die Kräfte der un-

Abb. 12. Robert Mayer in reifem Alter (nach einem Gemälde von Karl Bauer, München, im Rathaus zu Heilbronn).

belebten Natur"[1], 1842, hat Mayer einen induktiven und einen deduktiven Beweis für die Äquivalenz von Wärme und mechanischer Arbeit geliefert und einen Zahlenwert für das mechanische Äquivalent angegeben, den er streng folgerichtig aus den damals vorliegenden Meßwerten der spezifischen Wärme von Gasen ableitete[2]. Wenn sein Zahlenwert auch nicht genau war und den richtigen Wert um etwa 15% unterschritt, so lag das doch nur an der Ungenauigkeit, mit der damals die spezifischen Wärmen gemessen waren[3].

Daß Mayers erste Arbeit bei den Physikern lange Zeit nicht die ihr gebührende Beachtung fand, lag an dem ungeschickt gewählten Titel und auch daran, daß sie in einer von Physikern wenig gelesenen Zeitschrift veröffentlicht

---

motrice", W. Thomson von „motive power". Den Ausdruck „travail" hat Poncelet (1829) eingeführt. Der Ausdruck „Energie" ($\dot{\varepsilon}\nu\acute{\varepsilon}\varrho\gamma\varepsilon\iota\alpha$) findet sich ohne bestimmten physikalischen Sinn schon bei Aristoteles. Im Sinne von Arbeit benutzte ihn zuerst Joh. Bernoulli (im Brief an Varignon vom 27. I. 1717); im Sinne von lebendiger Kraft wurde dieser Ausdruck zuerst von Thomas Young eingeführt (1807); er begann sich seitdem allgemein einzubürgern. Die Bezeichnung potentielle Energie stammt von Rankine (1853), kinetische Energie von Lord Kelvin (1867).

[1] Mayer, J. R.: Liebigs Ann. Chem. Bd. 42 (1842) S. 233. — Vgl. auch: Die Mechanik der Wärme, in gesammelten Schriften von R. Mayer, hsg. von J. J. Weyrauch, 1. Aufl. 1867, 2. Aufl. 1874, 3. Aufl. 1893. Stuttgart: Cottasche Buchhandlung.

[2] Die benutzte Beziehung lautete: $c_p - c_v = AR$, in der c_p und c_v die spezifischen Wärmen bei konstantem Druck und konstantem Volum bedeuten, während R die Gaskonstante und A das mechanische Wärmeäquivalent ist. Vgl. Bd. II dieses Handbuchs, S. 19.

[3] Regnaults genauere Werte wurden erst 1853 veröffentlicht.

war. POGGENDORFF, dessen „Annalen" die führende physikalische Zeitschrift darstellten, hatte es abgelehnt, MAYERS Arbeit abzudrucken.

Es gab aber noch einen zweiten Grund, warum die Physiker in der ersten Hälfte des 19. Jahrhunderts der mechanischen Wärmetheorie, die sich nicht bündig beweisen ließ und vielfach unter Zuhilfenahme metaphysischer Vorstellungen begründet wurde, ablehnend gegenüberstanden. Es war die Zeit des Zusammenbruchs der SCHELLINGSCHEN und der HEGELSCHEN Naturphilosophie, gegen deren rein spekulative Gedankengänge die Physiker mißtrauisch geworden waren[1]. Nun hat man auch ROBERT MAYER vorgeworfen, daß er manchmal etwas ins Unbestimmte philosophiere und die Grenze des Metaphysischen streife; indessen waren diese Vorwürfe unberechtigt, wovon man sich durch das Studium seiner Werke und besonders seines Briefwechsels leicht überzeugen kann.

In seiner zweiten Abhandlung, die im Jahre 1845 in Buchform erschien[2] und die als MAYERS reifste Arbeit gelten kann, stützt er seine Behauptung von der Unzerstörbarkeit der „Kraft" auf die Leitworte DEMOKRITS: Ex nihilo nil fit. Nil fit ad nihilum. „Die quantitative Unveränderlichkeit des Gegebenen ist ein oberstes Naturgesetz, das sich in gleicher Weise über ‚Kraft' und Materie erstreckt. Es gibt in Wahrheit nur eine einzige ‚Kraft'. In ewigem Wechsel kreist dieselbe in der toten wie in der lebenden Natur."

Es ist MAYER wiederholt zum Vorwurf gemacht worden, daß er das Experiment geringschätzte und sich nicht bemühte, seine Aussagen ducrh Versuche zu belegen. Jedoch muß beachtet werden, daß MAYER ein vielbeschäftigter praktischer Arzt war, der sich nur in wenigen freien Stunden mit naturwissenschaftlichen Problemen beschäftigen konnte und dem auch kein physikalisches Laboratorium zur Verfügung stand. Trotzdem geht aus seinem Briefwechsel hervor, daß er, soweit es ihm möglich war, kleinere Versuche durchführte und weitere anregte.

Der lückenlose experimentelle Beweis der Äquivalenz von Wärme und Arbeit und die Ermittlung des richtigen Zahlenwertes für das mechanische Wärmeäquivalent blieb aber JAMES PRESCOTT JOULE (1818—1889), Abb. 13, vorbehalten. Zum erstenmal berichtete er über seine Versuche in einem Vortrag am 21. August 1843 während einer Sitzung der British Association in Cork; im gleichen Jahr ist seine Arbeit auch im Druck erschienen[3]. In umfassender Weise formulierte JOULE das Gesetz der Erhaltung der Energie aber erst in seinem Vortrag in Manchester am 28. April 1847[4]. Als genauesten Wert für das mechanische Wärmeäquivalent nannte JOULE 425 mkg für 1 kcal, also einen Wert, der dem heutigen (427) sehr nahe kommt.

Leider wurde der Prioritätsstreit zwischen MAYER und JOULE nicht in sehr vornehmer Weise ausgefochten; während MAYER das experimentelle Genie JOULES uneingeschränkt anerkannte, wurden MAYERS Arbeiten in England und auch durch JOULE selbst lange Zeit bagatellisiert, bis schließlich TYNDALL in

---

[1] Bis zu welchen Phantastereien sich die Naturphilosophie damals verstieg, möge man aus HEGELS Definition der Wärme entnehmen: „Die Wärme ist das Sichwiederherstellen der Materie in ihrer Formlosigkeit, ihre Flüssigkeit der Triumph ihrer abstrakten Homogenität über die spezifischen Bestimmtheiten, ihre abstrakte, nur an sich seiende Kontinuität als Negation der Negation ist hier als Aktivität gesetzt" (!).

[2] MAYER, J. R.: Die organische Bewegung in ihrem Zusammenhang mit dem Stoffwechsel. Heilbronn: C. Drechslersche Buchandlung 1845. — Vgl. auch: Die Mechanik der Wärme, 3. Aufl, S. 45. Stuttgart 1893 (vgl. S. 22, Fußnote 1).

[3] JOULE, J. P.: Phil. Mag. (3) Bd. 23 (1843) S. 263, 374 u. 435; (3) Bd. 27 (1845) S. 205.

[4] JOULE, J. P.: On Matter, Living Force and Heat. Manchester Courier (Zeitung) vom 5. u. 12. Mai 1847 — Phil. Mag. (3) Bd. 31 (1847) S. 173 — Phil. Trans. roy. Soc. Lond. (1850) S. 61 u. 87.

seiner Rede vor der Royal Institution in London am 6. Juni 1862 Robert Mayer volle Anerkennung zollte[1].

Im Jahre 1847 erschien die Broschüre von Helmholtz (Abb. 14) „Über die Erhaltung der Kraft"[2], in welcher das allgemeine Gesetz der Erhaltung der Energie ausgesprochen wurde. Mayers Arbeiten fanden in dieser Schrift be-

Abb. 13. James Prescott Joule.

Abb. 14. Hermann von Helmholtz.

dauerlicherweise keine Erwähnung. Erst viel später (1854 und ausführlicher 1883) sah sich Helmholtz veranlaßt, Mayers Verdienste zu würdigen.

Heute gilt das Gesetz der Erhaltung der Energie als eine der sichersten Grundlagen der Physik. Obwohl die Relativitätstheorie und besonders die Quantentheorie tiefgehende Veränderungen in unseren physikalischen Vorstellungen zur Folge hatten, so wurde doch das Gesetz der Erhaltung der Energie dadurch in keiner Weise erschüttert. Es bildet nach wir vor den Prüfstein für jede neue Theorie.

IV. Der zweite Hauptsatz der Thermodynamik.

Der Begründer des zweiten Hauptsatzes der Thermodynamik, Nicolas Léonard Sadi Carnot (Abb. 15), wurde am 1. Juni 1796 in Paris geboren. Er studierte von 1812 bis Ende 1814 Ingenieur- und Militärwissenschaften an der École polytechnique und trat dann als Unterleutnant in den aktiven Dienst. Aber schon 1819 ließ er sich zur Disposition stellen, um ungehindert seinen naturwissenschaftlichen Neigungen nachzugehen. 1821 unternahm er eine Reise nach Deutschland und hielt sich längere Zeit in Magdeburg bei seinem aus der Heimat vertriebenen Vater auf. Nach seiner Rückkehr nach Frankreich ver-

---

[1] Tyndall, J.: Proc. roy. Institution, Juni 1862 — Heat considered as a mode of motion. London 1863.

[2] Bei Reimer, Berlin. — Vgl. auch H. Helmholtz: Wiss. Abh. Berlin Bd. 1, S. 121.

tiefte er sich in den Arbeitsgang der Dampfmaschine, deren Verbesserung er anstrebte.

„Das Studium dieser Maschinen", schrieb er bald darauf, „ist von höchstem Interesse, denn ihre Wichtigkeit ist ungeheuer, und ihre Anwendung steigert sich von Tag zu Tag. Sie scheinen bestimmt zu sein, eine große Umwälzung in der Kulturwelt zu bewirken . . . Werden einst die Verbesserungen der Wärmemaschine weit genug gediehen sein, . . . so wird sie der Industrie einen Aufschwung ermöglichen, dessen ganze Ausdehnung schwer vorauszusehen ist."

Im Jahre 1824, also lange bevor die Wärme als eine Energieart erkannt war, erschien bei einem unbedeutenden Verleger in Paris in kleiner Auflage die einzige von ihm hinterlassene Druckschrift, die ihn jedoch unsterblich machte: „Réflexions sur la puissance motrice du feu et sur les machines propres à développer cette puissance", im Umfang von 118 Seiten mit 1 Tafel[1]. In dieser Schrift wird in allen wesentlichen Zügen das Gesetz aufgedeckt, das man heute als „zweiten Hauptsatz der Thermodynamik" bezeichnet.

Nach kurzer Wiederaufnahme des Miltärdienstes (1826—1828) setzte CARNOT seine privaten Studien fort; die Ergebnisse legte er in einigen unvollendeten Manuskripten nieder, die erst viel später (1878) von seinem Bruder HIPPOLYTE CARNOT beim Neudruck seines Hauptwerkes mit veröffentlicht wurden. Diese Notizen lassen erkennen,

Abb. 15. NICOLAS LEONARD SADI CARNOT als Schüler der Ecole Polytechnique im Alter von 17 Jahren (nach einem Gemälde von BAILLY) 1813.

daß er nahe daran war, auch das Prinzip der Äquivalenz von Wärme und Arbeit zu finden. Ende Juni 1832 erkrankte er, konnte die Krankheit noch überwinden, wurde aber am 24. August 1832 durch einen Choleraanfall niedergerafft.

Seine Schrift wurde zunächst kaum beachtet und wäre vielleicht für lange Zeit in Vergessenheit geraten, wenn nicht CLAPEYRON im Jahre 1834 die Ideen CARNOTS aufgegriffen und sie durch eine graphische Darstellung und analytische Formulierung in sehr geschickter Weise weiteren Kreisen nähergebracht hätte[2]. Zu voller Entwicklung und allgemeiner Anerkennung konnten die Ideen CARNOTS aber erst gelangen, nachdem J. R. MAYER (1842), J. P. JOULE (1843) und H. v. HELMHOLTZ (1847) die Wärme endgültig als Energieform erkannt und ihre Äquivalenz mit mechanischer Arbeit nachgewiesen hatten.

Die Schrift, die CARNOTS Ruhm begründet hat, ist auch heute noch außerordentlich lesenswert. Zu beachten ist besonders, daß ein reines Ingenieurproblem

---

[1] Ein Neudruck (Faksimile) erschien 1912 in Paris bei der Librairie Scientifique A. Hermann & Fils. Erste englische Übersetzung 1890 von THURSTON bei Macmillan & Co., erste deutsche Übersetzung 1892 von W. OSTWALD in „Ostwalds Klassiker der exakten Wissenschaften" bei W. Engelmann, Leipzig.

[2] CLAPEYRON, E.: J. de l'école polytechnique Bd. 14 (1834) S. 170; später abgedruckt in Pogg. Ann. Bd. 59 (1843) S. 446.

— das Studium der Wärmekraftmaschinen — den Anstoß zu einer der größten
Entdeckungen in der Physik gab und daß diese Leistung von einem Ingenieur
vollbracht wurde. Es ist erstaunlich, daß Carnot zu seinen Erkenntnissen gelangen konnte, obwohl er in bezug auf das Wesen der Wärme noch ganz in den
alten Vorstellungen wurzelte. Er nennt den Wärmestoff „calorique" und glaubt,
daß seine Quantität bei der Hervorbringung der „bewegenden Kraft" unverändert bleibt.

Seine erste wesentliche Erkenntnis war, daß mechanische Arbeit nur dann
erzeugt werden kann, wenn der Wärmestoff von einem Körper mit höherer
Temperatur T zu einem Körper mit tieferer Temperatur T_0 übergeht. Er sagt:
„Überall, wo ein Temperaturunterschied besteht, kann die Erzeugung von
bewegender Kraft stattfinden." Er erkannte ferner nicht nur, daß der in Arbeit
verwandelbare Teil der Wärme mit wachsendem Temperaturunterschied $T - T_0$
zunimmt, sondern stellte auch fest, daß dieser Teil bei gegebenem Temperaturunterschied um so größer wird, je tiefer die Temperatur T ist. Bis zu dem uns
heute geläufigen mathematischen Ausdruck für den thermischen Wirkungs-
gradt $\eta = \dfrac{T - T_0}{T}$ konnte er jedoch nicht vordringen, weil dieser Ausdruck nur
erhalten werden kann, wenn man für die geleistete Arbeit einen Wärmeverbrauch,
also eine wirkliche Umwandlung von Wärme in Arbeit, zugeben will. Carnot
nahm aber an, daß der Wärmestoff unzerstörbar ist und daher die ganze Wärme,
die der warme Körper in einer Phase des Kreisprozesses an das Arbeitsmittel
überträgt, von diesem in einer späteren Phase auch wieder an den kalten Körper
abgegeben werden müsse. Er drückt das in den folgenden Worten aus:

„Nous supposerons . . . que les quantités de chaleur absorbées et dégagées
dans ses diverses transformations sont exactement compensées. Ce fait n'a
jamais été revoqué en doute; il a été d'abord admis sans réflexion et vérifié
ensuite dans beaucoup de cas par les expériences du calorimètre. Le nier, ce
serait renverser toute la théorie de la chaleur, à laquelle il sert de base"[1].

Carnot stellte sich also vor, daß zur Hervorbringung von Arbeit aus Wärme
nur ein Temperaturgefälle vorhanden sein müsse, genau so, wie ein Höhenunter-
schied genügt, um aus herabfallendem Wasser Arbeit zu gewinnen. Dem Ausdruck „la chute d'eau" stellt er den ihm völlig gleichsinnig erscheinenden Ausdruck „la chute du calorique" zur Seite.

Die zweite, vielleicht noch größere Leistung Carnots liegt in der Erkenntnis,
daß das Höchstmaß von Arbeit nur gewonnen werden kann, wenn alle Zustandsänderungen *umkehrbar* verlaufen. Diese Umkehrbarkeit erläutert er an Hand
eines von ihm ersonnenen Kreisprozesses, bestehend aus zwei Isothermen und
zwei Adiabaten, den man heute als Carnotschen Kreisprozeß bezeichnet (vgl.
Bd. II, S. 37 dieses Handbuchs). Er erklärt zuerst, daß man mit diesem Kreisprozeß beim Durchlaufen im Uhrzeigersinn die größtmögliche Arbeit aus der
Wärme in einer Dampfmaschine gewinnen kann, indem man Wasser durch Wärme-
entnahme aus einem warmen Körper A verdampft (obere Isotherme T), den
Dampf bis zur Erreichung der Temperatur eines kalten Körpers B (adiabatisch)
ausdehnt und ihn dann unter Abgabe von Wärme an den kalten Körper kondensiert (untere Isotherme T_0). Und nun heißt es:

„Die beschriebenen Vorgänge können in einem Sinne wie im entgegen-
gesetzten ausgeführt werden. Nichts hindert uns, den Dampf mittels Wärme-

---

[1] „Wir nehmen an, daß . . . die während der verschiedenen Umwandlungen absorbierten
und entwickelten Wärmemengen sich vollständig kompensieren. Diese Tatsache ist nie
in Zweifel gezogen worden; sie ist zunächst ohne Überlegung aufgenommen und späterhin
durch zahlreiche kalorimetrische Versuche bestätigt worden. Sie leugnen, hieße die ganze
Theorie der Wärme umstürzen, deren Grundlage sie ist."

stoff aus dem (kälteren) Körper B und bei seiner Temperatur zu bilden, ihn so zusammenzudrücken, daß er die Temperatur des (wärmeren) Körpers A erlangt und ihn schließlich unter Berührung mit dem Körper A zu kondensieren ... Durch unsere ersten Operationen fand gleichzeitig Erzeugung von bewegender Kraft und Überführung des Wärmestoffs vom Körper A zum Körper B statt; durch die umgekehrten Operationen ergibt sich gleichzeitig ein Verbrauch von bewegender Kraft und die Rückkehr des Wärmestoffes aus dem Körper B in den Körper A."

Damit war die Wirkungsweise der idealen Kaltdampfmaschine zum erstenmal vollkommen klar und eindeutig beschrieben. CARNOT scheint dabei nicht daran gedacht zu haben, von der Umkehrung des Dampfmaschinenprozesses praktischen Gebrauch zu machen und den Bau von Kaltdampfmaschinen zu empfehlen. Er betonte die grundsätzliche Umkehrbarkeit nur, um zu beweisen, daß sein Prozeß in allen Teilen ohne Verluste verläuft. CARNOT gibt ganz genau an, was zu geschehen hat, damit die Zustandsänderungen umkehrbar verlaufen: das Arbeitsmittel muß während der Berührung mit dem warmen Körper genau dessen Temperatur T haben, und das gleiche gilt für die Dauer der Berührung mit dem kalten Körper T_0. Die Temperaturänderung von T auf T_0 und umgekehrt muß sich also im Arbeitsmittel dann vollziehen, wenn es sich selbst überlassen ist, was nur möglich ist, wenn es eine Volumänderung erfährt. Die Temperaturänderungen müssen durch Volumänderungen bedingt sein.

CARNOT erkannte auch, daß bei dem von ihm angegebenen umkehrbaren Kreisprozeß die gewinnbare Arbeit völlig unabhängig von dem Stoff ist, der den Kreisprozeß durchläuft. Die folgende Behauptung kann als die erste Formulierung des zweiten Hauptsatzes der Thermodynamik angesehen werden:

„Die bewegende Kraft der Wärme ist unabhängig von dem Agens, welches zu ihrer Gewinnung benutzt wird, und ihre Menge wird einzig durch die Temperatur der Körper bestimmt, zwischen denen in letzter Linie die Überführung des Wärmestoffes stattfindet."

Es ist verständlich, daß ein so tiefes Eindringen in die Gesetze der Gewinnung von mechanischer Arbeit aus Wärme CARNOT ahnen lassen mußte, daß die damaligen Vorstellungen über das Wesen der Wärme recht unvollkommen waren. Das geht aus folgender Bemerkung hervor: „Übrigens haben die hauptsächlichsten Grundlagen, auf denen die Theorie der Wärme beruht, eine aufmerksame Untersuchung nötig. Mehrere Erfahrungstatsachen scheinen nach dem gegenwärtigen Zustand der Theorie fast unerklärlich zu sein." Aus verschiedenen Stellen in dem handschriftlichen Nachlaß CARNOTS geht noch deutlicher hervor, daß er sich der Erkenntnis von der gegenseitigen Verwandelbarkeit von Wärme und Arbeit gegen Ende seines Lebens bedeutend genähert hatte und daß vielleicht nur sein allzufrüher Tod ihn an der einwandfreien Fassung dieser Gedanken gehindert hat.

So gab die Dampfmaschine, deren technisch-praktische Gestaltung der naturwissenschaftlichen Theorie ihrer Wirkungsweise vorauseilte, dem Ingenieur CARNOT den Impuls zur Entdeckung eines der wichtigsten und allgemeingültigsten Naturgesetze.

Aber die CARNOTsche Theorie war mit dem Prinzip der Erhaltung der Energie unvereinbar, und dieser Widerspruch mußte gelöst werden. Wie schwankend die Vorstellungen über die Wärme selbst bei den hervorragendsten Gelehrten jener Zeit noch waren, ersieht man aus einer 1849 veröffentlichten Arbeit von

William Thomson[1]. In dieser Arbeit werden die Schwierigkeiten besprochen, die sich aus der Carnotschen Theorie im Zusammenhang mit der Äquivalenz von Wärme und Arbeit ergaben. Thomson sieht noch keinen Weg, auf dem sich die Theorien von Carnot und Joule miteinander in Einklang bringen ließen. Es klingt etwas resigniert, wenn er sagt: „The fundamental axiom adopted by Carnot may be considered as still the most probable basis for an investigation of the motive power of heat; although this, and with it every other branch of the theory of heat may ultimately require to be constructed upon another foundation, when our experimental data are more complete"[2].

Aus diesem Dilemma fand Clausius im Jahre 1850 den Ausweg, der zu einer einwandfreien Formulierung des zweiten Hauptsatzes der Thermodynamik führte.

Rudolph Julius Emanuel Clausius (Abb. 16) wurde am 2. Januar 1822 in Köslin (Pommern) geboren. Er promovierte zum Dr. phil., lehrte einige Jahre Physik an der Artillerieschule in Berlin und habilitierte sich 1850 an der Berliner Universität. Im Jahre 1855 wurde er als Professer der Physik an die Polytechnische Schule in Zürich und 1857 an die Universität Zürich berufen. Später wirkte er an den Universitäten Würzburg und Bonn. Er starb 1888 in Bonn.

Clausius hatte schon zwei bedeutende Abhandlungen in Poggendorffs Annalen veröffentlicht und war 28 Jahre alt, als an gleicher Stelle die Abhandlung erschien, die seinen Ruhm begründete: „Über die bewegende Kraft der Wärme und die Gesetze, welche sich daraus für die Wärmelehre selbst ableiten lassen." Diese Arbeit hatte er im Februar 1850 in der Berliner Akademie vorgetragen; sie erschien im März- und Aprilheft 1850 von Poggendorffs Annalen[3].

Abb. 16.
Rudolph Julius Emanuel Clausius.

Max Planck äußerte sich zu dieser Abhandlung in seinen Bemerkungen in Heft 99 von „Ostwalds Klassikern" wie folgt: „Für die Thermodynamik ist sie dadurch von klassischer Bedeutung geworden, daß in ihr zum ersten Male das Mayer-Joulesche Prinzip der Äquivalenz von Wärme und Arbeit (der erste Hauptsatz der Wärmetheorie) mit dem Carnotschen Prinzip des Wärmeüberganges von höherer zu tieferer Temperatur (dem zweiten Hauptsatz der Wärmetheorie) in logischen Zusammenhang gebracht erscheint."

Clausius wies nach, daß der Carnotsche Satz sich mit dem Energieprinzip vereinigen läßt, wenn man daran festhält, daß für die Erzeugung von Arbeit zwar

---

[1] Thomson, W.: An account of Carnots Theory of the Motive Power of Heat; with Numerical Results deduced from Regnault's Experiments of Steam. Trans. roy. Soc. Edinburgh Bd. 16, Part V (1848/49) S. 541 (vorgetragen am 2. Januar 1849).

[2] „Das grundlegende Axiom Carnots mag immer noch als die wahrscheinlichste Basis für die Erforschung der bewegenden Kraft der Wärme betrachtet werden, obwohl dieses Axiom und mit ihm auch jeder andere Zweig der Wärmetheorie später auf einer anderen Grundlage aufgebaut werden müßte, wenn unsere Versuchswerte vollständiger sein werden."

[3] Clausius, R.: Pogg. Ann. Bd. 79 (1850) S. 368 u. 500 — Ges. Abh. über mech. Wärmetheorie, 1. Abt., S. 16. Braunschweig: Vieweg & Sohn 1864 — Ostwalds Klassiker der exakten Wiss., Nr. 99, hrsg. v. M. Planck. Leipzig: Akad. Verlagsges.

stets Wärme von höherer auf tiefere Temperatur übergehen muß, daß dieser
Übergang aber gleichzeitig mit einem Verbrauch von Wärme verbunden ist,
der zur Arbeit in einer bestimmten Beziehung steht. Um diese Beziehung ermitteln zu können, ist nach CLAUSIUS noch eine Beschränkung nötig: Da ein
Wärmeübergang auch ohne Erzeugung mechanischer Arbeit möglich ist, wenn
ein warmer und ein kalter Körper sich unmittelbar berühren, so muß der Vorgang, *wenn man das Maximum an Arbeit erhalten will*, so geleitet werden,
daß nie zwei Körper von verschiedener Temperatur miteinander in Berührung
kommen.

Das Maximum an Arbeit vergleicht nun CLAUSIUS mit der aufgenommenen
Wärme und findet die Annahme von CARNOT bestätigt, daß dieses nur von der
Wärmemenge und von den Temperaturen des warmen und des kalten Körpers
abhängt, nicht aber von der Natur des die Arbeit vermittelnden Stoffes, der
sich nach Ablauf eines Kreisprozesses wieder in seinem Anfangszustand befindet. CLAUSIUS betont, daß das Maximum der gewonnenen Arbeit die Eigenschaft habe, daß man durch dessen Verbrauch auch wieder eine ebenso große
Wärmemenge von dem kalten Körper auf den warmen übertragen könne, wie
beim Arbeitsgewinn vom warmen auf den kalten Körper übergegangen war.
Die Vorgänge sind also reversibel, doch benutzt CLAUSIUS diesen Ausdruck in
diesem Zusammenhang noch nicht.

Die Unabhängigkeit des Arbeitsmaximums vom Stoff beweist CLAUSIUS
durch eine deductio ad absurdum: Wenn für zwei Stoffe bei gleichem Arbeits-
maximum und gleichen Temperaturgrenzen verschiedene Wärmemengen zwischen dem warmen und dem kalten Körper ausgetauscht würden, dann könnte
man mit dem Stoff, der mit der kleineren Wärmemenge auskommt, Arbeit
gewinnen und diese kleinere Wärmemenge auf den kalten Körper übertragen;
anschließend könnte man dann mit dem Stoff, der die größere Wärmemenge
umsetzt, unter Aufwand der gewonnenen Arbeit dem kalten Körper mehr
Wärme entziehen, als er im vorangehenden Prozeß erhalten hat. Das Ergebnis
wäre also die Übertragung von Wärme von einem kälteren auf einen wärmeren
Körper ohne jeden Arbeitsverbrauch. Ein solches Ergebnis findet aber in der
Natur niemals statt; die Wärme zeigt vielmehr immer das Bestreben, vorkommende Temperaturdifferenzen auszugleichen, also aus dem wärmeren Körper
in den kälteren überzugehen. Diese Tatsache wird von CLAUSIUS als experimentelle Evidenz hingestellt und später zu einer Formulierung des zweiten Hauptsatzes erhoben. Seine Fassung lautet:

„Die Wärme kann nicht von selbst (d. h. ohne Kompensation) *aus einem
kälteren in einen wärmeren Körper übergehen.“*

Der erstrebte Zweck jeder Kälteanlage, nämlich Wärme bei tiefer Temperatur zu entziehen und an die wärmere Umgebung zu übertragen, kann also
nie „von selbst“ erreicht werden, da dies ein unnatürlicher Vorgang ist. Dennoch kann er zur Verwirklichung gebracht werden, wenn man ihn von einem
anderen, natürlichen Vorgang begleiten läßt, wofür uns verschiedene Möglichkeiten
offenstehen: verwandeln wir gleichzeitig Arbeit in Wärme, so entsteht die Kalt-
luft- oder die Kaltdampfmaschine; lassen wir Wärme von hoher auf tiefe Temperatur absinken, so können wir eine Absorptionskältemaschine betreiben; lösen
wir einen Körper in einem anderen auf, so erhalten wir bei passender Wahl der
Stoffe eine wirksame Kältemischung (s. S. 3).

CLAUSIUS ging noch weiter. Er gab auch quantitativ genau an, welches
Maß eines natürlichen Vorganges notwendig ist, um einen bestimmten unnatürlichen Vorgang, z. B. die Kälteerzeugung, zu kompensieren. Auf diesem Wege
gelangte er zu dem außerordentlich fruchtbaren Begriff der *Entropie,* dem eine

universellen Bedeutung zukommt[1]. Bei jedem natürlichen Prozeß nimmt die Entropie zu, bei jedem unnatürlichen (der allein nie auftreten kann) müßte sie abnehmen. Die notwenige Kompensation durch einen natürlichen Prozeß muß zum mindesten so groß sein, daß die gesamte Entropieänderung beider Vorgänge verschwindet. Ist diese Bedingung erfüllt, dann sind alle Vorgänge umkehrbar, und der unnatürliche Vorgang ist mit dem geringsten möglichen Aufwand erkauft.

Die Bezeichnung „Entropie" hat Clausius erst in einer Abhandlung im Jahre 1865 eingeführt[2]; vorher benutzte er dafür den Ausdruck „Verwandlung" oder „Äquivalenzwert einer Verwandlung". Er bemerkt hierzu: „Das Wort *Entropie*[3] habe ich absichtlich dem Worte *Energie* möglichst ähnlich gebildet, denn die beiden Größen, welche durch diese Worte benannt werden sollen, sind ihren physikalischen Bedeutungen nach einander so verwandt, daß eine gewisse Gleichartigkeit in der Benennung mir zweckmäßig zu sein scheint."

Clausius schließt seine Betrachtungen über das nunmehr festgefügte Gebäude der mechanischen Wärmetheorie mit den Worten:

„Vorläufig will ich mich darauf beschränken, als Resultat anzuführen, daß, wenn man sich dieselbe Größe, welche ich in bezug auf einen einzelnen Körper seine *Entropie* genannt habe, in konsequenter Weise unter Berücksichtigung aller Umstände für das ganze Weltall gebildet denkt, und wenn man daneben zugleich den anderen, seiner Bedeutung nach einfacheren Begriff der *Energie* anwendet, man die den beiden Hauptsätzen der mechanischen Wärmetheorie entsprechen den Grundgesetze des Weltalls in folgender einfacher Form aussprechen kann:

1. Die Energie der Welt ist konstant.
2. Die Entropie der Welt strebt einem Maximum zu."

Abb. 17.
William Thomson (Lord Kelvin).

An der Grundlegung des zweiten Hauptsatzes der Thermodynamik hatte neben Clausius aber auch W. Thomson (Lord Kelvin, 1824—1902, Abb. 17) hervorragenden Anteil. Ein Jahr nach dem Erscheinen der klassischen Arbeit von Clausius, am 17. März 1851, hat W. Thomson der Royal Society in Edinburgh eine bedeutsame Abhandlung über die Wärmetheorie vorgelegt. In dieser Abhandlung änderte Thomson seinen früheren Standpunkt gegenüber der Carnotschen Theorie und schloß sich der Auffassung von Clausius an. Clausius

---

[1] Vgl. R. Plank: Hundert Jahre widerspruchsfreien Bestehens der beiden Hauptsätze der Thermodynamik. Naturwiss. Bd. 37 (1950) S. 361.

[2] Clausius, R.: Über verschiedene für die Anwendung bequeme Formen der mech. Wärmetheorie, vorgetragen am 24. April 1865 in der Züricher Naturforsch. Ges., abgedruckt in den Vierteljahresschriften dieser Gesellschaft. Bd. X, S. 1 — Pogg. Ann. Bd. 125 (1865) S. 353.

[3] Abgeleitet vom griechischen ἡ τροπή = Verwandlung.

hebt hervor, daß THOMSON dabei die Betrachtungen erweitert hat, indem er seinen Beweis nicht nur auf das Verhalten von Gasen und Dämpfen beschränkte, sondern eine Reihe allgemeinerer, vom Aggregatzustand der Körper unabhängiger Gleichungen entwickelte. THOMSON seinerseits schreibt im Abschnitt 14 seiner Arbeit[1]:

„It is not to claim priority that I make these statements, as the merit of first establishing the proposition upon correct principles is entirely due to CLAUSIUS, who published his demonstration of it in the month of May last year, in the second part of his paper on the Motive Power of Heat"[2].

THOMSON fügt allerdings hinzu, daß er unabhängig von CLAUSIUS zu seinen Ergebnissen gekommen sei. Er formulierte auch den zweiten Hauptsatz in anderer Weise:

„It is impossible, by means of inanimate material agency, to derive mechanical effect from any portion of matter by cooling it below the temperature of the coldest of the surrounding subjects."

Er betont aber, daß, obwohl seine Formulierung von derjenigen, die CLAUSIUS wählte, verschieden ist, die eine doch aus der anderen folgt. In beiden Formulierungen ist die Beweisführung derjenigen analog, die CARNOT ursprünglich benutzt hatte.

THOMSON hat darüber hinaus (1852) seinen bekannten Satz von der Zerstreuung der Energie (dissipation of energy) im Weltall formuliert. Er leitete ferner aus dem CARNOTschen Kreisprozeß die absolute thermodynamische Temperaturskala ab.

CLAUSIUS und THOMSON fanden für die beiden Hauptsätze auch mathematische Formulierungen und leiteten daraus allgemeine Formeln in Gestalt eines geschlossenen Systems partieller Differentialgleichungen ab. Darunter befindet sich auch die berühmte THOMSONsche Gleichung für die Temperaturänderung realer Gase bei der Drosselung (THOMSON-JOULE-*Effekt*, s. S. 13, 91)[3].

Die Geschichte des zweiten Hauptsatzes ist ein markantes Beispiel dafür, wie eng noch im vorigen Jahrhundert reine und angewandte Forschung miteinander zusammenhingen und wie stark sie sich gegenseitig befruchteten. Die Dampfmaschine war lange vor der Grundlegung der Thermodynamik erfunden worden, aber die Grenzen ihrer Wirtschaftlichkeit konnten erst erkannt, die Güte der einzelnen konstruktiven Schöpfungen konnte erst beurteilt werden, nachdem man sich über die Zusammenhänge zwischen Wärme und mechanischer Arbeit klargeworden war. CARNOT, der den ersten Schritt in dieser Richtung tat, war Ingenieur; er führte in die Physik den Begriff der „vollkommenen Maschine" ein, die einen umkehrbaren Kreisprozeß durchläuft. CLAUSIUS, der reine Physiker, widmete der Theorie der Dampfmaschine in seiner „Mechanischen Wärmetheorie"[4] einen Abschnitt von 70 Seiten.

Ein tieferer Einblick in das Wesen der Entropie läßt sich nur mit Hilfe der kinetischen Theorie der Materie gewinnen, welche die Wärme als *ungeordnete* Bewegung der Moleküle auffaßt, im Gegensatz zu den *geordneten* Bewegungen

---

[1] THOMSON, W.: Trans. roy. Soc. Edinburgh Bd. 20, Part II (1850/51) S. 261. Wieder abgedruckt in Phil. Mag. IV, ser. 4 (1852) S. 8, 105, 168 u. 424. Deutsch in Krönigs J. Phys. d. Auslandes Bd. III, S. 233.

[2] „Ich mache diese Feststellung nicht aus dem Wunsche heraus, eine Priorität zu beanspruchen, denn das Verdienst, diese Vorstellung auf richtigen Grundsätzen aufgebaut zu haben, gebührt vollständig CLAUSIUS . . ." usw.

[3] THOMSON, W., u. J. P. JOULE: Phil. Trans. roy. Soc. Lond. Bd. 143 (1853) S. 357; Bd. 144 (1854) S. 321; Bd. 152 (1862) S. 579.

[4] CLAUSIUS, R.: Die mech. Wärmetheorie, 3. Aufl., Bd. 1. Braunschweig: F. Vieweg & Sohn 1887.

der Mechanik. Die Tatsache, daß sich mechanische Arbeit restlos in Wärme umsetzen läßt (z. B. durch Reibung), daß aber von der verfügbaren Wärme stets nur ein Bruchteil in Arbeit verwandelt werden kann, wird sofort verständlich, wenn man bedenkt, wie leicht es ist, eine Ordnung in eine Unordnung zu verwandeln, wie schwierig aber sich die Wiederherstellung der Ordnung aus einer Unordnung erweist. Aus dem Vorstehenden dürfte klar hervorgehen, daß diese Betrachtungen und der mit ihnen verbundene Entropiebegriff weit über den Rahmen der Physik hinaus anwendbar sind. Ludwig Boltzmann, (Abb. 18),

Abb. 18. Ludwig Boltzmann.   Abb. 19. Max Planck im Jahre 1938.

deutete 1866 die Entropiezunahme bei allen in der Natur ablaufenden, nicht umkehrbaren Vorgängen als Übergang aus einem weniger wahrscheinlichen in einen wahrscheinlicheren Zustand. Er erkannte, daß die Entropie sich durch die „thermodynamische Wahrscheinlichkeit" eines Zustandes ausdrücken läßt (vgl. Bd. II, Abschn. A X u. XIII dieses Handbuches)[1].

Max Planck, Abb. 19, betrachtet den zweiten Hauptsatz der Thermodynamik ebenso wie den ersten als reine Erfahrungstatsache; er deduziert seinen Inhalt aus einem einzigen einfachen Erfahrungssatz von einleuchtender Gewißheit. Als solchen wählt er:

„Es ist unmöglich, eine periodisch funktionierende Maschine zu konstruieren, die weiter nichts bewirkt als Hebung einer Last und Abkühlung eines Wärmereservoirs"[2].

Planck fügt hinzu: „Eine solche Maschine könnte zu gleicher Zeit als *Motor* und als *Kältemaschine* benutzt werden ohne jeden anderweitigen dauernden Aufwand an Energie und Materialien, sie wäre also jedenfalls die vorteilhafteste

---

[1] Boltzmann, L.: Vorlesungen über Gastheorie, 3. Aufl. Leipzig: J. A. Barth 1923. — Vgl. auch R. Plank: Z. VDI Bd. 70 (1926) S. 841.

[2] Planck, M.: Thermodynamik, 2. Aufl (1905) S. 84; 5. Aufl (1917) S. 87. Leipzig: Veit & Co.

von der Welt." Eine solche nicht ausführbare Maschine, die aber dem Prinzip von der Erhaltung der Energie nicht widersprechen würde, bezeichnet man nach OSTWALD als ein Perpetuum mobile zweiter Art.

Für unsere Darstellung ist es von besonderem Interesse, daß der obige Erfahrungssatz unter Bezugnahme auf eine Maschinenkonstruktion formuliert wurde und, wie auch die Fassung von CLAUSIUS, unmittelbar auf eine Kältemaschine anwendbar ist.

Die von CARNOT, ROBERT MAYER, JOULE, CLAUSIUS, THOMSON und M. PLANCK gewonnenen thermodynamischen Erkenntnisse wurden in eine für die Technik besonders geeignete Form zuerst von den Ingenieuren W. J. M. RANKINE (1820—1872) und G. A. HIRN (1815—1890)[1] und später von F. GRASHOF, G. ZEUNER, C. LINDE, J. BOULVIN und J. A. EWING gebracht. ZEUNER (1828 bis 1907) berechnete als erster Dampftabellen für Wasserdampf und verschiedene als Kältemittel verwendete Stoffe, wobei er sich vorwiegend auf die Versuchsergebnisse von REGNAULT stützte. Die Theorie der Kältemaschinen wurde von ihm eingehend behandelt[2]. Sehr bemerkenswert ist eine 1878 erschiene Schrift von LEDOUX, in der neben der Theorie der Kaltluft- und Kaltdampfmaschinen auch die ersten Ansätze für eine Theorie der Absorptionsmaschinen zu finden sind[3].

HANS LORENZ, Abb. 20, erbrachte 1894 den Beweis, daß der CARNOTsche Kreisprozeß für eine Beurteilung der Kältemaschinen nicht ausreicht, sondern durch einen die Anfangs- und Endtemperaturen der warmen und der kalten Quelle berücksichtigenden „polytropischen Kreisprozeß" ersetzt werden muß[4]. In zahlreichen weiteren Abhandlungen und in seinem Buch über „Technische Wärmelehre"[5] hat LORENZ die Theorie der Kältemaschinen weiterentwickelt und viele Streitfragen und Widersprüche gelöst[6].

Abb. 20. HANS LORENZ.

---

[1] Vgl. K. KELLER: Gustav Adolf Hirn, sein Leben und seine Werke. Berlin: J. Springer 1912, sowie FAUDEL u. SCHWOERER: G. A. Hirn, sa vie, sa famille, ses trauvaux. Paris 1893.

[2] Die erste Auflage des Buches von G. ZEUNER erschien 1859 unter dem Titel: „Grundzüge der mechanischen Wärmetheorie". Die dritte Auflage erschien in 2 Bänden 1887—1890 als „Technische Thermodynamik". Die letzte Auflage datiert von 1900—1901. Leipzig: A. Barth. Verschiedene Abhandlungen ZEUNERs über die Theorie der Kältemaschinen sind in der Zeitschrift „Der Civil Ingenieur" erschienen; die Hauptarbeit findet man im Jahrgang 1880.

[3] LEDOUX, Théorie des machines à Froid. Paris: Dunod 1878. Die Schrift erschien zuerst in den „Annales des Mines", Juli-August 1878.

[4] LORENZ, H.: Beiträge zur Beurteilung von Kühlmaschinen. Z. VDI Bd. 38 (1894) S. 62 — Die Grenzwerte der thermodynamischen Energieumwandlung. München: Oldenbourg 1895 — Z. ges. Kälteind. Bd. 2 (1895) S. 8.

[5] LORENZ, H.: Lehrbuch der Technischen Physik, Bd. II. München: R. Oldenbourg 1904.

[6] Vgl. PLANK R.: Hans Lorenz zum 70. Geburtstag. Z. ges. Kälteind. Bd. 42 (1935) S. 42.

Sein Buch „Neuere Kühlmaschinen" ist 1913, unter Mitarbeit von C. Heinel, bereits in fünfter Auflage erschienen und hat sehr wesentlich zur Verbreitung kältetechnischen Wissens beigetragen[1].

Richard Mollier, Abb. 20, berechnete 1895—1896 die ersten genauen

Dampftafeln und Diagramme des Kohlendioxyds und erklärte das Verhalten einer Kohlendioxydkältemaschine, deren Prozeß in das überkritische Gebiet hineinspielt[2]. 1904 veröffentlichte Mollier seine berühmt gewordenen „Neuen Diagramme zur technischen Wärmelehre"[3], in denen er den Wärmeinhalt bei konstantem Druck (der jetzt als „Enthalpie" bezeichnet wird) als eine der Koordinaten wählte, womit die zweckmäßigste Darstellung thermischer Prozesse in Wärmekraftmaschinen und Kältemaschinen gefunden war.

Eine sehr schöne Darstellung der Thermodynamik der Kältemaschinen lieferte 1908 Ewing[4].

Abb. 21. Richard Mollier
(Phot. Ursula Richter, Dresden).

V. Der dritte Hauptsatz der Thermodynamik.

Die beiden bisher betrachteten Hauptsätze der Thermodynamik lassen sich auch auf chemische Prozesse anwenden und können für die Berechnung von Gleichgewichten bei chemischen Reaktionen benutzt werden. Als erste haben Gibbs und Helmholtz von dieser Möglichkeit Gebrauch gemacht[5]. Als Maß der Affinität einer chemischen Reaktion, also des Bestrebens gewisser Stoffe, Verbindungen einzugehen, galt nach Julius Thomsen (1854) und Berthelot (1868) die bei der Reaktion eintretende Wärmeentwicklung (Reaktionswärme, Heizwert). Die Reaktionswärme H, gemessen in kcal, ist die Differenz der *Gesamtenergie* des Systems vor und nach der Reaktion (vorausgesetzt, daß die Temperatur am Anfang und am Ende den gleichen Wert hat). Diese Definition erwies sich jedoch als nicht stichhaltig, da es, wenn auch nur viel seltener, chemische Vorgänge mit negativer Reaktionswärme gibt. Als Maß der Affinität setzte van't Hoff (1883) die Differenz der freien Energie $(F_1 - F_2)$ vor und nach der Reaktion, die der gewinnbaren maximalen Arbeit L bei einem reversibel

---

[1] München und Berlin, bei R. Oldenbourg, erste Auflage 1896; französischen Übersetzung, Paris, bei Gauthier Villars et fils, 1897.

[2] Mollier, R.: Z. ges. Kälteind. Bd. 2 (1895) S. 66 u. 85; Bd. 3 (1896) S. 65 u. 90.

[3] Mollier, R.: Z. VDI Bd. 48 (1904) S. 271.

[4] Ewing, J. A.: Die mechanische Kälteerzeugung. 1908. Deutsche Übersetzung von R. C. A. Banfield. Braunschweig: F. Vieweg & Sohn 1910.

[5] Gibbs, W.: Trans. Connecticut Acad. Bd. 3 (1876) S. 152 — Thermodynamische Studien, übersetzt von W. Ostwald. Leipzig 1892.

und isotherm geleiteten Prozeß entspricht[1] (siehe Bd. II, S. 147 dieses Handbuchs).

Die freie Energie unterscheidet sich von der gesamten Energie um den Ausdruck TS, in dem T die absolute Temperatur und S die Entropie bedeutet. Diese enthält aber eine unbestimmte Konstante, da ein Nullpunkt der Entropie zunächst nicht angegeben werden kann. Es war daher auch nicht möglich, chemische Gleichgewichte und Affinitäten allein aus thermischen Daten zu berechnen, sondern es bedurfte immer noch der experimentellen Bestimmung des Gleichgewichts für irgendein Wertepaar von Druck und Temperatur.

Diesen Mangel beseitigte ein neues Wärmetheorem, das WALTER NERNST, Abb. 22, im Jahre 1906 aufstellte[2] und das sich in der Folge als so umfassend und bedeutsam erwies, daß es vielfach als der dritte Hauptsatz der Thermodynamik bezeichnet wird. Für unsere Betrachtungen hat dieses Theorem eine besondere Bedeutung, weil es das Verhalten der Materie bei der Annäherung an den absoluten Nullpunkt der Temperatur beleuchtet.

Für den Zusammenhang zwischen der Reaktionswärme H und der maximalen Arbeit L einer chemischen Reaktion liefern die beiden Hauptsätze die Gleichung

$$L - H = T\,\frac{dL}{dT}\,,$$

wenn L und H im gleichen Maß, z. B. in kcal, gemessen werden. NERNST stellte nun die Hypothese auf, daß für $T \to 0$ nicht nur $L = H$ wird, sondern auch

Abb. 22. WALTER NERNST.

$$\frac{dL}{dT} = \frac{dH}{dT} = 0$$

werden muß. Dabei beschränkte er sich zunächst auf kondensierte Systeme und bezog erst später auch die Gase ein, die sich dann bei Annäherung an den absoluten Nullpunkt nicht mehr „ideal" verhalten können, sondern „entarten" müssen. Die durch obige Gleichung ausgesprochene Forderung hat zur Folge, daß Vorgänge beim absoluten Nullpunkt (oder in dessen unmittelbarer Nähe) ohne Änderung der Entropie verlaufen. Man kann das auch so ausdrücken, daß die Entropie eines Körpers beim absoluten Nullpunkt einen vom Druck, vom Aggregatzustand und von der chemischen Modifikation unabhängigen Wert hat. M. PLANCK hat den NERNSTschen Wärmesatz 1911 dahingehend erweitert, daß die Entropie eines jeden chemisch homogenen festen oder flüssigen Körpers

---

[1] Das gilt für Vorgänge bei konstantem Volum, während für Vorgänge bei konstantem Druck die Differenz der freien Enthalpie $\Phi_1 - \Phi_2$ zu nehmen ist.
[2] NERNST, W.: Nachr. Ges. Wiss. Göttingen, Math.-Phys. Kl., H. 1 (1906) S. 1.

beim Nullpunkt der absoluten Temperatur den Wert Null besitzt[1]. Das hat nun zur Folge, daß die spezifische Wärme bei $T = 0$ in höherer Ordnung mit T verschwinden muß. Debye leitete demgemäß 1912 aus der Quantentheorie ab, daß die spezifische Wärme im tiefsten Temperaturbereich der dritten Potenz der Temperatur proportional ist, was durch Messungen bestätigt wurde. Auch der Ausdehnungskoeffizient und der Spannungskoeffizient fester und flüssiger Körper nähern sich bei Annäherung an den Nullpunkt der Temperatur dem Wert Null.

Die Entropie ist nach dem oben Gesagten ein Maß des Unordnungsgrades. Da nun ein idealer fester Körper (abgesehen von den „eingefrorenen" Gleichgewichtszuständen glasig-amorpher Stoffe) sich bei $T = 0$ im Zustand absoluter Ordnung befindet, muß ihm der niedrigstmögliche Entropiewert zugeschrieben werden. Man kann diesen Wert, wie es M. Planck getan hat, ohne Einschränkung der Allgemeingültigkeit gleich Null setzen. Hierdurch ist es möglich geworden, absolute Werte der Entropie bei beliebigen Temperaturen und Aggregatzuständen anzugeben, wenn man die spezifische Wärme (als Funktion der Temperatur) im ganzen Temperaturbereich und die Umwandlungswärmen gemessen hat.

Im Jahre 1912 hat Nernst seinen Wärmesatz anders formuliert, indem er ihn als das Prinzip der Unerreichbarkeit des absoluten Nullpunktes hinstellte[2]. Der von Nernst selbst geführte Beweis für die Unerreichbarkeit befriedigt jedoch nicht. Man hat dann versucht, den Beweis dadurch zu erbringen, daß schon in endlichem (wenn auch nur geringem) Abstand vom absoluten Nullpunkt die Änderung aller physikalischen Eigenschaften der Materie mit der Temperatur verschwindet. Es gibt daher keine Möglichkeit mehr, Temperaturen zu messen. Grassmann hat 1951 die sehr allgemeine Behauptung aufgestellt, daß man für keine Größe den Wert Null erreichen kann, die nicht auch negative Werte zuläßt[3]; in diesem Sinne sei nicht nur der absolute Nullpunkt der Temperatur unerreichbar, sondern z. B. auch das absolute Vakuum ($p = 0$).

Die Unerreichbarkeit des absoluten Nullpunktes wird zur Selbstverständlichkeit, wenn man die übliche lineare Temperaturskala (die auf Gay-Lussac zurückgeht, vgl. S. 37) durch eine logarithmische ersetzt, bei der dann der Schritt von z. B. 1000 auf 10000 Grad genau so groß wird wie von 0,001 auf 0,0001 Grad und der „absolute Nullpunkt" nach $-\infty$ rückt. Die ungeheuren experimentellen Schwierigkeiten, die überwunden werden müssen, um die Temperatur von $0,01^\circ$ K auf $0,001^\circ$ K oder gar noch „etwas tiefer" zu senken, werden dabei viel besser verständlich (vgl. Bd. II, S. 259 dieses Handbuchs). Den Vorschlag, die lineare Temperaturskala durch eine geeignetere zu ersetzen, machte bereits Dalton. Später haben Schreber (1898)[4] und Plank (1933)[5] die Vorteile der logarithmischen Skala im Gebiet tiefer Temperaturen eingehend begründet.

---

[1] Planck, M.: Diese Ergänzung findet sich erstmalig in der dritten Auflage der „Thermodynamik". Leipzig: Veit & Co. 1911.

[2] Nernst, W.: Ber. preuß. Akad. Wiss. vom 1. Febr. 1912.

[3] Grassmann, P: Kältetechnik Bd. 3 (1951) S. 308; Bd. 5 (1953) S. 2 — Phys. Blätter Bd. 7 (1951) S. 251.

[4] Schreber, K.: Wied. Ann. Bd. 64 (1898) S. 163. — Vgl. auch: Die Grundlagen und Grundbegriffe der Physik der Vorgänge, S. 181. Leipzig 1933.

[5] Plank, R.: Forsch. Ing.-Wes. Bd. 4 (1933) S. 262.

VI. Die Zustandsgleichung[1].

Unter einer Zustandsgleichung versteht man den gesetzmäßigen Zusammenhang zwischen dem Volum, dem Druck und der Temperatur einer bestimmten Stoffmenge. Für gasförmige Körper bei starken Verdünnungen ist dieser Zusammenhang recht einfach: ROBERT BOYLE fand 1662, daß das Volum v eines Gases bei unveränderter Temperatur sich umgekehrt proportional mit dem Druck P ändert ($Pv = P_0 v_0$); die ausführliche experimentelle Prüfung und Bestätigung dieses Gesetzes lieferte EDME MARIOTTE 1676. Erst sehr viel später stellten CHARLES (1787) und in sehr umfangreichen Versuchen LOUIS JOSEPH GAY-LUSSAC (1802) fest[2], daß alle Gase den gleichen Ausdehnungkoeffizienten α besitzen, wenn sie bei unverändertem Druck erwärmt werden:

$$v = v_0 (1 + \alpha t),$$

wobei. v_0 das Volum bei $t = 0°\,C$ bedeutet. Für α wurden die Zahlenwerte 0,003 76 und 0,003 75 angegeben, während der genaue Wert $0,003\,660\,9 = \dfrac{1}{273,16}$ ist. Bei der Abkühlung auf $-273,16°$ würde also das Volum eines Gases auf Null zusammenschrumpfen, oder es müßte, wenn das Gas bei konstantem Volum abgekühlt wird, der Druck vollständig verschwinden. Diese Temperaturgrenze kann also nicht unterschritten werden, und

Abb. 23. JOHANNES DIDERIK VAN DER WAALS.

man nannte sie den „absoluten Nullpunkt" der Temperatur[3]; die von diesem Punkt gezählte Temperatur $T = t + 273,16$ nennt man die absolute Temperatur. Die Existenz eines absoluten Kältepunktes bei der Spannkraft Null (der Luft) wurde schon viel früher vermutet, und zwar erstmalig von AMONTONS (1703)[4], später von LAMBERT (1799)[5].

Die einfachste Zusammenfassung der Gesetze von BOYLE-MARIOTTE und DALTON-GAY-LUSSAC in der heute üblichen Form der Zustandsgleichung eines

---

[1] Es wird verwiesen auf: KUENEN, J. P.: Die Zustandsgleichung der Gase und Flüssigkeiten. Braunschweig: F. Vieweg 1907. — H. KAMERLINGH ONNES u. W. H. KEESOM: Die Zustandsgleichung. Enzyklopädie der math. Wiss. Art. V 10. 1912. — Auch in Comm. phys. Lab. Univ. Leiden Bd. XI, Suppl. Nr. 23. — J. J. VAN LAAR: Die Zustandsgleichung von Gasen und Flüssigkeiten. Leipzig: L. Voß 1924.

[2] Das Ausdehnungsgesetz der Gase, Abhandlungen von GAY-LUSSAC, DALTON, DULONG u. PETIT, RUDBERG, MAGNUS u. REGNAULT (1802—1842). Ostwalds Klassiker Nr. 44. Leipzig 1894. — Über die Leistungen von GAY-LUSSAC vgl. H. SCHIMANK: Naturwiss. Bd. 38 (1951) S. 265.

[3] Vgl. CLÉMENT u. DESORMES: J. de Phys. Bd. 89 (1819).

[4] AMONTONS: Mém. Acad. Paris 1703, S. 50.

[5] LAMBERT: Pyrometrie, Berlin 1799, S. 29, 40 u. 74.

idealen Gases $Pv = RT$ verdankt man E. CLAPEYRON; die für jedes Gas charakteristische Konstante R ist nach der Hypothese von AVOGADRO (1811) dem Molekulargewicht umgekehrt proportional.

In dem Maße, wie die Meßtechnik verfeinert wurde, stellte sich bald heraus, daß ein „ideales Gas", das dieser Zustandsgleichung genau folgt, eine Abstraktion bedeutet. Alle wirklichen Gase weichen von diesem Gesetz mehr oder weniger ab. Das Maß der Abweichungen wurde besonders durch die Messungen der Kompressibilität von REGNAULT (1847 und 1862), NATTERER (1850—1854), CAILLETET (1870 und 1877—1879) und AMAGAT (ab 1878) bestimmt. Für die Kältetechnik wurden besonders die Untersuchungen AMAGATS an Kohlendioxyd von Bedeutung[1]. Das von diesen Forschern gelieferte Versuchsmaterial bildete die Grundlage für die Aufstellung von Zustandsgleichungen realer Gase und Dämpfe. Die Bemühungen in dieser Richtung dürfen auch heute noch nicht als abgeschlossen gelten; es sollen an dieser Stelle nur die wichtigsten Schritte erwähnt werden (vgl. dieses Handbuch, Bd. II, VI, VII, u. VIII).

Die größten grundsätzlichen Fortschritte brachten die Untersuchungen von VAN DER WAALS (1837—1923), Abb. 23, und seiner Schule, die darauf hinzielten, durch eine einzige Gleichung sowohl den gasförmigen als auch den flüssigen Zustand zu erfassen. Insbesondere sollte die Zustandsgleichung auch das von ANDREWS (1869) aufgeklärte kritische Gebiet (S. 10) richtig darstellen. VAN DER WAALS veröffentlichte seine Zustandsgleichung

$$\left(P + \frac{a}{v^2}\right)(v - b) = RT$$

im Jahre 1873[2], wobei er sich auf gaskinetische Vorstellungen von CLAUSIUS (1870) stützte. Darin sind a und b zwei für jeden Stoff charakteristische Konstanten, die sich durch die kritischen Werte des Drucks und des Volums darstellen lassen. Diese Zustandsgleichung erwies sich als außerordentlich fruchtbar und gestattete die Prüfung zahlreicher aus den beiden Hauptsätzen der Thermodynamik gezogener Schlüsse. Die quantitative Übereinstimmung der VAN DER WAALSschen Zustandsgleichung mit der Erfahrung ist jedoch nicht befriedigend, und es erscheint zweifelhaft, ob man überhaupt ein so umfangreiches Zustandsgebiet durch eine einfache Gleichung mit nur wenigen Konstanten darstellen kann. Um den weiteren Ausbau der VAN DER WAALSschen Gleichung mit dem Ziele einer besseren zahlenmäßigen Übereinstimmung bemühten sich besonders CLAUSIUS (1880 und 1881), SARRAU (1890), JÄGER (1892), VAN LAAR (1893), BATELLI (1894—1896), DIETERICI (1899) u. a. Die bessere Anpassung an die Beobachtungen wurde dadurch erreicht, daß man die Größen a und b in der VAN DER WAALSschen Zustandsgleichung nicht mehr als Konstanten, sondern als Funktionen des Volums und der Temperatur betrachtete. Das führte schließlich dazu, daß KAMERLINGH ONNES (1901) den Druck P in eine Reihe nach Potenzen von $1/v$ entwickelte, in der die Beiwerte (die man als Virialkoeffizienten bezeichnet) wieder durch Potenzreihen von $1/T$ dargestellt wurden[3]. Solche Reihenzustandsgleichungen mit vielen Konstanten gestatten eine sehr genaue Wiedergabe eines bestimmten Beobachtungsgebietes, allerdings unter Verzicht auf Verallgemeinerung und Einfachheit der Darstellung. Dagegen versuchte A. WOHL, die geschlossene Form der Zustandsgleichung beizubehalten und die Anpassungsfähigkeit nur durch eine weitere Konstante unter gleichzeitiger Er-

---

[1] AMAGAT, E. H.: C. R. Acad. Sci., Paris Bd. 103 (1891); Bd. 104 (1892) S. 1093.

[2] VAN DER WAALS, J. D.: Over de continiuteit van den gas en vloeistof toestand. Diss. Leiden, 1873. Deutsche Übersetzung 2. Aufl. Leipzig 1899.

[3] KAMERLINGH ONNES, H.: Commun. phys. Lab. Univ. Leiden Nr. 71 u. 74 (1901).

höhung des Grades der Gleichung um eine Potenz von v zu vergrößern[1]. Einen weiteren Schritt in dieser Richtung unternahm PLANK[2].

Alle bisher besprochenen Zustandsgleichungen von Gasen und Flüssigkeiten enthalten den Druck nur in der ersten Potenz, dagegen sind sie recht kompliziert in bezug auf das Volum und die Temperatur. Für die Zwecke der Physik und der physikalischen Chemie ist diese Form geeignet, weil man dort meist v und T als die unabhängigen Veränderlichen betrachtet. Bei technischen Anwendungen sind aber die unabhängigen Veränderlichen in der Regel P und T; die Zustandsgleichung soll daher leicht nach v aufzulösen, d. h. in v nur von erster Potenz sein. In dieser Richtung lagen die Bemühungen von ZEUNER, LEDOUX, TUMLIRZ und CALLENDAR. Die Zustandsgleichung von CALLENDAR (1900)[3]

$$v - b = \frac{R\,T}{P} - \frac{a_1}{T^m}$$

mit drei Konstanten b, a_1 und m legte R. MOLLIER (1906) seinen „Neuen Tabellen und Diagrammen für Wasserdampf" zugrunde[4]. Durch Hinzufügung weiterer Korrektionsglieder hat MOLLIER später den Geltungsbereich dieser Zustandsgleichung erweitert. Einen weiteren Schritt in gleicher Richtung unternahm KOCH in den VDI-Wasserdampftafeln (1937)[5]. Zustandsgleichungen dieser Art wurden auch für die Darstellung des thermischen Verhaltens anderer Stoffe, insbesondere von zahlreichen Kältemitteln, verwendet.

Da eine quantitative Übereinstimmung berechneter und gemessener Werte im kritischen Gebiet besondere Schwierigkeiten bereitet, dieses Gebiet aber vielfach außerhalb des praktischen Interesses liegt, hat man auch Zustandsgleichungen vorgeschlagen, die zahlenmäßig genau sind, aber nur für eine beschränktes Druck- und Temperaturgebiet unterhalb des kritischen Zustands gelten. Genannt seien hier besonders die Gleichung von DANIEL BERTHELOT (1907)[6] und diejenige von BEATTIE und BRIDGEMAN (1927)[7].

Da ferner die gleichzeitige Erfassung des flüssigen und gasförmigen Zustands in einer einzigen Gleichung bisher quantitativ nicht gelingen wollte, hat man auch Zustandsgleichungen entwickelt, die nur für den flüssigen Zustand Geltung beanspruchen. Genannt seien hier die Vorschläge von TUMLIRZ (1909)[8], TAMMANN (1912)[9] und EUCKEN (1941)[10]. Den Ansatz von EUCKEN hat K. THOMA (1948)[11] weiterentwickelt und dabei einen Druck- und Temperaturbereich bis unmittelbar an den kritischen Punkt erfaßt.

VII. Das thermische Verhalten von Gemischen.

Während sich das thermische Verhalten einheitlicher Stoffe verhältnismäßig leicht beschreiben läßt, so daß alle wesentlichen Gesetzmäßigkeiten schon in den siebziger Jahren des vorigen Jahrhunderts erkannt waren, bietet

---

[1] WOHL, A.: Z. phys. Chem. Abt. A. Bd. 87 (1914) S. 1; Bd. 99 (1921) S. 207 u. 226.

[2] PLANK, R.: Forsch. Ing.-Wes. Bd. 7 (1936) S. 161 — Ber. VII. intern. Kältekongr., Den Haag Bd. I, S. 223.

[3] CALLENDAR, H. L.: Proc. roy. Soc., Lond. Bd. 67 (1900) S. 266.

[4] MOLLIER, R.: 1. Aufl. 1906; 7. Aufl. 1932. Berlin: J. Springer.

[5] KOCH, W.: VDI-Wasserdampftafeln, 1. Aufl. 1937, 2. Aufl. (bearb. von E. SCHMIDT) 1952. Berlin: J. Springer.

[6] BERTHELOT, D.: Mém. et Trav. Bur. Int. des Poids et Mesures Bd. 13 (1907).

[7] BEATTIE, J. A., u. O. C. BRIDGEMAN: J. Amer. chem. Soc. Bd. 49 (1927) S. 1665; Bd. 50 (1928) S. 3133.

[8] TUMLIRZ, O.: Wiener Ber. Bd. 118, IIa (1909) S. 330.

[9] TAMMANN, G.: Ann. Phys., Lpz. Bd. 37 (1912) S. 1004.

[10] EUCKEN, A.: Forsch. Ing.-Wes. Bd. 12 (1941) S. 113.

[11] THOMA, K.: Mitt. Kältetechn. Inst. Techn. Hochsch. Karlsruhe Nr. 3. Karlsruhe: C. F. Müller 1948.

die Behandlung von Gemischen bedeutend größere Schwierigkeiten. Den ersten umfassenden Vorstoß auf diesem Grenzgebiet zwischen Physik und Chemie, der zur Aufstellung sehr allgemeiner thermodynamischer Gesetzmäßigkeiten führte, machte 1876 Josiah Willard Gibbs (1839—1903)[1], Abb. 24, an der Yale Universität in New Haven, Connecticut. Er entdeckte die Phasenregel und begründete die Lehre vom thermodynamischen Potential und dem chemischen Gleichgewicht, die jedoch lange Zeit unverstanden blieb. Den zweiten Pfeiler für eine Theorie der binären Gemische errichtete 1890 J. D. van der Waals, indem er den Gültigkeitsbereich seiner Zustandsgleichung für einheitliche Stoffe (s. S. 38) durch eine entsprechende Verallgemeinerung der darin auftretenden Größen a und b auch auf Gemische ausdehnte[2]. Den Ausbau der Theorie verdankt man ferner H. v. Helmholtz (Elektrochemische Vorgänge), M. Planck (Verdünnte Lösungen), H. W. Bakhuis Roozeboom, P. Duhem, W. Nernst, van't Hoff, van Laar und in neuerer Zeit G. N. Lewis. Eine sehr gelungene zusammenfassende Darstellung des Verhaltens flüssiger und dampfförmiger Gemische lieferte J. P. Kuenen[3], während G. Tamman[4] die festen Lösungen erschöpfend behandelte.

Abb. 24. Josiah Willard Gibbs
(nach einer Büste in der Yale-Universität).

In der Kältetechnik liegen die Anwendungen der Theorie der binären Gemische bei den Absorptionskältemaschinen (s. S. 78) und bei der Zerlegung der flüssigen Luft in Stickstoff und Sauerstoff (s. S. 94). Darüber hinaus stellt jede Salzlösung (Sole) ein Zweistoffsystem dar, und die kältetechnischen Aufgaben in der chemischen Industrie hängen häufig mit der Zerlegung von Gemischen zusammen (Glaubersalzgewinnung, Petroleumraffination, Wassergas- und Koksofengaszerlegung u. a.). Die zielbewußte technisch-wissenschaftliche Anwendung der thermodynamischen Erkenntnisse ließ aber recht lange auf sich warten. Das lag wohl in erster Linie daran, daß die Darstellung dieser Gebiete in der physikalischchemischen Literatur sehr abstrakt gehalten war und die dem Ingenieur geläufigen anschaulichen graphischen Methoden erst später entwickelt wurden.

Die fraktionierte Verdampfung und Rektifikation von Flüssigkeitsgemischen war aus der Alkohol- und Petroleumdestillation bekannt; sie wurde aber auch dort nur rein empirisch angewendet. Ihrer Übertragung auf flüssige Luft stellten

---

[1] Gibbs, J. W.: Trans. Connecticut Acad. Bd. 3 (1876) S. 152. Übersetzt von W. Ostwald: Thermodynamische Studien. Leipzig 1892.

[2] van der Waals, J. D.: Arch. Néerl. Bd. 24 (1890) S. 1 — Z. phys. Chem. Abt. A. Bd. 5 (1890) S. 133 — Kontinuität, II. Teil. Leipzig: J. A. Barth 1899. — J. D. van der Waals u. Ph. Kohnstamm: Lehrbuch der Thermostatik. Leipzig: J. A. Barth 1927.

[3] Kuenen, J. P.: Theorie der Verdampfung und Verflüssigung von Gemischen und der fraktionierten Destillation. Leipzig: J. A. Barth 1906 (Bd. 4 von Bredigs Handbüchern der angew. Chemie).

[4] Tammann, G.: Lehrbuch der heterogenen Gleichgewichte. Braunschweig: Vieweg 1924.

sich wegen der sehr tiefen Temperaturen erhebliche Schwierigkeiten in den Weg. Wie unklar die herrschenden Vorstellungen waren, geht beispielsweise daraus hervor, daß selbst ein Fachmann vom Range DEWARS zwar die fraktionierte Verdampfung der flüssigen Luft zugab, ihre fraktionierte Kondensation hingegen ablehnte[1]. Die Autorität DEWARS wirkte sich daher längere Zeit als Hemmung des Fortschritts aus, bis CLAUDE die Unhaltbarkeit dieser Vorstellung nachwies[2]. RAMSAY hatte schon 1894 die fraktionierte Kondensation als notwendig erachtet[3].

LINDES Arbeiten über die fraktionierte Verdampfung flüssiger Luft fallen in die Jahre 1895 bis 1902[4], sie bedeuten aber nur eine Zwischenlösung. Das viel vollkommenere Rektifikationsverfahren wurde in der Gesellschaft Linde 1902 bis 1905 entwickelt, wobei an Stelle empirischer Tastversuche die das gesamte Wirken LINDES kennzeichnende wissenschaftliche Methodik trat, die sich auch hier wieder bestens bewährte (s. S. 95).

Die Gleichgewichtszusammensetzungen des Dampfes über verschiedenen flüssigen Stickstoff-Sauerstoff-Gemischen bei verschiedenen Temperaturen und beim Druck von 1 Atm hat zuerst in großen Zügen LINDE[5] und dann sehr eingehend BALY, ein Mitarbeiter W. RAMSAYS, untersucht[6]. An der Aufstellung einer vollständigen Theorie der Luftverflüssigung und Trennung wurde bis zur neuesten Zeit gearbeitet.

Auch in der Theorie der Absorptionskältemaschinen scheute man sich lange, die Thermodynamik binärer Gemische sinngemäß anzuwenden. Der erste Versuch in dieser Richtung wurde 1909 von PLANK unternommen[7], wobei es gelang, die schädliche Wirkung des im Kocher aus der wäßrigen Ammoniaklösung mitverdampfenden Wassers zahlenmäßig zu erfassen. Einen weiteren Schritt machte ALTENKIRCH[8], der insbesondere die Vielgestaltigkeit der Absorptionsmaschinen und ihre Anpassungsfähigkeit an die verschiedensten Betriebsbedingungen durch eine scharfsinnige thermodynamische Analyse klarlegte. Aber erst MOLLIER, MERKEL und BOŠNJAKOVIĆ gelang es, die zweckmäßigste graphische Darstellung und Berechnungsweise für diese Vorgänge zu finden. MOLLIER veröffentlichte 1923 ein neues Diagramm für Dampf-Luft-Gemische, in welchem die Enthalpie und der Dampfgehalt als Koordinaten gewählt wurden[9]. Diese Wahl bietet für die Darstellung thermischer Vorgänge in Zweistoffgemischen die größten Vorteile. MERKEL und BOŠNJAKOVIĆ benutzen das gleiche Diagramm zur Darstellung des Verhaltens von Ammoniak-Wasser-Gemischen und entwickelten mit Hilfe der Wärme- und Stoffbilanz ein sehr übersichtliches Berechnungsverfahren von Absorptionsmaschinen[10]. Eine zusammenfassende Darstellung der Theorie von Gemischen in der Sprache des Ingenieurs brachte zu-

[1] DEWAR, J.: Proc. roy. Inst. Febr. 1897.

[2] CLAUDE, G.: C. R. Acad. sci., Paris Bd. 136 (1903) S. 1659.

[3] RAMSAY, W.: Proc. chem. Soc., London, Dezember 1894.

[4] Der Gedanke wurde schon im DRP 88824 vom Jahre 1895 zum Ausdruck gebracht.

[5] LINDE, C.: Sitz.-Ber. Bayer. Akad. Wiss., Math.-Phys. Kl. Bd. 29 (1899) S. 65.

[6] BALY, E. C. C.: Phil. Mag. Bd. 49 (1900) S. 517.

[7] PLANK, R.: Diss. Dresden, 1909 — Z. ges. Kälteind. Bd. 17 (1910) S. 2.

[8] ALTENKIRCH, E.: Z. ges. Kälteind. Bd. 20 (1913) S. 1; Bd. 21 (1914) S. 7 — Abschnitt Kältetechnik in G. Gehlhoffs Lehrbuch d. techn. Physik Bd. I, S. 332—375. Leipzig: J. A. Barth 1924.

[9] MOLLIER, R.: Z. DVI Bd. 67 (1923) S. 869. — Vgl. auch A. BUSEMANN: Der Wärme- und Stoffaustausch, dargestellt im Mollierschen Zustandsdiagramm für Zweistoffgemische. Berlin: Springer 1933.

[10] MERKEL, F.: Z. ges. Kälteind. Bd. 35 (1928) S. 130. — F. MERKEL u. FR. BOŠNJAKOVIĆ: Diagramme und Tabellen zur Berechnung von Absorptions-Kältemaschinen. Berlin: J. Springer 1929.

erst BOŠNJAKOVIĆ[1]. (In diesem Handbuch ist das Gebiet in Bd. II, Teil C, S. 263—340 behandelt).

Die Rektifikation von Gemischen wurde durch zahlreiche systematische Arbeiten von KIRSCHBAUM weiterentwickelt[2], der auch eine zusammenfassende Darstellung der Berechnungsmethoden von Destillier- und Rektifizierapparaten lieferte. Neben Zweistoffgemischen werden darin auch Dreistoffgemische behandelt, die auch in der Technik eine Rolle spielen: genannt seien z. B. Stickstoff-Sauerstoff-Argon oder Benzol-Toluol-Xylol. Auch in den völlig bewegungslosen Absorptionskältemaschinen mit druckausgleichendem neutralem Gas (System Elektrolux) hat man es mit einem Dreistoffgemisch Ammoniak-Wasser-Wasserstoff zu tun.

C. Die Entwicklung der Kältemaschinen.

Die drei wichtigsten Systeme der Kälteerzeugung: Kaltluftmaschinen, Kaltdampfmaschinen und Absorptionsmaschinen haben sich nicht nacheinander, sondern von den ersten Anfängen an nebeneinander entwickelt. Es ist sogar eine gegenseitige Durchdringung festzustellen, denn bei den ältesten Schwefelsäure-Absorptionsmaschinen verwendete man sowohl eine Vakuumpumpe als auch eine Absorptionsflüssigkeit, um die gebildeten Wasserdämpfe zu entfernen. Solche Kombinationen sind auch in der späteren Entwicklung immer wieder aufgetaucht.

Zu einer industriellen Bedeutung gelangten zuerst die Kaltluft- und Absorptionsmaschinen, und zwar in den sechziger Jahren des vorigen Jahrhunderts, dank den Entwicklungsarbeiten von A. C. KIRK und F. CARRÉ. Die siebziger Jahre standen im Zeichen der Kaltdampfmaschine, deren Prinzip zwar schon 40 Jahre früher von JACOB PERKINS angegeben worden war, deren Entwicklung aber durch das Festhalten an einem ungeeigneten Kältemittel (Äthyläther) stark gehemmt war. Erst nachdem C. LINDE in Deutschland und DAVID BOYLE in Amerika mit sicherem Gefühl das Ammoniak gewählt hatten, war der Sieg der Kaltdampfmaschine über die anderen Systeme entschieden. In unserer Zeit sind Absorptionsmaschinen wieder stärker in den Vordergrund getreten, da sie in Großanlagen die Abwärmeverwertung möglich machen und in Haushaltkühlschränken als völlig bewegungslose Apparate gebaut werden können. Auch Kaltluftmaschinen finden unter Anwendung von Turbokompressoren und Expansionsturbinen für Sonderzwecke wieder verstärkte Beachtung.

I. Die Kaltluftmaschinen.

In einer Serie von Artikeln, betitelt „History of Refrigeration", die J. C. GOOSMANN 1924—1926 veröffentlicht hat[3], erwähnt er, daß um die gleiche Zeit (etwa 1755), in der WILLIAM CULLEN zum erstenmal Eis durch Verdampfung von Wasser im Vakuum künstlich erzeugte, ein deutscher Erfinder namens HOELL in Chemnitz die starke Abkühlung bei der Expansion von Luft unter Arbeitsleistung feststellte[4]. Aber auch CULLEN hatte schon beobachtet, daß das

---

[1] BOŠNJAKOVIĆ, FR.: Technische Thermodynamik, zweiter Teil. Dresden u. Leipzig: Th. Steinkopff 1937.

[2] KIRSCHBAUM, E.: Destillier- und Rektifiziertechnik, 1. Aufl. 1939, 2. Aufl. 1950. Berlin-Göttingen-Heidelberg: Springer.

[3] GOOSMANN, J. C.: Ice and Refrigation. Chicago 1924—1926.

[4] Als Quelle diente wohl: „Phenomenon attending the working of the Hungarian pressure engine erected at Chemnitz 1755" in GREGORYs Treatise of Mechanics, 4. Aufl. Bd. 2 (1826) S. 226. — DAVY erwähnt diese Maschine in seiner „Chemical Philosophy", nennt aber als Standort Schemnitz in Ungarn (Slowakei?).

Thermometer unter der Glocke der Luftpumpe beim Evakuieren um einige Grade fiel. Genauere Versuche über die Abkühlung der Luft durch Expansion führte seit 1771 der aus Mecklenburg stammende, aber in Schweden ansässige Gelehrte Wilcke aus[1]. Erasmus Darwin (der Großvater von Charles Darwin) sah in der mechanischen Ausdehnung der Luft ein Mittel, Kälte zu erzeugen (1788)[2]. Später befaßten sich mit diesem Vorgang auch Dalton und Gay-Lussac (1807). Völlige Klarheit darüber besaß auf jeden Fall Sadi Carnot (1824). Er schrieb: „Wird ein Gas schnell zusammengedrückt, so erhöht sich seine Temperatur, sie fällt umgekehrt, wenn es schnell ausgedehnt wird. Es ist dies eine der besterwiesenen Erfahrungstatsachen."

Das Arbeitsprinzip einer Kaltluftmaschine soll nach C. v. Linde zuerst durch John F. W. Herschel in England im Jahre 1834 erläutert worden sein[3]. Die erste Kaltluftmaschine baute 1844 der amerikanische Arzt John Gorrie; er lieferte eine kurze Beschreibung im Apalachicola Commercial Advertiser, 1844. Die frühesten allgemeiner bekannt gewordenen Veröffentlichungen über diese Erfindung stammen aus dem Jahre 1849[4]; sie gaben John Herschel Veranlassung, die Priorität seines Gedankens zu betonen[5], die er allerdings nur 4 bis 5 Jahre vordatiert wissen will. Die Zeitschrift „The Athenaeum" nimmt selbst zu der Erfindung Gorries wie folgt Stellung[5]:

„Although there is much novelty in the arrangement of this apparatus, the principles involved are not new. In Germany a high-pressure engine was made to throw out water in the form of snow. In all condensed air engines the phenomenon of freezing is constantly taking place; and we learn that Trevithik made several engines with the express intention of employing them to convert water into ice, and they answered the desired end."

Diese Notiz ist insofern richtigzustellen, als Richard Trevithick (1771 bis 1833), der durch seine Hochdruckkessel- und -dampfmaschinen bekannt geworden ist, 5 Jahre vor seinem Tode wohl den Gedanken der Eiserzeugung durch eine Kaltluftmaschine erwogen hat[6], ihn jedoch nicht weiterverfolgte.

Die Leistungen von J. Gorrie sollen aber durch diese Bemerkungen nicht herabgesetzt werden; er bleibt der erste, der eine, wenn auch noch technisch unvollkommene, Kaltluftmaschine wirklich ausgeführt hat[7].

Gorries ideal veranlagte Persönlichkeit und Menschenfreundlichkeit erfüllen uns mit aufrichtiger Bewunderung. Von schottisch-irischer Abstammung,

---

[1] Vetensk. Acad. Handl. Stockholm 1771.

[2] Phil. Trans. roy. Soc., Lond. Bd. 78 (1788).

[3] Linde, C. v.: Artikel „Kältemaschine" in Luegers Lexikon der ges. Technik, 2. Aufl., Bd. V, S. 258. Stuttgart: Deutsche Verlags-Anst.

[4] Ice made by mechanical Power. Sci. Amer. Bd. 5 (1849) S. 3. Bericht in The Athenaeum, London, v. 15. Dez. 1849, S. 1277.

[5] Making Ice. The Athenaeum v. 5. Jan. 1850, S. 22.

[6] Richard Trevithick (1771—1833) äußerte sich am 29. Juni 1828 in einem Brief an seinen Freund Giddy über die Erzeugung von künstlichem Eis wie folgt: „A few days since I was in company where a person who was saying that as much as one hundred thousends per year was paid in this place for the use of ice, the greatest part of which was brought by ships sent to the greenland seas for that express purpose. A thought struck me at the moment that artificial cold might be made very cheep by the power of steam engines, by compressing air into a condenser surrounded by water, and also an injection into the same, so as to instantly cool down the very high compressed air to the temperature of the surrounding air, and then admitting it to escape into liquid. This would reduce the tempture to any rate of cold required." — Vgl. die Jubiläumsschrift von E. Hesketh: „J. & E. Hall Ltd., 1785—1935", S. 13, daselbst ein Bild von Richard Trevithick nach einer Büste im South Kensington Museum. — Vgl. auch Fr. Trevithick: Life of Richard Trevithick Bd. 2 (1872) S. 294—295. — H. W. Dickinson u. A. Titley: Richard Trevithick. Cambridge: University Press 1934.

[7] Appareil à produire de la glace par Gorrie. Moniteur industriel 1850, S. 1413; übersetzt in Dinglers polytechn. J. Bd. 115 (1850) S. 159.

wurde er in Charleston S. C. am 3. Oktober 1803 geboren; er studierte Medizin in New York und ließ sich dann 1833 als praktischer Arzt in der Stadt Apalachicola in Florida nieder. Bei der Behandlung seiner Patienten, die in Fieberzuständen schwer unter dem heißen Klima zu leiden hatten, erkannte er die dringende Notwendigkeit der Beschaffung von Eis und der Kühlung der Krankenräume. Nicht materielle Vorteile, sondern Sorgen um die leidende Menschheit zwangen Gorrie, sich immer wieder mit Plänen für den Bau einer Kältemaschine zu beschäftigen. Seine Kaltluftmaschine bestand (1845) aus einem Kompressor mit einem Zylinderdurchmesser von etwa 8 Zoll und aus einem entsprechend kleineren Expansionszylinder. Die Kompressionswärme wurde durch Einspritzen von Wasser abgeführt und die auf etwa 2 at abs verdichtete Luft in einen durch Wasser gekühlten Sammler geleitet. Während der anschließenden Ausdehnung der Luft wurde in den Expansionszylinder Salzwasser eingespritzt, das sich dabei auf etwa -7° C abkühlte und in einem Bassin zur Eisfabrikation verwendet wurde. Am 22. August 1850 meldete Gorrie sein US-Patent an, das ihm am 6. Mai 1851 unter der Nummer 8080 erteilt wurde; dies war das erste amerikanische Patent auf eine Kältemaschine. Ein Modell dieser Maschine, Abb. 25, ist im amerikanischen Patentamt in Washington ausgestellt. Der wichtigste Anspruch des Patents lautet:

Abb. 25. Kaltluftmaschine von John Gorrie.
(Das Modell ist im amerikanischen Patentamt aufbewahrt.)

„Process of cooling or freezing liquids by compressing air into a reservoir, abstracting the heat evolved in the compression by means of a jet of water; allowing the compressed air to expand in an engine, surrounded by a cistern of unfreezable liquid, which is continually injected into the engine and returned to the cistern, and which serves as a medium to absorb the heat from the liquid to be coloed or frozen, and give it out to the expanding air."

Gorrie versuchte einen kapitalkräftigen Partner in Boston, Mass., für seine Erfindung zu interessieren, aber da dieser Partner bald nach Abschluß des Vertrages starb, konnten die Pläne nicht verwirklicht werden. Enttäuscht über seinen Mißerfolg und das geringe Verständnis, das ihm seine Zeitgenossen entgegenbrachten, erlag Gorrie am 16. Juni 1855 in Apalachicola, Florida, einem Herzleiden. Im Jahre 1899 errichtete die Southern Ice Exchange Co. ein Denkmal an der Stätte seines Wirkens. In der Wandelhalle des Kapitols zu Washington, wo jeder Staat seinem hervorragendsten Bürger ein Denkmal gesetzt hat, ist Florida nicht durch einen Politiker oder Heerführer, sondern durch den Erbauer der ersten Kältemaschine in Amerika — Dr. John Gorrie — vertreten (Abb. 26).

Bald nach Gorries Erfindung fing man auch in England an, der Kaltluftmaschine größere Aufmerksamkeit zu widmen. Rankine hat 1852 eine offene

Kaltluftmaschine in allen Einzelheiten beschrieben, und zwar im Zusammenhang mit Vorschlägen des schottischen Astronomen C. Piazzi Smith, die auf eine Kühlung von Wohnräumen in den Tropen hinzielten[1]. Ein eingehender kritischer Bericht über eine nach Gorries Angaben ausgeführte, den Erwartungen aber nicht entsprechende Kaltluftmaschine stammt von Sir William Siemens (1857)[2]. Er beanstandet besonders, daß die Luft aus dem Expansionszylinder, die nach

Abb. 26. John Gorrie.
Denkmal in der Wandelhalle des Capitols zu Washington.

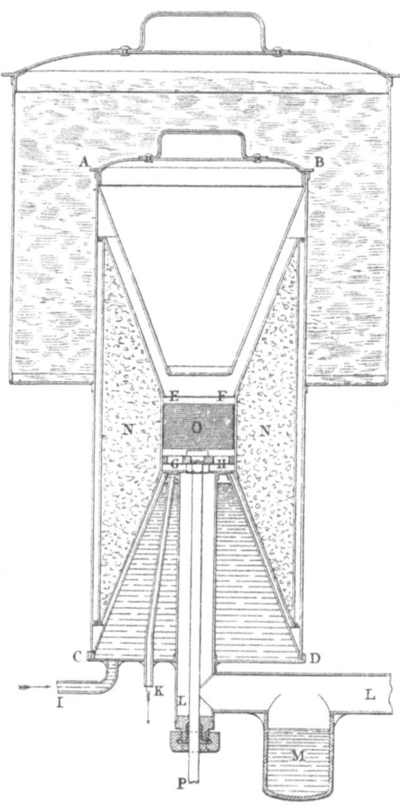

Abb. 27. Kaltluftmaschine
von Alexander Carnegie Kirk.

der Abkühlung des eingespritzten Salzwassers immer noch recht kalt ist, einfach ins Freie ausgeblasen wird. Er empfiehlt, diese kalte Abluft in einem besonderen Wärmeaustauschapparat im Gegenstrom zur verdichteten Luft vor deren Eintritt in den Expansionszylinder zu führen; hier finden wir eine der ersten Anwendungen des Siemensschen *Regenerativverfahrens*[3], das später

---

[1] Smith, C. P.: Proc. roy. Soc. Edinburgh Bd. 2 (1851) S. 235. Übersetzt in Dinglers polytechn. J. Bd. 130 (1853) S. 412. — W. J. M. Rankine: Rep. of the Brit. Association, Belfast, for 1852, 1853 — Transactions of the Section, S. 128 — Civil Engineer & Architects Journal 1853, S. 364.

[2] Siemens, William: Proc. Inst. Civ. Eng. Bd. 37 (1873—1874), als Diskussionsbeitrag zu einem Vortrag von A. C. Kirk, vgl. Fußnote 2 auf S. 46.

[3] Siemens, William: Brit. Pat. 2064 vom Jahre 1857.

auch in Absorptions- und Luftverflüssigungsmaschinen mit großem Erfolg angewandt wurde. Außerdem machte er darauf aufmerksam, daß die verdichtete Luft vor Eintritt in den Expansionszylinder nicht gedrosselt werden darf.

In der Zeitschrift des Vereins Deutscher Ingenieure wurde 1858 eine Kaltluftmaschine beschrieben[1], die angeblich in den älteren Werkstätten von James Watt gebaut wurde; die kalte Luft aus dem Expansionszylinder strömte hier unmittelbar in das zu gefrierende Wasser.

Die erste industriell verwertbare Kaltluftmaschine baute der schottische Ingenieur Alexander Carnegie Kirk (1862). Er beschreibt die verschiedenen von ihm entwickelten Bauarten in einem Vortrag vor der Institution of Civil Engineers in London am 20 Januar 1874[2]. Wir lassen hier die Beschreibung seiner ersten Maschine (Abb. 27) folgen, die als eine Umkehrung der Stirlingschen Heißluftmaschine anzusehen ist:

Die Maschine besteht aus einem gewöhnlichen, in der Abbildung nicht gezeigten, einfach wirkenden Luftkompressor, der mit 150 U/min betrieben wird und dessen Druckventil entfernt ist, während das Saugventil nur dann neue Luft einläßt, wenn der Druck am Ende der Expansion infolge Undichtheiten unter 1 Atm. abs sinkt. Die Druckseite des Kompressors ist durch die Rohrleitung L mit dem aus Weißblech hergestellten Zylinder $ABCD$ von 125 mm im Durchmesser verbunden. In die Leitung ist ein Gefäß M mit Schwefelsäure zur Trocknung der Luft eingebaut. An den beiden Enden des Zylinders sind kegelförmige Kammern eingesetzt. In die untere Kammer $CDGH$ strömt Kühlwasser durch das Rohr I ein und fließt durch das Überlaufrohr K wieder ab; dieses Kühlwasser führt die Kompressionswärme ab. Die obere konische Kammer $ABEF$ dient zur Aufnahme des zu kühlenden Körpers; sie ist mit einem gut isolierten Deckel abgeschlossen. Der doppelkegelförmige Kolben NN, der einen Hub von etwa 30 mm ausführen kann, ist innen mit trockenen Sägespänen gefüllt und außen zwecks Abdichtung mit in Fett getränktem Flanell bewickelt. Der zylindrische Teil O ist mit mehreren Lagen engmaschiger Drahtnetze gefüllt und dient im Sinne von William Siemens als Regenerator. Der Kolben NN wird durch die in der Stoffbüchse L geführte Kolbenstange P auf- und abbewegt, angetrieben von einem Exzenter, das um 90° gegen die Kröpfung der Kurbelwelle des erwähnten Luftkompressors versetzt ist.

Die Maschine arbeitet wie folgt: Der Kompressor drückt beim Abwärtsgang seines Kolbens die Luft durch die Leitung L in den Zylinder $ABCD$, wobei sich der Kolben NN in der Gegend seiner oberen Totpunktslage befindet. Die Luft im unteren Teil des Zylinders wird dabei auf etwa 2 Atm. abs verdichtet und gleichzeitig durch das Kühlwasser in der unteren konischen Kammer gekühlt. Während nun der Kolben des Kompressors in der Umgebung seiner unteren Totpunktslage das Volum und damit den Druck der verdichteten Luft nahezu unverändert aufrechterhält, bewegt sich der Kolben NN im Zylinder $ABCD$ nach unten, und die verdichtete Luft tritt durch den Regenerator O in den oberen Teil des Zylinders. Bei Aufwärtsgang des Kompressorkolbens expandiert nun die Luft in diesem oberen Teil, wobei sie sich stark abkühlt und dabei dem zu kühlenden Körper in der oberen konischen Kammer Wärme entzieht. Die noch recht kalte Luft tritt dann beim Abwärtsgang des Kolbens NN

---

[1] Bd. 2, S. 287.

[2] Kirk, A. C.: On the mechanical Produktion of Cold. Proc. Inst. Civ. Eng. Bd. 37 (1873—1874) S. 244. — Vgl. auch Brit. Pat. Nr. 1218 (1862) — Practical Mechanic's Journal, zweite Serie, Bd. 8 (1863/64) S. 113 u. 149 — Dinglers polytechn. J. Bd. 170 (1863) S. 241 — Mechanic's Magazine, neue Serie, Bd. 12 (1864) S. 245, übers. in Dinglers polytechn. J. Bd. 174 (1864) S. 399.

durch den Regenerator O, wo ihre Kälte für das nächste Kolbenspiel aufgespeichert wird. Mit einer solchen Maschine konnte KIRK die Temperatur in der oberen konischen Kammer zunächst auf $-13°$ C herabsenken. Nach einigen Verbesserungen gelang es ihm, in dieser Kammer Quecksilber zum Erstarren zu bringen, so daß die Temperatur auf $-40°$ gesunken sein muß. Es handelt sich hier um eine *geschlossene Kaltluftmaschine*, da, abgesehen von Undichtigkeitsverlusten, immer die gleiche Luftmenge in der Maschine verdichtet und ausgedehnt wird. Es wird berichtet, daß man mit der Maschine von KIRK 4 kg Eis je kg Kohle erzeugen konnte. Da man bei den damaligen Dampfmaschinen 1,5 bis 1,75 kg Kohle je PSh effektiv benötigte, so kann man aus diesen Zahlen berechnen, daß die Kälteleistung etwa ebenso groß war wie das Wärmeäquivalent der verbrauchten Arbeit. Dieses Ergebnis erscheint zwar im Vergleich mit der Leistung moderner Kaltdampfmaschinen sehr gering; für eine Kaltluftmaschine ist es aber trotzdem beachtlich.

KIRK hat später noch andere Bauarten entwickelt; dabei wurden der Kompressionsraum, der Expansionsraum und der Wärmeaustauscher räumlich voneinander getrennt[1] und auf diese Weise die schädlichen Wandungswirkungen bedeutend verringert. Diese Maßnahme entspricht vollkommen der Trennung von Dampfzylinder und Kondensator durch JAMES WATT. Während die Luft in der ersten oben beschriebenen Kaltluftmaschine nur auf 2 Atm verdichtet wurde, arbeitete KIRK in seinen späteren Modellen mit 6 bis 8 Atm. Eine der ersten größeren Maschinen wurde 1864 in den Ölwerken von Young, Meldrum und Binny in Bathgate aufgestellt; sie arbeitete 10 Jahre lang Tag und Nacht und mußte nur alle 6 bis 8 Monate für 1 bis 2 Tage außer Betrieb gesetzt und sorgfältig gereinigt werden. Die Zahl der nach KIRKS Angaben wirklich ausgeführten Maschinen blieb jedoch sehr beschränkt. Vor GORRIE hatte KIRK den Vorteil einer gediegenen technischen Durchbildung.

Die Kaltluftmaschinen wurden von dem Amerikaner LEICESTER ALLEN und dem Deutschen FRANZ WINDHAUSEN weiterentwickelt. ALLEN baute die erste geschlossene *Hochdruckkaltluftmaschine*, in der die Luft mit 4 bis 5 Atm angesaugt und auf etwa 15 Atm verdichtet wurde[2]. Dadurch gelang es ihm, die Abmessungen der Maschine bedeutend zu verringern. Kompressions- und Expansionszylinder wurden voneinander getrennt; dazwischen wurde die Luft durch eine Kupferschlange geleitet, die in einen Kühlwasserbehälter versenkt war. Die von ALLEN gebauten Maschinen wurden in den Vereinigten Staaten ausgiebig verwendet und haben sich besonders auf Handels- und Kriegsschiffen bewährt.

F. WINDHAUSEN konstruierte seine ersten Kaltluftmaschinen 1869 und führte sie zu Beginn des Jahres 1870 aus[3]. Er ließ die Luft bei Atmosphärendruck ansaugen und verdichtete sie auf 3 Atm. abs, wonach sie in einem Röhrenkühler gekühlt wurde. Auf dem Wiener Brauerei-Kongreß verteidigte WINDHAUSEN die Kaltluftmaschine gegen die Konkurrenz der Kaltdampfmaschinen, während LINDE die grundsätzliche Überlegenheit dieser Maschinen betonte[4]. Es soll

---

[1] Brit. Pat. Nr. 2211 (1869).

[2] DRP 20227 (1882).

[3] Beschreibung und Zeichnung siehe Mechanic's Magazine, new series, Bd. 22 (1869) S. 387 — Dinglers polytechn. J. Bd. 195 (1870) S. 115 — Polytechn. Centralblatt 1870, S. 468 — Brit. Pat. Nr. 669 (1869).

[4] Diese interessante Polemik findet man in dem Buch von GOTTLIEB BEHREND: Eis- u. Kälte-Erzeugungsmaschinen, 3. Aufl., S. 38—44. Halle: W. Knapp 1894. In diesem Buch sind auf den S. 211—251 zahlreiche Bauarten von Kaltluftmaschinen abgebildet und erläutert. (Die erste Auflage erschien 1883.) — Vgl. auch: Ice making machinery at the Vienna exhibition. Engng. Bd. 16 (1873) S. 346.

hier nicht unerwähnt bleiben, das Franz Wellner schon im Jahre 1867 die geringen Aussichten der Kaltluftmaschinen im Kampf gegen die Kaltdampfmaschinen klar erkannte hatte[1]. Daß die Kaltluftmaschinen aufkamen und sich entwickelten, lag vorwiegend daran, daß bei den ersten Kaltdampfmaschinen ein recht ungeeignetes Kältemittel verwendet wurde, nämlich Äthyläther (Perkins, Harrison, s. S. 52); die mit seiner Verwendung verbundene Feuersgefahr gab unmittelbar den Anlaß, sich nach einem anderen Kälteerzeugungssystem umzusehen. Kirk (a. a. O.) berichtet, daß die in den Paraffin-Ölwerken

Abb. 28. Kaltluftmaschine nach Paul Giffard, gebaut von J. und E. Hall, Ltd., in Dartford, Kent.

von Young, Meldrum und Binny in Bathgate 1861 aufgestellte Äthermaschine von Harrison die Besitzer wegen ihrer Explosionsgefahr dauernd beunruhigte und daß sie ihn veranlaßten, Äther durch einen anderen ungefährlichen Stoff zu ersetzen. Kirk kam so zu dem radikalen Entschluß, nur Luft zu verwenden.

Die offene Kaltluftmaschine wurde 1873 von Paul Giffard in Paris vervollkommnet[2]; sie wurde 1877 auf der Weltausstellung in Paris gezeigt. In England wurde die Giffard-Maschine 1880 von der Firma J. & E. Hall Ltd. in Dartford, Kent, übernommen und besonders für den damals einsetzenden Überseetransport von Fleisch weiterentwickelt (Abb. 28)[3].

Den höchsten Grad ihrer Vollkommenheit erreichten diese Maschinen aber erst in den Ausführungen von Bell-Coleman. James Coleman wurde 1877 von William Thomson (Lord Kelvin) auf diese Maschine aufmerksam gemacht und trat mit den Brüdern John und Henry Bell in Verbindung, die in Glasgow eine Großfleischerei betrieben und ein Kühlverfahren für den Überseetransport von Fleisch ausbilden wollten. So wurde die Bell-Coleman Refrigerating Co. in Glasgow gegründet. Die Maschine unterscheidet sich von ihren Vorgängern nur durch besonders sorgfältige Konstruktion und größere Betriebssicherheit, wodurch sie in kurzer Zeit eine weite Verbreitung fand. Man bemerkt

---

[1] Vgl. Gustav Schmidt: Über Kaltdampfmaschinen. Dinglers polytechn. J. Bd. 244 (1882) S. 89.

[2] Eine Beschreibung der Giffard-Maschine findet man bei T. B. Lightfoot: Proc. Inst. mech. Engrs., Lond., Jan. 1881, S. 110.

[3] Hesketh, E.: In der Jubiläumsschrift J. &. E. Hall, Ltd. (1785—1935) S. 26. Glasgow: University Press 1935.

bei dieser Maschine zum erstenmal einen von der Temperatur des Kühlraums beeinflußten Thermostaten, der auf den Regler der Antriebsdampfmaschine einwirkte und durch Verstellung der Dampfdrosselklappe die Kälteleistung dem Bedarf anpaßte. Um die Luft vor der Expansion möglichst weitgehend zu trocknen, wurde sie in einem besonderen Wärmeaustauscher im Gegenstrom zu der kalten, aus dem Kühlraum in den Kompressor angesaugten Luft geleitet und auf diese Weise bis nahe an 0° abgekühlt. Den Bau von Kühlmaschinen nach dem BELL-COLEMAN-Prinzip hat später die Firma The Haslam Foundry Co. in Derby übernommen und auch ganz große Einheiten ausgeführt. Bis vor kurzem konnte man mehrere dieser Maschinen, von denen jede eine Antriebsleistung von 300 PS erforderte, in den Victoria Docks von London sehen.

Von anderen Personen und Firmen, die sich um die Entwicklung von Kaltluftmaschinen verdient gemacht haben, müssen noch der Ingenieur T. B. LIGHTFOOT in London[1], Siebe, Gorman & Co. in London und die J. & E. Hall Co. in Dartford, Kent, genannt werden.

HALL stellte die Kompressions- und Expansionszylinder in doppeltwirkender Bauart her. Für kleinere Leistungen waren die Ma-

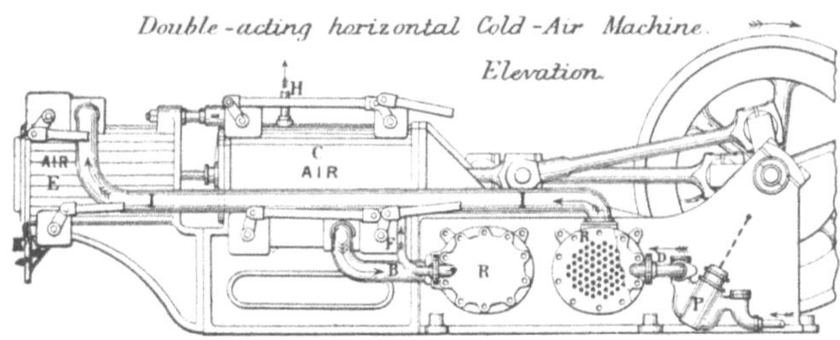

Abb. 29.

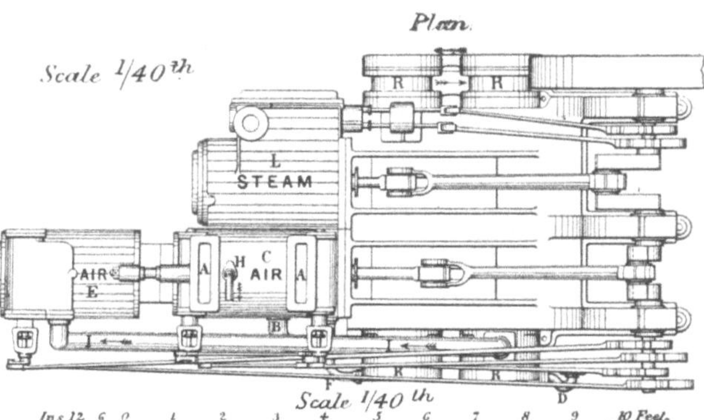

Abb. 30.

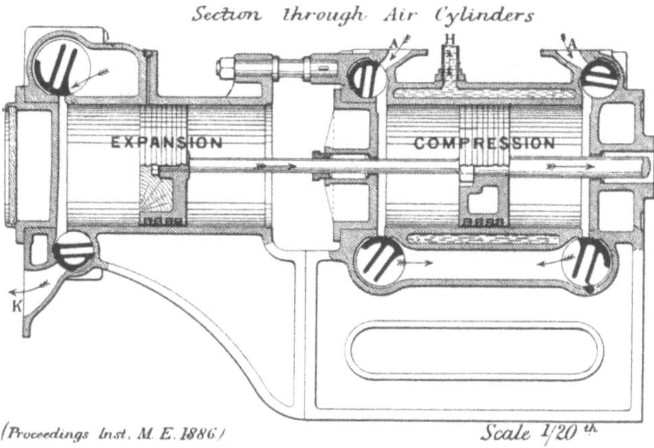

Abb. 31.

Abb. 29 — 31. Kaltluftmaschine von LIGHTFOOT.
A Lufteintritt in den Kompressor, B Luftaustritt aus dem Kompressor auf dem Wege zum Kühler, C Luftkompressor, D Wassereintritt in den Kühler, E Expansionszylinder, F Wasseraustritt aus dem Kühler auf dem Wege zum Kompressormantel, H Kühlwasseraustritt aus dem Kompressormantel, I Rohrleitung für die Druckluft auf dem Wege vom Kühler zum Expansionszylinder, K Kaltluftaustritt aus dem Expansionszylinder, L Zylinder der Dampfmaschine, P Wasserpumpe, R zwei hintereinandergeschaltete Kühler.

---

[1] LIGHTFOOT, T. B.: Proc. Inst. mech. Engrs., Lond. Jan. 1881, S. 105; Mai 1886, S. 201. Diesen Abhandlungen sind zahlreiche Konstruktionszeichnungen beigegeben.

schinen stehend, für größere Leistungen liegend konstruiert. Die Antriebsdampfmaschine war mit dem Kompressor und der Expansionsmaschine in einer Reihe angeordnet. Die Kühler lagen unterhalb der Maschinen und dienten diesen als Fundament (Abb. 28); die Kühlrohre waren in geschlossenen Mänteln eingebettet.

In den Abb. 29 bis 31 ist eine Kaltluftmaschine von Lightfoot für Leistungen von 600 bis 1700 m³ Kaltluft je Stunde dargestellt. Der Kompressor C ist doppeltwirkend, während der Expansionszylinder E einfachwirkend ist; beide sind in Tandemanordnung hintereinandergesetzt. Zwischen beiden bleibt genügend Raum zur Untersuchung des Zustandes der Kolben. Abb. 31 ist in doppeltem Maßstab dargestellt und zeigt den Einbau der Ventile (Corlishähne), die aus Phosphorbronze hergestellt und durch Exzenter gesteuert wurden; man erreichte dadurch einen geräuschärmeren Gang bei relativ hohen Drehzahlen. Die Luft wird vom Kompressor C durch die Öffnungen A angesaugt und tritt nach erfolgter Verdichtung durch das Rohr B in die beiden hintereinandergeschalteten Kühler R, die im Gehäuse unterhalb der Maschine angeordnet sind. Kühlwasser, das von der Pumpe P geliefert wird, durchläuft die zahlreichen in den Mänteln angeordneten Rohre; das Wasser tritt bei D ein und bei F aus und wird dann noch zur Kühlung des Kompressors verwendet, aus dessen Mantel es schließlich bei H austritt. Man brauchte 500 bis 650 Liter Kühlwasser für je 100 m³ Kaltluft. Von den Kühlern strömt die verdichtete Luft zum Expansionszylinder E, wo etwa 60% der im Kompressor verbrauchten Arbeit zurückgewonnen werden. Die Kaltluft tritt mit einer Temperatur von − 60 bis − 70° C bei K aus dem Expansionszylinder. Bei 15grädigem Kühlwasser und einer Abkühlung der Luft von +15 auf −70° betrug die spezifische Kälteleistung dieser Maschinen etwa 500 kcal je kg Kohle oder je PS$_i$ der Dampfmaschine.

Trotz bester Ausführung mußten die Kaltluftmaschinen zu Ende der achtziger Jahre des vorigen Jahrhunderts wegen des großen Platzbedarfs und des hohen Energieverbrauchs das Feld räumen. Erst nach dem ersten Weltkrieg sind ihre Aussichten wieder gestiegen. Gegenwärtig werden sie für verschiedene Sonderzwecke verwendet, nachdem es gelungen ist, den Platzbedarf sehr wesentlich einzuschränken. Die Gesellschaft für Lindes Eismaschinen erreichte dieses Ziel durch Entwicklung geschlossener Hochdruckmaschinen in der von Allen gewiesenen Richtung; sie ging aber mit der Drucksteigerung bedeutend weiter (Verdichtung auf 200 Atm, Entspannung auf 150 Atm). Brown Boveri & Co. erzielten bedeutende Platzersparnis durch die Anwendung rasch laufender Turbomaschinen für die Kompression und Expansion. Solche Kaltluftmaschinen wurden für die Kühlung tiefer Schächte, bei Höhenprüfständen für Flugmotoren und auf Schiffen verwendet. Ein ganz neues Anwendungsgebiet ergab sich im und nach dem zweiten Weltkrieg bei der Kühlung des Führersitzes und der Kabinen von Personenflugzeugen bei sehr hoher Geschwindigkeit. Hier bestehen wesentliche Zusammenhänge mit den Fortschritten, die in Amerika im Bau von Expansionsturbinen und leichten Wärmeaustauschern erzielt wurden[1].

Die neueste Entwicklung auf dem Gebiet der Kaltluftmaschinen, die von der Philips-Gesellschaft in Eindhoven (Holland) vollzogen wird, knüpft wieder an ganz alte Gedanken der Brüder Stirling in Schottland (1827) und von John Ericsson (1803—1899) in Schweden und USA an. Es wird versucht, den Stirlingschen Kreisprozeß, bestehend aus zwei Isothermen und zwei Isochoren, so nahe wie möglich zu verwirklichen, wobei von den modernsten Verfahren

---

[1] Eine knappe Darstellung dieser Entwicklung findet man bei R. Plank: Amerikanische Kältetechnik, 3. Bericht, 1950, S. 187—193. Düsseldorf: Deutscher Ingenieur Verlag. Dort ist auch die Literatur angegeben.

der Wärmeübertragung, der Stoffkunde und der Fertigung Gebrauch gemacht wird. Die Bemühungen, die im zweiten Weltkrieg einsetzten, erstreckten sich primär auf den Bau von Heißluftmaschinen[1], doch wurde ausdrücklich betont, daß der gleiche Prozeß bei seiner Umkehrung auch für Kaltluftmaschinen geeignet ist. Beschreibungen des Baues und der Wirkungsweise von Kaltluftmaschinen sind inzwischen in der Patentliteratur[2] und in Zeitschriften[3] erschienen. Es wird abzuwarten sein, ob eine Realisierung folgen wird.

II. Die Kompressions-Kaltdampfmaschinen mit Kolbenkompressoren.

Die latente Verdampfungswärme wurde von WILLIAM CULLEN (1750) und JOSEPH BLACK (1764) entdeckt (s. S. 6). Die Kaltdampfmaschine war erfunden, als man zum erstenmal Wasser unter der Glocke einer Luftpumpe durch Verdunstung zum Gefrieren brachte. Die Fortschaffung der sehr großen Wasserdampfvolume bei dem niedrigen Druck verursachte große Schwierigkeiten, die bald dazu führten, daß man diese Dämpfe nicht mechanisch verdichtete, sondern sie durch Schwefelsäure absorbieren ließ (s. S. 78). Systematische Versuche über die bei der Verdampfung einer leicht siedenden Flüssigkeit erzeugte Kälte machte zuerst 1781 TIBERIUS CAVALLO[4] und später ALEXANDER MARCET[5].

JOHN VALLANCE aus Brighton ließ sich am 1. Januar 1824 ein Patent erteilen, nach dem Luft, die durch Schwefelsäure stark getrocknet war, über eine flache, mit Wasser gefüllte Schale geleitet wurde, wobei sie sich wieder mit Wasserdampf anreicherte; die entstehende feuchte Luft wurde durch eine Luftpumpe ständig abgesaugt, bis das Wasser in der Schale durch fortschreitende Verdunstung erstarrte. Das ist das Prinzig der Verdunstungskühlung[6].

Im Jahre 1805 veröffentlichte OLIVER EVANS die Beschreibung einer Maschine für die Kühlung von Flüssigkeiten[7]. Darin heißt es:

„A steam engine may work a large air pump, leaving a perfect vacuum behind it on the surface af the water at every stroke. If ether be used as a medium for conducting the heat from the water into the vacuum, the pump may force the vapour rising from the ether, into another pump to be employed to compress it into a vessel, immersed in water; the heat will escape into the surrounding water, and the vapour return to ether again; which being let into the vessel in the vacuum, it may thus be used over and over repeatedly. Thus it appears possible to extract the latent heat from cold water and apply it to boil other water; and to make ice in large quantities in hot countries by the power of steam engines.

I suggest these ideas merely for the consideration of those who may be disposed to investigate the principles, or which then put in operation. And, lest I

---

[1] RINIA & DU PRÉ: Philips Technical Review, Mai 1946.

[2] U.S. Pat. Nr. 2486081; Ungar. Pat. P 11530; Kanad. Pat. 467737.

[3] BÄCKSTRÖM, M.: Kylteknisk Tidskrift (schwedisch) Bd. 11 (1952) Nr. 3, S. 30. Referat in Kältetechnik Bd. 4 (1952) S. 308.

[4] CAVALLO, T.: Experiments relating to the cold produced by the evaporation of various fluids, with a method of purifying ether. Phil. Trans. roy. Soc. Lond. Bd. 71 (1781) S. 509 bis 520.

[5] MARCET, A.: Experiments on the production of cold by the evaporation of the sulphuret of carbon. Phil. Trans. roy. Soc. Lond. Bd. 103 (1813).

[6] Vgl. London Journal of Arts and Sciences 1824, S. 251; 1826, S. 298. Übersetzt in Dinglers polytechn. J. Bd. 16 (1825) S. 227; Bd. 21 (1826) S. 412. Das hier geschilderte Verfahren ist neuerdings für Zwecke der Klimatisierung „wiedererfunden" worden, vgl. D. B. KNIGHT: Refrig. Engng. Bd. 24 (1932) S. 89.

[7] EVANS, O.: The young steam engineers guide, Philadelphia, 1805, S. 137. Diese Beschreibung findet man auch im Anhang zum Buch von R. O. CUMMINGS: The American Ice Harvests. Univ. of California Press 1949. EVANS wollte das Trinkwasser in New Orleans kühlen und Eis bereiten.

should be thought extravagant as was the Marquis of Worcester[1], I give a description of the machine.

Cummings[2] fügt hinzu: Obwohl diese Beschreibung, in der Evans auch den Marquis von Worcester erwähnt, den Prototyp eines Vorschlages für eine Kompressionsmaschine mit geschlossenem Kreislauf darstellt, so ist es doch sehr wahrscheinlich, daß er selbst niemals ein Modell einer solchen Maschine gebaut hat.

1. Äthermaschinen.

Als Geburtsjahr der modernen Kaltdampfmaschinen hat aber das Jahr 1834 zu gelten, in dem Jakob Perkins am 14. August sein berühmtes britisches Patent Nr. 6662 „Apparatus for Producing Cold and Cooling Fluids" anmeldete, das ihm am 14. Februar 1835 erteilt wurde.

Jakob Perkins, Abb. 32, wurde 1766 in Newburyport, Mass., geboren, war also von Geburt Amerikaner, zog jedoch in jungen Jahren nach England und ließ sich in London nieder. Er war reich an Erfindungsgedanken, die sich vorwiegend auf Dampfkessel und Dampfmaschinen bezogen. Erst im Alter wandte er sein Interesse den Kältemaschinen zu, die damals noch keinerlei industrielle Bedeutung hatten. Er war 68 Jahre alt, als er sein grundlegendes Patent auf eine Kaltdampfmaschine mit kontinuierlichem Umlauf des Kältemittels in einem geschlossenen Kreisprozeß anmeldete. Er lebte noch 15 Jahre, doch war es ihm nicht beschieden, die praktische Auswirkung seiner Gedanken auf diesem Gebiet zu erleben, obwohl ihm als Dampfmaschinenkonstrukteur die Anerkennung nicht versagt blieb. H. P. und M. W. Vowles haben eine ausführliche Lebensbeschreibung mit einem Bild von Jacob Perkins geliefert[3]; sie schließen mit den Worten: „There can be no doubt that he paid the penalty of being in advance of his time."

Abb. 32. Jacob Perkins (nach einem Bild in Stuart's „Anecdotes of Steam Engines"), 1829.

In seinem Patent[4] setzt Perkins als bekannt voraus, daß man durch Verdampfung eines leicht flüchtigen Stoffes eine Kühlwirkung hervorbringen kann. Dabei geht aber der flüchtige Stoff verloren, so daß man auf diesem Wege keine großen Kälteleistungen erzielen kann. Perkins schlägt nun vor, den verdampfenden flüchtigen Stoff durch eine Dampfpumpe (vapour pump) abzusaugen, zu verdichten und dann durch Kühlwasser zu kondensieren, so daß ein vollständiger Kreislauf entsteht und dieselbe Menge immer wieder verwendet

---

[1] Vgl. S. 3.

[2] Siehe Fußnote 7 auf S. 51.

[3] Hugh, P., u. Margaret W. Vowles: Mech. Engng. Bd. 53 (1931) S. 785. Sonderbarerweise findet man in dieser Biographie kein Wort über die Erfindung der Kaltdampfmaschine. — G. & D. Bathe, Jacob Perkins, his inventions, his times and his contemporaries. Philadelphia, 1943.

[4] Außer der Patentschrift sei verwiesen auf Dinglers polytechn. J. Bd. 64 (1837) S. 46, und Repertory of Patent Invention, Jan. 1837, S. 13.

werden kann. Die Originalfigur seiner Patentschrift ist in Abb. 33 wiedergegeben:

Im isolierten Gefäß *a* befindet sich die zu kühlende Flüssigkeit. In diese ist der Behälter *b* mit dem leicht flüchtigen verdampfenden Stoff versenkt (*Verdampfer*). PERKINS empfiehlt vorwiegend Äther (Äthyläther), da er billig ist und keinen hohen Dampfdruck besitzt. Die Dämpfe werden von der Dampfpumpe *c* (*Kompressor*) durch eine Leitung *f* abgesaugt und nach ihrer Verdichtung durch die Leitung *g* in die Kühlschlange *d* gedrückt, die in einen Behälter *e* versenkt ist, durch den kaltes Wasser fließt (*Tauchkondensator*). Hier werden die Dämpfe etwa bei Atmosphärendruck verflüssigt, und die gebildete Flüssigkeit wird durch ein gewichtbelastetes Ventil *h* (*Drosselventil*) in den Verdampfer *b* zurückgeführt. Wie man sieht, sind hier alle Teile einer Kaltdampfmaschine vollzählig vorhanden. Um alle Luft aus der

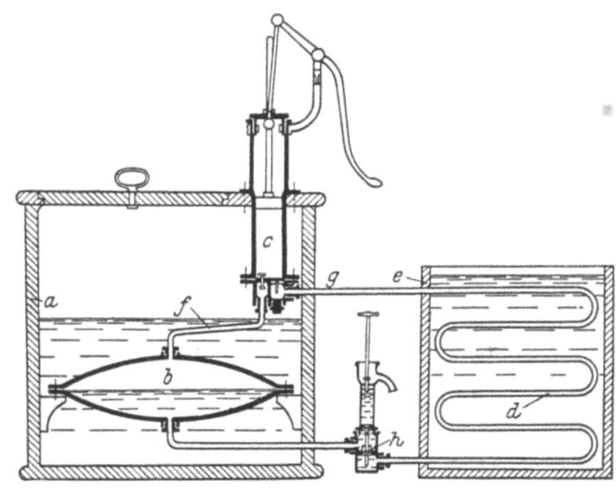

Abb. 33. Kaltdampfmaschine von JACOB PERKINS (Patentzeichnung).

a isoliertes Gefäß, *b* Verdampfer, *c* Dampfpumpe, *d* Kühlschlange, *e* Behälter mit Kühlwasser, *f* Absaugeleitung, *g* Leitung zur Kühlschlange, *h* Drosselventil.

Maschine zu entfernen, empfiehlt PERKINS, alle Teile mit flüssigem Äther zu füllen und danach mindestens die Hälfte mit Hilfe der kleinen beim Ventil *h* angeordneten Pumpe (Abb. 33) wieder zu entfernen, um für die Dampfbildung Platz zu schaffen. PERKINS formulierte seinen Patentanspruch wie folgt:

„An arrangement of apparatus or means, as above described, whereby I am enabled to use volatile fluids for the purpose of producing the cooling or freezing of fluids, and yet at the same time constantly condensing such volatile fluids, and bringing them again and again into operation without waste.“

Es ist nur noch der Bau einer ziemlich unvollkommenen Versuchsmaschine nach den Vorschlägen von PERKINS bekannt geworden, die viel später von SIR FREDERIK BRAMWELL beschrieben wurde[1]. Ab-

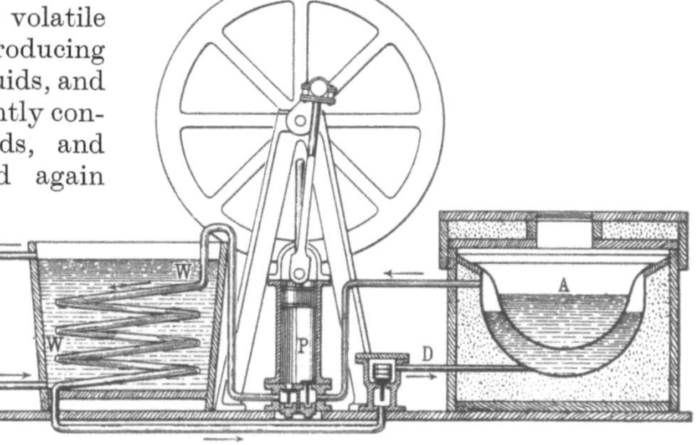

Abb. 34. Kaltdampfmaschine von JACOB PERKINS (nach Sir FREDERIK BRAMWELLS Beschreibung).

---

[1] BRAMWELL, F.: J. Soc. Arts Bd. 31 (1882) S. 19 u. 77. — Vgl. auch J. A. EWING: The mechanical production of Cold; deutsche Übersetzung von BANFIELD. Braunschweig: F. Vieweg u. Sohn 1910.

bildung 34 ist eine Skizze der Perkinsschen Kaltdampfmaschine nach Bramwells Beschreibung. Darin ist P ein mit selbsttätigen Ventilen versehener Kompressor, W der Tauchkondensator, D das Drosselventil, A der Verdampfer, bestehend aus einem Hohlkörper mit Doppelboden. Zwischen beiden Böden verdampft das Kältemittel, während im Hohlraum Wasser zu Eis erstarren sollte.
Mit dieser Maschine gelang es, kleine Mengen Eis zu erzeugen.

Mit ähnlichen Gedanken beschäftigten sich in Deutschland Hagen (1834)[1]
und in England Shaw (1836). Einen größeren Erfolg erzielte aber erst Alexander C. Twinning, geb. 1801 in New Haven, Conn., der 1848 ebenfalls mit
Äthyläther zu arbeiten begann. 1850 erhielt er ein englisches und 1853 ein
amerikanisches Patent (Nr. 10221). Sein dop-
peltwirkender Kompressor hatte einen Durchmesser von $8^{1}/_{2}''$ und einen Hub von $16''$. Eine
dieser Maschinen wurde 1855 in den Cuyahoga
Locomotive Works in Cleveland aufgestellt und
erzeugte 2000 lbs Eis in 20 Stunden.

Den stärksten Einfluß auf die Entwicklung
der Kompressionskaltdampfmaschine übte jedoch die Tätigkeit von James Harrison[2] aus,
Abb. 35. Er wurde 1816 in Glasgow geboren,
emigrierte 1837 nach Sydney und siedelte sich
1840 in Geelong bei Melbourne an. Er betätigte
sich zuerst als Journalist und Herausgeber von
Zeitungen, widmete sich aber seit 1850 dem
Problem der Erzeugung von Kunsteis. Bald erkannte er auch die großen wirtschaftlichen Möglichkeiten, die ein organisierter Export von
australischem Gefrierfleisch nach London bieten
könnte. 1856 und 1857 meldete er seine grundlegenden britischen Patente auf Kaltdampf-

Abb. 35. James Harrison.

maschinen an[3], wobei er Äthyläther als Kältemittel verwendete. Er hatte allerdings schon
bei seinen ersten Maschinen auch die Verwendung eines anderen Kältemittels,
und zwar Ammoniak, erwogen, doch gab er praktisch dem Äthyläther den
Vorzug[4]. 1857 reiste Harrison nach London, wo er mit Faraday und Tyndall über Probleme der Kälteerzeugung verhandelte. Hier traf er auch geschäftliche Abmachungen mit der Firma Siebe Brothers, die Lizenzen auf seine
Patente erwarb. Harrison kehrte bald wieder nach Australien zurück, wo
seine Maschinen seit 1859 bei der Firma P. N. Russel & Co. in Sydney gebaut

---

[1] Hagen wird in der Werbeschrift der Firma Frick Co., Waynesboro, Pa., „Seventy
five years Progress (1853—1928)" erwähnt.

[2] Vgl. Critchell u. Raymond, Literaturverzeichnis auf S. 160.

[3] Brit. Pat. 747 (1856) und 2362 (1857). Spätere Verbesserungen Brit. Pat. 383 (1874).
Eine ausführliche Beschreibung dieser Kältemaschinen findet man in dem Aufsatz: Pro-
duction économique de la glace par l'évaporation de l'éther dans le vide. J. Pharm. Chim.
Bd. 31 (1857) S. 449. Deutsch im Polytechnischen Centralblatt 1857, S. 1031, 1056; 1863,
S. 902. Siehe auch Engineer Bd. 11 (1861) S. 231.

[4] Eigene Äußerung Harrisons in der Diskussion zu einem Vortrag von Lightfoot:
Proc. Instn. mech. Engrs., Lond. Mai 1886, S. 250. In diesem Diskussionsbeitrag werden
die Worte Harrisons wie folgt wiedergegeben: „It so happened that in the first Australian
design he had planned a process of ice making by ammonia, which combined both the compression and the absorption processes before either of these had been invented separately.
But he had not proceeded with the use of ammonia as a refrigerator, having subsequently
given the preference to ether."

wurden. Sie hatten so große Erfolge, daß 1860 schon mehrere dieser Maschinen, Abb. 36, in Sydney und im Staate Victoria in Betrieb waren. Sie dienten vorwiegend zur Eisbereitung; der Verdampfer wurde dabei in sehr rationeller Weise als liegender Röhrenkessel ausgebildet, wobei durch die Röhren Salzwasser floß, das in einem anderen Behälter zur Eiserzeugung diente. HARRISON gibt an, daß er die Temperatur auf $-29°$ C senken konnte, doch bezeichnet er -2 bis $-5°$ C als die wirtschaftlichste Soletemperatur. Eine HARRISON-Maschine wurde um 1860 auch schon in einer Brauerei in Bendigo, Victoria, aufgestellt (s. S. 133).

Danach widmete sich HARRISON fast ausschließlich dem Gefrieren von Fleisch mit dem Ziele des Exports nach England. Er ist als einer der ersten Pioniere auf diesem Gebiet zu bezeichnen (s. S. 114). Bevor er die Durchführung eines überseeischen Transports von Gefrierfleisch wagte, prüfte er auf das sorgfältigste das Verhalten von Fleisch beim Gefrieren in stationären Anlagen. 1873 stellte er in Melbourne seine Gefrieranlage aus, mit der Fleisch, Fische und Geflügel unter öffentlicher Kontrolle gefroren wurden, um 6 Monate später einer ausgedehnten Untersuchung und Kostprobe unterworfen zu werden. Als diese Versuche gelungen waren, lud er 1873 20 t Hammel- und Rindfleisch auf den mit seinen Kältemaschinen ausgerüsteten Segler „Norfolk". Das Fleisch wurde an Bord gefroren. Leider war diesem Versuch kein Erfolg beschieden, da unterwegs ein Maschinendefekt eintrat; das Fleisch war bei

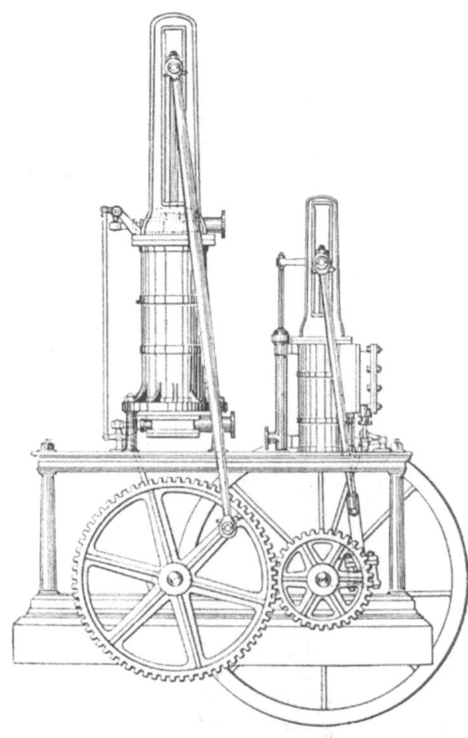

Abb. 36. Kaltdampfmaschine von JAMES HARRISON für Äthyläther, angetrieben von einer Dampfmaschine (1859).

der Ankunft in London unverkäuflich, und HARRISON hatte sein ganzes Vermögen eingebüßt. Er zog sich danach aus dem Geschäftsleben zurück und widmete sich wissenschaftlichen Arbeiten. Er starb 1893 in Geelong (Australien). Nach seinen Patenten wurden Äthermaschinen seit den sechziger Jahren von Daniel Edwards Siebe[1], später Siebe, Gorman & Co. in London gebaut, die das Zelleneissystem mit Vorschubmechanismus entwickelten.

Unabhängig von HARRISON hat auch noch F. CARRÉ, mit dem wir uns als dem Schöpfer der Ammoniakabsorptionsmaschine noch eingehend beschäftigen werden (s. S. 80), eine Kaltdampfmaschine für Äthyläther oder Schwefelkohlenstoff entwickelt und darauf am 27. Juni 1857 ein französisches Patent erhalten. Die Maschine besitzt viele interessante Einzelheiten. Besondere Sorg-

---

[1] SIEBE's Refrigerating Apparatus. Engineer Bd. 14 (1862) S. 275 — Ice making Machines. Engineering Bd. 6 (1868) S. 483; übersetzt in Dinglers polytechn. J. Bd. 167 (1863) S. 397; Bd. 168 (1863) S. 434; Bd. 182 (1866) S. 245; Bd. 191 (1869) S. 189; Bd. 195 (1870) S. 522; Bd. 214 (1874) S. 125. — SIEBE erhielt ein britisches Patent Nr. 782 am 21. März 1862.

falt wurde auf die Durchbildung der Stopfbüchse verwendet. Der doppeltwirkende Kompressor hat einen Wassermantel; der Kondensator ist in stehender Mantel- und Röhrenbauart ausgeführt, während der Eiserzeuger für direkte Verdampfung gebaut ist. Beachtenswert ist die Konstruktion eines stopfbüchsenlosen, luftdichten Ventils mit elastischer Membran[1, 2].

Eine der nach diesem Patent gebauten Maschinen wurde im Salzwerk von Merle & Co. in Südfrankreich aufgestellt und diente dort zur Gewinnung von Glaubersalz aus Meerwasser (s. S. 136)[3]. Nachdem CARRÉ später beim Bau seiner Absorptionsmaschinen die Vorzüge des Ammoniaks als Kältemittel erkannt hatte, schlug er es neben der schwefligen Säure auch für Kompressionsmaschinen vor[4]; es ist jedoch nicht bekannt, daß er jemals davon Gebrauch machte.

Ferner sei noch die Äthyläthermaschine von LAWRENCE in Liverpool erwähnt, die 1859—1862 entwickelt wurde, der aber, ebensowenig wie ihren Vorläufern, kein bleibender Erfolg beschieden war[5].

Die Verwendung von Äthyläther als Kältemittel hat die Entwicklung der Kaltdampfmaschinen stark gehemmt. Da der Druck im ganzen System unterhalb des atmosphärischen lag, konnte leicht Luft in das Innere eindringen, wodurch zündfähige Gemische entstanden und die Kälteleistung herabgesetzt wurde. Außerdem war das erforderliche Hubvolum der Zylinder sehr groß.

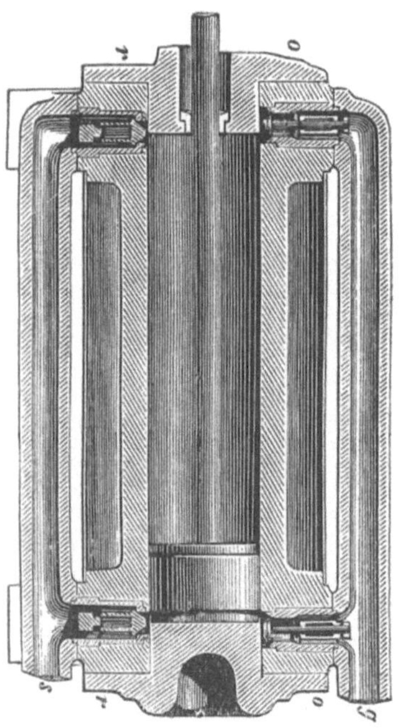

Abb. 36a. Liegender Kompressor zur Kaltdampfmaschine von CHARLES TELLIER für Methyläther.

Charles TELLIER (1828—1913) in Paris entwickelte seit 1864 eine Kaltdampfmaschine, in der *Methyläther* an Stelle von *Äthyläther* verwendet wurde (vgl. Brit. Pat. Nr. 387 [1864]). Die Drücke waren darin viel höher (1,77 at abs bei —10°, 6,05 at abs bei +25°), und TELLIER, der zweifellos ein ideenreicher Erfinder war, konnte anscheinend die konstruktiven Schwierigkeiten nicht voll überwinden. Er dachte in erster Linie an die Kühlung der Bierwürze in Brauereien (s. S. 133). Eine ausführliche Beschreibung seiner Kältemaschine, die er in seiner eigenen Fabrik in Auteuil bei Paris baute, veröffentlichte er 1871[6]. TELLIER erwähnt zunächst,

---

[1] Nr. 32729 mit zwei Zusätzen vom 9. Sept. 1857 und vom 9. Nov. 1858. Die erste ausführliche Beschreibung dieser Maschine stammt von CH. LABOULAYE: Bull. Soc. Enc. Ind. nat. Paris 1860, S. 129. Übersetzt in Dinglers polytechn. J. Bd. 158 (1860) S. 109. — Vgl. auch A. BRÜLL: Oppermanns Portefeuille économique des Machines, 1860, col. 84—88. — Ferner ist diese Maschine beschrieben im Buch von F. D'AURIAC: De la Production du Froid. Application Industrielles, Appareils Carré. Paris: Victor Masson et fils 1863.

[2] Solche Ventile sind neuerdings wieder in Aufnahme gekommen, vgl. PLANK u. KUPRIANOFF: Haushalt-Kältemaschinen, 2. Aufl., S. 92. Berlin: J. Springer 1933.

[3] Vgl. Mitt. des Gewerbe-Vereins Hannover 1863, S. 179 — Z. VDI Bd. 8 (1864) S. 642.

[4] In einem Zusatzpatent vom 23. Aug. 1860 zu seinem Hauptpatent 41958 (1859).

[5] DULLO: Dinglers polytechn. J. Bd. 158 (1860) S. 115. — GRÜNBERG: Pol. Centralblatt 1863, S. 656 (mit Abb.) — Z. VDI Bd. 8 (1864) S. 642.

[6] TELLIER, CH.: Du Froid, appliqué à la production de la bière et à sa conservation. Im Selbstverlag. Paris 1871. Die Kältemaschine ist auf den S. 90—128 beschrieben. — Vgl. auch Engineering Bd. 12 (1871) S. 179. — Dinglers polytechn. J. Bd. 203 (1872) S. 191. — Brit. Pat. Nr. 368 (1869).

daß nach seiner Ansicht zwei Stoffe für die Kälteerzeugung besonders geeignet seien: *Ammoniak* und *Methyläther*[1]. Er gab praktisch Methyläther den Vorzug. Seine Maschine, die in dem erwähnten Buch[2] in allen Einzelheiten dargestellt ist, besitzt einen liegenden doppeltwirkenden Kompressor, Abb. 36a, einen Tauchkondensator und einen ganz modern anmutenden liegenden Mantel- und Röhrenverdampfer. Die Abdichtung der Stopfbüchse, die Schmierung und die Ölabscheidung bereiteten ihm große Schwierigkeiten, obwohl er diesen Problemen volle Aufmerksamkeit schenkte. Bei der Maschine traten erhebliche Kältemittelverluste auf, so daß dieser Bauart kein bleibender Erfolg beschieden sein konnte[3]. Auf die Leistungen TELLIERS auf anderen Gebieten der Kältetechnik werden wir noch zurückkommen (s. S. 85, 114, 133).

2. Ammoniakmaschinen.

Die siebziger Jahre des vorigen Jahrhunderts waren für die Entwicklung der Kältetechnik insofern von besonderer Bedeutung, als sie die Klärung der wissenschaftlichen Grundlagen der mechanischen Kälteerzeugung und damit die Aufstellung einer Theorie der Kältemaschinen brachten; erst dadurch wurde eine einwandfreie Beurteilung des Erreichten möglich, die den Umfang der notwendigen Verbesserungen erkennen ließ. Am Beginn dieser Periode wissenschaftlicher Kältetechnik steht CARL LINDE, Abb. 37. Die Lehren von CARNOT, CLAUSIUS und W. THOMSON (s. S. 24) waren inzwischen für die technischen Anwendungen ausgereift. Auch bei den Kältemaschinen war eine zielbewußte Vervollkommnung nur auf der Grundlage einer völligen Beherrschung der theoretischen Zusammenhänge möglich. Zwar gab es schon Kaltluft-, Kaltdampf- und Absorptionskältemaschinen; ein einwandfreier Vergleich der verschiedenen Systeme untereinander war aber ebensowenig möglich wie die Beurteilung des von der möglichen Höchstleistung noch bestehenden Abstandes. Die große Leistung LINDES für die Kältetechnik besteht hauptsächlich in der Herstellung einer wundervollen Harmonie zwischen Theorie und Praxis in der Technik der tiefen Temperaturen.

Abb. 37. CARL VON LINDE.

CARL VON LINDE[4] wurde am 11. Juni 1842 in Berndorf (Oberfranken) geboren. Er besuchte bis 1861 das humanistische Gymnasium in Kempten und studierte dann 1861—1864 Maschinenbau am Eidgenössischen Polytechnikum in Zürich. Die mechanisch-technische Abteilung dieses Polytechnikums stand damals auf

---

[1] Mit Ammoniak hatte sich TELLIER schon früher in einer Broschüre beschäftigt: L'Ammoniaque dans l'industrie. Paris: J. Rotschild 1867.

[2] Vgl. Fußnote 1.

[3] Über die genannten Schwierigkeiten vgl. L. BORDENAVE: Ber. III. Intern. Kältekongr. Chicago, 1913, Bd. III, S. 133 (franz. Ausgabe).

[4] Vgl. C. LINDE: Aus meinem Leben und von meiner Arbeit (als Manuskript gedruckt). München: Oldenbourg 1926. — R. PLANK: Carl von Linde und sein Werk. Z. ges. Kälteind. Bd. 42 (1935) S. 162.

besonderer Höhe: die Mathematik war durch Dedekind und Christoffel, die Physik durch Clausius, die theoretische Maschinenlehre durch Zeuner und die Mechanik durch Reuleaux vertreten. Linde wurde schon damals ganz besonders von der technischen Thermodynamik gefesselt. 1864 bis 1868 war er in verschiedenen Industriewerken, darunter bei der Lokomotivfabrik Krauss & Co. in München tätig. Sein innigster Wunsch war aber, Hochschullehrer zu werden. Als dann 1868 die Technische Hochschule in München gegründet wurde, erhielt Linde als Sechsundzwanzigjähriger den Ruf als außerordentlicher Professor der Maschinenlehre. Er nahm den Ruf an und wurde bereits nach vier Jahren auf Grund eines neuen Rufes an die Technische Hochschule in Darmstadt, den er ablehnte, zum ordentlichen Professor in München ernannt; dieses Amt bekleidete er bis 1879. Das inzwischen von ihm gegründete industrielle Unternehmen nahm dann den vollen Einsatz seiner Kräfte in Anspruch, so daß er auf die Lehrtätigkeit verzichten mußte.

An der Hochschule konzentrierte sich Linde immer mehr auf die theoretische Maschinenlehre und schloß in dieses Lehrgebiet zum erstenmal auch die Theorie der Kältemaschinen ein.

1870 schrieb Linde in dem von ihm redigierten Bayerischen Industrie- und Gewerbeblatt seine erste grundlegende Abhandlung „Über die Wärmeentziehung bei niedrigen Temperaturen durch mechanische Mittel"[1], in der er die Wirkungsgrade der Kaltluft-, Kaltdampf- und Absorptionsmaschinen errechnete. Er stellte fest, daß keine der bis dahin gebauten Kältemaschinen mehr als ein Fünftel der naturgesetzlich erreichbaren Höchstleistung geliefert hatte und prüfte, ob und auf welchem Wege ein besseres Ergebnis zu erreichen sei. Den Inhalt dieser Überlegungen veröffentlichte er 1871 in einer zweiten, nicht minder wesentlichen Abhandlung[2]. Sie fand sofort Widerhall in Brauereikreisen, die durch die Anwendung von wirtschaftlich arbeitenden Kältemaschinen eine wesentliche Verbesserung der Biererzeugung und Frischhaltung erwarten konnten. Linde empfiehlt, die Gär- und Lagerkeller nicht wie bisher indirekt durch Natur- oder Kunsteis zu kühlen, sondern eine direkte Kühlung durch die Kältemaschine anzuwenden. Eine entscheidende Wendung brachte sein Vortrag vor dem internationalen Brauerkongreß während der Weltausstellung in Wien 1873[3], auf Grund dessen mehrere führende Brauereibesitzer mit ihm in engere Verbindung traten. Es ist sehr wesentlich, festzustellen, daß dieses Vertrauen nicht einem hohen Leistungsnachweis schon ausgeführter Anlagen galt, sondern lediglich der Persönlichkeit Lindes und seiner klaren, wissenschaftlich unterbauten Argumentation.

Nachdem Linde in Zusammenarbeit mit seinem Schüler F. Schipper 1873 bis 1874 die Zeichnungen für seine erste Kältemaschine fertiggestellt hatte, wurde die Ausführung 1875 der Maschinenfabrik Augsburg übergeben. Als Kältemittel wählte Linde zunächst Methyläther[4]. Sein Hauptaugenmerk richtete er dabei auf eine gute Abdichtung, da ihm die Schwierigkeiten, mit denen Tellier (s. S. 57) zu kämpfen hatte, bekannt waren. Lindes erste Methyl-

---

[1] Linde, C.: Bayer. Ind. u. Gew.-Bl. 1870, S. 205, 321 u. 363.

[2] Linde, C.: Verbesserte Eis- und Kühlmaschine. Bayer. Ind. u. Gew.-Bl. 1871, S. 264. Zweite Bearbeitung 1875 in der Z. Ver. z. Beförd. d. Gewerbefleißes, S. 357.

[3] Linde, C.: Bayer. Ind.- u. Gew.-Bl. 1873.

[4] Da verdichtete und verflüssigte Gase damals noch nicht in Stahlflaschen gehandelt wurden, ging Linde von einer Lösung von Methyläther in Schwefelsäure aus, die beim langsamen Übergießen in Wasser den Methyläther in dem Maße freigab, in welchem er vom Kompressor angesaugt und im Kondensator in reinem Zustand verdichtet wurde.

äthermaschine ist in Abb. 38 dargestellt[1]. Der Raum vom Kolben a bis zu den Glocken b ist mit einer Sperrflüssigkeit c ausgefüllt und durch Quecksilber d von dem über den Glocken befindlichen Gasraum getrennt, wodurch ein Entweichen der Methylätherdämpfe durch die Stopfbüchse unmöglich gemacht wurde. Die Leistungsziffer dieser Maschine übertraf zwar bedeutend die damals aus Messungen bekannt gewordenen Werte anderer Kältemaschinen, jedoch war man durch die Bewegung der Sperrflüssigkeit an sehr niedrige Drehzahlen gebunden, und der Betrieb der Maschine war recht umständlich.

Schon seit 1874 befaßte sich LINDE mit der Entwicklung einer neuen Bauart, in der nun *Ammoniak* als Kältemittel verwendet werden sollte.

Das Ammoniak war damals schon 15 Jahre lang aus seiner Verwendung in den CARRÉschen Absorptions-

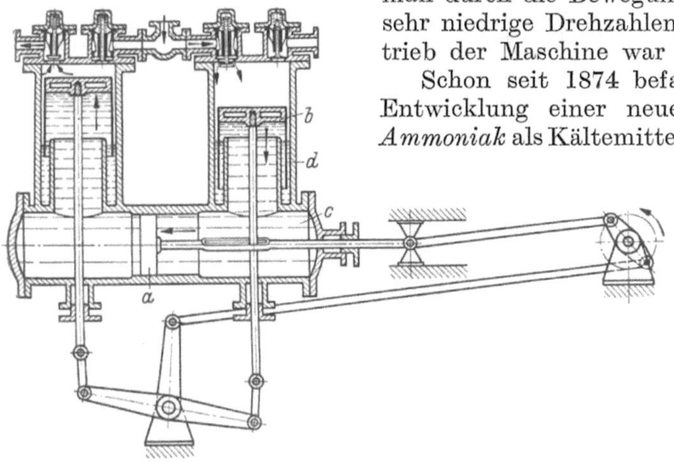

Abb. 38. Erster stehender Methyläther-Kompressor von LINDE.
a Kolben, *b* Glocken, *c* Sperrflüssigkeit, *d* Quecksilber.

maschinen als Kältemittel bekannt. HARRISON und besonders TELLIER hatten es auch für Kompressionsmaschinen in Erwägung gezogen; LINDE war aber der erste, der die Entschlußkraft aufbrachte, das Ammoniak in einer Kompressionsmaschine wirklich zu verwenden. Die erste Ammoniakmaschine, Abb. 39, wurde 1876 ebenfalls in der Maschinenfabrik Ausgburg ausgeführt. Der früher verwendete Kolben a (Abb. 38) fiel dabei weg, so daß die beiden stehenden Zylinder unterhalb der Arbeitskolben e (Abb. 39) miteinander und außerdem mit dem Windkessel f in unmittelbarer Verbindung standen.

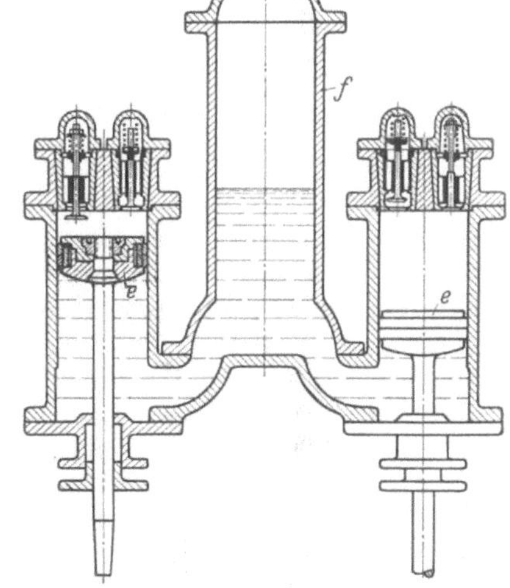

Abb. 39. Erster stehender Ammoniak-Kompressor von LINDE.
e Arbeitskolben, *f* Windkessel.

Die diesen Raum größtenteils ausfüllende Sperrflüssigkeit, die gleichzeitig zur Schmierung diente, wurde beim Arbeiten der Maschine von den beiden Kolben e hin und her geschoben. Die Stopfbüchsen hatten also auch hier nicht gegen Ammoniak, sondern nur gegen die Sperrflüssigkeit abzudichten, die unter einem etwas höheren Druck gehalten wurde als der höchste Gasdruck auf der Oberseite der Kolben. Eine Maschine dieser Bauart, die sich als sehr wirtschaftlich und betriebssicher erwies, war von 1877 bis 1908 in einer Brauerei in Triest in Betrieb und wurde dann im Technischen Museum in Wien aufgestellt.

---

[1] Aus ,,50 Jahre Kältetechnik": Geschichte d. Ges. f. Lindes Eismasch. A.G.. VDI-Verl. 1929.

1877 entwickelte Linde dann seine dritte Bauform (Abb. 40)[1], die sich der üblichen Anordnung liegender doppeltwirkender Gaspumpen anschloß und später von zahlreichen Firmen als Standardtyp zum Vorbild genommen wurde. Zur Abdichtung wurde hier eine Stopfbüchse verwendet, bei der zwischen zwei Packungen g eine Laterne h angeordnet ist, deren Hohlraum mit Sperrflüssigkeit (zuerst Glyzerin, später Mineralöl) gefüllt ist und die durch eine Rohrleitung mit der Verdampferseite in Verbindung steht. Die äußere Packung hat also nur gegen den Verdampferdruck abzudichten.

Nachdem Linde die Konstruktion der Ammoniakkältemaschine vollendet hatte und sich eine ständig wachsende Nachfrage für diese Maschine zeigte, übertrug er deren Ausführung einer Reihe führender Maschinenfabriken des In-

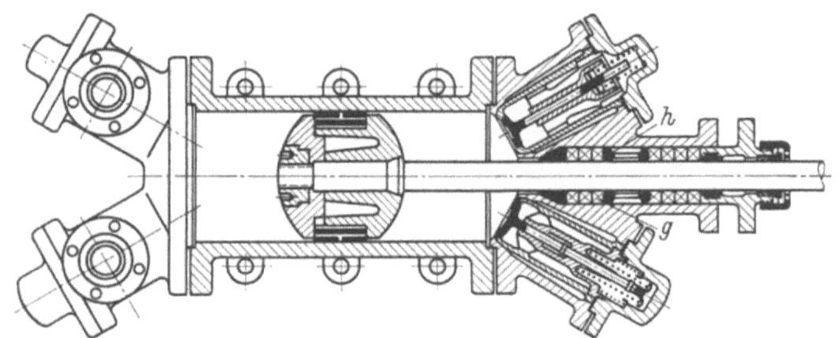

Abb. 40. Erster liegender doppeltwirkender Ammoniak-Kompressor von Linde.
g Stopfbüchsenpackung, h Laterne.

und Auslandes. Er schloß Verträge mit der Maschinenfabrik Augsburg, mit Gebrüder Sulzer (Schweiz), mit Carels Frères (Belgien) und mit Morton (England). Die amerikanischen Lizenzen übernahm die Fred W. Wolf Co. in Chicago. Linde verlegte nun den Schwerpunkt seiner Tätigkeit auf die rationelle Durchbildung von Verfahren und Apparaten für die Kälteverwendung. Für die Herstellung von Kunsteis und die kältetechnische Ausrüstung von Brauereien und Schlachthöfen hat Linde die bis heute in Gebrauch befindlichen Einrichtungen geschaffen.

Die industrielle Entwicklung nahm bald einen so großen Umfang an, daß Linde sich 1879 entschließen mußte, seine Professur niederzulegen. Im gleichen Jahr trat er an die Spitze der neugegründeten Gesellschaft für Lindes Eismaschinen in Wiesbaden, die er bis 1890 leitete und zu hoher Blüte brachte. Dann zog sich Linde zurück, um sich wieder seinen wissenschaftlichen Neigungen zu widmen. Seine Erfindungen auf dem Gebiet der Luftverflüssigung und der Erzeugung tiefster Temperaturen brachten ihn aber immer wieder in engste Zusammenarbeit mit seiner Gesellschaft und führten schließlich (1895) zur Gründung einer besonderen Abteilung für Gasverflüssigung in München. Auf Lindes Leistungen auf diesem Gebiet werden wir noch zurückkommen (s. S. 90). Linde ist am 16. November 1934 im 93. Lebensjahr in München gestorben.

Etwa gleichzeitig mit Linde wurde die Ammoniakkompressionsmaschine auch von David Boyle (1837—1891) entwickelt, der in Johnstown, Schottland, geboren war und 1859 nach Mobile, Alabama, in den Südwesten der Vereinigten Staaten übersiedelte[2]. Er fing bald an, sich mit den bekannt gewordenen Systemen von Kältemaschinen zu beschäftigen und verlegte 1869 seinen Wohnsitz

---

[1] DRP 1250 vom 9. August 1877.
[2] Woolrich, W. R.: Mechanical Refrigation — its American Birthright. Refrig. Engng. Bd. 53 (1947) S. 196 u. 305.

nach Kalifornien, wo er bis 1872 blieb und zwei Versuchsmaschinen baute. Obwohl diese Maschinen noch erfolglos blieben, gaben sie ihm doch die Grundlage für sein erstes Patent, das am 25. Juni 1872 unter Nummer 128448 erteilt wurde. Ende 1872 siedelte BOYLE nach New Orleans über und begann dort mit

dem Bau einer Ammoniak-kompressionsmaschine, die er 1873 nach Jefferson in Texas bringen ließ und in der Nähe einer mit Dampfkraft betriebenen Sägemühle aufstellte. Mit dieser Maschine wurde im Oktober 1873 das erste Eis erzeugt. Nach einigen Verbesserungen konnte BOYLE im Frühjahr 1874 laufend hochwertiges Klareis herstellen, jedoch wurde seine Maschine im Sommer des gleichen Jahres durch eine Feuersbrunst zerstört.

BOYLE wurde nun nach Illinois gerufen und gründete in Chicago mit einem Partner eine Gesellschaft unter dem Namen D. Boyle and Company. Er setzte den Bau von Kältemaschinen fort, die in den Werkstätten der Crane Company in Chicago ausgeführt wurden, und stellte eine davon 1876 in Philadelphia gelegentlich der Ausstellung zur Hundertjahrfeier aus. 1877 wurde eine Maschine mit einer Kälteleistung von 60000 kcal/h in einer Brauerei in Chicago aufgestellt, wo sie zur Kühlung der Bierwürze durch tiefgekühltes Wasser diente. Der stehende einfachwirkende Kompressor hatte 2 Zylinder von 10″ Durchmesser und 18″ Hub. 1878

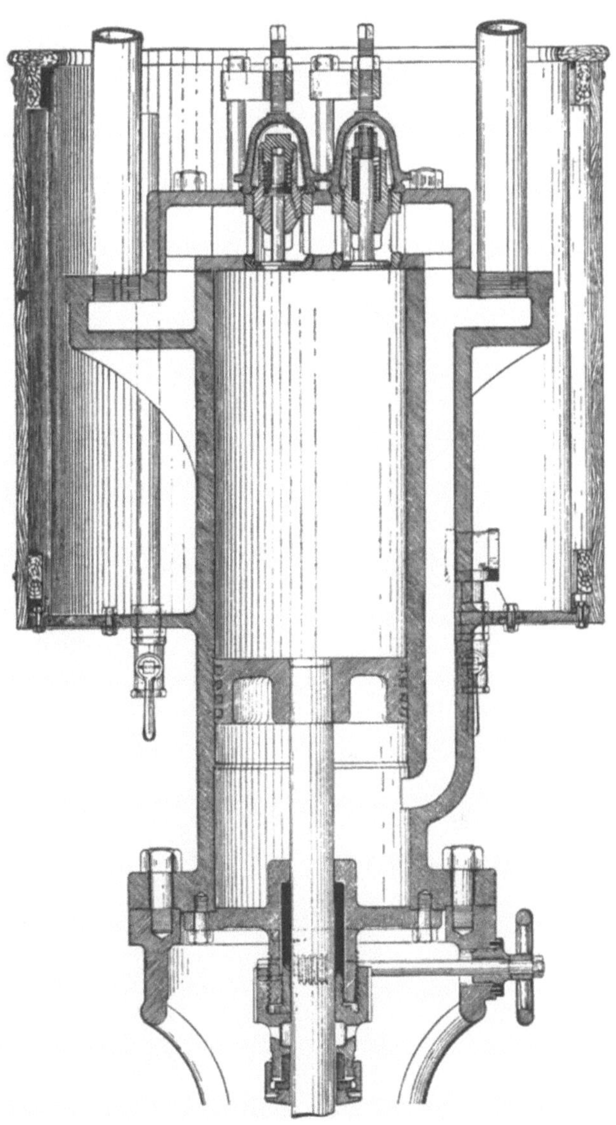

Abb. 41. Schnitt durch den Ammoniak-Kompressor von D. BOYLE.

wurde dann die Boyle Ice Machine Co. gegründet, die im Laufe von 10 Jahren etwa 200 größere Kühlanlagen ausführte. DAVID BOYLE starb 1891. Er hat die Entwicklung der Ammoniakmaschinen wesentlich gefördert. Seine Firma ging bald in andere Hände über, und 1905 wurde das Unternehmen gänzlich aufgelöst.

WOOLRICH bemerkt: „Die Amerikaner sollten LINDE nicht weniger preisen, DAVID BOYLE aber mehr Anerkennung für seine Leistungen zollen.“ Abb. 41

zeigt einen Schnitt durch den von BOYLE gebauten Kompressor[1]. In dieser
einfachwirkenden Maschine ist der Raum unter dem Kolben mit der Saugleitung verbunden, so daß die Stopfbüchse nur gegen Verdampferdruck ab-

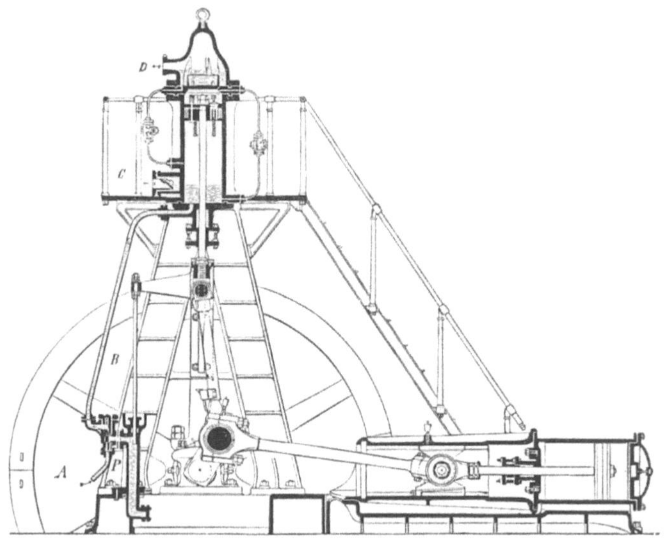

Abb. 42. Eine der ersten Ammoniak-Maschinen
der De La Vergne-Refrigerating Machine Co. in New York.

zudichten hatte. BOYLE hat die Schmierung des Kompressors und die nachfolgende Ölabscheidung sehr sorgfältig durchgebildet.

Die Ammoniak-Kaltdampfmaschinen stellen bis heute das wichtigste und
am meisten verbreitete System für große und mittlere Kälteleistungen dar.

Abb. 43. Ammoniak-Maschine der Frick Co. aus dem Jahre 1896.

Sie wurden von zahlreichen europäischen und amerikanischen Firmen zu hoher
Vollkommenheit entwickelt. Während LINDE die liegende Bauart nach Abb. 40
geschaffen hatte, begann die großindustrielle Entwicklung des Kältemaschinenbaues in den Vereinigten Staaten mit dem Bau stehender Maschinen in den

---

[1] Abb. 41 ist dem Werk von R. STETEFELD: Die Eis- und Kälteerzeugungs-Maschinen,
2. Aufl. Stuttgart: Max Waag 1922, entnommen.

siebziger Jahren des vorigen Jahrhunderts. Neben der von DAVID BOYLE gegründeten Gesellschaft sind vor allem zu nennen: die Arctic Ice Machine Manufacturing Company in New York (seit 1879), die De La Vergne Company in New York (seit 1881), die Vilter Manufacturing Company in Milwaukee, Wisc. (seit 1882), die Frick Company, Inc. in Waynesboro, Pa. (seit 1883) und die York Ice Machinery Corporation in York, Pa. (seit 1885). Eine der ersten Maschinen von De La Vergne ist in Abb. 42 im Schnitt dargestellt: der stehende einfachwirkende Ammoniakkompressor wird von einer liegenden Dampfmaschine angetrieben. Eine ausführliche Beschreibung dieser Bauart findet man im Buch von BEHREND[1].

Abb. 43 zeigt die stehende zweizylindrige Ammoniakmaschine von FRICK, die von einer liegenden zweistufigen CORLIS-Dampfmaschine angetrieben wurde. Diese Maschine, deren Ammoniakzylinder einen Durchmesser von 27″ und einen Hub von 48″ hatte, wurde im Jahre 1896 in Kansas bei der Firma Armour & Co. errichtet und war damals die größte Kältemaschine der Welt[2].

Es sei hier nur noch erwähnt, daß eine zweistufige Ammoniakmaschine im Jahre 1892 von STUART ST. CLAIR[3] empfohlen und nach dessen Angaben von der York Manufacturing Co. gebaut wurde. Dies ist jedoch nicht die älteste zweistufige Kältemaschine; eine solche wurde bereits 1889 von J. & E. Hall Ltd. in Dartford (England) mit Kohlensäure als Kältemittel gebaut (s. S. 66).

3. Schwefeldioxydmaschinen.

Nachdem sich gezeigt hatte, daß Äthyl- und Methyläther als Kältemittel wenig geeignet waren, suchte man allseits nach anderen Stoffen. Während LINDE dem Ammoniak den Vorzug gab, wählte RAOUL PICTET in Genf *Schwefeldioxyd* und baute 1874 seine erste Kältemaschine[4].

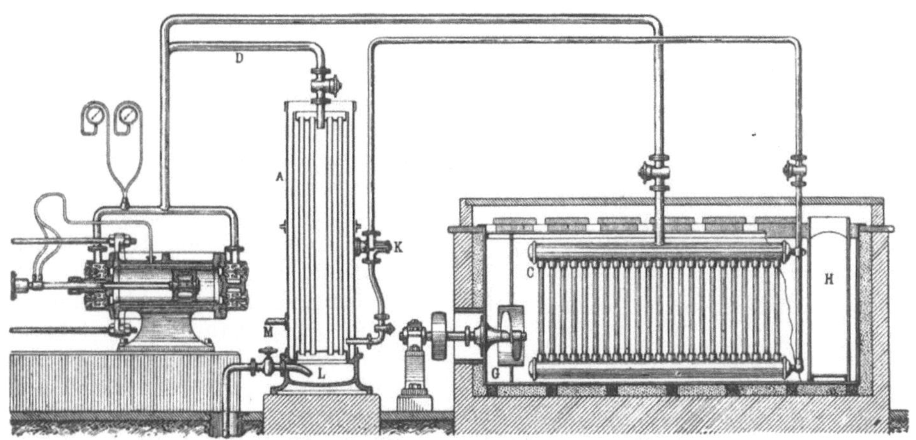

Abb. 44. SO$_2$-Eismaschine von RAOUL PICTET.

A Kondensator,   *C* Verdampfer,   *D* Druckrohr,   *G* Rührwerk,   *H* Eiszelle,   *K* Drosselventil,   *L* Wassereintritt in den Kondensator,   *M* Wasseraustritt.

---

[1] BEHREND, G.: Eis- und Kälteerzeugungsmaschinen, 1. Aufl. 1883, 3. Aufl. 1894. Halle: W. Knapp. Abb. 42 ist der 3. Aufl., S. 162 entnommen.

[2] MITCHELL, T.: Refrig. Engng. Bd. 23 (1932) S. 234.

[3] U.S. Pat. 480527 (1892).

[4] Auf die Verwendbarkeit von Schwefeldioxyd (SO$_2$) zur Kälteerzeugung hat zuerst BUSSY (1824) aufmerksam gemacht, der bei ihrer Verdunstung im Vakuum Temperaturen bis −68° erreichte. Vgl. Ann. Chim. Phys. Bd. 26 (1824) S. 63, und Pogg. Ann. Bd. 1 (1824) S. 237.

Im Jahre 1876 wurde die Soc. An. pour l'exploitation des brevets Raoul Pictet in Genf gegründet, als deren Nachfolgerin 1880 die Compagnie industrielle des procédés Raoul Pictet in Paris auftrat. Die erste Maschine wurde 1878 auf der Pariser Weltausstellung gezeigt. Die Lizenz für Deutschland erwarb später die Firma Schüchtermann & Krämer in Dortmund. Der liegende doppeltwirkende Kompressor (Abb. 44) war mit einem Kühlmantel versehen, und auch die hohle Kolbenstange und der Kolben waren durch biegsame Schläuche mit Wasser gekühlt. Der Zylinder und die Kolbenstange wurden nicht geschmiert, da die an den gekühlten Wänden gebildeten Tropfen der schwefligen Säure die Eigenschaft der Selbstschmierung besitzen. Sehr interessant ist in Abb. 44 die Ausführung des Kondensators A und des Verdampfers C. Beide sind ganz moderne Hochleistungsapparate, die jahrzehntelang in Vergessenheit gerieten und dann um 1920 wiedererfunden wurden. Der stehende Mantel und Röhrenkondensator A wurde in dieser Ausführung schon damals in Schiffsdampfmaschinen verwendet. Der verdichtete Dampf tritt durch das Rohr D oben in den Mantelraum und wird nach seiner Verflüssigung unten entnommen und dem Drosselventil K zugeführt. Das Kühlwasser tritt bei L ein, steigt in den Röhren hoch und tritt durch den äußeren Ringquerschnitt bei M aus. Der Verdampfer C besteht aus zwei waagrechten Trommeln, die durch zahlreiche senkrechte Rohre miteinander verbunden sind; er ist in einen Solebehälter versenkt, der mit einem Rührwerk G versehen ist und in den die Eiszellen H eintauchen. Eine ganz moderne Anlage! Pictet beanspruchte für ein Gemisch aus Schwefeldioxyd mit einigen Prozent Kohlendioxyd („liquide Pictet") besonders günstige thermodynamische Eigenschaften[1]: bei tiefen Temperaturen sollte die Dampfspannung höher, bei hohen Temperaturen dagegen tiefer sein als für reines Schwefeldioxyd. Diese Behauptung konnte aber einer experimentellen Nachprüfung nicht standhalten[2].

Kältemaschinen für Schwefeldioxyd wurden später besonders von Quiri & Co. (System R. Rau) in Straßburg und von A. Borsig in Berlin weiterentwickelt, wurden aber für große Kälteleistungen bald durch die Ammoniakmaschinen verdrängt, deren Abmessungen bei gleicher Kälteleistung viel kleiner sind. Erst die Entwicklung der kleinsten Kältemaschinen für Haushaltungen und kleingewerbliche Anlagen (seit 1920) brachte Schwefeldioxyd wieder zu voller Geltung. Bei diesen kleinsten Maschinen hat man auch eine hermetisch gekapselte Bauart entwickelt, bei der man ganz ohne Stopfbüchse auskommen konnte, so daß die Nachteile des Schwefeldioxyds — sein stechender Geruch und seine Giftigkeit — nicht mehr bemerkbar wurden. Den Prototyp einer solchen

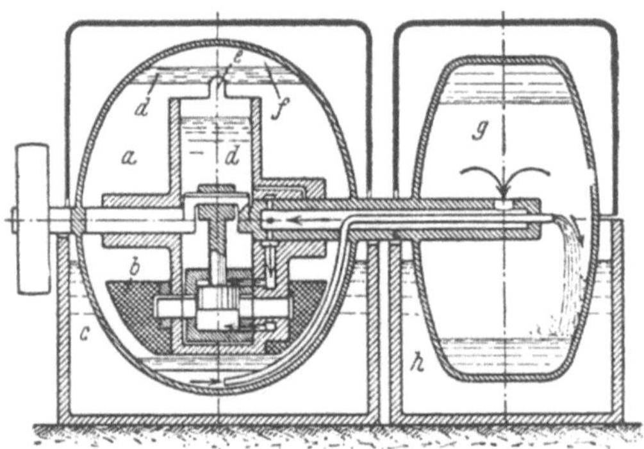

Abb. 45. Erste vollkommen gekapselte Kältemaschine nach Audiffren-Singrün (Brown, Boveri).

a Verflüssiger, b Gegengewicht, c Kühlwasser, d Öl, e Ölabstreicher, f verflüssigtes SO_2, g Verdampfer, h Sole.

---

[1] DRP 33733. — C. R. Acad. Sci., Paris Bd. 100 (1885) S. 329.

[2] Blümcke, Ad.: Wiedemanns Ann. Bd. 34 (1888) S. 10 u. Bd. 36 (1889) S. 911. — Über die Bestimmung der spez. Gewichte und Dampfspannungen einiger Gemische von SO_2 und CO_2. Leipzig: A. Barth 1888. — Vgl. auch G. Behrend: Eis- und Kälteerzeugungs-Maschinen, 3. Aufl., S. 183. Halle: Knapp 1894. — Quiri & Co. in Straßburg haben sich Gemische von 90% SO_2 mit 10% verschiedener Kohlenwasserstoffe (C_3H_6, C_4H_8, C_4H_{10} und C_5H_{12}) patentieren lassen.

hermetisch gekapselten Kältemaschine stellt die von dem französischen Abbé AUDIFFREN um 1905 ersonnene und von den Firmen Singrün in Epinal (Vogesen) und Brown Boveri & Co. in Mannheim gebaute Maschine dar, Abb. 45. Bei dieser Bauart ist der Elektromotor noch nicht mit eingekapselt. Die Maschine wurde für Kälteleistungen von 500 bis 9000 kcal/h gebaut. Im Jahre 1912 über-nahm die Audiffren-Singrün Company of America den Ver-trieb dieser Maschinen, die in den USA von der General Electric Co. in Fort Wayne, Ind., gebaut und in alle Län-der exportiert wurden[1]. In Abb. 46 ist als Kuriosum ge-zeigt, wie eine solche Maschine in Indien durch Menschen-kraft angetrieben wurde.

In der Audiffren-Singrün-Maschine lag der Antriebselek-tromotor noch außerhalb des hermetisch gekapselten Ge-häuses. Später haben die

Abb. 46. Antrieb einer AUDIFFREN-SINGRÜN-Kältemaschine durch Menschenkraft in Indien.

General Electric Co. und andere Gesellschaften gekapselte Bauarten entwickelt, bei denen auch der Motor im Gehäuse mit eingeschlossen ist. Eine solche Kon-struktion wurde wohl erstmalig von dem Australier DOUGLAS HENRY STOKES in Cremorne bei Sydney entwickelt, dem im Jahre 1918 das australische Patent Nr. 6440/18 erteilt wurde. Diese Konstruktion enthält bereits wesentliche Kenn-zeichen späterer Bauarten, sie wurde aber unseres Wissens nie ausgeführt. Als Kältemittel gibt der Erfinder „Ammoniak oder ähnliche Gase" an[2].

Seit der Erfindung der nicht giftigen fluorierten und chlorierten Kohlen-wasserstoffe (Freone, s. S. 68) tritt Schwefeldioxyd in der Kleinkältetechnik in den Hintergrund.

4. Kohlendioxydmaschinen.

Kohlendioxyd[3] trat als Kältemittel verhältnismäßig spät in Erscheinung, obwohl es schon in älteren Patentschriften erwähnt wird[4]. WOOLRICH[5] berichtet, daß ein gewisser THADDEUS S. C. LOWE schon 1866 in den USA CO_2-Kom-pressionsmaschinen gebaut und damit Eis erzeugt habe. Diese Maschinen sollten Rindfleisch auf dem Seewege von Texas nach New York bringen.

Die wesentlichsten Vorteile des Kohlendioxyds bestehen darin, daß es weder giftig noch brennbar ist und die Baustoffe nicht angreift. Seine thermodyna-mischen Eigenschaften sind aber infolge der tiefliegenden kritischen Temperatur recht ungünstig. Die Beherrschung der hohen Drücke setzt außerdem eine hochentwickelte Maschinentechnik voraus; man hat allerdings den Vorteil, daß man mit sehr kleinen Maschinenabmessungen auskommen kann. In Europa

---

[1] U.S. Pat. 898400 und 1155780.

[2] Eine ausführliche Beschreibung des Patents mit Zeichnungen findet man in The Refrigeration Journal (Melbourne, Australien). Bd. 7, Juli 1953, S. 45.

[3] Die erste technische Anwendung von flüssigem Kohlendioxyd fällt in das Jahr 1879, vgl. E. LUHMANN: Die Fabrikation der flüssigen Kohlensäure. Berlin: Max Brandt 1904, und N. WENDER: Die Kohlensäureindustrie. Berlin: Max Brandt 1901. Kohlendioxyd wird in der Kälteindustrie meist fälschlicherweise als Kohlensäure bezeichnet.

[4] Zum Beispiel im Brit. Pat. Nr. 2292 (1865), Nr. 952 (1867), Nr. 1523 (1874).

[5] WOOLRICH, W. R.: Refrig. Engng. Bd. 53 (1947) S. 196 u. 305.

wurde die erste Kohlendioxydmaschine 1881 von C. Linde gebaut und von der Maschinenfabrik Augsburg ausgeführt; sie wurde 1882 bei Krupp in Essen in Betrieb genommen. Linde gab aber den Ammoniakmaschinen den Vorzug, und seine Gesellschaft lieferte Kohlendioxydmaschinen nur auf ausdrücklichen Wunsch der Besteller. Seit 1881 hat sich auch W. Raydt in Hannover mit der Konstruktion von Kohlendioxydmaschinen befaßt, die in der Maschinenfabrik Deutschland in Dortmund und in der Friedrich August-Hütte in Potschappel bei Dresden ausgeführt wurden. Am wesentlichsten hat aber wohl F. Windhausen in Berlin (1886) zur Entwicklung dieser Maschinen beigetragen. Nach seinen Patenten wurden sie in Deutschland von L. A. Riedinger, Augsburg, in England (seit 1887) von J. & E. Hall in Dartford, Kent, gebaut. Kohlendioxydmaschinen haben sich vorwiegend als Schiffskältemaschinen eingebürgert und die älteren Kaltluftmaschinen allmählich ganz verdrängt. J. & E. Hall bauten 1889 die erste zweistufige Kohlendioxydkältemaschine[1]: die erste Stufe der Verdichtung wurde in einem liegenden Zylinder durchgeführt, die zweite in einem damit verbundenen stehenden Zylinder, in welchem eine Glyzerinsäule auf und ab bewegt wurde und so als Kolben wirkte. Diese Maschine erwies sich jedoch nicht als betriebssicher. Ein Bruch in der Verbindungsleitung zwischen beiden Zylindern führte zum Einbau des Sicherheitsventils. Bald jedoch kam man auf die normale einstufige Bauart zurück, die von E. Hesketh und A. Marcet weiterentwickelt wurde.

Die erste Schiffskältemaschine mit Kohlendioxyd wurde von J. &. E. Hall im Jahre 1890 in den Dampfer „Highland Chief" eingebaut, der dem Überseetransport von Gefrierfleisch diente. In Abb. 47 ist eine CO_2-Schiffskältemaschine

Abb. 47. CO_2-Schiffskältemaschine von J. und E. Hall, Dartford.

von Hall dargestellt: die beiden CO_2-Zylinder (hinten) und die Antriebsdampfmaschine sind auf dem Kondensator und Verdampfer (Solekühler) montiert. Nach dem ersten Weltkrieg wurde das von G. T. Voorhees unter dem Namen „multiple effect compression" entwickelte Verfahren bekannt, welches gestattet, eine Anlage bei zwei verschiedenen Verdampfungstemperaturen mit nur einem einzigen Kompressorzylinder zu betreiben[2]. Dabei wird in einem

---

[1] Vgl. E. Hesketh: Jubiläumsschrift J. & E. Hall Ltd. 1785—1935. Glasgow: University Press 1935, S. 30.

[2] Voorhees, G. T.: The Compression Refrigerating Machine. Chicago: Nickerson & Collins Co. 1927.

stehenden Kompressor der Dampf von tiefster Verdampfungstemperatur in üblicher Weise durch Saugventile angesaugt, die im Deckel des Zylinders angeordnet sind; im unteren Totpunkt gibt dann der Kolben radial im Zylinder angeordnete Schlitze frei, durch die der Dampf von höherer Verdampfungstemperatur (und entsprechend höherem Druck) eintreten kann. Hier wird also eine zweistufige Verdichtung mit nur einem Zylinder verwirklicht. Dieses System bietet bei Kohlendioxyd als Kältemittel besondere Vorteile und fand sehr vielseitige Verwendung[1]; jedoch ist es auch bei Ammoniakmaschinen vorteilhaft anzuwenden.

5. Maschinen für verschiedene Kältemittel.

Methylchlorid wurde erstmalig 1835 von DUMAS und PELIGOT hergestellt. In Deutschland begann die technische Herstellung 1874 zum Zwecke der Synthese verschiedener organischer Stoffe. Als Kältemittel wurde es erstmalig von VINCENT, 1878, verwendet. Solche Maschinen wurden dann seit 1878 erfolgreich von Crespin & Marteau, später von Douane, Lobin & Co. in Paris gebaut. Gewisse Schwierigkeiten bereitete die Wahl eines passenden Schmiermittels, die LOUIS ZIGLIANI in Algier zu überwinden versuchte[2]. Durch verschiedene Verbesserungen gelang es ihm, diese Maschine betriebssicher arbeiten zu lassen. Dennoch fand Methylchlorid für größere Kälteleistungen nur beschränkte Verwendung; in kleinen Kältemaschinen wird es aber, neben Schwefeldioxyd, in Deutschland, Frankreich und in der Schweiz verwendet. In Frankreich wurde Methylchlorid auch von der Kriegsmarine bevorzugt. In USA trat es als Kältemittel erst nach 1920 in Kleinkältemaschinen stärker in den Vordergrund, nachdem die Roessler and Hasslacher Chemical Co. (jetzt eine Abteilung der E. I. du Pont de Nemours & Co.) die Herstellung im großen Maßstab aufgenommen hatten[3]. Neuerdings wird Methylchlorid aber durch die Freone mehr und mehr verdrängt.

Äthylchlorid wurde zuerst von KÖHLER[4] und von A. M. CLARK[5] (1870), *Methylamin* und *Äthylamin* zuerst von TELLIER[6] (1872) als Kältemittel vorgeschlagen. In Deutschland hat Äthylchlorid in beschränktem Umfang in Drehkolbenkompressoren Anwendung gefunden. In England scheint man von Äthylchlorid größeren Gebrauch gemacht zu haben, besonders nachdem man durch Zusatz von Methylchlorid seine Entzündbarkeit zu verringern gelernt hatte[7].

Als später Kältemaschinen für sehr tiefe Verdampfungstemperaturen, bis — 75° und darunter, gebaut werden sollten, konnte keines der bisher erwähnten Kältemittel mehr verwendet werden, da die Dampfdrücke zu gering wurden oder (bei CO_2) der Erstarrungspunkt erreicht wurde. Die Gesellschaft Linde baute 1912 die erste Kältemaschine mit *Stickoxydul* (N_2O)[8]. Man hatte aber von diesem Kältemittel, das erst bei — 90° erstarrt, die Vorstellung, daß es giftig und leicht zersetzbar sei, so daß vor seiner Verwendung gewarnt wurde. Diese

---

[1] Vgl. z. B. H. BRIER: Ber. d. 4. Intern. Kältekongr. London, 1924, Bd. I, S. 473.

[2] ZIGLIANI, L.: Z. ges. Kälteind. Bd. 5 (1898) S. 139; dort sind diese Maschinen auch abgebildet.

[3] Näheres über die Herstellung und Verwendung von Methylchlorid vgl. Refrig. Engng. Bd. 28 (1934) S. 309.

[4] KÖHLER: Moniteur scientifique 1870, S. 838.

[5] CLARK: Brit. Pat. Nr. 1866 (1870).

[6] TELLIER: C. R. Acad. sci., Paris Bd. 54 (1862) S. 1188.

[7] Vgl. A. HENNING: Ber. d. 4. Int. Kältekongr. London, Bd. I (1924) S. 792.

[8] v. LINDE, C.: Z. VDI Bd. 47 (1903) S. 1074. R. PLANK hatte 1911 die Verwendung von N_2O für die Erzeugung sehr tiefer Temperaturen empfohlen und die thermischen Eigenschaften dieses Stoffes zusammengestellt, vgl. Z. ges. Kälteind. Bd. 18 (1911) S. 181 u. 201.

Befürchtungen erwiesen sich jedoch als stark übertrieben. Im Jahre 1944 wurde in Amerika eine kriegswichtige Kälteanlage mit einer Leistung von 3 Millionen kcal/h gebaut, die als Kaskade ausgeführt war: in der unteren Stufe (bis — 78° C) wurde Stickoxydul und in den oberen Stufen Freon 12 verwendet[1].

Zahlreiche andere Stoffe wurden im Laufe der Zeit als Kältemittel angewandt: so baute Linde 1916 eine Kälteanlage für 1 Million kcal/h bei — 75°, in der *Äthan* als Kältemittel diente. A. Borsig, Berlin-Tegel, machte in Tiefkühlanlagen von *Äthylen* Gebrauch. Von Kohlenwasserstoffen wurden ferner Propan und Isobutan verwendet. Escher Wyss in Zürich hat in seinen vollkommen gekapselten „Autofrigor‟-Maschinen zuerst Methylchlorid (1913) und später *Dimethyläther* verwendet. Windhausen machte vorübergehend auch von Schwefelkohlenstoff Gebrauch. Eine wichtige und bleibende Bedeutung blieb aber nur den Fluor-Chlor-Derivaten des Methans und Äthans vorbehalten, die seit 1930 unter dem Namen „Freone‟ von Amerika aus ihren Siegeszug antraten.

6. Freonmaschinen.

In den Jahren 1893 und 1907 veröffentlichte F. Swarts in Gent die Ergebnisse seiner Untersuchungen über die Herstellung von fluorierten und chlorierten Kohlenwasserstoffen[2]. Mit einer praktischen Verwendung dieser Stoffe hatte er sich nicht befaßt. Es blieb Midgley, Henne und McNary im Laboratorium der Frigidaire-Gesellschaft in Dayton, Ohio, vorbehalten, die Eignung verschiedener organischer Fluoride als Kältemittel um 1930 zu erkennen und deren großindustrielle Herstellung in den Werken der Kinetic Chemicals Inc. in Wilmington, Del., zu ermöglichen[3]. Diese Klasse von Stoffen wird in USA unter dem Namen „Freone‟ im Handel vertrieben. In Deutschland hat die I.G.-Farbenindustrie in ihrem Werk in Höchst am Main die Fabrikation übernommen und vertreibt diese Stoffe unter dem Namen „Frigene‟. In anderen europäischen Ländern gebraucht man abweichende Bezeichnungen.

Die Herstellung dieser ungiftigen und unbrennbaren Kältemittel hat der Kältetechnik einen ungeahnten Auftrieb verliehen. In größtem Umfang fanden sie in der Klimatechnik und auf Schiffen Verwendung. Man kann ruhig sagen, daß die Klimatechnik ohne diese Kältemittel niemals zu ihrer heutigen weltumspannenden Bedeutung gelangt wäre.

Aus der Vielzahl der Verbindungen, die sich für die Kältetechnik als geeignet erwiesen haben, seien genannt:

Freon 12, Difluordichlormethan (CF_2Cl_2), das heute neben Ammoniak das am meisten benutzte Kältemittel in Kolbenkompressoren aller Größen geworden ist;

Freon 22, Difluormonochlormethan (CHF_2Cl), das sich für die Erzeugung tiefer Verdampfungstemperaturen (bis etwa — 60°) in Kolbenkompressoren eignet;

Freon 13, Trifluormonochlormethan (CF_3Cl), das in der Niederdruckstufe einer Kaskade für die Herstellung von Temperaturen bis — 100° in Kolbenkompressoren geeignet ist;

Freon 11, Monofluortrichlormethan ($CFCl_3$), ein hochmolekulares Niederdruckkältemittel, vorzüglich geeignet für Turbokompressoren in Klimaanlagen. Für

---

[1] McFarlan, A. I.: Power Bd. 89 (1945) S. 365; Bd. 90 (1946) S. 249 — Refrig. Engng. Bd. 52 (1946) S. 235.

[2] Swarts, F.: Bull. Acad. roy. Belg. Bd. 24 (1893) S. 309; Bd. 38 (1907) S. 339.

[3] Midgley, Th., u. A. L. Henne: Industr. Engng. Chem. Bd. 22 (1930) S. 542.

tiefe Verdampfungstemperaturen werden Kaskaden von Freon 12 und Freon 11 mit Turbokompressoren verwendet;

Freon 113, Trifluortrichloräthan ($C_2F_3Cl_3$), ebenfalls sehr gut geeignet für Turbokompressoren in Klimaanlagen;

Freon 114, Tetrafluordichloräthan ($C_2F_4Cl_2$), das in Umlaufverdichtern (mit Drehkolben) verwendet wurde.

In diesem Abschnitt werden Kältemaschinen mit Kolbenkompressoren behandelt; für diese sind Freon 12 und 22 die bei weitem wichtigsten Kältemittel aus dieser Gruppe. Die Entwicklung seit 1930 hat sich ganz in der Richtung des Baues senkrechter schnellaufender einfachwirkender Mehrzylindermaschinen vollzogen, wobei USA die Führung übernommen hat. Am stärksten hat Thomas Shipley bei der York Corporation in York, Pa., diese Entwicklung nach dem ersten Weltkrieg beeinflußt. In Abb. 48 ist eine ältere Bauart der York-Kompressoren dargestellt. Dabei wurde im weitesten Umfang von dem Gleichstromprinzip Gebrauch gemacht, bei dem die Saugventile im Kolben und die Druckventile im Deckel lagen. Nach dem zweiten Weltkrieg zeigte sich aber eine deutliche Tendenz, die Gleichstrombauart wieder aufzugeben, da man die schlechte Zugänglichkeit der Saugventile und das starke Mitreißen von Öl als lästig empfand.

Nach 1940 ging die konstruktive Entwicklung sowohl von Freon- als auch von Ammoniakmaschinen in der Richtung der V- und W-Bauart, die billiger als die Reihenanordnung stehender Zylinder ist und außerdem weniger Platz beansprucht. Abb. 49 zeigt einen älteren V-Verdichter der Carrier-Corporation in Siracuse, N. Y., für

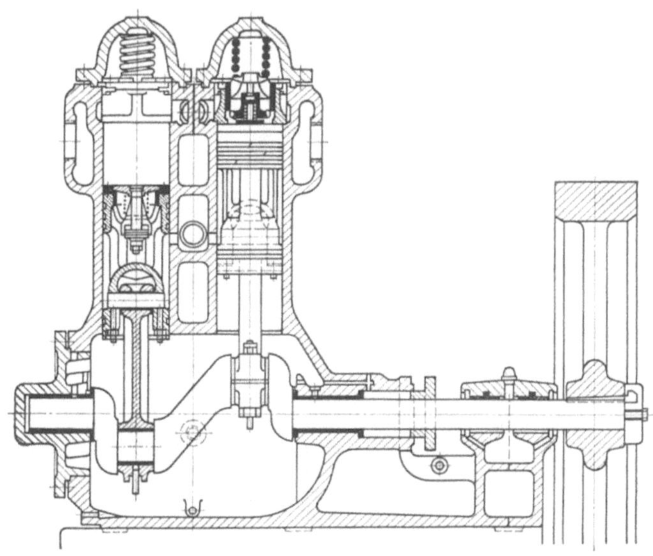

Abb. 48. York-Kompressor älterer Bauart für Freon 12.

Abb. 49. V-Kompressor der Carrier-Corp. für Freon 12, ältere Bauart.

1 Gehäuse- und Zylinderblock, *2* Druckventil, *3* Saugventil, *4* Sieb in der Saugleitung, *5* Regelventil für die Ölrückführung, *6* Kolben, *7* Pleuelstangen, *8* ausbalancierte Kurbelwelle, *9* Druckschmierung.

Freon 12, der noch nach dem Gleichstromprinzip gebaut wurde. — Eine weitere Tendenz ist die Einkapselung des Kompressors und des Antriebselektromotors in das gleiche Gehäuse, wodurch alle Schwierigkeiten mit der Stopfbüchse entfallen. Dieser Weg, zuerst nur für Haushalt- und Kleingewerbemaschinen beschritten (s. S. 65), wird neuerdings auch für mittlere und große Kälteleistungen befolgt[1] und hat sogar bei Turbokompressoren zu Erfolgen geführt (s. S. 76).

Eine Übersicht über moderne Bauarten amerikanischer Freonmaschinen mit Kolbenkompressoren findet man in den Berichten des Verfassers über Amerikanische Kältetechnik[2]. Freonmaschinen werden jetzt in großer Zahl auch von allen führenden europäischen Firmen gebaut.

III. Die Kompressions-Kaltdampfmaschinen mit Umlauf- und Turbokompressoren.

1. Umlaufkompressoren.

Neben Kompressoren mit hin- und hergehenden Kolben werden auch solche mit umlaufenden Kolben gebaut, wobei man zwischen Rollkolben- und Drehkolbenkompressoren unterscheidet[3]. Die Wirkungsweise beider beruht auf dem Verdrängerprinzip. Die Grundgedanken finden sich schon in sehr alten Bauarten verwirklicht, so z. B. in der PATTISON-*Pumpe*, Abb. 50, aus dem Jahre 1857[4] und in der KNOTT-*Pumpe*, Abb. 51, aus dem Jahr 1863[5]. Beide sind ein-

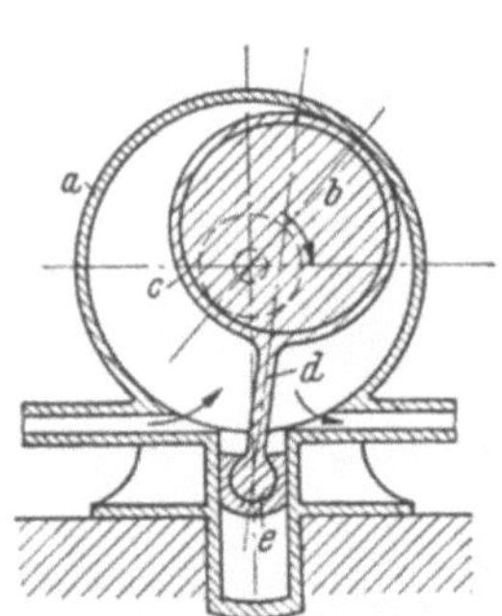

Abb. 50. PATTISON-Pumpe.
a Zylinder, *b* Rollkolben, *c* Exzenterring, *d* Schieber, *e* Kreuzkopf.

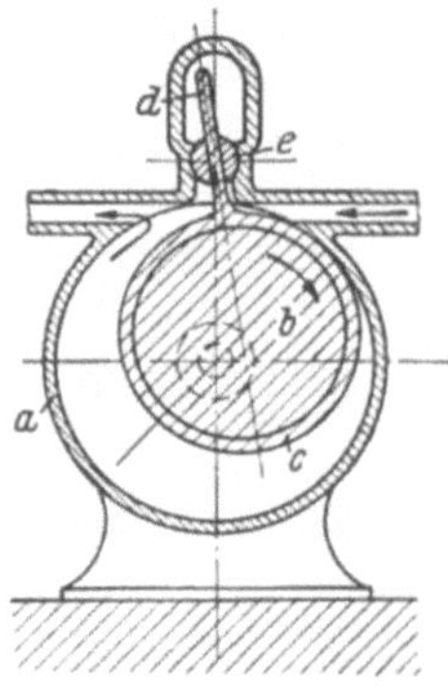

Abb. 51. KNOTT-Pumpe.
a Zylinder, *b* Rollkolben, *c* Exzenterring, *d* Schieber, *e* Nuß.

zellige Rollkolbenmaschinen. Kinematisch entspricht die erste einem zentrischen Schubkurbelgetriebe, die zweite einer schwingenden Kurbelschleife. Als Pioniere in der Entwicklung moderner Rollkolbenkompressoren haben WALTER

---

[1] Dabei sind die Firmen Westinghouse Electric und Copeland Refrigeration Corp. führend gewesen. Der Grundgedanke wurde schon viel früher von der Firma Freundlich in Düsseldorf ausgesprochen, doch waren die Konstruktionen damals noch nicht ausgereift.

[2] Vgl. besonders R. PLANK: Amerikanische Kältetechnik, 3. Bericht, S. 15—54. Düsseldorf: Dtsch. Ingenieur Verlag 1950.

[3] PLANK, R., u. J. KUPRIANOFF: Umlaufverdichter für Kältemaschinen. Z. VDI Bd. 79 (1935) S. 363.

[4] Vgl. F. REULEAUX: Lehrbuch der Kinematik Bd. 1, S. 348. Braunschweig 1875.

[5] Daselbst auf S. 358. Eine Übersicht der älteren Bauarten findet man bei R. PLANK: Z. ges. Kälteind. Bd. 29 (1922) S. 189.

S. E. Rolaff in USA[1] und Max Güttner in Deutschland[2] zu gelten, während beim Bau von Drehkolbenmaschinen die Brüder Emil und Karl Wittig sowie Carl Hoffmann[3] führend waren. Beide Bauweisen fanden nach dem ersten Weltkrieg im Kältemaschinenbau breite Anwendung.

Der *Rollkolbenkompressor* wurde fast ausschließlich in der einzelligen Bauart ausgeführt. In größtem Umfang machte die Norge-Corporation in Detroit, Mich., mit dem von Rolaff geschaffenen „Rollator"-Kompressor davon Gebrauch[4], wobei Schwefeldioxyd als Kältemittel diente, Abb. 52 und 53. Er wurde nur für kleine und kleinste Kälteleistungen gebaut, vorzugsweise

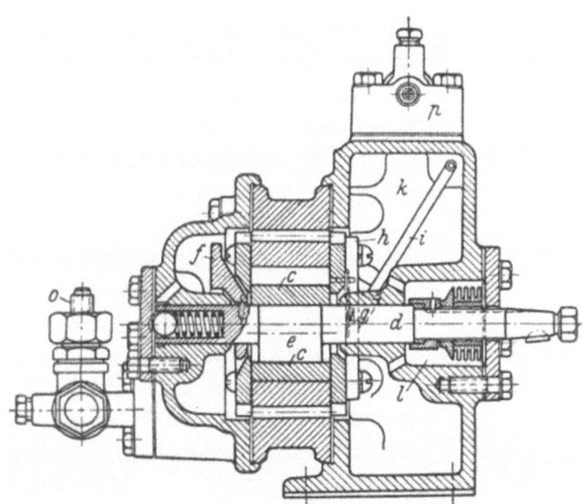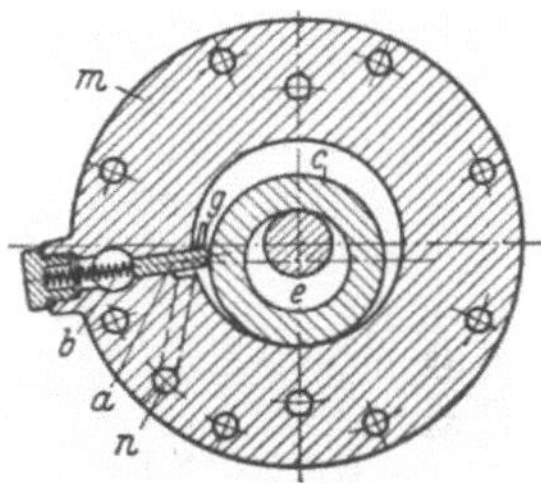

Abb. 52 u. 53. SO_2-Rollkolbenkompressor der Norge Corp. in Detroit, Mich., für Schwefeldioxyd
a Schieber, *b* Feder, *c* Kolben, *d* Welle, *e* Exzenter, *f* Gegengewicht, *g* Druckventil, *h* Ventil-gehäuse, *i* Druckleitung, *k* Gehäuse, *l* Kammer der Schleifringdichtung, *m* Zylinder, *n* Saugkanal-*o* Saugstutzen, *p* Druckstutzen

für Haushaltkühlschränke. Der DKW-Kompressor der Deutschen Kühl- und Kraftmaschinen GmbH. in Scharfenstein (Sachsen) ist in Anlehnung an die Norge-Bauart entwickelt worden.

Eine der ersten deutschen Bauarten von Rollkolbenkompressoren war der *Rota*-Kompressor von Güttner, der zuerst bei Sylbe und Ponndorf in Schmölln (Thüringen) gebaut wurde und kleingewerblichen Zwecken dienen sollte, Abb. 54[5]. Als Kältemittel benutzte Güttner Ammoniak; später machte die Firma G. Niemeyer in Harburg von Methylchlorid Gebrauch. Die verhältnismäßig hohen Drücke und großen Druckdifferenzen, die bei diesen Kältemitteln auftreten, lassen sie für die Verwendung in Rollkolbenkompressoren nicht besonders geeignet erscheinen.

Die Weiterentwicklung zu einer hermetisch gekapselten Kleinkältemaschinen-bauart mit direkter Kupplung von Kompressor und Elektromotor haben in USA die Firmen Frigidaire Corp. in Dayton, Ohio, und die General Electric Co. in Cleveland, Ohio, besonders gefördert. Als Kältemittel benutzte Frigidaire Freon 114 (wofür dieser Firma das ausschließliche Recht zustand) und General Electric Methylformiat; dieses hat zwar den Vorteil, sich mit dem Schmieröl

---

[1] Rolaff, W. S. E.: J. Amer. Soc. Refrig. Engng. Juli 1920 — Z. ges. Kälteind. Bd. 28 (1921) S. 141 — Refrig. Engng. Bd. 16 (1928) S. 127.
[2] Die Bauart von Güttner ist an folgenden Stellen beschrieben: Plank, R.: Z. ges. Kälteind. Bd. 29 (1922) S. 189. — R. Plank u J. Kuprianoff: Haushalt-Kältemasch. u. kleingewerbl. Kühlanlagen, 2. Aufl., S. 56—69 u. 78—82. Berlin: J. Springer 1934. — R. Plank, M. Krause u. W. Tamm: Z. VDI Bd. 69 (1925) S. 393.
[3] Über Carl Hoffmann vgl. O. Kammerer: Z. VDI Bd. 49 (1905) S. 1040. — H. Berg: Die Kolbenpumpen, S. 424. Berlin 1914.
[4] Vgl. z. B. U.S. Pat. 2028824 und DRP 669714.
[5] Vgl. R. Plank u. J. Kuprianoff, a. a. O.

nicht zu mischen, spaltet sich aber in Gegenwart von Feuchtigkeit in Methyl-
alkohol und Ameisensäure, das die Metalle angreift. Beide zuletzt genannten
Stoffe sind ausgesprochene Niederdruckkältemittel, die man in Rollkolben-
verdichtern bevorzugt, um das Überströmen von der Druckseite auf die Saug-
seite, die voneinander nur durch eine Liniendichtung getrennt sind, zu verringern. Zu der Gruppe solcher Kältemittel gehört noch Äthyl-
chlorid und in gewissem Maße auch Schwefeldioxyd. Keines davon kann aber als wirklich befriedigend anerkannt werden.

In Deutschland wurden ein-
zellige Rollkolbenkompressoren mit Schwefeldioxyd für Haushaltkühlschränke von der Robert Bosch A.G. in Stuttgart in vollkommen gekapselter Bauart auf den Markt gebracht[1].

Den Schritt zur Großkälte-
maschine mit Rollkolbenkom-
pressor unternahm 1931 die Vilter Manufacturing Co. in Milwaukee, Wisc.[2]. Sie baute Kompressoren der ROLAFF-Bauart ein- und zwei-
zellig für Kälteleistungen bis 200000 kcal/h mit Ammoniak als Kältemittel. Diese Kom-
pressoren wurden jedoch nur als Niederdruck-
stufen von zweistufigen Anlagen oder als Vor-
schaltverdichter (Boo-
ster) in bestehenden An-
lagen benutzt, wenn diese auf tiefere Temperaturen gebracht wer-
den sollten. Daher bleibt man selbst bei Ammoniak im Bereich niedri-
ger Drücke, die allen-
falls bis an 2 Atm. her-
anreichen. Später hat

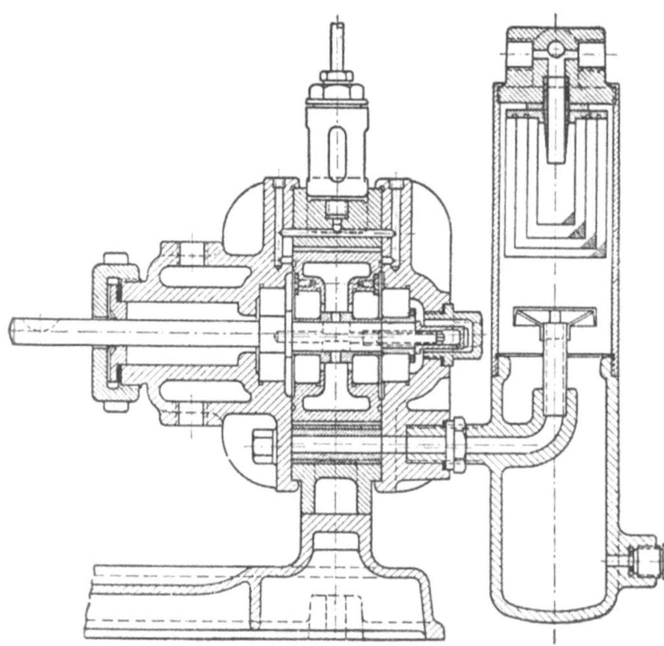

Abb. 54. NH₃-Rollkolbenverdichter von GÜTTNER
(aus PLANK-KUPRIANOFF, Die Kleinkältemaschine,
1948, S. 133, Abb. 92).

[1] Vgl. R. PLANK u. J. KUPRIANOFF, Fußnote 2, S. 71.

[2] WHEATON, R. S.: Electr. Refrig. News, Engin. Section Bd. 6, 2. Dez. 1931, S. 1 u. 8; Bd. 7, 28. Dez. 1932, S. 1. — H. SLOAN: Refrig. Engng. Bd. 23 (1932) S. 339. — W. BLASE: Kälteind. Bd. 29 (1932) S. 135; Bd. 30 (1933) S. 54.

Vilter diese Kompressoren auch für kleine Kälteleistungen bei direkter Kupplung mit Elektromotoren für die Klimatisierung von Wohnräumen gebaut, wobei dann Ammoniak durch Freon 12 ersetzt wurde. Ein bleibender Erfolg war aber dieser Bauart nicht beschieden.

Drehkolbenkompressoren mit im rotierenden Kolben angeordneten Schiebern, die durch Zentrifugalkraft herausgeschleudert und an die Zylinderwand gepreßt werden, stellt man meist in Vielzellenbauart her, wie sie von E. und K. WITTIG und von C. HOFFMANN angegeben wurde. Solche Kompressoren werden ursprünglich für Druckluft von der Maschinenfabrik Wittig in Zell, von der Demag in Duisburg und von Klein, Schanzlin und Becker in Frankenthal (Pfalz) gebaut. Als Kältemaschinen traten sie erst um 1930 in Erscheinung. Abb. 55 zeigt das Prinzip eines achtzelligen Drehkolbenkompressors, bei dem der schraffierte Teil f_8 des zwischen dem feststehenden Zylinder und dem rotierenden Kolben gebildeten sichelförmigen Raumes je Umdrehung des Kolbens achtmal angesaugt wird. Zweizellige Drehkolbenkompressoren mit Äthylchlorid für Leistungen von 1000 kcal/h baute Fr. Stamp in Bergedorf. Einen

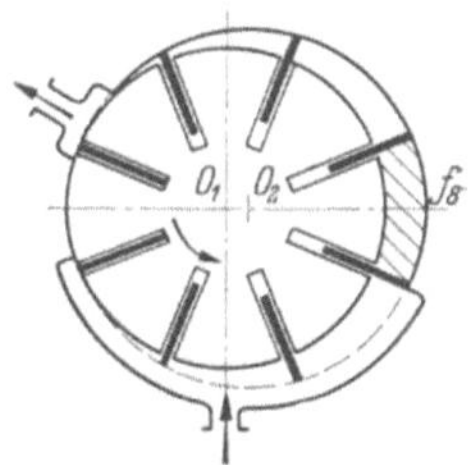

Abb. 55. Schema eines achtzelligen Drehkolbenverdichters.

vierzelligen Kompressor mit Schwefeldioxyd hat die Sunbeam Electric Manufacturing Co. in Evansville, Ind., entwickelt; bei 1750 U/min leistete er 150 kcal/h und wurde unter der Bezeichnung „Coldspot" in großer Zahl von den amerikanischen Warenhäusern Sears Roebuck & Co. in Haushaltkühlschränken vertrieben.

Für größere Kälteleistungen bis 30000 kcal/h haben im Jahre 1933 Gebrüder Sulzer in Winterthur (Schweiz) einen vielzelligen Drehkolbenkompressor unter den Bezeichungen „Frigorotor" und „Frigocentrale" herausgebracht, Abb. 56 und 57[1]. Da der Druckunterschied zwischen zwei benachbarten Zellen nur

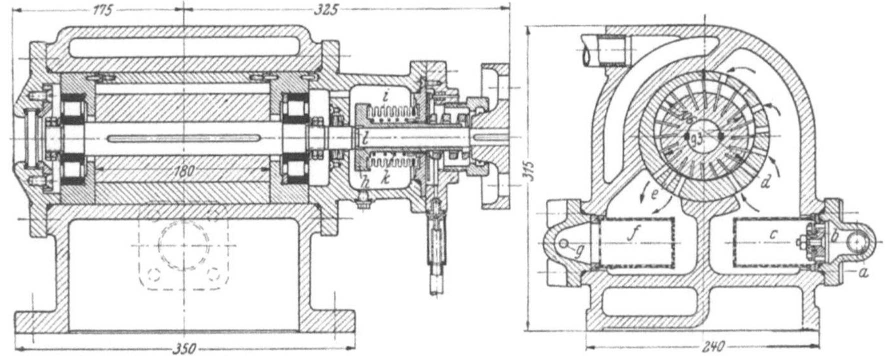

Abb. 56 u. 57. Vielzelliger Drehkolbenverdichter für Ammoniak, Gebrüder Sulzer, Winterthur.
Kälteleistung 15500 kcal/h bei 720 U/min.
a Saugkammer, *b* Rückschlagventil, *c* Sieb, *d* Saugschlitze, *e* Druckschlitze, *f* Sieb, *g* Druckleitung, *h* Büchse, *i* Metallbalg, *k* Feder, *l* Wellenbund.

einen Bruchteil des gesamten Druckunterschieds zwischen dem Kondensator und dem Verdampfer ausmacht, konnte bei dieser Bauart, die sich bis heute auf dem Markt gehalten hat, unbedenklich Ammoniak verwendet werden. Solche vielzelligen Kompressoren wurden später auch von Grasso's Maschinenfabrieken N. V. in 's Hertogenbosch (Holland) gebaut.

---

[1] Sulzer Techn. Rev. Nr. 3 (1933) S. 1. — Kälte-Ind. Bd. 31 (1934) S. 8. — Siehe auch Fußnote 2, S. 71.

2. Turbokompressoren.

Für die Verdichtung von Luft hat man schon vor mehr als 50 Jahren neben
Kolbenkompressoren, deren Wirkung auf dem Verdrängungsprinzip beruht,
auch Turbokompressoren verwendet, in denen, wie bei den Kreiselpumpen,
von der Zentrifugalkraft Gebrauch gemacht wird. Es lag daher der Gedanke
nahe, Turbokompressoren auch in Kältemaschinen anzuwenden. Die ersten
Überlegungen in dieser Richtung fanden ihren Niederschlag in den Veröffentlichungen von Lorenz[1] und
v. Elgenfeld[2]. Lorenz berechnete die untere Grenze
der Kälteleistung, die mit
Rücksicht auf die Herstel-
lungsmöglichkeit nicht zu
unterschreiten war, und kam
zu dem Ergebnis, daß diese
Grenze für Schwefeldioxyd
bei 500000 kcal/h, für Ammo-

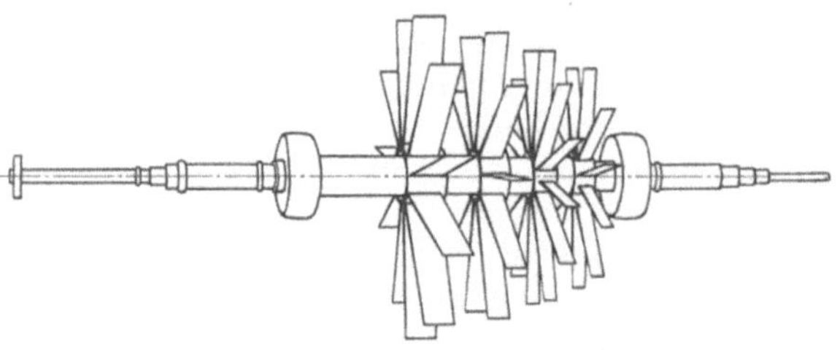

Abb. 58. Wasserdampf-Turbokompressor von Maurice Leblanc.

niak bei 1250000 kcal/h und für Kohlendioxyd bei 6500000 kcal/h liegt. Wie
man sieht, wurden dabei nur die „klassischen" Kältemittel in Betracht gezogen.

In Frankreich hat sich Maurice Leblanc mit diesem Problem befaßt, wobei
er in erster Linie Wasserdampf als Kältemittel nutzbar zu machen versuchte[3].
Es gelang ihm auch, die baulichen Schwierigkeiten so weit zu überwinden,
daß er eine Versuchsmaschine mit rein radial angeordneten Schaufeln herstellen
und betreiben konnte, Abb. 58. Als Material für die Schaufeln verwendete er
Bastfasern, die mit in Aceton getränkter Zellulose versteift wurden. Eine praktische Bedeutung hat diese Bauart nicht erlangt, denn auch Wasserdampf ist
kein für Turbokompressoren geeignetes Kältemittel, ganz abgesehen davon,
daß wegen seines Erstarrungspunktes nur Temperaturen über 0° C verwirklicht werden können. Leblanc dachte wohl noch an den hochmolekularen
Tetrachlorkohlenstoff; seine Gedanken waren dabei sogar prinzipiell richtig; aber
auch hier blieb er auf halbem Wege stecken.

In den Vereinigten Staaten wurde das Problem um 1911 von Carrier aufgegriffen, der besonders von der Notwendigkeit ausging, Klimaanlagen für verschiedene Industriezweige und später auch für Wohnräume zu schaffen. Da
solche Anlagen vielfach in engbewohnten Städten oder auch auf Schiffen erstellt
werden sollten, spielte der Platzbedarf für die Maschinen eine entscheidende
Rolle, und dieser ist bei Verwendung von Turbomaschinen erheblich geringer
als bei Kolbenmaschinen (für die hochtourigen Kolbenmaschinen war die Zeit
noch nicht gekommen). Carrier erkannte auch, daß bei Turbokompressoren
kein Schmieröl in den Kältemittelkreislauf eintritt, so daß die Oberflächen der
Kondensatoren und Verdampfer dauernd rein bleiben. Für die Klimaanlagen
mußte vor allem ein Kältemittel gefunden werden, das weder giftig noch brennbar ist und sich für einen Turbokompressor eignet. Ammoniak und Schwefeldioxyd mußten wegen ihrer hohen Giftigkeit und des stechenden Geruchs von
vornherein ausscheiden. Kohlendioxyd ist thermodynamisch ungünstig und kann,
wie schon von Lorenz festgestellt, nur für die größten Kälteleistungen verwendet
werden. Die Aussichten für die Entwicklung von Klimaanlagen waren also
ebenso ungünstig, wie es in den sechziger Jahren des vorigen Jahrhunderts

---

[1] Lorenz, H.: Z. ges. Turbinenw. 1910 — Ber. II. Intern. Kältekongr. Wien 1911,
Bd. II, S. 107.
[2] Elger v. Elgenfeld, Z.: Ber. II. Intern. Kältekongr. Wien 1911, Bd. II, S. 102.
[3] Leblanc, M.: Rev. gén. Froid Bd. 4, Nov. 1912 — Mém. Soc. Ing. Civ., Februar 1913.

für die Kaltdampfmaschinen ganz allgemein der Fall gewesen ist; damals war der Äthyläther daran schuld, daß Kaltluftmaschinen den Kaltdampfmaschinen vorgezogen wurden.

CARRIER erkannte auch, daß man bei Turbokompressoren ein hochmolekulares Niederdruckkältemittel brauchte, wenn man mit einer vernünftigen Drehzahl und einer mäßigen Stufenzahl auskommen wollte; daher mußten für ihn sowohl Ammoniak, als auch Wasserdampf ausscheiden. CARRIER sah sich nach den chlorierten Kohlenwasserstoffen um und stellte fest, daß die Alexander Wacker-Werke in Burghausen Dichloräthylen ($C_2H_2Cl_2$) herstellten, das den erwähnten Forderungen genügte[1]. Auch seine ersten Turbokompressoren bezog CARRIER aus Deutschland, und zwar von der Maschinenfabrik Jäger in Leipzig, ging aber bald zu eigener Herstellung über. In Abbildung 59 ist einer der ältesten Turbokompressoren von CARRIER für Dichloräthylen gezeigt, der bei 3500 U/min 600000 kcal/h leistete. Der Kompressor und die Antriebsmaschine (Dampfmaschine oder Elektromotor) wurden auf den Kondensator und Verdampfer montiert, wodurch sich eine sehr platzsparende Bauart ergab, Abb. 60. Auch das Kältemittel hat

Abb. 59. Einer der ersten Turbokompressoren für Dichloräthylen der Carrier Engineering Corp.

Abb. 60. Turbokompressor mit Antriebsmotor auf Kondensator und Verdampfer montiert. Carrier Engineering Corp.

CARRIER bald gewechselt, denn das ungesättigte Dichloräthylen erwies sich chemisch als nicht genügend beständig. Er wählte Dichlormethan (CH_2Cl_2), das auch den (etwas irreführenden) Namen Methylenchlorid führt und in Amerika von der Eastman Kodak Company in Rochester, N.Y., hergestellt wurde.

Inzwischen (1931) hatte aber die Kinetic Chemicals Inc. in Wilmington, Del., die Freone entwickelt (s. S. 68), und CARRIER wählte 1933 mit sicherem

---

[1] CARRIER, W. H., und R. W. WATERFILL: Comparison of thermodynamic characteristics of various refrigerating fluids, Refr. Eng. Juni 1924; auch Ber. IV. Int. Kältekongreß, London 1924, Bd. I, S. 634. — W. H. CARRIER: Refr. Eng. Bd. 12 (1926). S. 253. — W. A. GRANT: A History of Centrifugal Refrigeration machine. Refrig. Engineering, Bd. 43 (1942), S. 82.

Griff Freon 11 ($CFCl_3$) für seine in Klimaanlagen einzubauenden Turbokompressoren, bei denen er mit zwei bis drei Stufen auskam. An diesem Kältemittel hält er bis heute fest, doch hat er die Bauart inzwischen noch wesentlich verbessert[1]. Für tiefe Temperaturen, die von der chemischen Industrie verlangt werden, wird von Freon 12 (CF_2Cl_2), Propan und auch Schwefeldioxyd Gebrauch gemacht.

Eigene Wege ist in Amerika die Trane-Company in La Crosse, Wisc., gegangen, die als Kältemittel in Klimaanlagen Freon 113 ($C_2F_3Cl_3$) verwendet und Turbokompressoranlagen für Kälteleistungen zwischen 150000 und 600000 kcal/h in hermetisch gekapselter Bauart herstellt[2].

In Europa hat sich nur die Firma Brown Boveri & Co. in Baden (Schweiz) eingehend mit dem Bau von Turbokompressoren befaßt. Die erste Großanlage mit 6000000 kcal/h bei $-15°$ C wurde 1926 bei der Kaliindustrie in Merkers (Rhön) erstellt[3]. Als Kältemittel wurde das für Turbokompressoren wenig geeignete niedermolekulare Ammoniak gewählt, was eine sehr große Stufenzahl notwendig machte. Brown Boveri haben später auch Äthylchlorid und Äthylbromid als Kältemittel verwendet und eine Konstruktion entwickelt, die Motor, Kompressor, Kondensator und Verdampfer in einem einzigen Gehäuse vereinigt („Frigibloc")[4]. Neuerdings wird dem Kältemittel Freon 11 der Vorzug gegeben.

Im großen und ganzen gibt es aber in Europa bisher nur sehr wenige Kälteanlagen mit Turbokompressoren, im Gegensatz zu USA, wo diese Kompressortype weitestgehende Verbreitung gefunden hat. Das liegt hauptsächlich daran, daß sich Klimaanlagen in Europa noch nicht entfernt so stark durchzusetzen vermochten wie in Amerika.

IV. Die Strahlkältemaschinen.

Die Möglichkeit der Verwendung von Strahlapparaten zur Kälteerzeugung wurde anscheinend zum erstenmal in einer Patentschrift des Jahres 1884 erwähnt. In den Bereich ernsthafter Erwägungen rückte sie aber erst um 1900 durch das Eingreifen des englischen Ingenieurs Sir Charles Parsons, der besonders durch seine Arbeiten auf dem Gebiet der Dampfturbinen hervorgetreten ist. Die ersten brauchbaren Wasserdampf-Strahlkältemaschinen baute 1910 Maurice Leblanc in Paris in Verbindung mit der Westinghouse-Gesellschaft[5]. Das Schema einer solchen Maschine ist in Abb. 61 dargestellt. Zu den frühen Entwicklungsarbeiten sind auch die bis 1911 zurückreichenden Bemühungen von Josse und Gensecke an der Technischen Hochschule in Berlin zu zählen[6]; nach ihren Vorschlägen hat Rudolf Otto Meyer in Hamburg die Ausführung von Strahlkältemaschinen übernommen. Das Interesse an Strahlkältemaschinen hängt hauptsächlich mit der Möglichkeit zusammen, Wasserdampf als Kältemittel zu verwenden, wodurch sich umfangreiche Anwendungen in der Klimatechnik und auf Schiffen ergeben. Außerdem kann man den Abdampf als Treibdampf gebrauchen, so daß sich der Betrieb trotz niedriger Wirkungsgrade

---

[1] Vgl. R. Plank: Z. f. d. ges. Kälte-Ind. Bd. 50 (1943) S. 62.

[2] Vgl. R. Plank: Amerikanische Kältetechnik, 3. Bericht, Düsseldorf: Dt. Ing-Verlag 1950.

[3] Voigt: Z. VDI Bd. 71 (1927) S. 1145.

[4] Ber. 6. Intern. Kältekongr., Buenos Aires 1932, Bd. 3a, S. 281.

[5] Chessin: L'industrie frigorifique, April 1910, S. 110. — Lemaire, E.: Génie civ. Bd. 57 (1910) Nr. 4. — M. Leblanc: Eis- und Kälteindustrie Wien, Nov. 1911 — Techn. mod. Bd. 3 (1911) S. 241.

[6] Josse, E.: Eis- und Kälteindustrie Wien, H. 3, 1911. — Vgl. auch Kälte-Ind. 1911, Nr. 7.

sehr wirtschaftlich gestalten läßt. Strahlkältemaschinen haben daher auch in der chemischen Industrie Eingang gefunden, z. B. für das Auskristallisieren von Salzen aus Mutterlaugen im Vakuum (das sog. SWENSON-Verfahren[1]). Ein Nachteil dieser Maschinen ist der hohe Kühlwasserverbrauch, der dadurch bedingt ist, daß im Kondensator sowohl der Kaltdampf als auch der Treibdampf niedergeschlagen werden müssen. Die steigende Wasserknappheit in den Großstädten setzt der Verwendung von Strahlkältemaschinen für Klimaanlagen eine Grenze und zwingt in jedem Fall zur Anwendung neuzeitlicher Verdunstungskondensatoren.

Durch mehrstufige Verdampfung und mehrstufige Verdichtung des abgesaugten Dampfes gelang es FOLLAIN, nennenswerte Ersparnisse an Treibdampf und Kühlwasser zu erzielen[2]. Die Ausführung von Strahlkältemaschinen nach seinen Vorschlägen hat die Société de Condensation & Application Mécaniques (SCAM) in Paris übernommen.

In Amerika haben sich seit etwa 1930 mehrere führende Maschinenfabriken der Entwicklung von Strahlkältemaschinen angenommen.

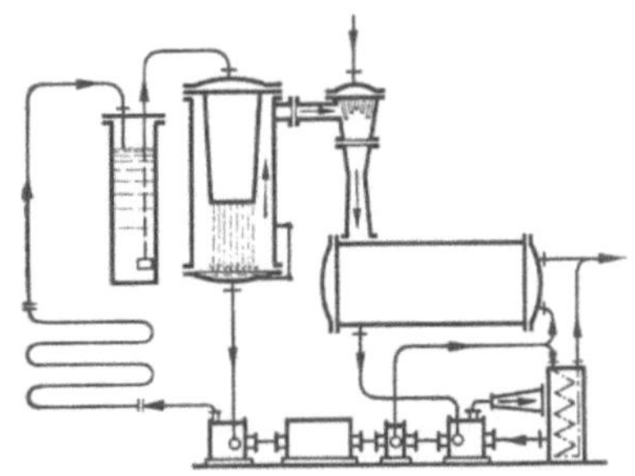

Abb. 61. Schema einer Wasserdampf-Strahlkältemaschine, Bauart Westinghouse-Leblanc.

Genannt seien: Westinghouse, Elliot, Ingersoll Rand, Foster Wheeler, Worthington und Carrier[3]. Eine nennenswerte Verbesserung des Wirkungsgrades wurde dabei zwar nicht erzielt, jedoch wurden reiche Betriebserfahrungen gesammelt. Man hat auch versucht, Strahlkältemaschinen für andere Kältemittel als Wasserdampf zu bauen, aber sie haben sich im praktischen Gebrauch nicht bewährt.

Die Gesellschaft für Linde's Eismaschinen in Wiesbaden hat gemeinsam mit der Maschinenfabrik Balcke in Bochum eine Eiserzeugungsanlage mit Strahlkältemaschine entwickelt, in der feinzerstäubtes Wasser unter hohem Vakuum durch Selbstverdampfung in Eisgraupeln verwandelt wird, die dann in einer Schneckenpresse zu Eisbriketts gepreßt werden[4].

Eine der größten Strahlkältemaschinen wurde bei der Duisburger Kupferhütte für die Kristallisation von Glaubersalz und reinen Natriumsulfatlösungen aufgestellt. Durch systematische Untersuchungen konnten hier bereits wesentliche Verbesserungen erzielt und weitere in Aussicht gestellt werden[5].

Zur Klärung der thermischen Vorgänge in Strahlkältemaschinen haben besonders FLÜGEL[6], WEYDANZ[7], WIEGAND[8], BOŠNJAKOVIĆ[9] und JOHANNESSEN[10] beigetragen. Die bisher erreichbaren Wirkungsgrade beim Mischungsvorgang und im Diffusor befriedigen noch keinesfalls. Weitere Forschungen auf diesem Gebiet sind daher durchaus erwünscht.

---

[1] CALDWELL: Chem.-Met. Engng. Bd. 39 (1932) S. 132.

[2] FOLLAIN, R.: Ber. V. Intern. Kältekongr., Rom 1928, Bd. 3, S. 351 — Rev. gén. Froid Bd. 9 (1928) S. 141, 173 u. 209.

[3] Vgl. PLANK R.: Amerikanische Kältetechnik, Zweiter Bericht. Berlin: VDI-Verlag 1938.

[4] TIETZE, H.: Z. VDI Bd. 82 (1938) S. 61.

[5] HAMMER, H., T. MESSING u. H. SCHUNCK: Chem.-Ing. Technik Bd. 23 (1951) S. 513.

[6] FLÜGEL, G.: VDI-Forsch.-Heft 395. Berlin: VDI-Verlag 1939.

[7] WEYDANZ, W.: Beiheft zur Z. ges. Kälteind., Reihe 2, Heft 8.

[8] WIEGAND, J.: VDI-Forsch.-Heft 401. Berlin: VDI-Verlag 1940.

[9] BOŠNJAKOVIĆ, FR.: Techn. Thermodynamik, Erster Teil. Dresden und Leipzig: Th. Steinkopff 1935 — Z. ges. Kälteind. Bd. 43 (1936) S. 229 — Forsch. Ing. Wes., Bd. 11 (1940) S. 210.

[10] JOHANNESSEN, N. H.: Trans. Danish Acad. of Techn. Sci., No. 1, 1951, S. 20.

V. Die Absorptionskältemaschinen.

Die starke Absorptionsfähigkeit der konzentrierten Schwefelsäure für Wasserdampf scheint erstmalig von Gerald Nairne im Jahre 1777 beobachtet worden zu sein[1]. In Anwesenheit von Luft geht die Absorption des Wasserdampfes nur sehr langsam vor sich. Setzt man aber eine Schale mit Wasser und eine Schale mit Schwefelsäure unter die Glocke einer Luftpumpe und saugt die Luft so stark ab, daß das Wasser bei tiefer Temperatur zu sieden beginnt, dann wird der gebildete Wasserdampf von der Schwefelsäure sehr rasch absorbiert, und die Temperatur sinkt durch die fortschreitende Verdampfung so weit ab, daß sich das Wasser in Eis verwandelt. Eine solche Einrichtung stellt eine kombinierte Kompressions- und Absorptionsmaschine dar: würde man die Schwefelsäure entfernen und die Wasserdämpfe nur durch die Luftpumpe absaugen, so hätte man eine (offene) Kompressionskaltdampfmaschine; würde man dagegen die Luftpumpe nach dem Absaugen der Hauptmenge der Luft abstellen und den sich im Vakuum bildenden Wasserdampf nur von der Schwefelsäure aufnehmen lassen, so hätte man eine reine Absorptionsmaschine. In Gegenwart der Schwefelsäure tritt die Wirkung der Luftpumpe für die Fortschaffung der Wasserdämpfe jedenfalls stark zurück, so daß die Luftpumpe nur als Hilfsapparat zur Beschleunigung des Vorgangs dient und die Verdampfung im wesentlichen durch die Absorption der gebildeten Dämpfe aufrechterhalten wird. Nach Angabe des Internationalen Vacuum-Eismaschinen-Vereins in Berlin wurde durch die Schwefelsäure 20- bis 25mal mehr Wasserdampf absorbiert, als die Pumpe in gleicher Zeit absaugen konnte.

Ein solcher Apparat mit Handpumpe in freilich noch recht primitiver Bauart wurde erstmalig im Jahre 1810 von Sir John Leslie (1766—1832), Professor der Mathematik und Physik in Edinburgh, gebaut[2]. Péclet beschreibt die Apparatur von Leslie wie folgt[3]:

„Der Apparat besteht aus einer weiten Schale von Glas oder Porzellan, die mit concentrierter Schwefelsäure angefüllt, und worüber eine flache, dünne, metallene Schale, auf drei Füßen auf den Seitenwänden der gläsernen stehend, befindlich ist. Der Apparat wird unter den Recipienten einer guten Luftpumpe gestellt, in welchem man eine Luftleere hervorbringt. Die Schwefelsäure, die eine große Affinität zum Wasser hat, nimmt die Dünste auf, sobald sie sich bilden. Die Verdunstung geht dann sehr rasch vorwärts, und in einer sehr kurzen Zeit ist die Temperatur des Wassers gering genug, daß es gefriert."

Die überlieferten Angaben über die Leistung dieses Apparates gehen etwas auseinander. W. L. Overduyn gibt sie mit „6 Pfund Eis in weniger als 1 Stunde" an[4]; nach anderen Mitteilungen waren es aber nur 500 bis 750 g je Periode. Es handelte sich mehr um einen Laboratoriumsversuch als um eine praktisch-technische Verwendung. Erst 40 Jahre später wurde der gleiche Gedanke von Edmond Carré (1850) aufgegriffen. Er baute eine Schwefelsäure-Wasser-Maschine mit Wasserbehältern aus Glas, einem Säurebehälter aus Blei und einer Handpumpe. Dieser Apparat fand eine ziemliche Verbreitung in den Pariser Cafés, besonders nachdem die Firma H. A. Fleuss in Newton auf der Insel Wight eine sehr befriedigende Bauart für die Luftpumpe entwickelt hatte. Die Schwefelsäure mußte von Zeit zu Zeit erneuert werden, da sie sich durch die

---

[1] Vgl. Dinglers polytechn. J. Bd. 16 (1825) S. 227.

[2] Prof. Leslie's process for making ice. Mech. Mag. Bd. 1 (1824) S. 311 u. 322.

[3] Péclet, E.: Über die Wärme usw., übersetzt von E. F. A. Hartmann. Bd. I, S. 88. Braunschweig: Fr. Vieweg 1830.

[4] Overduyn, W. L.: Diss. Leiden 1842, „De Frigore artificiali", vgl. auch C. A. Crommelin: Koeltechniek, Bd. 4 (1932).

Aufnahme des Wasserdampfes allmählich verdünnte. Abb. 62 zeigt eine solche CARRÉ-Maschine. Mit dem Hebel der Luftpumpe A ist ein Rührstab verbunden, der in den Schwefelsäurebehälter B eintaucht und die Säure ständig umrührt, damit der in C gebildete und nach B übertretende Wasserdampf stets mit möglichst konzentrierter Säure in Berührung kommt.

Es liegen noch weitere Versuche vor, Kälte durch eine kombinierte Wirkung von Kompression und Absorption zu erzeugen. Erwähnt seien die Bemühungen von MORT und NICOLLE in Sydney aus dem Jahre 1869[1], die von Gemischen aus Wasser und Ammoniak Gebrauch machten. In gleicher Richtung arbeiteten DE MOTAY und ROSSI in den Vereinigten Staaten; sie benutzten aber Gemische aus Äther und Schwefeldioxyd[2] und stellten fest, daß Äther bei 15° C etwa das 300fache seines Volums an Schwefeldioxyd zu absorbieren vermag, wobei der Dampfdruck des Gemisches noch unterhalb von 1 Atm. liegt. In Deutschland hat sich AUGUST OSEN-BRÜCK in Bremen um 1895 mit solchen Konstruktionen befaßt: Ammoniakdämpfe werden aus dem Verdampfer durch einen Kompressor abgesaugt und in den Absorber gedrückt; der weitere Kreislauf entspricht dem in einer gewöhnlichen Absorptionskältemaschine.

Will man eine CARRÉ-Maschine ununterbrochen betreiben, so muß die Schwefelsäure fortlaufend konzentriert werden, was durch Wärmezufuhr erreicht werden kann. Eine solche ununterbrochen wirkende Absorptionsmaschine mit Schwefelsäure und Wasser baute 1878

Abb. 62. Absorptionsmaschine mit Wasser und Schwefelsäure nach EDMOND CARRÉ mit der Luftpumpe von FLEUSS.

A Luftpumpe, B Behälter mit Schwefelsäure, C Gefäß mit dem zu gefrierenden Wasser.

FRANZ WINDHAUSEN. Er versuchte zwar zuerst ohne Schwefelsäure auszukommen, die Wasserdämpfe also nur durch eine starke Luftpumpe abzusaugen, sah aber bald ein, daß die abzusaugenden Volume auf diese Weise nicht bewältigt werden können, und kehrte zur Absorption durch Schwefelsäure zurück. Die sich verdünnende Schwefelsäure wurde in einem „Konzentrator", der mit Heizröhren versehen war, unter vermindertem Druck zum Sieden gebracht, wobei das absorbierte Wasser wieder verdampfte. Die heiße konzentrierte Säure tauschte dann in einem Gegenstromapparat ihre Wärme mit der kälteren verdünnten Säure aus[3]. WINDHAUSEN machte also hier von dem SIEMENSschen Regenerativverfahren Gebrauch (s. S. 45). Das zu gefrierende Wasser wurde durch eine Brause in die Gefrierbehälter eingespritzt, um der Verdampfung eine große Oberfläche zu bieten. Da das Wasser hierbei im Siedezustand gefror, bildete sich kein dichter Eisblock, sondern eine poröse, schwammartige Masse. Die WINDHAUSENschen Absorptionsmaschinen wurden von dem

---

[1] Vgl. Uhlands Technische Rundschau, 1900.

[2] Über die Arbeitsweise dieser beiden Systeme berichtet T. B. LIGHTFOOT: Proc. Inst. Mech. Engin. London, May 1886, Nr. 2, S. 221—223.

[3] Abbildungen und Beschreibungen dieser Maschine findet man im Buch von G. BEH-REND: Eis- und Kälteerzeugungs-Maschinen, 3. Aufl, S. 21 u. 343—346. Halle: W. Knapp 1894. — Die ausführliche Beschreibung einer WINDHAUSENschen Vakuummaschine mit einer Leistung von 12 bis 15 t Eis in 24 h, die 1881 in einer Molkerei in London aufgestellt war, lieferten HOPKINSON: J. Soc. Arts Bd. 31 (1882) S. 20 und C. PIEPER: Trans. Soc. Engrs. 1882, S. 145.

Internationalen Vacuum-Eismaschinen-Verein in Berlin gebaut und in vielen Einzelheiten weiterentwickelt. Man verwendete sie nicht nur zur direkten Eiserzeugung, sondern auch zur Kühlung von Flüssigkeiten und zur Raumkühlung.

Es dürfte hier am Platze sein, die Leistungen Franz Windhausens für die Kältetechnik in ihrem vollen Umfang zu würdigen. Er war wohl der einzige Fachmann, der auf allen Gebieten der Kälteerzeugung durchgreifende Verbesserungen brachte. Seine Kaltluftmaschinen (1869, s. S. 47) wurden sämtlich industriell verwertet und waren konstruktiv ausgezeichnet durchgebildet. Wenn wir somit in Windhausen einen hervorragenden Ingenieur und Kenner seines Fachgebietes anerkennen müssen, so war er doch weder ein origineller Schöpfer im Sinne von Perkins und F. Carré noch ein wissenschaftlich kritischer Geist im Sinne Lindes. Es gelang ihm lediglich, in geschickter Weise grundlegende Erfindungen anderer weiterzuentwickeln und für den praktischen Gebrauch reif zu machen, nicht aber sich eine klare Vorstellung über die tatsächlichen Vor- und Nachteile der verschiedenen Kälteerzeugungssysteme zu bilden. Nur so ist sein zäher, aber aussichtsloser Kampf für die Kaltluftmaschine auch noch im Jahre 1873 (Wiener Brauereikongreß) zu verstehen, als die Vorzüge der Kaltdampfmaschine durch Linde schon klar dargelegt waren; nur so kann man es erklären, daß er

Abb. 63. Ferdinand Carré.

bis in die achtziger Jahre die Absorptionsmaschinen nur als Vakuummaschinen baute und an der Schwefelsäure trotz ihrer Material- und Betriebsschwierigkeiten festhielt, während doch die viel aussichtsreichere Ammoniakabsorptionsmaschine von F. Carré schon seit 1860 bekannt war. Und als Windhausen sich schließlich der Kaltdampfmaschine zuwandte, wählte er als Kältemittel Kohlendioxyd, also wieder ein System, das er zwar bis zur möglichen Vollkommenheit entwickelte, das aber naturnotwendig hinter den anderen zurückbleiben mußte[1]. So war Windhausen wohl ein wesentlicher Förderer, aber kein führender Geist im Kältemaschinenbau. Seine Leistung blieb zeitgebunden. Er hatte schöne Erfolge, vermochte aber die zukünftige Entwicklung nicht vorauszusehen.

Die wesentlichsten Leistungen auf dem Gebiet der Absorptionskältemaschinen stammen von Ferdinand Philippe Edouard Carré, Abb. 63[2]. Er wurde am 10. März 1824 in Moislains (Somme) geboren und war, wie Perkins, ein sehr vielseitiger Ingenieur. Er befaßte sich mit wärmetechnischen, metallurgischen und elektrotechnischen Problemen, die er sowohl wissenschaftlich als auch industriell bearbeitete. Auf seine Kaltdampfmaschine (1857) haben wir

---

[1] Vgl. hierzu die Polemik Windhausens gegen Linde: Z. VDI Bd. 38 (1894) S. 368.

[2] Es gab zwei Brüder Carré, von denen Edmond schon auf S. 78 erwähnt wurde. Eine ausführliche Würdigung der Leistungen F. Carrés und eine Beschreibung seiner Maschinen findet man in dem bereits auf S. 56, Fußn. 1 erwähnten Buch von F. d'Auriac und bei R. Plank: Z. VDI Bd. 78 (1934) S. 1603.

schon auf S. 55 hingewiesen. Am 24. August 1859 meldete Carré sein grundlegendes Patent auf die Ammoniakabsorptionsmaschine an, dem bis Ende 1862 14 Zusatzpatente folgten[1]. Diese Patentschrift mit den Zusätzen ist eines der interessantesten und lehrreichsten Schriftstücke der kältetechnischen Weltliteratur. Von der Form, in welcher neuere Patentschriften abgefaßt werden, ist hier absolut nichts zu spüren; in dieser Schrift findet man weder Einheitlichkeit des Erfindungsgedankens noch formulierte Patentansprüche. Statt dessen offenbart Carré eine überreiche Fülle erfinderischer Ideen, die bunt aneinandergereiht, sehr lebendig beschrieben und durch zahlreiche Zeichnungen erläutert sind. Außer der eingehenden Beschreibung der Absorptionsmaschine behandelt er Membrankompressoren, die verschiedensten Bauarten von Kondensatoren, Verdampfern, Luftkühlern und Wärmeaustauschern, Kristallisatoren zum Ausfrieren von Salzen aus Mutterlaugen, Ventilkonstruktionen, Entlüftungs- und Sicherheitsvorrichtungen. Für die Wärmeaustauschapparate werden neben dem Tauchsystem auch das Doppelrohrsystem sowie stehende und liegende Mantel- und Röhrenbauarten beschrieben. Man findet bei Carré bereits eine ausgiebige Verwendung der Federrohre, die heute im Kleinkältemaschinenbau ein so beliebtes Maschinenelement für die Konstruktion von Stopfbüchsen und Thermostaten geworden sind. Selbst die modernen stopfbüchsenlosen Ventile mit elastischer Membran werden von Carré schon ausführlich beschrieben.

Man darf sagen, daß Carré der Entwicklung der Kältetechnik um viele Jahrzehnte vorausgeeilt ist. Er war sich der praktischen Schwierigkeiten vollkommen bewußt, die beim Bau von Absorptionsmaschinen durch den Gebrauch von Schwefelsäure und durch die Aufrechterhaltung des hohen Vakuums bei Verwendung von Wasser als Kältemittel bedingt waren. Auf der Suche nach einem viel flüchtigeren Kältemittel entschloß er sich, von der starken Absorptionsfähigkeit des Ammoniaks in Wasser Gebrauch zu machen. Das Wasser wechselte also dabei die Rolle und wurde vom Kältemittel zum Absorptionsmittel. Carré gebührt somit das Verdienst, Ammoniak als Kältemittel eingeführt zu haben.

In diesem Zusammenhang muß darauf hingewiesen werden, daß Faraday bei seinen Arbeiten über die Verflüssigung von Gasen (1823, s. S. 8) auch reines wasserfreies Ammoniak verflüssigte und dabei eine Glasapparatur baute, die einer periodischen Absorptionsmaschine entspricht und in der auch tiefe Temperaturen erzeugt wurden. Dennoch wird man Faraday nicht als Erfinder der ersten Ammoniakabsorptionsmaschine hinstellen dürfen, denn die Kälteerzeugung war weder der Zweck seiner Versuche, noch hat er selbst irgendwelche praktische Möglichkeiten in dieser Richtung angedeutet. Seine Arbeiten lieferten aber die physikalischen Grundlagen, aus denen 36 Jahre später das erfinderische Genie Carrés eine technisch bedeutungsvolle Anwendung entwickelte.

Bei der großen Bedeutung, die das Ammoniak für den Kältemaschinenbau erlangt hat, dürfte die Erinnerung angebracht sein, daß fast gleichzeitig mit Carré auch der Physiker Régnault die hervorragende Eignung des Ammoniaks für die Erzeugung tiefer Temperaturen erkannt hatte. Régnault schrieb 1860[2]:

„L'ammoniaque liquide, à cause de sa grande capacité calorifique, de sa grande chaleur latente de vaporisation, de la facilité avec laquelle on la prépare et qu'on la recueille ensuite quand elle à pris l'état gazeux a surtout fixé mon attention. Je me proposais de m'en servir principalement pour obtenir des

---

[1] Franz. Pat. 41 958 (1859). Veröffentlicht in Brevets d'Invention, Paris, Bd. 74 (1871), S. 80—110 unter Nr. 24 534, und Bd. 76 (1871), S. 92 unter Nr. 25 703.

[2] Régnault, V.: C. R. Acad. sci., Paris Bd. 50 (1860) S. 1063. Das Zitat steht auf S. 1074.

basses temperatures très stationaires en la faisant bouillir sous diverses pressions . . .‘‘

Diese Äußerung RÉGNAULTS wurde aber erst 6 Monate nach der ersten Patentanmeldung CARRÉS (wenn auch völlig unabhängig davon) veröffentlicht; RÉGNAULT wollte die tiefen Temperaturen auch nur für seine kalorimetrischen Untersuchungen erzeugen und hatte keine industrielle Anwendung im Auge.

Als LINDE 15 Jahre später dem Ammoniak auch in Kompressionsmaschinen den ersten Platz zuwies, konnte er sich bereits auf die guten Erfahrungen stützen, die CARRÉ mit diesem Kältemittel in Absorptionsmaschinen gemacht hatte.

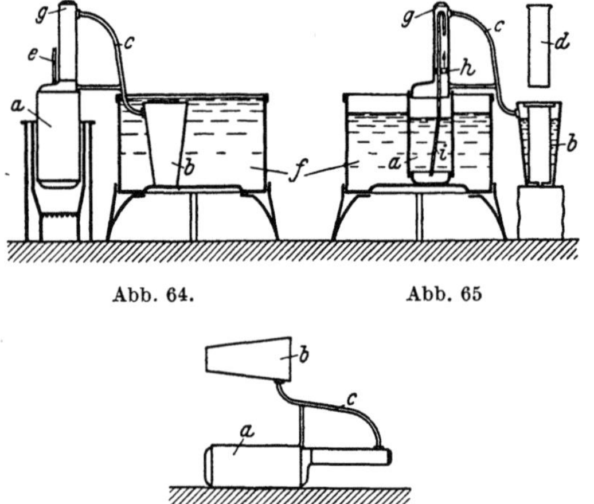

Abb. 64.   Abb. 65

Abb. 66.

Abb. 64—66. Periodisch wirkende Haushalt-Absorptionsmaschine von F. CARRÉ in drei Arbeitsstellungen.

a Kocher-Absorber, *b* Kondensator-Verdampfer, *c* Verbindungsrohr, *d* Blechbüchse zur Eiserzeugung, *e* Thermometer, *f* Wassertopf, *g* Rohr oberhalb des Kochers, als Dampfkühler wirkend, *h* Trennwand, *i* S-förmiges Rohr.

In seiner Patentschrift beschreibt CARRÉ zwei Arten von Absorptionsmaschinen: die *periodisch wirkende Maschine* für kleine Leistungen und für den Gebrauch als Eiserzeuger in Haushaltungen, die man als den Prototyp der modernen Maschinen dieser Art ansehen muß[1], und die in allen Einzelheiten sorgfältig durchgebildete *ununterbrochen wirkende Maschine*, die zum Vorbild für alle späteren Bauarten wurde. Der erste Bericht CARRÉS an die Pariser Akademie der Wissenschaften stammt aus dem Jahre 1860[2]. Mit großem Weitblick nennt er darin die verschiedenen Anwendungsmöglichkeiten der künstlichen Kälte: Eiserzeugung, Raumkühlung einschließlich der Kühlung bewohnter Räume (deren Kosten er bei gleicher Kalorienzahl nur doppelt so hoch schätzt wie bei der Heizung), Regelung der Gärungsvorgänge bei der Bier- und Weinerzeugung, Konzentrierung von Weinen, Alkoholen und Säuren durch Ausfrieren von Wasser, Gewinnung von Süßwasser aus Meerwasser durch langsames Gefrieren (das er für vorteilhafter hält als die Verdampfung), Extraktion von Paraffin aus Rohölen, Gewinnung des Glaubersalzes aus Meerwasser und aus Mutterlaugen von Salzwerken u. a. m.

Der kleine periodisch wirkende Haushaltapparat CARRÉS, Abb. 64 bis 66, wurde für Leistungen von 0,5 bis 2 kg Eis je Periode gebaut und kostete 80 bis 200 Franken[3]. Er besteht aus dem Kocher-Absorber *a*, Abb. 64, der zu $^2/_3$ mit gesättigter wäßriger Ammoniaklösung gefüllt wird, und dem Kondensator-Verdampfer *b*. Beide sind durch das Rohr *c* miteinander verbunden und gut entlüftet. Der Kondensator-Verdampfer ist ein doppelwandiger Behälter, in dessen Innenraum eine passende Blechbüchse *d*, Abb. 65, eingesetzt werden kann,

---

[1] Vgl. R. PLANK u. J. KUPRIANOFF: Haushalt-Kältemaschinen, 2. Aufl., S. 111. Springer 1934.

[2] CARRÉ, F.: C. R. Acad. sci., Paris Bd. 51 (1860) S. 1023. Übersetzt in Dinglers polytechn. J. Bd. 160 (1861) S. 23.

[3] CARRÉ, F., u. a.: Armengauds Publication industr. des Machines Bd. 15 (1864) S. 453 bis 472. Unsere Abb. 64 bis 67 sind dieser Veröffentlichung entnommen. — Vgl. auch HEEREN: Mitt. des Gewerbevereins Hannover 1863, S. 168 — Z. VDI Bd. 8 (1864) S. 643.

die das zu gefrierende Wasser enthält, während im Ringraum das Ammoniak kondensiert und verdampft. Abb. 64 zeigt den Apparat in der Heizperiode, die je nach Größe des Apparates 35 bis 70 min dauert, bis die Lösung auf 130° C erhitzt ist (Thermometer e) und sich genügend Ammoniak im Behälter b angesammelt hat, der während dieser Periode in den Wassertopf f versenkt wird. Der Apparat wird dann in die Kühlstellung, Abb. 65, gebracht, wobei nun der Behälter a in den Wassertopf f eintaucht und gleichzeitig die Büchse d in den durch eine Umhüllung isolierten Behälter b eingesetzt wird. Die Kühlperiode dauert etwa ebensolange wie die Heizperiode und bringt das Wasser in d vollständig zum Gefrieren. Das Rohr g oberhalb des Kochers wirkt als Dampfkühler (Dephlegmator), um einen Teil des in der Heizperiode gebildeten Wasserdampfs niederzuschlagen. Da trotzdem bei jeder Heizung etwas Wasser in den Behälter b gelangt, wird der Apparat nach mehreren Kochungen in die in Abb. 66 dargestellte Stellung gebracht, wobei alles Wasser in den Behälter a zurückfließen kann. Um die Ammoniakdämpfe während der Kühlperiode unter dem Flüssigkeitsspiegel im Absorber a eintreten zu lassen, ist im Rohr g (Abb. 65) eine horizontale Trennwand h eingebaut, in der ein nach oben öffnendes kleines Ventil angeordnet ist und durch welches das S-förmig gewundene Rohr i hindurchführt. In der Kochperiode wird das Ventil abgehoben, und der Dampf kann durch das Rohr c entweichen. In der Kühlperiode wird das Ventil auf seinen Sitz gedrückt, und der Dampf muß den Weg durch das S-förmige Rohr nehmen und unter dem Flüssigkeitsspiegel eintreten. Mit diesen Apparaten erhielt man 3 bis 4 kg Eis je kg Kohle. Es gelang auch, die Temperatur bis $-40°$ zu senken und Quecksilber zu gefrieren.

Mit dem Bau periodisch wirkender Maschinen in industriellem Maßstab wurde aber erst um das Jahr 1910 in den Vereinigten Staaten begonnen. In Deutschland wurde die serienweise Herstellung nach dem ersten Weltkrieg zuerst von E. RUMPLER aufgenommen, der sich an amerikanische Vorbilder anlehnte. Gegenwärtig wird diesem System keine praktische Bedeutung mehr beigemessen.

Die größere, ununterbrochen wirkende Absorptionsmaschine CARRÉS ist in Abb. 67 dargestellt. Sie wurde für 12 bis 200 kg Eis je Stunde von Mignon und Rouart in Paris gebaut und erstmalig auf der Weltausstellung in London 1862 gezeigt[1]. Der Kocher a ist als vertikaler Zylinder ausgeführt. Er ist mit hochkonzentrierter Ammoniaklösung gefüllt und mit seiner unteren Hälfte in den Ofen b versenkt. Die Lösung wird auf 130° erhitzt. c ist eine Flüssigkeitsstandglas und d ein Sicherheitsventil, durch welches etwa entweichende Gase durch das Rohr e in einen mit Wasser gefüllten Topf f geleitet werden. Der Oberteil des Kochers ist als Rektifikator g ausgebildet; in ihn mündet die Rückflußleitung h für die reiche Lösung, die auf den Tellern im Gegenstrom zum aufsteigenden Dampf herabrieselt. Der auf diese Weise wirksam entwässerte Dampf wird durch die Leitung i dem Tauchkondensator k zugeführt, der aus dem Behälter l durch die Leitung m mit Kühlwasser gespeist wird. Das verflüssigte Ammoniak fließt durch die Leitung n in den mit einem Flüssigkeitsstand versehenen Sammler o und von dort durch die Leitung p zum Drosselventil q. Die Leitung p führt durch die Hülse r, in der auch die Leitung s für den kalten Ammoniakdampf aus dem

---

[1] SAINT-EDME, ERNEST: Fabrication industr. de la glace par M. CARRÉ: Oppermanns Portefeuille économ. des Machines 1863, col. 32—37. — F. CARRÉ u. a.: Armengauds Public. industr. des Machines (a. a. O.). — POUILLET: Bull. Soc. Enc. Ind. nat. Paris 1863, S. 32. Deutsche Übersetzung in Dinglers polytechn. J. Bd. 168 (1863) S. 174. — Vgl. auch Verh. d. Ver. z. Beförd. d. Gewebefleißes i. Preußen 1863, 3. Lieferung, S. 118, und Z. VDI Bd. 8 (1864) S. 647.

Verdampfer gelegt ist; das flüssige Ammoniak wird durch diesen kalten Dampf vor der Drosselung unterkühlt (Regenerativverfahren!). Durch die Hülse r fließt außerdem das im Eiserzeuger zu gefrierende Wasser, welches dabei ent-

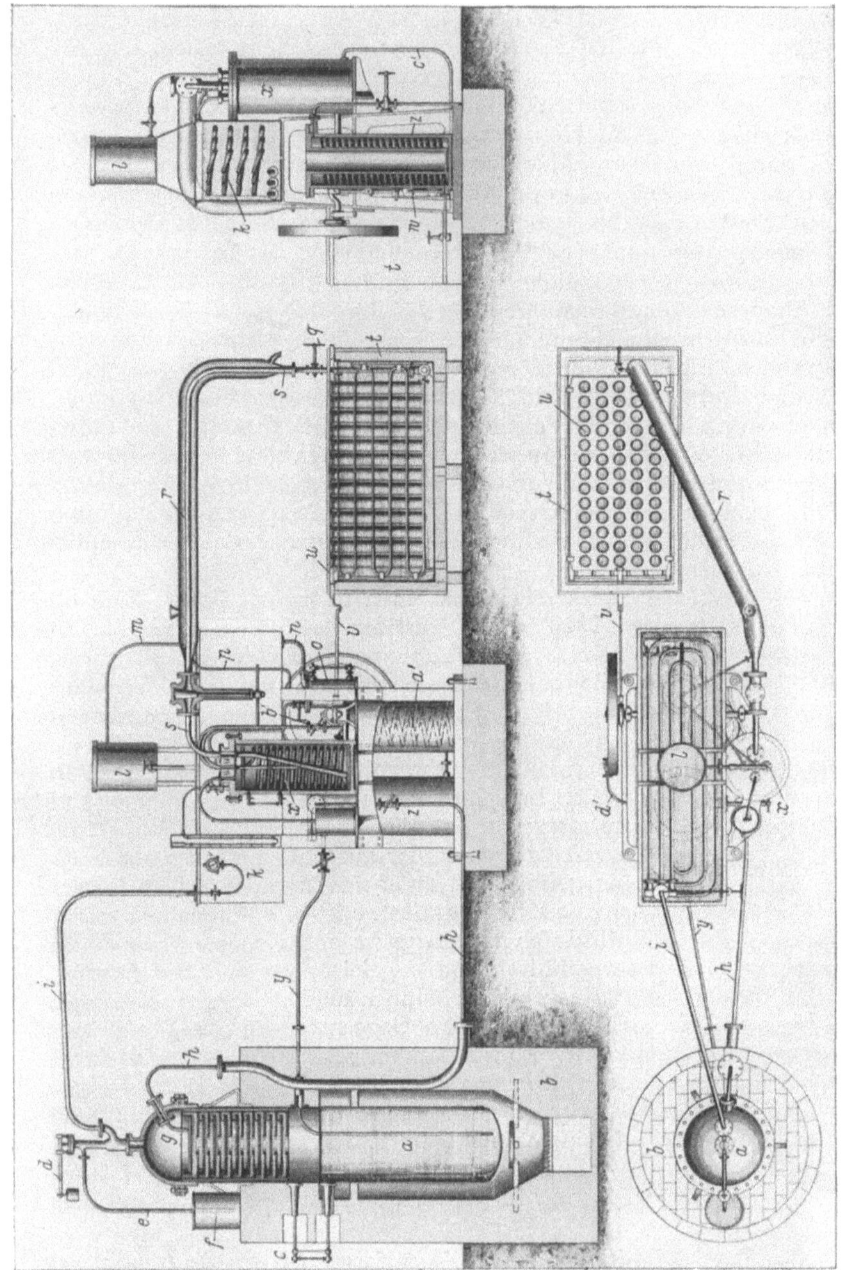

Abb. 67. Ununterbrochen wirkende Absorptionsmaschine von F. Carré.

a Kocher, b Heizofen, c Flüssigkeitsstandglas, d Sicherheitsventil, e Verbindungsrohr, f Wassertopf, g Rektifikator, g Rückflußleitung, i Verbindungsleitung, zwischen Kocher und Kondensator, k Tauchkondensator, l Kühlwasserbehälter, m Kühlwasserleitung, n Ammoniakflüssigkeitsleitung, o Sammler, p Leitung zum Drosselventil, q Drosselventil, r Hülse (Wärmeaustauscher), s Leitung für verdampftes Ammoniak, t Tauchverdampfer, u zylindrische Eiszellen, v Pleuelstange des Schwingungsmechanismus, w Pumpe, x Absorber, y Leitung für arme heiße Lösung, z Wärmeaustauscher (Temperaturwechsler), a' Kühlbehälter, b' Drosselventil, c', d' Leitungen für die reiche Lösung.

sprechend vorgekühlt wird. Durch das Drosselventil q tritt das Ammoniak in die Rohrschlangen des mit einer nicht gefrierenden Flüssigkeit gefüllten Tauchverdampfers t, der hier als Eiserzeuger ausgebildet ist. Die zylindrischen Eiszellen u

sind in einem Rahmen zwischen den Schlangen angeordnet, und der Rahmen wird durch die Pleuelstange v vom Exzenter der Pumpe w hin- und herbewegt. Die gebildeten Dämpfe treten durch ein Sammelrohr in die Leitung s, die durch die Hülse r bis zum Boden der Absorbers x führt, der aus dem Behälter l durch eine Wasserschlange gekühlt wird. Die arme heiße Lösung tritt aus dem unteren Teil des Kochers durch die Leitung y zunächst in den Wärmeaustauscher z, durch den sie im Gegenstrom zu der aus dem Absorber fließenden kalten und reichen Lösung strömt (Regenerativverfahren!) und dann noch im Behälter a_1 durch Wasser zusätzlich gekühlt wird; dann tritt sie durch das Drosselventil b' oben in den Absorber x ein. Die hier gebildete reiche Lösung fließt durch die Leitung c' der Lösungspumpe w zu, von der sie durch die Leitung d' in den Wärmeaustauscher z tritt und schließlich durch die Leitung h dem Rektifikator g zugeführt wird.

Man überzeugt sich leicht, daß diese erste Maschine von CARRÉ schon alle wesentlichen Merkmale der modernen Absorptionmsaschine aufweist. Hier wurde in bewunderungswürdiger Vollendung eine Leistung vollbracht, die höchste Anerkennung verdient, besonders wenn man bedenkt, daß die thermischen Eigenschaften des verwendeten Stoffpaares zu jener Zeit ert sehr unvollkommen bekannt waren. F. CARRÉ steht in der vordersten Reihe der Pioniere des Kältemaschinenbaues; die von ihm geschaffene Maschine war die erste, die allgemeine industrielle Bedeutung erlangte.

Die Pariser Akademie hat die Erfindung CARRÉs einer Kommission, bestehend aus den Herren RÉGNAULT, BALARD und POUILLET, zur Prüfung unterbreitet. Der Bericht dieser Kommission betont[1], daß CARRÉ mit großem Scharfsinn neue geistvolle und praktisch bedeutsame Lösungen des Problems der Erzeugung künstlicher Kälte gefunden habe.

Die bereits auf S. 82 erwähnte erste Mitteilung CARRÉs an die Pariser Akademie rief einen Prioritätsstreit mit CHARLES TELLIER hervor[2]. Dieser erklärte, daß seine Patentanmeldung von 25. Juli 1860, die älter als CARRÉs erste Veröffentlichung sei, genau den gleichen Gegenstand beschreibe. Aber abgesehen davon, daß CARRÉ sein Patent 11 Monate vor TELLIER angemeldet hatte, war er auch der erste, der eine solche Maschine in allen Einzelheiten ausgeführt und betrieben hat. TELLIER hatte mit seiner Absorptionsmaschine keinen Erfolg, ebensowenig wie später mit seiner Kompressionsmaschine für Methyläther (S. 56). Er unterschätzte die Schwierigkeiten der praktischen Verwirklichung und blieb oft auf halbem Wege stehen. Seinen Behauptungen mangelte es gelegentlich an kritischem Sinn: so schlug er z. B. vor, in der Absorptionsmaschine an Stelle des Ammoniaks Schwefeldioxyd (SO_2!) zu verwenden; dieses würde zwar von Wasser weniger gut gelöst, aber dafür könne man den Druck in der Maschine um die Hälfte herabsetzen. Während CARRÉ die Kosten der Raumkühlung doppelt so hoch wie die der Heizung einschätzte, behauptete TELLIER kühn, daß die Kühlung nicht teurer zu sein brauche als die Heizung. Hingegen soll nicht unerwähnt bleiben, daß TELLIER als Ersatz für Ammoniak auf die Verwendbarkeit von Methylamin und Äthylamin hingewiesen hat[3].

Vergleicht man die Leistungen dieser beiden führenden Fachleute Frankreichs auf dem Gebiet der Kältetechnik, so scheint uns CARRÉ unbedingt der

---

[1] C. R. Acad. Sci., Paris Bd. 54 (1862) S. 827—839; übersetzt in Dinglers polytechn. J. Bd. 168 (1863) S. 171—185.

[2] TELLIER, CH., BADIN u. HAUSMANN PÉRE: C. R. Acad. sci., Paris Bd. 52 (1861) S. 142. Deren kurzgehaltenes und nichtssagendes Patent ist in den Sammelbänden der Brevets d'invention Bd. 76 (1871) unter der Nummer 25789 veröffentlicht.

[3] TELLIER, CH.: C. R. Acad. sci., Paris Bd. 54 (1862) S. 1188; übersetzt in Dinglers polytechn. J. Bd. 165 (1862) S. 450.

Überlegenere und Reifere gewesen zu sein. Es erhebt sich daher die Frage, ob es berechtigt war, Tellier auf Anregung der argentinischen Delegation beim ersten internationalen Kältekongreß 1908 in Paris zum „Père du Froid" zu proklamieren. Der Vorschlag läßt sich wohl in erster Linie darauf zurückführen, daß Tellier in zäher Ausdauer 1876 den ersten überseeischen Kühlfleischtransport organisierte, der zwar mißlang, aber doch den Anstoß zu weiteren erfolgreichen Versuchen in dieser Richtung gab und die Entwicklung einer blühenden Gefrierfleischindustrie in Argentinien anbahnte (S. 114). Die objektive Geschichtsschreibung muß aber doch hervorheben, daß die Verleihung des erwähnten Ehrentitels nur als eine schöne und pietätvolle Geste verstanden werden kann, wenn auch diesem rühmenswerten Erfinder, der in seiner Heimat zeitlebens keine nennenswerte Anerkennung gefunden hatte und in Armut und Zurückgezogenheit lebte, die Ehrung selbst, in Verbindung mit der Sammlung einer stattlichen Geldsumme, vergönnt sein soll. Es gab sowohl im Lande Telliers als auch in anderen Ländern Männer, die auf die Führung eines solchen Ehrentitels mehr Anspruch hatten als er. Bei alledem fragt es sich, ob überhaupt ein einzelner an der Spitze gestanden und die Entwicklung richtunggebend beeinflußt hat. Die Vertiefung in die Geschichte der Kältetechnik bringt uns viel eher zu dem Schluß, daß das Erreichte als gemeinsames Verdienst der mühevollen Arbeit zahlreicher geistig hochstehender Persönlichkeiten in allen technisch führenden Kulturstaaten zu danken ist.

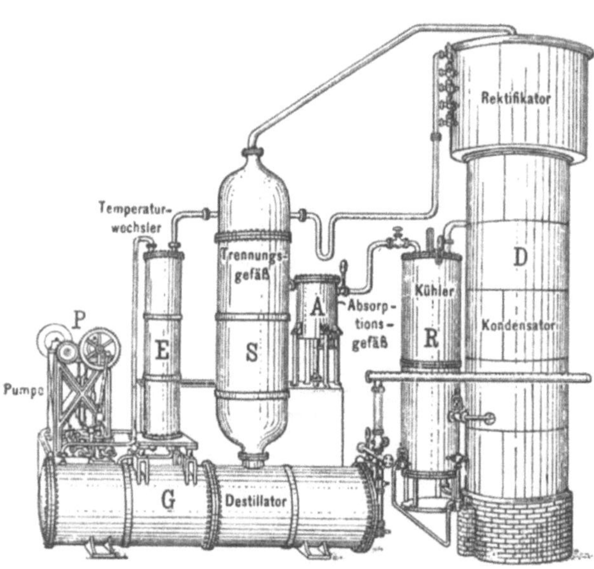

Abb. 68. Zusammenbau der Absorptionsmaschine von Pontifex und Wood.

G Austreiber (Destillator),   *S* Dampfkühler („Analyser"), *D* oben Rektifikator, unten Kondensator, *R* Verdamfer (Kühler), *A* Absorber.   *E* Temperaturwechsler,   *P* Lösungspumpe.

Carré ist am 11. Januar 1900 in Pommeux (Seine et Marne) gestorben. Seine Ammoniakabsorptionsmaschine fand bald starke Verbreitung. In Deutschland wurde sie von Vaaß & Littmann in Halle (später Hallesche Maschinenfabrik) gebaut und hier besonders von Koch und Habermann[1] weiterentwickelt. Auch Oscar Kropf in Nordhausen hat beachtliche bauliche Verbesserungen eingeführt, die dann von Wegelin und Hübner in Halle übernommen wurden. In Frankreich wurden die Carréschen Maschinen von Mignon & Rouart, in England von Reece und Stanley, in Australien von Mort & Nicolle (s. S. 114) gebaut. Besonders hat 1867 Rees Reece durch den Einbau eines wirksamen Rektifikators zu ihrer Vervollkommnung beigetragen, während Stanley den direkt durch Kohle beheizten Kocher durch einen dampfbeheizten ersetzte. Auch die Firma Pontifex und Wood in London (die später von Haslam übernommen wurde) muß in diesem Zusammenhang erwähnt werden[2]. Der Zusammenbau einer Ammo-

---

[1] Habermann, R.: Z. VDI Bd. 49 (1905) S. 1031. DRP 36594.
[2] Pontifex, E. L.: Engineering 1887.

niakabsorptionsmaschine dieser Firma ist in Abb. 68 gezeigt[1]. Eine solche Maschine wurde 1876 in der Brauerei Meux in London aufgestellt. Sie diente zur Würzekühlung und war viele Jahre hindurch in Betrieb; es war wohl die größte Maschine dieser Art, die in England gebaut wurde.

Die Kosten für die Eiserzeugung mittels einer Absorptionsmaschine mit einer Kälteleistung von 45000 kcal/h in England gibt LIGHTFOOT[1] mit 4 Shilling je engl. Tonne Eis an, bei Verwendung guter Kohle mit einem Preis von 15 Shilling je Tonne, wobei Instandsetzung und Amortisation nicht berücksichtigt sind. Er gibt ferner an, daß man 10 Tonnen Eis je Tonne Kohle herstellen kann, vorausgesetzt, daß man 8 lbs. Wasser je lb. Kohle verdampfen kann.

Im Jahre 1863 wurde eine CARRÉsche Absorptionsmaschine von BUJAC und GIRARDEY durch die Blockade des amerikanischen Bürgerkriegs nach New Orleans gebracht und dann in Augusta, Georgia, aufgestellt[2]. Die Maschine tat während des Krieges gute Dienste und wurde 1866 nach Gretna, Louisiana, übergeführt. 1863 wurden noch drei weitere Maschinen von CARRÉ in den Südstaaten eingeführt; eine davon erwarb DANIEL LIVINGSTONE HOLDEN (1865) und stellte sie in San Antonio, Texas, auf. Er ersetzte die direkte Feuerung beim Kocher durch die Beheizung mittels Dampfschlange, wie es auch STANLEY in England getan hat. Mit den von HOLDEN angegebenen Verbesserungen wurden CARRÉ-Maschinen 1868 bei Sylvester Bennett in Gretna, Louisiana, gebaut. Eine CARRÉsche Maschine wurde 1870 in der Brauerei von S. Liebmann's Sons in Brooklyn, N.Y. aufgestellt. Später wurden solche Maschinen auch in den Brauereien in New York, Philadelphia, Cincinnati, Chicago usw. verwendet[3].

Während die Absorptionsmaschinen in Europa durch die großartige Entwicklung der Kaltdampfmaschinen bald stark in den Hintergrund gedrängt wurden, konnten sie sich in Amerika viel länger halten. Die Columbus Iron Works Comp. in Columbus, Georgia, bauten die Maschine von H. D. STRATTON. Bis zu ganz großen Einheiten wurden Absorptionsmaschinen von der York Manufacturing Co. in York, Pa., von der Carbondale Machine Co. in Carbondale, Pa., und von der Henry Vogt Machine Co. in Louisville, Ky., gebaut.

Einen neuen Anreiz zum Bau und Betrieb von Absorptionsmaschinen bot die Verwertungsmöglichkeit billiger Abwärme. Dieser Gedanke wurde besonders von AUGUST OSENBRÜCK und von C. SENSSENBRENNER in Düsseldorf zielbewußt propagiert und gestattete vielfach eine sehr rationelle Ausnutzung des Abdampfes oder der heißen Abgase in industriellen Betrieben. OSENBRÜCK hat 1895 auch eine Verknüpfung des Absorptionsprinzips mit dem Kompressionsprinzip angestrebt. Der Abdampf der den Kompressor antreibenden Dampfmaschine sollte dem Kocher einer dahintergeschalteten Absorptionsmaschine zugeführt werden. Andererseits wollte er die Absorption der aus dem Verdampfer tretenden Dämpfe dadurch verstärken, daß er die Dämpfe vor dem Eintritt in den Absorber durch einen Kompressor auf einen höheren Druck verdichtete, der aber noch weit unter dem Druck im Kocher und Kondensator lag (s. S. 79). Schließlich schlug OSENBRÜCK vor, die Drücke in der Maschine dadurch herabzusetzen, daß er die Kondensation der aus dem Kocher tretenden Ammoniakdämpfe durch deren Absorption in Wasser oder in einer Lösung ersetzte und dann natürlich auch im Verdampfer ein Gemisch zum Entgasen brachte (Resorptions-

---

[1] LIGHTFOOT, T. B.: Proc. Inst. Mech. Engin., May 1886, S. 219—221. — Vgl. auch J. A. EWING: Die mechanische Kälteerzeugung, S. 47. Braunschweig: Fr. Vieweg & Sohn 1910.

[2] WOOLRICH, W. R.: Refrig. Engng. Bd. 53 (1947) S. 196 u. 305.

[3] ARNOLD, J., P. u. F. PENMAN: History of the brewing industry and brewing science in America. Chicago 1933.

maschine)[1]. In der gleichen Richtung betätigte sich auch Léon Bloume in Paris[2] und B. Thoens in New York[3]. Eine vollständige Ausschöpfung aller thermodynamischen Möglichkeiten, die sich durch das Arbeiten mit einem Zweistoffgemisch in einer Absorptionsmaschine ergeben, gelang aber erst E. Altenkirch (Abb. 68a), (1913)[4]. Ganz besonders wirtschaflich erscheinen seine Schaltungen mehrstufiger Absorptionsmaschinen. Diese Anregungen wurden in Deutschland für große Kühlanlagen von Rheinmetall-Borsig in Berlin-Tegel[5] und in England von G. Maiuri ausgewertet[6].

Abb. 68a. Edmund Altenkirch.

Zahlreich waren auch die Bemühungen, Ammoniak und Wasser durch andere Stoffpaare zu ersetzen, um den Druck in der Maschine zu verringern. Man bemühte sich besonders, Schwefeldioxyd als Kältemittel zu verwenden, und gab verschiedene dafür geeignete Absorptionsmittel an, z. B. Oxalsäureäther (Siedepunkt 184°)[7]. Solche Maschinen wurden jedoch niemals ausgeführt. Ebensowenig Erfolg hatte der Ersatz des Ammoniaks durch Methylamin oder Äthylamin. Eine sehr vollständige Übersicht der in Absorptionsmaschinen möglichen Stoffpaare lieferte Hainsworth 1944[8].

Wesentlich fruchtbarer erwies sich ein Gedanke von Hermann Geppert in Karlsruhe (1899)[9]. Um die Lösungspumpe, die den Druckunterschied zwischen Kocher und Absorber überwinden muß, überflüssig zu machen, führte er in die Ammoniakabsorptionsmaschine ein nicht kondensierbares neutrales Fremdgas ein, das durch die Beheizung aus dem Kocher ausgetrieben wird, sich im Verdampfer und Absorber sammelt und hier durch seinen Partialdruck den Druckausgleich in der ganzen Maschine bewirkt. Geppert wählte als Fremdgas Luft, durch die aber das Ammoniak im Verdampfer nur sehr langsam diffundierte. Ein praktischer Erfolg blieb ihm daher versagt. Erst als v. Platen und Munters in Stockholm 1922 die Luft durch Wasserstoff ersetzten[10], entstand eine praktisch bedeutungsvolle Absorptionsmaschine ohne bewegte Teile, die dann von der Firma Elektrolux in

---

[1] DRP 84084 (1895).

[2] DRP 142330 (1900).

[3] U.S. Pat. 1180207 (1916).

[4] Altenkirch, E.: Z. ges. Kälteind. Bd. 20 (1913) S. 1, 114 u. 150; Bd. 21 (1914) S. 7 u. 21.

[5] Vgl. z. B. W. Niebergall: Ber. d. VII. Intern. Kältekongr., Den Haag 1936, Bd. 3, S. 400 — Z. ges. Kälteind. Bd. 43 (1936) S. 51.

[6] Maiuri, G.: Z. ges. Kälteind. Bd. 41 (1934) S. 201; Bd. 43 (1936) S. 88 — Refrig. Engin. Bd. 32 (1936) S. 159.

[7] Tessié du Motay, C. M., in Paris und A. J. Rossi in New York. Vgl. Behrend, a. a. O., 1. Aufl., S. 146, 3. Aufl., S. 122, 4. Aufl., S. 154.

[8] Hainsworth, W. R.: Refrig. Engng. Bd. 48 (1944), S. 97 u. 201.

[9] Geppert, H.: DRP 122948 (1899).

[10] v. Platen, B., u. C. G. Munters: Tekn. Tidskrift, Stockholm, H. 12 (1925) S. 89.

Stockholm als Haushaltkältemaschine zu hoher Vollkommenheit entwickelt wurde. Den Bau dieser Maschinen hat in USA die Servel-Inc. in Evansville, Indiana, übernommen. Die Rückführung der reichen Lösung aus dem Absorber in den Kocher geschieht hier durch Anwendung des Thermsyphonprinzips.

Ein völlig anderes Prinzip für eine bewegungslose kontinuierliche Absorptionsmaschine hat ALTENKIRCH um 1925 angegeben[1]. Dabei wird der Druckunterschied zwischen dem Kocher und dem Absorber durch die Flüssigkeitssäule der reichen Lösung überwunden. Der Absorber wird also so hoch über dem Kocher angeordnet, daß der Druck der Flüssigkeitssäule in der Verbindungsleitung ausreicht, um die reiche Lösung in den Kocher zu befördern. Dabei kommen natürlich nur solche Stoffpaare als Arbeitsmittel in Frage, bei denen der Druckunterschied zwischen Kocher und Absorber gering ist: für Vakuummaschinen also in erster Linie Wasserdampf als Kältemittel und Schwefelsäure, Kalilauge oder Natronlauge als Absorptionsmittel. Hierbei sollte auch vom Thermosyphonprinzip Gebrauch gemacht werden. ALTENKIRCH bezeichnete solche völlig bewegungslosen Maschinen als „Kryothermen".

Die genannten Absorptionsmittel greifen aber die Metalle stark an, und die vorgeschlagenen keramischen Stoffe haben gleichfalls deutliche Nachteile. Kryothermen für größere Leistungen konnten sich daher erst praktisch durchsetzen, nachdem man in konzentrierten Lösungen der Lithiumsalze geeignete Absorptionsstoffe für Wasserdampf gefunden hatte. Mit Lithiumchlorid wurde zunächst ein System entwickelt, das nur für die Lufttrocknung in Klimaanlagen verwendet wurde („Kathabar"-System)[2]. Für vollständige Kältemaschinenkreisläufe, mit denen Luft gekühlt und getrocknet werden kann, hat sich Lithiumbromid bestens bewährt. Es wird von der Servel Inc.[3] und von CARRIER[4] angewandt.

Auch die nach dem ersten Weltkrieg zur praktischen Bedeutung gelangten periodischen Absorptionsmaschinen mit *festem Absorptionsmittel* haben eine längere geschichtliche Entwicklung hinter sich. Ihre wissenschaftliche Grundlage stammt von FARADAY (1823), der zuerst Ammoniak von pulverförmigem Silberchlorid absorbieren ließ (S. 9). Die Möglichkeit einer industriellen Verwertung erkannte zuerst F. CARRÉ, der in seinem für die Ammoniakabsorptionsmaschinen grundlegenden franz. Patent 41958 von 1859 sagte:

„On peut opérer de même avec le chlorure de calcium . . . et le gaz ammoniacal, il faudra chauffer environ à 100 degrés . . ."

CARRÉ, der auch noch verschiedene andere Stoffpaare nannte, hat diesen Gedanken allerdings nie weiter verfolgt und gab der mit Ammoniak und Wasser betriebenen Maschine den Vorzug. Auch D'AURIAC (s. S. 56, Fußn. 1), der die CARRÉschen Erfindungen am ausführlichsten geschildert hat, äußert sich über die Verwendbarkeit der anderen Stoffpaare wie folgt (a. a. O., S. 72):

„Aucune de ces combinations ne réunit les conditions de bon marché, de commodité et de simplicité . . . On obtiendra avec les autres essais quelques expériences curieuses, mais sans résultat pratique."

Diese Prophezeihung ist über 60 Jahre wahr geblieben. Erst 1912 haben A. W. BROWNE und R. P. NICHOLS wieder ein festes Absorptionsmittel für

---

[1] DRP 395421 und 427278; vgl. M. KRAUSE: Z. VDI Bd. 70 (1926) S. 597 — Z. ges. Kälteind. Bd. 33 (1926) S. 106.

[2] BICHOWSKY, F. R.: FOOTE-Prints on the Rare Metals and Unusual Ores Bd. 8 (1935), Nr. 2, Hauszeitschrift der Foote Mineral Co., Philadelphia, Pa. — A. A. BERESTNEFF: Refrig. Engng. Bd. 33 (1937) S. 231.

[3] BERESTNEFF, A. A.: Refrig. Engng. Bd. 57 (1949) S. 553.

[4] BERRY, N. E.: Bull. Agric. & Mech. College Texas, 5. Ser., Bd. 5 (Jan. 1949), Nr. 1. — H. C. PIERCE: Refrig. Engng. Bd. 50 (1945) S. 413. — L. BERT NYE jr.: Refrig. Engng. Bd. 58 (1950) S. 366. — R. PLANK: Z. VDI Bd. 91 (1949) S. 493.

Ammoniak vorgeschlagen, und zwar Kupfersulfat[1]. Im Jahre 1925 gelangten die „trockenen" Absorptionsmaschinen mit Kalziumchlorid- und Strontiumchloridammoniakaten in den Ausführungen der Siemens-Schuckert-Werke in Berlin zu industrieller Bedeutung[2].

Die *Ad*sorption von Gasen und Dämpfen durch Holzkohle wurde im Jahre 1777 von SCHEELE und FONTANE entdeckt. Den ersten Versuch der Kälteerzeugung durch *Ad*sorption findet man in einer Arbeit von MELSENS, 1873, der Holzkohle mit Ammoniak sättigte, dann das Ammoniak unter Druck austrieb, so daß es sich verflüssigte und bei der anschließenden Wiederabsorption Kälte erzeugte[3]. Dieser Gedanke wurde nach 1930 von I. AMUNDSEN in Oslo für den Bau von Kühlschränken weiterverfolgt, wobei Methylalkoholdämpfe von aktiver Kohle adsorbiert wurden. Die Adsorptionsfähigkeit der Holzkohle hat auch noch auf einem anderen kältetechnischen Gebiet eine wichtige Rolle gespielt: DEWAR machte 1904 die Entdeckung, daß Holzkohle bei Temperaturen der flüssigen Luft ein sehr hohes Vakuum erzeugen kann, und benutzte diese Eigenschaft bei der Herstellung seiner Behälter für die Aufbewahrung von flüssiger Luft. Über Adsorptionsmaschinen mit Silica-Gel und SO_2 in Eisenbahnkühlwagen s. S. 148.

VI. Kältemaschinen zur Erzeugung sehr tiefer Temperaturen.

Mit den bisher behandelten Kältemaschinen konnte man für industrielle Zwecke bei einstufiger Arbeitsweise Temperaturen bis etwa $-30°$ C, in mehrstufigen Anlagen bis etwa $-70°$ C erreichen. Man hatte schon vorgeschlagen, zwei Kältemaschinen mit verschiedenen Kältemitteln hintereinander zu schalten (Kaskade)[4]. Den gleichen Vorschlag machte 1867 CH. TELLIER, der in der oberen Temperaturstufe Ammoniak und in der unteren Stufe Kohlendioxyd verwenden wollte[5]; später wurden diese Gedanken von PICTET und KAMERLINGH ONNES weiterentwickelt (s. S. 12, 14). Sehr viel tiefere Temperaturen strebte man allerdings zunächst nur in den physikalischen Laboratorien an, um die „permanenten" Gase zu verflüssigen. Nachdem CAILLETET (1877) Sauerstoff in Nebelform, OLSZEWSKI und WROBLEWSKI (1883) einige Tropfen flüssigen Sauerstoffs erzeugt hatten, war man bestrebt, vor allem die Luft in größeren Mengen zu verflüssigen. Diese Bemühungen setzten von verschiedenen Seiten und mit verschiedenen Mitteln ein und führten 1895 zum vollen Erfolg.

C. LINDE, Abb. 69, begann 1894 dieses Gebiet zu bearbeiten. Er dachte zunächst daran, die Abkühlung der Luft durch Expansion unter Leistung äußerer Arbeit, wie in der Kaltluftmaschine, zu bewirken und die aufeinanderfolgenden Abkühlungen in ihrer Wirkung zu summieren; das durch Expansion bereits abgekühlte Gas sollte im Gegenstrom zu der Gasmenge geführt werden, deren Expansion noch bevorstand. Dadurch konnten die Temperaturen vor und nach der Expansion im Laufe der Zeit immer tiefer gesenkt werden, und man konnte erwarten, bis zur Verflüssigungsgrenze zu gelangen. Das 1857 von Sir WILLIAM SIEMENS angegebene *Regenerativverfahren* (S. 45), das sich schon auf so vielen Gebieten des Kältemaschinenbaues als fruchtbar erwiesen hatte, sollte also auch bei der Gasverflüssigung eine maßgebende Rolle spielen.

---

[1] BROWNE, A. W., u. R. P. NICHOLS: U.S. Pat. 1246866 (1912).

[2] Vgl. PLANK u. KUPRIANOFF: Haushaltkältemaschinen, S. 118 u. 146. Berlin: Springer 1934.

[3] MELSENS: C. R. Acad. sci., Paris Bd. 77 (1873) S. 781.

[4] Diese Methode wurde zum erstenmal von BUSSY (Ann. Chim. Phys. Bd. 26 (1824) S. 63, und Pogg. Ann. Bd. 1 (1824) S. 237) vorgeschlagen, wobei er in der ersten Stufe SO_2 verwenden wollte. Doch standen ihm noch keine Kältemaschinen zur Verfügung.

[5] TELLIER, CH.: L'Ammoniaque dans l'Industrie, a. a. O. S. 227.

Ähnliche Gedanken hatte schon ERNEST SOLVAY in Brüssel, der bekannte Erfinder der Ammoniaksodafabrikation, im Jahre 1885 in einer britischen Patentschrift ausgesprochen: „I produce low temperatures by making a series of successive expansions of gas by mechanical power."[1] SOLVAY versuchte später seine Gedanken zu verwirklichen, doch gelang es ihm trotz vieler Bemühungen nicht, die Temperatur unter $-92°$ zu senken, weil die von außen eindringende Wärme und die Reibungswärme eine weitere Abkühlung verhinderten[2].

LINDE erkannte sehr bald die großen Schwierigkeiten, die der Betrieb des Expansionszylinders bei sehr tiefen Temperaturen bereitet (vor allem die Erstarrung der üblichen Schmiermittel). So faßte er den genialen Entschluß, auf die äußere Arbeit bei der Expansion zu verzichten und von der Abkühlung durch Leistung innerer Arbeit Gebrauch zu machen, die verdichtete Luft also einfach zu drosseln. Die 1862 abgeschlossenen Versuche von JOULE und THOMSON (s. S. 13, 31) hatten gezeigt, daß die realen Gase (mit Ausnahme von Wasserstoff) bei der Drosselung, ausgehend von der Umgebungstemperatur, eine Abkühlung erfahren, und dieser Effekt konnte thermodynamisch einwandfrei erklärt werden. Bei Luft beträgt diese Abkühlung allerdings nur 0,25° C je Atmosphäre Drucksenkung; niemand vor LINDE hatte vermutet, daß diese geringfügige Abkühlung praktisch ausgenutzt werden könnte. THOMSON und JOULE hatten aber bereits gezeigt, daß die Abkühlung umgekehrt proportional mit dem Quadrat der Temperatur zunimmt, und LINDE erkannte, daß die zur Verdichtung der Luft notwendige Arbeit mit dem Druck*verhältnis* zunimmt, während die Abkühlung bei der Drosselung in erster Linie von der Druck*differenz* abhängt. Durch Vorkühlung der Luft einerseits und durch einen relativ hohen Enddruck der Entspannung andererseits gelang es, den Kühleffekt so zu steigern und den dazu notwendigen Arbeitsbedarf gleichzeitig so zu verringern, daß die Luftverflüssigung in durchaus wirtschaftlicher Weise möglich wurde. Der Verzicht auf die Arbeitsleistung des Expansionszylinders wurde durch die Verminderung der Kälteverluste und durch die große Vereinfachung des Betriebes wettgemacht.

Abb. 69. CARL VON LINDE.

Das Schema dieser ersten Luftverflüssigungsmaschine ist in Abb. 70 dargestellt. Zur Verdichtung der Luft diente dabei ein von der Maschinenfabrik Augsburg für eine Kohlendioxydkältemaschine gelieferter Kompressor, in dem die Luft auf 65 Atm. verdichtet wurde, um dann im Drosselventil auf etwa 20 Atm. entspannt zu werden. Nach dreitägigem Betrieb wurde mit dieser Anlage am 29. Mai 1895 die Verflüssigung der Luft erreicht; die stündliche Ausbeute betrug etwa 3 Liter. Die erzeugte flüssige Luft hatte bei 20 Atm. eine

---

[1] Vgl. auch DRP 39280 vom Jahre 1887.
[2] SOLVAY: C. R. Acad. sci., Paris Bd. 121 (1895) S. 1141.

Temperatur von etwa −165°. Beim Ablassen der Flüssigkeit in ein Gefäß unter Atmosphärendruck sank die Temperatur unter starker Verdampfung der Luft auf −190°; es zeigte sich schon damals, daß diese Flüssigkeit zu etwa 70% aus Sauerstoff bestand. Das deutsche Reichspatent Nr. 88824 von Linde wurde am 5. Juni 1895 angemeldet; darin war auch schon der Gedanke der Gastrennung enthalten. In den anschließend gebauten Maschinen verwendete Linde mehrstufige Kompressoren, in denen ein Enddruck von 200 Atm. erreicht wurde; die Luft wurde dann im Drosselventil auf 40 bis 50 Atm. entspannt.

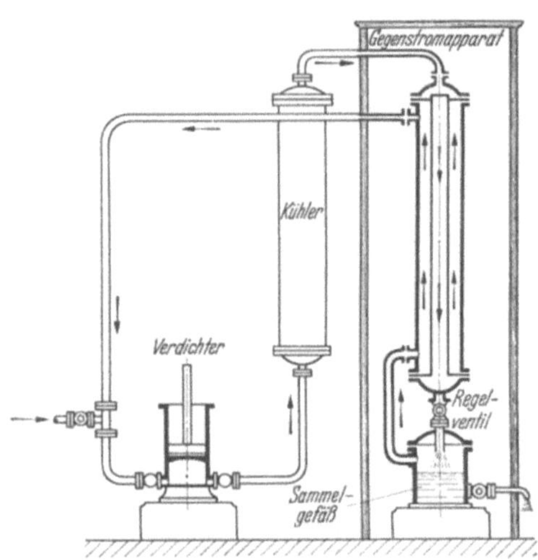

Abb. 70. Schema der ersten Luftverflüssigungsmaschine von Linde.

Schon 1898 baute Linde für die chemische Industrie eine Maschine für 50 Liter flüssige Luft in der Stunde.

Am 23. Mai 1895, also 13 Tage vor der deutschen Patentanmeldung Lindes, hat Hampson in London eine provisorische Spezifikation (Nr. 10165) beim britischen Patentamt eingereicht, in der ein Luftverflüssigungsverfahren, bestehend aus dem üblichen Kreislauf von Kompression, Kühlung und Expansion mit Einschaltung eines Gegenstromapparates, beschrieben wurde. Unter dem „üblichen Verlauf (usual cycle) der Expansion" konnte dabei nichts anderes verstanden werden als die Expansion mit Arbeitsleistung in einer Maschine. Von der Ausnutzung des Joule-Thomson-Effektes war in dieser Abhandlung zunächst nicht die Rede; sie erschien erst in der „complete specification" im April 1896. Es dürfte daher kein Zweifel bestehen, daß der zwischen Linde und Hampson entstandene Prioritätsstreit zugunsten Lindes entschieden werden muß. Das hindert aber nicht zuzugeben, daß Hampson eine sehr geschickte Ausführungsform des Verflüssigers mit Gegenstromapparat entwickelt hat, so daß man in seinen kleinen Laboratoriumsapparaten schon nach sehr kurzer Betriebszeit flüssige Luft erhalten konnte. Die Hampsonsche Konstruktion bildete auch die Grundlage für die später von Dewar und Kamerlingh Onnes ausgeführten Verflüssiger für Wasserstoff und Helium (s. S. 14). Da Hampson aber die Luft stets auf 1 Atm. entspannte, verbrauchten seine Apparate mehr Arbeit je Liter flüssige Luft als diejenigen von Linde.

Die Möglichkeit der Wiedergewinnung eines Teiles der bei der Kompression der Luft aufgewandten Arbeit durch Entspannung der Luft in einem Expansionszylinder hörte — trotz der erwähnten Betriebsschwierigkeiten — nicht auf, die erfinderischen Geister stark zu beschäftigen. Unter ihnen befand sich auch George Claude in Paris (Abb. 70a). Lord Rayleigh[1] hatte 1898 vorgeschlagen, an Stelle der Kolbenmaschine eine Expansionsturbine zu verwenden; es war zu erwarten, daß dabei die Schwierigkeiten mit der Schmierung und Abdichtung geringer sein würden, doch war andererseits zu befürchten, daß die Reibung des Rotors in der umgebenden kalten Luft zusätzliche Verluste ergeben würde, die den Wirkungsgrad stark herabsetzen konnten. Erst viel später brachte Kapitza den Nachweis, daß sich Expansionsturbinen auch

---

[1] Rayleigh, J. W.: Nature, Lond. Bd. 58 (1898) S. 199.

für Zwecke der Gasverflüssigung mit gutem Wirkungsgrad bauen lassen (siehe S. 16).

CLAUDES Arbeiten setzten 1899 ein. Er fand zunächst im Petroläther (Pentan) ein bei den tiefsten Temperaturen sehr geeignetes Schmiermittel. Bis 1902 versuchte er vergeblich, die Luft durch einfache Entspannung auf Atmosphärendruck in einem Expansionszylinder zu verflüssigen. Die Temperatur der Luft im Auslaßrohr sank nicht unter −170°.

Dann kam CLAUDE auf den Gedanken, mit diesen kalten Austrittsgasen die verdichtete Luft zu kühlen, die sich bei einer entsprechend höheren Temperatur verflüssigen mußte[1], und am 26. Mai gelang es ihm, auf diese Weise flüssige Luft herzustellen. Beim CLAUDESchen Verfahren[2] braucht die Luft nicht über 40 Atm. verdichtet zu werden. Praktisch ist der Arbeitsverbrauch bei den Verfahren von LINDE und CLAUDE etwa gleich groß; er beträgt in großen Anlagen etwa 1 kWh je Liter flüssige Luft.

Schließlich hat HEYLANDT in Berlin 1908 durch Kombination der beiden Verfahren eine recht vorteilhafte Methode der Luftverflüssigung ausgearbeitet.

Flüssige Luft wurde zunächst nur in physikalischen Laboratorien verwendet. Die Tatsache, daß sie sich beim Abdampfen stark mit Sauerstoff anreichert, wurde von LINDE 1897 dazu verwertet, sie in Gemischen mit leicht

Abb. 70a. GEORGES CLAUDE.

oxydierbaren Substanzen zu Sprengzwecken zu verwenden (Oxyliquit)[3]. Die Sprengwirkung konnte später (1902) durch Verwendung von fast reinem flüssigem Sauerstoff noch wesentlich gesteigert werden.

Ihre wichtigste Anwendung fand die flüssige Luft aber als Ausgangsprodukt für die Gewinnung von Sauerstoff, später auch von Stickstoff. Da die normalen Siedepunkte von reinem Sauerstoff (−183°) und reinem Stickstoff (−196°) um 13° auseinanderliegen, so verdampft der flüchtigere Stickstoff aus der flüssigen Luft viel leichter, und sie reichert sich dadurch immer mehr mit Sauerstoff an. Der Gedanke, die Luft durch Verflüssigung und fraktionierte Verdampfung in ihre Hauptbestandteile zu trennen, wurde zuerst 1886 von SOLVAY gestreift[4]. Eingehend beschäftigte sich damit aber zuerst JAMES HOWARTH PERKINSON im Jahre 1892[5], also zu einer Zeit, in der flüssige Luft in größeren Mengen noch nicht hergestellt wurde. Als Mittel für die Trennung der Luft

---

[1] CLAUDE, G.: DRP 192594. Dieser Gedanke war schon früher von G. METZ in DRP 119943 vom Jahre 1899 ausgesprochen.

[2] CLAUDE, G.: C. R. Acad. sci., Paris Bd. 134 (1902), S. 1568 — Air liquide, Oxygène, Azote. Paris: Dunot 1909, 2. Aufl. 1926. Deutsche Übersetzung von L. KOLBE. Leipzig: J. A. Barth 1920.

[3] DRP 100146 (1897). — Ber. Bayer. Akad. Wiss. Bd. 29 (1899) S. 65.

[4] SOLVAY: DRP 39280 vom Jahre 1886.

[5] Brit. Pat. 4411 vom Jahre 1892.

in ihre Bestandteile nennt er sowohl die fraktionierte Kondensation als auch die fraktionierte Verdampfung der verflüssigten Luft. Daneben empfiehlt er, die Trennung auch durch Zentrifugalkraft und durch magnetische Kräfte zu bewirken. Er erwähnt ferner die Zerlegung anderer Gasgemische, z. B. die Gewinnung von Wasserstoff aus Wassergas. Um die fraktionierte Verdampfung wirtschaftlich zu gestalten, empfiehlt er bereits, die kalten abziehenden Dämpfe zur Vorkühlung der zu verflüssigenden Luft zu verwenden.

Wir haben bereits erwähnt, daß Linde den Gedanken der Gastrennung schon in seinem grundlegenden Patent der Luftverflüssigung vom Jahre 1895 ausführlich besprochen hat[1]. Linde war der erste, der ein sauerstoffreiches Gemisch aus flüssiger Luft industriell herstellte, wobei er größten Wert auf eine möglichst weitgehende Wiedergewinnung der Kälte legte. Er ging darin insofern noch weiter als Perkinson, als er auch die Verdampfungswärme der flüssigen Luft zur Vorkühlung der verdichteten Luft ausnutzte.

Einer der ersten Lindeschen Sauerstoffapparate ist in Abb. 71 dargestellt. Linde hat ihn wie folgt beschrieben[2]:

„Die komprimierte Luft verteilt sich bei a in zwei Gegenstromapparate (N und O), vereinigt sich wieder bei b, strömt durch die im Sammelgefäß liegende Rohrspirale S und gelangt endlich durch das Regulierventil r_1 zum Ausfluß in das Sammelgefäß, wobei ein Teil (vorwiegend Sauerstoff) sich verflüssigt, während ein anderer Teil (vorwiegend Stickstoff) durch den Gegenstromapparat N zurückkehrt und bei n die Maschine verläßt. Durch Vermittelung der in der Flüssigkeit liegenden Spirale S gibt die komprimierte Luft Wärme an die Flüssigkeit ab und veranlaßt dadurch die Verdampfung eines mehr oder weniger großen Teiles derselben (in erster Linie des noch vorhandenen Stickstoffes). Die durch r_2 ausgetretene Flüssigkeit (mehr oder weniger reiner Sauerstoff) gelangt in den Gegenstromapparat und nimmt daselbst von der einströmenden komprimierten Luft die Wärme auf, welche einerseits zur Verdampfung und andererseits zum Ausgleich der Temperatur erforderlich ist.“

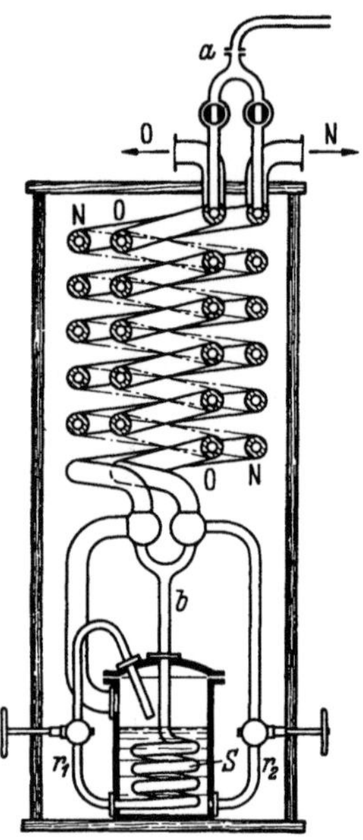

Abb. 71. Sauerstoffapparat von Linde.
a Eintritt der Druckluft, N, D zwei Doppelrohr-Spiralen, b Vereinigung der beiden Wege für die Druckluft, r_1, r_2-Drosselventile, n Austritt des gasförmigen Stickstoffs, o Austritt des angereicherten Sauerstoffs.

Auch Hampson[3], Pictet[4], Mewes[5] und Claude befaßten sich mit der fraktionierten Zerlegung der Luft. Claude hob die Zerlegungsmöglichkeit durch fraktionierte Kondensation noch besonders hervor und wies sie durch Versuche nach[6]; zu jener Zeit herrschte noch vielfach die Überzeugung, (z. B. bei Dewar), daß die Luft sich nur in der Zusammensetzung verflüssigen könne, die sie in der Atmosphäre hat. Daß ein sauerstoffreiches Gemisch schon bei der Konden-

---

[1] DRP 88 824. Die Absicht Lindes, die Gastrennung besonders zu betonen, geht schon daraus hervor, daß er die gleiche Erfindung in anderen Ländern als „Sauerstoffmaschine“ patentieren ließ, z. B. Brit. Pat. 12 528 vom Jahre 1895.

[2] Linde, C.: Bayer. Ind.- u. Gew.-Bl. 1896, Nr. 48 — Z. ges. Kälteind. Bd. 4 (1897) S. 28.

[3] Brit. Pat. 7559 vom Jahre 1896.

[4] Franz. Pat. 295 002 vom Jahre 1899 und DRP 162 323.

[5] DRP 179 782.

[6] Claude: C. R. Acad. sci., Paris Bd. 136 (1903) S. 1659; Bd. 137 (1903) S. 783.

sation der Luft gewonnen werden kann, betonten aber schon Ramsay[1], Perkinson
(s. S. 9) Linde[2] und Le Sueur[3], und diese Tatsache war auch aus den Balyschen
Kurven[4] unmittelbar zu entnehmen (vgl. Bd. II dieses Handbuchs, S. 317).

Durch fraktionierte Verdampfung ließ sich in wirtschaftlicher Weise der
Sauerstoffgehalt des bei o (Abb. 71) abziehenden Gemisches nicht über 50%
steigern. Solche Gemische, die man als „Linde-Luft" bezeichnete, waren zwar
in vielen chemischen Industrien gut zu brauchen, doch machte sich infolge der
stetig zunehmenden Entwicklung der autogenen Metallbearbeitung bald eine
starke Nachfrage nach möglichst reinem Sauerstoff geltend.

Die Zerlegung der Luft in fast reinen Sauerstoff und Stickstoff gelang durch
Anwendung des *Rektifikationsverfahrens*, das aus der Gewinnung des Alkohols aus
der Maische allgemein bekannt war, dessen Übertragung auf flüssige Luft aber,
infolge der sehr tiefen Temperaturen, eingehende Überlegungen erforderte.

Die Möglichkeit der Rektifikation flüssiger Luft wird erstmalig von Le
Sueur[5] erwähnt. Auch Claude streifte den Ge-
danken im gleichen Jahr[6], machte aber bezüglich
der praktischen Verwendbarkeit starke Vorbehalte.
Die ersten Rektifizierapparate, in denen sehr reiner
Sauerstoff in großen Mengen erzeugt wurde, baute
Lindes Sohn Friedrich im Jahre 1902[7] (Abb. 72).
Die durch das innere Rohr a ankommende komprimierte Luft kühlt sich im Gegenströmer G nahezu
auf die Temperatur ab, bei welcher in der Rohrspirale b ihre Verflüssigung erfolgt. Durch das Ventil E entspannt, wird die flüssige Luft der Rektifikationssäule oben zugeführt und rieselt nach unten,
während die sich im Gefäß V ansammelnde Flüssigkeit ihre Dämpfe entgegenschickt. Der Sauerstoffgehalt dieser Flüssigkeit nimmt infolge fraktio-
nierter Verdampfung bald so zu, daß diese Dämpfe
aus fast reinem Sauerstoff bestehen. Der Rektifi-
kationsvorgang in der Säule R setzt sich so lange
fort, bis oben das thermische Gleichgewicht erreicht ist (93% Stickstoff und 7% Sauerstoff).
Dieses Gemisch tritt durch die äußere Spirale des
Gegenströmers aus, während die mittlere Spirale

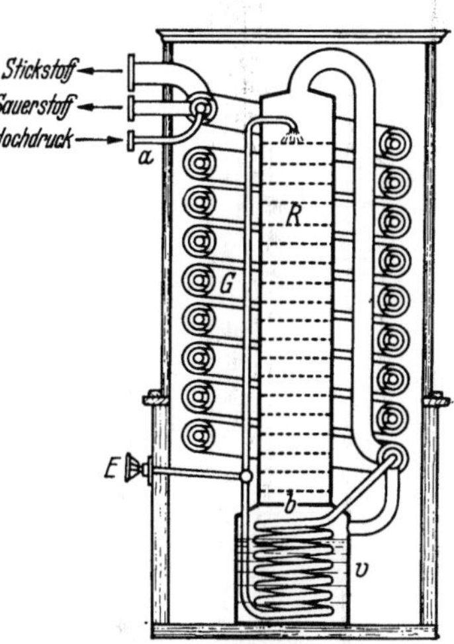

Abb. 72. Rektifizierapparat für flüssige Luft von Friedrich Linde,
a Eintritt der Druckluft, G Gegenstromapparat, b Luftverflüssigungs-
Spirale, E Drosselventil, R Rektifikationssäule, V Sammelgefäß.

denjenigen Teil des reinen Sauerstoffs abführt, welcher als Endprodukt gewonnen wird.

Bald zeigte die chemische Industrie auch Interesse für reinen Stickstoff:
Frank und Caro haben 1904 das Zyanamidverfahren ausgebildet, bei welchem
Kalziumkarbid in erhitztem Zustand Stickstoff aufnimmt, die Einwirkung von
Sauerstoff aber ausgeschlossen bleiben muß. Reiner Stickstoff wurde auch für
die Ammoniaksynthese verlangt. Daher wurde das Rektifikationsverfahren
durch die Bemühungen von Linde und Claude so weit verbessert, daß auch

---

[1] Ramsay: Proc. Chem. Soc. Dez. 1894.
[2] Linde, C.: Bayer. Ind. u. Gew.-Bl. Bd. 38 (1896) S. 361.
[3] Le Sueur, Kanad. Pat. 74430 und Brit. Pat. 10722 vom Jahre 1900.
[4] Baly, E. C. C.: Phil. Mag. Bd. 49 (1900) S. 517.
[5] Siehe Fußnote 3.
[6] Franz. Pat. 299051 vom Jahre 1900.
[7] Linde, C.: DRP 173620 vom 27. Febr. 1902 — Z. VDI Bd. 46 (1902) S. 1173. Abb. 72
und dessen Beschreibung sind entnommen aus Carl Linde: Aus meinem Leben und von
meiner Arbeit. München: R. Oldenbourg 1916 (als Manuskript gedruckt).

der Stickstoff in einer Reinheit von 99,5% gewonnen werden konnte. Während
Claude zu diesem Zweck von der fraktionierten Kondensation mit Flüssigkeits-
rücklauf („Retour en arrière") Gebrauch machte[1], fand Linde zunächst eine
Übergangslösung[2]; bald aber wurde der „Zweisäulenapparat" durch Rudolf
Wucherer und Richard Linde entwickelt: zwei Rektifikationssäulen wurden
hintereinandergeschaltet, von denen die erste unter etwa 5 at. abs. steht und
nur eine Vorzerlegung bewirkt, während in der
zweiten unter gewöhnlichem Druck die vollständige Zerlegung vollzogen wird[3].

Dieser Zweisäulenapparat ist in Abb. 73 schematisch dargestellt[4]: Die Druckluft tritt bei 1 in den
Gegenströmer, durchläuft die Spirale S und wird
im Drosselventil 3 auf 5 Atm. entspannt, wonach
sie bei 4 in die untere Rektifikationssäule R_u eintritt. Wie beim Einsäulenapparat (Abb. 72) sammelt sich in K_1 sauerstoffreiche flüssige Luft, die
an der Hochdruckspirale verdampft. Ein Teil dieser mit Sauerstoff angereicherten Luft wird im
Drosselventil 5 auf 1 Atm entspannt und tritt bei
6 in die obere Säule R_0 ein. Die in der unteren Säule
aufsteigenden Dämpfe reichern sich dauernd mit
Stickstoff an und werden am oberen Ende im
Kondensator K_2 niedergeschlagen, wobei die Kon-
densationswärme durch den flüssigen Sauerstoff,
der sich am Boden der oberen Säule ansammelt,
abgeführt wird. Bei 1 ata ist nämlich die Verdampfungstemperatur des Sauerstoffs tiefer als die
des Stickstoffs bei 5 ata. Ein Teil des in K_2 verflüssigten Stickstoffs berieselt die untere Säule,
während der andere Teil im Drosselventil 8 entspannt und bei 9 in die obere Säule eingeleitet
wird. Der bei 10 austretende kalte Stickstoff-
dampf wird durch den Gegenströmer 11 geleitet
und kühlt die bei 1 eintretende Druckluft ab. In

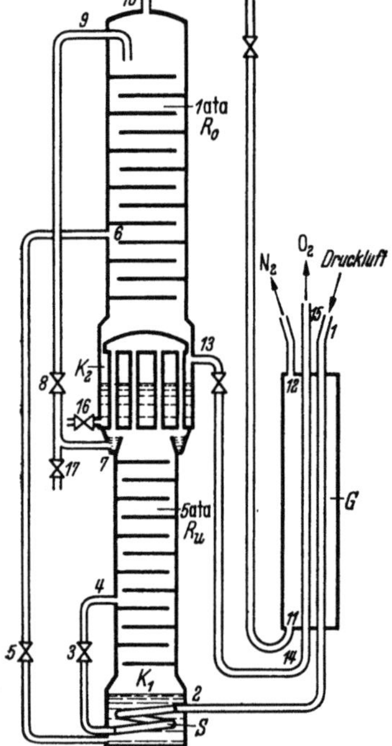

Abb. 73. Zweisäulenapparat von
Rudolf Wucherer
und Richard Linde.
(Erklärung der Zeichen im Text).

gleicher Weise wird die tiefe Temperatur des bei 13 austretenden Sauerstoff-
dampfes ausgenützt. Man kann auch flüssigen Sauerstoff bei 16 und flüssigen
Stickstoff bei 17 entnehmen.

Bis Ende des Jahres 1915 hatte die Gesellschaft für Lindes Eismaschinen
schon Anlagen für eine stündliche Herstellung von 47000 m³ gasförmigen Sauerstoffs und 29500 m³ gasförmigen Stickstoffs allein in Deutschland geliefert.
Dazu kamen noch namhafte Lieferungen für das Ausland. Im ersten Weltkrieg
stieg die Produktion in allen Ländern weiter an. Im zweiten Weltkrieg wurden
Luftverflüssigungs- und Zerlegungsanlagen von größten Abmessungen sowohl
in Deutschland als auch in Amerika gebaut und der reine Sauerstoff und Stickstoff tonnenweise erzeugt[5].

Claude, G.: C. R. Acad. sci., Paris Bd. 137 (1903) S. 783 — Franz. Pat 324460.
[2] DRP 180014, beschrieben in „Aus meinem Leben und von meiner Arbeit',' a. a. O.,
S. 101.
[3] DRP 180014 vom Jahre 1903 und 203814 vom Jahre 1907.
[4] Nach W. Meissner: Z. ges. Kälteind. Bd. 49 (1942) S. 101.
[5] Vgl. Borchardt: Ber. VIII. Intern. Kältekongr. London, 1951, S. 116. — 50 Jahre
Linde-Sauerstoff-Anlagen, Festschr. d. Ges. f. Lindes Eismaschinen A. G., Höllriegelskreuth, 1952.

Weitere Bemühungen galten seit 1912 der Gewinnung der Edelgase aus der Luft, besonders von Argon, das man zur Füllung der Glühlampen an Stelle des die Wärme besser leitenden Stickstoffs benutzen wollte. Neon und Helium, deren Siedepunkte noch viel tiefer liegen als beim Stickstoff, bleiben bei der Luftverflüssigung gasförmig und können durch geeignete Maßnahmen ausgeschieden werden. Die Trennung der Neon-Helium-Gemische durch selektive Adsorption an Nußkohle führte WATSON[1] durch, während MEISSNER das Neon mit Hilfe von flüssigem Wasserstoff aus dem Gemisch herauskondensierte[2].

Andererseits wurde auch die Zerlegung verschiedener technischer Gasmischungen in ihre Bestandteile, insbesondere die Zerlegung von Wassergas (seit 1909) und von Koksofengas (seit 1921) durchgeführt. Den Gemischen konnten auf diese Weise hochwertige Bestandteile (Methan, Äthylen) entzogen werden. Die Gewinnung von reinem Wasserstoff diente z. B. Zwecken der Fetthärtung, die eines Gemisches aus Wasserstoff und Stickstoff — der Ammoniaksynthese.

Die Verflüssigung von Wasserstoff gelang zuerst JAMES DEWAR (1898, s. S. 14). Da der JOULE-THOMSON-Effekt bei Wasserstoff von Zimmertemperatur eine Erwärmung liefert, mußte man verdichteten Wasserstoff zunächst durch flüssige Luft, die unter vermindertem Druck siedete, tief abkühlen und erst dann abdrosseln. Dabei war es wichtig, den Wasserstoff von allen Verunreinigungen zu befreien, die sonst ausfrieren und die Leitungen verstopfen würden. Verbesserte Wasserstoffverflüssiger wurden von KAMERLINGH ONNES[3], OLSZEWSKI[4], LILIENFELD[5] und MEISSNER[6] gebaut.

Helium wurde zuerst von KAMERLINGH ONNES 1908 verflüssigt. Auch hier mußte man das verdichtete Gas sehr tief abkühlen, was mit flüssigem, unter sehr niedrigem Druck siedendem Wasserstoff erreicht wurde. Es gelang dann, durch Drosselung eine weitere Abkühlung des Heliums zu erzielen, die zu seiner Verflüssigung führte (S. 15)[7].

D. Die Anwendungen der künstlichen Kälte.

Die weitverbreitete Annahme, daß die Kältetechnik vorwiegend aus den Bedürfnissen der Frischhaltung von Lebensmitteln erwachsen sei, trifft nicht zu. Die Kühlung von Getränken und von bewohnten Räumen in heißen Gegenden, die Krankenpflege und vor allem Anwendungen chemisch-technischer Art haben zur Entwicklung des Kältemaschinenbaues von Anbeginn sehr viel beigetragen.

I. Die Eiserzeugung.

Wir wollen diesen Abschnitt mit der Schilderung einer Überlieferung beginnen, die recht unwahrscheinlich klingt, aber doch ein Körnchen Wahrheit enthalten mag. Wir müssen uns dazu über ein Jahrtausend zurückversetzen[8].

Der angelsächsische König ALFRED DER GROSSE (849—901) hat in seiner Übersetzung der Weltgeschichte des römischen Historikers OROSIUS einen Be-

---

[1] WATSON, H. E.: J. Chem. Soc. Bd. 97 (1910) S. 810.

[2] MEISSNER, W.: Z. Instrumentenkunde Bd. 45 (1925) S. 202.

[3] KAMERLINGH ONNES, H.: Commun. phys. Lab. Univ. Leiden 1906, Nr. 94f.

[4] OLSZEWSKI, K.: Krakauer Anz. 1912, A, S. 1.

[5] LILIENFELD, J. E.: Z. kompr. flüss. Gase Bd. 13 (1911) S. 165 u. 185.

[6] MEISSNER, W.: Naturwiss. Bd. 13 (1925) S. 695 — Phys. Z. Bd. 26 (1925) S. 689 — Z. VDI Bd. 76 (1932) S. 580.

[7] MEISSNER, W.: Phys. Z. Bd. 29 (1928) S. 610.

[8] GÖTTSCHE, G.: Die Kältemaschinen und ihre Anlagen, 5. Aufl., S. 67. Hamburg: Verl. f. Kälte-Ind. 1912—1915. — Vgl. auch die Notiz: Wie alt ist das künstliche Eis? in der Frankfurter Zeitung vom 20. Juli 1941, S. 3 (Stadt-Blatt).

richt eingefügt, den ihm ein geborener Schleswiger namens Wulfstan von seinen Seefahrten an der Ostseeküste erstattet hat. Darin heißt es: „Bei den Ästiern (Esten) gibt es einen Clan, der kann Kälte herstellen. Setzt man zwei Gefäße voll Gebräu oder Wasser hin, so bringen diese Leute es fertig, daß das eine überfriert, einerlei, ob es Sommer oder Winter ist." Über die Begräbnissitten der Ästier wird ferner berichtet, daß sie ihre Toten einige Monate lang in Eis aufbewahren und erst dann verbrennen. „Es ist auch unter den Ästiern eine Kunst, daß sie verstehen, Kälte hervorzubringen, und deshalb liegen dort die toten Leute so lange und verwesen nicht, da an ihnen eine Kühlung vorgenommen wird."

Ein zweiter Bericht stammt von dem Schriftsteller Jacob Prätorius (1580—1651), der selbst die Herstellung des Eises in Litauen (Estland?) mit angesehen hat. Dabei spielte eine uns heute unbekannte Pflanze eine Hauptrolle: „Ein Mann zeigte mir ein Kraut, das hatte einen schwarzen Stengel und krause-lichte, eingezackte runde Blätter; sagte, er wolle ein Wasser, das da koche, in kleiner Weile nicht nur kalt, sondern auch gar gefrierend und zu Eis machen. Um die Probe zu sehen, ließ ich Wasser beisetzen und aufsieden. In dem Sieden warf er etwas Kraut hinein. Das Wasser ließ nicht allein vom Sieden nach, son-dern nach einer kleinen Weile setzte es auch eine Borke an, als ein Eis, auf welchem Eis zu sehen war die Gestalt des Krautes."

An diesen beiden Berichten ist wahrscheinlich viel Legendäres. Die könig-liche Orosius-Übersetzung wurde in den Klöstern nicht nur ab-, sondern sicher auch vielfach umgeschrieben, und dabei mag manches hinzugedichtet worden sein. Jedenfalls ist man diesem Geheimnis nicht auf die Spur gekommen.

1. Natureisgewinnung.

Tiefe Temperaturen wurden bis zur Mitte des vorigen Jahrhunderts fast aus-schließlich durch Natureis erzeugt. Thomas Moore erhielt im Jahre 1793 ein amerikanisches Patent auf die Kühlung mit Eis. Im Jahre 1799 wurde in Char-leston, South Carolina, ein Eisdepot errichtet[1], und 1803 erschien in Baltimore eine Schrift von Thomas Moore im Umfang von 28 Seiten, betitelt: An essay on the most eligible construction of ice-houses; also a description of the newly invented machine called the refrigerator[2]. Diese „Maschine" war einfach ein Raum mit Eis und Salz.

Als Begründer eines organisierten Eishandels gilt Frederic Tudor in Boston, Mass.[3]. Um 1806 begann er mit dem Versand des in den nördlichen Neu-England-Staaten geernteten Eises, zuerst nach Westindien (Martinique und Jamaica), wo es zur Bekämpfung des Gelben Fiebers verwendet wurde, und von 1815 ab auch nach Havanna, Charleston und New Orleans. 1820 baute er ein großes Eislagerhaus in New Orleans und dehnte 1833 seinen Eishandel bis Rio de Janeiro und Calcutta aus. In Havanna und Calcutta wurden anfänglich bis zu 6 cent für 1 englisches Pfund Eis bezahlt, doch sank der Preis bald auf 1 bis 2 cent herab. Der Umfang des amerikanischen Natureisexports wird durch folgende Zahlen gekennzeichnet:

---

[1] South Carolina State Gazette and Timothy's Daily Advertiser, Charleston, v. 22. Febr. 1799.

[2] Einen Auszug daraus findet man in dem Buch von R. O. Cummings: The American Ice Harvests. Berkeley, Univ. of Calif. Press, 1949.

[3] The Ice Trade of the United States. The Athenaeum v. 20. Jan 1849, S. 69 (aus: The American Almanac for 1849). — Henry Pearson: Frederic Tudor: Ice King. Massa-chusetts Historical Society, Proceedings Bd. 65 (Oct. 1933) S. 175.

1806 . . . . 130 tons	1856 . . . . 146000 tons
1832 . . . . 4352 tons	1872 . . . . 225000 tons
1847 . . . . 74478 tons	1900 . . . . 13720 tons

Der starke Rückgang bis zum Jahre 1900 ist darauf zurückzuführen, daß die zwei aufeinanderfolgenden warmen Winter 1888/89 und 1889/90 eine völlig ungenügende Natureisernte gebracht hatten, und dadurch die allgemeine Aufmerksamkeit auf das Kunsteis gelenkt wurde.

San Francisco bezog sein Eis zuerst aus Alaska, als aber dann die Central Pacific Eisenbahn erbaut war, wurde das Eis für die pazifische Küste ab 1880 in steigendem Maße von den Bergen der Sierra Nevada bezogen.

Die europäischen Staaten bezogen das Natureis vorwiegend aus Norwegen. Nach Eröffnung des Suez-Kanals dehnte sich der norwegische Eishandel sogar bis Südafrika und Ostindien aus[1]. Sehr viel Natureis wird bis heute in der UdSSR gewonnen und im eigenen Lande verbraucht; im Jahre 1939 waren es 14 Millionen Tonnen im Werte von 140 Millionen Rubel.

Die Kältemaschinen engten aber auch in den meisten europäischen Ländern den Natureishandel in zunehmendem Maße ein, und heute spielt das Natureis nur noch in der Sowjetunion und in Norwegen eine Rolle.

Welches Interesse man der Erzeugung und Aufbewahrung von Eis schon vor über 100 Jahren entgegenbrachte, geht daraus hervor, daß die Société d'Encouragement pour l'Industrie Nationale in Paris schon im Jahre 1826 einen Preis von 2000 Franken für die Erfindung eines billigen Verfahrens zur langfristigen Aufbewahrung von Eis (glacières domestiques) ausgesetzt hat; man bezweckte damit hauptsächlich die Herstellung kalter Getränke im Sommer[2].

Auch in Deutschland befaßte man sich bereits zu Anfang des vorigen Jahrhunderts sehr eingehend mit der Gewinnung und Aufbewahrung von Natureis. Schon 1825 erschien ein „Büchlein für Herrschaften, Ökonomen, Gast- und Kaffeewirte, Conditoren, Köche usw.", das sich mit der Aufbewahrung des Eises befaßte und in einem Anhang „Vorschriften für die Bereitung aller Arten Gefrorenes" enthielt[3]. Ein Buch von MENZEL über den gleichen Gegenstand erlebte 1893 bereits die fünfte Auflage[4]. Ein weiteres Buch von KARL SWOBODA in Wien erlebte drei Auflagen (dritte Auflage 1873) und erschien dann, neubearbeitet von E. NÖTHLING, in zwei weiteren Auflagen[5].

Die Norddeutschen Eiswerke in Rummelsburg bei Berlin haben für die Aufbewahrung von Eis neun Schuppen von 54,9 m Länge und 12,5 m Breite errichtet, in denen das Eis 9,5 m hoch gestapelt wurde[6]. Die Wände der Schuppen bestehen aus Fachwerk mit äußerer und innerer Bohlenverkleidung. Der 30 cm breite Raum zwischen den beiden Fachwerkwänden ist mit Sägemehl ausgefüllt. An einer der Giebelwände jedes Schuppens ist ein Fahrstuhl zum Heben des Eises angebracht.

Das Natureis wurde auch ausgiebig in Brauereien zur Kühlung der Gär- und Lagerkeller verwendet. Ein Ausführungsbeispiel zeigt Abb. 74.

---

[1] LOESER, E.: Beiträge zur Frischhaltung von Fischen durch Kälte. Teil 1: Die Verwendbarkeit des norwegischen Natureises zur Frischhaltung von Seefischen. Beihefte zur Z. ges. Kälteind. Reihe 3, H. 7. Berlin: Verlag d. Ges. f. Kältewesen 1937.

[2] Vgl. Dinglers polytechn. J. Bd. 16 (1825) S. 101.

[3] Ausführliche Anweisung zur Aufbewahrung des Eises sowie über die vorteilhaftesten Anlagen der Eisgruben und der Eiskeller. Quedlinburg u. Leipzig: Gottfried Busse 1825.

[4] MENZEL, C. A.: Der Bau der Eiskeller usw., 5. Aufl., bearbeitet von E. NOWAK. Fulda u. Leipzig: J. J. Arnd 1893.

[5] NÖTHLING, E.: Die Eiskeller, Eishäuser und Eisschränke usw., 5. Aufl. Weimar: B. F. Voigt 1896.

[6] Baugewerks-Ztg. 1886, S. 842.

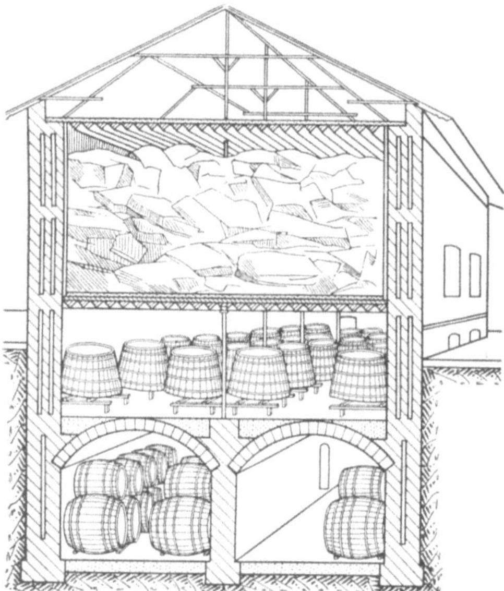

Abb. 74. Gär- und Lagerkeller einer Brauerei
mit Natureiskühlung.

In größtem Umfang wurde Natureis bis zum Ende des vorigen Jahrhunderts im Nordosten der Vereinigten Staaten und in Kanada gewonnen. Die Hauptsammelplätze lagen im Staate Maine, bei Boston, Mass., und am Hudson-Fluß oberhalb New York[1].

Die Abb. 75 bis 77 zeigen die primitiven Methoden der Eisgewinnung in Seen und Flüssen in den Jahren 1850 bis 1880[2]. Auf Abb. 77 sieht man im

[1] Blake, W. P.: J. Franklin Inst. Bd. 86, 3 Ser (1883), S. 355—377. — T. M. Prudden: The Popular Sciene Monthly, Bd. 32 (1887), S. 671. — W. E. Wood: Ice & Refrig, Bd. 51 (1916), S. 190.

[2] Aus Richard O. Cummings: The American Ice Harvests. Berkeley, University of California Press, 1949. Im Auszuge: Refrig. Engng. Bd. 58 (1950) S. 358. — Vgl. auch O. E. Anderson, Refrigeration in America, Princeton Univ. Press, 1953.

Abb. 75. Natureisernte im Staate Massachusetts um 1850
(aus R. O. Cummings: The American Ice Harvests).

Abb. 76. Sägen und Brechen von Natureis bei Boston, Mass.
(aus: R. O. Cummings: The American Ice Harvests).

Hintergrund die großen Schuppen für die Aufbewahrung des Eises. Die in Abb. 76 gezeigten Handsägen wurden später von Pferden bedient und durch mechanisch angetriebene Kreissägen ersetzt, die schon TUDOR gefordert hatte[1]. Eissägen, Eis-

Abb. 77. Pflügen und Aufbewahren von Natureis am Hudsonfluß um 1870
(aus: R. O. CUMMINGS: The American Ice Harvests).

pflüge, Anreißer und mechanische Eistransportanlagen entwickelten die Firmen Gifford Bros. in Hudson, N.Y., und Wm. T.Wood in Arlington, Mass., die sich später zur Gifford-Wood Co. vereinigten[2]. Die kapitalkräftigsten Gesellschaften waren die Knickerbocker Ice Company in Philadelphia und die Consolidated Ice Company in New York. Im Jahre 1896 vereinigten sich diese beiden Gesellschaften, und ihre gesamte Natureisernte erreichte in diesem Jahr 4 Millionen Tonnen. Trotz aller Versuche, die Natureisgewinnung rationeller zu gestalten, konnte der Siegeslauf der Kältemaschinen und des Kunsteises, das den Handel von Wettereinflüssen völlig unabhängig machte, nicht mehr

Abb. 78. Gradierwerk System KLEIMJONOFF
für die Bildung von Eiszapfen.

---

[1] N. J.WYETH erhielt am 18. März 1829 das erste amerikanische Patent auf eine Eisschneidemaschine (Kreissäge). Vgl. J.Franklin Inst. Bd. 7 (Juni 1829) S. 417. Mit dieser Maschine sanken die Kosten der Eisgewinnung von 30 cts. auf 10 cts. je Tonne.

[2] Über amerikanische Geräte zum Eisernten vgl. Z.ges.Kälteind. Bd.9 (1902) S.33.

aufgehalten werden. Die Kunsteisfabrikanten betonten auch mit Recht, daß das aus einwandfreiem Trinkwasser hergestellte Kunsteis hygienisch einwandfreier sei als manches Natureis.

Neben der Gewinnung von Natureis aus Seen und Flüssen ist noch das Berieseln mit feinzerstäubtem Wasser in einer Art offener Gradierwerke zu nennen, wobei sich an kalten Wintertagen Eiszapfen bilden, die 3 bis 4 m lang werden können. Dieses Verfahren ist in der UdSSR stark verbreitet. Abb. 78 zeigt die Bildung der Eiszapfen in einem Gradierwerk, System KLEIMJONOFF[1].

2. Erzeugung von Kunsteis in Blöcken.

Die ersten Kunsteisfabriken in Amerika wurden 1869 in Louisiana, Texas, und Tennessee erichtet. Ihre Zahl wuchs wie folgt[2]:

Jahr	1869	1879	1889	1899	1909	1919
Zahl	4	35	222	787	2004	2687.

Seit 1890 wurden in allen Ländern Eisfabriken in großer Zahl errichtet. In USA gab es im Jahre 1926 schon 6300 Eisfabriken mit einem investierten Kapital von 850 Millionen Dollar; 200000 Angestellte und Arbeiter wurden darin beschäftigt. Die erzeugte Eismenge betrug:

1904 . . . . 10 Millionen Tonnen,
1914 . . . . 28 Millionen Tonnen,
1926 . . . . 56 Millionen Tonnen.

Auf ungefähr gleicher Höhe hat sich die Kunsteiserzeugung in USA gehalten, obwohl die Kühlung durch Eis besonders in den Haushaltungen in immer stärkerem Maße durch direkte maschinelle Kühlung ersetzt wurde. Hauptabnehmer für das Kunsteis sind zur Zeit die Eisenbahngesellschaften und die Fischerei. Der Ersatz des Eises durch die unmittelbare Kühlung mit Kältemaschinen, z. B. in Brauereien, wurde durch C. LINDE zielbewußt und erfolgreich propagiert.

Das erste Kunsteis wurde in Zellen erzeugt und war infolge der eingeschlossenen Luftblasen undurchsichtig (milchig). Die Gesellschaft für Lindes Eismaschinen baute ihre erste Eisfabrik 1880 in Elberfeld-Barmen; die dabei gewählte Bauform wurde später allgemein angenommen und ist bis heute in Zelleneisfabriken beibehalten worden. Klares Eis kann durch sehr langsames Gefrieren großer Platten erhalten werden. Eine frühe *Platteneis*erzeugung erwähnt LIGHTFOOT[3]. WALLIS-TAYLER[4] bemerkt, daß A. C. TWINNING und JAMES HARRISON (s. S. 54) schon in den Jahren 1850—1856 Platteneis durch Solekühlung erzeugten. Auch Pontifex und Wood (später Haslam) bauten Platteneiserzeuger. Die Pulsometer Engineering Co. Ltd. ersetzte die Solekühlung durch direkte Verdampfung.

In Zellen erhält man klares Eis, wenn das noch nicht ausgefrorene Wasser ständig bewegt wird und dadurch die kleinen Luftblasen, die sich an der Grenzfläche zwischen dem Eis und dem flüssigen Wasser bilden, dauernd fortspült. Die Bewegung des Wassers wurde zuerst, nach einem Vorschlag der Gesellschaft Linde, durch Schüttelflossen bewirkt[5], dann aber ausnahmslos durch das Ein-

---

[1] BOBKOFF, W. A., u. A. M. MANUKJAN: Leitfaden für die Gewinnung und Aufbewahrung von Natureis. Moskau u. Leningrad: Pistschepromisdat 1939 (russisch).

[2] U. S. Bureau of Census, Twelfth Census (1900). Manufacturers IX, S. 677; Fourteenth Census (1920), Manufacturers X, S. 963. u. 965.

[3] LIGHTFOOT, T. B.: Proc. Instn. mech. Engrs., Lond, Mai 1886, S. 213 und Bild 9. — Vgl. auch GUTERMUTH: Z. VDI, Nr. 4 u. 6 (1894) — Z. ges. Kälteind. Bd. 8 (1901) H. 4.

[4] WALLIS-TAYLER, A. J.: Industrial Refrigeration, Cold Storage and Ice-Making, 7. Aufl., S. 593. New York: The Norman W. Henley Publishing Co. 1930.

[5] DRP Nr. 26981.

blasen von Luft ersetzt, wobei die großen Blasen die an der Grenzfläche gebildeten kleinen Blasen aufnehmen. GÖTTSCHE[1] berichtet, daß ein gewisser VIKTOR H. BECKER schon im Jahre 1874 klares Eis in Zellen mit Hilfe von Druckluft erzeugte. Der Genfer T. B. E. TURRENTINI erhielt darauf ein amerikanisches Patent im Jahre 1873[2]. In größerem Umfang stellte J. E. SIMON im Jahre 1898 Klareis in Louisville, Kentucky, her; ferner erhielt 1901 E. J. ULRICH in Colorado Springs ein Patent auf Zellenbelüftung zwecks Klareiserzeugung.

Die Herstellung von Klareis (Destillateis) durch Verwendung von aufgekochtem und entlüftetem Wasser scheint erstmalig FRANCIS DE COPPET gelungen zu sein. Er führte seine Versuche an einer 1868 in der Nähe von New Orleans aufgestellten und nach Zeichnungen von F. CARRÉ ausgeführten Absorptionsmaschine aus; an diesen Versuchen hat anscheinend auch DANIEL L. HOLDEN teilgenommen (s. S. 87).

C. LINDE sah sich 1880 veranlaßt, eine Eisfabrik für Klareis in Paris zu errichten, da der Besteller ausdrücklich die Herstellung von Klareis verlangte. Es entstand der „rotierende Eiserzeuger", der in den Abb. 79 und 80 dargestellt ist[3]:

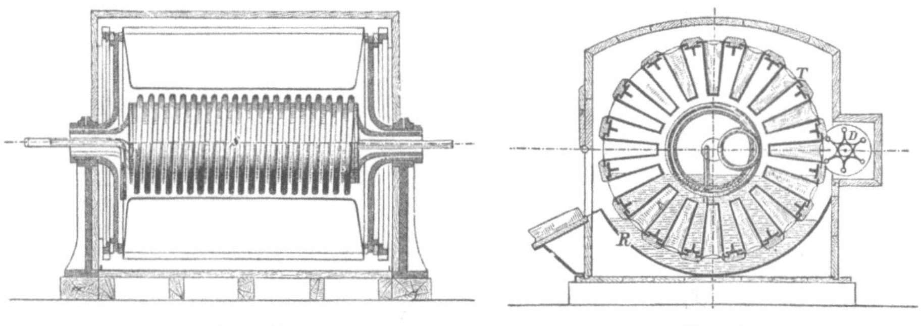

Abb. 79.   Abb. 80.

Abb. 79 u. 80. Rotierender Klareiserzeuger von LINDE.
T rotierende Trommel, S Verdampferspirale, R Süßwasserbehälter, D Dampfabscheideapparat.

Am Umfang einer Trommel T sind radial gestellte Blechzellen eingesetzt, die mit der Trommel fest verbunden und gegen das Innere derselben abgedichtet sind. Die beiden dicht aufgeschraubten Böden der Trommel sind in der Mitte mit hohlen Zapfen versehen. Im Innern der Trommel ist der Verdampfer in Form einer liegenden Rohrspirale S angeordnet, die von der Sole umgeben ist. Die Rohrenden der Spirale treten durch die hohlen Zapfen der Trommel aus und sind durch Stopfbüchsen gedichtet. Die ganze Trommel ist in zwei Lagern aufgehängt und wird in langsame Rotation versetzt. Sie taucht bis zur Mitte in einen Süßwasserbehälter R ein; die Zellen bedecken sich daher bei jeder Umdrehung der Trommel mit einer dünnen Wasserschicht, die ganz klar ausfriert. Durch die Drehung wird auch die Sole in der Trommel bewegt, wodurch der Wärmeaustausch verbessert wird. Nach etwa 8 Betriebsstunden sind die Zellen vollkommen ausgefroren. Die kalte Sole wird nun durch vorgewärmte ersetzt, wobei sich die Eisblöcke von den Zellenwänden ablösen. Zur vollen Ablösung muß das Eis an den Zellenrändern mit einem Dampfabscheideapparat D ab

---

[1] GÖTTSCHE, G.: Die Kältemaschinen und ihre Anlagen, 5. Aufl., S. 662. Hamburg: Verl. f. Kälte-Industrie 1912—1915.

[2] BECKER, V. H.: Ice & Refrig. Bd. 38 (1910), S. 56.

[3] BEHREND, G.: Eis- und Kälteerzeugungsmaschinen, 3. Aufl., S. 330. Halle: W. Knapp 1894. — Vgl. auch C. LINDE: Aus meinem Leben und von meiner Arbeit, a. a. O., S. 49 und Bild 9. LINDE erhielt am 1. Juni 1880 das amer. Patent Nr. 228 364.

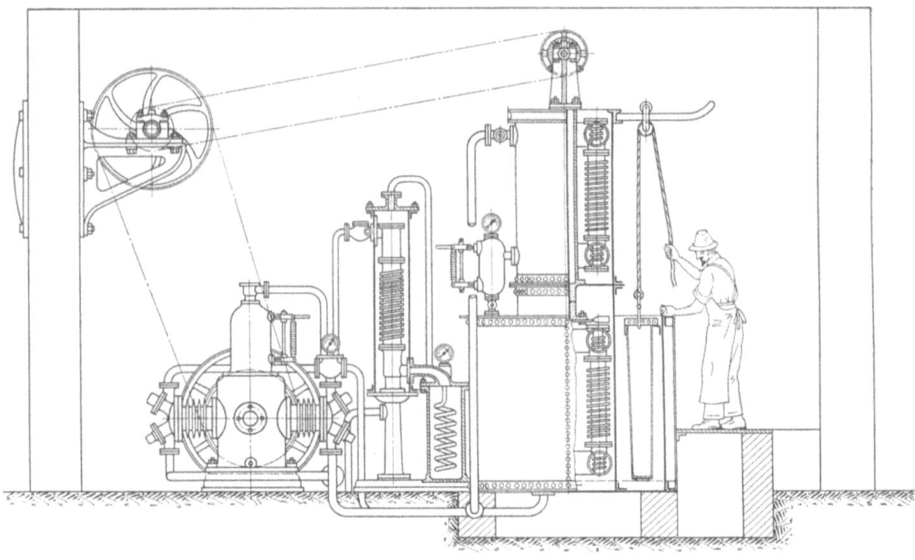

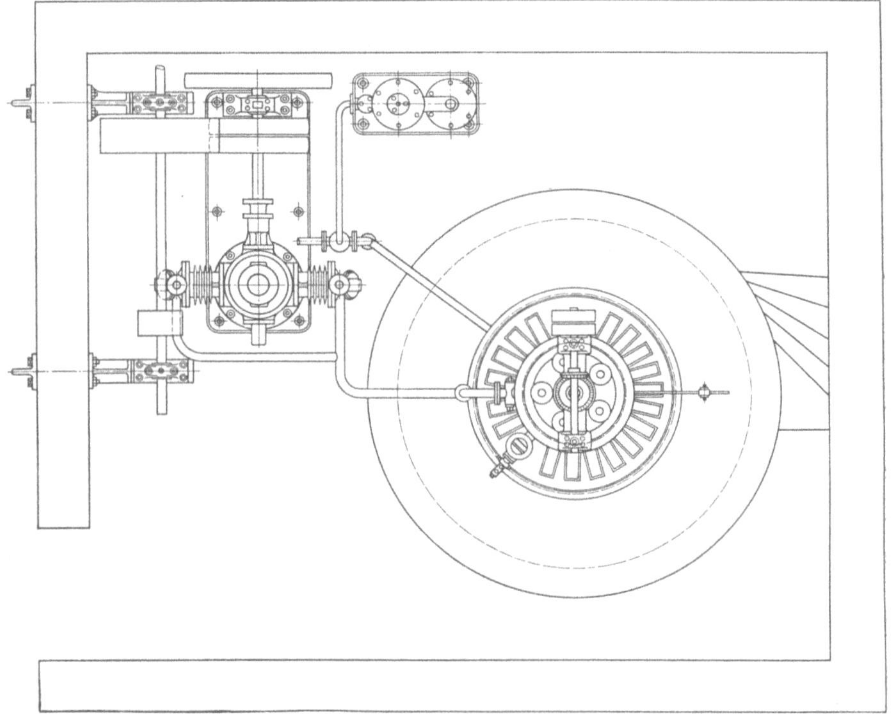

Abb. 80a u. b. Erste Eiserzeugungsanlage von B. Lebrun, Nimy-lez-Mons, aus dem Jahre 1887.

geschnitten werden. Die Eisblöcke fallen dann durch die geöffnete Tür des die Trommel umgebenden Kastens heraus.

In den Abb. 80a und 80b ist die erste Eiserzeugungsanlage der belgischen Gesellschaft B. Lebrun in Nimy-lez-Mons aus dem Jahr 1887 dargestellt.

Die Herstellung von Eisblöcken durch Eintauchen der Zellen in eine tief-gekühlte Salzlösung wurde schon häufig als ein Umweg empfunden, und man war bestrebt, das Zelleneis durch direkte Verdampfung des Kältemittels zu erzeugen. Dadurch könnte die Korrosion der Eiszellen vermieden und die Ge-frierzeit abgekürzt werden. Bemerkenswert in dieser Richtung war zu Beginn der zwanziger Jahre in England das „Pluperfect"-Verfahren, nach welchem mehrere größere Eiswerke gebaut wurden, z. B. bei der Standard Ice and Cold Storage Co. Ltd. in Grimsby mit einer Tagesproduktion von 300 t[1]. In neuerer Zeit hat E. WILBUSHEWICH bei der Rapid-Ice Freezing A.G. in Zürich die Block-eiserzeugung mit direkter Verdampfung weiterentwickelt und sehr kurze Ge-frierzeiten erreicht[2].

3. Erzeugung von Kleineis.

Das Zelleneis und in noch höherem Maße das Platteneis erfordern lange Gefrierzeiten, da die Wärme vom Gefrierwasser durch die bereits gebildete Eisschicht, die einen erheblichen Leitungswiderstand besitzt, geleitet werden muß. Um in kürzerer Zeit größere Eismengen herzustellen, hat man daher schon frühzeitig versucht, Eis in dünnen Schichten zu erzeugen (*Kleineis, Scherbeneis, Schuppeneis, Flockeneis*). Die modernen Verfahren auf diesem Gebiet haben viele Vorläufer, die zwar keine praktischen Erfolge aufzuweisen hatten, aber doch als Wegbereiter anzusehen sind. CROSBY FIELD, einer der erfolgreichsten modérnen Erfinder auf diesem Gebiet, hat einen Beitrag zur Geschichte der Kleineiserzeugung geliefert[3], dem die folgenden Angaben entnommen sind:

Schon am 26. September 1869 erhielt DANIEL L. HOLDEN das US-Patent 95347 für die Herstellung von Kleineis; dieses wurde in der Weise hergestellt, daß eine mit tiefgekühlter Sole gefüllte Trommel in einem Süßwasserbehälter umlief, wobei sich an der Oberfläche der Trommel Eiskrusten bildeten, die ab-geschabt wurden. HOLDEN erhielt zahlreiche weitere Patente, von denen nur noch die US-Patente 530526 vom 11. Dezember 1894 und 1054771 vom 4. März 1913 genannt sein mögen. Von sonstigen Patenten auf diesem Gebiet sind die nennens-wertesten:

108851, erteilt am 1. Nov. 1870 an Dr. VAN DER WEYDE,
177845, erteilt am 23. Mai 1876 an A. JAS,
191256, erteilt am 27. Mai 1877 an C. L. RIKER,
654576, erteilt am 24. Juli 1900 an G. H. ABRAMS,
703353, erteilt 1902 an S. N. SMITH,
763089, erteilt am 21. Juni 1904 an W. E. CRANE.

CROSBY FIELD beschäftige sich mit der Herstellung von Kleineis seit 1915 und erhielt zahlreiche Patente[4] in den Jahren von 1923 bis 1941. Seine „Flakice"-Maschinen wurden in großer Zahl gebaut. Er übernahm von HOLDEN die innen gekühlte Trommel, die in einem Süßwasserbehälter umlief und an deren Ober-fläche sich eine Eisschicht bildete. Die Loslösung des Eises von der Trommel geschah aber nicht mit Hilfe von Schabern, sondern durch Deformation der elastischen Trommel: an der Stelle, wo der Krümmungsradius der Trommel durch Anpressen einer Rolle von innen her stark verändert wird, löst sich das Eis von der Trommel und tritt als Eisband aus dem sie umgebenden Gehäuse heraus[5].

---

[1] The Engineer vom 17. Febr. 1922. Vgl. auch Cold Storage, Juni 1921, S. 157.

[2] WILBUSHEWICH, E.: Modern Refrigeration. April 1950, S. 90. — TH. E. SCHMIDT u. H. BENZLER: Kältetechnik Bd. 5 (1953) S. 41.

[3] CROSBY FIELD: The Manufacture of small ice, vorgelegt der Amer Soc. Mechan. Engin. in der Tagung Nov. Dez. 1950 in New York.

[4] US-Pat. 1451901; 1451903; 2005734; 2257904.

[5] CROSBY FIELD: Refrig. Engng. Bd. 17 (1929) S. 35 — Power Bd. 69 (1929) S. 474 — Refrig. Engng. Bd. 22 (1931) S. 227; Bd. 28 (1934) S. 141.

Ein anderer erfolgreicher Erfinder war W. H. TAYLOR, der die „Pak Ice"-Maschine entwickelte, deren Bau die Vilter Manufacturing Company übernahm; bei diesem System wird das Eis auf der inneren Oberfläche eines profilierten, mit dem zu gefrierenden Wasser gefüllten Zylinders erzeugt, der mit einem Mantel umgeben ist, in dem das Kältemittel verdampft. Auf der Achse des Zylinders ist ein Schaber angeordnet, der das gebildete Eis ständig abkratzt, so daß auch hier der Grundgedanke HOLDENs beibehalten und nur die technische Ausführung wesentlich vervollkommnet wurde. Der gebildete Eisschlamm wird der Trommel fortlaufend entnommen und in einer Presse in Eisbriketts verwandelt[1].

In neuerer Zeit haben viele amerikanische Erfinder Maschinen zur Herstellung von Scherbeneis entwickelt; genannt sei nur noch das „Tube Ice"-System der Henry Vogt Company[2], bei dem das Eis in senkrechten zweizölligen Röhren erzeugt und beim Austritt aus diesen in kleine Stücke zerschnitten wird. Dieses System hat neuerdings zahlreiche Nachahmer gefunden.

In Deutschland hat sich hauptsächlich F. W. R. FECHNER seit 1932 mit der Herstellung von Kleineis befaßt. Sein „Raketeneis"-Erzeuger hat an Land und auf Schiffen vielfach Verwendung gefunden[3]. Das Eis wird dabei in doppelwandigen senkrechten Rohren erzeugt, wobei das Kältemittel im Mantelraum verdampft. Das FECHNERsche Raketeneisverfahren wurde 1952 von den Bergedorfer Eisenwerken in Lizenz übernommen.

Über die Herstellung von Trockeneis (festes CO_2) siehe S. 18.

4. Künstliche Eisbahnen.

Eine interessante Anwendung fand die Eiserzeugung in den *künstlichen Eisbahnen*[4]. Die erste Kunsteisbahn wurde anscheinend im Jahre 1876 in Chelsea (England) angelegt (Abb. 81[5]), also zu einer Zeit, in der die Kältemaschinen erst begannen, in der Lebensmittelfrischhaltung wirtschaftliche Bedeutung zu erlangen. Die Eislauffläche wurde durch eine SO_2-Maschine von PICTET in Genf erzeugt. Als Zwischenmittel diente eine Glyzerinlösung, die durch ein System dünner kupferner Röhren floß, welche längs des Betonbodens der Eisbahn parallel angeordnet waren und einen elliptischen Querschnitt (76×22 mm[2]) hatten. Im Jahre 1879 wurde eine Kunsteisbahn mit einer Lauffläche von 864 m[2] in New York gebaut. Die erste Bahn auf dem europäischen Festland wurde 1881 in Frankfurt a. M. gelegentlich der Deutschen Patent- und Musterschutzausstellung von der Gesellschaft Linde ausgeführt[6]; die Lauffläche war nur 532 m[2] groß. Die zweizölligen Solerohre hatten eine Länge von 5256 m, und die NH_3-Kältemaschine leistete 70000 kcal/h.

In den Jahren 1890 bis 1912 wurden zahlreiche Kunsteisbahnen in den Großstädten der europäischen Länder und Amerikas mit Laufflächen bis 2500 m[2] errichtet, die alle in oft sehr luxuriös eingerichteten Gebäuden untergebracht waren; sie dienten weniger dem Eislaufsport, sondern waren Vergnügungsstätten

---

[1] TAYLOR, W. H.: Refrig. Engng. Bd. 22 (1931) S. 507.

[2] KUBAUGH, B. F.: Mech. Engng. Bd. 63 (1941) S. 875 — Refrig. Engng. Bd. 38 (1939) S. 285 — US-Pat. 2200424 u. 2239234.

[3] Kältetechn. Anz. Nov. 1937, S. 118 — Cold Storage (London) H. 3 (1936) S. 54 — Cold Storage and Produce Review vom 18. März 1937. — E. ALTENKIRCH: Rdsch. dtsch. Techn. Bd. 19 (1939) Nr. 27. — W. POHLMANN: Kälte-Ind. H. 3 (1943) S. 20.

[4] Die erste Anregung scheint von BUJAC zu stammen, vgl. Dtsch. Bauztg. 1892, S. 556 u. 567.

[5] Vgl. Engineer Bd. 41 (1876) S. 371 — Dinglers polytechn. J. Bd. 222 (1876) S. 555 — Semaine des Constructeurs 1876, S. 32.

[6] DÖDERLEIN: Z. VDI 1897, Nr. 24.

des Weltstadtpublikums, in denen Eisrevuen und Balletts vorgeführt wurden. In Berlin wurde 1908 der „Eispalast" mit 1900 m² mit Borsig-Maschinen ausgerüstet. Der „Sportpalast" (1910) mit 2500 m², der 6000 Personen faßte, erhielt Maschinen von Quiri in Straßburg, und der „Admiralspalast" (1911) für seine 1100 m²-Fläche CO_2-Kompressoren von Escher Wyss in Zürich. Diese drei Eispaläste waren selbst für Berlin zuviel, und bald mußten sie sämtlich ihre Pforten wieder schließen.

Während diese Halleneisbahnen sich auf die Dauer nirgends halten konnten, erfreuen sich die Freiluftkunsteisbahnen bis heute ständiger Beliebtheit. Sie können allerdings nur in der kühleren Jahreszeit (Oktober bis März) rentabel

Abb. 81. Erste Kunsteisbahn aus dem Jahre 1876.

betrieben werden, dienen aber rein sportlichen Zwecken. Der Gedanke der Freilufteisbahn ging 1909 von Engelmann in Wien aus. Er errichtete dort seit dem Jahre 1909 mehrere solcher Bahnen, von denen die größte eine Lauffläche von 4000 m² hat[1] und mit NH_3-Maschinen von 700000 kcal/h ausgerüstet ist; die Solekühlrohre haben eine Länge von 33 km.

Für die Olympiade des Jahres 1936 wurde eine Freilufteisbahn in Garmisch-Partenkirchen errichtet[2]. In neuerer Zeit wurden sogar transportable Kunsteisbahnen gebaut[3].

5. Das Gefrierverfahren im Berg- und Tunnelbau.

Beim Absenken von Grubenschächten stößt man häufig auf wasserführende Schichten, die ein weiteres Arbeiten unmöglich machen. Man sieht sich dann gezwungen, diese Schichten zu gefrieren, wofür manchmal sehr erhebliche Kälteleistungen aufgewandt werden müssen.

Der Gedanke, einen Schacht mit einer künstlichen Eismauer gegen weiteren Wasserzufluß abzuschließen, tauchte erstmalig 1852 beim Bau eines Schachtes

---

[1] Vgl. die Beiträge von A. Engelmann in der Österreichischen Festschrift zum III. Intern. Kältekongreß in Wien, 1913, S. 101; v. Bresnik, daselbst S. 117; H. Setz, daselbst S. 107.

[2] Pabst, R.: RTA-Nachr. 1937, Nr. 47 — Rdsch. dtsch. Techn. 1939, Nr. 44.

[3] Fischer, Chr.: Z. ges. Kälteind. Bd. 46 (1939) S. 162. — R. Sprague: Refrig. Engng. Bd. 40 (1940) S. 248.

in den Gruben von Anzin (Nordfrankreich) auf, als sich durch das Eindringen der Winterkälte eine natürliche schützende Eisschicht um den Schacht legte. Die erste Gefrieranlage dieser Art wurde unter Benutzung einer Äthylätherkälteanlage 1862 von Siebe Gorman and Co. in Wales errichtet[1].

Das Gefrierverfahren zur Schachtabteufung im schwimmenden Gebirge wurde in den achtziger Jahren des vorigen Jahrhunders von dem Bergingenieur F. H. Poetsch weiter ausgebildet[2]. Von seinem Verfahren wurde seit 1883 an vielen Orten Gebrauch gemacht. Bei diesem Verfahren werden gerade Rohre, die am unteren Ende geschlossen sind, kreisförmig in Abständen von etwa 1 m um den Schacht angeordnet und durch die wasserführende Schicht bis ins feste Gestein versenkt. In diesen Rohre werden konzentrisch dünnere Rohre eingesetzt, durch die eine tiefgekühlte Sole herabfließt, die dann im Ringraum zwischen beiden Rohren wieder aufsteigt und dem Verdampfer der Kältemaschine zugeführt wird. Dabei bildet sich im Laufe von Wochen oder Monaten eine feste zylindrische Eismauer, die nach Durchführung der Bauarbeiten wieder abschmelzen kann[3]. Dieses Verfahren wurde erstmalig auf der Grube Lens in Frankreich angewandt.

Eine der ältesten Anwendungen dieser Art stellte auch der Bau des Stockholm-Tunnels durch den schwedischen Ingenieur Lindmark im Jahre 1886 dar[4]. Dieser Tunnel wurde durch einen Hügel gebohrt, auf dem sich Wohnhäuser befanden. Man stieß bei der Ausgrabung auf weichen Lehmboden, dessen Beseitigung die Sicherheit der Häuser gefährdet hätte. Die Bildung der Frostmauer wurde hier mit Hilfe einer Kaltluftmaschine von Lightfoot (s. S. 49) erzielt, die bei Siebe Gorman and Co. gebaut war. Der Tunnel in einer Länge von 25 m war in 80 Tagen fertiggestellt.

Die erste Schachtgefrieranlage in Amerika wurde 1891 bei der Chapin Mine in Iron Mountain, Michigan, ausgeführt[5].

Vom Gefrierverfahren wurde auch beim Bau der Pariser[6] und der Moskauer Untergrundbahnen Gebrauch gemacht. Bei der Pariser Bahn handelte es sich um die 1092 m lange Strecke von der Place du Châtelet zur Place St. Michel, die unterhalb der Ile de la Cité und der beiden Seine-Arme verläuft.

6. Eis als Baustoff.

Daß Eis sich auch als *Baustoff* eignet, erkennt man aus dem Bau eines „Eispalastes", der im Jahre 1740 auf Befehl der Zarin Anna Ioanowna (einer Nichte Peters des Großen, die von 1730 bis 1740 regierte) in Petersburg am Ufer der Newa errichtet wurde. Darin wurde die Hochzeit gefeiert, die von der Zarin für den zum Hofnarren degradierten Fürsten Michail Golizyn und die Kalmückin Bumaschnikowa angeordnet worden war. Der Palast war 16 m lang und 6 m hoch; er wurde aus großen, sorgfältig zugeschnittenen Eisquadern

---

[1] Vgl. eine Bemerkung in der schon oft zitierten Arbeit von T. B. Lightfoot: Proc. Instn. mech. Engrs., Lond. May 1886, S. 238.

[2] Poetsch, F. H.: Das Gefrierverfahren. Freiberg 1886. — Vgl. auch Zbl. Bauverw. 1883, S. 461; 1884, S. 287; 1888, S. 279. — F. Schmidt: Bull. Soc. Industrie Minérale (3), Bd. 9, 2. Lieferung, 1895. — Zaeringer: Z. ges. Kälteind. Bd. 17 (1910) S. 161.

[3] Vgl. The Engineer vom 30. Nov. 1883, S. 417. — Saclier u. Waymel: Bull. Soc. minérale de St. Etienne 1895, im Auszug: Z. ges. Kälteind. 1896. — F. Schmidt: Z. ges. Kälteind. Bd. 5 (1898) S. 23, 59, 82 u. 103.

[4] The Engineer vom 9. April 1886, S. 282. — P. O. Persson: Kylteknisk Tidskrift, Dez. 1952, S. 59.

[5] Vgl. D. E. Moran: Ice & Refrigeration, Bd. 1 (1891), S. 264.

[6] de Loverdo: La congélation du sol sans les travaux de Métropolitain de Paris, Monographie sur l'état actuel de l'industrie du Froid en France, herausgegeben von der Association Française du Froid zum II. Intern. Kältekongr. in Wien, 1910.

erbaut und war von phantastischer Schönheit. Sämtliche Ornamente, Skulpturen, Möbel und Einrichtungsgegenstände einschließlich des Tafelgeschirrs waren aus Eis hergestellt. Vor dem Palast standen Geschütze aus Eis, aus denen öfters geschossen wurde. Der Palast wurde am 6. Februar 1740 feierlich eingeweiht und stand bis Ende März, wonach er von den Sonnenstrahlen zerschmolzen wurde. Im Jahre 1741 erschien ein wissenschaftliches Werk über diesen Eispalast; sein Verfasser war JOHANN WOLFGANG KRAFT, ein Mitglied der Petersburger Akademie. Darin heißt es: „Man kann Eis schleifen, polieren, schnitzen, bohren, sägen und bemalen, wie auch, mit Öl überzogen, in Brand setzen; ferner

Abb. 82. „Eispalast" in St. Petersburg aus dem Jahre 1740 (nach einem Gemälde von W. I. JAKOBI).

aus Eiskanonen schießen, ohne daß man — wie viele glauben — das Pulver in eisernen Röhren in die Kanonen zu stecken braucht. In Deutschland haben sich Leute gefunden, denen die erwähnte Beschreibung unglaubwürdig und erfunden vorkam, und in noch wärmeren Gegenden wird sie noch unglaublicher erscheinen. Dagegen ist nichts zu machen."

In der TREDJAKOFF-Gemäldegalerie in Moskau hängt das hier in Abb. 82 wiedergegebene Gemälde von W. I. JAKOBI, „Die Hochzeit im Eispalast", das sich offenbar auf die erwähnten Vorgänge des Jahres 1740 bezieht. Man sieht das bejammernswerte Paar auf dem Eisbett sitzen, während die Schar der Gratulanten im Karnevalszuge in den Eispalast eindringt[1].

Wesentlich ernsteren Zwecken als dieser Eispalast dienten die nach dem ersten Weltkrieg in den UdSSR durchgeführten Bauten von Eishäusern: teils für die Aufbewahrung von Lebensmitteln, teils für die verschiedensten wissenschaftlichen Versuche[2].

Solche unterirdischen Eishäuser wurden zuerst in subpolaren und polaren Gebieten der Sowjetunion angelegt. Diese Gebiete, in denen der Boden bis zu

---

[1] Als Vorlage zu Abb. 82 diente ein im Besitz des Verfassers befindlicher alter russischer Farbendruck mit der Unterschrift: JAKOBI, „Hochzeit im Eishause". Die Tragödie im Petersburger Eispalast behandelt FRITZ VON UNRUH in seinem neuen Werk „Fürchtet nichts". Köln: Comel Verlag 1953.

[2] TRUPAC, N. G.: Ber. VII. Intern. Kältekongr., Den Haag 1936, Bd. III, S. 570.

30 m Tiefe ewig gefroren bleibt, umfassen einen erheblichen Teil des gesamten Territoriums der Sowjetunion. Noch ist die Zahl derartiger Eisbauten gering, aber nach den damit gemachten günstigen Erfahrungen liegt die Vermutung nahe, daß sie sich in Zukunft wesentlich vergrößern wird. Abgesehen von dem Bau kleiner Eishäuser für private Zwecke wurde das erste industrielle Eishaus im Jahre 1932 in Ust-Jenisseiskij-Port an der Mündung des Jenissei-Flusses errichtet, das für die Lagerung von Fischen bestimmt ist. In Nordsibirien folgten einige weitere Kaltlagerhäuser dieser Art. Eine systematische Erforschung der Bau- und Betriebsweise solcher unterirdischen Eishäuser setzte aber erst 1936 ein, als von dem Institut für Gefrierkunde (Institut merslotowedenja) ein Versuchslaboratorium in der Stadt Igarka am Jenissei errichtet wurde, das sich diesen Aufgaben widmete[1].

Zunächst wurde ein kleines Eishaus von 22 m³ Inhalt, anschließend ein größeres von 468 m³ gebaut, das erst 1942 vollendet werden konnte. Man trägt sich auch mit dem Gedanken, unterirdische Straßen im ewigen Eis zu bauen, um den Verkehr in Städten der Polargebiete zu erleichtern, wenn Schneeverwehungen und scharfe Winde herrschen. Schließlich denkt man an die Verwendung solcher Eishäuser als Museen, in denen Sammlungen, aber auch biologische Präparate bei möglichst konstanter tiefer Temperatur und konstanter relativer Feuchtigkeit gelagert werden könnten. Der wichtigste Verwendungszweck solcher Eishäuser bleibt jedoch die Frischhaltung von Lebensmitteln bei Temperaturen von nur wenig unter Null Grad.

Aber auch in den wärmeren Gegenden der Sowjetunion, z. B. im Gebiet von Moskau, wurden zahlreiche, zum Teil in den Boden versenkte, gut isolierte Eishäuser errichtet, bei denen die Eiswände, Eisböden und halbkugelige oder halbzylindrische Eisdecken durch die Winterkälte und durch Eis-Salz-Mischungen erzeugt und den ganzen Sommer hindurch erhalten werden[2]. Das erste dieser Eislager wurde im Winter 1939/40 auf Anordnung des Volkskommissariats für Handel in Moskau errichtet; es diente zur Aufbewahrung von 150 t Gemüse. Der gute Erfolg dieses Unternehmens gab Anlaß zum Bau von etwa 30 weiteren Eishäusern für 100 bis 500 t Lagergut an verschiedenen Plätzen im Winter 1940/41. Der Krieg unterbrach diese Entwicklung und verhinderte auch den sorgfältigen Betrieb und das Sammeln zuverlässiger, lückenloser Erfahrungen. Durchschnittlich konnte in diesen Eishäusern eine Temperatur um 0° bei 96 bis 97 % rel. Feuchtigkeit aufrechterhalten werden[3].

Die Einfachheit und Billigkeit des Baues und Betriebes solcher Eishäuser läßt ihre Verwendung nach Ansicht russischer Fachleute besonders in ländlichen Bezirken nördlicher Gegenden als durchaus ratsam erscheinen.

7. Speiseeis.

Die Herstellung von eisgekühlten Speisen und Getränken reicht bis tief ins Altertum zurück. In Europa wurde die Kunst der Speiseeisbereitung durch die Spanier und Italiener eingeführt. Der Florentiner Procopio Coltello stellte zuerst gewerbsmäßig gefrorene Fruchtsäfte und Speiseeis mit Hilfe von Kältemischungen aus Natureis und Salz her. Er eröffnete 1660 in Paris, 13, rue de

---

[1] Tumel, W. F.: Der unterirdische Versuchsbau in ewig gefrorenem Boden in der Stadt Igarka (am Jenissei). Moskau und Leningrad: Verl. d. Akad. der Wiss. der UdSSR. 1945.

[2] Tschekotillo, A. M.: Fünf Jahre des Baues und Betriebes von Eis-Lagerhäusern Moskau u. Leningrad: Verl. d. Akad. d. Wiss. 1946.

[3] Wlassoff, I. I.: Eislagerhäuser für Gemüse. Moskau: Gostorgisdat, 2. Aufl., 1944. — Kriegsprospekt K.E.U.-T.I.U.-K.A. Bauten aus Eis und Schnee, 1942. — Kryloff, M. M.: Bau von Kühlhäusern aus Eis und gefrorenem Boden. Cholodilnoje Delo, Nr. 7. 1931.

l'ancienne comédie, das Café Procope. Trotz der von ärztlicher Seite geäußerten Bedenken und einer gewissen Zurückhaltung des großen Publikums ging das Geschäft so gut, daß es 1676 schon 250 Meister der Kunst „des glaces, de fruits et de fleurs" gab, die in eine Innung aufgenommen werden konnten. Die Bereitung von Speiseeis auch außerhalb der Sommersaison wurde erst 1750 von einem Nachfolger von PROCOPE COUTEAU namens DUBUISSON eingeführt[1]. Um 1850 wurden die Kältemischungen in den Pariser Cafés durch die kleinen Vakuumkältemaschinen von EDMOND CARRÉ ersetzt (s. S. 78).

Wie stark die ärztlichen Bedenken gegen das Eisessen waren, ersieht man z. B. aus den Bemerkungen in der Enzyklopädie von LAROUSSE aus dem Jahre 1872, wo es heißt: „Im Winter, zumal während des Karnevals, hat man die unheilvolle Angewohnheit, keine Gesellschaft zu geben, auf der nicht Eis angeboten wird. Dieser Brauch fordert zahlreiche Opfer, namentlich unter den Frauen. Oft tödliche Brustfell- und Lungenentzündungen und ausnahmslos zum Tode führende Schwindsucht sind die Folge."[2]

Andererseits betrachteten Kenner das Eis als eine himmlische Speise; das Titelbild zu dem aus dem 18. Jahrhundert stammenden Buch von EMERY: L'Art de bien faire les glaces, zeigt, wie diese Speise von Engeln kunstgerecht bereitet wird.

Die fabrikmäßige Herstellung von Speiseeis setzte in den Vereinigten Staaten 1851 ein, als der Milchhändler JACOB FUSSEL in dem kleinen Landort Seven Valleys, Pennsylvanien, die erste Speiseeisfabrik gründete, die er im folgenden Jahr nach Baltimore, Maryland, überführte. Das Geschäft war so gewinnbringend, daß er bald weitere Fabriken gründen konnte, und zwar 1856 in Washington, 1862 in Boston und 1864 in New York. So entwickelte sich in Amerika bald eine ausgedehnte „Ice cream"-Industrie. Im Jahre 1910 betrug die Produktion etwa 100 Millionen Liter, im Jahre 1935 bereits 750 Millionen Liter Speiseeis[3]. Die Herstellung wurde inzwischen vollständig mechanisiert, und das amerikanische Speiseeis stellt auch in der Qualität ein durchaus hochwertiges Nahrungsmittel dar. Beim Versand auf große Entfernungen, der häufig vorgenommen wird, ergibt sich zugleich das wichtigste Anwendungsgebiet für das Trockeneis.

Im Vergleich mit Amerika ist der Speiseeisverbrauch in den europäischen Ländern noch sehr gering; es macht sich aber eine steigende Tendenz bemerkbar.

II. Kühlen und Gefrieren von Lebensmitteln.

1. Kühlhäuser und Schlachthöfe.

Daß sich schnellverderbliche Lebensmittel bei tiefer Temperatur länger in genießbarem Zustand erhalten lassen, war vermutlich schon im Altertum, sicher aber im Mittelalter bekannt; doch wurde diese Kenntnis selten in die Tat umgesetzt. Der englische Staatsmann und Philosoph FRANCIS BACON VON VERULAM

---

[1] v. LIPPMANN, O.: Siehe Literaturverzeichnis am Ende dieses Abschnitts. — H. H. SOMMER: The Theory an Practice of Ice Cream Making, 2. Aufl. Madison, Wis., 1935 (im Selbstverlag).

[2] Bei GOETHE „Aus meinem Leben, Dichtung und Wahrheit", Erster Teil, Drittes Buch, heißt es: „... Dagegen wurde uns Kindern reichlich vom Nachtisch mitgeteilt. Bei dieser Gelegenheit muß ich, um von der Unschuld jener Zeiten einen Begriff zu geben, angeben, daß die Mutter uns eines Tages höchlich betrübte, indem sie das Gefrorene, das man uns von der Tafel sendete, weggoß, weil es ihr unmöglich vorkam, daß der Magen ein wahrhaftes Eis, wenn es auch noch so durchzuckert sei, vertragen könne."

[3] Vgl. R. C. HIBBEN: Ber. VII. Intern. Kältekongr., Den Haag, 1936, Bd. 4, S. 369. — H. H. SOMMER: The Theory and Practice of Ice Cream Making, 2. Aufl. Madison, Wis., 1935 (im Selbstverlag).

(vgl. S. 4) befaßte sich auch mit der Frischhaltung von Lebensmitteln durch Kälte. Beim Vergraben von Hühnern in Schnee soll er sich eine schwere Erkältung zugezogen haben, die seinen Tod herbeiführte (1626)[1]. Natureis diente in erster Linie für die Herstellung kalter Getränke und allerlei Delikatessen (s. S. 5). Erst im 18. Jahrhundert benutzte man die Eiskeller auch für die Frischhaltung von Lebensmitteln, und dieser Brauch breitete sich schnell aus. Die ersten Kältemaschinen dienten aber anderen Zwecken und verdrängten nur langsam die Eiskeller und Eisschränke in den Haushaltungen. Auf die Dauer konnte es jedoch nicht unterbleiben, daß besonders Großlagerräume von der künstlichen Kälte Gebrauch machten, und als deren Vorteile erst erkannt waren, setzte sie sich in der zweiten Hälfte des 19. Jahrhunderts rasch durch[2].

In den Vereinigten Staaten sollen in der Mitte der sechziger Jahre des 19. Jahrhunderts kleinere Eiskühlhäuser in New York und anderen Städten errichtet worden sein. Ein umfangreicheres Kaltlagerhaus wurde 1878 in Chicago gebaut, für dessen Kühlung zunächst auch Eis verwendet wurde. Erst 1886 wurden Kältemaschinen eingebaut. Das erste große amerikanische Kaltlagerhaus mit mechanischer Kälteerzeugung, in dem die verschiedensten Lebensmittel untergebracht werden konnten, wurde 1881 von der Mechanical Refrigerating Co. in Boston, Mass., errichtet[3]. 1882 folgte ein Kühlhaus in East St. Louis, Ill., 1886 in Baltimore und 1889 in Chicago. Die Entwicklung dieses Industriezweiges in Amerika ist durch nebenstehende Zahlen gekennzeichnet[4].

Jahr	Anzahl der Kaltlagerhäuser	Gesamte gekühlte Grundfläche in m³
1904	620	2 900 000
1909	800	4 500 000
1914	898	5 650 000
1919	1077	7 700 000
1924	1332	9 800 000
1927	2027	11 300 000

Die Kaltlagerung von Lebensmitteln war in ihrer Entwicklung jahrelang durch zwei Faktoren gehemmt: Erstens bestand die Ansicht, daß kaltgelagerte Lebensmittel gesundheitsschädlich und geschmacklich minderwertig seien, zweitens legte man den Kühlhäusern zur Last, daß sie durch Spekulation die Lebensmittel verteuern, indem sie dieselben solange vom Markt zurückhalten bis die Preise nach eingetretener Verknappung erheblich gestiegen sind[5]. Die hygienischen und geschmacksphysiologischen Einwände entbehrten in den ersten Jahrzehnten dieser neuen Konservierungstechnik nicht einer gewissen Berechtigung, denn die optimalen Lagerbedingungen mußten für die verschiedenen Lebensmittel erst erforscht werden, auch wurde die Lagerzeit vielfach zu lange ausgedehnt. Falsch war auch, daß man gekühlte Lebensmittel, die auf den Markt gebracht waren, aber nicht abgesetzt werden konnten, erneut ins Kühlhaus brachte. Ein weiterer Fehler bestand darin, daß gefroren gelagerte Lebensmittel vor der Abgabe an den Verbraucher aufgetaut wurden, um ihnen den Anschein frischer Waren zu geben.

Der Einfluß der Kaltlagerung auf die Preisgestaltung von Lebensmitteln wurde in den USA durch das Department of Agriculture seit 1911 eingehend studiert[6]; es wurde festgestellt, daß die Kaltlagerung dazu beigetragen hat, die

---

[1] Bacon, Francis: Works, Bd. VI, S. 75. London 1826.

[2] Horne, F. A.: Ice & Refrig. Bd. 51 (1916), S. 170.

[3] Taylor, W. A.: Year Book of the U. S. Department of Agriculture, 1900, S. 561—580.

[4] Ice and Refrigeration Blue Book & Buyers Guide, Chicago, 1928, S. 71. — F. A. Horne: Ber. IV. Intern. Kältekong. London, 1924, Bd. 2, S. 1753.

[5] Haring, H. A.: Cold Storage regulations, Ice & Refrigeration, Bd. 68 (1925), S. 419 — Franklin, I. C.: U. S. Dept. of Agriculture, Yearbook 1917, S. 365.

[6] Holmes, Cr. K.: Cold Storage and Prices, U. S. Dept. of Agric., Bur. of Statistics, Bulletin 101, Washington 1913.

Preise der Lebensmittel während des ganzen Jahres auf gleichmäßiger Höhe zu halten und daß eine Versorgung der großen Städte ohne Kälteanwendung bei der Lagerung und beim Transport gar nicht mehr möglich wäre.

Den Vorurteilen und Einwänden der Verbraucher begegnete man durch gesetzliche Bestimmungen über die Kaltlagerung von Lebensmitteln, die in den einzelnen amerikanischen Staaten seit 1911 erlassen und ständig verbessert wurden. Entscheidend war der „Draft Cold Storage Act" von 1914, der für alle Staaten Gültigkeit erhielt[1]. Aber erst die maßgebende Rolle, welche die Kühlhäuser bei der Bewirtschaftung von Lebensmitteln im ersten Weltkrieg gespielt haben, löste die bestehenden Bedenken und trug zur allgemeinen Anerkennung ihrer Notwendigkeit bei.

In England begann man 1881 mit dem Bau der großen Lagerhäuser für überseeisches Gefrierfleisch, die von der London and St. Katherine Dock Co. errichtet und mit Kaltluftmaschinen von Hall und Haslam (s. S. 49) ausgerüstet wurden; 1886 gab es hier schon 56 gekühlte Räume mit zusammen 5100 m³ Inhalt, die 56000 gefrorene Hammel im Gewicht von je 27 kg aufnehmen konnten.

Im Jahre 1882 wurde das erste große Fleischgefrierhaus (Frigorifico) in Argentinien gebaut. Die ersten Gesellschaften, die den Export von Gefrierfleisch nach England und USA aufnahmen, waren die River Plate Fresh Meat Company und die Compania Sansinena de Carnes Congeladas. Im Jahre 1912 gab es in Argentinien und Uruguay schon 12 große Frigorificos, die im gleichen Jahr 4356252 Rinderviertel und 3584027 gefrorene Hammel exportierten[2].

In Deutschland wurde die erste Schlachthofkühlanlage im Jahre 1882 gebaut, und zwar in Bremen durch die Firma Osenbrück[3]. Bald danach, 1883, wurde die erste LINDEsche Kühlanlage im Schlachthof von Wiesbaden errichtet, die lange Jahre hindurch als Vorbild für viele deutsche und ausländische Anlagen dieser Art diente. Sie bestand aus einem Vorkühlraum, in dem das Fleisch in 1 bis 2 Tagen auf etwa 8 bis 10° im Kern vorgekühlt wurde, und dem eigentlichen Kühlraum, der auf +2 bis +4° C bei 75% relativer Feuchtigkeit gehalten wurde und in dem das Fleisch in schwach bewegter Luft so lange hängen blieb, bis die Metzger es abholten. Das Fleisch erlitt dabei nicht unbeträchtliche Gewichtsverluste und schrumpfte an der Oberfläche ein.

TAMM hat 1930 nachgewiesen, daß die Gewichtsverluste wesentlich verringert werden können und die Qualität des Fleisches verbessert wird, wenn die Abkühlung auf etwa +2° in strömender Luft (z. B. in einem Kühltunnel) so rasch wie möglich erfolgt und das Fleisch dann bei 0 bis 1° und etwa 85% relativer Feuchtigkeit gelagert wird[4]. Während diese Bedingungen in russischen Schlachthöfen und Fleischkombinaten sehr bald als richtig erkannt und vorgeschrieben wurden[5], hat man in Deutschland erst nach dem zweiten Weltkrieg im Berliner Schlachthof das neue Verfahren eingeführt. In Westdeutschland ist der Schlachthof in Ludwigshafen 1952 als erster zur Schnellkühlung übergegangen.

---

[1] Vgl. Ice and Refrigeration, Bd. 47 (1914) S. 181. — F. A. HORNE: Fußn. 4 auf S. 112.

[2] Nach RICHELET: Industria de Carnes en la República Argentina, vgl. A. M. BERGMAN: A review of the frozen an chilled transoceanic meat industry, S. 41. Uppsala u. Stockholm: Almquist & Wiksells 1916.

[3] Ausführliche Beschreibung bei G. BEHREND: Eis- und Kälteerzeugungs-Maschinen, 1. Aufl. 1883, S. 130; 3. Aufl. 1894, S. 378. Halle: Knapp.

[4] TAMM, W.: Die Kühlung von Fleisch. Beihefte zur Z. ges. Kälteind., Reihe 3, H. 4. Berlin: Ges. f. Kältewesen 1930.

[5] Vgl. z. B. M. W. TUCHSCHNEID: Die Kältebehandlung schnell verderblicher Lebensmittel, übersetzt von E. EMBLIK, 2. Aufl. Hannover: Brücke-Verlag Kurt Schmersow 1951. — Ferner A. SCHILLING: Kältetechnik Bd. 2 (1950) S. 88.

Beim Überseetransport kommt man aber mit der Kühlung von Fleisch („chilled meat") nur sehr knapp aus, besonders wenn die Transporte länger als 3 bis 4 Wochen dauern, was beim Fleisch aus Australien und Neuseeland stets der Fall ist. Gewisse Zusatzverfahren, wie die Anwendung von Formaldehyd in den Schiffskühlräumen oder die Anreicherung der Atmosphäre mit Kohlendioxyd, haben sich nur bedingt bewährt. Man mußte daher auf das Gefrierverfahren übergehen, das auch in Südamerika viel angewandt wurde. Zwar war der Marktpreis für Gefrierfleisch (was vielfach durch Vorurteile der Konsumenten bedingt war) etwas niedriger als für frisches Fleisch, aber das Risiko war dabei doch viel geringer, weil Fleisch in gefrorenem Zustand monatelang einwandfrei erhalten werden kann[1].

In der Reihe der Männer, die sich um die Einführung von Gefrierfleisch verdient gemacht haben, ist zuerst Thomas Sutcliffe Mort zu nennen, der für seine Versuche ein Vermögen opferte. Er wurde 1816 in Lancashire geboren und emigrierte 1838 nach Australien. Seit 1843 beschäftigte er sich mit dem Fleischhandel. Er lernte in Australien 1853 den aus Rouen stammenden französischen Ingenieur Eugène Dominique Nicolle kennen, und beide widmeten sich dem Gefrieren von Fleisch. Im Jahre 1861 wurde das erste Fleischgefrierwerk in Sydney errichtet; ein geschäftlicher Erfolg war diesem Unternehmen jedoch nicht beschieden. In Sydney haben seine Landsleute Th. S. Mort ein Denkmal errichtet.

Schon 1873 unternahm es Harrison (s. S. 55), eine Ladung Gefrierfleisch von Australien nach London zu bringen; doch hatte er dabei das Mißgeschick, daß unterwegs ein Maschinendefekt eintrat und das Fleisch nach dreimonatiger Reise verdorben in London ankam[2].

In Europa waren es vor allem Charles Tellier (Abb. 83) und Ferdinand Carré (Abb. 63), die sich um die Anwendung künstlicher Kälte für die Frischhaltung von Fleisch verdient gemacht haben. Telliers Arbeiten reichen bis 1868 zurück[3], aber erst 1873 erkannte die Pariser Akademie ihre Bedeutung[4].

Im Jahre 1876 bestellte er in England das Schiff „Le Frigorifique", 63 m lang, 8,4 m breit, das eine Geschwindigkeit von 6 Knoten entwickelte, und rüstete es mit seinen Kältemaschinen aus. Die

Abb. 83. Charles Tellier.

---

[1] Man findet in der Literatur häufig erwähnt, daß Mammutfleisch, das in der Lenamündung in Sibirien jahrhundertelang im Eis eingefroren war und dort durch Zufall gefunden wurde, nach dem Auftauen noch genießbar gewesen sein soll. Dem Verfasser ist es nicht gelungen, eine zuverlässige Quelle für diese Überlieferung zu finden, weshalb sie nur mit Vorbehalt erwähnt werden kann.

[2] Vgl. A. J. Wallis-Tayler: Industrial Refrigeration, Cold Storage and Ice-Making, 7. Aufl., S. 2. New York: N. W. Henley Publ. Co. 1930.

[3] Tellier, Ch.: C. R. Acad. sci., Paris, Bd. 71 (1870) S. 579 u. 618.

[4] C. R. Acad. sci., Paris, Bd. 79 (1874) S. 739. Bemerkenswert in dem Bericht der Kommission ist die Behauptung, daß man bei der Kaltlagerung von Fleisch das Gefrieren vermeiden muß!

Angaben, die man in der Literatur über diese Anlage findet, sind widersprechend. MONVOISIN gibt an, daß das Fleisch beim Transport von Rouen nach Buenos Aires nur auf 0° gekühlt wurde[1]; auch CRITCHELL und RAYMOND sprechen von 0°[2]. Da das Fleisch nach mehr als dreimonatiger Reise in brauchbarem Zustand in Buenos Aires angekommen sein soll, kann es sich aber nur um eine Gefrieranlage gehandelt haben, was auch von BOUTARIC bestätigt wird[3]. Andererseits bemerken CRITCHELL und RAYMOND, daß der Zustand des Fleisches minderwertig war. Auf der Rückfahrt brachte das Schiff 35 Tonnen argentinisches Gefrierfleisch nach Frankreich, das in gutem Zustand ankam, aber trotzdem keine Abnehmer fand[4].

Im Jahre 1876 erhielt F. CARRÉ (mit JULLIEN) ein Patent auf eine Ammoniak-kältemaschine vereinfachter Bauart zwecks Einbau in Schiffen zum Gefrieren von Fleisch und Fischen bei Temperaturen von -25 bis $-35°$ C[5]. Im Jahre 1877 wurde das Schiff „Paraguay" (1100 t), das von einer Marseiller Gesellschaft gechartert war, mit drei CARRÉschen Kältemaschinen ausgerüstet; das Fleisch wurde an Bord gefroren und die Lagerräume wurden auf $-30°$ abgekühlt. Trotz sehr langer Reisedauer war diesem Transport, an dem TELLIER ebenfalls beteiligt gewesen sein soll, ein voller Erfolg beschieden. CRITCHELL und RAYMOND kommen daher zu folgendem Schluß (a. a. O., S. 28): „Mr. CARRÉ's name must stand out as that of the pioneer in Europe of the frozen meat trade; for TELLIER never brought his meat below the freezing point."

Im Jahre 1880 brachte dann die „Strathleven" (2436 t), die mit Kaltluftmaschinen von BELL-COLEMAN (s. S. 48) ausgerüstet war, eine Ladung von 40 t Gefrierfleisch in bestem Zustand von Sydney und Melbourne nach London. 1882 wurden mit dem Segler „Dunedin" mit Kältemaschinen gleicher Bauart 5000 gefrorene Hammel von Port Chalmers, Neuseeland, nach England gebracht. Damit war der Erfolg des Gefrierfleisches in England gesichert, und man begann dort unverzüglich mit dem Bau großer Gefrierlagerhäuser.

In der Geschichte des Kühlhausbaues verdient noch eine Phase besondere Erwähnung, nämlich die in Amerika gegen Ende des vorigen Jahrhunderts errichteten gewaltigen *Fernkühlwerke* — ein Gegenstück zu den modernen Fernheizwerken. Die Kälte wird dabei, wie Heizdampf, Warmwasser, Gas oder Elektrizität, von einer Zentralstation den verschiedenen Verbrauchsstellen im weiten Umkreis einer Stadt zugeleitet. So können Kühlhäuser, Markthallen, Lebensmittelgeschäfte und Gaststätten gleichzeitig mit Kälte versorgt werden.

Eines der ältesten Fernkühlwerke wurde in Louisville, Kentucky, errichtet[6]. Die Kälte wurde hier durch eine Absorptionsmaschine der Henry Vogt Machine Co. in Louisville erzeugt. Die Kühlstellen wurden mit flüssigem Ammoniak versorgt, das unter Kondensatordruck durch lange, unter der Straße verlaufende Leitungen geführt wurde. Nach erfolgter Verdampfung kehrten die leicht überhitzten Ammoniakdämpfe durch eine zweite Leitung von größerem Durchmesser zur Zentralstation zurück und wurden dort in den Absorbern aufgesaugt. Ähn-

---

[1] MONVOISIN, A.: La Conversation par le froid des denrées périssables, 1. Aufl, S. 184 1923; 2. Aufl., S. 180, 1936. Paris: Dunod.

[2] CRITCHELL, J. T., u. J. RAYMOND: A history of frozen Meat Trade. London: Constable & Co. Ltd. 1912.

[3] BOUTARIC, A.: Les grandes Inventions Françaises, S. 165. Paris: Les éditions de France 1932.

[4] GÖTTSCHE, G.: Die Kältemaschinen und ihre Anlagen, 5. Aufl., S. 120. Hamburg: Verl. f. Kälte-Industrie 1912—1915.

[5] Franz. Pat. 111355 (1876).

[6] Vgl. J. A. EWING: Die mechanische Kälteerzeugung, S. 49. Braunschweig: Fr. Vieweg & Sohn 1910.

liche Fernkühlanlagen wurde anschließend in Boston, New York, Philadelphia, St. Louis und Kansas City gebaut; doch wurde hier von Ammoniakkompressionsmaschinen Gebrauch gemacht. Aus Abb. 84 sind die zahlreichen Kälte-

Abb. 84. Verteilung der Verbrauchsstellen des Fernkühlwerks in Boston, Mass. (Quincy Market Co.).
1, 4, 7, 10, 13, Kühl- und Gefrierhäuser,   5, 8, 11 Kraft- und Kälteerzeugungsstationen,
2, 3, 12 Ladungsplätze,   6 Kohlenbunker,   9 Verwaltungsgebäude,   A, B, C Markthallen.

Abb. 85. Blick in ein Maschinenhaus der Quincy Market Co. in Boston, Mass.

verbrauchsstellen zu ersehen, die in Boston an die Kältezentralen der Quincy Market Cold Storage and Warehouse Co. angeschlossen sind. Abb. 85 zeigt das Maschinenhaus in einer der Zentralen; man erkennt die altmodischen stehenden Kompressoren mit mehrstöckigen Plattformen (vgl. Abb. 43), die durch Corlis-Dampfmaschinen von insgesamt 10000 PS angetrieben werden. Die drei Kältezentralen (5, 8 und 11 in Abb. 84) entwickeln eine Kälteleistung von 12 Millionen kcal/h. In diesem Kühlhaus ist man später vom System der direkten Verdampfung zur Solekühlung übergegangen, obwohl die Kosten einer Anlage mit Solekühlung schon wegen der Notwendigkeit der Isolierung der kalten Leitungen um 45% höher sind. Dafür entfallen die Gefahren der Undichtheiten, man verfügt über eine größere Betriebssicherheit und bessere Regulierfähigkeit. Die in Boston verlegten Solefernleitungen bestehen aus zwei Systemen: in dem einen hat die Sole eine Temperatur von $-12°$, in dem anderen von $-23°$ C. Die Gesamtlänge der Solehauptleitungen beträgt 16 km. Durch diese Leitungen fließen stündlich 3500 m³ Sole, die sich um $3°$ erwärmt.

In neuerer Zeit wurden derartige Mammutanlagen nicht mehr errichtet; statt dessen machte sich eine deutliche Tendenz zur Dezentralisierung bemerkbar. Es wurden auch keine Kältemaschineneinheiten von so großer Kälteleistung mehr gebaut, sondern lieber eine größere Zahl von Maschinen aufgestellt und davon jeweils so viele in Betrieb gesetzt, wie es dem Kältebedarf entsprach. Diese Tendenz verstärkte sich noch, seitdem die einzelnen Anlagen vollautomatisch betrieben werden konnten.

2. Fische. Die Entwicklung des Schnellgefrierverfahrens.

Die Kühlung von Fischen mit Eis sichert nur eine sehr begrenzte Haltbarkeit. Dieses Verfahren wird besonders auf Fischereifahrzeugen, beim Eisenbahntransport und in Lebensmittelgeschäften angewendet. Auf den Transport von Fischen werden wir auf S. 154 noch ausführlicher zurückkommen. Wichtiger für die Kältekonservierung von Fischen sind die Gefrierverfahren, die schon seit langer Zeit bekannt waren, aber doch erst im 19. Jahrhundert zu technischer Vollkommenheit gebracht wurden und den Ausgangspunkt für die modernen Schnellgefrierverfahren bildeten[1].

Das Gefrieren von Fischen in der natürlichen Winterkälte wurde schon immer in den nördlichen Neu-England-Staaten der USA, in Kanada, Neufundland Alaska und Sibirien ausgeübt[2]. Das älteste Patent für ein Fischgefrierverfahren wurde in England 1842 an H. BENJAMIN vergeben[3]; die Fische sollten durch Gemische von Eis und Kochsalz gefroren werden. Es ist aber nicht bekannt, ob von diesem Verfahren schon damals Gebrauch gemacht wurde. Ferner wird berichtet, daß J. HARRISON schon 1855 Fische durch Eis und Salz zum Gefrieren brachte. Im Jahre 1861 erhielt ENOCH PIPER aus Camden, Maine, zwei amerikanische Patente auf ein Verfahren, bei dem ein Metallbehälter mit einer Mischung von Eis und Salz dicht über eine Kammer mit zu gefrierenden Fischen gesetzt wurde[4]. Sehr frühzeitig, in den Jahren 1866 bis 1867, wurden ähnliche Verfahren von CHARLES F. PIKE aus Providence, R. I., auch schon an Bord von Schiffen angewandt[5]. Nach W. DAVIS[6] wurden Fische in flachen, ringsum ge-

---

[1] Für die Darstellung der älteren Gefrierverfahren siehe CH. H. STEVENSON: Bull. U. S. Fish Commission, Washington Bd. 18 (1898) S. 358—388. Vgl. Z. ges. Kälteind. Bd. 8 (1901) Nr. 12, und Ice and Refr. Bd. 21 (1901) S. 91. — H. F. TAYLOR: Refrigeration of Fish, Bur. of Fisheries, Doc. Nr. 1016, Washington 1927. Vgl. Refrig. Engng. Bd. 16 (1928) S. 147.

[2] ROBBINS, C. C.: Ber. III. Intern. Kältekongr. Chicago 1913, Bd. 1, S. 543.

[3] Brit. Pat. Nr. 9240 (1842). Eine Übersicht über die Patentliteratur lieferte R. HEISS: Z. ges. Kälteind. Bd. 49 (1942) S. 82 u. 96. — Vgl. auch R. PLANK: Die Frischhaltung von Fischen durch Kälte. Fischwirtschaftskunde Bd. VIII, Teil 1. Hamburg: Hans A. Keune 1947.

[4] U.S. Pat. 31736 (1861) und 36107 (1862). — [5] U.S. Pat. 72894 (1867).

[6] U.S. Pat. 85913 (1869).

schlossenen Metallpfannen dicht gepackt, die dann in Mischungen von Eis und Salz oder in andere Gefrierflüssigkeiten getaucht wurden. Ähnlich ist auch das Verfahren von D. Y. Howell[1].

Das Gefrieren von Fischen in offenen Pfannen oder Kästen in tiefgekühlter Luft scheint erstmalig im Jahre 1875 von D. W. und S. H. Davis aus Detroit, Mich., ausgeübt worden zu sein[2]. D. W. Davis erhielt dann noch weitere Patente[3].

In England zeigte die Firma J. & E. Hall in Dartford, Kent, schon frühzeitig Interesse für das Gefrieren von Lebensmitteln, nachdem sie 1887 von Franz Windhausen die Lizenz für den Bau von CO_2-Kältemaschinen erworben hatte (s. S. 66). Die beiden Direktoren dieser Firma, Everard Hesketh und Alexander Marcet, erhielten 1889 ein Patent[4] auf ein Verfahren, bei dem Lebensmittel durch direktes Eintauchen in eine maschinell gekühlte Salzlösung gefroren wurden, wobei sie auch durch Überzüge oder Verpackungen vor der Berührung mit der Sole geschützt werden konnten.

Im Jahre 1898 erhielt der französische Ingenieur Henri Rouart ein britisches Patent[5] auf das Gefrieren von Lebensmitteln (Fleisch, Fische, Butter u.a.) durch direktes Eintauchen in eine nicht gefrierende Flüssigkeit; aus den Abbildungen der Patentschrift ist zu erkennen, daß dabei eine Kältemaschine verwendet werden sollte. Als nicht gefrierende Flüssigkeit wird eine Mischung von Wasser und Glyzerin, Wasser und Alkohol oder Wasser und Seesalz empfohlen. Rouart war sich bewußt, daß bei Anwendung von Salzlösungen etwas Salz in die Fischoberfläche eindringt; er hielt dies aber für unbedenklich.

Praktisch wurde das schnelle Gefrieren von Fischen in Gemischen von Eis und Salz schon in den achtziger Jahren des vorigen Jahrhunderts von einer englischen Gesellschaft auf den Lofoten angewandt[1]. Der norwegische Fischereiinspektor Wallem hat 1890 Heringe mit Eis und Salz in Tonnen verpackt und durch Rollen der Tonnen auf dem Boden ein rasches Gefrieren erzielt; die Fische wurden dabei natürlich stark gequetscht, wobei sie Schleim und Schuppen verloren. Dieses Verfahren wurde später (1913) von Henrik Bull in Norwegen mehrmals verbessert[6, 7]. Die weitere Entwicklung, die auch das Gefrieren größerer Mengen ermöglichte, führte Nikolai Dahl in Trondheim seit 1912 durch[8]: die in Kisten mit gelochten Deckeln verpackten Fische werden durch eine Pumpe mit kalter Sole berieselt, die in einem tiefer angeordneten Behälter aus Eis und Salz gebildet wird. Mehrere Anlagen dieser Art wurden in Kalifornien und Florida aufgestellt.

Die Nachteile, die eine direkte Berührung der Fische mit Eis und Salzlösungen mit sich bringt, wurden zielbewußt erst von Ottesen vermieden oder doch wenigstens weitgehend eingeschränkt; wir werden auf sein Verfahren, das am Beginn der großindustriellen Entwicklung der Schnellgefrierverfahren steht, weiter unten eingehen.

Neben dem Gefrieren von Fischen in kalten Salzlösungen, das sich zunächst nur für kleinere Mengen eignete, hat sich in den großen Kühl- und Gefrierhäusern auch das Gefrieren in kalter Luft eingebürgert, das allerdings den Nachteil hat, daß die Fische dabei an der Oberfläche austrocknen und ihren Glanz, beson-

[1] U.S. Pat. 109820 (1870). — [2] U.S. Pat. 161596 (1875). [3] U.S. Pat. 226390 (1880) und 709751 (1902). — [4] Brit. Pat. 6117 (1889). [5] Brit. Pat. 5378 (1898). [6] Vgl. H. Bull: Norsk Fiskeritidende, März 1913, S. 78. [7] Bull, H.: Norsk Fiskeritidende 1915, S. 76 — Der Fischerbote, Hamburg 1915, S. 239 u. 247 — Brit. Pat. 23126 (1913). [8] Brit. Pat. 13760 (1912), 6711 (1914), 109238 (1917); U.S. Pat. 1123701 (1915), 1177308 (1916), 1235661 (1917), 1367624 (1921); DRP 315356 (1916), 331211 (1918), 333519 (1918), 337606 (1920).

ders bei langfristiger Lagerung, verlieren. Sibirische Lachse und Störe wurden schon 1903 auf Barken und Schiffen, die mit Kältemaschinen ausgerüstet waren und die bis zum Nördlichen Eismeer vordrangen, in kalter Luft hängend gefroren. In den Jahren 1908 bis 1913 wurden von deutschen Kältemaschinenfabriken mehrere Fischgefrierhäuser in Astrachan und anderen Küstenplätzen am Kaspischen Meer errichtet. Später entstanden solche Anlagen auch am Schwarzen Meer.

Große Fischgefrierhäuser mit Lufttemperaturen von -25 bis $-30°$ C wurden auch in Amerika gebaut; eines der größten errichtete 1911 die Canadian Fishing Co. in Vancouver, Brit. Columbia, für das Gefrieren von Heilbutt[1]. Schon 1911 wurden 1000 Waggons gefrorener Fische von Vancouver exportiert. Eine weitere Großanlage entstand bei den San Juan Fisheries in Seattle, Wash. Die Fische wurden nach dem Gefrieren glasiert und in Pergamentpapier eingewickelt.

Im Jahre 1911 meldete der dänische Fischexporteur A. J. A. OTTESEN in Norwegen ein Patent auf ein Verfahren zum Gefrieren leicht verderblicher Waren an, das ihm 1913 erteilt wurde[2]. Er empfahl, die vorher angefeuchteten Lebensmittel in einer *ungesättigten* Salzlösung zu gefrieren, die bis zu ihrem eigenen Gefrierpunkt abgekühlt ist, wodurch die osmotische Wirkung (das Eindringen von Salz in die zu gefrierende Ware) auf ein Mindestmaß herabgesetzt wird. Eingehende Untersuchungen bestätigten die Richtigkeit dieser Anschauung und zeigten darüber hinaus, daß beim sehr schnellen Gefrieren in Sole die Gewebestruktur besser erhalten wird als beim langsamen Gefrieren in der Luft[3]. Die technische Durchbildung der OTTESEN-Anlagen besorgte die dänische Kältemaschinenfabrik Thomas Ths. Sabroe in Aarhus. Die ursprüngliche Form des Gefrierapparates ist in den Abb. 86 und 87 gezeigt[4]. Der Apparat besteht aus einem allseitig gut isolierten runden Blechbehälter von 2 m Durchmesser und 1 m Höhe, in welchen konzentrisch die Verdampferschlange B einer Kältemaschine mit einer Kälteleistung

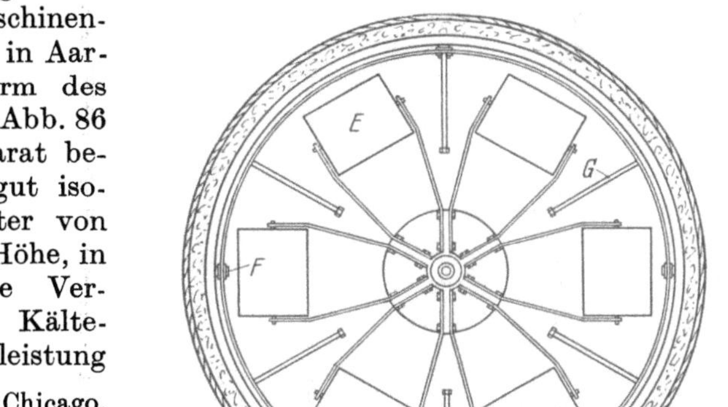

Abb. 86.

Abb. 87.
Abb. 86 u. 87. Ursprüngliche Form des Fischgefrierapparates von A. J. A. OTTESEN
(Maschinenfabrik Th. Sabroe, Aarhus).
A Propeller, *B* Verdampferschlange, *C* Isolierung, *D* Holzverschalung, *E* Körbe aus Eisengeflecht, *F, G* Rotierendes Rahmenwerk.

[1] Ice and Refrigeration, Chicago, Nr. 2, 1912.

[2] Die weiteren Patente von OTTESEN sind: DRP 294413 (1914), Brit. Pat. 24244 (1912), U.S. Pat. 1129716 (1915).

[3] PLANK, R., E. EHRENBAUM u. K. REUTER: Die Konservierung von Fischen durch das Gefrierverfahren, Abh. zur Volksernährung, H. 5. Berlin: Zentral-Einkaufsges. 1916.

[4] Die Abbildungen sind dem Aufsatz von H. BULL, a. a. O., entnommen.

von 5000 kcal/h eintaucht. In der Mitte des Behälters ist auf einer durch Kegelräder angetriebenen Achse ein Propeller A angeordnet, der die Sole in kräftige Bewegung versetzt. Der Grundriß zeigt ein horizontales, um die Achse drehbares Rahmenwerk F—G, welches 6 mit Deckeln versehene Körbe aus Eisengeflecht E trägt, in denen die Fische gefroren werden.

Die ersten gewerblichen Ottesen-Anlagen wurden ab 1915 in Esbjerg, Skagen und Göteborg gebaut. Weitere Anlagen entstanden bis 1925 in Finnland, Frankreich, Deutschland, Italien, in den Vereinigten Staaten, Kanada und Japan. Sie haben wesentlich dazu beigetragen, die Vorteile des schnellen Gefrierens in aller Welt vor Augen zu führen und verdrängten das langsame Gefrieren in stiller Luft völlig.

Die ersten deutschen Ottesen-Anlagen wurden, dank den Bemühungen von W. Schlienz[1], 1924 in Wesermünde und bald darauf in Cuxhaven errichtet. Über Ottesen-Anlagen an Bord von Fischereifahrzeugen s. S. 156.

In technischer Hinsicht ließ sich das Ottesen-Verfahren noch in mancher Richtung vervollkommnen, und solche Bemühungen setzten auch bald mit verschiedenem Erfolg ein. Erwähnt seien hier nur die Lösungen von Piqué in Cambridge (England)[2], die Soleberieselungsverfahren von L. Hirsch[3] und H. F. Taylor[4] und das Solezerstäubungsverfahren von M. T. Zarotschen-zeff[5]. Nach diesem Verfahren wurden auch mehrere Anlagen an Bord von Schiffen errichtet. Bei allen diesen Verfahren kam der Fisch mit der Kühlsole in direkte Berührung.

Zahlreiche Erfinder bemühten sich daher, solche Gefrierverfahren auszubilden, bei denen der direkte Kontakt mit der Sole vermieden wurde, so daß man auch nicht mehr auf Kochsalzlösungen beschränkt blieb, die keine tiefere Temperatur als etwa $-20°$ zulassen. Schon Benjamin (1842), Hesketh und Marcet (1889) sowie D. W. Davis (1902) hatten sich in diesem Sinne betätigt. Gottfried Friedrich in Altona hat um 1915 Aale in flachen stehenden Blechzellen gefroren, die mit Wasser gefüllt waren und in kalte Sole getaucht wurden; die Fische froren also in einem Eisblock[6]. P. W. Petersen packte die Fische trocken und dicht in flache Zellen von $70 \times 45 \times 10$ cm^3 und fror sie in Chlormagnesiumlösungen von -30 bis $-35°$. Eine solche Anlage wurde 1922 in Bay City, Michigan, errichtet[7]. Vorübergehende Erfolge hatten auch zwei Verfahren von R. E. Kolbe, das System der Taucherglocke[8] und das System der schwimmenden Pfannen (floating pan)[9].

---

[1] Schlienz, W.: Jahresberichte über die Deutsche Fischerei, 1925. Ferner: Die Kühlfisch A.G. Wesermünde, Musterbetriebe Deutscher Wirtschaft, Bd. 16: Die Fischwirtschaft. Berlin: Organisation-Verlagsges. (S. Hirzel) 1930.

[2] Food Investigation Board, Special Report Nr. 4, London, 1920, sowie DRP 362491 (1920), U.S. Pat. 1431328 (1922).

[3] DRP 335871 (1916).

[4] U.S. Pat. 1468050 (1921).

[5] Zarotschenzeff, M. T.: Ice and Cold Storage Bd. 30 (1927) S. 113, 225 u. 227 — Between two Oceans. London: Cold Storage & Produce Rev. 1930 — Refrig. Engng. Febr. 1932, S. 103 — Rev. gén. Froid Bd. 14 (1933) S. 126 — Kälte-Ind. Bd. 31 (1934) S. 131 — Brit., Pat. 339172 (1930), DRP 583434 (Priorität 1930), U.S. Pat. 1894813 (1931). — Gardner Poole u. M. T. Zarotschenzeff: Ber. VII. Intern. Kältekongr. Den Haag, 1936, Bd. 4, S. 232.

[6] Kälte-Ind. Bd. 12 (1915) S. 3.

[7] Refrig. Engng. Bd. 7 (1922) Nr. 1; Bd. 10 (1924) Nr. 6 — U.S. Pat. 1422126 (1921), 1528890 (1923), 1689965 (1923).

[8] Kolbe, R. E.: Ice & Refrig. Bd. 66 (1926) S. 205 — U.S. Pat. 1527562 (1923).

[9] Kolbe, R. E.: U.S. Pat. 1641441 (1925). Die Verfahren unter Fußnote 3 u. 4 sind beschrieben bei R. Plank: Die Frischhaltung von Fischen durch Kälte. Fischwirtschaftskunde Bd. VIII, Teil 1. Hamburg: Hans A. Keune 1947.

Im Zuge der Schnellgefrierverfahren wurde auch eine Methode entwickelt, bei der Fische, später auch andere Lebensmittel, zwischen zwei kalten Metallplatten gefrieren, in denen kalte Sole umläuft oder ein Kältemittel verdampft. Dieses Verfahren hat sich zu größter industrieller Bedeutung entwickelt. Als Vorläufer ist ein Verfahren von COOKE anzusehen[1]. Den größten bleibenden Erfolg erzielte aber CLARENCE BIRDSEYE, der zuerst 1929 einen Bandgefrierapparat entwickelte[2] und dann gemeinsam mit B. HALL den Mehrplattengefrierapparat (Multiplate Freezer) schuf (Abb. 88 und 89)[3]. Die vorbereiteten

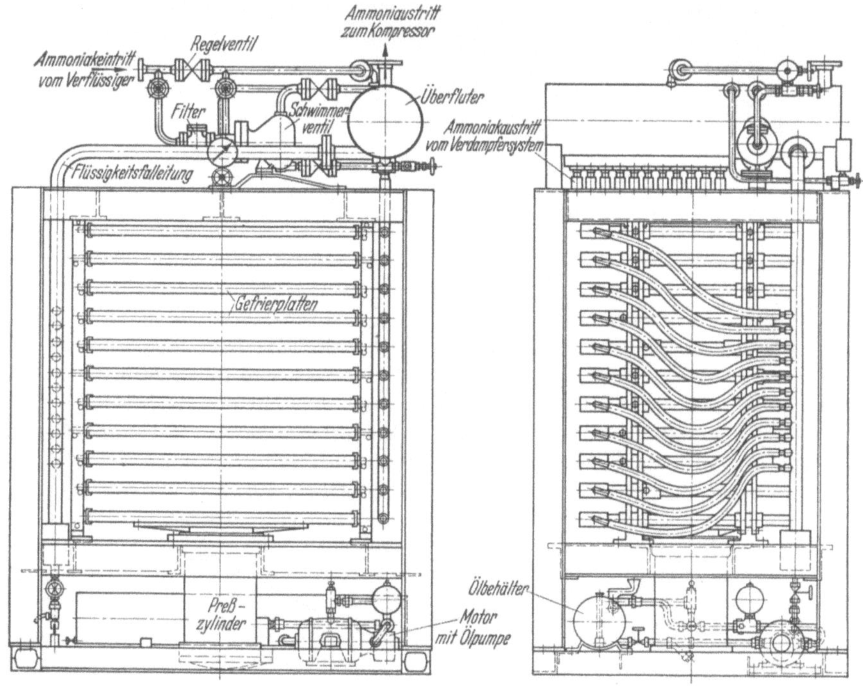

Abb. 88. Abb. 89.

Abb. 88 u. 89. Mehrplatten-Gefrierapparat von Cl. BIRDSEYE und B. HALL.

Fischpackungen werden hier zwischen je zwei Aluminiumplatten gelegt, in denen Stahlrohre oder Kanäle für das verdampfende Kältemittel verlaufen. Durch einen Gelenkmechanismus kann der Abstand der Platten verändert werden. Die oberste Platte ist unbeweglich, während die darunterliegenden nach erfolgter Belastung durch einen hydraulischen Stempel einander so lange genähert werden, bis ein mäßiger Druck auf die eingelegten Packungen ausgeübt wird. In solchen Apparaten können bis zu 6 t Lebensmittel in 24 h gefroren werden. Das BIRDSEYE-Verfahren wird in Amerika in größtem Umfang für das Gefrieren von Fischen und anderen Lebensmitteln durch die Frosted Food Co. verwendet. Im Fischereihafen von Boston, Mass., stehen 30 Mehrplatten-apparate, bei den Seabrook Farms in Bridgeton, N. J., sogar 55 (für das Ge-

---

[1] COOKE, A. H.: U.S. Pat. 1614455 (1925). — Vgl. H. F. TAYLOR: Refrig. Engng. Bd. 16 (1928) S. 147.

[2] Vgl. R. PLANK: Amerikanische Kältetechnik, S. 116. Berlin: VDI-Verlag 1929. Dort sind auch die Apparate von OTTESEN, PETERSEN und COOKE beschrieben.

[3] BIRDSEYE, CL., u. B. HALL: U.S. Pat. 1822123 (1929); DRP 557590 (1930) — Ice & Refrig. Bd. 81 (1931) S. 246 u. 340. — Gefriertaschenbuch, Abschn. Techn. Grundl. d. Gefr. von Lebensmitteln von R. PLANK, 1. Aufl. 1940, 2. Aufl. 1944. Berlin: VDI-Verl.

frieren von Gemüse). In Deutschland wurde das Verfahren während des zweiten Weltkrieges ausgiebig verwendet.

Da das Gefrieren in kalter Luft manche unbestreitbaren Vorteile bietet und nur seine Langsamkeit als Nachteil empfunden wird, hat man mit bestem Erfolg versucht, durch Anwendung hoher Luftgeschwindigkeiten und tiefen Lufttemperaturen sowie durch das Gefrieren kleiner Packungen die Gefriergeschwindigkeit wesentlich zu erhöhen. Diese Entwicklung wurde hauptsächlich durch Murphy in Amerika[1] und Heckermann in Deutschland[2] gefördert. Die technische Verwirklichung des schnellen Gefrierens in kalter Luft erfolgte entweder in Windtunnels oder in eigens hierfür gebauten Apparaten, die in Deutschland z. B. von der Gesellschaft für Lindes Eismaschinen in Wiesbaden, von A. Borsig, Tegel, von Plersch, Illertissen; in der Schweiz von Gebrüder Sulzer, Winterthur, in Amerika von Frick in Waynesboro und von York durchgebildet wurden[3].

3. Eier und Molkereiprodukte.

Die Konservierung von *Eiern* in Kalkwasser, Wasserglas u. a., die schon seit langer Zeit in Haushalten üblich war, ist mit gewissen Nachteilen verbunden (Geschmacksveränderungen, Brüchigkeit der Eischale), die sich abschwächen, wenn die so konservierten Eier in kühlen Kellern gelagert werden.

Es war daher naheliegend, zur reinen Kaltlagerung überzugehen, sobald diese Möglichkeit durch die Errichtung von Kühlhäusern auch in großem Maßstab gegeben war. Die Kaltlagerung bei etwa 0° C und 75 bis 85% relativer Feuchtigkeit in bewegter Luft gestattet in der Tat die monatelange Frischhaltung von Eiern, die in einwandfreiem Zustand eingebracht waren. Erst dadurch ist ein Eierhandel auf große Entfernungen möglich geworden. Als Exportländer erschienen Rußland, Österreich, Ungarn, Rumänien, Dänemark, Bulgarien, Italien, Ägypten, China und Amerika. Das Hauptausfuhrland für Eier vor dem ersten Weltkrieg war Rußland. Von 1903 bis 1912 stieg der Export von 2,7 auf 3,4 Milliarden Stück jährlich.

Fast in jedem größeren Kühlhaus war ein nicht unerheblicher Teil der gekühlten Räume für die Lagerung von Eiern vorgesehen, die in den Monaten März bis Juni eingebracht wurden und teilweise bis zum Januar des folgenden Jahres lagerten. Daneben entstanden aber schon vor dem ersten Weltkrieg Kühlhäuser, die ausschließlich der Eierlagerung dienten, so in Marburg an der Drau, Mailand, Stuttgart, Woronesch, Moskau, Astrachan, Straßburg, Hannover, Rennes, Brüssel, Antwerpen u. a. Eines der größten Eierkühlhäuser wurde 1905 in Boston, Mass., von der Quincy Market Cold Storage & Warehouse Co. gebaut; es besaß einen gekühlten Raum von 28000 m³.

Wenn die Qualität der kaltgelagerten Eier auch diejenige übertraf, die mit anderen Konservierungsmitteln erreicht werden konnte und somit der Qualität von frischen Eiern am nächsten kam, so blieb man doch bemüht, noch weitere Verbesserungen einzuführen. Abgesehen von der Verwendung von Ozon, das sich sehr weitgehend eingebürgert hat, nahm man die Kaltlagerung der Eier in künstlichen Atmosphären vor.

Lescardé und Everaert machten 1908 den radikalen Vorschlag, eine völlig sauerstofffreie Atmosphäre zu benutzen[4]. Sie lagerten die Eier in her-

---

[1] Murphy: U.S. Pat. 1961069, 1961070 und 2003214 (1931).

[2] Heckermann, H.: DRP 679160 (1932), 683482 (1934), 682695 (1935).

[3] Einige dieser Apparate sind im Gefriertaschenbuch, a. a. O., S. 55—58, beschrieben und in den Abb. 26—30 dargestellt.

[4] Lescardé, J.: L'œuf de poule, sa conservation par le froid. Paris 1908. — P. Everaert: U.S. Pat. 1929730 u. 1929735 (1933); Belg. Pat. 382591 (1932). — La Conservation des œufs frais par stérilisation et refrigeration système Lescardé. Genie civ. vom 4. Mai 1912.

metisch geschlossenen Autoklaven, aus denen die Luft ausgepumpt und durch Kohlendioxyd mit einigen Prozent Stickstoff ersetzt wurde. Die größten Anlagen dieser Art wurden in Belgien, in Courtrai und Ostende, errichtet. In Courtrai wurden 41 Autoklaven aufgestellt, von denen jeder 250000 bis 1 Million Eier faßte; die größten waren 21 m lang und hatten einen Durchmesser von 3,6 m. Ähnliche Anlagen, jedoch mit kleineren Autoklaven, wurden in England und Dänemark (in Odense) errichtet.

Daneben haben deutsche und englische Untersuchungen kurz vor dem zweiten Weltkrieg gezeigt[1], daß schon ein Zusatz von Kohlendioxyd zur Kühlhausluft genügt, um die Frischhaltung der Eier zu verbessern oder die Konservierungsdauer zu verlängern. Unter Beibehaltung der Autoklaven setzt man der Luft 50% CO_2 zu und lagert die Eier bei 0° in einer mit Wasserdampf fast gesättigten Atmosphäre, wobei man praktisch ohne Gewichtsverlust arbeitet, aber ein dünnflüssiges Eiweiß erhält; oder man verwendet offene Kühlräume von 0° C, begnügt sich mit wenigen Prozent CO_2 bei 80% relativer Feuchtigkeit und nimmt einen gewissen Gewichtsverlust in Kauf.

Das Gefrieren von Eiern (Eiweiß, Eigelb und Melange), auch mit Zusatz von Zucker oder Salz, wird seit etwa 1910 in steigendem Maße für Konditorei- und Küchenzwecke durchgeführt. Während man von diesem Verfahren ursprünglich nur für kleine, verschmutzte und angeknickte Ware Gebrauch machte, wird jetzt auch erstklassige Ware gefroren. Die Hauptmasse von Gefrierei wurde von China, Japan und Nordamerika exportiert.

Die Rolle der Kältetechnik bei der Frischhaltung von *Milch, Rahm, Butter* und *Käse* kann nicht hoch genug eingeschätzt werden. In früheren Zeiten machte man bei der Kühlhaltung von Milch weitgehend von Natureis Gebrauch; der Anbau eines Eiskellers an eine Molkerei war durchaus die Regel. Als die Kältemaschinen aufkamen, wurde das Natureis durch Kunsteis ersetzt, und auch heute noch spielt das Eis besonders beim Transport von Milch eine sehr wichtige Rolle. In den größeren Molkereibetrieben und besonders in den Milchzentralen ist man aber schon vor 1900 zur direkten Kühlung durch die Kältemaschine übergegangen, wodurch der Betrieb gegenüber der Anwendung von Eis sehr vereinfacht wurde. Die künstliche Kälte wird in Molkereibetrieben zur raschen Abkühlung von Milch und Rahm, zur Temperaturregelung bei der Vorbehandlung von Rahm, zur Lagerung von Milch und Butter, bei der Herstellung und Lagerung von Käse und oft auch zur Herstellung von Speiseeis verwendet. An der Entwicklung der in der Milchwirtschaft verwendeten speziellen Kälteapparate (Berieselungskühler, Plattenkühler) waren viele europäische Länder und Nordamerika gleichmäßig beteiligt.

Die wichtigsten europäischen Milchländer sind Dänemark, die Niederlande und die Schweiz. In den Vereinigten Staaten hat sich die Milchwirtschaft zu einer wahren Milchindustrie entwickelt[2]. Oft schon auf der Farm, spätestens aber in den Sammelstellen wird die Milch vor dem Transport tief abgekühlt. Die Kühlung wird beim Transport durch Lastwagen oder Eisenbahn (meist durch zerkleinertes Eis) fortgesetzt. Vielfach werden für den Transport auch Tankautomobile verwendet. Die Milchfernzüge laufen mit Schnellzugsgeschwindigkeit.

Butter findet ebenfalls in den großen städtischen Kühlhäusern Aufnahme, wobei für eine kurzfristige Lagerung Temperaturen von $+2$ bis $+4°$ C ge-

---

[1] KAESS, G.: Z. ges. Kälteind. Bd. 46 (1939) S. 174. — T. MORAN: Food Investigation Board, London. Leaflet Nr. 6 (1939).

[2] LICHTENBERGER, B.: Die Milchindustrie der Vereinigten Staaten von Nordamerika. Hildesheim: Verl. d. Molkerei-Zeitung 1926.

nügen, während für die monatelange Aufbewahrung das Gefrieren und Lagern bei -10 bis $-20°$ C erforderlich ist. Seit 1900 wurden auch große Kühlhäuser ausschließlich für Butter gebaut; eines der größten wurde 1907 von der Firma Gerhard und Hey im Hafen von Windau errichtet, wo 100000 Faß sibirischer Butter für den Export nach Westeuropa gelagert werden konnten[1].

Sibirien war bis zum ersten Weltkrieg das Hauptexportgebiet für Butter; um 1910 gab es in Westsibirien über 3000 Molkereien. Seit 1899 wurde die Butter auf der Transsibirischen Bahn mit Sonderzügen befördert; für die Kühlung waren in Entfernungen von je 170 km Eislager zum Nacheisen der Eisenbahnwagen errichtet, auch befanden sich unterwegs mehrere Eiskühlhäuser für die Aufnahme von 200 bis 500 t Butter. Rußlands gesamte Butterausfuhr stieg von 5000 t im Jahre 1895 auf 26000 t im Jahre 1900 und 55000 t im Jahre 1910. Deutschland führte 1910 rund 41000 t Butter ein, davon 40% aus Rußland und fast ebensoviel aus den Niederlanden. England importierte 1910 rund 220000 t, davon 38% aus Dänemark und nur 13,5% aus Rußland.

Die gesamte Butterausfuhr aus Dänemark betrug 1910 rund 89000 t. Finnland errichtete 1910 ein Butterkühlhaus in Hangö und führte den größten Teil der Butter nach England aus. Aus allen diesen Zahlen ist zu erkennen, wie unentbehrlich die Kältetechnik schon vor dem ersten Weltkrieg für den Butterhandel gewesen ist.

Auch bei der Reifung von Käse wird von der künstlichen Kälte in steigendem Maße Gebrauch gemacht. Als Beispiel sei angeführt, daß die Käsereifungsräume in Frankreich in der Zeit von 1939 bis 1952 von 70000 m³ auf 230000 m³ angewachsen sind.

4. Obst, Gemüse und Fruchtsäfte.

Der Transport von Früchten in Eisenbahnwagen mit Eiskühlung wurde in Amerika schon im Jahre 1857 versucht und fand seit 1885 regelmäßig in immer steigendem Umfang statt (s. S. 147). Das U.S. Department of Agriculture hat der Frischhaltung von Obst und Gemüse durch Kälte stets sorgsame Beachtung geschenkt, wobei besonders die Untersuchungen und Anregungen von G. Harold Powell hervorgehoben werden müssen[2].

Beim Versand von Früchten auf große Entfernungen spielen die *Vorkühlanlagen* eine wichtige Rolle. Solche Anlagen wurden in vorbildlicher Weise zuerst in Kalifornien gebaut. Der Gedanke der Vorkühlung und die Bezeichnung „Pre-cooling process" stammen von Powell (1904). Es stellte sich heraus, daß die Früchte schon während des Verweilens auf den Sammelstellen und während des langsamen Abkühlprozesses in beeisten Eisenbahnwagen nachteilige Veränderungen erfuhren, die ihre Haltbarkeit verringerten. Außerdem wird der Eisverbrauch im Wagen während der Beförderung sehr groß, wenn das Eis nicht nur die Verluste durch von außen eindringende Wärme decken, sondern auch noch die Abkühlung des eingebrachten Gutes bewirken soll. Powell erhob daher die Forderung, daß man die Früchte vor dem Versand in der Sammelstelle oder nach Verladung in den Eisenbahnwagen durch einen Strom sehr schnell bewegter kalter Luft in kurzer Zeit tief abkühlt. Im Jahre 1907 wurde

---

[1] Vgl. Kälte-Ind. H. 8 (1909).

[2] Powell, G. H.: The handling of fruit for transportation. Yearbook of U.S. Department of Agriculture, 1905. — A. U. Stubenrauch: The handling of deciduous fruits on the pacific coast. Yearbook of U.S. Department of Agriculture, 1909. — A. U. Stubenrauch u. S. I. Dennis: The pre-cooling of fruit. Yearbook of U.S. Department of Agriculture, 1910. — Vgl. auch die Bulletins des U.S. Dept. of Agriculture, Bureau of Chemistry, Nr. 48, 94, 108 u. 123. — G. H. Powell: Trans. Amer. Soc. Refrig. Engrs. Bd. 1 (1905) S. 82.

die erste Versuchsvorkühlanlage in Roseville, Cal., gebaut. Eine Kältemaschine von 36000 kcal/h kühlte eine Kammer ab, in der 1200 Kühlrohre von $1^1/_2''$ im Durchmesser für direkte Ammoniakverdampfung verlegt waren. Mit Hilfe eines kräftigen Ventilators und eines Systems von Schläuchen wurde die Luft aus dem mit Früchten beladenen Wagen abgesaugt, durch die Kühlkammer getrieben und am anderen Ende in den Wagen eingeblasen. Die Anlage wurde bald nach Los Angeles verlegt, wo die Versuche mit so gutem Erfolg fortgesetzt wurden, daß die Pacific Fruit Express Co. zusammen mit der Southern Pacific Eisenbahngesellschaft den Entschluß faßte, in Colton und Roseville den dort schon bestehenden Eisfabriken große Vorkühlanlagen anzugliedern. Jede dieser Vorkühleinheiten vermochte 10 beladene Wagen gleichzeitig abzukühlen. In Roseville wurden zwei und in Colton vier solcher Einheiten aufgestellt. Die Erfolge blieben nicht aus, und bald sah sich die mit der Southern Pacific konkurrierende Santa Fé-Eisenbahngesellschaft veranlaßt, in San Bernardino (3 Meilen von Colton entfernt) eine weitere große Vorkühlanlage zu bauen, die nach den Plänen der Gay-Engineering Corporation in Los Angeles errichtet wurde und gegenüber den älteren Anlagen manche Verbesserungen aufwies. Insbesondere wurde das Kühlgut im Wagen durch periodischen Richtungswechsel des Kaltluftstromes gleichmäßiger abgekühlt[1].

Vorkühlanlagen dieser Art wurden nach dem ersten Weltkrieg auch in Europa gebaut: so entstand z. B. die große Vorkühlanlage in Verona und eine solche in Avignon, der 1942 eine noch größere in Perpignan folgte, in der Obstkisten im Kühlwagen um 2,5° C je Stunde abgekühlt werden können. In Frankreich wurden seit 1939 55 Obstkühlanlagen im Südosten des Landes errichtet.

Diese Vorkühlanlagen bedeuten zwar einen großen Fortschritt in der Bewirtschaftung von Früchten, erfüllen aber die an sie geknüpften Erwartungen nicht restlos, da trotz des Einblasens von sehr kalter Luft (bis — 12°) und der damit verbundenen Gefahr des Oberflächengefrierens die verfügbare Zeit von oft nur 2 bis 4 Stunden nicht ausreicht, um die ganze Ladung tief genug abzukühlen.

Man hat daher schon frühzeitig damit begonnen, die Früchte vor ihrer Verpackung und Verladung in die Waggons in eigens für diesen Zweck erbauten Kühlhäusern vorzukühlen. Solche kleineren Anlagen („warehouse type of precooling") entstanden schon zu Beginn des 20. Jahrhunderts an mehreren Pätzen Kaliforniens (in Pomona, East Highlands, Newcastle, Upland) und im Hudsontal bei New York. Es handelte sich hier um Kälteleistungen von etwa 100000 kcal/h, die teils mit Kältemaschinen, teils durch Gemische von Eis und Salz (nach dem System von MADISON COOPER) erzeugt wurden[2]. Damit konnten täglich 3 bis 7 Waggonladungen Früchte gekühlt werden. Die Abkühlungszeit betrug 2 bis 3 Tage. Seit 1925 wurde diese Art der Vorkühlung deutlich bevorzugt. Ein sehr modernes Vorkühlhaus ist 1935 in Placerville, Cal., errichtet worden[3].

In der Union von Südafrika wurde das Problem der Vorkühlung der für den Export bestimmten Früchte erst nach dem ersten Weltkrieg akut. In den Jahren

---

[1] TICHOZKY, K. P., O. O. DREIER u. P. I. KRASSOWSKY: Der gegenwärtige Stand des Transportes schnellverderblicher Lebensmittel auf den Eisenbahnen der Vereinigten Staaten, in 3 Bänden. St. Petersburg 1912 (russisch). Die Vorkühlanlagen sind in Bd. 3 beschrieben (bearbeitet von KRASSOWSKY); als Meterial dienten: Pre-cooling Plants of Southern California, Railroad Age Gazette Nr. 9, 1909. Pre-cooling Plant of the Southern Pacific at Roseville, Cal., Railroad Age Gazette Nr. 11, 1910.— C. M. GAY: San Bernardino pre-cooling plant, Railway Master Mechanic, Juni 1912.

[2] COOPER, M.: Cold Storage by means of ice. Trans. Amer. Soc. Refrig. Engn. Bd. 3 (1907) S. 45.

[3] The Blue Anchor Bd. 12 (1935) Nr. 9, S. 2.

von 1919 bis 1923 stieg die Ausfuhr von Sommerfrüchten von 50000 auf 1 Million Kisten pro Jahr. Die Südafrikanische Regierung beschloß daher im Jahre 1923, ein großes staatliches Vorkühlhaus im Hafen von Kapstadt zu bauen. Es wurde Ende 1925 teilweise und Anfang 1927 in vollem Umfang in Betrieb genommen; die Vorkühlung aller für den Export bestimmten Früchte wurde gesetzlich vorgeschrieben. Das nach den Entwürfen von E. A. Griffiths gebaute Vorkühlhaus war damals das größte seiner Art. Im Jahre 1929 wurde ein zweites Vorkühlhaus, das vorwiegend für Citrusfrüchte diente, in Durban (Natal) errichtet[1]. Beide Anlagen waren 1934 schon stark überlastet, denn der Export war inzwischen auf 3,3 Millionen Kisten gestiegen und erreichte im Jahr 1935/36 fast 4,4 Millionen Kisten. Man mußte sich daher 1936 entschließen, mehrere neue Vorkühlhäuser zu bauen, und zwar in Kapstadt, Port Elizabeth und East London. Diese nach den Berechnungen und Plänen des Kapstadter Kältelaboratoriums unter Leitung von Rees Davies gebauten Anlagen übertrafen alles bisher Dagewesene: das neue Kapstadter Vorkühlhaus hat 27500 m³ gekühlten Raumes; darin können 2800 t Obst gelagert und täglich 800 t vorgekühlt werden. Die entsprechenden Zahlen für Port Elizabeth sind 14400 m³, 1950 t und 800 t; für East London 7000 m³, 860 t und 250 t. Die gesamten Kältemaschinen sind von J. & E. Hall in Dartford, Kent, geliefert[2]. Fast das ganze in diesen Anlagen vorgekühlte Obst wurde mit den Kühlschiffen der Union Castle-Line nach London befördert.

In den Kühlhäusern, die in den Verbrauchszentren errichtet werden und der Lagerung verschiedener Lebensmittel dienen, sind meist auch Kaltlagerräume für Obst vorgesehen. Beeren und Steinobst halten sich nur kurzfristig;

Abb. 90. Obstkühlraum aus dem Jahre 1890 (Frick Company).

Äpfel, Birnen, Citrusfrüchte, Trauben und einige Gemüsearten können aber monatelang gelagert werden. Von diesen Möglichkeiten macht der Handel in allen Ländern Gebrauch. Wie primitiv solche Kaltlagerräume in früheren Zeiten eingerichtet wurden, erkennt man aus Abb. 90, die einem Katalog der Frick Company in Waynesboro, Pa., aus dem Jahre 1890 entnommen ist.

---

[1] Griffiths, E. A.: Pre-cooling and Transport of Fruit in the Union of South Africa. Science Bull, Nr. 89. Pretoria: The Government Printer 1930.

[2] Plank, R.: Vorkühlanlagen für Obst (Ergebnisse einer Studienreise nach Südafrika). Beihefte zur Z. ges. Kälteind. Reihe 3, H. 8. Berlin: Ges. f. Kältewesen 1937.

Die Haltbarkeit mancher Obst- und Gemüsearten läßt sich durch Kaltlagerung in Atmosphären von inerten Gasen verlängern; diese Möglichkeiten wurden durch Untersuchungen in der Low Temperature Research Station in Cambridge (England) weitgehend geklärt[1]. Insbesondere stellten KIDD und WEST fest, daß gewisse Apfelsorten durch Zusätze von Kohlendioxyd zur Lagerluft in ihrer Atmungsgeschwindigkeit gehemmt wurden und sich daher viel länger genußfähig erhielten[2]. Diese Methode hat in England bei der Kaltlagerung von Äpfeln, neuerdings auch von Birnen[3], weite Verbreitung gefunden, wobei 8 bis 10% des Sauerstoffgehalts der Luft durch CO_2 ersetzt werden. Von der Gaslagerung wurde erstmalig 1929 in der Nähe von Canterbury auf der Farm von S. W. MOUNT praktisch Gebrauch gemacht. Im Jahre 1936 gab es in England schon 173 Gaslagerräume, von denen jeder rund 50 t Äpfel fassen konnte. Die Abb. 91 bis 93 zeigen die typische Anordnung in solchen Räumen[4].

---

[1] Report of the Food Investigation Board 1921/22, S. 28.

[2] KIDD, F., u. C. WEST: Special Report Food Invest. Board Nr. 12, 1923. Report Food Invest. Board 1933, S. 56 u. 193, und Leaflet Nr. 6, 1950. Gas Storage of Fruit. J. Pomol. Hortic. Sci. Bd. 14 (1936) S. 277.

[3] KIDD, F., u. C. WEST: Food Invest. Board. Leaflet Nr. 12 (1949).

[4] FIDLER, J. C.: Refrigeration, Principles and Practice, S. 63—94; herausgegeben von E. GRIFFITH. London: George Newnes Ltd. 1951.

Abb. 91—93. Gaskaltlagerraum für Äpfel. *A* Ventilationsrohre *1* und *2*, *B* Stopfbüchse, *C* Ventilator, *D* Gaskühler, *E* Tropfschale, *F* Motor des Ventilators, *G* Kontroll-Luke, *H* isolierte Decke, *I* Ladetüren, *J* Gehäuse des Gaskühlers, *K* eine Lage Asphalt (25 mm), *L* isolierte Wände und Boden, *M* Beton (150 mm), *N* Ziegelmauer (225 mm), *O* Latten-Fußboden.

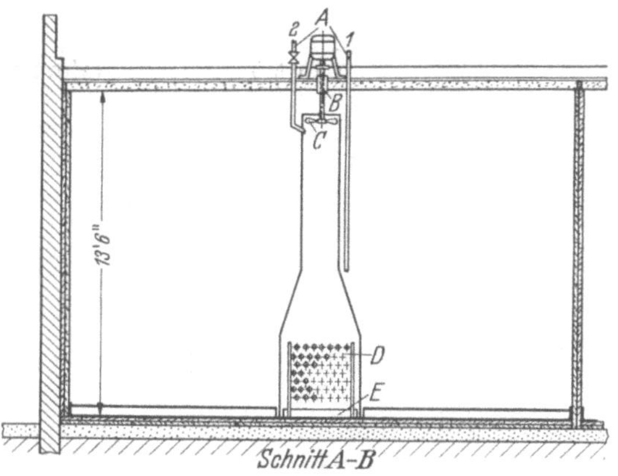

Abb. 91.

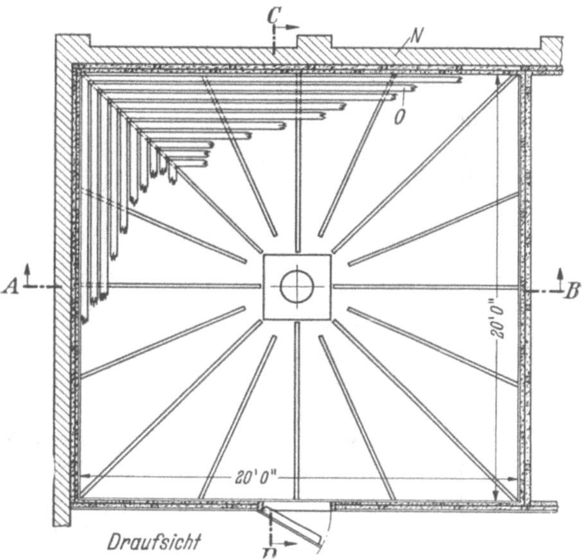

Abb. 92.

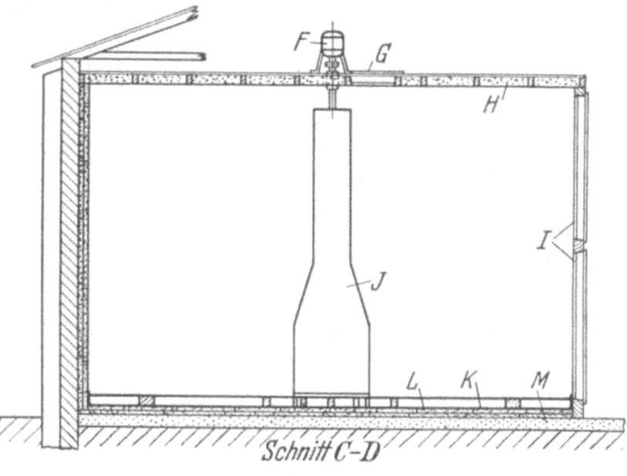

Abb. 93.

Neuerdings werden die Räume durch überlappende galvanisierte Blechplatten abgedichtet, deren Fugen mit Fett verschmiert werden. Bei manchen Apfel- und Birnensorten genügt ein CO_2-Gehalt der Atmosphäre von 5%, doch muß der Sauerstoffgehalt auf 2 bis 3% herabgesetzt werden; der Rest ist Stickstoff. Man muß dann die Gaszusammensetzung durch Einbau eines Scrubbers regeln, in dem überschüssiges, bei der Atmung gebildetes Kohlendioxyd durch Ätznatron absorbiert wird.

Neben der Lagerung in CO_2-haltigen Atmosphären wurde auch eine solche in stickstoffreicher Luft empfohlen, doch wird davon kaum Gebrauch gemacht.

Die in der Low Temperature Research Station in Cambridge durchgeführten Untersuchungen haben sehr viel zur Kenntnis der Kaltlagerkrankheiten von Früchten und zur Festlegung optimaler Lagerbedingungen für die sehr zahlreichen Arten und Sorten beigetragen. Auf dem gleichen Gebiet betätigten sich anschließend die Forschungsanstalten in Wädenswil (Schweiz), Wageningen (Holland), Bellevue bei Paris, Turin und in Deutschland die Forschungsanstalt für Lebensmittelfrischhaltung in Karlsruhe. Hervorzuheben sind ferner die umfangreichen Untersuchungen von Lorenz Rasmusson in Norrköping (Schweden)[1].

Das *Gefrieren von Früchten* setzte erst ein, als Gefrierfleisch und gefrorene Fische schon lange bekannt waren. S. H. Fulton vom Bureau of Plant Industry beim amerikanischen Landwirtschaftsministerium begann 1904 mit seinen Untersuchungen über das Gefrieren von gezuckerten Erdbeeren und Himbeeren, die langfristig aufbewahrt werden sollten, um später für die Herstellung von Fruchtspeiseeis, Konditorwaren, Konfitüren, Gelees u. a. zu dienen. Die industrielle Herstellung solcher Gefrierpackungen (in Fässern) setzte 1905 in den Oststaaten Amerikas ein und breitete sich um 1910 bis zum pazifischen Nordwesten aus. Es wurden auch Beeren ohne Zuckerzusatz bei — 20 bis 25° C gefroren und in Spankörben oder Holzkisten aufbewahrt, doch ließ die Qualität dabei zu wünschen übrig. Nach 1920 wurden bereits sehr erhebliche Mengen von Beeren in der vorerwähnten Weise gefroren (1928: 58 Millionen lbs.). Fulton hatte ursprünglich empfohlen, die Früchte nicht in Fässern, sondern in parafinierten Kartons zu gefrieren, die als Vorläufer der modernen Verpackungen schnellgefrorener Lebensmittel anzusehen sind.

Seit 1919 wurden an der Universität von Kalifornien durch Cruess, Overholser, Bjarnason und später durch Joslyn systematische wissenschaftliche Untersuchungen über das Gefrieren von Früchten und Fruchtsäften durchgeführt, die sehr viel zu der Ausbildung rationeller Gefrierverfahren beigetragen haben. Grundlegende Untersuchungen wurden auch unter der Leitung von H. C. Diehl im Frozen Pack Laboratorium in Seattle, Wash., und in den staatlichen Laboratorien (Agriculture Experiment Stations) des U.S. Department of Agriculture durchgeführt. Obwohl dadurch die Grundlagen für die modernen Schnellgefrierverfahren („quick freezing") schon frühzeitig festlagen, begann deren industrielle Auswertung erst 1929, nachdem die technische Apparatur in einer für die Praxis brauchbaren Form durch Clarence Birdseye entwickelt worden war (s. S. 121). In diesem Jahr wurde der erste Bandgefrierer in der Ray-Maling-Anlage in Hillsboro, Oregon, aufgestellt und mit dem Gefrieren von Beeren in Kartons mit Zellophanumhüllung begonnen. Nach der Konstruktion des Mehrplattenapparats breitete sich das Gefrieren von Obst und Gemüse

---

[1] Rasmusson, L.: Die Lebensmittel und ihre Aufbewahrung, übersetzt von E. Lehnert. Hannover: M. u. H. Schaper 1931 — Studier av den Svenska Fruktens Mognadsprocess och Hållbarhet vid Lagring i Kylhus. Norrköping 1937.

rasch aus. Eine Reihe kapitalkräftiger Gesellschaften konstituierte sich, um sich ausschließlich mit der Herstellung der verschiedenartigsten schnellgefrorenen Lebensmittel zu befassen.

In Deutschland gewann das Gefrieren von Obst und Gemüse in den Jahren des zweiten Weltkrieges durch die Bemühungen der Firmen Solo-Feinfrost, Andersen & Co. (beide in Hamburg) und Josef Pankofer in München eine recht erhebliche, wenn auch nur vorübergehende Bedeutung. Diese Firmen errichteten Schnellgefrieranlagen auch in Italien und in mehreren während des Krieges besetzten Ländern. Während aber das Gefrieren von Fleisch und Fisch in Europa auch nach dem Kriege bedeutungsvoll geblieben ist, geht die Entwicklung beim Gefrierobst und Gefriergemüse viel langsamer vor sich. Der bleibende Erfolg aber, dessen sich gefrorenes Obst und Gemüse in Amerika ständig erfreuen, und zwar sowohl in industriellen Anlagen als auch in den Haushaltungen, rechtfertigt die Vermutung, daß es nach Eintritt wirtschaftlich besserer Zeiten auch in Europa wieder an Bedeutung gewinnen wird. In Frankreich ist die Kapazität der Gefrieranlagen für Obst und Gemüse zwischen 1946 und 1952 immerhin von 250 auf 1500 tons je Tag gestiegen, und die Gefrierlagerräume sind von 10000 auf 80000 m³ angewachsen.

Ein besonderes Kapitel bildet das *Gefrieren von Fruchtsäften* bzw. von Fruchtsaftkonzentraten. Die ältesten Versuche, Fruchtsäfte und Fruchtsäuren durch Kälte zu konzentrieren, wurden von Apothekern durchgeführt[1]. Der Stockholmer Hofapotheker J. CH. GEORGES veröffentlichte 1799 im Journal de la Société des pharmaciens de Paris einen Artikel, betitelt: Manière de concentrer le suc de citron, sans crainte de le décomposer. Etwas später hat MIRABELLI empfohlen, Fruchtsäuren, Weinessig und Zitronensäfte zu gefrieren, um sie zu konzentrieren[2]. Ferner hat der deutsche Apotheker BUSCH 1830 vorgeschlagen, Säfte unter ständigem Rühren zu gefrieren, wobei sich kleine Eiskristalle bilden, die man so lange abtropfen läßt, bis sie nahezu farblos werden; solche Extrakte sollen den Geschmack und Geruch frischer Früchte voll erhalten haben[3]. Der Apotheker PFEIFFER in St. Petersburg hat verschiedene Pharmazeutika durch Gefrieren konzentriert[4].

Da unvergorene Fruchtsäfte nach dem Pasteurisieren leicht einen Beigeschmack erhalten, hat man immer wieder versucht, die Säfte zu gefrieren, konnte aber keinen durchschlagenden Erfolg erzielen, weil sie, besonders bei langsamerem Gefrieren, nicht homogen bleiben und gewisse gelatinöse Bestandteile sich beim Auftauen nicht wieder mitauflösen. FINNEGAN vermeidet die Inhomogenität dadurch, daß er die mit Obstsaft gefüllten Dosen während des Gefriervorganges um ihre horizontal gelagerte Achse rotieren läßt, wobei der Doseninhalt gut durchmischt bleibt[5]. Auf jeden Fall empfindet es aber die Hausfrau immer als lästig, daß der Saft lange Zeit zum Auftauen braucht, und deshalb konnten sich Gefriersäfte lange nicht einbürgern.

Die Lage änderte sich aber vollständig, als man daran ging, die Säfte vor dem Gefrieren zu konzentrieren (etwa im Verhältnis 4 : 1). Die Bemühungen, konzentrierte Gefriersäfte herzustellen, reichen in Amerika weit zurück. Das

[1] ADRIAN: Etude historique sur les extraits pharmaceutiques, Bd. I. Paris 1899. — E. TASSILLY: Ber. II. intern. Kältekongr. Wien, 1910, Bd. II, S. 701.
[2] MIRABELLI: Bull. Pharm. Bd. 1 (1800) S. 324.
[3] BUSCH: Arch. Apothekerver. Bd. 33 (1830) S. 59.
[4] PFEIFFER: Arch. d. Pharmacie Bd. 51 (1847) S. 28.
[5] FINNEGAN, W. T., u. CARTER: Refrig. Engng. Bd. 54 (1947) S. 132. — Vgl. auch R. PLANK: Kälte Bd. 1 (1948) S. 31.

älteste Patent wurde 1911 W. B. Jackson erteilt[1]. Eine systematische Bearbeitung dieses Gebietes wurde erstmalig von Gore mit Apfelsaft durchgeführt[2]. Er fror Apfelsaft in Zellen, die in kalte Salzlösungen von $-25°$ C getaucht wurden. Die Gefrierblöcke wurden dann zerkleinert und zentrifugiert; mehrere aufeinanderfolgende Gefrier- und Zentrifugierstufen waren notwendig, um ein Konzentrat von 50 bis 60% Trockensubstanz zu erhalten.

Erst drei Jahrzehnte später wurde dieses Verfahren von Stahl an der Universität von Florida wieder aufgenommen[3]. Das Gefrieren des Natursaftes wurde durch Verspritzen auf eine langsam rotierende, innen gekühlte Trommel bewirkt. Die gebildete Eiskruste wurde dann abgeschabt und zentrifugiert.

In Deutschland hat sich Georg Krause in Verbindung mit der Gesellschaft für Lindes Eismaschinen mit dem Ausfrieren eines großen Teils des Wassers aus natürlichen Fruchtsäften befaßt und verschiedene Verfahren entwickelt, die jedoch bisher keine weite Verbreitung gefunden haben. Die Konzentrierung durch Ausfrieren eines Wasseranteils wird auch auf Wein angewendet. L. Engelhardt[4] erwähnt, daß Paracelsus (1493—1541) in seinem Werk „Archidoxa" die erste Beschreibung eines Verfahrens geliefert hat, bei dem Wein im Winter durch Ausfrieren eines Teils des Wassers konzentriert wurde: „Dasselbige, was da gefroren ist, tue hinweg, was aber nicht gefroren ist, das ist Spiritus vini in seiner Substanz."

Neben dem Konzentrieren durch Gefrieren hat sich auch das Konzentrieren durch Verdampfung im hohen Vakuum zu einem modernen und erfolgreichen Verfahren entwickelt. Als sein Schöpfer gilt J. L. Heid bei der Florida Citrus Canners Cooperative in Lake Wales, Florida[5]. Das Verfahren besteht darin, daß Orangensaft im Vakuum bei $+10$ bis $+20°$ C (entsprechend absolutem Druck von 9 bis 17 mm Q.S.) verdampft und bis zu einem Gehalt von 60% Trockensubstanz eingedickt wird, wonach so viel Frischsaft zugesetzt wird, daß die Trockensubstanz wieder auf 42% sinkt. Dabei arbeitet eine Kältemaschine nach dem Prinzip der Wärmepumpe (s. S. 146), sie wird sowohl zur Kälteerzeugung als auch zur Beheizung des Vakuumverdampfers benutzt. Das gebildete Konzentrat wird dann zunächst zu einem Brei gefroren und anschließend in einem Härteraum bis auf etwa $-18°$ C gekühlt. Diese Gefrierkonzentrate sind in USA die beliebtesten Gefrierartikel geworden. In Florida wurden 1949 25 Millonen Liter dieser Konzentrate hergestellt, das sind 8% der gesamten Orangenernte.

Die weitere Entwicklung der Vakuumverdampfung zu noch tieferen Drücken und Temperaturen führt zur *Gefriertrocknung.* Der gefrorene Saft verdampft (sublimiert) bei einem Druck von wenigen Zehnteln mm Q.S., bis man ein pulverförmiges Endprodukt erhält. Dabei erleiden selbst temperaturempfindliche Güter keinerlei Veränderungen; bei Lebensmitteln werden Geschmack und Aroma weitgehend erhalten. Der entscheidende Anstoß zur praktischen Anwendung des Verfahrens kam von seiten der Bakteriologen Flosdorf und Mudd und datiert vom Jahre 1935[6]. Der bei tiefer Temperatur gebildete Wasser-

---

[1] U.S. Pat. 981 860 (1911).

[2] Gore, H. C.: U.S. Dept. of Agriculture, Yearbook 1914, S. 227.

[3] Vgl. Quick Frozen Food Bd. 8 (Sept. 1945) S. 55.

[4] Engelhardt, L.: Berichtsheft des VDI zur Hauptversammlung in Darmstadt, 1936.

[5] Heid, J. L.: National Wholesale Frozen Food Distributors, Yearbook 1949. — J. L. Heid u. C. A. Beisel: Food Industries Bd. 20 (Apr. 1948) S. 516. — Vgl. auch Food Industries Bd. 21 (Juli 1949) S. 67. — U.S. Pat. 2453109.

[6] Flosdorf, E. W., u. S. Mudd: J. Immunology Bd. 29 (1935) S. 239. — Vgl. auch Refrig. Engng. Bd. 36 (1938) S. 379. — R. Plank: Angew. Chem. Bd. 19, Ausg. B, H. 2 (1947) S. 36. — E. W. Flosdorf: Freeze Drying. New York: Reinhold Publishing Co. 1949.

dampf wird in einem Kondensator oder Absorptionsapparat niedergeschlagen. Über den Rahmen bakteriologischer Präparate hinaus wurde die Gefriertrocknung bei pharmazeutischen Präparaten und besonders beim Blutplasma für Bluttransfusionen verwendet[1]. Die Anwendung des Verfahrens auf die Trocknung von Lebensmitteln (Milch, Fleisch, Pektine, Obstsäfte, Kaffee) hat sich noch nicht stark verbreitet, da es recht kostspielig ist. Die technischen Einrichtungen für solche Anlagen hat zuerst die F. J. Stokes Machine Company in Philadelphia geliefert.

Die erste Großanlage für die Gefriertrocknung von Orangensaft wurde 1946 bei der Vacuum Food Corporation in Plymouth, Florida, errichtet, und zwar nach Plänen der National Research Corporation in Cambridge, Mass.[2]. Das erzeugte Pulver enthält weniger als $1,5\%$ Wasser und ist sehr hygroskopisch.

5. Sonstige Lebensmittel.

Von den verschiedenen Lebensmitteln, bei deren Herstellung und Aufbewahrung von der Kälte Gebrauch gemacht wird, sind noch *Schokolade*, *Süßwaren* und *Backwaren* zu nennen.

TELLIER erwähnt bereits in seinem Werk von 1867[3], daß die Struktur von *Schokolade* grobkörnig wird und ihre Oberfläche matt und grau erscheint, wenn sie langsam abgekühlt wird, daß sie dagegen bei raschem Abkühlen einen feinkörnigen Bruch aufweist, sich leicht aus der Form löst und hart wird. Er empfiehlt daher, die Fabrikationsräume durch kalte Luftströme oder durch kaltes Wasser zu kühlen. Eine Methyläthermaschine von TELLIER wurde 1870 in der Schokoladenfabrik Menier in Noisiel aufgestellt[4]. Es wird berichtet, daß die durch Undichtheiten hervorgerufene Feuersgefahr den Ersatz des Methyläthers durch Ammoniak zur Folge hatte; hierbei jedoch stellten sich Schwierigkeiten mit der Schmierung ein, da man damals nur über Pflanzenöle

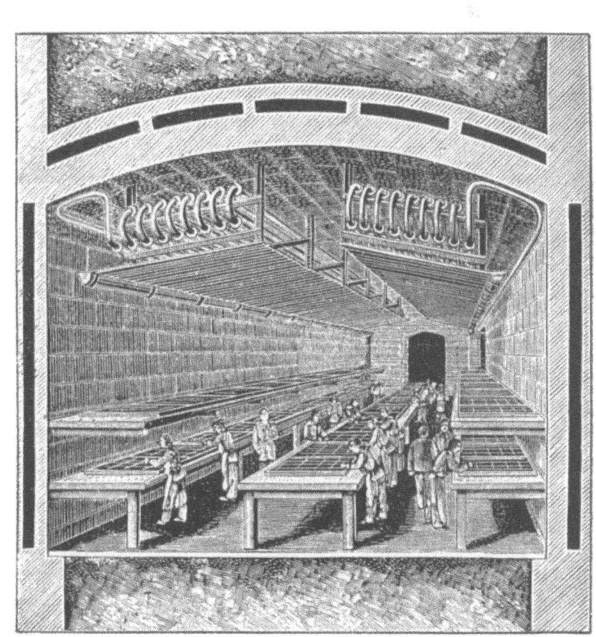

Abb. 94. Kühlraum für Schokolade (Compagnie Industrielle des Procédés Raoul Pictet, Paris).

---

[1] Ein gewisser ELSER hat schon im Jahre 1931 in Amerika ein Patent auf die Gefriertrocknung von Serum angemeldet, daß ihm 1934 erteilt wurde.

[2] BURTON, L. V.: Food Industries Bd. 18 (1946) S. 1841 — Vgl. auch HOWARD u. CAMPBELL: Food Industries Bd. 18 (1946) S. 88.

[3] TELLIER, CH.: L'Ammoniaque dans l'Industrie, S. 221. Paris: J. Rothschild 1867.

[4] BORDENAVE, L.: De l'application du froid en chocolaterie. Ber. III. Intern. Kältekongr. Chicago 1913, Bd. III, S. 125 (französische Ausgabe).

verfügte. Die Maschinen von Tellier mußten daher 1878 entfernt werden. Sie wurden durch Kaltluftmaschinen von Giffard ersetzt, bei denen sich aber wieder Schwierigkeiten durch Verstopfungen infolge Schneebildung ergaben. Schließlich ließen sich 1893 alle Schwierigkeiten beheben, nachdem man Ammoniakmaschinen von Fixary und CO_2-Maschinen der Société du Froid Industriel aufgestellt hatte. Abb. 94 zeigt einen um 1890 von der Compagnie Industrielle des Procédés Raoul Pictet in Paris eingerichteten Kühlraum in einer Schokoladenfabrik.

Neben der Kühlung ganzer Räume, die von den Arbeitern als lästig empfunden wird, hat man später besondere Kühlschränke ausgebildet, die durch Sole oder direkte Verdampfung gekühlt werden. Die Schokoladetafeln und Pralinen werden darin auf Gestellen angeordnet[1]. Für größere Mengen zu kühlender Schokolade wurden Sonderbauarten von Kühlmöbeln für fließende Fertigung entwickelt: in Frankreich von der Firma Savy Jeanjean et Cie., Paris; in England von Joseph Baker and Sons, London; in Deutschland von Hildebrand in Leipzig[2]. Die Firma J. & E. Hall in Dartford, Kent, hat rotierende Schokoladenkühler entwickelt. In Deutschland hat ferner die Firma Loesch in Dresden sehr sinnreiche Apparate für fließende Fertigung konstruiert, deren Grundgedanken später (1940) von Borsig auch auf den Bau von Schnellgefrierapparaten übertragen wurde. Gegenwärtig ist jede größere Schokoladenfabrik mit einer Kälteanlage ausgerüstet. Neuerdings wird die Kühlung überdies durch vollständige Klimatisierung (s. S. 142) ersetzt[3].

In Amerika werden auch *Süßwaren* aller Art (Drops, Karamellen, Sahnebonbons, Nougat, Marzipan) und die zu ihrer Herstellung benutzten Produkte, besonders die verschiedenen Nußarten, in gekühlten Räumen aufbewahrt; sie bleiben dabei fest, kleben nicht an der Verpackung, verlieren nicht an Farbe und Geschmack, werden nicht ranzig und werden von Insekten nicht angegriffen. Die Herstellung von Süßwaren wird dadurch unabhängig von der Jahreszeit. Die amerikanische Statistik lehrt, daß der Verbrauch von Süßwaren in den Nordstaaten etwa 20 lbs, in den Südstaaten dagegen nur etwa 10 lbs je Kopf und Jahr beträgt[4].

Bäckereien und *Konditoreien* machen sich schon seit mehreren Jahrzehnten die Kältemaschine zunutze, um ihre Vorräte an Mehl, Milch, Sahne, Torten u. dgl. frisch zu erhalten. In den Mehllagern und Heferäumen werden dadurch auch die Schädlinge wirksam bekämpft[5].

In den amerikanischen *Großbäckereien* wird die Kältemaschine seit etwa 1920 sowohl für die Klimatisierung der Arbeitsräume als auch für die Regelung der Hefegärung bei der Teigbereitung verwendet[6]. Neuerdings bürgert sich das Gefrieren von Backwaren ein; die Waren werden in gefrorenem Zustand verkauft und von den Hausfrauen in den Heimfrostern (Home Freezers) aufbewahrt[7]. Dieses Verfahren breitet sich in Südkalifornien und in anderen amerikanischen Staaten aus.

---

[1] Vgl. Ice & Cold Stor. (London) Nr. 156 (1911) — Ice and Refrigeration (Chicago), Sept. 1910.

[2] Bordenave, L.: De l'application du froid en chocolaterie. Ber. III. Intern. Kältekongr. Chicago 1913, Bd. III, S. 133 (französische Ausgabe).

[3] Groom, F. L.: Ber. IV. Intern. Kältekongr. London 1924, Bd. II, S. 1172.

[4] Woodroof, J. G.: Ice and Refrigeration. April 1951. — H. Thompson, S. R. Cecil u. J. G. Woodroof: Storage of edible peanuts. Georgia Exper. Sta., Univ. of Georgia, Bulletin 268, März 1951. — Vgl. auch Food Engin. Nov. 1951, S. 129.

[5] Brandeis: Die Anwendung der Kälte in der Broterzeugung. Paris 1908.

[6] Groom, F. L.: a. a. O.

[7] Seitz, Ph.: Bakers Weekly, Dez. 1951.

III. Die Brauereien.

Ferdinand Carré war anscheinend der erste, der 1859 eine Kältemaschine in einer Brauerei in Marseille aufstellte[1]. Um 1860 stellte James Harrison eine seiner ersten Methyläthermaschinen in der Brauerei von Glasgow und Thunder in Bendigo (Australien) auf. In den sechziger Jahren wurde auch eine von Siebe gebaute Harrison-Maschine in der Brauerei von Truman, Hanbury & Co. in London aufgestellt und blieb bis 1886 in Betrieb[2]. Im Jahre 1867 erschien Telliers Buch „L'Ammoniaque dans l'industrie"[3], und 1871 folgte die Broschüre „Du froid appliqué à la production de la bière et à sa conservation"[4]. Im Kapitel IV des ersten Werkes sind die Seiten 188 bis 217 den Kälteanwendungen in Brauereien gewidmet. Tellier erklärt (S. 189), daß tiefe Temperaturen für drei Zwecke benötigt werden: die Abkühlung der Würze, die Abführung der überschüssigen Wärme bei der Gärung und die Regelung der Temperatur in den Lagerkellern. Bisher sei die notwendige Kühlung durch Eis erzielt worden; aber sei dies das einzige und ausreichende Mittel? Tellier beantwortet diese Frage wie folgt (S. 190): „Je vais démontrer que ces résultats peuvent être atteints par l'emploi de l'ammoniaque." In einer Fußnote betont er sogleich, daß Ammoniak auch durch Methyläther ersetzt werden kann; aber in jedem Fall will er das Eis durch die Kältemaschine ersetzen. Er empfiehlt nun, die Brauereikeller durch Einblasen von kalter Luft von $+2$ bis $4°$ C abzukühlen, die in besonderen Apparaten erzeugt und von Ventilatoren bewegt wird (Luftkühler). Die Kälteanlage, bestehend aus einem liegenden Kompressor, einem Tauchkondensator mit Sammelflasche und einem horizontalen Mantel- und Röhrenverdampfer, wird in Abb. VI des Originalwerkes dargestellt: die Luft strömt durch das Rohrbündel des Verdampfers, während das Kältemittel im Mantelraum verdampft. Tellier ist sich darüber klar, daß die Luft im Verdampfer nicht unter null Grad gekühlt werden darf, da sich sonst die Luftfeuchtigkeit in Gestalt von Reif ausscheiden und das Rohrbündel bald verstopfen würde.

Tellier beschreibt weiter die Abkühlung der Bierwürze, die mit etwa $100°$ C aus dem Sudhaus kommt. Er will sie in drei Stufen kühlen, wobei die bei der Abkühlung von 100 auf $40°$ gewonnene Wärme für die Verdampfung von Ammoniak in einem liegenden Röhrenkessel dient; diese Dämpfe werden in einer Ammoniakdampfmaschine expandiert[5], die den Kompressor der Kältemaschine antreibt. Die weitere Abkühlung der Würze von 40 auf etwa $12°$ C geschieht in Kühlschiffen, die der freien Atmosphäre ausgesetzt sind. Nur für die letzte Abkühlung der Würze von 12 auf $4°$ C wird von der Kältemaschine Gebrauch gemacht, wobei wieder ein Mantel- und Röhrenverdampfer benutzt wird. Diese ganze Anlage ist in Abb. VIII des Originalwerkes dargestellt.

Schließlich geht Tellier noch auf die Kühlung der Würze in den Gärbottichen ein und empfiehlt den Ersatz des Eises durch Tauchkühler, durch die ein Strom von kaltem Wasser von 1 bis $2°$ C fließt, das durch die Kältemaschine erzeugt wird.

Das zweite obenerwähnte Buch von Tellier, das 1871 erschien, ist nun ausschließlich den Anwendungen der Kälte in Brauereien gewidmet. Bei der

---

[1] Nach A. Monvoisin: La conservation par le froid des denrées périssables, S. 183. Paris: Dunod 1923.

[2] Vgl. die Diskussionsbemerkung von Fr. Colyer zum Vortrag von T. B. Lightfoot: Proc. Inst. mech. Engrs., Lond. Mai 1886, S. 246.

[3] Paris: bei J. Rotschild 1867 (das Vorwort trägt das Datum: 25. Januar 1866).

[4] Paris: im Selbstverlag der Usine frigorifique d'Auteuil, Ch. Tellier & Cie., Auteuil-Paris.

[5] Diese Dampfmaschine beschreibt Tellier auf den S. 41—71 des gleichen Werkes.

Frage der Wahl von Kältemitteln in Kompressionskältemaschinen nennt er wieder zuerst Ammoniak und dann Methyläther (vgl. S. 56); es folgt eine ausführliche Beschreibung der Kältemaschine, die durch Zeichnungen ergänzt wird. Eine seiner Methyläther-Maschinen wurde 1869 in der Brauerei von George Menz in New Orleans aufgestellt.

Aus Vorstehendem erkennt man, daß Tellier die Vorzüge der Kältemaschine gegenüber dem Eis in Brauereien klar erkannt hat und daß er sich bis ins einzelne überlegt hat, in welcher Weise die Kältemaschine einzusetzen war und wie sie konstruiert werden mußte. Es ist ein tragisches Geschick, daß ihm der Erfolg seiner Bemühungen versagt blieb. Das mag einerseits an der konservativen Einstellung der französischen Brauereibesitzer gelegen haben, andererseits aber wohl auch an den Mängeln in der wissenschaftlichen Ausbildung Telliers[1] und in einer ungenügenden Überzeugungskraft. Die Widerstände, die ihm in den Weg gelegt wurden, vermochte er nicht zu überwinden. Dennoch muß man in ihm den bedeutendsten Wegbereiter für die Einführung der Kältemaschinen in Brauereien anerkennen.

Erst die zielbewußte Arbeit Carl Lindes eröffnete den Kältemaschinen in den Brauereien eines ihrer größten Anwendungsgebiete. Wir haben schon auf S. 58 darauf hingewiesen, daß der wirtschaftliche Vergleich verschiedener Kältemaschinensysteme, den Linde 1871 im Bayerischen Industrie- und Gewerbeblatt veröffentlichte, in Brauereikreisen starke Beachtung fand. Nachdem er dann beim internationalen Brauerkongreß während der Weltaustellung in Wien 1873 in einem Vortrag in überzeugender Weise die Vorzüge der unmittelbaren Kühlung durch Kältemaschinen vor der Eiskühlung nachgewiesen hatte, traten weitere führende Brauereibesitzer (wie Gabriel Sedlmayr in München, Dreher und Faber in Wien, Jacobsen in Kopenhagen, Feltmann in Rotterdam und Hatt in Straßburg) mit ihm in geschäftliche Verbindung[2]. Zunächst wurde von der künstlichen Kälte nur für die Kühlung der Würze vor und während der Gärung Gebrauch gemacht. Die erste Anlage dieser Art gelangte 1877 in der Spatenbrauerei in München zur Aufstellung. Die nächste im gleichen Jahre in der Dreherschen Brauerei in Triest in Betrieb genommene Anlage diente auch zur Luftkühlung in den Gärkellern, und zwar vermittels an der Decke angeordneter Kühlrohrsysteme; und gleich danach folgte auch die Aufstellung einer Kältemaschine in der Westminster Brewery in London[3].

Viel schwieriger war es, die Brauereibesitzer davon zu überzeugen, daß auch die Kühlung der großen Lagerkeller von einer Kältemaschine übernommen werden könne, da ein zeitweiliges Versagen der Maschine sehr große Verluste mit sich bringen konnte. Die Dortmunder Aktienbrauerei entschloß sich 1882 als erste, dieses Risiko in Kauf zu nehmen und keine großen Eisvorräte mehr aufzuspeichern, wodurch viel Platz gespart wurde. Aus Abb. 74 war schon zu ersehen, wieviel Platz die Eisvorräte einnahmen. Als dann der Winter 1883/84 nur eine sehr schlechte Natureisernte brachte, bestürmten zahlreiche Brauereien die Gesellschaft Linde mit ihren Bestellungen. So kam es, daß im Jahre 1891 schon 747 Linde-Kältemaschinen in 445 Bierbrauereien aufgestellt waren.

Kühlanlagen in Brauereien wurden sehr bald auch von anderen deutschen und ausländischen Firmen ausgeführt, und es dürfte heute kaum eine größere

---

[1] Er spricht im Jahre 1871 immer noch von Wärme*stoff* (calorique) und vermeidet überall exakte Berechnungsmethoden.

[2] Linde, C.: Aus meinem Leben und von meiner Arbeit. München: R. Oldenbourg 1916.

[3] Eine ausführliche Beschreibung der Kälteanlagen in diesen drei Brauereien findet man bei G. Behrend: Eis- und Kälteerzeugungsmaschinen, 3. Aufl., S. 313, 320 u. 325. Halle: Wilh. Knapp 1894.

Brauerei geben, die noch mit Eiskühlung arbeitet. Die typische Anordnung der Räume und Apparate in einer älteren Brauerei zeigt Abb. 95, nach der Ausführung der Firma Vaas und Littmann in Halle/S.[1]; hierbei wurde von einer Absorptionskältemaschine Gebrauch gemacht.

Um die Ansammlung von Kohlensäure in den Gärkellern zu verhindern, wurde die Kühlung dieser Räume später nicht mehr durch Deckenberohrung,

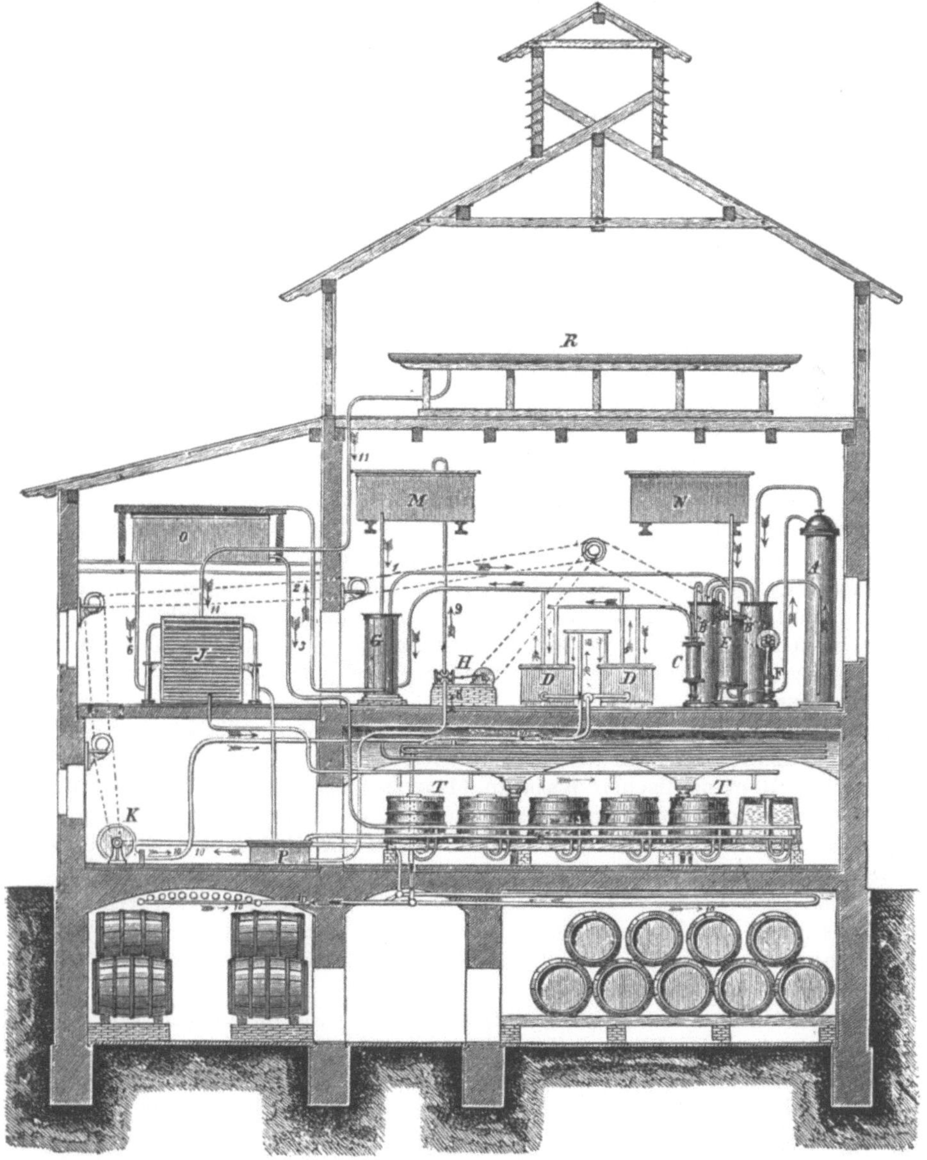

Abb. 95. Brauerei-Kühlanlage mit Absorptionsmaschine, ausgeführt von Vaas und Littmann, Halle a. d. S
A Austreiber, B Kondensator, C Wärmeaustauscher, D Eiserzeuger, E Absorber, F Lösungspumpe, G Wasserkühler, H Wasserpumpe, J Berieselungskühler für Bierwürze, K Solepumpe, M Warmwasserbehälter, N Kühlwasserbehälter, O Behälter für kaltes Wasser, P Wasserkasten, R Kühlschiff, T Gärbottiche.

───────────

[1] Nach G. Behrend: a. a. O., S. 340, Abb. 217.

sondern durch einen Luftkühler mit Luftkanälen und Ventilator vorgenommen. Eine der ersten Ausführungen dieser Art erfolgte bei der großen Jacobsen-Neu-Carlsberg-Brauerei in Kopenhagen. In den modernen Gärkellern sind die Holzbottiche durch Stahl- oder Aluminiumbottiche ersetzt; auch glasierte Zementbottiche finden Verwendung.

Die künstliche Kühlung erstreckte sich bald auch auf Abfüllräume, Faß- und Flaschenbierlager sowie auf die Hopfenlagerräume.

IV. Die chemische Industrie.

Die Kältemaschinen fanden eines ihrer ersten Anwendungsgebiete in der chemischen Industrie. Kirk teilt mit[1], daß schon im Jahre 1861 eine Äthyläthermaschine von Harrison für die *Extraktion des Paraffins* aus Rohölen in den Werken von Young, Meldrum und Binny in Bathgate (England) aufgestellt wurde. Um das Paraffin herauszukristallisieren, mußte das Öl auf $+2$ bis $+4°$ C abgekühlt werden. Früher geschah das, indem ein Teil des Rohöls während des Sommers in Tanks aufgespeichert und dann im Winter in flachen Schalen der natürlichen Kälte ausgesetzt wurde. Die Harrison-Maschine funktionierte zufriedenstellend, doch barg das verwendete Kältemittel eine ständige Feuergefahr. Die Äthermaschine wurde daher 1864 durch eine Kaltluftmaschine von Kirk ersetzt, der sich als Betriebsleiter des genannten Werkes mit der Entwicklung einer Kältemaschine befaßte, deren Betrieb gefahrlos sein sollte.

1. Das Auskristallisieren von Salzen aus Lösungen.

Ein wichtiges Gebiet der chemischen Technik, in dem die Kältemaschine schon frühzeitig eine wesentliche Rolle gespielt hat, war die *Gewinnung von Salzen* aus dem Meerwasser und aus Mutterlaugen. Eine von F. Carré gebaute Äthermaschine ist schon Anfang der sechziger Jahre des vorigen Jahrhunderts zur Gewinnung von Glaubersalz, Chlorkalium und anderen Salzen aus Meerwasser in dem Salzwerk von Henri Merle & Co. in Giraud an der Mündung der Rhône aufgestellt worden und brachte eine beträchtliche Vereinfachung des Betriebes[2].

Engelhardt machte darauf aufmerksam[3], daß Johann Christian Wiegleb in seiner 1792 erschienenen „Geschichte des Wachstums und der Erfindungen der Chemie" dem englischen Kapitän Martin Probisher im Jahre 1578 die Erfindung zuschreibt, aus dem Meerwasser durch Gefrieren reines Eis herzustellen, aus dem durch Schmelzen Trinkwasser für die Schiffsbesatzung erhalten werden konnte.

In ganz großem Maßstab wurde nach dem ersten Weltkrieg Glaubersalz (Natriumsulfat) aus Mutterlaugen durch Abkühlung herauskristallisiert. Die Glaubersalzgewinnung ist ein Nebenbetrieb einerseits in der Kaliindustrie und andererseits in den Kupferhütten.

In der Kaliindustrie wurde das Glaubersalz schon im vorigen Jahrhundert unter Ausnutzung der Winterkälte gewonnen. Um 1920 begann man aber von Kältemaschinen Gebrauch zu machen. Die mit Lauge gefüllten Zellen wurden in ein kaltes Solebad versenkt, wobei sich die Glaubersalzkristalle an den Zellenwänden ausschieden. Nach Ausschüttung der Restlösung wurden die Kristalle

---

[1] Kirk, A. C.: Proc. Inst. Civil Engin. Bd. 37 (1873—1874) S. 244.

[2] Carré, F.: Cristallisation de divers sels et extraction du sulfate de soude par le froid artificiel. Armengaud Publication industrielle de machines Bd. 13 (1861) S. 386. — Vgl. auch F. D'Auriac: De la Production du Froid, S. 102—114. Paris: Victor Masson et fils 1863.

[3] Engelhardt, L.: Berichtheft des VDI zur Hauptversammlung in Darmstadt 1936.

in einem Auftaugefäß von den Zellenwänden gelöst. Man ahmte also das bei der Eiserzeugung übliche Verfahren nach; doch erwies sich dieses als recht unwirtschaftlich und für einen Großbetrieb wenig geeignet.

Eine sehr moderne Anlage in fließender Fertigung und mit Rückgewinnung der in der Restlösung enthaltenen Kälte entstand 1924 bei der Gewerkschaft Wintershall in Merkers in der Rhön[1]. Schon im ersten Bauabschnitt wurden täglich 2400 m³ Lauge verarbeitet und bei einer Abkühlung auf −5° C 300 kg Glaubersalz je Kubikmeter Lauge auskristallisiert. Nach einem Jahr wurde die Leistung der Anlage bereits verdoppelt. Ein Ammoniakturbokompressor von Brown Boveri & Co. mit einer Leistung von 8 Millionen kcal/h und ein zweistufiger Ammoniakkolbenkompressor von Gebr. Sulzer, Winterthur, mit 3,4 Millionen kcal/h bei einer Verdampfungstemperatur von −10° C lieferten die erforderliche Kälte.

In Kupferhütten wird das Glaubersalz in bedeutenden Mengen bei der Verarbeitung von Schwefelkiesabbränden gewonnen. Die Kupferhütten erhalten diese Abbrände von der chemischen Großindustrie, die aus dem Schwefelkies zunächst Schwefelsäure erzeugt. Vor ihrer Verhüttung auf Kupfer, Zink und Eisen werden die Abbrände unter Zusatz von Chlornatrium geröstet und dann durch Wasser und Salzsäure ausgelaugt. Aus dieser Lauge wird dann durch Abkühlung Glaubersalz auskristallisiert. Eine der größten Anlagen dieser Art findet man bei der Duisburger Kupferhütte in Duisburg. Die Kälte wird hier durch mehrstufige Dampfstrahlkältemaschinen erzeugt, wobei den Lösungen in Kammern niedrigen Druckes das Lösungswasser durch adiabatische Verdampfung entzogen wird[2] (s. S. 76).

2. Die Gasverflüssigung.

Ein weiteres Anwendungsgebiet der Kältetechnik in der chemischen Industrie ist die *Gasverflüssigung* (s. S. 7 und 90). Liegt die kritische Temperatur eines Gases oberhalb der Umgebungstemperatur, so kann die Verflüssigung allein durch Anwendung eines entsprechend hohen Drucks erzielt werden. Im anderen Fall muß die Temperatur zuerst durch Kälteanwendung unter die kritische gesenkt werden. Aber auch im erstgenannten Fall vermeidet man häufig gerne eine Drucksteigerung, besonders dann, wenn es sich um giftige oder brennbare Gase handelt, die durch Stopfbüchsen oder Flanschdichtungen entweichen könnten. Als Beispiel diene hier die *Chlorverflüssigung*, die seit Jahrzehnten in großem Umfang durchgeführt wird[3]. Kühlt man das Chlorgas auf −34° C ab, so läßt es sich bei Atmosphärendruck verflüssigen; dagegen ist ein Druck von 7,7 ata erforderlich, wenn man es bei +25° verflüssigen will. Schon im Jahre 1888 schlug Chr. Heinzerling vor, Chlorgas nur auf 1,5 bis 3,5 ata zu komprimieren, die Überhitzungswärme abzuführen und dann das Gas auf 1 ata zu entspannen, wobei es sich auf −30 bis −50° abkühlt und teilweise verflüssigt. Andere Verfahren, die eine hohe Verdichtung vermeiden und von Kälte und Lösungsmitteln Gebrauch machen, beschreibt Kausch[4]. Eine Zwischenlösung bildet die Chlorverflüssigung bei −10 bis −20° C unter mäßigem Druck, wobei man mit einem einstufigen Chlorkompressor und einer einstufigen Kältemaschine auskommt[5]. Von diesem Verfahren wird auch heute noch Ge-

---

[1] Pabst, R.: Die Kältemaschine in der chemische Industrie. Wien: Z. Eis- u. Kälteindustr. 1925.

[2] Hammer, H., T. Messing u. H. Schunk: Chem. Ing. Technik Bd. 23 (1951) S. 513.

[3] Niebergall, W.: Tiefkühlanlagen für Chlorverflüssigung. Chem. Apparatur Bd. 29 (1942) S. 81.

[4] Kausch, O.: Z. kompr. flüss. Gase Bd. 7 (1904) S. 41 u. 56.

[5] U.S. Pat. 491699 vom Jahre 1892.

brauch gemacht. Am radikalsten geht man aber beim Tiefkühlverfahren vor, bei dem die Verflüssigung unter Atmosphärendruck vorgenommen wird und man zwei- bis dreistufige Kältemaschinen benötigt. Ursprünglich machte man vorzugsweise von CO_2-Maschinen Gebrauch, ging dann aber wegen der größeren Wirtschaftlichkeit auf NH_3-Maschinen und in Amerika neuerdings auf Freonmaschinen über[1]. In Deutschland hat die Firma Rheinmetall-Borsig auch Absorptionsmaschinen verwendet[2].

Bei der Herstellung von hundertprozentigem *Schwefeldioxyd* ist man neuerdings gleichfalls von den älteren Absorptionsverfahren auf die Abscheidung von SO_2 aus Gasgemischen durch Kompression und anschließende Tiefkühlung übergegangen, weil dieses Verfahren die geringsten Anlagekosten verursacht und auch im Betrieb am wirtschaftlichsten ist. Eine solche Anlage wurde 1946 in Leverkusen in Zusammenarbeit mit der Gesellschaft für Lindes Eismaschinen, Höllriegelskreuth, aufgestellt, wobei für die Kälteerzeugung von Ammoniakmaschinen und von Entspannungsturbinen Gebrauch gemacht wurde[3].

3. Die Zerlegung von Gasgemischen.

Durch Kühlung lassen sich auch gasförmige Gemische zerlegen, indem die leichter kondensierbaren Bestandteile früher ausfallen. Das einfachste Beispiel ist die Trocknung feuchter Luft durch Temperatursenkung. Das Verfahren kann sowohl zwecks Entfernung unerwünschter Verunreinigungen aus einem Gasgemisch angewandt werden als auch zur Gewinnung wertvoller darin enthaltener Bestandteile.

Das in Koksöfen, Gasanstalten und Schwelereibetrieben erzeugte Rohgas enthält als Verunreinigungen Teer, Benzol, Ammoniak und Naphthalin, die aber zugleich wertvolle Nebenprodukte sind, deren Gewinnung wirtschaftlich bedeutungsvoll ist. Besonders wichtig ist bei der Ferngasversorgung die *Ausscheidung des Naphthalins* am Gaserzeugungsort, da es sonst in den Wintermonaten in den Fernleitungen auskristallisiert und sie verstopft. Schon 1898 beschäftigte sich Heinzerling mit diesem Problem[4], wobei er das Gas durch Kompression, Zwischenkühlung und anschließende Expansion bis auf $-80°$ C abkühlte. Die praktische Lösung reifte jedoch erst später aus. Es ist das Verdienst von Lenze, die Ausscheidung des Naphthalins durch Abkühlung des Rohgases auf etwa $0°$ erstmalig im Jahre 1925 bei den Thyssenschen Gas- und Wasserwerken in Hamborn in großem Maßstab erfolgreich durchgeführt zu haben, wobei gleichzeitig auch eine weitgehende Trocknung des Gases und eine Ausscheidung des Ammoniaks und der letzten Teerreste stattfindet[5]. Das Verfahren wird besonders wirtschaftlich, wenn man mit dem heißen aus dem Ofen kommenden Rohgas den Austreiber einer Absorptionskältemaschine beheizt und mit der erzeugten Kälte dann das Gas auf 0 bis $-5°$ abkühlt. Das Verfahren wurde später noch dadurch verbessert, daß man das Rohgas hinter den Gasverdichtern, also bei 6 bis 10 ata, mit Tetralin (einem Lösungsmittel für Naphthalin) sättigte und es dann abkühlte, wobei sich das Naphthalin nicht in Kristallform, sondern in flüssiger Form, gelöst in Tetralin, auf den Kühlflächen abscheiden konnte. Die Trennung des Naphthalins vom Tetralin erfolgte dann ebenfalls durch Kälte[6].

---

[1] Killeffer, D. H.: Refrig. Engin. Bd. 40, Sept. 1940.

[2] Niebergall, W.: S. Fußnote 3, S. 137.

[3] Schnell, H.: Kältetechnik Bd. 4 (1952) S. 33.

[4] Heinzerling, Chr.: Z. ges. Kälteind. Bd. 5 (1898) S. 157.

[5] Rettenmaier, A.: Diss. T. H. Stuttgart, 1924 — Gas- u. Wasserfach 1932, S. 541. — Lenze u. A. Rettenmaier: Gas- u. Wasserfach, H. 33 v. 14. Aug. 1926; H. 51 v. 19. Dez. 1931.

[6] Linge, K.: Rheinmetall-Borsig-Mitteilungen, Juni 1937, H. 3, S. 26.

Es gibt noch viele andere technische Gasgemische, deren Zerlegung in ihre Bestandteile mit Hilfe von Kältemaschinen bewirkt wird, sei es, daß man von der fraktionierten Kondensation Gebrauch macht, sei es, daß man das Gemisch durch tiefgekühlte Absorptionsflüssigkeiten leitet, die einzelne Bestandteile zurückhalten. Schon im Jahre 1909 begann die Gesellschaft für Lindes Eismaschinen sich mit der Zerlegung des Wassergases zu beschäftigen[1], das im wesentlichen aus Wasserstoff und Kohlenmonoxyd mit geringen Beimengungen von Stickstoff, Sauerstoff und Kohlendioxyd besteht. In einem Bad von flüssigem Stickstoff wurde der größte Teil des im Wassergas enthaltenen Kohlenmonoxyds verflüssigt. Wasserstoff wurde teils für Zwecke der Fetthärtung, teils bei der Ammoniaksynthese nach HABER-BOSCH verwendet. Später wurde in Amerika reiner Wasserstoff aus dem Wassergas auch dadurch gewonnen, daß man es nach Verdichtung auf 125 ata durch eine auf 0° C gekühlte ammoniakalische Kupferlösung leitete, die das Kohlenmonoxyd und die geringen Mengen CO_2 und O_2 absorbierte[2].

Bald wurde auch die Zerlegung des Koksofengases in Erwägung gezogen. Die ersten Anregungen dafür gehen auf das Jahr 1914 zurück. In großem Maßstab ließ sie sich jedoch erst ab 1924 durchführen. Bezweckt wurde damit die Herstellung eines stöchiometrischen Gemisches von Wasserstoff und Stickstoff für die Ammoniaksynthese. Die erste große Anlage für die Zerlegung von 1700 m³ Koksofengas in der Stunde wurde in Ostende für die Société Anonyme Semet-Solvay et Piette, Brüssel, aufgestellt. Die Bedeutung der Koksofengaszerlegung geht daraus hervor, daß die Gesellschaft Linde in den Jahren 1924 bis 1928 47 Anlagen für die Zerlegung von 243 600 m³ in der Stunde geliefert hat.

4. Die Raffination von Erdöldestillaten.

In ausgedehntem Maße wird die Kälte auch bei der *Raffination von Mineralölen* angewendet. Sie dient dort einerseits zur Entparaffinierung der Öle, andererseits zu ihrer Zerlegung in Destillate von bestimmter Zusammensetzung, insbesondere zur Trennung aliphatischer und aromatischer Komponenten. Während die Erdölgewinnung in den ersten Jahrzehnten des Bestehens der Erdölindustrie eine stetige Entwicklung durchgemacht hat, zeigten sich auf dem Gebiet der Veredlung der aus dem Rohöl gewonnenen Produkte bis zum ersten Weltkrieg keinerlei Fortschritte. Obwohl das Rohöl schon seit uralter Zeit bekannt ist, geht seine industrielle Verwertung nur bis auf die sechziger Jahre des vorigen Jahrhunderts zurück. Zwischen 1859 und 1863 entstanden in den Vereinigten Staaten, in Rußland und in Rumänien die ersten Raffinerien zur Gewinnung von Leuchtöl (Petroleum) aus Erdöl, und 1871 wurde erkannt, daß sich aus den schweren Destillaten des Erdöls Schmieröle gewinnen lassen, die in ihrer Schmierfähigkeit den pflanzlichen Ölen gleichkommen[3].

Schon in den Anfängen der Erdölindustrie hatte man beobachtet, daß durch die Behandlung der Destillate mit Schwefelsäure und nachträgliches Waschen oder Neutralisieren eine Qualitätsverbesserung erzielt wurde, doch eignete sich dieses Verfahren nur für bestimmte Erdölsorten. Ausgehend von der Forderung, aus rumänischen Erdölen ein gut brennbares Leuchtöl herzustellen, bemerkte man, daß die Gegenwart aromatischer (kohlenstoffreicher) Kohlenwasserstoffe die Ursache der starken Rußbildung beim Brennen bildete, und diese waren

---

[1] 50 Jahre Kältetechnik, Geschichte der Gesellschaft für Lindes Eismaschinen. Wiesbaden 1929.

[2] DELY, J. G.: Refrig. Engng. Bd. 50 (1945) S. 113.

[3] EDELEANU, L.: Z. angew. Chem. Bd. 36 (1923) S. 573 — Petroleum Bd. 19 (1923) Nr. 34.

im rumänischen Erdöl viel stärker vertreten als im pennsylvanischen oder kaukasischen.

L. Edeleanu beschäftigte sich schon seit etwa 1905 im chemischen Laboratorium des rumänischen Domänenministeriums mit der Frage der Trennung der aromatischen Kohlenwasserstoffe von der überwiegenden Menge der kohlenstoffärmeren aliphatischen und Naphthenkohlenwasserstoffe. Bei dem hohen Gehalt an aromatischen Bestandteilen kam das Schwefelsäureverfahren aus wirtschaftlichen Gründen nicht mehr in Frage, um so weniger, als die sich hierbei bildenden Säuregoudrone unverwertbar waren. Nach Erprobung verschiedener üblicher Lösungsmittel fand Edeleanu, daß flüssiges Schwefeldioxyd (SO_2) ein starkes *selektives* Lösungsvermögen besitzt, indem es die aromatischen Bestandteile sehr gut, die kohlenstoffarmen dagegen sehr schlecht löst. Kältetechnisch wurde diese Beobachtung dadurch interessant, daß die Selektivität mit sinkender Temperatur zunimmt, so daß bei — 10° die gesättigten aliphatischen Kohlenwasserstoffe fast unlöslich sind und die Naphthengruppen sich nur noch sehr schwer lösen.

Die technische Ausgestaltung des Verfahrens wurde nunmehr der Allgemeinen Gesellschaft für chemische Industrie in Berlin in Gemeinschaft mit der Firma A. Borsig in Berlin Tegel übertragen. Die erste Anlage wurde 1910 in Rouen erbaut; es folgten bald weitere Anlagen in Ploesti (Rumänien) und in Niederländisch-Indien. Nachdem das Verfahren 1913 durch Engler und Ubbelohde glänzend begutachtet worden war[1], trat es seinen Siegeszug in der ganzen Welt an und wurde auf die verschiedensten Erdölprodukte (auch auf Schmieröle) angewendet.

Nach der Vermischung eines Destillats mit der entsprechenden Menge Schwefeldioxyd bei — 10° C erhält man zwei deutlich voneinander getrennte Flüssigkeitsschichten, von denen die obere die gesättigten und Naphthenkohlenwasserstoffe mit wenig SO_2 enthält, während in der unteren die aromatischen und ungesättigten Kohlenwasserstoffe in viel SO_2 gelöst sind. Nach Trennung der beiden Schichten braucht nur noch aus beiden das Schwefeldioxyd in mehrstufigen Verdampfern ausgetrieben zu werden, was wegen des niedrigen Siedepunktes von Schwefeldioxyd keinerlei Schwierigkeiten bereitet. Es lag nahe, in der für solche Anlagen notwendigen Kältemaschine Schwefeldioxyd als Kältemittel zu verwenden[2].

Im zweiten Weltkrieg und in den Nachkriegsjahren hat die Raffination und Extraktion von Mineralölen mit Hilfe selektiver Lösungsmittel besonders durch die Untersuchungen von E. Terres und seinen Mitarbeitern[3] große Fortschritte gemacht. Das Ziel ist die Zerlegung von Mineralölen in Einzelstoffe, aber dieses Ziel läßt sich nicht auf dem Wege der Destillation, sondern nur durch Extraktion mit selektiven Lösungsmitteln erreichen. Als solche benutzt man neben dem von Edeleanu vorgeschlagenen SO_2 auch noch Phenol und Furfurol; in jedem Fall nimmt die Selektivität mit sinkender Temperatur zu, so daß stets bei tiefen Temperaturen gearbeitet wird. Eine weitergehende Trennung hat man durch mehrstufige Extraktion im Gegenstrom erreicht. Das Verfahren hat sich auch bei der seit 100 Jahren geübten Entparaffinierung von Mineralölen durch Kälte eingeführt, wobei nach dem sogenannten Zweilösungsmittelverfahren gearbeitet wird; dabei ist das eine Lösungsmittel selek-

---

[1] Engler, C., u. L. Ubbelohde: Z. angew. Chem. Bd. 26 (1913) S. 177.

[2] Plank, R.: Z. VDI Bd. 72 (1928) Nr. 45. — G. Cattaneo: Z. ges. Kälteind. Bd. 35 (1928) S. 173.

[3] Terres, E.: Chem. Ing. Technik 1949, S. 209. — E. Terres, K. Fischer u. E. Sasse: Brennst.-Chemie Bd. 30 (1949) S. 285.

tiv, das andere nicht selektiv, z. B. Azeton-Benzol und SO_2-Benzol. Es werden auch Gemische von Dichloräthan mit Benzin und von Dichloräthan mit Methylenchlorid verwendet. Wie begegnen also hier wieder Stoffen, die uns schon als Kältemittel bekannt sind (s. S. 75).

5. Die Viskose-Industrie.

Auch bei Herstellung von *Kunstseide* und *Zellwolle* hat man sich die Kältetechnik mit Erfolg nutzbar gemacht. Wir wollen hier auf ihre Anwendung in der Viskoseindustrie kurz eingehen. An der Entwicklung dieses Verfahrens hatte die Société Française de la Viscose maßgebenden Anteil. Die Viskose ist ein Zelluloseprodukt, und zwar das Natronsalz der Zellulosexanthogensäure; sie entsteht durch Einwirkung von starkem Alkali und Schwefelkohlenstoff auf Zellulose und verdankt ihren Namen der sehr hohen Viskosität ihrer wäßrigen Lösungen. Zum erstenmal wurde Viskose im Jahre 1892 von Cross, Bevan und Beadle hergestellt. Die wäßrige Lösung ist sehr unbeständig, und die Viskose geht allmählich von einer Modifikation in die andere über; man bezeichnet diese Übergänge als Reifung. Diese Reifung kann durch tiefe Temperaturen sehr verzögert und sogar aufgehalten werden. Die zweite Phase der Reifung, das sogenannte C_{12}-Xanthogenat (auf C_6 als erste Phase bezogen), findet bei der Herstellung von Kunstseide, Kunstleder und Filmen Verwendung. Der Reifungsprozeß geht in besonderen Kesseln vor sich, die mit Heiz- und Kühlvorrichtungen versehen sind. Die aus der Vorreife kommende Alkalizellulose gelangt in den Vakuumxanthat-Kneter, wo sie vorgekühlt und dann unter Zugabe von Schwefelkohlenstoff umgerührt wird. Durch die Rührwerksarbeit und die Reaktionswärme steigt die Temperatur, und daher muß bei dem anschließenden Zusetzen von Wasser und Natronlauge wieder eine kräftige Kühlung vorgenommen werden. Der Kältebedarf ist also starken Schwankungen unterworfen, die jedoch durch den gleichzeitigen Betrieb von mehreren in der Arbeitsphase verschobenen Knetern ausgeglichen werden können[1].

Es sei noch bemerkt, daß bei der Herstellung von Kunstseide für verschiedene Nebenprozesse erhebliche Mengen von flüchtigen Stoffen, wie Alkohol, Äther, Azeton u. a., verwendet werden, für deren Rückgewinnung aus der Luft durch fraktionierte Kondensation ebenfalls Kältemaschinen verwendet werden können.

6. Der Kunstgummi.

Synthetischer Kautschuk, z. B. Buna, wird aus Kohle und Kalk hergestellt: aus dem Karbid als Ausgangsstoff wird über Azetylen eine Kohlenwasserstoffverbindung — das *Bu*tadien $CH_2 \cdot CH \cdot CH \cdot CH_2$ — gewonnen, dessen Polymerisation unter hohem Druck und bei Verwendung von *Na* als Katalysator (daher der Name Buna) zu einer gummiartigen Substanz führt, deren Eigenschaften dem natürlichen Kautschuk entsprechen und diese sogar übertreffen. Die Polymerisation wurde früher bei einer Temperatur von 50° C durchgeführt; man fand aber, daß viel längere Ketten entstehen und die Eigenschaften des Erzeugnisses sich noch wesentlich verbessern, wenn die Polymerisation bei tieferen Temperaturen, etwa $+5°$ C und darunter, stattfindet. Da die Reaktionsgeschwindigkeit bei tiefen Temperaturen sinkt, braucht man dabei noch wirksamere Katalysatoren. Dieser „kalte" Kautschuk wird für Bereifungen von Kraftfahrzeugen in steigendem Maße verwendet; die daraus hergestellten Reifen haben eine viel längere Haltbarkeit. Man darf annehmen, daß der „kalte

---

[1] Niebergall, W.: Chemie-Ingen.-Technik Bd. 23 (1951) S. 113.

Gummi" den gewöhnlichen synthetischen Kautschuk bald ganz verdrängen wird. Auch hier wäre der Fortschritt ohne Kältemaschinen nicht möglich gewesen.

7. Hüttenwerke.

Es war schon lange bekannt, daß die Trocknung der Luft in Hochofenanlagen deren Wirtschaftlichkeit wesentlich steigern könnte; es fehlten aber die für die Trocknung großer Luftmengen notwendigen Hilfsmittel, die erst die Kälteindustrie bereitstellte. Im Jahre 1894 erhielt James Gayley, Betriebsleiter der Edgar Thomson Works der Carnegie Steel Company in Pittsburgh, ein Patent auf die Hochofen-Windtrocknung. Zum erstenmal wurde eine solche Anlage aber erst 1904 bei den Isabella Hochöfen der U. S. Steel Corporation in Etna, Pennsylvania, errichtet. Bis zum ersten Weltkrieg wurden zahlreiche Anlagen dieser Art in Europa und Amerika ausgeführt[1]. Die Gesellschaft für Lindes Eismaschinen baute eine Windtrocknungsanlage bei der Gewerkschaft Deutscher Kaiser in Bruckhausen (Duisburg) mit einer Kälteleistung von 2000000 kcal/h, in der 90000 m³ Luft je Stunde von $+25$ auf $-5°$ gekühlt wurden; sie bediente 2 Hochöfen, in denen täglich je 450 t Roheisen erzeugt wurden. Nach 1916 wurde aber von diesem Verfahren nicht mehr Gebrauch gemacht, da es die Investierung erheblicher Kapitalien erforderte und trotz der technischen Vorteile im ganzen unwirtschaftich war[2].

Linde hat schon frühzeitig auf die Anwendungsmöglichkeit von sauerstoffreicher Luft und reinem Sauerstoff in verschiedenen Gebieten der Brennstofftechnik, der Herstellung von Explosivstoffen, der chemischen Technik und des Hüttenwesens hingewiesen, doch eilten diese Gedanken der Zeit voraus. Erst in und nach dem zweiten Weltkrieg fanden sie breiteste Anwendung und führten zum Bau von Sauerstoffanlagen größter Abmessungen sowohl in Deutschland wie auch in Amerika[3].

V. Die Klima-Anlagen.

Auf S. 3 wurde bereits erwähnt, daß der römische Kaiser Varius Avitus zur Sommerszeit in seinem Garten ganze Berge von Schnee anhäufen ließ, um einen erfrischend kühlen Wind genießen zu können. D. L. Fiske hat in einem Artikel „The Origins of Air Conditioning"[4] zahlreiche Quellen angegeben[5] und interessante Abbildungen von alten Bauwerken gebracht, bei denen schon Versuche unternommen worden waren, die Raumluft mit verschiedenen Hilfsmitteln zu verbessern. In seinem Werk „De re metallica" bringt Agricola ein Bild aus dem Jahre 1555, auf dem zu sehen ist, wie Frischluft in ein Bergwerk eingepumpt wird. Und in Mereschkowskis Lebensbeschreibung von Leonardo da Vinci wird erwähnt, daß dieser sich ebenfalls gelegentlich mit der Ventilation eines Bergwerks beschäftigt hat. Humphrey Davy hat einmal Vorschläge ausgearbeitet, um die Luft im Londoner Parlamentsgebäude zu verbessern.

---

[1] Gayley, J.: Ber. I Intern. Kältekongr. Paris, Bd. 3 (1908), S. 223. — Ch. Tellier: daselbst, S. 237. — Ch. Boudouard: daselbst, S. 199, dort auf S. 220 ausführl. Literaturverzeichnis. — Bartel: daselbst, S. 190. — R. C. A. Banfield: Ber. II Intern. Kältekongr. Wien, Bd. 2 (1910), S. 829. — B. Ossau: Stahl & Eisen (1903), Nr. 13 und 14.

[2] Dunne, R.: Refrig. Engng., Bd. 44 (1942), S. 9. — R. E. Riddle: Blast Furnace and Steel Plant, Bd. 28 (1940), S. 464.

[3] Vgl. z. B. E. Wittmann: Chemie-Ing.-Technik. Bd. 25 (1953), S. 601.

[4] Fiske, D. L.: Refrig. Engng. Bd. 27 (1934) S. 123.

[5] Reid, D. B.: Theory and Practice of Ventilation, 1844. Dazu Elisha Harris: Historical Paper introducing Reid's book „Ventilation of American Dwellings", 1864.

Auf S. 44 hatten wir bereits betont, daß der amerikanische Arzt JOHN GORRIE sich 1845 mit dem Bau einer Kaltluftmaschine beschäftigte, und zwar mit der ausschließlichen Absicht, Eis für die Behandlung seiner Patienten und für die Kühlung der Krankenräume herzustellen.

Aufsehenerregend waren 1850 die Arbeiten des schottischen Astronomen C. PIAZZI SMITH[1], die sich mit den Möglichkeiten der Kühlung von Wohnräumen in den Tropen mit Hilfe von Kaltluftmaschinen befaßten. Das Eingreifen von W. J. M. RANKINE in diese Diskussion verlieh ihr nicht nur einen ernsten Charakter, sondern auch große Popularität. Auch F. CARRÉ hat sich zu Beginn der 60er Jahre des vorigen Jahrhunderts eingehend mit dem Problem der Kühlung von Aufenthaltsräumen, insbesondere von Theatern, beschäftigt[2].

C. LINDE schildert sehr anschaulich[3], daß noch um 1890 und später kein genügendes Verständnis für die hygienische Bedeutung und für die wirtschaftlichen Möglichkeiten solcher Anlagen vorhanden war, obgleich der technischen Ausführbarkeit nichts im Wege stand. Einen wesentlichen Beitrag zu diesem Thema lieferte schon frühzeitig BRÜCKNER in seiner Arbeit „Kühlmaschinen für Wohnräume"[4]. Bereits 1894 wurde durch die Gesellschaft für Lindes Eismaschinen in Frankfurt a. M. eine Wohnraumkühlanlage geschaffen: ein im Dachgeschoß eines Hauses aufgestellter Luftkühler bewirkte mit Hilfe einer im Keller untergebrachten Ammoniakkältemaschine die Kühlung und Trocknung der Außenluft, die über den Luftkühler hinwegzog und infolge ihrer höheren Dichte in die zu kühlenden Wohnräume hinuntersank. Im Jahre 1901 wurde in Monte Carlo eine Anlage in Betrieb genommen, um die Temperatur in den Spielsälen im Sommer nicht über 28° C bei mäßiger Feuchtigkeit kommen zu lassen. Die Kühlung wurde hierbei durch einen Luftwäscher im Dach bewirkt, der Wasser von 10° C zerstäubte und über den die Frischluft in die Säle niederfiel. Eine für das Fernsprechamt Hamburg 1904 gelieferte Anlage erfüllte die Aufgabe, die Luft auf 23° C und 70% relative Feuchtigkeit zu halten. Bald wurden auch die ersten Bewetterungsanlagen in Theatern erstellt, und zwar in Köln a. Rh. und in Rio de Janeiro (diese im Jahr 1910 von A. Borsig geliefert).

Alle diese Anlagen besaßen aber noch nicht den Grad der Vollkommenheit, der erreicht werden mußte, um den Gedanken eines künstlichen Klimas, das dem jeweiligen Zweck am besten angepaßt und automatisch aufrechterhalten werden konnte, in weiten Kreisen zu propagieren. Allmählich bildeten sich zwei verschiedenartige Anwendungsgebiete aus: 1. die Klimatisierung bewohnter Räume (comfort air conditioning); 2. die Klimatisierung industrieller Anlagen (industrial air conditioning)[5]. An der Schwelle dieser Entwicklung, die binnen weniger Jahrzehnte in Amerika ungeahnte Ausmaße annahm, steht WILLIS H. CARRIER (Abb. 96)[6]. Er verstand unter „Air conditioning" ein Verfahren, bei dem durch gleichzeitige Einwirkung von Heizung oder Kühlung, Trocknung oder Befeuchtung, Waschung und Filtrierung der Luft stets derjenige automatisch geregelte Luftzustand erzeugt wird, der dem jeweiligen Zweck am besten dient. Im Jahre 1911 trat CARRIER mit einer Schrift an die Öffentlichkeit[7], in der

---

[1] SMITH, C. P.: On a method of cooling the air in tropical climates. Pract. Mech. J. Bd. 3 (1850) S. 155 u. 194.

[2] Vgl. F. D'AURIAC: De la production du Froid, S. 99. Paris: Victor Masson et fils 1863.

[3] LINDE, C.: Aus meinem Leben und von meiner Arbeit, S. 60. München 1916.

[4] BRÜCKNER, M.: Z. ges. Kälteind. Bd. 6 (1899) S. 101.

[5] Den Ausdruck „Air conditioning" prägte ein gewisser STEWART W. CRAMER, Mühlenbesitzer in Charlotte, North Carolina; vgl. W. B. HENDERSON: Ice and Refrigeration, Bd. 91 (1936), S. 121.

[6] INGELS, M.: Willis Haviland Carrier, Father of Air Conditioning. Garden City, N. Y.: Country Life Press 1952.

[7] CARRIER, W. H.: Trans. Amer. Soc. mech. Engrs. Bd. 33 (1911), S. 1005.

er in einer Psychrometertafel das thermische Verhalten von feuchter Luft erläuterte und die Methoden angab, mit deren Hilfe die gewünschten Zustandsänderungen durchzuführen waren. Sein ganzes weiteres Leben widmete Carrier der Propagierung des Gedankens der Klimatisierung und wurde so der Pionier und größte Realisator auf diesem Gebiet.

Zu jeder Klimaanlage gehört selbstverständlich eine Kältemaschine (wenn nicht kaltes Wasser von etwa 10° C stets in der erforderlichen Menge verfügbar ist). Da solche Kältemaschinen für Räume bestimmt sind, in denen sich Menschen aufhalten, mußte von vornherein größte Sorgfalt auf die Wahl eines gesundheitlich unschädlichen und ungefährlichen Kältemittels verwandt werden.

Abb. 96. Willis H. Carrier.

Ammoniak und Schwefeldioxyd kamen daher wegen ihrer Giftigkeit und ihres Geruchs nicht in Frage; Kohlendioxyd war besonders in wärmeren Gegenden recht unwirtschaftlich im Betrieb, und der hohe Druck wurde auch als Nachteil empfunden. Außerdem mußte beachtet werden, daß für solche Anlagen gerade an den Orten des Hauptbedarfs, nämlich in dichtbesiedelten Städten, wenig Platz zur Verfügung stand. Carrier entwickelte daher von vornherein seine raschlaufenden Turbokompressoren (s. S. 74) und sah sich nach geeigneten Kältemitteln um. Dichloräthylen und Dichlormethan lösten das Problem in den zwanziger Jahren befriedigend, aber nicht vollkommen. Die durch den Erfolg der inzwischen gebauten Klimaanlagen hervorgerufene Nachfrage regte aber die chemische Industrie an, neue, noch besser geeignete Kältemittel zu suchen, die dann auch um 1930 in der Gruppe der Freone (Fluorchlorderivate von Kohlenwasserstoffen) von der Firma Du Pont de Nemours & Co. (Kinetic Chemicals) in Wilmington, Del., gefunden wurden. Erst danach setzte der wahre Aufschwung der Klimatechnik ein, die heute zu den größten Industrien Amerikas gehört und sich allmählich auch in anderen Ländern einzubürgern beginnt.

Wenn auch die Klimatisierung von Räumen, in denen sich Menschen aufhalten, ohne körperliche Arbeit zu leisten (Wohnungen, Gaststätten, Theater, Kinos, Sitzungs- und Versammlungsräume, Schulen), in Europa noch als Luxus (comfort) angesehen wird, so hat man doch auch hier die Vorteile der Bewetterung industrieller Anlagen voll anerkannt. Hierzu gehören: Textilfabriken, Zigarettenfabriken, Druckereien, Lithographische Anstalten, Herstellungsbetriebe von photographischen Artikeln, Pharmazeutika, Lederwaren und Prüfräume verschiedener Art. Immer stärker breitet sich auch die Bewetterung von Bergwerken (Kohlen, Gold) aus, wodurch die Gesundheit der Arbeiter geschont und die Arbeitsfähigkeit gehoben wird.

In den USA ist die Klimatisierung der Eisenbahnwagen soweit durchgeführt, daß es wohl keinen Pullman-Wagen mehr gibt, der nicht klimatisiert ist[1]. Bahn-

[1] Buey, J. A.: Refrig. Engng. Bd. 50 (1945) S. 525.

brechend in dieser Entwicklung war seinerzeit die Baltimore-Ohio-Eisenbahngesellschaft, deren erste Versuche (mit Eis) bis in das Jahr 1884 zurückreichen. Im Jahre 1929 wurde die erste Ammoniakkältemaschine in einen Personenwagen eingebaut und 1930 durch eine Methylchloridmaschine ersetzt. Aber erst am 24. Mai 1931 wurde der erste vollständig klimatisierte Zug, der „Columbian", auf der Strecke New York—Washington in Betrieb genommen. Er war wieder mit Ammoniakmaschinen ausgerüstet, die von Benzinmotoren angetrieben wurden. Seit 1932 wird aber ausschließlich Freon 12 als Kältemittel verwendet, und der erste Langstreckenzug mit Schlafwagen, der „National Limited" auf der Strecke New York—St. Louis, wurde am 20. April 1932 dem Verkehr übergeben. Der Antrieb der elektrischen Generatoren geschah von der Wagenachse aus durch Riemen oder Zahnräder, die Spannung betrug 38 bis 45 Volt. An einem Wagenende war ein Generator von 7,5 kW für die Klimaanlage, am anderen Ende ein solcher von 4 kW für die Beleuchtung angeordnet. Um den Wagen auch beim Stillstand kühlen und beleuchten zu können und um ihn vor der Abfahrt vorzukühlen, wurde eine starke Akkumulatorenbatterie von 1150 Ampèrestunden eingebaut, die während der Fahrt aufgeladen wird.

Die modernste Lösung der Klima- und kältetechnischen Ausrüstung von Personenwagen stellt der „Train of Tomorrow" dar, den die Frigidaire Gesellschaft in Dayton, Ohio, entwickelt hat[1].

Es wurde auch versucht, Wasserdampf-Strahlkältemaschinen (s. S. 76) für die Klimatisierung von Eisenbahnwagen zu verwenden, wobei der Treibdampf von der Lokomotive geliefert wurde. Solche Anlagen wurden um 1935 von der Carrier-Corporation in Syracuse, N. Y., gemeinsam mit der Safety Car Heating and Lighting Co. in New- Haven, Conn., entwickelt. Ein bleibender Erfolg war ihnen aber nicht beschieden, da die Eisenbahngesellschaften immer mehr vom Dampfbetrieb auf den Diesel-elektrischen Antrieb übergingen.

Die Klimatisierung durch Eis hat sich aber bis heute auf vielen Strecken erhalten, und die Nachbeeisung unterwegs mit großen 300 lbs-Blöcken bereitet keinerlei Schwierigkeiten.

Was für die Kühlung der Eisenbahnwagen gesagt wurde, gilt natürlich in gleichem Maße auch für die Kabinen der *Schiffe*, besonders beim Passieren tropischer Gewässer. Die modernen Ozeandampfer werden jetzt häufig mit Klimaanlagen ausgerüstet. Es soll aber daran erinnert werden, daß TELLIER schon 1867 auf diese Notwendigkeit hingewiesen und für die Verwirklichung präzise Vorschläge gemacht hat[2].

Die immer zunehmende Geschwindigkeit im *Flugverkehr* führte zu der Forderung, den Führersitz und die Kabinen zu kühlen. Obwohl die Luft in großen Höhen sehr kalt ist, so ist das schnell fliegende Flugzeug doch von einem Film warmer Luft eingehüllt, der durch den plötzlichen Abfall der Relativgeschwindigkeit auf den Wert Null bei Anprall an das Flugzeug entsteht. Die kinetische Strömungsenergie setzt sich dabei in Wärme um. Außerdem muß die Luft in den Kabinen von dem niedrigen Druck, der in großen Höhen herrscht, aufgeladen werden und erwärmt sich bei dieser Drucksteigerung nicht unbeträchtlich. Im zweiten Weltkrieg wurde dies Problem zum erstenmal akut und führte in Amerika zu einer Wiedergeburt der Kaltluftmaschine in neuen Bauformen. Die alten schweren Kolbenmaschinen wurden durch leichte schnellaufende Turbomaschinen ersetzt. Bei den durch Gasturbinen angetriebenen Flugzeugen war der Turbokompressor als Bestandteil der Antriebsmaschine schon vorhanden, und

---

[1] Vgl. R. PLANK: Amerikanische Kältetechnik, 3. Bericht, S. 179. Düsseldorf: Dtsch. Ingen.-Verlag 1950.

[2] TELLIER, CH.: L'Ammoniaque dans l'Industrie, S. 224. Paris: J. Rothschild 1867.

die Kaltluftmaschine brauchte von der darin erzeugten Druckluft nur wenige Prozente. Es mußten also nur noch leichte Wärmeaustauscher und hochwertige Expansionsturbinen geschaffen werden, was in den letzten Kriegsjahren recht vollkommen gelungen ist[1].

Die Klimatechnik hat auch noch die Entwicklung einer anderen thermischen Maschine wesentlich gefördert, und zwar der *Wärmepumpe*. Sie vollzieht ja, ebenso wie die Kältemaschine, einen Kreislauf, der entgegengesetzt zu demjenigen in der Wärmekraftmaschine verläuft. Der Unterschied besteht nur darin, daß die Kältemaschine die Wärme von tiefster Temperatur ausnutzt, während die Wärmepumpe Wärme von höchster Temperatur verwertet. Da man nun aber z. B. in bewohnten Räumen im Sommer Kälte zu erzeugen sucht, während man sich im Winter nach Wärme sehnt, kann man je nach Bedarf die kalte oder die warme Seite der Wärmepumpe ausnutzen.

Der Gedanke der Wärmepumpe wurde erstmalig im Jahre 1852 von William Thomson (Lord Kelvin) ausgesprochen[2]. Er legte seinen Betrachtungen, dem damaligen Stand der Technik entsprechend, eine Kaltluftmaschine zugrunde. Bei einer Hebung der Wärme um 10°, von der Temperatur des Grundwassers auf Zimmertemperatur, beträgt nach seinen Berechnungen die theoretische Wärmeleistung das Dreißigfache des Wärmeäquivalents der aufgewendeten Arbeit. Es hat aber sehr lange gedauert, bis die Wärmepumpe praktisch ausgenutzt wurde[3]. Der Grund mag darin zu suchen sein, daß die Anschaffungskosten einer solchen Anlage recht hoch sind und daß sie sich daher nur rentiert, wenn die Stromkosten niedrig sind (z.B. bei billigen Wasserkräften), die Brennstoffe dagegen kostspielig oder schwer zu beschaffen sind, und wenn außerdem im Winter eine Wärmequelle von nicht zu tiefer Temperatur zur Verfügung steht. Von europäischen Ländern sind diese Bedingungen am ehesten in der Schweiz und in Italien erfüllt. Die Schweiz hat auch bisher die größte Zahl von Wärmepumpenanlagen in Europa erstellt.

In USA wurde die erste Wärmepumpe anscheinend im Jahre 1927 errichtet, und zwar von Haldane im Southern California Edison Company Office Building[4]. Wärmepumpen sind jetzt in USA keine Seltenheit mehr; sie werden in kleinen und großen Einheiten sehr zahlreich ausgeführt.

VI. Die Kältetransporte.

1. Auf Eisenbahnen.

In Ländern mit großen Entfernungen zwischen Erzeugungs- und Verbrauchsplätzen schnellverderblicher Lebensmittel ist die Anwendung der Kälte beim Transport ein notwendiges Hilfsmittel. Die Einführung gekühlter Eisenbahngüterwagen, die in Amerika vor 90 Jahren einsetzte, hat nicht nur den Handel

---

[1] Hess, A. J.: Refrig. Engng. Bd. 48 (1944) S. 192. — H. J. Wood: Aviation, N.Y. Bd. 46 (1947) Nr. 2, S. 49; Nr. 4, S. 50. — S. C. Collins: Refrig. Engng. Bd. 55 (1948) S. 351. — J. S. Swearingen: Chem. Engin. Progress Bd. 43 (1947) S. 83. — B. L. Messinger: Refrig. Engng. Bd. 51 (1946) S. 21. — Alle diese Arbeiten sind besprochen in R. Plank: Amerikanische Kältetechnik, 3. Bericht, S. 187—193. Düsseldorf: Dtsch. Ingen.-Verl. 1950.

[2] Thomson, W.: On the economy of the heating or cooling of buildings by means of currents of Air. Proc. Phil. Soc. Glasgow, Bd. 3 (Dez. 1852) S. 269. — The power required for the thermodynamic heating of buildings. Artikel aus den Jahren 1882, 1883 u. 1890, gesammelt in Mathemat. and Physical Papers of Lord Kelvin, reprint 1910, S. 124—133.

[3] Richmond, G.: The refrigeration machine as a heater, J. Franklin Inst. Aug. 1886. — Eine Zusammenstellung älterer Arbeiten und eigene neue Vorschläge findet man bei E. Altenkirch: Z. techn. Phys. Bd. 1 (1920) S. 77.

[4] Haldane, T. G. N.: Electr. Rev., Lond. Bd. 105 (27. Dez. 1929) — J. Inst. Engrs. Jap. Suppl. Bd. 68 (1930) S. 666 — Electr. World Bd. 97 (1931) S. 782.

mit Fleisch, Fischen, Obst und Gemüse außerordentlich belebt, sondern auch zur Entwicklung der Landwirtschaft in vielen entlegenen Gebieten beigetragen. Die meisten Lebensmittel können heute überall unabhängig von der Jahreszeit dem Konsumenten angeboten werden.

Der Transport von Lebensmitteln in isolierten Eisenbahnwagen mit Eiskühlung wurde erstmalig 1857 oder 1858 versucht, um frisches Obst und Gemüse von den Erzeugungsplätzen nach New York zu bringen[1]. Die Michigan Central- und die Pennsylvania-Eisenbahngesellschaften waren die ersten, die den Transport von frischem Fleisch in Kühlwagen von Chicago nach New York und Boston organisiert haben. Wände, Boden und Decke dieser Wagen waren mit Sägemehl isoliert. Die Wagen wurden zuerst mit dem Kühlgut beladen; danach wurden Kisten mit Eis eingebracht. In der Wagenmitte war ein Abfluß für das Schmelzwasser vorgesehen. Später wurden die Eiskisten an den Wagenenden angeordnet und teilweise mit Gurten aufgehängt.

Im Jahre 1865 machte PARKER EARLE aus Cabden, Illinois, den ersten größeren Versuch, Erdbeeren im gekühlten Zustand nach Chicago zu senden. Er baute Kühlkisten, die mit je 200 Liter Erdbeeren und 50 kg Eis beladen wurden, und beförderte sie mit Eilzügen.

Das erste amerikanische Patent auf einen Eisenbahnkühlwagen wurde im November 1867 J. B. SUTHERLAND in Detroit erteilt. Ein Jahr später wurde WILLIAM DAVIS aus Detroit ein Kühlwagen patentiert, der als Prototyp der heute gebräuchlichen Wagen angesehen werden kann. In diesem Wagen transportierte DAVIS Erdbeeren von Illinois bis Buffalo und New York. 1869 beförderte GEORGE H. HAMMOND damit frisches Fleisch von Chicago nach Boston, und diese Transporte leiteten die Entwicklung der großen amerikanischen Fleischindustrie ein (Meat packing houses), die heute mit den Namen Swift, Armour, Morris und Wilson verknüpft ist.

Die meisten Obsttransporte waren zu Beginn dieser Entwicklung nicht sehr erfolgreich. Das lag teilweise daran, daß die Nachbeeisung der Kühlwagen während des Transports auf langen Strecken noch nicht organisiert war; andererseits wurden die Früchte aber auch in vollreifem Zustand befördert und erreichten den Verbraucher bereits in überreifem Zustand. PARKER EARLE beschaffte daraufhin Kühlwagen mit wesentlich größerer Eisladung, und der Erfolg blieb nicht aus. Gemüse aus Virginia wurde erstmals 1885 nach New York gesandt. Erdbeeren und Orangen aus Kalifornien 1888, und die Ausfuhr von Orangen aus Florida setzte 1889 ein.

Seit dem Beginn dieser Entwicklung wurden auch Milch und Molkereiprodukte in Kühlwagen befördert. Auf die Bedeutung der Kühlwagen beim Transport sibirischer Butter haben wir schon hingewiesen (s. S. 124).

Die amerikanischen Kühlwagen für Eiskühlung wurden im Laufe der Jahre ständig verbessert. Vor 1906 betrug die Isolierung nur selten mehr als 1 Zoll; nach und nach wurde sie auf 2 bis 3 Zoll verstärkt. Als dann der Transport gefrorener Lebensmittel einsetzte, für deren Kalthaltung Gemische von Eis und Salz verwendet wurden, erhöhte man die Stärke der Isolierschicht in den Wänden auf 6 Zoll, im Boden und in der Decke auf 7 Zoll.

Große Aufmerksamkeit wurde der Erreichung gleichmäßiger Temperaturverteilung im Wagen zugewendet, die von der Anordnung der Eisbehälter (an den Wagenenden oder an der Decke) und von der Luftbewegung abhängt. Die Luftbewegung wurde teils durch vom Fahrwind bewegte FLETTNER-Rotoren

---

[1] Nach einem Vortrag von C. A. RICHARDSON vor der Association of American Railroads im November 1946. Über die Entwicklung von Eisenbahnkühlwagen vgl. auch Refrig. Engng. Bd. 26 (1933) S. 9.

erzielt, seit 1947 aber in zunehmendem Maße durch von der Radachse angetriebene Ventilatoren, wobei sich das Preco-System besonders bewährt hat[1].

Kältemaschinen haben sich wegen der Notwendigkeit der Mitführung von Bedienungspersonal bisher nur in geringem Umfang eingeführt, obwohl ihre Verwendung beim Transport von Gefrierwaren durchaus angebracht erscheint; Versuche wurden sowohl mit Absorptionsmaschinen als auch mit Kompressionsmaschinen unternommen. Im Jahre 1925 hat die North American Car Corporation maschinell gekühlte Wagen gebaut, in denen ein Ammoniakkompressor der Baker Ice Machine Co. von der Wagenachse angetrieben wurde, während die luftgekühlten Kondensatorschlangen auf dem Dach angeordnet waren. Die Verdampferschlangen wurden teilweise im Wagen, teilweise in Solebehältern angeordnet, die als Kältespeicher dienten. 41 solcher Wagen, die den Namen „Frigicar" führten, wurden in Betrieb genommen. Im Jahre 1933 wurden diese Wagen durch Einbau thermostatisch kontrollierter Ventile und zahlreicher anderer Neuerungen wesentlich verbessert[2]. Absorptionsmaschinen der Silica Gel Corp. wurden zuerst um 1925 von der Safety Car Heating and Lighting Co. erprobt[3], wobei als Absorptionsstoff (oder richtig *Ad*sorptionsstoff) kolloidale Kieselsäure (Silica-Gel) und als Kältemittel Wasser oder Schwefeldioxyd verwendet wurden: 80 Wagen dieses Systems waren mehrere Jahre in Betrieb. Einen bleibenden Erfolg hatten diese Bemühungen jedoch nicht. Später (1947) hat man den Einsatz von periodischen Absorptionsmaschinen mit Wasser und Ammoniak nach den Patenten der Frigid Transport Company versucht[4]. Für den Transport von gefrorenen Fischen hat die London-Midland and Scottish-Eisenbahn in England 1940 von trockenen Absorptionsmaschinen ($CaCl_2 + NH_3$) Gebrauch gemacht[5], die mit Dampf beheizt wurden. Alle diese Systeme sind aber noch nicht über das Versuchsstadium hinausgekommen. Zahlreicher waren die Versuche mit Kompressionsmaschinen, doch haben sich auch diese bisher nicht in nennenswertem Umfang einführen können. Für den Eisenbahntransport von Gefrierwaren wird man aber auf die Dauer nicht auf die Kältemaschine verzichten können. Es ist daher bemerkenswert, daß in neuester Zeit führende Kältemaschinenfabriken in Amerika in Verbindung mit maßgebenden Transportgesellschaften und mit dem Department of Agriculture die Entwicklung maschinell gekühlter Eisenbahnwagen neu aufgegriffen haben. Insbesondere hat die Fruit Growers Express Co. im Jahre 1950 bereits 100 solcher Wagen in Betrieb genommen, die teils von der Frigidaire Division der General Motors Corporation in Dayton, Ohio, teils von der U.S. Thermo Control Co. in Minneapolis, Minn. (System Thermo-King), gebaut wurden[6]. Sie dienen vorwiegend dem Transport von gefrorenen Lebensmitteln und Orangenkonzentraten **aus**

---

[1] Über den Stand der amerikanischen Kühlwagen berichtete J. N. Kelley: Refrig. Engng. Bd. 53 (1947) S. 112. — Über die *Preco*-Wagen vgl. R. Plank: Amerikanische Kältetechnik, 3. Bericht, S. 175. Düsseldorf: Dtsch. Ing.-Verlag 1950.

[2] Wood, E. C.: Refrig. Engng. Bd. 26 (1933) S. 11.

[3] Railway Age, vom 18. Febr. 1928. — J. Cassiday: Power Bd. 69 (1929) S. 49. — W. Pohlmann: Kälte-Ind. Bd. 25 (1928) S. 57. — DRP 505267 (1927).

[4] Vgl. den Bericht von H. D. Johnson u. D. H. Rose vom U.S. Dept. of Agriculture, Production and Marketing Administration, Washington, Mai 1947. — Siehe auch **Food** Industries Bd. 19 (Juli 1947) S. 80.

[5] Eames, T. A.: Mod. Refrig. Bd. 48 (März 1945) S. 57. — H. I. Andrews: Ber. VIII. Intern. Kältekongr. London 1951, S. 663.

[6] Refrig. Engng. Bd. 59 (1951) S. 977. — W. H. Redit: Food Technology Bd. 6 (1952) S. 86. — Quick Frozen Food Bd. 16 (1951) H. 3, S. 61. — The Cold Chain in the USA, Part II, S. 201—240 u. 267—275. Herausgeg. von der Organization for European Economic Cooperation, Paris 1952. — Eine Abbildung des Thermo-King-Wagens findet man **auch** in Kältetechnik Bd. 4 (1952) S. 313.

Florida. Die Zahl dieser Wagen ist 1952 auf 165 gestiegen. Ferner hat die Santa Fe-Eisenbahngesellschaft jetzt 30 Kühlwagen gebaut, die mit Kältemaschinen der Trane Company in La Crosse, Wisc., ausgerüstet sind. Diese Wagen sind um 6000 Dollar teurer als solche für Eiskühlung. Die Zukunft wird zeigen, ob sie sich endgültig durchsetzen.

Trockeneis (festes Kohlendioxyd) wird in größerem Umfang beim Transport von Speiseeis verwendet; die Kosten werden dabei aber sehr hoch. Man benutzt es auch als Zusatz zum Wassereis, wenn man beim Transport frischer Früchte die Atmosphäre im Wagen mit CO_2 anreichern will[1].

Die Zahl der Eisenbahnkühlwagen beträgt in den USA zur Zeit rund 130000. Davon werden 27% für den Transport von Gemüse (die Hälfte für Kartoffeln) verwendet, 18% für Früchte (die Hälfte für Citrusfrüchte); 22% für frisches Fleisch, Butter und Eier; 33% für Getränke, Dosenkonserven und sonstige Lebensmittel[2].

Auch in Europa hat man sich mit dem Bau von Eisenbahnkühlwagen eingehend befaßt, wenn auch die Anzahl dieser Wagen in den verschiedenen Ländern weit hinter den amerikanischen Zahlen zurückbleibt. Dies ist schon allein durch die geringeren Entfernungen bedingt[3]. Die in Europa entwickelten Bauarten stehen jedoch den amerikanischen in keiner Weise nach.

Maschinell gekühlte Wagen wurden in Deutschland schon vor dem ersten Weltkrieg für die russischen Eisenbahnen gebaut: so lieferte Humboldt in Köln-Kalk Kühlwagen mit einer Kältemaschine von 12000 kcal/h, die von einem 8 PS-Ölmotor angetrieben wurde. Linde, Wiesbaden, baute gemeinsam mit Felser, Riga, einen ganzen Kühlzug, bestehend aus 5 isolierten Güterwagen und einem Kältemaschinenwagen. Auch in Frankreich wurden 1908 maschinell gekühlte Güterwagen vereinzelt in Betrieb genommen[4]. Sehr beachtenswert waren auch die in Belgien in den Jahren 1931 bis 1933 entwickelten Maschinenwagen der Altek-Gesellschaft, Antwerpen, die auf dem Gebiet der Kältetransporte führend hervorgetreten ist[5]. In diesen Wagen wurde der zweistufige Ammoniakkältekompressor durch einen Zweitaktdieselmotor von Junkers angetrieben. Der Kompressor wurde gemeinsam von Escher Wyss, Zürich, und J. & E. Hall, Ltd., Dartford, entwickelt. Die Kältemaschine war thermostatisch geregelt.

In Frankreich hat man vor 1920 der Organisation von Kältetransporten wenig Beachtung geschenkt. Doch dann wurden zwei kapitalkräftige Transportgesellschaften gegründet: Compagnie des Transports Frigorifiques (C. T. F.) und Société de Transports et Entrepôts Frigorifiques (S. T. E. F.), welche die Kältetransporte auf den privaten Eisenbahnen in die Hand nahmen. Eine dritte Gesellschaft betreute die Staatsbahnen. Nach der Verschmelzung aller französischen Eisenbahnen in das Syndicat National des Chemins de Fer Français (S. N. C. F.) kurz vor Beginn des zweiten Weltkrieges trat eine gewisse Umorganisation ein, doch hat die S.T.E.F. bis heute die Führung in allen Fragen der Kältetransporte in der Hand. Allen Versuchen mit maschineller Kühlung war aber kein Dauererfolg beschieden, und man gibt bis heute der Eiskühlung den Vorzug.

---

[1] Vgl z. B. F. W. ALLEN, W. T. PENTZER u. C. O. BRATLEY: Proc. Amer. Soc. Horticult. Sci. Bd. 44 (1944) S. 141.

[2] Über den gegenwärtigen Stand der amerikanischen Kühlwagen vgl. The Cold Chain in the USA, Part II, S. 201, 1952. Paris, published by the Organ. for European Economic Cooperation (OEEC).

[3] LAUBENHEIMER, G.: Die ersten Kühlwagen der Deutschen Reichsbahn. Glasers Ann. 1923, Nr. 1105, S. 8; Nr. 1106, S. 25.

[4] Génie civ. 1908, S. 384; vgl. auch Kälte-Ind. 1909, H. 2.

[5] LEVY, F.: Proc. Brit. Assoc. Refrig. Bd. 28 (1931/32) Nr. 1.

Um den Verkehr zwischen den verschiedenen europäischen Ländern zu erleichtern, haben die Eisenbahnverwaltungen von Belgien, Frankreich, Italien, der Niederlande, der Schweiz und von Großbritannien im Jahre 1949 eine internationale Gesellschaft „Interfrigo" mit dem Sitz in Brüssel gegründet.

Neben den Kühlwagen wurden in Europa und Amerika auch Kühlbehälter (Containers) entwickelt, die sowohl auf offenen Eisenbahnwagen als auch auf Lastwagen im Straßenverkehr befördert werden können und den „Von Haus zu Haus"-Verkehr ermöglichen. Näheres hierüber bringt der folgende Abschnitt (s. S. 151).

2. Auf Straßen.

Der Konkurrenzkampf zwischen Eisenbahnen und Lastkraftwagen spielt sich gegenwärtig in vielen Ländern ab, am schärfsten wohl in den Vereinigten Staaten; dort gibt es zur Zeit etwa 8 Millionen Kraftwagen. Die größere Bedeutung des Straßentransports gegenüber den Verhältnissen in anderen Ländern ist in Amerika vielfach bedingt: es gibt dort sehr viele gute Straßen; die Preise der Lastkraftwagen sind infolge weitgehender Standardisierung und Massenherstellung relativ niedrig; der Brennstoff ist billiger; das Gewicht ist infolge von Leichtmetallen geringer, und die Verbindungswege zwischen wichtigen Handelsplätzen sind oft kürzer als auf dem Schienenweg[1]. Die Lastkraftwagen bringen das Ladegut ohne Umladung vom Versandplatz bis zum Bestimmungsort. Gekühlte Lastkraftwagen wurden in Amerika zuerst für den Transport von Speiseeis verwendet; das Kühlsystem bestand aus einem Eis-Salz-Gemisch, das in einem besonderen Behälter an der Seite oder, häufiger, an der Decke des Wagenkastens untergebracht war. Seit 1925 bemühte sich aber die Speiseeis-Industrie, wirksamere Kühlverfahren einzuführen[2]. Als solche kamen in Frage:

1. Platten oder Patronen, gefüllt mit eutektischen Salzlösungen,
2. die Verwendung von Trockeneis (festes Kohlendioxyd),
3. die maschinelle Kühlung.

Zu 1: Die Platten mit eutektischem Eis wurden entweder beweglich eingebaut und in stationären Gefrieranlagen ausgefroren oder aber mit eingebauten Verdampferschlangen ausgerüstet und fest mit dem Wagenkasten verbunden; in diesem Fall wurden sie nachts an die Flüssigkeits- und Saugleitung einer stationären Kältemaschine angeschlossen. Von diesem System hat z. B. die Borden-Gesellschaft, eine der größten Milchvertriebsgesellschaften in Amerika, für den Transport von Speiseeis ausgiebig Gebrauch gemacht.

Zu 2: Der Transport gefrorener Güter, besonders von Speiseeis, bildet das größte Anwendungsgebiet für Trockeneis. Der Betrieb ist absolut sauber, und es wird gegenüber der Verwendung von Eis-Salz-Gemischen oder Kältemaschinen viel an Gewicht und Platz gespart. Die Anwendung von Trockeneis beim Transport reicht bis ins Jahr 1924 zurück und hat seitdem ständig zugenommen. Einer weiteren Ausbreitung steht nur der verhältnismäßig hohe Preis entgegen, der 1950 an verschiedenen Stellen in Amerika zwischen 40 und 70 Dollar je Tonne (907 kg) lag und in europäischen Ländern noch höher ist. Vor dem zweiten Weltkrieg wurde rund ein Viertel aller Lastwagen, die zur Beförderung von Speiseeis dienten, mit Trockeneis gekühlt[3].

---

[1] Vgl. den Artikel von Bannard: Transport by road in The Cold Chain in the USA. Part II, herausgeg. von der Organisation for Europ. Econom. Cooperation, Paris, 1952.

[2] Harrington, H. M., u. L. M. C. Cooper: Refrig. Engng. Bd. 38 (1939) S. 153 u. 214. — R. Plank: Z. ges. Kälteind. Bd. 47 (1940) S. 26.

[3] Kuprianoff, J.: Die feste Kohlensäure, S. 79. Stuttgart: Ferd. Enke 1939.

Zu 3: Die ersten maschinell gekühlten Lastkraftwagen dienten ebenfalls dem Transport von Speiseeis. Diese Entwicklung setzte um 1925 ein. Gewisse Bedenken, die bei den Eisenbahnwagen gegen den Einbau von Kältemaschinen erhoben wurden und die vornehmlich in der Notwendigkeit der Mitführung von Bedienungspersonal bestanden (s. S. 148), fielen beim Lastkraftwagen weg, da der Fahrer angelernt werden konnte, auch die Kältemaschine zu bedienen. Der Antrieb des Kompressors geschieht entweder durch eine besondere Brennkraftmaschine oder durch den Fahrzeugmotor. Im ersten Fall kann auch noch ein elektrischer Generator und Motor zwischengeschaltet werden. Die Anschaffungskosten und der Platzbedarf der Kältemaschine konnten im Lauf der Zeit durch die Entwicklung schnellaufender Kompressoren und leichtgebauter Luftkühlsysteme erheblich herabgesetzt werden.

Wie beim Eisenbahnwagen (s. S. 148), so hat sich auch beim Lastkraftwagen das Thermo-King-System der U. S. Thermo Control Co. gut eingeführt. Vor dem zweiten Weltkrieg waren aber erst 12,7 % der gekühlten Lastkraftwagen mit Kältemaschinen ausgerüstet. Ihr Anteil dürfte inzwischen merklich gestiegen sein[1].

Eine Sonderausführung stellen die fahrbaren Gefrieranlagen dar: Lastwagen, auf denen Kältemaschinen und Gefrierapparate montiert werden, damit die zu gefrierenden Waren an Ort und Stelle in möglichst frischem Zustand behandelt werden können. Gelegentlich werden ganze „Gefrierzüge" zusammengestellt, indem man den Maschinen- und Apparatewagen noch mehrere isolierte und gekühlte Anhänger für die Lagerung der Gefrierware beigibt. Solche fahrbaren Gefrieranlagen wurden in Deutschland im zweiten Weltkrieg entwickelt und leisteten an Fischlandeplätzen oder in Erntegebieten gute Dienste. Abb. 97 zeigt die Aufstellung eines BIRDSEYE - Gefrierapparates (s. S. 121) in Ver-

Abb. 97. Lastkraftwagen mit BIRDSEYE-Mehrplatten-Gefrierapparat und Kältemaschine von E. Ahlborn, Hildesheim.

bindung mit einer Kältemaschine der Firma E. Ahlborn, Hildesheim, auf einem Lastwagen. Für größere Leistungen beansprucht der Gefrierapparat (etwa in Gestalt eines Gefriertunnels) einen besonderen Wagen, und die (meist zweistufige) Kältemaschine füllt ebenfalls einen ganzen Lastwagen; beide werden dann durch biegsame Schläuche miteinander verbunden. Solche Gefrierzüge wurden von der Gesellschaft für Lindes Eismaschinen, Wiesbaden, von A. Borsig, Berlin-Tegel, von Alfred Teves, Frankfurt a. M., und von Brown-Boveri & Co., Mannheim, gebaut.

Neben den Lastkraftwagen sind noch die *Kühlbehälter* (Container) zu nennen, in denen ebenfalls die verschiedenen Kühlsysteme Anwendung finden. Für den Transport gefrorener Güter dürfte Trockeneis das ideale Kältemittel sein[2]. In

---

[1] PETERSEN, W. E.: Refrig. Engng. Bd. 59 (1951) S. 351.
[2] Vgl. hierzu J. KUPRIANOFF: Die feste Kohlensäure, a. a. O., S. 74.

England wurden schon seit 1926 Versuche mit isolierten Transportbehältern durchgeführt. J. & E. Hall, Dartford, lieferten 1930 die ersten maschinell gekühlten Kühlbehälter an die Firma J. Lyons & Co. für den Transport von Speiseeis. Auf dem europäischen Festland hat sich besonders Italien seit 1930 für den Bau von Behältern mit Eiskühlung und maschineller Kühlung eingesetzt. Führend war dabei die Società Italiana Container Roma (Sicon Roma), welche

Abb. 98. Kühlbehälter der italienischen Staatsbahn
(Sicon Roma und Escher Wyss, Zürich).

die Firma Escher Wyss, Zürich, zur Mitarbeit heranzog[1]. Die ersten Kühlbehälter aus Stahl mit 110 mm Korkisolierung und mit zwei von außen zu beschickenden Eisbehältern an der Decke wurden 1933 in Dienst gestellt (Abb. 98). Neben diesen Behältern mit Eiskühlung wurde noch das „Frigomobil" entwickelt: ein Behälter mit eingebauter zweistufiger Ammoniakkältemaschine, die von einem Drehstrommotor angetrieben wurde. Auf der Decke des Behälters war das elektrisch angetriebene Gebläse mit umkehrbarem Gang angeordnet, das die Luft an den Verdampferrohren vorbeistreichen ließ. Diese Anlage diente zur Vorkühlung der Ware vor dem Transport.

In Deutschland wurde dem Bau von Behältern vor und im zweiten Weltkrieg besonders durch die Studiengesellschaft für Behälterverkehr in Berlin erhöhte Beachtung geschenkt[2]. Ihre Verwendung in Europa und Amerika hat in den letzten Jahren stark zugenommen.

3. Auf Schiffen.

Die Ausrüstung von Überseeschiffen mit Kältemaschinen für den Transport von gekühlten und gefrorenen Lebensmitteln reicht bis in die Anfänge der mechanischen Kälteerzeugung zurück. Hier sei an die bahnbrechenden Versuche von Harrison, Tellier und Carré in den siebziger Jahren des vorigen Jahrhunderts erinnert (s. S. 114). Von einem speziellen Schiffskältemaschinenbau konnte damals natürlich noch keine Rede sein, denn an der konstruktiven Gestaltung der Kompressoren und Apparate wurde erst tastend herumprobiert, und man war sich über den Wert der einzelnen Kälteerzeugungssysteme noch nicht einmal klar. Der Einbau in Schiffe, auf denen immer Platzmangel herrscht, war durch die hohen Gewichte und den großen Platzbedarf sehr erschwert (vgl. Abb. 99). Allmählich entstanden jedoch spezielle Typen von Kaltluftmaschinen und von CO_2-Kaltdampfmaschinen, an deren Entwicklung besonders britische Firmen beteiligt waren, da Großbritannien an der Einfuhr von Fleisch aus Südamerika, Australien und Neuseeland stark interessiert war. Die Entwicklung der britischen Kühlflotte für den Fleischtransport geht aus folgenden Zahlen hervor[3]:

---

[1] Vgl. Rivista Tecnica delle Ferrovie Italiane, Januar 1934, und D. Mettler: Escher Wyss Mitt. Jan.-Febr. 1935, S. 15, sowie Wärme- u. Kältetechn. H. 6/7 (1935) S. 5.

[2] Flemming, H.: Wärme- u. Kältetechn. Bd. 42 (1940) S. 20. — R. Heiss u. H. Flemming: Kälte-Ind. Bd. 37 (1940) S. 89.

[3] Joelson, E. B.: Transport-Kühlanlagen, S. 34. Moskau u. Leningrad: Verl. Energet. Literatur 1935. — Vgl. auch G. Göttsche: Die Kältemaschinen, S. 324. Hamburg: Verl. f. Kälte-Industrie 1912—1915.

In den zwanziger Jahren kam dann noch die Einfuhr von Früchten aus Südafrika hinzu (s. S. 126), die bald gewaltige Ausmaße annahm und von den sehr modern eingerichteten Kühlschiffen der Union-Castle-Line durchgeführt wurde. Ab-

Jahr	Zahl der Schiffe	Ladefähigkeit (Stückzahl gefrorener Hammel von je 56 Pfund)
1881	3	40000
1882	11	130000
1888	57	955000
1891	87	2267000
1894	100	3367000
1896	131	5469000
1910	214	14225000
1913	229	17388000

bildung 99 zeigt einen gekühlten Schiffsladeraum älterer Bauart.

Ein besonders interessanter Abschnitt der Kältetransporte von Früchten ist die Organisation des Welthandels mit *Bananen*[1]. Die Initiative lag hier in den Händen der Elder and Fyffes Ltd. in Verbindung mit der Kältemaschinen-

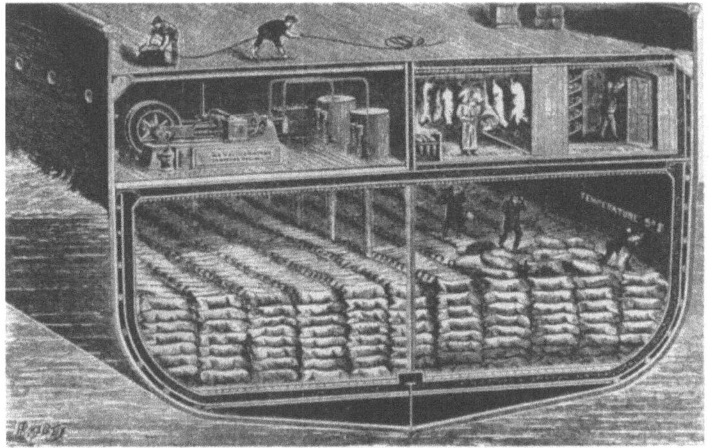

Abb. 99. Aufstellung einer Kältemaschine sowie Lagerung und Schichtung von gefrorenem Fleisch im Schiffskörper. Anlage von J. u. E. Hall, Dartford, Engl., um 1890.

fabrik J. & E. Hall in Dartford, Kent. Bis 1897 wurden Bananen nur von den Kanarischen Inseln nach England gebracht. Mehrere Versuche, westindische Bananen aus Jamaica nach Europa zu bringen, scheiterten; die verfügbare Kälteleistung der Schiffe, die das an Land gefrorene Fleisch beförderten, erwies sich hier als unzureichend, weil die Bananen durch die Atmung viel Wärme entwickelten. Ein Erfolg wurde erst erzielt, als 1901 die beiden Schiffe „Port Moraut" und „Port Maria" der Imperial Direct West India Mail Service Line mit CO_2-Maschinen von Hall ausgerüstet und die Lagerräume durch lebhafte Zirkulation kalter Luft gekühlt wurden. Hierbei machte man sich die Erfahrungen zunutze, die man bereits beim Transport von Äpfeln aus Australien mit den Schiffen der White Star Line gesammelt hatte. In Abb. 100 ist ein solches Bananentransportschiff mit Kältemaschinen der Firma Thomas Th. Sabroe in Aarhus dargestellt, aus dem man die Lage der Kühlräume und der Luftkühler erkennt. Auch die Hamburg-Amerika-Linie baute um 1910 auf ihren Dampfern „Sarnia" und „Sibiria" Hallsche Kältemaschinen für den Transport von Bananen aus Westindien nach New York ein.

---

[1] Döring: Kälte-Ind. 1908, Nr. 7.

Zahlreiche Schiffe wurden für den Transport von Butter mit Kälteanlagen ausgerüstet. Es handelte sich dabei um die Ausfuhr russischer Butter nach Deutschland und England; für den Transport dänischer Butter nach England waren schon 1908 45 Kühlschiffe in Betrieb.

Die Entwicklung der Schiffskälteanlagen auf reinen Frachtschiffen läßt sich sehr anschaulich an Hand einer Darstellung verfolgen, die 1936 in der Zeitschrift „The Motor Ship" erschienen ist[1]. Man kann daraus ersehen, wie sich im Laufe

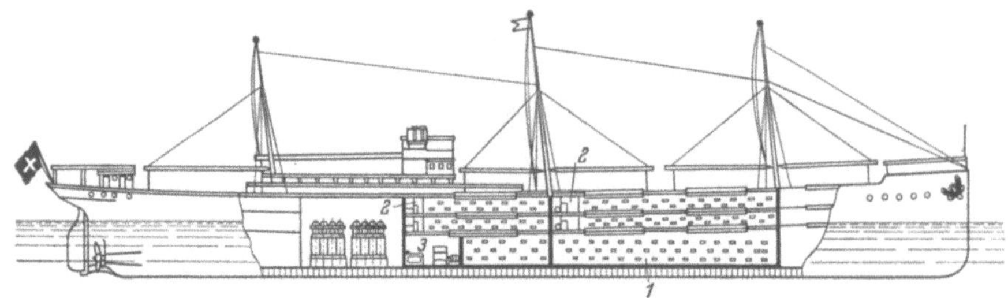

Abb. 100. Kühlschiff für den Transport von Bananen.
1 Kühlräume,   2 Luftkühler,   3 Kältemaschinen.

der Zeit neben den CO_2-Kältemaschinen auch die NH_3-Maschinen einbürgerten, die dann auch neben der Solekühlung die direkte Verdampfung anzuwenden gestatteten. Eine NH_3-Anlage für direkte Verdampfung wurde beispielsweise von der Firma Atlas in Kopenhagen an Bord des Motorschiffes „Cap des Palmes" errichtet, das dem Obsttransport von den französischen westafrikanischen Kolonien nach Marseille dient.

Schiffskälteanlagen wurden in Deutschland vorwiegend von den Atlas-Werken in Bremen (Bauart Linde-Atlas), von Niemeyer und von A. Borsig gebaut. Interessant sind ferner die von der Maschinenfarbrik A. Freundlich in Rheinkühlschiffen eingebauten Anlagen; diese Schiffe wurden im Jahre 1919 auf Anordnung der interalliierten Besatzungsarmee für den Transport von Gefrierfleisch ausgerüstet[2].

Die Fischereifahrzeuge (Trawler) begnügten sich lange damit, den Fang mit zerkleinertem Eis zu kühlen, wobei vorwiegend Kunsteis, teilweise aber auch Natureis Verwendung fand. Die großen Mengen Eis, die auf solchen Schiffen mitgeführt werden müssen und die nicht nur für die Kühlung der Fische, sondern auch für die Abführung der von außen in die Fischlagerräume eindringenden Wärme dienen, legten es schon frühzeitig nahe, die notwendige Eismenge und die Menge des Schmelzwassers durch den Einbau einer Kältemaschine zu vermindern. Versuche in dieser Richtung reichen bis in das Jahr 1877 zurück; damals wurde in dem Fangschiff „Raphael", das in der Biskaya fischte, neben dem Eisvorrat auch eine maschinelle Raumkühlung vorgesehen. In ähnlicher Weise wurde das Fangschiff „Rosqual" in Arcachon im Jahre 1882 ausgerüstet[3]. Später hat man versucht, die Lagerräume durch eine falsche Decke und falsche Wände abzuschirmen und die Kühlrohre der Kälteanlage zwischen diese und die Schiffshaut zu legen, um die einfallende Wärme abzufangen[4].

[1] Februar 1936, S. 430, und März 1936, S. 510. Ferner sei verwiesen auf den Artikel von J. D. Farmer: Recent developments in marine refrigeration. Trans. Instn. Marine Engrs. Bd. 48 (1936) Part. 4.
[2] Förster, E.: Rheinkühlschiffe, Werft und Reederei Bd. 1 (1920) H. 6.
[3] Vgl. Revue générale du Froid Bd. 15 (1934) S. 301.
[4] Lücke, Fr.: Z. ges. Kälteind. Bd. 42 (1935) S. 217.

Nach dem Verfahren von BELLEFON FOLLIOT (1935) werden die Fische nach dem Fang ohne Eis in flache, luftdicht verschlossene Weißblechkästen, die etwa 50 kg fassen, verpackt. Die Kästen werden im isolierten Laderaum des Fangschiffes auf Gestelle geschoben und durch Düsen mit kalter Sole von

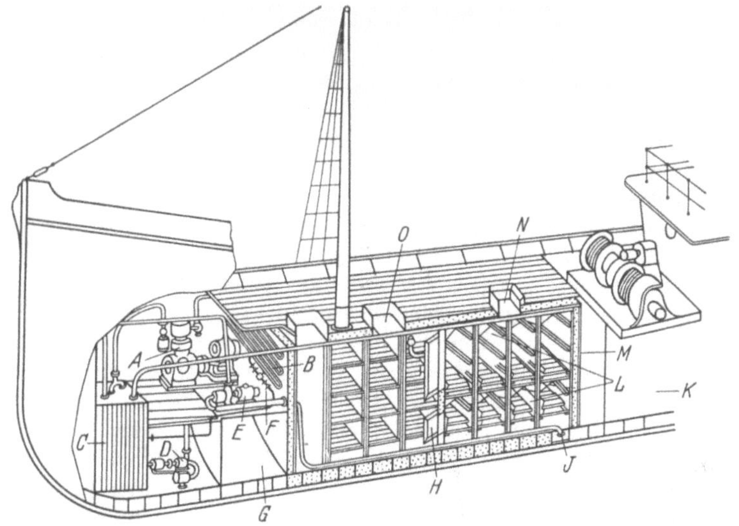

Abb. 101. Einbau einer Kühlanlage nach BELLEFON-FOLLIOT in den Fischdampfer „Fismes".
A NH$_3$-Verdichter, B Gegenstromverflüssiger, C Verdampfer, D Pumpe zum Verflüssiger, E Solepumpe, F automatischer Regler, G Trinkwasserbehälter, H Kühlraumtüren, J Saugkorb für Sole, K Bunker, L Solezerstäuber, M isolierte Wand, N Kühlraum für Fischkästen, O Kühlraum für Fische auf Eis.

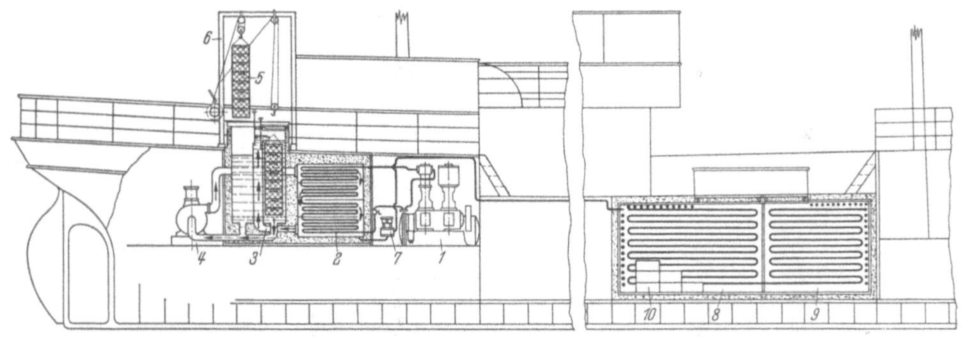

Abb. 102. Einbau einer OTTESEN-Fischgefrieranlage in den Dampfer „Karmøy"
(Thomas Th. Sabroe, Aarhus, Dänemark).
1 Dampfmaschine und CO$_2$-Kompressor mit Kondensator, 2 Verdampfer, 3 Gefrierbehälter, 4 Solezirkulationspumpe, 5 galvanisierte Fischbehälter, 6 Hebevorrichtung für die Fischbehälter, 7 Solepumpe, 8, 9 Lagerräume, 10 gefrorene Fische versandfertig verpackt.

—3° C berieselt. Die sich am Boden des Laderaums ansammelnde Sole wird durch eine Pumpe in den Verdampfer der Kältemaschine befördert. Solche Anlagen wurden an Bord der Fischdampfer „Fimes" (Abb. 101)[1] und „Casoar"[2] errichtet. Eine Landanlage nach dem gleichen System wurde in La Rochelle erbaut.

---

[1] LÜCKE, FR.: s. Fußnote 4, S. 154.
[2] Vgl. Revue générale du Froid Bd. 17 (1936) S. 112.

Mit der Entwicklung der Gefrierverfahren machte sich das Bedürfnis geltend, die Fische gleich nach dem Fang auf hoher See zu gefrieren. Nur so konnte man erwarten, den ganzen Fang von fernen Fangplätzen in einwandfreiem Zustand zu landen, statt immer wieder erleben zu müssen, daß ein großer Teil in die Fischmehlfabriken wanderte. Das Gefrieren auf hoher See bei jedem Wetter bereitet erhebliche Schwierigkeiten, die bis heute noch nicht ganz überwunden sind. In Abb. 102 ist der im Jahre 1915 erfolgte Einbau einer Ottesen-Gefrieranlage (s. S. 119) in den dänischen Dampfer „Karmøy" dargestellt[1]. Die Kälteanlage 1 besteht aus einer stehenden Dampfmaschine, die einen ebenfalls stehenden CO_2-Kompressor für 50 000 kcal/h direkt antreibt; dahinter liegt der Bündelrohrkondensator. Der Verdampfer 2 ist vom Gefrierbehälter 3 getrennt angeordnet; letzterer besitzt zwei Kammern, die nacheinander benutzt werden können. Der Behälter ist 2 m tief und hat 1 m² im Querschnitt, 10 t Fische können in 24 Stunden darin gefroren werden. An Stelle des Rührwerks ist eine Solezirkulationspumpe 4 angeordnet. Die zu gefrierenden Fische werden auf acht übereinanderliegende galvanisierte Eisendrahtkörbe verteilt; die gefrorenen Fische werden in die Lagerräume 8, 9 gebracht und dort verpackt.

Gefrieranlagen nach dem System von Piqué (Gefrieren von Fischen in einer im Solebehälter rotierenden Trommel, Literatur s. S. 120) wurden 1925 auf dem französischen Fischdampfer „Janot"[2], 1929 auf der „Sacip"[3] und 1936 auf den beiden großen Dampfern „Pescagel" und „Vivagel"[4] eingebaut. Das Prinzip der Anlage auf den beiden letztgenannten Schiffen geht aus Abb. 103 hervor: die Trommeln, von denen sich eine auf Backbord und eine auf Steuerbord befindet, sind in 8 radiale Abschnitte geteilt, von denen jeder 400 kg Fische faßt. Nach dem Gefrieren in Sole werden die Fische in einem Behälter mit Meerwasser glasiert und dann bei $-18°$ C gelagert.

In Deutschland wurde in den Jahren zwischen den beiden Weltkriegen zuerst das Fischereifahrzeug „Volkswohl" mit einer Gefrieranlage nach Ottesen und Kältemaschinen von A. Borsig, Berlin-Tegel, ausgerüstet. Den zweiten Versuch unternahm im Jahre 1943 die Firma Andersen & Co., die das Gefrierschiff „Hamburg" erbaute, welches nicht nur eine Gefrieranlage, sondern auch umfangreiche Fischverarbeitungsmaschinen und eine Fischmehlfabrik an Bord hatte. Das Gefrieren wurde hier in Tunnels mit tiefgekühlter Luft von hoher Geschwindigkeit (System Plersch, Illertissen) vorgenommen. Das Fahrzeug wurde aber bald nach seiner Inbetriebnahme in einem norwegischen Fjord versenkt. Einen dritten Versuch unternahm wenige Monate vor Kriegsende W. Schlienz, Bremerhaven, doch mußte auch dieses Unternehmen bei Kriegsende eingestellt werden.

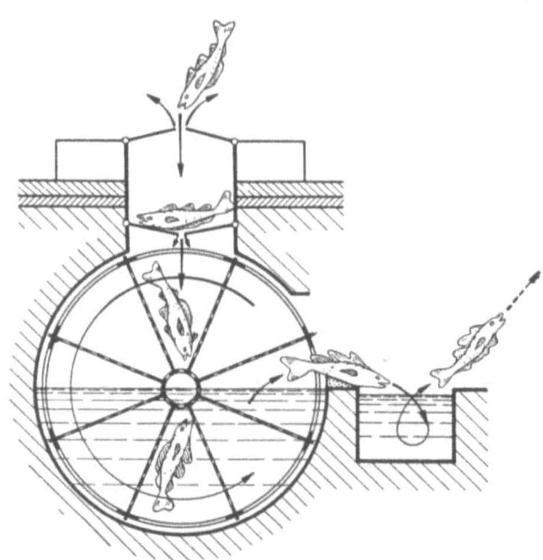

Abb. 103. Prinzip des Fischgefrierapparates nach Piqué an Bord der „Pescagel" und „Vivagel".

---

[1] Dansk Fiskeritidende 1915, Nr. 17, 18 u. 20. — Vgl. R. Plank: Die Konservierung von Fischen durch das Gefrierverfahren. Abhandl. zur Volksernährung, H. 5. Berlin: Zentral-Einkaufsges. 1916.

[2] Revue générale du Froid Bd. 6 (1925) S. 341.

[3] Revue générale du Froid Bd. 11 (1930) S. 40. — DRP 482647.

[4] Piqué, J.: Proc. Brit. Assoc. Refrig. Bd. 32 (1935/36) Nr. 1, S. 121.

Das Gefrieren ganzer Fische in Solebädern wird bis heute von der Thun-
fischerei an der pazifischen Küste in großem Maßstab angewendet. Die Thunfischklipper, die, von Südkalifornien auslaufend, 3 bis 4 Monate unterwegs sind
und bis Ecuador und Peru (Galapagos-Inseln) vordringen, sind mit mehreren
großen Tanks ausgestattet, an deren Wänden und Böden Kühlrohre für direkte
Ammoniakverdampfung verlegt sind und von denen jeder etwa 35 t Fische faßt.
Der Arbeitsprozeß, dessen einzelne Stufen in den Tanks in der Phase verschoben
sind, besteht zunächst aus der Abkühlung des Seewassers auf etwa −1,5° C.
Dann werden die Thunfische in dieses kalte Seewasser versenkt und in etwa
2 Tagen auf −1° abgekühlt. Nun wird in den Tank Kochsalz eingefüllt (etwa
50 kg je Tonne Fisch), bis die Sole ein spezifisches Gewicht von etwa 1,126 kg/l
erreicht. In diesem Bade, das auf −8° C gekühlt wird, liegen die Fische weitere
2 bis 3 Tage, worauf die Sole entweder in den nächsten Tank oder über Bord
gepumpt wird. Die Fische verbleiben in dem leergepumpten Behälter, der durch
die Verdampferschlangen weiter kaltgehalten wird, bis zum Vortage der Landung. Dann wird wieder Seewasser in die Tanks gepumpt, damit sich die an-
einandergefrorenen Fische einzeln lösen und aufzutauen beginnen. Gleich nach
der Landung werden sie in den Konservenfabriken zu Dosenkonserven verarbeitet[1].
Gegenwärtig sind etwa 200 solcher Thunfischklipper in Betrieb.

Auch an der nordwestlichen Küste des Stillen Ozeans wurden von amerikanischer Seite mehrere Versuche unternommen, das Gefrieren unmittelbar
nach dem Fang auf hoher See durchzuführen. Das in Seattle, Wash., beheimatete
Fahrzeug „Chirikof" stellte ab 1945 gefrorene Fischfilets an Bord her, die in
flachen Schalen an Bord gefroren wurden. Zu diesem Zweck wurden die Ver-
dampferrohre gleich als Regale ausgebildet[2]. Das Fahrzeug „Deep Sea" fängt
in der Beringsee bei Alaska vorzugsweise die „King crab", eine Art von Riesen-
krabben, die bis zu 1,5 m im Durchmesser erreichen, und bringt nach sechs-
bis achtwöchiger Reise etwa 90 t Gefrierware nach Seattle[3]. Das Krabbenfleisch
und Fischfilets werden unter Pressung in flachen Schalen in einem Strom kalter
Luft gefroren.

Im Jahre 1947 wurde ein aus dem ersten Weltkrieg stammendes Schiff
unter dem Namen „Pacific Explorer" in ein Gefriermutterschiff umgebaut, das
die Fänge kleiner Fischereifahrzeuge aufnehmen und gefrieren sollte. Es fuhr
von Seattle nach den Gewässern von Costarica und kehrte mit gefrorenen Thun-
fischen zurück. Die zweistufige Ammoniakkühlanlage ist für eine Gefrierleistung
von 120 t Fisch je Tag bemessen. Vier große Luftgefrierer mit Ventilatoren,
jeder für eine Ladung von 2700 kg Fischfilet, sind auf dem oberen Deck untergebracht[4].

In England wurde 1947 der Minensucher „Fairfree" in ein Fischereifahrzeug
mit Gefriereinrichtungen umgebaut[5]. Die Fischfilets werden in Schalen gefroren, die auf Kühlrohrregalen stehen. Die Kühlrohre, die in ein Aluminium-
gehäuse eingebaut sind, durchfließt eine Sole von −35° C, und ein Ventilator
bläst mit hoher Geschwindigkeit kalte Luft über die Rohre. Die kältetechnischen
Einrichtungen lieferten L. Sterne & Co., Ltd., in Glasgow und J. & E. Hall
in Dartford.

---

[1] HENDRICKSON, H. M.: Refrig. Engng. Bd. 58 (1950) S. 456.
[2] Vgl. Pacific Fisherman, Febr. 1946.
[3] Vgl. Ice and Refrigeration Bd. 113 (1947) Nr. 2, S. 19, und Quick Frozen Foods,
Bd. 9 (1947) Nr. 12.
[4] CARLSON, C. B.: Food Industries Bd. 20 (1948) Nr. 1, S. 111.
[5] Vgl. Food Manufacture, Dez. 1947, S. 556, und J. KUPRIANOFF: Kältetechnik Bd. 3
(1951) S. 318. — Eine Beschreibung der Gefrierschiffe „Chirikof", „Deep Sea", „Pacific
Explorer" und „Fairfree" lieferte auch R. PLANK: Die Kälte Bd. 1 (1948) S. 70.

4. Auf Flugzeugen.

Der Transport von schnellverderblichen Gütern auf dem Luftwege hat bisher keine große Bedeutung erlangt; eine Ausnahme bilden allerdings Schnittblumen. Die ersten Versuche reichen bis 1941 zurück[1]. Die Erwartungen, die an diese schnelle Art der Beförderung geknüpft wurden, haben sich bisher nicht erfüllt. Nur ein verschwindend kleiner Teil von Obst und Gemüse wird auf dem Luftwege befördert. Die kurze Transportzeit gestattet es, die Früchte in einem fortgeschrittenen Reifezustand zu pflücken, sie also länger am Baum zu lassen und ihren Geschmackswert dadurch zu verbessern. Eine künstliche Kühlung an Bord ist meistens entbehrlich, wenn sich das Flugzeug in einer Höhe bewegt, wo die Luft ohnehin kalt ist. Oft werden die Güter vor dem Transport vorgekühlt und durch leichte Verpackungen isoliert. Gelegentlich wird aber auch an Bord künstliche Kälte angewandt, und zwar in der gleichen Weise wie bei der Klimatisierung von Kabinen für den Personentransport (s. S. 145). Wie aus dem Bericht einer Sonderkommission vom Jahre 1950 hervorgeht, sind die Aussichten für die Anwendung künstlicher Kälte für den Transport leicht verderblicher Güter bisher noch recht gering[2].

Die wichtigsten chronologischen Daten
in der Geschichte der Kältetechnik.

1660	Erste gewerbsmäßige Herstellung von Speiseeis in Paris durch Procope Couteau.
1750—55	William Cullen bringt Wasser unter der Glocke einer Luftpumpe zum Gefrieren.
1761—64	Joseph Black entdeckt die latente Schmelzwärme und die latente Verdampfungswärme.
1780	Louis Clouet und Gaspard Monge gelingt zum erstenmal die Verflüssigung eines Gases (SO_2).
1806	Frederic Tudor organisiert den Eishandel (Natureis).
1810	John Leslie baut die erste Vakuumabsorptionsmaschine (Schwefelsäure und Wasser).
1823	Erste klassische Arbeit Michael Faradays über Gasverflüssigung.
1824	Nicolas Léonard Sadi Carnot entdeckt den zweiten Hauptsatz der Thermodynamik.
1834	Jakob Perkins baut die erste Kaltdampfmaschine (mit Äthyläther).
1835	Verfestigung der Kohlensäure durch Thilorier.
1842—43	Julius Robert Mayer und James Prescott Joule entdecken die Äquivalenz von Wärme und Arbeit (erster Hauptsatz der Thermodynamik).
1845	John Gorrie baut die erste Kaltluftmaschine.
1850—52	Rudolf Clausius und William Thomson greifen die Ideen Carnots auf und entwickeln sie weiter.
1852	Erfindung der Wärmepumpe durch William Thomson.
1856—59	James Harrison vervollkommnet die Kaltdampfmaschine mit Äthyläther.
1857	William Siemens entdeckt das Regenerativverfahren.
1858	Erster Lebensmitteltransport in Eisenbahnwagen mit Eiskühlung in Amerika.
1859	Erstmaliger Einbau einer Kältemaschine in eine Brauerei durch Ferdinand Carré.
1859	Ferdinand Carré erfindet die Ammoniak-Absorptionsmaschine.
1861	Bau der ersten Fleischgefrieranlage in Sydney durch Thomas Sutcliffe Mort und Eugène Dominique Nicolle.

---

[1] Barger, W. R., u. W. T. Pentzer: Report of test shipment of cut flowers from San Francisco by air express, March 14, 1941. U.S. Bur. Plant. Industr., Soils, Agr. Engin. Division of Handling, Transport and Storage, Report 65, 1941, und Report 258, 1951.

[2] The Cold Chain in the USA, Part II, S. 261. Paris: Organ. for Europ. Econ. Cooperation 1952.

1862	ALEXANDER CARNEGIE KIRK baut die erste industriell verwertbare Kaltluftmaschine.
1862	W. THOMSON und J. P. JOULE stellen eine Abkühlung der Luft bei der Drosselung fest.
1865	Bau des ersten Kühlhauses in den Vereinigten Staaten.
1869	Klärung des kritischen Zustandes durch THOMAS ANDREWS.
1869	GEORGE H. HAMMOND organisiert den Transport von frischem Fleisch in Eisenbahnkühlwagen.
1871	CHARLES TELLIER baut die erste Kaltdampfmaschine mit Methyläther.
1873	JOHANNES DIDERIK VAN DER WAALS stellt seine Zustandsgleichung auf.
1873	CARL LINDE gewinnt die Großbrauereien für die Verwendung von Kältemaschinen.
1874	CARL LINDE baut die erste Kaltdampfmaschine mit Ammoniak.
1874	RAOUL PICTET baut die erste Kaltdampfmaschine mit Schwefeldioxyd.
1876	CHARLES TELLIER macht den Versuch eines überseeischen Gefrierfleischtransportes.
1877	Verflüssigung von Sauerstoff, Stickstoff u. a. „permanenter" Gase durch LOUIS CAILLETET und RAOUL PICTET.
1878—82	Bau der ersten großen Kühl- und Gefrierhäuser in USA, England und Argentinien.
1882—83	Errichtung der ersten Kühlhäuser in deutschen Schlachthöfen.
1883—86	F. H. POETSCH wendet das Gefrierverfahren zur Schachtabteufung an.
1884	Bau der ersten gekühlten Eisenbahnpersonenwagen durch die Baltimore-Ohio-Eisenbahngesellschaft.
1895	CARL LINDE baut die erste Luftverflüssigungsmaschine mit Entspannung durch Drosselung.
1898	Verflüssigung des Wasserstoffs durch JAMES DEWAR.
1899	HERMANN GEPPERT führt in die Absorptionsmaschinen ein neutrales, druckausgleichendes Gas ein.
1902	G. CLAUDE stellt flüssige Luft durch Entspannung in einem Expansionszylinder her.
1902	CARL LINDE trennt flüssige Luft in Sauerstoff & Stickstoff durch Rektifikation.
1904	R. MOLLIER entwickelt das i/s- und das i/P-Diagramm.
1906	WALTER NERNST entdeckt den dritten Hauptsatz der Thermodynamik.
1908	Verflüssigung des Heliums durch HEIKE KAMERLINGH ONNES.
1910	Bau der ersten Wasserdampf-Strahlkältemaschine durch MAURICE LEBLANC.
1910	Bau der ersten EDELEANU-Anlage zur Raffination von Rohöldestillaten.
1911	A. J. A. OTTESEN erfindet ein rationelles Schnellgefrierverfahren.
1911	Grundlegung der Klimatechnik durch WILLIS H. CARRIER.
1913	EDMUND ALTENKIRCH erfindet die mehrstufigen Absorptionskältemaschinen.
1920	Serienherstellung maschineller Haushalt-Kühlschränke.
1925	B. VON PLATEN und C. G. MUNTERS wählen Wasserstoff als druckausgleichendes Gas in Absorptionsmaschinen.
1925	Festes Kohlendioxyd (Trockeneis) gelangt zu industrieller Bedeutung.
1930	Beginn der industriellen Erzeugung von Freonen.
1944	Klimatisierung der Kabinen in Flugzeugen.

Allgemeine Literatur.

BLAGDEN: Geschichte der Versuche über das Gefrieren von Quecksilber. Phil. Trans. roy. Soc. Lond. Bd. 73 (1783) S. 329—383; deutsch in den Sammlungen zur Physik und Naturgeschichte Bd. 3, S. 347—383. — J. C. FISCHER: Geschichte der Naturwissenschaften. Göttingen: Röwer 1801. — H. KOPP: Geschichte der Chemie. Braunschweig: Vieweg 1843. — CH. TELLIER: L'ammoniaque dans l'industrie. Paris: J. Rotschild 1867. — J. C. POGGENDORFF: Geschichte der Physik. Leipzig: Barth 1879. — E. MACH: Prinzipien der Wärmelehre, 2. Aufl. Leipzig: Barth 1900. — E. O. VON LIPPMANN: Abhandlungen und Vorträge zur Geschichte der Naturwissenschaften, dritte Abteilung: Zur Geschichte der Kältemischungen, S. 110—124. Leipzig: Veit u. Co. 1906. Vgl auch Z. angew. Chem. 1898, H. 13, und Z. ges. Kälteind. Bd. 6 (1899) S. 73. — F. D'AURIAC: De la production du Froid, — Application industrielle, — Appareils Carré. Paris: Victor Masson et fils 1863. — *Bibliographie* über mechanische Kälteerzeugung für die Zeit von 1663 bis 1874, zusammengestellt von JOHN BOURNE bei A. C. KIRK: On the mechanical Production of Cold. Proc. Instn. civ. Engrs. Bd. 37. London 1873—1874. — LEDOUX: Théorie des machines à Froid. Paris: Dunod, 1878. — *Britische Patentschriften.* Ein vollständiges Verzeichnis aller kältetechnischen Erfindungen betreffender Patente in der Zeit von 1819 bis 1876 findet man im Werk von Critchell und Raymond (s. weiter unten). — *Französische Patentschriften.* Die älteren Patentschriften wurden ursprünglich nicht gedruckt; sie sind später in Sammelbänden erschienen: Description des machines et procedés pour lesquels des brevest d'invention ont été pris. Paris: Imprimerie nationale. — H. Meidinger: Die Fortschritte in der künstlichen Erzeugung von Kälte und Eis. Dinglers polytechn. J. Bd. 217 (1875) S. 471; Bd. 218 (1875) S. 49, 140 u. 230, — T. B. Lightfoot: Artikel „Refrigeration" in Encyclopedia Britannica, 11. Aufl. — G. Behrend: Eis- und Kälteerzeugungsmaschinen, 1. Aufl. 1883, 4. Aufl. 1900. Halle: W. Knapp. — R. Stetefeld: Die Eis- und Kälteerzeugungsmaschinen, 1. Aufl. Stuttgart: Max Waag 1901. — C. G. v. Wirkner: Geschichte und Theorie der Kälteerzeugung. Hamburg. Verlagsanst. u. Druckerei A.G. (vorm. J. F. Richter) 1897. Aus der Sammlung gemeinverständl. wiss. Vorträge, hrsg. von Rudolf Virchow, Neue Folge, XII. Serie, H. 265—288. — *Historical Review of Ice and Mechanical Refrigeration, Ice and Refrigeration,* 1901 (Juli—Dezember) und 1916 (November). — J. T. Critchel u. J. Raymond: A History of frozen Meat Trade. London: Constable & Co. 1912. — C. Linde: Aus meinem Leben und von meiner Arbeit (als Manuskript gedruckt). München: Oldenbourg 1916. — G. Göttsche: Die Kältemaschinen und ihre Anlagen. Hamburg: Verl. f. Kälteind. 1912—1915. — A. Neuburger: Die Technik des Altertums, Abschnitt Kältetechnik und Konservierung, S. 125. Leipzig: R. Voigtländer 1919. — J. C. Goosmann: History of Refrigeration. Eine Artikelserie in der Zeitschrift „Ice and Refrigeration", Cicago, Bd. 66—68 (1921—1926). — *Geschichte der Gesellschaft für Lindes Eismaschinen,* 50 Jahre Kältetechnik, 1879—1929. Berlin: VDI-Verlag 1929. — *Seventy fife Years of Progress, Frick Company in Waynesboro, USA,* 1853—1923. — Ph. Lenard: Große Naturforscher (u. a. Boyle, Mariotte, Black, Rumford, Dalton, Gay-Lussac, Carnot, Faraday, Mayer, Joule, Helmholtz, Clausius und W. Thomson). München: I. F. Lehmann 1929. — *Histoire de l'Industrie du Froid.* Artikelserie in Revue Pratique du Froid, Bd. 7 (1952) (mit Betonung der französischen Beiträge). — 50 Jahre Sauerstoff-Anlagen, Festschrift der Gesellschaft für Linde's Eismaschinen, Höllriegelskreuth, 1952. — *The Refrigeration Record through Six Reigns, Modern Refrigeration,* Mai 1953, S. 158 (mit Betonung der britischen Beiträge). — O. E. Anderson, Jr.: Refrigeration in America, a history of a new technology and its impact. Princeton University Press, 1953.

Die wirtschaftliche Bedeutung der Kältetechnik.

Von

Obering. Dipl.-Ing. Otto Wagner.

Gesellschaft für Lindes Eismaschinen, Wiesbaden.

I. Groß- und Kleinkältemaschinen.

Wie aus dem Abschnitt über die geschichtliche Entwicklung (S. 1 bis 160) hervorgeht, kann man von Kältetechnik erst seit knapp 100 Jahren und von einem sich darauf gründenden Wirtschaftszweig höchstens seit etwa 75 Jahren reden. Erst von da an entwickelte sich eine Industrie der Kälteerzeugungsmaschinen, und gleichzeitig lernten die verschiedenen Sparten der Technik, sich in zunehmendem Maße der neu geschaffenen Kältemaschine zu ihrem eigenen Vorteil zu bedienen. Will man die wirtschaftliche Bedeutung der Kältetechnik darlegen, so muß man sie im Hinblick auf Kälteerzeugung und Kälteverwendung verfolgen.

Bei dem großen Bedarf der modernen Wirtschaft an künstlich erzeugter Kälte und bei den hohen Anforderungen, die an den Hersteller von Kälteerzeugungsmaschinen gestellt werden müssen, kommt nur eine industrielle Fertigung in Betracht. Da außerdem die Herstellungsmethoden, Werkzeuge und Werkzeugmaschinen beim Auftauchen der Kältemaschinen schon einen bemerkenswerten Grad der Vervollkommnung erreicht hatten, lag es nahe, daß bereits bestehende, gut eingerichtete Werke des Maschinen- und Apparatebaus den Kältemaschinenbau aufgriffen und als eine Sonderheit neben anderen Gebieten betrieben. Neugründungen von Unternehmungen ausschließlich zum Bau von Kältemaschinen gab es anfänglich überhaupt nicht und auch später hin nur in geringer Zahl.

Hierzu mag auch die Erwägung beigetragen haben, daß man besonders am Anfang der Entwicklung Kältemaschinen vorzugsweise in der warmen Jahreszeit benötigte, sie also meistens in der kalten Jahreszeit in Auftrag gab, wie es den damaligen Lieferzeiten und der Tatsache entsprach, daß man kaum auf Maschinenvorräte zurückgreifen konnte. Bekanntlich handelte es sich zunächst um Kälteanlagen, die man heute als Großkälteanlagen bezeichnen würde, die sich also nur zum Teil aus reihenweise erzeugten Einzelbestandteilen zusammensetzten, zu denen allenfalls die Verdichter von Kompressionskältemaschinen zu zählen sind, während Kleinkältemaschinen mit ihren ganz anders gelagerten Herstellungs- und Absatzbedingungen eigentlich erst in den zwanziger Jahren unseres Jahrhunderts in größerem Umfang in Erscheinung traten.

Wenn auch schon frühzeitig nach der Bewährungsprobe der allerersten Versuchsmaschinen gewisse Typenreihen von Verdichtern und Verflüssigern, gelegentlich auch von Verdampfern, aufgestellt wurden, so mußte die Mehrzahl der Apparate doch den besonderen Bedingungen des Aufstellungsplatzes entsprechend entworfen werden, und noch heute haften dem Großkältemaschinenbau trotz aller Normungsbestrebungen deutlich erkennbare Merkmale der Einzelfertigung an. Da es sich zunächst um eine ausgesprochenes Saisongeschäft handelte, mußten die Herstellerwerke auf eine ausreichende Beschäftigung ihrer Anlagen auch außerhalb der Jahreszeit der stärksten Inanspruchnahme bedacht sein. Bemerkenswerterweise besaß eine der ersten europäischen Firmen, die sich dem Kältemaschinenbau widmete (Gesellschaft für Lindes Eismaschinen A.G. in Wiesbaden, gegründet 1879), anfänglich überhaupt keine eigenen Werkstätten, sondern ließ Verdichter und Apparate in fremden Fabriken herstellen und beschränkte sich auf Entwurf und Planung der Anlagen und deren Vertrieb.

Allmählich, nach Ablauf der ersten Verträge und Patente, glaubten aber die Herstellerwerke, ebenfalls Entwurf, Planung und Vertrieb übernehmen zu können, und lösten die Verbindung, während LINDE sich eigene Werkstätten zulegte. Beispielsweise ging die schweizerische Firma Gebr. Sulzer in Winterthur sowohl in ihrem Stammhaus als auch in ihrer französischen Tochtergesellschaft zum selbständigen Entwurf und Vertrieb von Kältemaschinen über; anfänglich hatte auch sie für Linde Verdichter und Apparate hergestellt. Ähnlich vollzog sich die Entwicklung in der österreichisch-ungarischen Monarchie und in Rußland. Auch in England und in den Vereinigten Staaten von Amerika wurden die Lindeschen Patente ausgiebig verwertet. Dort wurden von Linde in Verbindung mit einheimischen Wirtschaftskreisen eigene Werke gegründet, die sich dann in oder nach dem ersten Weltkriege vom Stammhause lösten.

In allen Ländern, soweit sie überhaupt schon über eine nennenswerte Maschinenindustrie verfügten, trat in den neunziger Jahren des vorigen Jahrhunderts und besonders nach der Jahrhundertwende eine Reihe von Werken auf, die unabhängig von den Lindeschen Patenten neben anderweitiger Maschinenproduktion den Kältemaschinenbau aufnahmen. Außerdem wurden damals die ersten Werke gegründet, die sich ausschließlich den Kältemaschinenbau zum Ziele setzten.

Die an sich älteren Absorptionskältemaschinen entwickelten sich daneben weniger stürmisch. Ihre Absatzgebiete waren ohnehin sehr viel enger, wenigstens soweit die anfänglich ausschließlich gebauten Großkältemaschinen in Betracht kamen. Der Umsatz von Absorptionsgroßkältemaschinen betrug in Deutschland in den Jahren nach dem zweiten Weltkrieg dem Werte nach nur wenige Prozent des Gesamtumsatzes an Großkältemaschinen.

Die Grenze zwischen Groß- und Kleinkältemaschine wird in den veröffentlichten Statistiken in Deutschland üblicherweise etwas willkürlich bei einer Stundenleistung von 20000 Normalkalorien ($-10°/+25°$) gezogen. Diese Grenze gewinnt jedoch einen Sinn, wenn man berücksichtigt, daß sowohl die Herstellungsbedingungen, wie oben bereits angedeutet, als auch die Absatzbedingungen für beide Kältemaschinenarten stark voneinander abweichen. Wenn, wie schon erwähnt, dem Großkältemaschinenbau noch manche Eigentümlichkeit der Einzelfertigung anhaftet, so sind Kleinkältemaschinen mit einigen Ausnahmen ein typisches Massenprodukt und auch nur als solches lebensfähig. Sie traten erst nach dem ersten Weltkrieg in Erscheinung, obwohl es schon vorher kleine Verdichter und Apparate gab, die nach dem Vorbild der größeren Maschinen entworfen waren. Bezeichnenderweise waren es die Vereinigten Staaten, in denen vorzugsweise der Typus der Kleinkältemaschine entwickelt und durch zähe und ausgedehnte Propaganda ein Absatzfeld für das neue Massenprodukt geschaffen wurde.

Aus naheliegenden Gründen haben sich gerade die Großunternehmungen der Elektroindustrie, die sich schon früh auf Massenerzeugung eingestellt hatten, diesem Geschäftszweig gewidmet, waren doch Elektromotoren und die verschiedenartigen Schaltgeräte, insbesondere die zur Automatisierung notwendigen und die bei Absorptionskleinkältemaschinen häufig verwendeten elektrischen Heizeinrichtungen, ihnen schon von anderen Gebieten her vertraut und bildeten wichtige Bestandteile der Aggregate. In den Vereinigten Staaten sind hier die General Electric Comp. und die Westinghouse Comp., in Deutschland die Allgemeine Elektrizitätsgesellschaft und der Siemens-Konzern zu nennen. In den Vereinigten Staaten betätigt sich daneben der Automobilkonzern der General Motors Corp. durch seine Tochtergesellschaft Frigidaire Division auf diesem Gebiet. Die eigentliche Domäne der Kleinkältemaschine ist der Haushaltkühlschrank, der, von den Vereinigten Staaten ausgehend, seinen Siegeszug durch die ganze Welt angetreten hat. In den Vereinigten Staaten besitzen heute über 80% aller Haushalte einen mit künstlicher Kälte betriebenen Kühlschrank, ganz abgesehen von den zweifellos noch in großer Zahl vorhandenen Eisschränken. In Europa ist naturgemäß die Verbreitung des Maschinen-Kühlschranks zur Zeit noch wesentlich geringer.

Daneben findet man solche Aggregate, die als typische Kleinkältemaschinen anzusprechen sind, in sehr vielen Gaststätten und kleineren gewerblichen Betrieben, wie Metzgereien, Konditoreien, Milchläden und Milchsammelstellen, sowie in ähnlichen, der Lebsmittelerzeugung und -verteilung dienenden Betrieben, aber auch in Laboratorien, Apotheken und dergleichen.

II. Statistische Übersicht.[1]

Die weite Verbreitung der Kleinkältemaschinen brachte es mit sich, daß ihr Umsatz innerhalb der in Betracht kommenden Länder heute den der Großkältemaschinen beträchtlich übertrifft. Beispielsweise betrug dem Werte nach in den Vereinigten Staaten der Umsatz von Haushaltskühlschränken und gewerblichen Kühlanlagen in den Jahren

1935	1937	1939
73%	70%	66%

des Gesamtumsatzes an Kältemaschinen[2]. Die leicht fallende Tendenz dieses Anteils erklärt sich wohl hauptsächlich daraus, daß in der amerikanischen Statistik seit 1935 die Luftkonditionierungsanlagen als besondere Sparte erscheinen und einen stark wachsenden Anteil beanspruchen. Demgegenüber betrug nach einer Mitteilung der ehemaligen Fachuntergruppe Kältemaschinen in Deutschland nach dem Auftragseingang in den Jahren

	1937	1938	1939
der Anteil der Kleinkältemaschinen	56,5%	62%	57%
der Anteil der Großkältemaschinen	43,5%	38%	43%

In den deutschen Zahlen sind bei den Großkältemaschinen die Schiffskältemaschinen inbegriffen, die teilweise auch Kleinkältemaschinen einschließen mögen; doch ist der Anteil des Schiffskältemaschinenbaues am gesamten deut-

---

[1] Ausführliche statistische Angaben findet man im folgenden Abschnitt (S. 192 bis 249).
[2] Nach D. L. FISKE: Refrig. Engng. Nov. 1943.

schen Kältemaschinenbau kaum jemals größer als 5% gewesen. Der Anteil der Kleinkältemaschinen dürfte während des Krieges 1939—1945 etwas gefallen, nach Beendigung der Kriegshandlungen aber mindestens auf die alte Höhe gestiegen sein. Der Gesamtwert der deutschen Kältemaschinenerzeugung, einschließlich der später zu behandelnden Gas- und Luftverflüssigungsanlagen, hat 1939 etwa 100 Millionen RM erreicht, dürfte aber während des Krieges nicht weiter gestiegen, sondern eher etwas gesunken sein, wobei gewisse Verlagerungen zwischen den einzelnen Zweigen naturgemäß eintraten. Die Vergleichszahlen über die westdeutsche Produktion nach dem Kriege sind verständlicherweise hierzu nur mit Einschränkungen in Beziehung zu setzen. Hierüber sind folgende Zahlen veröffentlicht worden:

Kältemaschinenproduktion der Bundesrepublik Deutschland[1]

Jahr	1950	1951	1952 (1. Halbjahr)	1953 (1. Halbjahr)
Gewicht in t	15 990	19 014	11 331	168,65
Wert in Mill. DM	91,88	108,1	68,5	105,8
DM/kg	5,65	5,7	5,85	6,2
Beschäftigte am Jahresbeginn etwa	7000	8000	9000	—

Zum Vergleich seien folgende Zahlen aus der europäischen Kältemaschinenproduktion genannt[2]:

Jahr	1938	1947	1948	1949	1950
a) *Großbritannien* Produktionswert in Mill. £ . . .		10,7	14,3	18,4	22,8
b) *Dänemark* Produktionswert umgerechnet in Mill. $ von 1950	4,0		6,0	5,9	
c) *Frankreich* Gewicht der Produktion in t . .	2500	12 000	15 000		

Den Wert der Kältemaschinenproduktion der Vereinigten Staaten von Amerika aus der Zeit vor dem zweiten Weltkrieg gibt FISKE folgendermaßen an[3]:

Jahr	1933	1935	1937	1939
Wert in Mill. $	136	227	375	291

Dieser Wert dürfte schon im Jahre 1950 eine Milliarde $ erreicht haben und ist sicherlich seitdem weiter gestiegen.

Alle diese statistischen Angaben sind aber nur mit erheblichen Vorbehalten vergleichbar, weil sich kaum ermitteln läßt, in welchem Umfang Zubehörteile, wie Isolierungen, Holzarbeiten, Antriebsmotoren und elektrisches Installationsmaterial, aber auch Montagearbeiten, Frachten und vieles andere mehr mit einbezogen worden sind. Außerdem wird in verschiedenen Ländern der Begriff „Kältemaschinen" verschieden abgegrenzt. Auch sind bei den Wertangaben die Veränderungen der Währungen zu berücksichtigen, desgleichen Gebiets-

---

[1] Zeitschrift „Kältetechnik", Bd. 4 (1952) S. 305 — Statistisches Handbuch für den Maschinenbau 1952. — Statistischer Bericht der Arbeitsgemeinschaft Kälteindustrie anläßlich der Tagung in Köln, Nov. 1953.
[2] „Wandlungen in der Maschinenversorgung Europas", Ausgabe Herbst 1951, IFO, Institut für Wirtschaftsforschung, München 1951.
[3] FISKE, D. L., s. Fußnote 2 auf S. 163.

veränderungen, die sich während des Berichtszeitraumes ergeben haben. Beispielsweise sind in den Angaben über die deutsche Produktion des Jahres 1939 die österreichische und teilweise auch die tschechoslowakische Produktion enthalten.

Über die Kältemaschinenausfuhr und -einfuhr unterrichten die nachstehenden Zusammenstellungen.

Ausfuhr.

a) *Deutschland* (ab 1950 Bundesrepublik Deutschland)[1]

Jahr	1936	1950	1951	1952 (1. Halbjahr)
Gewicht in t	1230	1875	5945	2699
Wert in Mill. DM		5,6	25,1	13,2

b) *Großbritannien*

Jahr	1938[1]	1947[1]	1948[1]	1949[1]	1950[1]	1951[2]	1952[2] (1. Hj.)
Gewicht in t	2845	7010	11481	18644	23774	29363	16025
Wert in Mill. £[2]				7,02	9,80	14,03	8,68
£ pro t				395	420	480	540

c) *Schweden*

Jahr	1938	1947	1948	1949	1950	1951
Gewicht in t[1]	2364	2579	3400	3434		4032[3] im Werte von 20,9 Mill. skr.

d) *Dänemark*

Jahr	1938	1947	1948	1949	1950
Gewicht in t[1]	1273	1031	1148	1353	1900

e) *Schweiz*

Jahr	1938	1947	1948	1949	1950	1951
Gewicht in t[1]	501	714	911	1114	709	781[3] im Werte von 7,4 Mill. sfrs.

f) *Niederlande*

Jahr	1938	1947	1948	1949	1950
Gewicht in t[1]	589	162	212	272	400

g) *Belgien/Luxemburg*

Jahr	1948	1949	1950 (Jan.-Okt.)	1951[3]
Gewicht in t[1]	504	224	171	325 im Werte von 26 Mill. bfrs.

[1] „Wandlungen in der Maschinenversorgung Europas", Ausgabe Herbst 1951, IFO, Institut für Wirtschaftsforschung, München 1951, und Statistisches Handbuch für den Maschinenbau 1952.

[2] Nach den laufenden Veröffentlichungen in der Zeitschrift „Modern Refrigeration".

[3] Statistisches Handbuch für den Maschinenbau 1952.

h) Frankreich

Jahr	1938	1947	1948	1949	1950
Gewicht in t[1]	305	790	1210	2315	3132

Die Kältemaschinenausfuhr der Vereinigten Staaten von Amerika im Jahre 1951 wird mit 14,1 Mill. $ und für 1952, 1. Halbjahr, mit 13,4 Mill. $ angegeben. Der Wert der italienischen Kältemaschinenausfuhr im Jahre 1951 betrug 289 Mill. Lire[2].

Einfuhr.

a) Deutschland (ab 1950 Bundesrepublik Deutschland)

Jahr	1936	1950	1951[2]
Gewicht in t[1]	58	249	252 im Werte von 2,1 Mill. DM

b) Großbritannien

Jahr	1938	1947	1948	1949	1950	1951[2]
Gewicht in t[1]	2438	60	406	610	1153	1467

c) Irland

Jahr	1948	1949	1950
Wert in 1C00 £[1]	309	358	582

d) Norwegen

Jahr	1938	1947	1948	1949	1950
Wert in Mill. nkr.[1]	0,8	3,1	3,2	1,7	4,4

e) Schweden

Jahr	1938	1947	1948	1949	1951[2]
Gewicht in t[1]	1092	1513	1386	595	1363 im Werte von 9,5 Mill. skr.

f) Dänemark

Jahr	1938	1947	1948	1949	1950
Gewicht in t[1]	53	31	98	185	180

g) Finnland

Jahr	1947	1948	1949
Gewicht in t[1]	85	132	359

h) Österreich

Jahr	1937	1947	1948	1949	1950 (Jan.-Juni)
Gewicht in t[1]	115	4	11	92	47

---

[1] „Wandlungen in der Maschinenversorgung Europas", a. a. O.
[2] Statistisches Handbuch für den Maschinenbau 1952.

i) Schweiz

Jahr	1938	1947	1948	1949	1950	1951[2]
Gewicht in t[1]	103	340	389	737	690	1494 im Werte von 9,8 Mill sfrs.

j) Niederlande

Jahr	1938	1947	1948	1949	1950
Gewicht in t[1]	925*	295*	649	783	1598

* ohne elektrische Kühlschränke

k) Belgien/Luxemburg

Jahr	1948	1949	1950	1951[2]
Gewicht in t[1]	2602	2464	3021	3279 im Werte von 236 Mill. bfr.

l) Frankreich

Jahr	1938	1947	1948	1949	1950
Gewicht in t[1]	450	247	683	589	831

m) Spanien

Jahr	1935	1947	1948	1949
Gewicht in t[1]	107	30	67	19

n) Portugal

Jahr	1938	1947	1948	1949
Gewicht in t[1]	60	408	445	328

Der Wert der italienischen Kältemaschineneinfuhr im Jahre 1951 wird mit 943 Mill. Lire angegeben[2].

Von der an sich zweifellos sehr beachtenswerten russischen Kältemaschinenindustrie ist in den letzten Jahren so wenig Zusammenhängendes und Vergleichbares bekannt geworden, daß auf deren Darstellung hier verzichtet werden muß.

Der Bau von Kälteerzeugungs- und Kälteverwendungsanlagen ist ein reichgegliederter, in seinen Formen mannigfaltiger Industriezweig. Die wirtschaftliche Bedeutung der Erzeugnisse der Kälteindustrie reicht aber noch viel weiter, denn sie sind in einer sehr großen Zahl von Industrie- und Gewerbebetrieben unentbehrliche Hilfsmittel.

III. Kälteanwendungen.

1. Lebensmittel-Industrie.

An erster Stelle ist hier die Anwendung in den verschiedenen Sparten der Nahrungs- und Genußmittelindustrie zu nennen.

a) Brauereien. Bekanntlich wurden Kältemaschinen zuerst in Brauereien aufgestellt, wo sie zur Kühlung der Bierwürze und der Gärkeller dienten. Vorher

---

[1] „Wandlungen in der Maschinenversorgung Europas", a. a. O.
[2] Statistisches Handbuch für den Maschinenbau 1952.

hatte man mittels mühsam geernteten und sorgsam gelagerten Natureises notdürftig die unerläßlichen Voraussetzungen für eine einigermaßen einwandfreie Biererzeugung zu schaffen versucht. Die künstliche Kälte griff weiter in den Herstellungsprozeß des Bieres ein, nämlich bei der Kühlung der Malztennen bzw. Keimkästen in der Mälzerei. Hinzu kam die Kühlung der Lagerkeller und Lagerräume für Flaschenbier, so daß heute die Kälteanlagen in jeder größeren Brauerei einen besonders wichtigen Teil der gesamten Fabrikationseinrichtung bilden. Im In- und Ausland wurden deshalb die Brauereien und Mälzereien das wichtigste Absatzgebiet für Kältemaschinen; vor 1900 wurde etwa die Hälfte aller deutschen Kälteanlagen in Brauereien errichtet. Bis zum Beginn des ersten Weltkrieges nahm in Deutschland der Jahresverbrauch an Bier je Kopf der Bevölkerung, von einigen Konjunkturschwankungen abgesehen, ständig zu. Es war wohl nicht nur die zunehmende Sportbegeisterung, die dem Bierkonsum abträglich wurde, sondern auch mancher andere Grund, wie das Verflachen der Wirtshausgemütlichkeit, der Wunsch des einzelnen, mehr Zeit zu gewinnen für den schärfer werdenden wirtschaftlichen Konkurrenzkampf, das Aufkommen der Lichtspieltheater u. a. m., der auch nach Überwindung der Kriegsfolgen den Bierverbrauch nicht wieder auf die alte Höhe steigen ließ.

Nach dem ersten Weltkrieg dürfte höchstens noch ein Drittel der insgesamt in Deutschland hergestellten Großkältemaschinen in Brauereien stehen, und von den neu hergestellten Großkältemaschinen war höchstens noch ein Fünftel für Brauereien bestimmt. Nach dem zweiten Weltkrieg setzte sich diese Entwicklung fort. Nur ist dabei zu beachten, daß bei dem anfänglich großen Mangel an Nahrungsmitteln in Deutschland nur wenig Gerste für Brauereien freigegeben werden konnte, die Beschaffenheit des Bieres kaum den bescheidensten Ansprüchen genügte und daher die Verbraucher vielfach zu anderen Getränken, insbesondere zu alkoholfreien, griffen. Begünstigt wurde diese Entwicklung durch das Aufkommen von lagerfähig gemachten Fruchtsäften; auch hierfür schuf die Kälteindustrie vielfach die Voraussetzung. Die weitere wirtschaftliche Entwicklung der Brauereien nach dem zweiten Weltkrieg ist daher noch nicht abzusehen.

In den Vereinigten Staaten ist der Bierverbrauch je Kopf der Bevölkerung seit 1933, als die Herstellung und der Vertrieb des Bieres wieder zugelassen wurden, besonders aber auch seit Beendigung des zweiten Weltkrieges, nicht unerheblich gestiegen. Obwohl dort die Brauereien keineswegs die wichtigste Abnehmergruppe der Kältemaschinenindustrie sind und von der Fleischwirtschaft in dieser Hinsicht übertroffen werden, so ist doch nach der schon mehrfach zitierten Quelle in den Brauereien mehr als ein Viertel der Kapazität der bis 1939 für die gesamte Nahrungsmittelindustrie gelieferten Kältemaschinen zu finden.

b) Eiserzeugung. Bleibt man bei der Nahrungs- und Genußmittelwirtschaft, so ist innerhalb dieser das nächste große Anwendungsgebiet der Kältemaschinen wohl die Herstellung von Kunsteis, das hier mannigfaltige Anwendungen findet, allerdings auch in anderen Industriezweigen benutzt wird. Bedenkt man, daß jeder Fischdampfer bis zu etwa 80 t kleinstückiges Eis für eine Reise mitnimmt, so läßt sich ermessen, welche bedeutenden Anlagen notwendig sind, um eine ganze Fischdampferflotte mit dem nötigen Eis zu versorgen. Deshalb findet man die größten Eiswerke in den Fischereihäfen. Um welche Größenordnung es sich dabei handelt, wird daraus erkennbar, daß beispielweise die größte deutsche Eisfabrik eine Tagesleistung von etwa 600 t hat.

Bekanntlich hat Carl von Linde schon 1878 die heute noch angewandte Grundform des Blockeiserzeugers angegeben und ausgeführt (vgl. S. 102); sie ist in der Zwischenzeit nur in Einzelheiten verbessert worden. Daneben führten sich gerade für Zwecke der Fischerei die sonst kaum noch üblichen Platteneiserzeuger ein, in denen Eisplatten von über 4 t Gewicht hergestellt werden. Beide Eisarten werden durch Eismühlen in die Form gebracht, die für das Beeisen von Fischen gebraucht wird. Demgemäß sind große Mahl- und Transportanlagen sowie Eislager notwendig, weil das Eis meistens stoßweise entnommen wird.

Diese Eiswerke, teils in Händen der großen Fischdampferreedereien, teils aber auch als selbständige Unternehmungen, stellen recht bedeutende Anlagen dar, und die dort verwendeten Maschineneinheiten besitzen vielfach eine bemerkenswerte Kälteleistung.

c) Fischerei. Da heute die deutschen Fischdampfer Reisen bis zu einer Dauer von 3 Wochen unternehmen müssen, wird durch möglichst sorgfältige Isolierung der Lagerräume, neuerdings auch durch maschinelle Kühlung dem allzu schnellen Abschmelzen des Eises vorgebeugt. Durch keimtötende Zusätze hat man — bisher allerdings nur mit geringem Erfolg — die Haltbarkeit der auf Eis gelagerten Fische zu verbessern versucht. Deutschland steht hinsichtlich der Ergebnisse seiner Hochseefischerei hinter anderen Nationen, wie Großbritannien und Norwegen zurück. Im zweiten Weltkrieg ist seine Fischdampferflotte auf einen geringen Bestand überalterter Fahrzeuge zusammengeschmolzen. Jedoch wurde bald nach Kriegsende mit dem Wiederaufbau begonnen, so daß heute wieder fast die Vorkriegszahl von Fischdampfern zur Verfügung steht.

Der Fortfall der Baubeschränkungen läßt auch erhoffen, daß die deutsche Hochseefischerei sich im friedlichen Wettbewerb bald neben der ausländischen behaupten kann und wesentlich dazu beitragen wird, dem deutschen Mangel an eiweißhaltiger Nahrung aus selbsterschlossenen Quellen abzuhelfen. Der an sich zweifellos noch steigerungsfähige Verbrauch von Seefischen in Deutschland hat auch schon, wenigstens in Westdeutschland, einen beträchtlichen Umfang angenommen.

Aus den gleichen Eisfabriken, die den Bedarf der Fischdampfer decken, wird auch das Eis für den Fischversand bezogen. Die beiden größten deutschen Fischereihäfen sind Bremerhaven und Cuxhaven, zu denen Hamburg mit seiner beträchtlichen fischverarbeitenden Industrie und neuerdings auch Kiel hinzugetreten sind. Eine gute Organisation des Fischversandes, umfangreiche Lösch- und Verladeanlagen, zahlreiche Kühlwagen, meist für Eiskühlung eingerichtet, und eine große Zahl von Kühlanlagen in den Groß- und Kleinverteilungsstellen sind in Deutschland besonders wichtig, weil — im Gegensatz zu Großbritannien, den skandinavischen Ländern, Frankreich und den Mittelmeerländern — der Weg von der Küste bis zu den entlegensten Verbrauchern weit ist und der leicht verderbliche Fisch nur bei reibungslosem Ineinandergreifen aller Glieder einer Kühlkette in einem befriedigenden Zustand dem Verbraucher zugeführt werden kann.

Für die Behandlung der Süßwasserfische treffen diese Voraussetzungen nur zum Teil zu. Trotzdem werden naturgemäß auch hier vielerorts Kälteanlagen benötigt.

Von der Anwendung des Gefrierverfahrens in der Fischwirtschaft wird noch später zu sprechen sein; hier sei nur auf die Anwendung künstlicher Kälte bei der Herstellung von Fischpräserven und -konserven, von Fischmehl, Lebertran, Fischeiweiß und sonstigen Nebenprodukten hingewiesen.

d) Kühlhäuser. Äußerlich am auffallendsten tritt die Kältetechnik wohl in den Kühlhäusern in Erscheinung, die freilich in Deutschland trotz aller Anstrengungen während der dreißiger Jahre heute noch nicht so verbreitet sind wie etwa in den Vereinigten Staaten oder Großbritannien, obwohl man in

Deutschland allen Grund hätte, mit den kühlungsbedürftigen Erzeugnissen unserer Landwirtschaft besonders haushälterisch umzugehen. Wem wären nicht schon die großen, vielfach nahezu würfelförmigen, fensterlosen oder doch fensterarmen Bauten in Hafenstädten und bedeutenderen Verbrauchs- und Erzeugungszentren aufgefallen! Nicht selten mit Eiswerken verbunden, teilweise auch mit Schnellgefrieranlagen ausgerüstet, sind sie aus der heutigen Lebensmittelwirtschaft nicht mehr wegzudenken. In der Regel handelt es sich dabei um Unternehmungen, die gegen feste Mietsätze jedem Einlagerer Räume mit einer vorher vereinbarten, konstant zu haltenden Lufttemperatur, die gewöhnlich zwischen — 25° und + 10° liegt, zur Verfügung stellen, wobei auch über die Luftfeuchtigkeit Abmachungen getroffen werden können. Vergleichsweise sei erwähnt, daß im Jahre 1941 der gesamte Rauminhalt der amerikanischen öffentlichen und privaten Kühlhäuser etwa 21,5 Millionen m³ umfaßte[1], während der Rauminhalt der Kühlräume in deutschen privaten und öffentlichen Kühlhäusern zur gleichen Zeit, auf das damalige Reichsgebiet bezogen, nur etwa 1,5 Millionen m³ betrug.

Mehr als ein Drittel der amerikanischen Kühlhäuser diente damals allein der Fleisch- und Fettkühlung der amerikanischen Packerfirmen. In den Jahren 1923 bis 1941 nahm dabei der Inhalt des in öffentlichen nordamerikanischen Kühlhäusern zur Verfügung stehenden Kühlraumes jährlich um 2,5 bis 3% zu.

In Deutschland dürfte durch die Ereignisse des letzten Krieges mehr als ein Viertel des vorhandenen Kühlraumes unbenutzbar geworden sein. Andererseits waren die nach dem Krieg einzulagernden Nahrungsmittelvorräte so gering, daß auch der verbleibende Raum kaum hätte ausgenutzt werden können, wenn nicht die Besatzungsmächte einen erheblichen Teil in Anspruch genommen hätten. Die Kühlhäuser als stark kapitalintensive Betriebe sind natürlich erst bei einem höheren Ausnutzungsgrad auf die Dauer lebensfähig. Bei einem öffentlichen Kühlhaus ist auch eine gewisse Mindestgröße erforderlich, die man in Deutschland auf etwa 10000 bis 20000 m³ Inhalt beziffern könnte. Da ein derartiges Kühlhaus heute einen Kapitalaufwand von etwa 3 bis 5 Millionen DM erfordert, werden in solchen Unternehmungen recht bedeutende Mittel festgelegt, die schwer und nur zum geringsten Teil nachträglich anderen Zwecken zugeführt werden können, wenn die Anlagen sich als Fehlinvestitionen erweisen. Dabei sind die umfangreichen Transporteinrichtungen, Gleisanlagen u. dgl. zu berücksichtigen, deren ein modernes Kühlhaus bedarf.

In Deutschland findet man sehr selten Kühlhäuser, die der Kaltlagerung nur eines einzelnen Kühlgutes dienen, und wenn sie dafür erbaut waren, so stellt sich in der Regel sehr bald die Notwendigkeit heraus, sie auch für andere Kühlgüter verwendbar zu machen. Das Gegenbeispiel dazu sind die bereits erwähnten Fleischkühlhäuser der großen amerikanischen Packerfirmen. Der Ausnutzungsgrad der europäischen Kühlhäuser ist von Konjunkturschwankungen stark abhängig, von der Einfuhr, der Wirtschaftspolitik des Aufstellungslandes, vom Ausfall der landwirtschaftlichen Produktion und dergleichen. Besonders bemerkenswerte Kühlanlagen finden sich namentlich in Fleischausfuhrländern wie Argentinien, Fruchtausfuhrländern wie Südafrika und Fischausfuhrländern wie Norwegen sowie in den großen Hafenstädten der ganzen Welt.

e) Fleisch. Nicht selten werden Kühlhausbetriebe im Anschluß an die Schlachthöfe größerer Städte errichtet, die ohnehin größere Kälteanlagen besitzen. In Mitteleuropa, häufig auch anderwärts, werden diese Schlachthöfe meistens von den Kommunalverwaltungen betrieben, die somit wichtige Ab-

---

[1] Nach D. L. Fiske: Refrig. Engng. Nov. 1943.

nehmer von Großkälteanlagen sind. Oft finden sich auch hier Eiserzeugungsanlagen, die den Eisbedarf der Metzger decken. Daraus ergeben sich dann Kälteanlagen von beträchtlicher Leistung, namentlich wenn sie, wie das heute vielfach der Fall ist, mit Gefriereinrichtungen für Fleisch ausgerüstet sind. Während der Fleischanfall in den Schlachthöfen in normalen Zeiten einigermaßen gleichmäßig ist, abgesehen von den Schwankungen, die sich durch die Einrichtung von einem oder zwei Hauptschlachttagen ergeben, erfordert der Stoßbetrieb in den Grenzschlachthöfen vielfach besonders leistungsfähige Kälteanlagen.

In Deutschland wurde 1882 der erste Schlachthof mit einer Kälteanlage ausgerüstet (vgl. S. 113); die Unterteilung in Vor- und Hauptkühlhalle ist bis heute im wesentlichen beibehalten worden. Das deutsche Schlachthofwesen hat sich in den folgenden Jahren schnell entfaltet, so daß 50 Jahre später schon über 500 deutsche Schlachthöfe eine eigene Kühlanlage besaßen, von denen die überwiegende Zahl von den Städten und Gemeinden und nur eine kleinere Anzahl von den Metzger- und Fleischerinnungen betrieben wurden.

Bis zum Jahre 1914 wurden sowohl in Deutschland als auch in Frankreich nur verschwindende Mengen heimischen Fleisches durch Gefrieren konserviert. Erst die Ernährungsschwierigkeiten des ersten Weltkrieges führten hier einen Wandel herbei. Nach dem Krieg strömten große Mengen im Ausland gefrorenen Fleisches nach Deutschland herein, so daß 1925 die stattliche Menge von 125000 t Gefrierfleisch verbraucht wurde[1]. Frankreich führte während der Dauer des ersten Weltkrieges 900000 t gefrorenen Fleisches für militärischen Bedarf und zur Versorgung der Zivilbevölkerung vorwiegend aus Südamerika ein, so daß im Jahre 1919 nicht weniger als 31% des gesamten französischen Fleischverbrauchs durch vom Ausland eingeführtes Gefrierfleisch gedeckt wurden[2].

Welche Ausmaße der Gefrierfleischhandel angenommen hat, ergibt sich beispielsweise aus folgenden Gewichten für die Gefrierfleischausfuhr einiger Länder in 1000 t[3]:

	1920	1925	1928
Argentinien	481	776	599
Neuseeland	228	165	176
Australien	149	149	100
Weltverbrauch	1077	1339	1059

Bekanntlich ist Großbritannien der größte Abnehmer von Gefrierfleisch auf dem Weltmarkt.

f) Schnellgefrierverfahren. Das schon mehrfach gestreifte Gebiet der Gefrieranlagen für Lebensmittel ist eigentlich erst in den letzten 25 Jahren erschlossen worden, wenn man von früher erwähnten Fleisch-, Geflügel- und einigen Eiergefrieranlagen absieht. Auch hier können die Nordamerikaner das Verdienst für sich in Anspruch nehmen, fußend auf europäischen Erkenntnissen, die Entwicklungsarbeit geleistet zu haben.

Bei den älteren Fleischgefrieranlagen wurden die Tierkörper oder -viertel nach Vorkühlung in Räumen, die sich nur wenig von den sonst üblichen Fleischkühlräumen unterschieden, an Gestellen aufgehängt und bei mäßiger Luftbewegung in einigen Tagen durchgefroren. In der Schnellgefrieranlage im Kühlhaus

---

[1] KALLERT, E.: Gefrierfleischvorräte in der deutschen Fleischwirtschaft. Berlin 1935.
[2] SCHILLING: Schnellgefrieren von Fleisch. Die Fleischwirtschaft 1941, Nr. 20.
[3] POHLMANN: Taschenbuch für Kältetechniker, 12. Aufl. Hamburg.

Paris-Ivry hat man erstmals, kurz vor dem zweiten Weltkrieg, mit tieferen Temperaturen und größerer Luftgeschwindigkeit im praktischen Betrieb eine Gefrierdauer von etwa einem Tag bei Rindervierteln erreicht.

In den heute weitverbreiteten Schnellgefrieranlagen werden kleine Portionen mit einem Höchstgewicht von wenigen Kilogramm der verschiedensten Nahrungs-mittel in Formen, Packungen oder auch im Naturzustand innerhalb von wenigen Stunden oder sogar Bruchteilen einer Stunde gefroren, um dann verpackt oder unverpackt dem Lebensmittelhandel bzw. dem Verbraucher zugeführt zu wer-den. Ausgehend von den Erfahrungen mit den leichtverderblichen Fischen haben die Amerikaner systematisch versucht, nicht nur Fische aller Art, son-dern auch Gemüse und Obst nach dem Gefrierverfahren zu behandeln, wobei sie bedeutende Erfolge erzielten. Da man in den Vereinigten Staaten seit langem die Konserven, die schnelle Zubereitung der Mahlzeiten erlauben, besonders schätzte, fand auch die Gefrierkonserve dort die günstigsten Vorbedingungen für ihre Entwicklung und Ausbreitung.

Die üblichen Gefriergüter lassen sich bei geeigneter Behandlung viele Monate frisch erhalten, erfordern aber vor allem, daß die Temperatur ununterbrochen auf einem konstanten, ziemlich tief liegenden Wert gehalten wird. Damit ergibt sich die Notwendigkeit, in den Weg, den die Ware von der Gefrieranlage bis zum Verbraucher nimmt, eine Reihe von Kühleinrichtungen einzuschalten, wofür der treffende Ausdruck *Kühlkette* geprägt wurde. Das letzte Glied dieser Kette ist das Gefrierabteil des Haushaltskühlschrankes, das heute in den Ver-einigten Staaten durchweg üblich ist. Von den USA aus verbreitete sich die Gefrierkonserve in die Welt, zunächst über Europa. Die Bedingungen waren hier freilich weniger günstig, weil für die Verwendung von Konserven in Europa ohnehin nur geringere Neigung besteht, dann aber auch, weil die Gefrierkon-serve für den europäischen Lebensstandard im allgemeinen zu teuer ist, nament-lich im Vergleich mit der konkurrierenden billigeren Naßkonserve. Auch der Mangel an geeigneten Tiefkühllagerräumen macht sich vielfach störend be-merkbar.

Ebenso wie in Amerika machte in Europa die Fischgefrierkonserve den An-fang, und ihr wird wohl auch für die nächste Zukunft in Europa die größte Be-deutung unter allen Gefrierkonserven zukommen. Bemerkenswert ist, daß während des Krieges von 1939 bis 1945 in Frankreich, Italien und in geringem Ausmaß auch in Belgien und Holland eine beträchtliche Zahl von Gefrieranlagen für Obst und Gemüse für den Bedarf der deutschen Besatzungstruppen errichtet wurde, von denen einige auch nach dem Kriege bestehen blieben. Allerdings wird in Frankreich, das fast zu allen Jahreszeiten über frisches Obst und Ge-müse verfügt, in Zukunft kaum mit einer weiteren Verbreitung der Gefrier-konserve zu rechnen sein.

In Deutschland haben etwa ein halbes Dutzend größerer und einige kleinere Unternehmungen sich der Herstellung von Gefrierkonserven gewidmet. Wäh-rend des Krieges sind zuletzt mehr als 25000 t jährlich eingefroren worden. Veranlassung dazu war natürlich auch der Mangel an Zinn- bzw. Weißblech, der die Herstellung von Naßkonserven hemmte. Dieser Industriezweig hat sich noch jetzt nicht ganz von den Kriegsschäden erholen können. Die höchste Pro-duktion nach dem Kriege dürfte 1948 mit etwa 10000 t Obst und Gemüse er-reicht worden sein; seit dieser Zeit ist sie zweifellos gesunken. Demgegenüber ergibt sich für die nordamerikanische Industrie der Obst- und Gemüsekonser-vierung[1]:

---

[1] Nach D. L. FISKE: Refrig. Engng. Nov. 1943.

Erzeugung in 1000 t

	1937	1938	1939	1940	1941
Früchte	50,5	59	64	79	92
Gemüse	33	40,5	33	37,5	49

Diese Produktionszahlen sind seit 1941 fraglos noch weiter angestiegen. Daraus läßt sich ermessen, wieviel Gefrieranlagen dort in Tätigkeit sein müssen und welches Arbeitsfeld sich daraus für die Industrie der Großkälteanlagen ergeben hat.

Über die Größe und Leistung der im Jahre 1949 in verschiedenen Ländern vorhandenen Schnellgefrieranlagen unterrichtet folgende Zusammenstellung[1]:

Land	Anzahl	Leistungsfähigkeit in t/Tag	Wirklich erreichte Gefriermenge in t/Jahr
Frankreich	10	135	4 000
Holland	6	80	1 100
Norwegen	55	900	80 000
Großbritannien	7	38	—
USA	—	—	800 000

Aber auch die Kleinkältemaschinenindustrie hat an diesem Aufschwung starken Anteil gehabt, fiel ihr doch die Aufgabe zu, die zahllosen Tiefkühltruhen bereitzustellen, deren man in den Verteilläden bedurfte, um die Gefrierkonserven abzusetzen. Diese dürften heute schon ungefähr ihre endgültige Form gefunden haben, während die Entwicklung der Gefrierapparate noch durchweg im Fluß ist. Der anfänglich vorherrschende Birdseye-Gefrierer (s. S. 121), in welchem zwischen Metallplatten, die vom Kältemittel bzw. vom Kälteträger durchflossen sind, Packungen unter Pressung gefroren werden, hat inzwischen zahlreiche Konkurrenten gefunden.

Neuerdings hat sich in den Vereinigten Staaten die Gefrierindustrie noch in der Richtung weiterentwickelt, daß sogar fertige Gerichte eingefroren werden, die nur noch aufgetaut und angewärmt zu werden brauchen und dann tafelfertig sind. Ob diesem Industriezweig allerdings in Zukunft eine größere Bedeutung beschieden sein wird, läßt sich noch nicht übersehen.

g) Molkereiprodukte. Ein anderes tierisches Produkt, das in besonders hohem Maße die Kältetechnik zu seiner Frischhaltung benötigt, ist die Milch, die möglichst bald nach ihrer Gewinnung abgekühlt werden soll, damit sich keine unerwünschten Veränderungen in ihr vollziehen. Mit der starken Entwicklung des Molkereiwesens in Deutschland seit Beginn der dreißiger Jahre haben daher Kältemaschinen in einem vorher nicht gekannten Umfange darin Eingang gefunden, vielfach sogar noch stärker als in den klassischen europäischen Molkereiländern, die übrigens, wie Holland oder Dänemark, seit geraumer Zeit über eine vorzüglich organisierte und eingerichtete Milchwirtschaft verfügen. In Holland z. B. findet man fast überall so reichlich kühles Wasser, daß man häufig ohne Kältemaschinen auskommen kann oder auskommen zu können glaubt. Für die Molkereikühlanlagen ist charakteristisch, daß man im allgemeinen mit relativ hohen Temperaturen arbeitet.

Das Gefrieren von Milch stößt auf nicht geringe Schwierigkeiten, da das Gefrierprodukt die Neigung zeigt, nach dem Auftauen nicht wieder in den An-

---

[1] The Cold Chain in the USA, Part II, S. 39. Organization for European Economic Cooperation. Paris 1952.

fangszustand zurückzukehren. Die einzelnen Bestandteile der Milch sind vielmehr bestrebt, sich zu trennen, was im Hinblick auf den Verwendungszweck durchaus nicht immer erwünscht ist.

Im zweiten Weltkrieg war in Deutschland die Milch eine der wichtigsten Eiweiß- und Fettquellen. Bekanntlich ist der Wert der in Deutschland gewonnenen Milch von derselben Größenordnung wie der Wert der Steinkohlenerzeugung. Wenn die deutsche Milcherzeugung im Jahre 1948 nur etwa 70% der Vorkriegsleistung, bezogen auf das Gebiet der Bundesrepublik, betrug, so lag diese Ziffer für West- und Mitteleuropa im Jahre 1949 bei rund 80%, in Großbritannien und den Vereinigten Staaten sogar schon bei 110%[1].

Die Ergebnisse der westdeutschen Milchwirtschaft veranschaulichen folgende Zahlen[2]:

Angaben in 1000 t/Jahr

	Erzeugung	Anlieferung an Molkereien	Frischmilchabsatz der Molkereien
Vorkriegsdurchschnitt	15 000	—	—
Wirtschaftsjahr 1948/49	10 063	6991	3080,2
Wirtschaftsjahr 1949/50	12 838	9356	3221,3

	Butterherstellung	Käseherstellung	Speisequarkherstellung
Wirtschaftsjahr 1948/49	220,1	120,0	20,6
Wirtschaftsjahr 1949/50	249,0	147,6	44,2

Nächst der Butter ist das bedeutsamste aus der Milch erzeugte Produkt der Käse, dessen Herstellung und Aufbewahrung ebenfalls zahlreiche Kühlanlagen erfordert. Die Aufgaben, die bei diesen Anlagen zu lösen sind, ähneln denen, die bei den später zu behandelnden Klimaanlagen gestellt werden, d. h. durch sie müssen nicht sehr tiefe Temperaturen, vor allem aber konstante Luftfeuchtigkeiten, die hier allerdings ziemlich hoch liegen, eingehalten werden. Die deutschen Käsereien sind erst zu einem geringen Teil mit solchen Einrichtungen ausgerüstet, und es bedarf noch vieler Anstrengungen, wenn man dem im Ausland erreichten Stand gleichkommen will. Denn insbesondere die klassischen Käseausfuhrländer Holland, Dänemark, Frankreich und die Schweiz, daneben aber auch Schweden und teilweise England, verfügen vielfach über ausgezeichnete Luftbehandlungsanlagen in Käsereien.

h) Eier. Nach Fleisch, Fett, Milch und Milcherzeugnissen sind Eier das wichtigste landwirtschaftliche Produkt, das zur Lagerung der Kühlung bedarf. Da es sich um ein Erzeugnis handelt, dessen Anfall großen jahreszeitlichen Schwankungen unterworfen ist, bietet es einen starken Anreiz, diese Schwankungen durch Vorratsbildung auszugleichen. Dem steht im Wege, daß sehr beträchtliche Mengen behandelt werden müssen, denn wenn z. B. im heutigen Westdeutschland je Kopf der Bevölkerung auch nur ein Vorrat von 50 Eiern vom Frühjahr bis zum Herbst oder Winter aufgestapelt werden soll, so wäre dafür allein eine Kühlraumfläche von mehr als 300 000 m² erforderlich, also erheblich mehr, als zur Zeit überhaupt an Kühlraum in westdeutschen Kühlhäusern zur Verfügung steht. Außerdem fallen beim Eierpreis die Kosten der Lagerung im Kühlhaus erheblich ins Gewicht, so daß nur vergleichsweise niedrige Mieten für Eier gezahlt werden können. Endlich verlangen Eier im Kühlhaus eine sehr vorsichtige Behandlung, widrigenfalls sie den bekannten Kühlhaus-

---

[1] Molkerei- und Käserei-Zeitung 1950, H. 7.
[2] Verbandsjahrbuch und Molkereikalender 1951.

geschmack annehmen und dadurch an Wert einbüßen, abgesehen von dem bei der üblichen Einlagerungsmethode unvermeidlichen Gewichtsverlust durch Austrocknung. Der technisch recht interessante Versuch, durch Lagerung in Behältern, die mit Stickstoff, Kohlensäure oder anderen Gasen gefüllt sind, die Qualität und möglichst auch die Dauer der Lagerungsfähigkeit zu erhöhen, ist fast überall an der Kostenfrage gescheitert. Mit der am weitesten verbreiteten Lagerung in offenen Kisten oder Kartons bei Temperaturen von 0° und mäßig bewegter Luft lassen sich Eier einigermaßen zuverlässig 9 Monate, manchmal auch etwas länger, frischhalten, und damit kann der hauptsächlich angestrebte Zweck des Ausgleiches der jahreszeitlichen Produktionsschwankungen auch weitgehend erreicht werden.

i) Speiseeis. In den zwanziger Jahren dieses Jahrhunders hat man, besonders in den Vereinigten Staaten, das schon lange bekannte Speiseeis durch Verwendung von stark fetthaltigen Bestandteilen, eine besondere Art der Bearbeitung, Anwendung tieferer Temperaturen und neuartige Formgebung nach und nach immer mehr verbessert. Dadurch gewann die Ice cream-Herstellung beträchtliche wirtschaftliche Bedeutung, die sich allen Konjunkturschwankungen zum Trotz behauptet hat. Diese Erfolge haben die europäischen Speiseeishersteller zur Nachahmung angereizt, und gerade die Molkereien, daneben aber auch Konditoreien und ähnliche Betriebe, nahmen die Erzeugung des neuen Produktes auf. In Deutschland führte sich allerdings das Ice cream (Eiskrem) nur langsam ein, entsprechend dem anderen Klima und den anderen Lebensgewohnheiten der Bevölkerung. Nach dem zweiten Weltkrieg schien sich eine neue Welle der Beliebtheit zu bilden, aber auch dann wurde der Bogen wohl vielfach überspannt. Dies ist ein Beispiel dafür, daß man, namentlich in Dingen des Geschmacks, die Erfahrungen des einen Landes nicht ohne weiteres auf ein anderes Land übertragen kann.

k) Margarine. Ein starker Wettbewerber ist der Butter bekanntlich in der Margarine entstanden. Bemerkenswerterweise ist gerade in den hauptsächlichsten Butterüberschußländern, wie Dänemark oder Holland, der Butterverbrauch allmählich immer mehr gegenüber dem Verbrauch der billigeren Margarine zurückgetreten. Bei deren Herstellung wird die Kälte, abgesehen von der Kühlung der Lagerräume, insbesondere zur schnellen Erstarrung der vorher flüssigen Masse benötigt. Das geschieht heute überwiegend auf großen Trommeln, die innen durch Verdampfung von Kältemitteln oder durch Sole gekühlt werden.

Die Margarineerzeugung wird auf der ganzen Erde, wie kaum ein anderer Produktionszweig, weitgehend von einem einzigen Konzern kontrolliert, der seinen Hauptsitz in England und Holland hat und sich nebenbei auch noch auf vielen anderen Gebieten, wie der Seifenherstellung, Verpackungsindustrie, dem Walfang und der Hochseefischerei, betätigt. Durch straffe Zusammenfassung ist ein lebhafter Erfahrungsaustausch zwischen den einzelnen Fabriken ermöglicht worden, der zur schnellen technischen Entwicklung nicht wenig beigetragen hat. Der Zwang zur Senkung der Lebenshaltungskosten dürfte der Zukunft der Maragarine in Europa weiter die Wege ebnen und damit auch die Kälteindustrie weiter fördern. Um einen Begriff von den Mengen der deutschen Margarineerzeugung zu geben, sei erwähnt, daß sie sich vor dem zweiten Weltkrieg auf nahezu eine halbe Million t im Jahr belief.

l) Schokolade. Ähnlich wie bei der Margarineherstellung muß in den Schokoladenfabriken das anfänglich flüssige Produkt durch künstliche Kühlung schnell zur Erstarrung gebracht werden. In der Regel braucht man dabei nur mittelgroße Kälteanlagen, entsprechend der Hochwertigkeit des Produktes. Hier haben sich schon Bauformen entwickelt, die eine gewisse Abgeschlossenheit und

Normung erkennen lassen. Heimisch ist die Schokoladenindustrie bekanntlich besonders in der Schweiz, hat aber in fast allen europäischen Ländern weite Verbreitung gefunden und selbstverständlich auch in den Vereinigten Staaten.

m) Obst und Gemüse. Ein beträchtlicher Teil des Kühlraumes, namentlich der außereuropäischen Länder, wie Südafrika und Südamerika, wird zur Lagerung von Früchten der verschiedensten Arten benötigt. Hierfür bestehen zahlreiche kleinere Spezialkühlräume neben den großen Kühlhäusern.

Vor den beiden Weltkriegen war auch in Deutschland die Lagerung von kalifornischen oder kanadischen Äpfeln, Weintrauben vom Balkan, Bananen aus Westindien, Apfelsinen aus Italien und Spanien und von den Erzeugnissen der holländischen Treibhäuser ein wichtiger Teil des Kühlhausgeschäftes, der naturgemäß heute stark zurücktritt. Mit dem Aufkommen der Gefrierkonserven von Obst und Gemüse wurden Anlagen notwendig zur Vorkühlung der zum späteren Einfrieren bestimmten Rohware.

Zum Einfrieren von Obst und Gemüse im Haushalt hat die amerikanische Kältetechnik kleine Gefrierapparate, sogenannte „Home freezers", entwickelt, die namentlich auch für den landwirtschaftlichen Haushalt bestimmt sind. Sie sind vielfach von der Größe der amerikanischen Gefriertruhen und ermöglichen, die Erzeugnisse des Gartens zur Zeit der Ernte einzufrieren und beliebig lange zu konservieren. Solche Einrichtungen haben in den USA weite Verbreitung gefunden.

Bei vielen Früchten kommt es jedoch in erster Linie auf den Fruchtsaft an, den man zur Bereitung von Getränken oder zur Zubereitung von Speisen gewinnen will: deshalb das Bestreben, den Fruchtsaft mit Hilfe der Kälte haltbar zu machen. Das Nächstliegende ist hier das Einfrieren des Saftes, das heute vielfach üblich ist, aber naturgemäß noch die Geschlossenheit der Kühlkette bis zum letzten Verbraucher voraussetzt, die gerade hier keineswegs immer gewährleistet ist. Ferner stört der große Wassergehalt der Säfte, weil er erhebliche Transportkosten verursacht. Die Kälte bietet die Möglichkeit, einen erheblichen Teil des Wassergehaltes durch Ausfrieren abzuscheiden.

Auf diesem Gebiete haben wieder die Nordamerikaner Beträchtliches geleistet. Aber auch aus Deutschland kamen Vorschläge, die zu beachtlichen Ausführungen geführt haben, wie z. B. die Arbeiten von G. A. Krause. In den Hauptanbaugebieten der Citrusfrüchte fallen bei den dort häufigen heftigen Winden zahlreiche Früchte von den Bäumen. Bisher gingen sie dann meist verloren, weil sie sich in einem Zustand befanden, der einen längeren Transport und längere Lagerung ausschloß. Gerade dieser Umstand bot einen besonderen Anreiz, den Saft mittels Kälte zu konservieren und einzuengen. Zwar ist das Ziel, den Saft durch Wasserentzug und dementsprechende Anreicherung seines Zucker- und Säuregehalts haftbar zu machen, mit Hilfe der Kälte kaum zu erreichen; man ist vielmehr häufig gezwungen, die letzte Verminderung des Wassergehaltes durch Eindampfen, wenn auch in schonendster Form, zu bewerkstelligen. Immerhin ist auf diese Weise die Herstellung von Konzentraten hoher Qualität möglich. Hohe Qualität aber ist hier die unerläßliche Voraussetzung für einen wirtschaftlichen Erfolg derartiger Verfahren. Beispielsweise ist es möglich, durch Behandeln von Säften in Filtern, die praktisch alle Keime zurückhalten, oder durch Zusatz von chemischen Konservierungsmitteln haltbare Säfte zu bereiten, aber mehr oder weniger leidet hierdurch der Geschmack, von den sonst üblichen Eindampfverfahren gar nicht zu reden. In Europa hat die Safteinengung durch Kälte erst eine begrenzte Bedeutung gewonnen, und auch die Aussichten für die Zukunft sind beschränkt. In den Vereinigten Staaten dagegen werden derartige Verfahren dank des gewaltigen Früchtereichtums des Landes und der Möglichkeit, diesen noch zu vermehren, in steigendem Maße die Grundlage für einen wichtigen Geschäftszweig. Gefrorene Citrussäfte, aber auch Tomatensaft, meist eingedickt, gehören in den USA zu den beliebtesten Getränken. Häufig wird der Saft im Vakuum mehrstufig bei verhältnismäßig niedrigen Temperaturen eingedampft, dann etwas ursprünglicher Saft beigegeben und das Gemisch in Büchsen gefüllt und eingefroren. Die Kältemaschine erfüllt bei dem Eindampfverfahren die Aufgabe einer Wärmepumpe, weil das ablaufende warme Kühlwasser als Wärmequelle für die Eindampfapparate der ersten Stufe und das von ihr gekühlte Süßwasser als Kühlmittel für das Niederschlagen der Brüden der letzten Stufe dient. Der den Büchsen entnommene gefrorene Saft ist von zähflüssiger Konsistenz und wird mit dem vierfachen Wasservolumen zu einem angenehmen kühlen Getränk gemischt.

n) Gefriertrocknung. Mittels der neuesten Verfahren zur Safteinengung durch Kälte, der sogenannten Gefriertrocknung, kann man sogar zu einem Produkt gelangen, das praktisch fast wasserfrei ist und in Pulverform anfällt, daher mit geringsten Kosten und auf die bequemste Weise bei kaum begrenzter Haltbarkeit transportiert werden kann. Allerdings ist das Verfahren relativ teuer und deshalb im allgemeinen nur bei hochwertigen Erzeugnissen anwendbar. Solche sind neben besonders kostbaren Fruchtsäften gewisse Kräutersäfte, die zu Heilzwecken benutzt werden. Auf diesem Wege läßt sich auch der Extrakt von gerösteten Kaffeebohnen behandeln. Das gewonnene Pulver ist in Wasser wieder völlig lösbar und vereinfacht die Zubereitung des Kaffeegetränkes außerordentlich. Auch hier dürften noch manche Möglichkeiten für die Zukunft liegen. Die Gefriertrocknung wird heute in großem Umfang bei der Konservierung von Blutserum und Plasma, von Bakterienkulturen, Impfstoffen, Hormonen und empfindlichen pharmazeutischen Präparaten verwendet (S. 130).

Die bisher erörterten Anwendungsgebiete der Kälte, die sich ausschließlich auf die Konservierung von Nahrungs- und Genußmitteln bezogen, sind keineswegs vollständig angeführt. Aus der kurzen Darstellung der wichtigsten Sparten sollte nur die entscheidende Bedeutung der Kälte für die Konservierung der zur menschlichen Ernährung bestimmten Erzeugnisse abgeleitet werden. Es gibt hier noch zahlreiche andere Gelegenheiten, bei denen die künstliche Kälte zum Vorteil benutzt wird, wie z. B. die Trocknung von Dauerwurst durch Luft, die durch Abkühlung vorher entfeuchtet wurde, die künstliche Alterung von Wein und manches andere.

2. Chemische Industrie.

War das Gebiet der Konservierung von Nahrungs- und Genußmitteln das ergiebigste Anwendungsfeld der Kälte, so ist daneben eines der interessantesten die Chemie, die vielfach der tiefen Temperaturen für ihre so verschiedenartigen Herstellungsverfahren bedarf. Meistens werden hier die gleichen Einrichtungen benutzt; es sind aber auch völlig abweichende Kälteerzeugungs- und -anwendungsverfahren erschlossen worden.

Sofern es sich nur darum handelt, einen chemischen Vorgang bei mäßig tiefen Temperaturen ablaufen zu lassen, tritt wieder das Eis in seine Rechte, das dann gewöhnlich fein zerkleinert den reagierenden Substanzen zugesetzt wird. In den großen chemischen Werken findet man deshalb Eisfabriken, die sich hinsichtlich ihrer Größe mit allen anderen Eisfabriken messen können. Falls Eiszugabe nicht angängig oder nicht zweckmäßig ist, benutzt man wie anderwärts schwer gefrierbare Flüssigkeiten, insbesondere Salzlösungen, als Kälteträger und kühlt damit die Reaktionsgefäße. Es ergeben sich vielfach Solekühlanlagen von bemerkenswerten Ausmaßen.

a) Gasverflüssigung. α) *Luftverflüssigung.* Einige Worte sind zunächst über die obenerwähnten Gasverflüssigungsanlagen zu sagen, die im Jahre 1895 mit der Erfindung Carl von Lindes, betreffend ein Verfahren zur Verflüssigung von Gasen mit tiefliegendem Siedepunkt, ihren Anfang nahmen (S. 90). Nach analogen Arbeiten von Claude wurde ihre Herstellung auch in Frankreich heimisch und faßte sehr bald Fuß in den Vereinigten Staaten und Großbritannien, neuerdings auch in der UdSSR. Dieser Industriezweig, der auch, wie vorher dargelegt, einen wesentlichen Anteil des deutschen Kältemaschinenbaus ausmacht, ist aber in Deutschland in ganz besonderem Maße gepflegt worden und konzentrierte sich auf wenige Firmen, die über einen Stab wissenschaftlich speziell vorgebildeter Mitarbeiter verfügen. Auch im Ausland befassen sich relativ wenige Spezialfirmen mit diesem Aufgabengebiet. Da es sich hier, abgesehen von den typisierten Luft- und Gas-Verdichtern, um ausgesprochene Einzelanfertigung handelt, können die in den USA üblichen Methoden der Massenproduktion nicht zur Anwendung gelangen. Deshalb hat sich die Ausfuhr solcher Anlagen aus Deutschland in der Zeit nach dem Kriege vergleichsweise gut gehalten und verspricht auch für die Zukunft ein ergiebiges Feld zu bleiben; denn fast stärker noch als in der sonstigen Kälteindustrie stellt hier fast jede neue Anlage neue technische Forderungen, denen man nur durch stetige Forscher- und Entwicklungsarbeit gerecht werden kann.

β) *Chlorverflüssigung.* In der Regel zersetzt man auf elektrolytischem Wege eine Kochsalz- oder sonstige Chloridlösung, fängt das an der Anode entstehende Gas auf, das neben Chlor auch noch etwas Luft enthält, und kühlt es nach vorheriger Verdichtung oder auch ohne eine solche ab. Die notwendige Endtemperatur ist dabei abhängig vom Druck und der angestrebten Ausbeute. Bei geringem Überdruck und hoher Ausbeute ergeben sich Temperaturen zwischen -40 und $-50°$, die meist in mehrstufigen Kältemaschinen erzeugt werden. Da Chlor mit dem verbreitetsten Kältemittel, dem 'Ammoniak, eine leicht entzündliche Verbindung ergibt, verwendet man häufig Kohlensäure-Kältemaschinen oder stellt das Chlorverflüssigungsbad in einem anderen Raum auf als die Kälteerzeugungsanlage und beschickt es mit kalter Chlorkalziumsole. Da Chlor in der Chemie viel verwendet wird, gibt es vergleichsweise viele derartige Anlagen; in Deutschland mag ihre Zahl vor dem Kriege einige Dutzend betragen haben.

Die Verdichtung von Chlor auf höhere Drücke bereitet gewisse Schwierigkeiten, die mit seiner hohen Reaktionsfähigkeit zusammenhängen. Daher ist das Tiefkühlverfahren heute weiter verbreitet als die Verflüssigung unter Druck. Aus betrieblichen Gründen bevorzugt man meistens nur mittlere Größen der Kälteanlagen und Chlorbäder und stellt lieber dafür mehrere Einheiten auf, wenn größere Leistungen verlangt werden. Solche Anlagen finden sich vielfach dort, wo der Rohstoff, also etwa Chlornatrium, gewonnen wird oder wo das erzeugte Chlor weiterverarbeitet werden soll.

b) Trennung von Gemischen. α) *Rückgewinnung von Lösungsmitteln.* Solche Aufgaben werden der Kältetechnik dort gestellt, wo es gilt, Lösungsmittel aus dem Gemisch ihrer Dämpfe mit Luft zurückzugewinnen. Beispielsweise wird aus zerkleinerter Ölsaat oder Kopra der letzte Rest des Fettes gewöhnlich durch Extraktion mittels Benzin, Trichloräthylen oder ähnlicher Lösungsmittel gewonnen, wobei das Lösungsmittel nach der Extraktion abgedampft wird. Der größte Teil des Lösungsmittels kann dann durch Kühlung mittels Kühlwassers niedergeschlagen werden; von dem verbleibenden Rest aber wird häufig mittels einer Kältemaschine noch so viel wie möglich verflüssigt und damit der unvermeidliche Verlust an Lösungsmittel tunlichst verringert. Meistens enthalten die zu behandelnden Gasgemische außer Lösungsmittel und Luft auch noch

Wasserdampf, der bei den tiefen Temperaturen meist als Eis oder Schnee anfällt, sich an Kühlflächen ansetzt und sonst störend wirkt, so daß besondere Maßnahmen dagegen notwendig werden.

Andere Lösungsmittel wie Alkohol, Äther oder Methylenchlorid benutzt man bei der Herstellung von Filmen, von Schieß- und Sprengpulver und zahlreichen anderen Fabrikationsvorgängen. Je nachdem diese Stoffe mehr oder weniger kostspielig sind, muß man besonders hohe oder weniger hohe Ausbeute bei dem Zurückgewinnungsprozeß anstreben und dementsprechend tiefe oder weniger tiefe Temperaturen anwenden. Hier konkurrieren mit dem Kälteverfahren andere Verfahren, bei denen die Fähigkeit von Stoffen mit sehr großen Oberflächen, etwa aktiver Kohle oder Silicagel, Dämpfe zu adsorbieren, nutzbar gemacht wird.

Ob solche Adsorptionsverfahren oder die Tiefkühlung wirtschaftlich vorteilhafter sind, ist manchmal schwer zu entscheiden. Im allgemeinen ist das Adsorptionsverfahren dort im Vorteil, wo es darauf ankommt, auch die letzten Spuren des Lösungsmittels zurückzugewinnen, wenn z. B. der Rest des Gemisches in die freie Atmosphäre entlassen wird. Andererseits erweist sich die Kühlung meist dann als vorteilhafter, wenn es möglich ist, das vom Lösungsmittel zum größten Teil befreite Gasgemisch im Kreislauf umlaufen zu lassen, wo also der im Gemisch nach der Kühlung verbleibende Anteil des Lösungsmittels keinen Verlust darstellt oder wo ein gewisser Verlust kostenmäßig nicht allzusehr ins Gewicht fällt.

β) *Luftzerlegung.* Keineswegs ist aber die Anwendung der Kälte bei der Behandlung von Gasgemischen in der chemischen Industrie auf die Rückgewinnung von Lösungsmitteln oder die Gewinnung von Bestandteilen in flüssiger Form beschränkt. Ihre Bedeutung tritt vielmehr ganz besonders hervor z. B. bei der Zerlegung von Luft zwecks Gewinnung von gasförmigem Sauerstoff oder Stickstoff. Entsprechend dem tiefgelegenen Siedepunkt dieser Gase muß man zur Trennung mittels Verflüssigung sehr tiefe Temperaturen anwenden, die nicht mittels der bisher behandelten Kältemaschinen, sondern zweckmäßig mit Hilfe des JOULE-THOMSON-Effektes oder durch Entspannung unter Arbeitsleistung erzeugt werden (vgl. Bd. II dieses Handbuches, S. 202). Dabei wird oft die normale Kältemaschine auch noch benutzt, um das Gasgemisch auf mäßig tiefe Temperaturen vorzukühlen und zu trocknen. Da Sauerstoff zur autogenen Metallbearbeitung in gewaltigem Umfange gebraucht wird — die Leistungsfähigkeit allein der deutschen Sauerstoffwerke dürfte viele 1000 Nm³/h betragen —, so handelt es sich hier um zahlreiche und bedeutende Anlagen.

Sehr große Mengen Sauerstoff werden dann benötigt werden, wenn der alte Gedanke, in die Hochöfen bei der Roheisenherstellung statt Luft Sauerstoff oder doch wenigstens eine stark mit Sauerstoff angereicherte Luft einzublasen, in die Wirklichkeit umgesetzt wird. Eine derartige Anlage ist zwar in Deutschland bereits errichtet, wird aber zunächst noch für andere Zwecke verwendet. Ein weiteres sehr aussichtsreiches Feld für die Sauerstoffanwendung scheint auch in der Stahlgewinnung erschlossen zu werden. Bekanntlich wird in der BESSEMER-THOMAS-Birne bisher Luft in die flüssige Roheisenschmelze eingeblasen zur Verbrennung des darin enthaltenen Kohlenstoffs. Der Stickstoff der Luft ist dabei ein unnötiger Ballast, der beträchtliche Wärmeverluste mit sich bringt. Ersetzt man die Luft durch Sauerstoff oder sauerstoffreiche Luft, so vermindert man die Verluste und auch die anderen Nachteile. Die diesbezüglichen Versuche haben noch nicht zu größeren Anlagen der Praxis geführt, doch bestehen hier, wie gesagt, beste Aussichten für die Zukunft.

γ) *Ammoniaksynthese.* Wenn auch in den heute üblichen Sauerstoffgewinnungsanlagen vielfach schon keine Kältemaschinen mehr zur Vorkühlung und Entfeuchtung der zu zerlegenden Luft benötigt werden, so stellen die eigentlichen Zerlegungsanlagen doch Tieftemperaturkälteanlagen dar und gehören somit in den Kreis dieser Betrachtungen. Auch der andere Hauptbestandteil der Luft, der Stickstoff, wird mit Hilfe der Tieftemperaturtechnik gewonnen und weiter zur Herstellung von Stickstoffverbindungen nutzbar gemacht. Bekanntlich ist er nur schwer zu chemischen Reaktionen zu bringen; in großem Maße haben erst HABER und BOSCH die Wege dazu freigemacht. Deshalb findet man in den Werken zur Herstellung von synthetischem Ammoniak, die seit den zwanziger Jahren in vielen Ländern entstanden sind, riesige Gastrennungsanlagen, in denen bei tiefen Temperaturen durch Teilverflüssigung Stickstoff aus der Luft und teilweise auch Wasserstoff aus Koksofengas gewonnen wird.

Das Ammoniak wird über Salpetersäure meist zu Stickstoffkunstdünger, teilweise auch zu Sprengstoffen weiterverarbeitet, die somit ebenfalls Abkömmlinge der Kältetechnik sind. Ohne den so erzeugten Stickstoffdünger wäre eine Ernährung der in den letzten Jahrzehnten so außerordentlich stark angewachsenen Weltbevölkerung gar nicht möglich. Im übrigen wird vielfach der bei der Stickstoffgewinnung aus der Luft als Nebenprodukt zwangsläufig anfallende Sauerstoff für die früher geschilderten Zwecke nutzbar gemacht. Ein auffälliger Fortschritt gerade dieser Verwertungsmethode ist zu verzeichnen, seitdem man gelernt hat, das verflüssigte Gas unter wirtschaftlich vertretbarem Aufwand auch über größere Entfernungen flüssig zu transportieren. Mit Hilfe der Kältetechnik gewinnt man auch die anderen Bestandteile der Luft, die Edelgase, die heute vielfach zur Füllung von Glühlampen und Leuchtröhren benutzt werden.

δ) *Gewinnung von Salzen aus Mutterlaugen.* Die größten Kälteanlagen der chemischen Industrie, in Hinsicht auf ihre kalorischen Leistungen, findet man in solchen Werken, die Salze aus ihren Lösungen durch Abkühlung ausscheiden. Das Glaubersalz (Natriumsulfat) wird hauptsächlich bei der Kunstseideherstellung in größeren Mengen gebraucht, andererseits aber nur an wenigen Stellen hergestellt. Seine Löslichkeit in Wasser ändert sich mit der Temperatur so, daß durch Kühlung in durchaus wirtschaftlicher Weise eine Gewinnung möglich, ja sogar vorteilhafter ist als das Eindampfen. Der Vorgang vollzieht sich kontinuierlich oder periodisch in großen Bottichen, in die Ammoniakverdampfer mit Schabevorrichtungen eingebaut sind. — Auf gleiche Weise werden aus Lösungen auch andere Salze als Glaubersalz gewonnen.

ε) *Erdölraffination.* Eine analoge Aufgabe ist oft bei der Aufbereitung des Erdöls zu lösen, wo aus Destillaten ein Teil des Naphthalin- und Paraffingehaltes durch Kälte ausgeschieden wird. Diese Stoffe fallen aus gewissen Ölen bei Temperatursenkung in großen Mengen aus und verhindern dadurch die Verwendung solcher Öle unterhalb bestimmter Temperaturen. Nun benötigt u. a. gerade die Kältetechnik flüssige Schmiermittel, die für tiefe Temperaturen geeignet sind, in besonders hochgezüchteten Qualitäten. Sie stellt sich so gewissermaßen selbst die von ihr benötigten Betriebsmittel her. Charakteristisch für derartige Anlagen sind die großen Kratzkühler oder „Chiller", die in den Vereinigten Staaten entwickelt wurden, seither aber auch anderwärts gebaut werden. Sie bestehen aus einer Reihe übereinander angeordneter Doppelrohrelemente mit innerem Schabewerk. In solchen Apparaten werden nicht nur Erdölerzeugnisse, sondern auch synthetische Kohlenwasserstoffe verarbeitet. Da in letzter Zeit in Westdeutschland nicht unerhebliche Funde an Erdöl gemacht wurden, steht zu erwarten, daß der deutschen Kältetechnik hier in noch höherem Maße als bisher Aufgaben gestellt werden.

Im Zusammenhang mit der Erdölverarbeitung sei noch erwähnt, daß auch bei der Herstellung gewisser Zusätze zu Kraftstoffen, die insbesondere der Verhütung des Klopfens von Verbrennungsmotoren dienen, die künstlich erzeugte Kälte mit Nutzen verwendet wird.

ξ) *Gasindustrie.* Auf Grund der Erkenntnis, daß die im Bergbau gewonnene Kohle als Brennmaterial zu kostbar ist und besser als chemischer Rohstoff verwendet werden sollte, wird immer mehr Wert darauf gelegt, die bei der Verkokung der Kohle anfallenden Nebenprodukte soweit als irgend möglich nutzbar zu machen. Das gilt in besonderem Maße für das Benzol, das zur Milderung der deutschen Treibstoffnot beitragen kann. Solange die Kohle in kleinen Gaswerken verkokt wird, bleibt die Frage der Wirtschaftlichkeit der Benzolgewinnung aus dem Gas schwierig. Einige größere Gaswerke der Städte haben sich schon solche Benzolgewinnungsanlagen angeschafft; hätte in Deutschland der Krieg und der nachfolgende Kapitalmangel nicht die Entwicklung gehemmt, so wären heute wohl auch schon mehr mittlere Gaswerke damit ausgerüstet worden. Am besten wird aber der kostbare Rohstoff in den großen Zentralkokereien ausgenutzt, die in Zukunft noch mehr als bisher das Stadtgas für große Bezirke liefern werden. Bekanntlich hat die Ferngasversorgung in den letzten Jahren ansehnliche Fortschritte gemacht und dürfte sich auch weiterhin kräftig entwickeln.

Bei der Gaswirtschaft tritt nun die Kälte einmal bei der Benzolgewinnung in Erscheinung, dann aber auch zur Herabsetzung des Gehaltes an Wasser, Naphthalin und sonstigen leicht ausfällbaren Kohlenwasserstoffen, die, namentlich in der kalten Jahreszeit, Verstopfungen in den Leitungen hervorrufen können. Die letztgenannte Aufgabe erfüllen maschinell gekühlte Oberflächenkühler oder, nach dem Vorschlag von Lenze, Regenkühler, die mit gekühltem Ammoniakwasser beschickt werden (S. 138). Für die rationelle Benzolgewinnung müssen wesentlich tiefere Temperaturen angewendet werden als für die Naphthalin- und Wasserausscheidung. Soweit sich die Benutzung von Adsorbentien etwa wegen der Anwesenheit von Harzbildnern im Gas als unzweckmäßig erweist, wird gelegentlich auch mit Entspannungsmaschinen gearbeitet, in denen sich das vorher verdichtete Gas unter Arbeitsleistung sehr tief abkühlt, wobei eine weitgehende Ausscheidung des Benzols erreicht wird. Da reines Benzol schon bei einer Temperatur von wenig über Null Grad fest wird, müssen besondere Vorkehrungen getroffen werden, damit sich etwaige Wärmeaustauschflächen nicht mit Benzol zusetzen.

c) Kunstseide, Zellwolle, Kunstgummi, Filme. In den großen Industrieländern der Erde entwickelte sich etwa seit Ende des ersten Weltkrieges eine blühende Industrie der Kunstseide und Zellwolle, deren Anfänge freilich noch erheblich weiter zurückreichen. Auch hier wird Kälte verwendet, und zwar finden sich in den einschlägigen Werken zur Kühlung der Spinnbäder recht bedeutende Solekühlanlagen, die meist mit mäßig tiefen Temperaturen arbeiten. Man kann sagen, daß eine ausreichende Versorgung der wachsenden Bevölkerung der Erde mit den traditionellen Textilien pflanzlicher und tierischer Herkunft nicht mehr möglich ist; erst die Technik und dabei wieder nicht zuletzt die Kältetechnik hat die notwendigen Voraussetzungen für die Gewinnung von Ersatzstoffen geschaffen. Die Blütezeit der Kunstseide scheint sich, seit die vollsynthetischen Fasern aufgetaucht sind, schon ihrem Ende zuzuneigen. Namentlich die aus Polyacrylnitril hergestellten Textilien dürften in naher Zukunft eine bedeutende Rolle spielen. Wieweit bei deren Erzeugung die Kälte mitzuwirken haben wird, läßt sich heute noch nicht übersehen.

Technisch besonders interessante Kälteanlagen finden sich gelegentlich in Betrieben, die der Herstellung von kautschukähnlichen Kunststoffen dienen. Beispielsweise werden für die Ausscheidung gewisser Vinylchloride aus Gasgemischen Temperaturen zwischen $-60°$ und $-80°$ benötigt, die Sonderbauarten der sonst üblichen Kältemaschinen bedingen. Weniger tiefe Temperaturen, aber beträchtliche Kältemengen gilt es bei der Erzeugung des unter dem Namen „Buna" bekannten synthetischen Gummis herzustellen. Dieser wird wegen seiner Beständigkeit gegen Öl und bei tiefen Temperaturen als Baustoff für Dichtungen und für andere Zwecke in Kältmaschinen verwendet.

Wie schon erwähnt, spielt die Kälte auch bei der Fabrikation von Filmen, d. h. Trägern lichtempfindlicher Schichten, eine Rolle. Das Aufbringen dieser Schichten auf ihre Träger, seien es Filme, Glasplatten oder Papierbahnen, erfordert vielfach Anwendung künstlicher Kälte zum Zwecke der rascheren Erstarrung. Da jede Spur von Staub die Brauchbarkeit der Erzeugnisse gefährden kann und die Betriebe daher auf unbedingte Sauberkeit achten müssen, sind auch hier vielfach Sonderbauarten von Luftkühlern oder anderen Teilen der Kälteanlagen notwendig. Die immer noch zunehmende Ausbreitung der Photographie läßt auch hier die Aussichten der Kältetechnik günstig erscheinen.

Mannigfach sind die hier noch nicht beschriebenen weiteren Anwendungen der künstlich erzeugten Kälte in der Chemie. Nicht erwähnt wurden bisher z. B. die Kühlung von Wachsen u. Pasten, die häufig in Dosen oder Tafeln ähnlich wie die Speisefette schnell zum Erstarren gebracht werden müssen, wobei von kalter Luft umspülte Transportbänder, wie sie gelegentlich auch in Schokoladenfabriken benutzt werden, zur Anwendung kommen. Die Chemie ist zweifellos das Anwendungsgebiet der Kälte, in dem sich die meisten jetzt noch nicht abzusehenden Entwicklungsmöglichkeiten bieten werden.

3. Weitere Anwendungsgebiete.

Außerhalb der Nahrungs- und Genußmittelkonservierung und der Chemie bestehen nun aber noch beträchtliche, dem Außenstehenden vielfach unbekannte Anwendungsgebiete der Kältetechnik, die man zwar kaum noch unter einem einheitlichen Begriff zusammenfassen kann, die aber darum nicht weniger interessant sind.

a) Klimaanlagen. Als größtes Einzelgebiet seien hier die Klimaanlagen erwähnt, also jene Anlagen, die in einem Raum einen bestimmten Luftzustand herstellen und aufrechterhalten sollen. Zwar gilt es, die gleiche Aufgabe z. B. auch in den Kühlräumen von Kühlhäusern zu lösen, aber bei den Klimaanlagen, die für Theater und Lichtspielhäuser, Konzert- und Fabrikationssäle bestimmt sind, liegt die angestrebte Temperatur in der Regel weit höher als in den früher behandelten Kühlräumen, so daß bei niedriger Außentemperatur durch Heizung nachgeholfen werden muß. Vielfach ist auch der angestrebte Luftzustand nicht immer der gleiche, sondern ändert sich entsprechend dem Zustand der Außenluft. Aus der Aufzählung ist schon erkennbar, daß die Klimaanlagen hauptsächlich die Luftbehandlung in solchen Räumen zu übernehmen haben, in denen sich Menschen längere Zeit aufhalten und wohlfühlen sollen.

Im gemäßigten Klima ist ein Bedürfnis nach solchen Anlagen nur während weniger Tage oder Wochen im Jahr vorhanden. Auch bei Außentemperaturen von $20°$ bis $25°$ behilft man sich meistens mit einfacher Luftbewegung, zumal wenn bei den höchsten Temperaturen keine allzu hohen Luftfeuchtigkeiten auftreten. Genügt dies nicht mehr, so tritt die eigentliche Klimaanlage (Air Conditioning Plant) in ihre Rechte, bei der die Luft mittels Brunnen- oder Leitungswassers gekühlt, gewaschen, entfeuchtet und dann, soweit notwendig, wieder durch eine Wärmequelle angeheizt wird. Der Besucher eines Lichtspielhauses erwartet z. B. nicht, daß der Zuschauerraum bei einer Außentemperatur von $+30°$ etwa auf $+20°$ gehalten werde, einer Temperatur, bei der man sich, ruhig sitzend, sonst wohlfühlen mag, sondern würde bei der genannten Außentemperatur vielleicht $+23°$ bei nicht zu hoher Feuchtigkeit als angenehm und angemessen empfinden, während er bei einer Außentemperatur von $+35°$ vielleicht eine Raumtemperatur von $+26°$ bei entsprechender relativer Feuchtigkeit vorziehen würde.

Ob derartige Klimaanlagen schon einer Kältemaschine bedürfen, hängt meist davon ab, ob Kühlwasser in ausreichender Menge und von genügend tiefer Temperatur zur Verfügung steht. Bei dem immer weiter ansteigenden Wasserverbrauch in allen dichtbesiedelten Kulturländern macht sich zunehmend auch Wassermangel bemerkbar, der zur Einschaltung einer Kältemaschine zwingt, weil es sich bei den Klimaanlagen fast durchweg um beträchtliche Wärmemengen handelt, die zu entfernen sind; denn wenn auch die Kältemaschine selbst Kühlwasser benötigt, kann man mit ihrer Hilfe das Wasser doch wesentlich besser ausnutzen als in einer ohne Kältemaschine arbeitenden, nur ungekühltes Wasser als Kältequelle benutzenden Klimaanlage.

Wenn nun in solchen von vielen Menschen besuchten Gebäuden Kältemaschinen aufgestellt werden sollen, so verbieten sich die herkömmlichen Kältemittel wegen ihres Geruches oder wegen der Feuergefahr von selbst, und man bevorzugt dann die in den letzten beiden Jahrzehnten eingeführten chlorierten und fluorierten Kohlenwasserstoffe, deren Heimat wiederum die Vereinigten Staaten sind (S. 68). Dort haben die Klimaanlagen denn auch, begünstigt vom Klima und vom Wohlstand des Landes, bereits eine gewaltige und immer noch zunehmende Bedeutung erlangt, so daß dort heute das aussichtsreichste Anwendungsgebiet für künstliche Kälte zu suchen ist.

Etwa 40% der gesamten Produktion der Kältemaschinenindustrie in den USA dient heute der Klimatisierung. Zahlreiche Krankenhäuser, Bürohäuser und sogar einzelne Wohnhäuser werden mit Klimaanlagen ausgerüstet. Zur Bekämpfung gewisser Krankheiten hat sich das Einhalten bestimmter, nur mit künstlicher Kühlung erreichbarer Luftzustände als nützlich erwiesen.

Nicht nur in Versammlungsräumen finden sich Klimaanlagen, sondern in unseren Erdbreiten besonders auch in Werkstätten, die der Verarbeitung gewisser Textilien, des Tabaks oder der Süßwarenherstellung dienen. Hier kommt es dann nicht mehr darauf an, einen für die Menschen besonders behaglichen Luftzustand zu schaffen, sondern die für die Fabrikation der genannten Erzeugnisse günstigsten Luftzustände dauernd einzuhalten. In gewissen Papierfabriken und Druckereien ist Klimatisierung mit Kältemaschinen bereits in weitem Umfange eingeführt. Daneben muß in manchen Meßräumen, in denen z. B. Lehren höchster Präzision aufbewahrt und benutzt werden, ständig die gleiche Temperatur — meist um $+20°$ — eingehalten werden, wobei je nach dem Klima nicht selten eine Kältemaschine erforderlich ist. Vergleichsweise hohe Anforderungen an die Beständigkeit eines bestimmten Luftzustandes stellen z. B. auch die Räume, in denen Nylon- und Perlonfasern versponnen werden.

b) Luftfahrt. Manche Instrumente, insbesondere für Flugzeuge, müssen bei extrem tiefen Temperaturen ihren Dienst tun und deshalb auch vorher bei dieser Temperatur geprüft werden. Man braucht dafür Schränke, deren Inneres manchmal auch unter den in der Luftfahrt vorkommenden niedrigen Luftdrücken gehalten wird und die auf $-50°$ bis $-70°$ gekühlt werden. Besonders schwierig wird diese Aufgabe, wenn sie mit der Forderung verbunden ist, daß die Temperatursenkung in ganz kurzer Zeit vorgenommen wird. Hierfür findet man gelegentlich Kühleinrichtungen, die nach dem schon erwähnten Prinzip der Luftabkühlung durch Drosselung ohne Arbeitsleistung arbeiten (S. 179).

Auch für die Besatzung von Flugzeugen, die große Höhen erreichen sollen, hat man Prüfkammern von zum Teil beträchtlichen Ausmaßen geschaffen, in denen Luftdruck und -temperatur willkürlich, entsprechend den Verhältnissen beim Auf- und Abstieg der Flugzeuge, gesenkt und gesteigert werden können. Das ergibt dann technisch besonders interessante Kälteanlagen, weil der Wasserwert der an den Temperaturschwankungen teilnehmenden Massen möglichst gering gehalten werden muß, damit die benötigten Kälteleistungen noch in erträglichen Grenzen bleiben.

Weiterhin hat sich bei der Luftfahrt die Notwendigkeit ergeben, zum Studium der Vereisungsvorgänge an Tragflächen und Propellern große Windkanäle zu errichten, die auf tiefe Temperaturen und niedrige Luftdrücke bei regelbarer Luftfeuchtigkeit gebracht werden können. In diesen Windkanälen werden dann auch Flugmotoren bei den Bedingungen des Höhenfluges untersucht. Entsprechend der großen Wärmeabgabe der leistungsstarken Flugmotoren ergeben sich dabei sehr erhebliche Leistungen für die Kältemaschinen, die Sonderbauarten bedingen.

Ebenso wie Flugmotoren werden Motoren für Landfahrzeuge, gelegentlich auch vollständig Fahrzeuge, die in arktischem Klima eingesetzt werden sollen, in Klimaanlagen geprüft. Sollen Kraftfahrzeuge in Wüstenklima fahren, so ist es oft wiederum nur mit Hilfe von Kältemaschinen möglich, die hohe Trockenheit der Luft in den Prüfräumen zu erreichen.

c) Bergbau. Klimaanlagen besonderer Art werden ferner in Bergwerken gebraucht, um einigermaßen erträgliche Arbeitsbedingungen für die unter Tage arbeitenden Bergleute zu schaffen. Die tiefsten Gruben befinden sich bekanntlich im Goldbergbau Südafrikas, wo Teufen von mehr als 2000 m vorkommen. In dieser Tiefe würde sich ohne künstliche Kühlung eine Lufttemperatur von über $+40°$ einstellen. Infolge des einsickernden Wassers ergibt sich meistens auch noch eine sehr hohe Feuchtigkeit, so daß schwere körperliche Arbeit auch für Menschen, die an tropisches Klima gewöhnt sind, kaum noch möglich ist. Dort und vorher schon in einer südamerikanischen Zinngrube wurden die ersten Bergwerkkühlanlagen aufgestellt.

Aber auch der deutsche Kohlenbergbau, der, wie man weiß, immer größere Tiefen aufsuchen muß, weil die oberen Schichten erschöpft sind, steht vor der Notwendigkeit, die künstliche Kühlung einzuführen. Bekanntlich schreibt das deutsche Berggesetz für Arbeitsplätze, an denen eine Temperatur von $+28°$ überschritten wird, Verkürzung der Arbeitszeit vor. Da bei der heute schon vielfach erreichten Teufe von 1000 m trotz starker Ventilation Temperaturen von $+36°$ und mehr auftreten und hierbei auch bei verkürzter Arbeitszeit die Leistungsfähigkeit der Bergleute naturgemäß stark absinkt, ist die Einführung der künstlichen Kühlung eine Notwendigkeit, die heute nicht mehr übersehen werden kann. Vorläufig wird in deutschen Kohlenbergwerken nur an den Streckenvortriebsstellen, also dort, wo waagerechte Stollen vorgetrieben werden, mittels ortsbeweglicher kleiner Kühlanlagen klimatisiert, während die eigentlichen Kohlegewinnungsstellen, die Strebe, noch ungekühlt bleiben.

In Belgien hat man, wenn auch mit umstrittenem Erfolg, bereits größere Teile eines Grubengebäudes gekühlt, wie das auch in Südafrika vielfach geschieht. Daneben werden in Südafrika aber auch ortsbewegliche kleine Kühlaggregate benutzt.

Auf einem weiteren Teilgebiet des Bergbaus haben sich die Kältemaschinen bereits ein Feld erobert, nämlich bei der Abteufung von Schächten im wasserführenden Gebirge. Mittels soledurchflossener, rings um den abzuteufenden Schacht in das Gebirge hineingetriebener Rohre wird eine Mauer aus gefrorenem, wasserhaltigem Gebirge gebildet, die weiteren Wasserzufluß in den Schacht verhindert. Nachdem der Schacht mit Tübbings ausgekleidet und abgedichtet ist, was aber mehrere Jahre dauern kann, läßt man die Eismauer auftauen und hat dann die Kältemaschinen zur Verwendung an anderer Stelle frei. Große Unternehmungen, die sich mit der Schachtabteufung befassen, verfügen deshalb häufig über einen stattlichen Park von Kältemaschinen. Wegen der geforderten tiefen Soletemperaturen muß man meist zweistufige Kompressoren verwenden.

d) Talsperren. Ähnlich wie beim Schachtbau liegen die Verhältnisse beim Bau großer Talsperren, wenn das Bett, in dem die Sperrmauersohle hergestellt wird, gegen Wasserzustrom abgedichtet werden muß. Auch hier ist das Gefrierverfahren erfolgreich angewendet worden.

Solche Sperrmauern stellen gewaltige Betonbauwerke dar, die noch in anderer Hinsicht der Kältemaschinen bedürfen. Bekanntlich wird beim Abbinden des Betons eine gewisse Wärmemenge frei, die aus dem Innern einer großen Masse nur sehr langsam abfließt. Das kann Wärmestauungen und als deren Auswirkungen Risse in der Mauer zur Folge haben, welche die Verwendbarkeit der ganzen Mauer in Frage zu stellen vermögen. Deshalb wird die Masse während des Abbindevorganges vielfach durch einbetonierte, von kaltem Wasser durchflossene Rohre künstlich gekühlt, und damit können die Wärmespannungen weitgehend vermieden werden. Die Abbindewärme des Betons kann auch dadurch unschädlich gemacht werden, daß man das zur Herstellung der Betonmischung erforderliche Wasser nicht in flüssiger Form, sondern als fein gemahlenes Eis zusetzt. Dieser Vorschlag könnte einen beachtlichen Fortschritt bei der Herstellung solcher Sperrmauern bringen und ist schon gelegentlich verwirklicht worden.

e) Werkzeugmaschinen. Vergleichsweise jung ist die Erkenntnis, daß die Schneidkanten der üblichen spanabhebenden Werkzeuge wesentlich länger in brauchbarem Zustand erhalten werden können, wenn man ihre Temperatur niedrig hält. Zwar ist seit langem das Kühlen mit Ölen, Ölemulsionen u. dgl. bekannt, aber die künstliche Kühlung dieser Schneidflächen ist erst neueren Datums. Eingehende Untersuchungen haben gezeigt, daß die sogenannte Standzeit des Werkzeugs sich durch künstliche Kühlung verdoppeln läßt. Zwar liegen die anzustrebenden Temperaturen nicht allzu tief, aber immerhin tief genug, so daß die Anwendung von Kältemaschinen hier nicht umgangen werden kann. In manchen Fällen ist es vorteilhaft, eine einzelne Werkzeugmaschine mit einer solchen Kühleinrichtung auszurüsten; vielfach geht man aber auch dazu über, die Schneidflüssigkeit für eine kleinere oder größere Gruppe solcher Maschinen zentral maschinell zu kühlen und sie dann durch Rohrleitungen, die meist in Kanäle verlegt werden, den einzelnen Werkzeugmaschinen zuzuführen. Dazu sind keine großen Kälteleistungen erforderlich, aber man sichert die Wirtschaftlichkeit der Maschinen. Weitere Untersuchungen haben gezeigt, daß die Qualität gewisser legierter Stähle, wie sie besonders für hochbeanspruchte Werkzeuge gebraucht werden, nicht unwesentlich dadurch verbessert werden kann, daß man die Stähle nach dem Abschrecken sehr tiefen Temperaturen aussetzt und damit die Umwandlung von austenitischem in martensitisches Gefüge erheblich steigert.

Hiermit hat man sich in der Vereinigten Staaten seit 1937 eingehend beschäftigt, mit dem Ergebnis, daß Erhöhungen der Schneidleistungen bzw. der Standzeit bis zu 500% erreicht sein sollen. Wesentlich ist dabei, daß die Kältebehandlung unmittelbar nach dem Abschrecken vorgenommen wird und daß Temperaturen von annähernd $-100°$ während einiger Stunden eingehalten werden. Die Gefügeumwandlung macht sich durch eine Volumenzunahme während der Abkühlung bemerkbar. Unter Umständen kann die Tieftemperaturbehandlung mit nachfolgendem Anlassen wiederholt werden.

Die Steigerung der Umwandlung des Austenits in Martensit bei der Tieftemperaturbehandlung macht man sich auch bei der künstlichen Alterung von Werkzeugen zunutze, die eine besonders hohe Maßbeständigkeit aufweisen müssen. Stählerne Endmaße z. B., die durch Abkühlen auf sehr tiefe Temperaturen künstlich gealtert wurden, erreichen eine Maßhaltigkeit, wie sie sonst nur durch jahrelange Lagerung erzielt werden kann. Die obenerwähnte bleibende Volumenzunahme bei der Tiefkühlung kann man sogar dazu verwerten, abgenutzte Lehren unter gewissen Voraussetzungen wieder brauchbar zu machen.

Störend sind hierbei nur die sehr tiefen Temperaturen, die sich z. B. nicht mehr allein durch Kohlensäureschnee erreichen lassen, der sonst in der Metallbearbeitung gelegentlich als Kältequelle benutzt wird. Eine solche Anwendungsmöglichkeit des Kohlensäureschnees ist etwa das Einpassen von Metallteilen, die fest ineinandersitzen sollen. Üblicherweise geschieht das durch Aufschrumpfen, d. h. der äußere Teil wird, vor dem Einpassen angewärmt, über den inneren gestülpt und preßt diesen nach der Abkühlung fest. Umgekehrt kann man in manchen Fällen den inneren, mit Übermaß hergestellten Teil abkühlen und dann einschieben, so daß sich nach der Wiedererwärmung auf Umgebungstemperatur eine feste Verbindung ergibt. Gelegentlich sind hierfür in den Vereinigten Staaten auch Spezialkältemaschinen angewendet worden.

Interessant ist auch, daß man Aluminiumnieten nach der Wärmebehandlung durch eine etwa zwei Wochen dauernde Kältelagerung vor dem Sprödewerden schützen kann.

Ferner wird Kälte gebraucht, wenn das Verhalten von Werkstoffen plötzlichen Temperaturschwankungen gegenüber geprüft werden muß.

f) Künstliche Eisbahnen. Auch dem Nichtfachmann fallen die künstlichen Eislaufbahnen ins Auge, die in den letzten Jahrzehnten in Amerika und Europa entstanden sind.

Da der mitteleuropäische Eislaufsport auch im Winter nicht mit Sicherheit auf andauerndes Frostwetter rechnen kann, hat man schon lange versucht, hierfür künstliche Kälte zu Hilfe zu nehmen. Zwar besteht in der Regel nicht der Wunsch, Eissport auch im Sommer zu betreiben, aber soweit die Bahnen unter freiem Himmel errichtet werden, strebt man doch meistens eine von Anfang Oktober bis Ende März dauernde Eislaufzeit an. Hallenbahnen kann man auch im Sommer ohne übermäßig hohe Maschinenleistungen betreiben. Technisch möglich wäre das übrigens auch bei Freiluftbahnen, wenn man sie vor direkter Sonnenbestrahlung und, soweit möglich, vor dem Einfluß des Windes schützt. Bei hoher Luftfeuchtigkeit steigt aber die notwendige Kälteleistung erheblich.

Künstliche Eislaufbahnen sind in Frankreich, England, der Schweiz und Deutschland sowie in den Vereinigten Staaten schon in großer Zahl vorhanden. Besonders als Stätten für Eishockeyspiele erfreuen sie sich großen Zulaufs; daneben werden sie für Eisrevuen und Tanzvorführungen benutzt. Für das Hockey braucht man Eisflächen von mindestens 1800 m², aber für die Vorführungen einzelner Kunstläufer oder Gruppen genügen auch kleinere Flächen von 50 m² an. Daher wurden in den Jahren nach dem zweiten Weltkrieg einige bewegliche Eisbahnen geschaffen, die es einer Truppe ermöglichen, von Ort zu Ort zu ziehen.

g) Medizin und Anatomie. Dient somit die Kälte in den Eislaufbahnen dem Sport und der Gesunderhaltung, so wird sie in der Medizin noch weitaus dringender zur Behebung von Gesundheitsschäden gebraucht.

Örtliche Betäubung wird z. B. durch Einfrieren von Gewebeteilen erreicht. Hierfür genügt allerdings meistens das Aufspritzen einer leicht flüchtigen Flüssigkeit wie Äthylchlorid. Neuerdings werden aber schon vor Amputationen die betreffenden Glieder auf eine tiefe Temperatur abgekühlt, bei der die Nerven keinen Reiz mehr weiterleiten (Hypothermie). Die Wunden sollen nach der Kältebehandlung besser heilen als bei anderen Behandlungsmethoden.

Ferner konserviert man seit einiger Zeit Blutplasma (die durch Zentrifugieren von den roten und weißen Blutkörperchen getrennte Blutflüssigkeit) durch Gefrieren. In gefrorenem Zustand kann das Plasma beliebig lange aufbewahrt und nach dem Auftauen dann zu Transfusionen benutzt werden. Zum Einfrieren und zur Lagerung werden meist zweistufige Kältemaschinen benötigt, die manchmal ortsbeweglich ausgeführt werden.

Eine wichtige Rolle spielt die Kälte in anatomischen Instituten oder Instituten der Gerichtsmedizin, und zwar für die Aufbewahrung von Leichen oder Leichenteilen, die gelegentlich sogar eingefroren werden. Doch auch die Leichenhäuser großer Städte werden heute vielfach mit Kühlanlagen ausgerüstet, damit die Unzuträglichkeiten vermieden werden, die sich bei hohen Außentemperaturen sonst zwangsläufig ergeben.

h) Pflanzenzüchtung. In der Botanik ist seit Beginn dieses Jahrhunderts immer häufiger die Forderung erhoben worden, von wertvollen Nutzpflanzen winterharte Sorten zu züchten. Angefangen mit dem Weizen, bei dem dies schon weitgehend gelungen ist, über Baumwolle und Sojabohnen bis zu solchen Gewächsen, aus denen sich ein Rohstoff zur Kautschukgewinnung herstellen läßt, gibt es derartige Pflanzen in großer Zahl. Ihre Züchtung ist bekanntlich nur dadurch möglich, daß man aus einer großen Reihe von Exemplaren diejenigen heraussucht, welche die geforderte Eigenschaft in besonders hohem Maße besitzen, diese mit geeigneten anderen Exemplaren kreuzt und so allmählich eine Steigerung der erstrebten Eigenschaften bei den Nachkommen erreicht. Hierfür bedarf es außer großer Geduld verhältnismäßig langer Versuchszeiten, denn die Folge der Generationen läßt sich kaum beschleunigen. Im gemäßigten Klima sind keineswegs in jedem Jahr die Vorbedingungen erfüllt, die man für die Züchtung braucht, und deshalb wurde die Kältemaschine auch hierfür herangezogen. Mit ihrer Hilfe war es möglich, arktische Klimata in begrenzten Räumen herzustellen, wobei Luft- und Bodentemperatur, Windgeschwindigkeit und natürliche oder künstliche Sonnenbestrahlung sowie Luftfeuchtigkeit nach einem vorher aufgestellten Programm über längere Zeiträume und möglichst automatisch geregelt werden müssen. Besonders in der UdSSR hat man entsprechende Anlagen größeren Umfanges geschaffen und damit z. B. in der Baumwollzüchtung beträchtliche Erfolge erzielt, die noch vor wenigen Jahrzehnten als unmöglich gegolten hätten.

i) Schädlingsbekämpfung und Textilienbehandlung. Bekanntlich sind Pelze bei längerer Aufbewahrung durch Motten und ähnliche Insekten gefährdet. Diese Tiere bzw. deren Larven widerstehen allerdings auch ziemlich tiefen Temperaturen offenbar ohne größere Nachteile, so daß eine Aufbewahrung der Pelze im Kühlraum zu ihrer Sicherung nicht genügt, wenn auch die Entwicklung der Larven dadurch etwas verzögert wird. Dennoch ist es möglich, die Kälte auch für diesen Zweck nutzbar zu machen, denn ein wiederholter schroffer Wechsel der Temperatur ist den Schädlingen gefährlich. Man kann also wertvolle Pelze dadurch schützen, daß man sie etwa im Sommer, wenn sie nicht gebraucht werden, in Kühlräumen lagert, nach einigen Tagen oder Wochen in einen Raum mit normaler Außentemperatur und nach einiger Zeit wieder zurück in den Kühlraum bringt. Wiederholt man dies Verfahren mehrmals während einer Lagerperiode, so kann man mit einiger Sicherheit damit rechnen, daß keine Schäden eintreten.

Um ein weiteres Beispiel dafür zu geben, auf welchen kaum zu vermutenden Gebieten die Kältetechnik sich gelegentlich betätigt, sei ein Vorschlag erwähnt, demzufolge Rohwolle, die vor der Reinigung fast immer mit Farbresten von den Kennzeichen der Schafe behaftet ist, mit besonders geringem Verlust von diesen Farbresten befreit werden kann, wenn man sie einer Temperatur von einigen Graden unter dem Nullpunkt aussetzt und dann mechanisch bearbeitet. Infolge der von der Kälte verursachten Sprödigkeit läßt sich die Farbe verhältnismäßig leicht entfernen.

k) Transportwesen. Schon früher war davon die Rede, daß Nahrungs- und Genußmittel in entlegenen Weltgegenden erzeugt und im großen Umfange in die dichtbesiedelten Zuschußgebiete der Erde gebracht werden müssen. Abgesehen von der Kaltlagerungsmöglichkeit in den Zentren der Erzeugung und des Verbrauchs, bedarf es hierzu gekühlter Transportmittel, um das Verderben des Gutes nach Möglichkeit zu verhindern.

Die größten für diese Zwecke tätigen Kälteanlagen finden sich naturgemäß auf den Spezialschiffen, die den Transport über die Weltmeere durchführen. Entsprechend den zu kühlenden Gütermengen und den Ausmaßen der Kühlräume muß die Leistung der Kältemaschinen beachtlich sein, besonders wenn die Güter bei Gefriertemperaturen transportiert werden. Die Flotten der seefahrenden Nationen umfassen heute schon eine große Zahl von Kühlschiffen. Auf Grund der Vorschriften der Klassifikationsgesellschaften über Aufstellung, Bemessung und sonstige Einzelheiten der Kühlmaschinen werden häufig Kohlensäure- oder neuerdings Freonkältemaschinen gewählt, weil für Ammoniakkältemaschinen einschränkende Bestimmungen bestehen.

Außer diesen Laderaumkühlanlagen der Kühlschiffe finden sich heute wohl auf allen größeren Handelsschiffen, insbesondere natürlich auf den Fahrgastschiffen, Kühlanlagen für Proviant, für Trinkwasserkühlung, zur Roh- und Speiseeisbereitung, zur Kühlung von Lagerräumen für Bier, Wein und andere Getränke, kurz für alle die Zwecke, zu denen solche Anlagen in ortsfesten Gaststätten betrieben werden. Bei den größten Fahrgastschiffen werden Klimaanlagen für die Speisesäle und Kabinen eingebaut. Bei Kriegsschiffen kühlt man schon seit Jahrzehnten maschinell die Munitionsräume, um eine Zersetzung und damit eine unbeabsichtigte Entzündung der Explosivstoffe zu verhindern.

Gleichfalls älteren Datums ist der Gedanke, solche Eisenbahnwagen, die temperaturempfindliche Güter über längere Strecken befördern sollen, zu kühlen. Anfänglich beschränkte man sich auf Eis als Kältequelle, und auch heute genügt für europäische Verhältnisse die Eiskühlung, wenn man die relativ kurzen Beförderungszeiten und den Kältespeicher, den der vorgekühlte Wageninhalt darstellt, in Betracht zieht. Über die für den Fischtransport nach dem Binnenland vorhandenen Einrichtungen ist schon früher einiges gesagt worden (S. 169). Durch Zugabe von Salz zum Eis lassen sich auch im allgemeinen genügend tiefe Temperaturen herstellen. Reicht das nicht aus, so steht das bereits erwähnte Trockeneis (Kohlensäureschnee) zur Verfügung (S. 186). Vielfach wird Trockeneis auch neben dem Wassereis verwendet, so z. B. bei Fischtransporten. Da nämlich das Trockeneis unter Atmosphärendruck bei einer Temperatur von $-79°$ sublimiert, kann man damit wesentlich tiefere Temperaturen erzielen als mit Wassereis. Allerdings kostet das Trockeneis auch etwa das Zwanzigfache des Wassereises bei annähernd doppelter Kälteleistung, bezogen auf die Gewichtseinheit. An Stelle des in blockförmigen Behältern mitgeführten Wassereises wird für Gemüse- und Obsttransporte besonders in den Vereinigten Staaten das Eis auch, maschinell zu Schnee geschabt, unmittelbar auf das Kühlgut gebracht.

Längst vor dem ersten Weltkrieg wurde der erste maschinell gekühlte Eisenbahnzug gebaut, und zwar für die russische Eisenbahnverwaltung. Er ist aber trotz technisch befriedigender Leistungen kaum über die ersten Probefahrten hinausgekommen. Hierbei war die Kältemaschine in einem besonderen Maschinenwagen untergebracht, von dem aus gekühlte Sole durch Schläuche von Waggon zu Waggon weitergeleitet wurde. Nach dem ersten Weltkrieg hat man in Europa, speziell in Belgien, damit begonnen, Güterwagen einzeln mit Kältemaschinen auszurüsten. Diese Kältemaschinen können von der Wagenachse aus durch Riemen oder durch einen eigenen Verbrennungsmotor angetrieben werden. Beide Antriebsarten haben ihre Vorzüge und Nachteile. Gedacht waren diese Wagen in erster Linie zur Beförderung von landwirtschaftlichen Produkten des Balkans nach Mittel- und Westeuropa. Sie haben sich freilich nur in geringem Umfange eingeführt und werden heute kaum noch benutzt, obwohl man gerade in der letzten Zeit z. B. in Rumänien Interesse für Kühlwaggons zur Beförderung von Gefrierfleisch zeigt.

In den Vereinigten Staaten liegen in Anbetracht der dort meist viel längeren Transportwege wesentlich günstigere Bedingungen für maschinell gekühlte Eisenbahnwagen vor — 130000 eisgekühlten Güterwagen standen dort im Jahre 1950 nur etwa 50 maschinell gekühlte gegenüber —, doch scheint diese Bauart auch dort kein neues Feld zu gewinnen. Dagegen hat man in den USA schon sehr viele Personenwagen mit Klimaanlagen ausgerüstet. Bei den dortigen Verhältnissen bedeutet dies eine wesentliche Erleichterung für die Fahrgäste bei langen Eisenbahnfahrten im Sommer. Ein großer Teil der klimatisierten Personenwagen dürfte aber durch Eis gekühlt sein.

Im letzten Jahrzehnt ist man, wiederum zuerst in den USA, noch einen Schritt weitergegangen und hat auch Lastkraftwagen mit Kühlanlagen versehen, vornehmlich für den Transport von Eiskrem und anderen Gefriergütern, dann aber auch Reiseomnibusse für Personenbeförderung. Bei dem besonderen Interesse, das man dort der Motorisierung entgegenbringt, ist das nicht verwunderlich. Kleine Benzinmotoren treiben meistens Kleinkältemaschinen an; interessant ist auch die gelegentliche Verwendung von Propan, das nach der Verdampfung als Kraftstoff für den Antriebsmotor dient. In Deutschland sind nur wenige Lastkraftwagen mit Kältemaschinen ausgerüstet, die meist zum Transport von Gefrierkonserven bestimmt sind, doch besteht dafür, wie es scheint, zur Zeit kaum ein Bedarf. Gekühlte und klimatisierte Personenkraftwagen sind hier noch so gut wie unbekannt; das kann sich jedoch in Zukunft durchaus ändern.

l) **Verschiedenes.** Die Rolle der Kälte bei der Behandlung von Getränken ist schon oben erörtert worden; ein Anwendungsgebiet dabei ist jedoch unerwähnt geblieben, weil die Kälte hier nicht eigentlich der Konservierung dient, sondern der Enthefung von Schaumwein. Bekanntlich ist die Schaumweinherstellung eine französische Technik, und daher entstammt die Nomenklatur dieser Technik auch meist der französischen Sprache. Man spricht meistens von Degorgieren des Schaumweins. Bekanntlich wird der Wein in der Flasche einem Gärungsprozeß unterworfen (neuerdings wird auch Gärung in einem geschlossenen Behälter angewendet). Die bei der Flaschengärung entstehende Hefe sammelt sich, weil spezifisch schwerer als die Flüssigkeit, an der tiefsten Stelle der mit dem Hals schräg nach unten gerichteten, in Gestellen gelagerten Flaschen. Nach einem vielfach, aber nicht überall geübten Verfahren taucht man den Flaschenhals senkrecht nach unten gerichtet nach Abschluß des Gärungsprozesses in eine auf etwa $-20°$ gekühlte Flüssigkeit so tief ein, daß im Verlauf einiger Minuten nur der Hefepfropfen gefriert. Man entfernt dann die den Verschlußkorken haltende Agraffe, und der Kohlensäuredruck treibt den Hefepfropfen nach außen. Bei geschickter Behandlung entstehen so wesentlich geringere Weinverluste, als wenn man ohne Zuhilfenahme von Kälte degorgiert.

Zum Abschluß seien hier noch einige Beispiele für Kälteanwendung genannt, die vorläufig keine größere praktische Bedeutung erlangt haben und sich scheinbar auf gänzlich abseits liegende Gebiete beziehen.

Das erste gehört der Fabrikation von Braunkohlenbriketts an, die unter dem Druck einer Presse aus Rohbraunkohle unter Zusatz eines Bindemittels gewonnen werden. Mit einer fühlbar gegenüber der Außenluft erhöhten Temperatur verlassen die Briketts die Presse, wobei sie noch ziemlich viel Wasser enthalten; bei der darauffolgenden Abkühlung neigen sie, teils infolge der Kondensation des Wasserdampfes, teils aus anderen Gründen zum Zerbröckeln. Versuche haben gezeigt, daß bei schneller künstlicher Abkühlung diese Neigung wesentlich geringer wird, und deshalb taucht von Zeit zu Zeit immer wieder der Vorschlag auf, hier Kältemaschinen einzusetzen. Eine Verwirklichung dieses Gedankens ist aber bisher noch nicht bekanntgeworden, weil offenbar die Wirtschaftlichkeit eines solchen Verfahrens zweifelhaft bleibt.

Etwas mehr greifbare Gestalt hat der Gedanke gewonnen, den Wind, der bei der Gewinnung des Roheisens in die Hochöfen eingeblasen wird, durch künstliche Kühlung zu entfeuchten, weil sich damit rechnerisch nachweisbare Ersparnisse an Brennstoff erzielen lassen. Einige Versuchsanlagen sind schon vor längerer Zeit hier und dort aufgestellt worden, aber die Frage nach der Wirtschaftlichkeit ist noch nicht eindeutig beantwortet. Die aufzustellenden Kälteanlagen müßten immerhin recht umfangreich sein, und die Kapitalbeschaffung macht Schwierigkeiten.

Ein ähnlicher Vorschlag, der immer wieder auftaucht, ohne bisher verwirklicht worden zu sein, ist der, leck gewordene Schiffe durch Zufrieren der Leckstellen abzudichten. In einzelnen Fällen scheint dieser Gedanke gar nicht so abwegig, aber beim derzeitigen Stand der Technik werden die dagegensprechenden Gründe größeres Gewicht haben.

Die Fortschritte der Kältetechnik bestehen nicht nur in der Eroberung neuer Anwendungsgebiete, sondern auch in der neuartigen Organisation der bereits bestehenden. Die Konservierung der Nahrungs- und Genußmittel ist eingangs behandelt worden. Obwohl hier schon ein gewisser Abschluß erreicht zu sein scheint, hat man in den USA damit begonnen, sogenannte Schließfachanlagen aufzustellen (Locker plants). Hier können z. B. die Hausfrauen Schließfächer von verschiedenem Fassungsvermögen — etwa dem eines größeren Haushaltskühlschrankes — mieten und ihre Haushaltsvorräte darin aufbewahren, soweit sie den Bedarf einiger Tage oder einer Woche übersteigen. Durch Kältemaschinen werden die Schließfächer auf der Temperatur von Gefrierlagerräumen gehalten, so daß gefrorenes Obst, Gemüse Fleisch u. a. monatelang gefahrlos aufbewahrt werden können. Manchmal sind auch eigene Einfrierräume mit diesen Anlagen verbunden, in denen die Hausfrau frische Lebensmittel einfrieren lassen kann, die sie dann in ihrem Schließfach lagert. Gelegentlich wird auch das Einfrieren in den Schließfächern selbst vorgenommen. In den USA bestehen bereits mehr als 10000 solcher Anlagen. In Europa hat dieser Gedanke besonders in Dänemark Fuß gefaßt.

In Deutschland sind einige Dutzend dieser Anlagen aufgestellt, zum Teil im Anschluß an bereits vorhandene Kühlhäuser, Molkereien oder ähnliche Betriebe, in denen ein Kühlraum für diesen besonderen Zweck durch Einbauten abgezweigt wurde. Solche Einrichtungen haben, besonders in der Zeit unmittelbar nach dem zweiten Weltkrieg, großen Anklang gefunden, da es nicht genug Zucker zur Konservierung von Obst gab und das Gefrierverfahren hier einen brauchbaren Ersatz bot.

Wenige Zweige der Technik berühren sich so intensiv mit so vielen Randgebieten anderer Disziplinen wie die Kältetechnik. Ein Kältetechniker, der allen diesbezüglichen Anforderungen gerecht werden kann, ist heute kaum noch denkbar. Jedoch gibt gerade diese innige Verflechtung der Kältetechnik eine wirtschaftliche Bedeutung, die weit über das hinausgeht, was sich allein aus Produktionsziffern oder der Anzahl der durch sie Beschäftigten ableiten läßt. Deren Zahl ist schwer zu schätzen, weil es, wie gesagt, nicht einfach ist, die Grenzen der Kältetechnik auch nur einigermaßen scharf zu ziehen.

Nehmen wir z. B. an, daß unmittelbar mit der Herstellung von Kältemaschinen und ihres Zubehörs 10000 Menschen in Westdeutschland ihr Brot verdienen, so ist diese Schätzung genügend fundiert. Ganz sicher ist aber auch, daß die Zahl der mit der Kälteverwendung beschäftigten Personen ganz wesentlich höher liegt. Das gibt aber bei weitem noch keinen richtigen Begriff von dem Gewicht, das der Kältetechnik innerhalb der deutschen Volkswirtschaft, geschweige denn der Weltwirtschaft, zukommt.

Wir haben gesehen, daß die Konservierung von Gütern aller Art nur einen Zweig des hier behandelten Gebietes darstellt. Zu einer besseren Würdigung käme man schon, wenn man brauchbare Unterlagen z. B. über den Wert der mit Hilfe der Kältetechnik vor dem Verderben geschützten Güter gewinnen könnte. Leider ist das zur Zeit fast unmöglich. Die Wirtschaft erleidet heute noch alljährlich schwere Verluste durch vermeidbaren Verderb, trotz der für unsere Begriffe bereits hochentwickelten Konservierungstechnik. Es ist daher eine lohnende Aufgabe, diese Verluste immer mehr einzuschränken.

Die Zunahme des menschlichen Wohlbefindens ist bei allen diesen Betrachtungen mit Ziffern nicht bewertbar. Gerade ihm dienen jedoch die wesentlichsten Zukunftsgebiete der Kältetechnik; sie zu erschließen, ist echte Ingenieuraufgabe.

Statistischer Überblick
über die Erzeugung und Verwendung kältetechnischer Anlagen.

Von

Dipl.-Wirtschafter Dr. rer. pol. **Werner Strigel**,
Hauptreferent im IFO-INSTITUT für Wirtschaftsforschung, München.

Mit 4 Abbildungen.

Vorbemerkung.

Es gibt zur Zeit noch keine Stelle, die in der Lage wäre, über Produktion Verwendung und Bedarf an kältetechnischen Maschinen und Geräten in den in Frage kommenden Ländern — ausgenommen die Vereinigten Staaten — einen einigermaßen lückenlosen Überblick zu geben. Wenn es schon schwer ist, Zahlen für eine isolierte Betrachtung der Bedeutung der Kältetechnik in einem bestimmten Lande zu finden, so ist es meist unmöglich, für irgendein Teilgebiet oder die gesamte Kältetechnik eine einwandfreie vergleichbare Zahlenzusammenstellung für mehrere Länder zu geben. Das liegt darin begründet, daß einmal die Kältetechnik in ihrer heutigen Bedeutung noch verhältnismäßig jung ist, so daß die amtliche und private Statistik noch über wenig Zahlen verfügt, zum anderen, daß zur Erklärung des wirtschaftlichen Wesens der Kältetechnik die Auswertung mannigfaltiger statistischer Erhebungseinheiten notwendig ist. Diese Auswertung wird oft dadurch erschwert, daß sich aus größeren Sammelbegriffen — z. B. „elektrische Maschinen" — die gesuchten Merkmale nicht herauslösen lassen, und daß die Bedeutung oder die Maßeinheiten gleichlautender Begriffe in den einzelnen Ländern verschieden sein können. So ist es — um nur ein Beispiel zu nennen — nicht immer erkennbar, ob zur Bestimmung der Größe bzw. des Fassungsvermögens der Kühlräume in „Kühlhäusern" auch die Kühlräume in Schlachthöfen, privaten Kühlhäusern, Fischgefrierbetrieben usw. herangezogen wurden und sich die angegebenen Zahlen auf die Netto- oder Bruttofläche bzw. den Netto- oder Bruttoraum beziehen.

Eine einheitliche Festlegung der Maßeinheiten und eine klare Begriffsbestimmung nicht nur im technischen, sondern auch im statistischen Bereich der Kälteerzeugung und -verwendung ist daher unerläßlich, um für die Forschungs- und Planungsarbeiten die notwendigen Arbeitsunterlagen zu schaffen.

Aus den oben genannten Gründen sind die folgenden Statistiken leider noch lückenhaft. Jedoch vermitteln die verfügbaren Zahlen Größenordnungen, deren Kenntnis zur Beurteilung des einen oder anderen Teilgebietes der Kältetechnik nützlich sein kann. An die Stelle von Zahlenreihen und -übersichten mußte oft ein kurzer Text treten, um die Entwicklungstendenzen anzudeuten.

Die ausländischen, nicht metrischen Maßeinheiten wurden — soweit möglich — auf metrische Einheiten umgerechnet. Die Zahlen wurden meist auf Hundert oder Tausend auf- oder abgerundet. Als Quellen mußten neben den amtlichen Statistiken in vielen Fällen Zeitschriften und Zeitungsaufsätze oder -notizen herangezogen werden. Viele Tabellen wurden aus verschiedenem Quellenmaterial aufgebaut. Wo zur Vervollständigung der Darstellung eine Schätzung notwendig war, ist dies ausdrücklich vermerkt. In den einzelnen Ländern selbst ließe sich für eine umfassendere und genauere Darstellung vermutlich noch mehr Material finden. Dies, wo es noch fehlt, zusammenzustellen, müßte Aufgabe der entsprechenden kältetechnischen Organisationen dieser Länder sein.

Der Begriff „Kältemaschinen" oder „Kältemaschinen und -apparate" umfaßt in diesem statistischen Bericht im allgemeinen folgende Erzeugungsgebiete:

>Haushaltskühlschränke (maschinelle),
>kleingewerbliche Kälteanlagen,
>Industriekälteanlagen,
>Klimaanlagen,
>Zubehör- und Ersatzteile für die genannten 4 Gebiete.

Die Untersuchung wurde im Sommer 1951 abgeschlossen. Eine vollständige Neubearbeitung vor Erscheinen dieses Bandes war aus Zeitmangel nicht mehr möglich. — Weitere statistische Angaben finden sich im Kapitel „Die wirtschaftliche Bedeutung der Kältetechnik" im gleichen Band, S. 163. — Literaturhinweise sind jeweils am Ende eines Abschnittes aufgeführt.

Zeichenerklärung.

— = Null (nichts) oder weniger als die Hälfte der kleinsten Einheit, die in der betreffenden Tabelle dargestellt wird.

. = Angaben können nicht gemacht werden, weil der Nachweis fehlt.

A. Internationale Zahlenvergleiche.

Infolge der zunehmenden Ansprüche an den Komfort und der günstigen konjunkturellen Entwicklung stieg seit Kriegsende die Nachfrage nach Gütern des gehobenen Bedarfes kräftig an. Heute treten jedoch bei verschiedenen dauerhaften Konsumgütern Zeichen der Marktsättigung auf: Das Neugeschäft wird seltener und die Ersatzanschaffungen überwiegen. So besitzen z. B. 99% der amerikanischen Haushaltungen Radios und 87% der elektrifizierten Haushaltungen Kühlschränke. Auf beiden Gebieten ist seit 1950 die Produktion beträchtlich zurückgegangen. Die Nachfrage wandte sich der nächsthöheren Stufe zu. Die Konjunktur für Kühlschränke wurde abgelöst durch eine solche für Gefrierschränke und Klimaanlagen für Wohnräume (Klimaanlagen sind durchschnittlich nur um 20% teurer als Fernsehgeräte). Ähnliches gilt für das Bundesgebiet, wenn auch für die nächstniedrigere Entwicklungsstufe, für Rundfunkempfänger und Kühlschränke (vgl. Abb. 104). Zur Zeit besitzen erst knapp 10% der westdeutschen Haushaltungen elektrische Kühlschränke. Neuerdings hat sich in den USA für Klimaanlagen, die in Personenkraftwagen eingebaut werden, ein neues, aussichtsreiches Absatzgebiet für die Kältemaschinenindustrie eröffnet.

Aber nicht nur im Konsumgüterbereich ist diese Sonderkonjunktur für künstliche Kälte festzustellen, sondern auch im Investitionsgütersektor der Kältemaschinenindustrie mußte die Produktion in den letzten Jahren beträchtlich erhöht werden, um dem wachsenden Bedarf gerecht zu werden. Der Außenhandel mit Kältemaschinen hat in den letzten Jahren wesentlich stärker zugenommen als der Weltmaschinenhandel (vgl. Abb. 104, S. 195).

1952 betrug der Produktionswert der Kältewirtschaft[1] im Bundesgebiet schätzungsweise 500 Mill. DM und in den USA etwa 3 Mrd. $. Der Anteil der Kältewirtschaft am Sozialprodukt ist in den USA um mehr als das Doppelte so groß wie in Westdeutschland. Diese Daten vermitteln Größenvorstellungen, an denen man ungefähr die wirtschaftliche Bedeutung der Kältetechnik ermessen kann.

I. Produktions- und Exportziffern von Kältemaschinen.

Die USA besitzen nicht nur absolut, sondern auch relativ die größte Kältemaschinenerzeugung der Welt. Ihr Wert betrug 1947 1,267 Mrd. $. Großbritannien produzierte im gleichen Jahr nur für 43 Mill. $ Kältemaschinen. In den folgenden Jahren wurde die Erzeugung in England mehr als verdoppelt (vgl. S. 221). Auch die westdeutsche Kältemaschinenerzeugung hat seit 1949 einen starken Aufschwung zu verzeichnen. Die Erzeugung stieg von etwa 22 Mill. $ (1949) auf 67 Mill. $ 1952 (vgl. S. 206ff.).

Tabelle 1. *Produktions- und Exportwerte im Maschinen- und im Kältemaschinenbau.*
USA, Großbritannien und BR. Deutschland.

Bezeichnung	USA	Großbritannien	Bundesrepublik Deutschland	
	1947	1949	1949	1950
	Millionen $			
1. Erzeugung:				
Maschinenbau insg.[2]	12 352	2500[3]	860	1210
Kältemaschinen[2]	1 267	68	22	35
Anteil der Kältemaschinenerzeugung am Maschinenbau	*10,3 %*	*2,7 %*	*2,6 %*	*2,9 %*
2. Ausfuhr:				
Maschinenbau insg.[2]	1841[4]	1123	109	313
Kältemaschinen[2]	83[4]	27	0,4	4,4
Anteil d. Kältemasch.-Ausfuhr am ges. Maschinenexport	*4,5[4] %*	*2,4[5] %*	*0,4 %*	*1,4 %*
Anteil d. Kältemasch.-Ausfuhr an d. Kältemasch.-Erzeugung	*6,5 %*	*39,6 %*	*1,8 %*	*12,6 %*

An dieser Übersicht[6] fällt besonders die hohe Exportintensität der englischen Kältemaschinenindustrie auf (vgl. S. 221) sowie die Tatsache, daß ein Zehntel des Maschinenbaues der USA aus Kältemaschinen besteht.

Inwieweit der zweite Weltkrieg und seine wirtschaftlichen Auswirkungen die Anteile der drei bedeutendsten Maschinenexporteure der Welt an dem Wert der gesamten Maschinenausfuhr verändert haben, zeigt folgende Übersicht:

Tabelle 2. *Verteilung der Weltmaschinenausfuhr vor und nach dem zweiten Weltkrieg.*

Exportländer	Verteilung in %			
	1936	1948	1950	1952
Deutschland (Reichsgebiet)	29,6	.	.	.
Bundesrepublik Deutschland	(*17,8*)	0,9	8,7	16,0
Großbritannien	21,1	28,4	23,7	21,5
USA	28,2	53,4	43,0	37,6
Übrige Länder	21,1	17,3	24,6	24,9
Welt in %	100,0	100,0	100,0	100,0
in Mill. Dollar[7]	860	3310	3579	5331

[1] Ohne Dienstleistungen wie Kaltlagerung und Kalttransporte.
[2] Einschließlich Kühlschränke. — [3] Schätzung. — [4] 1949. — [5] 1950: 3,2%.
[6] Neuere statistische Angaben finden sich in den einzelnen Länderberichten.
[7] Wertangaben ohne Preisbereinigung.

In der Zeit von 1949 bis 1952 stieg die Weltmaschinenausfuhr wertmäßig um 38%[1]. Die Kältemaschinenausfuhr[2] erhöhte sich in der gleichen Zeit um 82%.

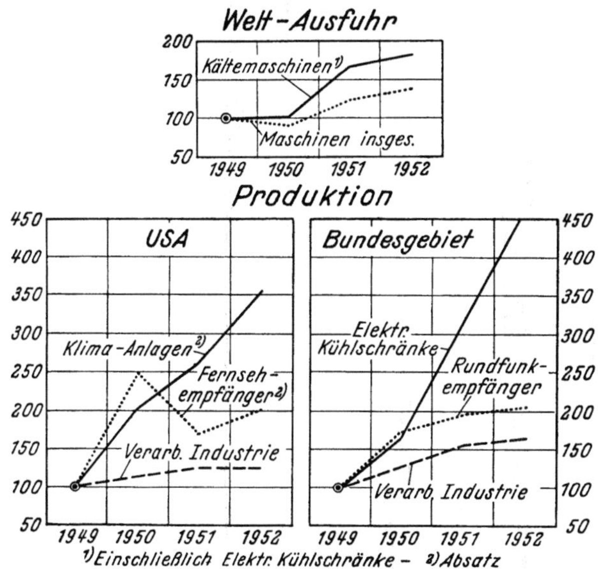

Abb. 104. Sonderkonjunktur für künstliche Kälte. (Nach IFO-Schnelldienst.)

Mit etwa zwei Drittel des Weltexports beherrschen die USA im wesentlichen den Weltmarkt an Kältemaschinen.

Tabelle 3. *Entwicklung des Welthandels mit Kältemaschinen und Kühlschränken 1948 bis 1952.*

Exportländer	Mill. Dollar					Verteilung in %				
	1948	1949	1950	1951	1952	1948	1949	1950	1951	1952
USA	93,7	83,8	72,1	129,3	140,1	76,7	71,2	60,8	66,4	65,3
Großbritannien . . .	15,1	19,7	27,6	39,2	39,5	12,4	16,8	23,3	20,1	18,4
BR. Deutschland . . .	0,1	0,5	4,4	8,6	12,2	0,1	0,4	3,7	4,4	5,7
Frankreich	2,8[3]	2,8	3,9	5,6	8,2	2,3	2,4	3,3	2,9	3,8
Schweden	5,6[3]	5,6	5,2	6,8	8,0[5]	4,6	4,8	4,4	3,5	3,8
Dänemark	.	.	1,9	2,7	2,5	.	.	1,6	1,4	1,2
Schweiz	2,3	2,7	1,9	1,7	2,2	1,9	2,3	1,6	0,9	1,0
Übrige Länder	2,5[4]	2,5[4]	1,6[4]	1,8[4]	1,8[4]	2,0	2,1	1,3	0,4	0,8
Insgesamt	122,1	117,6	118,6	195,7	214,5	100,0	100,0	100,0	100,0	100,0

Literatur.

Katzenberger, B.: Vortrag auf der Tagung der Arbeitsgemeinschaft Kälte-Industrie in Köln am 23. 11. 1951.

IFO-Schnelldienst Nr. 33 v. 13. 8. 53.

IFO-INSTITUT für Wirtschaftsforschung: Wandlungen in der Maschinenversorgung Europas. München 1951.

Mitteilungsblatt des Zentralverbandes der Elektrotechnischen Industrie, 4. Jg., Nr. 8, August 1951: Deutscher Elektro-Außenhandel; desgl. 5. Jg. (1952), Nr. 3 und 6. Jg. (1953), Nr. 6.

Sveriges Varuutförsel til olika länder, Ar 1949, Stockholm 1950.

Verein Deutscher Maschinenbauanstalten: Die Lage des Maschinenbaues im Jahre 1949, Frankfurt 1950; 1950, Frankfurt 1951. — Derselbe: Wirtschaftsbilder Nr. 10, Jan. 1951; Nr. 11, Mai 1951; Nr. 13, Nov. 1951 und vom 10. Juli 1953.

Vgl. ferner Quellenangaben bei den einzelnen Länderberichten in Abschnitt B.

[1] Vgl. auch Tab. 2. — [2] Einschließlich Kühlschränke. — [3] 1949. — [4] Schätzung; 1948 und 1949 einschl. Dänemark. — [5] Schätzung.

II. Die Verwendung künstlicher Kälte.

Wie in der Vorbemerkung bereits erwähnt, ist es sehr problematisch, statistische Vergleiche auf internationaler Ebene durchzuführen, und zwar besonders dann, wenn die Zahlen nicht aus amtlichen Quellen stammen und ihrem Inhalt nach nicht genau umrissen sind. Um hierzu ein praktisches Beispiel zu nennen, sei erwähnt, daß in einer Quelle der gesamte Kaltlagerraum Neuseelands bezogen auf den Kopf der Bevölkerung mit 0,65 m³, bei Australien jedoch nur mit 0,07 m³ angegeben wird. Umgerechnet auf den Gesamtbestand an Kaltlagerraum würde das bedeuten, daß Australien nur knapp 45% des Kaltlagerraumvolumens von Neuseeland aufzuweisen hätte, obgleich beide Länder etwa die gleiche Menge verderblicher Lebensmittel auf den Weltmarkt liefern und in Australien viermal soviel Menschen leben wie in Neuseeland und das teilweise tropische Klima Australiens einen stärkeren Ausbau der Kühlkette vermuten ließe. Da nur über Neuseeland genaue Einzelangaben vorlagen, konnten in Ermangelung näherer Angaben die Zahlen für Australien nicht dargestellt werden.

Trotz derartiger Schwierigkeiten wird im folgenden der Versuch unternommen, Aussagen über die verschiedene Intensität der Verwendung künstlicher Kälte im Wirtschaftsleben einzelner Länder zu machen, um notwendige Größenvorstellungen zu vermitteln. Die Zahlen der Tabellen dieses Abschnittes lassen interessante Rückschlüsse auf die wirtschaftliche, soziale und geographische Struktur der betreffenden Länder zu.

1. Kaltlagerraum.

Zahlen über den Kaltlagerraum eines Landes und Angaben über den Standort der Kühlhäuser lassen Folgerungen auf den Ausbau der Kühlkette, den Stand der Vorratswirtschaft und den Außenhandel mit verderblichen Lebensmitteln zu.

Bei den Zahlen der folgenden Tabelle 4 war es nicht möglich, in jedem Fall Angaben darüber zu machen, ob und in welchem Umfang auch der Kaltlagerraum privater Kühlhäuser mit eingeschlossen ist. Bei einigen Ländern werden jedoch auch die Lagerräume von Molkereien usw. in diesen Zahlen enthalten sein. Ob sich die Angaben auf den Netto- oder Bruttokühlraum beziehen, war nur in wenigen Fällen feststellbar (vgl. Fußnote 1 auf S. 238). Trotz dieser Mängel läßt sich aus der Tabelle die Bedeutung der Kühlhauswirtschaft in den einzelnen Ländern ablesen.

Tabelle 4. *Kühlhausvolumen und Kaltlagerraumdichte einiger Länder.*

Land	Jahr	Kühlhaus-Kaltlagerraum	
		insg.	je 1000 Einw.
		1000 m³	m³
Neuseeland	1950	1229[1]	646
USA	1947	19114[1,2]	133
Dänemark	1948	450	105
Großbritannien	1948	2300	46
Niederlande	1948	300	33
Südafrikanische Union	1947	320	27
Schweiz	1945	100	23
Schweden	1946	135	20
BR. Deutschland	1950	732[3]	15
Frankreich	1949	565	14
Italien	1950	600	13

[1] Einschließlich Kaltlagerräume der Gefrierfleischwerke sowie Kühlräume für Obst und Molkereiprodukte. — [2] Bruttokühlraum. — [3] m³ errechnet unter der Annahme einer durchschnittlichen Lagerraumhöhe von 3 m bei einer Nutzkühlfläche von 244000 m².

In der hohen Kaltlagerraumdichte Neuseelands spiegelt sich u. a. die starke Intensität der agraren Exportwirtschaft des Landes und der durch die große Entfernung von den Absatzmärkten notwendige Anschluß an die Kühlkette wider, als deren erstes Glied die Kaltlagerräume der Gefrierfleischwerke, der Obstpackereien und Molkereien anzusehen sind. Infolge der besonders ausgeprägten Saisongebundenheit der Kühlhauswirtschaft (Schlachtsaison, Obsterntesaison) muß die Kapazität der Kaltlagerräume auf einen Stoßbetrieb eingestellt sein und muß relativ wesentlich größer sein als in Ländern, deren Kühlhäuser nur zur eigenen Vorratshaltung dienen und daher im Jahresdurchschnitt in der Regel besser ausgelastet werden können. Für Dänemark, dem wichtigsten europäischen Exporteur von Viehzuchtprodukten, gilt ähnliches, wenn auch in stark abgeschwächter Form; die größere Bevölkerung und die wesentlich günstigere Marktlage ergibt eine geringere Kaltlagerraumdichte. Der hohe Stand der amerikanischen Kältewirtschaft, die ihren Ausdruck u. a. in der mit den modernsten Mitteln der Technik durchgeführten Verwertung und Lagerung der landwirtschaftlichen Erträge findet, zeigt sich in der relativ hohen Kaltlagerraumdichte. Die entsprechende Dichteziffer Großbritanniens ist dagegen wesentlich niedriger, obwohl es als bedeutendster Importeur schnellverderblicher Lebensmittel in seinen Importhäfen über ein großes Kaltlagerraumvolumen verfügt, dem nach den USA zweitgrößten der Welt[1]. Da aber die Kühlkette wegen der geringen Transportentfernungen von den Importhäfen zu den im Landesinnern gelegenen Absatzgebieten nicht weiter ausgebaut werden mußte und die eigene kleine landwirtschaftliche Produktion keine größere Lagerhaltung für ihre Erträge erfordert, ist die Kaltlagerraumdichte geringer als jene der USA. Außerdem können die Importe schnellverderblicher Lebensmittel unter Ausnutzung der verschiedenen Saisonzeiten der auf der Süd- und Nordhalbkugel gelegenen Bezugsländer zeitlich so abgestimmt werden, daß ein hoher Nutzeffekt des vorhandenen Kühlraumes gegeben ist.

2. Eiserzeugung.

Folgende Tabelle gibt eine Übersicht über den ganz unterschiedlichen Verbrauch von Wassereis in einigen Ländern

Tabelle 5. *Erzeugung von Wassereis in verschiedenen Ländern.*

Land	Jahr	Produktion	
		in 1000 t	in kg je Einwohner
USA	1948	42600	281
Dänemark	1948	210	50
Japan	1940	2600[2]	36
Australien	1951	290	34
Frankreich	1948	1000	24
Niederlande	1949	170	17
BR. Deutschland	1950	610	13

Trotz der starken Mechanisierung der amerikanischen Kältewirtschaft ist der Verbrauch von Wassereis außerordentlich hoch: etwa 700000 gewerbliche Betriebe, wie z. B. Lebensmittelgeschäfte und Restaurants, sowie etwa 10 Millionen Privatleute und die Transportwirtschaft garantieren einen ständigen und zeitweise sehr hohen Absatz (vgl. S. 239/40). Klima und Lebensgewohnheiten

---

[1] Das Kaltlagerraumvolumen der UdSSR ist vermutlich größer als dasjenige Großbritanniens. Es sind aber hierüber weder genaue Zahlen noch Schätzungen bekannt.
[2] 1948 nur 1,6 Mill. t.

(starker Verbrauch eisgekühlter Getränke) und die Großräumigkeit des Landes
(langdauernde Kalttransporte) sind u. a. maßgebend für den starken Wasser-
eisverbrauch. In Japan und Dänemark ist die bedeutende Fischwirtschaft am
Eisverbrauch relativ stark beteiligt. Der Eisverbrauch im Bundesgebiet ist,
verglichen mit demjenigen Frankreichs, erstaunlich nieder. Dieser Unterschied
dürfte nicht nur in dem verschiedenen Klima und etwa anders gearteten Lebensgewohnheiten zu suchen sein, sondern auch in der vermutlich relativ geringeren
Mechanisierung der französischen Kältewirtschaft. Letzteres kommt ebenfalls
in der sehr niedrigen Dichte maschineller Kühlschränke in Frankreich zum Ausdruck (vgl.Tab. 6).

3. Haushaltskühlschränke.

Die Ausstattungen der Haushaltungen eines Landes mit maschinellen Kühlschränken ist im wesentlichen von der Höhe des Lebensstandards abhängig.

Tabelle 6. *Verwendung maschineller Kühlschränke in verschiedenen Ländern.*

Land	Jahr	In Betrieb befindliche maschinelle Kühlschränke	
		insg. in Mill. Stück	je 1000 Einw.
USA	1952	35,5	226
Schweden	1951	1,5	215
Kanada	1948/49	1,4	112
Australien	1948/49	0,5	63
Schweiz	1950	0,1	21
BR. Deutschland	1950	0,9[1]	19
Frankreich	1950	0,5[1]	12

Der maschinelle Kühlschrank gehört in den meisten überseeischen Ländern zu einem fast unentbehrlichen Requisit jeder Haushaltung, während
z. B. in vielen Ländern Westeuropas der Lebensstandard und ein gewisser
Konservatismus bisher einer stärkeren Verbreitung elektrischer Kühlschränke
im Wege standen. Schweden macht hier eine Ausnahme: der Kühlschrank ist
dort relativ fast ebenso häufig anzutreffen wie in den USA (vgl. Tab. 6).

4. Kalttransportmittel.

a) Kühlschiffe. Das Kühlschiff als Transportmittel großer Mengen schnellverderblicher Lebensmittel dient hauptsächlich dem Ausgleich zwischen dem
Lebensmittelbedarf Westeuropas und der Überschußproduktion an hochwertigen, aber schnellverderblichen Lebensmitteln der Agrarländer der Südhalbkugel. Mit dem ersten gelungenen Überseetransport von Gefrierfleisch über den
Äquator (1876) hat die durch das Kühlschiff geschaffene Absatzmöglichkeit
für frische Lebensmittel wie Fleisch, Obst, Butter und Eier, auf die Wirtschaft
vieler Länder einen bedeutenden Einfluß gehabt. Seit einigen Jahren benützt
man auf hoher See in steigendem Maße nun auch die Kälte zur sofortigen Konservierung von Fisch- und Walfangerträgen.

Nach der Jahrhundertwende hat sich die Zahl der Kühlschiffe und die Größe
des Kühlschiff-Frachtraumes ständig vermehrt. Außerdem gelang es, durch
Verbesserung der Kühlverfahren und der Stauverhältnisse immer größere
Mengen frischer Lebensmittel in der gleichen Raumeinheit zu transportieren.

---

[1] Schätzung.

So benötigte man folgenden Laderaum

	1900	1942
für eine Tonne Kühlfleisch	5,3 m³	3,1 m³
für eine Tonne Gefrierfleisch mit Knochen	3,0 m³	2,6 m³
für eine Tonne Gefrierfleisch ohne Knochen	—	1,5 m³

Parallel zu diesen Verbesserungen erhöhte sich auch die Reisegeschwindigkeit der Kühlschiffe, wodurch es möglich wurde, während eines Jahres in einem gegebenen Kühlfrachtraum eine größere Menge Kühlgüter zu befördern.

Tabelle 7. *Fahrtzeiten von Buenos Aires, Kapstadt und Sidney nach London.*
1880, 1910 und 1947.

Entfernung in Seemeilen[1]	Fahrtzeit in Tagen		
	1880	1910	1947
Buenos-Aires—London: 6200 . .	55	28	18
Kapstadt—London: 6100 . .	53	27	17
Sidney—London: 11500 . .	95	50	32

Über die Entwicklung der Kühlschiffstonnage und des Schiffskühlraumes einzelner Länder seit 1939 gibt Tab. 8 Auskunft.

Tabelle 8. *Die Kühlschiffstonnage vor und nach dem zweiten Weltkrieg.*

Gebiet	in 1000 BRT				in 1000 m²			
	1939	1947	1949	1953	1939	1947	1949	1953
Britisches Empire ·	4 227	3 037	3 664	4 089	2 632	1 989	2 226	2 394
Dänemark	139	55	129	184	84	25	36	35
Deutsches Reich/BRD. .	234	—	—	21	126	—	—	44
Frankreich	207	137	118	376	157	98	106	168
Honduras	.[2]	.[2]	72	78	.[2]	.[2]	78	92
Italien	698	.[2]	223	286	129	.[2]	39	65
Niederlande	312	260	292	377	56	39	42	53
Norwegen	186	178	232	307	92	106	115	130
Schweden	.[2]	245	357	506	.[2]	95	154	210
USA	354	518	388	505	232	406	311	311
UdSSR	55	52	49	58	53	50	45	55
Verschiedene Länder . .	992	324	756	1 054	246	154	148	215
Kühlschiffstonnage insg.	7 404	4 806	6 280	7 841	3 807	2 962	3 300	3 772
Motor- und Dampfschiffs- tonnage insg.	68 509	83 500	82 571	91 000	.	.	.	.

Zwischen 1914 und 1939 hat sich die Kubikmeterzahl des Schiffskühlraumes verdoppelt. Die Schiffsverluste des zweiten Weltkrieges verursachten eine starke Verknappung des Kühlraumes, was die Lebensmittelversorgung Europas empfindlich traf, doch die zahlreichen in den letzten Jahren auf Kiel gelegten Kühlschiffneubauten in verschiedenen Ländern haben diesem Mangel abgeholfen. Zu Beginn des Jahres 1953 waren 184 Voll-Kühlschiffe mit 1,139 Mill. m³ Kühlraum registriert. Der gesamte Laderaum dieser Schiffe diente ausschließlich der Kühlgutbeförderung. Daneben gab es noch 840 Schiffe mit kühlraumkombinierter Tonnage, die 2,632 Mill. m³ Kühlladeraum enthielt. — Großbritannien, das Land mit den größten Lebensmitteleinfuhren, besitzt auch die größte Kühlschiffsflotte. Italiens Zitrusfruchtexport und die Bananenausfuhr Honduras sowie der Exportbedarf an schnellverderblichen Lebensmitteln anderer Länder spiegeln sich in der Größe der Kühlschiffstonnage wider. Der

---

[1] 1 Seemeile = 1,852 km.
[2] Die Zahlen sind in den Angaben „Verschiedene Länder" enthalten.

Rückgang der Kühltonnage der USA seit 1947 nach der kriegsbedingten Konjunktur ist damit zu erklären, daß viele von den behelfsmäßig als Kühlschiffe verwendeten Libertyschiffen den Anforderungen, die an moderne, schnelle Kühlschiffe gestellt werden, nicht gewachsen waren, zumal heute neben einer Geschwindigkeit der Kühlschiffe von 16 bis 18 Knoten Kühlraumtemperaturen zwischen —18 und —23° C für den Transport gefrorener Lebensmittel als notwendig angesehen werden. Wenn die Lebensmittel nur in gekühltem Zustand transportiert werden sollen, wie z. B. bei Bananen- und Zitrusfruchttransporten, dann ist eine hohe Geschwindigkeit des Kühlschiffes zur Abkürzung der Transportzeit besonders wichtig.

1939 betrug die Kühlschiffstonnage 10,8% der gesamten Motor- und Dampfschiffstonnage. 1947 war der Anteil der Kühlschiffstonnage auf 5,8% gesunken. 1953 hatte sich der Anteil auf 8,6% erhöht.

Neben der Anwendung der Kältetechnik bei dem Seetransport schnellverderblicher Lebensmittel darf ihre Bedeutung bei der Klimatisierung der Aufenthaltsräume moderner Passagierdampfer nicht übersehen werden.

b) Eisenbahnkühlwagen. In Westeuropa entfällt ein Kühlwagen auf 12000 Einwohner, in USA dagegen entfallen 12 auf 1000 Einwohner. Folgende Übersicht gibt für einige Länder die Zahl der vorhandenen Eisenbahnkühlwagen an:

Tabelle 9. *Der Bestand an Eisenbahnkühlwagen.*

Land	Jahr	Anzahl
USA	1950	150000
Italien	1951	5400
Frankreich	1950	5000
BR. Deutschland	1953	4100
Schweden	1951	633
Norwegen	1951	519
Niederlande	1949	402
Österreich	1951	310
Belgien	1951	296

Diese Zahlen, die verschiedenen Quellen entstammen, können ihrem Inhalt nach nicht genau umrissen werden. Es waren meist keine Angaben über die Art der Kühlung, die Eigentümer (staatliche oder private Gesellschaften) usw. vorhanden. Immerhin läßt sich sagen, daß Kühlwagen mit maschineller Kühlung nur einen ganz geringen Prozentsatz ausmachen (in USA 0,2%). Meistens handelt es sich um Kühlwagen mit Wassereiskühlung oder um besonders isolierte und belüftete Wagen.

1948 wurde die Société ferroviaire internationale de transports frigorifiques (Interfrigo), eine kooperative Gesellschaft europäischer Eisenbahnverwaltungen gegründet, der die Länder Belgien, Frankreich, Großbritannien, Holland, Italien, Luxemburg, Schweiz und die Bundesrepublik Deutschland angehören. Die Gesellschaft hat die Aufgabe, den Verkehr wärme- und kälteempfindlicher Güter zu fördern und weiter auszubauen. Auf Wunsch der Kunden führt sie Transporte einschließlich Vorkühlung, Beeisung und Nachbeeisung in eigener Regie durch.

Literatur.

Chamber of Shipping of the United Kingdom. London: Persönliche Mitteilung an den Verfasser.

Critchel, I. T., u. J. Raymond: A History of Frozen Meat Trade. London 1912.

Laschke, J.: Perspektiven des Kühlgüterverkehrs auf den Eisenbahnen. Kälte 6. Jg. (1953) H. 1, S. 2ff.

Meseke: Die Schweiz als Absatzmarkt für Kühlschränke. Kälte 1950, H. 12, S. 265.

Prinzing, Otto: Schiffsladungskühlanlagen. Berlin 1942.

Strigel, W.: Lebensmittelfrischhaltung durch Kälte und ihre wirtschaftliche Bedeutung für den Welthandelsverkehr einiger Agrarexportländer der Südhalbkugel. Dissertation München 1948 — Kühlschiffe. Kältetechn. 3. Jg. (1951) H. 3, S. 67.

THEEL, GUSTAV ADOLF: Bremer Jahrbuch der Weltschiffahrt 1952/53. Berlin 1953.
THÉVENOT, R.: L'équipement frigorifique dans quelques pays étrangers. Rev. gén. Froid
26. Jg. (1949) Nr. 7, Juli 1949.
Bull. intern. froid 1952/V, S. 1463, Nr. 1865: Zahlen über die australische Eisproduktion;
1949/I, S. 65, Nr. 96: Eisproduktion in Japan; 1951/V, Nr. 544, S. 677, Nr. 545, S. 679
und Nr. 548, S. 685: Kühlverkehr.
Elektrizitätsverw. 1949, H. 6/7, S. 162: Zahl der Kühlschränke in USA und Frankreich.
Kälte 3. Jg. (1948) S. 63: Kühlung von Schiffsladeräumen nach dem Kriege.
Mod. Refrig. 1949, Juni, S. 126: Zahl der Kühlschränke in Australien.
Statistical Office of the United Nations: Month. Bull. Statist. Sept. 1951.
Statistisches Jahrbuch für die Bundesrepublik Deutschland 1953.
Vgl. ferner die Quellenangaben bei den einzelnen Länderberichten in Abschnitt B.

III. Der Pro-Kopf-Verbrauch schnellverderblicher Lebensmittel.

Der in den letzten 80 Jahren steigende Lebensstandard der Industriebevölkerung der Nordhalbkugel zeigt sich auch in einem relativ stärkeren Verbrauch hochwertiger, schnellverderblicher Lebensmittel, wie z. B. Fleisch, Molkereiprodukte und Obst. Diese Verbrauchssteigerung war vielfach eine Folge der stärkeren physischen und psychischen beruflichen Beanspruchung. Während zuerst hauptsächlich der Fleischverbrauch zunahm, stieg erst später der Obstkonsum. 1860 betrug der jährliche *Fleisch*verbrauch in Deutschland je Kopf der Bevölkerung etwa 38 kg. 1904 war er bereits auf 52,5 kg gestiegen. In Kriegs- und Nachkriegszeiten sowie in Perioden wirtschaftlicher Depression geht natürlich der Verbrauch an hochwertigen und daher teueren Nahrungsmitteln stark zurück: 1920 betrug der deutsche Fleischkonsum 20 kg je Kopf der Bevölkerung und 1947 in Westdeutschland nur 17 kg. 1951/52 war er wieder auf 34,8 kg angestiegen.

Um die Jahrhundertwende überwog in den Ländern der gemäßigten Zone der Verbrauch von einheimischen *Obst*arten: In Großbritannien hat sich der Obstkonsum innerhalb von 40 Jahren bis zum zweiten Weltkrieg um etwa 10 kg je Kopf der Bevölkerung erhöht. Dieser Mehrverbrauch wird fast ganz aus Südfrüchten bestritten. Bereits im Jahre 1932/33 wurden in Großbritannien durchschnittlich 20,6 kg Südfrüchte und nur 17,4 kg Obst der gemäßigten Zone verzehrt. Auch in USA hat der Konsum an Südfrüchten stark zugenommen. In Deutschland betrug in den achtziger Jahren des vorigen Jahrhunderts der Konsum von Südfrüchten nur 1 kg. Vor dem zweiten Weltkrieg lag er zwischen 7 und 9 kg; daneben wurden etwa 30 kg Kern- und Steinobst verbraucht.

Der Verbrauch von *Butter und Käse* hat in vielen Ländern trotz des gestiegenen Fettbedarfs keine wesentliche Zunahme erfahren, weil mit Aufkommen der Margarine in zunehmendem Maße dieses Pflanzenfett zur Bedarfsdeckung heran-

Tabelle 10. *Verbrauch schnellverderblicher Lebensmittel in einigen Ländern.*
(*Vierjahresdurchschnitt 1935 bis 1938; Mengen in kg je Kopf der Bevölkerung*).

Lebensmittel	Großbritannien	Frankreich	Deutschland	Dänemark	Schweiz	USA	Australien
Fleisch	64,3[1]	41,5	45,6	55,0	46,8	56,2	105,7[3]
Fisch	21,6[1]	6,7[2]	11,4	15,9	2,2	5,0[4]	3,9[4]
Butter	11,3[1]	6,1[5]	8,5	8,7	7,0	7,8[1]	14,9[3]
Käse	.	5,7[5]	5,2	6,2	8,1	2,5	1,6[3]
Margarine	.	.	6,0	21,1	.	.	.
Eier (*in Stück*)	*155*[1]	.	*120*	*130*[6]	*158*	*196*[3]	.
Südfrüchte	20,6[7]	5,8[8]	7,3	4,4	10,8	21,8[9]	.

[1] Durchschnitt 1935 bis 1937. — [2] Durchschnitt 1946 bis 1948. — [3] Durchschnitt 1935 bis 1936. — [4] 1947/48. — [5] Durchschnitt 1931 bis 1934. — [6] Durchschnitt 1935 bis 1939. — [7] 1932/33. — [8] Nur Apfelsinen. — [9] Nur Zitrusfrüchte. 1936 kamen dazu noch 10,8 kg Bananen.

gezogen wurde. Der Verzehr von frischen *Fischen* hat im europäischen und nordamerikanischen Binnenlande mit dem Ausbau der Kühlverkehrsmittel ständig zugenommen.

Wie bei Fischen hat die künstliche Kälte auch bei anderen schnellverderblichen Lebensmitteln den Absatzradius wesentlich vergrößert. Das war besonders für Westeuropa von großer Bedeutung, das schon gegen Ende des vorigen Jahrhunderts nicht mehr fähig war, aus seiner eigenen landwirtschaftlichen Produktion die Nachfrage nach diesen Lebensmitteln ganz zu befriedigen.

Die Lebensmittelverbrauchszahlen spiegeln teilweise die jeweilige Geschmacksrichtung und die Höhe des Lebensstandards (z. B. Fleischverbrauch: Deutschland 46 kg, Großbritannien 64 kg), teils die geographische Lage (z. B. Fischverbrauch: Schweiz 2,2 kg, Großbritannien 21,6 kg) sowie die vorhandenen landwirtschaftlichen Produktionsmöglichkeiten wider. So verbraucht man z. B. in Australien über 100 kg Fleisch je Kopf der Bevölkerung, in Japan dagegen nur 2 bis 3 kg; dafür werden aber in Japan durchschnittlich fast 40 kg Fisch verzehrt.

Die Gegenüberstellung statistischer Daten des Lebensmittelkonsums verschiedener Länder — bezogen auf den Pro-Kopf-Verbrauch — birgt gewisse Gefahren in sich. So können die Berechnungsmethoden oder die Zusammensetzung einer bestimmten Gruppe von Lebensmitteln in den einzelnen Ländern verschieden sein. Ferner geht aus den Zahlen nicht hervor, ob die unterschiedliche Höhe des Verbrauchs nicht durch die mehr oder weniger hohe Verschwendung bei der Lebensmittelzubereitung beeinflußt wird. Trotzdem können Zahlen des Pro-Kopf-Verbrauchs gute Größenvorstellungen vermitteln.

Folgende Übersicht zeigt für ein Vor- und Nachkriegsjahr den Verbrauch einiger Lebensmittel in Deutschland und den USA:

Tabelle 11. *Verbrauch schnellverderblicher Lebensmittel.*
Deutschland und USA 1937 und 1951.

Lebensmittel	Pro-Kopf-Verbrauch in kg			
	Deutschland		USA	
	1937	1951/52	1937	1951
Schweinefleisch	27,6	21,5	25,2	33,1
Rindfleisch	14,0	10,6	24,9	26,3
Kalbfleisch	3,1	1,8	3,9	3,2
Schaffleisch	0,6	0,4	3,0	1,4
Geflügel	0,9	.	8,2	13,5
Butter	8,9	6,7	7,5	4,4
Käse	5,4	3,9	2,5	3,4
Margarine	8,5	10,1	1,1	3,0
Blattgemüse und Rüben[1]	30,5		43,7	46,5
Tomaten	2,8	} 43,5	13,0	14,4
Anderes Gemüse[2]	19,3		33,8	36,2[5]
Kartoffeln	176,0[3]	179,0	57,0	51,8
Fische	11,8	12,1	5,0[4]	5,2[6]
Äpfel	20,3		15,2	11,2
Zitrusfrüchte	2,3	} 52,0	20,0	20,5
Sonstiges Frischobst[7]	18,6		28,8	22,4
Trinkmilch	114,4	113,0	155,4[8]	179,3[8]

[1] Salate, Kohlarten, Spinat, Bohnen usw. — [2] Gurken, Kohlrabi, Blumenkohl u. a. (ohne Melonen). — [3] Durchschnitt 1935 bis 1938. — [4] 1947/48. — [5] 1949. — [6] 1950. — [7] Kern- und Steinobst einschließlich Südfrüchte wie Ananas und Bananen, jedoch ohne Zitrusfrüchte. — [8] Einschließlich Rahm.

Der Obst- und Südfruchtkonsum lag in Westdeutschland 1951/52 über dem Vorkriegsniveau, wie aus Tabelle 12 hervorgeht. Der Verbrauch von Frischgemüse hat jedoch die Vorkriegshöhe, mit Ausnahme der Gemüseschwemme des Jahres 1948/49, noch nicht erreicht.

Tabelle 12. *Obst- und Gemüseverbrauch pro Kopf der Bevölkerung.*
Deutschland 1935 bis 1952.

Lebensmittelart	Einheit	Durchschnitt 1935/38	1948/49	1949/50	1950/51	1951/52
Frischgemüse	kg	52,0	59,0	42,0	49,0	43,5
Frischobst.	„	36,3	21,4	30,1	40,0	44,2
Südfrüchte	„	5,7	1,4	6,0	7,7	7,8
Trockenobst	„	1,7	1,9	1,9	1,8	1,5

Welche Rolle die durch Hitze oder Kälte konservierten Obst- und Gemüsearten neben dem Verbrauch an frischen Lebensmitteln spielen, zeigen folgende Zahlen aus USA, dem Land des höchsten Konservenverbrauchs:

Tabelle 13. *Verbrauch an frischem und konserviertem Obst und Gemüse je Kopf der Bevölkerung in den USA vor und nach dem zweiten Weltkrieg.*

Bezeichnung	Durchschnitt 1935—1938		1951	
	kg	%	kg	%
1. Gemüse				
frisch.	120,1	89,6	114,4	85,8
in Dosen	13,6	10,2	17,6	13,2
gefroren	0,3[1]	0,2	1,4	1,0
	134,0	100,0	133,4	100,0
2. Obst				
frisch.	61,0	86,4	56,9	81,8
in Dosen	6,7	9,5	9,1	13,0
gefroren	0,3	0,4	1,6	2,3
getrocknet	2,6	3,7	2,0	2.9
	70,6	100,0	69,6	100,0
3. Konservierte Obstsäfte				
in Dosen	1,5	100,0	7,0	94,6
gefrorene Zitrussaft- konzentrate[2]	—	—	0,4[3]	5,4
	1,5	100,0	7,4	100,0

Wenn auch der Anteil von schnellgefrorenem Obst und Gemüse am Gesamtverbrauch noch klein ist, handelt es sich wegen der Größe des Landes doch um beachtliche Produktionsmengen: 1949 wurden mehr als 400000 t Obst und Gemüse in den Vereinigten Staaten eingefroren, wozu noch etwa 49 Millionen Liter gefrorene Obstsaftkonzentrate kamen. Die Herstellung dieser Gefrierkonzentrate — hauptsächlich Orangensaft — wurde erst nach Kriegsende aufgenommen; man hatte nach einer neuen Verwertungs- bzw. Absatzmöglichkeit für die Überproduktion an Orangen gesucht (vgl. hierzu S. 241). 1950 soll der Verbrauch schnellgefrorener Lebensmittel je Kopf der Bevölkerung in den USA bereits 6 kg betragen haben. Man rechnet für die nächsten Jahre mit einer weiteren Steigerung.

---

[1] 1937 bis 1938. — [2] Hauptsächlich Orangensaftkonzentrate. — [3] 1948/49.

Literatur.

Plank, R.: Landwirtschaftliche und kältetechnische Probleme bei der Erzeugung von gefrorenem Obst und Gemüse in Amerika. Kälte 1948, H. 5/6.
Statistisches Jahrbuch des Deutschen Reiches (verschiedene Jahrgänge).
Statistisches Jahrbuch für die Bundesrepublik Deutschland 1953.
Strigel, W.: Lebensmittelfrischhaltung durch Kälte und ihre wirtschaftliche Bedeutung für den Welthandelsverkehr einiger Agrarexportländer der Südhalbkugel. Dissertation, München 1948.
Tressler, K. Donald u. F. Clifford Evers: The Freezing Preservation of Foods. New York 1947.
United States Department of Agriculture, Agricultural Statistics 1946. Washington 1946. Desgl. 1948 und 1950.
United States Department of Commerce, Statistical Abstract of the United States 1952. Washington 1952.

IV. Welthandel mit schnellverderblichen Lebensmitteln.

Tabelle 14 gibt einen Überblick über den Welthandel mit schnellverderblichen Lebensmitteln. Wenn man berücksichtigt, daß ein großer Teil dieser jährlich zu befördernden Lebensmittelmenge (etwa 8 Mill. t) gekühlt oder gefroren große Strecken per Schiff, Bahn oder Lastwagen transportiert werden muß, kann man die Bedeutung der Kältetechnik für die Versorgung mit frischen wertvollen Nahrungsmitteln im Rahmen des Welthandels ermessen. Die wirtschaftliche Bedeutung der Kaltkonservierung und des Kalttransports erstreckt sich jedoch nicht etwa nur auf den Transport der Ware, sondern ihr Einfluß reicht von der Erzeugung (hohe Qualitätsanforderungen!) bis zum Endverbraucher (Kühlkette). Den größten Anteil an der gesamten Exportmenge schnellverderblicher Lebensmittel nimmt mit 58% das Frischobst ein[6].

Tabelle 14. *Welthandel mit schnellverderblichen Lebensmitteln.*

Warenart	Ausfuhren im Jahresdurchschnitt		Warenart	Ausfuhren im Jahresdurchschnitt	
	1934—1938	1948—1951		1934—1938	1948—1951
	in 1000 t			in 1000 t	
Rindfleisch[1]	740	533	Schaleneier	350	270
Schaffleisch[1]	350	370	Eipulver und		
Schweinefleisch[1]	100	90	Einschlageier	65	50
Geflügel u. a. Fleisch[1]	120	195	*Eier insg.*	*415*	*320*
Frischfleisch insg.	1310	1188	*Molkereiprodukte insg.*	*1615*	*1714*
Fleischkonserven[2]	*860*	*862*	Orangen u. Mandarinen	1820	1588
Fleisch insg.	*2170*	*2050*	Grapefrucht	110	125
			Zitronen	280	212
Fisch[1]	408[3]	669	Bananen	2500	2200
Kondensmilch	270	408	Äpfel	690	565
Milchpulver	30	218	Trauben	220	182
Milch insg.	*300*	*626*	*Frischobst insg.*	*5620*	*4872*
Butter	620	438	*Trockenobst*[4]	*1840*	*1673*
Käse	280	330	*Obst insgesamt*	*7460*	*6545*
Schnellverderbliche Lebensmittel insgesamt[5]				8953	8443

Literatur.

Food and Agriculture Organization of the United Nations: Yearbook of Food and Agricultural Statistics 1950, Vol. IV, Part 2. Trade. Washington 1951; desgl. 1952, Vol. VI, Part 2, Trade. Rom 1953; derselbe: Yearbook of Fisheries Statistics 1947. Washington 1948; 1948/49. Washington 1950; 1950/51. Rom 1953.

---

[1] Frisch, gekühlt oder gefroren. — [2] Dosen-, Salz- und Trockenfleisch. — [3] 1938. — [4] Rosinen, Datteln, Kokosnüsse (Frischgewicht). — [5] Ohne Fleischkonserven und Trockenobst. — [6] Durchschnitt aus den Jahren 1948 bis 1951.

V. Zahlen aus 25 Ländern der Erde.

Tabelle 15. *Einwohner, Gebietsgröße, Tage mit einer Temperatur über 5° C und Erzeugung elektrischer Energie.*

Land	Bevölkerung in Mill.		Fläche in 1000 qkm	Einw. je qkm	Zahl d. Tage mit einer Temperatur über 5° C	Erzeugung elektr. Energie im Monatsdurchschnitt 1950	
	1939	1952	1952			Mill. kWh	kWh je Einw.
Ägypten	16,6	20,7[1]	1000	21	365	.	.
Argentinien	14,4	17,9[1]	2808	6	339	407[2]	23,7
Australien	7,0	8,6	7704	1	364	790	96,3
Belgien	8,4	8,7	31	281	.	707	82,2
Brasilien	40,3	53,4[1]	8516	6	365	238	4,6
China	452,5	463,5[1]	9736	48	291	.	.
Dänemark	3,8	4,3[1]	43	100	.	151	35,1
Deutschland . . .	69,4	69,4[3]	354[3]	196	223	.	.
BR. Deutschland .	—	48,7	245	199	.	3669	77,1
Frankreich	41,3	42,5	551	77	284	2623	62,6
Großbritann'en . .	47,8	50,7[1]	244	208	318	4580	90,5
Indien	380,0	356,8[4]	3288	109	358	425	1,2
Italien	43,1	46,9	301	156	327	2057	44,4
Japan	70,9	85,5	368	232	278	3260	39,2
Kanada	11,3	14,4	9960	1	164	4242	307,4
Niederlande	8,8	10,4	34	306	.	456	45,1
Neuseeland	1,6	2,0[1]	268	7	.	204	107,4
Norwegen	3,0	3,3	324	10	.	1444[2]	437,6
Pakistan	—	75,8[5]	948	80	.	.	.
Schweden	6,3	7,1	440	16	.	1529	218,4
Schweiz	4,2	4,8	41	117	.	760	161,7
Spanien	25,5	28,3	503	56	346	526	18,6
Südafr. Union . . .	10,2	12,9	1224	11	365	906	73,7
Türkei	17,5	20,9[6]	767	27	276	61	2,9
UdSSR	170,5	193,0[7]	22271	9	187	.	.
USA	130,9	157,0	7828	20	283	27416	180,7

Literatur.

BENNET, M. K.: International Disparties in Consumption Levels. The America Economic Review, September 1951.
Statistical Office of the United Nations: Monthly Bulletin of Statistics. September 1951.
Statistisches Jahrbuch für die Bundesrepublik Deutschland 1953.

B. Die Kältewirtschaft in einzelnen Ländern[8].

I. Europa.

1. Bundesrepublik Deutschland.

Eine Untersuchung der Struktur der Kältewirtschaft des Bundesgebietes stößt wegen der oft fehlenden statistischen Angaben auf Schwierigkeiten. Die amtliche deutsche Statistik erfaßt im Vergleich zu den USA wesentlich weniger kältewirtschaftliche Tatbestände, so daß für manche Bereiche nur wenig durch Zahlen unterbaute Aussagen gemacht werden können. Zahlenvergleiche mit den Vorkriegsverhältnissen sind wegen der Gebietsveränderungen nur selten durchführbar.

---

[1] 1951. — [2] Juni 1950. — [3] Enthält das Gebiet BRD und DDR einschließlich Berlin. — [4] Ohne Pakistan. — [5] Vorläufiges Zählungsergebnis. — [6] 1950. — [7] 1946.

[8] Man vergleiche zu den einzelnen Länderberichten auch die jeweiligen Angaben in den Kapiteln von Abschnitt A „Internationale Zahlenvergleiche".

Folgende Übersicht gibt für das Jahr 1952 Aufschluß über einige Größenordnungen der westdeutschen Kältewirtschaft, deren Gesamtproduktionswert 1952 schätzungsweise 500 Millionen DM betragen haben dürfte[1]. Die Werte für Wassereis und Speiseeis sowie für die Tiefgefrierindustrie mußten überschlägig geschätzt werden.

In der westdeutschen Kältewirtschaft waren 1952 etwa 20000 Personen beschäftigt.

a) Kältemaschinen[3]. Seit 1948 dehnte sich das Produktionsvolumen der Kältemaschinenindustrie fast im gleichen Umfang aus wie das Volumen des Maschinenbaues. Der Anteil der Kältemaschinen am gesamten Produktionswert des Maschinenbaues betrug 1952 1,5% und lag damit etwas unter dem Anteilssatz des Jahres 1938 von 1,7% (Reichsgebiet). Mitte 1953 waren im Bereich des Kältemaschinenbaues rund 10500 Personen beschäftigt.

Tabelle 16. *Produktionswerte der Kältewirtschaft BR. Deutschland 1952.*

Bereich	Umsatz oder Bruttoproduktionswert in Mill. DM
Kältemaschinen[3]	146
Elektr. Haushaltskühlschränke	156[7]
Eisschränke und Eistruhen	15
Lüftungs- und Kühlanlagenhandwerk .	10[2]
Wassereis	15[2]
Speiseeis und Eiscreme	150[2]
Tiefgefrierindustrie	10[2]
Insgesamt	502

Tabelle 17. *Produktion und Export von Kältemaschinen. Deutschland 1938 und 1947 bis 1952.*

Jahr	Gebiet	Produktion		Export	
		Menge t	Wert 1000 RM/DM	Wert 1000 RM/DM	Anteil an der Produktion in %
1938	a) Deutsches Reich . . .	30000[4]	82397[5]	8796	10,7
	b) umgerechnet auf BRD.	22000[4]	59607[5]	6828	11,5
1947	BRD. ohne franz. Zone . .	3601	18156	.	.
1948	BRD. ohne franz. Zone . .	7246	41383	238	0,6
1949	BRD. ohne franz. Zone . .	10566	72699	1274	1,8
1950	BR. Deutschland.	15990	91981	16759[6]	18,2
1951	BR. Deutschland.	19014	108078	25116[6]	23,2
1952	BR. Deutschland.	24074	145850	30794[6]	21,1
1953	BR. Deutschland	33389	221859	57157[6]	25,8

Den größten Anteil an der Kältemaschinenproduktion haben Gewerbekühlschränke über 250 Liter mit 30 % sowie Klein- und Großkältemaschinen mit 19 bzw. 21 % (1953). Die Kältemaschinenindustrie ist ein exportintensiver Wirtschaftszweig. Ihre Exportquote (Anteil des Exports am Produktionswert) liegt jedoch unter dem Durchschnitt des gesamten Maschinenbaues.

Exportquote 1952: Maschinenbau insgesamt 35,9%

Kältemaschinen 21,1%

---

[1] Ohne Dienstleistungen, wie Kalttransport und Kaltlagerung. Die Mieteinnahmen der gewerblichen Kühlhäuser dürften etwa 20 Mill. DM betragen haben.

[2] Schätzung.

[3] Haushalts-Gaskühlschränke, Kühlschränke über 250 l, Klein-, Groß- und Schiffskältemaschinen, Luft- und Gasverflüssigungsanlagen, Kohlensäure- und Trockeneisanlagen, Zubehör- und Ersatzteile.

[4] Schätzung. — [5] Umsatz. — [6] Einschließlich Westberlin. — [7] Vgl. Fußnote 3 auf Seite 203.

Verglichen mit 1938 hat die Exportintensität der Kältemaschinenindustrie etwa in gleichem Maße zugenommen wie die Exportquote des gesamten Maschinenbaues, die 1938 16,7% betrug. Über die Richtung des Exports gibt nachstehende Übersicht Aufschluß:

Tabelle 18. *Absatzgebiete für Kältemaschinenexporte.*
BR. Deutschland einschl. Westberlin 1950 bis 1952.

Gebiet	1950	1951	1952	1950	1951	1952
	Wert (1000 DM)			Anteil (%)		
Europa	*13561*	*20189*	*24121*	*80,9*	*80,4*	*78,4*
darunter						
Frankreich	257	1714	1462	1,5	6,8	4,7
Belgien-Luxemburg	1781	813	2692	10,6	3,2	8,7
Niederlande	1704	4289	2320	10,2	17,1	7,5
Schweden	1069	3185	569	6,4	12,7	1,8
Italien	228	776	5652	1,4	3,1	18,4
Türkei	760	3467	1827	4,5	13,8	5,9
Österreich	305	1888	1475	1,8	7,5	4,8
Schweiz	1399	323	264	8,3	1,3	0,9
Jugoslawien	1338	41	4569	8,0	0,2	14,8
Amerika	*1159*	*3018*	*4316*	*6,9*	*12,0*	*14,0*
darunter						
USA	216	677	391	1,3	2,7	1,3
Brasilien	674	560	2642	4,0	2,2	8,6
Chile	112	391	383	0,7	1,6	1,3
Asien	*566*	*1036*	*1178*	*3,4*	*4,1*	*3,8*
darunter						
Indien	65	453	1	0,4	1,8	0,0
Übrige Welt	*1473*	*873*	*1179*	*8,8*	*3,5*	*3,8*
Insgesamt	*16759*	*25116*	*30794*	*100,0*	*100,0*	*100,0*

Eine Größenvorstellung über die Lage der Bundesrepublik im Weltexport von Kältemaschinen vermittelt Tab. 3 (S. 195). Mit rund zwei Dritteln beherrschen die USA im wesentlichen den Kältemaschinen-Weltmarkt. 1952 ist der Anteil des Bundesgebietes, das seit 1950 seinen Export an Kältemaschinen und Kühlschränken mehr als verdoppeln konnte, auf 6% des Weltexports gestiegen. — Die Einfuhr von Kältemaschinen nach Westdeutschland ist unerheblich; sie belief sich 1952 auf 619000 DM.

b) Elektrokühlschränke[1]. Mitte 1952 dürften im Bundesgebiet rund 1,2 Millionen elektrische Haushaltskühlschränke benützt worden sein. Die Sättigung des Marktes — gemessen an der Zahl der Haushaltungen[2] — betrug demnach 7 bis 8%, in der Schweiz 11%, in den USA fast 90%. Der Begriff der „Marktsättigung" ist allerdings mit Vorsicht zu gebrauchen. Als Beziehungsgröße dürften eigentlich nur diejenigen Haushaltungen herangezogen werden, deren Einkommensverhältnisse die Anschaffung eines Kühlschrankes wahrscheinlich machen. Dies setzt aber eine genaue Marktanalyse voraus. Jedenfalls liegt der bereits erreichte tatsächliche Sättigungsgrad in Deutschland und der Schweiz schon wesentlich höher. Von den Kühleinrichtungen in den Haushaltungen des Bundesgebietes sollen zwei Drittel aus elektrischen Kühlschränken und ein Drittel aus Eisschränken bestehen.

---

[1] Elektrische Haushaltskühlschränke und -möbel bis 250 l.
[2] Etwa 15,7 Mill. Haushaltungen (Dez. 1952).

Die Kühlschrankindustrie beschäftigte 1953 etwa 5000 Personen. Der Ausstoß an Elektrokühlschränken ist in den letzten Jahren stark gestiegen. 1939 wurden im damaligen Reichsgebiet etwa 100000 Kühlschränke erzeugt. Im Bundesgebiet wurde diese Ausstoßziffer erst 1951 überschritten. Die Anzahl der produzierten Kühlschränke betrug etwa:

<pre>
1948 18000
1949 30000
1950 70000
1951 130000
1952 214000
1953 327000
</pre>

Die Absorptionskühlschränke (meist unter 100 Liter Kühlraum) haben in den letzten Jahren wegen ihrer relativ niedrigen Anschaffungskosten zunehmend an Bedeutung gewonnen, obwohl ihr Energieverbrauch relativ größer ist. Ihr Anteil am gesamten Produktionswert betrug im Jahr 1953 bereits etwas mehr als ein Drittel (57 % der erzeugten Stückzahl). Die Zahl der 1952 erzeugten Kompressorkühlschränke — etwa 100000 Stück — verteilte sich schätzungsweise auf

<pre>
Kühlschränke bis   60 l . . . . 20 %
Kühlschränke über   60 bis 100 l . . . 40 %
Kühlschränke über 100 bis 160 l . . . 25 %
Kühlschränke über 160 bis 250 l . . . 15 %
</pre>

Während in USA das Schwergewicht der Produktion bei Kühlschränken mit einem Inhalt von über 180 l liegt (vgl. S. 233), waren in der Schweiz die Hälfte der im Jahre 1948 verkauften Kompressorkühlschränke kleiner als 100 l (vgl. S. 227).

Die jährliche Produktionsspitze von Kühlschränken liegt infolge des klimatisch beeinflußten Umsatzrhythmus in den Sommermonaten. In den USA werden die höchsten Verkaufsziffern in den Monaten März bis Juni erzielt. Für die Jahre 1950 bis 1952 lassen sich aus der amtlichen Statistik für das Bundesgebiet folgende monatliche Produktionszahlen entnehmen:

Tabelle 19. *Monatliche Produktion elektrischer Kühlschränke[1].*
BR Deutschland 1950 bis 1952.

Monat	1950		1951[2]		1952[3]	
	t	1000 DM	t	1000 DM	t	1000 DM
Januar	406	3360	741	4940	1215	9873
Februar	454	3509	849	5754	1305	10226
März	488	3740	1035	6676	1718	12922
April	577	4239	1226	7981	1935	14467
Mai	678	5023	1351	8789	2145	15389
Juni	749	5459	1552	11210	2089	14867
Juli	847	5844	1567	11579	2346	16289
August	860	5838	1244	9501	1899	13032
September	770	5192	817	6865	1440	10792
Oktober	581	3892	1127	9176	1523	11557
November	648	4495	996	8288	1637	11915
Dezember	600	4306	1041	8667	1964	14220
Insgesamt	7658	54897	13546	99426	21216	155549
Monatsdurchschnitt	*638*	*4575*	*1129*	*8286*	*1768*	*12962*

Bei Beurteilung dieser Produktionszahlen ist zu berücksichtigen, daß 1952 bereits 13 % der Erzeugung exportiert[4] und ein weiterer beträchtlicher Teil

---

[1] Bis 250 l Inhalt. — [2] Ab Juni einschließlich Westberlin. — [3] Einschließlich Westberlin.
[4] Die Exportquote der gesamten Elektroindustrie betrug im gleichen Jahr 13,0 %.

von den Besatzungsmächten abgenommen wurde. Zum Vergleich sei erwähnt, daß Großbritannien seit 1948 über 50% seiner Kühlschrankproduktion exportiert.

Tabelle 20. *Produktion und Export elektrischer Kühlschränke*[1].
Deutschland 1936, 1947 bis 1952.

Jahr	Gebiet	Produktion[3]	Export	Export in % d. Prod.
		in Mill. RM/DM		
1936	a) Deutsches Reich · · · · · · · ·	11,1	0,8	7,2
	b) Umgerechnet auf BR. Deutschland	9,2	·	·
1947	BR. Deutschland ohne franz. Zone ·	13,0	·	·
1948	BR. Deutschland ohne franz. Zone ·	24,7	·	·
1949	BR. Deutschland ohne franz. Zone ·	36,2	·	·
1950	BR. Deutschland · · · · · · · · ·	54,9	1,2[2]	2,2
1951	BR. Deutschland[2] · · · · · · · · ·	105,9	10,8	10,2
1952	BR. Deutschland[2] · · · · · · · · ·	155,5	20,6	13,2
1953	BR. Deutschland[2] · · · · · · · · ·	212,2	25,2	11,9

Der Anteil des Kühlschrankexports an der gesamten Elektroausfuhr stieg von 0,5% (1950) auf 2,0% (1953).

Die Absatzmärkte für die deutsche Kühlschrankindustrie liegen zu rund 90% in Europa. Infolge der starken nordamerikanischen Konkurrenz gehen nur 10% nach Übersee. In den Jahren 1951 und 1952 verteilte sich der Export hauptsächlich auf folgende Länder (siehe Tabelle 21).

Auch die Einfuhr hat 1952 gegenüber 1951 stark zugenommen. 1952 wurden für 5,6 Mill. DM elektrische Kühlschränke eingeführt (1951: 1,6 Millionen DM). Hauptlieferant war Großbritannien. Sein Anteil an der Einfuhr betrug 1952 fast 90%.

Tabelle 21. *Absatzgebiete für Kühlschrankexporte der BR. Deutschland 1951 und 1952.*

Gebiet	1951	1952
	in %	
Türkei · · · · · · · · · · ·	12,6	7,2
Belgien-Luxemburg · · · · ·	15,2	8,9
Schweiz · · · · · · · · ·	10,9	3,5
Italien · · · · · · · · · ·	17,3	26,9
Schweden · · · · · · · · ·	10,5	31,5
Niederlande · · · · · · · ·	5,3	1,7
Ägypten · · · · · · · · ·	3,5	0,8
Hongkong · · · · · · · ·	0,3	1,6
Übrige Länder · · · · · · ·	24,4	17,9
Insgesamt	100,0	100,0

c) Eisschränke und Kühlmöbel. Im Jahre 1950 belief sich der Produktionswert der Eisschränke und Kühlmöbel auf über 10 Mill. DM und erhöhte sich im Jahre 1952 auf 15,4 Mill. DM. Die Kühlmöbelindustrie beschäftigte 1953 etwa 3000 Personen. Während die Absatzchancen für Kühlmöbel relativ günstig sind, bleiben sie für Eisschränke weiterhin beschränkt. Einmal können die Eisschränke nur innerhalb des Absatzradius der Eisfabriken aufgestellt werden, zum andern ist der notwendige „Service", d. h. die Belieferung mit Eis, relativ umständlich. Aus diesen Gründen und wegen der Konkurrenz der kleinen Elektrokühlschränke werden die Erzeugung von Eisschränken und der Eisabsatz in diesem Sektor auf längere Sicht zurückgehen.

---

[1] Bis 250 l Inhalt. — [2] Einschließlich Westberlin. — [3] Nach Feststellungen der Arbeitsgemeinschaft Kälte-Industrie sind in den amtlichen Produktionsdaten Doppelmeldungen enthalten; so müßte z. B. der Produktionswert für 1952 112,1 Millionen DM lauten.

d) Das Handwerk der Lüftungs- und Kühlanlagenhersteller. Neben der Industrie befaßt sich auch das Handwerk mit der Herstellung und Reparatur von Kühlanlagen. Nach Ergebnissen der Handwerkszählung 1949 bestanden am 30. Sept. 1949 im Bundesgebiet 210 Betriebe des Handwerkszweiges „Lüftungs- und Kühlanlagenhersteller". Diese Betriebe beschäftigten 1140 Personen und erzielten einen Jahresumsatz (1. Okt. 1948 bis 30. Sept. 1949) von 15,3 Mill. DM. Von diesem Umsatz entfallen 73% auf die rein handwerkliche Tätigkeit (vier Fünftel Neuherstellungen und ein Fünftel Reparaturen) und 27% auf den Umsatz von Handelsware. Die Lüftungs- und Kühlanlagenhersteller gehören zu den Handwerkszweigen mit den höchsten pro-Kopf-Umsätzen; der Jahresumsatz je Beschäftigten betrug durchschnittlich rund 13400 DM und liegt damit um mehr als das Doppelte über dem entsprechenden Durchschnitt des gesamten Handwerks.

Man muß bei der Beurteilung dieser Zahlen beachten, daß sich außer diesen 210 Betrieben noch weitere Handwerksbetriebe mit der Herstellung oder Reparatur von Lüftungs- und Kühlanlagen befassen; denn viele derartige Betriebe sind nicht ausschließlich auf diesen Berufszweig spezialisiert und erscheinen dann in den Ergebnissen der Handwerkszählung eventuell als Elektromechaniker (elektrische Kühlanlagen) oder als Spengler (Lüftungsanlagen).

e) Eisindustrie. Vor dem letzten Krieg bestanden in Deutschland etwa 450 Eisfabriken (ohne Eiserzeugung in Schlachthöfen, Brauereien usw.) mit einer Kälteleistung von schätzungsweise 100 Mill. kcal/h. Sie erzeugten im Jahre 1 Mill. t im Wert von 35 Mill. RM. Die tägliche Produktionskapazität betrug 11000 t. Etwa 7000 Personen waren in der Eisindustrie beschäftigt. Der jährliche Eisverbrauch je Kopf der Bevölkerung betrug 16,5 kg, in Großstädten etwa 50 kg (in USA: 500 kg). 1949 wurden im Bundesgebiet 512000 t Eis erzeugt. 1950 konnte diese Menge wegen der zunehmenden Nachfrage seitens der Haushaltungen und des Gewerbes um fast ein Fünftel auf 610000 t im Wert von 17 Mill. DM gesteigert werden. 1952 dürfte die Eisproduktion etwa 690000 t betragen haben. Dennoch liegt der durchschnittliche Eisverbrauch je Kopf der Bevölkerung mit 14 kg noch unter dem Vorkriegsstand. Die zunehmende Bedeutung der maschinellen Kühlung setzt einer weiteren Ausdehnung der Eiserzeugung enge Grenzen.

Die Hauptabnehmer für Wassereis sind die Fischwirtschaft, das Gaststätten- und Hotelgewerbe, Bierverleger, Trinkhallen usw. Genaue Zahlen über die Verwendung von Wassereis bei der Verteilung der Fischanlandungen lassen sich nicht angeben. Nach Angaben des Bundesministeriums für Ernährung, Landwirtschaft und Forsten verteilten sich die Fischanlandungen in den Jahren 1948 und 1949 nach ihrer Verwendung folgendermaßen:

Tabelle **22.** *Verwendung der Fischanlandungen.*
BR Deutschland 1948 und 1949.

	Einheit	1948	1949
Gesamtanlandungen ·	t	380208	471379
	%	100,0	100,0
davon verkauft bzw. verarbeitet:			
frisch ·	%	71,9	73,5
gefroren ·	%	11,3	11,9
Dosenkonserven · · · · · · · · · · · · · · · · · · ·	%	1,6	1,0
gesalzen, getrocknet, geräuchert · · · · · · · ·	%	2,1	3,6
zu Öl und Mehl · · · · · · · · · · · · · · · · · · ·	%	13,1	10,0

Für die Jahre 1950 und 1951 wurden die gefrorenen Fische nicht ausgewiesen. Da die Gesamtanlandungen jedoch zunahmen[1], ist anzunehmen, daß weiterhin jährlich über 50000 t Fische gefroren verkauft wurden.

f) Speiseeis und Eiscreme. Die Speiseeis- und Eiscremeerzeugung, für die keine amtlichen Produktionszahlen für das gesamte Bundesgebiet vorliegen, werden für 1951 von der Arbeitsgemeinschaft der Tiefkühlunternehmungen auf etwa 50 Mill. Liter geschätzt. Hiernach würde der pro-Kopf-Verbrauch an diesen Erzeugnissen im Bundesgebiet jährlich über 1 Liter betragen, in Frankreich vergleichsweise 0,6, in Australien 8 und in USA 17 Liter (1949). Der Produktionswert der deutschen Speiseeis- und Eiscremeerzeugung dürfte 1952 150 Mill. DM betragen haben. Die amtliche Statistik, die nur Betriebe mit 10 und mehr Beschäftigten erfaßt, weist wesentlich geringere Zahlen aus[2]. Das Schwergewicht der Produktion liegt jedoch bei den vielen kleinen Betrieben (Eisdielen usw.).

g) Tiefgefrierindustrie. Die hohen Lagerbestände an gefrorenem Obst und Gemüse im Zeitpunkt der Währungsreform haben im Zusammenhang mit dem reichlichen Angebot an Frischware und der Konkurrenz von Südfrüchten im Winter zu einer Krise der Tiefgefrierindustrie geführt, die noch nicht überwunden ist. Die Produktion sank von 50000 t, dem Höchstand des Jahres 1943, als die Wehrmacht noch Hauptabnehmer war, auf unter 2000 t (1951). Erschwerend für den Absatz wirkte sich auch die mangelnde Ausstattung des Verteilerapparates mit Kühlschränken aus. 1953 wurden jedoch bereits wieder nahezu 5000 t Obst und Gemüse im Werte von etwa 6 Mill. DM tiefgefroren. Daneben verarbeitet die Gefrierindustrie hauptsächlich Fische (etwa 2500 t). Mit dem weiteren Ausbau der Kühlkette werden sich die Absatzchancen für tiefgefrorene Erzeugnisse in zunehmendem Maße verbessern. Hauptabnehmer für Gefriererzeugnisse sind z. Z. vor allem Großverbraucher.

h) Kühlhauswirtschaft. 1892 wurde in Hamburg das erste Kühlhaus Deutschlands in Betrieb genommen. 1935 bestanden in Deutschland 43 Kühlhäuser mit einer Kühlfläche von rund 182000 m². 1941 war die gesamte Kühlfläche im Altreich auf 388000 m² angewachsen, wurde jedoch durch Kriegseinwirkung um etwa ein Viertel reduziert. 1945 verfügte Westdeutschland noch über 174000 m² Kühlfläche, die bis Ende 1950 bereits auf 244000 m² vergrößert werden konnte.

Bezogen auf je 1000 Einwohner ergeben sich für die Kaltlagerraumdichte bzw. Verbreitung der Kühlwirtschaft nebenstehende Relationen, denen als Vergleich entsprechende Daten aus USA gegenübergestellt werden (vgl. Tab. 4, S. 196).

Tabelle 23. *Entwicklung der Kaltlagerraumdichte. Deutschland und USA 1935, 1943 und 1950.*

Jahr	Deutschland/Bundesgebiet	USA[3]
	Kaltlagerraum je 1000 Einwohner in m³[4]	
1935	10	127
1943	23	135
1950	15	135[5]

Über die Temperaturbereiche in den deutschen Kühlhäusern gibt folgende Tabelle Aufschluß:

---

[1] 1950: 525476 t; 1951: 654037 t; 1952: etwa 610000 t.

[2] In einigen Bundesländern werden die Produktionsdaten überhaupt nicht erhoben.

[3] Bruttokühlraum ohne die gekühlten Arbeitsräume in den Fleischpackereien (vgl. Fußnote 1, S. 238).

[4] Für Deutschland wurde die Nutzkühlfläche (m²) unter Annahme einer durchschnittlichen Höhe der Kühlräume von 3 m in m³ umgerechnet.

[5] Schätzung.

Tabelle 24. *Temperaturbereiche in den Kühlhäusern.*
BR. Deutschland[1] 1949.

Kühlhäuser	Gesamt-fläche	herunterzukühlen bis ...° C					
		0°	−6°	−8°	−10°	−15°	unt. −15°
		%					
Gewerbliche	100	8,2	17,0	5,2	7,0	20,8	41,8[2]
Nichtgewerbliche . .	100	50,0	7,1	14,3	7,0	14,2	7,4
Insgesamt	100	16,0	15,0	7,0	7,0	19,6	35,4

Bei den nichtgewerblichen Kühlhäusern können 50% des Kühlraums nur bis 0° C heruntergekühlt werden, während bei den gewerblichen Kühlhäusern das Schwergewicht der Kühltemperaturen bei −15° C und tiefer liegt.

Noch im Jahre 1935 hatten die Kühlhäuser, die ganz auf Vermietung der Kühlfläche eingestellt waren, durch die schlechte Wirtschaftslage mit großen Schwierigkeiten zu kämpfen. Durch das Verbot der Gefrierfleischeinfuhr (1930 bis 1935) sank die Gefrierfleischeinlagerung, die bis dahin für die Belegung der Kühlhäuser von größter Bedeutung gewesen war, erheblich. Zahlen über die Belegung der Kühlflächen ergeben für die Zeit vor dem ersten Weltkrieg einen Nutzungsgrad von 75%, in den zwanziger Jahren vor der Gefrierfleischkontingentierung (1930) 80 bis 90%, 1930 bis 1935 jedoch nur 30%. 1938 war die durchschnittliche Belegungsziffer bereits wieder auf 77,2% angestiegen. 1950 wurden die gewerblichen Kühlflächen des Bundesgebietes durchschnittlich nur zu 67% in Anspruch genommen (1953: 55%), wovon

62600 m² oder 47% auf die Privatwirtschaft,
36300 m² oder 28% auf den Staat,
33400 m² oder 25% auf die Besatzungsmacht

entfielen. Sieht man von der Belegung durch die Besatzungsmächte ab, so war die vorhandene Kühlfläche — rund 200000 m² — sogar nur zur Hälfte (51%) belegt. In den Ländern der drei Besatzungszonen ist die Ausnutzung der Kühlhäuser ganz verschieden. In der amerikanischen Zone z. B. macht sich die Verkehrsferne von den Einfuhrhäfen und die dadurch bedingte relativ stärkere Vorratshaltung besonders auch durch die Besatzungsmacht bemerkbar. Die Kühlflächen waren 1950 in den Ländern der

amerikanischen Zone zu 86%
britischen Zone   zu 57%
französischen Zone   zu 55%

ausgenutzt. Auch innerhalb dieser Gebiete sind große Differenzen vorhanden. So wurde z. B. 1950 die gewerbliche Kühlfläche in Hamburg nur zu etwa 40% ausgenutzt. In USA betrug der Belegungsgrad der Kühlhausindustrie im Durchschnitt der Jahre 1947 bis 1951 für Kühlräume 78% und für Gefrierräume 72%. In Frankreich wird die vorhandene Kaltlagerkapazität nur zu einem geringen Grad ausgenutzt (1948: 30%!), weil ihre räumliche Verteilung und technische Ausrüstung nicht den derzeitigen wirtschaftlichen Bedürfnissen entspricht.

Der relativ niedrige Nutzungsgrad der Kühlhäuser des Bundesgebietes macht ihren Betrieb wegen der hohen fixen Kosten oft unrentabel (vgl. Abb. 105). Der durchschnittliche monatliche Mietsatz je m² betrug 1950 DM 9,— und wurde 1952 auf DM 11,— erhöht. Er lag damit nur um 35% über dem Satz von 1938, während sich z. B. die industriellen Erzeugerpreise und die Lebensmittelpreise

---

[1] Ohne französische Zone. — [2] Zum Vergleich: 1936 nur 14%.

um rund 100% über dem Niveau von 1938 hielten (1952). Die Kaltlagerung von 1 kg Fleisch oder 1 kg Butter kostete 1953 monatlich etwa 1,5 Pfennig. Da die kaltgelagerten Lebensmittel einen hohen Mietsatz aus Marktgründen nicht vertragen, kann eine Rentabilität der Kühlhäuser nur durch eine andauernde, etwa bei 70 bis 75% liegende Belegung erreicht werden. Es ist also notwendig, die vorhandenen Kühlflächen durch eine entsprechende Ausnutzung in den Dienst einer planvollen Vorratswirtschaft zu stellen, mit dem Ziel, die über eine normale Nachfrage hinausgehenden Angebotsspitzen aus dem In- und Ausland aufzufangen und in Mangelzeiten die Waren auf den Markt zurückfließen zu lassen. Dann wird es für den Konsumenten möglich sein, zu jeder Jahreszeit frische Lebensmittel preisgünstig einzukaufen. Die 1952 in den gewerblichen Kühlhäusern eingelagerten Mengen an Fleisch und Butter entsprechen kaum einem Zehntagebedarf.

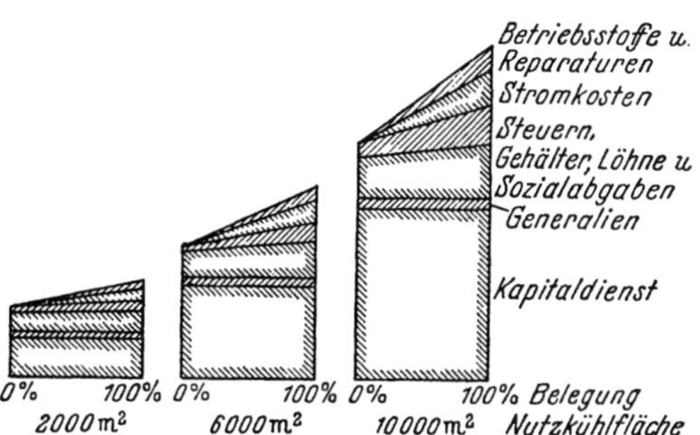

Abb. 105. Aufteilung der jährlichen Unkosten von Kühlhäusern in Abhängigkeit von der Belegung. (Nach W. POHLMANN, s. S. 215.)

Über den Anteil der Kühlgüter an der belegbaren Fläche der westdeutschen Kühlhäuser im Jahre 1952 orientiert die folgende Tabelle:

Tabelle 25. *Anteil der Kühlgüter an der belegbaren Fläche.*
BR. Deutschland 1952 in %.

Monat	Fleisch	Butter und Fette	Eier	Obst und Gemüse frisch	Verschiedenes	Besatz.-Macht	Freiraum unvermietet
Januar . . .	3	20	—	22	2	1	52
Februar . . .	12	15	—	20	2	1	50
März	12	15	—	20	2	1	50
April	14	10	20	5	2	1	48
Mai	16	13	23	—	2	1	45
Juni	16	13	23	—	2	1	45
Juli	16	13	23	—	2	1	45
August . . .	17	11	23	1	9	1	38
September .	19	11	28	1	9	10	22
Oktober . .	15	10	21	4	6	1	43
November . .	15	10	20	1	6	1	47
Dezember .	12	10	10	1	7	1	59

Im Jahresdurchschnitt 1952 hatten die einzelnen Lebensmittel folgenden Anteil an der belegten Kühlhausfläche:

Fleisch 22,0%
Fette 11,2%
Eier 9,7%
Fische 7,3%
Obst und Gemüse, frisch 4,5%
Obst und Gemüse, tiefgefroren 1,1%
Verschiedenes 16,1%
Besatzung 28,1%

i) Kalttransportmittel. Ähnlich wie in anderen Zweigen der Verkehrswirtschaft besteht auch im Kühlverkehr ein starker Wettbewerb zwischen Schiene und Straße. Das beweglichere Kühlauto kann die Glieder der Kühlkette häufig dichter miteinander verbinden als der Kühlwagen der Eisenbahn, und zwar namentlich dann, wenn der Empfänger oder Verlader keinen Gleisanschluß besitzt. Der Kühlverkehr auf der Straße hat nach 1945 hauptsächlich deshalb einen starken Aufschwung genommen, weil durch die Zonenteilung Deutschlands die Transportentfernungen vielfach kürzer geworden sind. Ein Kühlbehälterverkehr der Eisenbahn hat sich nicht durchgesetzt.

Während über die Zahl der Kühlautos und die Art ihrer thermischen Einrichtungen noch keine genauen Daten bekannt sind — nach unvollständigen Angaben der Kraftfahrzeugzulassungsstellen waren am 1. Juli 1950 250 Kühllastwagen in Betrieb —, sind über die Zahl und die Art der im Bundesgebiet verwendeten Kühlwagen der Bundesbahn und privater Gesellschaften nähere Einzelheiten bekannt (nach Angaben des Hauptwagenamtes der Deutschen Bundesbahn).

Ende 1952 liefen im Bundesgebiet 4092 Kühlwagen, wovon 800 privaten Gesellschaften gehörten. Nach Art der Kühlung setzten sich die bahneigenen Kühlwagen (3292) zusammen aus:

993 Wagen mit Wassereiskühlung (darunter 273 amerikanischer Bauart),
 10 Wagen mit Trockeneiskühlung,
1079 Wagen mit Trocken- oder Wassereiskühlung,
1190 Seefischkühlwagen,
 20 isolierten Milchkesselwagen.

Maschinelle Kühlwagen wurden 1952 von der deutschen Bundesbahn nicht verwendet, weil die bessere Ausgestaltung der neueren Kühlwagen (größere Eisbunker, geringerer Eisverbrauch, Schnellauffähigkeit) in immer stärkerem Maße auch die Durchführung von Langstreckentransporten ohne oder mit nur wenig Nachbeeisung ermöglicht. Die Kriegs- und Nachkriegsschäden des Kühlwagenparkes sind größtenteils behoben. 1953/54 ist die Einstellung von 210 neuen Universalkühlwagen in Ganzmetallbauweise vorgesehen. Die durchschnittliche Umlaufzeit betrug 1952 bei Seefischkühlwagen 9,0, bei den übrigen Kühlwagen 6,9 Tage. Ein Seefischkühlwagen legte etwa 41, ein Kühlwagen der übrigen Gattungen etwa 53 Fahrten im Jahr zurück.

Die im Jahr 1952 für den Transport wärme- oder kälteempfindlicher Güter zur Verfügung gestellten bahneigenen Kühlwagen waren am Transport temperaturempfindlicher Güter folgendermaßen beteiligt:

35% für Seefische,
20% für Milch,
12% für Fleisch,
 9% für Bananen,
 5% für Obst und Gemüse,
 3% für Molkereiprodukte,
 2% für Gefrierwaren,
 2% für Bier und Mineralwasser,
 1% für Eier,
 7% für sonstige temperaturempfindliche Waren,
 4% für leer zurücklaufende Packmittel (Milchgefäße u. ä.).

Die Deutsche Bundesbahn verfügt neuerdings über 9 Behältertragwagen mit zusammen 18 Kühlbehältern, die hauptsächlich zur Beförderung von Eiscreme verwendet werden.

1937 liefen auf den deutschen Bahnen rund 4000 Kühlwagen, wovon 3500 im Besitz privater Unternehmen waren. Das Verhältnis von privaten zu bahneigenen Kühlwagen ist heute also etwa den Vorkriegsverhältnissen entgegengesetzt, was darauf zurückzuführen sein dürfte, daß die private Kühltransporttätigkeit zu einem großen Teil von der Schiene auf die Straße verlagert wurde. Von dem gesamten westeuropäischen Kühlwagenpark entfallen etwa 25% auf das Bundesgebiet.

1950 gründeten die Deutsche Bundesbahn und Unternehmen der deutschen Kühlwirtschaft die „Transthermos GmbH, Hamburg—Bremen—München". Diese Gesellschaft hat — ähnlich wie die auf westeuropäischer Basis arbeitende Gesellschaft Interfrigo (Basel) — die Aufgabe, den Verkehr wärme- und kälteempfindlicher Güter auf der Schiene zu fördern und weiter auszubauen. Auf Wunsch der Kunden führt sie Transporte einschließlich Vorkühlung, Beeisung und Nachbeeisung in eigener Regie durch.

1939 besaß Deutschland Kühlschiffe mit 234 000 BRT. Der Schiffskühlraum betrug 126 000 m³. Nach dem 2. Weltkrieg hatte die deutsche Handelsflotte keine Kühlschiffe mehr, jedoch befanden sich 1953 bereits wieder 7 moderne Kühlschiffe mit 44 000 m³ Kühlraum im Dienst. Die Schiffe haben eine Geschwindigkeit von 16,5 Knoten und können die Lagerräume bis —12° C abkühlen.

Literatur.

BARTH, E.: Deutsche Kältemaschinen auf dem Weltmarkt. Z. ges. Kälteind. 46. Jg. (1939) S. 102ff.

FLEMMING, H.: Rationalisierungsmaßnahmen im Kühlverkehr. Kältetechn. 3. Jg. (1951) H. 5.

HARMS, H.: Kühlschiffe, die schönsten und wertvollsten Einheiten der deutschen Handelsflotte. Orion. 8. Jg. (1953) H. 15/16, S. 655.

HENSEN, H.: Die gewerbliche Kühlwirtschaft im Jahre 1950. Kältetechn. 3. Jg. (1951) H. 6.

HÖNDORF, G.: Die Kühlanlage als Handelsobjekt. Kältetechn. 2. Jg. (1950) H. 12.

KATZENBERGER, B.: Vortrag auf der Tagung der Arbeitsgemeinschaft Kälteindustrie in Köln, November 1951.

POHLMANN, W.: Planung und Bau von Kühlhäusern. Kältetechn. 2. Jg. (1950) H. 3, S. 65ff.

POHLMANN, W.: Taschenbuch für Kältetechniker. Hamburg 1947.

ROST, HERBERT: Entwicklungslinien der Elektrowirtschaft. Frankfurt 1951.

SCHLIENZ, W.: Ungelöste Kühlhausprobleme. Kältetechn. 2. Jg. (1950) H. 3, S. 58ff.

SCHMAEDEL, G. v.: Der Einsatz der Kältetechnik im Transport- und Lagerhauswesen im Dienste der deutschen Ernährungswirtschaft. Geograph. Inst. T. H. München 1945.

SCHRADER, H.: Die neueste Entwicklung der westdeutschen Kälteindustrie. Kältetechn. 5. Jg. (1953) H. 11, S. 320 ff.

STRIGEL: W. Kühlschiffe. Kältetechn. 3. Jg. (1951) H. 3, S. 67.

Firmenhandbuch der Kälteindustrie 1950/51. Darmstadt 1951.

Bundesministerium für Ernährung, Landwirtschaft und Forsten: Jahresbericht über die deutsche Fischerei 1950. Berlin 1951.

Kälte, 5. Jg. (1952) H. 8, S. 198: Kühlschrankverkäufe.

Schweizer Elektro-Rundschau. Zürich, Juni 1952.

Statistisches Bundesamt: Laufende Industrieberichte.

Statistisches Bundesamt, Sonderheft 1: Die Industrieproduktion im Jahre 1950. Wiesbaden 1951; desgl. 1952. Wiesbaden 1953.

Statistisches Bundesamt: Der Außenhandel der Bundesrepublik, Teil 2, Der Spezialhandel nach Waren 1950, 1951 und 1952.

Statistisches Bundesamt: Wirtschaft und Statistik, 4. Jg. (1952) H. 1.

Verein Deutscher Maschinenbauanstalten: Die Lage des Maschinenbaus im Jahre 1949, 1950, 1951, 1952. Frankfurt 1950 bis 1953.

Verein Deutscher Maschinenbauanstalten: Wirtschaftsbilder Nr. 11, Januar 1951.

Verein Deutscher Maschinenbauanstalten: Statistisches Handbuch für den Maschinenbau 1952.

Der Volkswirt, 7. Jg. v. 15. 8. 1953. S. 17/18: Der Kühlschrank erobert die Haushalte.

Wirtschaftsverband Maschinenbau: Umsatzwerte im Jahre 1938 nach Fachabteilungen und Besatzungszonen. Düsseldorf 1947.

Zentralverband der Elektrotechnischen Industrie: Statistische Berichte 1948 bis 1953.

Zentralverband der Elektrotechnischen Industrie: Mitteilungsblatt 4. Jg. (1951) Nr. 8: Deutscher Elektro-Außenhandel; desgl. 5. Jg. (1952) Nr. 3, 6. Jg. (1953) Nr. 6 u. 7. Jg. (1954) Nr. 3.

Persönliche Mitteilungen an den Verfasser von
  Arbeitsgemeinschaft Kälteindustrie, Frankfurt.
  Arbeitsgemeinschaft der Tiefkühlunternehmen in der US-Zone, München.
  Deutsche Bundesbahn, Hauptwagenamt, Frankfurt.
  Fachabteilung Kühlschränke im Zentralverband der Elektrotechnischen Industrie.
    Frankfurt.
  Fachverband der Kühlhäuser und Eisfabriken, Hamburg.
  Kraftfahrt-Bundesamt, Bielefeld.

2. Dänemark.

Dänemark gehört zu den wenigen Ländern Europas, wo bereits heute künstliche Kälte verhältnismäßig stark zur Verarbeitung, Lagerung und Verteilung von Lebensmitteln eingesetzt wird. Die *Kühlhäuser* des Landes haben ein Fassungsvermögen von etwa 450000 m³ (1948). Rund 77000 m³ oder 17% waren Tiefkühlräume, wovon 59000 m³ Temperaturen von —18° C und darunter halten konnten. Von dem gesamten Kaltlagerraum werden etwa 50% zur Kühlung von Fleisch und 25% zur Kühlung von Molkereiprodukten verwendet. Die meisten Kühlhäuser liegen in der Nähe der Seehäfen. Hier werden die leichtverderblichen Exportgüter Dänemarks — Fische, Fleisch und Molkereiprodukte (besonders Butter) — gesammelt. Nach Island und Norwegen gehört Dänemark zu den bedeutendsten europäischen Fischexporteuren. Bis 1939 dienten die dänischen Kühlhäuser hauptsächlich dem Fischexport. Neben vielen kleinen Kühlhäusern wurde inzwischen etwa ein Dutzend größerer Kühlhäuser für die allgemeine Lebensmittellagerung gebaut. Sie verfügen durchschnittlich über je 4000 m³ Kühlraum. Die meisten dänischen Kühlhäuser sind im Besitz von Aktiengesellschaften.

Es ist bemerkenswert, daß dänische Kühlhäuser wie auch diejenigen der anderen skandinavischen Länder über besonders leistungsfähige Gefrieranlagen verfügen, weil — im Gegensatz zu den übrigen europäischen Ländern — die Ausfuhr an Kühlgütern die Einfuhr überwiegt; denn Kühlgüter, die ausgeführt werden, benötigen wegen der Durchführung des Gefrierprozesses durchschnittlich eine größere Kälteleistung je Einheit, als dies bei Importwaren der Fall ist, da letztere in der Regel im Ausfuhrland bereits gekühlt oder gefroren worden sind.

Das Fassungsvermögen der Kaltlagerräume der gut entwickelten *Fischindustrie* stieg innerhalb von 4 Jahren von 265 t (1944) auf 8000 t (1948). Im Jahre 1947 wurden 6000 t Fische eingefroren.

1948 arbeiteten in Dänemark 24 *Schnellgefrierbetriebe* mit modernen Gefrieranlagen (23 Tunnel- und 4 Plattengefrierer mit einer täglichen Maximalleistung von 390 t). Daneben bestehen noch 15 fleischverarbeitende Betriebe, die pro Tag insgesamt 500 t Fleisch einfrieren können. Es war beabsichtigt, diese Kapazität um 40% zu erhöhen. Über weitere moderne Kälteanlagen verfügen die zahlreichen Eiscremefabriken. Die Sahneeisproduktion Dänemarks hat sich gegenüber 1939 verdreifacht. 1947 wurden 24,3 Mill. Liter produziert. 1948 wurden etwa 30 Mill. kg Vollmilch zur Sahneeisherstellung verwendet. 1937 arbeiteten in Dänemark 162 Sahneeisfabriken, die einen Jahresumsatz von 10 Mill. Kronen erzielten.

1948 stellten 19 dänische *Eisfabriken* 210000 t Wassereis her. Die tägliche Erzeugungskapazität dieser Betriebe betrug 1700 t. Daneben arbeiteten noch 50 kleinere Betriebe für den Eisbedarf der Fischindustrie mit einer maximalen Ausstoßmenge von etwa 250 t pro Tag.

In Dänemark wurden 1948 350 *Kälteschließfachanlagen* betrieben. 1951 sollen bereits 1400 Anlagen mit durchschnittlich 70 Schließfächern (Lockers) bestanden haben, es gibt jedoch auch solche mit 500. Auf 1000 Einwohner kommen in Dänemark demnach etwa 23 Lockers (1951), in USA dagegen schätzungsweise 39 (1949). Die Zahl der Schließfächer der einzelnen Anlagen ist meist nur auf den Bedarf eines einzigen Dorfes abgestimmt. Die Abmessung eines Kühlfaches ist 70 × 50 × 45 cm. Es ist möglich, in einem Fach bis zu 120 kg Waren einzulagern. Die Schließfächer können durchschnittlich bis auf −18° C gekühlt werden; für die Gefrierräume (zum Einfrieren der einzulagernden Waren) können Temperaturen bis zu − 24° C erzeugt werden. Etwa die Hälfte der Lockeranlagen ist im Besitz von Genossenschaften.

Dänemark besitzt 5 besonders leistungsfähige *Kältemaschinenfabriken* sowie ein Werk, das Schalt- und Regelgeräte herstellt. Ein großer Teil der Produktion wird exportiert, und zwar:

1950 1832 t im Wert von 13,3 Mill. Kr.
1951 2333 t im Wert von 18,9 Mill. Kr.
1952 1719 t im Wert von 17,4 Mill. Kr.

1949 standen 430 eisgekühlte Güterwagen und 315 gekühlte Lastwagen für den Transport verderblicher Lebensmittel zur Verfügung. Nur 16 Lastwagen waren mit maschinellen Kühlanlagen ausgestattet. 1953 besaß Dänemark eine Kühlschiffstonnage von 184000 BRT mit etwa 35000 m³ Kühlraum (vgl. hierzu S. 199).

Literatur.

Arnim, Wolf v.: Strukturwandlungen und Nachkriegsprobleme der Wirtschaft Dänemarks. Kieler Studien, H. 9. Kiel 1950.

Borgström, Georg: Frischhaltung von Fischen in Skandinavien und anderen Ländern Kältetechn., 2. Jg. (1950) H. 5.

Holten, Erik: Kühlhäuser in Dänemark. Kälte 3. Jg. (1950) H. 9/10, S. 101. — Ders.: Kälteschließfachanlagen in Dänemark. Kälte 3. Jg. (1950) H. 11, S. 224.

Kondrup, Mog: Chilling and Freezing of Foods in Denmark. Communication of the Danish Refrigeration Research Laboratory in Copenhagen.

Meseke, W. A.: Die Fabrikation von Kühlanlagen in Dänemark. Kälte 3. Jg. (1950) H. 11, S. 243.

Tamm, W.: Die Kältetagung Berlin 1951. Kältetechn. 3. Jg. (1951) H. 11.

Thévenot, R.: L'équipement frigorifique danois en 1948. Rev. gén. Froid 26. Jg., Nr. 2, Februar 1949.

Stand der dänischen Kälteindustrie. Rev. gén. Froid Jg. 27 (1950) Nr. 2, S. 159.

Die Entwicklung der Speiseeisindustrie Dänemarks. Gordian 51. Jg. (1951) H. 1211, S. 26.

Danmarks Vareindförsel og — Udförsel i Aret 1950. Kopenhagen 1951; desgl. 1951. Kopenhagen 1952.

Vareomsaetningen med Udlandet, Dez. 1952, Kopenhagen.

3. Frankreich.

Für die Wirtschaft Frankreichs und diejenige seiner Kolonien ist infolge der großen Bedeutung der landwirtschaftlichen Produktion und des Außenhandels mit Agrarprodukten der Ausbau der Kühlkette ein wichtiges Erfordernis. Nicht nur im Mutterland, sondern namentlich in seinem afrikanischen Kolonialreich harren noch mannigfaltige kältewirtschaftliche und -technische Probleme ihrer Lösung.

1949 betrug die installierte *Kälteleistung* in Frankreich 430 Mill. kcal/h. Die wichtigsten Verbrauchergruppen waren:

Lebensmittelhandel . . . . 90 Mill. kcal/h
Brauereien . . . . 70 Mill. kcal/h
Eisfabriken (Wasser- und Trockeneis) . . 57 Mill. kcal/h
Öffentliche Kühlhäuser . . . . 45 Mill. kcal/h
Haushaltskühlanlagen . . . . 35 Mill. kcal/h
Molkereien . . . . 31 Mill. kcal/h
Schlachthöfe und Metzgereien . . . . . 23 Mill. kcal/h

1949 besaß Frankreich 90 öffentliche *Kühlhäuser* mit 565000 m³ Kühlraum, und zwar:

7 Hafenkühlhäuser mit   135000 m³ Kühlraum und
83 sonstige Kühlhäuser mit   430000 m³ Kühlraum.

99000 m³ können tiefer als —15° C und 243000 m³ zwischen —10° und —14° C gekühlt werden, der Rest (223000 m³) nur bis —9° C. Die Kühlhäuser wurden 1948 durchschnittlich nur zu 30% ausgenützt, weil ihre räumliche Verteilung und technische Ausrüstung nicht den wirtschaftlichen Bedürfnissen angepaßt waren. Der Kaltlagerraum privater Kühlhäuser (Schlachthof- und Molkereikühlanlagen u. a.) betrug 1949 225000 m³, wovon 60000 m³ auf Molkereien und Käsereien entfielen. In dieser Zahl ist auch der Kaltlagerraum spezieller Obstkühlhäuser enthalten, die meist genossenschaftlich betrieben werden. Neben dem Lagern von Obst ist ihre Hauptaufgabe das Verpacken und Vorkühlen der frischen Ernte. 1951 waren 75000 m³ Obstkühlraum vorhanden. Für Obst und Gemüse bestehen noch 4 Eisenbahnvorkühlanlagen, von denen die größte in Perpignan täglich 32 Eisenbahnwagen vorkühlen kann. Die Tageskapazität sämtlicher Obstvorkühlanlagen belief sich 1951 auf 1500 t. Die Standorte der meisten Vorkühlanlagen befinden sich in Südfrankreich, vor allem im Rhonetal.

Nur ein kleinerer Teil (7%) der französischen *Schlachthöfe* verfügt über Kühlräume (in Deutschland und in der Schweiz 80 bis 90%): in 1300 öffentlichen und 65 privaten Schlachthöfen waren insgesamt nur 120000 m³ Kühlraum vorhanden.

Zum *Schnellgefrieren* von Fleisch sind in einigen Kühlhäusern 30 Gefriertunnel mit einer Tagesleistung von 325 t in Betrieb. 20 weitere Gefriertunnel und 12 Birdseye-Plattengefrierer dienten 1948 in 22 Betrieben dem Einfrieren von Obst und Gemüse mit einer Verarbeitungskapazität von insgesamt 8 t pro Tag. Es wird geschätzt, daß 1948 etwa 2000 t Obst und Gemüse und 100 t Fisch schnellgefroren wurden.

Die Einrichtungen zur Frischhaltung der Milch und anderer Molkereiprodukte sind unzureichend. Auch die Versorgung der Fischerei mit Eis entspricht nicht dem vorhandenen Bedarf. Es ist daher ein starker Aus- und Neubau von Kälteanlagen geplant, besonders auch in den nordafrikanischen Kolonien, um dort den Lebensmittelexport zu fördern.

Die Jahreserzeugung von 450 *Eisfabriken* betrug 1949 rund 1 Mill. t Eis. Die Tageskapazität dieser Eisfabriken wurde mit 10000 t angegeben, stieg 1950 jedoch bereits auf 11500 t; dadurch konnte vor allem die Eisversorgung der Fischereiwirtschaft verbessert werden. Außerdem erzeugten 10 weitere Fabriken jährlich etwa 2500 t Trockeneis (Tageskapazität 40 t). Der Verbrauch von *Speiseeis* betrug 1949 etwa 24 Mill. Liter, wovon ein Drittel in etwa 120 Betrieben industriell hergestellt wurde.

Für den *Transport* gekühlter oder gefrorener Lebensmittel verfügte Frankreich 1948 über

2500 isolierte Güterwagen,
2000 Güterwagen mit Wassereiskühlung,
 150 isolierte Lastwagen[1],
  16 Bananenkühlschiffe mit 73000 m³ Kühlraum[1],
   9 Kühlschiffe zum Transport verschiedener Kühlgüter mit 36000 m³ Kühlraum.

Auf 24 weiteren Schiffen befinden sich einzelne gekühlte Laderäume mit zusammen 13000 m³. 1953 besaß Frankreich 168000 m³ Schiffskühlraum. Der Bestand an Eisenbahnkühlwagen hat sich 1950 um 500 auf 5000 erhöht, wovon 1800 erst nach 1945 in Dienst gestellt wurden.

---

[1] 1953: 500 isolierte und 100 gekühlte Lastwagen.

Vor dem letzten Kriege konnte die französische *Kältemaschinenindustrie* den vorhandenen Bedarf des Landes zu einem großen Teil nicht decken. Besonders auf dem Gebiet der Kleinkältemaschinen war ihre Leistungsfähigkeit sehr gering; vier Fünftel des Inlandsbedarfs an Haushaltskühlschränken mußten eingeführt werden. Seit Kriegsende hat dieser Industriezweig eine große Belebung erfahren: 1947 wurden 30000 Kühlschränke hergestellt und 1950 bereits 100000 Stück (1938: 6000 Stück). 1951 waren dem Syndikat der Kältemaschinenindustrie 70 Unternehmen mit etwa 10 bis 12000 Arbeitern und Angestellten angeschlossen. Folgende Übersicht zeigt, in welchem Maße sich die französische Kälteindustrie seit 1938 vergrößert hat:

Tabelle 26. *Produktionskapazität der Kältemaschinenindustrie.*
Frankreich 1938 und 1950.

Bereich	1938	1950
	Stück	
Haushaltskühlschränke	6000	100000
Kleinkältemaschinen	4500	18—22000
Großkältemaschinen (Kompressoren)	200	400

Dennoch besteht für Kleinkältemaschinen noch ein Einfuhrbedarf. 1949 importierte Frankreich (ohne die französischen Überseegebiete) rund 2600, 1950 3500 Kühlschränke, wovon jeweils rund 75% von den USA geliefert wurden. 1949 konnten die USA in den französischen Überseegebieten rund 7300 Kühlschränke absetzen, 1950 dagegen nur 4600. Dafür stieg die Ausfuhr des Mutterlandes nach seinen überseeischen Besitzungen von 7185 Stück (1949) auf 10000 (1950). 1952 betrug die Kühlschrankausfuhr bereits fast 20000 Stück. Auch die Nachfrage nach Klimaanlagen und nach industriellen Kältemaschinen muß teilweise noch durch Einfuhren befriedigt werden. Besonders aufnahmefähig hierfür sind die französischen Kolonialgebiete. Insgesamt gesehen hat der Außenhandel Frankreichs mit Kältemaschinen seit 1949 eine starke Ausweitung erfahren, die namentlich an den höheren Einfuhren nach dem Mutterland und den höheren Ausfuhren in die Kolonialgebiete erkennbar ist. Rund 90% der Gesamtexporte gehen in die französischen Besitzungen.

Über den Außenhandel Frankreichs mit Kältemaschinen und -apparaten gibt Tabelle 27 Aufschluß (S. 220).

1938 lieferte Deutschland nach Frankreich Kältemaschinen und -apparate im Werte von 537000 RM. Nach dem Kriege begann sich erst im Jahre 1950 in kleinen Mengen wieder eine Ausfuhr nach Frankreich anzubahnen. 1952 wurden bereits für 2 Mill. DM Kältemaschinen (1,462 Mill. DM) und Kühlschränke (0,571 Mill. DM) aus der Bundesrepublik[1] nach Frankreich exportiert.

Literatur.

DAVID, CH., u. R. THÉVENOT: L'entreposage frigorifique en France et dans quelques pays étrangers, République française. Revue du Ministère de l'agriculture, Nr. 4, April 1949.

DAVID, CH., u. M. ANQUEZ: Developpement de l'équipement frigorifique français depuis la dernière guerre mondiale. Vortrag auf dem 8. Internationalen Kältekongreß in London 1951.

FLEMMING, W.: Französische Gefrier-Industrie. Kälte 1951, H. 4, S. 96.

KATZENBERGER, B.: Vortrag auf der Tagung der Arbeitsgemeinschaft Kälteindustrie in Köln, November 1951.

---

[1] Einschließlich Westberlin.

Tabelle 27. *Der Außenhandel mit Kältemaschinen und -apparaten.*
Frankreich 1949 bis 1952.

| Gegenstand | Jahr | Einfuhr | | | | Ausfuhr | | | |
| | | vom Ausland | | aus franz. Überseegeb. | | nach dem Ausland | | nach den franz. Überseegebieten | |
		t	1000 Fr.	t	1000 Fr.	t	1000 Fr.	t	1000 Fr.
Kompl. Kühlmöbel	1949	9,3	4036	—	—	3,1	1309	154,0	39871
(Stückgewicht	1950	4,5	3973	—	—	13,3	5109	120,0	41046
über 500 kg)	1951	37,8	22665	—	—	22,5	18840	360,5	78450
	1952	4,2	3621	—	—	1,5	967	208,1	67217
Kompl. Kühlmöbel	1949	327,1	151173	2,7	1012	23,9	10998	988,8	471571
(Stückgewicht	1950	442,6	215023	4,8	2096	102,2	41091	1383,1	741864
unter 500 kg)	1951	685,3	344442	1,9	1022	46,5	33461	2107,1	1192603
	1952	542,9	292308	3,0	1631	19,5	15720	2771,6	1860300
Kompressionskälte-	1949	138,1	85240	3,6	2169	44,6	23407	433,4	152525
maschinen, Aggre-	1950	259,5	179637	0,3	319	77,6	51088	535,4	209808
gate m. Konden-	1951	182,7	114477	0,9	196	68,7	70731	385,1	166609
sator	1952	247,3	148894	1,9	136	24,3	20941	235,4	129989
Andere Kälte-	1949	78,6	31639	15,3	1467	43,4	90637	229,0	70595
maschinen	1950	105,9	50259	0,3	112	33,7	20480	179,4	68396
	1951	166,1	85347	—	—	46,9	23876	189,8	79620
	1952	290,3	154808	1,0	554	17,5	23210	290,4	145491
Klimaapparate,	1949	70,3	34042	—	—	35,8	28063	285,5	84582
Befeuchter und	1950	69,9	65154	1,3	267	93,3	47812	431,1	133698
ähnl. Apparate	1951	512,8	127871	1,7	1350	184,3	75449	458,1	205047
	1952	261,1	188530	0,8	410	1168,1	424280	346,1	185873
Insgesamt	1949	623,4	306130	21,6	4648	150,8	154414	2090,7	819144
	1950	882,4	514046	6,7	2794	320,1	165580	2649,0	1194812
	1951	1584,7	694802	4,5	2568	368,9	222357	3500,6	1722329
	1952	1345,8	788161	6,7	2731	1230,9	485118	3851,6	2338870

Plank, R.: Die Entwicklung der Kälteanwendung in der Lebensmittelindustrie in Frankreich (nach einem Bericht von R. Thévenot und M. Anquez in Revue Générale du Froid, Bd. 30, Nov. 1953 S. 1045/1052). Kältetechn. 6. Jg. (1954) H. 4 S. 107/108.
Stein, E.: Kältemaschinen im französischen Außenhandel 1949. Kältetechn. 3. Jg. (Januar 1951) H. 1, S. 18 — Kältemaschinen auf den Europamärkten. Kältetechn. 5. Jg. (Januar 1953) H. 1 — Kältetechnische Einrichtungen in Frankreich. Kälte 5. Jg. (1952) H. 12, S. 344.
Association Française du Froid: L'équipement frigorifique de la France en 1949. Paris 1949.
Bulletin de l'Institut International du Froid, 1948, I, Nr. 163, S. 92; 1952, IV, Nr. 1529, S. 1111.
Statistique mensuelle du commerce extérieur de la France, Dez. 1949, Dez. 1950, Dez. 1951, Dez. 1952. Paris: Imprimerie Nationale.
United States Exports of Domestic and Foreign Merchandise, 1949, Part II, Bureau of the Census. Washington, März 1950; 1950, Washington, April 1951.
L'équipement frigorifique des T. O. M. — Marchés colon. Monde, Paris, 9 (1953) 395, S. 1598—1602.
Kühlmaschinen in Frankreich. Deutsche Zeitung, Stuttgart, Nr. 79 vom 4. Okt. 1950.
Kühlpotential in Frankreich. Ernährungsind. Berlin 5. Jg. (1951), Nr. 11.

4. Großbritannien.

Großbritannien besitzt eine sehr leistungsfähige *Kältemaschinenindustrie.* Über den Wert ihrer Produktion und den wachsenden Anteil des Exports gibt nachstehende Übersicht Aufschluß (Tab. 28).

Das Schwergewicht der Produktion hat sich seit 1947 von kleingewerblichen Kälteanlagen in zunehmendem Maße auf Haushaltskühlschränke verlagert, deren Produktion zu mehr als der Hälfte exportiert wird. Die Jahreskapazität

Tabelle 28. *Produktion und Export von Kältemaschinen.*
Großbritannien 1947 bis 1952.

Erzeugnisgruppe	Jahr	Produktion insg.		für Export bestimmte Produktion	
		in 1000 £	Anteil am Ge-samtprod.-Wert %	in 1000 £	in % der Produktion
Haushaltskühlschränke · · · · · · ·	1947	2975	28,5	842	28,3
	1948	5352	38,2	2796	52,2
	1949	8618	46,1	4691	54,4
	1950	11508	50,3	6536	56,8
	1951	14784	53,3	9324	63,2
	1952	11748	49,1	8976	76,3
Kleingewerbl. Kälteanlagen · · · ·	1947	5860	55,9	715	12,2
	1948	6758	48,2	1130	16,7
	1949	7289	39,1	1489	20,4
	1950	7830	34,3	2123	27,1
	1951	8844	32,0	3144	35,7
	1952	7524	31,4	2580	34,3
Industriekälteanlagen · · · · · · ·	1947	1639	15,6	888	54,2
	1948	1900	13,6	893	47,0
	1949	2774	14,8	1202	43,3
	1950	3510	15,4	1317	37,5
	1951	4056	14,7	1188	29,3
	1952	4668	19,5	1296	27,7
Kältemaschinen insg. · · · · · · ·	1947	10474	100	2445	23,3
	1948	14010	100	4819	34,4
	1949	18681	100	7382	39,5
	1950	22848	100	9976	43,7
	1951	27684	100	13656	49,3
	1952	23940	100	12852	53,6
	1935	*3290*	—	*271*	*8,2*

der englischen Kühlschrankfabriken lag 1951 bei 600000 Stück. Wie man aus
den Prozentzahlen erkennen kann, ist die Exportintensität der britischen Kältemaschinenindustrie (etwa 80 Firmen) sehr groß. 1935 betrug sie nur 8,2%,
1952 dagegen 53,6%. Sowohl hinsichtlich der Mengen als auch der Werte läßt
sich in den letzten Jahren eine beträchtliche Ausweitung des englischen Ex-
portes an Kältemaschinen erkennen. Es wurden exportiert[1]:

1946	4100 t	im Werte von	1133000 £
1947	6800 t	im Werte von	2058000 £
1948	11100 t	im Werte von	4091000 £
1949	18600 t	im Werte von	7041000 £
1950	23800 t	im Werte von	9844000 £
1951	29800 t	im Werte von	14000000 £
1952	26400 t	im Werte von	14117000 £
1953	23700 t	im Werte von	12864000 £

Für ein Teilgebiet können die Gewichtsangaben des Exports durch Zahlen
über die ausgeführten Einheiten näher erläutert werden (siehe Tabelle 29).

Zu einem großen Teil geht der Kältemaschinenexport in Gebiete des britischen Commonwealth (1951: 60%; 1952: 46%), besonders nach Australien,
Neuseeland und in die Südafrikanische Union. Außerhalb und teilweise innerhalb
des Sterlinggebietes wird der Absatz von Kühlschränken oft durch die starke
Konkurrenz der nordamerikanischen Fabrikate erschwert.

---

[1] Die Differenzen zu den in Tab. 28 aufgeführten Exportwerten erklären sich daraus,
daß hier die Zahlen des tatsächlichen Exports angegeben sind, während in Tab. 28 nur die
für den Export bestimmte Produktion ausgewiesen wurde.

Tabelle 29. *Export von Kühlanlagen für Haushalts- und Gewerbekühlschränke.*
Großbritannien 1946 bis 1950 (in Stück).

Gegenstand	1946	1947	1948	1949	1950
Elektr. angetriebene Kühlanlagen für Kühlschränke mit einem Fassungsvermögen bis zu 340 l.	4147	7978	36257	79802	99756
Desgl. von mehr als 340 l	.	.	5452	7220	8282
Absorptions-Kühlaggregate für Kühlschränke mit einem Fassungsvermögen bis zu 340 l	1674	4084	9753	15175	18815
Desgl. von mehr als 340 l	.	.	2373	3789	4185
Kühlanlagen für Haushalts- und Gewerbekühlschränke insgesamt	.	.	53835	105986	131038

In kleinerem Umfang werden auch Kältemaschinen — besonders Kühlschränke und Zubehörteile — importiert (hauptsächlich aus den USA), und zwar:

1947 für 260000 £
1948 für 327000 £
1949 für 336000 £
1950 für 394000 £
1951 für 720000 £
1952 für 661000 £
1953 für 436000 £

Nach den USA besitzen Großbritanniens *Kühlhäuser* das größte Kühlraumvolumen der Welt. Während die Kühlhäuser der USA in größerem Maße zur Aufnahme eigener Erzeugnisse dienen, sind die Kühlhäuser Englands zur Lagerung großer Mengen importierter Lebensmittel bestimmt. Großbritannien hat einen außerordentlich hohen Zuschußbedarf an Nahrungsmitteln. Die Kühlhäuser liegen daher fast ausschließlich in den Hafenstädten. Wegen der geringen Transportentfernung zwischen Importhafen und dem binnenländischen Verbraucher erwies sich in der Regel die Errichtung von Kühlhäusern im Landesinnern als nicht notwendig. Der Kaltlagerraum in den englischen Kühlhäusern umfaßte 1948 etwa 2,3 Mill. m³. Eine Größenvorstellung über die dort eingelagerten Nahrungsmittel kann man aus folgender Übersicht gewinnen, welche über die Einfuhrmengen schnellverderblicher Lebensmittel Auskunft gibt:

Tabelle 30. *Importe schnellverderblicher Lebensmittel.*
Großbritannien 1948 und 1938.

Gegenstand	Einfuhrmengen in Tonnen	
	1948	1938
Gefrorenes oder gekühltes Fleisch[1] (Rind, Hammel, Lamm, Schwein, Kaninchen, Geflügel)	1126288	670096
Butter	277004	483510
Margarine	278	5532
Käse	159763	148709
Schaleneier[2]	109075	195513
Eier ohne Schale	30402	47607
Frischobst	995571	1483240
Insgesamt	2698381	3034207

---

[1] In dieser Menge sind 1948 5944726 und 1938 1630443 gefrorene Rinderviertel enthalten, die unter Annahme eines Stückgewichtes von 75 kg in Tonnen umgerechnet wurden.
[2] Aus der Stückzahl in Tonnen umgerechnet auf der Basis 17 Eier = 1 kg.

Zur Heranschaffung dieser großen Mengen verderblicher Lebensmittel verfügt England über einen eigenen großen Kühlschiffsbestand von 4,1 Mill. BRT mit 2,4 Mill. m³ Kühlraum (1953, vgl. Tab. 8). — Die Hauptlieferanten für Fleisch sind Argentinien, Neuseeland und Australien. Die größten Käselieferanten sind Neuseeland, Australien und für Butter Dänemark. Die meisten Eier bezog Großbritannien 1948 aus Kanada, Dänemark und Irland. Etwa die Hälfte des eingeführten Frischobstes sind Zitrusfrüchte, hauptsächlich Orangen, die besonders aus Spanien, der Südafrikanischen Union und Israel bezogen werden.

Der Konsum von *Schnellgefrierkonserven* (Obst und Gemüse) ist in den letzten Jahren beträchtlich gestiegen: 1949 wurden 4740 t Gemüse und 3240 t Obst eingefroren; 1953 waren es insgesamt 22700 t, wovon 74% auf Obst und Gemüse entfielen.

Literatur.

BATSON, R. H.: The Future of the Refrigeration Industry. Mod. Refrigeration, Oktober 1948, S. 262.

KATZENBERGER, B.: Vortrag auf der Tagung der Arbeitsgemeinschaft Kälte-Industrie in Köln, November 1951.

MESEKE, W. A.: Rationalisierung der englischen Kühlschrankindustrie. Kälte 5. Jg. (1952) H. 8, S. 197.

STEIN, E.: Kältemaschinen im Außenhandel Großbritanniens. Kältetechn., Sept. 1951 — Kältemaschinen im Außenhandel Großbritanniens 1952. Kältetechn., Juni 1953.

THÉVENOT, R.: L'équipement frigorifique dans quelques pays étrangers. Rev. gén. Froid 26. Jg. (Juli 1949) S. 531 — Bull. Inst. intern. Froid 1951/I, Nr. 140, S. 161.

Accounts relating to Trade and Navigation of the United Kingdom, Dezember 1949; Dezember 1952; Dezember 1953. London.

Annual Abstract of Statistics, Nr. 86. London 1949.

Modern Refrigeration, London, Mai 1947, S. 124, Februar 1948, S. 29, Juli 1948, S. 177, Februar 1949, S. 47; August 1951, S. 223: Rapid Growth of the British Refrigeration Industry.

Monthly Digest of Statistics, Nr. 51, März 1950, Nr. 88, April 1953, London.

5. Italien.

Dank dem Entgegenkommen der Assoziazione Frigorifera Italiana ist es möglich, einige Angaben über die italienische Kälteindustrie zu machen. Die amtliche Statistik kann über dieses Gebiet noch keine Auskunft geben. Man beabsichtigt jedoch, eine entsprechende Fachstatistik aufzubauen.

In den letzten Jahren wurden in Süditalien mehrere Kühlhäuser und Eisfabriken errichtet, welche besonders der Fischwirtschaft dienen. In Norditalien wird die vorhandene Kühlkapazität im wesentlichen zur Förderung der bedeutenden Obst- und Gemüseausfuhr verwendet; 1950 wurden 870000 t Obst und 4,6 Mill. t Gemüse ausgeführt. Hauptabnehmer sind Großbritannien und Deutschland. Im gleichen Jahr bestanden in Italien schätzungsweise 170 Kühlhäuser mit einem Kühlraumvolumen von insgesamt 600000 m³. Allein 450000 m³ dienen der Kühlung von Obst und Gemüse und sind zu rund 90% in Norditalien konzentriert, insbesondere in den Umschlagsknotenpunkten Bologna, Verona und Padua.

Die Kältemaschinenindustrie kann die Inlandsnachfrage nach Kühlschränken und kleingewerblichen Kälteanlagen nicht ganz zufriedenstellen. Die Einfuhren haben in den letzten Jahren ständig zugenommen, da die Aufnahmefähigkeit des italienischen Marktes gewachsen ist. Die Ausfuhr ist relativ klein (vgl. Tab. 31).

Italien besaß vor dem zweiten Weltkrieg mit 700000 BRT die zweitgrößte Kühlschiff-Flotte der Welt. Durch den Krieg erlitt dieser Schiffsbestand jedoch empfindliche Verluste. 1953 waren erst wieder 286000 BRT vorhanden (vgl. Tab. 8). Eine große Anzahl der Fischereifahrzeuge ist mit Kühlaggregaten

Tabelle 31. *Ein- und Ausfuhr von Kältemaschinen.*
Italien 1951.

Bereich	Einfuhr		Ausfuhr	
	t	1000 L	t	1000 L
Komplette Kühlanlagen	1063	742072	100	97624
Andere kältetechnische Erzeugnisse · ·	198	178850	169	173481
Insgesamt	1261[1]	920922	269	271105

ausgerüstet. Die italienische Eisenbahn verfügte 1952 über 5628 Kühlwagen, wovon 82 mit maschinellen Kühlvorrichtungen versehen waren. Außerdem sind etwa 200 Kühllastwagen vorhanden, die hauptsächlich in den dichter besiedelten Landesteilen, d. h. auf kürzeren Strecken, eingesetzt werden.

Literatur.

Boselli, E.: Die Absatzmöglichkeiten der Kälteindustrie auf dem italienischen Markt. Kältetechn. 6. Jg. (1954) H. 4, S. 71.
Perticarà, Guiseppe: Prerefrigerazione e depositi di frutta in Italia. Freddo 7. Jg. (1953) Nr. 3, S. 23ff.
Stein, E.: Kältemaschinen auf den Europamärkten. Kältetechn. 5. Jg. (1953) H. 1, S. 12.
Assoziazione Frigorifera Italiana, Mailand: Persönliche Mitteilungen an den Verfasser.
Bulletin de l'Institut International du Froid 1952/IV, Nr. 1528, S. 1107.
Modern Refrigeration vom 18. Dez. 1947, S. 316.

6. Niederlande.

Hollands *Kaltlagerraum* wird für 1948 mit 535138 m³ (brutto) angegeben. Er verteilte sich auf:

35	öffentliche bzw. halbprivate Kühlhäuser mit	155603 m³
65	Schlachthöfe . . . . mit	125107 m³
317	kleinere Spezialkühlhäuser für Fleisch, Fisch, Molkereiprodukte und Margarine mit	104404 m³
99	Obstkühlhäuser . . . . mit	128823 m³
4	Schnellgefrieranlagen . . . . mit	4264 m³
27	Sonstige . . . . mit	16937 m³

Die Kühltemperaturen liegen bei 63% des Kaltlagerraums über $-2°$ C, bei 19% zwischen $-2°$ und $-14°$ C und bei 16% unter $-15°$ C. Die Standorte der Kühlhäuser befinden sich zu einem großen Teil in den Seehäfen des Landes, wo sowohl für die Einfuhr wie für die Ausfuhr die leicht verderblichen Lebensmittel eingelagert werden. Die eingeführten schnellverderblichen Lebensmittel bestehen hauptsächlich aus Fleisch und Frischobst (Südfrüchte). Etwa ein Fünftel des Fleischbedarfs der holländischen Bevölkerung muß importiert werden. Die Ausfuhr an schnellverderblichen Lebensmitteln besteht in erster Linie aus Molkereiprodukten, ferner aus Obst (Früchte der gemäßigten Zone) und Gemüse. 75% der holländischen Schlachthöfe verfügen über Kühlanlagen. — Von der Apfelernte (jährlich etwa 100000 bis 150000 t) können ungefähr 20000 t in speziellen Apfelkühlhäusern mit einem Kühlraumvolumen von 80000 m³ gelagert werden. Außerdem eignen sich auch 80000 m³ des Kaltlagerraums der öffentlichen Kühlhäuser zur Einlagerung von Obst.

Die holländischen *Schnellgefrieranlagen* für Obst und Gemüse besaßen 1947 eine maximale stündliche Verarbeitungskapazität von 13 t. Im gleichen Jahr produzierten sie mehr als 7000 t. Ein Viertel dieser Menge bestand aus Obst und drei Viertel aus Gemüse. 2500 t wurden nach Großbritannien ausgeführt. Zur besseren Verteilung der Gefrierware im Inland wurden beim Handel bereits

---

[1] Im 1. Halbjahr 1953 betrug das Einfuhrvolumen bereits 3000 t.

2000 Kühltruhen aufgestellt. — An der Küste bestehen einige größere Fischgefrieranlagen.

1949 waren 117 *Eisfabriken* (350 Beschäftigte) in Betrieb; sie erzeugten 170 000 t Eis.

Die Kältemaschinenindustrie vermag zum größten Teil den Bedarf des Landes an kältetechnischen Erzeugnissen zu decken. 1948 führten die Niederlande Kältemaschinen und -apparate aus den USA im Werte von rund 260 000 $ ein. Die Einfuhr Belgiens belief sich vergleichsweise im gleichen Jahr auf fast 3 Mill. $. Über den niederländischen *Außenhandel mit Kältemaschinen* orientiert folgende Übersicht:

Tabelle 32. *Außenhandel mit Kältemaschinen.*
Niederlande 1949 bis 1952.

Erzeugnis	Jahr	Einfuhr		Ausfuhr	
		Gewicht t	Wert 1000 Gulden	Gewicht t	Wert 1000 Gulden
Kühlschränke bis zu 2 m³ Inhalt . . .	1949	512	2265	11	60
	1950	1198	5766	74	405
	1951	1053	4685	247	1310
	1952	618	3059	246	1432
Kühlschränke über 2 m³ Inhalt	1949	71	222	8	49
	1950	19	94	10	32
	1951	25	107	15	56
	1952	10	67	21	125
Kühlapparate bis zu 15 kg	1949	3	24	—	—
	1950	9	57	—	—
	1951	9	60	1	6
	1952	—	—	—	—
Eisbereiter mit masch. Kühlung . . .	1949	36	409	6	40
	1950	101	600	6	38
	1951	173	976	23	156
	1952	22	156	9	75
Andere Eis- und Kühlinstallationen .	1949	161	918	247	757
	1950	271	1521	310	1166
	1951	508	2571	434	1498
	1952	372	2224	772	2998
Insgesamt	1949	783	3838	272	906
	1950	1598	8038	400	1641
	1951	1768	8399	720	3026
	1952	1022	5506	1048	4630

1950 wurden die eingeführten Kühlschränke zu 62% aus Großbritannien und zu 21% aus Schweden bezogen. Die geringe Ausfuhr von Kühlschränken ging 1950 vor allem nach Österreich und Französisch-Marokko. Für „Andere Eis- und Kühlinstallationen", dem wichtigsten Posten der holländischen Kältemaschinenausfuhr, waren Indonesien und Finnland die besten Absatzmärkte.

Nach Großbritannien und Schweden besitzt Holland die drittgrößte europäische *Kühlschiff-Flotte* mit rund 377 000 BRT (1953). Der Kühlraum dieser Schiffe (53 000 m³) ist, verglichen mit demjenigen Großbritanniens, recht klein (vgl. Tab. 8, S. 199). Er erreicht nur 2% des englischen Kühlraums. Infolge der Kleinräumigkeit des Landes ist die Zahl der für einen Binnentransport benötigten Kühlverkehrsmittel nicht groß (größte Entfernung 350 km). Die vorhandenen 402 Eisenbahnkühlwagen (1949) werden vielfach für den Export schnellverderblicher Lebensmittel benützt. — Künstliche Kälte wird in Holland auch bei der Frischhaltung von Blumen und Samen verwendet.

Literatur.

Bulletin de l'Institut International du Froid 1951/I, S. 165 ff.
Stein, E.: Kältemaschinen im Außenhandel der Niederlande. Kälte 4. Jg. (1951) H. 10, S. 302; 6. Jg. (1953), H. 7, S. 188 ff. — Kältemaschinen auf den Europamärkten. Kältetechn. 5. Jg. (1953) H. 1, S. 11.
Thévenot, R.: Bericht über die holländische Kälteindustrie. Rev. gén. Froid 26. Jg. (1949) S. 189 — L'entreposage frigorifique aux Pays-Bas. Rev. Minist. l'agricult. de la République française Nr. 4, April 1949, S. 79 ff.

7. Schweden.

Dank dem u. a. durch die Svenska Kyltekniska Föreningen in entgegenkommender Weise zur Verfügung gestellten Material lassen sich für die Kältewirtschaft dieses Landes folgende Angaben machen:

Die Produktion von *Kältemaschinen* hat sich gegenüber 1938 unter Berücksichtigung der Abwertung der schwedischen Krone vermutlich fast verdreifacht. Wertmäßig ergibt sich folgendes:

1937 13,6 Mill. schwed. Kr.
1938 14,1 Mill. schwed. Kr.
1948 49,6 Mill. schwed. Kr.
1949 55,4 Mill. schwed. Kr.
1950 75,1 Mill. schwed. Kr.

1950 entfielen von dem gesamten Produktionswert 57% oder 43 Mill. schwed. Kr. auf Haushaltskühlschränke, wovon über die Hälfte ausgeführt wurde.

Tabelle 33. *Produktion und Ausfuhr von Kältemaschinen*[1].
Schweden 1949 und 1950.

Erzeugnisgruppe	Produktion		Ausfuhr	
	1949	1950	1949	1950
	1000 schwed. Kr.			
Haushaltskühlschränke	32097	43006	15794	20113
Andere Kältemaschinen und Apparate	14175	20440	711	787
Zubehör und Ersatzteile	9131	11627	.	.
Insgesamt	55403	75073	16505[2]	20900[2]

Der Export von Kältemaschinen hat sich in den ersten Nachkriegsjahren nicht in gleichem Umfang wie die Produktion ausgeweitet. Der Binnenmarkt trat anfänglich als Abnehmer kältetechnischer Erzeugnisse stärker in Erscheinung.

Tabelle 34. *Ausfuhr von Kältemaschinen.*
Schweden 1938 und 1949 bis 1951.

Ergeugnisgruppe	Tonnen				1000 schwed. Kr.			
	1938	1949	1950	1951	1938	1949	1950	1951
Haushaltskühlschränke	2324	3348	3953	4240	7286	15794	20113	25394
Andere Kältemaschinen und Apparate	40	86	78	229	116	711	787	2073
Milchkühler	90	345	415	490	289	5193	6111	7554
Eismaschinen	34	3	1	2	47	20	8	11
Insgesamt	2488	3782	4447	4961	7738	21718	27019	35032

[1] Ohne Eismaschinen und Milchkühler (vgl. Tab. 34).
[2] Ohne Zubehör und Ersatzteile.

Die Ausfuhr von Kältemaschinen ging hauptsächlich nach Westeuropa, Südamerika und Afrika.

Die Einfuhr von Kühlschränken und anderen Kältemaschinen (ohne Eismaschinen und Milchkühler) belief sich

1949 auf 3,8 Mill. schwed. Kr.
1950 auf 9,4 Mill. schwed. Kr.
1951 auf 16,1 Mill. schwed. Kr.

1946 besaßen die schwedischen *Kühlhäuser* ein Kühlraumvolumen von etwa 135000 m³, wovon etwa die Hälfte (65000 m³) zur Fischlagerung benützt wurde. 1948 wurden etwa 3000 t Fische eingefroren. Die tägliche Gefrierkapazität der Kühlhausindustrie wurde mit 402 t angegeben.

Mit 506000 BRT (1953) besitzt Schweden nach Großbritannien die größte *Kühlschiffstonnage* Europas (vgl. Tab. 8).

1949 wurden 2294 t *Eiscreme* im Werte von 7,9 Mill. schwed. Kr. produziert (1950: 2153 t = 7,2 Mill. schwed. Kr.). Hiernach würde der jährliche Eiscremeverbrauch pro Kopf der Bevölkerung etwa 350 g betragen.

Literatur.

BORGSTRÖM, GEORG: Frischhaltung von Fischen in Skandinavien und anderen Ländern Kältetechn. 2. Jg. (1950) H. 5, S. 106.

Betänkande angående fiskerinäringens efterkrigsproblem samt den prisreglerande verksamheten på fiskets ömrade, avgivet av 1945 års fiskeriutredning. Statens Offentlige Utredninger 1946: 2, Stockholm 1947.

Handel, berättelse för ar 1938, 1949, 1950 und 1951. Stockholm.

Kommersiella Meddelanden, Nr. 8, Aug. 1950, Stockholm.

Svenska Kyltekniska Föreningen, Stockholm: Persönliche Mitteilungen an den Verfasser.

8. Schweiz.

Die *Kühlhausindustrie* der Schweiz hat seit 1940 einen großen Aufschwung genommen. Damals besaß die Schweiz nur 3 große öffentliche Kühlhäuser mit zusammen 28000 m³. Die kriegsbedingte Vorratswirtschaft ließ in wenigen Jahren den Kühlraum auf nahezu 100000 m³ anwachsen (1945). 60% dieses Kühlraums dienen der Lagerung von Fleisch und Molkereiprodukten und 40% der Lagerung von Obst. Die Schweiz muß etwa ein Drittel ihres Fleischbedarfs einführen. In 6 Obstkühlhäusern können etwa 15% der Schweizer Apfelernte eingelagert werden, in Frankreich vergleichsweise nur 2,5%.

Der Sättigungsgrad des Schweizer Marktes mit *Kühlschränken* soll erst 10,5% betragen. Zu Beginn des Jahres 1952 waren etwa 130000 Elektrokühlschränke in Betrieb. In den USA werden dank der besseren Einkommensverhältnisse nicht nur relativ mehr Kühlschränke, sondern auch solche mit größerem Volumen verkauft (vgl. S. 233); in der Schweiz dagegen werden Kompressorkühlschränke mit kleinerem Inhalt bevorzugt:

Inhalt[1]	Anteil an den Verkäufen[2]
85 l	46%
110 l	31%
160 l	13%
230 l	7%
300 l	3%

Die Jahresverkaufskurven von Haushaltskühlschränken in den USA und der Schweiz, welche Abbildung 106 zeigt, sind in ihrem Verlauf sehr ähnlich. In der Schweiz erfährt der Absatz durch die Mustermesse in Basel im April

---

[1] Durchschnittsgröße 119 l, in USA 205 l (1947).
[2] 1948

sowie im Herbst durch die Septembermesse in Lausanne eine starke Belebung. Das Weihnachtsgeschäft wird durch die höheren Umsatzzahlen im Januar erkennbar.

Ein Teil der im Lande verkauften Kühlschränke wird aus dem Ausland bezogen, und zwar besonders aus den USA (elektrische Geräte) und Schweden (Absorptionstypen). Daneben beliefern 11 Schweizer Firmen den Markt mit elektrischen und Absorptionskühlschränken.

Tab. 35 zeigt, daß der *Außenhandel* der Schweiz mit Kältemaschinen und Kühlschränken in den Jahren 1948 und 1949 aktiv war, d. h. der Wert der Ausfuhr überstieg den Wert der Einfuhr. Während 1949 noch ein Aktivsaldo von 6,8 Mill. sfr festzustellen war, überwiegen in den letzten Jahren die Importe.

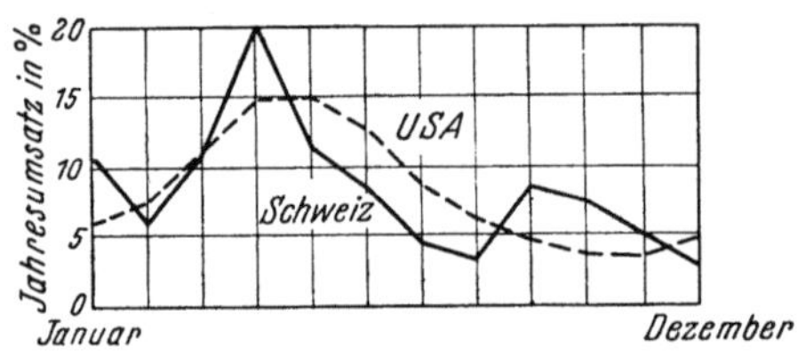

Abb. 106. Verkaufskurven von Haushaltskühlschränken in den USA
und in der Schweiz (1947).
(Nach H. Dietler, s. S. 229.)

Tabelle 35. *Ein- und Ausfuhr von Kältemaschinen und Kühlschränken.*
Schweiz 1948 bis 1952.

Erzeugnis	Jahr	Einfuhr		Ausfuhr	
		Gewicht (t)	Wert (1000 sfr)	Gewicht (t)	Wert (1000 sfr)
Kältemaschinen mit einem Stückgewicht von mehr als 500 kg[1]	1948	134,3	1219	705,2	6112
	1949	54,9	360	918,4	8682
	1950	116,0	787	571,1	5471
	1951	83,6	563	593,4	4475
	1952	108,8	1063	728,9	6379
Kältemaschinen mit einem Stückgewicht von weniger als 500 kg[2]	1948	598,2	5054	204,3	3515
	1949	334,1	3209	194,9	3247
	1950	574,4	5368	137,9	2735
	1951	674,5	6263	195,4	2927
	1952	680,8	6634	166,1	3034
Kühlschränke aller Art ohne Einbau[3] . .	1948	547,9	2199	13,0	94
	1949	388,3	1682	9,3	72
	1950	665,8	2503	1,8	14
	1951	736,2	2953	1,3	15
	1952	570,9	2561	4,0	46
Insgesamt	1948	1280,4	8472	922,5	9721
	1949	777,3	5251	1122,6	12001
	1950	1356,2	8658	710,8	8220
	1951	1494,3	9779	790,1	7417
	1952	1360,5	10258	899,0	9459

Es ist charakteristisch, daß das Schwergewicht der Einfuhren besonders auf Kühlschränken und kleineren Kältemaschinen liegt. Meist sind dies preisgünstige Massenfabrikate großer ausländischer Firmen. 76% der Einfuhr stammte 1950 aus den USA, darunter waren 7600 elektrische Kühlschränke im Wert von 1 Mill. $. An zweiter Stelle stand Schweden mit 10% der Einfuhr. Da die

---

[1] Position Nr. 882e und f des Schweizer Warenverzeichnisses.
[2] Position Nr. 882g und h des Schweizer Warenverzeichnisses.
[3] Position Nr. 882i des Schweizer Warenverzeichnisses.

Schweizer Industrie gegen die anderen Kühlschrankfabrikate im Ausland preislich oft nur schwer konkurrieren kann, pflegt sie insbesondere die Ausfuhr von Großkältemaschinen, die zu einem beträchtlichen Teil in Südamerika und Frankreich abgesetzt werden. Von der gesamten Kältemaschinenausfuhr gingen 1950 31% nach Südamerika.

Dem Werte nach entwickelte sich die Schweizer Kältemaschinenausfuhr in den letzten Jahren folgendermaßen:

1938	2,3 Mill. sfrs	1950	8,2 Mill. sfrs
1948	9,7 Mill. sfrs	1951	7,4 Mill. sfrs
1949	12,0 Mill. sfrs	1952	9,5 Mill. sfrs

Der Anteil der Kältemaschinenausfuhr am gesamten Export des Maschinenbaues schwankte in den Jahren 1948 bis 1950 zwischen 1,1 und 1,7%.

Literatur.

H. DIETLER: Verbreitung der Haushaltskühlschränke in den USA und mögliche Rückschlüsse auf die zukünftigen Verhältnisse in der Schweiz. Elektrizitätsverw. 24. Jg. (1949/50), H. 6/7.

STEIN, E.: Kältetechnische Erzeugnisse im schweizerischen Import und Export. Kältetechn. 2. Jg. (1950) H. 7, S. 164ff.; 3. Jg. (1951) H. 7, S. 171ff.; 5. Jg. (1953) H. 5, S. 135ff.

THÉVENOT, R.: L'entreposage frigorifique en Suisse. Revue du Ministère de l'Agriculture de la Republique française, Nr. 4, April 1949, S. 81ff.

THÉVENOT, R.: L'equipement frigorifique de la Suisse en 1948. Rev. gén. Froid 26. Jg. (1949) Nr. 1, Jan. 1949.

Schweizer Elektro-Rundschau, Juni 1952.

United States Exports of Domestic and Foreign Merchandise 1950, Part II, Bureau of the Census. Washington, April 1951.

Verein Deutscher Maschinenbauanstalten: Der Maschinenaußenhandel der Schweiz im Jahre 1950. Wirtschaftsbilder Nr. 13, November 1951.

II. Überseeische Länder.

1. Vereinigte Staaten von Nordamerika.

Bei einer statistischen Untersuchung über die Verwendung von Kältemaschinen und -apparaten müßte die Betrachtung der wirtschaftlichen Verhältnisse in den USA die erste Stelle einnehmen; denn sowohl hinsichtlich der absoluten als auch der relativen Produktions- und Exportzahlen und der Daten über die Verwendung künstlicher Kälte in Industrie, Handel, Verkehr und Haushalt stehen die USA fast überall weitaus an der Spitze aller Länder. Nicht umsonst werden zur Charakterisierung des Lebensstandards dieses Landes neben dem Auto und dem Radio- oder Fernsehgerät auch der Kühlschrank und die Klimaanlage genannt. 1952 betrug der Produktionswert der Kältewirtschaft[1] in den USA schätzungsweise 3 Milliarden $. Der Anteil am Sozialprodukt war damit etwa doppelt so groß wie z. B. in Westdeutschland.

Außer einem hohen Stand der Technik ist für eine umfangreiche Anwendung der künstlichen Kälte in den verschiedenen Gebieten des privaten und des Wirtschaftslebens zweifellos ein gewisser Wohlstand des Landes Voraussetzung, ebenso wie die aus geographischen Verhältnissen (Verkehrslage, Klima) geborenen natürlichen Notwendigkeiten.

---

[1] Kältemaschinen und Kühlschränke, Eis und Eiscreme, schnellgefrorene Lebensmittel, jedoch ohne Dienstleistungen wie Kaltlagerung und Kalttransport.

a) Kältemaschinenerzeugung und -verwendung. Über die außerordentliche Zunahme der wirtschaftlichen und technischen Bedeutung der künstlichen Kälte auf ihren Hauptanwendungsgebieten seit 1939 gibt folgende Übersicht Aufschluß.

Tabelle 36. *Umsatz von Kältemaschinen und -apparaten nach Erzeugnisgruppen.*
USA 1947 und 1939.

Erzeugnisgruppe	Umsatz[1]			
	in 1000 $		in % des Gesamtumsatzes	
	1947	1939	1947	1939
Haushaltskühlschränke[2]	658525[3]	191757	52,0[3]	66,0
Kleingewerbliche Kälteanlagen[4]	365357	73100	28,8	25,1
Industriekälteanlagen	83681	9038	6,6	3,1
Klimaanlagen	45717	16819	3,6	5,8
Zubehör u. Ersatzteile	113745	.	9,0	.
Insgesamt	1267025	290714	100,0	100,0

Unter Berücksichtigung der Preissteigerungen, die jedoch auf dem Gebiete der Erzeugung von Kältemaschinen und -apparaten wesentlich hinter der allgemeinen Verteuerung zurückblieb, kann man sagen, daß sich das Produktionsvolumen fast verdreifacht hat.

Wegen der Änderung des Warenverzeichnisses lassen sich leider nicht für alle kältetechnischen Erzeugnisse Vergleichszahlen aus den Jahren vor und nach dem letzten Weltkrieg gegenüberstellen.

Tabelle 37. *Produktion einiger kältetechnischer Erzeugnisse.*
USA 1947 und 1937.

Erzeugnis	Mengen in Stück		Wert (Fabrikpreis) in 1000 $	
	1947	1937	1947	1937
Maschinelle Haushaltskühlschränke	3977470	2634025	503472	237175
davon mit einem Fassungsvermögen[5]:				
a) bis unter 170 l	480178	1373006	52758	108458
b) von 170 l bis unter 280 l (1947 nur bis 265 l)	3349649	1245812	424635	124767
c) über 280 l (1947 über 265 l)	147643	15207	26079	3950
Gefrierschränke für Haushalt u. Landwirtschaft	607240	—	100415	—
Eisschränke für den Haushalt	340062	.	11210	9981
Eisschränke für das Gewerbe	.	.	5102	5354
Kleingewerbliche und industrielle Kältemaschinen mit einer Kälteleistung über 1 ton of refr.[6]	.	.	117297	11539
Kleinkältemaschinen mit einer Kälteleistung unter 1 ton of refr.[6]	.	.	94348	39316
Verschiedenes (u. a. masch. Gewerbekühlkühlschränke, Gehäuse, Klimaanlagen, Zubehör)	.	.	435181	72041
Kältemaschinen u. -apparate insgesamt . .	.	.	1267025	375406

[1] Umsatzangaben in Fabrikpreisen. — [2] Elektrische, mit Gas betriebene und mit Wassereis gekühlte. — [3] Einschließlich Gefrierschränke für Haushalt und Landwirtschaft. — [4] Vgl. Fußnoten 1 und 2 auf S. 234/35.
[5] Volumenaufteilung teilweise geschätzt. — [6] 1 ton of refr. = 3000 kcal/h.

Aus Tab. 36 ging bereits hervor, daß der Umsatz von Kältemaschinen für die Industrie am stärksten zugenommen hat. Auch die vorstehende Übersicht zeigt eine auffallende Zunahme des Absatzes größerer Kältemaschinen mit einer Kälteleistung von über 1 ton of refr. Man muß jedoch bei einem Vergleich von Vor- und Nachkriegsproduktionszahlen außer den Preisveränderungen noch berücksichtigen, daß gerade in den Jahren 1947 und 1948 die Nachfrage noch stark durch den während des Krieges unbefriedigt gebliebenen Bedarf (sog. Nachholbedarf) beeinflußt wurde.

Daß die Ausdehnung der Erzeugung von Kältemaschinen eng mit der Vergrößerung wichtiger Verbrauchergruppen verbunden ist, geht aus folgender Übersicht hervor:

Tabelle 38. *Betriebe, Beschäftigte und Nettoproduktionswert der Kältemaschinen-, Eis-, Eiscreme- und Schnellgefrierindustrie. USA 1947 und 1937.*

Industriezweig	Jahr	Betriebe	Zahl der besch. Arbeiter (Jahresdurchschnitt)	Nettoproduktionswert in 1000 $
Kältemaschinen	1947	561	108316	597486
	1937	280	50623	168559
Eiserzeugung	1947	3432	29048	226584
	1937	3847	18705	109025
Eiscreme	1947	1521	23196	228049
	1937	2885	18664	138416
Schnellgefrorene Lebensmittel	1947	291	15770	59377
	1937	21	1963	3252

Der stärkste Aufschwung ist in der jüngsten Gruppe der Kälteverbraucher, in der Industrie schnellgefrorener Lebensmittel, festzustellen. Bei der Wassereis- und Eiscremeindustrie ist eine auffallende Vergrößerung der einzelnen Betriebseinheiten bemerkenswert: die Zahl der Betriebe hat sich verringert, die Beschäftigtenzahl stieg.

Das Schwergewicht der Erzeugung von Kältemaschinen und -apparaten liegt in Betrieben mit mehr als 1000 Beschäftigten. 1947 gab es in den USA 24 Betriebe der Kältemaschinenindustrie, die mehr als 1000 Beschäftigte hatten. Von diesen Betrieben wurden nahezu 70% der Gesamtproduktion ausgestoßen. Im einzelnen waren die Betriebsgrößenklassen folgendermaßen besetzt:

Tabelle 39. *Die Kältemaschinenindustrie nach Betriebsgrößenklassen. USA 1947.*

Betriebe mit ... Beschäftigten	Betriebe	Gesamtbeschäftigte	davon Arbeiter	davon Angestellte	Löhne u. Gehälter	davon Löhne	davon Gehälter	Nettoproduktionsw.	Anteil der Löhne am Nettoprod.-wert in %
					in 1000 $				
1 — 4	107	245	233	12	640	602	38	1304	46,1
5 — 9	80	539	486	53	1453	1296	157	2802	46,3
10 — 19	95	1301	1090	211	3426	2695	731	5286	51,0
20 — 49	90	2827	2270	557	7515	5362	2153	13248	40,5
50 — 99	64	4484	3715	769	13455	9934	3521	22324	44,5
100 — 249	55	8964	7160	1804	24621	17018	7603	43377	39,3
250 — 499	33	11180	9262	1918	32097	24001	8096	56687	42,3
500 — 999	13	8982	7317	1665	23973	17908	6065	41657	43,0
1000 — 2499	12	20361	17702	2659	58861	49017	9844	92907	52,9
2500 u. mehr	12	70407	59081	11326	214175	171342	42833	317894	54,0
Insgesamt	561	129290	108316	20974	380216	299175	81041	597486	50,1

Bemerkenswert ist der hohe Anteil der Löhne am Nettoproduktionswert. Die Kältemaschinenindustrie zahlt im allgemeinen gute Löhne. So wurden z. B. im Juli 1949 von Firmen, die Kühlschränke und Klimaanlagen herstellten, durchschnittlich 1,55 $ Stundenlohn gezahlt. Dieser Betrag liegt über dem Durchschnitt der Industriearbeiterlöhne.

Die in den USA betriebenen Kältemaschinen bilden eine wichtige Energieverbrauchergruppe. So betrug bereits 1940 die Zahl der in Kältemaschinen und -apparaten installierten PS nahezu 7 Millionen, wobei die Haushaltskühlschränke mit 39% am stärksten beteiligt waren.

α) *Haushaltskühlschränke.* Innerhalb von 11 Jahren (1931 bis 1941) wurden in den USA etwa 24 Mill. Kühlschränke verkauft (vgl. Tab. 41).

Während sich seit 1931 die Zahl der jährlich verkauften elektrischen Kühlschränke etwa vervierfacht hat, ging die Zahl der verkauften Eisschränke eher zurück: 1923 waren noch 1,1 Mill. Eisschränke abgesetzt worden, 1939 dagegen nur noch rund 226 000. Die Verkaufszahlen elektrischer Kühlschränke überstiegen erst im Jahre 1926 die Hunderttausendergrenze. Die hohen Absatzzahlen der Jahre 1940 und 1941 spiegeln wohl gewisse Angst- und Vorratskäufe wider, die durch den zweiten Weltkrieg ausgelöst wurden. Während des Krieges wurde die Kühlschrankproduktion nahezu ganz eingestellt. Der in diesen Jahren angestaute Bedarf zeigt sich in den hohen Produktionszahlen der Nachkriegsjahre: in fünf Jahren 1946 bis 1950 wurden fast ebensoviel maschinelle Kühlschränke hergestellt, wie in der Zeit von 1921 bis 1941 verkauft wurden. Nach der Rekordproduktion des Jahres 1950 von 6,25 Mill. Stück trat infolge der zunehmenden Marktsättigung ein Rückschlag ein. Auch 1953 dürften die Produktionszahlen des Jahres 1952 nicht überschritten worden sein.

Tabelle 40. *PS-Zahl der in Betrieb befindlichen Kälteanlagen. USA 1940.*

Art der Kälteanlage	Leistung der Antriebsmaschinen in 1000 PS	%
Haushaltskühlschränke . . .	2647	39,0
Kleingewerbliche Kälteanlagen	758	11,2
Industriekälteanlagen . . .	2296	33,8
Klimaanlagen	1083	16,0
Kälteanlagen insgesamt	6784	100,0

Tabelle 41. *Kühlschrankverkäufe[1]. USA 1921 bis 1952.*

Jahr	Elektrische Kühlschränke	Gaskühlschränke	Eisschränke
	in 1000 Stück		
1921 bis 1930	2990	.	.
1931	949	85	374
1932	770	100	.
1933	1065	100	223
1934	1373	100	.
1935	1590	160	309
1936	2080	200	.
1937	2369	265	395
1938	1279	185	.
1939	1956	190	226
1940	2719	190	.
1941	3303	200[2]	.
1942 bis 1945	.	.	.
1946	2100	350	.
1947	3400	400	340
1948	4760	400	.
1949	4450	250	.
1950	6250	400	.
1951	4100	.	.
1952	3600	.	.
1953	3100[2]	.	.

---

[1] 1946 bis 1952 Produktionszahlen. — [2] Schätzung.

Aus dem Diagramm (Abb. 107) ist das schnelle Ansteigen der Zahl der verkauften elektrischen Kühlschränke bis 1937 gut erkennbar. Anfänglich reagiert die Verkaufskurve auf die Schwankungen des Index der gesamten industriellen Tätigkeit nur schwach, während sie den Rückgang der Industrieproduktion im Jahre 1938 bereits in wesentlich verstärkter Form widerspiegelt.

Während 1939 nur etwa 10% der verkauften Kühlschränke ein Fassungsvermögen von mehr als 200 Litern besaßen, waren es 1947 bereits etwa 75%. Die durchschnittliche Kühlschrankgröße betrug 1937 152 l und 1947 205 l. Nach dem Fassungsvermögen verteilte sich 1947 die Produktion von maschinellen Kühlschränken folgendermaßen:

bis unter 150 l	3,2%
von 150 bis 180 l	17,6%
von 180 bis 210 l	48,1%
von 210 bis 240 l	14,6%
von 240 bis 270 l	12,8%
von 270 l und mehr	3,7%
	100,0%

Diese Verlagerung des Schwergewichts des Absatzes auf Kühlschränke mit über 200 Litern Inhalt kann nicht nur auf das gestiegene Realeinkommen zurückgeführt werden, sondern in erster

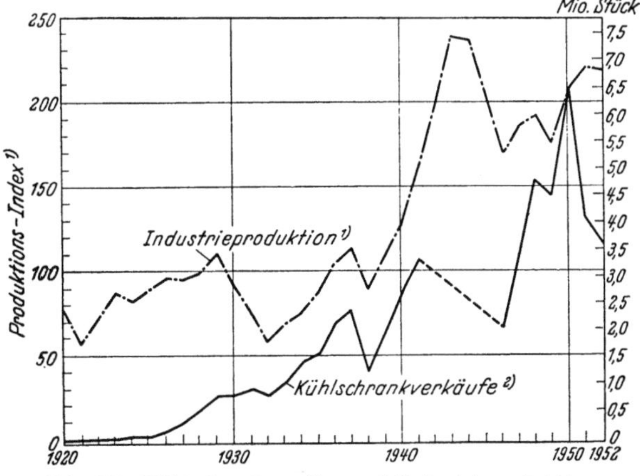

Abb. 107. Kühlschrankumsätze und Industrieproduktion in den USA (1920—1952).

Linie auf eine wesentliche Verbilligung der Kühlschränke. Letzteres ist zweifellos auch eine Folge der Kostendegression bei Massenherstellungen, die durch eine Beschränkung der Typenzahl sehr gefördert werden kann. 1939 kostete ein elektrischer Kühlschrank nur noch etwa die Hälfte des Preises, den ein Kühlschrank im Jahre 1927 durchschnittlich erzielte. Gleichzeitig stieg jedoch die Kälteleistung der Kühlschränke um etwa 50%. Eine weitere Förderung des Absatzes ist auch den seit 1923 um etwa die Hälfte gesunkenen Betriebskosten (Stromkosten) zuzuschreiben. Wenn auch die Verkaufspreise der Kühlschränke 1947 höher lagen als vor dem zweiten Weltkrieg, so täuscht hier die absolute Höhe des Preises. Wenn man berücksichtigt, daß das Fassungsvermögen der Kühlschränke sich durchschnittlich um ein Drittel vergrößert hat und z. B. der Großhandelspreisindex um 76% gestiegen ist, läßt sich wiederum eine Verbilligung der Kühlschränke feststellen.

Die durchschnittliche Lebensdauer eines Kühlschranks wird in den USA auf 9 bis 10 Jahre geschätzt. Man nimmt an, daß seit 1939 in den Verkäufen bereits etwa ein Fünftel Ersatzanschaffungen enthalten waren.

1952 befanden sich in den USA 44,6 Mill. Wohnungen, wovon 41 Mill. elektrifiziert waren. 35,5 Mill. Wohnungen besaßen maschinelle Kühlschränke und — zum Vergleich — 44,2 Mill. Radios. Demnach stehen etwa in 9 von 10 elektrifizierten Wohnungen Kühlschränke[3]. Das ist aber nicht nur in den Städten der Fall, sondern auch auf dem Lande, wo Farmen über elektrischen Strom verfügen. 1952 betrug der Sättigungsgrad für Haushaltskühlschränke in den USA 86,5%,

---

[1] Jahresdurchschnitt 1935—1939 = 100.

[2] Zahl der jährlich verkauften Kühlschränke in Millionen Stück. Für die Zeit 1942—1945 liegen keine Zahlen vor.

[3] 1950 waren 80% der Wohnungen mit maschinellen Kühlschränken und 11% mit Eisschränken ausgestattet. Die Vergleichszahlen von 1940 waren 44% und 27%. – 1953 gab es bereits in 11% der Haushaltungen Gefrierschränke.

in der Schweiz vergleichsweise nur 10,5%. Die meisten Kühlschränke werden jährlich in den Monaten April und Mai verkauft. Neben den Kühlschränken gewinnen Gefrierschränke für Haushalt und Landwirtschaft wachsende Bedeutung: 1947 wurden 611000 Gefrierschränke zum Fabrikpreis von 100 Mill. $ produziert, und 1951 wurden bereits 1,1 Mill. Stück abgesetzt. Nach dem Fassungsvermögen verteilte sich der Absatz folgendermaßen:

Gefrierschränke   bis 200 l 4%
Gefrierschränke 200 bis 310 l 22%
Gefrierschränke 310 bis 360 l 30%
Gefrierschränke über   360 l 44%

Über den tatsächlichen Umfang des Reparaturdienstes von Kühlschränken, der viele Menschen beschäftigt, gibt die Statistik keine Auskunft. 1948 wurden nur die unabhängigen Kühlschrankreparaturbetriebe erfaßt. Die Masse der anfallenden Reparaturen wird jedoch in den Herstellerfirmen selbst bzw. von ihrem betriebseigenen Kundendienst oder von demjenigen der großen Händler durchgeführt. 1948 bestanden 2531 unabhängige kleine handwerkliche Reparaturwerkstätten mit 3928 Beschäftigten und 2733 tätigen Inhabern. Sie erzielten zusammen einen Jahresumsatz von 45,5 Mill. $.

β) Gewerbliche Kälteanlagen. „*Kleingewerbliche Kälteanlagen*" (commercial refrigeration) entsprechen etwa dem deutschen Begriff „Kleinkältemaschinen" einschließlich Kühltruhen und Kühlräumen mit getrennter Kältemaschinenanlage[1]. Kälteanlagen für das Kleingewerbe[2] haben ihre Abnehmer in Lebensmittelgeschäften, Fleischereien, Molkereien, Konditoreien, Bierhandlungen, Gaststätten, Hotels usw. 1939 wurden in den USA rund 980000 derartige gewerbliche Niederlassungen gezählt, in denen Kälteanlagen verwendet wurden. Es wird geschätzt, daß 1940 1,6 Mill. Kleinkältemaschinen in diesen Geschäften in Betrieb waren.

Hinsichtlich des Produktionswertes steht das Geschäft mit kleingewerblichen Kälteanlagen an zweiter Stelle hinter der Herstellung von Haushaltskühlschränken (vgl. Tab. 36). Im einzelnen handelt es sich um folgende Arten von Kälteanlagen:

Tabelle 42. *Produktionswert kleingewerblicher Kälteanlagen*[3].
USA 1947 und 1939.

Gegenstand	Fabrikpreise in 1000 $	
	1947	1939
1. Isolierte Behälter ohne Kältemaschinen:		
a) Behälter zur Aufnahme von Kältemaschinen	1264	9877
b) Kühltruhen	.[4]	14596
c) Wassereisbehälter u. a.	5102	5131
2. Kühlbehälter mit eingebauter Kälteanlage:		
a) Wasser- und Getränkekühler · · · · · · · · · · ·	89941	6455
b) Eiscremebehälter · · · · · · · · · · · · · · ·	45235	7433
c) Sonstige Kühlbehälter · · · · · · · · · · · · ·	111941	1056
3. Kleingewerbliche Kältemaschinen:		
Verdampfer, Niederdruckseiten, Hochdruckseiten, Kompressoren zum Einzelverkauf sowie vollständige Anlagen ohne Kühlschrankgehäuse u. a. · · · · · · · · · · ·	111874	28552
Insgesamt	365357	73100

[1] Ohne Haushaltskühlschränke und kleinste Kältemaschinen mit einer Leistung bis zu 500 kcal/h sowie ohne Kälteanlagen für die Industrie und für Klimaaggregate. In Deutschland umfaßt das Gebiet der Kleinkältemaschinen folgendes: Kühlschränke über 250 l, Gefriertruhen, kleingewerbliche Anlagen, kleine Klimaaggregate, gekühlte Last- und Eisenbahnwagen und Sondergebiete (z. B. Tiefkühlschränke). Eine Abstimmung des amerika-

Über die Zahl von Herstellerfirmen für kleingewerbliche Kälteanlagen und Haushaltskühlschränke im Jahre 1950 gibt folgende Übersicht Aufschluß. Es wurden hergestellt:

elektrische Haushaltskühlschränke	von	31 Firmen
gasbeheizte Haushaltskühlschränke	von	2 Firmen
ölbeheizte Haushaltskühlschränke	von	3 Firmen
Gefriertruhen	von	98 Firmen
Verkaufstheken für Gefierkonserven	von	86 Firmen
Tiefkühltruhen	von	109 Firmen
Klimageräte bis $^1/_2$ PS	von	30 Firmen
Klimageräte in Truhenform	von	53 Firmen
Trinkwasserkühler	von	47 Firmen
Flaschenkühler	von	102 Firmen
luftgekühlte Kältemaschinen bis 3 PS	von	66 Firmen

Unter „*Industriekälteanlagen*" (industrial refrigeration) verstehen die Amerikaner Großkältemaschinen und Kälteanlagen, wie sie in Kühlhäusern, in der Eis- und Nahrungsmittelindustrie, in der chemischen Industrie, in Kalttransportmitteln[5] (gekühlten Last- und Eisenbahnwagen) sowie in Klimaanlagen Verwendung finden. Wie bereits erwähnt, hat nach dem zweiten Weltkrieg der Absatz von Industriekälteanlagen einen großen Aufschwung genommen (vgl. Tab. 36 und 37).

γ) *Klimaanlagen.* In den USA unterscheidet man Klimaanlagen für Aufenthaltsräume und Klimaanlagen zur Unterstützung von Fabrikationsprozessen. Tabelle 43, S. 236, gibt über die Verbreitung von Klimaanlagen Aufschluß.

Die wachsende Bedeutung von Kälteanlagen zu Klimatisierungszwecken kann an Hand der Verkaufszahlen von Klimaanlagen für Aufenthaltsräume seit 1933 leicht abgelesen werden. Es wurden jährlich verkauft[6]:

1933	2000 Stück	1942	10000 Stück
1934	2200 Stück	1943/45	.
1935	6000 Stück	1946	57000 Stück
1936	10000 Stück	1947	90000 Stück
1937	13000 Stück	1948	133000 Stück
1938	13400 Stück	1949	154000 Stück
1939	21500 Stück	1950	287000 Stück
1940	30900 Stück	1951	322000 Stück
1941	31300 Stück	1952	468000 Stück

Eine besonders gute Konjunktur verzeichneten in den letzten Jahren die Einraumkühler — sog. Fensterkühler —, die einfach in das Fenster eingesetzt werden und nur jeweils einen Raum kühlen. 1952 bestanden etwa drei Viertel der abgesetzten Klimageräte aus „Fensterkühlern". Sie waren am Gesamtumsatz von Klimaanlagen (147,6 Mill. $) mit 46% beteiligt. 1952 stellten bereits 70 Firmen Klimaanlagen her. Die Zukunftsaussichten werden für diesen

---

nischen Sachgebietes „commercial refrigeration" auf den deutschen Begriffsinhalt der „Kleinkälte" war nicht möglich.

[2] Der Begriff „Kleingewerbe" wurde deshalb eingeführt, weil der Begriff „Gewerbe" allein auch die Industrie einschließt. Die Großkältemaschinen für industrielle Zwecke stellen aber eine eigene Erzeugnisgruppe bzw. ein eigenes Absatzgebiet dar (vgl. Tab. 36, S. 230).

[3] Infolge einer anderen systematischen Ordnung der Erzeugnisse lassen sich die Zahlen aus dem Jahr 1947 mit denen des Jahres 1939 nur bedingt vergleichen; die Gliederung der Erzeugnisse in der Tabellenvorspalte bezieht sich auf die Zahlen von 1939. Es wurde versucht, die Zahlen aus dem Jahre 1947 in diese Gliederung einzubauen.

[4] In 2c) „Sonstige Kühlbehälter" enthalten.

[5] In Deutschland gehören Kalttransportmittel in das Gebiet der „Kleinkälte".

[6] Ab 1946 umfassen die Stückzahlen folgende Gruppen von Klimaanlagen: „Air conditioning units (not self-contained) und „Self-contained air conditioning units"

Industriezweig sehr optimistisch beurteilt, da Anfang 1953 erst 1,3% der 42 Millionen Wohnungen in den USA mit Temperaturreglern ausgestattet waren. Für 1953 rechnet man mit einer Produktion von 462000 Raumklimaanlagen. Ein weiteres Absatzgebiet wurde durch die Verwendung von Klimaanlagen in Personenkraftwagen erschlossen.

Tabelle 43. *Verwendungszweck, Anzahl und Leistung von Klimaanlagen.*
USA 1941.

Verwendungszweck	Anzahl	Leistung in PS	Durchschnittl. PS-Zahl je Anlage
1. *Klimatisierung von Aufenthaltsräumen:*			
Wohnungen	21775	27131	1,2
Banken	743	24017	32,3
Friseur- u. Schönheitssalons	838	5170	6,2
Rundfunkstudios	190	5161	27,2
Klubs	367	6432	17,5
Leichenhäuser	870	7658	8,8
Krankenhäuser	527	7536	14,3
Hotels	1214	50814	41,9
Geschäftshäuser	1187	113368	95,5
Büros	16016	78189	4,9
Ärztl. Praxisräume	1989	7989	4,0
Öffentliche Gebäude	459	73858	160,9
Erholungsheime	558	5519	9,9
Restaurants	6583	96318	14,6
Warenhäuser	1046	105764	101,1
Ladengeschäfte	8015	111001	13,9
Theater und Kinos	2238	176320	78,8
Sonst. Räume für gewerbl. Zwecke	4712	61205	13,0
Insgesamt[1]	69327	963450	13,9
2. *Klimatisierung von Fabrikationsräumen:*			
Süßwarenindustrie	234	10687	45,7
Chemische Industrie	123	6073	49,4
Druckerei	87	3872	44,5
Textilindustrie	101	4533	44,9
Tabakindustrie	36	1661	46,1
Metallindustrie	84	5754	68,5
Lebensmittelindustrie	345	8609	25,0
Pelzlagerung	140	903	6,4
Sonstige Industrien[2]	3531	95237	27,0
Verschiedenes[2]	7896	95287	12,1
Insgesamt	12577	232616	18,5
3. *Klimaanlagen insgesamt (1 + 2)*	81904	1196066	14,6

δ) *Kälteschließfachanlagen (locker plants).* Kälteschließfachanlagen sind eine Art Kleinkühlhäuser für Private. Dieses neuartige Absatzgebiet künstlicher Kälte ist erst kurz vor dem zweiten Weltkrieg entwickelt worden. Die Lockeranlagen, welche besonders in ländlichen Bezirken errichtet werden, dienen meist der Frischhaltung von Lebensmitteln, die aus der eigenen landwirtschaft-

---

[1] Ohne die zahlreichen Klimaanlagen in Eisenbahnwagen und Passagierdampfern.

[2] Auf welche Arten von Industrien sich diese beiden stark vertretenen Gruppen beziehen, ging aus den Unterlagen nicht hervor.

lichen Produktion der Schließfachmieter stammen und für ihren eigenen Verbrauch bestimmt sind. In den Städten bedienen sich auch die Hausfrauen gerne dieser Möglichkeit, um größere Vorräte auf längere Zeit einzulagern. In diesen Anlagen herrschen durchwegs Temperaturen unter 0° C (Gefrierlagerung). 1938 befanden sich 1269 dieser Anlagen in Betrieb, 1951 bereits 11 608.

Tabelle 44. *Entwicklung der Lockeranlagen.*
USA 1938 bis 1951.

Jahr	1938	1939	1940	1941	1942	1943	1944	1945	1946	1947	1948	1949	1950	1951
Anzahl d. Anlagen	1269	1861	2870	3623	4323	4559	5282	6484	8025	9529	10617	11245	11596	11608

Im Durchschnitt besitzt jede Lockeranlage 500 Kälteschließfächer: insgesamt gab es in den USA 1949 rund 5,6 Mill. Fächer mit fast 1 Mill. m³ Gefrierraum.

Die Schließfächer werden von etwa 15 Mill. Personen benutzt; etwa drei Viertel der Schließfachmieter stammten aus dem Bereich der Landwirtschaft[1]. Der Mietpreis je Fach betrug jährlich 11 bis 15 $. 1950 waren im Jahresdurchschnitt 77% des Schließfachraumes belegt. Jährlich werden in den Kälteschließfachanlagen etwa 620 000 t Lebensmittel umgeschlagen. Diese Menge verteilt sich auf folgende Lebensmittel:

Fleisch 87%
Geflügel 4%
Wild 3%
Obst und Gemüse . 6%

1945 wurden in jedem vermieteten Schließfach durchschnittlich 150 kg Fleisch und 11 kg Obst und Gemüse eingelagert. Die Lagerung von Fleisch und Obst im gleichen Raum ist in gefrorenem und oft unverpacktem Zustand unbedenklich.

ε) *Kühlhäuser.* Die USA besitzen die modernsten und größten Kühlhausanlagen der Welt. Die meisten von ihnen haben ihren Standort im Nordosten des Landes, in dem Landwirtschaftsgürtel an den großen Seen. 23% befinden sich in den an der Westküste gelegenen Staaten (Washington, Oregon, Kalifornien). Von den einzelnen Staaten steht der Staat New York mit 257 Kühlhäusern und 2,4 Mill. m³ Kühlraum an der Spitze. Zahl und Leistungsfähigkeit der amerikanischen Kühlhäuser haben ständig zugenommen. Die enge Verflechtung mit dem Erzeuger und Letztverbraucher durch die lückenlose Kühlkette beeinflußt die geschäftliche Lage der amerikanischen Kühlhäuser besonders günstig.

Nach einer anderen Quelle bestanden in den USA 1947 1781 Kühlhäuser mit einem Bruttokühlraum von 19,1 Mill. m³. Es entfielen auf

Öffentliche Kühlhäuser . . . . 583 Betriebe mit 10,17 Mill. m³
Private oder halbprivate Kühlhäuser . . 379 Betriebe mit 1,49 Mill. m³
Fleischverarbeitungsbetriebe . . . . . . 253 Betriebe mit 3,71 Mill. m³
Apfelkühlhäuser . . . . 566 Betriebe mit 3,77 Mill. m³

Von den Apfelkühlhäusern haben nur 26% gemeinnützigen Charakter; 74% sind privat oder halbprivat. 1950 wurden 6,15 Mill. t, 1951 sogar 6,8 Mill. t in öffentlichen Kühlhäusern umgesetzt. Die Zahl der beschäftigten Personen ist im Jahre 1951 auf 22 300 angewachsen. Der Kühlraum in den öffentlichen Kühlhäusern hat sich seit 1947 auf 11,8 Mill. m³ erhöht (1951). Fast der ganze Zuwachs an Raum betrifft Gefrierräume mit Temperaturen von −18° C und darunter.

---

[1] 1944 besaßen ein Drittel der 6,1 Mill. Farmen der USA elektrische Kühleinrichtungen; 450 000 Farmen verfügten über elektrische Milchkühler.

Tabelle 45. *Die Entwicklung des Kaltlagerraums[1] in Kühlhäusern.*
USA 1925 bis 1947.

Jahr	Kaltlagerraum insgesamt	davon in		
		öffentlichen Kühlhäusern	privaten u. halbprivaten Kühlhäusern	Fleischpackereien
		in 1000 m³		
1925	17744	6868	2296	8580
1927	18910	7755	2324	8831
1929	20630	8970	2533	9127
1931	20977	9222	2664	9091
1933	20158	8982	2759	8417
1935	20119	9130	2404	8585
1937	20679	9452	2459	8768
1939	21135	9949	2336	8850
1941	21701	10527	2616	8558
1943	18441[2]	11043	2594	4804[2]
1945	18297[2]	11435	3045	3817[2]
1947	19114[2]	11559	3846	3709[2]

1947 verteilte sich der gesamte Kaltlagerraum folgendermaßen auf die Temperaturgebiete über und unter 0° C sowie auf die einzelnen Kühlhausarten[3]:

Tabelle 46. *Verteilung des Kaltlagerraumes[1] auf die Temperaturgebiete über und unter 0° C in den einzelnen Kühlhausarten.*
USA 1947.

Bezeichnung	Kaltlagerraum insg.		davon ...% in			
	1000 m³	%	öffentl. Kühlhäusern	priv. u. halbpriv. Kühlhäusern	Fleischpackereien	Apfelkühlhäusern
1. Verteilung des Kaltlagerraum auf die einzelnen Kühlhausarten:						
a) Kaltlagerraum insgesamt	19140	100	53	8	19	20
b) Kühlräume mit Temperaturen über 0° C . . .	12290	100	43	6	22	29
c) Kühlräume mit Temperaturen unter 0° C (Gefrierräume)	6850	100	72	12	14	2
darunter Tiefgefrierräume mit Temperaturen unter −18° C	4120	100	80	10	9	1
2. Anteil der Kühl- u. Gefrierräume an dem ges. Kaltlagerraum der jeweiligen Kühlhausart:	*19140*	*100*	*100*	*100*	*100*	*100*
a) Kühlräume	*12290*	*64*	*52*	*47*	*74*	*96*
b) Gefrierräume	*6850*	*36*	*48*	*53*	*26*	*4*

[1] Bruttolagerraum (gross space) einschließlich der Gänge, Treppen, Aufzugsschächte, Maschinen- und Nebenräume usw. Der Nettokühlraum (net piling space), d. h. der zum Kühlen oder Gefrieren wirklich nutzbare Raum, ohne den Platzbedarf für die Luftumwälzung, für Kühlrohre, Pfeiler, Einbauten u.dgl. betrug 1947 14,1 Mill. m³, war also um 26% kleiner als der Bruttokühlraum.

[2] Die plötzliche Verminderung des Kaltlagerraums ist darauf zurückzuführen, daß in den Fleischpackereien die bis 1942 miterfaßten gekühlten Arbeitsräume nicht mehr in den Zahlen enthalten sind.

[3] *Öffentliche* Kühlhäuser vermieten Kaltlagerräume gegen Bezahlung. *Private* Kühlhäuser werden von Erzeugern, Verarbeitern oder Verteilern von Lebensmitteln für den eigenen Bedarf betrieben. *Halbprivate* Kühlhäuser werden von den Besitzern teils für eigene Zwecke betrieben, teils auch vermietet.

Die gesamte Kühlraumkapazität in den USA mit Temperaturen bis zu $-18°$ C verteilte sich 1951 folgendermaßen:

55% auf Kühlhäuser
27% auf locker plants
18% auf Haushaltsgefrierschränke

Die Kaltlagerkapazität der öffentlichen Kühlhäuser wurde im Durchschnitt der Jahre 1947 bis 1951 in den Kühlräumen mit 78% und in den Gefrierräumen mit 72% ausgenutzt.

1939 waren in den Kühlhäusern der USA durchschnittlich folgende Lebensmittelmengen[1] eingelagert (vgl. auch Tab. 52, S. 243).

a) in Kühlräumen:	b) in Gefrierräumen:
256000 t Fleisch	41000 t Geflügel
55000 t Eier	44000 t Eier
270000 t Äpfel	53000 t Obst
53000 t Schweineschmalz	29000 t Fisch
47000 t Käse	54000 t Butter
681000 t	221000 t

Während sich seit 1923 die Mengen der in Kühlräumen eingelagerten frischen Lebensmittel insgesamt etwas vermindert haben, stieg die Menge der eingelagerten gefrorenen Lebensmittel um mehr als das Doppelte. Das ist vor allem auf die vermehrte Einlagerung von Obst, Eiern und Fischen zurückzuführen.

ζ) *Eis- und Trockeneisindustrie.* 1947 produzierten 3432 Betriebe, in denen 29000 Arbeiter beschäftigt waren, 48 Mill. t Wassereis in Werte von 264 Mill. $. Nur 2 bis 3% der verkauften Eismengen waren Natureis. 1939 befaßten sich 44 Unternehmen mit der Herstellung von Trockeneis, das besonders von der Eiscremeindustrie zur Kühlung der Transportfahrzeuge benützt wird.

In den Jahren 1923 bis 1949 hat sich die Eisproduktion sehr unterschiedlich entwickelt. Die Produktionsmengen schwanken in den einzelnen Jahren stark. Zum Teil machen sich hier vermutlich Witterungseinflüsse geltend. Im allgemeinen ist jedoch trotz der starken Ausbreitung maschineller Kühlanlagen eine steigende Tendenz der Produktionsmengen von Wassereis festzustellen.

Tabelle 47. *Die Eis- und Trockeneisproduktion.*
USA 1923 bis 1948.

Jahr	Wassereis		Trockeneis	
	1000 t	1000 $	1000 t	1000 $
1923	30100	164662	.	.
1925	34700	186969	.	.
1927	35200	184794	.	.
1929	40200	210952	.	.
1931	38300	192027	39	2900
1933	29800	139263	27	1969
1935	28800	128385	75	3246
1937	30100	136541	142	4618
1939	28700	130166	162	5531
1940—44	.	.	.	.
1945	47700	.	.	.
1946	49400	.	.	.
1947	48000	264326	.	.
1948	42600	.	130	.

[1] Es wurden hier nur die wichtigsten Lebensmittel aufgeführt.

1945 verteilte sich die Wassereisproduktion auf folgende Abnehmer:

12   Mill. t auf 11 Mill. Privatleute
18,5 Mill. t auf 184000 Restaurants, Cafés usw.
55000 Drugstores
9000 Blumengeschäfte
24000 Hotels
6000 Krankenhäuser
378000 Lebensmittelgeschäfte
7000 Fischhallen
17,2 Mill. t auf 140000 Eisenbahnwagen und Kühlautos

Wie man aus diesen Zahlen entnehmen kann, ist der Abnehmerkreis für Wassereis sehr umfangreich. Die maschinelle Kühlung ist jedoch sowohl im Haushalt (1952: etwa 35,5 Mill. Kühlschränke) als auch im Gewerbe (etwa 1 Mill. kleingewerbliche Betriebe mit maschineller Kühlung) bereits sehr stark verbreitet (vgl. hierzu S. 233 und 234). Im Verkehr spielt das Wassereis als Kühlmittel eine dominierende Rolle.

Der Eisbedarf und damit auch die Produktion wird in den nächsten Jahren im wesentlichen unverändert bleiben. Die Eisherstellung hat sich in zunehmendem Maße von Blöcken auf Stückeis (Scherbeneis) und Schnee-Eis verlagert, da sich für diese kleinen Eisgrößen ein vielfältiges Absatzgebiet eröffnet hat und ihre Herstellung relativ billiger ist.

η) *Lebensmittelindustrie.* Über den Umfang der Anwendung künstlicher Kälte bei der Verarbeitung nachstehend aufgeführter Lebens- und Genußmittel sowie über den Wert der erzeugten Produkte gibt folgende Übersicht Auskunft:

Tabelle 48. *Wert einiger industriell verarbeiteter Lebens- und Genußmittel und der Einsatz künstlicher Kälte.*
USA 1939.

Erzeugnis	Produktionswert in 1000 $	Installierte Kälteleistung in PS
Butter	492221	65100
Käse	108207	8182
Eiscreme[1]	285807	193224
Fleisch	2648328	320732
Geflügel	138318	7830
Zucker	297761	10301
Schokolade	99018	25272
Brot	1411817	53374
Bier[2]	526076	264045
Getränke[3]	365778	22808
Insgesamt	6373331	970868

In dieser Aufstellung sind die sog. schnellgefrorenen Lebensmittel (quick frozen foods) nicht enthalten. Die steigende Bedeutung dieses neuartigen Industriezweiges ist aus den Verbrauchsziffern der Tab. 13 zu ersehen. Von 1937 bis 1947 ist die Zahl der in diesem Industriezweig beschäftigten Arbeiter um das Achtfache angestiegen (vgl. Tab. 38). 1951 arbeiteten 1043 Tiefkühlfirmen in den USA, wovon 400 Obst und Gemüse und 350 Fischereiprodukte verarbeiteten. Die Schnellgefrierindustrie brachte mehr als 200 Sorten tiefgekühlte Lebensmittel auf den Markt.

---

[1] Produktionsmenge 1939: 1,15 Md. l; 1947: 2,4 Md. l.
[2] Produktionsmenge 1939: 6,3 Md. l; 1947: 9,3 Md. l.
[3] Nach dem zweiten Weltkrieg entwickelte sich ein neuer Zweig der Getränkeindustrie: gefrorene Obstsäfte (vgl. S. 241).

Tabelle 49. *Herstellung von gefrorenem Obst und Gemüse, von Gefrierfisch und Eiscreme USA 1925 bis 1951.*

Jahr	Gefrierobst t[1]	Gefriergemüse t[1]	Gefr. Fische u. Schalentiere t[1]	Eiscreme Mill. l[2]
1925	5 700	.	.	811
1926	19 000	.	.	814
1927	16 900	.	.	858
1928	33 900	.	.	878
1929	25 800	.	.	963
1930	38 500	.	.	911
1931	31 100	.	.	788
1932	27 300	.	.	585
1933	22 600	.	.	564
1934	29 500	.	.	680
1935	35 000	3 200	67 800	755
1936	31 800	5 700	81 300	922
1937	50 500	32 900	76 200	1063
1938	58 600	40 700	84 400	1067
1939	63 800	32 900	83 200	1153
1940	78 200	37 800	89 000	1204
1941	94 300	48 600	111 900	1477
1942	88 300	69 200	112 100	1757
1943	84 900	94 300	111 600	1558
1944	146 900	107 500	120 900	1681
1945	193 700	139 700	129 700	1803
1946	235 500	204 100	127 000	2701
1947	155 800	157 000	111 900	2387
1948	167 700	202 500	132 400	2181
1949	160 600	255 600	129 500	2111[3]
1950	214 000	266 000	130 100	2104
1951	272 000	340 000	147 500	.

1951 wurden in den USA rund 1,1 Mill. t gefrorene Lebensmittel (ohne Eiscreme) hergestellt. 1949 wurden u. a. folgende Arten von Obst und Gemüse eingefroren und in nachstehenden Mengen in den Handel gebracht:

48 707 t	Erdbeeren	51 381 t	grüne Erbsen
33 546 t	Kirschen	39 894 t	Limabohnen
23 709 t	Äpfel und Apfelmus	26 546 t	grüne und Wachsbohnen
14 441 t	Himbeeren	31 202 t	Rosenkohl und Broccoli
10 539 t	Pfirsiche	28 262 t	Spinat
6 888 t	Brombeeren	24 784 t	Mais

Eine neue Absatzchance für gefrorenes Obst wurde in Form gefrorener Obstsaftkonzentrate entwickelt. Besonders die gefrorenen Orangensäfte erfreuen sich steigender Beliebtheit. Es wurden erzeugt (in Mill. Liter):

	1947/48	1948/49	1950/51	1952/53
gefrorene Orangesaftkonzentrate	0,9	46,2	86,9[4]	210[5]
gefrorene Zitrussaftkonzentrate (ohne Orangensaft)	3,8	3,0	.	.

Rechnet man die gefrorenen Obstsäfte auch zu der Produktionsmenge von gefrorenem Obst, so ergibt sich — wie bei Gefriergemüse — auch bei Gefrierobst für 1949 ein wesentlicher Produktionsanstieg. 1951/52 war die Menge der zu gefrorenem Obstsaft verarbeiteten Orangen bereits etwas größer (32,5 Mill. Kisten) als die für den Frischkonsum bestimmte Menge. Bei folgenden Gefrier-

---

[1] Auf 100 auf- oder abgerundete Zahlen.
[2] Für die Jahre 1929 bis 1934 Schätzungen auf Grund von Verbrauchszahlen.
[3] Zum Vergleich: 1949 wurden 64,6 Mill. l Speiseeis (Sherbet) hergestellt (s. Tab. 51).
[4] Dies entspricht einer Menge von 300 Mill. l normalen Orangensaftes,
[5] Umsatz.

waren wurde im Jahre 1949 gegenüber 1948 eine mehr als 25%ige Umsatz-steigerung festgestellt:

Limabohnen	31%	Saftkonzentrate	295%
Gemischtes Gemüse	30%	Erdbeeren.	30%
Stangenbohnen	30%	Gemischte Früchte.	29%
Rosenkohl	27%	Fischfilets	47%
Broccoli	26%	Geflügel	9 bis 30%

Um eine Größenvorstellung der Gefrierkonservierung im Rahmen anderer Verwertungsmöglichkeiten bei Obst und Gemüse zu geben, sei als Beispiel die Verwertung der Apfelernte in den USA im Jahre 1948 genannt (vgl. Tab. 50).

Tabelle 50. *Verwertung der Apfelernte.*
USA 1948.

Verwendungsart	Mengen in t	%
frisch · · · · · · · · · · · ·	1 915 000	67,8
getrocknet · · · · · · · · · ·	120 000	4,3
gefroren · · · · · · · · · ·	17 500	0,6
eingedost · · · · · · · · ·	250 000	8,9
Essig, Most u. a. · · · · · ·	520 000	18,4
Insgesamt	2 822 500	100,0

Man erkennt aus diesen Zahlen, daß zwar absolut genommen große Mengen von Früchten gefroren werden, die relativen Mengen aber doch bei vielen Obstarten sehr gering sind, so daß noch eine erhebliche Steigerung der Gefrierproduktion möglich erscheint. Man nimmt an, daß im Durchschnitt etwa 2% der Obstproduktion eingefroren wird (1950). Bei Gemüse ist es noch weniger. Bestimmte Arten der Gefrierkonserve erfreuen sich jedoch bereits großer Beliebtheit, wie folgende Verbrauchszahlen in kg je Kopf der Bevölkerung im Jahre 1950 zeigen:

	in Dosen	*frisch*	*gefroren*
Kirschen.	0,65 kg	0,55 kg	0,20 kg
Limabohnen	0,18 kg	0,45 kg	0,20 kg
Erbsen	2,50 kg	1,60 kg	0,35 kg

Die Mengen der gefrorenen Beeren übertrafen in den Jahren 1945 bis 1948 um das Zweieinhalbfache die der eingedosten, wobei Erdbeeren an der Spitze stehen und Himbeeren folgen.

Es wird geschätzt, daß von dem konsumierten Rind- und Schweinefleisch 8 bzw. 6% im gefrorenen Zustand an den Verbraucher gelangen. Über den Konsum der Gefrierkonserven je Kopf der Bevölkerung in den USA wurde bereits berichtet (vgl. Tab. 13, S. 203).

Nach einer Untersuchung des Gallup-Instituts haben 1947 35% der amerikanischen Hausfrauen regelmäßig schnellgefrorene Lebensmittel eingekauft, während sich 51% nur hie und da derartige Lebensmittel beschafften. 1952 haben bereits etwa 220 000 Geschäfte in den USA gefrorene Lebensmittel im Werte von 750 Mill. $ verkauft. Am Umsatzwert des Lebensmitteleinzelhandels ist Gefrierware mit etwa 1 bis 2% beteiligt. Der Umsatzanteil bei den Warenhäusern betrug 1951 3,8%. Der durchschnittliche Jahresumsatz der einzelnen Verkaufsstellen für Gefriererzeugnisse ist in den letzten Jahren stark angewachsen. Er betrug

1947	1000 $ je Verkaufsstelle
1948	2100 $ je Verkaufsstelle
1949	2500 $ je Verkaufsstelle
1950	3000 $ je Verkaufsstelle

Die amerikanische Wehrmacht kaufte 1944 etwa 30 000 t schnellgefrorener Lebensmittel. 1950 soll sich der Pro-Kopf-Verbrauch dieser Gefrierwaren bei der amerikanischen Armee gegenüber 1944 versechsfacht haben. Zu den Gefrier-erzeugnissen gehören auch tischfertig gefrorene Speisen und Spezialitäten (Produktion 1948: 13 600 t).

In den USA werden jährlich außerordentliche Mengen an Eiserzeugnissen verbraucht. Folgende Aufstellung zeigt für 1949 die monatlichen Herstellungs-mengen von Eiscreme und Speiseeis (Sherbet).

Tabelle 51. *Eiscreme- und Speiseeiserzeugung.*
USA 1949.

Monat	Erzeugung von	
	Eiscreme	Speiseeis (Sherbet)
	in 1000 l	
Januar	133 300	2 543
Februar	145 100	2 860
März	186 400	3 860
April	202 900	5 221
Mai	256 300	6 856
Juni	302 850	8 128
Juli	312 350	8 946
August	305 600	8 490
September	210 800	6 812
Oktober	174 530	4 676
November	152 430	3 587
Dezember	142 560	2 633
Insgesamt	2 525 120	64 612

Neben der Eiscremeproduktion fällt die Erzeugung von Speiseeis nicht sehr ins Gewicht. 1949 erreichte die Speiseeiserzeugung nur 2,6% der hergestell-ten Menge an Eiscreme.

Tabelle 52. *Größte monatliche Einlagerungsmengen an Fleisch, Geflügel, Butter und Eiern in Gefrierlagerräumen der Kühlhäuser.*
USA 1935 bis 1949.

Jahr	Fleisch t	Geflügel t	Butter t	Eier t
1935	216 700	59 900	71 100	52 700
1936	167 400	67 800	51 000	52 500
1937	284 500	81 100	61 200	75 600
1938	156 500	56 000	98 600	62 800
1939[1]	164 200	63 100	78 500	65 500
1940	226 500	76 000	61 000	70 300
1941	276 800	94 500	92 200	88 500
1942	262 000	99 100	69 100	131 800
1943	266 900	89 800	105 500	159 300
1944	408 100	121 600	63 600	176 200
1945	214 900	145 500	93 900	116 100
1946	.	165 100	.	120 200
1947	339 100	143 800	40 100	109 600
1948	467 700	144 000	44 400	116 700
1949	411 200	120 700	69 600	76 700

Da über die Gesamtmengen von eingefrorenem Fleisch, Geflügel, Butter und Eiern keine Zahlen vorlagen, wurden in obenstehender Übersicht die höchsten

---

[1] Bei einem Vergleich der Zahlen für 1939 mit den auf S. 239 genannten ist zu beachten, daß dort Durchschnittswerte angegeben wurden, während es sich hier jeweils um die *größte monatliche* Einlagerungsmenge handelt.

monatlichen Einlagerungsmengen in den Kühlhäusern für einige Jahre wiedergegeben, um eine gewisse Größenvorstellung zu vermitteln. Über die eingelagerten Mengen an gefrorenen Fischen standen ebenfalls keine Zahlen zur Verfügung. Zum Vergleich sei angeführt, daß im Dezember 1949 insgesamt 72000 t gefrorene Fische in den Kühlhäusern eingelagert waren.

ϑ) *Kalttransportmittel.* 1950 waren in den USA etwa 150000 Eisenbahnkühlwagen für den Transport schnellverderblicher Lebensmittel eingesetzt. Sie sind fast ausschließlich im Besitz privater Gesellschaften (Fleischpackereien, Obstverwertungsunternehmen usw.). Seit 1928 hat sich die Zahl der Eisenbahnkühlwagen um etwa 23000 Wagen verringert. Da aber das Ladevermögen je Wagen durchschnittlich von 13 auf 15 t gestiegen ist, hat sich der Eisenbahnkühlraum nicht wesentlich vermindert. Trotzdem sank aber die Menge der mit der Bahn beförderten wichtigsten Kühlgüter von 14,7 Mill. t (1923) auf 12,7 Mill. t (1940). Gleichzeitig stiegen jedoch die Produktionsziffern der gekühlten und gefrorenen Lebensmittel: Man muß hieraus auf eine Abwanderung des Kühlverkehrs von der Schiene auf die Straße schließen. In vielen Fällen mag die Ursache hierzu darin zu suchen sein, daß ein Kühltransport mit der Eisenbahn ein mehrfaches Umladen des Kühlgutes erforderlich macht. 1947 wurden 6015 neue Eisenbahnkühlwagen im Werte von 46,2 Mill. $ hergestellt. Für den Transport von Gefrierwaren standen 1950 rund 22000 besonders stark isolierte Kühlwagen zur Verfügung.

1940 wurden durch den Kühlverkehr der Eisenbahn folgende Lebensmittelmengen befördert:

3047000 t Obst (ohne Zitrusfrüchte)
2156000 t Zitrusfrüchte
2195000 t Gemüse
4082000 t Fleisch
  268000 t Geflügel
  308000 t Eier
  612000 t Butter und Käse
<hr>
12668000 t schnellverderblicher Lebensmittel insgesamt[1]

Als Kühlmittel wird fast ausschließlich Wassereis, gegebenenfalls unter Zusatz von Salz, verwendet (vgl. S. 239). 1950 waren rund 200 Kühlwagen mit maschineller Kühleinrichtung in Betrieb. Sie können während einer Transkontinentalfahrt die Kühltemperatur dauernd auf $-18°$ C halten.

1939 waren in den USA etwa 18000 Kühlautos mit etwa 10000 Kühlanhängern vorhanden. 1947 fuhren im Fleischereigewerbe (Fleischpackereien, Großhandel u. a.) 6254 Kühlautos. Für den Transport von Eiscreme wurden 5185 Kühlautos eingesetzt, in denen teilweise Trockeneis als Kühlungsmittel verwendet wird. Der Transport von Lebensmitteln durch Flugzeuge hat noch keinen nennenswerten Umfang erreicht; er beschränkt sich auf besonders hochwertige Kühlgüter. — Mit 311000 m³ Schiffskühlraum besitzen die USA die zweitgrößte Kühlschiff-Flotte der Welt (vgl. Tab. 8, S. 199).

b) Ausfuhr von Kältemaschinen und -apparaten. 1947 führten die USA 9% ihrer gesamten Produktion von Kältemaschinen und -apparaten aus. Die USA nimmt in diesen Erzeugnissen auf dem Weltmarkt im allgemeinen eine durchaus führende Stellung ein (vgl. S. 194/95). Eine Gegenüberstellung der Gesamtumsatz- und der Exportzahlen nach Erzeugnisgruppen für das Jahr 1947 ist in folgender Übersicht enthalten:

---

[1] Ohne Fischtransporte; Zahlen hierüber waren nicht verfügbar.

Tabelle 53. *Gesamt- und Exportumsatz von Kältemaschinen und -apparaten nach Erzeugnisgruppen. USA 1947.*

Erzeugnisgruppen	Gesamtumsatz	darunter Exportumsatz	
	in 1000 $	in 1000 $	in % des jeweiligen Gesamtumsatzes
Haushaltskühlschränke	658 525	44 943	6,8
Kleingewerbliche Kälteanlagen . . .	365 357	26 010	7,1
Industriekälteanlagen	83 681	10 142	12,1
Klimaanlagen.	45 717	4 585	10,0
Ersatzteile und Zubehör.	113 745	26 935[1]	23,6
Insgesamt	1 267 025	112 615	8,9

Für die Jahre 1946 bis 1952 lassen sich aus der US-Außenhandelsstatistik folgende Werte errechnen:

Tabelle 54. *Die Exporte von Kältemaschinen und -apparaten nach Erzeugnisgruppen[2]. USA 1946 bis 1952.*

Jahr	Einheit	Haushaltskühl- und Gefrierschränke	Kleingewerbliche Kälteanlagen	Industriekälteanlagen	Klimaanlagen	Ersatzteile und Zubehör[1]	Insgesamt
1946	1000 $	14 077	7 010	5 900	5 376	7 317	39 680
	%	35,5	17,7	14,9	13,5	18,4	100,0
1947	1000 $	44 943	26 010	10 142	4 585	26 935	112 615
	%	39,9	23,1	9,0	4,1	23,9	100,0
1948	1000 $	45 755	19 443	11 725	4 648	12 108	93 679
	%	48,8	20,8	12,5	5,0	12,9	100,0
1949	1000 $	34 125	12 719	12 420	3 707	20 800	83 771
	%	40,8	15,2	14,8	4,4	24,8	100,0
1950	1000 $	33 084	10 367	8 348	3 411	16 345	71 555
	%	46,2	14,5	11,7	4,8	22,8	100,0
1951	1000 $	61 724	23 388	10 387	6 097	27 732	129 328
	%	47,7	18,1	8,0	4,7	21,5	100,0
1952	1000 $	75 901	16 144	13 198	8 182	26 669	140 094
	%	54,2	11,5	9,4	5,9	19,0	100,0

Die wieder angelaufene Friedensproduktion der Kältemaschinenindustrie und der angestaute Bedarf in fast allen Ländern der Welt äußerte sich im Jahre 1947 durch einen sprunghaften Anstieg des Exports, der sich — nach einem Rückgang in den folgenden zwei Jahren — 1951 und 1952 weiter erhöhte. Verfolgt man an Hand von Zahlen für einige bestimmte Erzeugnisse die Entwicklung der Exporte seit 1931, so ist die Ausweitung des Exportvolumens nach Kriegsende noch deutlicher erkennbar (vgl. Tab. 55).

Während noch 1948 fast ein Drittel der gesamten Ausfuhr kältetechnischer Erzeugnisse von den südamerikanischen Ländern aufgenommen wurde, verschob sich 1952 das Schwergewicht des Exports auf Nordamerika, d. h. Kanada,

---

[1] In diesen Zahlen sind auch zerlegte Kühlschränke enthalten, welche erst in den Importländern montiert werden, um Einfuhrzölle zu sparen.

[2] Der Einteilung nach Erzeugnisgruppen lagen für das Jahr 1952 folgende Nummern, der Außenhandelsstatistik zugrunde: Haushaltskühl- und Gefrierschränke: 705 715, 705 725, 705 735, 984 110, 984 120, 984 200; kleingewerbliche Kälteanlagen: 764 605, 764 615, 764 620, 765 610, 765 910; Industriekälteanlagen: 764 630, 764 650, 764 710, 764 810, 764 830, 764 910, 765 050, 765 110, 765 630; Klimaanlagen: 765 710, 765 750; Ersatzteile und Zubehör: 705 760 766 010, 766 030, 766 050, 766 950.

Tabelle 55. *Exporte von elektrischen Haushaltskühlschränken,*
Eiserzeugungs- und Klimaanlagen.
USA 1931 bis 1952.

Jahr	Elektr. Haushaltskühlschränke[1]		Eiserzeugungs-anlagen	Klimaanlagen
	Menge in Stück	Wert in 1000 $	Wert in 1000 $	
⌀ 1931 bis 35	75047	6445	481	321[2]
1936	160782	11768	815	887
1937	167862	12755	1173	1673
1938	141008	10768	905	1685
1939	124031	9535	769	2135
1940	102082	8074	551	1976
⌀ 1941 bis 45	.	.	.	.
1946	102798	11639	1300	5376
1947	273624	39628	4017	4585
1948	271353	41470	4883	4648
1949	166139	26804	3353	3707
1950	199558	29737	1985	3411
1951	377356	60640	1347	6097
1952	395402	65732	1544	8182

das zum wichtigsten Absatzmarkt für Kühlschränke wurde. Auch innerhalb
der anderen Erzeugnisgruppen verschob sich, wie Tabelle 56 zeigt, das Schwergewicht in der Ausfuhrrichtung. Auf dem europäischen Markt konnten die
USA ihren Export 1952 im Gegensatz zu den anderen Absatzgebieten nicht
mehr weiter ausdehnen, da die europäische Kältemaschinenindustrie, insbesondere die deutsche, alte Märkte zurückgewinnen konnte.

Das Schwergewicht des Absatzes für Industriekälteanlagen und Klima-
anlagen liegt in Asien und Mittel- und Südamerika. Bei einem Vergleich von
Ausfuhrstatistiken aus verschiedenen Jahren läßt sich feststellen, daß eine
Stetigkeit im Ausfuhrvolumen bei einer bestimmten Ausfuhrrichtung infolge
der bekannten Hemmnisse des Welthandels meist kaum erkennbar ist, und zwar
um so weniger, je weiter man in Einzelheiten — kleinere Bereiche und bestimmte
Einzelerzeugnisse — eindringt. Auch die Art der Erzeugnisse — Massen- oder
Einzelfertigungen — sind hierfür bestimmend.

Mit den amerikanischen Kältemaschinen und -apparaten können — soweit
es sich um Serienerzeugnisse handelt — nur wenige Länder auf dem Weltmarkt
preislich konkurrieren. Der große Inlandsmarkt befähigt die Hersteller in den
USA sehr große Serien aufzulegen. Hierdurch sinken die fixen Kosten je Einheit, was eine wesentliche Verbilligung bedeutet. Solche Möglichkeiten haben
die Produzenten anderer Länder in diesem Umfange nicht. Das Schwergewicht
der amerikanischen Ausfuhr liegt daher auf dem Gebiet der Kleinkältemaschinen (Haushalt und Kleingewerbe; vgl. hierzu Tab. 54).

Literatur.

Daval, R.: Les Progrès de l'industrie frigorifique américaine depuis 1939. Rev. gén. Froid
23. Jg. (1946) Nr. 2.
Dietler, H.: Verbreitung der Haushaltskühlschränke in den USA und mögliche Rück-
schlüsse auf die zukünftigen Verhältnisse in der Schweiz. Elektrizitätsverw. 24. Jg.
(1949/50) H. 6/7.
Fabry, R.: Voyage d'études aux USA. Rev. gén. Froid 23. Jg. (1946) Nr. 3.
Fiske, David L.: The Demand for Refrigeration. Refrig. Engng. Nov. 1943.
Heffermann, Robert E.: Der Wettbewerb zwischen gefrorenen und eingedosten Früchten
und Gemüsen in Amerika. Business Information News, U.S. Department of Commerce,
Food Division, November 1949.
Hesz, Eugen: The World Market for American Air Conditioning and Refrigeration Equip-
ment. Detroit 1950.

---

[1] Ab 1949 einschließlich Gefrierschränke. — [2] 1935.

Tabelle 56. *Ausfuhr kältetechnischer Produkte nach Erzeugnisgruppen und Erdteilen. USA 1948, 1950 und 1952.*

Gebiet	Jahr	Haushaltskühl- und Gefrier- schränke		Kleingewerbl. Kälteanlagen		Industrie-Kälte- anlagen		Klimaanlagen		Ersatzteile und Zubehör		Ausfuhr insgesamt	
		1000 $	%	1000 $	%	1000 $	%	1000 $	%	1000 $	%	1000 $	%
Nordamerika	1948	572	1,2	1892	9,7	1933	16,5	159	3,4	4882	40,3	9438	10,1
	1950	1860	5,6	1554	15,0	1366	16,4	117	3,5	10588	64,8	15485	21,6
	1952	33567	44,2	3151	19,5	2284	17,3	283	3,5	13396	50,2	52681	37,6
Mittelamerika	1948	9879	21,6	3224	16,6	1744	14,9	766	16,5	1267	10,5	16880	18,0
	1950	9396	28,4	2479	23,9	1957	23,4	1180	34,6	1375	8,4	16387	22,9
	1952	12202	16,1	2862	17,7	3458	26,2	2295	28,0	3062	11,5	23879	17,0
Südamerika	1948	16624	36,3	7098	36,5	2826	24,1	836	18,0	1976	16,3	29360	31,3
	1950	10212	30,8	3330	32,1	1444	17,3	631	18,5	1645	10,1	17262	24,1
	1952	14844	19,6	6973	43,2	2729	20,7	1654	20,2	3893	14,6	30093	21,5
Europa	1948	3414	7,5	2191	11,3	958	8,1	176	3,8	1359	11,2	8098	8,7
	1950	5519	16,7	1466	14,1	1310	15,6	264	7,7	1236	7,6	9795	13,7
	1952	4218	5,5	1092	6,8	990	7,5	334	4,1	3075	11,5	9709	6,9
Asien	1948	5086	11,1	2748	14,1	3445	29,4	2472	53,2	1327	11,0	15078	16,1
	1950	3738	11,3	1114	10,8	1826	21,9	1044	30,6	712	4,4	8434	11,8
	1952	6974	9,2	1402	8,7	3065	23,2	3202	39,1	1884	7,1	16527	11,8
Australien und Ozeanien	1948	129	0,3	99	0,5	59	0,5	—	—	265	2,2	552	0,6
	1950	90	0,3	24	0,2	31	0,4	1	0,0	266	1,6	412	0,6
	1952	123	0,2	27	0,2	29	0,2	2	0,0	329	1,2	510	0,4
Afrika	1948	10051	22,0	2191	11,3	760	6,5	239	5,1	1032	8,5	14273	15,2
	1950	2269	6,9	400	3,9	414	5,0	174	5,1	512	3,1	3769	5,3
	1952	3973	5,2	637	3,9	643	4,9	412	5,1	1030	3,9	6695	4,8
Welt	1948	45755	100,0	19443	100,0	11725	100,0	4648	100,0	12108	100,0	93679	100,0
	1950	33084	100,0	10367	100,0	8348	100,0	3411	100,0	16334	100,0	71544	100,0
	1952	75901	100,0	16144	100,0	13198	100,0	8182	100,0	26669	100,0	140094	100,0

Mauro, F.: Die Bedeutung der Kältetechnik für die Lebensmittelbewirtschaftung im europäischen Raum, Vortrag. Rom 1942.
National Assoziation of Frozen Food Packers: Frozen Food Pack Statistics 1949, Part 1: Fruit; Part 2: Vegetables. Washington DC, April 1950.
OEEC, Paris: The Cold chain in the USA, Teil I, Paris 1952; Teil II, 1953.
Plank, R., u. J. Kuprianoff: Die Kleinkältemaschine. Berlin/Göttingen/Heidelberg 1947.
Tressler, O. K., u. Evers F. Clifford: The Freezing Preservation of Foods. New York 1947.
Walker, A. S., u. M. R. Bouks: Die Kapazität der Kühlhäuser in der Vereinigten Staaten nach dem Stand vom Oktober 1947. U.S. Department of Agriculture, Production and Marketing Administration. Washington, Sept. 1948 [nach Referat von R. Plank, Kältetechn. 3. Jg. (1951) H. 6, S. 151].
Williams, E.W.: The Present Status of the Frozen Food Industry in the USA. Quick Frozen Foods, Mai 1951, S. 41ff. [nach Referat in Bull. Inst. intern. Froid 1951, Nr. II, S. 307).
United States Department of Commerce:
  1. Statistical Abstract of the United Staates 1937; desgl. 1942, 1948—1953.
  2. Census of Manufacturers 1947:
      a) Volume I: General Summary. Washington 1950.
      b) Product Supplement. Washington 1950.
      c) Service-Industry and Household Machines. Washington 1949.
      d) Ship and Boat Building; Railroad and Miscellaneous Transportation Equipment. Washington 1949.
  3. United States Exports of Domestic and Foreign Merchandise, Part II, 1948; desgl. 1949—1952.
  4. Survey of Current Bussiness, Vol. 33 (1953).
United Staates Department of Agriculture: Agricultural Statistics 1946; desgl. 1948 und 1950.
Statistical Office of the United Nations. Month. Bull. Statist. Febr. 1951.
Air Conditioning and Refrigation News vom 26. Dez. 1949, S. 14: Verkäufe von Klimaanlagen.
Bulletin de l'Institut International du Froid: 1947/IV, Nr. 496, S. 288: Kühlhäuser in USA; 1951/V, Nr. 545, S. 679: Eisenbahnkühlwagen in USA; 1952/III, Nr. 1195, S. 765: Locker plants in USA und Nr. 1200, S. 777: Kühlwagen in USA; 1952/IV, Nr. 1535: Obst- und Gemüsetransport in USA; 1952/V, Nr. 1868, S. 1467: Haushaltsgefrierschränke in USA; Nr. 1871, S. 1469: Lagerkapazität bei −18° C; Nr. 1872, S. 1471: Produktion gefrorener Lebensmittel; Nr. 1874, S. 1473: Handel mit gefrorenen Lebensmitteln; Nr. 1878, S. 1475: Schnellgefrierindustrie in USA. 1953/I, Nr. 199, S. 209: Gefrorener Orangensaft in USA.
Elektrizitätsverwertung 18. Jg. (1943/44) Nr. 11/12, S. 211ff.: Kühlen und Klimatisieren im USA-Haushalt der Nachkriegszeit. Desgl. 19. Jg. (1944/45) Nr. 6/7, S. 144: Haushaltsstrompreise.
Elektrizitätswirtschaft 48. Jg. (1950) H. 3, S. 72: Bericht über die Kosten des städtischen Haushaltsstromverbrauchs in USA.
Die Ernährungsindustrie 5. Jg. (1951) H. 6: Tiefkühlindustrie in USA.
Gordian 51. Jg. (1951) H. 1211, S. 26: Speiseeis- und Eiscremeverbrauch 1949 in USA.
Ice and Refrigeration 58. Jg. (1949) Aug., S. 31: Eisverkäufe in USA; Okt., S. 47: Einlagerung in Kühlhäusern in USA; Nov., S. 62: Lockeranlagen in USA.
Kältetechnik 3. Jg. (1951) H. 2, S. 46: Umsatz schnellgefrorener Waren in USA; H. 6, S. 155: Kleinkälteindustrie in USA; 5. Jg. (1953) H. 9, S. 261/62: Über den Produktionsanstieg von Klimaanlagen in den USA.
Die Kälte 1. Jg. (1948) H. 5/6, S. 139: Veränderungen auf dem amerikanischen Eismarkt; 2. Jg. (1949) H. 1, S. 2: Großplanung in der amerikanischen Gefrierwirtschaft; 6. Jg. (1953) H. 4, S. 109: Absatzmöglichkeiten für Raumklimageräte.
Obst- und Gemüseverwertung 34 Jg. (1949) Nr. 3, S. 48: Verwertung der Apfelernte in USA; Nr. 7, S. 106: Lebensmittelgeschäfte mit Gefrierwaren; Nr. 14, S. 219: Wert der Gefrierkonserven; Nr. 15, S. 235: Produktion tiefgekühlter Lebensmittel; Nr. 23, S. 376: Zukunft der Gefrierindustrie 39. Jg. (1954) Nr. 6. S. 118: Orangensaftkonzentrat.
Refrig. Eng. 61. Jg. (1953) Aug., S. 871 ff: 1952 Shipments of Air Conditioning and Refrigeration Equipment.

2. Agrarexportländer der Südhalbkugel[1].

Für die Agrarexportländer der Südhalbkugel ist gemeinsam, daß ihre wirtschaftliche Entwicklung durch die Erfindung der Kältemaschine maßgeblich

---

[1] Infolge einer Kürzung des statistischen Teils des Handbuchs mußten die vorgesehenen Länderabschnitte dieses Kapitels gestrichen werden. Es kann daher nur auf die angeführte Literatur verwiesen werden.

beeinflußt und gefördert wurde. Die durch das Kühlschiff geschaffene Kältebrücke über den Äquator erschloß den auf der Südhalbkugel gelegenen Agrar-
ländern die Absatzmärkte der Nordhalbkugel und gab dadurch den Anreiz,
Qualität und Quantität der landwirtschaftlichen Erzeugnisse auf einen hohen
Stand zu bringen.

Tabelle 57. *Durchschnittliche Jahresexporte an schnellverderblichen Lebensmitteln aus den Agrar-
räumen der Südhalbkugel vor und nach dem zweiten Weltkrieg.*

Gebiet	Fleisch (Hammel-, Rind- u. Schweinefleisch)		Molkereiprodukte (Kondensmilch, Milchpulver, Butter, Käse und Eier)		Frischobst (Obst der gemäßgt. Zone, Südfrüchte und trop. Früchte)	
	1934—38[1]	1951	1934—38[1]	1951	1934—38[1]	1951
	in 1000 t					
Argentinien	547,3	171,5	13,7	12,8	38,0	78,8
Uruguay	102,0	73,2	0,1	0,1	—	—
Brasilien	62,6	7,8	0,2	--	355,0	238,7
Südafrikanische Union .	6,1	1,8	6,4	6,3	125,0	169,5
Madagaskar	11,4	1,8	—	—	—	—
Australien	212,5	143,1	127,8	127,3	130,0	76,8
Neuseeland	260,1	279,3	238,2	305,5	44,0	12,7
Hauptviehzucht- u. Obstbaugebiete der Südhalbkugel	1202,0	678,5	386,4	452,0	692,0	810,2[2]
Prozent des Weltexportes	*92%*	*70%*	*24%*	*25%*	*12%*	*15%*

Die Bedeutung der Kältetechnik für die in obiger Tabelle genannten Länder
darzustellen, ist nicht leicht. Immerhin gibt eine Gegenüberstellung der Prozent-
anteile des Wertes von exportierten Kaltkonserven am gesamten landwirtschaftlichen Exportwert eine gute Größenvorstellung. Für die Vorkriegszeit
dürften etwa folgende Werte als charakteristisch anzusehen sein: Argentinien
25%, Uruguay 15%, Brasilien 5%, Südafrikanische Union 15%, Madagaskar
5%, Australien 25% und Neuseeland 60%. In der Übersicht fällt u. a. der starke
Rückgang des Fleischexports aus Argentinien auf, wofür in erster Linie poli-
dische Gründe maßgebend waren. — Seit 1948 hat sich Ecuador zu einem bedeutenden Bananenexportland entwickelt. Es exportierte 1951 233 700 t Bananen.

Literatur.

PLANK, R.: Vorkühlanlagen für Obst. Ergebnisse einer Studienreise nach Südafrika 1937.
Beih. Z. ges. Kälte-Ind., Reihe 3, H. 8.
STRIGEL, W.: Die Bedeutung der Kaltkonservierung für die Exportwirtschaft von Agrar-
ländern. Kältetechn. 1. Jg. (1949) H. 6, 7 und 8.
STRIGEL, W.: Lebensmittelfrischhaltung durch Kälte und ihre wirtschaftliche Bedeutung
für den Welthandelsverkehr einiger Agrarexportländer der Südhalbkugel. Diss. Mün-
chen 1948.
Bulletin international du froid 31. Jg. (1951) III, Nr. 313, S. 423: L'industrie frigorifique
en Nouvelle-Zélande.
Food and Agriculture Organization of the United Nations: Year-Book of Food and Agri-
cultural Statistics, 1950, Vol. IV, Part. 2, Trade. Washington 1951; desgl. 1952,
Rom 1953.
Monthly Abstract of Trade Statistics. Pretoria. Dez. 1950.
New Zealand Official Year-Book 1950, 56. Jg. Wellington 1951.
Official Year Book of the Commonwealth of Australia, Nr. 38, 1951, Canberra 1951.

---

[1] Jahresdurchschnitte. — [2] Einschließlich Ecuador.

Meteorologische Daten.

Von

Dr. phil. habil. **Max Diem.**

Professor an der Technischen Hochschule Karlsruhe.

Mit 2 Abbildungen.

1. Das Material.

Die folgenden meteorologischen Tabellen sollen einen Anhalt über das Klima der Erde geben, soweit sich dieses in einigen Zahlen darstellen läßt. Bei der Auswahl der Stationen aus den vielen zur Verfügung stehenden Beobachtungen galt der Grundsatz, die Stationen zu berücksichtigen, die über vollständige und langjährige Reihen verfügen. Daß dabei manchmal ein kleiner unbedeutender Ort gegenüber einer bekannten Stadt bevorzugt wurde, mag im ersten Augenblick befremden, hat aber den unbedingten Vorteil der Genauigkeit der Beobachtungen. Im übrigen sichert die Angabe der geographischen Lage die Vergleichbarkeit der Stationen, und es kann bei benachbarter Lage ohne weiteres extrapoliert werden. Daß tatsächlich aber sehr ausführliche Daten notwendig sind, um das Klima eines Ortes hinreichend zu kennzeichnen, möge das Beispiel der Station Nr. 481 Moulmein und der Station Nr. 498 Ponapé zeigen: die mittleren Jahrestemperaturen betragen 26,6° bzw. 26,9°, die entsprechenden Niederschlagsmengen 4816 bzw. 4651 mm. Trotz dieser Übereinstimmung der Zahlenwerte unterscheidet sich das Klima der beiden Orte grundlegend infolge der verschiedenen Verteilung der Niederschläge über das Jahr. Es fallen in den einzelnen Monaten die folgenden Mengen:

Monat	1	2	3	4	5	6	7	8	9	10	11	12
Moulmein. . .	6	4	13	71	507	960	1147	1088	712	277	56	7
Ponapé. . . .	281	223	359	496	507	348	419	408	391	393	419	407

Während in Moulmein eine ausgesprochene winterliche Trockenheit mit nur 17 mm Niederschlag in 3 Monaten herrscht, kann in Ponapé eine solche nur andeutungsweise gefunden werden. Damit ist in Ponapé das Klima über das ganze Jahr hinweg gleichmäßig heiß und feucht, während in Moulmein in den regenarmen Monaten die Feuchtigkeit zurückgeht und das Klima erträglich wird.

Die Stationen selbst sind in 3 Zonen zusammengefaßt: Die erste Zone umfaßt die Stationsnummern 1 bis 180, Orte, die auf den beiden Amerika und Grönland liegen; dabei bilden die Längengrade 30° West und 180° West die Grenzen, aus denen nur die nordöstlichste Spitze von Asien ausgenommen wurde. Die zweite Zone mit den Stationsnummern 201 bis 388 wird von 30° West und 60° Ost eingeschlossen und umfaßt Afrika, Europa und Vorderasien. Die Sta-

tionsnummern 401 bis 542 bilden die dritte Zone mit dem Gebiet von 60° Ost
bis 180° Ost; es liegt hierin Asien mit der Ausnahme von Vorderasien und der
nordöstlichsten Spitze, Australien und die Insulinden. Innerhalb aller Zonen
sind die Orte von Norden nach Süden nach Breitegraden geordnet, wobei von
Westen nach Osten numeriert wird. Die Stationen der Polarkalotten sind ge-
sondert unter den Nummern über 600 zusammengefaßt.

2. Die Tabellen der mittleren Temperatur und Feuchtigkeit der Luft sowie des Niederschlags.

Tab. 1 gibt mit ihren Fortsetzungen die monatlichen Mittelwerte der
Temperatur t_L, der Feuchtigkeit φ und des Niederschlags P in cm. Liegen
von einem der meteorologischen Elemente keine Messungen vor, dann sind
Punkte gesetzt. Soweit Unterlagen vorhanden waren, wurden in der Spalte
Jahr die mittlere jährliche Lufttemperatur, Niederschlagssumme und Feuchtigkeit mitgeteilt. In der Spalte „Schwankungen" ist die Differenz zwischen
kältester und wärmster Monatsmitteltemperatur angegeben. Schließlich sind
in der Spalte „Extreme" die mittleren jährlichen Maxima und Minima der Lufttemperatur (Summe der absoluten jährlichen Maxima bzw. Minima dividiert
durch die Zahl der beobachteten Jahre), die höchste und die niedrigste jährliche
Niederschlagsmenge und Minima der Luftfeuchtigkeit zusammengefaßt. Als
Unterlage für alle diese Werte dienten das Handbuch der Klimatologie von
HANN[1], das Handbuch der Klimatologie von KÖPPEN-GEIGER[2] und der Grundriß der Klimatologie von KÖPPEN[3]. Das Handbuch von KÖPPEN-GEIGER stellt
das umfassendste Werk dar, ist aber leider nicht vollständig erschienen, so daß
auf die anderen Werke zurückgegriffen werden mußte. Besonders war das bei
den Gebieten Afrika und Ostasien der Fall, so daß eine gewisse Inhomogenität
nicht vermieden werden konnte. Um die Unterschiede klar herauszustellen,
wurde in der zweiten Spalte der Tabellen unter dem Ortsnamen und seiner Lage
der Beobachtungszeitraum angegeben. Für die Vereinigten Staaten von Nordamerika stellte Prof. Dr. R. PLANK freundlicherweise die sehr schwer erhält-
lichen Unterlagen des US-Departement of Commerce, Weather Bureau Technical
Paper Nr. 9, sowie umfangreiches Kartenmaterial zur Verfügung, so daß Tem-
peratur- und Feuchteangaben in den USA dem neuesten Stand entsprechen.

3. Tabellen der Bodentemperaturen und der Strahlung.

Infolge der Gleichmäßigkeit dieser Elemente konnte die Anzahl der Stationen
verringert werden; auch hier diente als Unterlage das Handbuch von KÖPPEN-
GEIGER. Die Stationen sind in der gleichen Reihenfolge wie in Tab. 1 angeführt (Tab. 2, 3 und 4).

4. Klimatypen.

Es liegt nahe, Stationen mit ähnlichen meteorologischen Daten zusammenzufassen und als besondere Typen gemeinsam darzustellen. Von allen Versuchen, die in dieser Richtung unternommen wurden, hat das geographische
System der Klimate nach KÖPPEN wohl die größte Verbreitung und Anerkennung gefunden.

---

[1] HANN, J.: Handbuch der Klimatologie, Bd. I bis III, 3. Aufl. Stuttgart 1903.
[2] KÖPPEN, W., u. R. GEIGER: Handbuch der Klimatologie in fünf Bänden. Berlin:
Bornträger 1930. (Nicht vollständig erschienen.)
[3] KÖPPEN, W.: Grundriß der Klimatologie, 2. verb. Aufl. Berlin u. Leipzig: W. de
Gruyter & Co. 1931.

Köppen nimmt seine Unterteilung nach der Temperatur und dem Niederschlag vor und kommt dabei zu 11 Grundtypen:

A-Klimate. Tropische Regenklimate.

Kein Monatsmittel unter 18°. Bei einer mittleren Jahrestemperatur von 20° ist die jährliche Regenmenge mehr als 60 cm, bei 25° entsprechend mehr als 70 cm.

1. Feuchtheiße Urwaldklimate:
Af = beständig feucht, im regenärmsten Monat mindestens 6 cm Niederschlag.
Am = Monsunregenklima mit mäßiger Trockenheit.
2. Periodisch trockene Savannenklimate:
Bei einer jährlichen Regenhöhe von 100, 150, 200, 250 cm hat der regenärmste Monat höchstens 6, 4, 2, 0 cm.
As = sommertrockene Savannenklimate,
Aw = wintertrockene Savannenklimate.

B-Klimate. Trockene Klimate.

3. BS = Steppenklimate:
bei einer mittleren Jahrestemperatur von 25°, 20°, 15°, 10°, 5°, 0°, −5° ist die jährliche Regenhöhe kleiner als 70, 60, 50, 40, 30, 20, 10 cm.
4. BW = Wüstenklimate:
bei einer mittleren Jahrestemperatur von 25°, 20°, 15°, 10°, 5°, 0°, −5° ist die jährliche Regenhöhe kleiner als 35, 30, 25, 20, 15, 10, 5 cm.

C-Klimate. Warm gemäßigte Regenklimate.

Temperaturen des kältesten Monats zwischen +18° und −2°. Bei einer mittleren Jahrestemperatur von 5°, 10°, 15°, 20° ist die jährliche Regenhöhe größer als 30, 40, 50, 60 cm.
5. Cw = Warme, wintertrockene Klimate.
Der regenreichste Monat bringt mehr als zehnmal soviel Niederschlag als der regenärmste Monat.
6. Cs = Warme, sommertrockene Klimate.
Der regenreichste Monat bringt mehr als dreimal soviel Niederschläge als der regenärmste Monat.
7. Cf = Feuchttemperierte Klimate.
Unterschied der jahreszeitlichen Verteilung des Niederschlags geringer als in Cw und Cs.

D-Klimate. Winterkalte, subarktische Klimate.

Kältester Monat unter −2°, wärmster Monat über 10°. Bei einer mittleren Jahrestemperatur von 0°, 5°, 10°, 15° ist die jährliche Regenmenge größer als 20, 30, 40, 50 cm.
8. Df = Feuchte, winterkalte Klimate.
Beständig feucht.
9. Dw = Trockene, winterkalte Klimate.
Periodizität der Niederschläge wie in 5. Cw.

E-Klimate. Schneeklimate.

10. ET = Tundrenklimate.
Wärmster Monat hat eine Temperatur von mehr als 0°.
11. EF = Klimate des ewigen Frosts.
Wärmster Monat hat eine Temperatur unter 0°.

Die sich aus diesen Typen ergebende Kennzeichnung des Klimas eines Ortes ist in Tab. 1 angewendet worden und steht jeweils in der dritten Zeile der ersten Spalte. Die von Köppen durchgeführte weitere Unterteilung wurde der Übersichtlichkeit wegen nicht angegeben. Dagegen bringt zur ersten Orientierung die Karte Abb. 108 die geographische Verteilung der Klimate über die Erdoberfläche nach einem Entwurf von Köppen.

5. Die effektive Temperatur.

Für bioklimatische Aufgaben genügt das geographische System der Klimate nicht, und man versucht, die Summenwirkung der Lufttemperatur, der Feuchtigkeit, der Strahlung und des Windes in einer Größe zusammenzufassen. Fast gleichzeitig wurde in den Vereinigten Staaten von Nordamerika durch die

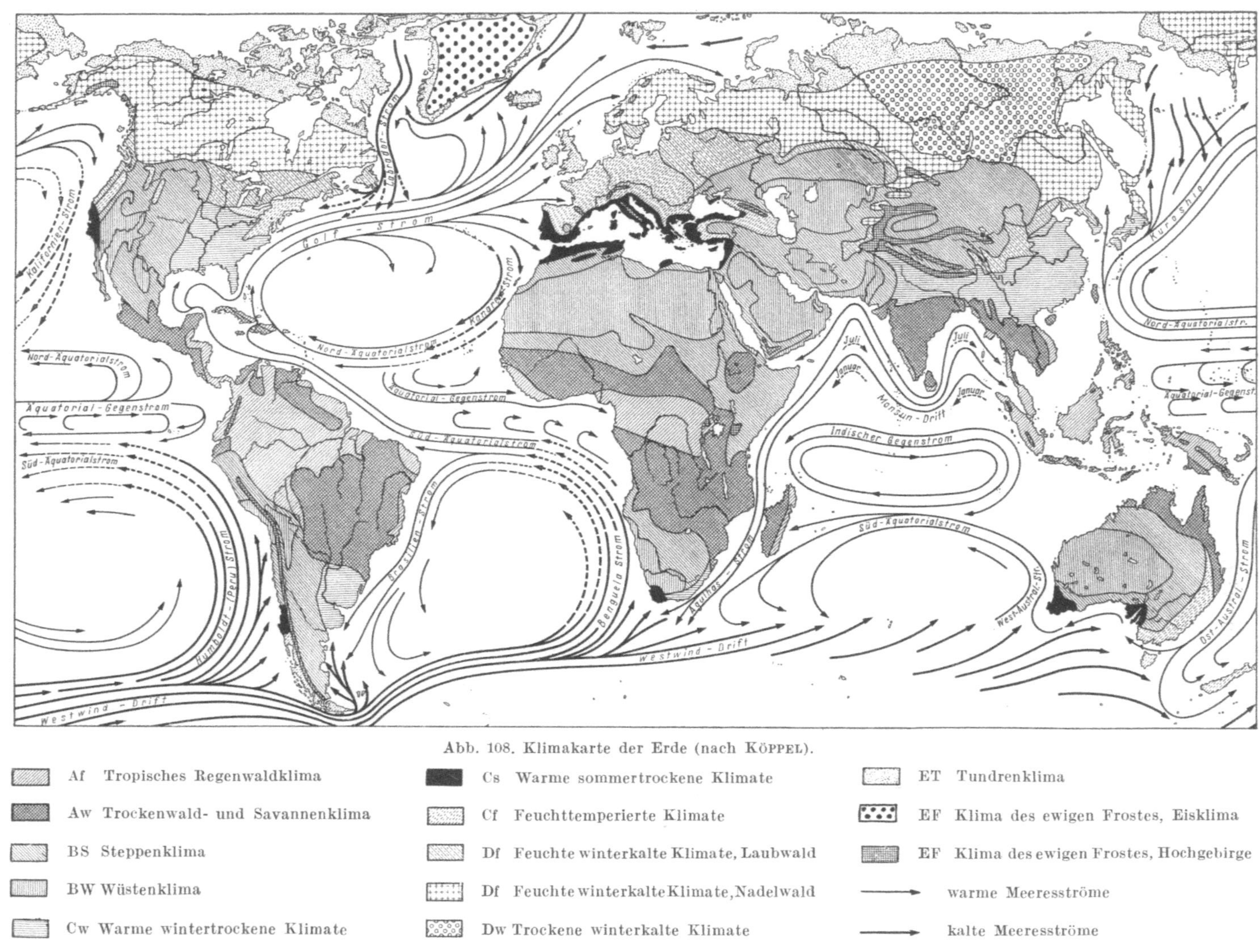

Abb. 108. Klimakarte der Erde (nach KÖPPEL).

„American Society of Heating and Ventilating Engineers" (ASHVE)[1] und in Deutschland durch F. Linke[2] der Versuch unternommen, eine Größe zu definieren, die alle diese meteorologischen Daten gemeinsam erfaßt. Die ASHVE veröffentlichte auf Grund zahlreicher Klimakammerversuche eine Nomogramm zur Ermittlung des Behaglichkeitsgebietes (Abb. 109), in das die Lufttemperatur,

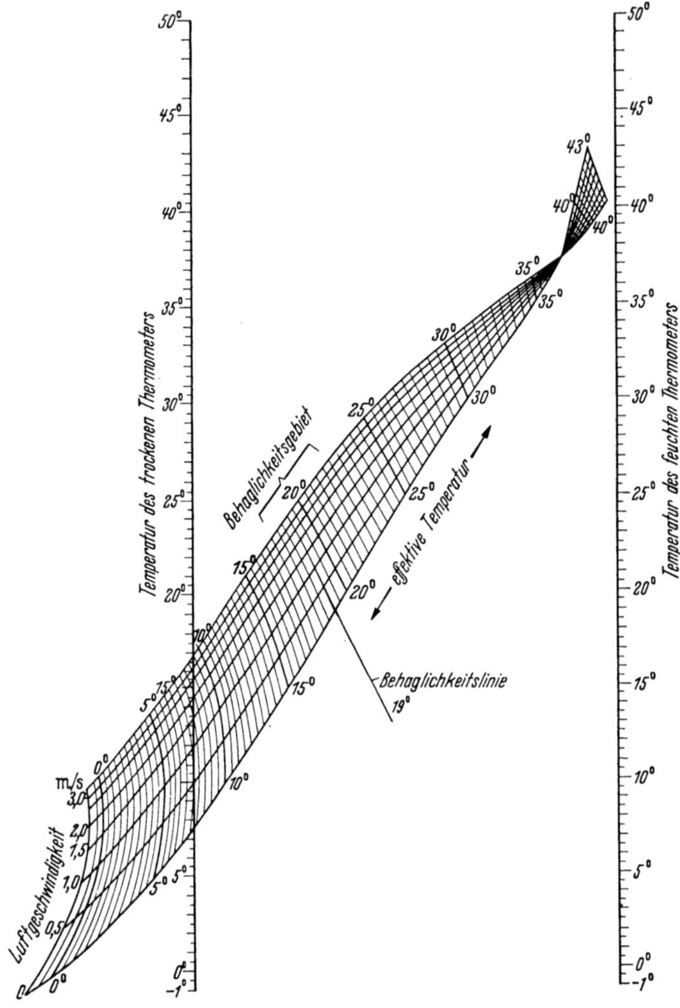

Abb. 109. Nomogramm zur Behaglichkeitstemperatur.

die Luftfeuchtigkeit (in Form der psychrometrischen Differenz) und die Luftgeschwindigkeit eingehen. Das Nomogramm dient in erster Linie zur Berechnung von Behaglichkeitswerten bei Raumklimatisierung (vgl. Bd. XII dieses Handbuchs) und kann als beste Wertekombination gelten, da die Versuche dazu sehr umfassend durchgeführt wurden. Als Behaglichkeitswert gilt dabei

---

[1] Journal of Ventilating and Heating Engineers, November 1926.
[2] Linke, F.: Die physikalischen Faktoren des Klimas. Hdb. norm. u. path. Physiologie Bd. 17 (1926) S. 381.

die Temperatur, die in ruhender Luft bei 19° C und 100% relativer Feuchtigkeit erreicht wird. Alle weiteren Daten sind unmittelbar dem Nomogramm zu entnehmen. Nicht berücksichtigt bleibt dabei der Einfluß der Strahlung.

LINKE hat für Mitteleuropa eine Formel für die effektive Temperatur t_e entwickelt, die die Feuchtigkeit nicht berücksichtigt, dafür aber den Einfluß der Strahlung einschließt. Die Formel lautet:

$$t_e = t_L + 12 I - 4\sqrt{v},$$

worin t_L die Lufttemperatur in ° C, I die Einstrahlung in cal/cm$^2 \cdot$ min und v die Luftgeschwindigkeit in m/sec bedeuten. Bei starker Reflexstrahlung an Wasser, Sand und Schnee steigt der Beiwert von I bis auf den Wert 20 an.

Es sind über die Frage der Erträglichkeit der verschiedenen meteorologischen Elemente im letzten Jahrzehnt eine Fülle von Arbeiten erschienen, von denen nur das zusammenfassende Werk von BÜTTNER[1], die zahlreichen Veröffentlichungen im „Gesundheitsingenieur" in kältetechnischen Fachzeitschriften und die jüngsten Arbeiten von FRIEDRICH[2] und WEZLER und THAUER[3] genannt werden sollen. Erstaunlicherweise hat sich aber keine dieser Arbeiten mit der Summenwirkung aller meteorologischen Elemente beschäftigt. Es zeigt dieses wieder die Schwierigkeit auf, die zu erwarten ist, wenn Versuche mit dem Menschen als Objekt angestellt werden und man dabei nicht über außerordentlich große Meßreihen verfügt. Es sei deshalb hier eine Faustformel gegeben, die eine Erweiterung der von LINKE eingeführten Formel darstellt und nach der der Verfasser arbeitet. Die Formel steht bis jetzt nicht im Widerspruch mit einem der bisher veröffentlichten Teilergebnisse, es sei aber ausdrücklich darauf hingewiesen, daß die Formel nur eine erste Annäherung an die effektive Temperatur geben soll. Die Formel lautet:

$$t_e = t_L + 12 I - 4\sqrt{v} - \frac{t_L^2}{100}\left(1 - \frac{\varphi}{100}\right),$$

worin φ die realtive Feuchtigkeit in % bedeutet. Die Übereinstimmung der Formel mit dem Nomogramm der ASHVE ist hinreichend, abgesehen von sehr extremen Fällen bleiben die Abweichungen kleiner als 2°. Bei der Verwendung des Nomogramms ist übrigens darauf zu achten, daß infolge der Anordnung der Leiter für die Temperatur des trockenen Thermometers unter 7,5° und für Feuchtigkeiten unter 100% die Werte der effektiven Temperatur höher als die Lufttemperatur werden. Das ist definitionsgemäß nicht möglich, so daß unterhalb der genannten Werte das Nomogramm unbrauchbar wird. Es wird aber in diesem Bereich das Nomogramm normalerweise nicht angewendet, so daß der Fehler kaum in Erscheinung tritt.

6. Psychrometrische Tafeln.

Die psychrometrischen Tabellen 5 und 6 wurden für den Bereich von $- 30°$ und $+ 50°$ neu berechnet. Als Unterlage dafür diente die SPRUNGsche Psychrometerformel[4], nach der der Dampfdruck h_L in Torr des Wasserdampfes in

[1] BÜTTNER, K.: Physikalische Bioklimatologie. Leipzig: Akad. Verl. 1938.

[2] FRIEDRICH, H.: Erträglichkeitsgrenze für wechselnde Raumtemperatur und -feuchte bei Ruhe und Arbeit. Pflügers Arch. Bd. 250 (1948) S. 182—191.

[3] WEZLER, K., u. R. THAUER: Erträglichkeitsgrenze für wechselnde Raumtemperatur und -feuchte. Pflügers Arch. Bd. 250 (1948) S. 192—199.

[4] SPRUNG, A.: Über die Bestimmung der Luftfeuchtigkeit mit Hilfe des ASSMANNschen Aspirations-Psychrometers. Das Wetter Bd. 5 (1888) S. 105.

der Luft

$$h_L = h_f - A\,(t_L - t_f)$$

ist. Dabei bedeuten: h_f der Sättigungsdampfdruck zur Temperatur t_f des feuchten Thermometers, t_L die Lufttemperatur und A die Psychrometerkonstante, die bei einem Luftdruck von 755 mm Hg und bei ventiliertem, wasserbedecktem Thermometer 0,50 wird. Ist das Thermometer mit Eis bedeckt, dann ist nach Robitzsch[1] die Konstante $A = 0{,}43$, während in der älteren Literatur Werte wie 0,445 u. ä. genannt werden. Je nachdem, ob das feuchte Thermometer mit Wasser oder Eis bedeckt ist, ist für h_f der entsprechende Dampfdruck über flüssigem Wasser oder über Eis einzusetzen.

Die relative Feuchtigkeit φ in % wurde nach der Formel

$$\varphi = 100\,\frac{h_L}{h_S}$$

berechnet; h_S bedeutet dabei den Sättigungsdampfdruck der Luft bei der Temperatur t_L und wird — einem allgemeinen Brauch folgend — auch bei Temperaturen unter dem Gefrierpunkt auf flüssiges Wasser bezogen. Da öfters am feuchten Thermometer Unterkühlung des Wassers eintritt, wurde die Tabelle 5 bis zu einer Lufttemperatur von $-9°$ C erweitert. Analog ist in Tabelle 6 der Fall berücksichtigt, daß am feuchten Thermometer noch Eisbeschlag haftet, wenn die Lufttemperatur schon über null Grad liegt.

Wie schon oben erwähnt, gilt die Psychrometerkonstante exakt nur für den Luftdruck von 755 mm Hg. In dem Bereich von 800 bis 710 mm Hg ist die Abweichung vernachlässigbar klein, weil sie innerhalb der Genauigkeit liegt, die durch die Ablesemöglichkeit von $\pm 0{,}1°$ C der normalen Thermometer gegeben ist. Bei größeren Druckabweichungen (Ortshöhen über 300 m) übersteigt die Korrektur 1% relative Feuchtigkeit und kann an Hand der ausführlichen Tabellen des Reichsamtes für Wetterdienst[2] oder von Robitzsch[3] berechnet werden.

Alle Zahlenwerte für die Tabellen 5 und 6 wurden der Veröffentlichung von Robitzsch entnommen[3] und gehen damit auf die Werte der Wärmetabellen der Physikalisch-Technischen Reichsanstalt zurück.

---

[1] Kleinschmidt, E.: Handbuch der meteorologischen Instrumente, S. 204—220. Berlin: Springer 1935.

[2] Reichsamt für Wetterdienst, Aspirations-Psychrometer-Tafeln. Braunschweig: Vieweg 1940.

[3] Robitzsch, M.: Ausführliche Tafeln zur Bestimmung der Luftfeuchtigkeit. Leipzig: Willibald Keller 1941.

Lfd. Nr. Seehöhe Typ	Ort Lage Beobachteter Zeitraum		Monat												Jahr	Schwan- kungen	Extreme	
			I	II	III	IV	V	VI	VII	VIII	IX	X	XI	XII			Max.	Min.
1 6 ET	Barrow N 71° 23′ W 156° 17′ 1882 bis 1927	t_L P φ	−28,6 4 ·	−26,9 8 ·	−25,6 5 ·	−19,1 5 ·	−6,7 5 ·	1,6 7 ·	4,5 27 ·	3,8 22 ·	−0,6 12 ·	−9,2 20 ·	−16,7 11 ·	−25,9 9 ·	−12,8 135 ·	33,1 — ·	21,1 230 ·	−45,0 60 ·
2 18 ET	Upernivik N 72° 47′ W 56° 07′ 1876 bis 1925	t_L P φ	−21,8 11 ·	−23,2 11 ·	−21,3 16 ·	−14,3 14 ·	−3,8 15 ·	1,8 15 ·	4,9 25 ·	4,9 28 ·	0,8 26 ·	−4,0 29 ·	−9,9 27 ·	−17,0 13 ·	−8,6 233 ·	28,1 — ·	15,9 450 ·	−34,1 90 ·
3 14 Df	Akulurak N 62° 30′ W 165° 25′ 1917 bis 1925	t_L P φ	−17,8 21 ·	−15,4 17 ·	−10,8 38 ·	−8,1 22 ·	1,4 12 ·	8,6 27 ·	10,9 55 ·	10,4 67 ·	6,0 60 ·	−0,7 35 ·	−9,9 19 ·	−14,2 6 ·	−3,3 379 ·	28,7 — ·	22,8 460 ·	−38,9 ·
4 2 Dw	Candlo N 65° 55′ W 161° 57′ 1904 bis 1927	t_L P φ	−23,2 6 ·	−21,1 3 ·	−17,6 9 ·	−13,0 9 ·	0,7 12 ·	8,7 21 ·	11,5 36 ·	10,7 32 ·	4,5 30 ·	−4,7 17 ·	−14,8 11 ·	−19,8 2 ·	−6,7 190 ·	34,7 — ·	27,2 ·	−46,7 ·
5 12 Df	Anchorage N 61° 13′ W 149° 52′ 1918 bis 1947	t_L P φ	−11,1 27 87	−7,2 18 79	−4,4 11 70	1,7 10 66	7,2 9 68	12,2 10 72	13,9 42 76	13,3 64 80	8,9 73 78	2,2 50 78	−5,6 20 81	−10,6 24 85	1,7 359 77	25,0 — —	28,9 450 ·	−38,9 300 ·
6 160 Df	Fairbanks N 64° 51′ W 147° 52′ 1904 bis 1947	t_L P φ	−23,9 19 82	−17,8 12 77	−12,2 21 67	−1,7 7 60	8,3 14 59	14,4 36 63	15,6 47 69	12,8 42 74	6,7 40 72	−2,8 19 77	−16,1 17 81	−22,2 17 83	−3,3 289 72	39,5 — —	37,2 800 ·	−54,4 3 ·
7 254 Df	Eagle N 64° 46′ W 141° 12′ 1917 bis 1927	t_L P φ	−25,3 9 ·	−19,4 9 ·	−13,7 8 ·	−3,2 10 ·	6,6 18 ·	13,2 42 ·	15,3 38 ·	12,9 33 ·	6,2 31 ·	−3,1 15 ·	−16,0 13 ·	−25,4 11 ·	−4,3 238 ·	40,7 — ·	· ·	· ·
8 46 Df	McParson N 67° 26′ W 134° 53′ 1909 bis 1927	t_L P φ	−29,2 17 ·	−25,6 13 ·	−21,0 12 ·	−11,7 21 ·	1,0 11 ·	11,7 26 ·	14,9 29 ·	11,9 45 ·	3,4 29 ·	−7,8 20 ·	−22,0 17 ·	−26,7 19 ·	−8,4 261 ·	44,1 — ·	29,8 ·	−47,3 ·
9 127 Df	Simpson N 61° 52′ W 121° 15′ 1897 bis 1927	t_L P φ	−28,4 16 ·	−24,3 20 ·	−17,7 12 ·	−2,8 20 ·	6,7 35 ·	12,1 41 ·	16,4 44 ·	13,8 36 ·	7,8 43 ·	−1,9 33 ·	−15,7 19 ·	−24,8 21 ·	−4,8 342 ·	44,8 — ·	30,4 390 ·	−47,2 230 ·
10 5 Df	Coppermine N 67° 49′ W 115° 10′ 1930 bis 1932	t_L P φ	−28,9 11 ·	−30,4 25 ·	−23,2 26 ·	−17,9 39 ·	−6,0 10 ·	5,3 22 ·	12,2 34 ·	9,2 36 ·	4,2 36 ·	−4,7 33 ·	−17,8 33 ·	−25,0 16 ·	−10,1 320 ·	42,6 — ·	29,4 ·	−42,8 ·

Tabelle 1. (Fortsetzung.)

Lfd. Nr. / Seehöhe / Typ	Ort / Lage / Beobachteter Zeitraum		I	II	III	IV	V	VI	VII	VIII	IX	X	XI	XII	Jahr	Schwan-kungen	Extreme Max.	Extreme Min.
11	Smith	t_L	−26,2	−22,6	−16,8	−3,3	6,6	12,0	15,5	13,4	6,9	−0,9	−12,3	−22,9	−4,2	41,7	31,6	−49,1
207	N 60° 00′ W 111° 52′	P	14	15	7	9	22	20	41	42	39	23	18	12	288	—	·	·
Df	1913 bis 1934	φ	·	·	·	·	·	·	·	·	·	·	·	·	·	·	·	·
12	Simpson Straße	t_L	−33,7	−35,2	−31,0	−19,4	−8,9	1,5	6,4	5,1	−1,5	−12,0	−19,9	−31,3	−15,0	41,6	17,2	−47,3
·	N 69° 25′ W 96° 48′	P	6	4	8	6	12	5	9	21	18	10	9	3	111	—	·	·
ET	·	φ	·	·	·	·	·	·	·	·	·	·	·	·	·	·	·	·
13	Chesterfield	t_L	−32,1	−32,1	−27,4	−17,0	−6,2	2,8	9,1	8,4	3,3	−4,6	−17,8	−28,6	−11,7	41,2	24,6	−43,3
4	N 63° 45′ W 91° 50′	P	6	13	5	22	11	35	46	50	45	28	25	28	316	—	·	·
ET	1922 bis 1932	φ	·	·	·	·	·	·	·	·	·	·	·	·	·	·	·	·
14	Lake Harbour	t_L	−26,3	−24,1	−20,5	−12,9	−2,4	3,2	6,7	5,2	1,7	−4,1	−10,9	−20,0	−8,7	33,0	19,8	−38,9
21	N 62° 50′ W 69° 55′	P	29	34	20	37	39	27	67	52	31	38	55	37	466	—	810	300
ET	1884 bis 1927	φ	·	·	·	·	·	·	·	·	·	·	·	·	·	·	·	·
15	Cumberland Sund	t_L	−29,0	−31,6	−23,0	−13,4	−2,0	2,1	5,8	5,8	2,0	−6,3	−15,9	−23,1	−10,7	37,4	16,4	−46,2
·	N 66° 30′ W 67° 06′	P	8	8	14	13	19	58	86	30	55	15	23	19	348	—	·	·
ET	·	φ	·	·	·	·	·	·	·	·	·	·	·	·	·	·	·	·
16	Ivigtut	t_L	−7,4	−7,1	−4,5	−0,5	4,5	8,0	9,9	8,6	5,0	1,1	−2,9	−5,9	0,8	17,3	20,6	−19,2
30	N 61° 12′ W 48° 10′	P	84	66	85	64	89	81	78	96	147	144	118	81	1128	—	1840	530
ET	1880 bis 1925	φ	·	·	·	·	·	·	·	·	·	·	·	·	·	·	·	·
17	Angmagssalik	t_L	−0,8	−9,1	−7,3	−4,0	1,0	4,9	7,1	5,9	3,1	−1,2	−5,0	−6,7	−1,6	16,2	19,6	−25,2
29	N 65° 37′ W 37° 34′	P	83	51	62	61	61	53	49	60	94	144	84	70	872	—	1490	560
ET	1895 bis 1930	φ	83	82	81	79	77	74	73	72	73	80	80	81	77	—	·	·
18	Dutch Harbor	t_L	0,0	−0,3	0,9	1,8	4,8	8,7	10,8	10,9	8,7	3,8	2,2	0,4	4,4	11,2	22,8	−11,7
4	N 53° 54′ W 166° 32′	P	139	181	133	97	125	74	56	74	135	213	168	177	1569	—	1830	1040
Cf	1882 bis 1927	φ	·	·	·	·	·	·	·	·	·	·	·	·	·	·	·	·
19	Kodiak	t_L	−1,6	−0,3	0,9	2,2	6,1	10,2	12,4	12,4	9,9	5,7	1,6	−0,8	4,7	14,0	22,2	−16,1
47	N 57° 48′ W 152° 22′	P	118	128	97	99	140	123	85	134	137	188	150	156	1556	—	2120	1110
Cf	1869 bis 1927	φ	·	·	·	·	·	·	·	·	·	·	·	·	·	·	·	·
20	Juneau	t_L	−2,2	−1,1	1,1	5,0	8,9	12,2	13,9	12,8	10,0	6,7	2,2	−0,6	5,6	16,1	31,7	−27,2
24	N 58° 18′ W 134° 24′	P	175	134	136	140	128	92	121	180	274	265	210	189	2051	—	2710	1130
Cf	1904 bis 1947	φ	77	74	72	72	73	73	81	84	84	83	78	76	77	—	·	·

Tabelle 1. (Fortsetzung.)

Lfd. Nr. Seehöhe Typ	Ort Lage Beobachteter Zeitraum		Monat												Jahr	Schwan- kungen	Extreme	
			I	II	III	IV	V	VI	VII	VIII	IX	X	XI	XII			Max.	Min.
21 52 Cf	Prince Rupert N 54° 18′ W 130° 18′ 1913 bis 1932	t_L P φ	1,8 242 ·	2,6 230 ·	3,9 228 ·	6,3 179 76	9,1 133 74	11,8 103 77	13,3 122 80	14,2 130 82	12,0 201 81	8,4 307 83	5,2 328 ·	2,4 292 ·	7,6 2490	12,4 —	26,4 3350 ·	−12,5 1920 ·
22 1274 Df	Barkerville N 53° 02′ W 121° 35′ 1921 bis 1927	t_L P φ	−8,0 82 ·	−6,2 96 ·	−3,1 92 ·	0,9 74 ·	6,2 67 ·	10,7 83 ·	12,4 60 ·	11,6 77 ·	7,3 109 ·	3,4 81 ·	−3,6 97 ·	−9,1 100 ·	1,7 1014	21,5 —	· 1210 ·	· 860 ·
23 658 Df	Edmonton N 53° 33′ W 113° 30′ 1883 bis 1933	t_L P φ	−14,3 21 ·	−11,3 18 ·	−5,4 19 ·	4,2 23 70	10,6 43 66	14,1 80 73	16,3 82 76	15,2 60 79	10,1 34 76	4,9 18 72	−3,5 18 ·	−10,0 19 ·	2,6 435	30,6 —	31,6 710 ·	−40,7 210 ·
24 744 Df	Swift Current N 50° 20′ W 107° 45′ 1886 bis 1933	t_L P φ	−13,1 17 ·	−11,5 16 ·	−4,9 19 ·	5,2 21 71	11,2 48 67	15,8 77 71	19,0 59 68	17,7 46 69	11,9 33 72	5,4 20 76	−3,0 14 ·	−8,6 16 ·	3,8 386	32,1 —	36,0 620 ·	−37,1 240 ·
25 220 Df	Norway House N 53° 58′ W 97° 52′ 1900 bis 1931	t_L P φ	−23,4 17 ·	−20,3 20 ·	−12,5 27 ·	−1,6 20 ·	6,9 28 ·	13,5 53 ·	17,2 59 ·	15,4 58 ·	9,1 51 ·	2,5 24 ·	−8,5 28 ·	−18,6 20 ·	−1,7 405	40,6 —	· · ·	· · ·
26 15 Df	Port Nelson N 57° 00′ W 92° 51′ 1915 bis 1927	t_L P φ	−27,1 15 ·	−25,7 13 ·	−18,6 15 ·	−8,4 23 ·	0,5 22 ·	7,3 53 ·	12,8 41 ·	11,9 52 ·	6,8 46 ·	−0,9 24 ·	−12,0 27 ·	−22,7 20 ·	−6,2 350	39,9 —	31,2 490 ·	−42,3 220 ·
27 · Df	Fort Hope N 51° 32′ W 87° 48′ 1885 bis 1914	t_L P φ	−22,6 22 ·	−20,8 13 ·	−13,1 20 ·	−1,6 8 ·	5,9 36 ·	13,2 62 ·	16,4 57 ·	14,3 49 ·	8,9 58 ·	2,2 32 ·	−7,3 26 ·	−16,9 23 ·	−1,8 407	39,0 —	· 570 ·	· 260 ·
28 4 ET	Harrison N 58° 25′ W 78° 21′ ·	t_L P φ	−28,1 12 ·	−28,1 9 ·	−21,2 7 ·	−11,3 13 ·	−1,6 14 ·	3,9 14 ·	8,4 21 ·	8,3 36 ·	5,0 39 ·	−1,0 22 ·	−7,7 17 ·	−18,1 15 ·	−7,6 219	36,5 —	21,3 · ·	−41,9 · ·
29 386 Df	Mistassine Post N 50° 30′ W 73° 55′ ·	t_L P φ	−20,9 48 ·	−19,1 44 ·	−10,0 48 ·	−1,8 43 ·	5,6 63 ·	12,5 82 ·	15,8 98 ·	13,9 95 ·	9,1 100 ·	2,8 75 ·	−6,0 72 ·	−16,1 58 ·	−1,2 829	36,7 —	29,7 1030 ·	−45,4 510 ·
30 8 Df	Hoffenthal N 55° 27′ W 60° 12′ 1883 bis 1902	t_L P φ	−20,1 · ·	−17,1 · ·	−12,0 · ·	−4,6 · ·	0,6 · ·	5,2 · ·	10,4 · ·	10,4 · ·	6,5 · ·	1,0 · ·	−6,3 · ·	−15,1 · ·	−3,4 ·	30,5 —	25,3 · ·	−35,3 · ·

Tabelle 1. (Fortsetzung.)

Lfd. Nr. Seehöhe Typ	Ort Lage Beobachteter Zeitraum		Monat												Jahr	Schwan- kungen	Extreme	
			I	II	III	IV	V	VI	VII	VIII	IX	X	XI	XII			Max.	Min.
31	Eureka, Calif.	t_L	8,3	8,3	8,9	10,0	11,1	12,2	13,3	13,3	13,3	12,2	10,6	8,9	11,0	5,0	29,4	−6,7
19	N 40° 48′ W 124° 11′	P	178	178	131	86	45	18	3	5	26	58	134	157	1010	—	1640	570
Cs	1888 bis 1947	φ	82	82	81	81	83	83	85	86	85	85	84	82	83	—	·	36[1]
32	Portland, Ore.	t_L	3,9	5,9	8,3	11,1	13,9	16,7	19,4	19,4	16,7	12,2	8,3	5,0	11,7	16,5	41,7	−18,9
47	N 45° 32′ W 122° 41′	P	165	147	97	74	55	40	16	16	51	78	157	168	1057	—	1710	780
Cs	1902 bis 1947	φ	82	78	73	69	67	67	63	65	69	77	82	83	63	—	·	17[1]
33	Seattle, Wash.	t_L	4,4	5,6	6,7	10,0	13,3	15,6	17,8	17,8	15,0	11,7	7,8	5,6	11,1	13,4	37,8	−16,1
38	N 47° 38′ W 122° 20′	P	123	107	76	61	47	34	16	18	46	71	130	139	864	—	1430	550
Cs	1881 bis 1947	φ	82	79	75	72	70	69	68	70	75	81	84	84	75	—	·	·
34	Winnemucca, Nev.	t_L	−2,1	1,1	4,4	8,3	12,8	17,2	22,2	21,1	15,6	9,4	3,3	−1,1	9,4	24,3	42,2	−37,8
1324	N 40° 58′ W 117° 43′	P	26	25	24	21	22	18	5	5	10	16	17	27	217	—	470	120
Cs	1879 bis 1947	φ	68	61	57	49	47	40	38	31	38	65	71	78	53	—	·	7[1]
35	Spokane, Wash.	t_L	−2,2	0,0	4,4	9,4	13,3	17,2	21,1	20,6	15,0	9,4	3,3	−0,6	9,4	23,3	37,8	−34,4
588	N 47° 40′ W 117° 25′	P	51	44	30	27	34	33	15	17	22	26	56	53	408	—	·	·
Ds	1882 bis 1947	φ	83	77	66	57	55	52	44	44	54	66	80	84	63	—	·	9[1]
36	Boise, Idaho	t_L	−1,1	1,1	6,1	10,0	14,4	18,9	23,3	22,8	16,7	11,1	5,0	0,0	10,6	23,9	44,4	−33,3
835	N 43° 37′ W 116° 13′	P	43	40	33	30	35	23	6	5	13	31	32	39	333	—	580	200
Cs	1883 bis 1947	φ	84	77	62	58	55	53	39	37	48	57	77	83	61	—	·	·
37	Helena, Mont.	t_L	−6,7	−4,4	0,6	6,7	11,1	15,6	20,0	18,9	13,3	7,8	0,6	−3,9	6,7	26,7	39,4	−41,1
1253	N 46° 34′ W 112° 04′	P	22	17	20	28	57	60	28	20	32	23	19	20	346	—	510	170
Df	1881 bis 1947	φ	70	69	62	56	57	56	48	47	55	60	60	77	60	—	·	10[1]
38	Salt Lake City, Utah	t_L	−3,3	0,6	5,0	10,0	15,0	19,4	25,0	23,3	19,8	11,7	3,3	−0,6	10,6	28,3	40,6	−28,9
1329	N 40° 46′ W 111° 54′	P	32	41	49	53	48	20	13	22	25	36	34	35	410	—	550	260
Cs	1879 bis 1947	φ	81	76	62	55	49	46	42	45	44	56	73	80	59	—	·	8[1]
39	Lander, Wyo.	t_L	−7,2	−5,0	0,0	5,6	11,1	16,1	20,0	18,9	13,3	7,2	−0,6	−6,7	6,1	27,2	38,9	−40,0
1637	N 42° 50′ W 108° 45′	P	14	17	29	53	56	29	18	13	23	33	15	17	321	—	550	140
Df	1882 bis 1947	φ	72	69	62	58	55	50	48	50	53	62	67	72	60	—	·	37[1]
40	Rapid City, S. D.	t_L	−5,0	−4,4	0,6	7,2	12,2	17,8	22,2	21,1	16,1	9,4	2,2	−2,2	8,3	27,2	41,1	−36,7
993	N 44° 04′ W 103° 12′	P	11	13	25	53	88	86	60	42	30	24	12	11	457	—	690	240
Df	1888 bis 1947	φ	68	70	66	60	59	60	55	54	54	58	63	68	62	—	·	10[1]

[1] mittl. jährl. Minimum

Tabelle 1. (Fortsetzung.)

Tabelle 1. Mittelwerte der Temperatur und der Feuchtigkeit der Luft.

Lfd. Nr. Seehöhe Typ	Ort Lage Beobachteter Zeitraum		Monat												Jahr	Schwan-kungen	Extreme	
			I	II	III	IV	V	VI	VII	VIII	IX	X	XI	XII			Max.	Min.
41	Bismark, N. D.	t_L	−13,1	−11,1	−3,9	6,1	12,8	17,8	21,1	20,0	14,4	7,2	−2,2	−8,9	5,0	34,2	45,6	−42,8
510	N 46° 47′ W 100° 38′	P	12	12	23	33	56	86	55	42	32	22	15	13	402	—	590	280
Df	1876 bis 1947	φ	79	79	74	65	63	67	64	63	66	70	77	79	72	—	·	17[1]
42	Valentine, Neb.	t_L	−6,1	−4,4	1,1	7,8	13,9	19,4	23,3	22,2	16,7	10,0	1,7	−3,9	8,3	29,4	43,3	−38,9
792	N 42° 50′ W 100° 32′	P	12	15	26	48	71	74	75	54	33	27	14	16	466	—	860	260
Df	1890 bis 1947	φ	78	77	75	59	63	64	60	63	62	63	69	77	77	—	·	13[1]
43	Winnipeg	t_L	−19,2	−16,9	−9,0	3,3	11,1	16,9	19,3	17,8	12,3	5,1	−5,7	−14,4	1,7	38,5	34,4	−38,7
232	N 49° 53′ W 97° 07′	P	22	23	28	34	55	79	77	58	58	37	28	23	523	—	740	350
Df	1874 bis 1933	φ	·	·	·	79	70	74	79	81	84	85	·	·	·	—	·	·
44	Des Moines, Iowa	t_L	−6,1	−3,9	2,8	10,6	16,7	21,1	24,4	23,3	18,9	12,2	3,9	−3,3	10,0	30,5	43,3	−34,4
262	N 41° 35′ W 93° 39′	P	27	30	44	75	114	123	87	87	94	63	37	30	813	—	1440	460
Df	1890 bis 1947	φ	79	78	72	66	66	69	66	70	73	70	68	78	72	—	·	21[1]
45	Minneapolis, Minn.	t_L	−10,0	−8,9	−1,1	7,8	14,4	20,0	22,8	21,7	17,7	10,0	0,6	−6,7	7,2	32,8	42,2	−36,7
280	N 44° 59′ W 93° 18′	P	22	26	35	58	91	109	93	78	81	52	32	25	702	—	1020	290
Df	1891 bis 1947	φ	81	79	73	65	63	68	66	68	73	71	76	81	72	—	·	·
46	Duluth, Minn.	t_L	−13,3	−11,7	−4,4	2,8	8,3	13,9	17,8	17,2	12,8	6,7	−1,1	−8,9	3,3	31,1	41,1	−40,6
345	N 46° 47′ W 92° 06′	P	25	29	38	53	81	100	94	80	85	58	38	28	710	—	1150	460
Df	1876 bis 1947	φ	85	83	78	71	69	75	75	77	79	78	82	86	88	—	·	·
47	Chicago, Ill.	t_L	−3,9	−2,8	2,2	8,3	14,4	19,4	22,8	22,2	18,3	12,2	4,4	−1,7	10,0	26,7	40,6	−30,6
205	N 41° 53′ W 92° 06′	P	47	58	65	72	88	85	83	81	81	63	61	51	833	—	1170	620
Df	1871 bis 1947	φ	78	75	73	69	69	71	69	73	75	73	74	78	73	—	·	28[2]
48	White River	t_L	−17,8	−19,3	−10,4	0,0	8,6	14,0	15,9	14,3	10,0	3,4	−5,2	−13,0	0,3	35,2	31,8	−46,0
379	N 48° 35′ W 85° 16′	P	41	34	37	40	55	64	78	74	78	64	63	45	674	—	·	·
Df	1885 bis 1933	φ	93	92	91	86	80	78	82	87	91	92	94	94	·	—	·	·
49	Alpena, Mich.	t_L	−6,7	−7,8	−3,3	3,9	10,0	16,1	18,9	17,8	14,4	8,3	1,7	−3,9	5,6	26,7	40,0	−33,3
186	N 45° 05′ W 83° 30′	P	47	46	50	58	76	85	69	72	77	68	67	52	766	—	1160	440
Df	1875 bis 1947	φ	84	83	80	74	73	74	73	78	82	81	82	83	79	—	·	31[1]
50	Detroit, Mich.	t_L	−3,9	−3,9	1,1	7,8	14,4	20,0	22,8	21,7	17,8	11,1	3,9	−1,7	9,4	26,7	40,6	−31,1
222	N 42° 20′ W 83° 03′	P	52	59	60	63	81	91	82	70	75	59	63	59	813	—	1210	540
Df	1872 bis 1947	φ	82	81	76	70	68	69	67	70	74	75	79	82	75	—	·	29[1]

[1] mittl. jährl. Minimum. [2] nur 9 Beobachtungsjahre.

Tabelle 1. (Fortsetzung.)

Lfd. Nr. Seehöhe Typ	Ort Lage Beobachteter Zeitraum		Monat												Jahr	Schwankungen	Extreme	
			I	II	III	IV	V	VI	VII	VIII	IX	X	XI	XII			Max.	Min.
51	Buffalo, N.Y.	t_L	−3,9	−4,4	0,0	6,1	12,2	18,3	21,1	20,6	17,2	11,1	4,4	−1,1	8,3	25,5	36,1	−28,9
234	N 42° 53′ W 78° 53′	P	82	81	64	66	78	73	76	77	75	82	78	83	914	—	1530	640
Df	1874 bis 1947	φ	83	82	88	72	74	74	72	74	79	79	79	81	77	—	.	30[1]
52	La Ferme	t_L	−19,1	−16,2	−8,7	−0,7	6,9	13,9	16,6	15,3	10,2	3,4	−5,3	−13,9	0,2	35,7	31,4	−41,1
320	N 48° 35′ W 78° 10′	P	46	38	55	54	60	99	101	98	101	78	55	66	851	—	.	.
Df	.	φ	.	.	.	.	.	.	.	.	.	.	.	.	.	.	.	.
53	Ottawa	t_L	−11,2	−10,7	−3,8	5,6	12,9	18,1	20,6	18,9	14,8	8,0	0,3	−8,2	5,4	31,8	34,0	−31,2
72	N 45° 24′ W 75° 43′	P	74	69	66	59	67	82	84	72	72	87	70	71	872	—	1130	650
Df	1875 bis 1924	φ	88	87	86	80	76	78	82	84	86	88	89	88	.	—	.	.
54	Albany, N.Y.	t_L	−4,4	−4,4	1,1	8,3	15,0	20,0	22,2	21,7	17,2	10,6	3,9	−2,2	8,9	26,6	40,0	−32,2
30	N 42° 39′ W 73° 45′	P	60	67	65	63	73	87	85	92	80	68	72	65	876	—	1250	670
Df	1873 bis 1947	φ	78	76	73	67	67	70	71	74	78	78	77	78	74	—	.	32[1]
55	Quebec	t_L	−12,4	−11,4	−5,4	2,4	10,5	16,3	19,3	17,6	13,1	6,4	−1,3	−9,1	3,6	31,7	31,4	−30,7
90	N 46° 48′ W 71° 13′	P	96	86	80	62	83	103	105	96	104	87	88	85	1073	—	1370	82
Df	1875 bis 1924	φ	78	78	82	76	74	77	80	81	83	83	84	82	.	—	.	.
56	Boston, Mass.	t_L	−2,2	−1,9	2,8	7,8	14,4	19,4	22,2	21,1	17,8	12,2	6,1	0,0	10,0	24,4	40,0	−27,8
38	N 42° 21′ W 71° 04′	P	90	93	89	86	80	74	87	90	81	79	86	86	1018	—	1660	720
Cf	1840 bis 1947	φ	71	69	69	69	70	72	72	77	76	74	72	72	72	—	.	26[1]
57	Eastport, Me.	t_L	−6,1	−5,6	−1,1	3,9	8,9	12,8	15,6	16,1	13,3	8,9	2,8	−3,3	5,6	22,2	33,9	−30,6
23	N 44° 54′ W 66° 59′	P	98	92	95	73	75	76	77	75	72	88	85	93	998	—	1640	580
Df	1874 bis 1947	φ	76	76	76	77	79	82	85	84	83	80	79	77	80	—	.	35[1]
58	Anticosti Island	t_L	−10,9	−11,5	−6,0	−0,5	4,5	9,9	13,8	13,6	9,7	4,6	−0,7	−6,7	1,7	25,3	22,8	−27,3
9	N 49° 24′ W 63° 33′	P	75	57	56	59	76	95	95	107	83	103	82	73	966	—	1230	400
Df	1875 bis 1924	φ	94	94	94	91	94	95	92	91	91	92	97	98	.	—	.	.
59	St. Johns, N.F.	t_L	−4,7	−5,6	−2,4	1,7	6,2	10,8	15,1	15,5	12,1	7,4	2,9	−1,6	4,8	21,1	28,2	−21,2
74	N 47° 24′ W 52° 42′	P	134	140	112	109	89	92	93	89	97	135	156	123	1366	—	1750	1080
Df	1875 bis 1924	φ	71	73	76	78	77	75	77	78	77	75	76	75	.	—	.	.
60	Fresno, Calif.	t_L	7,8	10,6	13,3	16,1	20,0	23,9	27,8	26,7	23,3	18,3	12,8	8,3	17,2	20,0	46,1	−8,3
100	N 36° 43′ W 119° 49′	P	43	39	39	24	11	2	0,2	0,2	5	14	24	36	238	—	460	110
BS	1888 bis 1947	φ	79	72	67	57	49	40	33	36	43	54	65	79	56	—	.	7[1]

[1] mittl. jährl. Minimum.

Tabelle 1. (Fortsetzung.)

Lfd. Nr. Seehöhe Typ	Ort Lage Beobachteter Zeitraum		Monat												Jahr	Schwan-kungen	Extreme	
			I	II	III	IV	V	VI	VII	VIII	IX	X	XI	XII			Max.	Min.
61	Los Angeles, Calif.	t_L	13,3	13,3	14,4	15,6	17,2	18,9	21,7	21,7	21,1	18,9	16,9	13,9	17,2	8,4	42,8	−2,2
103	N 34°03′ W 118°15′	P	78	84	70	26	11	2	0,2	0,5	4	17	30	66	387	—	1020	120
Cs	1878 bis 1947	φ	62	67	68	71	74	74	73	74	71	68	58	59	68	—	.	12
62	San Diego, Calif.	t_L	12,8	13,3	13,9	15,0	16,1	17,8	20,0	20,6	20,0	17,8	15,6	13,9	16,1	7,8	43,3	−3,9
26	N 32°43′ W 117°10′	P	51	56	43	20	9	1	1	1	2	14	19	47	262	—	700	110
BS	1876 bis 1947	φ	70	74	73	75	77	79	80	80	79	76	69	69	75	—	.	13[1]
63	Modena, Utah	t_L	−3,3	0,0	3,9	7,8	12,2	17,8	21,7	20,6	15,6	9.4	2,8	−2,2	8,9	23,9	38,3	−35,6
1668	N 37°48′ W 113°54′	P	22	26	26	23	20	8	27	32	20	19	15	21	258	—	480	90
BS	1901 bis 1947	φ	73	68	57	47	42	32	39	44	41	48	59	74	52	—	.	·
64	Phoenix, Ariz.	t_L	11,1	13,3	16,1	20,0	24,4	29,4	32,2	31,7	28,3	21,7	15,6	11,7	21,1	21,1	47,8	−8,9
338	N 33°28′ W 112°00′	P	20	22	17	10	3	2	27	24	19	12	18	25	198	—	500	80
BW	1896 bis 1947	φ	54	51	44	35	29	26	38	44	42	44	50	55	43	—	.	·
65	El Paso, Tex.	t_L	7,2	10,0	13,3	17,8	22,2	27,2	27,8	26,7	23,9	17,8	11,1	7,2	17,8	20,6	41,1	−21,1
1155	N 31°47′ W 106°30′	P	12	11	9	7	8	15	50	42	32	20	13	13	233	—	460	60
BW	1880 bis 1947	φ	48	41	33	28	27	32	35	49	49	46	48	51	41	—	.	3[1]
66	Santa Fe, N.Mex.	t_L	−2,1	0,3	4,1	8,3	13,3	18,4	20,3	19,4	15,9	10,1	3,4	−1,1	9,2	22,4	31,6	−18,8
2138	N 35°41′ W 105°57′	P	17	20	20	25	31	27	59	57	38	29	17	19	362	—	560	130
BS	1875 bis 1923	φ	52	49	45	37	31	31	38	39	39	38	42	54	41	—	.	7[1]
67	Denver, Col.	t_L	−0,6	0,6	3,9	8,9	13,9	19,4	22,2	21,7	17,2	11,1	4,4	0,6	10,0	22,8	40,6	−33,9
1613	N 39°45′ W 105°00′	P	10	14	26	53	55	36	42	35	25	27	14	18	357	—	580	200
BS	1872 bis 1947	φ	56	56	54	53	54	50	51	52	50	51	52	56	53	—	.	6[1]
68	Amarillo, Tex.	t_L	0,6	2,2	7,2	12,2	16,7	21,7	24,4	23,9	20,0	13,3	6,7	2,2	12,8	23,8	41,7	−26,7
1120	N 35°13′ W 101°50′	P	13	19	18	47	70	73	71	77	59	41	23	20	533	—	1010	280
BS	1893 bis 1947	φ	64	53	55	54	60	60	58	61	63	64	63	66	61	—	.	7[1]
69	Abilene, Tex.	t_L	7,2	8,9	13,3	18,3	22,2	26,7	28,3	28,3	24,4	18,9	12,2	7,8	17,8	21,1	43,9	−22,8
420	N 32°33′ W 99°40′	P	24	28	32	70	98	77	53	56	69	63	34	33	639	—	1190	280
Cf	1881 bis 1947	φ	65	61	56	57	64	61	57	57	64	66	66	67	62	—	.	10[1]
70	Oklahoma, Okla.	t_L	3,3	4,4	10,0	15,6	20,0	25,0	27,2	27,2	23,3	16,7	10,0	4,4	15,6	23,9	45,0	−27,2
370	N 35°26′ W 97°33′	P	29	30	49	85	122	94	72	72	78	72	49	37	791	—	1320	400
Cf	1892 bis 1947	φ	73	69	65	65	71	69	65	65	68	69	70	74	69	—	.	·

[1] mittl. jährl. Minimum.

Tabelle 1. (Fortsetzung.)

Lfd. Nr. Seehöhe Typ	Ort Lage Beobachteter Zeitraum		Monat												Jahr	Schwan- kungen	Extreme	
			I	II	III	IV	V	VI	VII	VIII	IX	X	XI	XII			Max.	Min.
71	Wochita, Kans.	t_L	0,0	1,7	7,2	13,3	18,3	23,9	26,7	26,1	21,7	15,6	7,2	1,7	13,9	26,7	45,6	−30,0
414	N 37° 41′ W 97° 20′	P	20	34	43	75	111	113	84	79	79	65	36	25	765	—	1060	410
Cf	1889 bis 1947	φ	74	70	65	63	68	67	63	63	67	66	69	74	77	—	.	17[1]
72	Palestine, Tex.	t_L	8,9	10,6	15,0	18,9	22,2	26,1	27,8	27,8	25,0	20,0	14,4	10,0	18,9	18,9	42,2	−21,1
155	N 31° 43′ W 95° 40′	P	85	83	86	114	113	93	67	54	75	82	88	91	1034	—	1550	610
Cf	1882 bis 1947	φ	74	72	70	71	75	74	73	73	74	72	72	74	73	—	.	23[1]
73	Columbia, Mo.	t_L	−1,7	−0,3	5,7	12,6	17,9	22,6	24,9	24,2	19,9	13,5	6,2	0,6	12,2	26,6	37,5	−22,7
239	N 38° 57′ W 92° 20′	P	48	56	74	97	111	123	87	89	112	65	57	46	965	—	1390	540
Cf	1875 bis 1923	φ	68	64	58	57	59	60	54	58	59	57	63	69	60	—	.	.
74	Little Rock, Ark.	t_L	5,6	7,2	11,7	16,7	21,1	25,6	27,2	26,7	23,9	17,8	11,1	6,7	16,7	21,6	43,3	−24,4
109	N 34° 45′ W 92° 16′	P	118	106	115	134	119	97	87	93	81	68	108	103	1229	—	1920	802
Cf	1881 bis 1947	φ	72	70	67	67	71	72	72	73	73	72	70	73	71	—	.	22[1]
75	Springfield, Ill.	t_L	−2,2	−1,1	5,0	11,7	17,8	22,8	25,6	23,9	20,0	13,9	5,6	0,0	11,7	27,8	43,3	−31,1
194	N 39° 48′ W 89° 39′	P	53	64	79	90	109	105	72	79	93	63	65	54	925	—	1480	580
Cf	1880 bis 1947	φ	80	78	74	69	69	69	66	71	74	73	76	80	73	—	.	27[1]
76	Nashville, Tenn.	t_L	3,9	5,6	10,0	15,0	20,0	24,4	26,1	25,6	22,2	16,1	9,4	5,0	15,6	22,2	41,1	−25,0
166	N 36° 10′ W 86° 47′	P	119	113	128	107	96	103	96	92	88	62	90	105	1199	—	1710	860
Cf	1873 bis 1947	φ	78	78	69	64	67	69	72	73	73	70	71	75	71	—	.	23[1]
77	Montgomery, Ala.	t_L	9,4	10,6	14,4	18,3	22,8	26,7	27,8	27,1	25,0	19,4	13,3	10,0	18,9	18,4	41,7	−20,6
68	N 32° 23′ W 86° 18′	P	130	149	149	111	96	97	121	105	71	61	83	121	1300	—	1980	940
Df	1872 bis 1947	φ	75	72	69	67	67	70	76	78	74	72	72	75	72	—	.	23[1]
78	Cincinnati, Ohio	t_L	0,6	1,1	6,1	12,2	17,8	22,8	25,0	23,9	20,6	13,9	7,2	1,7	12,8	24,4	42,2	−27,2
191	N 39° 06′ W 84° 30′	P	86	82	97	80	92	94	82	85	68	63	73	75	978	—	1390	460
Cf	1871 bis 1947	φ	80	75	72	68	73	75	73	76	78	79	78	79	76	—	.	25[1]
79	Jacksonville, Fla.	t_L	13,3	14,4	17,2	20,6	23,9	26,7	27,8	27,8	26,1	21,7	16,7	13,3	20,6	14,5	40,0	−12,2
13	N 30° 20′ W 81° 39′	P	70	81	73	61	100	137	167	145	190	111	51	76	1262	—	2080	770
Cf	1872 bis 1947	φ	82	78	77	76	74	79	82	85	85	84	85	85	81	—	.	29[1]
80	Columbia, S. Cax.	t_L	8,3	8,9	13,3	17,2	22,2	26,1	26,7	26,7	23,9	18,3	12,2	8,3	17,8	18,4	41,1	−18,9
107	N 34° 00′ W 81° 03′	P	85	103	85	74	77	108	134	136	89	64	51	76	1082	—	1390	750
Cf	1886 bis 1947	φ	72	69	67	65	67	72	76	79	76	72	70	74	72	—	.	.

[1] mittl. jährl. Minimum.

Lfd. Nr. Seehöhe Typ	Ort Lage Beobachteter Zeitraum		Monat												Jahr	Schwan-kungen	Extreme	
			I	II	III	IV	V	VI	VII	VIII	IX	X	XI	XII			Max.	Min.
81	Washington, D.C.	t_L	1,1	2,2	6,7	12,2	17,8	22,8	25,0	23,9	20,6	13,9	7,8	2,8	13,3	23,9	41,1	−26,1
34	N 38° 54′ W 77° 03′	P	88	89	93	84	92	107	118	100	83	71	61	82	1072	—	1560	780
Cf	1871 bis 1947	φ	69	66	65	62	67	71	74	76	78	75	70	70	70	—	·	22[1]
82	Hatteras, N.Car.	t_L	8,3	7,8	11,1	15,0	20,0	23,9	25,6	25,6	23,9	18,9	13,3	9,4	16,7	17,3	35,0	−13,3
3	N 35° 15′ W 75° 40′	P	110	110	106	91	92	117	137	143	119	124	90	105	1344	—	2350	750
Cf	1883 bis 1947	φ	85	83	81	80	81	83	84	83	83	82	82	84	82	—	·	42[1]
83	Atlantic City, N.J.	t_L	1,1	1,1	4,4	8,9	14,4	20,0	22,8	22,0	20,0	13,9	7,8	2,8	11,7	21,7	40,0	−22,8
16	N 39° 22′ W 74° 25′	P	82	92	89	77	76	78	98	112	68	80	73	98	1028	—	1550	710
Cf	1875 bis 1947	φ	77	75	77	75	79	81	82	81	79	78	76	76	78	—	·	34[1]
84	Midway-Insel	t_L	18,6	18,5	18,7	19,7	22,0	24,1	25,2	25,7	25,5	23,7	21,4	19,2	21,9	7,2	32,8[2]	7,8[2]
6	N 28° 15′ W 177° 22′	P	110	97	85	111	79	58	103	92	132	64	67	72	1070	—	1760	720
Af	1921 bis 1930	φ	·	·	·	·	·	·	·	·	·	·	·	·	·	—	·	·
85	Honolulu, Oahu	t_L	22,2	22,2	22,2	22,8	23,9	25,0	25,6	25,6	25,6	25,0	23,9	22,8	23,9	3,4	32,9	11,1
17	N 21° 18′ W 157° 51′	P	87	102	81	53	35	21	26	31	37	45	86	99	703	—	1320	290
As	1908 bis 1947	φ	73	73	71	70	70	69	69	70	70	71	72	73	71	—	·	·
86	Guayamas	t_L	17,9	19,8	20,1	22,4	25,6	28,8	30,4	30,4	30,2	27,3	22,4	18,5	23,6	12,5	41,5	8,5
8	N 27° 55′ W 110° 53′	P	5	0	8	4	5	2	43	91	61	9	16	38	283	—	·	·
BW	1922 bis 1926	φ	52	53	50	48	50	57	63	64	66	57	53	55	·	—	·	10[1]
87	La Paz	t_L	17,2	18,4	20,2	21,4	23,4	25,5	28,0	28,6	27,9	26,0	22,4	18,7	23,2	11,4	39,6	7,2
12	N 24° 10′ W 110° 21′	P	5	2	1	0	0	5	11	31	36	15	12	27	142	—	310	30
BW	1906 bis 1927	φ	73	69	67	65	66	63	62	66	60	67	70	72	·	—	·	27[1]
88	Mazatlán	t_L	20,2	19,9	20,8	22,1	24,5	27,3	28,1	28,2	28,0	26,9	24,0	21,2	24,3	8,3	32,3	11,8
78	N 23° 11′ W 106° 24′	P	20	13	6	2	3	37	151	210	203	66	22	32	766	—	1450	320
BS	1880 bis 1927	φ	76	77	77	78	77	76	78	79	80	78	75	75	·	—	·	32[1]
89	Sierra Mojada	t_L	13,3	15,6	19,1	22,1	25,5	27,6	26,6	25,9	23,7	20,6	16,6	12,0	20,7	15,6	38,5	−5,1
1256	N 27° 17′ W 103° 42′	P	5	10	17	10	17	50	84	76	64	28	14	15	389	—	690	230
BS	1908 bis 1931	φ	·	·	·	·	·	·	·	·	·	·	·	·	·	—	·	·
90	Léon	t_L	14,0	15,8	18,6	21,4	23,2	22,0	20,7	20,6	19,9	18,2	16,1	14,2	18,7	9,2	33,8	0,3
1809	N 21° 07′ W 101° 41′	P	8	8	10	6	27	124	156	130	119	33	12	12	647	—	930	310
Cw	1878 bis 1927	φ	57	51	45	41	45	58	68	68	69	63	60	60	·	—	·	14[1]

[1] mittl. jährl. Minimum   [2] absolutes Maximum und Minimum

M. Diem: Meteorologische Daten.

Tabelle 1. (Fortsetzung.)

Lfd. Nr. Seehöhe Typ	Ort Lage Beobachteter Zeitraum		Monat												Jahr	Schwan- kungen	Extreme	
			I	II	III	IV	V	VI	VII	VIII	IX	X	XI	XII			Max.	Min.
91 18 Aw	Tampoci N 22° 12′ W 97° 51′ 1889 bis 1927	t_L P φ	18,9 39 78	20,1 30 78	22,1 26 77	24,7 39 78	26,8 47 78	27,8 221 78	27,7 124 79	28,0 123 78	27,1 274 79	25,1 127 77	22,4 51 77	19,4 41 78	24,2 1102 .	9,1 — —	35,2 1580 .	4,6 670 23[1]
92 6 BS	Corpus Christi, Tex. N 27° 49′ W 97° 25′ 1888 bis 1949	t_L P φ	13,3 39 85	15,0 41 84	18,3 40 84	21,7 46 84	24,4 81 85	27,2 67 83	29,8 38 84	28,3 57 84	26,7 116 81	23,3 62 81	18,3 52 82	14,4 36 83	21,7 671 83	15,0 — —	40,6 1220 .	−11,7 460 .
93 16 Cf	Galveston, Tex. N 29° 18′ W 94° 50′ 1872 bis 1947	t_L P φ	12,2 85 85	13,3 78 85	16,7 67 84	20,6 79 83	24,4 85 80	27,2 113 79	28,3 92 78	28,3 107 78	26,7 143 78	22,8 109 77	17,3 86 77	13,3 93 84	21,1 1138 81	16,1 — —	38,3 1990 .	−13,3 540 33[1]
94 16 Cf	New Orleans, La. N 29° 57′ W 90° 04′ 1872 bis 1947	t_L P φ	12,8 108 79	13,9 116 78	17,2 118 77	20,6 135 75	23,9 115 75	27,2 151 76	28,3 159 78	28,3 144 80	26,7 130 78	21,7 82 76	16,7 81 77	13,3 120 79	21,1 1460 78	15,5 — —	38,9 2110 .	−13,9 790 29[1]
95 22 Aw	Merida N 20° 58′ W 89° 38′ 1894 bis 1927	t_L P φ	22,6 27 72	23,1 17 68	25,5 26 65	27,0 22 63	28,5 67 66	27,6 179 75	27,5 115 76	27,3 137 77	27,0 135 79	25,8 84 78	24,1 40 75	22,9 28 74	25,7 878 .	5,9 — —	37,7 1630 .	12,5 410 24[1]
96 11 Cf	Tampa, Fla. N 27° 57′ W 82° 27′ 1891 bis 1947	t_L P φ	16,1 67 81	16,7 70 79	19,4 61 77	21,7 52 74	25,0 75 75	26,7 187 79	27,8 198 82	27,8 204 82	26,7 165 83	23,9 77 80	19,4 45 79	16,7 52 81	22,2 1255 79	11,7 — —	36,7 1710 .	−7,2 820 34[1]
97 24 Aw	Habana N 23° 08′ W 82° 21′ 1899 bis 1927	t_L P φ	21,9 75 75	22,1 39 74	23,1 43 72	24,6 44 72	25,9 130 75	26,9 143 78	27,6 109 77	27,6 110 78	27,1 127 80	26,1 179 78	23,9 82 76	22,6 60 75	25,0 1143 76	5,7 — —	35,3 1750 .	12,8 710 .
98 7 Aw	Key West, Fla. N 24° 33′ W 81° 48′ 1900 bis 1947	t_L P φ	21,1 49 82	21,1 37 80	22,8 34 80	24,4 33 77	26,1 88 75	27,8 110 78	28,9 81 76	28,9 112 76	27,8 172 79	26,1 149 78	23,3 57 75	21,1 41 78	25,0 968 76	7,8 — —	34,4 1490 .	6,1 560 46[1]
99 4 Aw	Nassau N 25° 05′ W 77° 21′ 1874 bis 1920	t_L P φ	22,1 45 76	22,2 38 74	22,8 33 71	23,9 54 71	25,6 131 73	27,3 177 73	28,2 144 72	28,3 126 72	27,7 168 73	26,5 165 74	24,4 68 74	22,6 32 75	25,1 1185 73	6,2 — —	30,9 1780 .	15,1 650 .
100 2282 Cw	Mexico City N 19° 26′ W 99° 08′ 1878 bis 1927	t_L P φ	12,4 6 53	14,1 7 48	16,2 12 45	17,4 18 45	18,4 48 51	17,7 103 62	16,7 114 67	16,8 109 68	16,3 103 70	15,1 40 65	13,9 12 61	12,6 7 58	15,6 580 .	6,0 — —	29,4 890 .	0,9 330 5[1]

[1] mittl. jährl. Minimum.

Tabelle 1. (Fortsetzung.)

Lfd. Nr. Seehöhe Typ	Ort Lage Beobachteter Zeitraum		Monat												Jahr	Schwan-kungen	Extreme	
			I	II	III	IV	V	VI	VII	VIII	IX	X	XI	XII			Max.	Min.
101	Vera Cruz	t_L	21,1	21,8	23,4	25,5	27,0	27,4	27,0	27,3	26,7	25,8	23,7	21,7	24,8	6,3	33,3	13,0
16	N 19° 12′ W 96° 08′	P	26	15	12	15	46	289	330	273	304	145	79	25	1532	—	2170	1060
Aw	1878 bis 1927	φ	81	83	83	81	80	81	81	79	80	77	78	80	.	—	.	42[1]
102	Salina Cruz	t_L	24,6	25,1	26,3	27,4	28,2	27,2	27,7	27,8	27,1	26,8	26,1	25,1	26,6	3,6	34,7	16,1
56	N 16° 12′ W 95° 12′	P	1	10	16	12	83	302	114	140	179	102	24	3	987	—	1290	550
Aw	1903 bis 1927	φ	60	63	64	67	70	76	71	71	73	66	57	61	.	—	.	25[1]
103	Puerto Mexico	t_L	21,2	22,7	24,1	26,3	27,3	27,3	26,9	27,0	26,6	25,5	23,8	22,9	25,2	6,1	38,1	12,3
14	N 18° 09′ W 94° 24′	P	179	90	62	46	144	233	298	301	438	494	482	252	3020	—	.	.
Am	1921 bis 1927	φ	89	86	85	83	79	83	85	85	87	86	86	89	.	—	.	40[1]
104	Guatemala	t_L	16,5	17,4	18,8	19,0	20,8	19,7	19,3	19,3	19,3	18,4	17,5	16,3	18,6	4,5	30,3	6,4
1480	N 14° 37′ W 90° 31′	P	8	4	13	32	140	297	199	199	236	167	23	5	1323	—	1820	880
Cw	1898 bis 1902	φ	72	69	69	70	74	84	82	81	84	82	79	74	77	—	.	.
105	El Paso real	t_L	23,0	20,1	26,1	28,9	28,3	27,5	26,6	26,9	27,0	26,9	24,7	25,2	26,0	8,8	.	.
80	N 16° 35′ W 90° 17′	P	41	55	21	31	107	269	180	130	265	233	152	136	1720	—	2370	105
Aw	1925 bis 1929	φ	.	.	.	.	.	.	.	.	.	.	.	.	.	—	.	.
106	Chimax	t_L	16,1	16,7	18,3	18,6	19,6	19,9	19,1	19,4	19,5	18,8	18,6	15,8	18,3	4,1	26,3	11,2
1306	N 15° 39′ W 90° 16′	P	133	112	105	87	206	283	290	218	252	328	234	174	2422	—	2970	1720
Cf	1896 bis 1898	φ	84	82	81	80	82	86	87	86	87	88	85	85	85	—	.	.
107	San Salvator	t_L	22,1	22,7	23,6	24,6	24,2	23,5	23,4	23,4	22,9	22,6	22,4	21,9	23,1	2,7	29,2	15,3
657	N 13° 45′ W 89° 09′	P	2	5	14	41	167	279	313	291	296	261	49	9	1727	—	2710	880
Aw	1889 bis 1902	φ	69	68	68	70	80	85	82	82	85	79	77	72	76	—	.	.
108	Belize	t_L	23,8	24,9	26,2	26,6	27,7	28,0	28,1	28,1	27,8	26,3	24,5	23,1	26,3	5,0	32,9	15,4
5	N 17° 32′ W 88° 10′	P	130	66	40	38	104	230	244	217	240	279	258	161	2007	—	2490	1480
Am	1888 bis 1895	φ	83	79	77	76	78	78	77	78	83	81	84	83	80	—	.	.
109	San Ubaldo	t_L	26,4	27,1	28,3	30,2	29,9	28,3	27,4	28,3	28,4	27,0	26,8	27,3	27,9	3,8	.	.
33	N 11° 50′ W 85° 20′	P	31	5	7	2	189	250	633	135	358	226	36	14	1886	—	.	.
Aw	1900	φ	.	.	.	.	.	.	.	.	.	.	.	.	.	—	.	.
110	Greytown	t_L	25,3	25,4	26,0	27,1	27,1	26,7	26,2	26,3	26,9	26,8	25,8	25,3	26,2	1,8	.	.
5	N 10° 35′ W 83° 43′	P	592	287	165	290	517	586	874	693	442	508	926	705	6588	—	7400	5120
Af	1898 bis 1900	φ	86	85	81	79	84	87	88	86	86	86	89	87	85	—	.	.

[1] mittl. jährl. Minimum.

268

Tabelle 1. (Fortsetzung.)

Lfd. Nr. Seehöhe Typ	Ort Lage Beobachteter Zeitraum		Monat												Jahr	Schwankungen	Extreme Max.	Extreme Min.
			I	II	III	IV	V	VI	VII	VIII	IX	X	XI	XII				
111	Hill Gardens	t_L	15,2	15,1	15,7	16,2	17,0	17,7	18,4	18,3	18,0	17,3	16,5	15,8	16,8	3,3	.	.
1500	N 18° 06′ W 76° 45′	P	187	119	101	121	202	165	69	165	239	344	503	218	2433	—	3770	1050
Cf	1908 bis 1923	φ	86	86	86	87	86	87	86	84	87	89	90	88	87	—	.	.
112	Kingston	t_L	24,8	24,7	25,2	25,9	26,7	27,4	27,6	27,7	27,6	26,9	26,1	25,3	26,3	3,0	34,7	16,9
7	N 18° 01′ W 76° 48′	P	18	12	20	34	79	92	31	68	101	160	88	29	732	—	1730	220
Aw	1908 bis 1927	φ	73	72	71	71	73	72	70	73	76	78	77	74	73	—	.	.
113	Port au Prince	t_L	25,6	25,8	26,2	26,8	27,3	28,2	28,9	28,6	27,9	27,1	26,4	25,8	27,1	3,3	36,5	18,7
37	N 18° 33′ W 72° 20′	P	30	69	103	171	204	112	68	123	195	187	106	23	1390	—	1940	860
Aw	1906 bis 1925	φ	65	63	64	68	73	68	64	68	73	76	72	68	69	—	.	.
114	San Domingo	t_L	24,3	24,2	24,4	25,2	26,1	26,5	26,8	27,2	27,2	26,9	26,2	25,1	25,8	3,0	35,4	16,0
18	N 18° 28′ W 69° 53′	P	63	34	61	95	147	151	181	174	181	177	130	50	1466	—	2240	1000
Aw	1910 bis 1927	φ	81	77	78	78	80	81	81	82	82	82	82	82	80	—	.	.
115	La Guayra	t_L	25,8	25,8	26,3	26,8	27,3	27,6	27,3	28,1	28,3	28,1	27,5	26,0	27,1	2,5	.	.
5	N 10° 37′ W 67° 07′	P	12	5	20	5	16	23	26	27	30	41	40	37	283	—	570	120
BW	1920 bis 1925	φ	.	.	.	.	.	.	.	.	.	.	.	.	.	—	.	.
116	Caracas	t_L	18,0	18,3	18,8	20,1	20,8	20,4	20,0	20,2	20,3	20,2	19,6	18,5	19,6	2,8	30,7	9,1
1042	N 10° 36′ W 66° 56′	P	22	10	15	40	70	109	104	108	102	98	86	43	809	—	1200	500
Aw	1895 bis 1925	φ	79	76	76	76	78	81	81	81	80	82	83	81	79	—	.	.
117	Fort de France	t_L	24,6	24,6	25,1	26,0	26,6	26,7	26,7	26,9	27,0	26,8	26,3	25,2	26,0	2,4	32,4	19,6
4	N 14° 36′ W 61° 21′	P	117	116	73	100	117	192	234	257	238	241	203	147	2037	—	2850	1240
Af	1900 bis 1914	φ	80	78	76	76	78	80	81	81	82	83	83	82	80	—	.	.
118	San José de Costa Rica	t_L	18,9	19,3	19,9	20,4	20,5	20,1	19,8	19,7	19,8	19,6	19,4	18,8	19,7	1,7	29,6	13,1
1150	N 09° 56′ W 84° 08′	P	6	4	12	28	254	280	211	268	361	338	124	42	1928	—	2490	1480
Aw	1889 bis 1900	φ	76	72	72	73	81	84	83	84	86	87	80	80	80	—	.	.
119	Colon	t_L	26,6	26,5	26,8	27,1	26,9	26,6	26,6	27,1	26,9	26,1	25,9	26,6	26,6	1,2	.	.
5	N 09° 21′ W 79° 54′	P	89	44	37	114	309	353	394	376	320	387	552	274	3249	—	4660	2190
Am	1907 bis 1926	φ	80	79	78	80	84	86	86	87	86	86	87	83	83	—	.	.
120	Balboa Heights	t_L	25,7	25,8	26,4	26,7	26,2	25,9	25,9	25,8	25,8	25,4	25,2	25,7	25,8	1,5	.	.
30	N 08° 58′ W 79° 33′	P	23	22	15	72	199	209	182	199	201	257	256	107	1742	—	2140	1316
Aw		φ	79	76	74	78	85	87	87	87	87	88	88	84	83	—	.	.

Tabelle 1. (Fortsetzung.)

Lfd. Nr. Seehöhe Typ	Ort Lage Beobachteter Zeitraum		Monat												Jahr	Schwankungen	Extreme	
			I	II	III	IV	V	VI	VII	VIII	IX	X	XI	XII			Max.	Min.
121	Bogota	t_L	14,4	14,6	15,0	14,9	14,8	14,6	14,0	14,0	14,1	14,4	14,6	14,4	14,5	1,0	·	·
2660	N 04° 35′ W 74° 14′	P	58	66	101	146	113	62	51	56	62	160	119	66	1061	—	1630	680
Cf	6½ Jahre	φ	66	65	69	70	67	66	65	63	65	67	71	68	67	—	·	·
122	Merida	t_L	17,8	18,4	18,6	19,2	19,2	18,9	18,9	19,3	19,1	18,9	18,4	17,9	18,7	1,5	28,7	11,3
1640	N 08° 36′ W 71° 09′	P	65	38	96	169	284	176	102	144	160	252	202	84	1779	—	2290	1270
Cf	1918 bis 1925	φ	75	73	76	78	80	80	77	77	78	80	82	79	78	—	·	·
123	Pasto	t_L	13,3	13,7	14,0	14,3	15,0	14,2	14,3	14,4	14,0	14,3	13,9	14,1	14,1	1,7	·	·
2594	N 01° 36′ W 71° 02′	P	32	43	86	80	22	67	26	8	116	61	192	87	816	—	·	·
Cf	1924 bis 1925	φ	·	·	·	·	·	·	·	·	·	·	·	·	·	—	·	·
124	Ciudad Bolivar	t_L	26,0	26,6	27,2	27,9	28,0	26,7	26,5	27,1	27,6	27,6	27,2	26,0	27,0	2,0	35,5	19,6
38	N 08° 09′ W 63° 33′	P	12	5	6	24	67	141	157	161	79	86	87	49	880	—	1040	630
Aw	1919 bis 1924	φ	73	68	67	67	71	79	80	77	76	75	76	79	74	—	·	·
125	Dadanava	t_L	27,9	27,7	28,2	28,2	27,7	27,0	27,2	28,0	28,7	29,2	29,3	28,0	28,1	2,3	·	·
·	N 02° 50′ W 59° 15′	P	33	56	56	143	195	351	260	203	66	41	27	51	1486	—	·	·
Aw	9 Jahre	φ	89	82	84	88	82	96	91	92	76	86	85	88	87	—	·	·
126	Georgetown	t_L	26,3	26,3	26,6	27,0	27,0	26,8	27,0	27,4	27,9	27,8	27,5	26,6	27,0	1,6	·	·
2	N 06° 49′ W 58° 11′	P	186	150	155	169	283	308	244	162	72	59	147	286	2230	—	3440	1340
Af	1887 bis 1924	φ	79	78	77	76	81	82	81	80	78	78	79	82	79	—	·	·
127	Cayenne	t_L	26,2	26,4	26,4	26,6	26,6	26,6	26,8	27,6	28,1	28,1	27,6	26,8	27,0	1,9	·	·
6	N 04° 56′ W 52° 21′	P	358	336	395	486	546	400	173	69	31	33	119	267	3208	—	·	·
Am	1893 bis 1914	φ	82	80	80	81	84	82	79	76	73	75	78	81	79	—	·	·
128	Malden	t_L	27,5	27,6	27,8	27,7	28,1	28,4	28,2	28,1	28,0	27,7	27,6	27,6	27,9	0,9	36,1	18,3
8	S 04° 03′ W 155° 01′	P	86	54	114	117	107	54	49	39	21	24	19	21	705	—	2470	100
BS	1890 bis 1919	φ	70	71	72	74	73	71	69	68	66	66	65	67	69	—	·	·
129	Atuona	t_L	26,3	26,0	26,4	26,4	26,2	25,8	25,3	25,0	25,3	26,1	26,2	26,2	25,9	1,4	33,7	22,0
8	S 09° 50′ W 139° 02′	P	170	164	215	138	209	150	181	76	78	255	141	105	1882	—	·	·
Af	1929 bis 1931	φ	83	83	84	87	85	85	83	84	83	83	84	81	84	—	·	·
130	Faique	t_L	22,6	23,0	22,7	22,0	21,3	21,2	21,5	21,9	22,2	22,2	22,3	22,3	22,1	1,8	·	·
840	S 03° 45′ W 79° 35′	P	317	234	319	191	92	27	8	6	25	46	21	149	1433	—	·	·
Aw	1 Jahr	φ	·	·	·	·	·	·	·	·	·	·	·	·	·	—	·	·

Tabelle 1. (Fortsetzung.)

Lfd. Nr. Seehöhe Typ	Ort Lage Beobachteter Zeitraum		Monat												Jahr	Schwankungen	Extreme	
			I	II	III	IV	V	VI	VII	VIII	IX	X	XI	XII			Max.	Min.
131	Ambato	t_L	14,7	14,4	14,5	14,5	14,0	13,2	12,5	12,5	13,2	14,3	14,7	14,5	13,9	2,2	·	·
2620	S 01° 15′ W 78° 40′	P	46	44	56	65	53	18	23	18	25	38	36	32	455	—	€60	240
Cf	5 Jahre	φ	74	76	75	76	76	76	75	75	73	74	72	73	75	—	·	·
132	Cajamarca	t_L	14,7	15,4	15,8	15,2	14,4	11,9	13,2	13,8	14,1	14,8	15,4	15,9	14,6	4,0	·	·
2810	S (6° 47′ W 78° 20′	P	132	234	210	93	40	17	11	5	62	119	88	141	1144	—	·	·
Cw	1909 bis 1912	φ	·	·	·	·	·	·	·	·	·	·	·	·	·	—	·	·
133	Iquitos	t_L	25,3	25,7	24,6	25,0	24,2	23,5	23,4	24,6	24,6	25,1	25,8	25,5	24,8	2,4	·	·
106	S 03° 45′ W 73° 12′	P	255	269	305	167	249	186	164	115	224	181	217	286	2623	—	·	·
Af	1 Jahr	φ	·	·	·	·	·	·	·	·	·	·	·	·	·	—	·	·
134	Manáos	t_L	26,6	26,7	26,6	26,5	26,7	26,7	27,0	27,6	28,2	28,2	27,9	27,0	27,2	1,7	36,9	20,8
45	S 03° 08′ W 60° 01′	P	234	228	243	217	179	92	55	35	52	105	139	196	1771	—	·	·
Am	1911 bis 1921	φ	80	80	81	82	82	80	77	75	73	74	76	80	78	—	·	·
135	Conceicao do Araguaya	t_L	26,6	25,1	25,4	25,9	24,7	24,7	25,5	26,6	27,2	27,0	26,4	26,0	25,9	2,5	37,9	13,8
16	S 08° 15′ W 49° 12′	P	279	306	274	103	49	10	1	12	37	168	125	218	1575	—	·	·
Aw	1915 bis 1919	φ	92	93	92	90	88	81	76	74	77	83	88	89	85	—	·	·
136	Belem	t_L	25,6	25,2	25,4	25,6	26,0	26,0	25,9	26,0	26,0	26,4	26,6	26,3	25,9	1,4	33,2	19,7
10	S 01° 27′ W 48° 29′	P	193	339	431	453	300	230	59	72	15	12	16	67	2277	—	3250	920
Am	1893 bis 1910	φ	93	93	92	91	89	86	87	87	86	86	85	89	89	—	·	·
137	Quixeramobim	t_L	28,3	27,7	27,1	26,9	26,4	26,2	26,4	27,1	27,8	28,3	28,5	28,6	27,4	2,4	·	·
207	S 05° 16′ W 39° 15′	P	93	110	179	179	133	63	32	14	3	2	10	35	853	—	·	·
Aw	1896 bis 1921	φ	60	65	70	71	69	65	60	56	54	53	54	55	61	—	·	·
138	Natal	t_L	27,2	27,1	27,2	26,7	26,2	25,1	24,4	24,6	25,6	25,7	26,9	27,1	26,1	2,8	31,1	13,3
3	S 05° 47′ W 35° 13′	P	71	131	151	225	198	312	171	90	60	29	7	18	1460	—	2450	210
Aw	1904 bis 1921	φ	76	76	76	80	80	81	81	78	76	76	75	75	78	—	·	·
139	Apia	t_L	26,1	26,1	26,2	26,1	25,8	25,5	25,1	25,5	25,7	25,9	26,0	26,3	25,9	1,2	33,1	18,4
3	S 13° 48′ W 171° 45′	P	431	410	343	260	160	132	77	87	128	167	265	357	2817	—	4390	1750
Af	1890 bis 1930	φ	85	85	85	85	84	83	82	80	81	82	83	83	83	—	·	·
140	Papeete	t_L	26,8	26,9	26,9	26,8	25,8	25,2	24,6	24,8	25,4	25,8	26,2	26,4	26,0	2,3	34,8	17,0
7	S 17° 31′ W 149° 34′	P	212	233	189	115	84	81	40	51	58	96	144	243	1543	—	3310	310
Aw	15 Jahre	φ	80	80	81	81	81	82	80	80	78	78	78	79	80	—	·	·

Tabelle 1. (Fortsetzung.)

Lfd. Nr. Seehöhe Typ	Ort Lage Beobachteter Zeitraum		Monat												Jahr	Schwan- kungen	Extreme	
			I	II	III	IV	V	VI	VII	VIII	IX	X	XI	XII			Max.	Min.
141	Callao	t_L	20,5	21,2	21,6	21,0	19,4	18,6	17,2	16,9	16,9	17,9	18,4	20,3	19,2	4,7	.	.
8	S 12° 04′ W 77° 16′	P	0	1	—	0	1	1	12	5	2	3	0	0	25	—	.	.
BW	1900 bis 1903	φ	84	85	84	85	85	84	84	83	85	84	80	82	84	—	.	.
142	Lima	t_L	22,6	23,5	23,1	21,2	18,9	17,0	16,2	16,1	16,3	17,2	18,7	20,9	19,3	4,4	.	.
158	S 12° 04′ W 76° 41′	P	0	0	1	1	2	6	9	10	10	5	3	1	48	—	.	.
BW	1910 bis 1919	φ	79	77	78	80	79	88	86	85	85	82	82	80	82	—	.	.
143	Cuzco	t_L	11,4	11,2	11,1	10,8	10,3	9,1	8,3	9,9	10,9	11,6	12,1	11,2	10,7	3,8	.	.
3380	S 13° 27′ W 72° 00′	P	162	149	110	51	14	5	4	11	25	67	75	136	804	—	.	.
Cw	1894 bis 1898	φ	76	78	76	75	68	58	57	70	68	68	73	77	70	—	.	.
144	Puerto Cobija	t_L	24,5	24,4	23,8	23,8	21,6	21,5	21,7	22,8	24,6	24,4	24,6	24,2	23,5	3,1	.	.
150	S 11° 01′ W 68° 47′	P	196	237	373	188	58	27	13	36	71	234	160	288	1880	—	.	.
Aw	1909 bis 1910	φ	88	90	91	90	89	86	82	78	78	84	86	88	86	—	.	.
145	La Paz	t_L	10,2	10,2	10,0	9,1	8,7	7,1	6,4	7,9	9,6	10,0	11,0	10,8	9,3	4,6	24,2	−2,7
3658	S 16° 30′ W 68° 09′	P	96	124	65	38	12	2	4	27	20	32	40	107	562	—	.	.
Cw	1918 bis 1925	φ	67	66	67	52	42	39	40	40	42	46	53	59	51	—	.	.
146	Sucre	t_L	12,6	12,6	13,6	12,8	11,4	10,0	9,7	11,5	13,1	13,3	14,5	14,0	12,4	4,8	.	.
2850	S 19° 03′ W 65° 17′	P	158	128	93	46	7	2	4	4	20	35	62	62	665	—	880	390
Cw	1915 bis 1923	φ	.	.	.	.	.	.	.	.	.	.	.	.	.		.	.
147	Cuyaba	t_L	27,1	27,0	27,1	26,9	25,8	23,9	23,8	25,6	27,4	28,1	27,6	27,2	26,5	4,3	36,8	10,4
200	S 15° 36′ W 56° 06′	P	245	227	207	103	51	7	6	28	52	112	153	201	1388	—	1900	1070
Aw	1911 bis 1921	φ	79	80	80	79	74	80	63	59	60	67	73	77	72	—	.	.
148	Pyrenopolis	t_L	22,2	22,4	22,4	22,5	21,5	20,7	20,7	22,5	24,0	23,9	23,1	22,3	22,3	3,3	.	.
750	S 15° 52′ W 48° 57′	P	282	247	299	121	35	6	6	12	33	139	213	261	1650	—	.	.
Aw	1913 bis 1921	φ	83	81	82	78	74	70	65	61	63	70	77	80	73	—	.	.
149	Uberaba	t_L	22,6	22,8	22,6	21,6	19,5	18,4	18,2	19,9	22,5	22,9	22,7	22,5	21,3	4,7	.	.
760	S 19° 45′ W 47° 57′	P	252	237	229	150	42	29	13	23	38	103	222	260	1592	—	.	.
Aw	1914 bis 1922	φ	82	77	79	77	74	70	61	58	58	67	73	78	71	—	.	.
150	Curvello	t_L	23,3	23,2	22,9	21,9	19,7	17,7	17,2	19,3	21,8	23,0	23,1	22,9	21,3	6,1	.	.
615	S 18° 45′ W 44° 15′	P	238	115	171	111	15	11	12	14	40	86	211	267	1291	—	.	.
Cw	1913 bis 1922	φ	88	83	85	85	84	82	80	76	66	74	83	82	81	—	.	.

Tabelle 1. (Fortsetzung.)

Lfd. Nr. Seehöhe Typ	Ort Lage Beobachteter Zeitraum		Monat												Jahr	Schwankungen	Extreme Max.	Extreme Min.
			I	II	III	IV	V	VI	VII	VIII	IX	X	XI	XII				
151 900 Aw	Caetité S 14° 02′ W 42° 38′ 1909 bis 1921	t_L P φ	23,2 139 75	22,7 92 70	23,2 79 74	22,4 68 76	21,1 14 74	20,0 11 73	19,7 9 69	20,7 6 66	22,1 24 63	23,1 71 67	23,0 132 74	22,8 147 75	22,0 786 71	3,5 — —	33,9 · ·	10,9 · ·
152 7 Af	Rarotonga S 21° 12′ W 159° 09′ 1906 bis 1933	t_L P φ	25,1 250 85	25,3 267 84	25,1 292 82	24,1 185 81	22,7 137 75	21,4 112 79	20,9 116 79	21,0 113 74	21,7 115 77	22,4 129 77	23,3 155 79	24,4 233 82	23,1 2103 80	4,4 — —	31,5 3130 ·	12,7 1170 ·
153 30 Cs	Rapanui (Oster-I.) S 27° 10′ W 109° 26′ 1911 bis 1913	t_L P φ	22,8 132 77	23,3 41 74	22,8 229 79	21,1 130 79	20,0 99 74	18,3 241 80	17,2 81 80	17,8 66 79	17,8 89 78	18,3 56 73	19,4 127 78	21,1 74 74	20,0 1363 77	6,1 — —	29,4 · ·	10,6 · ·
154 39 BW	Tattal S 25° 25′ W 70° 34′ 1913 bis 1924	t_L P φ	21,2 0 64	21,2 0 65	19,7 0 68	17,7 0,1 70	16,0 1 71	14,2 3 72	13,8 0,6 72	14,1 2 72	15,0 2 70	16,5 2 67	18,3 0,2 65	20,3 0,1 70	17,3 11 69	7,4 — —	30,1 · ·	7,8 · ·
155 9 BW	Iquique S 20° 12′ W 70° 11′ 1911 bis 1924	t_L P φ	21,0 0 82	20,9 0 82	19,8 0 82	18,4 0 82	17,3 0 83	16,3 0 83	15,6 1 82	15,7 0 82	16,2 0 82	17,2 0 82	18,7 0 82	20,1 0 82	17,3 1 82	5,4 — —	28,9 · ·	10,0 · ·
156 1070 BW	Andalgala S 27° 30′ W 66° 26′ 1901 bis 1920	t_L P φ	25,4 62 50	24,1 75 55	22,2 40 58	18,6 12 60	14,0 9 56	10,1 4 56	10,5 4 48	12,8 6 46	17,0 3 42	20,3 10 43	23,0 15 46	24,8 35 48	18,6 272 51	15,3 — —	· · ·	· · ·
157 1178 Cw	Salta S 24° 46′ W 65° 24′ 1901 bis 1920	t_L P φ	22,2 169 73	21,6 158 76	19,8 100 80	17,7 30 77	14,6 9 75	11,7 3 71	12,0 1 65	13,4 5 59	17,4 9 58	19,9 31 61	21,3 58 64	21,8 137 69	17,8 722 68	10,5 — —	1140 · ·	420 · ·
158 105 Cw	Asuncion S 25° 17′ W 57° 41′ 1893 bis 1924	t_L P φ	26,9 136 71	26,6 140 71	25,5 106 72	22,3 134 76	19,2 115 78	17,0 70 77	17,8 55 72	18,9 38 68	20,9 80 66	22,5 136 66	24,5 152 69	26,6 154 67	22,4 1315 71	9,9 — —	1990 · ·	580 · ·
159 76 Cf	Uraguayana S 29° 45′ W 57° 20′ 1912 bis 1922	t_L P φ	26,0 95 67	25,2 100 71	22,8 175 74	20,3 148 76	17,0 115 79	12,7 128 81	13,6 72 80	13,9 76 78	16,3 99 78	18,8 96 74	21,9 93 69	24,5 111 68	19,4 1308 75	13,3 — —	· · ·	· · ·
160 15 Cf	Blumenau S 26° 55′ W 49° 09′ 1915 bis 1921	t_L P φ	24,4 200 86	24,2 283 87	22,5 169 87	21,4 98 88	18,3 60 88	15,1 105 89	14,6 51 88	15,9 98 85	17,7 120 87	19,6 99 86	21,4 76 82	23,1 122 82	19,8 1466 86	9,8 — —	38,7 · ·	1,0 · ·

Tabelle 1. (Fortsetzung.)

Tabelle 1. Mittelwerte der Temperatur und der Feuchtigkeit der Luft.

Lfd. Nr. Seehöhe Typ	Ort Lage Beobachteter Zeitraum		Monat												Jahr	Schwankungen	Extreme	
			I	II	III	IV	V	VI	VII	VIII	IX	X	XI	XII			Max.	Min.
161 2280 Cw	Itatiaya S 22° 25′ W 44° 50′ 1914 bis 1921	t_L	13,3	13,3	12,6	10,9	9,6	8,5	8,5	9,3	11,6	11,7	12,2	12,6	11,2	4,8	21,2	−2,3
		P	381	306	269	195	53	52	57	50	71	200	258	337	2222	—	·	·
		φ	83	83	86	84	68	65	62	64	64	76	82	83	75	—	·	·
162 60 Aw	Rio de Janeiro S 22° 54′ W 43° 10′ 1851 bis 1920	t_L	25,9	26,1	25,4	24,0	22,2	20,9	20,4	20,9	21,3	22,1	23,3	24,8	23,2	5,7	·	·
		P	124	123	133	108	80	58	42	44	67	82	105	136	1099	—	1660	730
		φ	78	78	80	80	79	79	78	76	79	79	79	78	78	—	·	·
163 10 Cs	Juan Fernandez S 33° 37′ W 78° 50′ 1911 bis 1924	t_L	18,5	18,7	18,3	16,9	15,5	13,4	12,9	12,6	12,1	13,1	14,6	16,8	15,3	6,6	25,9	6,1
		P	23	39	46	87	153	171	150	102	84	45	57	20	979	—	·	·
		φ	75	80	80	77	78	76	80	79	77	77	77	74	78	—	·	·
164 38 Cf	Contulmo S 38° 02′ W 73° 12′ 1911 bis 1924	t_L	16,8	16,1	14,7	12,7	11,0	9,0	9,1	9,0	9,8	12,0	13,4	15,4	12,4	7,8	33,9	−3,0
		P	33	36	83	168	318	278	294	223	165	65	106	59	1835	—	·	·
		φ	75	76	79	81	84	83	83	81	78	79	78	77	80	—	·	·
165 41 Cs	Valparaiso S 33° 01′ W 71° 38′ 1911 bis 1924	t_L	17,6	17,3	16,3	14,5	13,1	11,3	11,3	11,7	12,3	13,7	15,6	16,9	14,3	6,3	30,8	3,6
		P	0	0	9	14	97	145	101	66	33	11	7	4	490	—	·	·
		φ	69	70	72	75	78	76	76	75	74	72	67	66	72	—	·	·
166 816 BS	Los Andes S 32° 50′ W 70° 37′ 1911 bis 1924	t_L	21,8	21,2	18,7	15,3	11,7	8,6	9,3	10,8	12,4	15,5	18,4	20,7	15,4	13,2	35,3	−3,4
		P	1	0	3	11	57	64	33	24	25	6	2	3	230	—	·	·
		φ	52	52	57	62	66	70	64	65	64	60	54	52	60	—	·	·
167 520 Cs	Santiago S 33° 37′ W 70° 42′ 1911 bis 1924	t_L	20,4	19,5	16,9	12,7	10,6	7,6	7,9	9,2	11,0	13,8	16,8	19,2	13,9	12,8	34,8	−2,7
		P	1	2	5	14	60	84	72	53	33	13	6	5	350	—	820	70
		φ	56	59	65	71	78	80	79	76	74	69	59	55	68	—	·	·
168 310 Cf	Victorica S 36° 10′ W 65° 21′ 1901 bis 1920	t_L	24,3	22,2	19,6	15,5	10,8	7,0	7,1	9,3	12,1	15,8	19,8	22,5	15,5	17,3	·	·
		P	74	82	74	42	23	11	9	13	30	64	52	55	525	—	·	·
		φ	48	58	63	73	75	73	69	64	64	66	60	51	64	—	·	·
169 423 Cw	Cordoba S 31° 28′ W 64° 12′ 1916 bis 1920	t_L	24,7	21,9	20,3	17,9	13,9	8,9	9,1	11,9	15,2	17,7	20,7	23,2	17,1	15,8	·	·
		P	129	138	93	33	35	3	18	6	15	68	86	107	731	—	·	·
		φ	·	·	·	·	·	·	·	·	·	·	·	·	·	—	·	·
170 25 Cf	Buenos Aires S 34° 37′ W 58° 22′ 1856 bis 1924	t_L	23,1	22,5	20,4	16,3	12,8	9,8	9,4	10,6	12,8	15,5	18,8	21,6	16,1	13,7	·	·
		P	78	71	98	122	71	52	54	56	74	85	101	102	962	—	2020	500
		φ	72	74	78	81	82	86	86	82	79	75	72	72	78	—	·	·

Tabelle 1. (Fortsetzung.)

Lfd. Nr. Seehöhe Typ	Ort Lage Beobachteter Zeitraum		Monat												Jahr	Schwan- kungen	Extreme	
---	---	---	---	---	---	---	---	---	---	---	---	---	---	---	---	---	Max.	Min.
			I	II	III	IV	V	VI	VII	VIII	IX	X	XI	XII				
171	Monte Video	t_L	22,2	22,1	20,3	17,2	13,7	10,7	10,3	10,7	12,7	14,5	18,1	20,8	16,1	11,9	·	·
25	S 34° 55′　W 56° 13′	P	67	78	81	116	87	82	62	90	86	64	82	90	986	—	2400	550
Cf	1901 bis 1927	φ	66	67	68	71	71	74	76	73	71	69	66	65	70	—		·
172	Rio Grande	t_L	22,9	23,4	21,8	19,8	16,9	12,8	12,7	13,5	15,1	16,8	19,7	21,8	18,1	10,7	·	·
2	S 32° 02′　W 52° 09′	P	88	145	90	77	82	115	132	91	121	85	86	73	1182	—	·	·
Cf	1912 bis 1922	φ	75	77	77	78	81	81	82	81	81	79	75	73	78	—	·	·
173	Isla de Huafo	t_L	12,6	12,6	11,9	10,6	9,2	8,0	7,7	7,4	7,7	8,9	9,7	11,2	9,8	5,2	21,8	1,5
140	S 43° 34′　W 74° 45′	P	62	71	80	105	122	118	103	125	75	54	64	64	1042	—	·	·
Cf	1911 bis 1924	φ	84	83	85	84	85	85	86	84	83	83	84	85	84	—	·	·
174	Col 16 de Octobre	t_L	15,9	14,9	12,7	8,7	5,7	2,8	2,6	3,7	6,0	9,1	11,0	13,3	8,9	13,3	·	·
560	S 42° 12′　W 71° 08′	P	12	13	21	55	81	71	39	50	21	11	13	14	402	—	·	·
Cf	1901 bis 1920	φ	67	67	73	78	85	88	88	83	78	75	72	69	77	—	·	·
175	Col Sarmiento	t_L	18,1	17,1	14,9	10,6	6,6	3,5	3,4	5,5	8,0	11,5	13,4	16,4	10,8	14,7	·	·
270	S 45° 30′　W 69° 00′	P	4	9	10	12	20	13	21	9	12	6	6	4	125	—	·	·
BW	1901 bis 1920	φ	46	51	53	59	69	72	77	70	61	54	50	51	60	—	·	·
176	Patagones	t_L	22,3	21,2	19,2	15,2	11,3	8,2	7,7	9,3	11,6	14,6	17,8	20,7	14,9	14,6	·	·
32	S 40° 48′　W 62° 40′	P	28	24	21	42	27	23	25	10	21	30	23	31	306	—	·	·
BS	1901 bis 1920	φ	53	58	59	67	70	76	73	69	66	58	53	51	62	—	·	·
177	San Isidro	t_L	9,8	9,4	8,5	6,3	4,2	2,8	2,6	3,2	4,5	6,4	7,4	9,0	6,2	7,2	16,8	−4,5
20	S 53° 47′　W 70° 58′	P	60	71	67	83	99	65	67	58	72	49	66	42	798	—	·	·
ET	1913 bis 1924	φ	83	82	81	81	80	79	80	79	80	81	83	82	81	—	·	·
178	Punta Arenas	t_L	11,4	10,7	9,3	6,5	3,9	2,5	2,1	2,6	4,8	7,4	8,5	10,5	6,7	9,3	22,9	−6,0
28	S 53° 10′　W 70° 54′	P	28	33	39	54	52	55	43	53	42	27	33	33	492	—	560	220
Cf	1911 bis 1924	φ	63	65	68	73	78	75	74	70	65	60	57	57	67	—	·	·
179	Santa Cruz	t_L	14,8	14,2	12,6	8,7	4,9	1,8	1,8	3,5	6,4	9,3	11,6	13,5	8,6	13,0	·	·
12	S 50° 00′　W 68° 30′	P	15	8	9	16	11	13	10	14	7	7	10	17	136	—	270	40
BW	1901 bis 1920	φ	61	64	62	67	77	80	84	85	68	60	56	57	68	—	·	·
180	Kap Pembroke	t_L	9,6	9,3	8,6	6,5	4,6	3,1	2,6	3,0	4,1	5,4	6,6	7,9	5,9	7,0	20.3	−5,1
21	S 51° 41′　W 57° 42′	P	72	66	55	62	63	54	52	51	28	42	55	70	667	—	·	·
ET	1905 bis 1915	φ	80	81	83	83	85	88	88	87	85	82	81	81	84	—	·	·

Tabelle 1. (Fortsetzung.)

Lfd. Nr. Seehöhe Typ	Ort Lage Beobachteter Zeitraum		Monat												Jahr	Schwan-kungen	Extreme	
			I	II	III	IV	V	VI	VII	VIII	IX	X	XI	XII			Max.	Min.
201	Jan Mayen	t_L	−5,1	−5,6	−6,3	−3,8	−1,3	2,3	4,7	5,4	3,4	−0,1	−2,8	−4,7	−1,2	11,7	12,3	−17,6
23	N 70°59′ W 08°18′	P	39	43	28	24	13	15	20	27	64	56	36	25	389	—	490	200
ET	1921 bis 1929	φ	84	83	81	82	82	86	90	86	83	82	81	83	84	—	·	38[1]
202	Bäreninsel	t_L	−9,4	−11,2	−11,0	−7,6	−2,3	1,7	4,2	3,6	1,9	−1,7	−6,3	−7,5	−3,8	15,4	13,7	−22,6
41	N 74°28′ E 19°17′	P	28	36	30	17	19	20	17	23	40	34	25	29	318	—	500	270
ET	1912 bis 1926	φ	86	83	80	82	84	88	85	83	84	82	85	86	84	—	·	52[1]
203	Vardö	t_L	−5,5	−5,9	−4,7	−1,4	1,7	5,7	8,7	8,8	6,2	1,6	−2,1	−4,4	0,7	14.7	18,3	−16,5
10	N 70°22′ E 31°08′	P	67	72	53	42	35	40	44	51	61	63	64	65	655	—	870	530
ET	1861 bis 1920	φ	80	80	81	83	84	85	87	87	84	84	83	81	83	—	·	42[1]
204	Malyekarmakuly	t_L	−16,5	−16,1	−15,1	−10,3	−4,1	1,6	6,5	6,2	1,8	−3,4	−10,8	−14,3	−6,2	23,0	·	·
15	N 72°33′ E 52°43′	P	11	14	10	9	14	20	37	43	41	33	14	14	261	—	·	·
ET	1876 bis 1922	φ	96	90	85	83	81	59	85	77	96	87	81	87	85	—	·	·
205	Vestmannaeyar	t_L	1,4	1,3	1,5	3,8	6,4	9,1	10,8	10,2	8,1	5,3	2,8	1,3	5,2	9,5	18,1	−12,9
8	N 63°24′ W 20°17′	P	152	131	110	96	80	82	74	72	141	139	135	136	1347	—	1770	950
Cf	1873 bis 1920	φ	81	80	79	79	78	82	82	82	83	80	81	81	81	·	·	17[1]
206	Thorshaven	t_L	3,2	3,1	3,0	4,9	6,8	9,3	10,6	10,4	9,1	6,7	4,7	3,5	6,3	7,6	17,6	−9,0
9	N 66°02′ W 06°44′	P	167	143	122	94	83	67	78	90	122	153	166	165	1453	—	1960	960
Cf	1873 bis 1920	φ	83	82	80	81	81	83	86	86	85	85	84	83	83	—	·	49[1]
207	Bergen	t_L	1,2	1,3	2,2	5,7	9,4	12,9	14,4	13,7	11,1	7.4	4,0	2,0	7,1	13,2	25,3	−9,9
17	N 60°23′ E 05°21′	P	224	181	155	112	118	106	142	195	237	233	220	221	2145	—	3190	1420
Cf	1861 bis 1920	φ	81	78	75	72	74	76	80	82	82	80	79	80	78	—	·	26[1]
208	Hattfjelldal	t_L	−9,0	−8,8	−6,0	−0,2	4,6	10,6	13,1	11,3	7,1	1,2	−4,7	−8,9	0,9	22,1	26,0	−36,7
222	N 65°36′ E 14°00′	P	102	84	54	36	35	48	61	80	105	82	103	78	866	—	1550	600
Df	1861 bis 1920	φ	80	78	76	71	69	68	73	80	83	83	84	81	77	—	·	22[1]
209	Härnosand	t_L	−6,2	−6,1	−3,4	1,3	6,3	12,1	15,3	13,8	9,7	4,2	−0,9	−5,2	3,4	21,5	28,2	−26,4
9	N 62°38′ E 17°37′	P	37	36	42	32	47	48	61	80	64	70	57	52	627	—	900	280
Df	1859 bis 1925	φ	86	86	84	79	71	68	74	80	83	86	86	87	81	—	·	27[1]
210	Tromsö	t_L	−3,2	−4,0	−3,1	0,0	3,8	8,4	11,0	10,4	6,8	2,3	−0,9	−3,0	2,4	15,0	22,9	−14,5
45	N 69°39′ E 18°58′	P	110	111	80	59	48	55	57	70	122	117	113	97	1035	—	1490	740
Df	1862 bis 1920	φ	75	73	72	73	75	75	79	80	81	79	78	75	76	—	·	26[1]

[1] mittl. jährl. Minimum.

18*

Tabelle 1. (Fortsetzung.)

Lfd. Nr. Seehöhe Typ	Ort Lage Beobachteter Zeitraum		Monat												Jahr	Schwan-kungen	Extreme	
			I	II	III	IV	V	VI	VII	VIII	IX	X	XI	XII			Max.	Min.
211	Haparanda	t_L	−10,9	−11,6	−8,0	−1,6	4,3	11,7	15,1	12,8	7,8	1,4	−4,8	−9,5	0,6	26,7	27,0	−33,2
9	N 65° 50′ E 24° 09′	P	37	31	26	30	30	39	51	59	60	60	52	39	514	—	720	230
Df	1859 bis 1925	φ	90	90	88	84	76	71	76	82	86	90	91	92	86	—	.	28[1]
212	Helsinki	t_L	−5,7	−6,2	−3,4	2,0	8,1	13,3	16,6	14,8	10,3	5,5	0,6	−3,5	4,4	22,8	28,0	−23,9
12	N 60° 10′ E 34° 57′	P	54	52	47	40	44	49	62	81	72	68	71	64	704	—	860	360
Df	1881 bis 1915	φ	88	87	84	79	71	71	73	79	84	87	88	90	82	—	.	33[1]
213	Kem	t_L	−11,1	−11,1	−7,6	−0,9	4,7	10,4	14,2	12,2	7,3	1,2	−4,6	−9,0	0,5	25,3	.	.
9	N 64° 57′ E 34° 39′	P	20	17	17	22	30	52	66	72	69	48	30	23	466	—	.	.
Df	1891 bis 1920	φ	87	85	81	77	75	71	75	82	84	87	90	89	82	—	.	.
214	Kargopol	t_L	−12,7	−11,4	−6,8	1,2	8,4	13,8	16,8	13,6	8,0	1,4	−5,1	−10,5	1,4	29,5	.	.
126	N 61° 30′ E 38° 57′	P	27	30	27	24	46	50	70	75	55	44	34	30	515	—	.	.
Df	1881 bis 1915	φ	87	85	77	70	71	67	73	81	84	87	90	89	79	—	.	.
215	Archangelsk	t_L	−13,3	−12,4	−8,1	−1,1	5,2	11,5	15,3	12,9	7,6	1,0	−5,9	−11,0	0,1	28,6	29	−36
6	N 64° 35′ E 40° 36′	P	21	22	22	21	33	48	71	64	58	49	33	24	466	—	760	40
Df	1881 bis 1915	φ	88	85	84	79	74	69	73	80	85	89	91	89	82	—	.	.
216	Valentia	t_L	7,0	6,8	7,1	8,8	11,0	13,5	14,7	14,7	13,6	10,7	8,6	7,6	10,3	7,9	24,4	−3,3
9	N 51° 56′ W 10° 15′	P	136	142	113	94	80	82	94	120	107	139	141	166	1414	—	1760	1080
Cf	1881 bis 1915	φ	86	85	84	82	81	82	84	85	84	84	86	87	84	—	.	39[1]
217	Stornoway	t_L	4,2	4,0	4,3	6,3	8,4	11,1	12,4	12,3	11,0	8,0	6,0	4,5	7,7	8,4	22,1	−6,1
16	N 58° 11′ W 06° 22′	P	129	122	102	78	64	60	76	99	101	130	150	156	1266	—	1820	820
Cf	1881 bis 1915	φ	90	88	88	84	82	82	88	88	88	87	89	88	87	—	.	.
218	Liverpool	t_L	4,2	4,4	5,4	7,7	10,8	13,9	15,3	15,1	13,3	9,6	6,9	5,0	9,3	11,1	26,7	−5,6
57	N 53° 24′ W 03° 04′	P	53	46	47	42	47	57	65	77	62	81	65	66	709	—	1090	530
Cf	1881 bis 1915	φ	86	86	82	78	76	76	78	81	82	84	86	88	82	—	.	30[1]
219	Aberdeen	t_L	3,3	3,5	4,5	6,4	8,9	11,8	13,5	13,3	11,5	8,4	5,6	3,7	7,8	10,2	24,4	−9,4
14	N 57° 10′ W 02° 06′	P	54	56	60	49	58	44	70	69	57	75	76	81	748	—	1100	600
Cf	1881 bis 1915	φ	80	79	79	78	79	78	78	79	80	82	82	82	80	—	.	35[1]
220	Greenwich	t_L	3,7	4,3	5,7	8,5	11,9	15,1	17,1	16,7	14,2	10,0	6,7	4,7	9,9	13,4	30,6	−7,2
45	N 51° 28′ W 00° 00′	P	42	43	43	38	43	52	56	55	46	63	59	56	596	—	900	320
f	1881 bis 1915	φ	85	82	79	75	73	73	73	76	80	85	86	86	79	—	.	25[12]

[1] Mittl. Minimum.   [2] Feuchtewerte von Kew.

Tabelle 1. (Fortsetzung.)

Lfd. Nr. Seehöhe Typ	Ort Lage Beobachteter Zeitraum		Monat												Jahr	Schwan- kungen	Extreme	
			I	II	III	IV	V	VI	VII	VIII	IX	X	XI	XII			Max.	Min.
221	Dünkirchen	t_L	3,6	4,3	5,7	8,5	11,3	14,7	17,0	17,3	15,4	11,3	6,9	4,3	10,0	13,7	29,8	−7,9
7	N 51° 02' E 02° 22'	P	50	41	40	41	49	57	57	72	73	89	72	62	715	—	.	.
Cf	1851 bis 1900	φ	91	89	87	85	85	87	86	84	85	87	89	90	87	—	.	.
222	Utrecht (de Bilt)	t_L	1,2	2,0	4,0	8,0	11,8	15,6	17,1	16,7	14,0	9,4	4,7	2,1	8,9	15,9	30,6	−11,4
2	N 52° 06' E 05° 11'	P	50	44	45	38	47	57	75	80	69	72	59	63	711	—	1010	490
Cf	1851 bis 1900	φ	89	86	80	73	70	72	75	78	81	86	88	90	81	—	.	.
223	Vestervig	t_L	0,5	0,4	1,6	5,2	9,7	13,5	15,1	14,9	12,4	8,3	4,5	1,9	7,3	14,7	27,2	−10,8
25	N 56° 47' E 08° 20'	P	44	44	44	38	40	42	61	81	65	84	71	68	687	—	960	490
Cf	1879 bis 1915	φ	91	90	88	83	77	77	80	81	82	86	88	90	85	—	.	31[1]
224	Frankfurt	t_L	0,1	1,9	4,9	9,2	13,9	17,4	18,6	17,7	14,3	9,3	4,8	1,5	9,5	18,5	32,9	−13,1
102	N 50° 07' E 08° 41'	P	37	36	43	31	48	55	66	57	47	52	44	50	576	—	940	360
Cf	1881 bis 1910	φ	84	80	74	66	66	67	70	72	78	82	84	86	76	—	.	.
225	Hamburg	t_L	−0,3	0,8	3,1	7,3	12,0	15,6	16,9	16,1	13,6	8,8	4,1	1,3	8,3	17,2	29,2	−12,2
53	N 53° 33' E 09° 58'	P	48	47	51	46	50	62	86	76	55	63	51	53	701	—	1070	470
Cf	1881 bis 1910	φ	90	87	82	73	69	71	76	78	80	85	89	90	81	—	.	.
226	Oslo	t_L	−4,2	−3,6	−0,8	4,7	10,5	15,6	17,3	15,5	11,3	5,7	0,5	−3,1	5,8	21,5	30,8	−19,0
25	N 59° 55' E 10° 43'	P	40	37	37	40	44	53	75	90	62	66	51	49	645	—	850	410
Df	1861 bis 1920	φ	82	79	74	67	64	64	69	75	80	82	83	84	74	—	.	22[1]
227	Kopenhagen	t_L	−0,4	−0,2	1,5	5,8	11,0	15,4	17,0	16,0	12,7	8,2	4,0	1,3	7,7	17,4	29,1	−13,0
5	N 55° 41' E 12° 36'	P	34	34	36	37	41	50	64	69	51	60	50	47	574	—	770	360
Cf	1876 bis 1915	φ	91	90	86	78	72	73	76	80	84	87	90	91	83	—	.	34[1]
228	Berlin	t_L	−0,3	1,0	3,8	8,3	13,9	17,5	18,8	17,8	14,5	9,3	4,2	1,0	9,1	19,1	33,2	−13,8
35	N 52° 33' E 13° 21'	P	37	35	43	35	49	52	75	54	46	44	41	43	563	—	760	360
Cf	1881 bis 1910	φ	86	83	78	69	65	65	68	70	75	82	85	87	76	.	.	.
229	Prag	t_L	−1,1	0,4	3,7	8,9	14,0	17,8	19,3	18,7	14,8	9,5	3,8	0,3	9,2	20,4	32,6	−15,9
202	N 50° 05' E 14° 25'	P	21	22	27	39	58	70	63	55	42	30	30	23	489	—	700	280
Cf	1841 bis 1920	φ	81	78	71	66	65	64	65	66	73	79	81	82	73	—	.	.
230	Stockholm	t_L	−2,9	−3,1	−1,3	3,4	8,8	14,1	16,8	15,2	11,4	6,2	1,5	−1,7	5,7	19,9	28,6	−18,6
44	N 59° 21' E 18° 04'	P	35	33	33	37	37	42	61	74	48	46	47	48	548	—	720	300
Df	1859 bis 1925	φ	86	86	82	76	68	68	72	78	84	86	87	88	80	—	.	23[1]

[1] Mittl. Minimum.

Tabelle 1. (Fortsetzung.)

Lfd. Nr. Seehöhe Typ	Ort Lage Beobachteter Zeitraum		I	II	III	IV	V	VI	VII	VIII	IX	X	XI	XII	Jahr	Schwankungen	Max.	Min.
231	Königsberg	t_L	−2,7	−1,9	0,6	5,8	11,8	15,5	17,5	16,2	12,8	7,7	2,4	−1,2	7,0	20,2	32,5	−19,4
3	N 54° 43′ E 20° 30′	P	42	38	37	38	48	62	83	85	76	60	58	56	695	—	850	330
Cf	1881 bis 1910	φ	88	86	.83	76	71	73	75	79	81	85	88	89	81	—	.	.
232	Warschau	t_L	−3,4	−2,3	1,1	6,7	13,3	16,4	18,4	17,1	13,3	7,8	2,0	−1,6	7,4	21,8	31,8	−19,8
121	N 52° 13′ E 21° 02′	P	33	28	32	41	49	64	77	62	42	31	37	35	541	—	1180	370
Df	1881 bis 1910	φ	87	85	81	75	70	71	73	75	79	85	88	89	80	—	.	.
233	Wilna	t_L	−5,0	−4,6	−1,1	5,8	12,5	17,1	18,7	17,1	12,6	6,9	0,8	−3,7	6,4	23,7	30,8	−24,3
136	N 54° 41′ E 25° 18′	P	32	30	26	38	45	77	79	93	46	39	44	35	592	—	670	310
Df	1881 bis 1910	φ	88	86	81	73	66	68	71	75	81	85	89	90	79	—	.	.
234	Pinsk	t_L	−5,4	−4,5	0,4	6,9	13,8	17,6	19,0	17,7	13,1	7,0	0,9	−3,8	6,8	24,4	.	.
142	N 52° 07′ E 26° 06′	P	26	31	28	49	51	77	94	57	46	40	39	36	533	—	.	.
Df	1851 bis 1900	φ	88	84	81	72	67	70	73	75	79	84	88	89	79	—	.	.
235	Dorpat	t_L	−6,2	−6,5	−3,4	3,6	10,6	14,7	16,6	14,8	10,4	5,2	−0,4	−4,7	4,6	23,1	30,7	−25,3
74	N 58° 23′ E 26° 43′	P	33	30	25	30	40	62	78	78	48	42	40	38	553	—	760	360
Df	1886 bis 1910	φ	90	88	84	76	68	67	73	79	83	87	90	91	81	—	.	.
236	Leningrad	t_L	−7,6	−7,7	−4,1	2,8	9,5	14,6	17,5	15,5	10,6	4,7	−0,5	−5,5	4,1	25,2	29	−29
6	N 59° 56′ E 30° 16′	P	28	26	24	33	39	56	57	83	59	47	38	32	522	—	.	.
Df	1881 bis 1915	φ	88	86	82	73	69	65	71	76	80	84	88	89	79	—	.	.
237	Welikie Luki	t_L	−7,7	−6,8	−2,9	4,5	12,0	15,8	17,7	15,7	10,7	4,9	−1,0	−5,4	4,8	25,4	.	.
104	N 56° 21′ E 30° 31′	P	28	27	25	29	45	72	83	79	48	40	34	31	543	—	.	.
Df	1881 bis 1915	φ	88	85	79	73	69	69	73	81	81	85	90	91	80	—	.	.
238	Kïew	t_L	−6,0	−4,7	−0,5	6,8	14,6	17,4	19,3	18,2	13,4	7,3	0,7	−3,5	6,9	25,3	.	.
183	N 50° 27′ E 30° 30′	P	34	32	43	45	50	75	80	55	47	48	40	38	590	—	850	400
Df	1881 bis 1915	φ	89	88	82	71	65	67	67	69	72	82	89	90	77	—	.	.
239	Gorki	t_L	−8,3	−7,1	−3,2	4,3	12,4	15,9	17,7	16,0	10,9	4,8	−1,2	−5,6	4,7	.	.	.
206	N 54° 17′ E 30° 59′	P	29	28	27	31	42	71	85	64	45	40	34	27	525	—	.	.
Df	1881 bis 1915	φ	88	84	80	75	68	69	72	76	79	84	90	89	79	—	.	.
240	Moskau	t_L	−10,8	−9,1	−4,8	3,4	11,8	15,6	18,0	15,8	10,1	3,7	−2,8	−8,0	3,6	28,8	.	.
167	N 55° 46′ E 37° 40′	P	36	37	34	42	49	67	79	72	56	59	45	37	613	—	750	400
Df	1881 bis 1915	φ	86	83	80	74	67	69	71	77	80	83	87	87	79	—	.	.

Tabelle 1. (Fortsetzung.)

Lfd. Nr. Seehöhe Typ	Ort Lage Beobachteter Zeitraum		Monat												Jahr	Schwan- kungen	Extreme	
			I	II	III	IV	V	VI	VII	VIII	IX	X	XI	XII			Max.	Min.
241 122 Df	Woronesh N 51° 40′ E 39° 13′ 1881 bis 1915	t_L P φ	−9,8 34 83	−8,3 27 81	−3,6 31 83	5,8 36 74	14,6 46 64	18,4 59 75	20,6 57 68	18,7 50 71	12,6 29 74	5,7 37 80	−1,3 38 87	−6,6 34 84	5,6 480 76	30,4 — —	· · ·	· · ·
242 35 Df	Kasan N 55° 44′ E 49° 10′ 1881 bis 1915	t_L P φ	−13,6 23 87	−11,5 22 85	−6,2 19 81	+3,5 25 72	13,0 31 64	17,4 64 66	19,9 59 67	17,4 47 72	11,0 42 76	3,4 41 80	−4,5 33 86	−10,3 26 87	3,3 432 77	33,5 — —	· 630 ·	· 300 ·
243 114 Df	Orenburg N 51° 45′ E 55° 06′ 1881 bis 1915	t_L P φ	−15,4 33 89	−13,8 24 86	−7,5 21 87	4,0 24 74	14,8 38 58	19,7 45 57	22,0 30 64	19,7 34 64	13,0 26 68	4,2 27 78	−4,6 43 65	−11,0 37 90	3,8 385 75	37,4 — —	· 560 ·	· 230 ·
244 458 Df	Slatoust N 55° 10′ E 59° 41′ 1881 bis 1915	t_L P φ	−15,8 15 85	−13,4 14 81	−8,1 14 76	0,7 23 71	9,5 48 65	14,2 83 72	16,0 102 75	13,8 71 79	8,0 56 80	0,1 39 81	−7,5 32 84	−13,2 21 87	0,4 514 78	31,8 — —	· 800 ·	· 390 ·
245 27 Cs	Coruna N 43° 22′ W 08° 25′ ·	t_L P φ	9,2 69 88	9,9 89 85	10,9 82 84	12,5 74 84	14,2 50 83	16,7 36 85	17,8 23 85	18,0 28 84	16,4 43 85	13,7 80 85	11,8 90 86	9,7 90 88	13,6 763 85	8,8 — —	30,3 · ·	−1,3 · ·
246 655 Cx	Madrid N 40° 24′ W 03° 42′ 1881 bis 1910	t_L P φ	4,5 36 80	6,4 36 72	8,1 43 65	11,9 49 61	15,6 42 60	20,6 37 50	24,7 11 40	24,6 13 42	19,3 42 56	13,1 43 69	8,5 51 78	5,0 38 81	13,6 444 63	20,2 — —	39,8 700 ·	−7,6 230 ·
247 23 Cf	San Sebastian N 43° 19′ W 02° 05′ ·	t_L P φ	8,4 113 74	9,8 104 72	10,6 99 70	12,4 136 71	14,6 101 71	17,7 101 75	19,6 77 74	20,4 91 75	19,1 119 73	15,2 158 72	11,9 159 74	9,0 119 75	14,1 1396 73	12,0 — —	36,0 · ·	−4,1 · ·
248 41 Cf	Nantes N 47° 15′ W 01° 34′ 1881 bis 1910	t_L P φ	4,3 56 84	5,2 59 83	7,1 54 80	10,1 50 76	13,3 56 75	16,5 57 76	18,4 53 75	17,9 46 76	15,6 54 79	11,2 97 83	7,9 86 88	5,0 84 89	11,0 766 80	14,1 — —	34,2 · ·	−8,3 · ·
249 194 Cx	Toulouse N 43° 37′ E 01° 26′ 1851 bis 1900	t_L P φ	4,5 45 90	5,8 44 85	8,0 46 80	11,3 67 78	14,7 77 77	18,3 81 75	21,2 38 70	20,9 47 72	17,9 54 75	13,0 58 84	8,1 50 88	4,7 43 90	12,3 660 80	16,7 — —	35,6 · ·	−8,4 · ·
250 43 Cx	Barcelona N 41° 22′ E 02° 09′ ·	t_L P φ	8,7 35 69	10,3 38 68	11,4 44 68	14,0 46 67	17,2 33 67	20,8 33 67	24,0 27 67	24,1 38 68	21,6 84 70	17,1 72 70	12,9 44 70	9,3 28 69	15,9 526 68	15,4 — —	33,1 980 ·	−1,6 270 ·

Tabelle 1. (Fortsetzung.)

Lfd. Nr. Seehöhe Typ	Ort Lage Beobachteter Zeitraum		Monat												Jahr	Schwankungen	Extreme	
			I	II	III	IV	V	VI	VII	VIII	IX	X	XI	XII			Max.	Min.
251	Paris	t_L	2,2	3,8	5,9	9,6	13,2	16,5	18,2	17,6	14,7	9,7	6,1	3,1	10,1	16,0	33,8	−11,3
49	N 48° 49′　E 02° 29′	P	35	36	39	41	49	56	50	48	49	58	47	44	560	––	740	390
Cf	1881 bis 1910	φ	86	81	76	69	71	73	73	74	79	85	87	88	79	—	.	.
252	Genf	t_L	0,0	2,0	4,9	9,4	13,3	17,1	19,5	18,3	15,1	9,5	4,9	0,9	9,5	19,5	30,6	−10,4
406	N 46° 12′　E 06° 09′	P	41	51	50	64	75	75	80	93	91	121	84	57	887	––	1260	330
Cf	1864 bis 1900	φ	86	81	72	68	69	68	68	71	77	81	85	85	76	—	.	.
253	Nizza	t_L	6,5	7,0	8,7	11,8	15,1	19,0	21,9	21,9	19,0	14,6	9,8	7,1	13,5	15,4	32,7	−2,2
34	N 43° 43′　E 07° 18′	P	60	63	66	60	68	49	16	26	64	147	125	73	828	––	.	.
Cs	1851 bis 1900	φ	64	65	66	67	69	70	66	66	68	73	71	65	67	—	.	.
254	Straßburg	t_L	−0,3	1,7	5,1	9,6	13,9	17,4	18,7	17,7	14,3	9,1	4,6	1,1	9,4	19,0	32,5	−14,0
144	N 48° 35′　E 07° 46′	P	34	34	41	42	63	75	85	68	64	54	47	45	663	––	.	.
Cf	1881 bis 1910	φ	88	84	77	71	72	73	74	77	82	86	87	88	80	—	.	.
255	Sassari	t_L	8,5	9,4	10,9	13,5	16,9	21,1	24,2	24,2	21,5	17,1	13,1	9,9	15,9	15,7	37,0	−0,2
224	N 40° 44′　E 08° 35′	P	60	49	52	57	44	27	6	14	38	86	100	72	612	––	970	420
Cs	1866 bis 1906	φ	71	69	64	65	60	56	51	51	59	64	70	72	63	—	.	.
256	Florenz	t_L	4,7	6,4	9,4	13,4	17,3	21,5	24,6	23,8	20,4	14,9	9,5	5,9	14,3	19,9	36,3	−5,4
73	N 43° 46′　E 11° 15′	P	49	54	69	74	77	68	37	48	83	101	99	70	839	––	1140	400
Cf	1866 bis 1906	φ	75	70	65	61	59	56	50	53	60	70	74	76	64	—	.	.
257	Vicenza	t_L	1,6	3,9	7,7	12,4	16,6	20,9	23,5	22,6	19,0	13,1	7,2	3,0	12,6	21,9	.	.
54	N 45° 33′　E 11° 22′	P	72	80	107	120	139	119	75	88	125	146	111	86	1277	––	1640	910
Cf	1866 bis 1906	φ	80	74	70	68	66	64	60	62	69	77	80	80	71	—	.	.
258	Innsbruck	t_L	−3,3	−0,6	3,7	8,8	12,9	16,2	17,8	16,9	13,9	8,8	2,7	−2,6	7,9	21,1	31,3	−17,0
600	N 47° 16′　E 11° 24′	P	39	42	49	58	69	101	127	114	87	59	41	52	853	––	1120	570
Df	1851 bis 1900	φ	90	85	76	69	71	73	75	76	80	81	85	89	79	—	.	.
259	Rom	t_L	6,7	8,1	10,4	13,8	17,7	21,8	24,8	24,3	21,2	16,3	11,3	7,9	15,4	18,1	35,0	−3,0
50	N 41° 54′　E 12° 29′	P	89	74	75	78	58	45	20	26	77	131	115	102	902	––	1470	320
Cs	1866 bis 1906	φ	72	69	66	65	61	58	53	55	62	70	73	74	65	—	.	.
260	Klagenfurt	t_L	−6,4	−3,4	1,8	8,4	13,2	17,1	18,8	17,7	13,8	8,3	1,4	−4,6	7,2	25,2	30,8	−18,8
440	N 46° 37′　E 14° 18′	P	34	30	55	67	90	115	116	127	108	116	65	49	990	––	1470	410
Df	1851 bis 1900	φ	84	79	73	66	65	69	70	73	77	82	83	84	76	—	.	.

Lfd. Nr. Seehöhe Typ	Ort Lage Beobachteter Zeitraum		Monat												Jahr	Schwankungen	Extreme	
			I	II	III	IV	V	VI	VII	VIII	IX	X	XI	XII			Max.	Min.
261 826 Cs	Potenza N 40° 39′ E 15° 48′ 1866 bis 1906	t_L P φ	2,8 71 79	3,9 54 75	5,9 53 68	9,3 63 65	13,6 50 62	17,2 39 56	20,5 23 48	20,3 29 48	17,3 48 59	12,6 73 69	7,5 76 76	4,0 71 78	11,2 658 65	17,7 — —	· 890 ·	· 310 ·
262 202 Cf	Wien N 48° 15′ E 16° 21′ 1851 bis 1900	t_L P φ	−1,7 41 79	0,2 27 78	3,9 48 73	9,4 59 67	14,0 73 69	17,7 79 69	19,6 76 69	18,8 63 71	15,2 43 76	9,8 54 81	3,5 35 83	−0,6 41 83	9,2 651 75	21,3 — —	32,8 900 ·	−15,2 420 ·
263 537 Cf	Sarajevo N 43° 52′ E 18° 26′ 1911 bis 1930	t_L P φ	−0,7 55 81	0,2 51 76	5,7 60 71	9,5 76 71	13,5 83 75	16,5 101 75	18,8 65 75	18,5 60 75	15,0 77 76	10,1 89 80	5,6 85 81	1,0 75 83	9,5 890 76	19,5 — —	33,5 · ·	−16,0 · ·
264 113 Cf	Budapest N 47° 30′ E 19° 02′ 1871 bis 1900	t_L P φ	−2,3 38 87	−0,4 33 82	4,4 45 72	10,5 61 64	15,0 72 65	18,7 76 65	20,9 53 61	20,1 50 63	16,0 53 69	10,3 64 78	4,0 53 84	−1,0 49 86	9,6 657 73	23,2 — —	33,3 900 ·	−14,8 330 ·
265 22 Cs	Skutari N 42° 04′ E 19° 22′ 1851 bis 1900	t_L P φ	4,4 136 80	5,9 139 76	9,5 157 72	14,4 131 72	18,4 89 73	22,3 49 68	25,5 45 62	25,1 28 60	20,9 100 67	16,1 197 77	10,3 209 76	6,0 156 78	14,9 1456 72	21,1 — —	34,0 · ·	−3,9 · ·
266 129 Df	Debrecsin N 47° 31′ E 21° 38′ 1871 bis 1900	t_L P φ	−3,4 30 ·	−1,6 25 ·	4,0 36 ·	10,5 44 ·	15,3 66 ·	18,6 80 ·	20,9 76 ·	19,8 60 ·	15,2 48 ·	10,4 65 ·	3,3 51 ·	−1,8 41 ·	9,2 633 ·	24,3 — —	34,1 1120 ·	−17,6 500 ·
267 2 Cf	Saloniki N 40° 39′ E 23° 07′ 1893 bis 1911	t_L P φ	5,4 36 71	7,1 38 69	10,1 40 67	14,0 48 65	19,3 58 64	23,5 44 59	26,6 24 54	25,8 30 56	22,0 40 62	17,5 51 71	11,3 69 72	7,8 59 74	15,9 545 65	21,2 — —	36,0 630 ·	−6,2 310 ·
268 550 Cf	Sofia N 42° 42′ E 23° 20° 1896 bis 1925	t_L P φ	−1,7 27 82	0,4 32 79	5,3 41 72	10,2 54 65	15,1 83 67	18,2 82 68	20,4 68 64	20,1 53 62	16,1 55 68	10,8 55 77	4,4 51 80	0,3 29 84	10,0 640 72	22,1 — —	34,6 930 ·	−17,3 400 ·
269 419 Df	Hermannstadt N 45° 47′ E 24° 19′ 1881 bis 1925	t_L P φ	−4,0 25 90	−1,7 27 86	4,3 38 79	9,6 57 73	15,4 81 73	17,8 114 74	19,9 97 73	19,0 82 76	14,9 66 78	10,0 43 71	3,2 37 85	−1,1 23 89	9,0 680 80	23,9 — —	32,7 1270 ·	−22,7 460 ·
270 243 Df	Czernowitz N 48° 17′ E 25° 56′ 1881 bis 1915	t_L P φ	−5,1 24 86	−2,9 21 85	1,6 34 81	8,1 64 71	14,6 74 70	17,6 94 72	19,4 94 73	18,5 66 73	14,3 64 77	8,2 49 82	1,9 34 84	−2,3 23 86	7,9 650 78	24,5 — —	· · ·	· · ·

Tabelle 1. (Fortsetzung.)

Lfd. Nr. Seehöhe Typ	Ort Lage Beobachteter Zeitraum		Monat												Jahr	Schwan-kungen	Extreme	
			I	II	III	IV	V	VI	VII	VIII	IX	X	XI	XII			Max.	Min.
271	Bukarest	t_L	−4,2	−1,0	4,4	10,6	16,7	20,0	22,7	22,2	17,5	11,8	4,2	−0,9	10,3	26,9	35,5	−19,6
84	N 44°25′ E 26°06′	P	32	32	41	53	56	102	55	45	40	43	42	42	589	—	790	460
Df	1881 bis 1910	φ	84	79	72	59	58	60	54	53	60	71	78	86	68	—	.	.
272	Odessa	t_L	−3,1	−1,7	2,0	7,6	14,4	18,7	21,4	21,0	16,3	11,2	4,6	0,1	9,4	24,5	.	.
43	N 46°26′ E 30°46′	P	27	27	27	23	27	54	39	31	25	34	24	27	368	—	630	230
BS	1881 bis 1915	φ	88	87	80	72	67	63	59	59	69	78	84	87	74	—	.	.
273	Jalta	t_L	3,7	4,0	6,3	10,4	16,1	20,5	24,1	23,8	19,0	14,2	8,8	6,1	13,1	20,4	35	−8
4	N 44°30′ E 34°11′	P	64	52	43	31	27	44	43	27	36	44	63	71	545	—	.	.
Cf	1881 bis 1915	φ	74	76	68	64	66	62	53	55	56	66	68	69	64	—	.	.
274	Lugansk	t_L	−7,0	−5,3	0,1	8,4	16,0	19,6	22,2	20,7	14,6	8,0	1,1	−3,5	7,9	29,2	35	−28
45	N 48°35′ E 39°20′	P	24	29	28	41	45	63	55	35	34	37	41	32	465	—	.	.
Df	1881 bis 1915	φ	81	80	76	65	59	60	58	57	63	75	83	83	70	—	.	.
275	Trapezunt	t_L	6,3	7,7	8,8	11,7	16,4	19,9	23,2	23,3	20,4	17,7	13,2	9,0	14,8	17,0	31,7	−1,8
30	N 41°01′ E 39°45′	P	73	48	72	70	50	67	44	59	77	85	106	124	875	—	.	.
Cf	10 Jahre	φ	.	.	.	.	.	.	.	.	.	.	.	.	71	—	.	.
276	Batum	t_L	6,3	6,7	8,5	11,2	15,8	20,1	23,0	23,1	20,0	16,4	12,0	9,1	14,3	16,8	33	−7
3	N 41°40′ E 41°38′	P	236	185	136	124	84	163	163	222	315	240	300	236	2402	—	.	.
Cf	1882 bis 1915	φ	79	82	83	84	84	84	82	83	83	82	84	73	82	—	.	.
277	Stawropolj	t_L	−4,6	−3,0	1,3	6,9	13,5	17,6	20,6	20,0	14,6	9,1	2,6	−1,2	8,1	25,2	32	−22
575	N 45°03′ E 41°59′	P	27	32	31	53	70	107	81	36	60	34	57	44	631	—	830	500
Df	1882 bis 1915	φ	84	86	81	75	72	69	65	64	71	79	81	84	76	—	.	.
278	Stalingrad	t_L	−9,9	−7,8	−2,4	7,8	17,0	21,7	24,7	22,9	16,0	8,0	0,0	−5,8	7,7	34,6	37	−28
42	N 48°42′ E 44°31′	P	32	31	21	21	31	45	31	22	30	27	38	41	372	—	.	.
BS	1881 bis 1915	φ	.	.	.	.	.	.	.	.	.	.	.	.	.	—	.	.
279	Tiflis	t_L	0,1	2,5	6,7	11,4	16,8	20,9	24,2	24,6	19,7	13,9	7,2	2,9	12,6	24,5	36	−12
409	N 41°43′ E 44°48′	P	16	20	28	52	71	71	55	40	54	33	26	21	488	—	.	.
Cf	1881 bis 1915	φ	74	73	63	63	62	59	54	55	63	71	75	75	66	—	.	.
280	Machatsch Kala	t_L	−1,3	0,6	3,7	8,9	16,2	21,4	24,6	24,0	19,2	13,5	6,7	2,4	11,7	25,9	.	.
−8	N 43°00′ E 47°30′	P	44	34	26	27	30	46	24	34	53	44	51	43	456	—	.	.
Cf	1882 bis 1915	φ	82	84	83	78	72	67	64	68	70	79	83	85	77	—	.	.

Tabelle 1. (Fortsetzung.)

Lfd. Nr. Seehöhe Typ	Ort Lage Beobachteter Zeitraum		Monat												Jahr	Schwan-kungen	Extreme	
			I	II	III	IV	V	VI	VII	VIII	IX	X	XI	XII			Max.	Min.
281	Astrachan	t_L	−7,1	−5,1	0,4	8,8	17,6	22,6	25,2	23,2	17,0	9,7	2,2	−3,0	9,2	32,3	36	−26
−14	N 46° 21′ E 48° 02′	P	12	13	9	16	15	19	12	10	16	10	16	15	162	—	290	90
BW	1881 bis 1915	φ	86	84	78	67	59	57	58	60	66	75	83	87	72	—	.	.
282	Baku	t_L	3,4	4,1	6,4	10,5	17,1	22,0	25,2	25,3	21,5	16,6	10,8	6,7	13,9	21,9	33	−5
−13	N 40° 21′ E 49° 51′	P	19	15	18	19	10	6	4	5	16	24	29	23	187	—	.	.
BS	1881 bis 1915	φ	83	83	81	76	71	66	64	68	73	80	84	83	76	—	.	.
283	Krasnowodsk	t_L	2,4	4,2	8,6	13,6	20,7	25,1	28,6	28,5	23,6	17,0	10,5	6,2	15,7	26,2	.	.
−15	N 40° 00′ E 52° 59′	P	14	12	19	20	6	6	3	4	3	5	11	13	115	—	230	35
BW	1883 bis 1915	φ	73	72	67	64	55	53	50	46	53	58	66	74	61	—	.	.
284	Horta	t_L	14,8	14,3	14,4	15,5	16,9	19,1	21,5	22,3	21,2	19,1	17,1	15,6	17,6	8,0	27,2	7,3
60	N 38° 11′ W 28° 38′	P	115	106	82	75	81	62	52	78	76	109	122	118	1076	—	.	.
Cf	1902 bis 1922	φ	.	.	.	.	.	.	.	.	.	.	.	.	.	—	.	.
285	Ponta Delgada	t_L	14,3	14,0	14,2	15,2	16,6	18,8	21,1	22,1	21,0	18,9	16,7	15,4	17,3	8,1	28,5	6,6
20	N 37° 44′ W 25° 40′	P	72	82	71	51	54	43	21	29	66	93	87	79	757	—	.	.
Cs	1886 bis 1915	φ	77	76	75	74	75	77	75	75	75	76	77	78	76	—	.	.
286	Madeira	t_L	15,2	15,1	15,4	16,2	17,5	19,5	21,2	22,3	21,9	20,2	18,0	16,2	18,2	7,2	29,3	9,3
25	N 32° 38′ W 16° 55′	P	84	97	84	49	27	9	3	3	30	98	119	79	690	—	.	.
Cs	1880 bis 1920	φ	64	63	63	63	64	66	67	66	65	66	65	66	66	—	.	.
287	Lissabon	t_L	10,2	11,0	12,5	14,3	16,4	19,2	21,2	21,7	20,0	16,7	13,5	11,1	15,5	11,5	35,4	2,9
102	N 38° 43′ W 09° 09′	P	89	88	87	75	50	22	5	5	37	75	116	98	755	—	1420	44
Cs	1881 bis 1910	φ	77	72	67	67	64	60	58	57	62	67	73	75	67	—	.	.
288	Casablanca	t_L	11,9	12,7	14,2	16,4	18,1	20,0	21,7	22,9	21,4	19,0	15,7	13,4	17,3	11,0	31,9	3,9
17	N 33° 37′ W 07° 35′	P	40	55	74	32	38	4	0	0	19	30	76	55	423	—	.	.
Cs	4 Jahre	φ	.	.	.	.	.	.	.	.	.	.	.	.	83	—	8	.
289	Marrakesch	t_L	10,9	12,6	15,1	19,3	20,8	25,1	27,8	29,6	24,4	21,0	16,9	12,3	19,6	18,7	41,4	2,7
470	N 31° 35′ W 07° 17′	P	34	31	36	27	19	7	5	0	7	12	37	22	237	—	.	.
BS	8 Jahre	φ	66	.	.	.	.	.	47	47	.	.	.	66	.	—	.	26
290	San Fernando	t_L	11,1	12,0	13,2	15,2	17,6	20,7	23,1	23,6	21,4	18,0	13,8	11,3	16,8	12,5	37,3	0,6
29	N 36° 28′ W 06° 12′	P	86	80	89	69	45	8	1	3	33	80	102	114	715	—	1260	300
Cs	.	φ	78	77	76	74	72	67	67	67	72	75	78	80	74	—	.	.

Tabelle 1. (Fortsetzung.)

Lfd. Nr. Seehöhe Typ	Ort Lage Beobachteter Zeitraum		Monat												Jahr	Schwankungen	Extreme	
			I	II	III	IV	V	VI	VII	VIII	IX	X	XI	XII			Max.	Min.
291 650 Cs	Granada N 37° 11′ W 03° 45′ .	t_L P φ	6,7 50 86	8,9 44 79	10,8 55 75	14,3 54 70	17,4 45 69	20,9 21 63	25,1 3 56	25,1 5 59	21,1 28 65	15,4 46 67	10,5 48 83	6,5 47 86	15,2 453 72	18,4 — —	36,1 1230 ·	−0,8 310 ·
292 13 BS	Cartagena N 37° 36′ W 00° 59′ .	t_L P φ	10,4 45 73	11,4 32 73	13,0 41 72	15,2 20 68	17,6 24 70	21,3 17 69	23,9 2 68	24,4 6 68	22,2 33 71	18,8 37 70	14,8 45 73	11,4 34 73	17,0 340 71	13,9 — —	· · ·	· · ·
293 14 Cs	Valencia N 39° 28′ W 00° 30′ .	t_L P φ	9,9 32 69	11,4 40 68	12,7 42 66	15,2 30 65	18,0 36 66	21,2 20 64	24,2 13 64	24,8 9 65	22,4 80 67	18,5 67 67	14,3 56 69	10,6 43 70	16,9 472 67	14,9 — —	37,4 720 ·	−0,4 180 ·
294 60 Cs	Oran N 35° 42′ W 00° 39′ 20 Jahre	t_L P φ	11,0 94 ·	11,8 73 ·	13,6 72 ·	16,0 44 ·	18,8 44 ·	21,6 7 ·	24,2 1 ·	24,8 2 ·	22,7 17 ·	18,8 47 ·	15,1 82 ·	11,7 93 ·	17,5 576 ·	13,8 — —	34,1 · ·	2,9 · ·
295 750 BS	Laghuat N 33° 48′ E 02° 51′ 20 Jahre	t_L P φ	7,0 21 ·	9,7 22 ·	11,9 17 ·	15,1 21 ·	20,3 19 ·	25,7 8 ·	28,3 5 ·	27,6 9 ·	23,5 19 ·	17,1 21 ·	11,2 12 ·	7,2 14 ·	17,0 188 ·	21,3 — —	41,6 · ·	−4,2 · ·
296 41 BW	Ayata N 33° 28′ E 06° 00′ 14 Jahre	t_L P φ	9,3 13 ·	11,5 7 ·	15,4 16 ·	19,8 19 ·	24,1 4 ·	29,6 2 ·	32,2 0 ·	31,4 0 ·	27,2 5 ·	20,8 7 ·	14,9 15 ·	10,3 17 ·	20,6 105 ·	22,9 — —	47,4 · ·	−1,0 · ·
297 660 Cs	Konstantine N 36° 24′ E 06° 36′ 15 Jahre	t_L P φ	6,2 64 ·	7,6 59 ·	10,2 68 ·	12,1 66 ·	17,0 37 ·	21,6 31 ·	26,3 8 ·	25,7 12 ·	22,4 25 ·	16,2 55 ·	10,9 50 ·	6,9 86 ·	15,3 561 ·	20,1 — —	41,1 · ·	−1,6 · ·
298 43 BS	Tunis N 36° 47′ E 10° 11′ 19 Jahre	t_L P φ	9,8 56 ·	11,0 50 ·	12,4 60 ·	15,3 47 ·	18,7 23 ·	23,5 16 ·	26,3 8 ·	26,6 10 ·	24,4 22 ·	19,9 40 ·	15,2 59 ·	11,6 64 ·	17,9 455 ·	16,8 — —	42,8 · ·	1,0 · ·
299 17 BS	Tripolis N 32° 54′ E 13° 11′ 14 Jahre	t_L P φ	11,7 83 66	13,3 46 66	15,3 22 65	18,2 13 65	20,5 8 65	23,6 2 66	25,8 1 66	26,4 0 66	25,6 12 63	23,2 46 63	18,5 62 63	14,0 119 66	19,7 414 65	14,7 — —	40,2 · ·	3,9 · ·
300 72 Cs	Palermo N 38° 07′ E 13° 21′ 1866 bis 1906	t_L P φ	10,3 99 75	11,0 84 72	12,6 70 63	14,9 66 68	18,1 34 67	21,7 16 65	24,6 8 63	24,9 14 63	22,9 37 67	19,5 98 71	15,1 99 73	11,9 115 76	17,3 749 69	14,6 — —	39,5 1090 ·	1,3 520 ·

Lfd. Nr. Seehöhe Typ	Ort Lage Beobachteter Zeitraum		Monat												Jahr	Schwan-kungen	Extreme	
			I	II	III	IV	V	VI	VII	VIII	IX	X	XI	XII			Max.	Min.
301 2 BS	Bengasi N 32° 07′ E 20° 02′ 10 Jahre	t_L P φ	13,0 78 ·	14,4 37 ·	16,8 22 ·	19,0 3 ·	22,1 3 ·	23,8 1 ·	25,6 0 ·	26,2 0 ·	25,6 3 ·	23,5 12 ·	18,8 49 ·	14,9 66 ·	20,3 274 ·	13,2 — —	· · ·	· · ·
302 107 Cs	Athen N 37° 58′ E 23° 43′ 1881 bis 1910	t_L P φ	8,6 54 75	9,3 46 73	11,6 33 70	14,8 23 65	19,6 20 60	23,6 14 54	26,8 8 47	26,7 14 46	23,3 18 55	19,2 36 66	13,9 73 74	10,8 64 75	17,4 406 63	18,2 — —	37,9 720 ·	−1,6 210 ·
303 27 Cs	Kandia N 35° 20′ E 25° 08′ 1908 bis 1920	t_L P φ	11,8 88 70	11,6 96 69	13,7 44 66	16,3 26 64	19,4 19 64	23,7 2 60	26,0 1 60	26,0 4 61	23,6 16 64	20,0 45 67	16,3 87 69	13,2 105 73	18,5 535 66	14,4 — —	· 1150 ·	· 410 ·
304 10 Cs	Smyrna N 38° 25′ E 27° 00′ 23 Jahre	t_L P φ	7,6 110 ·	8,8 84 ·	11,5 81 ·	15,1 43 ·	20,3 32 ·	24,1 14 ·	26,8 3 ·	26,2 2 ·	22,5 18 ·	18,7 44 ·	13,3 91 ·	9,4 131 ·	17,0 653 ·	19,2 — —	38,5 · ·	−3,1 · ·
305 32 BS	Alexandria N 32° 12′ E 29° 54′ 25 Jahre	t_L P φ	14,1 58 ·	14,7 31 ·	16,1 17 ·	18,4 3 ·	21,0 1 ·	23,6 0 ·	25,6 0 ·	26,0 0 ·	25,1 2 ·	23,3 8 ·	19,7 38 ·	16,2 62 ·	20,3 220 69	11,9 — —	37,4 · ·	7,3 · ·
306 20 Cs	Tarsus N 38° 25′ E 34° 50′ 3 Jahre	t_L P φ	10,0 99 ·	12,6 81 ·	14,6 74 ·	19,3 41 ·	23,3 57 ·	26,5 13 ·	28,8 7 ·	27,9 4 ·	26,5 14 ·	21,8 37 ·	15,0 79 ·	12,4 104 ·	19,9 610 ·	18,8 — —	45,0 · ·	−0,5 · ·
307 884 Cs	Hebron N 31° 31′ E 35° 08′ 13 Jahre	t_L P φ	6,3 172 ·	8,2 125 ·	9,9 87 ·	14,4 42 ·	18,2 9 ·	20,4 0 ·	22,0 0 ·	22,5 0 ·	21,2 1 ·	19,1 9 ·	13,1 61 ·	9,1 145 ·	15,4 651 72	16,2 — —	37,1 · ·	−3,0 · ·
308 35 Cs	Beirut N 33° 54′ E 35° 38′ 25 Jahre	t_L P φ	13,0 186 ·	13,6 161 ·	15,5 99 ·	18,2 53 ·	21,3 15 ·	24,5 6 ·	26,9 1 ·	27,5 1 ·	26,3 9 ·	23,9 48 ·	19,2 133 ·	15,6 194 ·	20,5 906 69	14,5 — —	35,1 · ·	3,9 · ·
309 60 BW	Bagdad N 33° 21′ E 44° 26′ ·	t_L P φ	9,3 33 ·	11,6 53 ·	15,1 40 ·	20,0 22 ·	26,0 6 ·	30,7 0 ·	33,4 0 ·	33,6 2 ·	30,0 0 ·	24,6 1 ·	16,4 16 ·	11,4 44 ·	21,8 227 58	24,3 — —	48,6 · ·	−5,6 · ·
310 1160 BW	Teheran N 35° 41′ E 51° 27′ ·	t_L P φ	0,9 46 ·	5,7 28 ·	8,9 48 ·	16,3 36 ·	21,8 13 ·	26,7 2 ·	29,4 1 ·	28,4 1 ·	25,4 1 ·	18,8 9 ·	10,7 32 ·	5,4 34 ·	16,5 251 ·	28,5 — —	· · ·	· · ·

Tabelle 1. (Fortsetzung.)

Lfd. Nr. Seehöhe Typ	Ort Lage Beobachteter Zeitraum		I	II	III	VI	V	VI	VII	VIII	IX	X	XI	XII	Jahr	Schwan-kungen	Max.	Min.
311 0 BS	Orotawa N 28° 25′ W 16° 33′ 9 Jahre	t_L	16,6	16,7	17,0	17,8	18,8	21,1	22,6	23,1	22,8	21,8	19,4	17,6	19,6	6,5	32,3[1]	9,1[1]
		P	90	42	71	34	12	1	0	2	7	67	61	64	451	—	.	.
		φ	.	.	.	.	.	.	.	.	.	.	.	.	76	—	.	.
312 0 BW	Cap Juby N 27° 57′ W 12° 56′ 20 Jahre	t_L	15,9	16,3	16,9	17,7	18,3	19,4	19,8	20,2	20,5	19,7	18,6	16,9	18,3	4,6	39,8[1]	6,7[1]
		P	12	13	12	4	1	0	0	0	6	12	17	28	105	—	.	.
		φ	83		84			90			89				86	—	.	.
313 130 BW	Dakkla Oase N 25° 29′ E 28° 59′ 35 Jahre	t_L	13,9	15,4	20,1	25,1	29,3	31,7	31,8	31,5	29,1	24,8	20,9	16,3	24,2	17,9	46	−0,2
		P	.	.	.	.	.	.	.	.	.	.	.	.	0	—	.	.
		φ	.	.	.	.	.	.	.	.	.	.	.	.	35	—	.	15
314 110 BW	Assuan N 24° 02′ E 32° 53′ 5 Jahre	t_L	15,1	18,4	21,7	26,6	30,6	33,0	33,0	32,5	30,8	28,6	22,0	17,0	25,8	17,9	46,5	3,8
		P	.	.	.	.	.	.	.	.	.	.	.	.	10	—	.	.
		φ	48				26								.	—	.	14
315 16 BW	Djeddah N 21° 30′ E 39° 11′ 10 Jahre	t_L	22,3	22,4	24,1	26,7	28,4	29,3	30,8	30,9	30,2	28,6	26,6	24,7	27,1	8,6	42,1	14,8
		P	24	0	0	0	0	0	0	0	0	0	41	15	80	—	.	.
		φ	.	.	.	.	.	.	70		.	.	.	.	.	—	.	4
316 8 BW	Buschir N 29° 00′ E 50° 50′? .	t_L	14,2	14,9	18,3	22,7	27,3	29,4	31,4	31,9	29,9	25,6	20,9	16,4	23,6	17,7	46,1[1]	0,0[1]
		P	79	63	23	12	0	0	0	0	0	3	50	86	317	—	.	.
		φ	.	.	.	.	.	.	.	.	.	.	.	.	. [2]	—	.	.
317 5 BW	Djask N 25° 47′ E 57° 48′ .	t_L	19,3	19,9	21,8	26,1	29,1	31,2	31,7	31,2	30,2	27,7	24,1	21,2	26,1	12,4	43,3[1]	5,4[1]
		P	16	27	25	1	0	3	1	0	0	1	14	24	111	—	.	.
		φ	.	.	.	.	.	.	.	.	.	.	.	.	.	—	.	.
318 11 BW	S. Vincent N 16° 54′ W 25° 04′ 10 Jahre	t_L	21,7	21,3	21,6	21,8	22,6	23,5	24,6	26,1	26,4	26,0	24,7	23,0	23,6	5,1	32,0	15,2
		P	4	2	1	1	0	0	8	51	59	37	14	14	191	—	.	.
		φ	.	.	.	.	.	.	.	.	.	.	.	.	.	—	.	.
319 30 BS	Dakar N 14° 40′ W 17° 26′ 6 Jahre	t_L	21,4	21,5	21,5	22,4	23,9	26,7	27,5	28,0	28,1	27,9	25,2	21,8	24,6	6,7	36,1	15,0
		P	0	3	1	0	2	16	84	221	127	44	2	14	514	—	.	.
		φ	.	.	.	.	.	.	.	.	.	.	.	.	.	—	.	.
320 130 Aw	Labé N 11° 17′ W 12° 16′ 2 Jahre	t_L	20,2	21,4	23,5	23,9	23,2	22,5	21,2	21,0	21,3	21,7	21,2	19,7	21,7	4,2	.	.
		P	30	0	1	10	130	191	394	415	279	101	7	0	1558	—	.	.
		φ	.	.	.	.	.	.	.	.	.	.	.	.	.	—	.	.

[1] abs. Extreme.   [2] Sommer hohe rel. Feuchte.

Tabelle 1. (Fortsetzung.)

Lfd. Nr. / Seehöhe / Typ	Ort / Lage / Beobachteter Zeitraum		Monat												Jahr	Schwan-kungen	Extreme	
			I	II	III	IV	V	VI	VII	VIII	IX	X	XI	XII			Max.	Min.
321	Kayes	t_L	25,1	27,1	31,5	34,5	35,8	32,5	28,7	27,6	27,9	29,2	28,4	25,1	29,4	10,7	46,6	12,5
60	N 14° 25′ W 11° 34′	P	0	0	0	1	15	99	210	211	141	48	7	4	736	—	.	.
Aw	9 Jahre	φ	.	.	20		.	.	78		.	.	.	.	66	—	.	.
322	Kita	t_L	25,7	25,6	30,0	31,7	32,1	29,7	26,6	25,6	25,7	27,1	26,3	25,0	27,6	7,1	.	.
330	N 12° 55′ W 09° 20′	P	.	.	.	.	.	.	.	.	.	.	.	.	.	—	.	.
Ax	2 Jahre	φ	.	.	.	.	.	.	.	.	.	.	.	.	.	—	.	.
323	Timbuktu	t_L	21,7	23,1	28,4	33,1	34,7	34,3	31,8	30,3	31,8	31,6	27,1	21,7	29,1	13,0	47,7	6,7
250	N 16° 43′ W 02° 52′	P	0	0	2	0	7	24	89	70	27	10	0	0	229	—	.	.
BW	4 Jahre	φ	.	.	.	19		.	62		.	.	.	.	44	—	.	13
324	Ouaghadougon	t_L	23,7	24,3	29,6	31,4	30,4	27,3	25,9	25,4	26,3	27,3	27,0	24,4	26,9	7,7	42,0	10,3
760	N 12° 15′ W 01° 29′	P	0	0	2	46	63	115	157	270	128	32	1	0	814	—	.	.
Aw	4 Jahre	φ	26			.	.	78				.	.	.	52	—	.	.
325	Niamey	t_L	21,4	24,1	28,9	33,7	32,7	30,2	27,3	26,1	28,2	29,3	27,8	24,8	27,9	12,3	45,2	8,4
500	N 13° 31′ E 02° 14′	P	9	0	8	6	18	84	147	176	80	14	0	0	542	—	.	.
Aw	2 Jahre	φ	24			64									44	—	.	.
326	Sinder	t_L	20,9	22,6	27,2	32,6	33,1	31,2	29,2	27,2	29,0	29,8	26,2	23,0	27,7	12,2	42,6	8,4
495	N 13° 48′ E 08° 57′	P	0	0	0	0	12	56	225	320	80	4	0	0	697	—	.	.
Aw	2 Jahre	φ	.	.	.	.	.	.	.	.	.	.	26	22	46	—	.	.
327	Fort Lamy	t_L	23,7	25,3	29,1	33,1	31,8	30,0	27,2	26,2	27,7	28,7	27,9	26,2	28,1	9,4	48,0	10,5
270	N 12° 07′ E 15° 02′	P	0	0	0	3	35	121	130	184	42	38	0	0	453	—	.	.
BS	2 Jahre	φ	.	.	40		.	.	83			.	.	.	46	—	.	.
328	El Obeid	t_L	19,8	21,5	24,2	28,0	30,0	29,4	26,7	26,3	27,2	27,8	25,4	21,7	25,7	10,2	42,1	4,7
585	N 13° 11′ E 30° 14′	P	0	0	3	0	5	43	107	113	75	20	0	0	366	—	.	.
BW	3¹⁄₂ Jahre	φ	13				.	.	57			.	25		31	—	.	.
329	Khartum	t_L	21,9	24,2	26,9	30,4	33,4	33,2	31,3	30,7	31,4	31,2	27,8	23,8	28,8	11,6	45,6	8,3
383	N 15° 38′ E 32° 33′	P	0	0	0	0	3	7	44	56	12	9	0	0	131	—	.	.
BW	6¹⁄₂ Jahre	φ	.		18				42				30		31	—	.	.
330	Suakin	t_L	22,2	22,3	23,3	25,1	28,4	32,2	34,1	34,8	32,3	28,3	26,0	23,7	27,5	12,6	45,2	13,5
5	N 19° 05′ E 37° 20′	P	26	9	1	1	1	0	3	0	0	37	88	51	217	—	.	.
BW	10 Jahre	φ	72		.	.	.	.	49			.	.	.	75	—	.	.

M. Diem: Meteorologische Daten.

Tabelle 1. (Fortsetzung.)

Lfd. Nr. Seehöhe Typ	Ort Lage Beobachteter Zeitraum		Monat												Jahr	Schwan-kungen	Extreme	
			I	II	III	IV	V	VI	VII	VIII	IX	X	XI	XII			Max.	Min.
331 9 BW	Massaua N 15° 36′ E 37° 26′ 16 Jahre	t_L P φ	25,9 43	26,0 17 73	27,3 14	29,2 6 ·	31,0 8 ·	33,8 0 ·	35,2 2 57	34,6 10	33,0 4 ·	30,7 11 ·	28,8 26 ·	26,8 42 ·	30,2 183 65	9,3 — —	43,2 · ·	19,5 · ·
332 1904 Cw	Gondar N 12° 36′ E 37° 29′ 2 Jahre	t_L P φ	19,5 0 ·	20,2 0 ·	21,9 0 ·	22,7 0 ·	21,0 67 ·	18,2 122 ·	16,2 290 ·	15,8 372 ·	18,1 103 ·	18,1 46 ·	18,6 14 ·	18,2 0 ·	19,0 1014 ·	6,9 — — —	· · ·	· · ·
333 29 BW	Aden N 12° 45′ E 45° 03′ 13 Jahre	t_L P φ	24,3 11 ·	24,8 7 ·	25,9 15 ·	27,9 5 ·	30,0 4 ·	31,1 3 ·	30,5 1 ·	30,0 3 ·	30,6 3 ·	28,1 0 ·	25,9 3 ·	24,9 3 ·	27,8 58 ·	6,8 — —	· · ·	· · ·
334 16 Aw	Conakry N 09° 04′ W 13° 42′ 2 Jahre	t_L P φ	25,9 0 ·	26,8 0 ·	27,1 3 ·	27,3 37 ·	27,3 211 ·	26,0 571 ·	25,0 1416 ·	24,7 1162 ·	25,2 770 ·	25,8 490 ·	26,3 136 ·	26,4 10 ·	26,1 4806 78	2,6 — —	35,7 · ·	17,6 · ·
335 3 Am	Grand Bassam N 05° 24′ W 03° 45′ 2 Jahre	t_L P φ	26,7 41 84	27,0 40 85	28,3 83 83	26,9 204 84	26,8 433 85	25,5 709 88	24,3 77 90	23,7 21 90	24,0 46 90	25,4 130 89	26,5 184 92	27,0 109 91	26,1 2077 88	4,6 — —	35,7 · ·	17,5 · ·
336 170 Aw	Salaga N 08° 33′ W 00° 20′ 4 Jahre	t_L P φ	26,6 14 58	27,8 54	28,1 130 ·	26,9 169 ·	26,6 157 ·	25,6 146 ·	24,6 136 89	24,4 254	24,7 313 ·	24,9 188 ·	26,7 48 ·	26,3 58 ·	26,1 1667 ·	3,7 — —	38,1 · ·	16,5 · 5
337 · Aw	Lagos N 06° 26′ E 03° 24′ 15 Jahre	t_L P φ	26,8 28 74	27,8 52 86	27,8 93 81	27,5 161 74	26,8 257 75	25,1 487 76	24,5 258 83	24,3 61 78	25,0 135 79	25,7 218 80	26,9 61 77	26,9 23 80	26,2 1834 79	3,5 — —	36,7[1] · ·	17,8[1] · ·
338 6 Af	Akassa N 04° 20′ E 06° 20′ 4 Jahre	t_L P φ	25,7 66 90	26,2 166 87	26,4 255 86	26,6 219 86	26,0 432 87	25,2 472 87	24,5 256 85	24,4 235 84	24,5 490 89	25,1 628 93	25,8 270 85	26,0 166 87	25,5 3655 87	2,0 — —	32,6 · ·	19,3 · ·
339 20 Aw	Fernando Poo N 03° 46′ E 08° 36′ 5 Jahre	t_L P φ	27,7 25 ·	27,6 93 ·	26,9 230 ·	26,2 213 ·	24,8 210 ·	24,1 280 ·	24,7 162 ·	24,5 282 ·	23,6 420 ·	24,7 392 ·	25,7 222 ·	26,9 28 ·	25,6 2557 ·	3,6 — —	32,0 · ·	19,8 · ·
340 20 Aw	Libreville N 00° 25′ E 09° 35′ 6 Jahre	t_L P φ	25,3 225 89	25,5 216 88	25,6 339 89	25,7 326 89	25,3 199 87	23,6 7 85	22,7 3 82	23,2 17 84	24,1 98 83	24,5 357 87	24,6 377 89	25,0 246 89	24,6 2410 87	3,0 — —	32,9 · ·	16,5 · ·

[1] abs. Extreme

Tabelle 1. (Fortsetzung.)

Lfd. Nr. / Seehöhe / Typ	Ort, Lage, Beob. Zeitraum		I	II	III	IV	V	VI	VII	VIII	IX	X	XI	XII	Jahr	Schwankungen	Max.	Min.
341 / 1340 / Am	Baliburg, N 05°53' E 10°02', 2 Jahre	t_L	17,7	18,6	18,5	19,0	18,8	18,1	17,2	17,0	17,3	18,0	18,5	18,0	18,1	2,0	31,6	6,9
		P	59	85	330	294	241	261	263	203	420	418	124	47	2745	—	·	·
		φ	77	80	84	86	90	93	94	93	93	90	81	77	86	—	·	·
342 / 320 / Af	Equatorille, N 00°03' E 18°15', 2 Jahre	t_L	24,8	25,5	25,6	25,6	25,2	24,4	24,3	24,2	25,0	24,7	24,3	24,9	24,9	1,4	34,5[1]	17,5[1]
		P	104	88	104	141	157	156	160	160	159	168	65	237	1705	—	·	·
		φ	·	·	·	·	·	·	·	·	·	·	·	·	75	—	·	·
343 / 440 / Aw	Fort Crampel, N 06°57' E 19°28', 3 Jahre	t_L	24,9	27,1	29,0	27,5	27,3	26,0	24,7	25,2	25,2	25,7	26,2	25,0	26,1	4,3	43,7	9,4
		P	2	17	35	85	102	70	251	285	177	136	38	15	1213	—	·	·
		φ	·	·	·	·	·	·	·	·	·	·	·	·	52	—	·	10
344 / 400 / Aw	Mobaye, N 05°19' E 21°26', 2 Jahre	t_L	26,9	25,8	28,2	26,7	26,9	25,7	25,2	24,0	24,8	25,0	25,6	26,7	25,9	4,2	38,0	16,1
		P	4	44	100	145	129	243	120	232	267	212	123	22	1641	—	·	·
		φ	·	·	·	·	·	·	·	·	·	·	·	·	·	—	·	·
345 / 465 / Aw	Lado, N 05°02' E 31°44', 7 Jahre	t_L	28,1	29,2	30,0	28,9	27,4	26,2	25,5	25,2	25,3	25,6	26,1	27,0	27,0	4,8	42,0	15,5
		P	4	31	60	80	170	107	149	143	137	138	53	11	1083	—	·	·
		φ	38		·	·	·	·	78		·	·	·	·	61	—	·	·
346 / 2440 / Cw	Addis Abeba, N 09°02' E 38°14', 4 Jahre	t_L	15,2	15,1	16,4	16,4	17,9	15,2	13,7	14,0	14,3	15,7	15,3	14,3	15,3	4,2	24,5	4,0
		P	9	48	105	85	78	146	305	295	161	14	13	3	1259	—	·	·
		φ	57	64	58	69	56	77	83	82	69	53	36	46	62	—	·	·
347 / 1856 / Cw	Harrar, N 09°42' E 42°30', 2½ Jahre	t_L	17,7	18,5	19,8	19,6	18,8	18,4	17,5	17,4	17,6	17,8	17,3	16,7	18,1	3,1	·	·
		P	21	8	61	102	212	82	131	138	91	15	17	17	895	—	·	·
		φ	·	·	·	·	·	·	·	·	·	·	·	·	·	—	·	·
348 / 16 / BW	Ascension, S 07°55' W 14°25', 2 Jahre	t_L	25,5	26,6	27,1	27,0	26,3	26,1	24,8	24,2	23,4	23,6	24,1	24,6	25,3	3,0	34,0	20,0
		P	1	1	3	29	5	6	14	7	7	6	2	3	84	—	·	·
		φ	66	68	71	72	63	62	68	68	69	63	67	66	67	—	·	·
349 / 12 / Aw	Chinchoxo, S 05°09' E 12°03', 2 Jahre	t_L	25,3	26,4	26,4	25,5	24,4	22,5	21,9	22,0	23,4	24,8	25,9	25,8	24,5	4,5	35,2	14,8
		P	189	120	186	70	36	0	0	5	8	23	222	53	912	—	·	·
		φ	86	85	82	86	86	86	85	87	83	83	84	84	85	—	·	·
350 / 59 / Aw	Loanda, S 08°49' E 13°13', 16 Jahre	t_L	25,1	25,8	25,9	25,9	24,1	21,2	19,7	19,7	21,8	23,2	24,8	24,8	23,5	6,2	32,0	5,1
		P	25	38	49	108	10	0	0	0	1	5	27	15	278	—	·	·
		φ	86	83	85	87	88	87	86	87	85	84	85	87	86	—	·	·

[1] abs. Extreme

Tabelle 1. (Fortsetzung.)

Lfd. Nr. / Seehöhe / Typ	Ort / Lage / Beobachteter Zeitraum		I	II	III	IV	V	VI	VII	VIII	IX	X	XI	XII	Jahr	Schwankungen	Max.	Min.
351	Leopoldville	t_L	25,3	26,0	26,8	26,6	25,5	24,3	22,4	23,6	25,5	26,1	25,8	25,7	25,3	4,4	36,6	15,7
340	S 04° 19′ E 15° 19′	P	186	89	178	254	133	0	0	0	71	130	239	132	1412	—	.	.
Aw	2 Jahre	φ	.	.	.	.	:	.	.	.	.	.	.	.	.	—	.	.
352	Malange	t_L	21,0	20,6	20,8	20,5	18,4	17,9	18,3	19,8	20,6	21,0	21,0	20,5	20,0	3,1	32,0	4,3
1166	S 09° 33′ E 16° 38′	P	55	163	277	165	2	0	0	25	.	.	.	.	1240[1]	—	.	.
Cw	1 Jahr	φ	.	.	.	.	.	.	:	.	.	.	.	.	77	—	.	.
353	Luluaburg	t_L	24,5	24,3	24,6	25,0	24,8	24,6	24,7	24,6	24,4	24,6	24,8	25,1	24,7	0,7	38,2	13,5
620	S 05° 56′ E 22° 50′	P	183	138	201	154	78	4	3	63	164	167	230	168	1544	—	.	.
Aw		φ	83	84	84	82	79	72	66	73	77	80	80	79	78	—	.	.
354	Bukoba	t_L	20,1	20,4	20,7	20,8	20,5	20,0	19,4	19,4	20,2	20,1	20,1	20,0	20,1	1,4	32,7	12,2
1190	S 01° 20′ E 31° 52′	P	107	126	200	369	247	42	17	52	69	103	212	156	1700	—	.	.
Aw	4 Jahre	φ	79		78			75			81				80	—	.	.
355	Tabora	t_L	22,0	22,2	21,9	21,6	21,6	21,1	21,2	22,9	24,4	25,4	24,2	22,0	22,5	4,3	35,7	10,4
1214	S 05° 03′ E 32° 53′	P	146	132	169	133	21	4	0	0	7	12	82	146	852	—	.	.
Aw	9 Jahre	φ		79						52					67	—	.	.
356	Tosamaganga	t_L	18,8	18,4	18,3	17,9	16,7	14,3	14,7	15,3	17,1	18,7	20,0	19,7	17,5	5,7	30,5	7,3
1600	S 07° 52′ E 35° 22′	P	145	163	120	37	9	1	0	0	1	2	30	59	567	—	.	.
Cw	4½ Jahre	φ	.	.	.	.	.	.	.	.	.	.	.	.	.	—	.	.
357	Matscheko	t_L	17,9	18,9	18,8	18,4	17,6	15,6	14,8	15,2	17,0	18,3	17,5	17,7	17,2	4,1	.	.
1750	S 01° 31′ E 37° 18′	P	33	75	143	216	64	18	5	10	5	55	208	118	950	—	.	.
Cw	5 Jahre	φ	.	.	.	.	.	.	.	.	.	.	.	.	.	—	.	.
358	Moschi	t_L	22,9	23,1	22,2	20,8	19,2	18,4	17,6	18,1	19,7	21,3	21,6	22,0	20,6	5,5	.	.
1170	S 03° 19′ E 37° 22′	P	27	98	117	347	301	42	43	22	25	27	101	75	1225	—	.	.
Cf	8 Jahre	φ			80					55					66	—	.	.
359	Mombas	t_L	26,7	26,9	27,7	27,3	25,8	24,8	24,3	24,5	25,3	25,9	26,6	26,7	26,0	3,4	31,4	21,4
20	S 04° 01′ E 39° 07′	P	28	22	59	169	339	99	89	62	67	84	149	50	1217	—	.	.
As	5 Jahre	φ	.	.	.	.	.	.	.	.	.	.	.	.	.	—	.	.
360	Dar es Salam	t_L	27,7	27,6	27,1	25,8	24,8	23,5	23,2	23,1	23,7	24,8	26,3	27,3	25,5	4,6	33,3	17,4
14	S 06° 49′ E 39° 18′	P	94	53	132	312	207	28	41	29	32	34	80	112	1154	—	.	.
Am	10 Jahre	φ	.	.	.	.	.	.	.	.	.	.	.	.	.	—	.	.

[1]) Wert ergänzt.

Tabelle 1. (Fortsetzung.)

Lfd. Nr. Seehöhe Typ	Ort Lage Beobachteter Zeitraum		Monat												Jahr	Schwan-kungen	Extreme	
			I	II	III	IV	V	VI	VII	VIII	IX	X	XI	XII			Max.	Min.
361 63 Aw	Lindi S 10° 02' E 39° 44' 8 Jahre	t_L P φ	26,7 154 .	26,7 105 .	26,1 180 .	25,5 149 .	24,8 35 .	23,9 1 .	23,8 8 .	23,8 11 .	24,4 14 .	25,5 11 .	26,9 47 .	26,8 115 .	25,4 830 .	3,1 — —	35,2 .	15,0 .
362 20 BS	Kismaju S 00° 22' E 43° 33' 5 Jahre	t_L P φ	26,6 1 .	26,6 0 .	27,4 6 .	28,1 44 .	26,8 136 .	25,2 92 .	24,7 49 .	24,7 20 .	24,9 19 .	26,1 4 .	27,0 19 .	27,0 7 .	26,3 398 .	3,4 — —	. .	. .
363 2 Af	Seychellen S 04° 45' E 55° 26' 23 Jahre	t_L P φ	25,5 387 .	25,9 340 .	26,3 310 .	26,8 206 .	26,7 145 .	25,7 123 .	25,0 70 .	25,3 65 .	25,9 114 .	26,1 157 .	25,8 238 .	25,4 252 .	25,9 2407 .	1,8 — —	. .	. .
364 540 Cf	St. Helena S 15° 57' W 05° 41' 5 Jahre	t_L P φ	17,8 73 85	18,8 119 87	19,0 147 89	18,7 73 88	17,2 125 87	15,6 116 86	14,4 94 86	14,0 102 89	13,9 73 89	14,6 56 89	15,5 32 88	16,5 45 86	16,3 1055 87	5,1 — —	. .	. .
365 1680 Cw	Kakonda S 13° 44' E 15° 02' 1¹/₂ Jahre	t_L P φ	21,6 205 84	21,4 236 81	20,4 276 84	20,5 210 68	19,5 13 70	17,6 0 69	18,6 0 71	19,9 0 68	19,2 45 74	21,2 118 76	20,4 192 81	19,4 241 84	20,5 1536 76	4,0 — —	30,5 .	9,5 .
366 1012 Aw	Mongu S 15° 20' E 23° 20' 1921 bis 1930	t_L P φ	25,3 239 .	25,5 208 .	24,8 183 .	23,9 36 .	21,8 6 .	19,6 0 .	19,1 0 .	21,1 0 .	26,2 2 .	27,6 55 .	26,3 92 .	24,8 214 .	23,8 1030 .	8,5 — —	41,2 1320 .	4,2 710 .
367 1167 Cw	Fort Rosebery S 11° 12' E 28° 53' 1921 bis 1930	t_L P φ	22,9 217 .	22,9 266 .	22,9 229 .	21,9 35 .	19,3 6 .	17,3 0 .	16,6 0 .	18,5 0 .	22,2 1 .	24,3 37 .	25,0 144 .	23,4 251 .	21,4 1179 .	8,4 — —	37,5 1490 .	2,0 800 .
368 1483 Cw	Fort Salisbury S 17° 49' E 31° 03' 1923 bis 1930	t_L P φ	20,7 152 76	20,8 136 75	20,3 133 76	18,6 22 70	16,1 7 64	13,9 1 62	13,5 0 61	15,3 1 54	19,2 6 50	21,7 35 48	22,2 84 59	20,9 154 74	18,6 819 64	8,7 — —	34,3 .	0,9 .
369 7 Aw	Beira S 19° 50' E 34° 50' 1921 bis 1930	t_L P φ	27,4 347 70	27,3 269 76	26,7 160 78	24,9 114 78	22,3 41 78	20,7 38 78	20,0 36 78	20,8 37 77	23,1 23 76	24,7 48 73	26,3 98 73	26,9 259 73	24,3 1567 76	7,4 — —	37,7 2230 .	11,9 970 .
370 955 Cw	Zomba S 15° 23' E 35° 18' 1892 bis 1926	t_L P φ	22,7 277 .	22,2 292 .	21,8 227 .	20,7 94 .	18,8 26 .	17,2 12 .	16,7 9 .	18,3 9 .	20,8 9 .	23,4 38 .	24,2 131 .	22,8 271 .	20,8 1386 .	7,5 — —	35,7 .	6,5 .

Tabelle 1. (Fortsetzung.)

Lfd. Nr. Seehöhe Typ	Ort Lage Beobachteter Zeitraum		Monat												Jahr	Schwan-kungen	Extreme	
			I	II	III	IV	V	VI	VII	VIII	IX	X	XI	XII			Max.	Min.
371	Mocambique	t_L	27,7	27,5	28,2	27,2	25,4	23,3	23,2	23,6	25,1	26,7	28,2	28,5	26,2	5,3	42,2[1]	9,0[1]
4	S 15° 00′ E 40° 44′	P	201	222	188	112	59	25	12	33	13	3	8	125	1001	—	·	·
Aw	4 Jahre	φ	82		·	·	·	·	·	·	·	·	·		78	—	·	·
372	Antananariva	t_L	19,2	19,5	18,9	17,9	15,5	13,1	12,6	13,4	15,3	17,6	18,9	18,9	16,7	6,9	·	·
1400	S 18° 55′ E 47° 31′	P	321	267	197	59	12	7	6	10	14	74	115	289	1371	—	·	·
Cw	9 Jahre	φ	74	78	74	74	74	72	72	72	68	68	68	74	72	—	·	·
373	Nossi Be	t_L	26,4	26,9	27,2	26,4	25,2	24,0	23,3	23,8	24,4	25,0	26,0	26,3	25,4	3,9	·	·
20	S 13° 25′ E 48° 12′	P	624	513	257	124	66	54	49	55	55	130	277	467	2671	—	·	·
Aw	5 Jahre	φ	83	81	81	79	76	76	71	73	74	73	74	80	77	—	·	·
374	Tamatave	t_L	26,3	27,0	25,7	24,7	22,5	20,7	20,2	20,7	21,8	23,2	24,7	25,9	23,6	6,8	·	·
5	S 18° 11′ E 49° 32′	P	285	340	472	346	224	247	253	166	142	124	107	228	2934	—	·	·
Af	6 Jahre	φ	84	84	85	86	87	87	87	85	84	84	81	84	85	—	·	·
375	Rodriguez	t_L	26,0	26,1	25,8	24,9	23,4	21,9	21,2	21,3	22,0	23,1	24,3	25,5	23,8	4,9	·	·
3	S 19° 48′ E 63° 10′	P	163	144	149	124	96	104	70	87	42	34	56	75	1144	—	·	·
Aw	23 Jahre	φ	·	·	·	·	·	·	·	·	·	·	·	·	·	—	·	·
376	Swakopmund	t_L	17,0	17,3	17,4	15,5	15,9	14,7	13,6	12,7	13,4	14,5	14,8	16,4	15,2	4,7	37,5	3,4
6	S 22° 42′ E 14° 32′	P	1	2	4	1	1	1	0	1	1	2	0	5	19	—	·	·
BW	7 Jahre	φ	83	85	83	87	67	67	77	82	79	80	81	83	80	—	·	·
377	Lüderitz Bucht	t_L	19,5	20,0	20,4	20,0	17,3	15,1	14,5	13,3	14,8	16,0	17,0	18,9	17,4	7,1	·	·
4	S 26° 36′ E 15° 15′	P	0	3	1	1	6	4	1	2	2	1	0	2	23	—	37	9
BW	1 Jahr	φ	·	·	·	·	·	·	·	·	·	·	·			—	·	
378	Windhuk	t_L	23,6	22,2	21,7	20,0	16,9	13,4	13,8	16,0	18,9	21,4	23,1	23,2	19,5	10,2	34,5	−0,8
1663	S 22° 34′ E 17° 12′	P	99	69	77	44	5	0	2	3	1	9	21	45	375	—	673	184
BS	6 Jahre	φ	·	·	·	·	·	·	·	·	·	·	·	·	·	—	·	10
379	Springbockfontain	t_L	22,9	23,1	21,8	16,1	12,5	10,1	10,0	10,4	14,0	17,2	20,3	21,7	16,7	13,1	·	·
975	S 29° 40′ E 17° 53′	P	6	8	9	24	40	34	33	31	24	20	10	5	245	—	·	·
BW	6 Jahre	φ	·	·	·	·	·	·	·	·	·	·	·	·	·	—	·	·
380	Kimberley	t_L	23,9	23,3	20,4	16,5	12,2	9,3	9,3	12,2	16,2	19,5	22,1	23,9	17,4	14,6	42,5[1]	−6,7[1]
1232	S 28° 43′ E 24° 46′	P	102	92	91	50	28	15	10	17	20	40	57	69	591	—	·	·
Cw	24 Jahre	φ	60	53	60	65	59	59	58	50	46	46	42	46	53	—	·	·

[1]) abs. Extreme.

Tabelle 1. (Fortsetzurg.)

Tabelle 1. Mittelwerte der Temperatur und der Feuchtigkeit der Luft.

Lfd. Nr. Seehöhe Typ	Ort Lage Beobachteter Zeitraum		Monat												Jahr	Schwan-kungen	Extreme	
			I	II	III	IV	V	VI	VII	VIII	IX	X	XI	XII			Max.	Min.
381 1430 Cw	Pretoria S 25° 45′ E 28° 14′ 7 Jahre	t_L P φ	21,4 141 ·	20,3 100 ·	18,7 88 ·	16,7 27 ·	14,1 15 ·	11,1 5 ·	11,0 4 ·	12,8 4 ·	16,5 28 ·	18,7 46 ·	19,4 95 ·	19,9 107 ·	16,7 660 64	10,3 — —	34,8 · ·	−4,4 · ·
382 1352 BS	Bulawayo S 20° 09′ E 28° 36′ 1921 bis 1930	t_L P φ	21,8 129 ·	21,4 121 ·	20,7 106 ·	18,5 21 ·	15,8 13 ·	14,3 1 ·	13,4 2 ·	15,7 0 ·	19,6 7 ·	22,3 16 ·	22,9 80 ·	22,1 124 ·	19,1 617 ·	9,5 — —	35,8 1200 ·	0,9 340 ·
383 79 Cw	Durban S 29° 53′ E 30° 53′ 10 Jahre	t_L P φ	24,3 117 ·	24,5 114 ·	23,8 126 ·	22,0 87 ·	19,7 43 ·	18,2 32 ·	17,8 28 ·	18,6 44 ·	19,4 83 ·	20,5 109 ·	22,4 136 ·	23,5 122 ·	21,2 1041	6,7 — —	43,7[1] · ·	5,7[1] · ·
384 59 Aw	Lourenco Marques S 25° 58′ E 32° 36′ 1921 bis 1930	t_L P φ	25,3 121 76	25,4 113 77	24,5 183 78	22,5 37 76	20,0 22 75	18,5 9 72	17,8 14 73	18,9 8 73	20,5 30 73	22,1 43 74	23,5 94 75	24,7 101 75	22,0 722 75	7,6 — —	39,9 1450 ·	8,7 380 ·
385 55 Aw	Mauritius S 20° 06′ E 57° 33′ 25 Jahre	t_L P φ	26,1 184 ·	25,8 154 ·	25,2 222 80	24,1 147 80	22,3 102 ·	20,4 52 ·	19,7 59 ·	20,0 58 ·	20,9 36 ·	22,3 43 69	24,0 49 69	25,6 132 ·	23,0 1238 75	6,4 — —	· · ·	· · ·
386 12 Cf	Capstadt S 33° 56′ E 18° 29′ 18 Jahre	t_L P φ	20,7 39 66	20,4 38 68	18,9 48 69	16,9 52 74	14,4 54 80	13,0 40 81	12,2 36 80	12,9 46 80	14,0 46 77	15,7 44 73	17,8 43 69	19,6 35 67	16,4 521 74	8,5 — —	34,0 · ·	4,0 · ·
387 55 Cf	Port Elisabeth S 33° 58′ E 25° 37′ 22 Jahre	t_L P φ	20,6 46 ·	20,8 41 ·	19,5 54 ·	17,8 55 ·	16,1 60 ·	14,9 43 ·	13,9 45 ·	14,4 58 ·	15,1 60 ·	16,4 57 ·	17,9 63 ·	19,5 55 ·	17,2 637 ·	6,9 — —	35,3 · ·	4,8 · ·
388 1067 Cf	Queenstown S 31° 54′ E 26° 52′ 22 Jahre	t_L P φ	20,8 88 ·	20,8 94 ·	18,8 90 ·	15,7 59 ·	11,7 39 ·	9,8 24 ·	9,6 25 ·	11,4 37 ·	14,3 51 ·	16,8 71 ·	18,9 83 ·	20,5 81 ·	15,8 732 ·	11,2 — —	37,2 · ·	−5,2 · ·

[1]) abs. Extreme.

Tabelle 1. (Fortsetzung.)

Lfd. Nr. Seehöhe Typ	Ort Lage Beobachteter Zeitraum		Monat												Jahr	Schwan- kungen	Extreme	
			I	II	III	IV	V	VI	VII	VIII	IX	X	XI	XII			Max.	Min.
401	Chatanga	t_L	−34,8	−31,1	−27,8	−18,7	−6,5	4,5	11,6	8,5	1,0	−12,8	−27,0	−29,2	−13,5	46,4	.	−52
50	N 72°00′ E 102°09′	P	6	9	7	13	17	19	40	44	27	20	11	16	230	—	.	.
Df	1906 bis 1909	φ	.	.	.	.	.	.	.	.	.	.	.	.	.	—	.	.
402	Saga Styr	t_L	−36,5	−38,0	−34,4	−21,7	−9,6	0,0	4,9	3,5	0,3	−14,7	−26,9	−33,5	−17,2	41,4	.	−52
2	N 72°23′ E 124°05′	P	3	2	0	1	5	11	7	35	11	2	3	5	86	---	.	.
ET	1882 bis 1884	φ	85	85	86	87	89	92	92	90	90	88	87	84	87	—	.	.
403	Ustjansk	t_L	−38,7	−35,8	−28,0	−18,2	−4,2	7,1	11,3	7,3	1,6	−12,0	−27,5	−34,7	−14,3	50,0	.	−51
17	N 70°55′ E 136°27′	P	5	6	3	5	8	30	27	27	21	10	9	7	158	—	.	.
Dw	1885 bis 1905	φ	81	83	80	80	78	77	76	77	82	80	82	79	80	—	.	.
404	Ruskoe Uste	t_L	−38,4	−37,6	−30,9	20,3	−7,0	4,4	8,6	5,6	0,5	−12,4	−26,9	−34,0	−15,7	47,0	.	−51
6	N 71°01′ E 149°26′	P	4	6	6	3	12	22	28	28	16	8	9	7	151	—	230	70
ET	1895 bis 1903	φ	81	82	86	86	88	85	78	84	89	90	87	85	85	—	.	.
405	Beresow	t_L	−23,6	−18,4	−12,9	−5,3	2,5	10,3	15,7	13,0	6,2	−3,4	−14,6	−20,5	−4,2	39,3	.	−46
40	N 63°56′ E 65°04′	P	16	11	13	15	33	52	57	58	40	24	18	14	351	—	580	140
Df	1881 bis 1915	φ	87	85	78	72	72	72	73	80	81	85	87	87	80	—	.	.
406	Dudinka	t_L	−30,2	−25,8	−23,1	−16,1	−6,5	3,9	12,7	10,3	2,4	−9,6	−22,1	−26,7	−10,9	42,9	.	−50
20	N 69°24′ E 86°04′	P	5	6	5	7	11	30	31	42	43	18	8	6	213	—	330	60
Df	1906 bis 1924	φ	.	.	.	.	.	.	.	.	.	.	.	.	.	—	.	.
407	Werchne-Inbatskoe	t_L	−25,7	−21,9	−14,6	−6,1	1,5	11,1	16,7	13,6	5,6	−4,7	−18,1	−25,2	−5,6	42,4	.	−52
39	N 63°07′ E 88°01′	P	18	13	16	21	36	46	61	66	44	30	23	17	392	—	500	260
Df	1911 bis 1924	φ	.	.	.	.	.	.	.	.	.	.	.	.	.	—	.	.
408	Olekminsk	t_L	−35,4	−28,0	−18,3	−5,3	5,7	14,7	18,9	14,6	6,9	−4,7	−20,9	32,1	−7,0	54,3	.	−54
152	N 60°22′ E 120°26′	P	10	8	6	10	24	43	40	53	33	17	17	12	272	—	.	.
Df	1882 bis 1916	φ	81	80	73	67	61	64	64	72	75	76	81	80	73	—	.	.
409	Jakutsk	t_L	−43,5	−35,3	−22,2	−7,9	5,6	15,5	19,0	14,5	6,0	−8,0	−28,0	−40,0	−10,4	62,5	33	−57
102	N 62°01′ E 129°43′	P	6	5	3	6	13	27	33	41	22	12	10	7	187	—	330	100
Dw	1882 bis 1920	φ	80	82	77	67	60	61	65	73	75	82	83	81	74	—	.	.
410	Werchojansk	t_L	−50,1	−44,3	−30,2	−13,1	1,5	12,6	15,1	10,8	2,4	−14,6	−36,8	−46,5	−16,1	65,2	.	−63
122	N 67°33′ E 133°24′	P	4	3	3	4	7	22	27	26	13	8	7	4	128	—	230	50
Dw	1884 bis 1929	φ	72	71	67	60	55	53	59	69	75	77	76	74	67	—	.	.

Tabelle 1. (Fortsetzung.)

Lfd. Nr. Seehöhe Typ	Ort Lage Beobachteter Zeitraum		Monat												Jahr	Schwankungen	Extreme	
			I	II	III	IV	V	VI	VII	VIII	IX	X	XI	XII			Nax.	Min.
411	Kuschka (Gishiginsk)	t_L	−23,9	−23,1	−17,7	−9,7	0,0	8,4	12,0	10,5	5,0	−6,1	−16,6	−21,9	−6,9	35,9	.	−45
12	N 61° 56′ E 160° 26′	P	8	8	11	8	9	19	41	44	32	26	16	10	233	—	.	.
Df	1890 bis 1920	φ	.	.	.	.	.	.	.	.	.	.	.	.	.	—	.	.
412	Nishne Kolymsk	t_L	−37,9	−35,3	−26,1	−15,6	−2,0	9,5	11,5	8,1	2,4	−11,1	−26,3	−32,5	−13,0	49,4	.	−49
5	N 68° 32′ E 160° 59′	P	12	6	5	6	5	17	37	29	22	13	11	7	172	—	.	.
Df	1893 bis 1905	φ	80	78	79	70	72	67	69	80	82	87	84	79	77	—	.	.
413	Markowo	t_L	−28,7	−25,7	−23,3	−15,2	−2,4	10,0	14,1	10,0	3,0	−8,6	−19,7	−26,3	−9,4	42,8	.	−52
26	N 64° 45′ E 170° 56′	P	8	8	8	4	8	20	36	47	27	12	12	9	200	—	250	140
Dw	1894 bis 1911	φ	.	.	.	.	.	.	.	.	.	.	.	.	.	—	.	.
414	Bogolowsk	t_L	−19,2	−15,2	−8,6	0,3	7,9	13,7	17.0	14,2	7,9	−0,8	−10,3	−16,7	−0,8	36,2	.	.
187	N 59° 45′ E 60° 01′	P	16	18	17	25	46	68	84	85	43	22	23	21	471	—	890	310
Df	1881 bis 1915	φ	83	79	75	69	65	65	72	77	79	80	83	84	76	—	.	.
415	Staro Sidorowo	t_L	−18,3	−16,1	−10,4	1,3	11,4	16,6	18,7	16,1	10,0	1,2	−8,2	−14,7	0,6	37,0	.	.
108	N 55° 26′ E 65° 10′	P	17	13	11	16	43	58	54	56	28	22	24	20	363	—	490	270
Df	1881 bis 1915	φ	85	82	81	75	63	67	72	75	76	81	86	87	77	—	.	.
416	Tobolsk	t_L	−19,3	−15,9	−9,1	0,0	9,0	15,0	17,8	15,4	9,3	−0,2	−10,1	−16,2	−0,3	37,1	.	.
108	N 58° 12′ E 68° 14′	P	14	12	13	14	41	56	72	58	49	31	22	22	405	—	700	330
Df	1881 bis 1915	φ	88	83	74	70	65	65	70	76	76	83	83	85	77	—	.	.
417	Akmolinsk	t_L	−17,0	−16,5	−11,0	0,9	12,8	17,8	20,3	17,8	11,1	1,7	−7,3	−13,6	1,4	37,3	.	.
347	N 51° 10′ E 71° 27′	P	21	18	21	18	30	54	36	28	26	33	19	18	334	—	500	230
BS	1881 bis 1915	φ	85	85	87	74	57	56	54	58	66	75	83	86	72	—	.	.
418	Omsk	t_L	−19,6	−17,6	−11,6	−0,1	10,8	16,4	19,1	16,3	10,4	0,9	−9,4	−16,1	0,0	38,7	.	.
58	N 54° 58′ E 73° 20′	P	16	8	7	12	29	52	52	44	28	23	18	22	313	—	440	230
Df	1881 bis 1915	φ	82	80	82	71	61	64	67	72	72	79	83	83	75	—	.	.
419	Semipalatinsk	t_L	−16,0	−15,8	−9,9	3,0	14,2	19,7	21,8	19,6	13,1	3,5	−6,4	−12,7	2,8	37,8	.	.
207	N 50° 24′ E 80° 13′	P	20	13	12	15	25	43	31	26	16	29	27	22	279	—	.	.
BS	1882 bis 1915	φ	80	78	81	67	51	51	51	53	60	68	78	79	67	—	.	.
420	Barnaul	t_L	−17,6	−16,4	−10,3	0,9	10,9	17,1	19,3	16,8	10,6	1,4	−8,5	−14,6	0,8	36,9	33	−45
162	N 53° 20′ E 83° 48′	P	19	13	12	15	32	43	50	44	28	29	26	24	337	—	710	230
Df	1881 bis 1915	φ	81	78	77	68	57	61	65	69	69	73	81	82	72	—	.	.

Tabelle 1. (Fortsetzung.)

Lfd. Nr. Seehöhe Typ	Ort Lage Beobachteter Zeitraum		Monat												Jahr	Schwankungen	Extreme	
			I	II	III	IV	V	VI	VII	VIII	IX	X	XI	XII			Max.	Min.
421 123 Df	Tomsk N 56° 29′ E 84° 57′ 1881 bis 1915	t_L P φ	−19,4 24 79	−16,6 17 76	−10,6 18 73	−1,0 20 66	8,1 39 60	15,0 69 66	17,8 69 71	15,1 66 76	9,1 39 75	−0,1 45 78	−10,7 39 79	−16,8 32 81	−0,9 478 73	37,2 — —	. 770 .	. 290 .
422 78 Df	Jenisejsk N 58° 27′ E 92° 06′ 1881 bis 1915	t_L P φ	−22,2 21 .	−18,2 15 .	−10,6 12 .	−1,4 19 .	7,0 32 .	15,1 62 .	18,9 60 .	15,6 67 .	8,3 42 .	−1,3 39 .	−12,5 31 .	−20,0 27 .	−1,8 429 .	41,1 — —	32 610 .	−50 330 .
423 607 Dw	Usinskoe N 52° 37′ E 93° 15′ 1881 bis 1915	t_L P φ	−29,2 12 .	−28,0 4 .	−16,1 4 .	−0,7 10 .	8,0 27 .	14,6 38 .	16,6 83 .	14,4 38 .	7,6 22 .	−2,2 17 .	−16,6 13 .	−25,4 15 .	−4,8 286 .	45,8 — —	. . .	. . .
424 467 Dw	Irkutsk N 52° 16′ E 104° 19′ 1881 bis 1915	t_L P φ	−20,9 10 83	−18,5 9 78	−10,3 7 70	0,4 16 60	8,0 31 57	14,4 58 63	17,2 77 73	14,9 68 76	7,9 44 75	−0,3 17 75	−10,7 16 83	−18,2 16 87	−1,3 369 73	38,9 — —	33 580 .	−42 230 .
425 263 Df	Kirensk N 57° 47′ E 108° 07′ 1892 bis 1915	t_L P φ	−27,3 18 .	−22,4 13 .	−13,0 12 .	−2,2 12 .	6,9 26 .	15,1 47 .	18,7 50 .	15,0 50 .	7,0 44 .	−2,8 25 .	−15,7 25 .	−24,6 25 .	−3,8 346 .	46,0 — —	. 470 .	. 230 .
426 683 Dw	Tschita N 52° 02′ E 113° 30′ 1881 bis 1915	t_L P φ	−27,4 2 .	−22,3 2 .	−12,4 3 .	0,0 8 .	7,9 27 .	15,7 47 .	18,7 88 .	15,4 82 .	8,2 33 .	−1,7 13 .	−14,5 5 .	−24,1 5 .	−3,0 319 .	46,1 — —	. . .	. . .
427 626 Dw	Nertschinskij Sawod N 51° 19′ E 119° 37′ 1881 bis 1915	t_L P φ	−29,8 2 79	−24,3 2 76	−13,9 5 65	−0,2 14 55	8,5 29 50	15,4 61 60	18,9 110 68	15,8 106 74	8,9 47 67	−1,7 13 62	−15,4 7 78	−26,2 4 80	−3,7 402 68	48,7 — —	. . .	. . .
428 139 Dw	Blagoweschtschensk N 50° 10′ E 127° 38′ 1881 bis 1915	t_L P φ	−24,2 3 73	−18,1 1 71	−9,5 12 67	2,4 26 56	10,4 38 60	17,4 79 71	21,2 128 73	18,7 136 78	12,1 74 73	1,4 19 65	−11,4 5 73	−21,6 1 74	−0,1 525 70	45,4 — —	. . .	. . .
429 21 Df	Nikolaewsk (Amur) N 53° 08′ E 140° 45′ 1881 bis 1915	t_L P φ	−24,5 15 74	−19,8 13 74	−12,7 17 72	−2,6 29 73	3,6 32 76	11,4 40 76	16,7 51 78	16,1 77 79	11,4 71 79	2,0 49 75	−9,9 32 76	−20,1 20 78	−2,1 447 76	41,2 — —	29 700 .	−39 200 .
430 125 Df	Rykowskoe N 50° 47′ E 142° 55′ 1886 bis 1914	t_L P φ	−23,4 17 .	−18,4 15 .	−11,2 23 .	−0,9 32 .	5,3 34 .	11,4 47 .	16,2 69 .	15,7 86 .	10,9 89 .	2,0 80 .	−8,8 42 .	−18,4 32 .	−1,6 566 .	39,6 — —	. . .	. . .

Lfd. Nr. Seehöhe Typ	Ort Lage Beobachteter Zeitraum		I	II	III	IV	V	VI	VII	VIII	IX	X	XI	XII	Jahr	Schwankungen	Max.	Min.
431	Ochotzk	t_L	−25,2	−20,5	−14,5	−6,0	0,3	5,4	11,7	12,5	8,1	−2,3	−15,4	−21,9	−5,7	37,7	24	−39
6	N 59° 21′ E 143° 14′	P	2	2	4	9	20	44	58	61	52	24	4	3	283	—	.	.
Dw	1890 bis 1919	φ	.	.	.	.	.	.	.	.	.	.	.	.	.	—	.	.
432	Bolscheresk	t_L	−13,6	−15,1	−10,1	−2,5	2,1	5,0	11,0	12,0	7,8	2,4	−3,5	−10,2	−1,2	27,1	.	.
10	N 52° 48′ E 158° 30′	P	14	13	3	14	22	56	59	92	79	67	81	25	525	—	.	.
Dw	1909 bis 1915	φ	.	.	.	.	.	.	.	.	.	.	.	.	.	—	.	.
433	Beringsinsel	t_L	−5,4	−5,8	−4,2	−0,8	2,2	5,7	9,1	10,5	8,6	4,2	0,0	−3,3	1,7	16,3	.	.
7	N 55° 12′ E 165° 69′	P	67	45	53	30	18	25	46	51	43	48	43	48	518	—	.	.
Df	1899 bis 1918	φ	.	.	.	.	.	.	.	.	.	.	.	.	.	—	.	.
434	Petro Alexandrowsk	t_L	−5,1	−1,8	5,6	14,2	21,6	25,9	28,0	25,7	19,6	11,3	4,2	−1,3	12,3	33,1	.	.
94	N 41° 28′ E 61° 05′	P	10	10	18	14	6	4	1	1	1	4	6	8	82	—	160	17
BW	1881 bis 1915	φ	78	70	62	52	41	38	38	40	45	52	62	74	54	—	.	.
435	Irgis	t_L	−15,5	−14,0	−7,1	6,0	16,8	22,6	25,1	22,8	15,5	6,0	−3,8	−11,3	5,3	40,6	38	−34
131	N 48° 37′ E 61° 16′	P	9	7	10	14	18	17	6	11	15	17	13	12	149	—	.	.
BS	1881 bis 1915	φ	84	83	82	66	44	43	45	46	53	62	75	78	70	—	.	.
436	Perowsk	t_L	−9,7	−7,6	0,7	11,3	19,2	23,6	25,4	22,8	16,6	8,2	0,4	−5,7	8,8	35,1	.	.
115	N 44° 51′ E 65° 27′	P	11	11	13	14	14	5	6	3	3	7	11	10	107	—	190	50
BW	1881 bis 1915	φ	82	78	67	51	46	43	48	49	49	55	69	81	60	—	.	.
437	Taschkent	t_L	−1,3	1,4	7,7	14,3	19,9	24,7	26,8	24,6	19,1	12,1	7,0	2,5	13,2	28,1	39	−15
479	N 41° 20′ E 69° 18′	P	44	40	62	52	28	12	3	1	5	26	34	41	348	—	500	140
Cs	1881 bis 1915	φ	74	70	64	64	56	47	46	47	50	61	68	72	60	—	.	.
438	Wernyj	t_L	−8,6	−7,5	−0,2	9,6	15,4	19,6	22,1	20,8	15,3	7,2	−0,3	−5,6	7,1	30,7	.	.
825	N 43° 16′ E 76° 53′	P	32	30	52	98	89	61	34	28	27	48	46	30	577	—	820	320
Df	1881 bis 1915	φ	81	80	78	66	62	60	56	55	59	68	78	83	69	—	.	.
439	Sajsan	t_L	−16,6	−14,9	−7,4	5,6	14,8	19,8	22,7	20,8	15,3	6,7	−5,9	−14,3	3,8	39,8	.	.
627	N 47° 28 E 84° 51′	P	8	8	10	24	38	47	32	30	19	21	18	12	268	—	.	.
Df	1882 bis 1915	φ	.	.	.	.	.	.	.	.	.	.	.	.	.	—	.	.
440	Luktschun	t_L	−10,5	−2,9	7,4	19,0	24,1	29,6	32,5	29,6	23,2	13,0	0,5	−6,2	13,3	43,0	.	.
−15	N 42° 42 E 89° 42′	P	.	.	.	.	.	.	.	.	.	.	.	.	.[1]	—	.	.
Dw	2 Jahre	φ	.	.	30	28	28	33	31	35	37	44	.	.	.	—	.	.

[1] Im Jahr 25 Tage mit Niederschlag, Menge sehr gering.

Tabelle 1. (Fortsetzung.)

Lfd. Nr. Seehöhe Typ	Ort Lage Beobachteter Zeitraum		Monat												Jahr	Schwankungen	Extreme	
			I	II	III	IV	V	VI	VII	VIII	IX	X	XI	XII			Max.	Min.
441	Mukden	t_L	−13,6	−12,2	−1,4	9,0	15,1	21,4	24,4	23,3	16,7	9,0	−2,1	−8,7	6,7	38,0	.	.
60	N 41° 48′ E 123° 23′	P	.	.	.	.	.	.	.	.	.	.	.	.	613	—	.	.
Dw	6 Jahre	φ	.	.	.	.	.	.	.	.	.	.	.	.	.	—	.	.
442	Pinkiang (Charbin)	t_L	−20,0	−15,5	−6,0	5,7	13,4	19,2	22,6	21,1	14,0	5,0	−7,0	−17,1	2,9	42,6	34	−35
153	N 45° 45′ E 126° 48′	P	3	5	10	21	40	90	119	101	51	30	11	6	491	—	.	.
Dw	1898 bis 1927	φ	73	69	60	52	55	66	74	77	70	65	65	72	66	—	.	.
443	Wladiwostok	t_L	−13,7	−10,1	−3,1	4,4	9,5	13,6	18,1	20,6	16,5	9,3	−0,5	−9,6	4,6	34,3	31	−26
29	N 47° 03′ E 131° 54′	P	5	8	11	32	52	67	74	119	102	40	14	11	537	—	.	.
Dw	1881 bis 1915	φ	.	.	.	.	.	.	.	.	.	.	.	.	.	—	.	.
444	Sapporo	t_L	−6,2	−5,4	−1,8	5,1	10,4	14,8	18,9	20,6	16,1	9,4	2,8	−3,2	6,8	26,8	34,1	−25,6
15	N 43° 04′ E 141° 21′	P	72	59	59	52	63	58	87	97	138	107	92	92	976	—	.	.
Df	1881 bis 1905	φ	.	.	.	.	.	.	.	.	.	.	.	.	.	—	.	.
445	Nemuro	t_L	−4,7	−5,3	−2,5	2,8	6,7	10,0	14,5	17,4	15,3	10,5	4,4	−1,1	5,7	22,7	31,9	−22,4
25	N 43° 20′ E 145° 35′	P	24	20	50	71	91	98	84	95	135	92	83	61	904	—	.	.
Df	1881 bis 1905	φ	.	.	.	.	.	.	.	.	.	.	.	.	.	—	.	.
446	Bajram-Ali	t_L	0,3	3,7	10,0	17,0	23,6	28,4	21,8	28,0	22,2	14,8	8,7	3,8	15,9	29,5	.	.
241	N 37° 37′ E 62° 08′	P	16	15	34	19	7	2	0	0	1	6	10	12	122	—	200	33
BW	1881 bis 1915	φ	72	67	65	54	41	34	33	31	38	67	50	71	52	—	.	.
447	Samarkand	t_L	−0,2	2,4	7,8	13,8	19,0	23,4	24,8	23,1	18,5	11,9	7,4	3,1	12,9	25,0	.	.
720	N 39° 39′ E 66° 59′	P	35	32	58	71	33	7	4	1	1	19	22	31	315	—	.	.
Cs	1881 bis 1915	φ	76	73	73	67	57	48	48	48	50	60	68	72	62	—	.	.
448	Quetta	t_L	4,2	5,7	11,4	16,1	20,0	23,4	25,7	24,1	19,5	13,6	8,9	5,7	14,8	21,5	39,1[1]	−15,9[1]
1677	N 30° 12′ E 67° 00′	P	.	.	.	.	.	.	.	.	.	.	.	.	.	—	.	.
C	.	φ	.	.	.	.	.	.	.	.	.	.	.	.	.	—	.	.
449	Peschawar	t_L	9,8	11,8	17,4	23,1	28,9	32,9	32,4	30,9	27,8	21,9	15,1	10,6	21,9	23,1	48,7[1]	−4,1[1]
338	N 34° 02′ E 71° 37′	P	39	33	48	45	17	7	42	55	17	5	15	14	337	—	.	.
BS	.	φ	.	.	.	.	.	.	.	.	.	.	.	.	.	—	.	.
450	Pamirskij Post	t_L	−17,2	−14,8	−6,8	0,5	5,9	9,9	13,5	13,1	7,8	0,2	−7,3	−15,6	0,9	30,7	.	.
3653	N 38° 11′ E 74° 02′	P	5	4	3	6	6	11	13	6	2	2	0	1	59	—	90	20
BW	1894 bis 1915	φ	62	59	52	47	47	44	42	42	42	49	54	57	50	—	.	.

[1] abs. Extreme.

Tabelle 1. (Fortsetzung.)

Lfd. Nr. Seehöhe Typ	Ort Lage Beobachteter Zeitraum		Monat												Jahr	Schwan-kungen	Extreme	
			I	II	III	IV	V	VI	VII	VIII	IX	X	XI	XII			Max.	Min.
451 3506 BW	Leh N 34° 10′ E 77° 40′ ·	t_L P φ	−8,2 · ·	−7,3 · ·	−0,6 · ·	6,1 · ·	9,9 · ·	14,3 · ·	17,0 · ·	16,1 · ·	12,1 · ·	5,9 · ·	0,1 · ·	−5,5 · ·	4,9 · ·	25,2 — —	33,9[1] · ·	−28,3[1] · ·
452 950 Df	Hoihien N 33° 46′ E 106° 04′ 1 Jahr	t_L P φ	−2,7 · ·	0,8 · ·	8,6 · ·	14,9 · ·	17,6 · ·	22,2 · ·	26,5 · ·	22,1 · ·	16,5 · ·	11,6 · ·	6,1 · ·	−0,6 · ·	12,0 · ·	29,2 — —	· ·	· ·
453 · Cf	Shasi N 30° 18′ E 112° 15′ 5 Jahre	t_L P φ	4,5 · ·	4,2 · ·	9,1 · ·	15,7 · ·	21,2 · ·	24,8 · ·	27,2 · ·	27,5 · ·	22,5 · ·	17,5 · ·	11,7 · ·	7,2 · ·	16,1 1211 ·	23,3 — —	· ·	· ·
454 790 BS	Taiyuen N 37° 55′ E 112° 52′ 3 Jahre	t_L P φ	−6,2 · ·	−3,0 · ·	2,6 · ·	11,8 · ·	18,5 · ·	23,6 · ·	26,6 · ·	23,4 · ·	17,4 · ·	10,5 · ·	3,8 · ·	−6,2 · ·	10,2 350 ·	32,8 — —	· ·	· ·
455 · Cf	Huokiu N 32° 22′ E 116° 15′ 13 Jahre	t_L P φ	1,2 · ·	3,7 · ·	9,2 · ·	15,3 · ·	20,8 · ·	25,3 · ·	27,9 · ·	27,5 · ·	22,4 · ·	16,7 · ·	9,4 · ·	3,4 · ·	15,2 882 ·	26,7 — —	· ·	· ·
456 40 Dw	Peking N 39° 57′ E 116° 28′ 36 Jahre	t_L P φ	−4,7 3 58	−1,7 5 58	5,0 7 ·	13,7 16 49	19,9 39 ·	24,5 85 67	26,0 213 76	24,7 164 76	19,8 67 71	12,5 16 ·	3,6 7 ·	−2,6 2 58	11,7 624 ·	30,7 — —	· ·	· ·
457 75 Cw	Kiautschou N 36° 04′ E 120° 17′ 10 Jahre	t_L P φ	−0,4 · ·	0,0 · ·	4,4 · ·	9,9 · ·	15,5 · ·	20,0 · ·	23,4 · ·	24,8 · ·	21,5 · ·	16,2 · ·	8,5 · ·	2,3 · ·	12,3 623 ·	25,2 — —	· ·	· ·
458 10 Cf	Shanghai N 31° 12′ E 121° 26′ 34 Jahre	t_L P φ	3,1 55 80	4,0 60 79	7,8 86 79	13,5 96 80	18,6 94 80	23,0 165 84	26,9 139 84	26,8 149 85	22,7 119 83	17,4 81 79	11,0 43 77	5,6 30 76	15,0 1117 81	23,8 — —	· ·	· ·
459 10 Dw	Dairen N 38° 56′ E 121° 36′ 5 Jahre	t_L P φ	−4,1 · ·	−3,7 · ·	2,0 · ·	8,7 · ·	14,7 · ·	19,8 · ·	23,0 · ·	24,2 · ·	20,8 · ·	14,6 · ·	5,9 · ·	−0,9 · ·	10,4 579 ·	28,3 — —	· ·	· ·
460 120 Cf	Kagoschima N 31° 35′ E 130° 33′ 1881 bis 1905	t_L P φ	7,0 88 ·	7,0 84 ·	10,6 155 ·	15,3 232 ·	18,5 245 ·	21,7 354 ·	25,6 285 ·	26,4 189 ·	24,0 221 ·	19,0 130 ·	13,7 95 ·	8,8 90 ·	16,4 2153 ·	19,4 — —	36,2[1] · ·	−6,1[1] · ·

[1] abs. Extreme.

Tabelle 1. (Fortsetzung.)

Lfd. Nr. Seehöhe Typ	Ort Lage Beobachteter Zeitraum		I	II	III	IV	V	VI	VII	VIII	IX	X	XI	XII	Jahr	Schwan-kungen	Extreme Max.	Extreme Min.
461	Hiroschima	t_L	3,8	4,1	7,3	12,9	17,0	21,3	25,3	26,7	22,9	16,7	10,8	5,8	14,5	22,9	37,5[1]	−8,4[1]
5	N 34° 23′ E 132° 27′	P	43	61	104	187	168	239	217	113	150	106	69	48	1505	—	.	.
Cf	1881 bis 1905	φ	.	.	.	.	.	.	.	.	.	.	.	.	.	—	.	.
462	Oasaka	t_L	3,9	4,1	7,4	13,4	17,6	22,1	25,9	27,4	23,4	16,8	11,0	6,1	15,0	23,5	36,6[1]	−7,1[1]
6	N 34° 42′ E 135° 31′	P	48	50	107	157	132	184	174	106	172	127	80	49	1388	—	.	.
Cf	1881 bis 1905	φ	.	.	.	.	.	.	.	.	.	.	.	.	.	—	.	.
463	Tokio	t_L	2,9	3,5	6,7	12,4	16,4	20,5	23,9	25,4	22,0	15,9	10,2	5,2	13,8	22,5	36,6[1]	−9,1[1]
20	N 35° 41′ E 139° 45′	P	52	65	109	134	149	160	142	117	190	184	110	58	1470	—	.	.
Cf	1881 bis 1905	φ	65	64	69	76	78	82	84	82	83	80	75	68	76	—	.	.
464	Miyako	t_L	−0,6	−0,5	2,5	8,1	12,1	16,1	19,8	21,8	18,6	12,6	7,1	2,1	10,0	22,4	36,2[1]	−15,7[1]
30	N 39° 38′ E 141° 59′	P	66	64	88	110	113	114	114	151	225	172	81	75	1373	—	.	.
Cf	1881 bis 1905	φ	.	.	.	.	.	.	.	.	.	.	.	.	.	—	.	.
465	Karrachi	t_L	18,5	20,2	23,9	27,0	29,3	30,4	29,1	28,0	27,8	26,7	23,3	19,7	25,3	11,9	47,8[1]	4,4[1]
15	N 24° 51′ E 67° 04′	P	.	.	.	.	.	.	.	.	.	.	.	.	.	—	.	.
Am		φ	.	.	.	.	.	.	.	.	.	.	.	.	.	—	.	.
466	Bikanir	t_L	15,1	17,6	24,8	31,3	34,5	34,8	32,4	30,7	30,8	28,0	21,4	16,3	26,4	19,7	48,8[1]	−0,3[1]
235	N 28° 01′ E 73° 22′	P	.	.	.	.	.	.	.	.	.	.	.	.	.	—	.	.
Cf		φ	.	.	.	.	.	.	.	.	.	.	.	.	.	—	.	.
467	Agra	t_L	15,6	18,2	24,8	31,2	34,4	34,1	30,0	29,0	29,0	26,3	20,4	16,2	25,8	18,8	49,0[1]	−1,1[1]
169	N 27° 10′ E 78° 05	P	14	8	6	4	16	73	250	184	114	10	2	7	688	—	.	.
BS	.	φ	.	.	.	.	.	.	.	.	.	.	.	.	.	—	.	.
468	Negpur	t_L	20,4	23,5	28,0	32,6	34,7	30,3	26,9	26,3	26,9	25,8	22,3	19,5	26,4	15,2	47,8[1]	4,1[1]
312	N 21° 09′ E 79° 09′	P	.	.	.	.	.	.	.	.	.	.	.	.	.	—	.	.
.	.	φ	.	.	.	.	.	.	.	.	.	.	.	.	.	—	.	.
469	Allahabad	t_L	15,3	18,3	24,9	30,9	33,6	32,7	29,2	28,4	28,3	25,3	19,7	15,4	25,2	18,3	48,8[1]	2,2[1]
94	N 25° 28′ E 81° 54′	P	.	.	.	.	.	.	.	.	.	.	.	.	.	—	.	.
.	.	φ	.	.	.	.	.	.	.	.	.	.	.	.	.	—	.	.
470	Darjeeling	t_L	4,5	5,3	9,8	13,4	14,6	15,5	16,4	16,1	15,2	12,9	8,8	5,4	11,5	11,9	26,7[1]	−6,7[1]
2255	N 27° 03′ E 88° 18′	P	.	.	.	.	.	.	.	.	.	.	.	.	.	—	.	.
Cm	.	φ	.	.	.	.	.	.	.	.	.	.	.	.	.	—	.	.

[1] abs. Extreme.

Tabelle 1. (Fortsetzung.)

Lfd. Nr. Seehöhe Typ	Ort Lage Beobachteter Zeitraum		Monat												Jahr	Schwankungen	Extreme Max.	Min.
			I	II	III	IV	V	VI	VII	VIII	IX	X	XI	XII				
471	Kalkutta	t_L	18,4	21,3	26,3	29,4	29,8	29,2	28,3	28,0	28,1	26,7	22,4	18,5	25,5	11,4	42,3[1]	6,8[1]
6	N 22° 32′ E 88° 24′	P	7	26	29	39	142	280	313	322	264	98	16	8	1544	—	.	.
Aw	.	φ	.	.	.	.	.	.	.	.	.	.	.	.	.	—	.	.
472	Sibsagar	t_L	14,7	16,4	20,0	23,0	25,4	27,6	28,2	27,9	27,0	24,7	19,7	15,6	22,6	13,5	38,9[1]	3,9[1]
102	N 26° 59′ E 94° 41′	P	29	55	120	251	291	359	404	414	299	131	28	15	2396	—	.	.
Aw	.	φ	.	.	.	.	.	.	.	.	.	.	.	.	.	—	.	.
473	Mandalai	t_L	20,4	23,2	27,8	31,8	31,4	29,7	29,6	29,3	28,6	28,1	24,4	20,8	27,1	7,4	43,9[1]	7,3[1]
76	N 21° 59′ E 96° 08′	P	1	2	5	30	134	145	83	106	158	115	42	7	820	—	.	.
Aw	.	φ	.	.	.	.	.	.	.	.	.	.	.	.	.	—	.	.
474	Hanoi	t_L	16,7	16,4	20,1	23,4	26,7	28,8	28,7	28,1	27,3	25,6	21,0	17,8	23,4	12,4	38,1	7,5
14	N 21° 02′ E 105° 51′	P	25	34	49	91	214	264	283	352	267	108	52	30	1776	—	2740	1280
Cw	1907 bis 1926	φ	83	85	88	88	85	84	85	88	86	85	83	81	85	—	.	35
475	Tschungking	t_L	8,5	9,6	12,9	19,7	22,0	25,1	26,8	27,4	22,7	19,0	13,9	9,3	18,1	18,9	.	.
260	N 29° 34′ E 106° 54′	P	.	.	.	.	.	.	.	.	.	.	.	.	1079	—	.	.
Cf	6 Jahre	φ	.	.	.	.	.	.	.	.	.	.	.	.	.	—	.	.
476	Kiukiang	t_L	2,5	4,8	9,7	16,4	21,6	25,1	28,9	28,7	24,1	18,4	12,1	5,7	16,5	26,4	.	.
.	N 29° 44′ E 116° 08′	P	.	.	.	.	.	.	.	.	.	.	.	.	1523	—	.	.
Cf	6 Jahre	φ	.	.	.	.	.	.	.	.	.	.	.	.	.	—	.	.
477	Bombay	t_L	23,6	23,8	25,6	27,8	29,2	28,0	26,4	26,3	26,3	27,1	26,3	24,7	26,3	5,6	36,9[1]	13,3[1]
11	N 18° 55′ E 72° 54′	P	3	1	0	1	14	522	624	379	278	45	12	1	1880	—	.	.
Aw	.	φ	.	.	.	.	.	.	.	.	.	.	.	.	.	—	.	.
478	Bangalore	t_L	20,3	22,7	25,7	27,6	27,1	24,7	23,4	23,3	23,0	22,8	21,2	19,7	23,5	17,9	38,2[1]	7,7[1]
920	N 12° 50′ E 77° 36′	P	.	.	.	.	.	.	.	.	.	.	.	.	.	—	.	.
.	.	φ	.	.	.	.	.	.	.	.	.	.	.	.	.	—	.	.
479	Madras	t_L	24,1	24,8	26,4	29,0	31,5	31,3	29,8	29,2	28,8	27,1	25,5	24,3	27,7	7,4	44,9[1]	14,2[1]
3	N 13° 04′ E 80° 14′	P	21	7	9	17	50	52	97	118	123	278	338	133	1243	—	.	.
Aw	.	φ	.	.	.	.	.	.	.	.	.	.	.	.	.	—	.	.
480	Pt. Blain	t_L	26,8	27,0	27,9	29,3	28,1	27,1	26,6	26,8	26,5	27,1	27,3	26,9	27,3	2,8	37,3[1]	15,6[1]
18	N 11° 41′ E 92° 45′	P	23	24	9	75	425	456	393	376	479	297	217	141	2115	—	.	.
Aw	.	φ	.	.	.	.	.	.	.	.	.	.	.	.	.	—	.	.

[1] abs. Extreme.

Tabelle 1. (Fortsetzung.)

Lfd. Nr. Seehöhe Typ	Ort Lage Beobachteter Zeitraum		I	II	III	IV	V	VI	VII	VIII	IX	X	XI	XII	Jahr	Schwankungen	Max.	Min.
481 23 Am	Moulmein N 16° 29′ E 97° 39′ 1875 bis 1899	t_L P φ	24,4 6 70	26,2 4 68	28,7 13 71	29,4 71 74	28,4 507 81	26,4 960 93	26,0 1147 93	26,0 1088 93	26,4 713 91	27,2 217 86	26,1 56 80	24,4 7 69	26,6 4816 81	5,0 — —	37,2 7090 ·	15,2 3150 ·
482 6 Aw	Bangkok N 13° 38′ E 100° 27′ 1858 bis 1918	t_L P φ	24,6 8 78	26,5 16 78	28,5 44 77	29,4 43 74	28,8 157 78	28,4 141 81	28,1 156 81	28,0 174 82	27,5 302 83	27,3 207 85	25,6 69 83	24,5 8 80	27,3 1330 80	4,7 — —	36,6 2160 ·	16,8 840 ·
483 11 Aw	Saigon N 10° 47′ E 106° 42′ 1907 bis 1926	t_L P φ	25,6 18 81	27,1 3 77	28,0 18 73	29,1 42 73	28,4 204 82	27,4 339 87	26,9 305 87	27,0 261 85	72,0 347 87	26,7 279 87	26,2 119 84	25,4 68 83	27,1 2011 82	3,7 — —	37,2 2720 ·	17,4 1570 42
484 14 Aw	Manila N 14° 35′ E 120° 59′ 1903 bis 1926	t_L P φ	24,5 18 78	25,1 14 74	26,3 19 72	27,9 37 70	28,4 130 76	27,6 266 81	26,8 464 85	26,8 491 85	26,6 340 86	26,3 183 84	25.5 143 83	24,8 66 81	26,4 2183 80	3,9 — —	36,8 3920 ·	16,5 1030 34
485 4 Am	Aparri N 18° 22′ E 121° 38′ 1903 bis 1926	t_L P φ	23,0 172 84	23,3 101 82	24,9 61 81	26,6 48 81	27,6 118 81	28,0 162 81	27,7 193 82	27,5 236 83	27,1 290 84	26,3 298 84	25,1 306 85	23,7 231 86	25,9 2221 83	5,0 — —	36,2 3000 ·	16,9 1210 44
486 5 Am	Iloilo N 10° 42′ E 122° 34′ 1903 bis 1926	t_L P φ	25,6 60 80	25,8 46 78	26,7 34 75	27,9 40 73	28,0 151 78	27,4 266 81	26,9 415 83	27,0 349 83	26,7 324 84	26,7 261 84	26,5 195 83	26,0 112 82	26,8 2263 80	2,4 — —	35,0 3090 ·	20,1 1780 42
487 19 Aw	Guam N 13° 27′ E 144° 39′ 1906 bis 1922	t_L P φ	25,4 61 78	25,2 80 77	25,9 81 76	26,6 57 75	27,1 102 76	27,2 145 78	26,5 357 81	26,3 393 84	26,3 415 84	26,2 315 83	26,3 186 81	26,0 120 79	26,2 2312 80	2,0 — —	34,4[1] 3000 ·	17,8[1] 1520 ·
488 60 Aw	Trivandrum N 08° 29′ E 76° 59′ ·	t_L P φ	25,1 16 ·	25,9 16 ·	26,8 40 ·	27,7 121 ·	27,4 226 ·	25,8 315 ·	25,1 173 ·	25,4 105 ·	25,6 90 ·	25,4 226 ·	25,4 154 ·	25,2 56 ·	25,9 1538 ·	2,6 — —	37,8[1] · ·	17,2[1] · ·
489 12 Af	Colombo N 06° 56′ E 79° 56′ ·	t_L P φ	26,1 82 ·	26,5 48 ·	27,0 121 ·	27,5 290 ·	27,8 307 ·	26,9 212 ·	26,7 113 ·	26,9 97 ·	26,9 127 ·	26,3 365 ·	26,4 319 ·	26,2 161 ·	26,8 2242 ·	1,7 — —	37,8[1] · ·	17,8[1] · ·
490 1205 Af	Takengon N 04° 40′ E 96° 50′ 1912 bis 1918	t_L P φ	19,4 156 82	19,9 114 81	20,2 167 82	20,2 194 85	20,2 111 82	19,8 73 81	19,5 76 80	19,5 105 81	19,4 141 82	19,5 211 82	19,4 234 86	19,6 255 83	19,7 1840 82	0,8 — —	29,5 2250 ·	10,5 1400 29

[1] abs. Extreme.

Tabelle 1. (Fortsetzung.)

Lfd. Nr. Seehöhe Typ	Ort Lage Beobachteter Zeitraum		Monat												Jahr	Schwan-kungen	Extreme	
			I	II	III	IV	V	VI	VII	VIII	IX	X	XI	XII			Max.	Min.
491	Penang	t_L	26,3	26,6	27,1	27,0	26,8	26,9	26,4	26,1	26,1	25,9	25,8	25,9	26,4	1,3	34,6	19,9
3	N 05° 34′ E 100° 20′	P	95	80	117	179	269	198	208	320	416	414	304	124	2722	—	3920	1600
Af	1882 bis 1920	φ	82	79	81	82	84	83	82	83	84	87	85	84	83	—	.	48
492	Singapore	t_L	25,5	25,8	26,3	26,6	27,0	26,6	26,8	26,5	26,4	26,5	26,1	25,7	26,3	1,5	33,7	21,0
5	N 01° 18′ E 103° 51′	P	246	181	185	197	166	177	169	198	175	201	256	263	2415	—	3450	1480
Af	1898 bis 1922	φ	85	81	82	82	83	82	81	81	81	82	84	85	82	—	.	51
493	Sandakan	t_L	25,8	25,9	26,5	27,1	27,3	26,8	26,9	26,9	26,8	26,7	26,3	25,9	26,6	1,5	34,1	22,0
32	N 05° 50′ E 118° 07′	P	461	263	200	105	147	188	163	201	242	249	377	441	3040	—	4500	1470
Af	1879 bis 1920	φ	85	84	83	81	81	82	82	81	82	82	84	85	83	—	.	.
494	Menado	t_L	25,2	25,2	25,5	25,6	25,9	25,9	26,3	26,5	26,4	26,3	25,8	25,6	25,8	1,3	34,4	19,6
9	N 01° 30′ E 124° 50′	P	450	384	294	201	161	165	117	94	86	118	222	366	2651	—	4040	1590
Af	1912 bis 1918	φ	91	89	88	89	88	85	79	76	78	81	88	90	85	—	.	41
495	Surigao	t_L	25,5	25,5	25,9	26,5	27,1	27,2	27,4	27,7	27,3	26,9	26,3	25,8	26,6	2,2	35,0	19,7
5	N 09° 48′ E 125° 29′	P	512	389	323	246	155	134	159	109	164	259	431	606	3484	—	5040	1900
Af	1903 bis 1926	φ	88	86	86	86	85	84	81	79	81	84	87	89	86°	—	.	46
496	Palau	t_L	26,4	26,5	26,8	27,1	27,1	27,0	26,6	26,9	27,0	27,1	27,1	26,7	26,9	0,7	.	.
32	N 07° 20′ E 134° 29′	P	400	210	172	204	438	332	619	388	328	388	253	347	4078	—	.	.
Af	1924 bis 1929	φ	82	81	79	80	83	82	83	81	82	81	82	83	82	—	.	.
497	Jap	t_L	26,6	26,5	26,7	27,2	27,4	27,3	26,7	26,8	26,8	26,9	27,0	26,9	26,9	0,9	36,7[1]	19,4[1]
35	N 09° 30′ E 138° 07′	P	177	173	124	131	245	273	420	413	339	298	258	227	3080	—	3860	1850
Af	1906 bis 1920	φ	81	81	80	81	84	85	86	86	86	86	86	84	84	—	.	.
498	Ponapé	t_L	27,0	27,0	27,3	27,2	27,1	27,0	26,9	27,2	26,7	26,6	26,3	26,1	26,9	1,2	.	.
10	N 06° 59′ E 158° 14′	P	281	223	359	496	507	348	419	408	391	393	419	407	4651	—	5560	3180
Af	1900 bis 1901	φ	80	79	79	79	81	86	85	85	85	86	85	86	83	—	.	.
499	Jaluit	t_L	27,0	27,2	26,9	26,8	26,7	26,9	26,8	26,9	26,8	27,0	27,1	26,9	26,9	0,5	35,5	21,6
3	N 05° 55′ E 169° 39′	P	244	224	362	417	407	381	385	298	340	302	306	334	4000	—	4740	3010
Af	1892 bis 1895	φ	85	85	84	86	86	86	85	84	83	82	85	85	85	—	.	.
500	Batavia	t_L	25,6	25,6	26,1	26,5	26,5	26,2	26,1	26,1	26,3	26,4	26,1	25,9	26,1	0,9	34,2	20,2
240	S 06° 36′ E 106° 48	P	303	341	202	142	105	93	67	40	72	115	146	193	1809	—	2460	1170
Am	1905 bis 1918	φ	87	88	86	85	84	84	81	79	78	80	83	85	83	—	.	35

[1] abs. Extreme.

Tabelle 1. (Fortsetzung.)

Lfd. Nr. Seehöhe Typ	Ort Lage Beobachteter Zeitraum		Monat												Jahr	Schwan-kungen	Extreme	
			I	II	III	IV	V	VI	VII	VIII	IX	X	XI	XII			Max.	Min.
501 3023 ET	Pangerango S 06° 45′ E 106° 58′ 1912 bis 1918	t_L P φ	8,5 491 92	8,9 569 93	8,8 382 92	9,7 323 88	9,8 186 81	9,3 112 77	9,0 84 70	8,8 113 71	8,8 144 76	8,6 252 83	8,6 367 88	8,3 452 90	8,9 3455 84	1,5 — —	18,7 4010 .	2,3 1980 10
502 3 Af	Pontianak S 00° 01′ E 109° 20′ 1912 bis 1918	t_L P φ	25,7 269 86	26,1 217 86	26,3 245 87	26,3 283 88	26,7 272 87	26,6 225 87	26,5 165 86	26,3 219 85	26,2 219 86	26,2 374 87	25,7 409 89	25,5 333 89	26,2 3233 87	1,2 — —	34,0 4240 .	20,7 2520 35
503 1735 Cw	Tosari S 07° 54′ E 112° 55′ 1912 bis 1918	t_L P φ	16,2 314 85	16,3 372 87	16,3 274 86	16,2 176 85	16,1 118 83	15,6 84 81	15,1 39 77	15,0 29 78	15,2 25 76	16,2 85 77	16,3 198 82	16,3 299 84	15,9 2001 82	1,3 — —	21,8 3570 .	10,3 1200 18
504 5 Af	Balikpapan S 01° 17′ E 116° 51′ 1912 bis 1918	t_L P φ	25,5 196 89	25,6 190 88	25,5 228 89	25,7 192 90	25,9 220 90	25,6 211 89	25,6 197 88	26,1 176 86	26,1 123 84	26,0 144 86	25,6 163 88	25,5 190 87	25,7 2232 88	0,6 — —	32,8 3380 .	20,5 1180 46
505 4 Am	Makasser S 05° 08′ E 119° 24′ 1912 bis 1918	t_L P φ	25,6 676 88	25,8 590 86	25,8 417 88	26,4 153 84	26,2 87 84	25,4 74 83	25,2 36 78	25,6 11 74	25,4 15 74	26,0 43 78	26,2 182 82	25,4 597 88	25,8 2868 82	1,2 — —	32,8 4200 .	16,3 1340 32
506 4 Af	Ambon S 03° 24′ E 128° 10′ 1912 bis 1918	t_L P φ	26,6 128 85	26,6 126 83	26,6 132 83	25,9 287 87	25,8 499 88	24,8 651 89	24,6 582 88	24,7 401 87	25,2 236 87	25,7 152 86	26,1 115 86	26,5 132 84	25,8 3449 86	2,0 — —	33,5 6160 .	20,0 1520 43
507 19 Af	Manokwari S 00° 52′ E 134° 20′ 1914 bis 1918	t_L P φ	25,7 273 86	25,7 271 86	25,8 329 86	25,9 281 88	26,1 199 85	25,8 210 86	26,1 152 86	26,1 135 86	26,3 131 86	26,4 107 88	26,5 167 88	26,2 269 90	26,0 2521 87	0,8 — —	32,2 4380 .	20,7 1480 50
508 65 Af	Herbertshöhe S 04° 20′ E 152° 17′ 1902 bis 1912	t_L P φ	26,1 204 84	25,9 191 85	25,9 223 83	26,2 140 84	26,3 109 82	25,9 148 82	25,6 150 82	25,6 158 81	25,9 101 80	26,2 84 79	26,2 159 79	26,3 199 84	26,0 1867 82	0,7 — —	34,2 2170 .	19,9 1800 48
509 5 Af	Nauru S 00° 32′ E 166° 55′ 1894 bis 1913	t_L P φ	27,4 301 47	27,6 239 54	27,7 175 45	27,9 143 42	27,9 160 40	27,8 122 42	27,5 246 43	27,6 191 38	27,8 140 36	27,8 133 36	27,7 107 43	27,6 243 48	27,7 2200 43	0,5 — —	36,1 4140 .	23,1 440 .
510 28 Af	Banaba S 00° 52′ E 169° 26′ 1905 bis 1916	t_L P φ	27,4 300 50	27,3 234 48	27,3 190 48	27,3 154 40	27,1 113 36	27,3 115 32	27,2 159 38	27,3 118 29	27,2 110 30	27,2 109 35	27,3 150 34	27,4 229 39	27,3 1981 38	0,3 — —	35,6[1] 4450 .	20,0[1] 360 .

[1] absolute Extreme.

Tabelle 1 (Fortsetzung).

Lfd. Nr. Seehöhe Typ	Ort Lage Beobachteter Zeitraum		Monat												[Jahr	Schwan-kungen	Extreme	
			I	II	III	IV	V	VI	VII	VIII	IX	X	XI	XII			Max.	Min.
511 6 Am	Christmas Insel S 10° 25′ E 105° 43′ 1902 bis 1922	t_L P φ	26,5 224 86	26,8 332 88	26,8 267 87	26,8 200 89	26,8 236 88	26,1 156 85	25,8 125 83	25,7 59 79	26,1 81 76	26,7 81 77	26,6 236 82	26,5 215 85	26,4 2198 84	1,1 — —	33,8 3480 ·	20,3 1530 ·
512 19 BS	Broome S 17° 57′ E 122° 15′ 1897 bis 1928	t_L P φ	29,7 153 74	29,6 157 74	29,6 88 69	28,2 34 55	24,6 13 52	21,8 25 55	21,0 6 52	22,4 3 54	25,0 2 52	27,2 1 57	29,2 18 62	29,9 91 69	26,5 593 60	8,9 — —	— 1090 ·	140 ·
513 3 Aw	Kupang S 10° 10′ E 123° 34′ 1912 bis 1918	t_L P φ	26,3 387 88	26,0 402 89	26,3 216 87	26,3 65 79	26,1 29 76	25,3 11 73	25,0 5 71	25,6 2 69	26,3 2 68	27,0 19 74	27,4 91 78	26,9 242 84	26,2 1457 78	2,4 — —	35,4 2220 ·	16,6 770 24
514 373 BS	Hall's Creek S 18° 13′ E 127° 46′ 1899 bis 1928	t_L P φ	30,2 144 54	29,6 123 56	28,3 75 46	25,5 21 37	21,5 10 40	18,7 5 42	17,9 5 40	20,6 2 36	24,4 5 32	28,6 15 37	30,5 39 39	30,7 85 47	25,5 532 42	12,8 — —	43 1070 ·	2 220 ·
515 7 BS	Wyndham S 15° 27′ E 128° 07′ 1898 bis 1928	t_L P φ	31,1 186 69	30,7 167 72	30,6 115 65	30,0 23 49	27,3 7 42	25,0 2 42	24,3 4 41	26,2 1 43	29,0 3 47	31,3 13 52	31,9 52 58	31,6 111 63	29,1 688 54	7,6 — —	44 1350 ·	12 370 ·
516 30 Aw	Darwin S 12° 28′ E 130° 51′ 1893 bis 1928	t_L P φ	28,8 388 79	28,6 342 80	28,9 245 78	28,9 103 72	27,6 16 62	26,0 3 61	25,2 2 59	26,3 2 62	28,2 13 64	29,6 50 65	29,9 119 67	29,6 248 73	28,1 1545 68	4,7 — —	38 2210 ·	15 900 ·
517 211 BS	Daily Waters S 16° 16′ E 133° 23 1886 bis 1928	t_L P φ	30,4 154 66	29,7 168 67	28,7 116 63	26,9 27 53	23,7 4 49	21,3 7 48	20,4 1 43	22,6 3 42	26,6 6 39	30,0 21 41	31,3 57 45	31,2 104 55	26,9 670 51	10,9 — —	44 1170 ·	3 230 ·
518 5 Am	Cairns S 16° 55′ E 145° 47′ 1907 bis 1928	t_L P φ	27,9 394 72	23,2 411 75	26,7 442 76	25,3 302 77	23,3 107 75	21,9 71 76	21,1 39 73	21,6 43 72	23,2 43 68	25,1 45 66	20,8 99 67	27,6 214 68	24,0 2228 72	8,8 — —	· 4430 ·	1120 ·
519 6 Af	Samarai S 10° 37′ E 150° 40′ 20 Jahre	t_L P φ	27,8 191 77	27,8 261 78	27,5 295 79	27,8 275 81	26,2 363 83	25,6 289 85	25,2 236 84	24,2 256 82	25,6 320 84	26,4 145 81	27,0 156 80	27,5 158 77	26,6 2983 81	· — —	· 4550 ·	1580 ·
520 30 Af	Futuna S 19° 30′ E 170° 13′ 1867 bis 1876	t_L P φ	27,2 271 86	27,6 298 87	27,2 159 85	25,7 196 86	24,8 128 83	23,3 132 81	23,4 92 84	22,6 150 81	23,3 99 80	24,5 83 83	25,2 109 84	26,2 152 83	25,1 1869 84	5,0 — —	32,6 2050 ·	17,2 1400 ·

Tabelle 1. (Fortsetzung.)

Lfd. Nr. Seehöhe Typ	Ort Lage Beobachteter Zeitraum		Monat												Jahr	Schwan-kungen	Extreme	
			I	II	III	IV	V	VI	VII	VIII	IX	X	XI	XII			Max.	Min.
521	Wiluna	t_L	29,7	29,1	26,7	21,9	16,4	12,7	11,9	13,8	17,6	21,4	26,2	28,9	21,4	17,8	·	·
518	S 26° 37′ E 120° 21′	P	35	35	28	37	25	25	13	9	6	4	8	16	244	—	710	50
BW	1903 bis 1928	φ	35	36	39	46	51	59	55	48	42	35	30	31	41	—	·	·
522	Alice Springs	t_r	28,5	27,8	24,9	22,8	15,3	12,4	11,5	14,6	18,6	23,1	26,1	27,9	21,1	17,0	46	−3
548	S 23° 38′ E 133° 37′	P	43	42	31	18	16	15	10	9	10	17	25	37	276	—	730	60
BW	1889 bis 1925	φ	30	34	35	40	47	53	49	39	29	26	26	28	35	—	·	·
523	Thargomindah	t_L	29,7	29,5	26,2	21,6	16,6	13,3	12,2	14,4	18,4	22,6	26,4	28,7	21,6	17,5	43	2
122	S 27° 58′ E 143° 43′	P	35	41	21	21	19	21	13	13	14	18	24	33	273	—	590	70
BW	1907 bis 1928	φ	32	36	37	42	50	57	56	43	34	28	29	31	40	—	·	·
524	Bris Bane	t_L	25,1	24,7	23,5	21,3	18,1	15,7	14,7	15,8	18,4	21,1	23,1	24,6	20,5	10,4	38	3
42	S 27° 28′ E 153° 02′	P	160	170	141	94	69	70	55	50	52	63	94	121	1172	—	2240	410
Cf	1887 bis 1928	φ	66	69	72	72	73	74	73	69	64	60	60	62	68	—	·	·
525	Perth	t_L	23,2	23,3	21,7	19,3	15,9	13,7	12,8	13,3	14,5	16,0	19,0	21,7	17,9	10,5	42	1
60	S 31° 57′ E 115° 51′	P	9	12	19	41	122	176	164	142	88	54	20	15	878	—	1250	510
Cs	1897 bis 1928	φ	52	54	57	63	72	78	73	73	69	62	55	52	64	—	·	·
526	Eucla	t_L	21,3	21,6	20,7	18,8	15,9	13,3	12,4	13,4	15,1	17,0	18,8	20,4	17,4	9,1	45	0
5	S 31° 45′ E 128° 58′	P	19	13	23	32	31	29	24	22	20	17	17	11	258	—	·	·
BS	1878 bis 1926	φ	57	60	58	59	64	70	68	61	54	51	53	54	59	—	·	·
527	Farina	t_L	27,6	27,8	24,4	19,4	14,7	11,7	10,6	12,7	16,1	20,3	24,1	26,7	19,7	17,2	·	·
93	S 30° 05′ E 138° 08′	P	13	14	16	11	16	23	9	11	12	12	12	15	166	—	370	50
BW	1889 bis 1928	φ	33	34	41	48	59	71	68	58	46	37	33	32	47	—	·	·
528	Adelaide	t_L	23,2	23,3	21,0	17,8	14,4	11,9	11,0	12,2	13,9	16,3	19,2	21,7	17,2	12,3	43	2
43	S 34° 56′ E 138° 35′	P	17	20	25	44	68	79	65	62	52	43	29	24	537	—	780	290
Cs	1857 bis 1928	φ	38	41	46	56	67	76	76	69	61	57	43	39	56	—	·	·
529	Brocken Hill	t_L	25,5	25,6	22,1	17,9	13,7	10,7	9,9	11,7	14,8	18,6	22,3	24,7	18,1	15,7	·	·
305	S 31° 57′ E 141° 28′	P	17	23	16	16	24	32	17	21	19	20	17	20	247	—	450	90
BS	1891 bis 1928	φ	39	42	47	55	67	75	72	61	51	41	37	38	51	—	·	·
530	Horsham	t_L	21,1	21,8	18,6	14,9	11,6	9,2	8,4	9,6	11,6	13,8	17,6	20,1	14,9	13,4	·	·
138	S 36° 43′ E 142° 12′	P	17	25	25	32	49	56	42	46	49	41	33	27	449	—	680	260
Cs	1904 bis 1928	φ	·	·	·	·	·	·	·	·	·	·	·	·	·	—	·	·

Tabelle 1. (Fortsetzung.)

Tabelle 1. Mittelwerte der Temperatur und der Feuchtigkeit der Luft.

Lfd. Nr. Seehöhe Typ	Ort Lage Beobachteter Zeitraum		I	II	III	IV	V	VI	VII	VIII	IX	X	XI	XII	Jahr	Schwankungen	Max.	Min.
531	Melbourne	t_L	19,7	19,8	18,1	15,2	12,3	10,2	9,3	10,6	12,3	14,3	16,3	18,3	14,7	10,5	41	−1
35	S 37° 49′ E 144° 57′	P	47	47	54	55	53	52	46	45	61	65	56	55	646	—	1120	400
Cf	1856 bis 1928	φ	64	65	68	73	79	80	80	75	72	70	67	65	71	—		
532	Sydney	t_L	22,0	21,8	20,7	18,2	14,8	12,6	11,5	12,8	15,1	17,6	19,4	21,1	17,3	10,5	38	4
44	S 33° 51′ E 151° 13′	P	90	114	122	140	127	121	118	73	71	70	71	70	1203	—	2100	550
Cf	1880 bis 1928	φ	68	70	73	76	78	78	77	73	67	64	64	66	71	—		
533	New Plymouth	t_L	17,3	17,3	16,3	14,6	12,6	10,8	9,9	10,2	11,6	12,6	14,1	16,0	13,6	7,4	27,9	−0,4
18	S 39° 04′ E 174° 05′	P	113	119	97	123	164	169	169	142	147	149	128	116	1631	—	2082	1011
Cf	1865 bis 1929	φ	75	75	75	76	78	80	79	78	78	77	77	77	77	—	.	.
534	Auckland	t_L	18,7	18,7	17,6	15,8	13,6	11,9	11,0	11,2	12,5	13,8	15,3	16,9	14,8	7,7	26,8	3,2
47	S 36° 50′ E 174° 50′	P	65	83	77	89	118	128	126	106	94	92	86	73	1140	—	1693	669
Cf	1909 bis 1929	φ	77	75	78	79	81	80	82	80	80	79	79	77	79	—	.	.
535	Rotorua	t_L	18,5	18,3	16,6	14,0	11,4	9,7	8,8	9,6	11,4	13,3	15,6	17,2	13,7	9,7	31,6	−2,3
282	S 38° 09′ E 176° 15′	P	99	102	89	114	146	136	126	123	133	134	107	96	1407	—	2380	750
Cf	1886 bis 1929	φ	69	69	70	73	75	76	76	74	75	71	70	69	72	—	.	.
536	Napier	t_L	18,4	17,9	16,6	14,4	11,8	9,8	9,2	9,7	11,8	13,8	15,5	17,2	14,0	9,2	31,2	−0,7
2	S 39° 29′ E 176° 55′	P	73	74	76	70	92	88	92	85	54	55	62	57	880	—	1470	540
Cf	1905 bis 1927	φ	71	73	74	74	77	79	78	77	74	72	71	72	74	—	.	.
537	Hobart	t_L	16,7	16,8	15,2	12,9	10,3	8,3	7,6	8,9	10,6	12,2	13,9	15,7	12,4	9,2	.	.
49	S 42° 53′ E 147° 22′	P	45	40	42	48	46	57	53	45	53	56	62	48	606	—	1100	340
Cf	1884 bis 1928	φ	59	63	67	71	76	79	78	75	68	63	59	58	77	—	.	.
538	Dunedin	t_L	14,8	14,5	13,3	11,3	8,8	7,1	6,3	7,2	9,3	10,9	12,2	13,8	10,8	8,5	29,6	−0,9
73	S 45° 52′ E 170° 31′	P	84	77	78	74	82	83	79	80	73	81	86	90	965	—	1280	540
Cf	1864 bis 1929	φ	74	74	75	76	78	79	78	76	74	73	72	74	75	—	.	.
539	Hokitika	t_L	15,2	15,1	13,9	12,0	9,4	7,7	7,0	7,6	9,6	10,9	10,1	13,6	11,2	8,2	24,4	−2,2
4	S 42° 42′ E 170° 49′	P	242	195	244	241	242	241	219	229	238	294	275	265	2924	—	3920	2240
Cf	1866 bis 1929	φ	82	83	84	85	85	85	85	82	83	83	82	84	83	—	.	.
540	Christchurch	t_L	16,2	15,7	14,1	11,7	8,6	6,4	5,9	6,8	9,6	11,6	13,3	15,3	11,3	10,3	31,4	−4,0
8	S 43° 32′ E 172° 39′	P	56	49	52	51	66	71	69	47	46	44	52	56	657	—	897	344
Cf	1905 bis 1929	φ	72	72	76	76	80	83	81	78	73	71	70	70	75	—	.	.

Tabelle 1 (Fortsetzung).

Lfd. Nr. Seehöhe Typ	Ort Lage Beobachteter Zeitraum		I	II	III	IV	V	VI	VII	VIII	IX	X	XI	XII	Jahr	Schwan-kungen	Max.	Min.
								Monat									Extreme	
541	Hanmer	t_L	17,4	17,1	15,5	12,8	9,2	7,0	6,3	7,4	10,4	12,7	14,0	16,1	12,2	11,1	34,0	−6,1
373	S 42°33′ E 172°47′	P	98	87	84	82	119	91	120	84	116	99	87	100	1168	—	1490	670
Cf	1906 bis 1929	φ	68	69	67	73	73	72	74	73	67	67	68	68	70	—	.	.
542	Wellington	t_L	16,7	16,6	15,5	13,7	11,4	9,7	8,8	9,2	10,9	12,3	13,6	15,6	12,8	7,9	26,8	0,4
3	S 41°16′ E 174°46′	P	67	69	70	82	101	103	114	94	82	84	77	68	1013	—	1400	605
Cf	1864 bis 1929	φ	72	73	74	75	77	79	78	77	75	75	74	73	75	—	.	.
601	Lady Franklin Bay	t_L	−36,6	−38,3	−33,3	−24,0	−8,9	0,2	2,9	1,5	−9,7	−22,6	−30,0	−32,7	−19,3	41,2	−10,8	−50,8
.	N 82°00′ W 63°06′	P	10	3	11	4	10	5	17	12	9	6	5	8	100	—	.	.
ET	10 Jahre	φ	.	.	.	.	.	.	.	.	.	.	.	.	.	—	.	.
602	Danmarkshaven	t_L	−21,9	−27,4	−22,4	−19,5	−17,3	1,1	4,4	2,2	−4,0	−14,4	−20,4	−20,9	−12,6	31,8	.	.
6	N 76°46′ W 18°45′	P	31	18	18	3	4	5	1	8	7	6	26	19	146	—	.	.
ET	1906 bis 1908	φ	84	81	88	78	80	80	80	76	70	74	86	87	80	—	.	.
603	Green Harbour	t_L	−16,1	−19,1	−18,5	−13,5	−4,8	2,0	5,4	4,6	0,1	−5,8	−11,8	−14,3	−7,6	24,5	13,0	−39,3
4	N 78°02′ E 14°15′	P	35	37	27	24	12	11	16	22	25	29	24	37	300	—	450	200
ET	1912 bis 1926	φ	81	80	80	77	76	81	81	83	82	80	79	82	80	—	.	42
604	Polarmeer „Fram“	t_L	−35,6	−35,8	−30,3	−22,8	−11,0	−1,8	0,1	−1,8	−9,0	−21,8	−28,7	−32,2	−19,2	35,9	3,1	−50,8
.	N 82°42′ E 89°36′	P	.	.	.	.	.	.	.	.	.	.	.	.	.	—	.	.
ET	4 Jahre	φ	.	.	.	.	.	.	.	.	.	.	.	.	.	—	.	.
605	Polarmeer „Maud“	t_L	−32,5	−29,8	−30,9	−21,9	−12,2	−1,7	0,0	−0,4	−6,2	−14,1	−24,5	−29,5	−17,0	32,5	3,0	−43,4
.	N 74°36′ E 164°	P	3	7	4	2	8	11	17	26	7	4	4	5	98	—	.	.
EF	3 Jahre	φ	78	78	78	84	89	92	96	96	92	91	84	78	87	—	.	.

Tabelle 1 (Fortsetzung).

Lfd. Nr. Seehöhe Typ	Ort Lage Beobachteter Zeitraum		Monat												Jahr	Schwankungen	Extreme	
			I	II	III	IV	V	VI	VII	VIII	IX	X	XI	XII			Max.	Min.
611	Framheim	t_L	−9,7	−15,4	−21,5	−27,6	−35,4	−34,4	−36,5	−44,8	−37,5	−24,2	−15,5	−6,7	−25,8	38,1	−0,2	−59,0
11	S 78° 38′　W 167° 37′	P	.	.	.	.	.	.	.	.	.	.	.	.	.	—	.	.
EF	1911 bis 1912	φ	81	.	.	81	79	86	90	90	83	78	73	72	.	—	.	38
612	Petermanns Insel	t_L	1,0	1,4	1,0	−5,0	−5,1	−6,5	−6,8	−5,7	−5,9	−2,4	−1,1	1,0	−2,8	8,2	.	.
35	S 65° 10′　W 64° 14′	P	>10	19	34	32	27	29	17	13	36	26	23	>0	266[1]	—	.	.
ET	1908 bis 1909	φ	82	82	84	85	88	85	82	82	88	88	84	82	84	—	.	43[2]
613	Deutschland Trift	t_L	−2,1	−5,6	−10,6	−16,0	−22,3	−25,9	−26,0	−23,0	−12,9	−10,2	−6,8	−2,0	−13,6	24,0	3,2	−36,8
.	S 69° 05′　W 38° 22′	P	14	4	5	9	26	3	8	7	17	2	9	6	110	—	.	.
EF	1911 bis 1912	φ	91	77	86	80	79	75	75	78	87	86	87	89	82	—	.	.
614	Grytviken	t_L	4,8	5,2	4,4	2,2	0,1	−1,7	−1,8	−1,5	0,2	1,6	3,0	3,7	1,7	7,0	20,3	−12,8
4	S 54° 13′　W 36° 33′	P	.	.	.	.	.	.	.	.	.	.	.	.	.	—	.	.
ET	1903 bis 1934	φ	76	78	76	78	78	77	72	75	75	72	74	74	75	—	.	.
615	Gaußstation	t_L	−0,9	−3,1	−8,3	−15,6	−14,1	−17,5	−18,1	−21,9	−17,7	−12,9	−6,9	−1,3	−11,5	21,0	4,9	−40,8
0	S 66° 02′　E 89° 38′	P	.	.	.	.	.	.	.	.	.	.	.	.	.	—	.	.
EF	1902 bis 1903	φ	89	90	79	77	84	88	90	90	90	89	87	88	87	—	.	50
616	Kap Adare	t_L	−0,2	−2,8	−7,4	−12,6	−19,0	−25,8	−24,4	−25,3	−21,9	−18,1	−7,5	−1,4	−13,9	25,6	9,3	−41,9
6	S 71° 18′　E 170° 09′	P	.	.	.	.	.	.	.	.	.	.	.	.	.	—	.	.
EF	3 Jahre	φ	84	.	71	86	92	82	90	84	87	87	74	81	83	—	.	.

[1] Niederschlag an 317 Tagen.　　[2] abs. Minimum.

Tabelle 2.
Bodentemperatur als Monatsmittel in verschiedenen Tiefen.

Ort / Lage	Tiefe cm	Monat												Jahr
		I	II	III	IV	V	VI	VII	VIII	IX	X	XI	XII	
Stockholm	Luft	−2,9	−3,1	−1,3	3,4	8,8	14,1	16,8	15,2	11,4	6,2	1,5	−1,7	5,7
N 59° 21′ E 18° 04′	10	−1,5	−1,1	0,3	2,7	8,6	18,6	18,5	16,0	11,1	4,9	2,2	−1,0	6,2
	20	−1,2	−1,0	0,6	3,0	8,8	13,8	18,5	16,5	11,8	5,6	2,8	−0,4	6,6
	50	0,8	0,4	1,0	4,5	10,0	14,9	18,3	17,4	13,8	8,2	4,2	1,7	7,9
	100	2,2	1,9	1,9	4,0	8,6	12,6	15,9	16,0	13,8	9,7	6,1	3,6	8,0
	200	4,0	3,2	2,8	3,2	5,3	7,9	10,8	12,3	12,8	10,5	8,1	6,0	7,2
Manila	Luft	24,6	25,4	26,3	27,8	28,1	27,2	26,6	26,6	26,6	26,1	25,4	24,5	26,3
N 14° 35′ E 120° 59′	25	26,8	27,5	28,4	30,3	31,1	30,3	29,4	28,9	29,4	29,0	28,0	27,0	28,8
	50	27,1	27,6	28,4	30,0	30,8	30,4	29,5	29,1	29,5	29,3	28,4	27,5	29,0
	150	27,9	28,0	28,3	29,2	30,0	30,1	29,7	29,2	29,3	29,3	29,0	28,3	29,0
	250	28,4	28,3	28,4	28,7	29,0	29,3	29,3	29,1	29,0	29,0	28,8	28,6	28,8
Batavia	Luft	25,8	25,5	26,0	26,5	26,7	26,4	26,3	26,4	26,7	26,5	26,4	25,9	26,3
S 06° 11′ E 106° 50′	3	29,1	28,8	29,6	29,6	29,4	28,4	28,3	28,9	29,8	29,9	29,8	28,8	29,2
	5	29,1	28,8	29,6	29,7	29,5	28,8	28,7	29,2	29,9	29,8	29,7	28,9	29,3
	10	29,3	29,0	29,8	29,9	29,8	29,0	28,9	29,4	29,9	29,9	29,9	29,0	29,5
	15	29,0	28,7	29,8	30,0	30,0	29,3	29,3	29,6	30,0	29,8	29,5	28,6	29,5
	30	28,9	28,5	29,5	29,9	30,0	29,4	29,4	29,6	30,0	29,8	29,5	28,7	29,4
	60	29,3	28,5	29,4	29,8	30,0	29,5	29,6	29,6	29,9	29,9	29,8	29,2	29,5
	90	29,3	28,7	29,4	29,7	29,8	29,5	29,4	29,4	29,6	29,8	29,7	29,4	29,5
	110	29,4	28,8	29,3	29,6	29,7	29,5	29,3	29,4	29,6	29,8	29,7	29,6	29,5
Melbourne	Luft	19,7	19,8	18,1	15,2	12,3	10,2	9,3	10,6	12,3	14,3	16,3	18,3	14,7
S 37° 49′ E 144° 57′	90	19,2	19,8	18,9	16,9	14,4	12,0	10,3	10,2	11,5	13,3	15,6	17,5	15,0
	180	18,2	19,1	18,8	17,6	15,7	13,8	12,3	11,5	12,1	13,2	14,9	16,6	15,3
	240	16,8	17,7	17,9	17,2	15,9	14,3	12,9	11,9	12,0	12,7	13,9	15,3	14,9
Sidney	Luft	22,0	21,8	20,7	18,2	14,8	12,6	11,5	12,8	15,1	17,6	19,4	21,1	17,3
S 33° 51′ E 151° 13′	30	21,2	21,4	20,6	18,4	15,1	12,7	11,3	12,3	14,3	16,6	18,5	20,1	16,9
	75	20,9	21,3	21,1	19,7	17,1	14,8	13,4	13,7	15,1	16,7	18,3	19,7	17,7
	150	19,7	20,3	20,5	19,8	18,1	16,2	14,8	14,4	15,1	16,2	17,5	18,7	17,6
	300	18,9	19,6	19,8	19,5	18,6	17,3	16,0	15,3	15,6	16,2	17,2	18,1	17,7

Tabelle 2. (Fortsetzung.)

Ort / Lage	Tiefe cm	I	II	III	IV	V	VI	VII	VIII	IX	X	XI	XII	Jahr
Lincoln, Neb. N 40° 49′ W 96° 45′ nackter Boden	Luft	-1,6	-3,8	6,0	13,6	19,9	24,2	28,2	26,2	20,2	15,9	5,8	-1,8	13,0
	2,5	-1,1	-2,1	5,8	14,8	23,6	27,9	32,7	29,8	22,2	15,6	6,4	-0,6	14,6
	7,6	-1,1	-1,8	5,1	15,2	22,3	27,3	31,4	29,6	22,7	16,3	6,8	-0,2	14,5
	15,2	-1,3	-2,2	3,3	12,5	20,4	25,3	28,7	27,8	21,7	15,7	6,7	-0,1	13,2
	22,9	-1,1	-2,0	2,1	10,4	18,0	22,8	26,3	25,5	21,4	15,0	6,8	0,8	12,2
	30,5	-0,3	-1,5	1,7	9,0	16,0	20,8	24,3	23,9	19,2	14,7	7,3	1,6	10,6
	61,0	1,7	0,5	1,5	7,1	13,6	17,9	21,6	22,0	19,4	15,4	9,7	4,2	11,2
	91,4	3,4	1,8	2,1	6,1	11,8	16,2	19,7	20,8	19,3	15,9	11,2	6,2	11,2
Urbana, Ill. N 40° 06′ W 88° 12′	Luft	-2,8	-3,7	3,5	10,1	16,9	21,4	24,2	22,9	18,9	12,4	4,9	-1,9	10,6
	2,5	-1,6	-1,4	4,3	10,6	17,2	22,6	25,7	24,6	20,6	13,1	5,7	0,6	11,8
	7,6	-0,6	-0,8	4,2	10,3	16,8	22,3	25,4	24,3	20,6	13,8	6,1	0,8	11,9
	15,2	0,3	-0,3	4,1	9,6	15,8	21,4	24,3	23,8	20,4	13,9	6,7	1,7	11,8
	22,9	0,7	0,6	4,0	9,3	15,4	20,8	23,7	23,3	20,3	14,1	7,3	2,2	11,8
	30,5	1,1	0,7	3,7	9,1	14,9	20,0	23,2	22,9	20,1	14,4	7,9	3,0	11,7
	61,0	3,1	2,8	3,7	8,4	13,0	17,0	20,3	20,9	19,3	15,3	10,3	5,9	11,7
	91,4	5,0	3,8	4,5	7,8	12,0	15,7	18,9	19,9	18,9	15,9	11,7	7,7	11,9
Temple, Tex. N 31° 05′ W 97° 17′	Luft	10,8	11,8	15,4	23,2	24,2	28,6	30,6	31,4	26,6	20,4	16,1	12,4	21,0
	2,5	11,7	11,4	15,2	20,6	26,0	31,4	34,3	34,0	28,8	22,6	15,4	11,4	21,9
	7,6	11,8	11,3	14,8	19,9	25,7	30,3	33,4	34,1	28,8	22,8	15,7	11,6	21,7
	15,2	11,8	11,5	14,8	19,5	25,2	29,8	33,2	33,5	28,8	22,9	16,1	11,9	21,2
	30,5	12,6	11,9	14,5	18,8	23,8	28,6	31,0	31,6	28,8	23,8	17,2	13,0	21,3
	61,0	13,8	12,9	14,6	18,2	22,3	26,1	29,0	30,5	28,8	24,6	19,4	15,3	21,3
	91,4	15,3	14,1	15,0	17,9	21,2	24,7	27,6	29,1	28,5	25,9	21,7	17,2	21,4
	121,9	16,2	14,9	15,0	17,6	20,4	23,3	26,2	27,6	27,8	26,2	22,9	18,3	21,4
Reyjavik N 64° 09′ W 21° 56′	Luft	-1,2	-1,2	-0,5	2,4	6,0	9,2	10,9	10,3	7,5	4,0	1,0	-1,1	3,9
	20	0,0	0,3	1,4	2,9	6,3	8,9	10,5	11,6	8,0	4,8	1,2	0,9	4,7
	50	1,3	1,1	1,3	2,6	4,8	7,4	8,8	9,7	8,4	5,9	3,3	2,3	4,7
	100	2,8	2,3	2,3	3,0	4,2	6,1	7,4	8,2	8,0	5,6	4,8	3,6	4,9
Oxford N 51° 46′ W 01° 16′	Luft	3,6	4,3	5,5	8,1	11,3	14,4	16,3	15,7	13,5	9,5	6,4	4,5	9,5
	16,5	3,7	3,6	5,6	8,9	13,0	16,5	18,7	17,7	14,8	11,0	7,0	4,7	10,4
	45,5	4,6	4,2	5,6	8,2	11,6	15,0	17,2	17,1	14,9	11,8	8,2	5,8	10,4
	108	6,1	5,4	6,0	7,8	10,3	13,3	15,5	16,2	15,0	12,9	10,0	7,5	10,5
	174	7,5	6,6	6,6	7,6	9,4	11,8	13,8	15,0	14,6	13,3	11,1	8,9	10,5
	303,5	9,6	8,6	8,1	8,2	8,9	10,1	11,5	12,8	13,3	13,0	12,1	10,8	10,6

Tabelle 3. *Mittlere mittägliche Gesamtstrahlung auf eine zur Strahlungsrichtung senkrechte Fläche zur Zeit der Monatsmitte und im Jahresmittel gemessen in cal/cm² min.*

Ort	Breite	Länge	Höhe m	I	II	III	IV	V	VI	VII	VIII	IX	X	XI	XII	Jahr
Helsinki	N 79° 55′	E 16° 25′	20	0,82	1,03	1,17	1,29	1,25	1,22	1,26	1,29	1,25	1,15	0,92	0,69	1,11
Potsdam	N 52° 23′	E 13° 04′	106	1,05	1,19	1,19	1,33	1,31	1,28	1,19	1,15	1,24	1,15	1,10	0,90	1,17
Irkutsk	N 52° 16′	E 104° 19′	474	1,10	1,31	1,40	1,36	1,41	1,33	1,33	1,29	1,38	1,17	1,20	0,94	1,27
Feldberg, Schwarzwald	N 47° 52′	E 08° 02′	1300	1,20	1,26	1,28	1,34	1,41	1,34	1,36	1,43	1,39	1,38	1,31	1,20	1,33
Zugspitze	N 47° 25′	E 10° 59′	2962	1,54	1,59	1,63	1,62	1,58	1,55	1,58	1,57	1,59	1,57	1,57	1,49	1,57
Arosa	N 46° 47′	E 09° 40′	1860	1,45	1,52	1,55	1,54	1,51	1,50	1,49	1,50	1,51	1,48	1,46	1,42	1,49
Washington	N 38° 56′	W 77° 05′	127	1,19	1,32	1,30	1,30	1,27	1,23	1,25	1,19	1,27	1,23	1,27	1,18	1,25
Santa Fe, N. Mex.	N 35° 41′	W 105° 57′	2138	1,54	1,56	1,59	1,52	1,51	1,44	1,41	1,42	1,50	1,55	1,55	1,49	1,51
Mt. Wilson, Calif.	N 34° 13′	W 118° 04′	1737	—	—	—	—	1,54	1,52	1,51	1,53	1,53	1,55	1,58	—	—
Ariana	N 36° 49′	E 07° 57′	10	1,40	1,47	1,48	1,46	1,37	1,33	1,32	1,24	1,20	1,32	1,36	1,36	1,36
Simla	N 31° 07′	E 77° 08′	2204	1,49	1,48	1,50	1,47	1,42	1,29	1,29	1,38	1,43	1,47	1,49	1,50	1,43
Heluan	N 29° 52′	E 31° 20′	116	1,22	1,38	1,41	1,39	1,38	1,38	1,37	1,38	1,38	1,32	1,29	1,28	1,35
Tacubaya, Mex.	N 19° 24′	W 99° 12′	2309	1,41	1,46	1,40	1,39	1,42	1,45	1,39	1,44	1,45	1,45	1,43	1,44	1,43
Batavia	S 06° 11′	E 106° 50′	8	1,36	1,32	1,36	1,36	1,26	1,25	1,26	1,16	1,11	1,00	1,39	1,41	1,27
Kap Horn	S 55° 31′	W 70° 25′	12	1,48	1,37	0,99	1,09	0,88	0,96	0,93	0,88	1,39	1,36	1,25	1,37	1,16

Tabelle 4. *Mittlere tägliche Wärmesumme (cal/cm²), die bei Berücksichtigung der mittleren Bewölkung in verschiedenen Breiten und verschiedenen Höhen der Horizontalfläche zukommt.*

Ort	Breite	Länge	Höhe m	I	II	III	IV	V	VI	VII	VIII	IX	X	XI	XII	Mittel
Spitzbergen	N 79° 54′	E 16° 48′	.	0	0	15	53	143	127	114	55	40	0	0	0	46
Stockholm	N 59° 24′	E 18° 06′	44	12	28	67	198	313	403	359	231	137	49	10	3	151
Potsdam	N 52° 24′	E 13° 06′	106	20	48	100	213	277	331	273	238	165	60	32	16	148
Kiew	N 50° 24′	E 30° 30′	183	24	67	99	122	318	325	328	306	227	125	34	13	166
Feldberg. Taunus	N 50° 06′	E 08° 36′	820	24	58	90	183	294	287	238	220	159	95	26	12	141
Karlsruhe	N 49° 00′	E 08° 24′	128	17	56	125	194	291	314	291	238	169	74	27	11	151
Wien	N 48° 12′	E 16° 24′	202	23	52	109	189	256	287	284	242	159	72	29	15	143
Zugspitze	N 47° 24′	E 11° 00′	2960	87	166	215	298	349	316	344	329	280	204	110	64	230
Allgäu	N 47° 24′	E 10° 02′	1150	47	96	194	222	358	233	373	367	198	98	72	28	191
Arosa	N 46° 18′	E 9° 42′	1860	86	157	226	276	280	306	350	358	289	176	110	73	224
Agra	N 45° 48′	E 9° 00′	550	102	160	189	253	313	420	372	347	242	147	87	67	225
Washington	N 38° 54′	W 77° 06′	127	87	158	194	286	323	356	361	298	270	188	120	92	228

t_L	0,0	0,5	1,0	1,5	2,0	2,5	3,0	3,5	4,0	4,5	5,0	5,5	6,0	6,5	7,0	7,5	8,0	8,5	9,0	9,5
					Psychrometrische Differenz. Feuchtes Thermometer mit Wasser bedeckt ($A = 0,50$).															
−9	100	85	71	57	42	28	14	0												
−8	100	87	73	59	46	33	20	7												
−7	100	87	74	62	49	36	24	12	0											
−6	100	88	76	64	52	40	29	17	5											
−5	100	88	77	66	54	43	32	21	11	0										
−4	100	89	78	67	57	46	36	25	15	5										
−3	100	89	79	69	59	49	39	29	20	10	0									
−2	100	90	80	70	61	52	42	33	24	15	6									
−1	100	91	81	72	63	54	45	36	27	19	10									
0	100	91	82	73	65	56	48	39	31	23	15	7								
1	100	91	83	75	66	58	50	42	34	26	18	11	3							
2	100	92	84	76	68	60	52	45	37	30	22	15	8	1						
3	100	92	84	77	69	62	54	47	40	33	26	19	12	5						
4	100	92	85	78	70	63	56	49	42	36	29	22	16	9	3					
5	100	93	86	79	72	65	58	51	45	38	32	25	19	13	7	1				
6	100	93	86	79	73	66	60	53	47	41	35	29	23	17	11	5				
7	100	93	87	80	74	67	61	55	49	43	37	31	26	20	14	9	3			
8	100	94	87	81	75	69	63	57	51	45	40	34	29	23	18	13	7	2		
9	100	94	88	82	76	70	64	58	53	47	42	36	31	26	21	16	11	6	1	
10	100	94	88	82	76	71	65	60	54	49	44	39	34	29	24	19	14	9	5	0

P. P.

0,5	4	5	6	7	8	9	10	11	12	13	14	15
0,1	1	1	1	1	2	2	2	2	2	3	3	3
0,2	2	2	2	3	3	4	4	4	5	5	6	6
0,3	2	3	4	4	5	5	6	7	7	8	8	9
0,4	3	4	5	6	6	7	8	9	10	10	11	12

t_L	0	1	2	3	4	5	6	7	8	9	10	11	12	13	14	15	16	17	18	19	20	21	22	23	24	25	26	27	28	29	30	31
11	100	88	77	66	56	46	36	26	17	8																						
12	100	89	78	68	58	48	38	29	20	11	3																					
13	100	89	79	69	59	49	40	31	23	14	6																					
14	100	90	80	70	60	51	42	33	25	17	9	2																				
15	100	90	80	71	61	52	44	36	27	20	12	5																				

Tabelle 5. (Fortsetzung.)

	0	1	2	3	4	5	6	7	8	9	10	11	12	13	14	15	16	17	18	19	20	21	22	23	24	25	26	27	28	29	30	31
16	100	90	81	71	62	54	46	38	30	22	15	8																				
17	100	90	81	72	63	55	47	39	32	24	17	10	4																			
18	100	91	82	73	65	57	49	41	34	27	20	13	7																			
19	100	91	82	74	66	58	50	43	36	29	22	15	9	3																		
20	100	91	83	74	66	59	51	44	37	31	24	18	12	6																		
21	100	91	83	75	67	60	52	45	39	32	26	20	14	8	3																	
22	100	92	83	75	68	61	54	47	40	34	28	22	16	11	5																	
23	100	92	84	76	69	62	55	48	42	36	30	24	18	13	8	3																
24	100	92	84	77	70	63	56	49	43	37	31	26	20	15	10	5																
25	100	92	85	77	70	63	57	51	45	39	33	27	22	17	12	7	3															
26	100	92	85	78	71	64	58	51	45	39	34	29	24	19	14	9	5															
27	100	93	85	78	71	65	59	53	47	41	36	31	26	21	16	11	7	3														
28	100	93	86	79	72	65	59	53	48	42	37	32	27	22	18	13	9	5	1													
29	100	93	86	79	72	66	60	54	49	43	38	33	28	24	19	15	11	7	3													
30	100	93	86	79	73	67	61	55	50	44	39	34	30	25	21	17	13	9	5	1												
31	100	93	86	80	73	67	61	56	51	46	41	36	31	27	22	18	14	10	7	3												
32	100	93	86	80	74	68	62	57	52	47	42	37	32	28	24	20	16	12	8	5	1											
33	100	93	87	80	74	68	63	58	53	48	43	38	34	29	25	21	17	14	10	7	3											
34	100	93	87	81	75	69	63	58	53	48	44	39	35	31	27	23	19	15	12	8	5	2										
35	100	93	87	81	75	70	64	59	54	49	44	40	36	32	28	24	20	16	13	10	7	4	1									
36	100	93	87	81	75	70	65	60	55	50	45	41	37	33	29	25	21	18	14	11	8	5	2									
37	100	93	87	81	76	70	65	60	55	51	46	42	38	34	30	26	22	19	16	13	10	7	4	1								
38	100	94	88	82	76	71	66	61	56	51	47	43	39	35	31	27	24	20	17	14	11	8	5	2								
39	100	94	88	82	77	71	66	62	57	52	48	44	40	36	32	28	25	21	18	15	12	10	7	4	2							
40	100	94	88	82	77	72	67	62	57	53	48	44	40	37	33	29	26	23	20	17	14	11	8	5	3	1						
41	100	94	88	83	77	72	67	62	58	53	49	45	41	37	34	30	27	24	21	18	15	12	9	7	4	2						
42	100	94	89	83	78	73	68	63	58	54	50	46	42	38	35	32	28	25	22	19	16	13	11	8	6	3	1					
43	100	94	89	83	78	73	68	63	59	55	51	47	43	39	36	33	29	26	23	20	17	15	12	10	7	5	2					
44	100	94	89	83	78	73	68	64	59	55	51	47	43	40	36	33	30	27	24	21	18	16	13	11	8	6	4	2				
45	100	94	89	84	78	74	69	64	60	56	52	48	44	41	37	34	31	28	25	22	19	16	14	12	9	7	5	3	1			
46	100	94	89	84	78	74	69	65	60	56	52	49	45	42	38	35	32	29	26	23	20	17	15	13	10	8	6	4	2			
47	100	94	89	84	79	75	70	65	61	57	53	49	46	42	39	36	32	29	26	24	21	18	16	14	11	9	7	5	3	1		
48	100	95	89	84	79	75	70	66	61	57	53	50	46	43	39	36	33	30	27	25	22	19	17	15	12	10	8	6	4	2	1	
49	100	95	89	84	79	75	70	66	62	58	54	50	47	43	40	37	34	31	28	25	23	20	18	16	13	11	9	7	5	3	2	
50	100	95	89	85	80	75	71	66	62	58	54	51	47	44	40	37	34	32	29	26	24	22	19	17	14	12	10	8	6	4	3	1

P.P.

1,0	1	2	3	4	5	6	7	8	9	10	11	12
0,1	0	0	0	0	1	1	1	1	1	1	1	1
0,2	0	0	1	1	1	1	1	2	2	2	2	2
0,3	0	1	1	1	2	2	2	2	3	3	2	4
0,4	0	1	1	2	2	2	3	3	4	4	4	5
0,5	1	1	2	2	3	3	4	4	5	5	6	6
0,6	1	1	2	2	3	4	4	5	5	6	7	7
0,7	1	1	2	3	4	4	5	6	6	7	8	8
0,8	1	2	2	3	4	5	6	6	7	8	9	10
0,9	1	2	3	4	5	5	6	7	8	9	10	11

Tabelle 6. *Psychrometertafel für ventilierte Thermometer.* 315

Psychrometrische Differenz. Feuchtes Thermometer mit Eis bedeckt. (A = 0,43)

t_L	-0,2	-0,1	0,0	0,1	0,2	0,3	0,4	0,5	0,6	0,7	0,8	0,9	1,0	1,1	1,2	1,3	1,4	1,5	1,6	1,7	1,8	1,9	2,0	2,1	2,2	2,3	2,4	2,5	2,6	2,7	2,8	2,9	3,0	3,1	3,2
-30	99	87	75	62	50	38	26	14	2																										
-29	98	87	75	64	53	42	31	20	9																										
-28	97	87	76	66	56	46	35	25	15	5																									
-27	96	87	78	68	59	49	40	30	21	11	2																								
-26	95	87	78	69	61	52	43	35	26	18	9																								
-25	95	87	78	71	63	55	47	39	31	23	15	7																							
-24	94	87	79	72	65	57	50	43	36	28	21	13	6																						
-23	94	87	80	73	67	60	53	46	40	33	27	19	13	6																					
-22	94	87	81	75	68	62	56	50	43	37	31	25	17	12	6																				
-21	93	88	82	76	70	64	59	53	47	41	35	30	24	18	12	7	1																		
-20	91	88	83	77	72	66	61	56	50	45	40	34	29	24	18	13	8	2																	
-19	93	88	83	78	73	68	63	58	53	48	43	38	33	29	24	19	14	9	4																
-18	94	89	84	79	75	70	66	61	56	51	47	42	38	33	29	24	19	15	10	6	1														
-17	94	90	85	81	76	72	68	64	59	54	50	46	42	37	33	29	24	20	16	12	8	4													
-16	94	90	86	82	78	74	70	66	61	57	53	49	45	41	37	33	29	25	21	17	14	10	6	2											
-15	94	90	87	83	79	75	71	68	64	60	56	52	49	45	41	37	34	30	26	22	19	15	12	8	4										
-14	95	91	88	84	80	76	73	70	66	63	59	55	52	48	45	41	38	34	31	27	24	20	17	14	10	7	3								
-13	95	91	88	85	81	78	75	72	68	65	62	58	55	52	48	45	42	38	35	32	29	25	22	19	16	13	9	6	3						
-12	96	92	89	86	83	80	77	74	70	67	64	61	58	55	52	49	46	42	39	36	33	30	27	24	21	18	15	12	9	6	3				
-11	96	93	90	87	84	82	78	75	72	69	66	64	61	58	55	52	49	46	43	40	37	35	32	29	26	23	20	18	15	12	9	6	3		
-10	96	93	91	88	85	83	80	77	74	71	69	66	63	60	57	55	53	50	47	44	41	39	36	33	30	28	25	22	20	17	14	12	9	7	4

t_L	0,0	0,5	1,0	1,5	2,0	2,5	3,0	3,5	4,0	4,5	5,0	5,5	6,0	6,5	7,0	7,5	8,0	8,5	9,0	9,5	10,0
-9	92	78	65	52	40	27	14	2													
-8	93	80	68	55	43	31	20	8													
-7	93	81	69	58	47	35	24	13	2												
-6	94	83	71	61	50	39	28	18	8												
-5	95	84	74	63	53	43	33	23	13	3											
-4	96	87	77	66	56	47	37	27	18	8											
-3	97	88	78	68	59	49	40	31	22	13	5										
-2	98	89	79	70	61	52	43	35	26	18	10	1									
-1	99	90	81	72	64	55	47	38	30	22	14	7									
0	100	91	83	74	67	58	50	42	34	26	19	11	4								
+1			84	76	68	60	53	45	37	30	23	16	9	2							
2					70	63	55	48	41	34	27	20	13	7							
3							58	51	44	37	30	24	17	11	5						
4									47	40	34	28	21	15	9	3					
5											37	31	25	19	13	8	2				
6													29	23	17	12	6	1			
7															21	16	10	5			
8																	13	9	6		
9																			8	4	
10																					3

P. P.

0,5	6	7	8	9	10	11	12	13	14	15
0,1	1	1	2	2	2	2	2	3	3	3
0,2	2	3	3	4	4	4	5	5	6	6
0,3	4	4	5	5	6	7	7	8	8	9
0,4	5	6	6	7	8	9	10	10	11	12

Tabelle 6. Psychrometertafel für ventilierte Thermometer.

Zweiter Teil

Die Werkstoffe für Kältemaschinen und -anlagen.

Bau- und Wärmeisolierstoffe.

Von
Dr.-Ing. habil. Joseph Sebastian Cammerer.
Forschungsbau Tutzing/Obb.

Mit 50 Abbildungen.

A. Allgemeiner Überblick.

Die sprachliche Unterscheidung der Praxis zwischen „Wärmeschutz" — etwa bei einem Dampfkessel — und „Kälteschutz" — z. B. bei einem Kühlraum — hat ihre Berechtigung zwar nicht in Hinblick auf die Richtung des Wärmeaustauschvorgangs, wohl aber mit Rücksicht auf die Feuchtigkeitsbeanspruchung. Beim industriellen Wärmeschutz ist eine Durchfeuchtung der Bau- und Isolierstoffe nur bei Betriebsschäden, bei fehlerhaften Konstruktionen oder mangelhafter Ausführung möglich. *In der Kältetechnik aber ist das Verhalten der Isolierstoffe gegenüber flüssigem oder dampfförmigem Wasser entscheidend für ihre Verwendbarkeit, ihre Lebensdauer und die Wirtschaftlichkeit der ganzen Anlage.* Hier können die Betriebsverhältnisse selbst eine dauernde Feuchtigkeitsaufnahme der Stoffe aus der umgebenden Luft bewirken, die im Laufe der Jahre zu einer Durchnässung und zu schweren Schäden führen kann[1].

Diese Zusammenhänge und die Notwendigkeit einer möglichst niedrigen Wärmeleitzahl sind der Grund, warum Kälteschutzstoffe überwiegend aus organischen Materialien hergestellt werden, die bei genügender Festigkeit der Erzeugnisse leichter zu den gewünschten Eigenschaften führen als anorganische Stoffe. Sie gestatten auch die sonstigen Forderungen, die gestellt werden müssen, wie

Geruchsunschädlichkeit,
Schimmelfestigkeit,
Druck- und Biegefestigkeit,
Temperaturbeständigkeit bis 70° C[2],
Maßbeständigkeit bei Feuchtigkeitsänderungen,
Unschädlichkeit für die zu schützende Anlage

---

[1] Auch im Wohn- und Stallbau ist eine solche Durchfeuchtung möglich, aber hier stammt die Feuchtigkeit aus der Raumbenutzung, kann also in ihrer Entstehung beeinflußt werden und verdunstet normalerweise unschwer in das Freie.

[2] Mit Rücksicht auf Sonnenbestrahlung.

gut zu erfüllen[1]. Lediglich die *Brandsicherheit* läßt bei den meisten Kälteschutzstoffen zu wünschen übrig, man nimmt dies aber gemeinhin in Kauf.

Für Sonderzwecke, z. B. für Transportfahrzeuge, Kühlschränke, Behälter, können *geringes Gewicht, Stoßfestigkeit und leichte Einbaumöglichkeit* wichtig sein. Die Entscheidung, welches Isoliermaterial für eine bestimmte Aufgabe technisch oder wirtschaftlich am vorteilhaftesten ist, läßt sich nicht schematisieren[2]. Wenn auch seit vielen Jahrzehnten Korkplatten als Standardkälteschutzstoff gelten, so haben sie doch selbst in den Zeiten, in denen ihre Liefermöglichkeit nicht durch Kriegs- und Nachkriegsverhältnisse beeinträchtigt war, in anderen Isolierstoffen beachtenswerte Wettbewerber gefunden. In naher Zukunft dürften Kunstharzschaumstoffe eine große Bedeutung erlangen.

Für Gebäude, die Kühlzwecken dienen, können grundsätzlich alle bewährten Baustoffe verwendet werden, da sie nicht viel anders als im normalen Hochbau in Anspruch genommen werden. Ihre Wahl wird lediglich durch statische und wirtschaftlich-konstruktive Gesichtspunkte bestimmt.

B. Die Stoffeigenschaften und die bestimmenden physikalischen Zusammenhänge.

I. Die Wärmeleitzahl.

Die wichtigste wärmetechnische Größe ist die Wärmeleitzahl. Spezifische Wärme und Temperaturleitfähigkeit interessieren kaum je, da bei den praktischen Aufgaben des Kälteschutzes stets ein Dauerzustand der Wärmeströmung vorausgesetzt werden kann. Die spezifische Wärme der organischen bzw. der anorganischen Stoffe ist auch im trockenen Zustand jeweils nicht sehr verschieden, so daß sie im Wettbewerb nie genannt wird.

Die Wärmeleitzahl ist also in erster Linie maßgebend für Gütegarantien und Güteprüfungen, wobei freilich meistens außer acht gelassen wird, daß sie sich nach Einbau des Kälteschutzstoffes in die Anlage in wenigen Jahren sehr verschlechtern kann, wenn der Stoff nicht auch gegen eine Durchfeuchtung unbedingte Sicherheit bietet. Die Größe der Wärmeleitzahl beträgt ungefähr:

Metalle	9	bis	330	kcal/m h °
natürliche Gesteine	2	bis	5	kcal/m h °
Baustoffe	0,15	bis	2,5	kcal/m h °
Isolierstoffe	0,025	bis	0,15	kcal/m h °
Luft	0,02			kcal/m h °

Die Wärmeleitzahl von Bau- und Isolierstoffen ist von einer Reihe von Faktoren abhängig, deren wichtigste sind:

Raumgewicht,
Art und Größe der Poren,
Temperatur,
chemische Zusammensetzung und molekularer Aufbau der festen Bestandteile,
Art der Verkittung der festen Bestandteile,
Feuchtigkeitsgehalt.

1. Die Raumgewichtsabhängigkeit.

Alle Baustoffe, mit Ausnahme sehr dichter Gesteine und der Metalle, und alle Kälteschutzstoffe sind porös, enthalten also in Hohlräumen Luft. Die Wärme-

---

[1] Organische Abfallstoffe wie Stroh, Schilf, Hanf- und Flachsschäben oder Kiefernrinde, mit denen immer wieder Versuche gemacht werden, kommen freilich, meist wegen ihrer Schimmelanfälligkeit, nicht in Betracht.

[2] Lehrreich ist in dieser Hinsicht der Aufsatz von S. F. LINDE: Vorschlag für die Bewertung der Kälteschutzstoffe. Mit Diskussionsbeiträgen von J. S. CAMMERER und K. SEIFFERT. Wärme- u. Kältetechn. Bd. 43 (1941) S. 156—161. Ferner K. SEIFFERT: Ein Jahrzehnt Kälteschutz ohne Kork. Kältetechn. Bd. 1 (1949) S. 98—102.

leitzahl wird daher bei trockenen Stoffen sowohl von der Wärmeleitzahl der festen Teile wie von den Gesetzmäßigkeiten, die den Wärmeaustausch durch Lufträume bedingen, bestimmt.

Die möglichen Unterschiede in der Wärmeleitzahl der festen Bestandteile treten nur bei Baustoffen in begrenztem Maße in Erscheinung, da bei Kälteschutzstoffen der Luftanteil zwischen 80 und 99% beträgt und so von beherrschendem Einfluß ist. Tab. 1 gibt einen Überblick:

Tabelle 1. *Wärmeleitzahl der festen Bestandteile von Bau- und Isolierstoffen.*

Stoffart	Wärmeleitzahl in kcal/m h °
Anorganische Stoffe:	
Quarzit	5,2
Kalkstein, Marmor, Granit, Basalt, Feldspat, Sandstein	1,4 bis 3,5
amorph erstarrte Schmelzen wie Hochofenschlacke	0,6 bis 1,0
Organische Stoffe	etwa 0,25 bis 0,35

Das Wärmeleitvermögen des Gases in den Poren beträgt unter Einrechnung der Strahlungsübertragung — die Gasumwälzung spielt bei den kleinen Abmessungen der Poren keine Rolle — je nach der Porengröße bei Luft 0,02 bis 0,04 kcal/m h°[1]. Bei Ersatz der Luft durch Kohlensäure könnten diese Werte bis um etwa 30% verringert werden.

Je größer also die Porosität ist, um so mehr nähert sich die Wärmeleitzahl der Stoffe jener der Luft (oder des die Poren erfüllenden Gases), im umgekehrten Fall derjenigen der festen Bestandteile. Da das spezifische Gewicht der letzteren in verhältnismäßig engen Grenzen schwankt,

bei anorganischen Stoffen etwa zwischen 2400 bis 2800 kg/m³,
bei organischen Stoffen etwa zwischen 1450 bis 1560 kg/m³,

so ist das Raumgewicht der Stoffe, d. h. das Gewicht der Volumeneinheit einschließlich der Lufteinschlüsse, ein ziemlich genaues Maß des Porenvolumens.

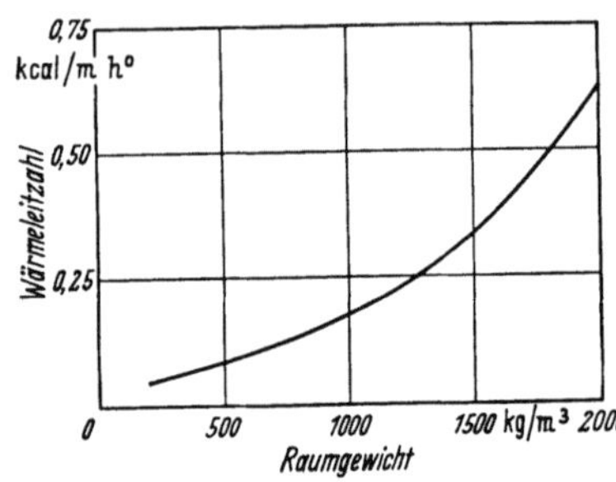

Abb. 110. Durchschnittliche Raumgewichtsabhängigkeit der Wärmeleitzahl lufttrockener anorganischer Baustoffe. (Nach J. S. Cammerer.)

Will man also Stoffe mit niedriger Wärmeleitzahl herstellen, so muß man sie möglichst leicht machen[2]. Dieser Maßnahme ist allerdings durch die gleichzeitig abnehmende Festigkeit eine Grenze gesetzt, die sich je nach den praktischen Anforderungen richtet. Kommen für eine Stoffart deshalb verschiedene Raumgewichte in Frage, so besitzt sie auch entsprechend verschiedene Wärmeleitzahlen.

Abb. 110 zeigt die durchschnittliche Raumgewichtsabhängigkeit der Wärmeleitzahl bei anorganischen Baustoffen im lufttrockenen Zustand. Auch bei organischen Baustoffen ergeben sich in einem weiten Bereich nicht sehr verschiedene Werte, da für deren Raumgewichte der Einfluß der Luft in den Poren den der festen Bestandteile verwischt.

---

[1] In den Poren feuchter Stoffe findet außerdem noch eine Wärmeübertragung durch Dampfdiffusion statt, die bei den in Frage kommenden Temperaturen ungefähr von gleicher Größenordnung ist.

[2] Man beachte aber Abb. 112 und den dazugehörigen Text S. 320.

Über diesen wichtigsten Einfluß lagern sich aber noch die anderen obenerwähnten Faktoren. Wenn man daher auf Grund des Raumgewichts die Wärmeleitzahl einer Stoffart abschätzen will, so kommt man nur dann zu einer befriedigenden Genauigkeit, wenn man die spezielle Raumgewichtsabhängigkeit ermittelt, die diesen Nebeneinflüssen, wie sie sich je nach dem Rohstoff und seiner Verarbeitungsweise geltend machen, gerecht wird. Aus dem gleichen Grund kann das Erzeugnis einer Firma etwas günstigere Wärmeleitzahlen aufweisen wie das gleiche einer anderen.

2. Der Einfluß der Porengröße und der Porenform.

Da die Wärmeleitzahl eines porösen Stoffes auch von der Strahlungsübertragung zwischen den Wandungen der Poren abhängt, so wächst sie mit der Größe der Poren. Denn in gröberen Poren stehen Flächen mit größeren Temperaturunterschieden einander gegenüber und die Wärmeübertragung durch Strahlung nimmt mit der Differenz der vierten Potenz der absoluten Temperaturen zu. Tab. 2 zeigt die „gleichwertige Wärmeleitzahl" der Porenluft unter Einschluß der Strahlung für verschiedene Porendurchmesser, wie sie sich näherungsweise berechnen läßt.

Tabelle 2. *Gleichwertige Wärmeleitzahl der Luft in Poren von Stoffen bei 0° C.*

Porendurchmesser in mm	Gleichwertige Wärmeleitzahl der Porenluft in kcal/m h °
0	0,020
0,5	0,022
1,0	0,026
5,0	0,040
10,0	0,062

Abb. 111 bestätigt diesen Einfluß der Porengröße durch Vergleich der Wärmeleitzahl von mehlartigen und grobkörnigen anorganischen Stoffen bei loser Schüttung, also etwa von Kieselgur und von körniger Schlacke. Man sieht, daß bei feinporösen Stoffen eine Extrapolation auf das Raumgewicht 0 annähernd eine gleichwertige Wärmeleitzahl der Porenluft von 0,025 kcal/m h ° ergibt, während die Linie für grobkörnige Stoffe einer solchen von etwa 0,06 kcal/m h ° zustrebt[1].

Die *Porenform* ist insofern von Bedeutung, als bei Stoffen mit faseriger Struktur die Richtung des Wärmestromes eine Rolle spielt, wenn die Fasern einigermaßen gleichmäßig ausgerichtet sind. Die gesamten Zusammenhänge, die bei losen faserigen Stoffen wirksam sind, sind sehr eingehend in den angelsächsischen Ländern untersucht worden[2], wo diese in der Kältetechnik in wesentlich größerem Umfange angewandt werden als in Deutschland.

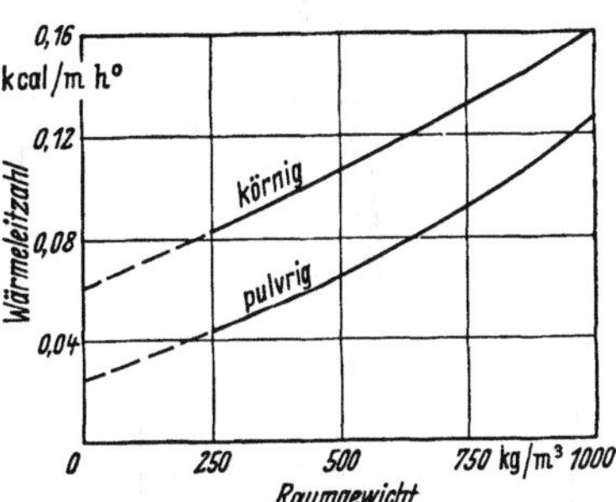

Abb. 111. Einfluß der Größe der Zwischenräume zwischen den Körnern bei pulvrigen und körnigen anorganischen Stoffen.

Tab. 3 zeigt den Einfluß der Richtung des Wärmestroms zur Faser bei Leichthölzern nach GRIFFITHS[3] und bei organischen und anorganischen Fasern nach FINCK[4]. Parallel zur Faser kann die Wärmeleitzahl mehr als doppelt so groß wie senkrecht zur Faser sein.

---

[1] Bei sehr niedrigen Raumgewichten grobkörniger Stoffe kann auch eine Luftkonvektion zwischen den Körnern stattfinden, die in Tab. 2 nicht berücksichtigt ist.

[2] Die Angaben hierüber, die im folgenden an verschiedenen Stellen gemacht werden, sind dem ausgezeichneten Buch von GORDON B. WILKES: Heat Insulation. New York: John Wiley & Sons, Inc., und London: Chapman & Hall, Limited 1950, entnommen.

[3] GRIFFITHS, E.: Heat Insulators. Food Investigation Board, Dept. Sci. and Ind. Res. Spec. Report Nr. 35. London: His Majesty's Stationery Office 1929.

[4] FINCK, J. L.: J. Res. Nat. Bur. Stand. Bd. 5 (1930) S. 243.

Tabelle 3. *Einfluß der Lage der Faser zur Richtung des Wärmestroms.*

Stoff	Faserrichtung	Mittlere Temperatur ° C	Raumgewicht kg/m³	Wärmeleitzahl kcal/m h°
Leichthölzer nach E. Griffiths.				
Musanga Smithii (Nigeria) . . .	⊥ ∥	23		0,065 0,104
Herminiera Elaphroxylon (Nigeria)	⊥ ∥	23		0,047 0,076
Janganda Holz (Brasilien) . . .	⊥ ∥	26	152	0,057 0,103
Lose Fasern nach J. L. Finck.				
Flachsfasern.	⊥ ∥		79 79	0,0295 0,0661
Flachsfasern.	⊥ ∥		155 154	0,0325 0,103
Glasfasern.	⊥ ∥		160 160	0,0323 0,0688
Haarfilz.	⊥ ∥		180 180	0,0323 0,0494

Bei lose gestopften Fasern kann sich noch eine andere Erscheinung geltend machen, nämlich daß die Packung so locker wird, daß sich zwischen den Fasern eine Wärmeübertragung durch Luftkonvektion ausbildet. Die Folge ist ein Ansteigen der Wärmeleitzahl mit abnehmendem Raumgewicht, so daß die Raumgewichtsabhängigkeit ein Minimum aufweist, das je nach der Faserart, der Faserlänge und der Faserdicke bei anderen Raumgewichten liegt.

Abb. 112 gibt Messungen von Griffiths an senkrechten Schichten aus Schlackenwolle und von Finck an Zuckerrohrfasern wieder[1]. Bei Schlackenwolle wurde außerdem die Höhe der Schicht variiert. Je höher die Schicht ist, um so ausgeprägter ist das Minimum der Wärmeleitzahl und um so mehr ist es nach höheren

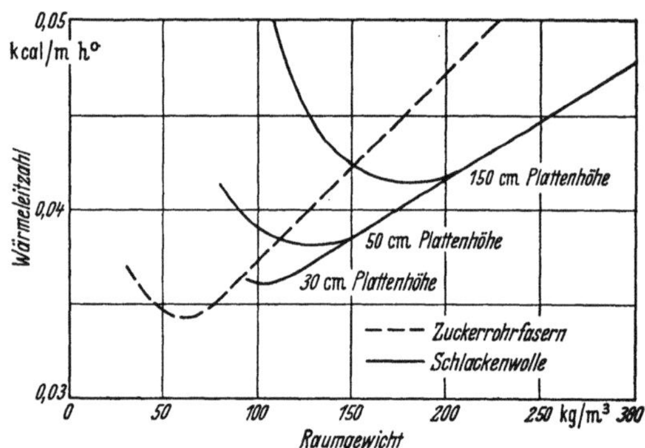

Abb. 112. Raumgewichtsabhängigkeit der Wärmeleitzahl bei losen Zuckerrohrfasern nach J. L. Fink und Schlackenwolle in verschiedener Schichthöhe nach E. Griffith.

Raumgewichten verschoben. Bei den Zuckerrohrfasern liegt es bei niedrigeren Raumgewichten.

Hierher gehören auch Messungen von Allcut und Ewens[2], welche die Wärmeleitzahl von Gesteins- und Schlackenwolle bei verschieden dicken senkrechten Packungen untersuchten. Es ergab sich eine Zunahme der Wärmeleitzahl mit der Dicke, während eine ebenfalls geprüfte Korkplatte selbstverständlich keine Abhängigkeit aufwies. Daß bei den beiden Faserstoffen auch hier die Ent-

---

[1] Siehe Fußnoten 3 u. 4 auf Seite 319.

[2] Allcut u. Ewens: Thermal Conductivity of Insulating Materials. Canad. J. Res. A., Bd. 17 (1939) S. 209.

stehung einer Konvektionsströmung zwischen den Fasern die Ursache ist, zeigten Kontrollversuche, bei denen in die Gesteinswollpackungen horizontale Unterteilungen eingebaut wurden, die die Wärmeleitzahl herabsetzten.

Andere Autoren haben auch den Einfluß einer derartigen Luftkonvektion zwischen losen Fasern je nach der Lage der Isolierschicht zum Schwerefeld der Erde geprüft, also den Unterschied, der sich bei horizontaler und senkrechter Orientierung ergibt. Für die Praxis sind diese Feststellungen nur von geringer Bedeutung.

In Deutschland wurden vor allem im Forschungsheim für Wärmeschutz in München umfangreiche Messungen an Schlackenwolle, Glasfasern verschiedener Art und an Gesteinswolle ausgeführt[1], die meist in der NUSSELTschen Kugel vorgenommen wurden. Die Werte ergaben also im Hinblick auf die Lage zum Schwerefeld der Erde mittlere Zahlen. Den Hauptwert legte man dabei auf das Gebiet der Temperaturen der Dampftechnik, für das in Deutschland diese Stoffe im größten Ausmaß verwendet werden. Hierbei ergibt sich eine Verschiebung des Minimums der Wärmeleitzahl bei zunehmender Temperatur in der Richtung einer dichteren Packung, was sich auch aus der Zunahme der Strahlungsübertragung mit der Porengröße und der Temperatur erwarten läßt.

Nach dem Gesagten wäre es zweckmäßig, bei der Verwendung lose gestopfter Faserstoffe das jeweils günstigste Raumgewicht zu wählen, bei dem die Wärmeleitzahl ein Minimum erreicht. In der Praxis muß man aber stets dichtere Stopfungen anwenden, damit als Folge der unvermeidlichen Erschütterungen im Lauf der Zeit kein Zusammensacken eintritt. SEIFFERT[2] gibt als normale Stopfdichte für kurzflockige Fasern, z. B. für Schlackenwolle, 200 bis 250 kg/m³ an, für langgestreckte parallel geschichtete Fasern, wie Glasgespinst, eine solche von 100 bis 200 kg/m³, für lange, gekräuselte, regellos liegende Fasern, wie Glaswatte, Glaswolle und gleichartige Steinwolle, eine solche von 100 bis 150 kg/m³.

3. Der Temperatureinfluß.

Bei allen Bau- nud Kälteschutzstoffen nimmt die Wärmeleitzahl mit der Temperatur zu, da dies sowohl für die festen Bestandteile wie für den Porenluftraum gilt. Diese Zunahme tritt bei Baustoffen vor anderen Einflüssen, vor allem vor der stets vorhandenen Feuchtigkeit, völlig zurück. Auch innerhalb des normalen Temperaturbereichs in der Kältetechnik ist sie für Isolierstoffe nicht sehr wichtig. Tab. 4 enthält die ungefähren Werte bei organischen Kälteschutzstoffen, wobei die schon erwähnte Auswirkung der Porengröße auf die Strahlungsübertragung in den Lufträumen deutlich in Erscheinung tritt: der Temperatureinfluß ist um so geringer, je feinporiger das Gefüge ist.

Tabelle 4.

Zunahme der Wärmeleitzahl mit der Temperatur bei organischen Isolierstoffen.

Stoffart	Art der Porosität	Zunahme der Wärmeleitzahl je 10° C in kcal/m h °
Faserplatten	fein	0,001 bis 0,003
Korkplatten	fein	0,001 bis 0,002
Fasermatten	etwas gröber	0,002 bis 0,004
Holzwollplatten	grob	0,005 bis 0,011

---

[1] RAISCH, E.: Das Forschungsheim für Wärmeschutz e. V., München, in zwanzigjähriger Tätigkeit, Entwicklung und Stand der Wärmeschutztechnik. Wärme- u. Kältetechn. Bd. 41 (1939) S. 1—6.

[2] SEIFFERT, K.: Künstliche Mineralfasern für Wärmeschutzzwecke. Z. VDl Bd. 91 (1949) S. 149—152.

Für sehr tiefe Temperaturen ist der Temperatureinfluß wichtig. Abb. 113 zeigt ihn für einige lose geschüttete Stoffe, wie sie für die Isolierung von Apparaten verwendet werden, nach Messungen von E. Raisch[1]. Die Wärmeleitzahl bleibt aber natürlich stets über der molekularen Wärmeleitzahl der Luft bei der betreffenden Temperatur.

4. Der Einfluß der chemischen Zusammensetzung und des molekularen Aufbaus der festen Bestandteile.

Unterschiede in der *chemischen Zusammensetzung* treten in der Wärmeleitzahl von Isolierstoffen nur wenig in Erscheinung, da die Porosität stets sehr groß ist. Selbst zwischen der Wärmeleitzahl organischer und anorganischer

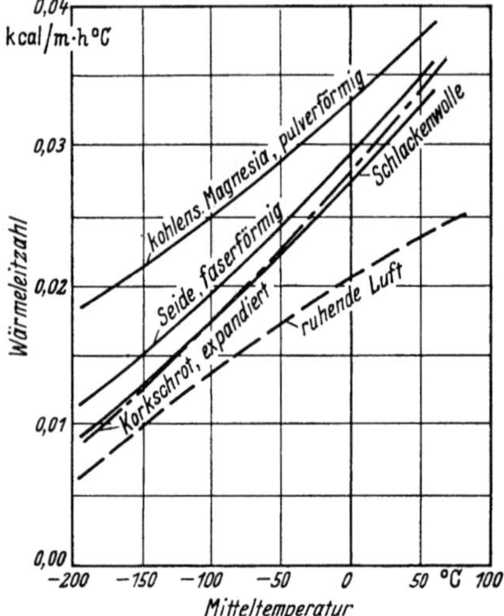

Abb. 113. Wärmeleitzahl einiger Stoffe bei tiefen Temperaturen (nach E. Raisch).

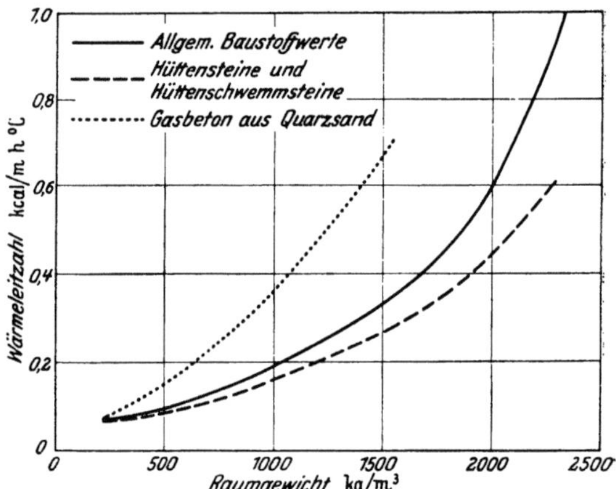

Abb. 114. Wärmeleitzahl lufttrockener Baustoffe bei Unterschieden des molekularen Aufbaus der festen Bestandteile (nach J. S. Cammerer).

Isolierstoffe findet sich bei gleichem Porenanteil kaum ein Unterschied. Auch bei Baustoffen ist die chemische Zusammensetzung bedeutungslos, doch tritt der *molekulare Aufbau* der festen Bestandteile stark hervor. Bei Verwendung von Quarzsand, also von Bruchstücken größerer Kristalle, ist z. B. die Wärmeleitzahl von Putzen ungefähr um 20% größer, als wenn sie aus Moränekies hergestellt werden. Aus Quarzsand hergestellte und mit Kalk gebundene Kalksandsteine leiten die Wärme um ungefähr 25% besser als gleich schwere Ziegelsteine. Die niedrigste Wärmeleitzahl erhält man bei Benutzung glasiger Körner, d. h. von Körnern aus amorph erstarrten Schmelzen. Dies ist z. B. bei der Verwendung von Hochofenschlacke zu Hochofenschwemmsteinen und Hüttensteinen der Fall. Abb. 114 zeigt, daß bei diesen die Raumgewichtsabhängigkeit der Wärmeleitzahl unter der durchschnittlichen Raumgewichtsabhängigkeit von Baustoffen liegt und daß andererseits die Kurve für Gasbetone aus Quarzsand über derjenigen für Baustoffe verläuft.

5. Der Einfluß der Struktur der festen Bestandteile.

Das Skelett der festen Bestandteile eines porösen Körpers kann nach zwei Haupttypen geformt sein: es kann aus einzelnen Körnern verschweißt sein (z. B. durch Sinterung bei Ziegeln oder durch ein Bindemittel bei Betonen), oder

---

[1] Siehe Fußnote 1, S. 321.

es kann durch blasige Luft- oder Gaseinschlüsse in einem flüssigen homogenen Stoff gebildet werden, der dann verfestigt wird. Bei Stoffen mit blasigen Einschlüssen stellen die Zellwände ein ununterbrochenes Skelett dar, während verkittete Körner nur beschränkte Berührungsflächen aufweisen. Die Wärmeleitzahl, aber auch die Festigkeit, ist daher im letzteren Fall kleiner.

Die extremen theoretischen Grenzwerte der Wärmeleitzahl sind von KRISCHER[1] in Abb. 115 durch Berechnung eines Zweistoffgemisches für kugelige Gestalt der Poren bzw. der Körner nach einer Formel von EUCKEN dargestellt worden. Die obere Grenzkurve zeigt den Fall kugelförmiger Lufteinschlüsse im zusammenhängenden festen Stoff, die untere den Fall, daß Kugeln des festen Stoffes in Luft schwimmen. Zwischen beiden Kurven liegt der empirische Bereich. Bei gleicher Porosität bzw. gleichem Raumgewicht sind also infolge des Struktureinflusses sehr verschiedene Wärmeleitzahlen möglich. Das zeigt sich selbst noch bei den niedrigen Raumgewichten der Kälteschutzstoffe, indem Materialien mit massivem Skelett wie Schaumglas oder Kunstharzschaumstoffe dieser Art eine etwa 30% höhere Wärmeleitzahl besitzen als Korkplatten des gleichen Raumgewichts. Bei den in Betracht kommenden Kunstharzschaumstoffen spielt das freilich keine Rolle, weil sie bei genügender Festigkeit einen Ausgleich durch ein wesentlich niedrigeres Raumgewicht ermöglichen und aus preislichen Gründen sogar nötig machen. Im übrigen kann ein günstiges Verhalten gegenüber flüssigem und

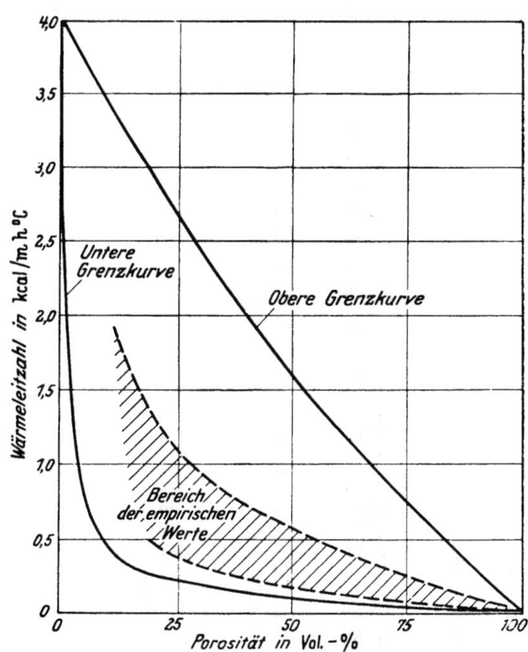

Abb. 115. Grenzkurven für die Wärmeleitfähigkeit trockener mineralischer Stoffe (nach O. KRISCHER.) (Die empirischen Werte sind nach dem heutigen Forschungsstand korrigiert.)

dampfförmigem Wasser wichtiger sein, da dadurch die Wärmeleitzahl auch wirklich dauernd erhalten bleibt, während im anderen Fall der Vorteil im trockenen Zustand bald durch allmähliche Durchfeuchtung in das Gegenteil verkehrt wird.

6. Der Feuchtigkeitseinfluß.

Als man zu Beginn der neuzeitlichen wärmeschutztechnischen Forschung die starke Erhöhung der Wärmeleitzahl eines porösen Stoffes durch einen Feuchtigkeitsgehalt beobachtete, führte man dies zunächst darauf zurück, daß ein Teil der Porenluft durch Wasser mit einer zehn- bis zwanzigfachen Wärmeleitfähigkeit ersetzt wird. Es zeigte sich aber, daß dies nicht der Hauptgrund sein kann[2], da dann die Wirkung von 1 Vol.-% Wasser geringer sein müßte als die einer gleich großen Dichtesteigerung. Es ist aber das Umgekehrte der

---

[1] KRISCHER, O., u. H. ROHNALTER: Wärmeleitung und Dampfdiffusion in feuchten Gütern. Forsch.-Heft 402. Berlin: VDI Verlag 1940.

[2] CAMMERER, J. S.: Über den Zusammenhang zwischen Struktur und Wärmeleitzahl bei Bau- und Isolierstoffen und dessen Beeinflussung durch einen Feuchtigkeitsgehalt. Mitteilungen des Forschungsheims für Wärmeschutz, H. 4. München 1924.

Fall. Auch ein weiterer Grund, den man anführte, nämlich daß die Feuchtigkeit nach den Kapillaritätsgesetzen jeweils in den feinsten, also wirksamsten Poren und an den Berührungsstellen der miteinander verkitteten Körner sitzt, wo sie eine verstärkte Wärmebrücke bildet, ist offenbar nicht hinreichend. Erst Krischer und Rohnalter[1] haben nachgewiesen, wie stark die Diffusion der Feuchtigkeit in den Poren die Wärmeübertragung erhöht.

Ohne auf die Vorgänge der Feuchtigkeitsaufnahme und Feuchtigkeitsbewegung einzugehen, die im folgenden Abschnitt behandelt werden, sei zunächst ein Überblick über die Erfahrungswerte des Feuchtigkeitseinflusses auf die Wärmeleitzahl gegeben. Man stößt dabei auf größere Lücken unseres Wissens, als man bei der Bedeutung des Problems und der Vielzahl von Messungen im In- und Ausland vermuten sollte. Man kennt z. B. nur für Vollziegel genügend genau den Feuchtigkeitseinfluß für verschiedene Raumgewichte. Bei Isolierstoffen sind die Unterlagen durchaus ergänzungsbedürftig.

Der Hauptgrund liegt in meßtechnischen Schwierigkeiten, die in vielen Arbeiten nicht genügend beachtet wurden oder die erforderlichen Untersuchungen verhinderten. Wird nämlich der zu prüfende feuchte Stoff in den üblichen Plattenapparat von Poensgen[2] eingebaut, so mißt man zu niedrige „scheinbare" Wärmeleitzahlen, weil sich unter der Wirkung des Temperaturgefälles die Feuchtigkeit durch Dampfdiffusionen nach den Kühlplatten des Apparates verlagert. Je nach der kapillaren Saugkraft des Stoffes kann diese Verschiebung zum Teil wieder rückgängig gemacht werden, aber meist werden die Poren des Stoffes, die an die Kühlplatte grenzen, völlig mit Wasser gefüllt, während die an die Heizplatte grenzende Oberfläche mehr oder weniger austrocknet. Bei dieser extremen Wasserverteilung zeigt die Versuchsprobe eine Wärmeleitzahl, die kleiner, oft sehr viel kleiner als die Wärmeleitzahl bei der wirklichen Feuchtigkeitsverteilung in Wänden ist. Krischer und Rohnalter[3] haben dargelegt, daß man die scheinbare Wärmeleitzahl für verschiedene Kühlplattentemperaturen bei mehreren Temperaturdifferenzen unter völliger Verhinderung einer Austrocknung der Probe messen und daraus durch Extrapolation auf die Temperaturdifferenz 0 die wahre Wärmeleitzahl extrapolieren muß. Dies bedeutet einen Aufwand, der vielfach nicht in Kauf genommen werden kann.

a) Der Anteil der Dampfdiffusion an der Wärmefortleitung in feuchten Stoffen. Die Wärmeübertragung in lufterfüllten Poren feuchter Stoffe wird theoretisch durch folgende Vorgänge bestimmt:

molekulare Wärmeleitung der Luft,
Luftkonvektion in den Poren,
Strahlungsübertragung zwischen den Porenwänden,
Wärmeübertragung durch Dampfdiffusion,
Austausch eines Teiles der Porenluft durch das besser leitende Wasser,
Brückenbildung an den Berührungsflächen der festen Bestandteile durch das Wasser.

Krischer[4] hat zur Aufdeckung der wichtigsten Zusammenhänge die Wärmeübertragung in den Poren lediglich unter Berücksichtigung der molekularen Wärmeleitung und der Wärmeübertragung durch Dampfdiffusion berechnet, obwohl bei der praktisch in Frage kommenden Porengröße auch die Strah-

---

[1] Krischer, O., u. H. Rohnalter: Die Wärmeübertragung durch Diffusion des Wasserdampfes in den Poren von Dämmstoffen unter der Einwirkung eines Temperaturgefälles. Gesundh.-Ing. Bd. 60 (1937) S. 621.

[2] Poensgen, R.: Ein technisches Verfahren zur Ermittlung der Wärmeleitfähigkeit plattenförmiger Stoffe. Z. VDI Bd. 56 (1912) S. 1643.

[3] Vgl. Fußnote [1] auf S. 323.

[4] Krischer, O.: Wärmeleitung und Dampfdiffusion in Kälteschutzstoffen. Wärme- u. Kältetechn. Bd. 43 (1941) S. 1—6.

lung eine gewisse Rolle spielt (vgl. Tab. 2) und auch die Brückenbildung des Wassers von erheblicher Bedeutung sein kann. Das ändert aber nichts an der grundsätzlichen Richtigkeit seiner Ergebnisse, die in den Abb. 116 und 117 wiedergegeben sind.

Abb. 116 zeigt die molekulare Wärmeleitzahl λ_L der Luft (0,0204 kcal/m h° bei 0° C) und die Summe λ' dieser und des Diffusionsanteils sowie die Wärmeleitzahl λ_W von Wasser in Abhängigkeit von der Temperatur. Die reine Wärmeleitzahl der Luft und die des Wassers zeigt einen schwachen Anstieg, während der Diffusionsanteil der Wärmeübertragung mit der Temperatur stark ansteigt. Bei 0° C ist er etwa gleich der molekularen Wärmeleitzahl, bei 30° C ungefähr sechsmal so groß. Schließlich erreicht er bei 59,3° C zusammen mit der molekularen Wärmeleitung die Wärmeleitzahl des Wassers mit 0,565 kcal/m h°.

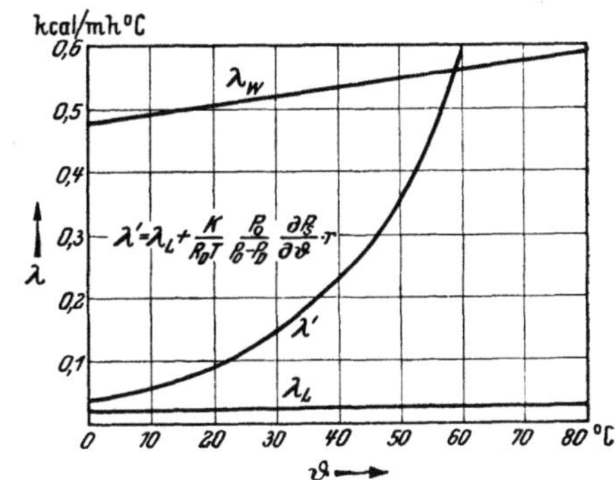

Abb. 116. Äquivalente Wärmeleitzahl der Porenluft λ (nach O. Krischer).

Bei rund 60° C ist daher die Wärmeleitzahl eines feuchten Baustoffes unabhängig von der Größe des Wassergehaltes und gleich der bei völliger Porensättigung. Oberhalb dieser Temperatur überträgt ein Stoff, der nur feucht ist, mehr Wärme als ein wassergesättigter.

Die gleichwertige Wärmeleitzahl der Porenluft in *feuchten* Stoffen beträgt bei 0° C mindestens 0,04, bei 10° C 0,05 und bei 20° C 0,08 kcal/m h°.

Abb. 117 ergänzt diese Feststellung und zeigt anschaulich die Änderung der Wärmeleitzahl mit dem Feuchtigkeitsgehalt unterhalb, bei und oberhalb 60° C. Bei der Extrapolation der Kurven auf den völlig trockenen Zustand muß man jedoch berücksichtigen, daß der Diffusionsanteil an der Wärmeübertragung nicht mehr die volle Größe beibehalten kann, wenn die Feuchtigkeit so gering ist, daß nicht mehr jede Porenwand mit einer Wasserhaut überzogen wird. Diese Grenzfeuchtigkeit scheint etwa bei der hygroskopischen Gleichgewichtsfeuchtigkeit φ_H für eine relative Luftfeuchtigkeit von ungefähr 60% zu liegen. Sie wird natürlich von der Art der Kapillaren des Stoffes beeinflußt und dürfte bei nicht gebrannten Baustoffen etwa 2,5 Vol.-% betragen, bei gebrannten weniger.

Die Kurvenzüge der Abb. 117 müssen also, wie eingezeichnet, von der Grenzfeuchtigkeit an zur Wärmeleitzahl des völlig trockenen Zustandes abfallen und dürfen nicht einfach auf die Feuchtigkeit 0 extrapoliert werden. Nach Messungen von

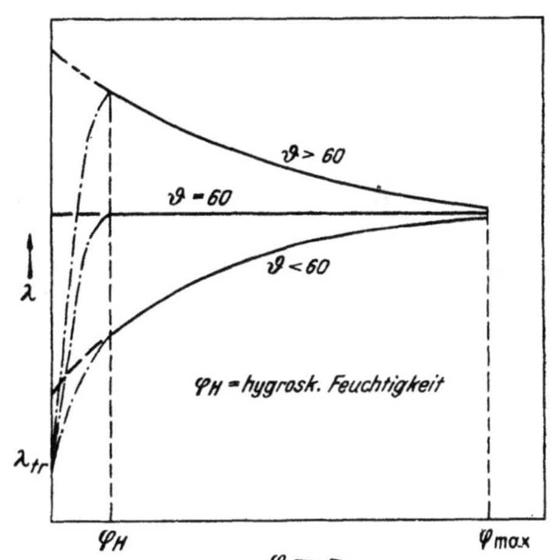

Abb. 117. Abhängigkeit der Wärmeleitzahl feuchter Stoffe vom Wassergehalt bei verschiedener Temperatur (nach O. Krischer).

Raisch[1] an nicht gebrannten Baustoffen (Bimsbetonplatten und Gasbeton) kann man den Feuchtigkeitseinfluß im „lufttrockenen Zustand" mit rund 6,5% Zu-

---

[1] Veröffentlicht von J. S. Cammerer: Der Einfluß der Feuchtigkeit auf den Wärmeschutz von Bau- und Dämmstoffen nach dem internationalen Schrifttum. Wärme- u. Kältetechn. Bd. 41 (1939) S. 126—135.

schlag je 1 Vol.-% Wassergehalt ansetzen, also mit einem sehr viel geringeren Betrag, als sich in der Tab. 5 für höhere Wassergehalte ergibt.

Abb. 118 zeigt die Wärmeleitzahlen eines Ziegelsteines für den völlig trockenen, den völlig durchnäßten und einen feuchten Zustand von 8 bzw. 22 Vol.-% Wassergehalt, die von Krischer experimentell gefunden wurden. Die Meßpunkte lassen sich zwanglos zu einem Kurvenbild zusammenfügen, das der Abb. 116 entspricht.

b) Der Feuchtigkeitseinfluß bei anorganischen Baustoffen. Tab. 5 gibt eine Zusammenstellung des Feuchtigkeitseinflusses bei anorganischen Stoffen, so wie er sich aus der internationalen Literatur unter kritischer Prüfung der Verlässigkeit der Messungen ableiten läßt. Außer für Sand hat man nur für Ziegel genaue Unterlagen, während bei den anderen Baustoffen die Zahlen nicht ganz sicher sind. Aus diesem Grund wird man auch heute noch, wenn man die Wärmeleitzahl eines nicht gebrannten Baustoffes für den feuchten Zustand aus der des trockenen Zustandes berechnen will, besser von mittleren Erfahrungswerten ausgehen, die von Cammerer aus dem Schrifttum und aus eigenen Messungen an ausgeführten Bauten[1] ermittelt wurden und die auch im Ausland häufig zugrunde gelegt werden. Sie sind in Tab. 6 angegeben und aus einem Vergleich mit Tab. 5 sieht man, daß sie tatsächlich für praktische Überlegungen, bei denen die Benutzung etwas vorsichtiger gewählter Werte angesichts der ungeklärten Verhältnisse zu empfehlen ist, gut geeignet sind.

Bisher wurde stillschweigend angenommen, daß der Stoff eine Temperatur über 0° C besitzt, das Wasser also nicht gefroren ist. Nach einer Messung von

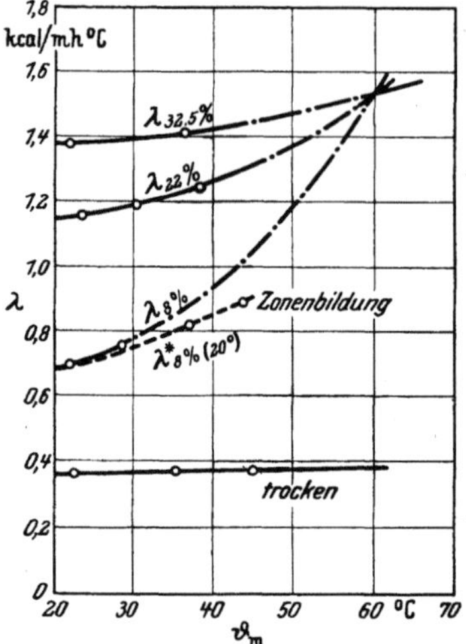

Abb. 118. Wahre Wärmeleitzahlen eines Ziegelsteins bei Einhaltung gleichmäßig verteilter Feuchtigkeit (nach O. Krischer).

Tabelle 5.

Der Einfluß der Feuchtigkeit auf die Wärmeleitzahl anorganischer Baustoffe.

Stoffart	Raum- gewicht kg/m³	Zunahme der Wärmeleitzahl in % je 1 Vol.-% Wassergehalt bei einer Feuchtigkeit in Vol.-%				
		1	3	5	10	20
Seesand, Quarzsand	1200	47	44	40	33	27
	1600	44	40	36	30	23
	2000	41	37	33	27	20
Sand-, Lehm- u. Tonböden .	1400 bis 2000	28	25	23	21	17
Vollziegelmauerwerk	1200	21	19,5	19	17	14
	1400	18	17,5	17	15	12,5
	1600	16	15	14,5	13	11
	1800	13	12,5	12	11	9
Kalksandsteinwände	1700 bis 1850		17	12	9	
Leichtwände aus						
Hochlochziegel	1000 bis 1300	15	15			
Langlochziegel	1100	10	10			
Bimsschwemmsteine	700 bis 800		16	13	11	
Gasbeton	600 bis 700		15	10	8	7

Angaben für Sand nach Krischer, für Vollziegel nach Krischer u. Rohnalter. Die übrigen Werte auf Grund des internationalen Schrifttums ausgewählt.

[1] Cammerer, J. S.: Vgl. Fußnote 1 auf S. 325.

Raisch an einer Ziegel-
wand[1]machtes jedoch kaum
einen Unterschied, wenn ein
Teil der Wand Tempera-
turen unter 0° C besitzt.
Dies hat sich auch bei zahlreichen Messungen an Häu-
sern insofern bestätigt, als
sich ein merklicher Einfluß,
ob die Prüfung in sehr milden oder sehr kalten Win-
tern vorgenommen wurde,
nicht gezeigt hat.

Tabelle 6.

*Erfahrungswerte für den Feuchtigkeitseinfluß bei Wänden
aus anorganischen, nicht gebrannten Baustoffen.*
(Nach J. S. Cammerer.)

Feuchtigkeitsgehalt Vol.-%	Zunahme der Wärmeleitzahl im trokkenen Zustand in % je 1 Vol.-% Wassergehalt
3	20
5	15,1
10	10,8
15	8,5
20	7,2
25	6,2

c) Der Feuchtigkeitseinfluß bei organischen Baustoffen. Während man bei
anorganischen Stoffen den Feuchtigkeitsgehalt zweckmäßig in Vol.-% angibt
und auch seinen Einfluß auf die Wärmeleitzahl auf Vol.-% bezieht, empfiehlt
es sich, bei organischen Baustoffen für diese Angaben Gew.-% zu wählen. Man
kann dann den praktischen Wassergehalt ausgehend von der hygroskopischen
Gleichgewichtsfeuchtigkeit für viele Verhältnisse in einfacher Weise abschätzen
und auch die Zahlenwerte für den Feuchtigkeitseinfluß auf die Wärmeleitzahl
einfacher darstellen.

Die Änderung der Wärmeleitzahl mit dem Wassergehalt scheint bei organischen Stoffen von merklich anderer Art zu sein als bei anorganischen, obwohl
natürlich die physikalischen Vorgänge grundsätzlich die gleichen sind. Aber
während das Wasser bei anorganischen Stoffen entweder die feinsten Poren
ganz ausfüllt oder in Form von Tröpfchen Brücken an den Berührungspunkten
der festen Bestandteile oder eine Wasserhaut auf der Porenoberfläche bildet,
ist es beispielsweise bei Holz bis zum Fasersättigungspunkt vor allem als Quell-
wasser in den Zellen gebunden. Es wird also bis zu dieser Grenze nicht so sehr
die poröse Struktur als vielmehr die Wärmeleitzahl der festen Bestandteile
durch den Wassergehalt geändert. Das muß einen geringeren Feuchtigkeitseinfluß als bei anorganischen Stoffen zur Folge haben, da das Wasser hier nach
Art einer Dichteänderung in Erscheinung tritt und, wie in der Einleitung zu
diesem Abschnitt schon erwähnt wurde, eine Dichteänderung die Wärmeleitzahl nicht so wirksam beeinflußt wie die Vorgänge der Brückenbildung
und der Dampfdiffusion. Auf diese Unterschiede in der Anordnung des Wassers
haben erstmals Watzinger und Kindem hingewiesen[2].

Eine weitere Folge ist, daß Messungen an feuchten organischen Stoffen
im Plattenapparat im allgemeinen bessere Übereinstimmung mit den wirklichen
Wärmeleitzahlen ergeben, jedenfalls solange der Feuchtigkeitsgehalt den Fasersättigungspunkt nicht allzusehr überschreitet. Man hat daher im Schrifttum
im gewissen Sinne reichhaltigere Unterlagen zur Verfügung als bei anorganischen
Stoffen. Die Darstellung der wichtigsten Ergebnisse in den Abb. 119 und 120,
von denen die erste den Feuchtigkeitszuschlag auf die Wärmeleitzahl im trok-
kenen Zustand für Temperaturen oberhalb 0° C, die zweite für Temperaturen
unterhalb 0° C widergibt, zeigt freilich, daß vielfach die Meßunsicherheit immer
noch so groß ist, daß man etwa die Auswirkungen verschiedenartiger Strukturen,
z. B. bei Hölzern bzw. Faser- oder Korkplatten nicht klar herausarbeiten kann.

---

[1] Raisch, E.: Vgl. Fußnote 1 auf S. 321.

[2] Watzinger, A., u. E. Kindem: Om Bygningsmaterialers Varmeisoliering. Trondheim:
in Kommission bei F. Bruns 1935.

Deshalb hat z. B. Cammerer bei den in beiden Abbildungen eingezeichneten Versuchswerten die kalte Oberfläche der Versuchsplatten an Luft angrenzen lassen, um eine Feuchtigkeitsstauung an der Kühlplatte durch Ermöglichung einer Verdunstung zu verhindern[1]. Die von Schmidt stammenden Werte für Hölzer sind dagegen in einer Plattenapparatur gemessen[2], bei der sehr geringe Probendicken (5 bis 10 mm), eine verhältnismäßig hohe mittlere Temperatur (etwa 36° C) und ein ungewöhnlich steiles Temperaturgefälle in der Probe (bis zu 10°C/cm) angewandt wurden, also Verhältnisse, die man nach den Versuchen von Krischer und Rohnalter an Ziegelsteinen als ungünstig ansehen muß. Wenn trotzdem in Abb. 119 die Meßpunkte für zwei Hölzer nicht ungünstig beiderseits der Kurve von

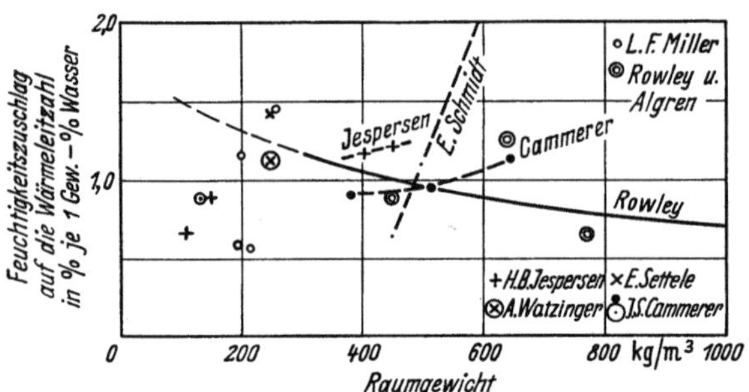

Abb. 119. Feuchtigkeitszuschlag auf die Wärmeleitzahl organischer Stoffe oberhalb 0° C.

Cammerer liegen und nur ein dritter (Raumgewicht etwa 700 kg/m³, Feuchtigkeitszuschlag auf die Wärmeleitzahl 2,9% je 1 Gew.-% Wasser) außerhalb der Diagrammfläche liegt, so kann man doch von dieser teilweisen Übereinstimmung nicht recht befriedigt sein, da der Raumgewichtseinfluß sehr verschieden in Erscheinung tritt.

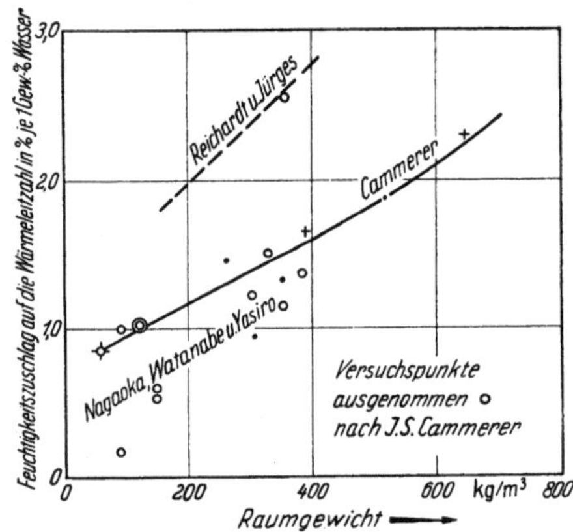

Abb. 120. Feuchtigkeitszuschlag auf die Wärmeleitzahl organischer Stoffe unter 0° C.

Versuchspunkte:
○ Nagaoka, Watanabe und Yasiro;
+ Cammerer an Holz;
◎ ⟡ Cammerer für Kork, gemessen, bzw. berechnet;
• Cammerer an Holzwoll-Leichtbauplatten und an Holzfaserplatten.

Eine weitere Unsicherheit, inwieweit die Meßpunkte miteinander vergleichbar sind, liegt in dem verschieden großen Feuchtigkeitsbereich, den die einzelnen Autoren untersuchten. So stammt die Kurve von Rowley für Hölzer aus ungewöhnlich umfangreichen Versuchsreihen, die sich jedoch nur bis zu einem Feuchtigkeitsgehalt von 12 Gew.-% erstreckten[3]. Dies ist nicht einmal die Hälfte der Feuchtigkeit im Fasersättigungspunkt. Ähnliches gilt von den Meßpunkten von Rowley und Algren[4] mit einem Feuchtigkeitsbereich bis 16 Gew.-%. Die Versuchspunkte von Schmidt liegen dagegen etwa zwischen 32 und 84 Gew.-%. Jespersen[5] führte Messungen bis zu einem Feuchtigkeitsgehalt von 116 Gew.-% durch. Es scheint allerdings, daß der Feuchtigkeitseinfluß bei organischen Stoffen vielfach in einem sehr weiten Bereich angenähert linear ist.

[1] Cammerer, J. S.: Der Wärmeschutz von organischen Baustoffen unter praktischen Verhältnissen. Gesundh.-Ing. Bd. 59 (1936) S. 261.
[2] Schmidt, E.: Über Trocknungsvorgänge. Z. ges. Kälteind. Bd. 43 (1936) S. 75—80.
[3] Rowley, F. B.: The Heat Conductivity of Wood at Climatic Temperature-Differences. Heat. Pip. Air Condit. Bd. 5 (1933) S. 313.
[4] Rowley, F. B., u. Algren: Thermal Conductivity of Building Materials. Bull. 12, Eng. Expt. Sta., University of Minnesota (1937).
[5] Jespersen, H. P.: Bestemmelse af varmeledningstal for bygge- og isoleringsmaterialer ved varierende fugtindhold. Varme Bd. 14 (1949) S. 41—94.

Will man also aus Abb. 119 für den Feuchtigkeitszuschlag auf die Wärmeleitzahl bei organischen Bau- und Isolierstoffen Durchschnittswerte ableiten, so kann man für Raumgewichte zwischen 100 und 800 kg/m³ nur einen konstanten Wert von etwa 1,0% je 1 Gew.-% Wasser wählen und muß im Einzelfall eine entsprechende Unsicherheit in Kauf nehmen. Soweit man für bestimmte Stoffarten (beispielsweise für Korkplatten) spezielle Angaben machen kann, geschieht dies später bei der Besprechung dieser Materialien.

Einen klareren Eindruck machen die Meßpunkte in Abb. 120, für die allerdings nur drei Arbeiten, und zwar von CAMMERER, von REICHARD und JÜRGES[1] sowie von NAGAOKA, WATANABE und YASIRO[2] zur Verfügung stehen. Die von REICHARD und JÜRGES an Korkplatten durchgeführten Versuche sind auf Grund eines Briefwechsels mit den Verfassern ausgewertet, wobei in wichtigen Punkten keine genauen Angaben möglich waren. Man kann also die Messung von REICHARD und JÜRGES nur als eine Bestätigung für die Zunahme des Feuchtigkeitszuschlages mit dem Raumgewicht bei gefrorenen Isolierstoffen werten. Die Ergebnisse der japanischen Forscher an den verschiedenartigsten Stoffen wie Tuchen, Reisstroh und Korkschrot streuen stark. Man wird wohl die ausgezogene Linie als ungefähren Anhaltspunkt für den Feuchtigkeitseinfluß unterhalb 0° C wählen.

Bei der Beurteilung der Streuung der Versuchspunkte in den beiden Abbildungen muß man sich auch noch vergegenwärtigen, daß ein Teil der Abweichungen besondere Gründe haben kann. Wenn z. B. die Wärmeleitzahl von trockenen Hölzern nach ROWLEY schon eine Streuung von $\pm$ 0,014 kcal m h° aufweist (das sind bei einem Raumgewicht von 500 kg/m³: $\pm 15\%$), so wird auch der errechnete Feuchtigkeitseinfluß im entsprechenden Maße unsicher. Bei gefrorenen Stoffen können sich die Eiskristalle verschiedenartig und in verschiedener Lage ausbilden, je nachdem, ob sie beispielsweise in einer Korkplatte sich in den feinen Zellen des einzelnen Korkkornes oder in den groben Hohlräumen zwischen den Korkkörnern bilden. Gerade bei Korkplatten kann die Feuchtigkeit eine dieser beiden Möglichkeiten ausgesprochen bevorzugen.

So ungeklärt also die Verhältnisse bei den vorliegenden Messungen sind, so kann man doch für eine angenäherte Berechnung der Wärmeleitzahl feuchter organischer Stoffe aus den Abb. 119 und 120 Richtwerte entnehmen, die für die meisten praktischen Überlegungen genügen. Sie sind in Tab. 7 zusammengestellt und können für einen beliebigen Feuchtigkeitsbereich benutzt werden.

d) Der Einfluß der Feuchtigkeitsverteilung auf die Wärmeleitzahl. Aus den oben erwähnten Schwierigkeiten, die Wärmeleitzahl feuchter Stoffe im Plattenapparat von POENSGEN zu messen, folgt ein Einfluß der Feuchtigkeitsverteilung auf die Wärmeleitzahl. Bei gleichmäßiger Verteilung der Feuchtigkeit

Tabelle 7. *Der Feuchtigkeitseinfluß auf die Wärmeleitzahl bei organischen Bau- und Isolierstoffen.*

Raumgewicht kg/m³	Zunahme der Wärmeleitzahl in % je 1 Gew.-% Wasser
bei Temperaturen über 0° C	
100 bis 800	1,0
bei Temperaturen unter 0° C	
100	1,0
200	1,2
400	1,6
600	2,1
800	2,8

---

[1] REICHARD, O., u. W. JÜRGES: Bau- und Isoliertechnisches von Kühlräumen. Gesundh.-Ing. Bd. 51 (1928) S. 650.

[2] NAGAOKA, Z., A. WATANABE u. Y. YASIRO: Die Wärmeleitfähigkeit von gefrorenen feuchten Dämmstoffen. Sci. Pap. Inst. phys. chem. Res., Tokyo Bd. 34 (1938) Nr. 823—836, S. 1034—1041.

im Stoff wird die höchste Wärmeleitzahl gemessen, während sich bei ungleichmäßiger Verteilung stets eine niedrigere ergibt. Je nachdem, wie extrem diese „Zonenbildung" ist, sind die Unterschiede zwischen den gemessenen Wärmeleitzahlen größer oder kleiner.

Auch in der Praxis ist nur verhältnismäßig selten eine gleichmäßige Verteilung der Feuchtigkeit in Wänden verwirklicht. Die Wärmeleitzahlen können daher auch von den „wahren" Wärmeleitzahlen abweichen, die nach dem Vorgang von Krischer und Rohnalter für gleichmäßige Feuchtigkeitsverteilung ermittelt wurden. Schley[1] hat für die wichtigsten Arten der Feuchtigkeitsverteilung den Fehler untersucht und gefunden, daß auch bei ziemlich ungleichmäßiger Wasserverteilung im Mauerwerk der Fehler im allgemeinen 6% nicht übersteigt. In den Kälteschutzschichten von Kühlräumen, wo die Wasserverteilung viel extremer sein kann, weil das durch Diffusion verlagerte Wasser durch dichten Zementputz oder einen Fliesenbelag am Verdunsten verhindert wird und der Isolierstoff fast keine kapillare Ausgleichfähigkeit besitzt, kann der Fehler etwa 15% erreichen.

Der Fehler kann sich in zwei Richtungen geltend machen:

Berechnet man in üblicher Weise die praktische Wärmeleitzahl einer Wand dadurch, daß man aus Tabellen für das in Frage kommende Raumgewicht der Stoffe die Wärmeleitzahl im trockenen Zustand, die vermutliche Größe des Wassergehaltes und die dadurch bedingte Änderung der Wärmeleitzahl entnimmt und dabei stillschweigend voraussetzt, daß dieser Wassergehalt ziemlich gleichmäßig verteilt ist, so erhält man zu große Wärmeleitzahlen, weil in Wirklichkeit die Verteilung ungleichmäßig ist. Diese Abweichung stellt jedoch einen Sicherheitsfaktor bei der Bemessung der Isolierung und der Kühlanlage dar.

Mißt man hingegen die Wärmeleitzahl im Laboratorium oder in der Praxis und wendet das Ergebnis, das bei einer stark ungleichmäßigen Wasserverteilung gefunden wurde, auf praktische Fälle an, bei denen eine gleichmäßigere Verteilung vorliegt, so wird der Kälteschutz zu günstig angesetzt. Man muß daher bei der Bestimmung der Wärmeleitzahl immer „wahre" Wärmeleitzahlen feststellen suchen, weil deren Benutzung in der Praxis ungünstigenfalls einen kleinen unbekannten Sicherheitsfaktor einschließt.

7. Der Einfluß der Strahlungskonstante.

Unter den erwähnten angelsächsischen Arbeiten, die sich besonders mit der Wärmeleitzahl lose geschütteter Stoffe befassen, befinden sich auch Untersuchungen über eine Änderung der Strahlungskonstante der Porenbegrenzungsfläche. Fink[2] hat die Wärmeleitzahl von Faserstoffen gemessen, die mit Aluminiumpulver bestaubt waren. Berchtold[3] untersuchte 25 mm dicke Glaswollschichten zwischen zwei Aluminiumfolien. Die Ergebnisse zeigt Tab. 8. Die untersuchte Glaswolle wurde zum Teil in außerordentlich loser Packung verwendet, so daß sich die niedrige Strahlungskonstante der Aluminiumfolien verhältnismäßig weit in die Glaswolle hinein auswirken konnte. Bei der in der Praxis in Frage kommenden Stopfdichte, die kaum jemals unter 100 kg/m³ sinken wird, und bei den meist höheren Isolierdicken kann die Auswirkung nur noch gering sein.

Es ist naheliegend, daß die verbessernde Wirkung eines Zusatzes mit geringer Strahlungskonstante um so größer wird, je höher die Temperatur ist.

---

[1] Schley, W.: Der Einfluß der Feuchtigkeitsverteilung auf die Wärmeleitung von Kühlraumwänden. Kältetechn. Bd. 5 (1953) S. 77/78.

[2] Fink, J. L.: J. Res. Nat. Bur. Stand. Bd. 5 (1930), S. 243.

[3] Berchtold: Heat Measurement Lab. Investigation, Mass. Inst. Technol. (1939).

WHITE hat loses Silica aerogel mit Beimischungen von je 15 Gew.-% Graphit, Aluminium und Silikon geprüft und dabei die Wärmeleitzahlen der Tab. 9 gefunden.

Einen Sonderfall stellt eine Isolierung dar, die aus dünnen Luftschichten gebildet wird, welche durch Aluminiumfolien getrennt sind. Der Gedanke, gut reflektierende Flächen für Wärmeschutzzwecke dienstbar zu machen, ist schon alt, hat aber erst Bedeutung gewonnen, als SCHMIDT[1] die hierfür besonders günstigen Eigenschaften des Aluminiums aufzeigte, das in Form dünner, billiger Folien geliefert werden kann und sein hohes Reflexionsvermögen auch noch beibehält, wenn es sich an Luft mit einer Oxydhaut überzieht. Bei den anderen unedlen Metallen geht dadurch das hohe Reflexionsvermögen im blanken Zustand sehr schnell verloren. Die bei dieser „Alfol-Isolierung" vorliegenden Zusammenhänge werden im folgenden Kapitel bei der Besprechung der Isolierungsarten dargelegt.

Tabelle 8. *Verringerung der Wärmeleitzahl durch Beeinflussung der Strahlungskonstante in den Poren.*

Stoff	Raumgewicht kg/m³	Verringerung der Wärmeleitzahl in %
nach J. L. FINK		
Kapok (Wärmeleitzahl = 0,0464 kcal/m h°)	3,2	
Kapok mit Aluminiumpulver bestaubt	3,2	15,5
Asbest (Wärmeleitzahl = 0,0471 kcal/m h°)	35,2	
Asbest mit Aluminiumpulver bestaubt	35,2	18,0
nach BERCHTOLD		
Glaswolle, 2,5 cm zwischen Aluminium-Folien. . . .	16,0	20
	48,1	9
	96,1	7

Tabelle 9. *Temperaturabhängigkeit der Wärmeleitzahl von Silica aerogel bei Zusätzen von Graphit, Aluminium und Silikon.* (Nach WHITE.)

Stoffart	Wärmeleitzahl in kcal/mh° bei einer Temperatur von		
	0° C	100° C	200° C
Silica aerogel	0,023	0,053	(0,110)
Silica aerogel mit 15 Gew.-% Graphit		0,044	0,068
Silica aerogel mit 15 Gew.-% Aluminium . .		0,038	0,050
Silica aerogel mit 15 Gew.-% Silikon		0,020	0,036

8. Der Einfluß des Gasdruckes.

Abb. 113 erläuterte die Tatsache, daß die Wärmeleitzahl eines Stoffes stets größer als die molekulare Wärmeleitzahl der Luft sein muß, weil er in den festen Bestandteilen Teile höherer Wärmeleitfähigkeit mitenthält. Dabei ist jedoch vorausgesetzt, daß der Porendurchmesser eines Stoffes noch nicht von der Größenordnung der freien Weglänge der Luftmoleküle ist, da sonst auch niedrigere Wärmeleitzahlen des Körpers erreicht werden können. Man hat neuerdings pulverförmige Stoffe von diesem Feinheitsgrad hergestellt, wie z. B. das „Aerosil" der Deutschen Gold- und Silberscheideanstalt, Frankfurt, und damit Wärmeleitzahlen bis herab zu 0,018 verwirklicht. Anstatt die Poren in dem nötigen

---

[1] SCHMIDT, E.: Das Alfolverfahren zur Isolierung gegen Wärme- und Kälteverluste. Actes du VII. Congrès International du Froid, Den Haag, Bd. III (1937) S. 139.

Ausmaße zu verkleinern, kann man Porendurchmesser und freie Weglänge der Luftmoleküle auch dadurch einander angleichen, daß man letztere durch Erniedrigung des Luftdruckes vergrößert, d. h. den Isolierstoff, sei er fest oder lose geschüttet, evakuiert. Darauf hat zuerst M. v. Smoluchowski[1] hingewiesen, der zahlreiche Pulver aus „massivem" oder „schwammigem Korn" (z. B. Kork, Kieselgur, Lampenruß) bis zu sehr niedrigen Drücken geprüft hat. Tab. 10 zeigt einige charakteristische Ergebnisse.

Tabelle 10. *Die Erniedrigung der Wärmeleitzahl lose geschütteter Pulver bei abnehmendem Luftdruck.* (Nach M. v. Smoluchowski.)

Art des Pulvers	Raumgewicht kg/m³	Mittlerer Durchmesser des Kornes mm	Wärmeleitzahl in kcal/m h° bei einem Luftdruck in Torr			
			1	10	100	730
Quarzsand	1540	0,264	0,018	0,075		
Quarzpulver geschlämmt	1280	0,094	0,008	0,041		
Desgl. fein	1040	0,043	0,0045	0,024		
Eisenstaub gesiebt . .	2920	0,16	0,009	0,045	0,111	0,178
Lykopodiumpulver . .	380	0,03	0,003	0,018	0,037	0,042
Reismehl	470	0,003	0,002	0,010	0,026	0,041
Lampenruß	130	—	0,0025	0,007	0,0145	0,020
Korkpulver gesiebt . .	87	0,17	0,008	0,018	0,025	0,026
Kieselgur	70	—	0,005	0,016	0,025	0,029

Die Meßeinrichtung war zwar verhältnismäßig primitiv, man sieht aber doch, daß hier die Möglichkeit eines außerordentlich hohen Isoliereffektes gegeben ist, vorausgesetzt, daß es gelingt, das benötigte Vakuum dauernd aufrechtzuerhalten.

Genaue Zahlen geben die Untersuchungen von Kistler und Caldwell[2]. Bei handelsüblichen Korkplatten mit einer Wärmeleitzahl von 0,036 kcal/m h° fand sich unter Hochvakuum ein Wert von 0,0108 kcal/m h°, der nur halb so groß wie die reine Wärmeleitzahl der Luft unter Atmosphärendruck ist.

Noch wesentlich größer wird der Effekt bei losen Pulvern. Kistler und Caldwell haben viele Messungen an Silica aerogel durchgeführt, und zwar bei verschiedener Feinheit des Pulvers. In Tab. 11 sind nur die Werte für feinste Siebung aufgeführt. Für eine gröbere sind die Wärmeleitzahlen im Hochvakuum bis dreimal so hoch. Unter Atmosphärendruck hat der Feinheitsgrad nur geringen Einfluß.

Vielleicht bietet die heutige Entwicklung der Kunstharze die Möglichkeit, evakuierte Isolierkörper herzustellen, bei denen das Vakuum dauernd gesichert ist; denn eher haben diese Erkenntnisse keine große praktische Bedeutung. Allerdings würde das Einfüllen loser Pulver im Doppelmantel der bekannten Dewar-Gefäße gestatten, den gleichen Isoliereffekt mit geringerem Vakuum als bei leerem Mantel zu erreichen, doch wird davon praktisch kein Gebrauch gemacht, da die Herstellung eines entsprechend hohen Vakuums einfacher ist.

Tabelle 11.
Wärmeleitzahl von Silica aerogel feinster Siebung in Abhängigkeit vom Luftdruck.
(Nach Kistler und Caldwell.)

Druck in Torr	Wärmeleitzahl in kcal/m h°
760	0,019
100	0,015
10	0,012
1	0,009
0,1	0,0034
0,01	0,0028
0,001	0,0028
0,0001	0,0028

---

[1] v. Smoluchowski, M.: Die Wärmeleitung pulverförmiger Körper und ein hierauf gegründetes Wärmeisolierungsverfahren. Ber. II. Intern. Kältekongr. Wien, Bd. II (1911) S. 167.

[2] Kistler u. Caldwell: Thermal Conductivity of Silica Aerogel. Industr. Engng. Chem. Bd. 26 (1934) S. 658.

II. Das Verhalten der Stoffe gegenüber flüssigem und dampfförmigem Wasser.

1. Die Feuchtigkeitseigenschaften der Bau- und Isolierstoffe.

Alle Feuchtigkeitserscheinungen gehen auf drei Haupteigenschaften der Bau-
und Isolierstoffe zurück:

α) hygroskopische Gleichgewichtsfeuchtigkeit,

β) kapillares Saugvermögen,

γ) Durchlässigkeit für Wasserdampfdiffusion.

Nicht alle Stoffe besitzen diese drei Eigenschaften, es kann die eine oder andere
oder es können auch zwei Eigenschaften praktisch fehlen. Man hat neuerdings
sogar Isolierstoffe entwickelt, die keine der drei Eigenschaften in merklichem
Maße besitzen.

α) *Die hygroskopische Gleichgewichtsfeuchtigkeit.* Die Hygroskopizität eines
Stoffes wird bekanntlich durch die Sorptionsisothermen gekennzeichnet, d. h.
durch die für verschiedene Temperaturen festgestellte Abhängigkeit der Gleichgewichtsfeuchtigkeit des Stoffes von der Luftfeuchtigkeit. Unter Sorption sind
dabei drei Arten der Wasserbindung zusammengefaßt: 1. *Absorption*, d. h.
Bindung der Wassermoleküle im Innern der festen Stoffteile, sei es unmittelbar an die Stoffmoleküle, sei es durch Einbau in ein Kristallgitter, wie z. B.
bei den hygroskopischen Chemikalien, 2. *Adsorption* durch Anlagerung der
Wasserdampfmoleküle an feste Oberflächen in meist monomolekularen Schichten
und 3. *Kapillarkondensation* in den mikro- und submikroskopischen Kapillaren
infolge der Dampfdruckerniedrigung über konkaven Menisken in Kapillaren.
Als Beispiel zeigt Abb. 121 die Sorptionsisothermen von Pappeplatten von
F. Kollmann[1]. Es ergeben sich zwei Kurven, die nur bei 0 und 100% relativer
Luftfeuchte die gleichen Werte besitzen, im übri-
gen je nachdem, ob der Stoff vorher trockener oder
feuchter war, andere aufweisen; denn damit ändert
sich die Benetzbarkeit der Porenwände. In Tab. 12
sind für eine Reihe von Stoffen die Mittel aus
beiden Kurven eingetragen, die man wegen der
Schwankungen der Luft- und Betriebsverhältnisse
in der Praxis benutzt.

Für anorganische Baustoffe liegen keine verläßlichen Meßergebnisse vor. Angaben von Cammerer[2]
bzw. von Haller[3] sind nur als ungefähre Orientie-
rungswerte zu betrachten. Sicher ist, daß gebrannte
Baustoffe, also Ziegel aller Art, eine sehr geringe
hygroskopische Gleichgewichtsfeuchtigkeit aufweisen, die bei nicht gebrannten anorganischen Baustoffen mit Zement- oder Kalkbindung erheblich höher ist.

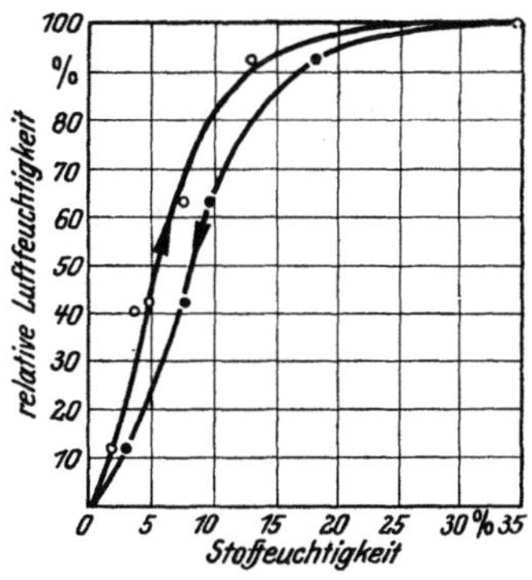

Abb. 121. Hygroskopische Isothermen für Pappeplatten
(nach F. Kollmann).

Die Sorptionsisothermen besitzen einen Wende-
punkt, der die Wasserbindung bei niedriger Luftfeuchte durch Adsorption von
der Kapillarkondensation bei höherer Luftfeuchte scheidet. Bei Holz wird die
Gleichgewichtsfeuchtigkeit in völlig gesättigter Luft als Fasersättigungspunkt
bezeichnet. In ihm sind alle Stoffkapillaren, die fein genug für eine Kapillar-

[1] Kollmann, F.: Technologie des Holzes, 2. Aufl., Bd. I. Berlin/Göttingen/Heidelberg:
Springer 1951.

[2] Cammerer, J. S.: Der Wassergehalt organischer Dämmstoffe in Abhängigkeit von
der Luftfeuchtigkeit. Z. ges. Kälteind. Bd. 51 (1944) S. 88—91.

[3] Haller, P.: Der Austrocknungsvorgang von Baustoffen. Diskussionsbericht Nr. 139
der Eidg. Mat.-Prüfgs.-Anstalt Zürich, 1942.

Tabelle 12.

Hygroskopische Gleichgewichtsfeuchtigkeit von Bau- und Isolierstoffen zwischen 0 und 20° C.
(Die Zahlen sind Mittelwerte für Be- und Entfeuchtung. Werte für Holz bei 20° C.)

Stoff	Raum-gewicht kg/m³	Wassergehalt in Gew.-% bei einer relat. Luftfeuchte in% von			
		30	60	90	100
Holz:					
Mittelwert nach Loughborough, Pidgeon, Mass.[1]		6,2	10,3	17,9	31,0
Kälteschutzstoffe:[2]					
Kork, natur	162	2,8	5,3	9,5	18,5
Backkorkplatte	105	2,0	3,0	4,3	9,4
Pechkorkplatte	194	1,2	2,0	3,2	9,2
Leichttorfplatte, wasserabweisend impr.	235	10,3	17,0	27,5	56,0
Kunststoffe:					
Iporka (Harnstoff)	14	1,2	2,0	4,4	35,0
Troporit P (Phenolharz)	74	1,3	2,0	4,5	21,6
Isoflex (Azetylzellulose):					
durchsichtig	12	2,0	4,0	8,0	20,0
schwarz	14	1,5	3,0	5,4	12,3
Schlackenwolle:					
normal, lose	147	unter 1,0			rd. 5
bituminiert, gepreßt	402	unter 1,0			rd. 3
Baustoffe[2]:					
Seegrasmatte	80	—	26	—	104
Kokosfasermatte	120	—	15	—	34
Holzfaserplatte, normal	223	7,0	11,0	18,5	32
Holzfaserplatte, impr.	337	5,5	9,5	14,0	30
Holzfaser-Hartplatte[3]	etwa 900	4,2	7,3	11,5	17
Holzwollplatte, zement- u. magnesit-gebunden[3]	350 bis 450	4,7	8.7	14,2	29
Pappeplatte[3]		4,8	8,0	15,2	35

kondensation sind, mit Wasser gefüllt. Der Stoff verhält sich dann nicht mehr als hygroskopischer Körper, kann aber natürlich in den gröberen Kapillaren noch weiteres Wasser aufnehmen, wenn er mit einem Flüssigkeitsspiegel in Berührung kommt.

β) *Das kapillare Saugvermögen.* Das kapillare Saugvermögen ist bei Isolierstoffen nur im Falle von Betriebs- und Gebäudeschäden wichtig oder wenn Tauwasserbildung an der Stoffoberfläche eintritt. Während man bei Baustoffen ein hohes Saugvermögen als günstig betrachtet, weil es einen Feuchtigkeitsgehalt im Wandquerschnitt gleichmäßig verteilt und damit die Verdunstung eines Wassergehaltes im Wandkern durch die Wandoberfläche begünstigt, verlangt man von Isolierstoffen, daß sie praktisch nicht saugen können. Bei ihnen kommt eine Verdunstung an die freie Luft nicht in Frage, dagegen ist vielfach eine Durchnässung an der Oberfläche, z. B. auf Isolierungen von Kälteleitungen in Kellern oder durch Kondensation im Innern einer Kühlraumwand, nicht zu verhindern. Das anfallende Wasser soll sich dann nicht im Isolierstoff kapillar ausbreiten können.

---

[1] Nach O. Krischer: Der Wärme- und Stoffaustausch im Trockengut. Forsch.-Heft 415. Berlin: VDI-Verl. 1942.

[2] Bei fehlenden Angaben alle Werte nach J. S. Cammerer: Der Wassergehalt organischer Dämmstoffe in Abhängigkeit von der Luftfeuchtigkeit. Z. ges. Kälteind. Bd. 51 (1944) S. 88—91.

[3] Kollmann, F.: Technologie des Holzes, 2. Aufl. Bd. I. Berlin/Göttingen/Heidelberg: Springer 1951.

Zur rechnerischen Erfassung von Saugvorgängen hat KRISCHER[1] eine der Wärmeleitzahl nachgebildete Rechengröße, die *Feuchtigkeitsleitzahl*, eingeführt, für die man unter Vernachlässigung der Schwerkraft den Ansatz machen kann:

$$G = -F \varkappa \frac{df}{ds} \text{ kg/h.} \tag{1}$$

Dabei bedeuten:

G transportierte Wassermenge in kg/h,
F Querschnitt senkrecht zur Wasserbewegung in m²,
$\varkappa$ Feuchtigkeitsleitzahl (in der flüssigen Phase) in m²/h,
f Wassergehalt des Stoffes in kg/m³,
s Weglänge in Richtung der Wasserbewegung in m.

Die Feuchtigkeitsleitzahl ist bisher nur für Buchenholz und Quarzitsand nach Tab. 13 gemessen worden[2]. Sie nähert sich bei kleinsten Feuchtigkeiten dem Wert Null, weil dann nur mehr die feinsten Kapillaren mit Wasser gefüllt sind, dessen Bewegung eine große Reibungsarbeit erfordert. Die Feuchtigkeitsleitzahl ist in keinem Feuchtigkeitsbereich ein Festwert. Sie wird, wie im Falle eines Lampendochtes, unendlich groß, wenn sämtliche Porenschlote des Stoffes mit Wasser gefüllt sind und an der Stoffoberfläche eine Verdunstung erfolgt.

Tabelle 13. *Feuchtigkeitsleitzahl von Quarzitsand (0,72 mm Korngröße) nach O. KRISCHER und P. GÖRLING und von Rotbuchenholz (bei 0° C) nach H. VOIGT, O. KRISCHER und H. SCHAUSS.*

Quarzitsand		Rotbuchenholz	
Feuchtigkeit Vol.-%	Feuchtigkeitsleitzahl m²/h	Feuchtigkeit Gew.-%	Feuchtigkeitsleitzahl m²/h
1,0	$0,3 \cdot 10^{-2}$	10	$0,03 \cdot 10^{-6}$
1,5	$0,6 \cdot 10^{-2}$	20	$0,22 \cdot 10^{-6}$
2,0	$0,9 \cdot 10^{-2}$	30	$0,93 \cdot 10^{-6}$
2,5	$1,7 \cdot 10^{-2}$	31[3]	$0,98 \cdot 10^{-6}$
3,0	$3,6 \cdot 10^{-2}$	40	$0,87 \cdot 10^{-6}$
		60	$0,57 \cdot 10^{-6}$
		80	$0,37 \cdot 10^{-6}$
		100	$0,28 \cdot 10^{-6}$
		110	$0,43 \cdot 10^{-6}$
		115	$0,90 \cdot 10^{-6}$
		117	$2,33 \cdot 10^{-6}$

(Die Verdunstungsfläche liegt hier unterhalb der kapillaren Steighöhe des weitesten Porenschlotes.) Denn dann findet Wasserbewegung ohne Feuchtigkeitsgefälle statt. Sie wird auch unendlich, wenn die Kapillaren eines gewissen Halbmesserbereiches fehlen, weil sich dadurch Stellen ohne Feuchtigkeitsgefälle ausbilden.

Es ist daher nicht möglich, mit Hilfe der Feuchtigkeitsleitzahl einen allgemeingültigen Berechnungsansatz wie bei der Wärmeleitung oder Dampfdiffusion aufzustellen. Es bleibt zur Zeit kein anderer Weg, als nach dem Vorgang von KETTENACKER[4] eine Klassifizierung der saugfähigen Stoffe durch Darstellung

---

[1] KRISCHER, O.: Grundgesetze der Feuchtigkeitsbewegung in Trockengütern. Kapillarwasserbewegung und Wasserdampfdiffusion. Z. VDI Bd. 82 (1938) S. 373.

[2] KRISCHER, O., u. P. GÖRLING: Versuche über die Trocknung poriger Stoffe und ihre Deutung. VDI-Beih. Verfahrenstechnik 1939, S. 140. — VOIGT, H., O. KRISCHER u. H. SCHAUSS: Die Feuchtigkeitsbewegung bei der Verdunstungstrocknung von Holz. Holz als Roh- u. Werkstoff Bd. 3 (1940) S. 305.

[3] Fasersättigungspunkt. Man beachte die Angabe des Feuchtigkeitsgehaltes bei Rotbuchenholz in Gew.-%, bei Quarzitsand in Vol.-%!

[4] KETTENACKER, L.: Über die Feuchtigkeit von Mauern. Gesundh.-Ing. Bd. 53 (1930) S. 721—728.

der zeitlichen Wasseraufnahme und Steighöhe vorzunehmen. Kettenacker hat gefunden, daß die zeitliche Änderung dieser beiden Größen in einem doppeltlogarithmischen Diagramm aufgetragen in einem weiten Bereich gerade Linien ergibt, so daß sie sich durch die nachstehenden Gleichungen darstellen lassen:

$$h = a\,z^m. \tag{2}$$

$$w = b\,z^n. \tag{3}$$

Darin ist:

h Steighöhe in cm,
w Wasseraufnahme in g/cm²,
z Zeit in h,
a Steighöhe nach einer Stunde in cm,
b Wasseraufnahme nach einer Stunde in g/cm² Grundfläche der Probe,
m, n Konstanten für den geprüften Stoff.

Tab. 14 gibt nach unveröffentlichten Messungen des Verfassers für vier charakteristische Baustoffe Zahlenwerte für die Größen a, b, m und n. Für Vollziegel und Kalksandsteine sind je drei Steinarten aufgeführt, woraus zu ersehen ist, daß je nach Herstellungsweise und Rohstoffen verschiedene Werte in Betracht kommen, die aber doch bei den einzelnen Baustoffen wiederum charakteristisch gegenüber anderen Baustoffen unterschieden sind. So sind die Exponenten bei Vollziegeln am größten, bei Bimsschwemmsteinen am kleinsten, während die Größen a und b bei beiden ungefähr gleich sind. Gasbetone und Kalksandsteine haben nicht sehr verschiedene Exponenten m und n, dagegen sind die Größen a und b bei Gasbetonen nur ein Bruchteil jener von Kalksandsteinen.

Zur Klassifizierung eines Baustoffes genügt es, die aufgenommene Wassermenge nach Gl. (3) darzustellen, da diese sich viel genauer bestimmen läßt als die Steighöhe, die oft am Prüfkörper ungleichmäßig ausgebildet ist und bei größeren Höhen kaum mehr genau festgestellt werden kann.

Bei guten Kälteschutzstoffen spielt die kapillare Saugfähigkeit nur eine geringe Rolle, so daß man die Feuchtigkeitsvorgänge in Isolierschichten von Kühlräumen ausschließlich aus der hygroskopischen Gleichgewichtsfeuchtigkeit und der Dampfdiffusion beurteilen kann, die sich berechnen lassen. Tab. 15 erhält Angaben von Cammerer[1], aus denen man schließen kann, daß die Saughöhe guter Kälteschutzstoffe etwa 5 cm nicht übersteigen sollte. Allerdings haben sich auch Stoffe mit etwas größerer Saugfähigkeit (z. B. imprägnierte Torffaserplatten) praktisch bewährt.

Tabelle 14. *Kapillare Steighöhe und kapillare Wasseraufsaugung in Abhängigkeit von der Zeit bei den wichtigsten Baustoffen nach Gl. (2) und (3). (Nach J. S. Cammerer.)*

Stoffart	Raumgewicht kg/m³	Steighöhe nach 1 h a in cm	Exponent m der Steighöhe	Wasseraufnahme nach 1 h b in g/cm²	Exponent n d. Wasseraufnahme
Vollziegel	1600	5,9	0,48	1,05	0,57
	1640	7,8	0,54	1,7	0,57
	1820	5,2	0,66	0,88	0,71
Kalksandsteine	1620	11,0	0,37	3,0	0,35
	1730	13,2	0,35	2,68	0,33
	1840	8,5	0,41	1,52	0,36
Gasbetone	681	2,8	0,27	0,42	0,42
Bimsschwemmsteine . . .	675	5,8	0,11	1,07	0,11

---

[1] Cammerer, J. S.: Neue Korkaustauschstoffe für Kälteschutz. Holz als Roh- u. Werkstoff Bd. 4 (1941) S. 129—134.

Tabelle 15. *Kapillare Wasseraufsaugung bei Kälteschutzstoffen bei 20° C.*
(Nach J. S. Cammerer.)

Versuchsdurchführung:

Probengröße 5×10×30 cm, Eintauchtiefe 5 cm,
Versuchsdauer: bis zur Gewichtskonstanz,
Probe gegen Verdunstung durch übergestülpte Blechhaube geschützt.

Stoffart	Raumgewicht kg/m³	Saughöhe cm
Backkorkplatte	113 bis 134	0 bis 0,5
Pechkorkplatte	172 bis 182	1 bis 5
Kunstharzschaumplatten:		
Iporka	9 bis 12	8,5 bis 15
Troporit	69 bis 99	5 bis 7,5
Styropor	30 bis 66	0
Moltopren	50 bis 150	0 bis 1
Schlackenwollplatten:		
bituminiert	360 bis 395	0,5 bis 2,5
nicht bituminiert	221 bis 312	über 30
Schaumglas 1949	149	0
Torfplatten:		
Leichttorfsode	92	über 30
Leichttorfsode, bei 120° getrocknet	113	10
Torffaserplatte, imprägniert	190	15
Sägespäneplatte, pechgebunden	228 bis 312	über 30
Holzwollplatte, magnesitgebunden	355	über 30

γ) *Die Durchlässigkeit für Wasserdampfdiffusion.* Ist der Partialdruck des
Wasserdampfes der Luft zu beiden Seiten einer Stoffschicht verschieden, so
diffundiert Wasserdampf durch sie in der Richtung des Partialdruckgefälles,
wenn der Stoff, wie meist, diffusionsdurchlässig ist. Ist die Temperatur der Luft
zu beiden Seiten gleich, so tritt dadurch keine Feuchtigkeitserhöhung desStoffes
ein, soweit dies nicht eine Folge seiner hygroskopischen Eigenschaft ist, soweit
also nicht in den submikroskopischen Poren Kapillarkondensation eintritt. In
der Praxis ist aber in der Regel die Temperatur auf der einen Seite der Stoffschicht größer als auf der anderen, und es kann sich dann der durch den Stoff
hindurchdiffundierende Wasserdampf auch in groben Poren an jenen Stellen
niederschlagen, wo der Dampfdruck den für die Temperatur an dieser Stelle
geltenden Sättigungsdruck überschreitet, oder es kann Tauwasserbildung an der
Oberfläche stattfinden.

Zur Berechnung solcher Diffusionsvorgänge hat Krischer[1] den *Diffusionswiderstandsfaktor* der Stoffe eingeführt, unter dem das Verhältnis des Stoff-
diffusionswiderstandes zum Diffusionswiderstand einer Luftschicht gleicher Dicke
verstanden wird. Luft hat also den Diffusionswiderstandsfaktor 1. Diese Größe,
die demnach dimensionslos ist, ist unabhängig von der Temperatur und dem
Dampfdruck.

In Abb. 122 sind die zur Zeit verläßlichsten Meßwerte für Baustoffe in Abhängigkeit vom Raumgewicht dargestellt. Sie beziehen sich freilich nur auf
den lufttrockenen Zustand. Bei höheren Feuchtigkeitsgehalten bestehen große
meßtechnische Schwierigkeiten, so daß bislang nur für Buchenholz die Ab-

---

[1] Krischer, O.: Grundgesetze der Feuchtigkeitsbewegung in Trockengütern. Kapillarwasserbewegung und Dampfdiffusion. Z. VDI Bd. 82 (1938) S. 373.

hängigkeit des Diffusionswiderstandsfaktors von der Stoffeuchtigkeit in weiteren Grenzen untersucht wurde[1], siehe Tab. 16.

Krischer hat darauf hingewiesen, daß der Diffusionswiderstandsfaktor gleich dem Kehrwert der Porosität sein müßte, wenn das Porenvolumen in

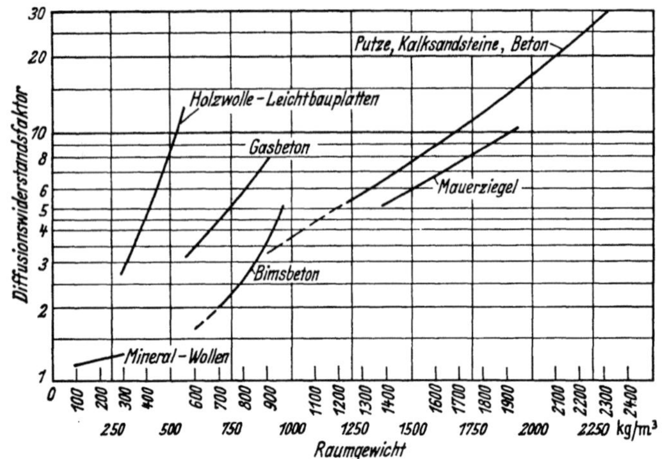

Abb. 122. Raumgewichtsabhängigkeit des Diffusionswiderstandsfaktors der wichtigsten Baustoffe (nach J. S. Cammerer).

durchgehende Kanäle in der Diffusionsrichtung aufgeteilt wäre. Die wirkliche Struktur der Stoffe weicht aber zum Teil außerordentlich von dieser Voraussetzung ab. Dagegen kann man vielfach eine gewisse Schätzung der Diffusions-

Tabelle 16. *Diffusionswiderstandsfaktor von Holz je nach Wassergehalt.*
(Nach O. Krischer.)

Holzart	Raumgewicht kg/m³	Feuchtigkeit Gew.-%	Diffusionswider- standsfaktor
Fichte[2]	etwa 400	4	230
		6	160
		8	110
Rotbuche	600	10	70
		15	11
		20	8,5
		30	2
		40	1,5
		50	1,9

durchlässigkeit auf Grund einer Fotografie des Stoffgefüges im Maßstab 1 : 1 und einer anschließenden Vergrößerung auf das 5- bis 10fache vornehmen, wenn man neben der Größe der Porosität auch noch die Dichte der Porenwände beurteilt[3].

2. Die Wasseraufnahme der Stoffe aus der umgebenden Luft.

Für die Wasseraufnahme eines Stoffes aus der umgebenden Luft bestehen je nach der Feuchtigkeit und der Temperatur der Luft zu beiden Seiten einer Wand vier Fälle:

---

[1] Vgl. Fußnote 2 auf S. 335.

[2] Berechnet nach Versuchen von K. Egner.

[3] Vgl. J. S. Cammerer: Der Wärme- und Kälteschutz in der Industrie, 3. Aufl. Berlin/ Göttingen/Heidelberg: Springer 1951, und die Strukturbilder Abb. 129, 132, 134, 135, 136, 137, 138 u. 143 nach Aufnahmen von Gertr. G. Fröhlich, W. L. Lustig u. J. S. Cammerer.

Fall I: Die relative Luftfeuchtigkeit, also der Partialdruck des Wasserdampfes in Prozent seines Sättigungsdruckes, und die Temperatur der Luft sind zu beiden Seiten der Wand gleich.

Fall II: Der Partialdruck des Wasserdampfes der Luft zu beiden Seiten der Wand ist nicht gleich, die Temperatur aber ist gleich.

Fall III: Der Partialdruck des Wasserdampfes und die Temperatur der Luft zu beiden Seiten der Wand sind nicht gleich.

Fall IV: Wie Fall III, jedoch wird infolge des Temperaturgefälles in der Wand auf ihrer wärmeren Oberfläche außerdem der Sättigungsdruck der angrenzenden Luft unterschritten, es fällt dort Tauwasser aus.

Die Größe der Wasseraufnahme hängt von den drei auf S. 333 erwähnten Stoffeigenschaften ab. Die wichtigsten Stofftypen sind die vier folgenden:

Stofftyp I: Nicht hygroskopisch, nicht kapillar saugend und nicht diffusionsdurchlässig (z. B. Schaumglas).

> Wasseraufnahme im Fall   I: keine,
> Wasseraufnahme im Fall   II: keine,
> Wasseraufnahme im Fall III: keine,
> Wasseraufnahme im Fall IV: keine.

Die für völlige und dauernde Diffusionsundurchlässigkeit in allen Teilen eines Körpers erforderliche Struktur schließt immer gleichzeitig eine Hygroskopizität und ein kapillares Saugvermögen aus.

Stofftyp II: Hygroskopisch, kapillar saugend, diffusionsdurchlässig (z. B. Torfplatten).

> Im Fall   I: hygroskopische Wasseraufnahme,
> im Fall   II: hygroskopische Wasseraufnahme,
> im Fall III: hygroskopische Wasseraufnahme und unter Umständen Kondensation des durch die Wand diffundierenden Wasserdampfes im Stoffinnern, wenn dort der Sättigungsdruck überschritten wird,
> im Fall IV: hygroskopische Wasseraufnahme, Kondensation im Wandinnern, Tauwasseraufsaugung auf der warmen Oberfläche.

Stofftyp III: nicht hygroskopisch, kapillar saugend, diffusionsdurchlässig (z. B. Schlackenwolle).

> Im Fall   I: keine Wasseraufnahme,
> im Fall   II: keine Wasseraufnahme,
> im Fall III: Wasseraufnahme durch Kondensation im Wandinnern möglich,
> im Fall IV: Wasseraufnahme durch Kondensation im Wandinnern und durch Tauwasserbildung.

Stofftyp IV: Nicht hygroskopisch, nicht kapillar saugend, diffusionsdurchlässig (z. B. bituminierte Schlackenwollplatten).

> Im Fall   I: keine Wasseraufnahme,
> im Fall   II: keine Wasseraufnahme,
> im Fall III: Wasseraufnahme durch Kondensation im Wandinnern möglich,
> im Fall IV: Wasseraufnahme durch Kondensation im Wandinnern.

Aus dieser Betrachtung der vier Stofftypen lassen sich zwei praktisch sehr bedeutsame Folgerungen ziehen:

1. Wie schwedische und deutsche Untersuchungen gezeigt haben, können in der Korkplattenisolierung von Kühlhäusern außerordentlich starke Durchfeuchtungen auftreten, die zwar von gewissen äußeren Umständen abhängen, z. B. von der Himmelsrichtung, für deren Zustandekommen aber solche äußeren Einflüsse nicht allein verantwortlich gemacht werden können. Da es nun Korkplatten des Typs I gibt, wie Backkorkplatten mit sehr hohem Diffusionswiderstandsfaktor, aber auch solche des Typs IV, wie Pechkorkplatten mit sehr geringem Diffusionswiderstand, so hängt die Durchfeuchtungsgefahr offenbar davon ab, ob die Korkisolierung zu dem einen oder anderen Typ gehört.

2. Da der Stofftyp I selbst bei gewissen Montagenachlässigkeiten und konstruktiven Fehlern eine weitgehende Gewähr gegen eine unzulässige Durchfeuchtung der Isolierschicht von Kühlhäusern bietet, *so wird diesem Typ die Zukunft*

gehören. Er wird außer durch das oben erwähnte Schaumglas und durch diffusionsdichte Korkplatten heute auch schon bei gewissen Kunstharzschaumplatten verwirklicht.

3. Die Wasserbewegung in Bau- und Isolierstoffen.

Im Kühlhausbau liegt in der Regel der Fall III, zuweilen auch der Fall IV des vorigen Abschnitts vor. Es kommen dann mehrere Arten der Wasseraufnahme für die Stofftypen II, III und IV in Frage, die im Lauf der Jahre zu einer sehr starken Durchfeuchtung der Wände führen können. Dabei kommt es zu einer Feuchtigkeitsverteilung, die ihrerseits die ursprüngliche Wasserbewegung in der Wand ändert. Wird z. B. eine saugfähige Stoffschicht vom Typ II oder III allmählich feucht, so kehrt sich die kapillare Wasserbewegung, die anfangs im gleichen Sinn wie die Wasserbewegung durch Dampfdiffusion wirkte, um, sobald diese die Feuchtigkeit in den kälteren Schichten angereichert hat.

Von dem verwickelten Zusammenspiel der Stoffeigenschaften bei Vorhandensein eines Wassergehaltes können hier nur zwei einfache Beispiele besprochen werden. Das erste zeigt, daß bei hygroskopischen Stoffen auch im lufttrockenen Zustand immer nur ein „scheinbarer" Diffusionswiderstandsfaktor bestimmt werden kann. Das zweite erläutert die Feuchtigkeitsverlagerung in porösen feuchten Stoffen im Sinne des Temperaturgefälles, die schon bei der Messung der Wärmeleitzahl feuchter Stoffe erwähnt wurde.

Beispiel 1: Bei hygroskopischen, kapillar saugenden und diffusionsdurchlässigen Stoffen (Typ II) pflegt man wie bei den anderen die Diffusionsdurchlässigkeit im Temperaturgleichgewicht (obiger Fall II) zu messen. Cammerer und Görling haben gezeigt, daß dabei immer auch eine kapillare Wasserbewegung mitbestimmt wird und daß die Gültigkeit älterer Versuche dadurch eingeschränkt wird[1]. Wenn man im Prüfwesen nicht jeweils sehr umfangreiche Bestimmungen vornehmen kann, die den scheinbaren Diffusionswiderstandsfaktor unter beliebigen Bedingungen festlegen, muß man die Meßverhältnisse vereinheitlichen. Dies erläutert Abb. 123, in der eine nicht imprägnierte Holzfaserplatte von 5 cm Dicke zugrunde gelegt ist. Die mittlere relative Luftfeuchtigkeit sei in zwei Versuchen gleich und betrage 50%, die Luftfeuchtigkeiten zu beiden Seiten der Probe seien aber einmal 95 und 5%, das andere Mal 60 und 40%. Es müßten sich dann bei einem reinen Diffusionsvorgang die in der Abbildung eingezeichneten beiden Feuchtigkeitsverteilungskurven als Folge der hygroskopischen Kapillarwasserkondensation einstellen, die sich aus den Sorptionsisothermen errechnen lassen.

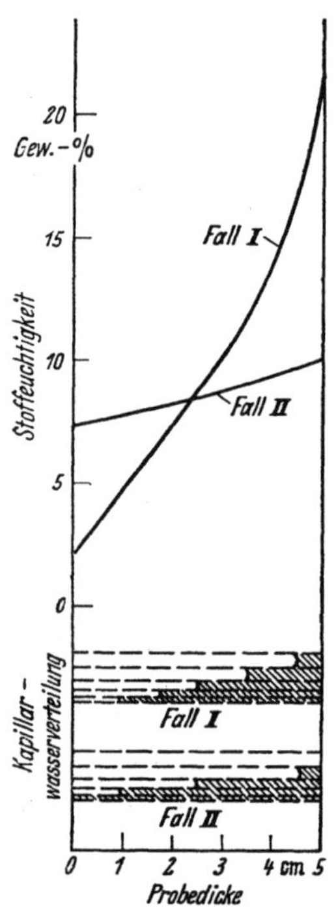

Abb. 123. Schema der Kapillarwasser-Bewegung bei Diffusionsmessungen an hygroskopischen Stoffen (nach J. S. Cammerer und P. Görling).

Im unteren Teil der Abbildung sind schematisch verschieden große Porenkanäle des Stoffes gezeichnet, soweit sie für eine Kapillarwasserkondensation in Frage kommen. Die Kanäle sollen in der Diffusionsrichtung verlaufen und die einzelnen Kapillaren sollen widerstandslos eine aus der anderen saugen können, was in der Zeichnung

---

[1] Cammerer, J. S., u. P. Görling: Die Durchlässigkeit von Bau- und Dämmstoffen für Wasserdampfdiffusion und die dadurch bedingte Möglichkeit einer Wanddurchfeuchtung. Fortschritte und Forschungen im Bauwesen. Reihe D, H. 3. Stuttgart: Franckhsche Verlagshandlung 1952.

durch gestrichelte Kanalwände angedeutet ist. Bei großer Partialdruckdifferenz sind Kanäle von größerem Durchmesser mit Wasser gefüllt, als es bei kleiner Partialdruckdifferenz der Fall ist; andererseits sind bei großer Differenz auf der Seite, die an Luft mit geringer Feuchtigkeit grenzt, gewisse Kanäle bereits leer, die bei kleiner Differenz noch gefüllt sind. Da nun die kleineren aus den gröberen Wasser saugen, wenn sie noch nicht ganz mit Wasser gefüllt sind, so setzt eine Feuchtigkeitsbewegung ein, die mit der Partialdruckdifferenz zunimmt. Es werden nun feine Kapillaren an Stellen mit Wasser gefüllt, wo dies nicht der Gleichgewichtsfeuchtigkeit entspricht; es verdampft hier Wasser, während in den groben, zum Teil leergesaugten Kapillaren neues Wasser aus der Luft von höherem Partialdruck kondensiert. Diese kapillare Wasserbewegung kommt nie zum Stillstand, überlagert sich der reinen Diffusionsdampfbewegung und hängt außer von der Stoffstruktur noch von der Temperatur der mittleren und der beiderseitigen relativen Luftfeuchtigkeit ab. Es fallen auch freie Kanalquerschnitte für die unmittelbare Dampfdiffusion aus.

Tabelle 17. *Scheinbarer Diffussionswiderstandsfaktor zementgebundener Holzwoll-Leichtbauplatten bei verschiedenen Luftfeuchtigkeiten zu beiden Seiten bei $+1°C$.*
(Nach J. S. CAMMERER und P. GÖRLING)

Probe	Raumgewicht kg/m³	Unterschied der rel. Luftfeuchtigkeit in %	Mittlere Luftfeuchtigkeit in %	Diffusionswiderstandsfaktor
I 5 cm	299	58,4 · · · 34,6	46,4	4,8
		78,4 · · · 5,4	41,9	4,5
		91,4 · · · 65,8	78,6	3,9
II 2,5 cm	490	58,4 · · · 34,2	46,3	13,5
		78,4 · · · 5,6	42,0	8,9
		91,5 · · · 65,9	78,7	7,67

CAMMERER und GÖRLING haben die praktische Bedeutung dieser Vorgänge durch Messungen an zwei Holzwoll-Leichtbauplatten der Tab. 17 belegt. Bei der schwereren und dichteren Platte beeinflußt eine Änderung der mittleren Luftfeuchtigkeit oder der Partialdruckdifferenz den scheinbaren Diffusionswiderstandsfaktor erheblich stärker als bei der leichteren und durchlässigeren, da die geschilderte Kapillarwasserbewegung bei beiden ungefähr gleich ist, aber bei der dichten ungleich stärker ins Gewicht fällt. Man kann also bei *hygroskopischen* Stoffen nur Diffusionswiderstandsfaktoren miteinander vergleichen, die bei gleicher mittlerer Luftfeuchtigkeit und gleichem Partialdruckunterschied gemessen sind[1]. CAMMERER und GÖRLING haben deshalb unter Luftverhältnissen gemessen, die ungefähr in der Praxis, bei Wohnbauten im Winter, bei Kühlräumen im Jahresmittel zutreffen[2].

Beispiel 2: Eine andere Verbindung einer Wasserbewegung durch Kapillarität und durch Dampfdiffusion tritt bei Vorhandensein eines Temperaturgefälles ein. Die meisten Stoffe besitzen verhältnismäßig grobe Poren, die auch bei

---

[1] Auch W. LEHMANN-OLIVA (Durchgang der Luftfeuchtigkeit durch Pappe und Papier. Z. VDI-Beiheft Verfahrenstechnik Nr. 1 (1940) S. 25—31) fand z. B. an einer Pappe einen Diffusionswiderstandsfaktor von 35,9 bei 49% rel. Luftfeuchtigkeit und einen solchen von 25,3 bei 71,4%.

[2] Im deutschen Schrifttum wird häufig auf schwedische Messungen von C. H. JOHANSSON zurückgegriffen. (Vgl. die Schrifttumszusammenstellung von K. EGNER: Feuchtigkeitsdurchgang und Wasserdampfkondensation in Bauten. Fortschritte u. Forschungen im Bauwesen. Reihe C, H. 1. Stuttgart: Franckhsche Verlagshandlung 1950.) Die Ergebnisse sind aber nur für mittlere Luftfeuchtigkeiten brauchbar, die Kurven für verschiedene Luftfeuchtigkeiten führen vielfach zu unmöglichen Grenzwerten.

einem erheblichen Wassergehalt lufterfüllt bleiben und dann durch feine wasser-
gefüllte Kapillaren verbunden sind. Abb. 124 ist eine schematische Darstellung
von Krischer. In den groben Poren kann sich infolge des Temperaturgefälles
kein Feuchtigkeitsgleichgewicht einstellen. Auf der wärmeren Seite der Poren
verdampft Wasser aus den feinkapillaren Trennwänden und diffundiert durch den
Porenraum zur kälteren Seite, wo es kondensiert. Von dort wandert es durch
die Zwischenkapillaren zur nächstkälteren lufterfüllten Pore, da der kapillare
Zug der ausgelasteten verdampfenden Menisken größer ist als jener der nicht
ausgelasteten Menisken, an denen Kondensation erfolgt. Das Wasser wandert so
aus den wärmeren Schichten des Stoffes in die kälteren, und wenn es an der
kalten Oberfläche nicht verdunsten
kann, etwa weil die Oberfläche durch
einen dichten Zementputz oder einen
Fliesenbelag abgedeckt ist, so kommt
es dort zu einer Wasserstauung.

Die Geschwindigkeit der Wasserbewegung wird dabei allein durch die
Dampfdiffusion bestimmt, solange
die Kapillarkräfte in den Zwischenkapillaren das kondensierende Wasser
transportieren können. Ihr Einfluß
kommt lediglich in einer Änderung
des Diffusionswiderstandsfaktors
zum Ausdruck. Meist besitzt jedoch
der Körper neben den großen Poren
mit den Zwischenkapillaren auch
noch *durchgehende* feine Kapillaren,

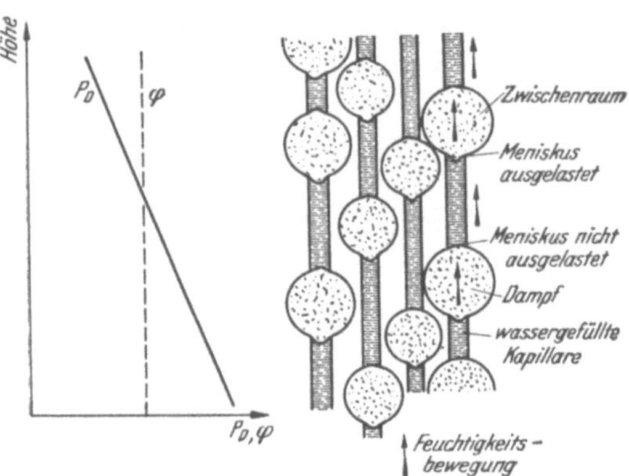

Abb. 124. Charakteristische Diffusion durch das Stoff-
gefüge vieler poröser Baustoffe (nach O. Krischer).

die aus den weiteren saugen können. Es überlagert sich dann auch hier dem
Diffusionsvorgang eine kapillare Wasserbewegung, die ihn, wie schon erwähnt,
unterstützen oder ihm entgegenwirken kann.

4. Der praktische Wassergehalt der Stoffe.

So verschiedenartig die äußeren Verhältnisse in der Praxis sind, so besitzen
doch die einzelnen Baustoffe durchschnittliche Feuchtigkeitswerte, von denen
nur bei konstruktiven oder baulichen Mängeln oder bei der Wahl ungeeigneter
Stoffe wesentliche Abweichungen vorzukommen pflegen.

Im Bauwesen unterscheidet man zwischen günstigen, durchschnittlichen
und ungünstigen Bauverhältnissen, wie sie in der Vorbemerkung zur Tab. 18
erläutert sind, und man kann auch für den Kühlhausbau im allgemeinen mit
diesen Zahlen oder, wenn man sicher gehen will, mit denen für ungünstige Bauverhältnisse rechnen. Das spielt keine große Rolle, da ja der Kälteschutz überwiegend von der Isolierschicht aufgebracht werden muß.

Bei Isolierstoffen können die Verhältnisse ebenfalls so liegen, daß sich in
ihnen ein ungefährer Gleichgewichtszustand zwischen Feuchtigkeitsaufnahme und
Abgabe ausbildet, so daß man den praktischen Feuchtigkeitsgehalt auf Grund
der hygroskopischen Gleichgewichtsfeuchtigkeit der Stoffe ermitteln kann. Vgl.
Tab. 12. Munters[1] hat aber darauf hingewiesen, daß selbst bei Korkplatten
ein Wassergehalt von 80 bis 120 Gew.-% gefunden wurde, wodurch selbstverständlich die Isolierwirkung außerordentlich verschlechtert wird. Spätere

---

[1] Munters, C.: Moisture in Walls of Cold Storage Rooms. Refrig. Engng. Bd. 57
(1949) S. 795—803.

deutsche Untersuchungen, z. B. von POHLMANN[1], haben diesen Befund mit Beobachtungen bis zu 200 Gew.-% Wassergehalt bestätigt. Auch der Verfasser hat bei umfangreichen Versuchen an Kühlhäusern Wassergehalte von gleicher Größenordnung festgestellt. Neben äußeren Einflüssen, z. B. der Himmelsrichtung, Kühlraumtemperatur, Stockwerkshöhe und konstruktiven Besonderheiten (Ansetzen der Korkplatten mit Zement oder mit Bitumen), ergab sich auch ein Einfluß des Baualters, so daß SCHMIDT und KOST[2], die den Feuchtigkeitsgehalt von Iporka-Kunstharzschaumplatten untersuchten, daraus schlossen, daß höhere Feuchtigkeitsgehalte als die hygroskopischen auf eine dauernde Zunahme der Durchfeuchtung hinweisen. Alle Befunde waren aber insofern unklar, als sich immer wieder bei gleichen Bedingungen auch niedrige Feuchtigkeitsgehalte fanden.

Ein Hinweis, warum unter gleichen Bedingungen zuweilen eine vollständige Vereisung der Isolierschichten, zuweilen nur wenig mehr als der hygroskopische Feuchtigkeitsgehalt gefunden wurde, kann aus den obigen Betrachtungen über die Feuchtigkeitsaufnahme der vier Stofftypen entnommen werden. Wenn eine Korkplatte dem Typ I entspricht, also wenig hygroskopisch, nicht kapillar saugend und fast diffusionsundurchlässig ist, so kann sie in keinem Fall einen hohen Wassergehalt aufnehmen. Entspricht sie aber dem Typ IV, der zwar ebenfalls nur wenig hygroskopisch und kapillar saugend, aber stark diffusionsdurchlässig ist, so ist eine Wasseraufnahme möglich, die mit dem Baualter zunimmt.

Die Garantie eines Mindestdiffusionswiderstandsfaktors von Kälteschutzplatten muß daher als ebenso wichtig und selbstverständlich gelten wie die der

Tabelle 18. *Wassergehalt anorganischer Baustoffe nach praktischen Erfahrungen.*
(Nach J. S. CAMMERER.)

Beispiele für günstige Bauverhältnisse: Innenwände geheizter Räume,
   durchnittliche Bauverhältnisse: . . . . Außenwände geheizter Räume,
   ungünstige Bauverhältnisse: . . . . . . Außenwände dauernd nicht geheizter Räume.
Der Wassergehalt ist in Vol.-% angegeben.

Baustoff	Wassergehalt in Vol.-%			
	beobachtete Grenzwerte	günstige Bauverhältnisse	durchschnittl. Bauverhältnisse	ungünstige Bauverhältnisse
Vollziegelwände aus Steinen beliebigen Gewichts	1 bis 13³	1,0	1,7	2,5
Hohlziegelwände aller Art	1,2 bis 7	1,5	2,7	4,0
Wände aus ungebrannten Steinen u. Platten oder gegossen mit beliebigen Zuschlagstoffen (Bims, Schlacke u. a.), aus Gas- und Schaumbeton, Lehm, Gips	3 bis 24³	3,5	7⁴	13
Innenputz⁵	0,5 bis 17	1	3	10
Außenputz⁵	0,5 bis 17	1	3	7
Fugenmörtel	0,3 bis 16	1	4	10
Erdreich, sandig	4 bis 14		8	14
Erdreich, tonig, und Humus	11 bis 28		25	28

---

[1] POHLMANN, W.: Feuchtigkeit in der Isolierung von Kühlhäusern. Fleischwirtsch. 1951, S. 149/150.

[2] SCHMIDT, TH. E., u. W. KOST: Untersuchungen an Iporka-Isolierungen nach mehrjährigem Betrieb. Kältetechn. Bd. 4 (1952) S. 76—81.

[3] Höchstwerte nur bei Schwitzwasserbildung.

[4] Für Bims-Schwemmsteine, Hüttenschwemmsteine findet sich häufig 5,0 Vol.-%.

[5] Die Feuchtigkeit von Putzen ist je nach Jahreszeit, Witterung, Beheizung usw. stark veränderlich.

Tabelle 19. *Wassergehalt organischer Bau- und Isolierstoffe in der Praxis.*
(Nach J. S. Cammerer.)

Der Wassergehalt ist zum Unterschied von Tab. 18 in Gew.-% angegeben. Umrechnung
von Vol.-% in Gew.-%: Vol.-% $= \dfrac{\text{Raumgewicht}}{1000} \cdot$ Gew.-%.

Die Feuchtigkeitswerte für Korkplatten gelten nur, wenn sich die Feuchtigkeitsabgabe
mit der Feuchtigkeitsaufnahme annähernd ausgleichen kann, sonst können sie vervielfacht
werden. Näheres im Text.

Stoff	Feuchtigkeitsgehalt in Gew.-%			
	lufttrocken	günstige Bauverhältnisse	durchschnittl. Bauverhältnisse	ungünstige Bauverhältnisse
Korkplatten Raumgewicht				
50 kg/m³		1,0	3,5	9,8
100 kg/m³		1,5	4,0	10,5
150 kg/m³	1,3	2,3	4,8	11,5
200 kg/m³		3,3	6,0	13,0
250 kg/m³		4,6	7,6	14,8
Leichtbauplatten aus mineralisierter Holzwolle	11	15	20	30
Torfplatten	15	22	30	50
Verkleidungsplatten aus organischen Fasern	11	15	20	30
Hölzer[1]	11	13	15	20

*Wärmeleitzahl, da man ohne eine solche keine Gewähr hat, daß die Wärmeleitzahl
dauernd aufrechterhalten bleibt.* Welcher Mindestwert für den Diffusionswiderstandsfaktor zu fordern ist, wird sich erst mit Sicherheit sagen lassen, wenn man
durch Probeentnahmen aus Kühlhäusern den Zusammenhang zwischen Durch-
feuchtungsgrad und Diffusionswiderstandsfaktor in der Praxis festgestellt haben
wird. Es scheint, daß man als Mindestwert etwa 5 zu wählen hat. Schon dieser
ist aber bei handelsüblichen Korkplatten sehr häufig nicht erreicht, während er
bei Backkorkplatten selten unter 8 liegt. Ohne diese physikalischen Zusammenhänge genau zu kennen, hat man deshalb in der Praxis schon immer bei Korkplatten ein Ansetzen mit Bitumen, Korkkitt u. dgl. vorgenommen, wodurch eine
gewisse Dampfsperrschicht zum Schutz der Kälteisolierung geschaffen wurde,
und man hat nur in Mangeljahren zu einem Ansetzen mit Zement gegriffen.

III. Verhalten gegenüber Schimmel- und Bakterienbefall.

Neue Kälteisolierstoffe müssen auf die Möglichkeit eines Schimmel- oder
Bakterienbefalls geprüft werden, der nicht nur die Lebensdauer der Isolierschicht verkürzen, sondern auch zu untragbaren Geruchsschäden am Kühlgut
führen würde. Meist genügt eine einfache Schimmelprüfung, die der Hersteller
selbst vornehmen kann, etwa um die Eignung eines Rohstoffs zu untersuchen.
Eine Kontrolle in einem wissenschaftlichen Institut vor Aufnahme der Erzeugung ist anzuraten und, wenn auch die Anfälligkeit gegenüber Bakterien geprüft werden soll, unentbehrlich. Gistl hat für Schimmelprüfungen beim Erzeuger die folgenden Richtlinien gegeben, die sich gut bewährt haben[2]:

Die zu prüfende Probe von etwa $5 \times 2 \times 3$ cm wird in eine sogenannte
feuchte Kammer gelegt, d. h. in eine gut geschlossene Glasschale, deren Boden mit

---

[1] Bei normaler Verwendung im Bau, also freiliegend, nicht unter Putz wie Holzwoll-
Leichtbauplatten.

[2] Gistl, R.: Dämmstoffe und Mikroorganismen. Wärme- u. Kältetechn. Bd. 41 (1939)
S. 49.

Wasser bedeckt ist, so daß die Luft dauernd feuchtigkeitsgesättigt ist. Auf gute Dichtigkeit des Deckels ist zu achten, man kann auch unter ihm zusätzlich ein befeuchtetes Filtrier-.papier anbringen. Die Probe selbst darf das Wasser nicht berühren und wird deshalb auf genügend große Glasrohrstücke gelegt. Eine Impfung der Probe mit Schimmelpilzen ist überflüssig, da die Luft stets genügend Keime enthält und die Probe meist schon lange infiziert ist.

Völlig einwandfreie Isolierstoffe bleiben in der feuchten Kammer wochenlang unverändert. Kommen nach Wochen kleine Kolonien zum Vorschein, die langsames und kümmerliches Wachstum zeigen, so ist der Stoff zwar nicht ganz schimmelfest, er schädigt aber doch die Entwicklung so stark, daß in der Praxis keine Geruchsschäden zu befürchten sind. Erscheinen die Pilzkulturen zahlreich und schon nach Tagen, so ist der Stoff unbrauchbar.

Da die Gegenwart von Wasser für die Entwicklung von Mikroorganismen unentbehrlich ist, so ist die kapillare Saugfähigkeit in diesem Zusammenhang nicht ohne Belang.

Um bei einem negativen Befund die Sicherheit zu haben, daß günstige Bedingungen für eine Schimmelbildung gegeben waren, empfiehlt es sich, mit dem Versuchsstoff Kontrollstoffe in die feuchte Kammer einzulegen, also einen als stark anfällig bekannten Stoff wie Stroh und einen schwach anfälligen wie unbehandelten Leichttorf. Abb. 125a bis c zeigen das Ergebnis einer Prüfung.

IV. Druckfestigkeit.

Die für Baustoffe erforderlichen Festigkeitseigenschaften brauchen hier nicht behandelt zu werden, sie sind für einen Kühlhausbau stets bekannt. Kälteisolierstoffe müssen aber nach anderen Gesichtspunkten untersucht werden, wenn sie elastisch sind, was meist der Fall ist. Ihre praktische Belastbarkeit wird nicht durch die Zerstörungslast, sondern durch die zulässige Zusammendrückung gekennzeichnet. Nach

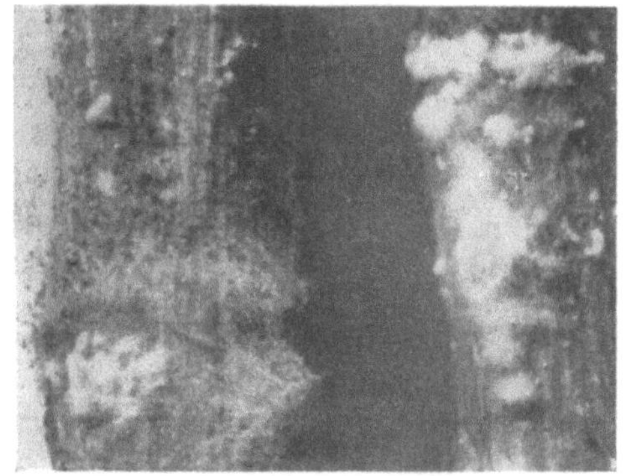

a) stark anfälliger Stoff (Stroh) 8:1;

b) schwach anfälliger Isolierstoff mit Schimmelnest 10:1;

c) schimmelfester Isolierstoff 10:1.

Abb. 125 a–c. Schimmelvergleichsversuch.

Dürhammer[1] muß man die Belastung für mindestens zwei Höhenverminderungen angeben, z. B. von 95 und 75%, um das Verhalten des Stoffes festzulegen. Seiffert[2] hat gezeigt, daß man die Last mindestens 24 Stunden lang wirken lassen muß, weil bei kurzzeitiger, etwa nur 5 Minuten lang dauernder Belastung die Zusammendrückung erheblich geringer ist. Abb. 126 zeigt dies und erläutert den Hinweis von Dürhammer.

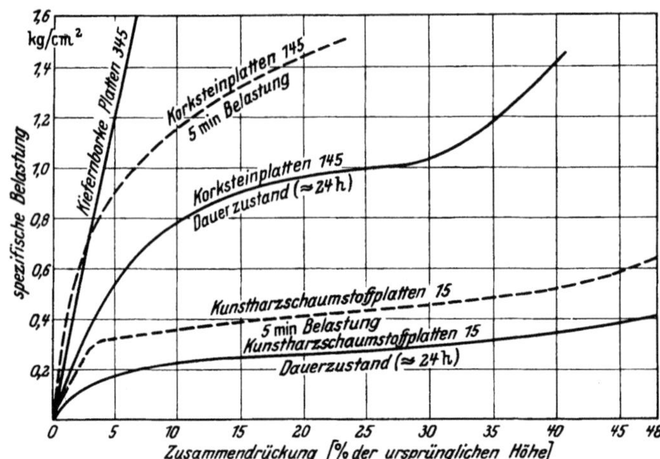

Abb. 126. Zusammendrückung elastischer Stoffe; gestrichelt: Belastungsänderung nach je 5 min, ausgezogen: Belastungsänderung nach je 24 h (nach K. Seiffert).

V. Entzündbarkeit.

Durch Brände in Kühlräumen und auf Schiffen sind schon zahlreiche schwere Schäden verursacht worden. Der Entzündbarkeit von Isolierstoffen kommt also eine große Bedeutung zu. Sie wird aber praktisch kaum berücksichtigt, da die herkömmlichen Stoffe wie Kork und Torf und die Verarbeitungsmittel wie Bitumen trotz ihrer Entzündlichkeit unentbehrlich waren. Das Verhalten neuzeitlicher Kunstharzschaumstoffe ist andersartig, so daß man diesem Gesichtspunkt mehr Aufmerksamkeit widmen sollte, zumal heute auch unbrennbare Kälteschutzstoffe, die zugleich alle anderen Forderungen befriedigend erfüllen, z. B. Schaumglas, in der Entwicklung begriffen sind.

Freilich ist die übliche Beurteilung der Entzündbarkeit nicht in Übereinstimmung mit den praktischen Bedingungen beim Ausbruch eines Brandes. Man pflegt den *Flammpunkt* (= Temperatur, bei der eine angenäherte Flamme erstmals ein kurzes Aufflammen verursacht), den *Brennpunkt* (= Temperatur, bei der eine bleibende Flamme auftritt, wenn man über den Flammpunkt hinaus erwärmt) und den *oberen Zündwert* (= Temperatur, bei der Selbstentzündung in freier Luft ohne Fremdzündung eintritt) zu bestimmen. Für Holz, Kork und Torf liegen diese Werte etwa zwischen

240 und 290° C für den Flammpunkt,
265° und 325° C für den Brennpunkt und
330 und 500° C für den oberen Zündwert.

[1] Dürhammer, W.: Kennzeichnung der Belastungsfähigkeit von Kältedämmstoffen. Wärme- u. Kältetechn. Bd. 42 (1940) S. 187—189.
[2] Seiffert, K.: Die „Druckfestigkeit" von elastischen Stoffen. Wärme- u. Kältetechn. Bd. 43 (1941) S. 66/77.

Die praktischen Verhältnisse liegen sehr verwickelt. Schon der Brennpunkt ist kaum eindeutig zu kennzeichnen, da er von der Oberflächengröße, der Temperaturleitfähigkeit des Stoffes, der Temperatur und der Strömungsgeschwindig des zutretenden Luftstromes abhängt. Besonders wichtig sind die Wärmeabfuhrverhältnisse der Umgebung. Die Isolierschichten sind meist zwischen nicht brennbaren Schichten (Putz, Ziegelmauerwerk, bei Schiffen Stahlblech oder Zinkblech) eingebaut. Durch örtliche Überschreitung der Selbstzündungstemperatur, etwa infolge von Schweißarbeiten, kann lang dauerndes verborgenes Schwelen eintreten, bis der Brand plötzlich ungehemmt ausbricht, der um so gefährlicher ist, als der eigentliche Brandherd den Löschversuchen durch die Oberflächenschichten entzogen ist. Bemerkenswert sind Versuche von Kaufmann[1], wonach gegen Wärmeabgabe durch Schlackenwolle geschütztes Holz sich schon bei Erwärmung auf 165° C allmählich bis zur Selbstentzündung erhitzen kann. Andererseits ergab sich, daß Iporka-Kunstharzschaum, der kaum 120° C ohne völlige Zerstörung aushält, beim Brand des Lindeschen Kühlhauses in München völlig unbeschädigt blieb, da er durch eine 3 cm dicke Gasbetonschicht und 4 mm Putz geschützt war, während die Holz- und Korkverkleidung eines daneben befindlichen Luftkühlers völlig ausbrannte[2]. Selbst wenn Iporka durch den Brand zerstört worden wäre, so hätte es wenigstens nichts zur Brandausbreitung beigetragen, da je m^3 nur eine Menge von 10 bis 15 kg vorhanden ist. Man kann also die Brandgefahr von Kork- oder Torfplatten nicht ohne weiteres mit der von Kunstharzschaumplatten nach den üblichen Methoden vergleichen, sondern müßte gänzlich neue Maßstäbe dafür entwickeln.

VI. Sonstige Eigenschaften: Geruchsunschädlichkeit, Volumenbeständigkeit, leichte Verarbeitungsmöglichkeit.

Die Eigenschaft der Geruchsunschädlichkeit ist für Kälteisolierstoffe von größter Bedeutung, da sonst die in Kühlräumen eingelagerten Nahrungsmittel für den menschlichen Genuß unbrauchbar werden. Dies wurde schon oben mit als ein Grund aufgeführt, warum für Isolierstoffe Schimmelfestigkeit zu fordern ist. Die Isolierstoffe selbst und alle Binde- und Ansatzstoffe sowie etwa vorhandene Papplagen und Diffusionssperrschichten müssen frei von geruchsgefährlichen chemischen Stoffen wie Phenol, Kresol, Karbolsäure und Naphthalin sein. Teer ist also zur Bindung und zum Ansetzen von Kälteschutzplatten ganz unbrauchbar. Dagegen ist entgegen den Ansichten vieler Praktiker ein „Kalkgeruch" bei Verwendung von Kalkzementmörtel oder reinem Kalkmörtel nur dann zu befürchten, wenn der Mörtel nicht austrocknen kann oder nicht abgebunden hat. Gute Trockenheit ist bei der Errichtung von Kleinkühlräumen vor Inbetriebnahme allerdings oft schwer zu erreichen. Die bei Kalkmörtel vorkommende Verfärbung von Korkplatten ist ohne Bedeutung.

Kälteisolierstoffe dürfen bei Änderungen ihres Feuchtigkeitsgehaltes weder quellen noch schwinden, wenigstens nicht in einem Maße, das zu baulichen Zerstörungen wie Absprengen oder Reißen des Putzes führen kann. Ob ein Stoff dazu neigt, ist meist unschwer festzustellen, da geringfügige Volumenänderungen unschädlich sind.

Auch eine leichte Verarbeitungsmöglichkeit läßt den besonderen Eigentümlichkeiten der Stoffe ziemlich weiten Spielraum, da sich die Montage anpassen kann. So spricht weder die Sprödigkeit des Gefüges gegen die Brauch-

---

[1] Kaufmann, F.: Über die Selbsterwärmung des Holzes. Gesundh.-Ing. Bd. 59 (1936) S. 410.

[2] Vgl. das Buch von J. S. Cammerer, Fußnote 3, S. 338.

barkeit von Schaumglas noch die glatte Oberfläche eines Stoffes, die eine Berücksichtigung hinsichtlich der Putzhaftung erfordert, gegen eine allgemeine Verwendbarkeit. Größere Schwierigkeiten bereitete die sehr geringe Festigkeit von Iporka-Kunstharzschaumplatten, die durch Schutzhüllen schließlich gut überwunden wurden. Es gibt aber natürlich Unterschiede in den Anforderungen an die Sorgfalt bei der Montage, die den einen oder anderen Isolierstoff besonders beliebt machen.

C. Stoffarten.

I. Baustoffe.

Für Kühlraumwände sind alle Baustoffe brauchbar und kommen bei Kleinkühlräumen, die vielfach nachträglich in bestehende Gebäude eingebaut werden, auch tatsächlich in Frage. Großkühlhäuser werden in Deutschland in der Regel als Ziegelbauten errichtet, doch finden sich in Amerika ungewöhnliche Sonderkonstruktionen, wie das Alford-Kühlhaus in Dallas, Texas[1], das als Stahlskelettbau errichtet wurde, wobei eine 30 cm dicke Holzfaserstopfung zwischen zwei je 3,8 cm dicken Spritzbetonschalen eingebracht wurde. Die Außenschale wurde mit einer doppelten Farbschicht auf Gummibasis als Dampfsperrschicht besprüht.

Hier brauchen nur die Wärmeleitzahl und die damit zusammenhängenden Feuchtigkeitseigenschaften der Baustoffe besprochen zu werden.

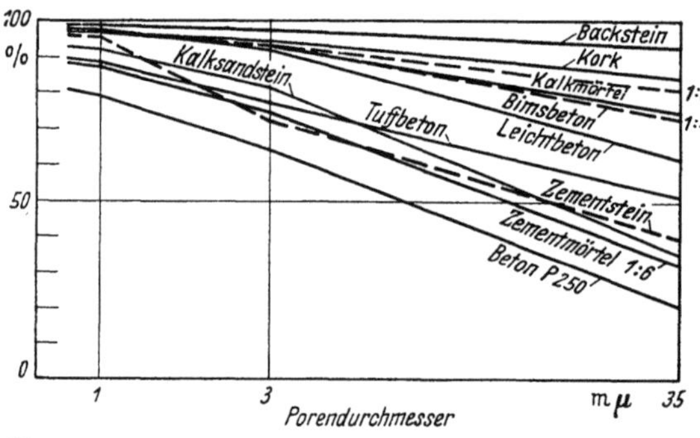

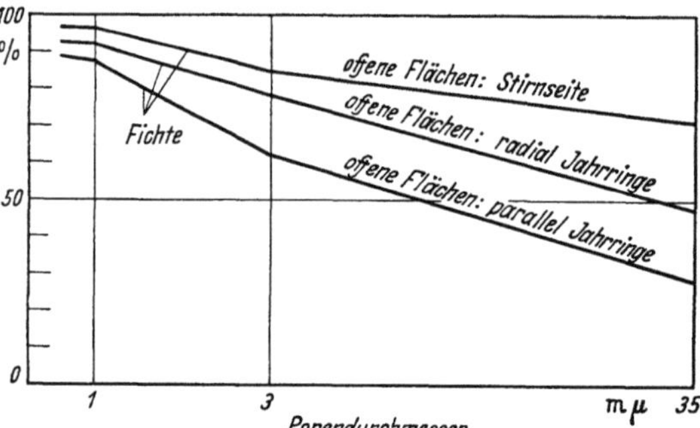

Abb. 127. Anteile der verschiedenen Kapillardurchmesser am Gesamt-Kapillarhohlraum für 11 Sorten Baustoffe (nach P. Haller).

1. Ziegel.

Ziegel sind durch ihre Herstellungsweise in einem Brennvorgang sehr wenig hygroskopisch. Ihre Gleichgewichtsfeuchtigkeit liegt etwa:

bei 40% relativer Luftfeuchtigkeit zwischen 0,1 und 0,3 Vol.-%.

bei 80% relativer Luftfeuchtigkeit zwischen 0,1 und 1,5 Vol.-%.

Haller hat[2] daraus gefolgert, daß Ziegel im Gegensatz zu Holz und anderen anorganischen Baustoffen überwiegend größere Kapillaren enthalten und daß sie den geringsten Anteil an feinen Kapillaren unter 35 m μ, und zwar nur etwa 7%, besitzen. Bei zementgebundenen Baustoffen sei dieser Anteil 27 bis 80% (vgl. Abb. 127, die freilich nur angenähert gültig sein dürfte).

Daß bei Ziegeln der Anteil der groben Kapillaren am Gesamtvolumen am höchsten ist, obwohl bei ihnen die Poren primär durch die Verdunstung des Verarbeitungswassers gebildet werden, erklärt Haller aus chemischen Umlagerungen

---

[1] Tamm, W.: Das größte Kühlhaus der Welt. Kältetechn. Bd. 1 (1949) S. 129—134.
[2] Siehe Fußnote [3] auf S. 333.

Tabelle 20. *Die praktischen Wärmeleitzahlen der wichtigsten Massivwände.*
günstig = sehr günstige Verhältnisse — normal = durchschnittliche Verhältnisse — ungünstig = ungünstige Verhältnisse. (Erläuterung siehe Tab. 18.)

Wandart	Steingewicht kg/m³	Wärmeleitzahl in kcal/m h°		
		günstig	normal	ungünstig
A. Mauerwerk aus Leichtsteinen:				
Steine aus Bims, Kesselschlacke u. a.	600	0,22	0,27	0,34
	800	0,29	0,35	0,41
	1000	0,36	0,42	0,50
	1200	0,42	0,49	0,58
	1400	0,49	0,57	0,67
Steine aus Gas- und Schaumbeton mit amorphem Sand	600	0,26	0,32	0,37
	800	0,35	0,40	0,47
	1000	0,42	0,49	0,56
	1200	0,52	0,60	0,69
B. Mauerwerk aus normal schweren Steinen:				
Vollziegel, Wabenziegel	1200	0,39	0,46	0,51
	1400	0,45	0,53	0,58
	1600	0,52	0,61	0,67
	1800	0,59	0,70	0,77
	2000	0,70	0,82	0,90
Klinker und Hartbrandsteine . .	1800	0,68	0,82	1,00
	2000	0,83	0,97	1,20
Kalksandsteine	1600	0,73	0,85	0,97
	1800	0,87	1,00	1,15
	2000	1,08	1,20	1,40
C. Platten, gestampfte Wände und Putze:				
Leichtbeton	600	0,14	0,16	0,19
aus Bims, Kesselschlacke u. ä.	800	0,20	0,23	0,26
	1000	0,26	0,31	0,35
	1200	0,34	0,40	0,46
	1400	0,43	0,49	0,57
Gas- und Schaumbeton	600	0,21	0,25	0,29
aus amorphem Sand	800	0,30	0,34	0,40
	1000	0,38	0,44	0,51
	1200	0,49	0,57	0,66
	1400	0,61	0,70	0,82
Kiesbeton	1800	0,70	0,83	0,95
	2000	0,90	1,00	1,20
	2200	1,17	1,3	1,5
Innenputz, Außenputz, Fugenmörtel	1600	0,45	0,54	0,71
	1800	0,58	0,70	0,92
	2000	0,73	0,87	1,15

beim Trocknen; vermutlich ist jedoch der Schwundvorgang beim Trocknen das Maßgebende, der, auch wenn größere Rißbildungen vermieden werden, sich doch im Gefüge auswirkt.

Eine weitere Folge der besonderen Struktur der Ziegel ist ihre außerordentlich hohe Saugfähigkeit, die zusammen mit ihrer geringen Gleichgewichtsfeuchtigkeit dazu führt, daß Ziegelmauerwerk unter allen Baustoffen den geringsten praktischen Wassergehalt besitzt, vgl. Tab. 18 auf S. 343. Alle Feuchtigkeit, die aus irgenwelchen Gründen in eine Ziegelwand hineingelangt, wird gleichmäßig über den gesamten Querschnitt verteilt und hat so bessere Verdunstungsbedingungen an der Oberfläche als bei anderen Baustoffen von geringerer Saugfähigkeit, bei denen sich im Wandinnern ein Feuchtigkeitskern halten kann. (Natürlich muß durch die üblichen baulichen Maßnahmen das Aufsteigen von Bodenfeuchtigkeit vermieden werden.)

Der Diffusionswiderstand ist in Übereinstimmung damit nach Abb. 122 auf S. 338 kleiner als der gleich schwerer Betone oder Kalksandsteine. Die Abbildung bezieht sich allerdings auf Ziegelsteine, enthält also noch nicht den Fugeneinfluß bei Mauerwerk. Es ist anzunehmen, daß Mauerwerk dampfdurchlässiger ist als die Steine. Darauf weisen auch Beobachtungen von Raisch über die Luftdurchlässigkeit hin, wobei sich ergab, daß das Mauerwerk dreihundertmal luftdurchlässiger ist als der Ziegelstein[1]. Die Diffusionsdurchlässigkeit von Mauerwerk wird sich jedoch nicht so stark von der des Steines unterscheiden. Man kann den Fugeneinfluß schätzungsweise mit einem Abschlag von 15% berücksichtigen, was sich aus einem Vergleich mit der Diffusionsdurchlässigkeit grober Schüttbetone errechnen läßt.

Tab. 20 enthält die Wärmeleitzahl von Ziegelwänden verschiedenen Raumgewichts und von Klinkern unter praktischen Verhältnissen. Einzelwerte können gegenüber diesen Durchschnittswerten um $\pm 10\%$ streuen. Die Tabelle ist aus den Wärmeleitzahlen des trockenen Zustandes, der Tab. 5 auf S. 326 für den Feuchtigkeitseinfluß auf die Wärmeleitzahl und der Tab. 8 auf S. 331 für den praktischen Wassergehalt errechnet[2]. Eingeschlossen ist ein Zuschlag für den Einfluß der Mörtelfugen, der prozentual um so größer wird, je leichter der Stein ist.

Wenn Kühlhäuser nicht mit einem Außenputz versehen werden, sondern mit einer Klinkerverkleidung, so ist auf schlagregendichte Verfugung zu achten, da sonst in Küstengebieten merkliche Wassermengen bis zur Isolierschicht eingesaugt werden können, die dann durch Dampfdiffusion bis zum Innenputz des Kühlraumes weiterwandern.

2. Nicht gebrannte Baustoffe mit Zement- oder Kalkbindung.

Tab. 20 enthält auch die Wärmeleitzahlen für die wichtigsten nicht gebrannten Baustoffe. Hier muß zwischen Wänden aus Steinen und gegossenen Wänden oder Wänden aus großformatigen Platten unterschieden werden, da bei letzteren der verschlechternde Einfluß der Mörtelfugen wegfällt.

Die hygroskopische Gleichgewichtsfeuchtigkeit, die nach Abb. 127 für die einzelnen Baustoffe ziemlich verschieden zu erwarten ist, dürfte bei 40% relativer Luftfeuchtigkeit zwischen 0,5 und 3,0 Vol.-%, bei 80% relativer Luftfeuchtigkeit zwischen 2,0 und 5,0 Vol.-% liegen. Angaben über die kapillare Saugkraft vgl. Tab. 14, S. 336. Die Saugkraft ist bei Bimsschwemmsteinen sehr gering.

Der Diffusionswiderstand von Baustoffen, die durch Verkittung grober Körner hergestellt werden, ist, wie Abb. 122 auf S. 338 zeigt, geringer als der von Stoffen, bei denen die Poren durch Luft- und Gaseinschlüsse entstehen, also von Gasbetonen. Natürlich können im Einzelfall erhebliche Abweichungen von den Durchschnittskurven der Abb. 122 vorkommen, die ebenso wie bei den Wärmeleitzahlen der Tab. 20 bis zu $\pm 20\%$ betragen können.

Wählt man für Kühlhäuser altbewährte Bauweisen, so wird man im allgemeinen nicht prüfen müssen, ob im Wandinnern eine unzulässige Kondensation des hindurchdiffundierenden Wasserdampfes eintritt. Notwendig ist dies jedoch

---

[1] Raisch, E.: Die Luftdurchlässigkeit von Baustoffen und Baukonstruktionsteilen. Gesundh.-Ing. Bd. 51 (1928) S. 481.

[2] Einzelheiten vgl. die Beiträge von J. S. Cammerer über den Wärmeschutz von Ziegeln in den Jahrgängen 1952 bis 1954 des Ziegel-Bau-Taschenbuchs. Wiesbaden: Verlag für Wirtschafts-Schrifttum Otto Kraußkopf.

bei Neukonstruktionen, besonders wenn sie so weit von der üblichen Ausführung abweichen, wie dies bei dem oben genannten Alford-Kühlhaus in Dallas, Texas, geschehen ist (S. 348). Dort hat sich denn auch in der Isolierung eine Eisbildung gezeigt, die schon nach zweijährigem Betrieb 2 bis 3 mm betrug, auf die allerdings von vornherein durch die ungewöhnlich hohe Isolierdicke von 30 cm Rücksicht genommen wurde. Vgl. hierzu Abschnitt 2 in Kapitel D.

3. Putze und Fliesen.

Kleinkühlräume werden vielfach auf der Kühlraumseite mit keramischen Fliesen belegt. Dabei ist ein sattes Zementmörtelbett ohne Lunker unter den Fliesen nötig, da sich sonst Tropfwasser in den Lunkern ansammeln kann, das meist aus noch vorhandener Baufeuchtigkeit der Wand stammt und durch die Korkisolierung gewandert ist. Es können sich dann in den Fliesen braunschwarze Verfärbungen zeigen[1]. Großkühlräume werden in der Regel mit Zementputz ausgeführt. Beide Arten von Oberflächenschichten stauen jedoch das Dampfdruckgefälle in der Wand an, erhöhen also die Gefahr der inneren Kondensation in der Isolierschicht (vgl. Abschnitt 2c in Kapitel D). Man hat deshalb neuerdings sogenannte „Diffusionsputze" entwickelt, die einen sehr geringen Diffusionswiderstandsfaktor aufweisen können. Sie werden zum Teil auf der Grundlage von Einkornputzen mit starker Haufwerksporigkeit ausgeführt, zum Teil in Form eines Zementputzes, in den Löcher eingedrückt sind, die durch einen dünnen Kalkputz überdeckt werden. Im Schrifttum finden sich einige Diffusionswiderstandsfaktoren angegeben[2], Tab. 21.

Tabelle 21. *Diffusionswiderstandsfaktor von Kühlraumputzen.*

Versuchsbedingungen:

Temperatur: $+1°$ C;
Luftfeuchtigkeit zu beiden Seiten der Probe: 2% bzw. 84%;
Mittlere Luftfeuchtigkeit: 43%;
Partialdruckunterschied: 54,9 kg/m².

Putz	Raumgewicht kg/m³	Wassergehalt Vol.-%	Diffusionswiderstandsfaktor
Diffusionsdurchlässige Putze:			
Rheimahlit-Kühlraumputz 1:6 GT			
mit Quarzsand 1/1,5 mm	1625	0,9	6,8
mit Quarzsand 2/3 mm	1693	1,1	3,7
mit Tuffsand 1,8/3 mm	785	1,5	3,2
mit Quetschsand 2/3 mm	1378	0,8	4,7
Diffusionsputz mit Lochungen je nach Anteil der Lochungen	1140	4 bis 7	3,6 bis 4,6
Übliche Putze:			
Zementputz 1:4 GT, gefilzt	1978	2,9	15,7
Zementputz 1:4 GT, geglättet	2038	3,0	19,0
Zement-Kalk-Putz 1:2:8 RT	1954	1,5	15,4
Kalkputz 1:3,5 RT	1785	1,4	11,5

[1] Solche unangenehme Verfärbungen werden aber nur dann an den Oberflächen von Fliesen und Putzen sichtbar, wenn diese unzulässigerweise Haarrisse mit starker kapillarer Saugwirkung aufweisen. Nicht die Korkplatten, die den Farbstoff liefern, sondern die schlechte Beschaffenheit der Oberflächenschicht muß also verantwortlich gemacht werden.

[2] Vgl. die Arbeit von J. S. CAMMERER u. P. GÖRLING, Fußnote 1, S. 340.

II. Wärmeisolierstoffe.

1. Kork.

Die bis heute andauernde Ausnahmestellung von Kork als Rohstoff für Kälteisolierungen gründet sich auf das natürliche Zellgefüge von Kork (Abb. 128), das
durch Hitzebehandlung bei etwa 400°C unter Luftabschluß noch aufgebläht werden
kann — expandierter Kork — und so eine niedrige Wärmeleitzahl des fertigen Erzeugnisses bei befriedigender Festigkeit ermöglicht. Auch die Verarbeitbarkeit
der Naturkorkrinde durch Mahlen zu
Korkschrot beliebiger Körnung und
die leichte Bindung der Körner zu
Formstücken aller Art wie Platten,
Schalen, Segmenten hat zu der Vor-
zugsstellung von Kork beigetragen.
Dazu kam das erfahrungsgemäß
günstige Verhalten gegenüber einer
Durchfeuchtung bei der praktischen
Verwendung, wenn einige einfache
Montageregeln eingehalten wurden.
Die heute bekannt gewordenen Beispiele starker Durchfeuchtung auch
bei Kork waren bei den früheren
mäßigen Kühlraumtemperaturen
nicht in Erscheinung getreten. Nur
zeitweise Beschaffungsschwierigkei-
ten in Ländern wie Deutschland und
Rußland gaben den Anstoß, auch
andersartige verläßliche Kälteisolier-

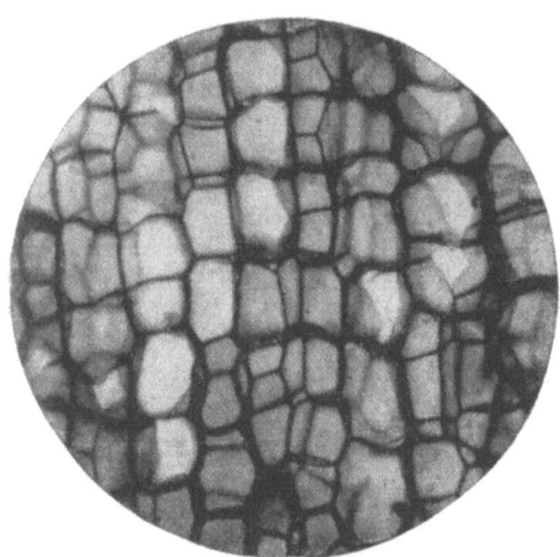

Abb. 128. Kork, Längsschnitt 160:1.

stoffe in großem Maßstab herstellen zu wollen und zu diesem Zweck die physikalischen Voraussetzungen für die Bewährung des Korkes zu ergründen.

Es gibt zwei Arten von Korkerzeugnissen für Kälteschutzzwecke: *pech-
imprägnierte Korkplatten*, bei denen die expandierten Korkkörner durch Stein-
kohlenhartpech oder Bitumen gebunden werden, und *Backkorkplatten*, bei
denen die Bindung durch das bei Hitze ausgetriebene eigene Harz des Korkkorns erfolgt.

Erzeugnisse aus Naturkorkschrot werden nirgends mehr verwendet, da sie
nicht die Schimmelfestigkeit des hitzebehandelten Korkkorns besitzen.

Hinsichtlich der Wärmeleitzahl ist bei gleichem Raumgewicht kein wesentlicher Unterschied zwischen den beiden Korkarten. Als Durchschnittswerte
können mit einer Streuung von etwa ±10% die Zahlen der Tab. 22 betrachtet
werden. Firmenangaben bewegen sich oft allzusehr an der unteren Grenze dieser
Streuung. Tab. 23 zeigt Beispiele für tiefe Temperaturen.

In Tab. 22 ist außer der Wärmeleitzahl im lufttrockenen Zustand, die allein
garantiert zu werden pflegt, auch noch jene etwas höhere Wärmeleitzahl aufgeführt, die in der Praxis stets vorliegen dürfte, wenn die Verhältnsse keine
dauernde allmähliche Feuchtigkeitszunahme bedingen, der Wassergehalt in der
Kühlraumwand also in der Hauptsache durch die hygroskopische Gleichgewichtsfeuchtigkeit bedingt wird. Um wenigstens einen Anhaltspunkt zu
geben, wie sehr sich die Wärmeleitzahl verschlechtern kann, wenn durch die Art
der Ausführung oder durch die Diffusionsdurchlässigkeit der Korkplatten bei
tiefgekühlten Räumen eine starke Durchfeuchtung eintritt, ist in den letzten
Spalten der Tab. 22 noch die Wärmeleitzahl für einen Wassergehalt von 50 und

100 Gew.-% angegeben. Der erste Wassergehalt kann des öfteren beobachtet werden, der zweite stellt eine Grenze dar, die allerdings manchmal noch erheblich überschritten wird.

Tabelle 22. *Wärmeleitzahl von Korkplatten.*

Raumgewicht kg/m³	Wärmeleitzahl in kcal/m h ° bei 0° C			
	lufttrocken	ohne zunehmende Durchfeuchtung	bei mittelstarker Durchfeuchtung 50 Gew.-%	bei sehr starker Durchfeuchtung 100 Gew.-%
100	0,030	0,033	0,045	0,060
150	0,033	0,037	0,050	0,066
200	0,037	0,041	0,056	0,074
250	0,040	0,045	0,060	0,080
300	0,043	0,049	0,065	0,086

Zur Tab. 22 sei noch folgendes bemerkt:
Die hygroskopische Gleichgewichtsfeuchtigkeit von Korkerzeugnissen ist gering (vgl. Tab. 24). Ihr Einfluß auf die Wärmeleitzahl wird daher nie sehr

Tabelle 23. *Wärmeleitzahl von Korkerzeugnissen bei tiefen Temperaturen.*
(Nach G. B. WILKES, *Korkschrot* nach E. RAISCH.)

Raumgewicht kg/m³	Wärmeleitzahl in kcal/m h ° bei einer Temperatur von			
	−100° C	−50° C	±0° C	+50° C
107 (Backkorkplatte)	0,0228	0,0286	0,0314	0,0327
113 (Backkorkplatte)	0,0222	0,0272	0,0305	0,0336
37 (expand. Korkschrot etwa 3 mm)	0,008	0,0175	0,028	0,034

Tabelle 24. *Hygroskopische Gleichgewichtsfeuchtigkeit von Kork bei 20° C.*
(Nach J. S. CAMMERER.)

Stoff	Raumgewicht kg/m³	Wassergehalt in Gew.-% bei einer rel. Luftfeuchte in % von			
		30	60	90	100
Kork, natur	162	2,8	5,3	9,5	18,5
Backkorkplatte	105	2,0	3,0	4,3	9,4
Pechkorkplatte	194	1,2	2,0	3,2	9,2

groß. Bei nicht zunehmender Feuchtigkeit ist daher die übliche Berechnung der Kälteverluste mit der Wärmeleitzahl des lufttrockenen Zustands nur um 10% zu niedrig. Dieser Zustand kann bei Kleinkühlräumen über 0° C wohl immer sichergestellt werden, wenn eine einigermaßen verläßliche Dampfsperrschicht auf der warmen Seite der Isolierung durch sorgfältiges Ansetzen mit Bitumen od. dgl. ausgeführt ist und eine abnorme Durchfeuchtung (z. B. in Kellern oder durch den Wassergehalt nicht ausgetrockneter Betonwände) verhindert wird. Ob bei tiefgekühlten Räumen eine stärkere Durchfeuchtung eintritt, dürfte vor allem vom Diffusionswiderstandsfaktor der Korkplatten abhängen, d. h. davon, ob sich die Korkkörner, die selbst weitgehend dampfdicht sind, im Gefüge dicht aneinander schmiegen oder Kanäle offen lassen (vgl. das Gefügebild Abb. 129).
Bei Backkork ist durch den Herstellungsvorgang (Erhitzen und Aufblähen des Korkkornes in Metallformen) stets ein verhältnismäßig hoher Diffusions-

widerstandsfaktor gegeben. Bei pechimprägnierten Korkplatten dagegen, die durch Zusammenpressen eines heißen Kork-Pech-Gemisches hergestellt werden, ist er oft sehr niedrig. Tab. 25 gibt einen Überblick über Versuchswerte an in- und ausländischen Korkplatten der beiden Arten. Die Versuchspunkte sind in Abb. 130 eingezeichnet und lassen erkennen, daß in dem geringen Raumgewichtsbereich von Backkorkplatten eine Abhängigkeit des Diffusionswiderstandsfaktors vom Raumgewicht nicht besteht. Auch bei pechimprägnierten Platten ist die Streuung sehr groß — man beachte die logarithmische Ordinatenteilung —,

Abb. 129. Pechgebundene Korkplatte 5:1.

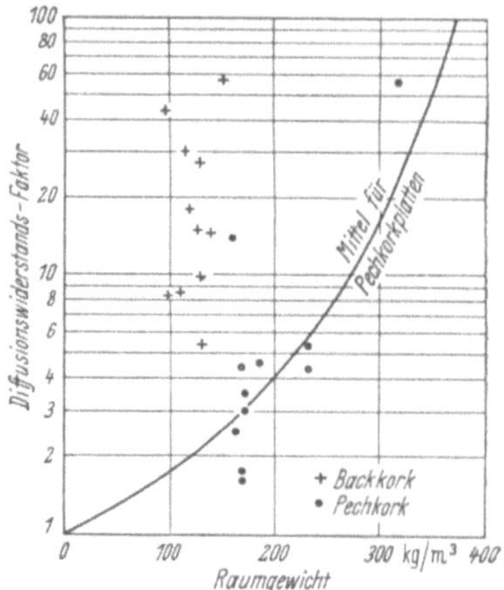

Abb. 130. Diffusionswiderstandsfaktor
von Korkplatten.
(Nach J. S. Cammerer.)

weil das Vorhandensein von Kanälen zwischen den Korkkörnern im Raumgewicht nicht deutlich zum Ausdruck kommt. Man kann jedoch eine mittlere Linie einzeichnen, die beim Raumgewicht 0 auf den Diffusionswiderstandsfaktor der Luft = 1 und bei vollständiger Ausfüllung der Korkkornzwischenräume mit Pech (Raumgewicht ungefähr 500 kg/m³) zu einem unendlich großen Wert führen muß: sie ist freilich nur ein ungefährer Anhalt, von dem die Wirklichkeit um ± 50% und mehr abweichen kann.

Es ist daraus zu folgern, daß die im Hinblick auf die Wärmeleitzahl erfolgte Entwicklung der pechimprägnierten Korkplatten nach möglichst niedrigen Raumgewichten fragwürdig ist und eine untere Grenze von etwa 180 kg/m³ besser nicht unterschritten werden sollte, wenn man nicht für sehr gutes Anliegen der Korkkörner durch die Herstellung und durch gute Rohkorkqualität Sorge tragen kann.

Von Interesse ist, ob bei eintretender Durchfeuchtung das Wasser vorzugsweise zwischen den Korkkörnern oder in den Zellen des Korkkornes sitzt. Verfasser hat in der Praxis bei allen Durchfeuchtungsgraden Wasser *zwischen* den Körnern gefunden, wenn die Temperatur unter 0° C lag, sonst überwiegend Wasser *in* den Korkkörnern. Dies läßt sich so verstehen, daß der eindiffundierende Wasserdampf in Zonen unter 0° C eben als Reif ausfällt, der vom Korkkorn nicht aufgesaugt werden kann, was bei flüssigem Kondensat möglich ist. Demgemäß könnte bei gleichem Wassergehalt der Feuchtigkeitseinfluß auf die

Tabelle 25. *Der Diffusionswiderstandsfaktor von Korkplatten*[1].
(Nach J. S. CAMMERER u. P. GÖRLING.)

Korkplattenart	Raumgewicht kg/m³	Wassergehalt Gew.-%	Diffusions-widerstands-faktor
Backkorkplatten:			
Deutsches Erzeugnis etwa	130		5,2
	130		9,8
	140		15
	130		prakt. ∞
	100	1,9	8,3
	117	1,5	30,2
Französisches Erzeugnis, normal .	113	2,0	8,5
	125	1,8	27,4
	99	1,3	42,8
Französisches Erzeugnis, hochwertig	153	1,5	57,4
Schwedisches Erzeugnis (Mittelwert)	120		18,0*
Portugiesisches Erzeugnis	125	— —	15,5
Pechkorkplatten:			
Deutsche Erzeugnisse	161		2,5
	170		3,0
	etwa 165		4,3*
	etwa 165		1,7
	etwa 165		1,6
	230		4,3
	230		5,4
	198	1,2	15,0
	184		4,6
	219		7,2
	318		57,0
Schwedisches Erzeugnis	etwa 170		3,5*

Wärmeleitzahl etwas verschieden sein. Abb. 131 enthält die wenigen vorliegenden verläßlichen Meßwerte des Feuchtigkeitseinflusses, die kaum etwas anderes zulassen als mit dem aufgerundeten Wert des Feuchtigkeitseinflusses von 1% je 1 Gew.-% Wassergehalt, ob über oder unter 0° C, zu rechnen.

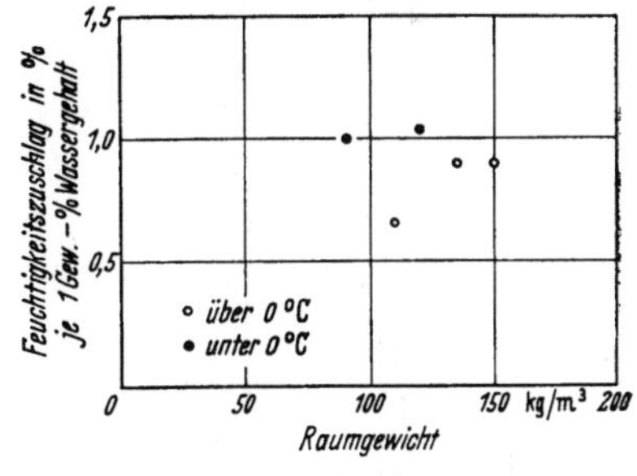

2. Glasfasern und Schaumglas.

Glas wird in zwei Formen zu Isolierstoffen verarbeitet: *in Faserform* (lose oder zu Platten verklebt) und als *hochporöses Glas*. Die erste Ausführungsart, sei es als sogenanntes Glasgespinst mit langgestreckten, parallel geschichteten Fasern, sei es als Glaswatte oder Glaswolle mit regellos liegenden oder gekräuselten Fasern, hat in Deutschland wohl für die Temperaturen der Dampftechnik eine sehr große Bedeutung

Abb. 131. Der Feuchtigkeitseinfluß auf die Wärmeleitzahl von Korkplatten.

erlangt, wird jedoch in der Kältetechnik nur beschränkt angewandt. Der Grund liegt in dem sehr niedrigen Diffusionswiderstandsfaktor, der besondere Dampf-

[1] CAMMERER, J. S., u. GÖRLING, P.: Die Messung der Durchlässigkeit von Kälteschutzstoffen für Wasserdampfdiffusion. Kältetechn. Bd. 3 (1951) S. 2/7 und unveröffentlichte Werte der Verfasser.
Außerdem einige mit einem Sternchen* gekennzeichnete Werte nach brieflichen Angaben von W. SCHÜLE, Stuttgart und A. WATZINGER, Trondheim.

sperrschichten erfordert, deren praktische Verläßlichkeit vielfach zweifelhaft erscheint. Ist die Dampfsperrschicht gewährleistet, wie etwa bei Kühlschränken mit sorgfältig gedichteter äußerer Blechverkleidung, so besteht natürlich kein Bedenken.

In Amerika, England und Schweden hat man Glasfaserstopfung vor allem im Schiffbau in großem Umfang verwendet[1].

Glasfasern können lose in Hohlräume gestopft werden, wobei ein Raumgewicht eingehalten werden muß, das ein späteres Zusammensinken unmöglich macht, d. h. je nach Faserart 150 bis 200 kg/m³. Sie werden auch in Form von Matten mit oder ohne Unterlage gesteppt oder mit Papierbahnen verklebt geliefert, oder es werden stark elastische Platten und Formstücke durch Verkleben der Faser, z. B. mit Kunstharz, erzeugt.

Ausgezeichnete Feuchtigkeitseigenschaften besitzt Schaumglas, wenn im Herstellungsgang dafür gesorgt wird, daß Haarrisse im Glasskelett nicht entstehen können. Schaumglas ist dann praktisch dampfdicht, nicht hygroskopisch und nicht saugend.

Schaumglas wird seit 1938 in Deutschland erzeugt, es besaß aber zunächst keine völlig dichten Zellwände. Vor kurzem gelangen entscheidende Verbesserungen. Die physikalischen und chemischen Vorgänge bei der Herstellung sind noch nicht restlos geklärt. Es liegen zahlreiche amerikanische, französische, englische und auch einige deutsche Patente vor. Verwendet wird ein Spezialglas von bestimmtem Viskositätsverlauf, das in einer Rohrmühle auf eine Feinheit von 1 bis 2% Rückstände auf dem 4900-Maschensieb gemahlen und gleichzeitig mit dem Blähmittel gemischt wird. Das Gemisch wird in einem genau kontrollierten Wärmeprozeß und in besonders konstruierten Formen durch einen Glühofen geschickt. Die fertigen Blöcke werden in einem etwa 40 m langen Temperofen in festgelegter Weise auf Außentemperatur abgekühlt und dann auf Maß geschnitten. Strukturaufnahme von Schaumglas siehe Abb. 132.

Die Wärmeleitzahl loser Glasgespinstpackungen unterliegt der Raumgewichtsabhängigkeit gemäß Abb. 112, S. 320. Die optimale Wärmeleitzahl wird im Wettbewerb gerne herausgestellt, doch muß man im allgemeinen in der Praxis mit einem Durchschnittswert der Tab. 26 rechnen, um den Ungleichmäßigkeiten der Herstellung Rechnung zu tragen. Unter Umstän-

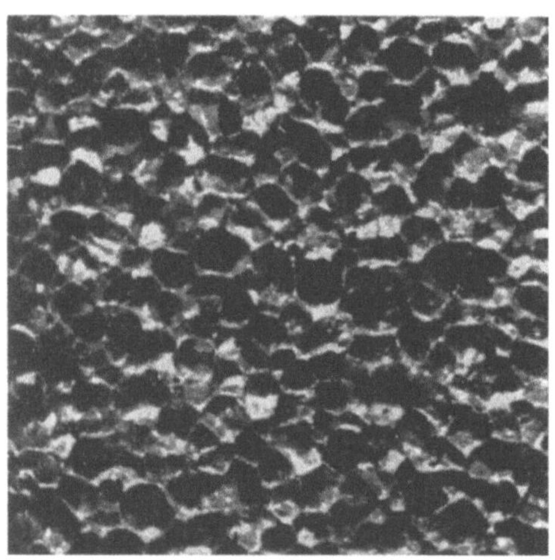

Abb. 132. Schaumglas 5:1.

[1] Ausführliche konstruktive Angaben vgl. Birger Folin u. Greger Sandberg: Glaswatteisolierungen auf Schiffen. Kältetechn. Bd. 4 (1952) S. 322—325. Im Schiffsbau kann sich das Temperaturgefälle besonders bei Räumen mit Temperaturen um 0° C und Fahrten in kalte Gebiete sowie beim Löschen der Ladung in der Isolierschicht umkehren, so daß beiderseits möglichst dampfdichte Abdeckungen, auf der Innenseite vorzugsweise galvanisiertes Blech oder Aluminiumblech, empfohlen wird. Die für eine Entfeuchtung bei eingedrungenem Wasser angegebenen Luftschlitze an der oberen Kante der Innenfläche sind umstritten. Vgl. die Einsendung von G. Lundborg und die Erwiderung der Verfasser: Kältetechn. Bd. 5 (1953) S. 78/79. Die physikalischen Verhältnisse sind zum Teil hier nicht richtig gesehen. So wird die hygroskopische Feuchtigkeitsaufnahme und Feuchtigkeitsabgabe angeführt, die bei mineralischen Fasern ganz bedeutungslos ist.

Tabelle 26.
Wärmeleitzahl und Feuchtigkeitseigenschaft von Glasfasererzeugnissen und Schaumglas.

Stoffart	Raumgewicht kg/m³	Wärmeleitzahl kcal/m h ° bei 0 ° C	Hygroskop. Gleichgewichtsfeuchtigkeit bei 97 % rel. Luftfeuchtigkeit in Gew.-%	Kapillare Saugkraft	Diffusionswiderstandsfaktor
Glasgespinst, Glaswatte, Glaswolle, lose gestopft oder in Matten	100 bis 200	0,032	1,5	prakt. 0[1]	1,25
desgl. zu Platten verklebt . .	30	0,030	—		1,5
	50	0,028	—	schwach	1,5
	100	0,027	—	saugend	1,5
	176	0,030	—		
Schaumglas	150	0,043	prakt. 0	prakt. 0	prakt. ∞
	200	0,060			
	300	0,100			
	400	0,140			

den kann durch Konvektion zwischen den Fasern eine starke Verschlechterung des Isoliereffektes eintreten, etwa bei großer Wandhöhe, großer Isolierstärke und konstruktiven Fehlern[2].

Die im Schrifttum angegebenen Wärmeleitzahlen von Schaumglas sind in Abb. 133 in Abhängigkeit vom Raumgewicht aufgetragen. Besonders geringe Raumgewichte sind in Deutschland erzielt worden. Die Ergebnisse aus den verschiedenen Ländern fügen sich gut zu einer gemeinsamen Raumgewichtsabhängigkeit zusammen.

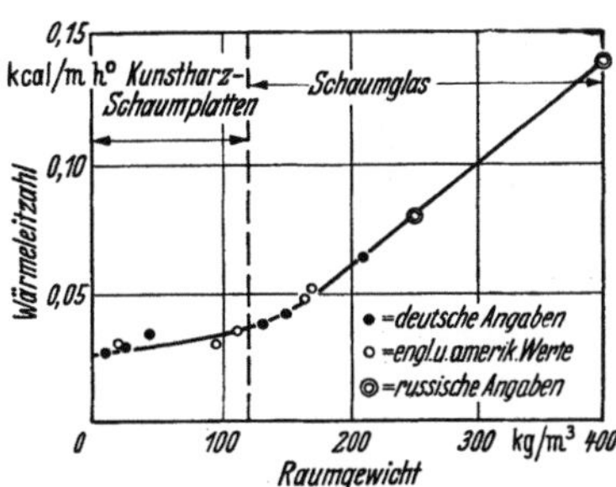

Abb. 133. Die Wärmeleitzahl von Schaumglas und Kunstharzschaumplatten in Abhängigkeit vom Raumgewicht.

Tabelle 27. *Temperaturabhängigkeit der Wärmeleitzahl von Isolierstoffen aus Glas.*

Stoffart	Raumgewicht kg/m³	Temperatur in °C	Wärmeleitzahl kcal/m h °
Glaswolle	100 bis 200	0	0,031
		+100	0,043
		+200	0,061
Glasfaserplatten	176	—100	0,018
		0	0,030
		+50	0,035
Glaswatteschale	110	0	0,027
		+100	0,039
		+200	0,054
Schaumglas	165	—200	0,035
		—100	0,046
		0	0,052
		+50	0,056

---

[1] Erzeugnisse sind meist gefettet.

[2] Vgl. z. B. C. W. KNIFFIN: Low Temperature Insulation Design. Refrig. Engng. Bd. 60 (1952) S. 139. Infolge der Anordnung zweier Luftschichten zu beiden Seiten einer 33 cm dicken Glaswollisolierung von 21 m Höhe unter einer äußeren Metallhaut strömt Luft oben in der Isolierung in Richtung, unten gegen die Richtung des Wärmeflusses und machte bei —54° C mehr als die Hälfte der Isolierdicke unwirksam. Bei Weglassen des Luftspalts auf der Außenseite ergab sich der normale geradlinige Temperaturverlauf in der Isolierung [Kältetechn. Bd. 4 (1952) S. 310].

Hervorzuheben ist die hohe Druckfestigkeit von Schaumglas, die auch bei sehr niedrigen Raumgewichten noch bei 14 bis 20 kg/cm² liegt und es ermöglicht, Schaumglas im Kühlhausbau konstruktiv zu belasten, wie dies zur Vermeidung von Kältebrücken oft wünschenswert, bei anderen Isolierstoffen aber mit einer niedrigen Wärmeleitzahl unvereinbar ist.

Tab. 27 zeigt die Temperaturabhängigkeit der Wärmeleitzahl bei Glaserzeugnissen.

3. Schlacken- und Gesteinswolle.

Für Schlacken- und Gesteinswolle gelten ähnliche physikalische Zusammenhänge und damit auch ähnliche Gesichtspunkte für ihre Verwendung in der Kältetechnik wie für Glasfasererzeugnisse. Gleich diesen werden sie in Deutschland für die Kältetechnik gewöhnlich nur als Stopfisolierung hinter einer diffusionsdichten Abdeckung aus Blech verwendet. Schlackenwolle besteht aus kurzfaserigen Flocken mit einer normalen Stopfdichte von 200 bis 250 kg/m³; Gesteinswolle wird vielfach als lang gekräuselte, regellos liegende Fasermischung mit einer Stopfdichte von 100 bis 150 kg/m³ hergestellt.

Über die Raumgewichtsabhängigkeit der Wärmeleitzahl von Schlackenwolle vgl. Abb. 112, über ihre Temperaturabhängigkeit Abb. 113.

In und nach dem zweiten Weltkrieg wurden bituminierte Schlackenwollplatten mit einem Raumgewicht von 250 bis 400 kg/m³ hergestellt, deren Wärmeleitzahl an der unteren Gewichtsgrenze 0,040/m h° betrug. Die Herstellungskosten sind aber ziemlich hoch, da das Wasser der zugesetzten Bitumenemulsion verdampft werden muß, so daß sie sich auf die Dauer in Deutschland gegenüber Korkplatten nicht auf dem Markt behaupten konnten. Anders scheint es in Rußland zu sein, wo man den größten Wert auf einheimische Rohstoffe legt.

Eine gewisse Überraschung bedeutete es bei den ersten Untersuchungen, daß bituminierte Schlackenwollplatten fast keine kapillare Saugfähigkeit zeigten, dagegen nur einen geringen Diffusionswiderstandsfaktor aufwiesen (ungefähr 1,55 bis 1,75). Das günstige Verhalten gegenüber flüssigem Wasser erklärt sich aus der Nichtbenetzung der bitumierten Fasern, die andererseits, wie Abb. 134 zeigt, für den Durchgang der Dampfmoleküle einen großen freien Querschnitt von etwa 90% offenlassen. Man kann natürlich Schlackenwollplatten durch einen Bitumenanstrich undurchlässiger machen, doch ist ein durch die Materialstruktur bedingter hoher Diffusionswiderstandsfaktor vorzuziehen, da ein solcher auch bei Verletzung der

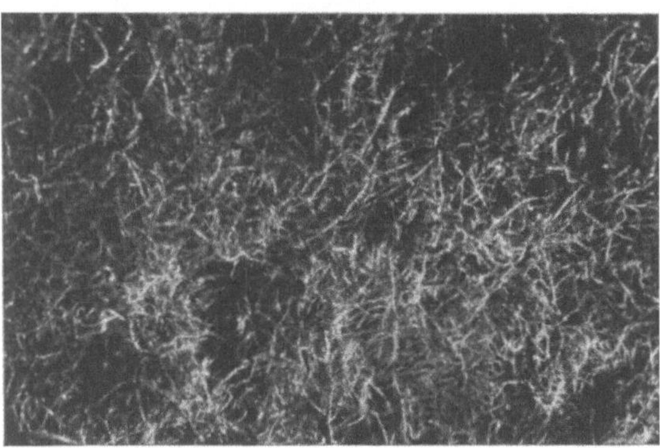

Abb. 134. Bituminierte Schlackenwollplatte 5:1.

Oberfläche erhalten bleibt. Tab. 28 gibt einige kennzeichnende Werte für niedrige Temperaturen[1]. Die hygroskopische Gleichgewichtsfeuchtigkeit von Schlacken- und Gesteinswolle ist so gering, daß man diese Stoffe praktisch als nicht hygroskopisch betrachten kann.

---

[1] Die Werte für Schlackenwolle aus E. Raisch u. W. Weyh: Die Wärmeleitfähigkeit von Isolierstoffen bei tiefen Temperaturen. Z. ges. Kälteind. Bd. 39 (1932) S. 123. — Die Werte für Gesteinswolle nach G. B. Wilkes: Refrig. Engng. Bd. 52 (1946) S. 37.

Tabelle 28. *Die Wärmeleitzahl von Schlacken- und Gesteinswolle bei tiefen Temperaturen.*

Stoff	Raum-gewicht kg/m³	Wärmeleitzahl in kcal/m h ° bei einer Temperatur in °C von			
		− 200	− 100	0	+ 50
Schlackenwolle . . . . {	95	0,009	0,017	0,027	0,033
	119	0,010	0,018	0,028	0,034
Gesteinswolleplatte, bituminiert .	228	0,010	0,0215	0,0323	0,0370

4. Kunststoff-Isoliermaterialien.

Etwa seit dem Jahre 1937 wurden Kälteschutzplatten aus Kunstharzschaum entwickelt, deren Eigenschaften heute allen Anforderungen und Sonderwünschen in nahezu beliebigem Maße angepaßt werden können. Extrem leichtes Gewicht, sehr niedrige Wärmeleitzahlen und gute Festigkeit können mit einem vorzüglichen Verhalten gegenüber flüssigem und dampfförmigem Wasser verbunden werden. Lange Zeit waren jedoch die Kosten für technisch vollkommene Platten zu hoch, neuerdings nähern sie sich denen von Korkplatten, so daß in absehbarer Zeit eine Anwendung in großem Maßstab zu erwarten ist.

Abb. 135 und 136 geben zwei Gefügebilder von Iporka bzw. Troporit, die zwei ziemlich verschiedenartige Typen darzustellen scheinen, doch muß man berücksichtigen, daß Abb. 135 für ein Raumgewicht von etwa 12 kg/m³, Abb. 136 für ein solches von 100 kg/m³ gilt. Das dickwandige Skelett in letzterem Fall nähert sich also bei Verminderung des Raumgewichtes dem in

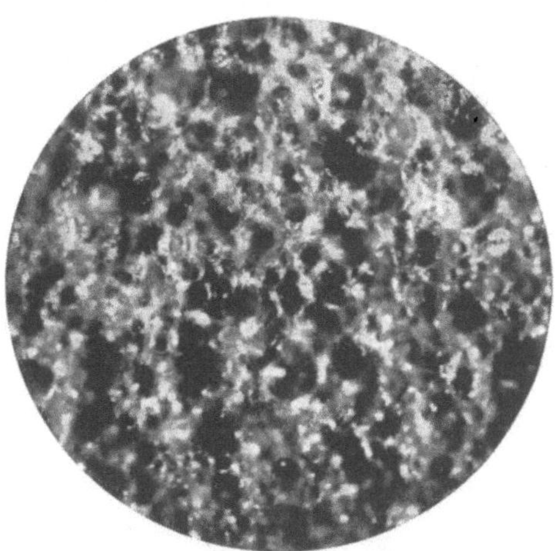

Abb. 135. Iporka-Kunstharzschaum-Platte 17:1 (Raumgewicht 15 kg/m³).

Abb. 135, sofern nicht das Herstellungsverfahren die Erniedrigung des Raumgewichtes mit einer starken Vergröberung der Poren erkaufen muß, was bei manchen Stoffen der Fall ist.

Als bekannteste deutsche Kunstharzschaumstoffe können etwa genannt werden:

Iporka, hergestellt auf der Basis eines Kondensationsproduktes aus Harnstoff und Formaldehyd, als ältestes Erzeugnis (seit 1937) im Schrifttum mehrfach behandelt, wird meist nur mit Raumgewichten zwischen 8 und 15 kg/m³ geliefert.

Troporit, auf Phenolharzbasis, Raumgewicht etwa 50 bis 150 kg/m³.

Moltopren, ein geschäumtes Polyurethan aus Desmophen und Desdemur, Raumgewicht etwa 40 bis 150 kg/m³, herstellbar in allen Elastizitätsgraden.

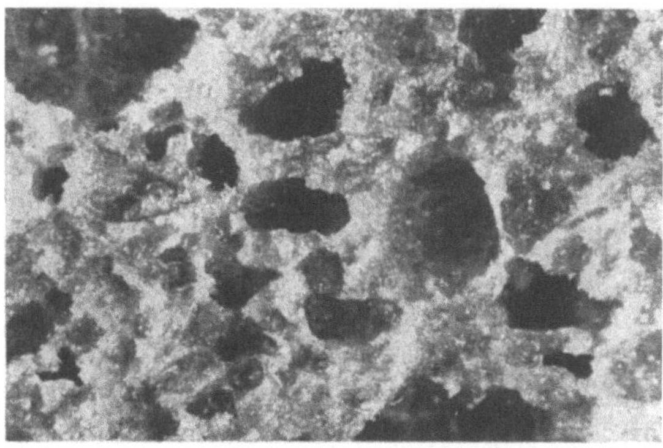

Abb. 136. Troporit-Kunstharzschaum-Platte 5:1 (Raumgewicht 100 kg/m³).

Styropor, auf Polystyrolbasis, übliche Raumgewichte etwa zwischen 14 und 30 kg/m³.

Im Schrifttum[1] werden u. a. noch folgende Kunstharzschaumstoffe erwähnt:

> Styrofoam (Amerika) auf Polystyrolbasis,
> Thermazote (England) aus Phenolharz,
> Plastozote (England) auf Polyvinylformolgrundlage,
> ein russisches Erzeugnis auf Polyvinylchloridbasis.

Das amerikanische Flotofoam scheint dem deutschen Iporka zu entsprechen und wird gleich diesem auch in Flocken zu Stopfisolierungen geliefert.

Für die Porosierung sind vier Verfahrenstypen bekanntgeworden:

Schäumen,

Vermischung mit Gas entwickelnden Stoffen, unter Umständen unter Druck und mit späterer Entspannung,

Lösung eines Gases in ungesättigter Verbindung unter Druck und Hitze und darauffolgender Entspannung,

Aufblähen eines körnigen Ausgangsproduktes durch Hitze (Dampfbehandlung) und gleichzeitige Verschweißung der Berührungsflächen der Körner.

Tabelle 29. *Wärmeleitzahl von Kunstharzschaumplatten.*

Die mit einem * versehenen Werte auf Grund von Messungen des Forschungsheims für Wärmeschutz, München, die übrigen auf Grund des Schrifttums.

Stoffart	Raumgewicht kg/m³	Temperatur °C	Wärmeleitzahl kcal/m h °
Iporka	8 bis 15	0 20 60	0,027 0,030 0,0405

Styrofoam, Porengröße 0,4 bis 0,8 mm
    „   „   0,8 bis 1,6 mm
    „   „   3   bis 6 mm
	20	—
		—
		—
			0,030
			0,033
			0,056

Moltopren*	42,4	0 20 80	0,034 0,038 0,048
Styropor*	25	0 20 60	0,029 0,031 0,039
Thermazote	112	—	0,035
Plastozote	96	—	0,030

Das Herstellungsverfahren und der Ausgangsstoff können das Verhalten des fertigen Erzeugnisses gegenüber flüssigem und dampfförmigem Wasser sehr stark beeinflussen. Tab. 30 gibt den Diffusionswiderstandsfaktor der bekanntesten deutschen Erzeugnisse, und man sieht, daß für ein bestimmtes Produkt (wie Moltopren) eine deutliche Raumgewichtsabhängigkeit bestehen kann, die auf andere nicht anwendbar ist. Die hygroskopische Gleichgewichtsfeuchtigkeit ist laut Tab. 31 ebenfalls sehr verschieden und erreicht bei Iporka in völlig gesättigter Luft in Gew.-% ungefähr den Betrag von Holz[2].

---

[1] Vgl. z. B. in den Referaten über ausländische Aufsätze und Firmenangaben in der „Kältetechnik" Jg. 1949 bis 1953. Siehe auch L. Mironneau: Isolants et technique de l'isolation. Encyclopédie du froid. Paris: Librairie J. B. Baillière et fils 1950.

[2] Für Iporka finden sich in der Arbeit von Th. E. Schmidt u. W. Kost: Untersuchungen an Iporka-Isolierungen nach mehrjährigem Betrieb. Kältetechn. Bd. 4 (1952) S. 76—81, Gleichgewichtsfeuchtigkeiten, die höher als die von Cammerer gefundenen sind, und zwar erreichen sie nach diesen Angaben bei einer relativen Luftfeuchtigkeit von 60% einen Wert von 12 Gew.-%, bei einer solchen von 100% einen Wert von 70 Gew.-%.

Tabelle 30. *Der Diffusionswiderstandsfaktor von Kunstharzschaumplatten.*
(Nach J. S. Cammerer u. P. Görling.)

Plattenart	Raumgewicht kg/m³	Wassergehalt Vol.-%	Diffusions- widerstands- faktor
Iporka.	12 bis 15	—	1,7
Troporit	70 bis 100	—	15
Moltopren	54,5	—	5,75
	83,0	—	10,0
	145,5	—	19,3
Styropor	13	—	57
	27	—	118
	33	etwa 0,1	165
	68	1,4	144

Tabelle 31.
Die hygroskopische Gleichgewichtsfeuchtigkeit von Kunstharzschaumstoffen bei 20° C.
(Nach J. S. Cammerer u. P. Görling.)

Stoff	Raum- gewicht kg/m³	Wassergehalt in Gew.-% bei einer rel. Luftfeuchte in % von			
		30	60	90	100
Iporka	14	1,2	2,0	4,4	35,0
Troporit P	74	1,3	2,0	4,5	21,6
Styropor	31		1,7	2,0	2,3

Für die Wärmeleitzahl wird man bei Kunstharzschaumstoffen aller Art
ungefähr dieselbe Raumgewichtsabhängigkeit erwarten dürfen. Die in Tab. 29
zusammengestellten Werte sind in Abb. 133 (Schaumglas) hinzugezeichnet und
zeigen eine Streuung, die in erster Linie von der verschiedenen Porengröße
kommen dürfte. Angesichts der ähnlichen Struktur ist es nicht verwunderlich,
daß die Raumgewichtsabhängigkeit der Kunstharzschaumstoffe in jene für
Schaumglas übergeht.

Für die Praktiker ist es verwirrend, daß die verarbeitenden Firmen vielfach
nicht die Bezeichnungen der chemischen Fabriken übernehmen, die den Ausgangsstoff liefern, sondern durch eigene Phantasienamen ersetzen, so daß zur
Zeit ein und dasselbe Erzeugnis mit verschiedenen Namen auf den Markt kommt.

Alle Kunstharzschaumstoffe scheinen eine hohe Schimmelfestigkeit zu besitzen, wie der Verfasser für Iporka und Styropor gefunden hat. Systematische
Untersuchungen sind darüber nicht bekanntgeworden.

Über Schutzmäntel auf Iporka-Platten zur Verbesserung der Festigkeit und
Diffussionsdichtigkeit siehe Abschn. D.

5. Gummi.

In Herstellungsverfahren, Struktur und Eigenschaften besteht bei porösen
Gummiplatten eine große Ähnlichkeit mit Kunstharzschaumstoffen. Je nachdem, ob die Poren offen oder geschlossen sind, ist die Saugfähigkeit sehr groß
(für Aufgaben des Naturschwammes) oder außerordentlich klein (für Kälteschutzzwecke). Die Diffusionsdurchlässigkeit ist in letzterem Falle sicher auch
sehr gering.

In Deutschland werden poröse Gummiplatten in größerem Umfange nicht
verwendet. Bekannt sind die englischen Produkte Rubatex und Onazote

(expandierter Hartgummi). Aus Firmenprospekten und dem ausländischen Schrifttum lassen sich die Angaben der Tab. 32 zusammenstellen. Wenn die Wärmeleitzahlen für Onazote (aus der Werbeschrift des Herstellers) für niedrige Raumgewichte tatsächlich zutreffen, so ließe sich dies nur dadurch erklären, daß die Poren bei der Erzeugung statt mit Luft mit Schwefelwasserstoff gefüllt werden. Derartige Isolierstoffe werden vor allem für Waggons, Kühlautos und Behälter verwendet und für solche Zwecke auch in Platten geliefert, die beiderseits mit Aluminiumblech belegt sind.

Tabelle 32. *Wärmeleitzahlen von porösen Gummiplatten.*

Stoff	Raumgewicht kg/m³	Wärmeleitzahl in kcal/m h ° bei einer Temperatur von			
		− 100° C	− 50° C	0° C	+ 50° C
Onazote	40	—	—	0,0190	—
	80	—	—	0,0250	—
	120	—	—	0,0310	—
	200	—	—	0,0410	—
Rubatex . . . . (nach G. B. Wilkes)	78	0,0185	0,0240	0,0266	0,0273
Quellgummi . . . . (nach E. Griffith u. J. Awbery)	86	—	0,020	0,028	0,036

6. Holz und holzhaltige Erzeugnisse, Torf, Papier.

Aus Holz hergestellte Erzeugnisse besitzen im Bauwesen, z. B. als Holzwoll-Leichtbauplatten, Holzfaserplatten u. ä., eine sehr große Anwendung, werden aber in der Kältetechnik nicht verwendet. Der Grund ist, daß sie alle eine verhältnismäßig große Diffusionsdurchlässigkeit aufweisen und vielfach in der Wärmeleitzahl zu ungünstig sind. Eine Ausnahme machen in Amerika imprägnierte Holzfasern, bei denen man wohl vor allem das billige Einfüllen in Hohlräume, etwa zwischen die Blechmäntel eines Kühlraumes, mittels eines Luftstromes schätzt und wobei für eine verläßliche Dampfsperrschicht auf der warmen Seite Sorge getragen wird. Eine Großanwendung ist beim Alford-Kühlhaus in Dallas, Texas[1], bekanntgeworden; ob der Erfolg auf die Dauer völlig befriedigt, den man durch überdimensionierte Isolierdicken zu sichern suchte, scheint noch nicht sicher.

Leichthölzer wie Balsa- oder Ceibaholz haben wohl auch in Amerika nur für Sonderaufgaben, etwa für Transportbehälter, Verwendung gefunden, desgleichen Kapok- und Baumwollstopfungen, die auch für Kühlschränke und Behälter mit sehr tiefen Temperaturen — äußerer dichter Mantel vorausgesetzt — gebraucht wurden.

Platten aus Torf haben sich bei sorgfältiger Aufbereitung durchaus bewährt. Sie bedürfen auch bei der Verarbeitung einer genügenden Erfahrung. An ihrer Verwendung ist man besonders in Rußland interessiert (neben bituminierter Schlackenwolle und Porenbeton)[2].

Im zweiten Weltkrieg hat man Kälteschutzplatten aus Ersatzstoffen, meist mit Pechimprägnierung oder Bituminierung aus Zellstoff, Sägespänen, Flachsschäben, Hanfschäben u. a. entwickelt, die zum Teil durch Zugabe von Poren-

---

[1] Siehe Fußnote 1, S. 348.
[2] Ausführliche Untersuchungen an Torfplatten siehe J. S. Cammerer: Die Eignung von Torf und Torferzeugnissen für Kälteschutzzwecke. Z. ges. Kälteind. Bd. 48 (1941) S. 35.

bildnern brauchbare Raumgewichte und Wärmeleitzahlen ergaben, aber alle ungünstige Eigenschaften gegenüber flüssigem und dampfförmigem Wasser aufwiesen. Landwirtschaftliche Abfallstoffe, wie die erwähnten Hanf- und Flachsschäben, aber auch Schilf, Stroh, Sonnenblumenkernhülsen usw. besitzen überdies eine Schimmelanfälligkeit, die nicht in zuverlässiger Weise zu beseitigen ist und sie völlig ausschließt.

Während lange Zeit wellpappähnliche Gebilde, auch mit Pechimprägnierung, sich nicht durchsetzen konnten, hat man in den letzten Jahren in Schweden Erzeugnisse wie Wellit (im Vakuum bituminierte Wellpappbahnen mit parallelen Kanälen, die an Wänden horizontal verlegt werden) und Isoflex (aus gewellten, durchsichtigen, schwarzen oder grauen Azetylzellulosefolien mit kreuzweiser Kanallage hergestellt, die durch moderne Erzeugungsverfahren hochwertige Produkte geworden sind.

Kriegserzeugnisse aus Kiefernrinde wurden in Deutschland wegen der

Abb. 137. Torfplatte, wasserabweisend 5:1.

hohen Wärmeleitzahl nur als Notbehelf betrachtet, in Amerika stehen besser geeignete Rindenarten und Erzeugungsverfahren zur Verfügung.

Strukturbilder von Torfplatten und Flachsschäbenplatten mit Pechimprägnierung siehe Abb. 137 und 138, Wellit Abb. 139. Angaben über die Wärmeleitzahl in Tab. 33.

Abb. 138. Flachsschäbenplatte, pechimprägniert 5:1.

Der Diffusionswiderstandsfaktor von losen Faserstopfungen dürfte bei 1,3 bis 1,5 liegen, von imprägnierten Torfplatten ist er etwa 2,7, von Wellit ungefähr 40 bis 60[1].

Abb. 139. Wellit-Platte.

Tabelle 33. *Wärmeleitzahl organischer Isolierstoffe.*
(Kork: Tab. 22 u. 23, Kunststoffe: Tab. 29 u. 32.)

Stoff	Raumgewicht kg/m³	Wärmeleitzahl bei einer Temperatur in °C von			
		−200	−100	0	+50
Balsaholz	101			0,033	
	117			0,04	
	320			0,07	
Celotex Zuckerrohrfaserplatte mit Asphaltanstrich	230	0,019	0,028	0,037	0,041
Dry Zero	16			0,029	
Kapoc, lose	14,4			0,028	
Holzfaser, Rinde des Eukalyptusbaums	55			0,04 bis 0,047	
Holzfaser, imprägniert	40 bis 65			0,0	
Zerkleinerte Redwood-Rinde	64		0,020	0,030	
Holzwolle	42			0,033	
Seide, wollig	58	0,011	0,019	0,029	0,035
Seide	100	0,022	0,032	0,043	0,048
Baumwolle	81	0,028	0,038	0,048	0,054
Torfplatte, wasserabweisend	164			0,035	
	200			0,038	
Wellit, bituminiertes Wellpapier:					
Wellit H	40 bis 45			0,034	0,041
Wellit K	45 bis 55			0,036	0,045
Isoflex, wellpappähnlich, aus durchsichtiger Azetylzellulose	15			0,040	

7. Kälteisolierungen nach besonderen physikalischen Gesetzen: Feinstpulver- und Aluminium-Folien-Isolierungen.

a) Feinstpulver. In Abschnitt B I 8, S. 331, wurde dargelegt, daß ein Isolierstoff auch bei niedrigstem Anteil der festen Bestandteile am Gesamtvolumen nie ganz die molekulare Wärmeleitzahl der Luft erreichen kann, es sei denn,

---

[1] Zusammenfassende Angaben über das Verhalten solcher Stoffe gegen flüssiges und dampfförmiges Wasser siehe J. S. Cammerer: Der Wärme- und Kälteschutz in der Industrie, 3. Aufl. Berlin/Göttingen/Heidelberg: 1951. — Einzelaufsätze: J. S. Cammerer: Neue Korkaustauschstoffe für Kälteschutz. Holz als Roh- u. Werkstoff. Bd. 4 (1941) S. 129—134. — J. S. Cammerer u. P. Görling: Die Messung der Durchlässigkeit von Kälteschutzstoffen für Wasserdampfdiffusion. Kältetechn. Bd. 3 (1951) S. 2—7.

daß der Porendurchmesser von der Größenordnung der freien Weglänge der Luftmoleküle ist. Dafür gibt es zwei Möglichkeiten: die Erzeugung feinster Pulver oder umgekehrt die Angleichung der freien Weglänge an den Porendurchmesser durch Erzeugung eines Vakuums. Die letztere hat bisher nur für Isoliergefäße technische Bedeutung erlangt, wobei man aber auf die Verwendung von Füllstoffen zu verzichten pflegt.

Tab. 34 zeigt das Verhältnis der Wärmeleitzahl von gebräuchlichen feinen Pulvern und von Feinstpulvern, wie z. B. des amerikanischen Erzeugnisses Santocel oder des deutschen Aerosil der Deutschen Gold- und Silberscheideanstalt, Frankfurt/Main, zur Wärmeleitzahl der Luft unter Atmosphärendruck:

Tabelle 34. *Wärmeleitzahl von feinen und feinsten Pulvern bei Atmosphärendruck.*

Art des Pulvers	Raum-gewicht kg/m³	Temperatur °C, Wärmeleitzahl kcal/m h °				Autor
		− 200	− 100	0	+ 50	
Kohlensaure Magnesia	131	0,018	0,025	0,033	0,038	E. Raisch
Kieselgur	54	0,0105	0,019	0,030	0,036	E. Raisch
Luft		0,006	0,014	0,0204	0,0233	
Aerosil	60			0,018		E. Raisch
Silica aerogel Santocel	85		0,0130	0,0180	0,0205	G. B. Wilkes

Tamm hat darauf hingewiesen[1], daß solche extrem niedrige Wärmeleitzahlen für Sonderaufgaben von großem wirtschaftlichem Interesse sein können, etwa um bei Eisschränken den Eisbedarf und die Schrankabmessungen in einer Weise zu verringern, die für den Absatz eine Umwälzung bedeuten würde. Nach amerikanischen Erfahrungen ist allerdings Santocel gegen Wasser sehr empfindlich, so daß ein hermetischer Abschluß der Füllung Verwendungsbedingung ist. Santocel besteht im wesentlichen aus Kieselsäure, die in einen extrem porösen Zustand übergeführt wurde. Porendurchmesser ist $18 \cdot 10^{-8}$ mm, Dicke der Porenwände $2,5 \cdot 10^{-8}$ mm. Demgegenüber ist die mittlere freie Weglänge der Luftmoleküle[2] bei normaler Temperatur und normalem Druck $10\,000 \cdot 10^{-8}$ mm.

b) Aluminiumfolien-Isolierungen. Der alte Gedanke, Luftschichtisolierungen als Wärme- und Kälteschutz wirksam zu machen, indem man zur Verminderung der Strahlungsübertragung den Gesamtluftraum in eine Anzahl von Teilluftschichten unterteilt und mindestens eine Begrenzungsfläche der Luftschichten mit einer Oberfläche von großem Reflexionsvermögen ausstattet, wurde von E. Schmidt 1925 dadurch einer praktischen Anwendung zugeführt, daß er für die Begrenzungsflächen Aluminiumfolien vorschlug, deren Kosten niedrig sind und die auch bei Oxydation an Luft eine geringe Strahlungkonstante behalten. Dies war der entscheidende Fortschritt gegenüber allen früheren Versuchen mit nichtedlen Metallflächen.

Die Anwendung dieser „Alfol-Isolierung" blieb in Deutschland vorzugsweise auf Transportmittel, Schiffe und Eisenbahnwaggons beschränkt, während in Amerika nach Wilkes[3] „zwischen 1925 und 1950 Millionen von Quadratfuß bei Kühlraumwänden, Öfen, Kesseln, Häusern, Schiffen usw." ausgeführt wurden. Ob mit dem *Ablauf der Patente* sich in Deutschland eine Wandlung vollzieht, erscheint fraglich, da die Ausführung solcher Isolierungen Sachkenntnis und Gewissenhaftigkeit voraussetzt, die bei kleinen Isolierfirmen, die sich die jetzige Möglichkeit zunutze machen wollen, nicht immer gegeben sind.

---

[1] Tamm, W.: Die Berechnung von Eisschränken. Kältetechn. Bd. 2 (1050) S. 25—29.
[2] Nach K. Linge: Kälteisolierung in Amerika. Kältetechn. Bd. 1 (1949) S. 105.
[3] Wilkes, G. B.: vgl. Fußnote 2 auf S. 319.

Demgegenüber wurden in Amerika sehr gründliche Entwicklungsarbeiten geleistet, bei denen alle Fragen — günstigste Luftschichtabmessungen, konstruktive Ausführungen in den verschiedenartigen technischen Fällen, Kondenswasserbildung bei Temperaturen unter der der Umgebung, Korrosionsgefahr in aggressiver Luft — behandelt wurden, deren Lösung für eine Einführung in großem Maßstab Voraussetzung war. Dieserhalb sei auf das schon mehrfach erwähnte ausgezeichnete Buch von Wilkes verwiesen.

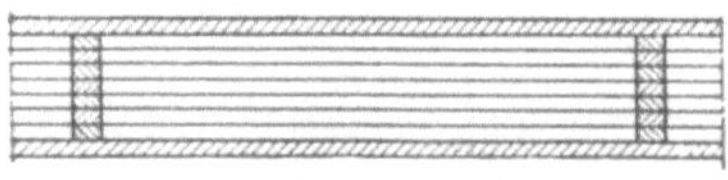

Abb. 140. Planfolien-Isolierung.

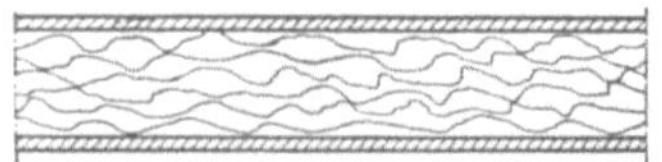

Abb. 141. Knitterfolien-Isolierung.

Die Alfol-Isolierung wurde von Anfang an in zwei Grundtypen ausgeführt: mit flach gespannten Folien, Abb. 140 (Dicke 0,015 bis 0,03 mm) und mit geknitterten Folien, Abb. 141 (Dicke meist 0,007 bis 0,015 mm). Die erste verlangt konstruktive Elemente, die den Abstand zwischen den Folien festlegen und sie unter Umständen elastisch gespannt halten, bei der zweiten wird auf Abstandsglieder verzichtet, und die geknitterten Folien werden mit eine

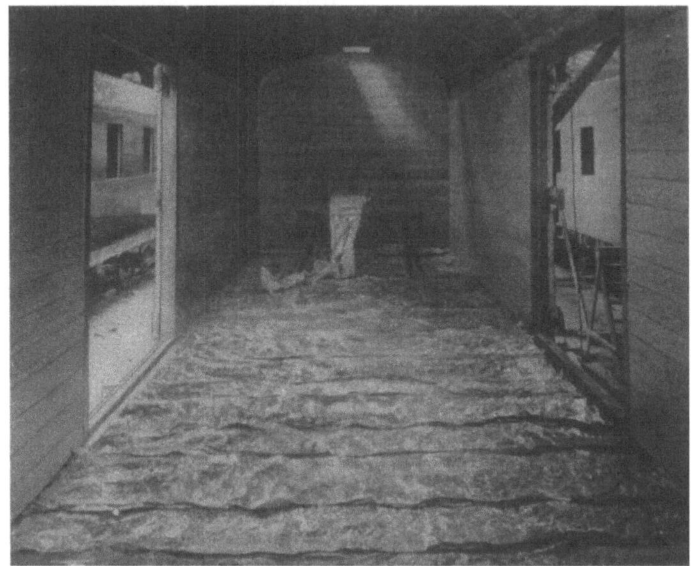

Abb. 142. Knitterfolien-Isolierung im Boden eines Kühlwaggons.

Tabelle 35. *Wärmeleitzahlen von Alfol-Isolierungen.*

Mitteltemperatur in der Isolierschicht °C	Wärmeleitzahl in kcal/m h °		
	Planverfahren	Knitterverfahren	
	Luftschichtdicke 10 mm	Rohrisolierungen	Wandisolierungen (Holzkonstruktion)
0	0,027	0,040	0,034
50	0,030	0,047	0,041
100	0,033	0,053	0,047
200	0,042	0,066	
300	0,053	0,078	

mittleren Folienabstand von etwa 8 bis 10 mm lose aufeinandergelegt. Trotz der gegenseitigen Berührung und der hohen Wärmeleitzahl des Aluminiums wird infolge der geringen Foliendicke nur wenig Wärme in den Folien selbst weitergeleitet. Abb. 142 zeigt eine derartige Isolierung bei der Ausführung des Bodens eines Kühlwaggons. Tab. 35 gibt die Wärmeleitzahlen, die bei sachgemäßer Ausführung als Betriebswerte bezeichnet werden:

Kommt Tauwasserniederschlag in Frage, so muß man ihn entweder durch eine dampfdichte Oberfläche der Isolierung oder durch Verbindungsöffnungen zwischen den Luftschichten und der kalten Innenluft völlig vermeiden, obwohl theoretisch ein dünner Wasserniederschlag, der immer nur auf einer der beiden sich gegenüberstehenden Begrenzungsflächen stattfinden kann, die Strahlungsübertragung nicht sehr stark erhöht.

8. Gas- und Schaumbetone.

Gas- und Schaumbetone haben im Bauwesen eine große Verbreitung erlangt, besonders nachdem das langjährige Nachschwinden durch die Einführung der Dampfhärtung beseitigt und damit überraschend hohe Druckfestigkeiten bei niedrigen Raumgewichten erzielt wurden. Die anfänglich auch für Zwecke des Kühlhausbaues an dies neue Material geknüpften Hoffnungen haben sich aber nicht erfüllt, da bei den erforderlichen niedrigen Raumgewichten von nicht über 300 kg/m³ die nötige Transportfestigkeit und die dauernde Rissefreiheit bei niedrigen Wassergehalten nicht zu erzielen waren. Aber selbst wenn man in diesen Forderungen an die Grenze des Tragbaren geht, liegt die praktische Wärmeleitzahl kaum unter 0,07 kcal/m h ° und macht daher Isolierdicken nötig, die

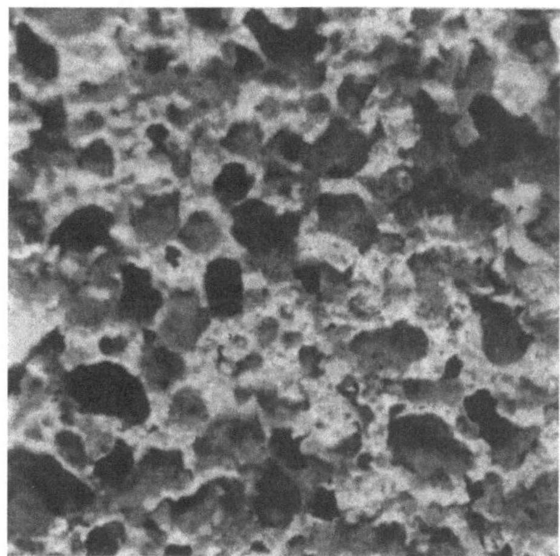

Abb. 143. Porenbeton, Raumgewicht 500 kg/m³ 5 : 1.

Abb. 144. Kühlhausbausteine aus Porenbeton mit Iporka-Kern.

nur unter ganz besonderen Umständen — etwa in Kriegszeiten — in Kauf genommen werden. Auch in Rußland ist man weitgehend davon abgekommen, nachdem auch die Herstellung guter Erzeugnisse auf der Baustelle sich nur schwer verwirklichen läßt. Strukturbild Abb. 143.

Zu einer technisch brauchbaren Lösung gelangte man zwar durch die Herstellung großformatiger Steine, die in einer hochporösen Betonhülle einen Kern aus Iporka-Kunstharzschaum enthielten[1] und die bei befriedigendem Isoliereffekt in üblicher Weise vermauert werden konnten. Doch waren die Bruchverluste bei der unvermeidlichen rauhen Behandlung auf dem Transport zu groß, ein Nachteil, der auch durch die überlegene Brandsicherheit gegenüber Korkplatten nicht ausgeglichen werden konnte. Abb. 144 zeigt solche „Kühlhausbausteine" mit allseitiger und fünfseitiger Porenbetonumhüllung und einen Stein im Schnitt, der den in einer Sperrschicht eingeschlossenen Iporkakern erkennen läßt.

9. Sperrschichten gegen Wasserdampfdiffusion.

Die nächstliegende Maßnahme gegen die bei tiefgekühlten Räumen mögliche starke Durchfeuchtung der Isolierschicht durch den aus der Außenluft eindiffundierenden Wasserdampf ist der Einbau einer Diffusionssperrschicht

Tabelle 36. *Dampfdiffusionswiderstandsfaktoren von Sperrschichten.*

Material	Versuchsbedingungen	Dicke mm	Diffusionswiderstandsfaktor
1. 500er Bitumen-Wollfilzpappe .	$+1°$ C; φ 84% auf 2%; je 3 Proben	1,08 (Mittelwert)	3460
2. Bitumenemulsion- und Heißbitumenanstrich	wie unter 1.	0,63	54 900 bis 138 300
3. Mineralfaser-Bitumenmantel .	wie unter 1.	4 bis 6	1360 bis 2520
4. Korksteinkitt 1070 bzw. 1112 kg/m³	wie unter 1., jedoch lediglich 2 Proben	12,9 bzw. 14,8	365 bzw. 459

auf der warmen Seite. Zwar wird ihre dauernde Wirksamkeit vielfach mit Rücksicht auf unvermeidliche Montagefehler und auf Rissebildungen durch Gebäudesenkungen bezweifelt, doch dürfte bei entsprechendem Aufwand eine genügende Dichtigkeit für die ganze Lebensdauer des Gebäudes sicher erzielt werden können. Um den Nutzen solcher Sperrschichten in einem bestimmten Fall berechnen zu können, benötigt man neben dem Diffusionswiderstandsfaktor der Sperrschichtstoffe Unterlagen für die Bestimmung der durch Risse und Poren in Sperrschichten hindurchdiffundierenden Dampfmengen.

Tab. 36 enthält die wichtigsten Diffusionswiderstandsfaktoren nach Firmenangaben[2], die

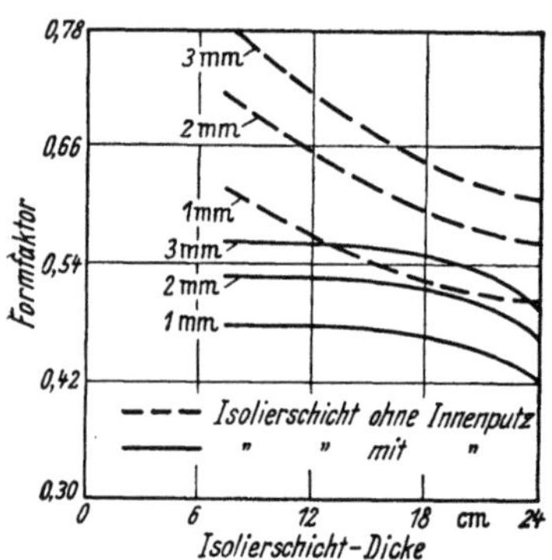

Abb. 145. Abhängigkeit des Formfaktors von der Isolierdicke und Rißbreite bei einem Verhältnis des Diffusionswiderstandsfaktors von Innenputz und Isolierschicht wie 10:1 (nach Walter F. Cammerer).

---

[1] Luke, O., u. J. S. Cammerer: Ein neuer Sonderbaustein für Kühlhäuser. Wärme u. Kältetechn. Bd. 43 (1941) S. 93—96.

[2] Dankenswerterweise zur Verfügung gestellt von der Firma Reinhold u. Co. G.m.b.H., Mannheim.

man je nach Lage des Falles auch noch vorsichtiger zugrunde legen kann. Die durch Risse und Poren durchgehende Dampfmenge kann man nach WALTER F. CAMMERER mittels elektrischer Modellversuche ermitteln[1]. Sie ist bei Rissen zwischen 1 und 5 mm Breite nur wenig von der Rißbreite und kaum von der Isolierdicke abhängig. Abb. 145 zeigt den durch die geometrische Gestalt des betrachteten Körpers bestimmten „Formfaktor", der nach Multiplikation mit der Wasserdampfleitzahl des Isolierstoffes und der Dampfdruckdifferenz zu beiden Seiten der Isolierschicht die durchgehende Dampfmenge je lfd. m Rißlänge ergibt. Da unmittelbare Messungen in der Praxis sehr umständlich sind, so sollten die Formfaktoren für die wichtigsten Fälle noch untersucht werden.

D. Konstruktive Aufgaben.

I. Vermeidung einer Durchfeuchtung der Isolierung durch Dampfdiffusion.

1. Der Wassergehalt von Isolierungen in der Praxis.

Alle konstruktiven Aufgaben beim Bau von Kühlräumen oder bei der Isolierung von Behältern und Rohrleitungen mit Temperaturen unterhalb derjenigen der Umgebung werden, soweit sie nicht den Gesichtspunkten des normalen Hochbaues entsprechen, von der Dampfdiffusion bestimmt. Infolge des höheren Partialdruckes des Wasserdampfes in der Außenluft diffundiert mindestens während eines Teiles des Jahres Wasserdampf durch die Isolierschicht hindurch und kann unter Umständen darin kondensieren. Die Folge ist eine allmähliche Durchfeuchtung oder Vereisung, durch die die Isolierwirkung stark vermindert wird. Im deutschen Schrifttum finden sich drei Veröffentlichungen über den praktischen Wassergehalt von Kühlraumisolierungen, bei Verwendung von Korkplatten von CAMMERER und DÜRHAMMER[2] sowie von POHLMANN[3], bei Verwendung von Iporkaplatten von SCHMIDT und KOST[4].

Die letztgenannten Autoren haben darauf hingewiesen, daß die hygroskopische Gleichgewichtsfeuchtigkeit als Maß des praktischen Wassergehaltes angesehen werden kann, *wenn die Verhältnisse so liegen, daß keine mit der Zeit weiter fortschreitende Durchfeuchtung eintritt.* Ist dies aber der Fall, so können sehr hohe Feuchtigkeitsgrade beobachtet werden. Die Untersuchungen mit günstigen Ergebnissen von CAMMERER und DÜRHAMMER von 1932 beziehen sich auf Kühlräume, bei denen in der Isolierung keine Kondensation von Wasserdampf eintrat, bei denen es sich also nicht um eine zunehmende Durchfeuchtung handelte. Sehr oft findet man aber bei den heutigen Kühlraumverhältnissen hohe Werte, worauf zuerst in Schweden von C. MUNTERS hingewiesen wurde. POHLMANN gibt Feuchtigkeitsgehalte bis zu 34,4 Vol.-% an (für ein durchschnittliches Korkplattengewicht also bis etwa 200 Gew.-%), d. h. ein Drittel des Gesamtraumes der Isolierung kann Wasser bzw. Eis sein. Unter den von POHLMANN untersuchten Kühlhäusern befanden sich auch solche mit nur hygroskopi-

---

[1] CAMMERER, WALTER F.: Die Untersuchung von Diffusionsvorgängen in Kühlraumwandungen mit Hilfe elektrischer Modellversuche. Kältetechn. Bd. 3 (1951) S. 197—200.

[2] CAMMERER, J. S., u. W. DÜRHAMMER: Der praktische Kälteschutz bei Kühlanlagen. Kältetechn. Bd. 2 (1950) S. 37—39.

[3] POHLMANN, W.: Feuchtigkeit in der Isolierung von Kühlhäusern. Fleischwirtsch. (1951) S. 149/150.

[4] SCHMIDT, TH. E., u. W. KOST: Untersuchungen an Iporka-Isolierungen nach mehrjährigem Betrieb. Kältetechn. Bd. 4 (1952) S. 76—81.

schem Wassergehalt, also von etwa 4,5 bis 5 Gew.-%, so wie sie Cammerer und Dürhammer gefunden hatten. Gleicherweise zeigte sich in Iporka-Isolierungeh nach den Feststellungen von Schmidt und Kost ein Wassergehalt von 0,1 bis 11,3 Vol.-%, wobei zu berücksichtigen ist, daß die wasseraufnahmefähige Stoffmenge dieses Kunstharzschaumstoffes nur etwa 12 kg/m³ beträgt. Der hygroskopische Wassergehalt liegt daher unter 0,5 Vol.-%. Es blieben hier von den untersuchten Objekten rund die Hälfte im hygroskopischen Bereich.

Bei all diesen Beobachtungen lassen sich eindeutige Einflüsse weder des Baualters noch der Himmelsrichtung noch der Temperatur nachweisen. Kühlhäuser mit einem Baualter von 43 Jahren können niedrigere Wassergehalte der Isolierung besitzen als solche von 7 Jahren. Meist ist aber der Wassergehalt bei einem Baualter von weniger als 12 Jahren ziemlich gering. Die Schlagwetterseite scheint sich nur an der Küste stärker bemerkbar zu machen. Die Verwendung von Bitumen zum Ansetzen der Isolierung auf den Wänden zeigt sich meist vorteilhaft, doch gewährleistet auch sie nicht unter allen Umständen eine trockene Isolierung. Nach ausführlichen Untersuchungen von A. Watzinger[1] wäre zu erwarten, daß der Feuchtigkeitsgehalt mit der Höhe der Entnahmestelle über dem Fußboden zunimmt als Auswirkung einer Luftkonvektion innerhalb der Isolierung. Die Messungen von Pohlmann bestätigen diese Versuche nicht, und auch die Ergebnisse von Schmidt und Kost zeigen eine Zunahme der Feuchtigkeit mit der Raumhöhe nur in zwei Fällen, denen jedoch ebenso stark ausgeprägte entgegengesetzte Fälle gegenüberstehen. So wird man eine allgemeine Zunahme des Wassergehaltes mit der Raumhöhe wohl nur bei sehr luftdurchlässigen Isolierstoffen, z. B. bei Glaswolle, erwarten dürfen, wie dies nach den auf S. 320 erwähnten amerikanischen Untersuchungen über die Wärmeleitzahl verständlich ist.

Aus der Tatsache, daß die erwähnten äußeren Einflüsse sich nicht immer deutlich ausprägen, ist wohl zu folgern, daß der Diffusionswiderstandsfaktor der Isolierung entscheidet, wie sich die jeweiligen Verhältnisse auswirken. Dieser wurde bisher in seinem Zusammenhang mit dem Wassergehalt in der Isolierung ausgeführter Kühlhäuser noch nicht untersucht. Cammerer hat in einer noch nicht veröffentlichten Arbeit die entnommenen Bohrproben auf die Verteilung der Feuchtigkeit im Querschnitt geprüft und dabei besonders auf die feuchtigkeitanstauende Wirkung der Klebemittelschicht zwischen den beiden Platten einer doppelschichtigen Isolierung hingewiesen. Er glaubte feststellen zu können, daß Korkisolierungen mit einem Diffusionswiderstandsfaktor von über 5 im allgemeinen trocken bleiben, gleichgültig, ob die übrigen Einflüsse ungünstig sind oder nicht. Tab. 37 gibt einen Ausschnitt aus seinen Beobachtungen.

Aus den Messungen von Cammerer ist auch zu entnehmen, daß der nach dem Auftauen der Bohrproben abtropfbare Wassergehalt der Korkplatten in der kälteren Platte einer doppelschichtigen Isolierung einen ungleich höheren Prozentsatz des gesamten Wassergehaltes ausmacht als bei der wärmeren Platte, gleichgültig, ob der Gesamtwassergehalt hoch oder niedrig ist. In der wärmeren Platte ist also der Wassergehalt überwiegend von den Korkkörnern selbst kapillar aufgesogen, in der kälteren befindet er sich zwischen den Korkkörnern. Das dürfte in der Weise zu erklären sein, daß sich der eindiffundierende Wasserdampf in der Gefrierzone als Reif in den Kanälen niederschlägt und allmählich zu Eis verdichtet, ohne daß er von den Körnern kapillar aufgesaugt werden kann. Bei Temperaturen oberhalb von 0° C dagegen wird die Wasser-

---

[1] Watzinger, A.: Die Feuchtigkeitswanderung in isolierten Kühlraumwänden. Kältetechn. Bd. 3 (1951) S. 134—138.

haut, die durch den niedergeschlagenen Dampf auf den Korkkörnern entsteht, von diesen aufgesogen.

Tabelle 37. *Wassergehalt expandierter Korkplatten in Kühlräumen von* −18° *C bei einer Isolierdicke von 2 · 10 cm und einem Baualter von 14 Jahren.*
(Nach J. S. CAMMERER.)
Die Nummer der Probenabschnitte zählt vom Kühlraum her.

Nr. des Proben-abschnittes	Lage der Proben in der Wand					
	unten			oben		
	mittleres Raumgewicht kg/m³	Gesamt-wassergehalt Gew.-%	abtropfbares Wasser %	mittleres Raumgewicht kg/m³	Gesamt-wassergehalt Gew.-%	abtropfbares Wasser %
Raum 1: Südwand (1938)						
1	180	20	29	140	38	37
2		11	10		51	57
3		74	5		100	11
4		36	20		116	6
Raum 1: Westwand (1938)						
1	170	19	33	160	41	50
2		16	69		63	70
3		6	31		51	30
4		6	27		5	27
Raum 2: Südwand (1938)						
1	180	54	59	170	69	55
2		58	67		95	67
3		152	0		85	18
4		141	3		130	19
Raum 2: Westwand (1938)						
1	190	58	65	180	43	55
2		64	61		86	67
3		63	28		150	18
4		18	19		36	19

2. Maßnahmen zur Vermeidung oder Entfernung übergroßer Feuchtigkeit in der Isolierung.

Man kennt heute folgende fünf Hauptmöglichkeiten, um eine Feuchtigkeitsaufnahme in der Isolierung zu verhindern.

a) Anbringung von Diffusionssperrschichten,
b) Erhöhung der Dampfdichtigkeit der Kälteschutzplatten,
c) Verwendung diffusionsdurchlässiger Kühlraumputze,
d) Erzeugung eines schwachen Überdruckes im Kühlraum, durch den dauernd etwas Kühlraumluft durch die Wände entgegen dem Dampfdruckgefälle gepreßt wird,
e) künstliche Beeinflussung des Dampfdruckes auf der kalten Oberfläche der Kälteisolierung.

Die rechnerische Nachprüfung der Durchfeuchtungsgefahr für eine Kühlraumwand kann zur Zeit nur mit einer gewissen Annäherung ausgeführt werden, da die zahlenmäßige Verfolgung des Kondensationsvorganges in seinen Einzelheiten noch nicht möglich ist. Man kann nur den aus den Abmessungen und dem Diffusionswiderstandsfaktor der Stoffe berechneten Dampfdruckverlauf im Wandquerschnitt dem Sättigungsdruck gegenüberstellen, der sich aus der Temperaturverteilung bestimmen läßt[1]. Übersteigt der berechnete Dampfdruck den Sättigungsdruck, so muß in diesem Gebiet Kondensation eintreten.

---

[1] Vgl. J. S. CAMMERER: Die Berechnung der Wasserdampfdiffusion in den Wänden. Gesundh.-Ing. Bd. 73 (1952) S. 393—399.

Welcher Dampfdruck sich aber wirklich in der Kondensationszone unter der Wirkung dieser Erscheinung einstellt, läßt sich nicht sagen. Sicher ist nur, daß der wahre Dampfdruck zwischen dem berechneten Dampfdruck und dem Sättigungsdruck liegen muß, so wie dies in Abb. 146 schematisch angedeutet ist. Denn eine Kondensation setzt ja ein Dampfdruckgefälle voraus wie eine Wärmeströmung ein Temperaturgefälle. Es ist also falsch, wenn im Schrifttum davon gesprochen wird, daß sich im Kondensationsgebiet der Sättigungsdruck einstellt, oder gar, daß der wahre Dampfdruck unter dem Sättigungsdruck liegt[1].

a) Anbringung von Diffusionssperrschichten. Die große Wirksamkeit von Dampfsperrschichten auf der warmen Seite der Isolierung steht außer Frage und hat sich seit langem bewährt, auch wenn sich in der Praxis gezeigt hat, daß die übliche Ausführung und die üblichen Materialien keineswegs immer eine gewisse Durchfeuchtung der Isolierung verhindern. Denn der Wert der Ansatzmassen mit Sperrwirkung ist sehr verschieden, wie in Tab. 36 gezeigt wurde, wo z. B. der viel verwendete Korksteinkitt einen 100mal kleineren Diffusionswiderstandsfaktor als ein Anstrich mit Bitumenemulsion und einer darüberliegenden Heißbitumenschicht aufweist. Moderne Aufbringungsverfahren, wie das Aufspritzen von elektrisch erhitztem Bitumen, vermeiden außerdem Lunker und poröse Stellen, die bei einer nachlässigen Verwendung von Korksteinkitt zum Ankleben der Isolierplatten häufig zu beobachten sind. Es lassen sich heute auch noch andere vollkommenere Arten von Sperrschichten denken, wenn der Auftraggeber angesichts der wirtschaftlichen Bedeutung einer Trockenhaltung der Isolierung die dafür erforderlichen Kosten aufwenden will.

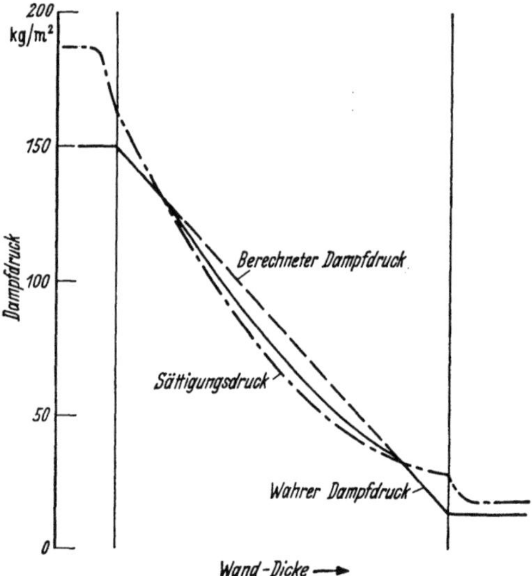

Abb. 146. Schematischer Dampfdruckverlauf bei Kondensation innerhalb der Wand.

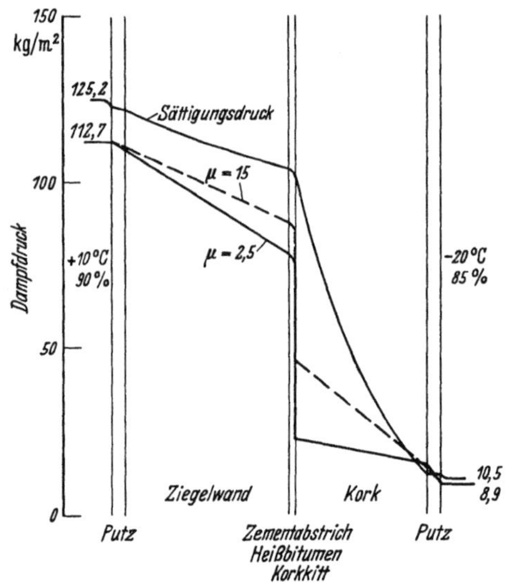

Abb. 147. Beeinflussung des Dampfdruckverlaufs durch eine Sperrschicht.

Die Wirkung von Sperrschichten ist in Abb. 147 an zwei Isolierplatten mit einem Diffusionswiderstandsfaktor μ von 2,5 und 15 gezeigt. Dabei ist als Sperrschicht eine Zementabglättung auf dem Mauerwerk zusammen mit einer Kork-

[1] Schäcke, H.: Die Durchfeuchtung von Baustoffen und Bauteilen auf Grund des Diffusionsvorganges und ihre rechnerische Abschätzung. Gesundh.-Ing. Bd. 47 (1953) S. 70—76 u. S. 167—172.

steinkittschicht mit Heißbitumenanstrich vorausgesetzt. Man sieht den steilen Abfall des Dampfdruckes an der Sperrschicht. Eine Kondensationszone in der Isolierung ist allerdings auch dann nicht völlig vermieden, doch wird durch die Sperrschicht die in die Wand eindringende Dampfmenge so gering, daß die angestaute Wassermenge während der Lebensdauer des Kühlhauses keinen allzu hohen Betrag erreichen kann (0,22 bzw. 0,12 Vol.-%/Jahr).

Man hat früher gegen die Wirksamkeit von Sperrschichten eingewandt, daß durch Gebäudebewegung Rissebildungen unvermeidich seien. Darüber gibt es aus begreiflichen Gründen keine verläßlichen Beobachtungen; was allenfalls bei Probeentnahmen festgestellt wird, dürfte sich ausschließlich auf Montagenachlässigkeiten beziehen. Die elektrischen Modellversuche von W. F. CAMMERER haben gezeigt, daß, auf die gesamte Isolierfläche bezogen, der durch Risse eindiffundierende Wasserdampf keine große Bedeutung haben kann[1].

b) Erhöhung der Dampfdichtigkeit der Isolierstoffe. Eine hohe Dampfdichtigkeit der Isolierplatten wird die Durchfeuchtungsgefahr stark herabmindern, weil damit die eindiffundierende Dampfmenge, selbst wenn es zur Kondensation kommt, sehr gering ist. Wie auf S. 370 bemerkt wurde, glaubt CAMMERER aus Probeentnahmen aus Kühlhäusern schließen zu können, daß eine wesentliche Durchfeuchtung schon bei einem Diffusionswiderstandsfaktor von über 5 unwahrscheinlich ist. Wenn häufig bei tiefgekühlten Räumen starke Durchfeuchtungsgrade festgestellt wurden, so ist dies sicher darauf zurückzuführen, daß handelsübliche Korkplatten nach Tab. 39 Diffusionswiderstandsfaktoren bis herab zu 1,6 aufweisen können und sich damit nicht von losen Faserstopfungen unterscheiden. Die Verhältnisse bei verschiedenen Diffusionswiderstandsfaktoren zeigt Abb. 148, wo der Dampfdruckverlauf bei Isolierschichten mit den Diffusionswiderstandsfaktoren 2,5 bzw. 30 bzw. 150 der Sättigungslinie gegenübergestellt ist. Eine Sperrschicht ist außer Betracht gelassen.

Man sieht, daß in allen drei Fällen eine Kondensationszone entsteht, die sich um so tiefer in die Isolierschicht hinein erstreckt, *je höher der Diffusionswiderstandsfaktor ist. Eine Kondensation wird also durch einen sehr hohen Diffusionswiderstandsfaktor nicht verhindert.* Die Dampfdrucklinien schneiden sich vielmehr in allen Fällen in einem Punkt in der Isolierung, der über der Sättigungslinie liegt, und nur ihre Neigungswinkel sind verschieden.

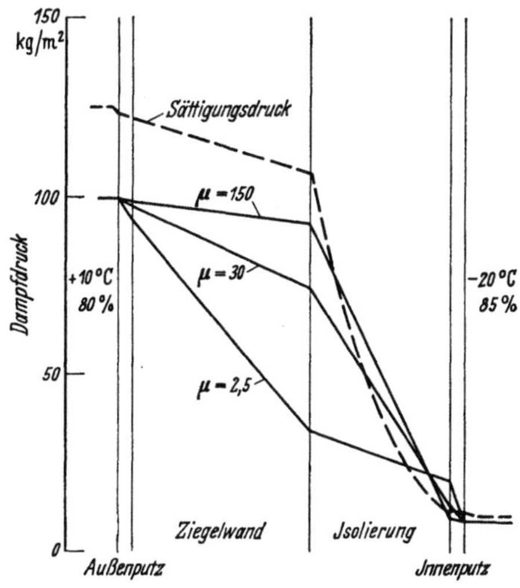

Abb. 148. Dampfdruckverlauf bei verschiedenen Diffusionswiderstandsfaktoren der Isolierung.

Würde man, wie dies vielfach geschieht, die Durchfeuchtungsgefahr allein nach dem Vorhandensein und der Ausdehnung der Kondensationszone zwischen der Dampfdrucklinie und der Sättigungslinie beurteilen, so würde man den hohen Diffusionswiderstandsfaktor sogar als nachteilig bezeichnen müssen. Das ist natürlich falsch, weil dabei die Verringerung der eindiffundierenden Dampfmenge außer Betracht bleibt. Diese wirkt sich um so mehr aus, als ein kleiner Teil der Feuchtigkeit durch den Innenputz in den Kühlraum ausdiffundieren

---

[1] Siehe Fußnote 1 auf S. 369.

kann. Im Beispiel der Abb. 148 verbleiben in der Isolierung folgende Wassermengen:

bei einem Diffusionswiderstandsfaktor von   2,5: 0,128 g/m² h,
bei einem Diffusionswiderstandsfaktor von   30 : 0,022 g/m² h,
bei einem Diffusionswiderstandsfaktor von 150 : 0   g/m² h.

Beim Diffusionswiderstandsfaktor 30 wird also nur rund ein Sechstel der Wassermenge in der Isolierung aufgespeichert, die beim Diffusionswiderstandsfaktor 2,5 darin verbleibt, d. h. eine bestimmte Durchfeuchtung tritt erst nach der sechsfachen Zeit ein. Bei einem Diffusionswiderstandsfaktor von 150 kann durch den Innenputz mehr Feuchtigkeit ausdiffundieren als in die Isolierung eintritt, diese bleibt also trocken.

Von Interesse ist, daß nach W. Schley die Dampfdrucklinien für verschiedene Diffusionswiderstandsfaktoren der Isolierung sich stets in ein und demselben Punkt schneiden, wenn die Konstruktion als solche unverändert bleibt. Liegt also der Schnittpunkt bei kleinem Diffusionswiderstandsfaktor der Isolierung über der Sättigungslinie, so ist das auch bei sehr großen Faktoren der Fall. Die Lage des Schnittpunktes wird von der Diffusionsdurchlässigkeit der Materialschichten zu beiden Seiten der Isolierung bestimmt, d. h. von dem Verhältnis des Diffusionswiderstandes des Innenputzes zu dem des Außenputzes und des Mauerwerks[1]. Je kleiner dieses Verhältnis ist, um so mehr wandert der Schnittpunkt zur kalten Seite der Isolierung und erreicht diese, wenn der Innenputz ganz fehlt.

c) **Verwendung diffusionsdurchlässiger Kühlraumputze.** Für die gegenseitige Lage der Dampfdruckkurve und der Sättigungslinie in der Isolierung ist also die Diffusionsdurchlässigkeit der inneren Oberflächenverkleidung von großer Wichtigkeit. Ein Fliesenbelag, wie er bei Kühlräumen von Metzgereien üblich und bei den hierfür einschlägigen Raumtemperaturen im allgemeinen auch unschädlich ist, würde den Dampfdruck weit über die Sättigunglinie hinauf verlegen. Aber auch schon der bei tiefgekühlten Räumen stets verwendete Zementputz staut den Dampfdruck in der Isolierung merklich. Man hat deshalb neuerdings diffusionsdurchlässige Innenputze entwickelt, die eine gute physikalische Lösung darstellen, aber in der Praxis noch nicht in größerem Umfange eingeführt sind. Die Diffusionsdurchlässigkeit wird entweder durch die Kornauswahl des verwendeten Sandes, die eine möglichst große „Haufwerksporigkeit" ergeben muß, erzielt oder indem der Putz mit einer großen Anzahl kleiner Lochungen versehen wird, die nur oberflächlich mit einer nicht zu dichten dünnen Putzschicht abgedeckt werden. (Zahlenwerte vgl. Tab. 21.)

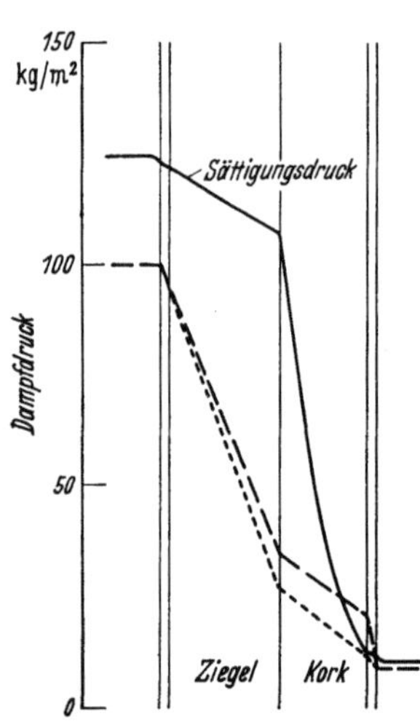

Abb. 149. Dampfdruckverlauf bei dichtem Innenputz (gestrichelt) und bei diffusionsdurchlässigem Innenputz (punktiert).

Die Wirksamkeit einer derartigen Putzausführung, die das Zustandekommen einer Kondensationszone in der Isolierung vielfach ganz verhindert oder auf ein ungefährliches Maß beschränkt, ist in Abb. 149 erläutert. Dort ist der Dampfdruckverlauf für einen tiefgekühlten Raum von − 20° C bei einem Diffusions-

---

[1] O. Krischer hat in einem Diskussionsbeitrag zu den Untersuchungen von A. Watzinger (siehe Fußnote 1, S. 370) eine Formel für das Verhältnis des Diffusionswiderstandes der Stoffschichten zu beiden Seiten der Isolierung aufgestellt, bei der eine Kondensationszone vermieden wird. Kältetechn. Bd. 3 (1951) S. 162.

widerstandsfaktor der Isolierung von 2,5 sowohl bei Anwendung des üblichen Zementputzes wie bei einem diffusionsdurchlässigen Putz gezeichnet. Der Diffusionswiderstandsfaktor des Putzes ist im ersten Fall mit 20, in letzteren mit 4,5 angenommen. Die geringe Druckdifferenz, die sich im durchlässigen Putz halten kann, senkt den Dampfdruck zwischen Isolierung und Putz so weit herab, daß er nun nirgends mehr über der Sättigungslinie liegt.

d) Luftüberdruck im Kühlraum. Der Gedanke, durch Schaffung eines geringen Überdruckes im Kühlraum dauernd einen schwachen Strom von trockener Kühlraumluft durch die Wand ins Freie zu führen, stammt von Ophuls und Hill[1]. Ausführungen, bei denen diese Maßnahme durch ein eigenes Gebläse (also unter laufenden Aufwendungen) durchgeführt wird, sind in Deutschland nicht bekanntgeworden. Jedoch fand Cammerer bei Probeentnahmen in einem Kühlhaus, das bei einem sechstägigen Brand im Kriege so stark durchfeuchtet worden war, daß noch jetzt am Außenmauerwerk fleckige Verfärbungen zu beobachten sind, auffallend geringe Wassermengen, was sich nur dadurch erklären läßt, daß hier die Betriebsführung auch ohne zusätzliche Einrichtungen so vorgenommen wird, daß im Kühlraum ein kleiner Überdruck entsteht.

e) Künstliche Beeinflussung des Dampfdruckes. Munters hat eine künstliche Dampfdruckerniedrigung in der Isolierung vorgeschlagen, über die in letzter Zeit mehrfach berichtet wurde[2]. Es ist anzunehmen, daß sie vor allem bei der Trockenlegung alter, vereister Isolierungen wertvoll ist. Auch wenn aus irgendwelchen Gründen die Stoffschichten auf der warmen Seite der Isolierung besonders diffusionsdurchlässig sind, kann sie Vorteile bieten.

Bei diesem Verfahren wird die Dampfdrucklinie im Wandquerschnitt an allen Stellen unter den Sättigungsdruck gesenkt, indem in Kanälen unter dem Innenputz, z. B. in Ausfräsungen der inneren Korkplatte, eine Zirkulation von Luft mit geringem Dampfteildruck durchgeführt wird. Diese Umlaufluft wird in einem „Dehydrator", der als Kältemittelverdampfer oder als Absorber ausgebildet sein kann, von dem aufgenommenen Wasserdampf laufend befreit.

II. Konstruktive und montagetechnische Hinweise
für den Bau von Kühlräumen.

1. Wände, Böden und Decken.

Die Isolierung von Kühlräumen soll eine lückenlose Umschließung der Räume darstellen[3]. Die Anbringung der Isolierung auf der Innenseite läßt leichter eine Durchbrechung der Isolierschicht durch Träger, Säulen und Decken vermeiden als eine Außenisolierung. Andererseits ist eine Verlegung der Isolierung auf der Oberseite einer Decke oft wesentlich einfacher und billiger. Man kann dann durch übergreifende Randstreifen an den entstehenden Wärmebrücken (Breite mindestens 2 m) einen Wärmeeinfall genügend verhindern, vgl. Abb. 150 und 151. Säulen müssen stets mit einer Isolierschicht (je nach Raumtemperatur genügen meist 8 bis 12 cm) ganz oder etwa 3 m hoch umhüllt

---

[1] Hill, H. P.: New Insulating System. Refrig. World (1930) S. 9.

[2] Munters, C.: Moisture in Walls of Cold Storage Rooms. Refrig. Engng. 1949, S. 795 bis 803. — Ferner H. Niemann: Die Entfeuchtung von Kälte-Isolierungen. Schiff u. Hafen 1950, H. 8.

[3] Praktische Anregungen geben O. Lange u. W. Springmann: Entwurf und Bau von Kühlräumen. Hamburg: H. A. Keune-Verlag 1949.

werden[1]. Auch die Trennwände zwischen gekühlten Räumen werden in der Regel isoliert, um die einzelnen Räume mit beliebigen Temperaturen betreiben oder stillegen zu können.

Bei Großkühlhäusern mit übereinanderliegenden Kühlräumen läßt man die Isolierschicht des Außenmauerwerks dort, wo keine Auflage der Decke notwendig ist, geschlossen hochgehen[2]. Wenn die Decken nicht auf der Ober- *und* Unter-

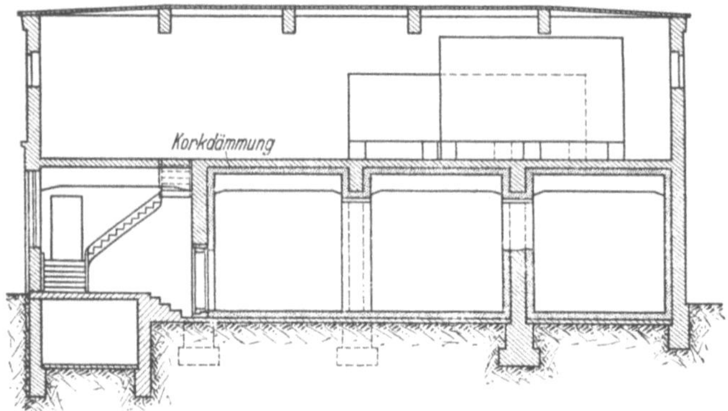

Abb. 150. Geschlossener Kälteschutz eines Kühlraums.

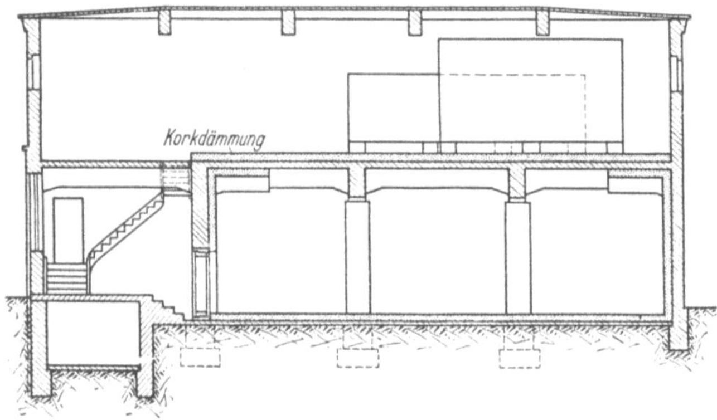

Abb. 151. Schutz einer Kühlraumdecke von oben. Übergreifende Wandisolierung an der Unterseite.

seite isoliert sind, sind die Auflageflächen der Decken auf eine Isolierplatte zu legen, die den Druck der Decken übertragen kann. Früher bestand Mangel an einem Material, das eine gute Isolierwirkung mit hoher Festigkeit verband. Heute steht im Schaumglas ein sehr gut geeigneter Stoff zur Verfügung. Will man die Decke nicht auf eine solche Spezialisolierplatte legen, so kann man natürlich auch eine Randstreifenisolierung nach Abb. 151 wählen.

Soll in einem besonderen Fall der Kälteabfluß durch eine Decke oder eine sonstige Kältebrücke genauer untersucht werden, um die nötigen Isoliermaßnahmen anpassen zu können, so empfehlen sich Versuche nach einem elektrischen Modellmeßverfahren für Wärmeströmungen, wobei besonders die Methode von Bruckmayer, Wien[3], geeignet ist, bei der das fragliche Objekt durch eine dünne Metallfolie, z. B. aus Zinn oder Aluminium, nach-

---

[1] Rechnerische Untersuchungen siehe O. Deublein: Maßnahmen gegen das Unterfrieren von Kühlhäusern. Kältetechn. Bd 2. (1950) S. 72—77. Nach dem dort gebrachten Beispiel dürften stärkere Säulenisolierschichten als 80 % der Bodenisolierdicke nicht wirtschaftlich sein.

[2] Nach Patent 649 376 kann die Isolierschicht eines Kühlhauses ganz ohne Unterbrechung ausgeführt werden, wenn das Traggerüst als geschlossener Skelettbau aus Eisenbeton od. dgl. mit nach innen gelegten äußersten Stützreihen und als Kragplatten ausgebildeten Endfeldern ausgeführt wird.

[3] Bruckmayer, F.: Elektrisches Modellmeßverfahren für die Bestimmung von Wärmedurchgängen. Wärme- u. Kältetechn. Bd. 41 (1941) S. 28. — Vor den zahlreichen sonstigen aufschlußreichen Arbeiten Bruckmayers sei noch eine wichtige Aufgabe des Kälteschutzes erwähnt, die einer Berechnung besonders schlecht zugänglich ist: Der Wärmschutz von Schiffsisolierungen. Wärme- u. Kältetechn. Bd. 42 (1940) S. 17—19 u. 55—57. Vgl. auch C. F. Kayan: Refrig. Engng. 1946 u. Trans. Amer. Soc. mech. Engrs. Bd. 71 (1949) S. 9.

gebildet wird. Für Decken hat außerdem DEUBLEIN einen Berechnungsgang angegeben[1].

Bei Neubauten verlegt man oft die Isolierplatten an der Unterseite der Decken, indem sie mit Baustahlgewebe und Befestigungshaken vor Ausführung der Decke in die Schalung eingelegt und dadurch bei deren Herstellung fest mit der Decke verbunden werden. Die Befestigungshaken sollen möglichst kurz sein und an der Zugarmierung der Decke befestigt werden, da sonst kleine

Abb. 152. Verlegung von Iporka-Platten auf Deckenschalung. Von unten nach oben: Bauschalung, Zementstrich mit Baustahleinlage (später Deckenputz), Iporka-K-Platte in doppelter Schicht, dazwischen Rundeisenhaken zur Aufhängung des Baustahlgewebes an der Decken-Zugarmierung.

Wärmebrücken entstehen. Ein Ausführungsbeispiel mit Iporkaplatten zeigt Abb. 152. Es ist zu empfehlen, nach sorgfältiger Dichtung der Fugen zwischen den verlegten Korkplatten mit Korksteinkitt u. ä. die ganze Fläche mit einer Feuchtigkeitssperrschicht, also beispielsweise mit einer Bitumenschicht, zu versehen, bevor die Decke aufgegossen wird.

Müssen Zwischendecken in einen Raum eingezogen werden, weil die Höhe von kleinen Kühlräumen mit 2,2 bis 3,3 m geringer als die Geschoßhöhe ist (z. B. in einem Hotelbau), so kann man zwischen die einzubauenden Trägereisen Leichtbetondielen verlegen, auf deren Unterseite die Isolierplatten mit Haken befestigt werden. Die Leichtbetonplatten erhalten zweckmäßig auf der Oberseite einen dichten Verputz oder eine Bitumensperrschicht. Man kann aber auch zwischen die Doppel-T-Träger ein Gitterwerk von Winkeln legen, in die die Isolierplatten eingeschoben werden. Eine doppelte Lage der Isolierplatten ist dann aber notwendig, damit die untere Lage geschlossen über alle Eisen hinweggeführt werden kann.

Im Betonboden von Kühlräumen ist eine teerfreie Pappe gegen aufsteigende Feuchtigkeit einzulegen; die übliche Ausführung ist in Abb. 153 dargestellt. Bei tiefgekühlten Räumen muß die Dicke der Isolierschicht so stark bemessen werden, daß ein Gefrieren des Erdreichs ausgeschlossen ist. Anderenfalls können

---

[1] DEUBLEIN, O.: Wärmeeinfall in Kühlräumen über Stahlbetondecken und -säulen. Allg. Wärmetechn. Bd. 3 (1952) S. 185—191.

schwere Gebäudeschäden kaum vermieden werden. Die Berechnung ist einfach, wenn man je nach den Grundwasserverhältnissen in einer bestimmten Entfernung von der Unterkante der Bodenkonstruktion im Erdreich eine Zone gleichbleibender Temperatur annimmt. S. Linde[1] empfiehlt stets einen praktischen Höchstwert dieser Entfernung von 10 m anzunehmen, wenn es sich um Großkühlhäuser handelt, da ein eventuell höherer Grundwasserspiegel durch spätere Flußregulierungen oder die Errichtung neuer Fabrikanlagen mit eigenen Brunnen gesenkt werden kann.

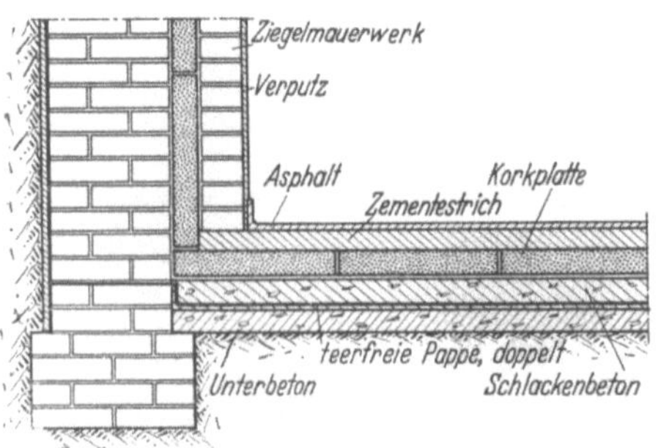

Abb. 153. Kälteschutz des Bodens eines Kühlraums.

Um auf jeden Fall ein Gefrieren des Erdreichs zu verhindern, wird in der Praxis gerne das Kellergeschoß eines Kühlhauses von Räumen mit tiefen Temperaturen freigehalten. Das bedeutet aber eine unerwünschte Festlegung in den Raumdispositionen, technische Unbequemlichkeiten und geringere Wirtschaftlichkeit. Eine sorgfältige Planung des Baues, die auch tiefe Temperaturen im Kellergeschoß gestattet, ist daher vorzuziehen. Zu den nötigen Maßnahmen gehört eine möglichst tiefe Verlegung der Fundamente und die Anbringung grobkörniger Schichten aus Kies oder Schlacke unter den Fundamenten[1]. Die beste Vorkehrung ist eine elektrische Hilfsheizung der Bodenkonstruktion, deren Heizbedarf auch bei einem großen Kühlhaus kaum 3 kW übersteigt und nur geringe Anlagekosten verursacht und vorzüglich zu regeln ist. Cammerer hat dafür Treibbeetkabel vorgeschlagen[2], Abb. 154, Linde in den Beton eingegossene Eisendrähte von 4 bis 5 mm Dicke, die mit Stromstärken von 8 bis 10 A und geringer Spannung von 10 bis 20 V betrieben werden. Da die benötigte Leistung ungefähr 1 bis 3 W je m Draht beträgt, so können nur unschädliche Übertemperaturen auftreten. Schaltung der Heizdrähte in Felder und Regulierung mit Hilfe von Temperaturmeßgeräten ist

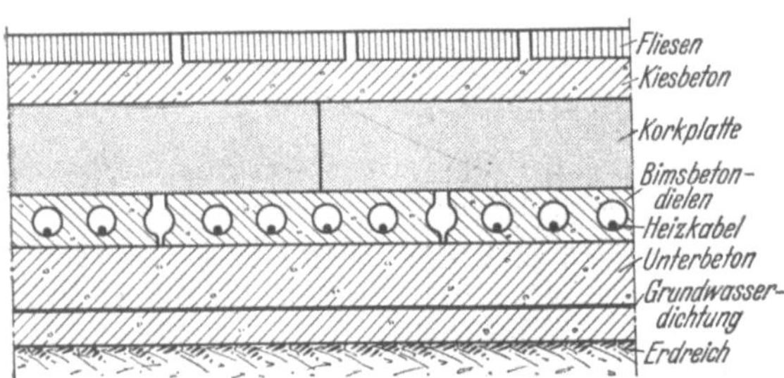

Abb. 154. Elektrische Beheizung gegen das Gefrieren des Erdreichs (nach J. S. Cammerer).

selbstverständlich. Linde schätzt die Erstellungskosten (1942) auf 4 bis 5 RM je m² Bodenfläche, die Betriebskosten für ein Kühlhaus von etwa 900 m² Bodenfläche auf 1,3 bis 1,5 RM/m² Jahr.

Demgegenüber ist die vielfach sonst vorgeschlagene Lösung, unter dem Boden des Kühlhauses ein Kanalnetz zu verlegen, das durch Schächte mit der Außenluft in Verbindung steht, abzulehnen. Wenn man durch natürliche Luftzirkulation oder mit Hilfe eines Ventilators den Kanälen die nötige Wärme für das Erdreich zuführen will, so benötigt man eine Trocknung der Luft in einer Klimaanlage, da sonst die Außenluft je nach Temperatur und Feuchtig-

---

[1] Linde, S.: Das Unterfrieren von Kühlhäusern. Wärme- u. Kältetechn. Bd. 44 (1942) S. 17—23 u. 34—38.
[2] Cammerer, J. S.: Über die Gefahr des Gefrierens des Erdreichs unter tief gekühlten Räumen und die Mittel zu ihrer Verhinderung. Wärme- u. Kältetechn. Bd. 41 (1939) S. 56—59.

keit in dem Kanalnetz Wasser niederschlägt, die Fundamente durchfeuchtet und unter Umständen im Lauf der Zeit völlig vereist. Man könnte zwar die benötigte Luft dem Luftkühler des Kellergeschosses entnehmen, doch führt dies als Doppelaufgabe zu Schwierigkeiten und bringt die Gefahr von Geruch-, Schimmel- und Bakterienübertragung mit sich.

DEUBLEIN hat das Problem des Gefrierens des Erdreichs ausführlich mathemathisch behandelt[1], dabei jedoch die zu ungünstige Annahme gemacht, daß die Zone der gleichbleibenden Erdtemperatur erst in unendlicher Entfernung vom Kühlhausboden vorhanden sei. Dann kann auf die Dauer überhaupt keine Isolierung das Gefrieren verhindern, sondern nur auf eine gewisse Zeit hinausschieben. Aus seinen Betrachtungen über die wirtschaftlichste Isolierdicke der Bodenisolierung bei elektrischen Hilfsheizungen kann man entnehmen, daß für $-10°$ C Kühlraumtemperatur etwa 15 cm, für $-20°$ C rund 20 cm in Betracht kommen. Praktisch kann man also einfach bei den üblichen Isolierdicken, die etwas höher sind, bleiben.

2. Die Isolierung von kalten Leitungen.

Die Isolierung von kalten Leitungen stellt besonders hohe Anforderungen an einen dampfdichten Abschluß der Isolierungsoberfläche, weil keine sonstigen Stoffschichten vorhanden sind und die Stirnfläche der Isolierung dem Wasserdampf der Außenluft leicht einen Zutritt durch schlecht ausgefüllte Fugen gestattet. In früherer Zeit hat man daher unter bewußter Erhöhung der Wärmeleitzahl für die Isolierung von kalten Leitungen sogenannte Eiskorkschalen verwendet, d. h. Korkschalen mit einem vermehrten Zusatz von Pech als Bindemittel. Heute bieten neuzeitliche wasserdampfdichte, knetbare Bandagen und feste Hartmäntel die Möglichkeit auch bei Leitungen Isolierstoffe von gleich niedriger Wärmeleitzahl wie für Raumisolierungen zu verwenden. Wenn dabei die Ansichten über die sicherste und wirtschaftlichste Ausführung im Schrifttum auch etwas auseinandergehen, so ändert dies nichts an der Tatsache, daß bei der nötigen Sorgfalt selbst kalte Leitungen in Kanälen, in denen die Luft einen sehr hohen Feuchtigkeitsgehalt besitzt, verläßlich vor einer Durchfeuchtung bewahrt werden. Man kann dann freilich die Bildung von Tauwassertropfen auf der Isolierungsoberfläche nicht ganz vermeiden.

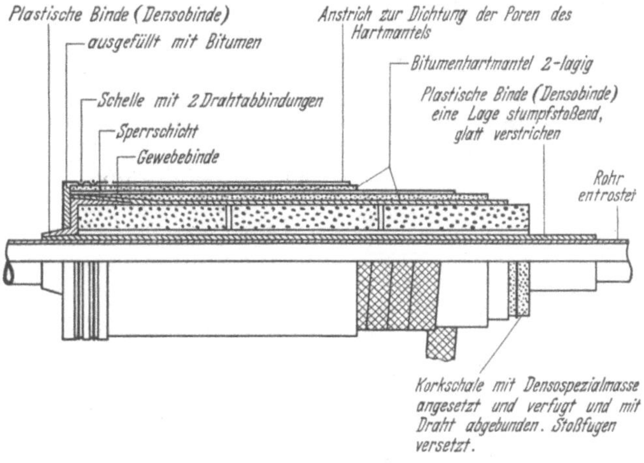

In milchwirtschaftlichen Betrieben wird

Abb. 155. Kälteisolierung an einem Rohr.

eine Ausführung nach Abb. 155 vorgeschrieben, bei der zunächst die Rohrleitung mit einer plastischen wasser- und dampfdichten Binde umwickelt wird, bevor die Isolierschalen aufgebracht werden[2]. Im Schrifttum wird dagegen eingewandt, daß

---

[1] Vgl. Fußnote 1, S. 377.
[2] PLOCK, K., u. R. LANG: Kältetechnik in milchwirtschaftlichen Betrieben. Kältetechn. Bd. 3 (1951) S. 74—83.

im Falle von Rohrundichtigkeiten die austretende Flüssigkeit sich unterhalb der Korrosionsbinde auf verhältnismäßig weite Strecken verteilen und das Rohr schädigen könne, bevor sie auf der Oberfläche sichtbar wird. Ein Korrosionsanstrich (z. B. Asfluid) sei daher vorzuziehen[1]. Gleichzeitig wird eine ungewöhnliche Anbringungsart von Korkschalen beschrieben, bei der ein dichter Verband der Korkschalen durch Dübel in deren Stirnflächen gesichert ist, ohne daß die Schalen mit einem Ansatzmittel mit der Rohrleitung und untereinander verklebt werden. Auf diese Weise sollen die Schalen bei Bedarf ohne Beschädigung abgenommen und wieder verwendet werden können.

Die Isolierung von Rohrflanschen wird in der Regel nicht wie in der Wärmeschutztechnik abnehmbar durchgebildet, sondern mit fest aufgebrachten Formstücken ausgeführt. Der zwischen den Isolierungsenden zu beiden Seiten des Flansches vorhandene Hohlraum wird zweckmäßig mit einem Korkpechgemisch ausgegossen.

Die Rohraufhängungen dürfen niemals direkt die Leitungen berühren, da sonst große Kälteverluste sowie Schwitzwasser und Eisbildung unvermeidlich sind. Zwischen Rohr und Aufhängung muß eine Hartholzunterlage eingelegt werden, oder man läßt die Isolierschicht geschlossen durchgehen und versieht sie mit einem Blechstreifenschutz, der den Druck der außenliegenden Aufhängung auf die Isolierschicht verteilt.

3. Kühlraumtüren und Verglasungen.

Auf sorgfältig gebaute Kühlraumtüren mit einem luftdichten Abschluß, d. h. mit gut durchgebildeten Dichtungen und schweren Beschlägen, ist großer Wert zu legen. Wärmebrücken in der Tür oder am Rande sind zu vermeiden. Als Füllung der Türen sollen nur hochwertige Isolierplatten verwendet werden. Als Material kann Holz oder emailliertes Stahlblech dienen.

Schaulöcher in den Türen oder Kühlvitrinen sollen dreifach verglast sein, wobei zur Verhinderung eines Beschlagens der Glasflächen ein vollkommen luftdichter Abschluß der Zwischenräume zwischen den Glasscheiben notwendig ist, beispielsweise durch Verlötung des Abstandsrahmens (Thermapaneglas).

Kühlräume mit Temperaturen unter 0° C dürfen niemals unmittelbar von wärmeren Räumen betreten werden, deren Luftfeuchtigkeit nicht entsprechend niedrig gehalten wird. Andernfalls entstehen Betriebsschwierigkeiten durch Klemmen der Türen. Es sind also Luftschleusen anzuordnen; bei Räumen, die einen sehr starken Verkehr aufweisen, kommen auch Luftschleiertüren in Betracht, deren Kosten allerdings sehr hoch sind.

Abb.156 zeigt die bei einem großen Hotelbau ursprünglich falsch vorgesehene Anordnung der Zugänge der Kühlräume und die einfachen Änderungen, durch die ohne besondere Luftschleusen einwandfreie Verhältnisse geschaffen werden können.

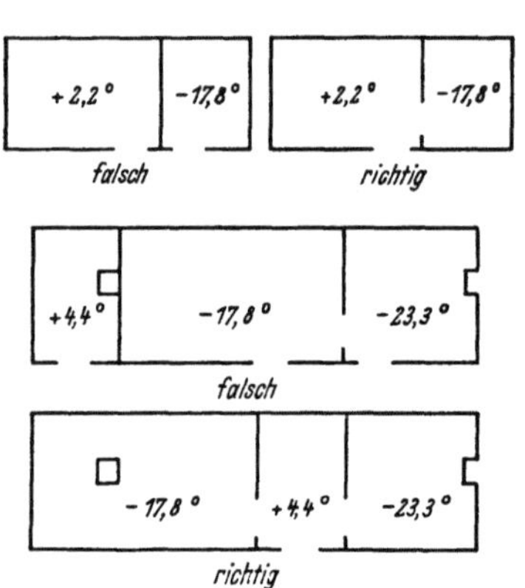

Abb. 156. Falsche und richtige Anordnung der Türen der Kühlräume eines großen Hotels.

---

[1] UIHLEIN, A.: Die kittfreie Montage von Korkschalen bei der Isolierung von Soleleitungen. Kältetechn. Bd. 4 (1952) S. 37/38, sowie K. SEIFFERT: Alte und moderne Arbeitsweisen bei der Montage von Kälteisolierungen. Kältetechn. Bd. 4 (1952) S. 36/37.

4. Sonderfragen der Ausführung von Kühlraum-Isolierungen.

Bei den sehr verschiedenartigen äußeren Verhältnissen und den unangenehmen Folgen, die auch scheinbar unbedeutende Fehler der Ausführung einer Kälteisolierung zeigen können, sind die praktischen Erfahrungen der Lieferfirmen von besonderem Wert. Ein Beispiel sorgfältiger Anpassung der Montagetechnik an die — nicht in jeder Hinsicht vollkommenen — Eigenschaften des ersten Kunstharzschaumerzeugnisses von praktischer Bedeutung, von Iporka, ist von DÜRHAMMER beschrieben worden[1] und bietet nützliche allgemeine Hinweise. Hier sei nur auf eine neue Ausführung dieser Isolierplatten hingewiesen, bei der der äußere Schutzmantel nach Abb. 157 auf der einen (nach dem Einbau kälteren) Seite Lochungen enthält, um etwa eingedrungenen Wasserdampf wieder austreten zu lassen. Werden die Platten in doppelter Schicht verlegt, so wird die zweite Schicht mit beiderseits gelochten Plattenoberflächen hergestellt. Damit wird der vielfach beobachteten Feuchtigkeitsstauung durch die Ansatzmasse der zweiten Schicht Rechnung getragen, die in Tab. 37 stark in Erscheinung tritt. Natürlich dürfen die Lochungen derartiger Iporkaplatten nicht bei der Aufbringung der zweiten Schicht durch die Ansatzmasse verklebt werden, diese darf vielmehr nur in schmalen Streifen mit entsprechendem Abstand aufgebracht werden. Amerikanische Methoden für die dampfdichte Verlegung von imprägnierten Glasfaserplatten wurden von LINGE mitgeteilt[2].

Eine andere Sonderausführung mit Iporka zeigt Abb. 158. Die Seitenwände eines Kühlwagens werden mit plattenförmigen Paketen von Iporkaflocken, eingeschlagen in Kunststoff-Folien, isoliert.

Abb. 157. Iporka-K-Platte mit gelochtem Bitumen-Glasfilzmantel (Rheinhold u. Co., G.m.b.H., Mannheim und C. u. E. Mahla G.m.b.H, München).

Abb. 158. Zweilagige Seitenwand-Isolierung eines DB-Universal-Kühlwagens mit Iporka-FLF-Platten (Hersteller wie bei Abb. 157.)

---

[1] DÜRHAMMER, W.: Iporka als Austauschstoff für Kork. Kältetechn. Bd. 1 (1949) S. 178—181.

[2] LINGE, K.: Kälteisolierungen in Amerika. Kältetechn. Bd. 1 (1949) S. 105/106.

Soll ein Kühlraum eine gewisse Kältespeicherung aufweisen, so wird vor die Isolierschicht noch eine 6,5 oder 12 cm dicke Vormauerung aus Ziegelsteinen gesetzt, bevor der Innenputz aufgebracht wird. Sie erhöht gleichzeitig die Widerstandsfähigkeit der Wand gegen mechanische Beschädigungen beim Einbringen und Entfernen der Lagergüter. Hierfür genügt allerdings meist schon eine Höhe der Vormauerung von 25 cm. Auch die Isolierung der Säulen in großen Kühlräumen ist durch Stoßkanten an den Putzecken zu sichern.

III. Die Bemessung der Isolierdicken.

Für die Bemessung der Dicken von Kälteisolierungen gibt es wirtschaftliche und betriebstechnische Gesichtspunkte.

Unter der *wirtschaftlichen Isolierdicke* pflegt man jene zu verstehen, bei der das Minimum des jährlichen Gesamtaufwandes für die Kälteverluste an die Umgebung einerseits und für den Kapitaldienst für die Amortisation und Verzinsung der Anlage andererseits gegeben ist.

Zu den wichtigsten *betriebstechnischen Aufgaben* gehört:

Die Vermeidung einer Tauwasserbildung auf der Oberfläche[1].

Die Verhinderung unzulässiger Temperaturänderungen z. B. eines Kühlraumes bei Außerbetriebsetzen oder des Kälteträgers in einer Rohrleitung.

Verhinderung des Gefrierens des Erdreiches[2].

Begrenzung des Kältebedarfs, sei es im Hinblick auf einen begrenzten Kältevorrat (z. B. von Eiskellern[3], Transportbehältern) oder sei es im Hinblick auf Leistungsspitzen für die Maschinenanlage an heißen Tagen.

Einhaltung bestimmter Luftfeuchtigkeiten im Kühlraum zur Vermeidung von Gewichtsverlusten des Lagergutes.

1. Die wirtschaftlichste Isolierdicke.

Man war sich schon immer darüber klar, daß die wirtschaftlichste Isolierdicke in der Praxis nicht mit der theoretischen Größe ausgeführt werden muß, sondern zur Einsparung an Anlagekosten eine ziemlich kräftige Abrundung erfahren darf, weil das Minimum des Gesamtauswandes einen flachen Verlauf aufweist und weil in der Annahme der Amortisationsquote eine gewisser Spielraum gegeben ist.

Neuerdings hat Tamm darauf hingewiesen[4], daß bei richtiger Bewertung der verlorenen Kälte rein wirtschaftlich betrachtet vielleicht schon Isolierdicken genügen, die nur halb so groß sind wie die üblichen. Nach einer ausführlichen analytischen Begründung des Kostenminimums durch Schmidt[5] ist der Verlauf des Kostenminimums häufig so flach, daß in einem sehr weiten zulässigen Bereich die Isolierdicke beliebig gewählt werden kann. Es könnte also sinnvoll erscheinen, lieber größere Mittel für die sorgfältige Ausbildung von

---

[1] Im Schrifttum sind leicht zu handhabende Berechnungsdiagramme ausgearbeitet worden, z. B. von J. S. Cammerer in seinem Buch: Der Wärme- und Kälteschutz in der Industrie, 3. Aufl. Berlin/Göttingen/Heidelberg: Springer 1951, und von Dürhammer: Diagramm zur Ermittlung des notwendigen Wärmeschutzes von Dächern. Wärme- u. Kältetechn. Bd. 41 (1939) S. 157—159.

[2] Einzelheiten hierzu siehe den vorhergehenden Abschnitt, S. 378.

[3] Einzelheiten vgl. J. S. Cammerer: Die Konstruktion und Berechnung von Jahreseiskellern. Z. ges. Kälteind. Bd. 43 (1936) S. 23 und das in Fußnote [1] erwähnte Buch.

[4] Tamm, W.: Kältepreis und wirtschaftliche Isolierstärke von Raumkühlanlagen. Kältetechn. Bd. 5 (1953) S. 62—66.

[5] Schmidt, Th. E.: Bestimmungen des Kostenminimums und seine wirtschaftliche Bedeutung, dargelegt am Beispiel der Bemessung von Kühlraumisolierungen. Kältetechn. Bd. 5 (1953) S. 66—74.

Dampfsperrschichten aufzuwenden als die gebräuchlichen Isolierdicken beizubehalten, da ein beabsichtigter Kälteschutz ja nur dann dauernd gewährleistet bleibt, wenn eine Durchfeuchtung der Isolierung durch Dampfdiffusion
verläßlich unterbunden wird.

Trotzdem wird man bis zur völligen Klärung aller maßgebenden Gesichtspunkte bei der bisherigen Bemessungsweise bleiben, für die Tab. 38 einen Überblick gibt. Die Tabellenwerte haben sich seit Jahrzehnten bewährt, obwohl
schon immer der Wunsch nach einer Einsparung von Anlagekosten besonders
in Krisenzeiten lebendig war[1]. In der Technik gibt es Beispiele dafür, daß plötzliche Änderungen seit langen Jahren gebräuchlicher Ausführungen unter dem Eindruck neuer Erkenntnisse, die nicht alle Zusammenhänge im Auge behalten,
sehr große Verluste verursachen können,
wie dies etwa bei der Einführung neuer
Baustoffe und Bauarten der Fall war, wobei
man die entscheidende Rolle der Feuchtigkeitsaufnahme und -abgabe der Wände
nicht sogleich erkannte. In der Tat werden
die Isolierdicken der Tab. 38 durch einige
der oben angeführten betriebstechnischen
Forderungen in der Regel gerechtfertigt
sein.

In Amerika wurden in neuerer Zeit
einstöckige Großkühlhäuser errichtet, deren
Vorteil vor allem auf fördertechnischem Gebiet liegt[2]. Bei dieser Bauweise nimmt aber
die äußere Oberfläche, die isoliert werden
muß, gegenüber der günstigsten Form des
Würfels stark zu. R. PLANK hat die Iso-
lierungskosten für ein- und mehrstöckige
Kühlhäuser berechnet unter Berücksichtigung von Sonderfällen, d. h. für verschiedene
Isolierdicken für Boden (isoliert und nicht

Tabelle 38. *Gebräuchliche (wirtschaftlichste)*
Isolierdicken bei Kühlräumen.

Die angegebenen Werte stellen eine als
knapp zu betrachtende Bemessung dar.
Je nach Kältepreis und Amortisationszeit
werden bis zu 20 % höhere Dicken vorgeschlagen.

Temperatur in °C	Isolierdicke für eine Temperatur der Umgebung	
	von +10° C (Jahresmittel im Freien)	von +20° C (Kühlräume zwischen im Winter beheiz-ten Räumen)
+10	0 cm	12 cm
+ 5	8 cm	16 cm
0	12 cm	18 cm
− 5	16 cm	20 cm
−10	18 cm	22 cm
−15	20 cm	24 cm
−20	22 cm	26 cm
−25	24 cm	28 cm
−30	26 cm	30 cm

isoliert), für das Dach und für die Wände in verschiedener Himmelsrichtung[3].
Demnach können oft erhebliche Abweichungen von der Würfelform vorgenommen werden, ohne daß das Verhältnis der Oberfläche zum Inhalt des Kühlhauses allzu ungünstig wird. Bei Flachbauten ist aber immer eine genaue Abschätzung der erhöhten Isolierkosten gegen den erhofften Vorteil nötig.

2. Betriebstechnische Gesichtspunkte.

Wenn auch die aufgeführten betriebstechnischen Erfordernisse jeweils ge-
sondert berücksichtigt werden müssen, so ist doch für Kühlräume ein allgemeiner
Überblick möglich. Daß bis auf weiteres eine gewisse Vorsicht am Platze ist,
wurde schon erwähnt.

Tauwasserbildung an den Außenflächen von Kühlhäusern kommt in den
Monaten hoher Luftfeuchtigkeit in Frage, wie sie an der Küste vor allem in

---

[1] Auch die Kriegserfahrungen mit Ersatzisolierstoffen, deren ungünstige Wärmeleitzahlen zu unerwünscht hohen Isolierdicken zwangen, lassen erkennen, daß die bisherigen
Bemessungsgrundsätze nicht allzu verschwenderisch waren.

[2] PLANK, R.: Amerikanische Kältetechnik, 3. Bericht, S. 137. Düsseldorf: VDI-Verlag
1950.

[3] PLANK, R.: Vergleich der Kosten für die Isolierung einstöckiger und mehrstöckiger
Kühlhäuser. Kältetechn. Bd. 3 (1951) S. 205—208.

den Monaten Dezember, Januar und Februar bei Temperaturen wenig über
0° C gegeben ist. Man wird annehmen dürfen, daß nur dann vom Putz und vom
Mauerwerk Wassermengen in einem Betrag aufgenommen werden, der sich bis
zur Isolierung auswirkt, wenn die hohe Luftfeuchtigkeit einige Zeit, mindestens
etwa fünf Tage, herrscht.

Von entscheidender Bedeutung für diese Tauwassermenge ist die Wärmeübergangszahl an der Außenfläche der Wände, die man bei völliger Windstille
mit etwa 10 kcal/m² h°C annehmen kann. Hierfür errechnet sich bei einer
Luftfeuchtigkeit von 95% die zur Vermeidung von Tauwasser nötige Isolierdicke zu etwa 9 cm, so daß sie weit unter der üblichen liegt. Es ist aber recht
fraglich, ob die meteorologischen Feststellungen in der Nähe der Luftsättigung
hinreichend genau sind, da dies bekanntlich eine schwierige Aufgabe ist. Die
Luftfeuchtigkeiten werden beispielsweise für Hamburg für den besonders feuchten
Winter 1907/08 mit Werten angegeben, die zwischen 90 und 98% liegen. Da
zweifellos Tage mit Nebel vorhanden gewesen sein dürften, so müßten auch
Beobachtungen mit 100% vorliegen. Nebel stellt ja einen Übersättigungszustand
der Luft dar, und die Isolierdicke müßte unendlich groß sein, wenn in diesem
Fall Tauwasser vermieden werden soll. Ohne besondere, entsprechend genaue
Messungen der Luftfeuchtigkeit lassen sich hinreichend sichere rechnerische
Überlegungen nicht anstellen. Man weiß nur aus Erfahrung, daß auch im Binnenland Kühlhäuser mit durchfeuchteter Isolierung in den Übergangsmonaten an
feuchten Tagen einen Reifbeschlag aufweisen können.

Das Gefrieren des Erdreiches unter tiefgekühlten Räumen wurde schon auf
S. 378 behandelt. Wenn eine solche Gefahr besteht, wird man keinesfalls unter
die üblichen Isolierdicken heruntergehen. Man wird sie allerdings auch nur selten
wesentlich erhöhen, weil es sich dann meist um Verhältnisse handelt, die eine elektrische Beheizung des Erdreiches erforderlich erscheinen lassen.

Die Begrenzung des Kältebedarfes im Hinblick auf Leistungsspitzen für die
Maschinenanlage an heißen Tagen war besonders in früherer Zeit üblich, als man
noch keine genaueren Überlegungen anzustellen pflegte. Man schrieb gewöhnlich
für die höchste in Frage kommende Außentemperatur einen Kälteverlust von
7 bis 8 kcal/m² h vor. Rechnet man mit Maximaltemperaturen von 30° C bis
35° C, so finden sich Isolierdicken, die in guter Übereinstimmung mit denen der
Tab. 38 sind. Bei Raumtemperaturen um 0° C sind sie sogar noch höher.
Neue Angaben über den zulässigen Höchstbetrag liegen aber im Schrifttum
nicht vor, vermutlich, weil sie bei den üblichen Isolierdicken überflüssig
sind.

In einer Arbeit von J. Badilkes, Moskau, wird auf den großen Einfluß
der Isolierdicke auf die Raumluftfeuchtigkeit hingewiesen, der an sich bekannt
ist; aber bisher sind seine möglichen Auswirkungen auf die Gewichtsverluste
des Gefrierguts unterschätzt worden[1].

Nach Abb. 159, die aus dieser Arbeit entnommen ist, kommen unter Umständen sogar wesentlich größere Isolierstärken als üblich in Frage. Je nach der
Art der Lagergüter kann aber auch eine zu hohe Luftfeuchtigkeit unerwünscht
sein. Nur in Gefrierräumen mit genügend tiefen Temperaturen würde eine Luftfeuchtigkeit von 100% das Optimum darstellen. Diesen Fall hat Badilkes
behandelt. Neben der Isolierdicke sind allerdings noch andere Größen, wie die
Wärmeübergangszahl am Kühlgut und die Kühlgutoberfläche, entscheidend,
und man kann auch durch andere Bauweisen („ummantelte Kühlräume") eine

---

[1] Badilkes, J.: Cholodilnaja Technika (russisch) Bd. 29 (1952) Nr. 4, S. 28. Ein Auszug aus dieser Arbeit findet sich unter dem Titel: Die Wahl der wirtschaftlichen Isolierstärke bei Kühlhäusern, in Kältetechn. Bd. 5 (1953) S. 74—76.

hohe Luftfeuchtigkeit erzielen. Der Zusammenhang zwischen Luftfeuchtigkeit und Isolierdicke ist aber sicher von besonderer Bedeutung für die Bemessung der letzteren und dürfte im allgemeinen keine größeren Abweichungen von den üblichen Isolierdicken erlauben, die nicht durch genaue Berechnung begründet werden können.

Von Interesse ist, daß BADILKES bei Torfoleumplatten im Laufe der Jahre eine Erhöhung der Wärmeleitzahl von 0,06 auf 0,12 kcal/m h ° durch Feuchtigkeitsaufnahme beobachtet hat, obwohl sie mit Bitumen umhüllt waren. Bei den in der UdSSR zur Verfügung stehenden Isolierstoffen spielt die Durchfeuchtungsgefahr eine besonders große Rolle. Auch diese ist natürlich für die Bemessung der Isolierdicke von Belang, wenn sie nicht mit völliger Sicherheit ausgeschlossen werden kann.

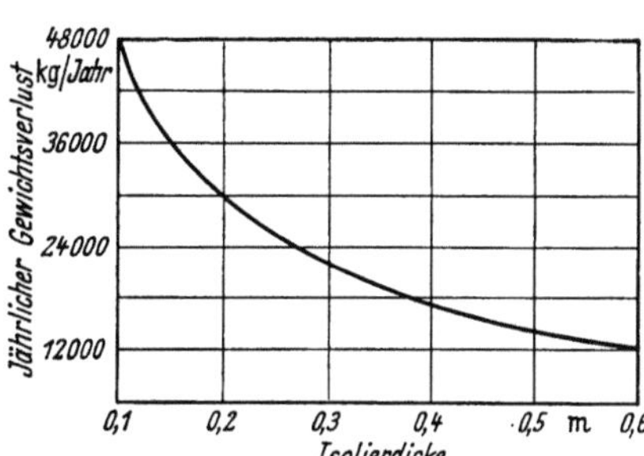

Abb. 159. Jährlicher Gewichtsverlust der verdunstungsfähigen Lagergüter eines Kühlhauses in Abhängigkeit von der Isolierdicke (nach J. BADILKES).

Elektrotechnische Isolierstoffe.

Von

Ing. **Otto Herrmann**, Stuttgart.

Mit 4 Abbildungen.

A. Einleitung.

Die elektrotechnischen Isolierstoffe haben die Aufgabe, unter Spannung stehende elektrische Leiter gegen ihre Umgebung zu isolieren. Weitere Anwendungen von Isolierstoffen, z. B. als Dielektrika von elektrischen Kondensatoren usw., sollen hier nur so weit erwähnt werden, als es im Zusammenhang mit Kältemaschinen notwendig ist.

Vollkommene Isolierstoffe, d. h. Stoffe, die für den elektrischen Strom im physikalischen Sinn nichtleitend sind, kennen wir nicht. Die praktisch verwendbaren Isolierstoffe müssen jedoch so beschaffen sein, daß der unter normalen Verhältnissen durch bzw. über sie fließende Strom keinerlei unerwünschte oder schädliche Folgen hervorruft.

Die heute zur Verfügung stehenden elektrotechnischen Isolierstoffe sind außerordentlich vielfältig, und eine Darstellung derselben ist nach mehreren Gesichtspunkten möglich. Es gibt, bezogen auf den Aggregatzustand bei Gebrauchstemperatur, feste, flüssige und gasförmige Isolierstoffe, wobei zu erwähnen ist, daß manche Isolierstoffe bei einmaligen Verarbeitungsprozessen ihren bisherigen Aggregatzustand bleibend ändern; es bestehen ferner die zwei großen Gruppen der organischen und anorganischen Isolierstoffe, und man unterscheidet natürliche Stoffe und Kunststoffe. Alle diese Stoffgruppen, die auch als Mischungen verwendet werden, können wieder nach chemischen und physikalischen Gesichtspunkten, nach Herstellungsverfahren, nach Verarbeitung, Lieferformen u. a. in weitere Untergruppen gegliedert werden.

Die physikalische Darstellung des elektrotechnischen Isolierstoffes etwa im Gegensatz zum elektrotechnischen Leiter ist an dieser Stelle nicht möglich. Es sei hierfür auf die einschlägige Fachliteratur verwiesen[1].

---

[1] Zum Beispiel Hans Stäger: Werkstoffkunde der elektrotechnischen Isolierstoffe, S. 149. Berlin-Zehlendorf: Gebr. Bornträger 1944.

B. Die Eigenschaften technisch anwendbarer Isolierstoffe.

Außer der grundlegenden Eigenschaft der Isolierfähigkeit, die, wie nachstehend gezeigt wird, nach mehreren Richtungen zu prüfen ist, müssen die meisten Isolierstoffe eine Reihe mechanischer, thermischer, chemischer und sonstiger Eigenschaften aufweisen, um praktisch verwendet werden zu können. Je nach dem Anwendungsgebiet (z. B. für Hochspannung, Niederspannung, für Kältemaschinen, Elektrowärme u. a.) variieren die Anforderungen erheblich, und trotz der Vielfalt von Isolierstoffen bereitet ihre Auswahl für bestimmte Zwecke oft Schwierigkeiten. Andererseits sind viele der vorhandenen Isolierstoffe entsprechend ihren besonderen Eigenschaften zu Spezialstoffen bestimmter Anwendungsgebiete geworden.

Für die wichtigsten elektrotechnischen Isolierstoffe haben der Verband Deutscher Elektrotechniker (VDE) in Leitsätzen, Regeln und Vorschriften und der Deutsche Normenausschuß (DNA) die jeweils zu fordernden Eigenschaften sowie deren Prüfung im einzelnen festgelegt. Dabei ist zu beachten, daß außer der Prüfung des Isolierstoffs im Ausgangszustand, d. h. vor seiner Verarbeitung, er auch noch in weiteren Verarbeitungsstufen, z. B. als Drahtisolation auf dem fertigen Draht sowie im fertigen Erzeugnis, geprüft wird. Hierfür bestehen weitere Vorschriften, z. B. Lackprüfung nach VDE 0360; Drahtprüfung nach DIN E 46453/46454; Motorprüfung nach VDE 0530.

Sonderanforderungen an elektrotechnische Isolierstoffe, z. B. für gekapselte Kältemaschinen, werden in den Abschnitten B III und D dieses Artikels besprochen. Nach VDE 0303 werden *feste und* zum Teil auch *flüssige Isolierstoffe* auf die nachstehenden elektrotechnischen Eigenschaften geprüft. Die folgende Aufstellung soll lediglich die Vielseitigkeit der Prüfungen darstellen, sie kann die VDE-Vorschriften 0303 nicht ersetzen.

I. Elektrotechnische Eigenschaften (nach VDE 0303).

Die Feststellung der elektrotechnischen Eigenschaften von Isolierstoffen erfolgt nach bestimmter, eindeutig festgelegter Vorbehandlung der Prüflinge sowie nach klar bestimmten Prüfbedingungen, die sich im einzelnen aus den Vorschriften VDE 0303 ergeben.

1. Isolationswiderstand der Oberfläche (Oberflächenwiderstand).

Alle Isolierstoffe überziehen sich unter atmosphärischen Einflüssen leicht mit einer Außenhaut, die aus Wasser, aus Zersetzungsprodukten des Isolierstoffs u. a. bestehen kann. Die Isolierfähigkeit des betreffenden Stoffes wird durch diese Außenhaut mehr oder weniger herabgesetzt. Deshalb wird der Oberflächenwiderstand zwischen zwei 100 mm breiten schneidenförmigen Elektroden, die 10 mm Abstand voneinander haben, bei 1000 V Gleichspannung gemessen. Als eigentliche Vergleichszahl für den Oberflächenwiderstand von Isolierstoffen wird die Zehnerpotenzzahl des gemessenen Widerstands in Ω verwendet. Wenn der gemessene Widerstand z. B. $10^7\ \Omega$ beträgt, so ist die Vergleichszahl für den Oberflächenwiderstand 7, usw.

2. Isolationswiderstand im Innern.

Bei dieser Messung wird der Widerstand des Prüfkörpers so ermittelt, daß, gleichzeitig mit dem Widerstand im Innern, auch der Oberflächenwiderstand (nach I 1) erfaßt wird. Verwendet werden Stöpsel- oder Quecksilberelektroden;

die Messung erfolgt bei 1000 V oder 110 V Gleichspannung. Dieser kombinierte Wert des Isolierstoffes·ist wichtig, weil für die praktische Anwendung vielfach der innere Widerstand und der Oberflächenwiderstand gemeinsam von Interesse sind.

3. Durchgangswiderstand und spezifischer Widerstand.

Der Durchgangswiderstand eines Isolierstoffes erfaßt nur den Widerstand des Isolierstoffinneren unter Ausschluß des Anteils der Oberfläche an der Stromleitung. Für die Messung des Durchgangswiderstandes sind besonders geformte Prüflinge (Platten), einwandfrei anliegende Flächenelektroden sowie eine Gleichspannung von 1000 V Meßspannung notwendig.

Der spezifische Widerstand von Isolierstoffen wird auf 1 cm² Querschnitt und 1 cm Länge bezogen. Aus dem gemessenen Durchgangswiderstand R (in Ω), der Elektrodenfläche F (in cm²) und der Isolierschichtdicke l (in cm) kann der spezifische Widerstand ϱ wie folgt ermittelt werden:

$$\varrho = \frac{R\,F}{l} \quad (\Omega\ \text{cm}).$$

4. Spannungserwärmungsprüfung.

Diese Prüfung wird nur mit bestimmten Isolierstoffen, z. B. mit Holz sowie mit keramischen Isolierstoffen vorgenommen. Durch die Prüfung soll nachgewiesen werden, daß eine bestimmte Wechselspannung mit einer Frequenz von 50 Hz innerhalb einer begrenzten Zeit noch keine fühlbare Erwärmung und eine dadurch mögliche Schädigung des Isolierstoffes mit sich bringt. Die Höhe der Prüfspannung sowie die Prüfzeit sind für die zu prüfenden Stoffe im einzelnen festgelegt.

5. Durchschlagsspannung.

Eine elektrische Isolierung ist im allgemeinen zerstört, mindestens aber nicht ausreichend bemessen, wenn sie von der Spannung durchschlagen wird. Die Durchschlagsspannung ist deshalb für eine festliegende Isolieranordnung eine sehr wichtige Größe. Als Durchschlagsspannung gilt der bei bestimmter Elektrodenanordnung ermittelte Effektivwert einer praktisch sinusförmigen Wechselspannung (Oberwellengehalt $< 5\%$) mit der Frequenz 50 Hz, bei der der Durchschlag des Prüflings eintritt. Bei Feststellung der Durchschlagsspannung soll, mit dem Spannungswert 0 beginnend, die an den Prüfling anzulegende Spannung so gesteigert werden, daß nach etwa 20 sec der zu erwartende Endwert, die Durchschlagsspannung, erreicht wird.

Bei Isolierstoffen, bei denen die *Dauer* der elektrischen Beanspruchung von Einfluß auf das Meßergebnis ist, muß auch die Abhängigkeit der Durchschlagsfestigkeit von der Zeitdauer der Spannungsbeanspruchung ermittelt werden.

6. Durchschlagsfestigkeit.

Die Durchschlagsfestigkeit eines Versuchskörpers ergibt sich als Quotient aus der Durchschlagsspannung (nach I 5) und der zwischen den Elektroden gemessenen geringsten Dicke des Prüflings, wobei eine gleichmäßige elektrische Feldstärke, d. h. plattenförmige Prüflinge und Prüfelektroden, vorausgesetzt sind. Für andere Elektroden, z. B. Kugelformen, müssen für die Rechnung besonders zu ermittelnde Korrekturfaktoren eingesetzt werden. Die Durchschlagsfestigkeit wird in kV/cm, manchmal auch in kV/mm angegeben.

7. Beanspruchung durch verschiedenartig einwirkende Spannungen.

Es ist für eine bestimmte Isolierung von Einfluß, ob eine Spannung schlagartig oder aber relativ langsam ansteigend auftritt. Es ist außerdem ein Unterschied, ob eine Spannung kurzzeitig, z. B. 1 min, oder aber dauernd auf eine Isolierung einwirkt. Es wurden deshalb vom VDE die nachstehenden, in der jeweiligen Prüfdauer festliegenden Spannungsprüfarten bestimmt. Die Prüfspannungen, die für den einzelnen Fall zahlenmäßig festgelegt werden müssen, sollten von den Prüflingen ohne Schädigungen ausgehalten werden:

a) Momentanspannung; d. h. plötzlich ohne Übergang, einige Sekunden lang auftretende volle Spannung.

b) Einminutenspannung, Spannung, die mit 50% des Endwertes eingeschaltet, innerhalb von 10 sec auf den Endwert gesteigert und dann *1 min* lang konstant gehalten wird.

c) Fünfminutenspannung; Ausführung sinngemäß nach b).

d) Dreißigminutenspannung; Ausführung sinngemäß nach b).

8. Dielektrischer Verlustfaktor tg δ.

Legt man eine sinusförmige Wechselspannung an einen Kondensator mit Luft als Dielektrikum, so ist der durch den Kondensator fließende Strom um 90° gegenüber der Spannung phasenverschoben. Der Strom eilt der Spannung um 90° voraus. Erhält der Kondensator an Stelle der Luft ein festes oder flüssiges Dielektrikum, so tritt im Dielektrikum ein Energieverlust auf, der in Wärme übergeht und sich u. a. darin äußert, daß der Strom nicht mehr um genau 90°, sondern um den Winkel (90° − δ) gegenüber der Spannung vorauseilt[1]. Der Ergänzungswinkel δ ist also ein Vergleichsmaß für die im Dielektrikum auftretenden Energieverluste, und man bezeichnet den Wert tgδ als Verlustfaktor eines Isolierstoffes.

Der Wert tgδ ist zunächst für die Dielektrika von elektrischen Kondensatoren außerordentlich wichtig. Darüber hinaus kommt aber dem Verlustfaktor tgδ eine allgemeine Bedeutung für alle elektrotechnischen Isolierstoffe zu, da er eng mit dem Stoffaufbau zusammenhängt. Der Wert tgδ wird deshalb für eine allgemeine Beurteilung des Isolierstoffes herangezogen. Je kleiner dieser Wert ist, um so besser ist unter sonst gleichen Verhältnissen der Isolierstoff.

Der Verlustfaktor tgδ wird nach einem Brückenverfahren gemessen oder durch Vergleich eines Kondensators, dessen Dielektrikum aus dem Prüfkörper gebildet ist, mit einem praktisch verlustfreien Kondensator von bekannter Kapazität. Für die Messung des Wertes tgδ sollen einheitliche Frequenzen, nämlich 50 und 800 Hz für normale Zwecke, bzw. 1, 10 und 50 MHz für Zwecke der Hochfrequenz verwendet werden. Außer von der Frequenz und der Temperatur ist der Verlustfaktor bei vielen Isolierstoffen auch noch von der Prüfspannung sowie anderen Meßgrößen abhängig.

9. Dielektrizitätskonstante ε.

Die Dielektrizitätskonstante ε eines Isolierstoffes ergibt sich als *Verhältnis der Kapazitäten* eines Kondensators, dessen Dielektrikum einmal der zu prüfende Isolierstoff und einmal Luft ist. Je größer der Wert ε eines Stoffes ist, um so höher wird unter sonst gleichen Verhältnissen die Kapazität des Prüfkonden-

---

[1] Näheres siehe R. NITSCHE u. G. PFESTORF: Prüfung und Bewertung elektrotechnischer Isolierstoffe, S. 93. Berlin: Julius Springer 1940.

sators. ε ist, wie die meisten bisher besprochenen Werte, keine echte Konstante, sondern von der Frequenz, der Temperatur u. a. abhängig[1]. Praktisch wird nur die Kapazität des Kondensators gemessen, der aus dem Isolierstoffprüfling und zwei Metallbelägen gebildet wird. Die Kapazität desselben Kondensators mit Luft als Dielektrikum wird aus den Abmessungen errechnet. Ähnlich wie der Wert tg δ wird auch der Wert ε als allgemeiner Beurteilungsfaktor für Isolierstoffe herangezogen.

10. Die Lichtbogenfestigkeit.

Diese Eigenschaft ist für Isolierstoffteile wichtig, die betriebsmäßig häufig Lichtbogen ausgesetzt sind, z. B. die Funkenlöschkammern von Schaltschützen. Bei der Prüfung der Lichtbogenfestigkeit wird untersucht, in welchem Umfang der Isolierstoff durch die Einwirkung eines Gleichstromlichtbogens in bestimmter Anordnung dauernd oder vorübergehend an der Stromleitung teilnimmt, verkohlt oder anderweitig wesentlich verändert wird. Je nach dem Grad der Beeinflussung des Isolierstoffes durch den Lichtbogen, z. B. ob sich eine leitende Brücke gebildet hat, ob der Stoff zersetzt wurde u. a., werden 6 Stufen der Lichtbogenfestigkeit unterschieden, die durch entsprechende Kurzzeichen dem untersuchten Isolierstoff zugeordnet werden. Mit der Stufe L 1 besteht für den Isolierstoff die Gefahr des Verkohlens oder Verbrennens, mit der Stufe L 6 ist der betreffende Isolierstoff weitestgehend lichtbogenfest.

11. Die Kriechstromfestigkeit.

Außer dem Oberflächenwiderstand, der hauptsächlich die atmosphärischen Einflüsse berücksichtigt, ist bei manchen Isolierstoffen die Kenntnis der Kriechstromfestigkeit wichtig.

Ein Kriechstrom kann entstehen, wenn sich an der ursprünglich völlig sauberen, trockenen Isolierstoffoberfläche Fremdkörperanlagerungen (z. B. Kohlenstaub) niederschlagen. Die Auswirkung eines künstlich erzeugten Kriechstroms auf die Isolierstoffoberfläche wird festgestellt.

Diese unter A I dargestellten 11 Punkte wurden als *elektrotechnische* Eigenschaften bzw. Prüfungen bezeichnet. Zusätzlich zu diesen werden feste Isolierstoffe auf nachstehende mechanische und thermische Eigenschaften geprüft, die in VDE 0302 festgelegt sind:

II. Mechanische und thermische Eigenschaften (nach VDE 0302).

1. Biegefestigkeit nach DIN 53453, Prüfung von Preßstoffen, „Biegeversuch".

2. Schlagzähigkeit nach DIN 53453, Prüfung von Preßstoffen, „Schlagbiegeversuch".

3. Kugeldruckhärte.

Die Eindrucktiefen einer Kugel von 5 mm Durchmesser, die bei 20° C Raumtemperatur mit einer Belastung von 50 kg stoßfrei in die Probe eingedrückt wird, werden nach 10 und nach 60 sec gemessen. Aus dem Belastungsgewicht in kg, dem Kugeldurchmesser in cm und der Eindruckstiefe h in cm wird der Härtegrad H errechnet. Es ist

$$H = \frac{50}{0,5\,h} \quad \text{kg/cm}^2.$$

---

[1] Nitsche, R., u. G. Pfestorf, vgl. Fußnote 1 auf S. 389.

4. Formbeständigkeit in der Wärme.

Isolierstoffe sind zum Teil gegen Erwärmung empfindlich, deshalb wird ihre Formbeständigkeit in der Wärme besonders geprüft. Für die Prüfung sind zwei Verfahren gebräuchlich:

a) Formbeständigkeitsprüfung nach Martens. Ein Prüfling in Plattenform wird einseitig senkrecht eingespannt, mechanisch mit 50 kg/cm² auf Biegung beansprucht und so erwärmt, daß eine Temperaturerhöhung von 50° C pro Stunde eintritt. Ermittelt wird die Temperatur in ° C, bei der die Verformung als Biegung der Platte ein bestimmtes Maß erreicht hat.

b) Formbeständigkeitsprüfung mit der Vicat-Nadel. Hierbei wird eine senkrecht stehende Stahlnadel von 1 mm² Querschnitt mit einem Gewicht von 5 kg belastet und auf den waagerecht liegenden Probestab aufgesetzt. Der Probestab wird wie oben so erwärmt, daß eine Temperaturerhöhung von 50° C pro Stunde eintritt. Ermittelt wird die Temperatur, bei der die Nadel 1 mm tief in die Probe eingedrungen ist.

5. Glutfestigkeit und Glutsicherheit.

Unter Glutfestigkeit versteht man die Widerstandsfähigkeit von Isolierstoffen gegenüber der Glut, d. h. glühenden Drähten usw. Diese Eigenschaft ist insbesondere für Isolierstoffe von Heizgeräten, Widerstandsträgern für Motorschutzschalter u. ä. wichtig.

Die *Glutfestigkeit* wird mittels einer besonderen Einrichtung dadurch festgestellt, daß man gegen die Stirnseite eines Isolierstoffprobestabes einen glühenden Dorn drückt und nach bestimmter Zeit (z. B. 3 min) und trocken erfolgter Ablöschung die Länge der Flammenzone und den Gewichtsverlust des Stabes feststellt. Das Produkt aus Flammenzonenlänge in cm und Gewichtsverlust in mg ergibt ein Maß für die Höhe der Glutfestigkeit. Bei der Bewertung der Glutfestigkeit bestehen 5 Gütegrade. Gütegrad 0 bezeichnet den völlig verbrennenden, Gütegrad 5 den nicht brennbaren Stoff.

Die *Glutsicherheit* ist eine Eigenschaft der fertigen Geräte. Sie muß durch die Konstruktion sowie durch zweckmäßige Wahl der Isolierstoffe erreicht werden. Geräte, die bei Glut betriebsmäßig vorhandener Leiter innerhalb vorgeschriebener Betriebsgrenzen keine ihren Gebrauch beeinträchtigende Veränderungen erleiden, sind glutsicher.

III. Sonstige Eigenschaften.

Die vorstehend genannten Eigenschaften sowie die dazugehörigen Prüfmethoden gelten für allgemeine Isolierstoffe. Weitere Eigenschaften, die von einem Isolierstoff verlangt werden müssen und deren Prüfung in den bisherigen Vorschriften direkt oder indirekt enthalten, zum Teil aber auch in Sondervorschriften festgelegt ist, sind die folgenden:

1. Homogener und gleichmäßiger Aufbau.

Die Isolation eines elektrischen Gerätes ist im allgemeinen nur so stark wie ihre schwächste Stelle, gleichgültig, wie stark die Isolierschicht sonst sein mag. Deshalb ist für jede Isolierschicht neben richtiger Bemessung ein homogener Stoffaufbau sehr wichtig. Die Feststellung des homogenen Stoffaufbaues erfolgt z. B. durch Vergleich von Prüfungsergebnissen, die an mehreren Prüflingen ermittelt wurden.

2. Unempfindlichkeit gegen Feuchtigkeit.

Die Unempfindlichkeit von Isolierstoffen gegen Feuchtigkeit ist eine wichtige, oft nicht leicht erreichbare Eigenschaft. Das Verhalten der Isolierstoffe gegenüber Luftfeuchtigkeit sowie in Wasser zeigt sich bei Prüfungen nach den verschiedenen Feuchtigkeitsvorbehandlungen der Prüfkörper. Je weniger die Prüfergebnisse nach den verschiedenen Vorbehandlungen der Prüflinge voneinander abweichen, um so unempfindlicher ist der Isolierstoff gegenüber Feuchtigkeit. Leitsätze für die Erzeugung bestimmter Luftfeuchtigkeit zur Prüfung elektrischer Isolierstoffe siehe VDE 0308.

3. Alterungsbeständigkeit.

Die an Isolierstoffen im Neuzustand festgestellten Eigenschaften sollten auch nach vieljährigem Gebrauch erhalten bleiben. Umwandlungsvorgänge, Gefügeänderungen usw., die sich im Laufe der Zeit einstellen, können sehr unangenehm werden. Die Alterungsbeständigkeit muß meist durch zeitraffende und andere Vergleichsversuche näherungsweise ermittelt werden.

4. Sondereigenschaften.

In vielen Fällen müssen von den Isolierstoffen verschiedenartige Zusatzeigenschaften gefordert werden, z. B. *Unempfindlichkeit gegen* bestimmte *chemische Einflüsse* oder Stoffe, wie Kältemittel, Lösungsmittel, Öle, Laugen, Dämpfe u. a. Dies erfordert im Einzelfall naturgemäß eine besondere Stoffauswahl und zusätzliche Prüfungen. Näheres über die Prüfung von Isolierstoffen für Kältemaschinen siehe Abschnitt D. Häufig müssen Isolierstoffe *tropenfest*, d. h. unempfindlich sein gegen hohe Lufttemperaturen bei gleichzeitig hoher Luftfeuchtigkeit, ferner gegen tropische Insekten und Bakterien. Die für elektrotechnische Isolierstoffe durchzuführenden Tropenprüfungen wurden vom VDE bisher nicht festgelegt[1]. Neuerdings können Tropenprüfungen technischer Stoffe nach DIN 50010 durchgeführt werden. Weitere Sondereigenschaften von Isolierstoffen sind z. B. *Abriebfestigkeit, Kältebeständigkeit, Wetterfestigkeit, Gleichstromfestigkeit*, letzteres bei bestimmten Kunststoffen, z. B. Polyvinylchlorid, *Ozonfestigkeit* u. a. Alle diese Eigenschaften beziehen sich auf das spätere Verhalten des Isolierstoffes im Betrieb. Daneben können auch noch bestimmte *Verarbeitungseigenschaften* der Isolierstoffe gefordert sein, z. B. die Spritzfähigkeit von Kunststoffen.

IV. Übersicht über die VDE-Vorschriften für die einzelnen Isolierstoffe.

Die bisher dargestellten Anforderungen an Isolierstoffe werden von den einzelnen Stoffen in ungleichem Umfang erfüllt. Jeder Stoff hat typische Eigenschaften, die nicht willkürlich geändert werden können und denen sich die Prüfung sinnvoll anpassen muß. Der VDE hat deshalb für die einzelnen Isolierstoffe Leitsätze, Regeln und Vorschriften festgelegt, nach denen die Prüfung der einzelnen Stoffe erfolgen kann. Neben deutschen bestehen auch viele ausländische Prüfvorschriften, die in mancher Richtung von den deutschen Prüfvorschriften abweichen. Es sind Bestrebungen vorhanden, die verschiedenen nationalen Vorschriften durch überregionale Prüfvorschriften zu ersetzen.

---

[1] Näheres über tropenfeste Isolierstoffe siehe R. Vieweg: Elektrotechnische Isolierstoffe, Entwicklung, Gestaltung, Verwendung, S. 183. Berlin: Springer 1937.

Tab. 1 enthält sämtliche zur Zeit für elektrotechnische Isolierstoffe bestehenden VDE-Leitsätze, -Regeln und -Vorschriften, auf die in den einzelnen VDE-Vorschriften hingewiesen ist.

Tabelle 1. *VDE-Vorschriften usw. für elektrotechnische Isolierstoffe.*

VDE 0302 Leitsätze für mechanische und thermische Prüfungen fester Isolierstoffe
VDE 0303 Leitsätze für elektrische Prüfungen von Isolierstoffen
VDE 0308 Leitsätze für die Erzeugung bestimmter Luftfeuchtigkeit zur Prüfung elektrischer Isolierstoffe
VDE 0310 Leitsätze für die Bewertung und Prüfung von Holz als Isolierstoff
VDE 0312 Leitsätze für die Bewertung und Prüfung von Fiber als Isolierstoff
VDE 0315 Regeln für Preßspan
VDE 0318 Regeln für Hartpapier und Hartgewebe (Schichtpreßstoffe)
VDE 0320 Regeln für Formpreßstoffe
VDE 0322 Leitsätze für die Prüfung von Hartgummi
VDE 0331 Leitsätze für die Prüfung und Lieferung von Asbestfabrikaten
VDE 0332 Leitsätze für Glimmererzeugnisse
VDE 0335 Leitsätze für die Prüfung keramischer Isolierstoffe
VDE 0340 Vorschriften für Isolierband
VDE 0345 Leitsätze für wärmebeständige Kunststoff-Folien zur Verwendung in elektrischen Maschinen
VDE 0350 Leitsätze für die Prüfung von Vergußmassen für Geräte unter 1000 V Nennspannung
VDE 0351 Vorschriften für die Bewertung und Prüfung von Vergußmassen für Kabelzubehörteile
VDE 0360 Leitsätze für die Prüfung von Isolierlacken
VDE 0361 Übergangsleitsätze für die Prüfung von Spulentränklacken
VDE 0365 Leitsätze für Lackgewebe und Lackpapier
VDE 0370 Vorschriften für Isolieröle

C. Übersicht über die elektrotechnischen Isolierstoffe.

Nachstehend sind die wichtigsten elektrotechnischen Isolierstoffe, ohne Rücksicht auf ihre Verwendung, zusammengestellt. Die Gliederung ist nach anorganischen und organischen Isolierstoffen vorgenommen, wobei jeweils feste und flüssige Stoffe in derselben Gruppe zusammengefaßt sind. Mischungen beider Gruppen sind dort eingeordnet, wo sie nach ihren wesentlichsten Eigenschaften am besten untergebracht werden können. Die gasförmigen Isolierstoffe sind in einem besonderen Abschnitt aufgeführt.

Die heute technisch wichtigen *Kunststoffe* mit ihren, dem Nichteingeweihten meist fremdklingenden Bezeichnungen sind kaum übersichtlich darzustellen. Soweit sie als elektrotechnische Isolierstoffe in Frage kommen, werden sie hier, nach technisch-praktischen Gesichtspunkten geordnet, aufgeführt. Eine vollständige Aufstellung der zahlreichen und verschiedenartigen Kunststoffe, für die neben ihren chemischen Bezeichnungen, z. B. Polyvinylchlorid oder abgekürzt PVC, auch noch verschiedene in- und ausländische Handelsbezeichnungen (für das Beispiel Polyvinylchlorid: Igelit, Vinidur, Vestolit, Vinnol) bestehen, ist in diesem Rahmen nicht möglich. Es sei auf die einschlägige Fachliteratur verwiesen[1].

I. Anorganische, feste und flüssige Isolierstoffe.

1. Naturstoffe.

a) Gesteine: Schiefer, Marmor.

b) Glimmer und Mikanit.

c) Asbest.

---

[1] Zum Beispiel PABST: Kunststofftaschenbuch. München: Carl Hanser 1954.

2. Aus anorganischen Stoffen aufgebaute Isolierstoffe.

a) Keramische Isolierstoffe: Porzellane; Sondermassen (Oxyde, Silikate).

b) Gläser, Glasseide.

c) Silikone (sie enthalten auch organische Bestandteile); Silikon-Harze, -Öle, -Imprägniermittel, -Pasten.

II. Organische, feste und flüssige Isolierstoffe.

1. Naturstoffe.

a) Faserstoffe: Baumwolle, Seide, Leinen, Holz;

b) Harze und Wachse: Kollophonium, Kopale, Schellack, Bernstein, Erdwachs;

c) Feste Erdölprodukte: Paraffin, Bitumen, Asphalt, Pech;

d) Öle: Mineralöl, Pflanzenöl.

2. Aus organischen, hochmolekularen Naturstoffen abgeleitete Isolierstoffe.

a) Naturgummi: Weichgummi, Hartgummi;

b) Zellstofferzeugnisse: Papier und Preßspan sowie die von Zellulose abgeleiteten Stoffe: Hydratzellulose (Vulkanfiber), Azetylzellulose (Zellon, Triazetatfolie) und Nitrozellulose (Zelluloid, Nitrolacke).

3. Kunststoffe, nach technisch-praktischen Gesichtspunkten geordnet.

Die hier aufgeführten Kunststoffe gehören zu den organischen Stoffen und sind aus niedrigmolekularen Stoffen aufgebaut. Die in Abschnitt C II unter 2 b bereits erwähnten „abgeleiteten Naturstoffe" sind hier, da sie oft ebenfalls als Kunststoffe bezeichnet werden, als Abschnitt d nochmals mit aufgenommen.

a) Preßstoffe aus härtbaren Preßmassen (Kunstharzpreßstoffe). Die härtbaren Kunststoffe, auch Duroplaste genannt, sind, chemisch gesehen, meist Polykondensate, d. h. sie entstehen aus zwei verschiedenen Ausgangsstoffen unter Bildung von Wasser. Die wichtigsten Polykondensate sind Phenolharz und Harnstoffharz. Diese zwei Kunstharze ergeben zusammen mit geeigneten Füllstoffen Preßmassen, die typisiert[1] sind. Preßmassen auf Phenolharzbasis heißen Phenoplaste, Preßmassen auf Harnstoffbasis werden als Aminoplaste bezeichnet.

Nach Art der Füllstoffe sowie der Verarbeitung ergeben sich:

α) *Formpreßstoffe (für Formteile):*

        Typ 11: Phenolharz mit Gesteinsmehl
        Typ 12: Phenolharz mit Asbestfaser
        Typ 16: Phenolharz mit Asbestschnur
        Typ 31: Phenolharz mit Holzmehl
        Typ 51: Phenolharz mit Papierflocken
        Typ 54: Phenolharz mit Papierschnitzel
        Typ 71: Phenolharz mit Textilfasern
        Typ 74: Phenolharz mit Gewebeschnitzeln
        Typ 132: Harnstoffharz mit Zellstoff.

β) *Schichtpreßstoffe (für Platten, Stangen, Rohre):*

      Hartpapier: Phenolharz mit Papierbahnen,
      Hartgewebe: Phenolharz mit Gewebebahnen,
      Hartgewebe Typ 77· Phenolharz mit Gewebebahnen.

---

[1] Siehe auch Abschnitt D VIII.

b) Thermoplastische Stoffe (für Formteile, für Isolierhüllen von elektrischen Leitungen u. a.). Diese im Gebrauchszustand im allgemeinen festen Stoffe können durch entsprechende Erwärmung jederzeit wieder plastisch oder fließbar gemacht werden.

Chemisch betrachtet, sind diese Stoffe meist Polymerisate, d. h. sie entstehen aus ungesättigten, monomeren Verbindungen durch Verkettung oder Polymerisation. Die nachstehenden Polymerisate finden als Isolierstoffe Verwendung. Die in () angegebenen Bezeichnungen sind Handelsnamen:

> Polystyrol (Trolitul, Styroflex),
> Polyvinylchlorid (PVC, Igelit, Vinidur, Vestolit, Vinnol u. a.),
> Polymethakrylsäureester (Plexiglas),
> Polyäthylen (Lupolen, Alkathen, Genathen),
> Polytetrafluoräthylen (Teflon),
> Polyisobutylen (Oppanol B, Vistanex, Isolene).

Die auf Phenolbasis hergestellten *Polyamide* und die auf Harnstoffbasis hergestellten *Polyurethane* (z. B. Ultramid, Perlon, Nylon) können sowohl Polymerisate als auch Polykondensate sein.

c) Vulkanisierbare Kunststoffe (für Isolierhüllen von elektrischen Leitungen, zum Teil auch für Formteile). Eine Sonderstellung in der Gruppe der Polymerisate haben einige Butadienpolymerisate, ferner bestimmte Isopren- und Chloropren-Polymerisate. Diese Stoffe sind vulkanisierbar, d. h. sie können, zum Teil durch Anlagerung von Schwefel oder anderen Vulkanisationsstoffen eine Elastizität, ähnlich wie Naturkautschuk, bekommen. Beispiele sind:

> Buna S (Butadien-Mischpolymerisat),
> Perbunan (Butadien-Mischpolymerisat),
> Neoprene (2 Chlor-Butadien-Polymerisat),
> Butylkautschuk u. a.

d) Abgeleitete Naturstoffe (für Platten, Folien, Isolierhüllen von elektrischen Leitungen, Formteile u. a.):

> Vulkanfiber (Hydratzellulose),
> Triazetatfolie ⎫
> Triazetatseide ⎬ (Azetylzellulose)
> Zellon, ⎭
> Zelluloid (Nitrozellulose).

e) Lacke (für Isolierschutz- und -klebeschichten auf elektrischen Leitern und Isolierstoffen, als Imprägniermittel):

> Kunstharzlacke (auf Phenolbasis),
> Silikonlacke (auf Silikonebasis),
> Asphaltlacke (auf Teerstoffbasis),
> Nitrolacke (auf Nitrozellulosebasis),
> Öllacke (auf Ölbasis),
> Mischungen.

f) Isoliermassen (Verwendung als isolierende Füllstoffe):

> Kunststoff-Öl-Gemische,
> Bitumen,
> Araldite (Äthoxylinharze).

III. Gasförmige Isolierstoffe.

1. Luft.

2. Sonstige Gase, z. B. Freone.

D. Die in der Kältetechnik
verwendeten elektrotechnischen Isolierstoffe.

Manche der in Abschnitt C aufgeführten Isolierstoffe spielen in der Kältetechnik nur eine untergeordnete Rolle. Für die Antriebsmotoren und das sonstige elektrische Zubehör von Kältemaschinen, insbesondere aber für gekapselte Kältemaschinen, sind jedoch die nachstehend näher beschriebenen elektrotechnischen Isolierstoffe wichtig.

Bei gekapselten Kältemaschinen befindet sich bekanntlich der elektrische Antriebsmotor mit dem Verdichter in einem gemeinsamen, mit Kältemittel und Kältemaschinenöl gefüllten Gehäuse. Die im Inneren von gekapselten Kältemaschinen verwendeten Isolierstoffe müssen deshalb außer den in Abschnitt B aufgeführten allgemeinen Isolierstoffeigenschaften weitere chemische und physikalische Eigenschaften aufweisen. Sie dürfen vom Kältemittel, das chemisch aggressiv sein kann, nicht angegriffen, auch nicht gelöst oder erweicht werden; die Isolierstoffe selbst dürfen aber auch das Kältemittel und das Schmieröl nicht beeinträchtigen. Näheres über die Prüfung der notwendigen Sondereigenschaften elektrotechnischer Isolierstoffe für gekapselte Kältemaschinen findet man im Band IV dieses Handbuchs. Für die außerhalb des Kältemittelkreislaufs angebrachten elektrotechnischen Isolierstoffe gelten naturgemäß die speziellen Anforderungen nicht, und die betreffenden Stoffe können nach den üblichen, im Elektromaschinenbau geltenden Gesichtspunkten ausgewählt werden.

Die nachstehend aufgeführten Isolierstoffe werden teils innerhalb des Kältemittelkreislaufs, teils aber auch nur außerhalb desselben verwendet. Ihr Einsatz in der gekapselten Kältemaschine muß in jedem Fall vom Ergebnis einer eingehenden Untersuchung abhängig gemacht werden.

I. Keramische Isolierstoffe.

Keramische Isolierstoffe werden aus einem Gemenge mineralischer Ausgangsstoffe durch Brennen hergestellt. Das Gemenge der Ausgangsstoffe bildet zunächst eine leicht verformbare Masse, die durch verschiedene Arbeitsverfahren, wie Pressen, Gießen, Drehen u. a., geformt wird. Nach der Formgebung werden die Ausgangsteile getrocknet und dann bei relativ hohen Temperaturen (1200 bis 1450° C) gebrannt. Beim Trocknen und Brennen wird der Stoff physikalisch und manchmal auch chemisch geändert. Charakteristisch ist der starke Schwund der Ausgangsmaße beim Brennen.

Die Haupteigenschaften der keramischen Isolierstoffe sind, neben guten dielektrischen Eigenschaften, hohe mechanische Festigkeit, Härte und gute Temperaturbeständigkeit. Leider sind die keramischen Isolierstoffe vielfach spröde und nach dem Brennen schwer bearbeitbar.

Der Verband Deutscher Elektrotechnischer Porzellanfabriken (VDEP) hat die keramischen Isolierstoffe nach ihren wesentlichsten Bestandteilen in fünf Gruppen wie folgt eingeteilt:

1. Dichte Erzeugnisse aus aluminiumsilikathaltigen Massen (Hartporzellane).

Sie haben mittlere Eigenschaften.

2. Dichte Erzeugnisse aus magnesiumsilikathaltigen Massen
(Steatit, Calit, Frequenta).

Sie haben einen niedrigen Verlustfaktor $\operatorname{tg}\delta$ bei guter Maßhaltigkeit und guter mechanischer Festigkeit.

3. Dichte Erzeugnisse aus hohem Gehalt an Titanverbindungen (Condensa u. a.).

Diese Stoffgruppe hat einen niedrigen Verlustfaktor $\text{tg}\,\delta$, jedoch eine hohe Dielektrizitätskonstante ε.

4. Erzeugnisse aus Mischungen der Massen 1 und 3.

Sie haben geringe Wärmedehnung sowie hohe Temperaturwechselbeständigkeit.

5. Poröse Erzeugnisse aus aluminiumsilikathaltigen, z. T. auch magnesiumsilikathaltigen Massen mit Zusätzen.

Die Haupteigenschaft ist eine hohe Temperaturwechselbeständigkeit.

Zu den keramischen Isolierstoffen werden wegen ihrer ähnlichen Herstellung und Eigenschaften auch die Oxyde bestimmter Metalle gezählt, z. B. das Aluminiumoxyd Al_2O_3. Dieses Oxyd erhält zum Teil weitere Zusätze und führt nach dem Brennen die Bezeichnungen Sinterkorund, Pyranit u. a.

Ein weiterer anorganischer Isolierstoff, der in Herstellung und Eigenschaften den keramischen Isolierstoffen ähnlich ist, ist der aus Bleiborat und Glimmer bestehende Warmpreßstoff „Mycalex".

In Tab. 2 sind die wesentlichsten Stoffwerte einiger wichtiger keramischer Isolierstoffe zusammengestellt. Die Prüfung keramischer Isolierstoffe erfolgt nach VDE 0335.

Tabelle 2. *Elektrische, mechanische und thermische Eigenschaften keramischer und verwandter Isolierstoffe.*

Eigenschaften \ Stoff	Hartporzellan unglasiert 1	Steatit normal 2	Sipa 4	Mycalex
Durchschlagsfestigkeit bei 50 Hz in kV/cm	340 bis 380	200 bis 300	100 bis 200	140
Dielektr. Verlustfaktor $\text{tg}\,\delta$ bei 50 Hz	0,0017 bis 0,0025	0,0025 bis 0,003	0,020	—
Dielektrizitätskonstante ε bei 50 Hz	5,0	5,5	5,0	—
Spez. Widerstand in Ω cm	$>10^{13}$	$>10^{13}$	$>10^{13}$	$>10^{13}$
Oberflächenwiderstand (Vergleichszahl)	10	10	10	10 bis 11
Spez. Gewicht in g/cm³ . .	2,3 bis 2,5	2,6 bis 2,8	2,1 bis 2,2	3,3
max. Wasseraufnahme in Gew.-%	0 bis 0,5	0	0	—
Zugfestigkeit in kg/cm² .	250 bis 350	550 bis 850	250 bis 350	600 bis 700
Druckfestigkeit in kg/cm².	4000 bis 4500	8500 bis 9500	3000 bis 5000	1200 bis 3900
Biegefestigkeit in kg/cm² .	400 bis 700	1200 bis 1400	500 bis 850	1000
Schlagbiegefestigkeit in cmkg/cm²	1,8 bis 2,2	3 bis 5	1,8 bis 2,2	5,0
Mohshärte.	7 bis 8	7 bis 8	7 bis 8	3 bis 4
Wärmedehnzahl $\times 10^6$ (20 bis 100° C).	3,5 bis 4,5	7,0 bis 9,0	1,1	10
Wärmeleitzahl (20 bis 100° C) kcal/m h °C . .	1,3 bis 1,4	1,95	1,7 bis 2,2	—
Spez. Wärme (20 bis 100° C) kcal/kg °C . . .	0,19 bis 0,21	0,19 bis 0,22	0,20 bis 0,22	—
Wärmefestigkeit nach MARTENS	—	—	—	>400
Glutfestigkeit (0 bis 5) . .	—	—	—	5

Die keramischen Isolierstoffe finden als Isolatoren in der Hochspannungstechnik (als Leitungsisolation) weitgehende Verwendung. Ferner werden bestimmte Oxyde (z. B. Aluminiumoxyd) in großem Umfang für Zündkerzensteine verwendet. Beim elektrischen Zubehör von kältetechnischen Maschinen kommen keramische Teile als Schaltergehäuse, Stromdurchführungsisolierungen u. a. zur Verwendung (Abb. 160).

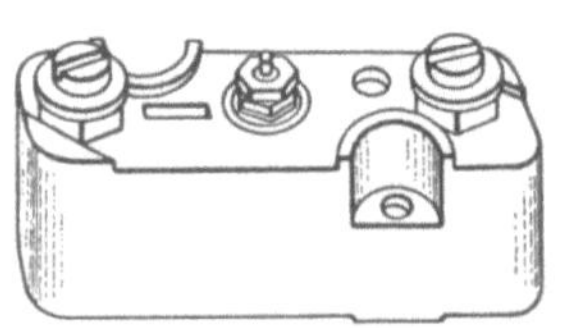

Abb. 160. Selbsttätig schaltender Motorschutzschalter mit Steatitgehäuse. (Erzeugnis der. Fa. Groß AG, Schwäbisch Hall)

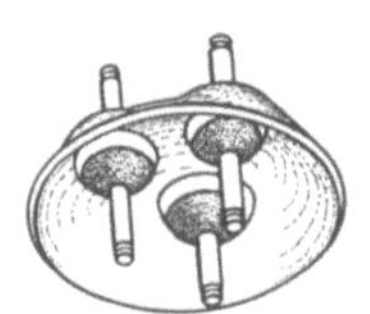

Abb. 161. 3 polige Stromdurchführung mit Glas-Isolierung. (Erzeugnis der Fa. Fusite, USA.)

II. Glas.

Glas besteht zu einem wesentlichen Teil aus Kieselerde SiO_2, dem je nach dem Verwendungszweck bestimmte Metalloxyde, z. B. Aluminiumoxyd, Calciumoxyd, Natriumoxyd sowie geeignete Flußmittel, beispielsweise Pottasche, ferner Färbungs- und Läuterungsmittel beigesetzt sind (Spezialsorten Minosglas u. a.).

Die Haupteigenschaften von Glas sind, neben guten dielektrischen Eigenschaften, hohe Wärmebeständigkeit, geringe Feuchtigkeitsaufnahme, Unempfindlichkeit gegen Säuren und bedingt auch gegen Laugen, allerdings auch Sprödigkeit und eine gewisse Empfindlichkeit gegen atmosphärische Einflüsse.

Glas findet als elektrotechnischer Isolierstoff und gleichzeitig auch als Baustoff weitgehende Verwendung in der Glühlampen- und Röhrenindustrie. Aber auch bei sonstigen geschlossenen Erzeugnissen, die einwandfrei dichte und hochwertig isolierte Stromdurchführungen brauchen, z. B. bei gekapselten Kältemaschinen, wird Glas als elektrotechnischer Isolierstoff benutzt (siehe Abb. 161).

Eine weitere wichtige Anwendung als Isolierstoff hat Glas in Faser-, Gespinst- und Gewebeform. Aus Glasfasern hergestellte *Glasfäden* werden zur Umspinnung von Drähten verwendet. Nach dem Imprägnieren dieser Drähte mit wärmebeständigen Lacken, z. B. Silikonelacken, ergibt sich eine Drahtisolation, die den üblichen Drahtisolationen aus organischen Stoffen hinsichtlich Wärmebeständigkeit und Unempfindlichkeit gegenüber Feuchtigkeit überlegen ist.

Aus Glasfasern hergestellte Glasgewebe werden mit aushärtenden Harzen zu *Glashartgeweben* verarbeitet. Diese finden vielfach als Zwischenisolationen von Kollektoren, für Magnetspulen u. a. Verwendung. Glashartgewebe hat günstige

Tabelle 3. *Elektrische, mechanische und thermische Stoffwerte von Glas und Glashartgewebe.*

Eigenschaften	Stoff Glas	Glashartgewebe (mit Phenolharz)
Durchschlagsfestigkeit in kV/mm bei 50 Hz	10 bis 60	10
Dielektr. Verlustfaktor tg δ bei 50 Hz	0,001 bis 0,01	—
Dielektrizitätskonstante ε bei 50 Hz	3,5 bis 16	5,0
Spez. Widerstand Ω cm	10^{13} bis 10^{14}	—
Spez. Gewicht g/cm³	2,4 bis 2,6	1,7
Wasseraufnahme Gew.-%	—	0,8
Biegefestigkeit kg/cm²	—	750
Schlagbiegefestigkeit cmkg/cm²	—	75
Wärmebeständigkeit °C	>300 °C	120° C

Isolierstoffeigenschaften: geringe Feuchtigkeitsaufnahme kein Eindringen der Feuchtigkeit in die Fasern, relativ hohe Wärmeleitfähigkeit, gute Scheuerfestigkeit und Flexibilität. Die Wärmebeständigkeit ist im wesentlichen von den verwendeten Harzen abhängig. Richtwerte für Glas sowie für Glashartgewebe sind in Tab. 3 zusammengefaßt. Die Werte gelten für 0° C und 1 Atm.

III. Faserstoffe (Textilien).

Für elektrotechnische Isolierzwecke kommen die natürlichen Faserstoffe Baumwolle, Leinen, Hanf, Wolle und Seide sowie die künstlichen Faserstoffe, Zellwolle und Kunstseide, in Frage. Alle diese Stoffe werden zunächst zu gleichmäßigen Fäden versponnen. Baumwolle, Zellwolle und Kunstseide dienen, oft im Wechsel mit Papier, zur meist mehrschichtigen Bespinnung oder Beflechtung von Drähten und Kabeln; sie werden aber auch, wie die übrigen Textilstoffe, zu Geweben, Bändern, Schläuchen und Schnüren verarbeitet. Gewebe werden als Füllstoffe für Hartgewebe verwendet; Bänder, Schläuche und Schnüre dienen zur Isolierung und gleichzeitigen mechanischen Halterung von elektrischen Wicklungen aller Art.

Alle Textilfasern enthalten in Hohlräumen mehr oder weniger Luft mit entsprechendem Feuchtigkeitsgehalt. Ferner enthalten die Textilfasern adsorbiertes und Hydratwasser. Deshalb werden textilisolierte Drähte und Kabel, aber auch vollständige Wicklungen einschließlich Bandagen usw. nach ihrer mechanischen Fertigstellung getrocknet und dann mit geeigneten Lacken imprägniert. Die Güte der Isolierung wird in diesem Fall hauptsächlich durch die Imprägnierung bestimmt. Wo eine Imprägnierung der Textilisolierschicht aus besonderen Gründen nicht möglich ist, z. B. bei der Wicklung von gekapselten Kleinkältemaschinen mit Schwefeldioxyd (SO_2) als Kältemittel, dienen die Faserstoffe hauptsächlich als nichtleitende Distanziermittel. Der die Wicklung umströmende Kältemitteldampf muß in diesem Fall ein elektrotechnischer Isolierstoff sein.

Textilfäden, die für die Bespinnung von Drähten verwendet werden, sollten, insbesondere wenn eine spätere Imprägnierung nicht vorgesehen ist, dünn, gleichmäßig und mechanisch hochwertig sein, um eine ausreichend stabile, fest gesponnene Isolierumhüllung zu ermöglichen. Ägyptische Baumwolle hat sich für die Bespinnung von Drähten und Kabeln als besonders vorteilhaft erwiesen.

Für die Prüfung der Faserstoffe besteht neben den Leitsätzen für Lackgewebe und Lackpapier nach VDE 0365 sowie den allgemeinen Prüfvorschriften für Isolierstoffe VDE 0302/0303, die Norm DIN 40630 über Baumwoll- und Kunstseidenbänder. Die Isolier- und sonstigen Eigenschaften der Faserstoffe müssen im übrigen nach der Verarbeitung, z. B. als Gespinst auf Drähten und Kabeln bzw. an fertigen elektrischen Erzeugnissen geprüft werden. Hierfür bestehen weitere Vorschriften, z. B. VDE 0530.

IV. Isolieröle.

Als Isolieröle kommen Mineralöle (paraffinische und naphthenische Kohlenwasserstoffgemische) sowie die nicht brennbaren chlorierten Kohlenwasserstoffe, z. B. Cleophen, in Frage. Neuerdings werden auch Silikoneöle, die große Temperaturbeständigkeit neben guten dielektrischen Eigenschaften haben, verwendet.

Isolieröle werden hauptsächlich in der Hochspannungstechnik für Transformatoren, Schalter, Kabel und Kondensatoren verwendet, jedoch besteht auch im Niederspannungsgebiet für Isolieröle Verwendung, z. B. für Imprägnierungen.

Die in gekapselten Kältemaschinen verwendeten Öle sollen hauptsächlich als Schmier- und Kühlöle dienen. Sie müssen aber auch gleichzeitig elektrisch isolierend sein, da die im Innern von gekapselten Kältemaschinen liegenden spannungsführenden Maschinenteile, Anschlüsse usw. von diesem Öl benetzt werden können. Die Kältemaschinenöle werden eingehend im Band IV dieses Handbuchs behandelt, so daß hier nicht näher darauf eingegangen zu werden braucht.

Für Isolieröle sind die folgenden Werte und Eigenschaften wichtig und werden nach VDE 0370 geprüft: Elektrische Durchschlagsfestigkeit, Reinheit, Dichte, Viskosität, Flammpunkt, chemische Eigenschaften (Aschegehalt, Neutralisationszahl, Verseifungszahl, Verhalten gegen konzentrierte Schwefelsäure) und Alterungsneigung (Kupferverseifungszahl, Verteerungszahl).

Die Durchschlagsfestigkeit von Isolierölen ist, außer vom Stoff selbst, in hohem Maße von Verunreinigungen durch Gase, Wasser und feste Stoffe, wie Fasern und Schmutz, abhängig. Sie ist ferner vom Druck und der Temperatur abhängig.

Die Viskosität von Isolierölen soll niedrig, der Flammpunkt jedoch hoch sein. Je dünnflüssiger ein Isolieröl ist, um so besser ist es im allgemeinen bei gleich hohem Flammpunkt für Imprägnierzwecke, aber auch für Funkenlöschung und Kühlung geeignet. Gleichzeitig ergibt niedrige Viskosität meist auch eine gute Kältefließfähigkeit.

Unter Alterung versteht man die Veränderungen, die das Isolieröl unter den üblichen Betriebsbedingungen, z. B. unter dem Einfluß von Sauerstoff sowie durch Erwärmung erleidet und welche die Isolierfähigkeit des Öls herabsetzen. Die Anwesenheit von Metallen, insbesondere von Kupfer und Eisen, kann beschleunigend auf die Alterung des Isolieröls einwirken. Die Alterungsneigung gegenüber Sauerstoff wird durch Feststellung der Kupferverseifungszahl und der Verteerungszahl geprüft.

In Tab. 4 sind die nach VDE 0370 für Isolieröle geforderten Werte zusammengestellt. Diese Werte gelten nicht für Öle im Kältemittelkreislauf.

Tabelle 4. *Elektrische, physikalische und chemische Mindestwerte von Isolierölen.*
(Nach VDE 0370.)

Durchschlagsfestigkeit in kV/cm bei 20° C und 1 Atm.	80
(Dielektrizitätskonstante ε	2.2 bis 2.5)
Spez. Gewicht bei +15° C in kg/l	0,900
Viskosität bei +20° C (in Englergraden)	6
Flammpunkt im offenen Tiegel (nach Marcusson) in ° C	145
Aschegehalt %	0,005
Neutralisationszahl (Nz) in mg KOH/g Öl.	0,05
Verseifungszahl (Vz) in mg KOH/g Öl	0,20
Verhalten gegen konz. Schwefelsäure (SK-Zahl in Vol.-%)	8
Alterungsneigung { Kupferverseifungszahl in %	<0,4
{ Verteerungszahl in %	<0,10

V. Gummi.

1. Naturgummi.

Ausgangsstoff für Naturgummi ist der Pflanzenmilchsaft des Kautschukbaumes. Der Pflanzenmilchsaft wird nach der Abnahme vom Gummibaum durch Zusätze zum Gerinnen gebracht, ausgewalzt, getrocknet und als Rohkautschuk versandt. Im eigentlichen Gummiwerk werden dem Kautschuk nach mechanischer Zerkleinerung Schwefel sowie Vulkanisationsbeschleuniger und Füllstoffe, z. B. Ruß oder Mineralien, zugefügt. Das Gemenge wird durch Kneten plastisch gemacht, in die gewünschte Form gebracht und erhitzt. Durch die Bindung mit Schwefel (Vulkanisierung) wird der Kautschuk in mechanischer und thermischer Hinsicht wesentlich verändert; auch für die elektrischen Eigenschaften hat die Vulkanisierung Folgen. Bei Schwefelzusätzen bis zu etwa 22% entsteht Weichgummi, höhere Schwefelzusätze ergeben Hartgummi. Der spezifische Widerstand ϱ, der Verlustfaktor tgδ und die Dielektrizitätskonstante ε ändern sich mit zunehmendem Schwefelzusatz zum Teil stetig, zum Teil sprunghaft und erreichen bei etwa 22% Schwefelgehalt Werte, die wieder den Werten des unvulkanisierten Kautschuks nahekommen; bei weiterem Schwefelzusatz ändern sich die dielektrischen Eigenschaften nicht mehr wesentlich (vgl. Abb. 162).

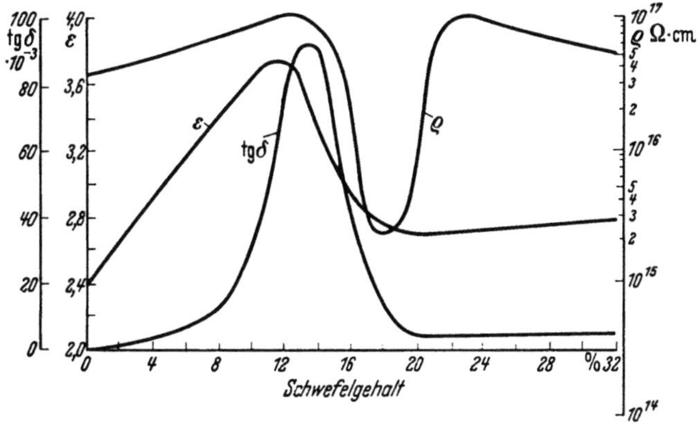

Abb. 162. Dielektrizitätskonstante ε, dielektr. Verlustfaktor tgδ und spez. Widerstand ϱ von Naturgummi, abhängig vom Schwefelgehalt.

Außer vom Schwefelgehalt bzw. Vulkanisationsgrad sind die dielektrischen Eigenschaften noch abhängig von der Temperatur, dem Feuchtigkeitsgehalt, der Frequenz und insbesondere von der Art der Zusatzstoffe. Die wichtigste Eigenschaft von *Weichgummi* ist neben guter Isolierfähigkeit die hohe Elastizität. Weichgummi wird deshalb vor allem für die Isolierung von Kabeln aller Art verwendet. Weichgummi als Kabelisolierstoff wird zusammen mit dem Leiter nach VDE 0208 geprüft.

Hartgummi hat von seiner früheren Bedeutung als Isolierstoff für elektrische Geräte und Apparate seit dem Aufkommen von Kunststoffen viel verloren. Hartgummi wird nach VDE 0322 geprüft.

Tabelle 5. *Elektrische und mechanische Stoffwerte von Naturgummi.*

Eigenschaften Stoff	Rohkautschuk	Weichgummi für elektr.-techn. Isolierung	Hartgummi
Durchschlagsfestigkeit bei 50 Hz kV/mm	15	25	25
Dielektr. Verlustfaktor tg δ bei 50 Hz	0,003	0,005 bis 0,01	0,004
Spez. Widerstand Ω cm	10^{16}	10^{15}	10^{15} bis 10^{18}
Spez. Gewicht g/cm³	0,90 bis 0,96	1 bis 1,8	1,2 bis 1,8
max. Wasseraufnahme Gew.-% . . .	5	0,9	0,15
Zugfestigkeit kg/cm²	30	100	700
Bruchdehnung %	1000	400	6

In Tab. 5 sind die wichtigsten Stoffwerte von Rohkautschuk, einem normalen elektrotechnischen Weichgummi sowie von Hartgummi zusammengestellt[1]

2. Vulkanisierbare Kunststoffe (Kunstgummi).

Bestimmte Polymerisate sind wie der Naturkautschuk vulkanisierbar, d. h. die rohen Mischungen können bei Anwesenheit von Schwefel oder anderen Vulkanisationsstoffen unter dem Einfluß von Wärme umgewandelt werden und erhalten die für Gummi charakteristischen Eigenschaften. Je nach der Menge des zugesetzten Vulkanisationsstoffs entsteht, ähnlich wie mit Naturkautschuk, Weich- oder Hartgummi. Kunst- und Naturgummi haben als wesentliches, gemeinsames Merkmal die hohe Elastizität; hinsichtlich der elektrischen, mechanischen und thermischen Eigenschaften weicht Kunstgummi jedoch mehr oder weniger von Naturgummi ab. Einige Kunstgummiarten haben z. B. gegenüber Naturgummi etwas geringeren spezifischen Widerstand, einige auch niedrigere mechanische Festigkeit. Hinsichtlich Alterungsbeständigkeit, Abriebfestigkeit, Beständigkeit gegen Öl, Sonnenlicht, Ozon, Chemikalien, hohe und tiefe Temperaturen ist jedoch Kunstgummi dem Naturgummi häufig überlegen. Die speziellen Eigenschaften von Kunstgummi sind im übrigen stark von den verwendeten Grundstoffen abhängig. Wichtige vulkanisierte Kunststoffe sind z. B. Buna S, Perbunan, Neoprene, Butylkautschuk. Diese Kunstgummiarten werden ebenso wie der Naturgummi in großem Umfang für die Isolierung von elektrischen Leitungen, insbesondere Kabeln, daneben aber auch für Isolierformteile sowie für nichtelektrische Zwecke verwendet.

VI. Papiere, Preßspan, Fiber.

Ausgangsstoffe zur Herstellung von Papieren sind heute hauptsächlich Nadel- und Laubhölzer, hinzu kommen gewisse Stroh- und Grasarten. Für die Herstellung besonders hochwertigen Papiers werden Textilien, wie Leinen, Baumwolle, Flachs u. a., verwendet. Alle diese Stoffe werden zunächst durch chemische und physikalische Behandlung in ihre natürlichen Aufbauelemente, Fasern, Stäbchen aus Zellulose und Bindemittel, wie Lignin, zerlegt. Die späteren mechanischen Eigenschaften des Papiers sind weitgehend von den Einzelfasern, ihrer Länge, ihrem Querschnitt, ihrer Vorbehandlung bei der sogenannten Mahlung sowie ihrer gegenseitigen Verfilzung abhängig.

Einschichtiges Papier entsteht durch Filtern und Trocknen des aus Wasser und Zellstoffmasse bestehenden Mahlbreis.

Durch Zusammenpressen einzelner, dünner Papierlagen unter hohem Druck unmittelbar nach der Blattbildung entsteht der *Preßspan.*

Durch die Einwirkung von Zinkchlorid oder Schwefelsäure auf Papier kann dieses in *Vulkanfiber* übergeführt werden. Wird Papier mit einem geeigneten Lack, z. B. Bakelitlack, bestrichen, geschichtet und dann unter hohem Druck bei gleichzeitiger Erhitzung zusammengepreßt, so entsteht *Hartpapier* (Handelsbezeichnung z. B. Pertinax u. a.). Näheres über Hartpapier siehe Abschnitt D VIII.

Alle Papiere, mit Ausnahme von Hartpapier, enthalten, ebenso wie die Textilfasern, eine große Zahl feiner, luftgefüllter Räume und damit Feuchtigkeit. Die Lufteinschlüsse werden bei elektrisch hoch beanspruchten Papieren ionisiert, was zu einer Zerstörung der Isolation führen kann. Feuchtigkeit im

---

[1] Nach H. Stäger: Werkstoffkunde der elektrotechnischen Isolierstoffe, S. 422. Berlin-Zehlendorf: Gebr. Bornträger 1944.

Inneren setzt die Durchschlagsfestigkeit des Papiers mehr oder weniger stark herab[1]. Luft und Feuchtigkeit werden deshalb bei elektrisch hoch beanspruchten Papieren aus den inneren Hohlräumen durch Evakuieren und Trocknen entfernt und durch geeignete Imprägniermittel, z. B. Öle, ersetzt.

Bei der hauptsächlich aus Preßspan bestehenden Nutisolation von gekapselten Kältemaschinen ist Feuchtigkeit nicht nur aus elektrischen, sondern auch aus chemischen Gründen unerwünscht. Die aus dem Preßspan etwa austretende Feuchtigkeit würde mit dem Kältemittel sowie dem Kältemaschinenöl chemische Reaktionen eingehen, die die Funktion der Kältemaschine gefährden würden. Näheres hierüber vgl. Band IV dieses Handbuchs.

Außer den üblichen dielektrischen sowie mechanischen Eigenschaften sind bei Papier zusätzliche Sondereigenschaften, z. B. die Einreißfestigkeit, die Widerstandsfähigkeit gegen Knittern, die sogenannte Falzzahl, die Saugfähigkeit, der Aschegehalt und die Luftdurchlässigkeit quer zur Schicht von Bedeutung.

In Tab. 6 sind Stoffwerte, welche nach VDE 0315 von den wichtigsten Preßspansorten verlangt werden, zusammengestellt. Die Werte gelten für Prüflinge, die vor der Messung teils 24 Stunden in Luft von 65% relativer Feuchtigkeit bei 20° gelagert (a), teils wenigstens 6 Stunden bei 90° C getrocknet waren (b).

Tabelle 6. *Elektrische und mechanische Stoffwerte von Preßspan verschiedener Dicke.*

Eigenschaft	Tafelpreßspan	Edelpreßspan	Schichtdicke in mm	Bem.
Durchschlagsspannung (bei 50 Hz) kV	2,0 4,0 10	2,3 4,7 13	0,2 0,4 1,0	b b b
Widerstand im Inneren (nach dem Stöpselverfahren) M Ω	>10	>10	—	—
Spez. Gewicht g/cm³	1,25 bis 1,3	1,35	—	—
Aschegehalt %	< 6	< 6	—	—
Max. Feuchtigkeitsgehalt % ...	< 8	< 8	—	—
Zugfestigkeit quer zur Faserrichtung kg/cm²	300 260	470 410	0,1 bis 0,5 0,5 bis 1,0	a a
Falzzahl (Doppelfalzungen) ...	700 1400 3500	1000 2000 5000	0,2 0,4 1,0	a a a

Einschichtige Papiere werden in großem Umfang als Kondensatorpapiere, ferner für die Isolierung von Drähten und Kabeln, oft zusammen mit Faserstoffen, verwendet. Ein homogener Aufbau des Papiers ist hierbei besonders wichtig.

Preßspan dient zur Nut- und Wicklungsisolation von elektrischen Maschinen aller Art. Er wird, wie erwähnt, u. a. in großem Umfang für die Nutisolation von gekapselten Kältemaschinen verwendet. Für mechanisch und elektrisch besonders hohe Anforderungen wird neuerdings mehrschichtiger Preßspan mit Kunststoffolien (vgl. Abschnitt D VII) als Zwischenlage hergestellt. Die einzelnen Schichten werden mit geeigneten Klebstoffen miteinander verklebt.

Fiber nimmt in nichtimprägniertem Zustand leicht Feuchtigkeit auf, außerdem enthält es häufig Salze und Säurereste. Fiber wird deshalb meist nur dort angewandt, wo zwar hohe mechanische, aber nur geringe elektrische Forderungen an die Isolierung gestellt werden müssen.

---

[1] Siehe z. B. FRANK M. CLARK: Moisture in Oil-Treated Insulation. Industr. Engng. Chem. (April 1952) S. 892.

VII. Wärmebeständige Kunststoff-Folien (Zellulose-Abkömmlinge).

Die Zellulose, die für die Herstellung von Papier verwendet wird, kann auch als Ausgangsstoff für wärmebeständige *Kunststoff-Folien* dienen. Derartige Folien, die neuerdings unter den elektrotechnischen Isolierstoffen eine beachtliche Rolle spielen, sind die sogenannten *Zellulose-Triazetatfolien*, ferner die *Zellulose-Azetobutyratfolien*. Beide Gruppen werden unter der Sammelbezeichnung *Zellulose-Triesterfolien* zusammengefaßt. Sie lassen sich mit hoher Wärmebeständigkeit herstellen. Die zulässige Dauererwärmung der Folien beträgt bis etwa 120° C. Außerdem haben sie gute mechanische und Isoliereigenschaften. Nach ihrer chemischen Zusammensetzung unterscheidet man Folien mit Weichmacher (I) und ohne Weichmacher (II).

Nach VDE 0345 müssen die Folien auf nachstehende Eigenschaften geprüft werden:

Zugfestigkeit, Bruchdehnung, Wickelfähigkeit in bestimmter Prüfvorrichtung, Flächenschwund und Gewichtsverlust nach bestimmter Feuchtigkeits- und Wärmebehandlung, Falzzahl, Durchschlagsspannung, Verlustfaktor $tg\,\delta$, spezifischer Widerstand, p_H-Wert und Viskosität. Die Prüfung auf Wärmebeständigkeit erfolgt durch besondere Vorbehandlung der Prüflinge vor der mechanischen und elektrischen Prüfung, z. B. durch 7 tägige Lagerung in Luft bei 140° C.

Die wichtigsten elektrischen und mechanischen Stoffwerte, die nach VDE 0345 von wärmebeständigen Kunststoff-Folien, nach im einzelnen festgelegter Vorbehandlung, erreicht werden sollen, sind in Tab. 7 zusammengefaßt.

Tabelle 7. *Elektrische und mechanische Stoffwerte von Zellulose-Triesterfolien.*

	Folien mit Weichmacher (I)	Folien ohne Weichmacher (II)	Schichtdicke in mm
Durchschlagsfestigkeit kV/mm	62,5	62,5	0,04
	60	60	0,1
	50	50	0,2
Dielektrischer Verlustfaktor tg δ. . . .	0,02 bis 0,1	0,02 bis 0,2	—
Spez. Widerstand Ω cm	10^{10} bis 10^{13}	10^{11} bis 10^{13}	—
Zugfestigkeit kg/cm²	500	650	
Bruchdehnung %	7 bis 15	5 bis 8	—
Falzzahl (Doppelfalzungen)	400 bis 500	250 bis 500	0,04
	50 bis 100	20 bis 40	0,1

Die Folien finden Verwendung als Isolierhüllen für Leitungen und Kabel, als Dielektrika von Kondensatoren, als Nutisolation elektrischer Maschinen, als Zwischenlagen bei Isolierpapieren u. a.

Folien werden auch aus den Kunststoffen Polystyrol und Polyvinylchlorid hergestellt. Diese Folien haben mit etwa 90° C eine geringere Temperaturbeständigkeit als die Zellulosetriesterfolien und werden deshalb hauptsächlich für die Kabelisolierung verwendet.

VIII. Preßstoffe aus härtbaren Preßmassen (Kunstharzpreßstoffe).

Die härtbaren Preßmassen haben die wichtige Eigenschaft, daß sie während des Preßvorgangs zunächst plastisch und damit leicht formbar werden, dann aber bei meist gleichzeitig mit dem Preßvorgang vorgenommener Wärmebehandlung aushärten und nicht mehr erweichen. Die eigentlichen Bindemittel der härtbaren Preßmassen sind Harze, und zwar Phenolharz bei den Phenoplasten und Harnstoffharze bei den Aminoplasten. Nach der Art der Verarbeitung und

der Art der verwendeten Füllstoffe werden die Preßstoffe eingeteilt in Formpreßstoffe und Schichtpreßstoffe. *Formpreßstoffe* sind in Preßwerkzeugen ver-
arbeitete Preßstoffe mit regellos verteiltem Füllstoff (Handelsbezeichnung
Bakelit, Supraplast u. a.); die *Schichtpreßstoffe* enthalten geschichtete Füllstoffe,
insbesondere Papier und Gewebe zumeist in Bahnen. Je nach Art des Harzes,
des Füllstoffs, des Preßverfahrens, der Wärmebehandlung usw. ergeben sich
Isolierstoffe mit verschiedenen Eigenschaften.

Das Staatliche Materialprüfungsamt Berlin-Dahlem hat zahlreiche Kunstharzpreßstoffe typisiert, d. h. ihre wesentlichen Stoffeigenschaften zahlenmäßig
festgelegt.

Preßstoffe bzw. Teile von Preßstoffen, welche die Eigenschaften des jeweiligen Preßstofftyps haben, können nach entsprechender Prüfung das Über-
wachungszeichen für typisierte Kunststoffe des Staatlichen Materialprüfungs-
amts Berlin-Dahlem oder auch der Staatlichen Materialprüfungsanstalt Darmstadt bekommen. (Ausführung des Überwachungszeichens nach DIN 7702.)

Schichtpreßstoffe sind hauptsächlich Hartpapier (Pertinax u. a.) sowie Hartgewebe (Resitex u. a.).

Die wichtigsten, typisierten Form- und Schichtpreßstoffe waren im Abschnitt C II 3 zusammengestellt.

Die elektrischen, mechanischen und thermischen Eigenschaften einiger wichtiger typisierter Formpreßstoffe und Schichtwerkstoffe sind in Tab. 8 aufgeführt[1].

Tabelle 8. *Elektrische, mechanische und thermische Stoffwerte von Kunstharzpreßstoffen.*

Eigenschaften / Stoffe	Typ 31 (Phenolharz mit Holzmehl)	Typ 131 (Harnstoffharz mit Zellstoff)	Hartpapier (Phenolharz mit Papier-bahnen)	Hartgewebe (Phenolharz mit Gewebe-bahnen)
Durchschlagsfestigkeit bei 50 Hz kV/cm	120 bis 200	260 bis 290	150 bis 520	60 bis 360
Dielektrischer Verlustfaktor tg δ bei 50 Hz	0,04 bis 0,30	0,02 bis 0,034	—	0,05 bis 0,6
Dielektrizitätskonstante ε bei 50 Hz	5 bis 13	6,6	—	5 bis 7
Spez. Widerstand Ω cm	10^{10} bis 10^{13}	10^{13} bis 10^{14}	10^{10} bis 10^{13}	10^{10} bis 10^{12}
Oberflächenwiderstand (Vergleichszahl)	8 bis 10	9 bis 11	9	9
Spez. Gewicht g/cm³	1,30 bis 1,4	1,45 bis 1,50	1,37 bis 1,55	1,37 bis 1,55
Zugfestigkeit kg/cm²	> 250	> 250	>1200	500 bis 800
Druckfestigkeit kg/cm²	>2000	>1800	>1500	>2000
Biegefestigkeit kg/cm²	> 700	> 600	>1300	>1000
Schlagbiegefestigkeit cmkg/cm²	> 6,0	> 5,0	> 25,0	> 25,0
Kerbschlagzähigkeit cmkg/cm²	> 1,5	> 1,2	—	—
Zuläss. Höchsttemp. dauernd °C	100	65	100	100
Wärmedehnungszahl × 10^6	30 bis 50	15 bis 50	10 bis 25	10 bis 25
Spez. Wärme kcal/kg °C	0,35 bis 0,36	—	0,3 bis 0,4	0,3 bis 0,4
Wärmefestigkeit nach Martens	>125	>100	—	—
Glutfestigkeit 0 bis 5	2 bis 3	3	2 bis 3	2

Die Kunstharzpreßstoffe (Formpreßstoffe und Schichtpreßstoffe) haben als
elektrotechnische Isolierstoffe auch innerhalb der Kältetechnik ein breites Anwendungsgebiet gefunden. Formteile aller Art, z. B. Spulenkörper, Anschluß-
klemmen, Schalterteile, werden als Preßteile hergestellt und dienen als Zubehör

---

[1] Siehe Nitsche-Pfestorf: Prüfung und Bewertung elektrotechnischer Isolierstoffe,
S. 300. Berlin: Springer 1940.

von Motoren, Schaltern und sonstigen elektrischen Geräten aller Art. Die Schichtpreßstoffe, Hartpapier und Hartgewebe, werden als Anschlußplatten sowie isolierende Zwischenplatten für elektrische Maschinen und Geräte verschiedenster Art verwendet.

IX. Thermoplastische und ähnliche Kunststoffe.

Die thermoplastischen Kunststoffe oder Thermoplaste sind nach ihrem chemischen Aufbau meist Polymerisate (siehe Abschnitt C II 3 b). Es bestehen drei Zustandsformen für Thermoplaste:

1. bei Temperaturen bis wenigstens 50° C sind sie fest,
2. nach Überschreitung der sogenannten Erweichungstemperatur, die für den einzelnen Stoff ziemlich genau festliegt, werden die Thermoplaste teils plastisch, teils gummielastisch,
3. bei noch höheren Temperaturen verlieren die Thermoplaste ihre Festigkeit und gehen in den teigigen oder flüssigen Zustand über.

Das temperaturabhängige Verhalten dieser Kunststoffe ermöglicht Bearbeitungsverfahren, die bei anderen Isolierstoffen nicht möglich sind, z. B. Spritzen in Formen, Schweißen, Verformung mittels Preßluft.

Durch geeignete Weichmacher und andere Zusätze zu den Polymerisaten lassen sich verschiedenartige Sondereigenschaften, wie mechanische und chemische Widerstandsfähigkeit, Unbrennbarkeit, Wasserunempfindlichkeit, Ozonbeständigkeit, Gleichstrombeständigkeit und Wärmedruckfestigkeit erzielen. Ferner können Thermoplaste glasklar sowie in verschiedenen Farben hergestellt werden.

Die elektrischen Eigenschaften der thermoplastischen Kunststoffe sind im allgemeinen gut.

Tabelle 9. *Elektrische, mechanische und thermische Stoffwerte von Thermoplasten.*

Eigenschaft Stoff	Igelit (Polyvinylchlorid)	Trolitul (Polystyrol)	Plexigum (Polymethakrylsäure-Methylester)
Durchschlagsfestigkeit bei 50 Hz kV/cm	260 bis 500	200 bis 280	200 bis 450
Dielektrischer Verlustfaktor tg δ bei 50 Hz	0,008 bis 0,016	$>$0,0002	0,01 bis 0,8
Dielektrizitätskonstante ε bei 50 Hz	$\sim$ 3	2,6	3,3 bis 4,5
Spez. Widerstand Ω cm	$>10^{14}$	10^{17} bis 18^{18}	10^{13}
Oberflächenwiderstand (Vergleichszahl)	12	$>$12	$>$ 12
Spez. Gewicht g/cm³	1,34 bis 1,36	1,05 bis 1,07	1,18
Zugfestigkeit kg/cm²	580	385 bis 600	500 bis 800
Druckfestigkeit kg/cm²	200	910 bis 950	560
Biegefestigkeit kg/cm²	950 bis 1150	500 bis 1100	1000 bis 1400
Schlagbiegefestigkeit cmkg/cm²	50 bis 240	20	20
Kerbschlagzähigkeit cmkg/cm²	5	5	—
Zulässige Höchsttemperatur, dauernd ° C	(60)	(60)	(60)
Wärmedehnzahl $\times 10^6$	70	70 bis 102	82 bis 130
Wärmeleitzahl kcal/mh °C	0,14	0,07 bis 0,14	0,16 bis 0,25
Spez. Wärme kcal/kg °C	0,24	0,32	0,45
Wärmefestigkeit nach Martens	60 bis 70	60 bis 70	62 bis 80
Glutfestigkeit (0 bis 5)	(2)	1	1

Die wichtigsten Thermoplaste wurden bereits im Abschnitt C II 3 b aufgeführt. In Tab. 9 sind die Stoffwerte von drei häufig verwendeten Thermoplasten zusammengestellt[1].

Die Anwendung der Thermoplaste für elektrotechnische Isolierzwecke ist hauptsächlich durch die Erweichungstemperatur, die zum Teil wesentlich unter 100° C liegt, begrenzt. Wo diese Temperaturgrenze aber leicht eingehalten werden kann, z. B. bei Isolierhüllen von elektrischen Leitungen sowie bei bestimmten Isolierformteilen, werden Thermoplaste in großem Umfang verwendet.

X. Isolierlacke.

Isolierlacke sind flüssige Stoffgemische, die zum Zwecke der elektrischen Isolierung auf einen Träger aufgebracht werden und nach Verdunsten eines Lösungsmittels, nach chemischer Umwandlung oder nach Ablauf beider Vorgänge einen festen Überzug bilden. Sie bestehen aus dem sogenannten Lackkörper, einem Lösungsmittel und eventuell zusätzlichen Weichmachern. Als Lackkörper werden Natur- und Kunstharze, Teerstoffe und Öle, einzeln oder mehrere dieser Stoffe kombiniert, verwendet, und man unterscheidet deshalb nach den Ausgangsstoffen Naturharzlacke (z. B. Schellack), Kunstharzlacke (z. B. Bakelitlack), Asphaltlacke, Öllacke, kombinierte Lacke, Silikonlacke u. a. Die Isolierlacke haben verschiedene Aufgaben:

Die *Tränk- und Imprägnierlacke* dienen zur Erhöhung der elektrischen Durchschlagsfestigkeit, zum Schutz gegen eindringende Feuchtigkeit, welche die Isolierfähigkeit mehr oder weniger herabsetzt, zur Erhöhung der mechanischen Festigkeit und zum Teil auch zur Verbesserung der Wärmeleitfähigkeit. Diese Lacke werden sowohl bei vollständig bewickelten Teilen, z. B. Motorständern, als auch bei einzelnen Isolierstoffen, wie Lackseide, verwendet.

Überzugslacke werden sowohl zu elektrischer Isolation wie auch als Korrosionsschutz auf metallische Teile, z. B. auf Dynamobleche elektrischer Maschinen, aufgebracht.

Die *Drahtlacke* sollen auf blanken Drähten eine gut haftende, gegen elektrische, thermische und mechanische Einflüsse möglichst unempfindliche Isolierschicht bilden. Bei den Drähten für gekapselte Kältemaschinen kommen auch noch chemische und Lösungsmittelbeständigkeit als Anforderungen an die Isolierschicht hinzu. Näheres über Lackdraht findet man am Ende dieses Abschnitts, ferner in Bd. IV.

Die sogenannten *Bindelacke* werden zur Verbindung einzelner Isolierteile aus Papier und Glimmer benutzt.

Bei hohen elektrischen Beanspruchungen, bei denen die Gefahr des Glimmens auftritt, werden Isolierlacke mit einer begrenzten Oberflächenleitfähigkeit als sogenannte *Glimmschutzlacke* verwendet.

Schließlich dienen Lacke auch zur Verbesserung der Oberflächen von Isolierstoffen sowie zur Erhöhung der Kriechstromfestigkeit.

Isolierlacke werden flüssig, meist im Tauchverfahren, auf die zu isolierenden Teile aufgebracht. Das zu tauchende Gut muß im allgemeinen vorbehandelt, z. B. getrocknet, vielfach auch evakuiert werden. Nach dem Tauchen ist die Filmbildung des Isolierlacks von entscheidender Bedeutung. Der Lackfilm als der eigentliche Träger der Isoliereigenschaften bildet sich bei der Lacktrocknung, die je nach dem verwendeten Isolierlack in freier Luft oder im Ofen über eine bestimmte Zeit erfolgen muß. Bei der Trocknung verdunstet entweder

---

[1] Siehe Fußnote 1, S. 405.

lediglich das Lösungsmittel, oder aber der Lackfilm muß auch chemisch durch Polymerisation oder Polykondensation umgewandelt werden, um eine feste Isolierschicht zu bilden. In vielen Fällen laufen auch beide Vorgänge gleichzeitig ab.

Für die Prüfung der beiden wichtigen Lackgruppen *Isolierlacke* und *Spulentränklacke* bestehen die Leitsätze VDE 0360 und VDE 0361. Beide Lackgruppen werden im flüssigen Zustand auf bestimmte Stoffeigenschaften, auf Verarbeitungseigenschaften und schließlich auf die endgültigen Eigenschaften der getrockneten Lackschicht geprüft.

1. Bei *Isolierlacken* wird nach VDE 0360 folgendes geprüft: Eigenschaften und Werte im flüssigen Zustand: Mechanische Verunreinigungen, Gehalt an nichtflüchtigen Bestandteilen, Fließfähigkeit, Flammpunkt, Verdünnbarkeit, Einwirkung auf Kupfer, Einwirkung auf Lacküberzüge. Verarbeitungseigenschaften: Trockenzeit. Eigenschaften und Werte der trockenen Lackschicht: Durchschlagsfestigkeit, Durchschlagswiderstand, dielektrischer Verlustfaktor $\operatorname{tg}\delta$, Alterungsbeständigkeit, Ölfestigkeit, Abriebfestigkeit, Schleuderfestigkeit.

2. Bei *Spulentränklacken* wird nach VDE 0361 folgendes geprüft: Eigenschaften und Werte im flüssigen Zustand: Beschaffenheit im Anlieferungszustand, Verdünnbarkeit, mechanische Verunreinigungen, Gehalt an nichtflüchtigen bzw. filmbildenden Bestandteilen, Dichte, Konsistenz, Flammpunkt, Einwirkung auf Lacküberzüge, Verdickung durch Erwärmung, Einwirkung auf Kupfer. Eigenschaften und Werte der trockenen Lackschicht: Durchhärtungs- und mechanische Eigenschaften in dicker Schicht, Isolationswiderstand getränkter Rechteckspulen in Wasser, mechanisches Verhalten in dünner Schicht, Verbackungshöhe, Durchschlagsfestigkeit, Dielektrizitätskonstante ε, dielektrischer Verlustfaktor $\operatorname{tg}\delta$, Durchgangswiderstand, Beständigkeit gegen Öl, Isolationswiderstand getränkter Rechteckspulen in feuchter Luft, Wasserdurchlässigkeit, Beständigkeit gegen Säure und Lauge, Erweichung bei Wärme und Kältebeständigkeit.

Für die getrocknete Lackschicht von Spulentränklacken sind nach VDE 0361 bestimmte elektrische Werte als Mindestwerte vorgeschrieben, die in Tab. 10 zusammengestellt sind:

Tabelle 10. *Elektrische Mindestwerte getrockneter Tränklackschichten* (nach VDE 0361).

	Normale Luftfeuchtigkeit und Raumtemperatur	Feuchte Luft und Raumtemperatur	90° C	120° C
Durchschlagsfestigkeit kV/mm	30	>10	>10	> 5
Dielektrischer Verlustfaktor $\operatorname{tg}\delta$ bei 50 Hz	—	$< 0,1$	—	$< 0,2$
Dielektrizitätskonstante ε bei 800 Hz .	—	$< 3,5$	3,5	—
Spez. Durchgangswiderstand Ω cm . . .	—	10^{12}	$>10^{10}$	$>10^{10}$

Für gekapselte Kältemaschinen haben von den aufgeführten Isolierlackgruppen in neuerer Zeit die Drahtlacke bzw. als fertiglackierte Zwischenerzeugnisse die Lackdrähte eine große Bedeutung erlangt. Wie schon weiter oben erwähnt, müssen elektrotechnische Isolierstoffe für gekapselte Kältemaschinen mit Rücksicht auf das Kältemittel sorgfältig ausgewählt werden.

Die neuerdings in Kältemaschinen häufig als Kältemittel verwendeten Freone, z. B. CF_2Cl_2, sind gegenüber vielen Kunststoffen chemisch neutral, und es besteht deshalb zusammen mit Freon die Möglichkeit, geeignete Lackdrähte für die Wicklung von gekapselten Kältemaschinen zu verwenden.

Die heute für die Lackdrähte von gekapselten Kältemaschinen meist verwendeten Isolierlacke sind auf Kunstharzbasis wie die Drahtlacke der aus den USA stammenden Formvar- und Formexdrähte oder aber auf Polyamidbasis aufgebaut. Drähte mit diesen Isolierlacken sind in elektrischer, mechanischer und thermischer Hinsicht, aber auch hinsichtlich Schichtdicke den früher in gekapselten Kältemaschinen verwendeten textilisolierten Drähten stark überlegen.

Die allgemeinen, d. h. nicht nur für Kältemaschinen geltenden Anforderungen an Lackdrähte sowie die entsprechenden Prüfungen sind in den DIN-Blättern DIN E 46453 und DIN 46454 festgelegt. Neben der maßlichen und mechanischen Prüfung des eigentlichen Kupferdrahts betreffen die nachstehenden Prüfungen hauptsächlich die Isolierlackschicht des Drahts. Geprüft werden nach DIN E46454:

<table>
<tr><td>

Aussehen der Lackschicht,
Dicke der Lackschicht,
Dehnung des Drahts einschließlich Lackschicht,
Verhalten der sogenannten Wickellocke nach bestimmter mechanischer und thermischer Vorbehandlung,
Druckempfindlichkeit der Lackschicht,
Erweichung der Lackschicht bei Erwärmung,
Beständigkeit gegen Spulenträcklack,
Beständigkeit gegen Tränkmittel,
Feuersicherheit,
Fehlerzahl der Lackschicht auf 1 m Drahtlänge,
Spannungsfestigkeit,
Spannungsfestigkeit unter mechanischem Druck bei verschiedenen Temperaturen,
Isolationswiderstand zweier Wicklungen gegeneinander in feuchter Luft sowie bei erhöhter Temperatur,
dielektrischer Verlustfaktor tg δ in feuchter Luft sowie bei erhöhter Temperatur.

</td><td>

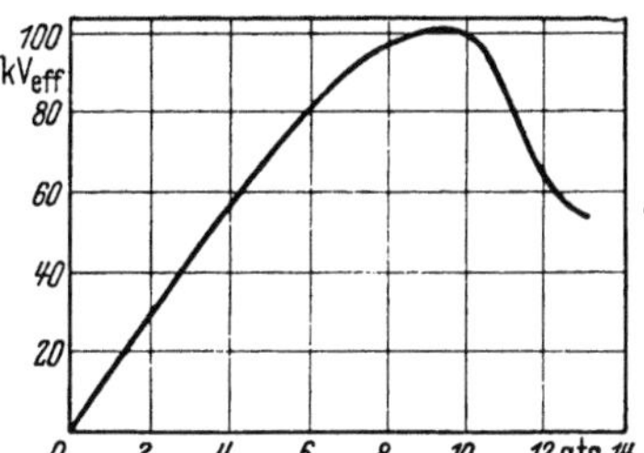

Abb. 163. Durchschlagspannung zwischen Spitze und Platte in Luft abhängig vom Druck. Schlagweite 30 mm, Frequenz 50 Hz, Temp. 20° C.

</td></tr>
</table>

Bei Verwendung von Lackdrähten in gekapselten Kältemaschinen muß zusätzlich das Verhalten des Drahts gegenüber dem Kältemittel und dem Öl eingehend überprüft werden.

XI. Gasförmige Isolierstoffe.

Gase sind normalerweise Isolatoren und leiten den elektrischen Strom nicht. Unter bestimmten Bedingungen, z. B. bei hoher Feldstärke oder durch Ionisation, können jedoch auch Gase zu Leitern werden. Je nach den Verhältnissen treten dann Glimmentladung oder elektrischer Durchschlag auf.

Für die Beurteilung von Gasen als elektrotechnische Isolierstoffe ist hauptsächlich die Durchschlagsfestigkeit von Bedeutung. Sie hängt außer von dem Stoff wesentlich von der Gasdichte, der Elektrodenform und Elektrodenanordnung, in geringem Maß auch

Tabelle 11. *Durchschlagsfestigkeit von Gasen im homogenen elektrischen Feld bei 760 mm Druck und 20° C.*

Stoff	Durchschlagsfestigkeit in kV/cm
Luft.	20
Schwefeldioxyd SO_2.	42
Freon 12 (CF_2Cl_2)	48

von der Frequenz ab. Mit steigendem Gasdruck nimmt die elektrische Durchschlagsfestigkeit zunächst proportional, bei höheren Drücken langsamer zu und kann bei sehr hohen Drücken und entsprechender Elektrodenanordnung sogar wieder abnehmen. Ein Beispiel zeigt Abb. 163.

Die Kältemittel in gekapselten Kältemaschinen müssen im flüssigen und gasförmigen Zustand elektrotechnische Isolierstoffe sein. Dies ist, wie aus Tab. 11 hervorgeht, bei den üblichen, in gekapselten Kleinkältemaschinen verwendeten Kältemitteln auch der Fall.

Da in gekapselten Kältemaschinen Drücke unter etwa 0,5 ata betriebsmäßig nicht auftreten, bereitet die elektrotechnische Isolierung der stromführenden Teile im Innern von gekapselten Kältemaschinen keine Schwierigkeiten.

Die metallischen Werkstoffe.

Von

Dr.-Ing. habil. **Hans Jungbluth,**
o. Professor für mechanische Technologie an
der Technischen Hochschule Karlsruhe

und

Dr.-Ing. **Franz Hickel,**
Obering. und Privatdozent an der
Technischen Hochschule Karlsruhe.

Mit 149 Abbildungen.

A. Eisen und Eisenlegierungen.

I. Allgemeines.

Für den Bau der Kältemaschinen und -anlagen verwendet man in der Hauptsache dieselben Werkstoffe, die auch im allgemeinen Maschinen- und Apparatebau Verwendung finden, also vornehmlich Eisen und Nichteisenmetalle und deren Legierungen. Die Auswahl unter diesen Werkstoffen geschieht auch hier besonders im Hinblick auf die geforderte Billigkeit, daneben auf die Festigkeit, Verarbeitbarkeit, manchmal auch unter besonderer Beachtung gewisser physikalischer Eigenschaften (z. B. Wärmeleitfähigkeit) oder auch chemischer Widerstandsfähigkeit. Aus Gründen der Billigkeit stehen an erster Stelle die unlegierten Stahl- und Gußeisenwerkstoffe, deren Eigenschaften für viele Maschinen und Geräteteile ausreichend sind. Steigen jedoch entweder aus Raum- oder Gewichtsgründen die Anforderungen in bezug auf die Belastbarkeit des Werkstoffes oder handelt es sich um Teile, die chemischen Angriffen ausgesetzt sind, so müssen legierte Stahl- bzw. Gußwerkstoffe gewählt werden, wobei das Ausmaß der Legierungszusätze von der Größe der Anforderungen an Beanspruchungsfähigkeit in mechanischer oder chemischer Hinsicht bestimmt wird. Während bei vielen Einzelteilen und Baugruppen des Kältemaschinenbaues die Ansprüche bezüglich der Festigkeit leicht zu erfüllen sind, wird bei anderen Teilen neben guter Korrosionsbeständigkeit und Wärmeleitzahl auch noch gute Verarbeitungsfähigkeit und Schweißbarkeit gefordert, um der Formenvielfalt (z. B. bei Wärmeaustauschern) Rechnung zu tragen. Da Korrosionsbeständigkeit, leichte und im starken Maße rißfreie Verformbarkeit ebenso wie die Wärmeleitfähigkeit hervorragende Eigenschaften einiger Nichteisenmetalle und deren Legierungen sind, wie z. B. von Kupfer, Aluminium und mehrerer ihrer Legierungen, sind diese Werkstoffe im Kältemaschinenbau besonders häufig zu finden. Wenn bei der Werkstoffauswahl nicht besondere Ansprüche, z. B. an Festigkeit, Korrosionsbeständigkeit, leichte Verarbeitbarkeit usw., entweder einzeln oder gleichzeitig gestellt werden, wodurch die Wahl in eine bestimmte Richtung gedrängt und vereinfacht wird, werden die Werkstoffeigenschaften der in Frage stehenden Materialien so abgewogen werden müssen, daß bei gesicherter Haltbarkeit niedrigste Werkstoff- und Herstellungskosten die Wahl entscheiden.

II. Eigenschaften und innerer Aufbau der Metalle.

Metalle unterscheiden sich von anderen Stoffen vorzüglich durch ein beträchtliches Reflexionsvermögen für Licht, d. h. durch ihren Glanz, durch gute Leitfähigkeit für Elektrizität und Wärme, durch ihre Widerstandsfähigkeit elastisch deformierenden mechanischen Beanspruchungen gegenüber, an die sich gutes plastisches Verformungsvermögen anschließt, wenn die Beanspruchungen weiter ansteigen.

Dieses Verhalten der Metalle ist in ihrem kristallinen Aufbau begründet[1]. Während bei den amorphen Körpern die Atome regellos verteilt sind, wie in Gasen oder Flüssigkeiten, sind sie im Kristall an eine Ordnung, an ein sogenanntes

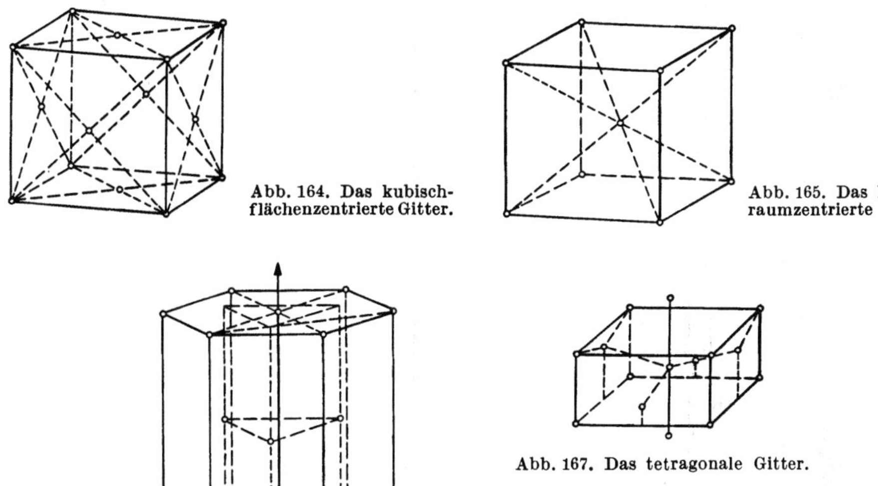

Abb. 164. Das kubisch-flächenzentrierte Gitter.

Abb. 165. Das kubisch-raumzentrierte Gitter.

Abb. 167. Das tetragonale Gitter.

Abb. 166. Das hexagonale Gitter

„Raumgitter" gebunden, wobei die Punkte des Gitters die gedachten Schwingungsmittelpunkte der Atome sind. Man kann nach den verschiedensten Gesichtspunkten solche Raumgitter theoretisch ableiten, wobei vor allem die Symmetrieverhältnisse eine Rolle spielen[2, 3]. Je nach Auffassung kann man deshalb eine verschiedene Anzahl von Kristallklassen konstruieren. Bekannt sind die 14 BRAVAISschen Translationsgitter[4], die zwar zum Großteil bei den verschie-

---

[1] Vgl. hierzu z. B. E. BRANDENBERGER: Grundriß der allgemeinen Metallkunde. München/Basel: Ernst Reinhardt 1952.

[2] Siehe z. B. P. GROTZ: Elemente der physikalischen und chemischen Kristallographie. München u. Berlin: R. Oldenbourg 1921.

[3] Siehe die Lehrbücher über Mineralogie, z. B. H. S. F. WINKLER: Struktur und Eigenschaften der Krystalle. Eine Einführung in die physikalische und chemische Krystallkunde, Berlin/Göttingen/Heidelberg: Springer-Verlag 1950 und J. E. HILLER: Grundriß der Kristallchemie, Berlin W 35: Verlag Walter de Gruyter & Co. 1952.

[4] D'ANS, J., u. E. LAX: Taschenbuch für Chemiker und Physiker, S. 146/191. Berlin/Göttingen/Heidelberg: Springer-Verlag 1949.

denen reinen Metallen auch beobachtet werden, von denen aber nur einige wenige wirklich größere Bedeutung haben. Für die Nutzmetalle kommt vor allem das kubisch-flächenzentrierte Gitter A_1 (Beispiel: Kupfer, Abb. 164) mit 4 Atomen im Elementarbereich, das kubisch-raumzentrierte Gitter A_2 (Beispiel: Wolfram, Abb. 165) mit 2 Atomen im Elementarbereich, das hexagonale Gitter dichtester Kugelpackung A_3 (Beispiel: Magnesium, Abb. 166) mit 2 Atomen im Elementarbereich und das tetragonale Gitter A_5 (Beispiel: weißes Zinn, Abb. 167) mit 2 bzw. 4 Atomen im Elementarbereich in Frage.

Diese Aneinanderreihung der Atome geschieht nicht, ohne daß Fehlstellen im Aufbau der Kristallite vorkommen. Außerdem ist festgestellt worden, daß bei einigen Metallen ganze Kristallgebiete, sogenannte Mosaikblöcke, in den Kristallisationsrichtungen von denen der Nachbargebiete abweichen. Hervorgerufen durch die verschiedenen Kristallisationsrichtungen zwischen den Kristalliten und zwischen den Mosaikblöcken entstehen sowohl an den Mosaik- als auch an den Kristallkorngrenzen nichtreguläre Atomanordnungen, die man als „Bindefehler" bezeichnen kann.

Die Kristallite können bei Abwesenheit von Legierungselementen und ungewollten Begleitern nur aus einer Atomart aufgebaut sein. Die technischen Metalle enthalten jedoch meistens gewollte oder ungewollte Zusätze bzw. Verunreinigungen, die sich entweder mit den Atomen des Grundwerkstoffes zu Mischkristallen vereinigen oder die sich an Störstellen der regulären Atomanordnung, z. B. an den Mosaik- oder Korngrenzen, ablagern. In den Mischkristallen sind entweder Atome des Grundwerkstoffes im Gitter ersetzt durch Gastatome (Substitutionsmischkristalle) oder es befinden sich die Gastatome in besonders großen freien Räumen zwischen den Atomwirkungsbereichen, die durch die Art der Aneinanderlagerung der Atome entstanden sind (Einlagerungsmischkristalle).

Das Kristallhaufwerk kann entweder nur aus einer Kristallart als Rein- oder Mischkristall oder aus mehreren verschiedenen bestehen. Ein derartiger, aus zwei oder mehreren Kristallarten bestehender heterogener Aufbau zeigt zwar bei mengenmäßig zunehmendem Vorhandensein zusätzlicher härterer Phasen größere Festigkeit, aber kleinere Verformungsfähigkeit und geringere Korrosionsbeständigkeit. Nachdem man seit langem versucht hat, z. B. den Verformungsablauf im Kristallhaufwerk bei auftretenden äußeren Beanspruchungen zu analysieren, hat man seit ungefähr 30 Jahren, seitdem man Metalleinkristalle[4] in genügender Größe herstellen kann, an diesen Messungen der Verformungen bei mechanischen Beanspruchungen durchgeführt. Mehrere Forscher haben die Ergebnisse der langjährigen Arbeit in Abhandlungen[1-4] wiedergegeben.

III. Das Verhalten von Einkristallen bei mechanischer Beanspruchung.

Bei geringen Beanspruchungen sind die Änderungen der Atomabstände in den Mosaik- und Kristallkörpern nur gering und elastischer Art. Bei zunehmender Beanspruchung treten von einer ausgeprägten Spannung ab, die als kritische Schubspannung bezeichnet wird, plastische Verformungen der Kristalle auf. Es bilden sich in geometrisch bestimmten, von der Lage der Kristallachsen ab-

[1] Schmid, E., u. W. Boas: Kristallplastizität. Struktur und Eigenschaft der Materie, Bd. 17. Berlin: Springer 1935.

[2] Elam, C. F.: Distortion of Metal Crystals. Oxford: Clarendon Press 1935.

[3] Ewald, P. P.: Naturwiss. Bd. 24 (1936) S. 277.

[4] Kochendörfer, A.: Plastische Eigenschaften von Kristallen und metallischen Werkstoffen. Berlin: Springer 1941.

hängigen Ebenen Gleitungen in Gleitschichten aus, die an der Kristalloberfläche als Gleitlinien in Erscheinung treten[1,2]. Die Gleitebenen sind ebenso wie die Gleitrichtungen durch möglichst dichte Atomanordnung gekennzeichnet.

BROWN[3] hat an Hand von elektronenoptischen Untersuchungen an Aluminium festgestellt, daß das erste Auftreten von Gleitlinien bezüglich Form und Anordnung unabhängig von der Verformungstemperatur ist, daß aber mit fortschreitender Verformung die hinzutretenden Gleitlinien bis zum Erreichen eines Mindestabstandes als einfache Linien entstehen, wenn die Verformungstemperatur niedrig ist. Bei hohen Verformungstemperaturen ist die Neubildung von Zonen nicht so häufig, da die Gleitlinien mehr büschelförmig auftreten und deshalb die Abstände zwischen den Zonen größer sind.

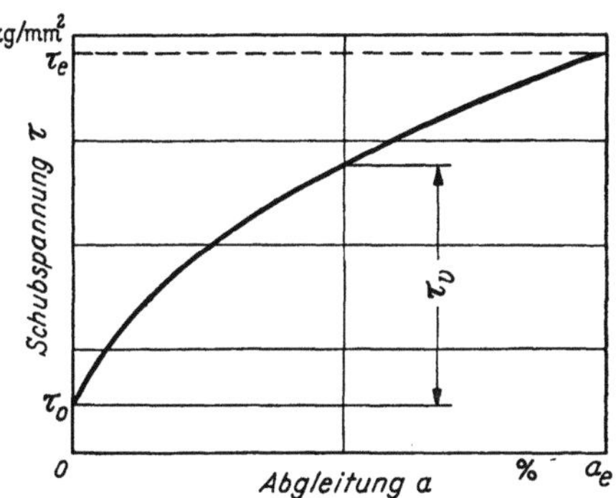

Abb. 168. Allgemeiner Verlauf einer Verfestigungskurve (nach A. KOCHENDÖRFER) τ_0 kritische Schubspannung, τ_v Verfestigung.

Der Zusammenhang zwischen Schubspannung und Abgleitung, wie er bei der Beanspruchung von Einkristallen festgestellt wird, ist in Abb. 168 schematisch wiedergegeben. Als Abgleitung wird die Verschiebung in den Gleitebenen bezeichnet, die eine Kristallschicht von der Stärke gleich der jeweiligen Maßeinheit erfährt. Die Spannung, bei der erstmalig deutliche Abgleitung auftritt, bezeichnet man als kritische Schubspannung (τ_0). Sie ist in starkem Maße vom Reinheitsgrad des

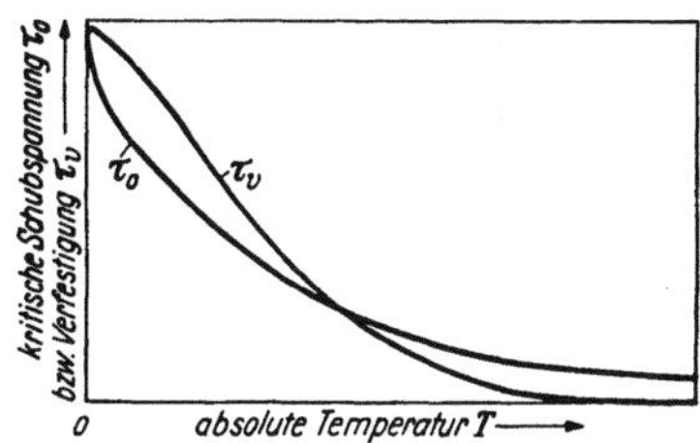

Abb. 169. Allgemeine Abhängigkeit der kritischen Schubspannung τ_0 und der Verfestigung τ_v von der Temperatur (nach A. KOCHENDÖRFER).

Metallkristalls und von der Verformungstemperatur abhängig (Abb. 169). Nach Einsetzen der ersten Verformung treten weitere nur nach Überwindung der Verfestigung (τ_v) ein, die ebenso wie die kritische Schubspannung temperaturabhängig ist. Unter Endschubspannung (τ_e) wird die zur größten, also zur Endabgleitung (a_e) zugehörige Beanspruchung verstanden. Abb. 170 gibt Schubspannungsabgleitungslinien wieder, wie sie an Einkristallen verschiedener reiner Kristalle ermittelt und von A. KOCHENDÖRFER zusammengestellt wurden.

In Tab. 1[4] sind für einige Metalle der wichtigsten Kristallsysteme sowohl die an Einkristallen gemessenen als auch die an Kristallhaufwerken festgestellten charakteristischen Spannungen und Abgleitungen wiedergegeben.

Abb. 171[5] enthält die schematische Wiedergabe der Zusammenhänge zwischen der Temperatur und den Spannungs- und Verformungswerten bei der mechanischen Beanspruchung von Einkristallen und von Kristallhaufwerken der wichtigsten Kristallisationssysteme. Für die Kristallhaufwerke sind auch Schlagzähigkeitswerte und Wechselfestigkeiten eingetragen. Abgesehen davon, daß bei Metallen mit kubisch-flächenzentriertem Gitter sowohl kritische als auch

---

[1] SMEKAL, A.: Handbuch der Physik Bd. 24/2. Berlin: Springer 1933.

[2] BURGERS, W. G.: Handbuch der Metallphysik, hrsg. von E. MASING, Bd. III. Leipzig: Akad. Verl.-Ges 1941.

[3] BROWN, A. F.: Metallurgical Applications of the Electron-Microscope. Inst. of Metals, Monograph and Report Series Nr. 8 (1950) S. 103.

[4] BRANDENBERGER, D. E.: a. a. O., siehe Fußnote 1, S. 411/S. 71.

[5] Aus K. WELLINGER u. A. HOFMANN: Z. Metallkde. Bd. 39 (1948) S. 233/239.

Tabelle 1. *Charakteristische Spannungen und Abgleitungen.*

	Kubisch-flächenzentrierte Gitter				Kubisch-raumzentriertes Gitter	Hexagonale Gitter	
	Cu	Al	Ag	Ni	Fe	Mg	Zn
Einkristall							
τ_0 kg/mm² .	0,10	0,30	0,06	0,58	3,8	0,083	0,094
τ_e kg/mm² .	6,8	4,4	3,9	7,0	—	2,1	1,4
a_e %	72,5	100	50	31	—	350	500
Vielkristall							
σ_F kg/mm² .	6 bis 8	2,5 bis 3,5	4 bis 5	11 bis 18	10 bis 14	2,1	4
σ_B kg/mm² .	21 bis 24	7 bis 11	13 bis 15	40 bis 53	18 bis 25	10 bis 13	2 bis 7
ε_B %	38 bis 50	30 bis 45	50	35 bis 45	40 bis 50	5 bis 7	18 bis 35

τ_0 kritische Schubspannung, τ_e Endschubspannung, a_e Endabgleitung, σ_F Streckgrenze, σ_B Zugfestigkeit, ε_B Bruchdehnung.

Endschubspannung (τ_e nach Abb. 168) nicht in dem Maße zunehmen wie bei hexagonalem Gitteraufbau, fällt bei Kristallen mit kubisch-flächenzentrierter Gitteranordnung besonders die mit fallender Temperatur etwa gleichbleibende Endabgleitung (a_e) auf. Trotz Verringerung der Atomabstände und der Schwingungsweiten mit abnehmender Temperatur bleibt die Gleitfähigkeit der Metalle mit kubisch-flächenzentriertem Gitter infolge der dichten und gleichmäßigen Atomanordnung bis zu den tiefsten Temperaturen erhalten. Bei amorphen Körpern, bei denen eine geometrisch festgelegte Anordnung der Atome fehlt, gibt es bei tiefen Temperaturen überhaupt keine Verformungsmöglichkeit mehr, sie brechen, ohne sich vorher plastisch verformt zu haben.

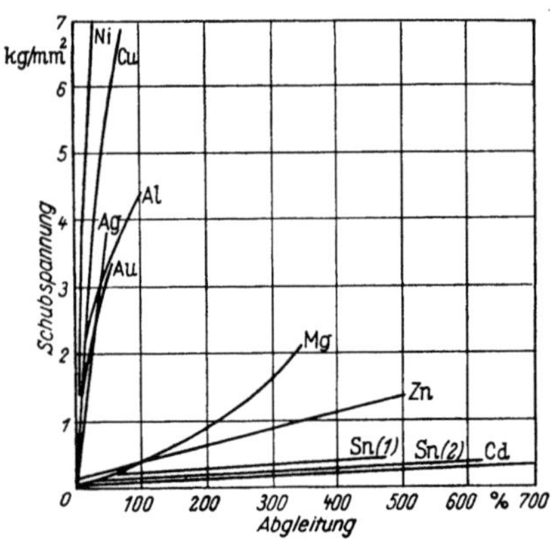

Abb. 170. Verfestigungskurven von [Metallkristallen bei Zimmertemperatur (aus E. Schmid u. W. Boas: Kristallplastizität. Struktur und Eigenschaften der Materie. Bd. 17. Berlin: Springer 1935).

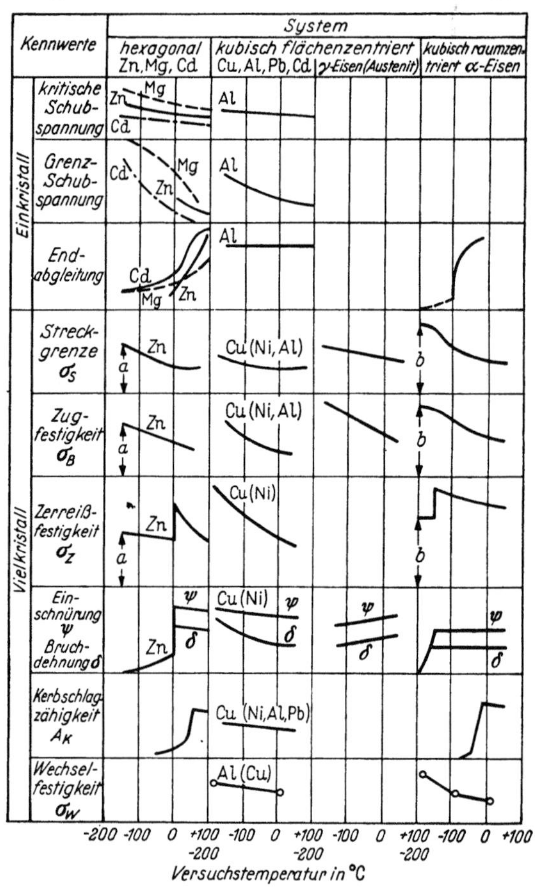

Abb. 171. Schematischer Verlauf verschiedener Festigkeits-Kennwerte am Ein- und Vielkristall unter dem Einfluß tiefer Temperaturen (nach K. Wellinger und A. Hofmann).

Zusammenhänge zwischen der kritischen Schubspannung und der Gleitgeschwindigkeit, gemessen an Zinnkristallen, zeigt Abb. 172. Die Schubspannung steigt bei kleiner Gleitgeschwindigkeit schnell, dann aber nur allmählich an. Neben diesem Einfluß ganz geringer Beanspruchungsgeschwindigkeiten besteht noch ein deutlicher Einfluß großer, schlagartiger Beanspruchungsgeschwindigkeiten auf die kritische Schubspannung. Diese nimmt ebenso wie die Verfestigung bei schlagartigen Beanspruchungen gegenüber den geringen Veränderungen der beiden Eigenschaften im Bereich der normalen Belastungsgeschwindigkeiten stark zu.

Hauptsächlich geht die Verformung von Kristallen unter Abgleiten längs Ebenen, die durch den Aufbau der Kristallkörper und durch die Besetzung mit Atomen besonders ausgezeichnet

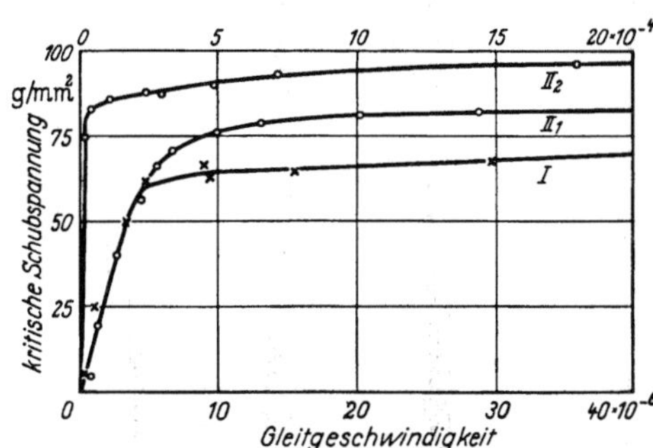

Abb. 172. Verlauf der kritischen Schubspannung mit zunehmender Gleitgeschwindigkeit bei Zinnkristallen. Für die Kurven I und II₁ gilt der untere, für die Kurve II₂ der obere Maßstab für die Gleitgeschwindigkeit [aus B. CHALMERS: Proc. roy. Soc. London Bd. 156A (1936), S. 427].

sind, vor sich. Seltener als diese Gleitungen treten Verformungen durch Schiebungen (mechanische Zwillingsbildung) auf. Während sich bei der Gleitung Teilgebiete der Kristalle parallel aneinander vorbeibewegen, kommt es bei der Schiebung zum Umklappen eines Kristallteils in eine neue, zur alten symmetrischen Lage, wie man sie durch Spiegelung um eine Symmetrieebene oder Drehung um eine Symmetrieachse erreichen kann[1]. Die Schiebung ist bei weitem seltener als die Gleitung. Gleitungen und Schiebungen sind im metallographischen Schliff nachweisbar.

Welche Gleitebenen bei verschiedenen Verformungstemperaturen vor allem in Frage kommen, hängt nach den Untersuchungen von ANDRADE und CHOW[2] bei kubisch-raumzentrierten Gittern ab von dem Verhältnis

$$\Theta = \frac{\text{Prüftemperatur in } ^{\circ}\text{K}}{\text{Schmelzpunkt in } ^{\circ}\text{K}} \, . \tag{1}$$

In Tab. 2 sind die Zusammenhänge zwischen dieser Verhältniszahl und den nach MILLER[3] bezeichneten Gleitebenen für einige Metalle wiedergegeben.

Soweit diese wenigen Angaben einen Schluß zulassen, ist zu erkennen, daß bis zu Θ-Werten von etwa 0,2 bei den Verformungen andere Gleitebenen bevorzugt werden als bei größeren Θ-Werten. Kubisch-raumzentriertes Eisen ließ sich in diese Gesetzmäßigkeit nicht einreihen.

Tabelle 2. *Gleitebenen in kubisch-raumzentrierten Metallen.*
(Nach ANDRADE und CHOW.)

Prüftemperatur (°C)	Θ	Metall	Gleitebene (nach MILLER)
20	0.08	Wolfram	(112)
20	0,10	Molybdän	(112)
300	0,20	,,	(112)
20	0,26	β-Messing	(110)
1,000	0,44	Molybdän	(110)

---

[1] Siehe Fußnote 3, S. 411.

[2] ANDRADE, E. N., u. Y. S. CHOW: Proc. roy. Soc., Lond. Bd. 175A (1940) S. 290.

[3] Bezüglich der MILLERschen Bezeichnungen für die Kristall- bzw. Gleitebenenflächen und Gleitrichtungen wird auf die schon genannten (s. Fußnote 3, S. 411) Lehrbücher der Mineralogie oder Kristallographie und auf J. D'ANS u. E. LAX: Taschenbuch für Chemiker und Physiker (s. Fußnote 4, S. 411) verwiesen.

Aufbauend auf den Erkenntnissen über den Spannungs-Verformungs-Ablauf an Einkristallen gelang es, für einige kubisch-flächenzentrierte Metalle und für Eisen die Vielkristalldehnungskurven, die Streckgrenzen und Zugfestigkeitswerte in Abhängigkeit von der Temperatur und von der Verformungsgeschwindigkeit mit guter Annäherung zu berechnen[1].

IV. Das Verhalten des Kristallhaufwerks bei mechanischer Beanspruchung.

Technische Kennwerte.

Alle Einzelteile, Baugruppen, Maschinen und Konstruktionen, gleichgültig, ob sie äußeren Beanspruchungen ausgesetzt sind, ob sie durch Massenkräfte beansprucht werden oder ob sie nur durch ihr Eigengewicht Spannungen erhalten, sollen aus Werkstoffen hergestellt sein, die nicht nur widerstandsfähig gegen Bruch sind, sondern je nach dem Verwendungszweck eine mehr oder weniger große Form- und Maßhaltigkeit aufweisen. Die Größe der zulässigen Verformung ist einerseits durch die Art und Arbeitsweise des Konstruktionsteils gegeben, andererseits auch dadurch begrenzt, daß sie bei wechselnder Beanspruchung keine Bruchgefahr bedeuten darf. Im Bereich der Gültigkeit des Hookeschen Gesetzes besteht für die Kristallhaufwerke bei steigenden Beanspruchungen bis zur sogenannten Proportionalitätsgrenze Verhältnisgleichheit zwischen Spannung und Dehnung. Die Neigung der Geraden, die den Zusammenhang zwischen Spannung und spezifischer Dehnung darstellt $\left(\operatorname{tg}\alpha = \dfrac{\sigma}{\varepsilon} = E\right)$, wird als Elastizitätsmodul (Youngscher Modul) bezeichnet. Solange die Beanspruchungen innerhalb dieses Spannungsbereiches verbleiben, sind nach der Entlastung ohne weiteres meßbare, bleibende Verformungen nicht vorhanden.

Bei größeren Spannungen ergeben sich nach der Entlastung mit der Beanspruchung zunehmende bleibende Verformungen. Zu vereinbarungsgemäß festgelegten Verformungswerten zugehörige Spannungen werden besonders bezeichnet, so z. B. die Spannung, die nach der Entlastung eine bleibende Verformung von 0,01% ergibt. Diese wird als Elastizitätsgrenze ($\sigma_{0,01}$) bezeichnet. Für alle Konstruktionsteile, für deren Funktion und Haltbarkeit so kleine bleibende Verformungen nicht von Bedeutung sind, ist je nach Eigenart des Werkstoffes entweder die ausgeprägte Streckgrenze (σ_S) oder die zu einer bleibenden Dehnung von 0,2% nach der Entlastung gehörige Beanspruchung ($\sigma_{0,2}$) genannt 0,2- (Dehn-) Grenze, die höchste Beanspruchung, die bei langsamen und nicht häufigen Be- und Entlastungen mit Sicherheit nicht erreicht werden soll. Bei wechselnden Beanspruchungsrichtungen (z. B. Zug—Druck) darf der Beanspruchungswert jedoch nur einen Bruchteil der Dehn- bzw. Streckgrenze erreichen, wenn langzeitige Haltbarkeit gesichert sein soll. Der Fachausschuß für Maschinenelemente beim Verein Deutscher Ingenieure hat seit langem in vier Arbeitsblättern Diagramme über die Zusammenhänge zwischen zulässigen Vorspannungen und zusätzlichen wechselnden Beanspruchungen bei feinstbearbeiteter Oberfläche für einige oft verwendete Stähle zusammengestellt.

Aus Gründen möglichst guter Werkstoffausnützung, was die Haltbarkeit und Beanspruchungsfähigkeit betrifft, ist man bestrebt, mit Hilfe von Wärmebehandlungen oder Kaltverformungen die σ_S- bzw. $\sigma_{0,2}$-Grenze möglichst

---

[1] Zum Beispiel A. Kochendörfer: Z. Metallkde. Bd. 38 (1947) S. 173/186.

hoch und möglichst nahe am Zugfestigkeitswert σ_B zu erhalten, muß dabei allerdings eine Verringerung der Dehnfähigkeit in Kauf nehmen. Das Verhältnis von Streck- bzw. Dehngrenze zur Zugfestigkeit, kurz Streckgrenzenverhältnis genannt, hat sich als Werkstoffkennwert durchgesetzt.

Neben diesen, die Widerstandsfähigkeit charakterisierenden Kenngrößen werden Kennwerte, die die plastische Verformbarkeit des Vielkristallhaufwerkes charakterisieren, bestimmt. Die z. B. beim Zugversuch festgestellte Bruchdehnung δ und Einschnürung ψ geben nicht nur einen Hinweis auf Unregelmäßigkeiten in der Herstellung oder Wärmebehandlung, sondern sie sind als Kennwerte besonders bei relativ weichen Werkstoffen für die Kaltverarbeitung wichtig. Aber auch die Haltbarkeit von Konstruktionsteilen, in denen die Spannungen z. B. infolge der Formgebung oder infolge von Temperatureinflüssen sehr unterschiedliche Werte annehmen können, ist um so mehr gesichert, je mehr Spannungserhöhungen über die Dehn- bzw. Streckgrenze durch möglichst große Dehnfähigkeit vor dem Bruch abgebaut werden.

Aus den aus dem Zugversuch ermittelbaren Qualitätszahlen können mit Hilfe von Faktoren, die aus der Erfahrung oder durch besondere Untersuchungen erhalten wurden, auch die Streckgrenzen, wie sie bei anderen einfachen Beanspruchungen (Druck, Biegung oder Verdrehung) auftreten, und Wechselfestigkeitswerte angenähert berechnet werden. Bei ausgeprägt räumlicher Spannungsverteilung ist man bei normaler und bei hoher Temperatur besonders bei wechselnder Beanspruchung auf die praktische Erprobung angewiesen, wenn die Haltbarkeit lebenswichtiger Teile mit guter Sicherheit festgestellt werden muß. Derartige Erprobungen sind auch noch vielfach bei Teilen erforderlich, die Belastungen mit hohen Beanspruchungsgeschwindigkeiten besonders bei tiefen Temperaturen ausgesetzt werden sollen. Diese praktischen Erprobungen werden wegen der Empfindlichkeit metallischer Werkstoffe gegenüber der Menge und Verteilung von gewollten und ungewollten Legierungsbestandteilen erforderlich. Diese Empfindlichkeit in bezug auf das mechanische Verhalten wirkt sich je nach der Temperatur verschieden aus. So können mengenmäßig geringe Legierungszusätze bei hohen Temperaturen zur Verringerung der Kriechgeschwindigkeit bei lang dauernden statischen Beanspruchungen führen, hingegen können sie bei tiefen Temperaturen die Bruchempfindlichkeit besonders bei hohen Beanspruchungsgeschwindigkeiten erhöhen. Die Sicherheit, mit der qualitative Angaben über das zu erwartende Verhalten bei hohen Beanspruchungsgeschwindigkeiten bei tiefen Temperaturen zutreffen, wird durch die mit abnehmender Temperatur zunehmende Empfindlichkeit des Verformungsablaufs besonders bei Eisenwerkstoffen herabgesetzt. Deshalb sind praktische Prüfungen unter diesen Beanspruchungen unerläßlich, solange die Sicherheit gleichmäßiger Ausgangsstoffe und unveränderter Herstellungs- und Verarbeitungsbedingungen nicht voll gegeben ist.

Abb. 171 enthält schematisch die charakteristischen Werte von Einkristallen verschiedener Kristallisationssysteme und die Änderungen dieser Werte bei tiefen Temperaturen. Während Streckgrenze, Zug- und Wechselfestigkeit bei den Vielkristallen der verschiedenen Kristallsysteme mit abnehmender Temperatur zu größeren Werten ansteigen, fällt die Einschnürung und die Kerbschlagzähigkeit bei hexagonaler und kubisch-raumzentrierter Kristallisation nach anfänglichem Anstieg steil ab; beide Eigenschaften bleiben im kubisch-flächenzentrierten Kristallsystem bis zu viel tieferen Temperaturen konstant oder steigen sogar noch etwas.

V. Das Verhalten der Eisen- und Stahllegierungen bei tiefen Temperaturen.

1. Übersicht.

Untersucht man ferritisch-perlitische Stähle bei tiefen Temperaturen auf ihr Verhalten bei langsam zunehmender Beanspruchung, so stellt man allgemein fest, daß die Widerstandsfähigkeit gegen Verformungen, ausgedrückt durch den Elastizitätsmodul, die Streckgrenze und Zugfestigkeit, aber auch die bei wechselnder Beanspruchung festgestellte Dauerfestigkeit mit sinkender Temperatur zunimmt, daß dagegen die Meßwerte der plastischen Verformbarkeit, wie Dehnung und Einschnürung, dabei abnehmen.

Treten jedoch an Konstruktionsteilen aus Stahl Beanspruchungen mit großen Belastungsgeschwindigkeiten bei Temperaturen um 0° oder bei noch tieferen Temperaturen und bei mehrachsiger Verspannung auf, so kann man je nach Stahlqualität und je nach den Versuchsbedingungen verschieden große Widerstandsfähigkeit und Bruchausbildung feststellen. Wie bereits im vorhergehenden Abschnitt erwähnt, neigen besonders die unlegierten Stähle unter den oben erwähnten Bedingungen nicht, wie zu erwarten, zu zäher Bruchausbildung, sondern sie brechen häufig bereits nach geringer Verformung, also nach Aufwendung von nur geringfügiger Verformungsarbeit. Dabei entsteht eine körnigglitzrige Bruchfläche. Um Stähle mit geringer Widerstandsfähigkeit gegen derartige Bruchausbildung rechtzeitig von der Verwendung ausschließen zu können und so Schadensfälle dieser Art bei erschwerten Beanspruchungsbedingungen zu vermeiden, werden u. a. Kerbschlagzähigkeitsprüfungen nach DIN 50115 durchgeführt. Nach Größe und Form genormte Probekörper, die in der Mitte ihrer größten Abmessung eine Kerbe aufweisen, werden in der Art geprüft, daß die Arbeitsaufnahme festgestellt wird, die zum Durchbrechen der Probe mit Hilfe eines Pendelhammers erforderlich ist.

Bei Anwendung von Probekörpern mit verschiedener Kerbschärfe besteht die Möglichkeit, die Sprödbruchempfindlichkeit unter für den Werkstoff schärferen oder milderen Bedingungen zu untersuchen. Zur Feststellung der Sprödbruchneigung in Abhängigkeit von der Temperatur ist die Aufnahme von Kerbschlagzähigkeits-Temperaturkurven erforderlich. Man erhält hierbei Linienzüge, wie sie in Abb. 173 schematisch wiedergegeben sind. Im Bereich der sogenannten Kerbschlagzähigkeits-Hochlage werden Verformungsbrüche, in dem der Tieflage dagegen verformungslose Trennungsbrüche (Sprödbrüche) erhalten. Zwischen Hoch- und Tieflage liegt ein Streugebiet, in dem die Werte der Kerbschlagzähigkeit zwischen denen der Hochlage und denen der Tieflage streuen können und in dem Mischbrüche mit teilweise zäher und teilweise spröder Bruchausbildung

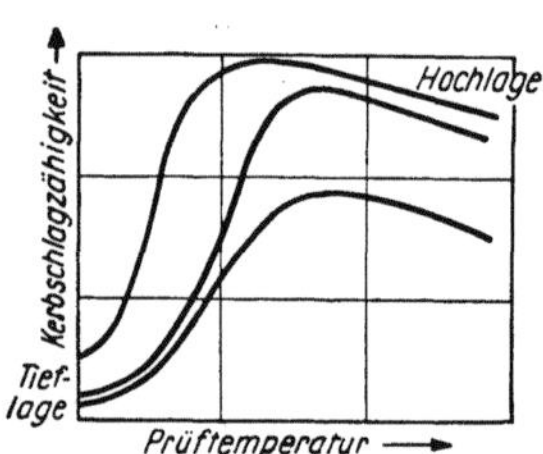

Abb. 173. Kerbschlagzähigkeitstemperaturzusammenhänge (schematisch).

anfallen. Dieses Streugebiet erstreckt sich je nach Stahlqualität und Wärmebehandlung über einen mehr oder weniger großen Temperaturbereich.

Für die Beurteilung eines Stahles in bezug auf seine Sprödbruchempfindlichkeit sind weniger die Kerbschlagzähigkeitswerte in der Hochlage (angegeben in mkg/cm²) von Interesse, sondern besonders die Temperatur des einsetzenden Steilabfalls bzw. bei allmählichem Übergang zur Tieflage die Grenztemperatur, bei der je nach Wichtigkeit des herzustellenden Teils an der unteren Streugrenze eine Kerbschlagzähigkeit von 2 bis 4 mkg/cm² unterschritten wird.

Im Gegensatz zu den technischen Beanspruchungsgrenzen, wie sie bei langsamer Belastung oder bei wechselnden Beanspruchungen gefunden werden, sind

die Prüfbedingungen, z. B. die Temperatur, bei der bereits Sprödbrüche auftreten, bei gleicher Stahlzusammensetzung in sehr starkem Maße vom Her-
stellungsverlauf und von geringfügig erscheinenden Abwandlungen bei der
Warmverformung und Wärmebehandlung usw. abhängig. Bei großer Beanspruchungsgeschwindigkeit kommt sowohl der Menge als auch der Verteilung der
ungewollten Eisenbegleiter, z. B. Sauerstoff, Stickstoff, Phosphor, für den Ablauf der Verformungsvorgänge große Bedeutung zu. Leider gibt auch die mikro-
skopische Untersuchung nicht immer Hinweise auf eventuell vorhandene Sprödbruchanfälligkeit, da diese nicht mit dem Auftreten einer besonderen Gefüge-
phase verbunden sein muß.

In legierungstechnischer Hinsicht wurde erkannt, daß Sprödbruchempfindlichkeit herabgesetzt wird:

bei unlegierten Stählen durch gegenüber dem Kohlenstoffgehalt möglichst
großen Mangangehalt (möglichst siebenfach),

bei niedrig legierten martensitischen Stählen durch Nickel bzw. richtig ab-
gestimmte Chrom-Nickel-Zusätze,

bei austenitischen Stählen, ebenfalls durch hohe Chrom-Nickel- oder Mangan-
zusätze in einem solchen Maße, daß der Austenit auch bei tiefen Verwendungstemperaturen und nach Verformungen beständig bleibt.

Was die Kleingefügeausbildung betrifft, so haben sich feinkörnige Gefüge
günstiger als grobkörnige Kristalle erwiesen. Vergütungsgefüge nach Härtung
von möglichst niedriger Temperatur und nach hohem Anlassen ist günstiger als
die Gefügeausbildungen nach anderen Wärmebehandlungen.

Bei der Dimensionierung von Teilen, die bei tiefen Temperaturen eingesetzt
werden sollen, können die technischen Kennwerte als Grundlage herangezogen
werden, die bei normalen Temperaturen festgestellt wurden. Treten jedoch Beanspruchungen auf, die infolge zwangsweise einsetzender Dehnungen bei tiefen
Temperaturen entstehen, so ist es ratsam, für ihre Berechnung die bei diesen
Temperaturen geltenden Elastizitätsmodulen einzusetzen. Die Auswahl des Werkstoffes muß darauf gerichtet sein, daß er bei den tiefsten in Frage stehenden
Verwendungstemperaturen noch Kerbschlagzähigkeitswerte über der bereits
angegebenen Grenze, also von mindestens 2 bis 4 mkg/cm² besitzt. Besonders
bei Teilen, deren Ausfall unliebsam lange Betriebsunterbrechungen mit sich
bringt oder Menschenleben gefährden kann, ist die Verwendung eines genügend
zähen Materials erforderlich.

Bei der Formgebung im Hinblick auf möglichst geringe Sprödbruchempfindlichkeit gelten dieselben Regeln, wie sie auch für Teile, die bei Normaltempera-
turen Verwendung finden, beachtet werden müssen. Ihre Berücksichtigung ist
jedoch bei tiefen Temperaturen noch dringender. Anzustreben sind möglichst
geringe Querschnittsunterschiede, die die elastischen und eventuell geringen
plastischen Verformungen in gleichmäßigem, möglichst einachsigem Spannungs-
zustand aufnehmen sollen.

Es ist auch darauf hinzuweisen, daß natürlich neben den durch die Formgebung hervorgebrachten Einwirkungen für die Entstehung von Sprödbrüchen
auch noch diejenigen von Bedeutung sein können, die z. B. durch Material-
fehler, wie Lunker, grobe Einschlüsse, Gasblasen oder Bindefehler, wie sie etwa
beim Schweißen entstehen können, hervorgebracht werden. Deshalb müssen
Schweißungen an Teilen für tiefe Temperaturen unter Anwendung entsprechenden Zusatzmaterials porenfrei und ohne Einbrandkerben durchgeführt werden.
Verbleibende Eigenspannungen sind möglichst durch Wärmenachbehandlungen

zu beheben. Ebenso ist durch Nacharbeit der Schweißungen an der Oberfläche für gute Ebenheit zu sorgen.

In welchem Maße gerade die Sprödbruchempfindlichkeit, die in mechanischer Hinsicht für die Verwendungsfähigkeit von Stählen bei tiefen Temperaturen mit ausschlaggebend ist, durch die Behandlung bei der Herstellung, vor allem durch gute Desoxydation und Behandlung mit Aluminium, durch die Legierung und die Wärmebehandlung beeinflußt wird, soll durch die Wiedergabe einiger Versuchsergebnisse aus einer großen Anzahl von Forschungsarbeiten über das Verhalten verschiedener Stähle in den anschließenden Abschnitten gezeigt werden.

2. Reines Eisen.

a) Physikalische Eigenschaften. Eisen ohne bzw. mit nur sehr geringen Mengen der bei den üblichen technischen Herstellungsverfahren zur Stahlgewinnung hinzutretenden oder bereits aus dem Roheisen stammenden Verunreinigungen wird je nach dem Verfahren, nach dem es auf seinen hohen Reinheitsgrad gebracht wird, z. B. als Armco-, Elektrolyt- oder Carbonyleisen bezeichnet und nur in anteilmäßig geringen Mengen, besonders für physikalische Zwecke verwendet. Es kristallisiert im Temperaturbereich zwischen normaler Temperatur und 906° sowie zwischen 1401° und 1528° in kubisch-raumzentrierter, im Bereich zwischen 906° und 1401° C in kubisch-flächenzentrierter Atomanordnung. Liegt Eisen bei Temperaturen bis 906° C vor, so wird es als α-Eisen, bei höheren Temperaturen bis 1401° als γ-Eisen, darüber bis zum Schmelzpunkt als δ-Eisen bezeichnet. Einige physikalische Eigenschaften von Eisen sind in Tab. 3 wiedergegeben.

Tabelle 3. *Physikalische Eigenschaften des Eisens.*

Chemisches Zeichen		Fe
Ordnungszahl		26
Atomgewicht		55,85
Atomvolumen cm^3/g Atom		7,10
Spez. Gewicht (Wichte) g/cm^3 bei 20° C		7,86
Schmelzpunkt °C		1528
Spez. Wärme kcal/kg °C bei 20° C		0,11
Schmelzwärme kcal/kg		65
Linearer Wärmeausdehnungskoeffizient °C^{-1}	0° bis 100° C	$12,5 \cdot 10^{-6}$
	0° bis − 20° C	$11,0 \cdot 10^{-6}$ [1]
	160° bis −180° C	$5,8 \cdot 10^{-6}$ [1]
Wärmeleitzahl kcal/m h °C	20° C	64,7 [2]
	−183° C	80,6
Elektr. Leitfähigkeit m/Ohm mm^2 bei 20° C		9
Elastizitätsmodul kg/mm² bei	20° C	21 500
	−180° C	22 600

Die Veränderlichkeit der spezifischen Wärme, der Wärmeleitfähigkeit und des elektrischen Widerstandes (bezogen auf den Widerstand bei 0° C) mit der Temperatur ist in den Abb. 174, 175 und 176 aus Metals Handbook 1948, S. 424, 425,

---

[1] Nach Metals Handbook, 1948 Edition published by The American Society for Metals, Cleveland, S. 205.

[2] Die Werte schwanken sehr, je nach Reinheit des Eisens. A. Rose gibt an im Werkstoffhandbuch Stahl und Eisen. 3. Aufl. A 105–2 für schwedische Eisen nach Houda bei 0° C 0,134 und bei 100° C 0,131 $cal \cdot cm^{-1} \cdot sec^{-1} \cdot °C^{-1}$, was bei 20° C einem Wert von 48 kcal/m h°C entspricht.

wiedergegeben. Der in Abb. 176 von REID L. KENYON eingezeichnete Verlauf eines temperaturabhängigen Koeffizienten des elektrischen Widerstandes wird vom Verfasser als der wahrscheinliche angenommen, da sowohl die chemische Vor-

behandlung als auch das Kornwachstum bei Temperaturen über 600° C den elektrischen Widerstand beeinflussen.

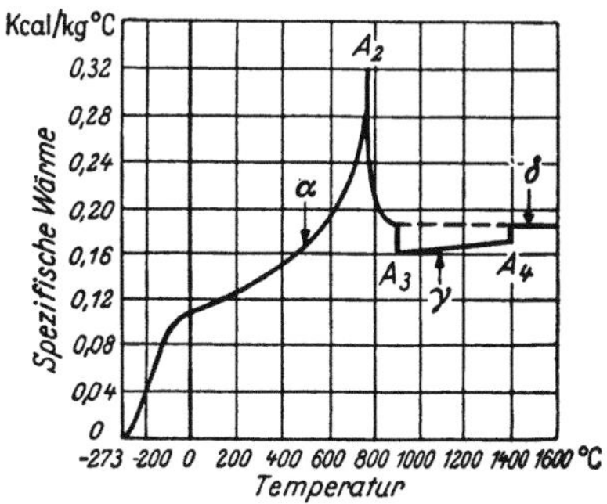

Abb. 174. Spezifische Wärme von Eisen (nach AUSTIN). A_2, A_3, A_4: Umwandlungspunkte von reinem Eisen. α, γ, δ: Gitterformen des Eisens.

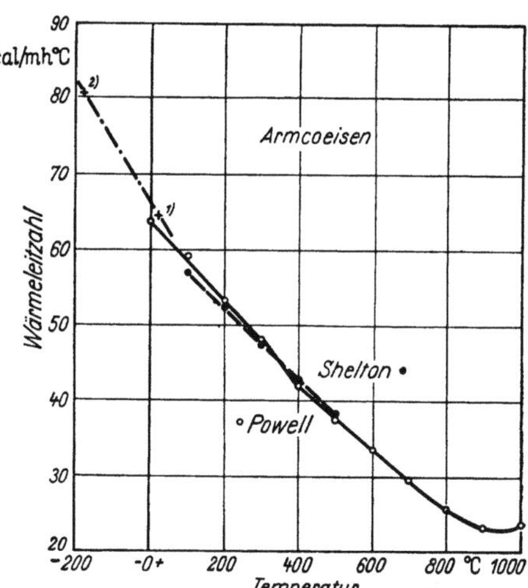

Abb. 175. Einfluß der Temperatur auf die Wärmeleitfähigkeit von Eisen (1. 2. nach Metals Handbook, S. 21 und S. 205).

Tabelle 4. *Chemische Zusammensetzung reiner Eisensorten in %*[1].

	C	Si	Mn	P	S	O_2
Armcoeisen	0,01	0,02	0,02	0,05	0,028	0,1
Weicheisen	0,04	0,02	0,10	0,02	0,035	0,005
Elektrolyteisen	0,02	0,01	0,02	0,01	0,013	—
Carbonyleisen	0,01	0,02	0,02	0,01	0,007	—

Tabelle 5. *Mechanische Eigenschaften von reinstem Eisen bei Raumtemperatur*[2].

	Elektrolyteisen[3] im geglühten Zustand	Carbonyleisen[4]	Technisches Weicheisen geglüht
Brinellhärte.	45 bis 55 kg/mm²	55 bis 80 kg/mm²	80 bis 90 kg/mm²
Streckgrenze[5]	10 bis 14 kg/mm²	9 bis 17 kg/mm²	9 bis 23 kg/mm² [6]
Zugfestigkeit	18 bis 25 kg/mm²	20 bis 28 kg/mm²	18 bis 32 kg/mm²
Dehnung ($l = 10\,d$)[7] . .	50 bis 40%	40 bis 30%	40 bis 30%
Einschnürung	80 bis 70%	80 bis 70%	80 bis 70%
Elastizitätsmodul E . . .	21 000 kg/mm²	20 700 kg/mm²	20 000 bis 21 000 kg/mm²
Torsionsmodul G	8 200 kg/mm²	—	—
Kerbzähigkeit bei 20° (DVMR-Probe)	—	18 bis 25 kg/mm²	27 mkg/cm²

[1] Nach E. HOUDREMONT: Handbuch der Sonderstahlkunde, S. 4. Berlin: Springer 1943.
[2] HOUDREMONT, E.: siehe Fußnote 1, S. 421/S. 9.   [3] Nach F. STÄBLEIN: Werkstoffhandbuch. 2. Aufl, A 105, S. 1/2. Düsseldorf: Verlag Stahleisen m. b. H. 1937.
[4] Nach F. DUFTSCHMIDT, L. SCHLECHT u. W. SCHUBARDT: Stahl u. Eisen Bd. 52 (1932) S. 45/49.
[5] Reinstes kohlenstofffreies Eisen weist beim Zerreißversuch keine ausgeprägte Streckgrenze auf, es handelt sich bei obigen Angaben also zum Teil um die 0,2%-Dehngrenze. Eine deutliche Streckgrenze entsteht anscheinend nur bei Anwesenheit von Kohlenstoff.
[6] Die tieferen Werte entsprechen einem durch Rekristallisation grobkörnig und damit besonders weichgemachten Eisen.
[7] Bruchdehnung gemessen an Meßlänge l gleich dem zehnfachen Durchmesser des Probestabes.

b) Mechanische Eigenschaften. Reine Eisensorten haben etwa eine Zusammensetzung nach Tab. 4, sie können mechanische Eigenschaften bei Raumtemperatur nach Tab. 5 aufweisen.

Sowohl Reinheitsgrad als auch Korngröße beeinflussen die mechanischen Eigenschaften. Je höher der Reinheitsgrad, um so niedriger werden Streckgrenze und Festigkeit, um so größer werden aber die Werte der Verformbarkeit. Mit zunehmendem Sauerstoffgehalt wird die Kerbschlagzähigkeit besonders bei ganz niedrigem Kohlenstoffgehalt stark herabgesetzt (siehe Abb. 177)[1].

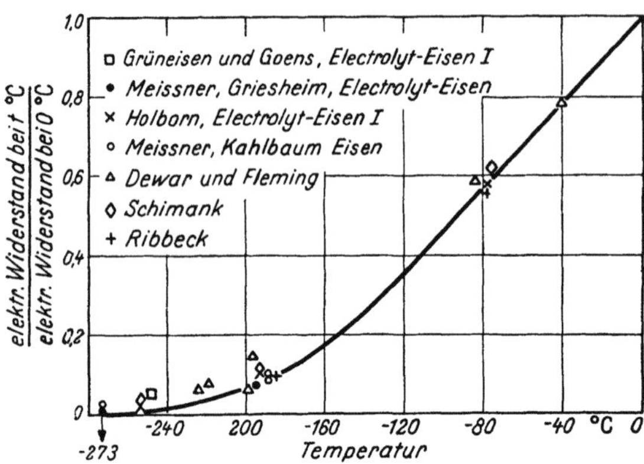

Abb. 176. Änderung des elektrischen Widerstandes von Eisen bei tiefen Temperaturen (nach Reid L. Kenyon).

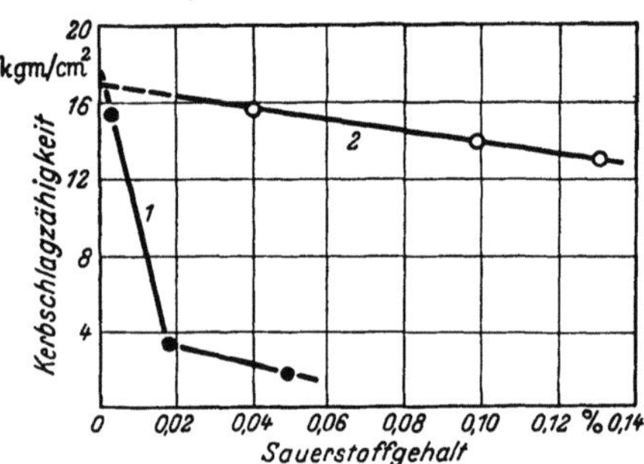

Abb. 177. Einfluß des Sauerstoffgehaltes auf die Kerbschlagzähigkeit von reinem Eisen mit C 0,001 % (Kurve 1) und mit rd. 0,002 % C (Kurve 2) (nach Y. D. Fast).

3. Stähle.

Sowohl durch die üblichen Eisenbegleiter, wie sie mit den Ausgangsmaterialien eingebracht werden oder durch die üblichen Erzeugungsverfahren gewollt oder ungewollt hinzutreten, als auch durch die Hinzulegierung größerer Mengen metallischer oder nichtmetallischer Eisenbegleiter werden die physikalischen und chemischen Eigenschaften des Eisens beeinflußt oder können durch eine zusätzliche Wärmebehandlung sehr geändert werden. Je nach Legierung werden so entweder gieß- und schmiedbare Eisenlegierungen (Stähle) oder nur gießbare Eisensorten erhalten. Zu den Eisenbegleitern von besonders großem Einfluß gehört an erster Stelle der Kohlenstoff, dann Mangan und Silizium. Gehalte an diesen Stoffen stellen die Zusammensetzung der unlegierten bzw. billigeren niedrig legierten Stähle dar. Eine weitere Verbesserung der Härte, der Zähigkeit, der Durchvergütung und der chemischen Eigenschaften wird durch Zusätze von Chrom, Nickel, Molybdän, Wolfram, Vanadin, Titan usw. erreicht.

In zahlreichen Einzeldarstellungen und Zusammenfassungen[2] sind die Legierungsmöglichkeiten von Stählen und die damit zusammenhängenden Eigenschaftsänderungen behandelt worden. Im DIN-Taschenbuch 4, Teil A, sind die Werkstoffnormen für Stahl und Eisen, und zwar für unlegierte Maschinenbaustähle, Vergütungs- und Einsatzstähle usw., ihre Eigenschaften und Abmessungen enthalten. Diese Zusammenstellung sollte bei Fragen der Werkstoff-

---

[1] Fast, Y. D.: Philips techn. Rdsch. Bd. 11 (1950) Nr. 10, S. 308/318. — Stahl u. Eisen Bd. 72 (1950) Nr. 19, S. 1169.

[2] Zum Beispiel Werkstoffhandbuch für Stahl und Eisen. Düsseldorf: Verlag Stahleisen m. b. H. — F. Rapatz: Die Edelstähle. 4. Aufl. Berlin: Springer 1951. — E. Houdremont: Handbuch der Sonderstahlkunde. Berlin: Springer 1943.

auswahl und Dimensionierung zu Rate gezogen werden. Da jedoch in den Werkstoffnormen Eigenschaften bei tiefen Temperaturen bisher nicht enthalten sind, werden in den folgenden Tabellen und Schaubildern die Eigenschaften der einzelnen Stahllegierungen bei tiefen Temperaturen, nach den Legierungsgruppen getrennt, wiedergegeben.

a) Physikalische Eigenschaften.

Die Dinorm-Ausdehnungskoeffizienten und Wärmeleitzahlen enthalten Tabellen 5a und 5b. Die Änderung der Wärmeleitzahl mit der Temperatur, wie sie von NOBEL[4] u. a. an technisch reinem Eisen und an 16 verschieden legierten Stählen ermittelt wurde, ist in den Abb. 178 und 179 wiedergegeben.

Tabelle 5a. *Lineare Ausdehnungskoeffizienten*[1].

Stahlgruppe	Hauptsächlichste Eisenbegleiter						Temperatur-intervall	Linearer Wärmeausdehnungskoeffizient
	C %	Mn %	Cr %	Ni %	W %	V %	° C	° C^{-1}
Kohlenstoff-Stähle . . .	0,06						20 bis 100	$11,7 \cdot 10^{-6}$
	0,22						20 bis 100	$11,7 \cdot 10^{-6}$
	0,40						20 bis 100	$11,7 \cdot 10^{-6}$
	0,56						20 bis 100	$11,3 \cdot 10^{-6}$
	1,08						20 bis 100	$11,0 \cdot 10^{-6}$
	1,45						20 bis 100	$10,8 \cdot 10^{-6}$
	1,97						20 bis 100	$10,1 \cdot 10^{-6}$
	2,24						20 bis 100	$9,9 \cdot 10^{-6}$
	3,66						20 bis 100	$9,6 \cdot 10^{-6}$
Manganstahl	1,2	13					Raumtemperat.	$18,0 \cdot 10^{-6}$
Korrosionsbest. Stähle . .	0,35		13				20 bis 100	$10,0 \cdot 10^{-6}$
	0,09		12,3	0,4			20 bis 100	$16,5 \cdot 10^{-6}$
	0,06		17,7	9,6			20 bis 100	$16,5 \cdot 10^{-6}$
Schnellarbeitsstahl . . .			4		18	1	0 bis 100	$11,2 \cdot 10^{-6}$
Invar-Stahl				36			−191 bis −126	$0,14^{2} \cdot 10^{-6}$
							−126 bis +22	$0,08^{2} \cdot 10^{-6}$
							− 64 bis +22	$0,045^{2} \cdot 10^{-6}$
							17 bis +21	$0,044^{2} \cdot 10^{-6}$
Grauguß							0 bis 100	10,5
Temperguß								12,0

Tabelle 5b. *Wärmeleitzahlen bei Raumtemperatur*[3].

Legierungsgruppe	Chemische Zusammensetzung									Wärmeleitzahl
	C %	Mn %	Si %	Cr %	Ni %	W %	Mo %	V %	Cu %	kcal / m °C h
Kohlenstoffstähle . . {	0,23	0,635								44,6
	1,22	0,35								38,9
Legierter Stahl . . .	0,34	0,55		0,78	3,53		0,39		0,05	28,4
Korrosions- { (410)				12						20,5
best. Stähle { (304)				18	8					13,0
Schnellarbeitsstahl .	0,72	0,25		4,26		18,45		1,075		20,9
Gußeisen	3,16	0,57	1,54							40,3

[1] Metals Handbook, 1948 Edition, S. 23.

[2] Aus LANDOLT-BÖRNSTEIN-ROTH-SCHEEL: Physikalisch-Chemische Tabellen II, S. 1220, 5. Aufl. Berlin: Springer 1923/1931.   [3] Metals Handbook, 1948 Edition, S. 26.

[4] NOBEL, J. D.: Communications from the Kamerlingh Onnes Laboratory of the University of Leiden, Nr. 285, S. 1, 1951.

Tabelle 6. *Zusammensetzung und Wärmebehandlung von Stählen*[1].

Be-zeichnung	Werkstoffart	Chemische Zusammensetzung						Wärmebehandlung	Brinell-härte	Methode[2]
		C %	Mn %	Si %	Cr %	Ni %	Sonstiges %			
6936	techn. reines Eisen						99,93 Fe	geschmiedet	103	I
1287 D		0,14	0,72	0,21		1,92		von 800° C im Ofen ausgekühlt	153	I
1414 B		1,18	6,05			24,3		von 1050° C in Wasser abgelöscht	151	I
3731		0,44	1,34	1,62	14,6	27,3	3,5 W	von 1000° C in Wasser abgelöscht	220	I
1449 A		0,70	0,82			31,4		von 800° C im Ofen ausgekühlt	147	I
3450/3		0,16	0,92	0,09		36,17		von 1050° C in Wasser abgelöscht	142	II
5277		0,34	1,31	0,14		57,5		geschmiedet	177	I
53		0,41	2,23	0,07				von 800° C im Ofen ausgekühlt	192	I
1010		1,27	12,69	0,12				von 1000° C in Wasser abgelöscht	202	II
1379 E		0,09	12,95	0,12			0,05 P 0,103 S	von 1000° C in Wasser abgelöscht	323	II
1379 H	Legierte Stähle	0,20	38,9	0,70			0,036 P 0,055 S	von 1000° C in Wasser abgelöscht	156	I
3632 A		0,36	0,13	0,22	13,57			von 800° C im Ofen ausgekühlt	265	I
3632 B		0,36	0,13	0,22	13,57			von 950° C in Öl abgelöscht bei 450° angelassen	402	I
3754		0,12	0,24	0,43	18,80	8,10		von 1150° C in Wasser abgelöscht	172	I
1166 A4		0,14	0,07	0,08				von 800° C im Ofen ausgekühlt	104	I
3975		0,27	0,45	0,11	0,49	2,61	0,029 P 0,011 S 0,75 Mo	von 850° C in Öl abgelöscht und angelassen bei 650°	330	II
3792		0,03	0,08	0,13			0,017 P 0,006 S 4,11 Al	von 800° C im Ofen ausgekühlt	144	I

[1] Nach J. De Nobel (siehe Fußnote 4, S. 423) S. 2.
[2] Der Verfasser hat die Wärmeleitzahlen mit zwei verschiedenen Apparaturen bestimmt.

Die Art der Wärmebehandlung, die chemischen Zusammensetzungen usw. der untersuchten Werkstoffe enthält Tab. 6. In Abb. 180 sind die Zusammenhänge zwischen den Wärmeleitzahlen und dem Nickelgehalt bei drei verschiedenen Temperaturen enthalten, wie sie sich bei den verschiedenen vom genannten Verfasser untersuchten Werkstoffen ohne Einbeziehung des Gehaltes der anderen Legierungsbegleiter ergaben.

b) Mechanische Eigenschaften. α) *Reine Eisen-Kohlenstoff-Legierungen.* Das Spannungs-Dehnungsverhalten von vier Eisen-Kohlenstoff-Legierungen mit Kohlenstoffgehalten zwischen 0,05 bis 0,49% wurde zur Feststellung des Einflusses des Kohlenstoffgehaltes auf den Dehnungsablauf bei einachsiger Zugbeanspruchung bei Temperaturen zwischen +23 bis —185° C untersucht[1]. Das Verhalten einer Legierung mit 0,12% C, 0,005% Si, 0,016% Mn, 0,005% P, 0,003% S, 0,0004% O_2 und 0,0013% N_2 ist in Abb. 181 wiedergegeben. Zur

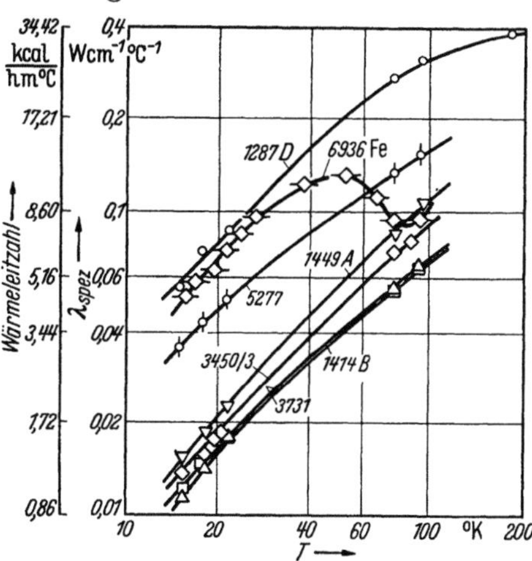

Abb. 178. Wärmeleitzahlen von techn. reinem Eisen und von Nickelstählen bei tiefen Temperaturen (nach J. DE NOBEL)[2].

Darstellung der Verformung mit zunehmender Spannung wurde, wie bei großen Verformungen üblich, der natürliche Logarithmus des Verhältnisses der ursprünglichen zur jeweiligen Querschnittsfläche herangezogen. Es wurde

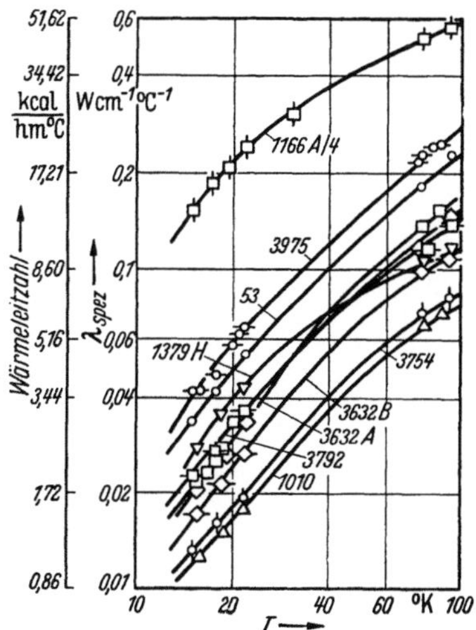
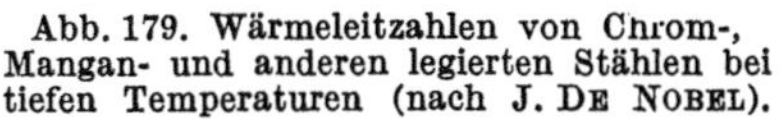

Abb. 179. Wärmeleitzahlen von Chrom-, Mangan- und anderen legierten Stählen bei tiefen Temperaturen (nach J. DE NOBEL).

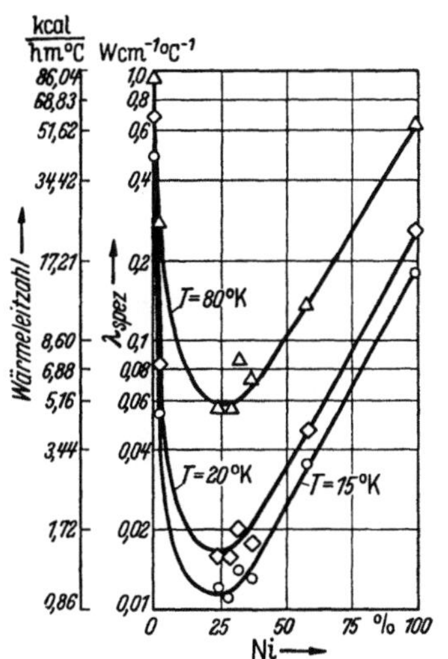

Abb. 180. Abhängigkeit der Wärmeleitzahlen vom Nickelgehalt verschiedener legierter Stähle (nach J. DE NOBEL).

festgestellt, daß sowohl Streck- als auch 0,2-Dehngrenze und Reißfestigkeit, alle bezogen auf den jeweiligen Querschnitt, mit zunehmendem Kohlenstoffgehalt und abnehmender Temperatur ansteigen, die Reißfestigkeit aber von

---

[1] SMITH, R. L., G. A. MOORE u. R. M. BRICK: Mechanical Properties of Metals at Low Temperatures, National Bureau of Standards Circular 520. S. 161, 1952.

[2] Für den Werkstoff 6936 Fe gilt für die Wärmeleitzahl ein zehnmal so großer Maßstab.

einer Temperatur von etwa $-150°$ ab bis etwa $-185°$ C bis auf die Streckgrenze absinkt. Zunehmender Kohlenstoffgehalt und abnehmende Prüftemperatur setzen die Dehnfähigkeit herab. Besonders bei Temperaturen unter $-150°$ sinkt das Dehnvermögen so stark ab, daß bei $-185°$ nur geringe Verformungsfähigkeit verbleibt (siehe Abb. 181), die mit zunehmendem Kohlenstoffgehalt noch weiter abfällt.

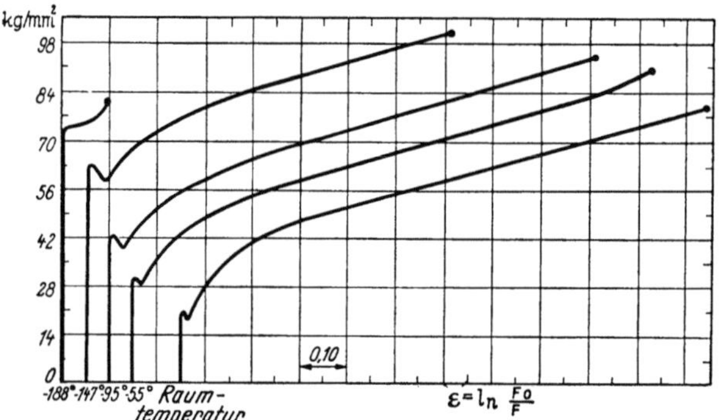

Abb. 181. Spannungs-Verformungslinien einer Fe-C-Legierung bei Raumtemperatur, $-55°$, $-95°$, $-147°$ und $-188°$ C (nach R. L. Smith, G. A. Moore, R. K. Brick).

β) *Martensitische Stähle. Kohlenstoffstähle.* In den Abb. 182 bis 190 und 192 bis 199 sind Ergebnisse, wie sie an Kohlenstoffstählen verschiedener Zusammensetzung und Wärmebehandlung (Bezeichnung 1 bis 21 nach Tab. 7) bei Untersuchungen ihrer Streckgrenze, Festigkeit, Dehnung und Einschnürung, Kerbschlagzähigkeit und Wechselfestigkeit bei tiefen Temperaturen erhalten wurden, zusammengestellt. In der Tab. 7 sind die chemischen Zusammensetzungen, die durchgeführten Wärmebehandlungen usw. der untersuchten Stähle enthalten.

Tabelle 7a. *Mechanische Eigenschaften von Stählen.*

Be-zeich-nung	Entspricht Normstahl	Mechanische Eigenschaften bei 20° C				Bezeich-nung in der Original-arbeit	Schrifttum
		Streck-grenze kg/mm²	Zug-festigkeit kg/mm²	Dehnung δ% ($l = 5d$)	Ein-schnürung %		
30		67,0	80,4	21,8	75	2	
31	$\sim$ 25 CrMo 4	61,0	76,0	19,1	69	5	
32		85,3	95,5	18,7	70	8	
33		71,7	85,9	17,6	71	11	
34	$\sim$ 34 CrMo 4	68,5	84,6	22,3	70	13	
35		84,6	99,1	18,3	64	14	
36	$\sim$ 42 CrMo 4	93,8	108,0	17,3	61	15	
37	$\sim$ 30 CrMo 9	86,7	98,8	18	70	19	[1]
38		110,2	122,2	15,0	63	22	
39			84				
39a			72				
40		89,6	105,0	19	69	31	
41		104,3	117,8	16,7	65	34	
42	$\sim$ 30 CrMo 8	86,3	99	19,6	69	32	
43		105,3	118,2	15,4	60	35	
44			97				38	
45		45	59	27,7	73,5	Ni I	[2]
46		61	70,7	24	74	Ni II	

Wie aus den Abb. 182 und 183 ersichtlich ist, steigt die Streckgrenze und die Zugfestigkeit, besonders bei den Stählen mit bei 20° C niedrigerer Streck-

---

[1] Pomp, A., A. Krisch u. G. Haupt: Mitt. K.-Wilh.-Inst. Eisenforschg. Bd. 21 (1939) S. 219.

[2] Wiester, H. J.: Stahl u. Eisen Bd. 63 (1943) S. 41.

Tabelle 7. *Zusammensetzung mit Wärmebehandlung der besprochenen Stähle.*

Be-zeich-nung	Entspricht Norm-stahl	Chemische Zusammensetzung										Wärmebehandlung	Bezeich-nung in der Original-arbeit	Schrift-tum
		C %	Si %	Mn %	P %	S %	Cu %	Al %	N_2 %	Cr %	Ni %			
1	Armcoeisen	0,02	0,002	0,027	0,004	0,038	0,03					—	B	[1]
2	C 10	0,11	0,19	0,47	0,019	0,032						—	D	
3		0,12										geglüht	B	[2]
4		0,12										geglüht, 10% gereckt, bei 200° C 1 Std. angel.	B	
5	C 22	0,20	0,23	0,52	0,011	0,028						—	F	[1]
6	~C 35	0,40	0,25	0,80	0,04	0,04						—	M	
7		0,50										geglüht	C	
8		0,50										geglüht, 10% gereckt, bei 200° C 1 Std. angel.	C	
9		0,50										vergütet	C	[2]
10		1,0										geglüht	D	
11		1,0										vergütet	D	
12	~Mb 21	0,23	0,018	0,73	0,028	0,04						normalisiert von 880° mit Luftabkühlung	DU_2	
13	~C 35	0,4	0,17	0,78	0,019	0,043						normalisiert von 850° mit Luftabkühlung	DU_4	[3]
14	~M 55	0,58	0,09	0,77	0,022	0,037						normalisiert von 810° mit Luftabkühlung	D_6	
15	~M 75	0,77	0,11	0,87	0,031	0,032						normalisiert von 770° mit Luftabkühlung	D_8	
16		0,14	0,07	0,43	0,015	0,017	0,16	0,05	0,005			normalisiert		
17		0,13	0,15	0,46	0,016	0,019	0,16	0,008	0,004			normalisiert		
18		0,13	0,01	0,47	0,066	0,037	0,11	0,003	0,013			normalisiert		
19		0,13	0,01	0,48	0,1	0,032	0,11	0,003	0,016			normalisiert		
20		0,12	0,13	0,48	0,014	0,026		0,018		0,04	0,11	normalisiert von 930°, dann abgeschreckt 930° in Wasser, angelassen 2 Std. bei 650°, dann Luftabkühlung		[4]
21		0,28	0,23	0,52	0,02	0,025		0,017		0,17	0,17	normalisiert von 870°, dann abgeschreckt 870° in Wasser, angelassen 2 Std. bei 650°, dann Luftabkühlung		
22	~30 Mn 5	0,31 bis 0,32	0,26 bis 0,33	1,24 bis 1,46								geglüht: Abkühlung v. 840 bis 860° in Kieselgur vergütet: abgeschreckt von 830° in Wasser angelassen bei 700°.	F F	[5]
23	37 MnSi 5	0,29 bis 0,38	1,17 bis 1,55	1,22 bis 1,35								geglüht: Abkühlung v. 840 bis 860° in Kieselgur vergütet: abgeschreckt von 850° in Wasser angelassen bei 700°	H H	
24	42 MnV 7	0,39 bis 0,46	0,28 bis 0,35	1,65 bis 1,87			0,11 bis 0,13					geglüht: bei 840° mit Ofenkühlung vergütet: abgeschreckt von 840° in Wasser angelassen bei 650°	N N	

[1] Gruschka, G.: VDI-Forsch.-Heft 364 (1934).
[2] Goerens, P., u. R. Mailänder: Forsch. Arb. Heft 295. VDI-Verlag GmbH 1927
[3] Krisch, A.: Mitt. K.-Wilh.-Inst. Eisenforschg. Bd. 23 (1941) S. 267.
[4] Wiester, H. J.: Stahl u. Eisen Bd. 63 (1943) S. 41.
[5] Krisch, A.: Kälte Bd. 1 (1948) S. 97.

Bezeich-nung	Entspricht Normstahl	Chemische Zusamme:									
		C %	Si %	Mn %	P %	S %	Cu %	Cr %	Ni %	Mo %	W %
25	34 Cr 4	0,34	0,32	0,56	0,018	0,01		1,08	0,08		
26	27 MnCrV 4	0,27	0,16	1,1	0,017	0,01		0,87	0,15		
26 a	~27 MnCrV 4	0,23 bis 0,28	0,28 bis 0,33	1,03 bis 1,12				0,55 bis 0,79			
27	~50 CrV 4	0,47 bis 0,53	0,24 bis 0,27	0,61 bis 0,72				0,95 bis 1,1			
28	16 MnCr 5	0,14 bis 0,19	<0,35	1,1 bis 1,4				0,8 bis 1,1			
29	20 MnCr 5	0,18 bis 0,23	<0,35	1,2 bis 1,5				1,2 bis 1,5			
30 31 32 33	~25 CrMo 4	0,22	0,33	0,60	0,015	0,005		0,83	0,09	0,22	
34 35	~34 CrMo 4	0,36	0,25	0,83	0,015	0,004		1,12	0,15	0,28	
36	~42 CrMo 4	0,43	0,35	0,66	0,014	0,005		1,02	0,08	0,22	
37	~30 CrMo 9	0,31	0,29	0,67	0,01	0,006	0,19	2,36		0,27	
38	~30 CrMo 9	0,31	0,29	0,67	0,01	0,006	0,19	2,36		0,27	
39		0,24	0,35	0,6				0,75	3,5		
39 a	~15 CrNi 6	0,19	0,30	0,76				1,6	1,68		
40 41		0,34	0,27	0,45	0,012	0,009		1,88	2,27	0,40	
42 43	~30 CrNiMo 8	0,32	0,33	0,64	0,013	0,01		2,23	2,19	0,3	0,16
44		0,41	0,33	0,38	0,014	0,011	0,08	13,6	0,2		
45		0,13	0,37	0,84	0,01	0,015		0,1	2,8		
46		0,13	0,28	0,46	0,01	0,014		0,37	4,88		
47	Austenit. Ni-Stähle	0,04	0,02	0,29					35,98		
48		0,12	0,24	0,94					42,06		
49		0,57	0,31	6,88					13,0		
50	Austenit. CrNi-Stähle	0,11	0,56	0,62	0,01	0,025	0,23	17,7	8,48	0,20	1,03
51		0,24	0,7	0,44				24,95	13,75		
52		0,24	0,64	0,46				24,95	24,36		
53	Austenit. CrMn-Stähle	0,13	0,47	15,5	0,02	0,008		14,2	1,08	0,08	
54		0,11	0,48	17,7				9,88		0,96	
55	Austenit. CrMnSi-Stahl	0,08	3,25	17,2	0,052	0,004		7,7	0,1	0,04	

[1] WIESTER, H.-J.: Stahl u. Eisen Bd. 63 (1943) S. 41. — [2] KRISCH, A.: Kälte Bd. 1 (1948) S. 97. — [3] WIESTER, H.J.: Techn. Mitt. Krupp, Forschungsber. (1943) H. 1, S. 1. —

V %	Ti %	Al %	Wärmebehandlung	Bezeichnung in der Original-arbeit	Schrifttum
			vergütet: abgeschreckt von 850° in Wasser, 4 Std. angelassen bei 680° mit Ölabkühlung.	Cr-St. IV	[3]
0,14			vergütet: abgeschreckt von 850° in Wasser, 4 Std. angelassen bei 680° mit Ölabkühlung.	Flw. 1604	
,13 bis 0,16			geglüht: 860 bis 880°, Abkühlung in Kieselgur.	P	[2]
			vergütet: abgeschreckt von 880° in Wasser, angelassen bei 700°.	P	
,12 bis 0,18			geglüht: 870 bis 890°, Abkühlung in Kieselgur.	L	
			vergütet: abgeschreckt von 850° in Öl, angelassen bei 700°.	L	
			vergütet: abgeschreckt in Öl, auf eine Festigkeit von 85 bis 110 kg/mm² angelassen.	A	[4]
			vergütet: abgeschreckt in Öl, auf eine Festigkeit von 110 bis 145 kg/mm² angelassen.	B	
			vergütet: abgeschreckt von 850° in Wasser, angelassen bei 600 bis 610°.	2	
			vergütet: abgeschreckt von 860° in Öl, angelassen bei 550 bis 560°.	5	
			vergütet: abgeschreckt von 850° in Wasser, angelassen bei 520 bis 530°.	8	
			vergütet: abgeschreckt von 860° in Öl, angelassen bei 400 bis 420°.	11	
			vergütet: abgeschreckt von 830° in Öl, angelassen bei 640 bis 650°.	13	[5]
			vergütet: abgeschreckt von 830° in Öl, angelassen bei 580°.	14	
			vergütet: abgeschreckt von 800° in Öl, angelassen bei 580°.	15	
			vergütet: abgeschreckt von 850° in Öl, angelassen bei 610°.	19	
			vergütet: abgeschreckt von 850° in Öl, angelassen bei 610°.	22	
				27	
		0,08	vergütet: abgeschreckt von 850° in Wasser, 2 Std. angelassen bei 680°, Ölabkühlung.	CrNi II	[1] [3]
			vergütet: abgeschreckt von 850° in Öl, angelassen bei 620°.	31	
			vergütet: abgeschreckt von 850° in Öl, angelassen bei 590°.	34	[5]
			vergütet: in Öl.	32	
			vergütet: in Öl.	35	
			weichgeglüht.	38	
			vergütet: abgeschreckt von 820° in Öl, 2 Std. angelassen bei 600°, Ölabkühlung.	Ni I	[1] [3]
			vergütet: abgeschreckt von 820° in Öl, 2 Std. angelassen bei 600°.	Ni II	
			nach dem Schmieden keine Wärmebehandlung.	42	
				43	
				41	
	0,22			45	
			abgeschreckt von 1200° in Wasser.	47	[5]
			abgeschreckt von 1200° in Wasser.	48	
			abgeschreckt.	54	
			abgeschreckt von 1050° mit Luftabkühlung.	56	
			abgekühlt von 1050 bis 1080° an der Luft.	58	

[4] POMP, A., u. A. KRISCH: Mitt. K.-Wilh.-Inst. Eisenforschg. Bd. 23 (1941) S. 135. —
[5] POMP, A., A. KRISCH u. G. HAUPT: Mitt. K.-Wilh.-Inst. Eisenforschg. Bd. 21 (1939) S. 219.

grenze und Zugfestigkeit, bis zu Temperaturen von — 80° nur allmählich, bei noch tieferen Temperaturen aber steil an. Neben der unteren, für die Dimensionierung ausschlaggebenden Streckgrenze ist bei einigen Stählen auch die obere

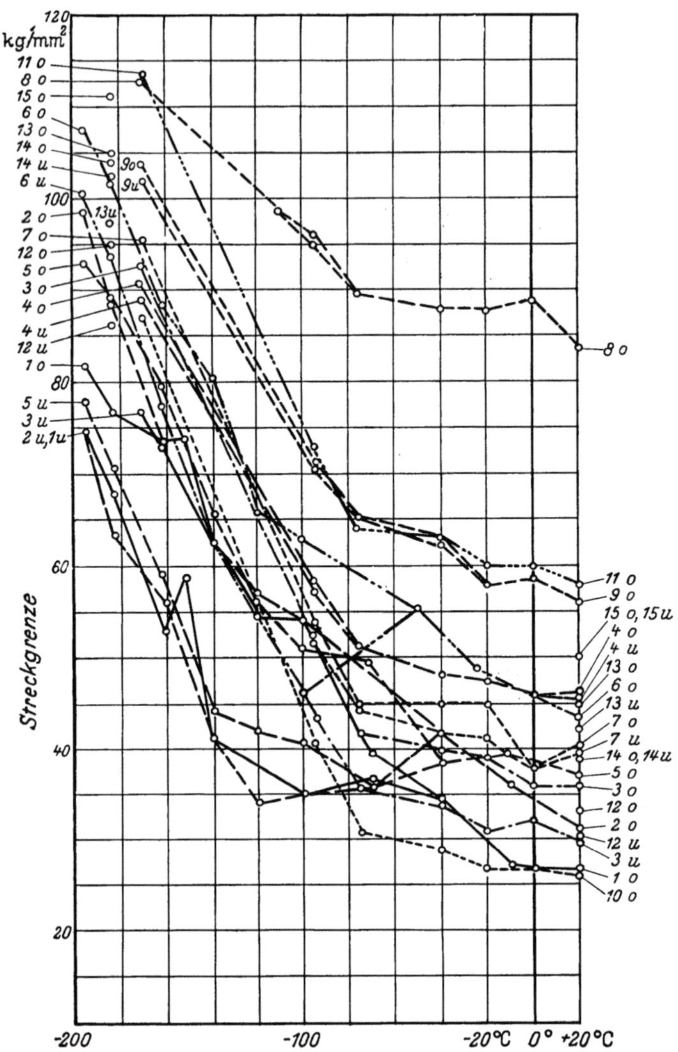

Abb. 182. Obere (o) und untere (u) Streckgrenze der Stähle 1—15 nach Tab. 7
(nach G. Gruschka, P. Goerens, R. Mailänder, A. Krisch).

Streckgrenze angegeben. Die Dehnungs- und Einschnürungswerte (Abb. 184 und 185) fallen bei Temperaturen unter —100° steil ab und nähern sich dem Werte Null. Überschneidungen in den Ergebnissen sind zum Teil darauf zurückzuführen, daß ein Teil der Probematerialien nicht wärmebehandelt, im Anlieferungszustand, ein weiterer Teil geglüht untersucht wurde. Auch die Form der Probestäbe, die bei tiefen Temperaturen auf die Verformungsfähigkeit von Einfluß sein kann, ist bei einzelnen Untersuchungen verschieden. Das untersuchte Armcoeisen verliert die Verformbarkeit schon bei weniger tiefer Temperatur als die weichen Stähle.

Nach Recken und anschließendem Glühen ergeben Zugprüfungen bei tiefen Temperaturen keine Vergrößerung, eher eine Verminderung der durch die Vorbehandlung entstandenen Unterschiede in den Festigkeits- und Verformungsfähigkeitswerten, soweit die geringe Anzahl der Versuchswerte einen Schluß zuläßt (z. B. 3 gegenüber 4 und 7 gegenüber 8). Obzwar auch bei vergütetem Gefüge bei tiefen Temperaturen die Festigkeitswerte weiter ansteigen, stellt man fest, daß besonders unter etwa −100° C die vergüteten Stähle bessere Verformungsfähigkeitswerte aufweisen als die geglühten (z. B. 7 gegenüber 9 und 10 gegenüber 11). Für die Stähle 12 bis 15 sind nur Ergebnisse für Temperaturen von +20 und −183° C vorhanden.

Zugversuche an Seildrähten[1] mit Festigkeiten zwischen 61,9 bis 191,7 kg/mm² bei Temperaturen bis −50° C erbrachten bei dieser tiefsten Temperatur Festigkeitserhöhungen von etwa 6 % gegenüber den Werten bei +20° C. Dehnung und Einschnürung nahmen bei der tiefsten Temperatur gegenüber 20° C nur wenig ab.

Von größerer Bedeutung als die Zunahme der Streckgrenze und der Festigkeit bei tiefen Temperaturen ist die Abnahme der Verformungsfähigkeit auch bei normal aufgebrachter, nicht schlagartiger Belastung, also das Auftreten von verformungslosen Brüchen. Sprödbruchgefahr bei homogener, langsam aufgebrachter Beanspruchung besteht bei Kohlenstoffstählen mittleren Kohlenstoffgehalts bei Temperaturen unter −100°.

---

[1] POMP, A., u. A. KRISCH: Mitt. K.-Wilh.-Inst. Eisenforschg. Bd. 19 (1937) S. 97/103.

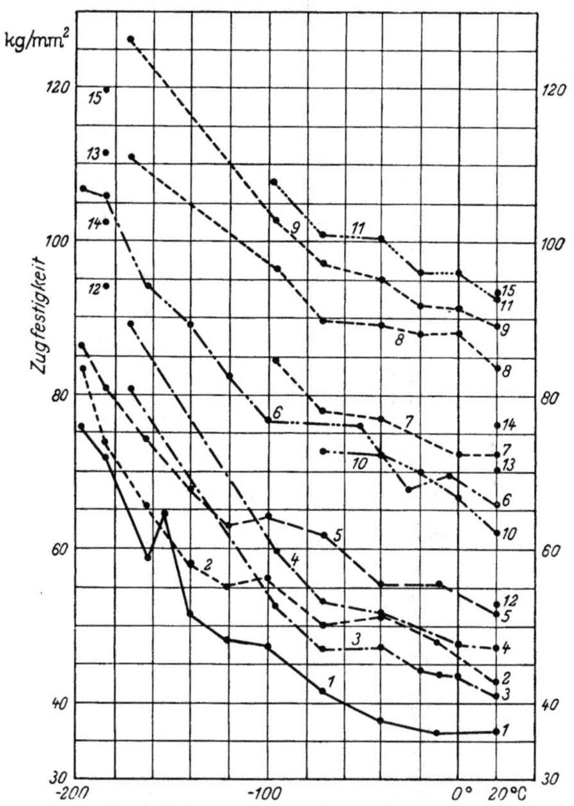

Abb. 183. Zugfestigkeitswerte der Stähle 1—15 nach Tab. 7 (nach G. GRUSCHKA, P. GOERENS, R. MAILÄNDER, A. KRISCH).

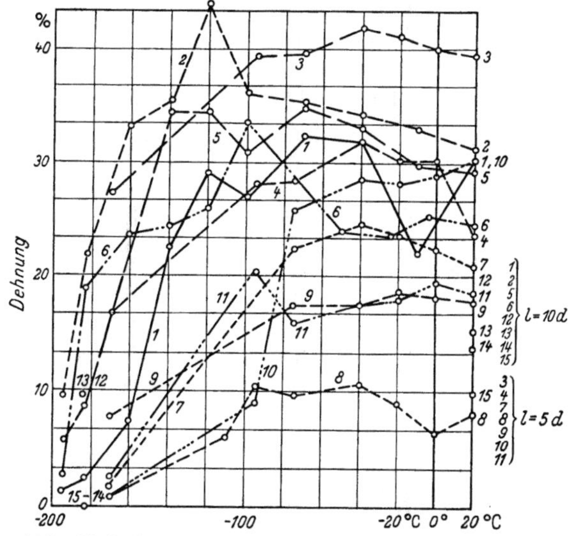

Abb. 184. Dehnungswerte der Stähle 1—15 nach Tab. 7 (nach G. GRUSCHKA, P. GOERENS, R. MAILÄNDER, A. KRISCH).

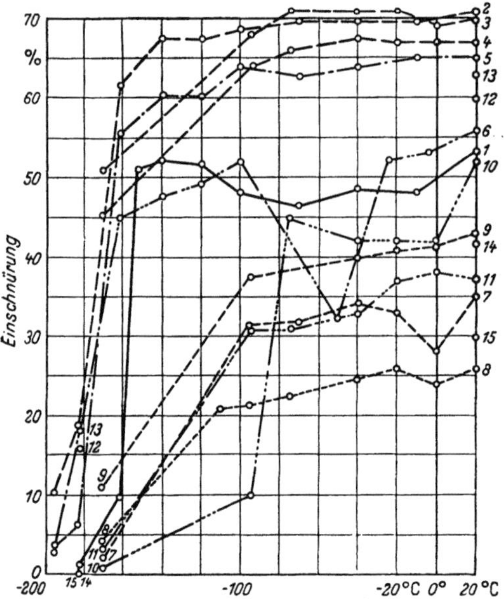

Abb. 185. Einschnürungen der Stähle 1—15 nach Tab. 7 (nach G. GRUSCHKA, P. GOERENS, R. MAILÄNDER, A. KRISCH).

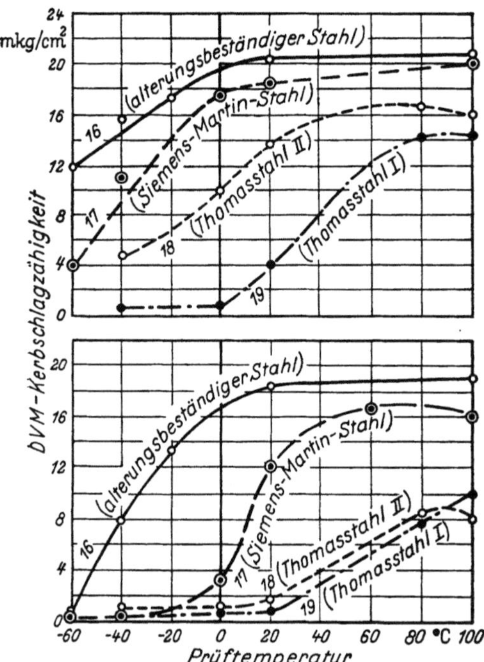

Abb. 187. Kerbschlagzähigkeit der Stähle 16—19 (Tabelle 7) nach Normalglühung bei 930° und nachfolgender Luftabkühlung (nach A. FRY).

Abb. 188. Kerbschlagzähigkeit der Stähle 16—19 (Tabelle 7) nach dem Altern, und zwar 10%iger Reckung und nachfolgender einhalbstündiger Glühung bei 250° mit abschließender Luftabkühlung (nach A. FRY).

Mit abnehmendem Kohlenstoffgehalt verschiebt sich diese Temperatur weiter nach unten.

Bei viel höheren Temperaturen als beim Zugversuch mit langsam ansteigender Belastung werden verformungslose Brüche mit kleiner aufzuwendender Verformungsarbeit festgestellt, wenn unlegierte Kohlenstoffstähle schlagartigenBeanspruchungen

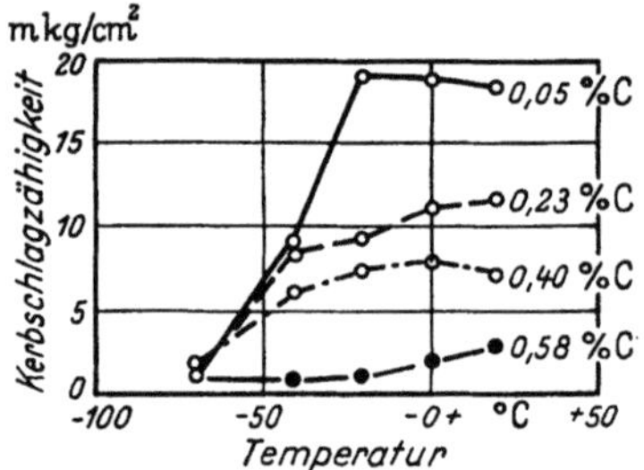

Abb.186. Kerbschlagzähigkeit unlegierter Stähle (gewalzt), festgestellt bei tiefen Temperaturen (nach F. KÖRBER und A. POMP).

ausgesetzt werden, die größer als die Streckgrenze sind. Ergebnisse, wie sie zur Feststellung der Sprödbruchanfälligkeit bei hoher Beanspruchungsgeschwindigkeit und bei verschiedenen Temperaturen mit Hilfe der Kerbschlagbiegeprobe an Stählen verschiedenen Kohlenstoffgehalts erhalten wurden, sind in Abb. 186[1] wiedergegeben. Es geht daraus hervor, daß die Kerbschlagzähigkeitswerte bereits bei einer Temperatur von — 60° C auf Bruchteile der Werte, die bei + 20° C erreicht werden, unabhängig vom Kohlenstoffgehalt, herabgesunken sind, wodurch die Verwendung dieser Stähle auf Temperaturen über 0° C beschränkt wird.

Besonders bei weichen Kohlenstoffstählen ist die Herstellungsart und der durch diese beeinflußte Gehalt an Sauerstoff, Stickstoff und Phosphor auf die Sprödbruchempfindlichkeit bei schnell ansteigender Beanspruchung von Bedeutung. Abb. 187 (für normalgeglühten Zustand) und 188 (für ge-

[1] KÖRBER, F., u. A. POMP: Mitt.K.-Wilh.-Inst. Eisenforschg. Bd. 7 (1925) S. 43/57.

alterten Zustand)[1] geben die DVM-Kerbschlagzähigkeitswerte von vier Stählen (nach Tab. 7, Bezeichnung 16 bis 19) mit angenähert gleichem Kohlenstoffgehalt wieder, von denen die Stähle 18 und 19 unberuhigte Thomasstähle, der Stahl 17

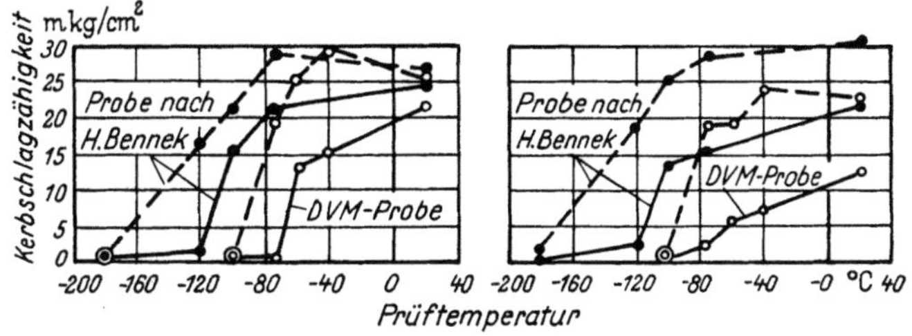

Abb. 189.   Abb. 190.

Abb. 189. Kerbschlagzähigkeitsverhalten des Stahles 20. Behandlungsquerschnitt 50 mm ∅.
——— normalgeglüht bei 930 bzw. 870° u. anschließender Luftabkühlung.
-------- Vergütet durch Wasserablöschung von 930 bzw. 870° und anschließendem zweistündigem Anlassen bei 650° und abschließender Luftabkühlung (nach H.-J. WIESTER).

Abb. 190. Kerbschlagzähigkeitsverhalten des Stahles 21. Behandlungsquerschnitt 50 mm ∅.
——— normalgeglüht bei 930 bzw. 870° u. anschließender Luftabkühlung.
-------- vergütet durch Wasserablöschung von 930 bzw. 870° und anschließendem zweistündigem Anlassen bei 650° und abschließender Luftabkühlung (nach H.-J. WIESTER).

ein beruhigter und 16 ein durch Aluminiumzusatz auch im gealterten Zustand trennbruchunempfindlicher Stahl ist.

Inwieweit durch Vergütung die Kerbschlagzähigkeit von alterungsbeständigen Stählen verbessert werden kann, zeigen für die Werkstoffe 20 und 21 die Abb. 189 und 190[2]. Neben den Kerbschlagzähigkeitswerten, erhalten an DVM-Proben (Abb. 191), sind auch die an der milderen Probe nach H. BENNEK festgestellten aufgeführt. Aber auch bei diesen weniger scharfen Beanspruchungsverhältnissen sind so wie bei der Prüfung mit DVM-Proben die zum Bruch der Proben aufzuwendenden Schlagarbeiten bei −180° schon unbedeutend. Nur bei Schlagbiegeproben, die nicht gekerbt waren, wurde auch noch bei −180° eine entsprechende Widerstandsfähigkeit gegen Bruch festgestellt. Auch wenn man die an der milderen BENNEK-Probe erzielten Ergebnisse als charakteristisch für die größten zu erwartenden Beanspruchungsmöglichkeiten ansieht,

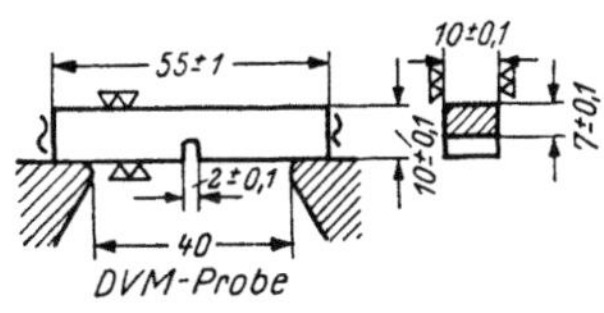

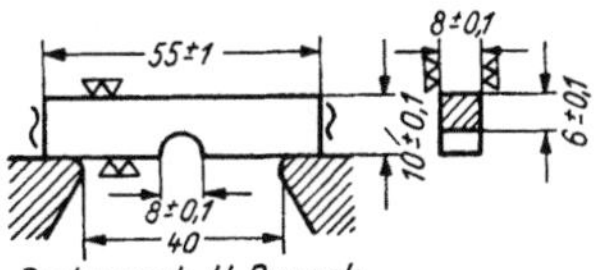

Abb. 191. Kerbschlagbiegeproben.

---

[1] FRY, A.: Krupp Mh. Bd. 7 (1926) S. 185/196.   [2] Siehe Tab. 7 (S. 427).

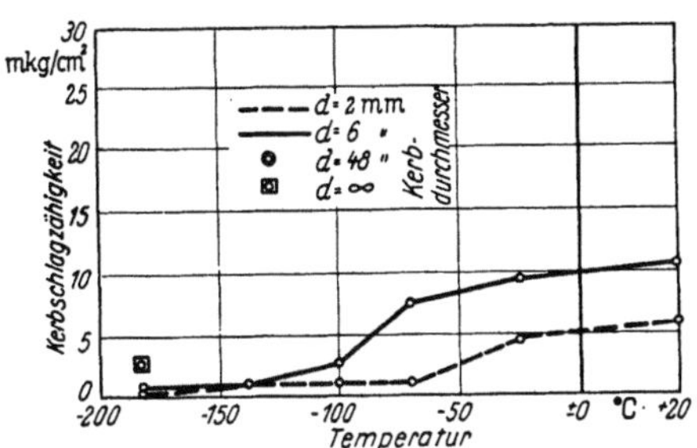

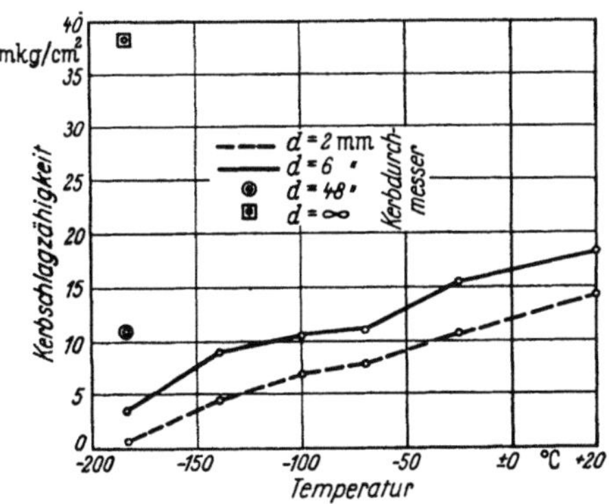

Abb. 192. Kerbschlagzähigkeitswerte für Stahl C 45, geglüht (nach A. KRISCH).

Abb. 193. Kerbschlagzähigkeitswerte für Stahl C 45, vergütet (nach A. KRISCH).

muß man die Grenze für die Verwendbarkeit von alterungsbeständigen unlegierten, vergüteten Stählen bei −160° C ziehen. Muß aber mit größerer Kerbwirkung bzw. schlagartiger Beanspruchung gerechnet werden, dann liegt die tiefste Temperatur für die Verwendbarkeit dieser Stähle bereits bei −90°. Aus Abb. 192[1] geht hervor, daß bei −183° selbst bei kerbfreien Proben, wenn diese geglüht vorliegen, geringe Kerbschlagzähigkeitswerte erhalten werden, während vergüteter Stahl C 45 (Abb. 193) bei Kerbdurchmessern von 6 mm bei −183° C und bei schlagartiger Beanspruchung noch als ausreichend widerstandsfähig bezeichnet werden kann.

Aus den Untersuchungen zur Feststellung des Verhaltens von Kohlenstoffstählen bei wechselnder Beanspruchung und bei tiefen Temperaturen sind Dauerfestigkeitsschaubilder[2] für die Stähle 34.11, 50.11 und 70.11[3], wie sie für geschliffene und polierte Stäbe einerseits und für Stäbe mit Ringkerben von 0,5 mm Tiefe und 60° Öffnungswinkel sowie 0,1 mm Radius im Kerbgrund anderseits aufgestellt wurden, in den Abb. 194 bis 199 wiedergegeben. Wechselt die Spannung in Größe oder in Größe und Richtung, so ist die Haltbarkeit des Konstruktionsteils bei häufigen Spannungsänderungen nur dann gesichert, wenn die Spannungen die durch gleiche Strich- und Punktbezeichnungen umschlossenen Flächen — oben begrenzt mit σ_o, unten mit σ_u — nicht überschreiten. Als Abszisse ist die Mittelspannung $\sigma_m = \dfrac{\sigma_o + \sigma_u}{2}$ aufgetragen. Die Diagramme in den Abb. 194, 195 und 196 gelten hierbei für Stäbe mit polierter Oberfläche, die Abb. 197, 198 und 199 für solche mit einer Ringkerbe von den genannten Abmessungen. Mit abnehmender Temperatur nehmen ebenso wie die Streckgrenzen auch die Dauerfestigkeitswerte zu. Die Zunahme ist sowohl bei den glatten wie auch bei den gekerbten Stäben, bei letzteren allerdings nur in beträchtlich geringerem Maße, vorhanden.

Manganstähle. Genügt die Durchvergütungsfähigkeit und die damit verbundenen Zähigkeitseigenschaften der unlegierten Kohlenstoffstähle bei größeren Abmessungen nicht mehr, so kommen als nächstteurere Stähle solche mit höherem Mangangehalt und eventuell zur Erhöhung der Festigkeit höherem Siliziumgehalt als üblich zur Verwendung. Zur Verringerung der Empfindlichkeit bei der Wärmebehandlung können auch Zusätze von Vanadin hinzutreten. Stähle dieser Zusammensetzung, deren Eigenschaften bei tiefen Temperaturen untersucht wurden, sind in Tab. 7 unter der Bezeichnung 22 bis 24 enthalten. Soweit sie zur Zeit genormt sind, ist dafür DIN 17200 zuständig.

Die Abb. 200 bis 202[4] enthalten die Kerbschlagzähigkeitswerte, die an den Stählen mit der Bezeichnung 22 bis 24 bei Temperaturen zwischen +23 und −183° bei verschiedenen Kerbradien erhalten werden. Die Überlegenheit des Vergütungsgefüges ist deutlich. Bei einer unteren Grenzkerbschlagzähigkeit von 2 mkg/cm² und einem Kerbradius von 2 mm liegt die niedrigste Verwendungstemperatur für die drei vergüteten Stähle bei etwa −160° C. Bei Anlegung des milderen Maßstabes (Kerbform mit 3 mm Kerbradius) verhält sich Stahl 22 am günstigsten.

Chromstähle. An nächster Stelle in der qualitativen Reihenfolge stehen die Chromstähle, die zusätzliche Gehalte an Mangan, welche die normalen Legierungssätze überschreiten, oder auch an Vanadin, Molybdän und Nickel enthalten können. Stähle aus dieser Legierungsgruppe, die in bezug auf ihr

---

[1] Siehe Fußnote [5], S. 427.
[2] Hempel, M., u. J. Luce: Mitt. K.-Wilh.-Inst. Eisenforschg. Bd. 23 (1941) S. 53/79.
[3] Kohlenstoffstähle nach den Bezeichnungen in DIN 1611.   [4] Siehe Fußnote [5] in Tab. 7.

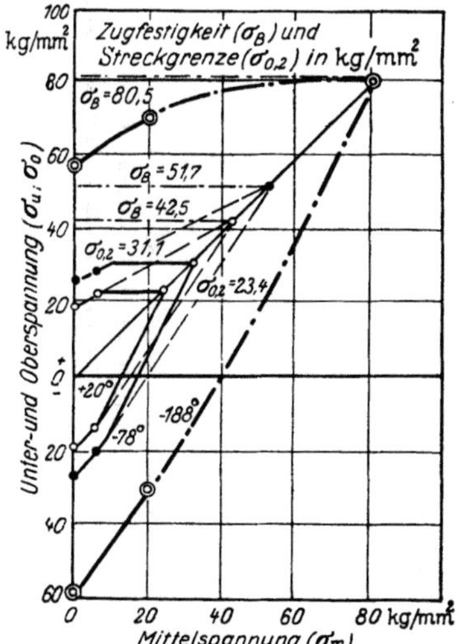

Abb.194. Dauerfestigkeitsschaubilder für Vollstäbe aus Stahl 34.11 bei verschiedenen Temperaturen (nach M. Hempel und J. Luce).

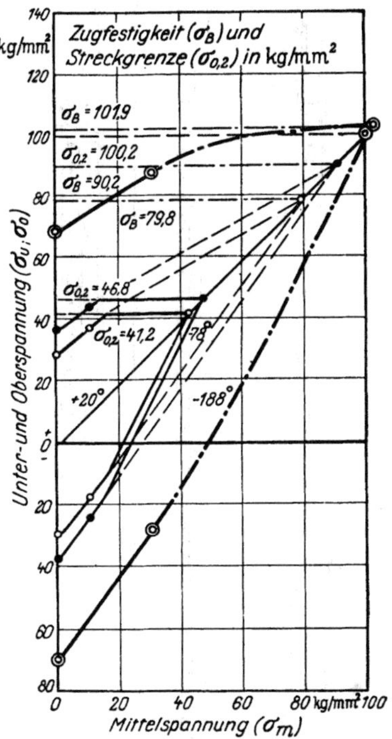

Abb. 196. Dauerfestigkeitsschaubilder für Vollstäbe aus Stahl 70.11 bei verschiedenen Temperaturen (nach M. Hempel und J. Luce).

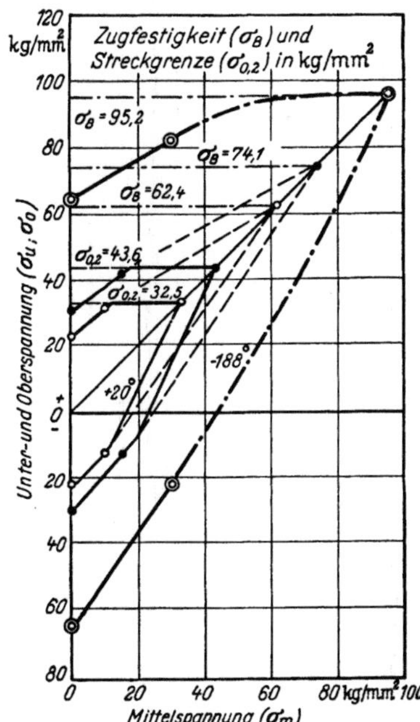

Abb.195. Dauerfestigkeitsschaubilder für Vollstäbe aus Stahl 50.11 bei verschiedenen Temperaturen (nach M. Hempel und J. Luce).

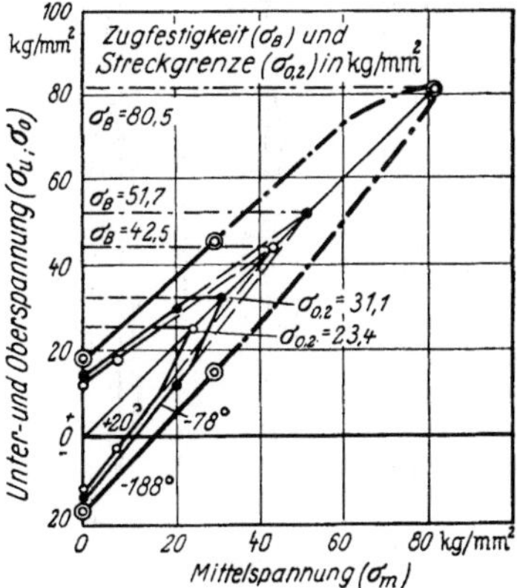

Abb. 197. Dauerfestigkeitsschaubilder für Kerbstäbe aus Stahl 34.11 bei verschiedenen Temperaturen (nach M. Hempel und J. Luce).

28*

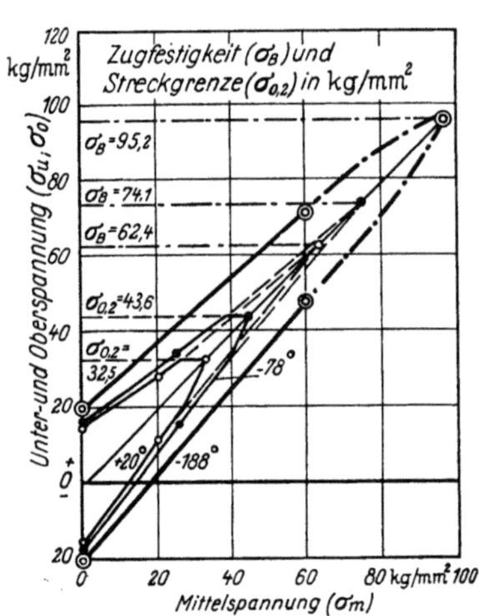

Abb. 198. Dauerfestigkeitsschaubilder für
Kerbstäbe aus Stahl 50.11 bei verschiedenen Temperaturen (nach M. Hempel
und J. Luce).

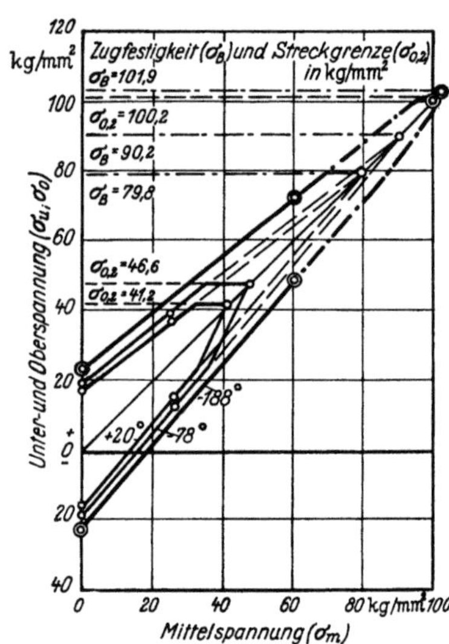

Abb. 199. Dauerfestigkeitsschaubilder für
Kerbstäbe aus Stahl 70.11 bei verschiedenen Temperaturen (nach M. Hempel
und J. Luce).

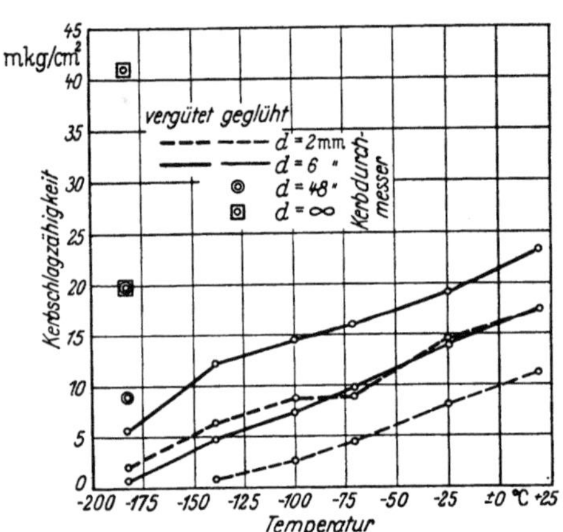

Abb. 200. Änderung der Kerbschlagzähigkeit mit
der Temperatur bei Stahl 22 (nach A. Krisch)

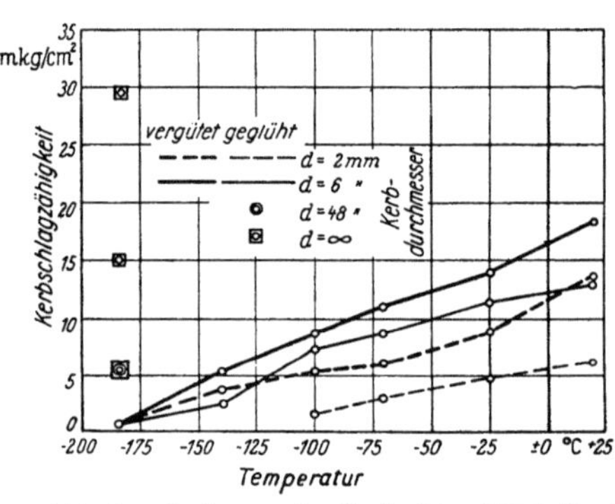

Abb. 201. Änderung der Kerbschlagzähigkeit mit
der Temperatur bei Stahl 23 (nach A. Krisch).

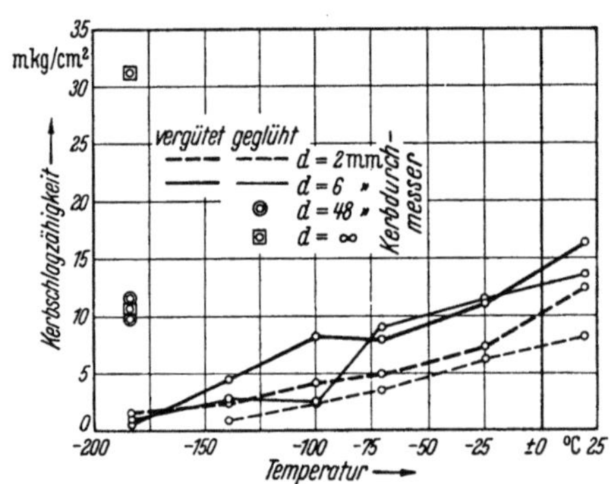

Abb. 202. Änderung der Kerbschlagzähigkeit mit
der Temperatur bei Stahl 24 (nach A. Krisch).

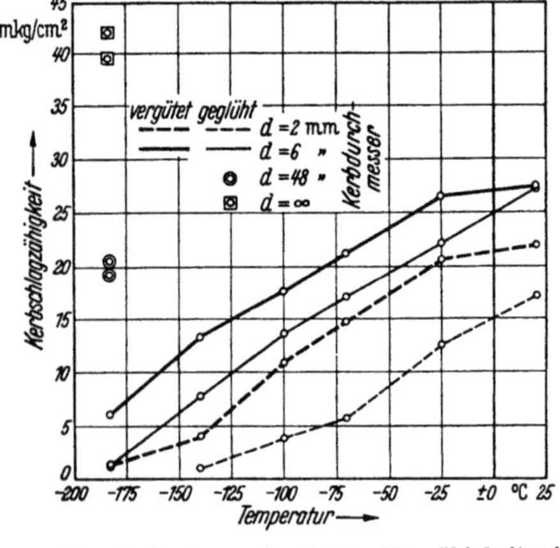

Abb. 203. Änderung der Kerbschlagzähigkeit mit
der Temperatur bei Stahl 26a (nach A. Krisch).

Verhalten bei tiefen Temperaturen untersucht wurden, sind in Tab. 7 unter den Bezeichnungen 25 bis 44 wiedergegeben.

Die an den Stählen 25 und 26 festgestellten Qualitätszahlen sind in Tab. 8[1] enthalten. Im Gegensatz zu Stahl 26 fällt bei 25 die sich bei $-180°$ abzeichnende etwas größere Anlaßversprödung auf, die bei der Kerbschlagprüfung erkennbar wird und die sich bei Luftabkühlung nach dem Anlassen ergibt. Ölabkühlung nach dem Anlassen ist deshalb bei molybdänfreien Stählen zu empfehlen.

Tabelle 8. *Festigkeitseigenschaften von 34 Cr 4 (Stahl 25) und 27MnCrV 4 (Stahl 26)*

Stahl-bez.	Prüf-temp. °C	Streck-grenze kg/mm²	Zug-festigkeit kg/mm²	Dehnung $\delta\%$ ($l = 5d$)	Ein-schnü-rung %	Kerbschlagzähigkeit mkg/cm² DVMR	BENNEK	Anmerkung
25	$+20°$	59 60/58	72 21,9	25,2 25,2	73 72	21,7 23,1	29,5 30,7	Ölab-kühlung nach d. Anl.
	$-180°$	107/103 109/104	111,7 112,0	32,0 28,8	57 55	1,4 1,9	19,2 22,1	
	$+20°$	55 56	70,5 71,6	24,4 25,0	72 71	20,7 21,4	29,9 30,0	Luftab-kühlung nach d. Anl.
	$-180°$	106/102 106/102	111,1 111,8	19,6 15,0	23 12	0,9 1,0	2,7 3,4	
26	$+20°$	66/64 66/64	71,4 71,3	25,4 25,2	73 73	23,4 23,4	30,5 30,7	Ölab-kühlung nach d. Anl.
	$-180°$	113/107 113/107	113,4 113,4	27,6 27,6	55 55	1,4 1,6	19,9 23,3	
	$+20°$	58 58	69,8 69,4	25,8 25,6	72 72	21,4 22,1	30,8 31,2	Luftab-kühlung nach d. Anl.
	$-180°$	112/104 112/104	112 112,0	20,2 30,4	26 56	1,0 1,0	17,3 17,7	

Für den Stahl 26a, der ähnliche Zusammensetzung wie der Stahl nach Bezeichnung 26 hat, ist so wie für den Stahl 27 das Kerbschlagzähigkeitsverhalten bei Temperaturen zwischen $+20$ bis $-183°$ in den Abb. 203 und 204 wiedergegeben.

Wie sehr sich die Unterschiede in der chemischen Zusammensetzung der Stähle, soweit sie durch die Analysengrenzen erkennbar sind, auf die Widerstandsfähigkeit bei schlagartiger Beanspruchung auswirken können, zeigen die Abb. 205 und 206[2], in denen die DVMR[3]-Kerbschlagzähigkeitswerte für die Stähle 28

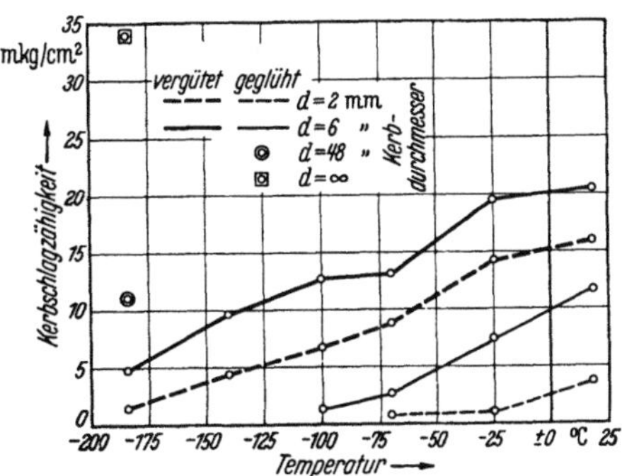

Abb. 204. Änderung der Kerbschlagzähigkeit mit der Temperatur bei Stahl 27 (nach A. KRISCH).

und 29 nach Tab. 7 wiedergegeben sind. Die in Tab. 9 für die Stähle 28 und 29 aufgeführten und für die Auswahl des Materials zu berücksichtigenden Analysengrenzen wurden von drei Lieferwerken an je sechs Stangen, wie in Tab. 10 wiedergegeben, eingehalten. Wie aus den Abb. 205 und 206 hervorgeht, ist für Stahl 28 eine Qualifikation, die sich auf den ganzen Analysenbereich er-

---

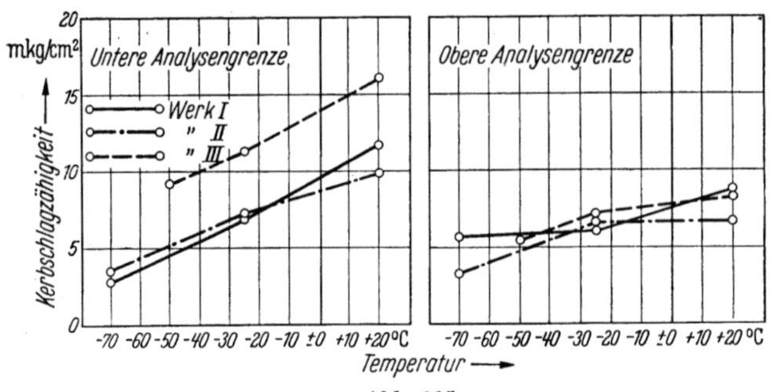

Abb. 205.

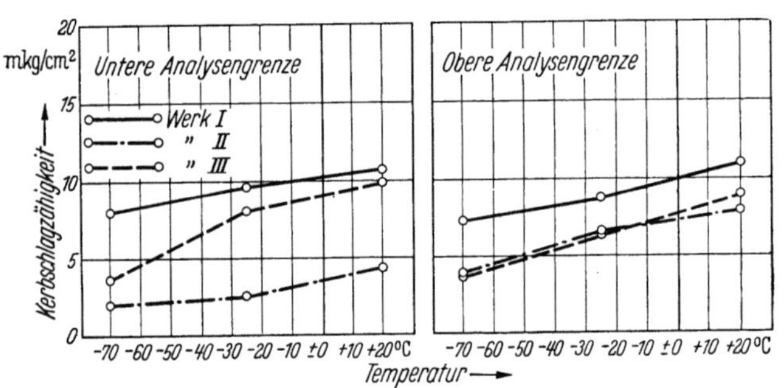

Abb. 206.

Abb. 205. Kerbschlagzähigkeitswerte des Stahles 28 (nach A. Pomp und A. Krisch).

Abb. 206. Kerbschlagzähigkeitswerte des Stahles 29 (nach A. Pomp und A. Krisch).

Abb. 207. Änderung der 0,2-Grenze in Abhängigkeit von der Temperatur (nach A. Pomp, A. Krisch und G. Haupt).

Abb. 208. Änderung der Zugfestigkeit in Abhängigkeit von der Temperatur (nach A. Pomp, A. Krisch und G. Haupt).

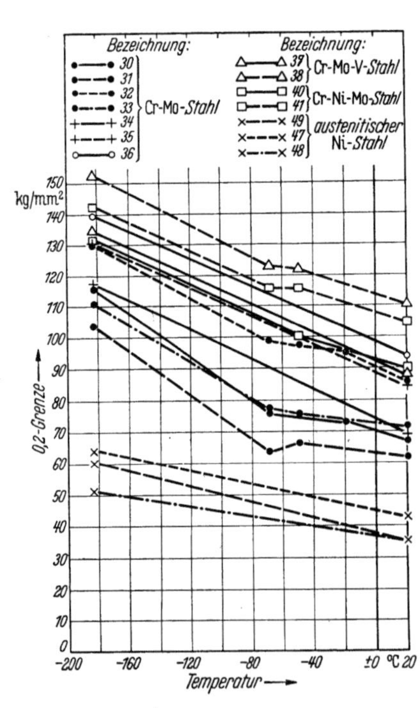

Abb. 207.

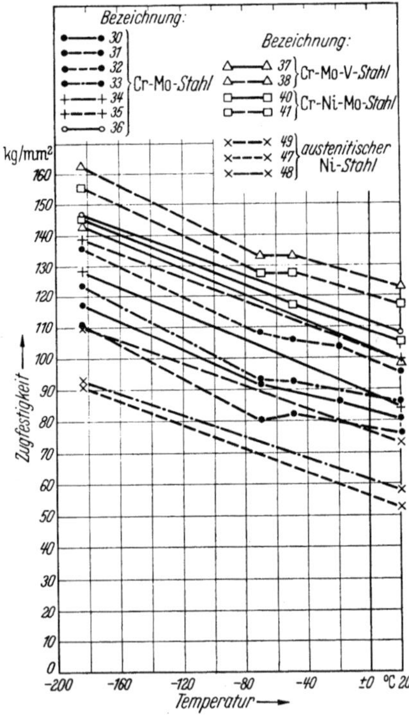

Abb. 208.

Tabelle 9.

Für die Untersuchung vorgesehene Analysengrenzen und Festigkeiten für Stähle 28 und 29.

Stahl	C %	Si %	Mn %	Cr %	Festigkeit kg/mm²
28	0,14 bis 0,19	<0,65	1,1 bis 1,4	0,8 bis 1,1	85 bis 110
29	0,18 bis 0,23	<0,35	1,2 bis 1,5	1,2 bis 1,5	110 bis 145

Tabelle 10. *Eingehaltene Analysen bei den Stählen 28 und 29.*

Stahl-bez.	Bez. i. d. Orig.-Arb.	Anal.-Grenze	Liefer-werk	C %	Si %	Mn %	P %	S %	Cr %	Ni %	Mo %	Herst. im Ofen
28	A (EC 80)	Untere	I	0,15	0,31	1,02	0,014	0,008	0,89	0,11	0,06	El
			II	0,16	0,35	1,14	0,020	0,007	0,90	0,13	0,07	El
			III	0.13	0,28	1,28	0 013	0.008	0,81	0,22	<0,05	El
		Obere	I	0,16	0,39	1,38	0,030	0,027	1,03	0,05	<0,05	SM
			II	0,15	0,46	1,33	0,023	0,007	1,02	0,05	<0,05	EL
			III	0,18	0,30	1,21	0,020	0,022	1,04	0,09	<0,05	SM
29	B (EC 100)	Untere	I	0,15	0,37	1,39	0,020	0,024	1,13	0,06	<0,05	SM
			II	0,18	0,13	1,37	0,035	0,022	1,20	0,11	<0,05	EL
			III	0,18	0,34	1,36	0,018	0,013	1,35	0,08	<0,05	EL
		Obere	I	0,18	0,30	1,40	0,028	0,030	1,54	0,05	0,07	SM
			II	0,20	0,39	1,29	0,03	0,017	1,54	0,09	<0,05	EL
			III	0,19	0,30	1,36	0,021	0,019	1,43	0,07	<0,05	EL

streckt, nicht möglich, während für Stahl 29 die Ergebnisse aus den Stangen vom Lieferwerk I besser als die von II und III sind.

Auch bei Stahl 29 besteht Neigung zu Anlaßsprödigkeit, wenn nach der Anlaßbehandlung an der Luft und nicht in Öl abgekühlt wird[1].

Für Teile mit hoher Festigkeit bei gesteigerter Durchvergütungsfähigkeit sind Chrom-Molybdän-Stähle, nach DIN 17200 gehärtet und möglichst hoch angelassen, wegen ihrer verhältnismäßig hohen Bruchunempfindlichkeit bei tiefen Temperaturen gut geeignet. Tab. 7 enthält die chemischen Zusammensetzungen und Wärmebehandlungen der Stähle nach Bezeichnung 30 bis 38, für die in den Abb. 207 und 208[2] die bei tiefen Temperaturen erhaltenen Verformungswiderstände und für die Stähle 30

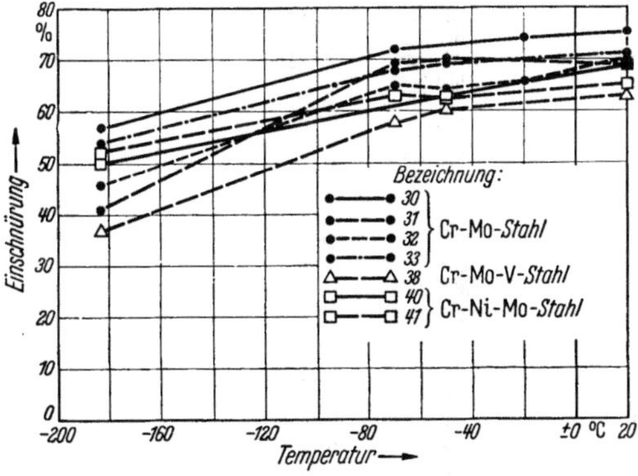

Abb. 209. Änderung der Einschnürung in Abhängigkeit von der Temperatur (nach A. POMP, A. KRISCH und G. HAUPT).

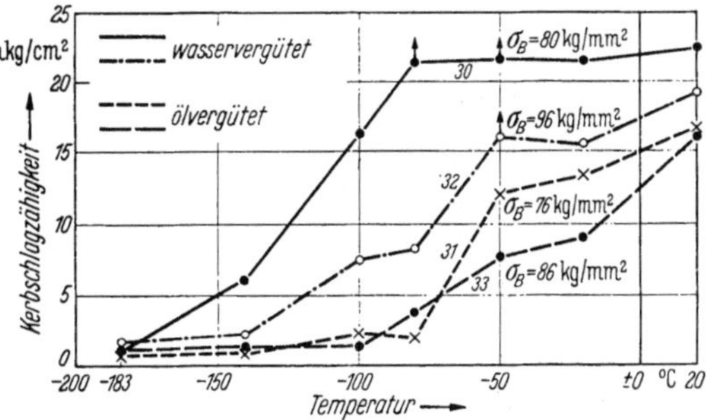

Abb. 210. Änderung der Kerbschlagzähigkeit in Abhängigkeit von der Temperatur bei den Stählen 30—33 (nach A. POMP, A. KRISCH und G. HAUPT).

---

[1] Siehe Fußnote 4 in Tabelle 7 (S. 428).

[2] Siehe Fußnote 5 in Tabelle 7 (S. 428).

bis 33 und 38 in Abb. 209 die Einschnürungswerte, die bei Zugversuchen erhalten wurden, wiedergegeben sind. Die bei 20° C erhaltenen mechanischen Qualitätszahlen enthält die Tab. 7a (S. 428). In den Abb. 210 bis 212 sind die Kerbschlagzähigkeitswerte der Stähle 30 bis 38 nach verschiedenen Wärmebehandlungen in Abhängigkeit von der Temperatur enthalten.

Streckgrenze und Zugfestigkeit (Abb. 207 und 209) zeigen, wie bei Stählen allgemein festgestellt wird, mit fallender Temperatur steigende, die Einschnürung (Abb. 209) fallende Tendenz; letztere behält aber auch noch bei —183° ansehnliche Werte. Was den Einfluß der Vergütung auf die Kerbschlagzähigkeit betrifft, zeigt sich, daß Wasservergütung günstiger als Ölvergütung ist und Anlassen auf niedrigere Festigkeit günstigere Werte ergibt als schwaches Anlassen auf höhere Festigkeit. Bei höherem Kohlenstoffgehalt (Stahl 34, 35, 36) wurden besonders bei Temperaturen unter —150° noch ausreichende Kerbschlagzähigkeitswerte erhalten, so daß erst bei etwa —253°C die untere zulässige Grenze von 2 mkg/cm² erreicht wurde. Ungünstigere Werte

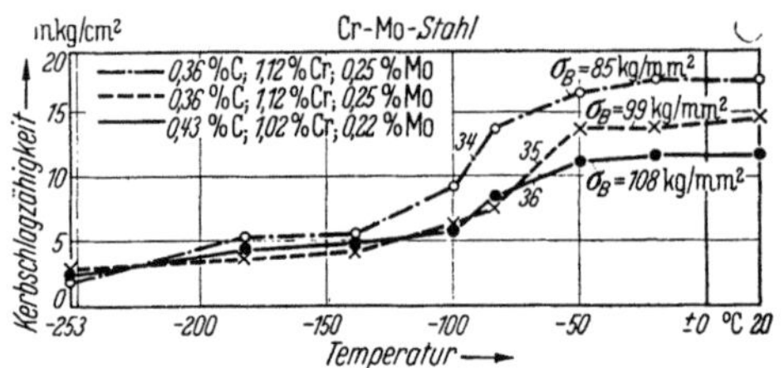

Abb. 211. Änderung der Kerbschlagzähigkeit in Abhängigkeit von der Temperatur bei den Stählen 34—36 (nach A. Pomp, A. Krisch und G. Haupt).

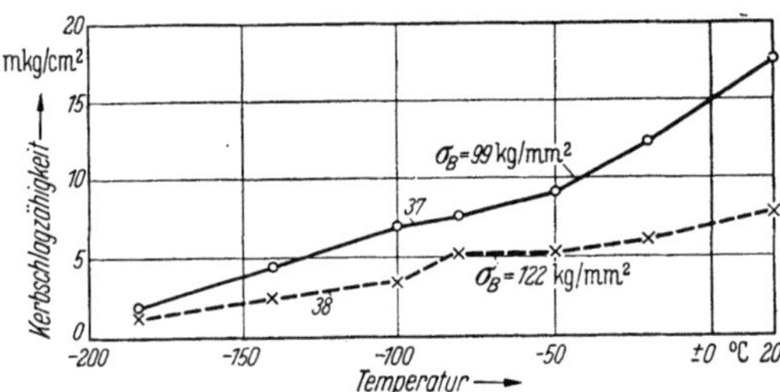

Abb. 212. Änderung der Kerbschlagzähigkeit in Abhängigkeit von der Temperatur bei den Stählen 37—38 (nach A. Pomp, A. Krisch und G. Haupt).

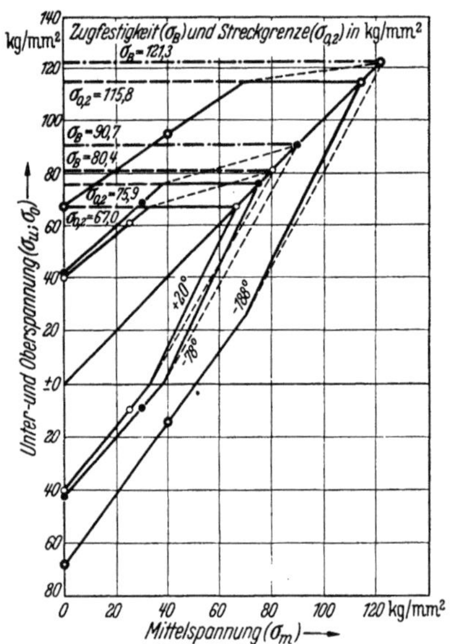

Abb. 213. Dauerfestigkeitsschaubilder für Vollstäbe aus Stahl 30 bei verschiedenen Temperaturen (nach M. Hempel und J. Luce).

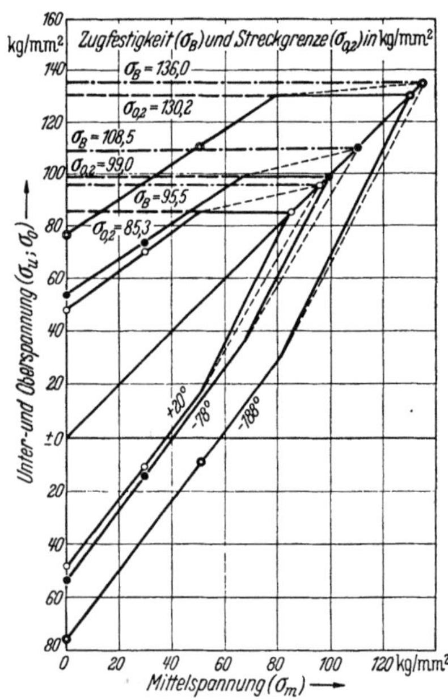

Abb. 214. Dauerfestigkeitsschaubilder für Vollstäbe aus Stahl 32 bei verschiedenen Temperaturen (nach M. Hempel und J. Luce).

werden bei Stählen mit höherem Cr-Gehalt (Stahl 37 und 38 in Abb. 212) erhalten. Die mit abnehmender Temperatur zunehmende Dauerfestigkeit ist auch bei den Chrom-Molybdän-Stählen festgestellt worden (Abb. 213, 214 und 215)[1].

Inwieweit bei martensitischen Chrom-Nickel-Stählen mit Nickelgehalten bis etwa 4% eine bei −180° und noch niedrigeren Temperaturen als ausreichend zu bezeichnende Kerbschlagzähigkeit erzielt werden kann, hängt außer von der Wärmebehandlung besonders vom Kohlenstoff- und Chromgehalt ab. An einem Stahl[2] (Bezeichnung 39 nach Tab. 7), über dessen Wärmebehandlung keine weiteren Angaben gemacht wurden und der eine aus der Härte errechnete Festigkeit von 84 kg/mm² aufwies, ergaben sich bei der Kerbschlagbiegeprüfung (DVMR) folgende Werte:

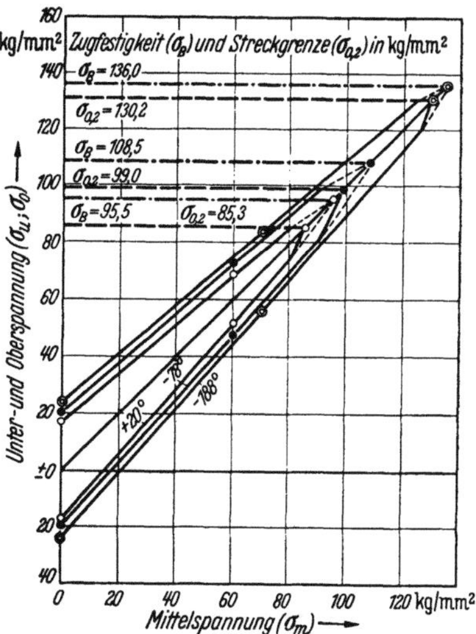

Abb. 215. Dauerfestigkeitsschaubilder für Kerbstäbe aus Stahl 32 bei verschiedenen Temperaturen (nach M. Hempel und J. Luce).

Temperatur	20° C	−183 °C	−253 °C
Kerbschlagzähigkeit mkg/cm² (Mittelwert aus 2 Erprobungen)	15,1	4,2	2,0

Nicht so günstige Ergebnisse in bezug auf die Kerbschlagzähigkeit wurden an einem Chrom-Nickel-Stahl (Bezeichnung 39a nach Tab. 7), der etwa dem Normalstahl 15 CrNi 6 nach DIN 17210 entspricht, bei Kerbschlagprüfungen erhalten[3]. Das Material lag wassergehärtet und angelassen auf eine Festigkeit von etwa 72 kg/mm² vor (s. Tab. 10a, S. 442).

Während die Kerbschlagzähigkeit bei −180° schon gering ist, ist die Verformungsfähigkeit bei langsamer Beanspruchung bei dieser Temperatur gegenüber der bei normaler Temperatur noch angestiegen.

An zwei Chrom-Nickel-Molybdän-Stählen[4] (No. 40

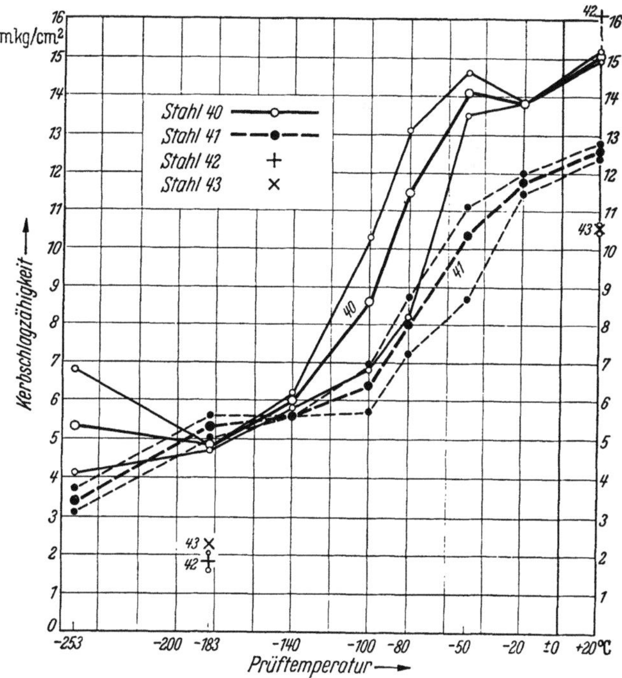

Abb. 216. Änderung der Kerbschlagzähigkeit in Abhängigkeit von der Temperatur bei Stahl 40—43 (nach A. Pomp, A. Krisch und G. Haupt).

---

[1] Siehe Fußnote 2, S. 434.
[2] Siehe Fußnote [5] in Tab. 7, S. 428.
[3] Siehe Fußnote [3] in Tab. 7, S. 428.
[4] Siehe Fußnote [5] in Tab. 7, S. 428.

bis 43 nach Tab. 7) wurden nach Ölvergütung auf verschiedene Festigkeiten (wiedergegeben in Tab. 7a) die in Abb. 216 eingetragenen Kerbschlagzähigkeitswerte erhalten. Die Überlegenheit der Stähle 40 und 41 kommt hier zum Ausdruck. Die an Stahl Bezeichnung 40 und nach Wärmebehandlung nach Bezeichnung 41 bei tiefen Temperaturen ermittelten Formänderungswiderstände und -fähigkeiten sind in den Abb. 207, 208 und 209 (s. S. 438 u. 439) enthalten.

Tab. 10a. *Kerbschlagzähigkeit des Cr-Nl-Stahles*
(Stahl 39a nach Tab. 7).

Temperatur °C	Bruchdehnung % $(l = 5d)$	Einschnürung %	Kerbschlagzähigkeit DVMR mkg/cm² (Mittelwert aus 2 Messungen)
20	25,7	74	21,3
−180	32,8	59	1,9

Ein vergütbarer rostbeständiger Chromstahl im weichgeglühten Zustand, Bezeichnung 44 nach Tab. 7 und 7a, der bei 20° C eine Kerbschlagzähigkeit von 3,5 mkg/cm² aufwies, war bei −183° ohne wesentliche Widerstandsfähigkeit gegen schlagartige Beanspruchung (Kerbschlagzähigkeit = 0,7 mkg/cm²).

Der bei der Härtung von Stählen mit hohen Chrom- und Kohlenstoffgehalten verbleibende Restaustenitgehalt kann durch nachfolgende Tiefkühlung stark verringert werden[1].

Nickelstähle. Wenn die Anwendung reiner martensitischer Nickelstähle auch nur auf wenige Gebiete beschränkt blieb, soll doch auf einige Untersuchungsergebnisse hingewiesen werden, die an derartigen Stählen erzielt wurden[2]. Die Stähle 45 und 46 nach Tab. 7 und 7a ergaben bei Temperaturen bis −180° C die in Tab. 11 enthaltenen Qualitätswerte.

Tabelle 11. *Festigkeitseigenschaften der Nickelstähle 45 und 46 nach Tab. 7 (S. 428).*

Stahl-bez.	Tempe-ratur °C	Streck-grenze kg/mm²	Zug-festig-keit kg/mm²	Bruch-dehnung % $(l = 5d)$	Ein-schnü-rung %	Kerbschlagzähigkeit mkg/cm² DVM-Probe	Probe nach Bennek
45	+ 20	45	59	27,7	73,5	21,1 21,1 21,2	29,4 30,6 30,6
	− 75					12,6 18,6 23,0	29,2 30,3 30,8
	−180	81/78	89	33,6	63	1,2 1,4 1,5	2,2 2,5 3,2
		82/79	89	33,6	63		
46	+ 20	61	70,7	24	74	21,1 21,4 22,1	31,3 31,6 32,0
	− 75					19,5 21,8 22,1	30,3 30,8 32,2
	−180	92/90	102	30,4	60	2,4 5,0 6,2	25,3 26,6 28,3
		92/90	102	32,2	64		

Der Stahl 45 weist bis −180° C bei langsamer Beanspruchung noch eine Erhöhung der Dehnfähigkeit auf, zeigt aber bei schlagartiger Beanspruchung auch bei der milden Kerbform schon niedrige Kerbschlagzähigkeitswerte. Der Stahl 46 mit einem Nickelgehalt von 5% hat etwa das gleiche Dehnverhalten bei −180°, zeigt jedoch, wenn auch nur an der Bennek-Probe, hohe Kerbschlagzähigkeitswerte.

Zusammenfassung über das Verhalten martensitischer Stähle. Aus den angeführten Untersuchungsergebnissen geht hervor, daß *martensitische Stähle* bei langsam zunehmender Beanspruchung, vor allem, wenn sie mit Chrom und Nickel bzw. Molybdän legiert sind, noch bei −180° C gute Dehnfähigkeit aufweisen. Die Kerbschlagzähigkeit liegt sogar noch bei − 253° C bei vergüteten

---

[1] Rapatz F.: Die Edelstähle, S. 59 u. 163, 4. Aufl., Berlin/Göttingen/Heidelberg: Springer 1951.
[2] Siehe Fußnote 1 in Tab. 7a, S. 426.

Chrom-Molybdän-Stählen (Bezeichnung 34 bis 36) an der unteren zulässigen Grenze (bis 2 mkg/cm²); bei einem vergüteten Chrom-Nickel-Molybdän-Stahl (Bezeichnung 40, 41) liegt sie bei dieser Temperatur bei etwa 3 mkg/cm².

γ) *Austenitische Stähle.* Hohe Zähigkeit bei gleichzeitig hoher Festigkeit selbst bei tiefsten Temperaturen weisen die austenitischen Stähle auf. Für die Stähle nach Bezeichnung 47, 48 und 49 (Tab. 7) ist die Änderung der Streckgrenze und Festigkeit mit der Temperatur in den Abb. 207 und 208 (s. S. 438) enthalten. Ergebnisse, wie sie bei Kerbschlagzähigkeitsprüfungen bei tiefen Temperaturen an den Stählen 47 bis 55 nach Tab. 7 erhalten wurden, sind in Tab. 12 wiedergegeben.

Tabelle 12. *Kerbschlagzähigkeit der austenitischen Stähle 47 bis 55 nach Tab. 7 (S. 428).*

Stahl-bez.	Legierungsgruppe	Kerbschlagzähigkeit (DVMR)[1] mkg/cm²		
		bei 20° C	bei −183° C	bei −253° C
47		>21,4	14	13,4
48	} Austenit. Ni-Stähle	>22,4	>25	>22,2
49		>39,2	15,7	7,4
50		20,2	19,9	19,8
51	} Austenit. Cr-Ni-Stähle	16,9	8,6	10,2
52		15,1	12,9	10,4
53	} Austenit. Cr-Mn-Stähle	26,9	23,1	>22
54		33,6	31,2	>22
55	Austenit. Cr-Mn-Si-Stahl	16,5	6,4	4,5

Mit Ausnahme des Wertes für Stahl 55 bei −253° C sind alle Kerbschlagzähigkeitswerte bei dieser Temperatur noch sehr hoch und die der austenitischen Cr-Mn-Stähle besonders überragend.

Zugversuche an austenitischem Chrom-Nickel-Stahl mit der Zusammensetzung: 0,1% C, 18,6% Cr, 8,16% Ni und an einem austenitischen Cr-Mn-Stahl mit der Zusammensetzung: 0,15% C, 17,62% Mn, 12,9% Cr, 0,2% Ta bei −183° C durchgeführt, wobei gleichzeitig magnetische Messungen der Phasenumwandlung während der Beanspruchung gemacht wurden, ergaben, daß bei Zugspannungen, die etwa $^{1}/_{3}$ der Zugfestigkeit betrugen, γ-α-Umwandlungen einsetzen, die mit steigendem Verformungsvermögen verbunden sind[2]. Eine derartige Phasenumwandlung und eine damit zusammenhängende Verformungsfähigkeit konnte jedoch bei einem im Rahmen derselben Untersuchung geprüften Manganstahl mit der Zusammensetzung: 0,28% C, 0,70% Si, 19,0% Mn, 1,2% Cr nicht festgestellt werden.

Auch bei Zieh- und Walzversuchen[3] mit austenitischen Chrom-Nickel-, Chrom-Molybdän-Nickel und Chrom-Mangan-Stählen bei −70° und 180° C wurde festgestellt, daß durch Verformung bei tiefer Temperatur die γ-α-Umwandlung um so mehr begünstigt wird, je kleiner der Anteil der austenitbildenden Legierungselemente gegenüber den ferrit-bildenden ist. Infolge dieser Umwandlung können bei Stählen mit nicht stabilem Austenit durch Verformung in der Kälte höhere Zugfestigkeiten und höhere Bruchdehnungen erzielt werden als bei gleich großer Verformung bei Raumtemperatur. Durch nachfolgendes Glühen bei 400° C erreicht man bei den bei tiefen Temperaturen verformten Stählen eine weitere Erhöhung der Streckgrenze und Zugfestigkeit.

---

[1] Mittelwert aus zwei Prüfungen.

[2] MATHIEU, K.: Arch. Eisenhüttenw. Bd. 19 (1948) S. 169/173, aus Mitt. K.-Wilh.-Inst. Eisenforschg. Abh. 475.

[3] BUNGARDT, K., R. OPPENHEIM u. R. SCHERER: Arch. Eisenhüttenwes. Bd. 24 (1953) S. 423/430.

δ) *Das Verhalten von Schweißverbindungen bei tiefen Temperaturen.* Bei dichten Schweißverbindungen werden in der Schweißstelle die die Verformungswiderstände charakterisierenden Qualitätswerte (Streckgrenze und Zugfestigkeit), bei der Verwendung eines dem Grundmaterial gleichwertigen Zusatzmaterials erreicht. Die Qualitätswerte, die die Verformungsfähigkeit angeben (z. B. die Dehnung), aber besonders die Widerstandsfähigkeit der Schweißung gegenüber unhomogener oder schlagartiger Beanspruchung (z. B. Kerbschlagzähigkeit), werden jedoch, abgesehen von den Hammerschweißungen, die feinkörnig rekristallisieren, niedriger als im Grundwerkstoff gefunden. Diese Unterschiede sind dadurch verursacht, daß der durch das Schweißen nicht beeinflußte Werkstoff infolge der vorausgegangenen Warmverformungen und eventuell durch zusätzliche Wärmebehandlungen gegenüber plötzlichen Beanspruchungen widerstandsfähiger ist, die Schweiße jedoch häufig im Gußzustand vorliegt. Solches Gußgefüge weist aber ebenso wie das durch die Erwärmung stark beeinflußte Übergangsgefüge zum Grundmaterial keine so große Widerstandsfähigkeit gegen plötzliche Beanspruchungen auf. Bei Mehrlagenschweißungen, infolge der nochmaligen Erwärmung der tiefer liegenden Schweißraupen sowie durch Wärmebehandlungen, z. B. Spannungsfreiglühung der geschweißten Teile oder durch Warmhämmern, können die Unterschiede zwischen den Gefügeeigenschaften der Schweiße und des Grundgefüges zum mindesten zum Teil ausgeglichen werden. Die Durchführung derartiger Wärmebehandlungen bzw. das Nachhämmern ist jedoch häufig nicht möglich. Deshalb können Unterschiede in der Bruchempfindlichkeit zwischen Grundwerkstoff und Schweiße bzw. Übergangsmaterial erhalten bleiben, die zudem noch durch die nach dem Schweißen verbleibenden Restspannungen erhöht werden; diese Restspannungen werden durch die örtliche Erwärmung beim Schweißvorgang und durch die ungleichmäßige Abkühlung hervorgerufen. Es ist deshalb bei Schweißungen, die an Maschinen und Geräten ausgeführt werden, welche tiefen Temperaturen ausgesetzt sind, besonders wichtig, daß vor allem die Schweißungen nicht an Stellen gesetzt werden, wo infolge der Formgebung ohnedies höhere Spannungen vorliegen oder wo die Möglichkeit besteht, daß leicht plötzliche größere Beanspruchungen auftreten. Außerdem muß die Schweißung möglichst einwandfrei durchgeführt werden. Grobe Gefügeausbildungen in der Schweiße, wie sie z. B. durch Überhitzung entstehen können, müssen möglichst vermieden werden, weil diese besonders empfindlich gegenüber schlagartigen Beanspruchungen sind. Zur Vermeidung von Kerbwirkung sind Deckraupen möglichst glatt zu halten und Einbrandkerben zu vermeiden.

Die Art der Schweißung und die Schweißtemperatur sowie die Legierung des Zusatzwerkstoffes beeinflussen die chemische Zusammensetzung, besonders aber auch die Sauerstoff- und Stickstoffaufnahme der Schweiße und die sich dadurch ändernden Eigenschaften. Untersuchungen über das Kerbschlagzähigkeits-Temperatur-Verhalten, festgestellt an DVMR-Proben[1], die aus Gasschmelz und elektrischen Mehrlagenschweißungen an weichem S.M.-Stahl aus der Schweiße so entnommen wurden, daß die Kerbe in der Schweißwurzel lag, ergaben Kerbschlagzähigkeiten der Schweißnaht, die für Gasschmelzschweißungen mit verschiedenen Schweißdrähten in Abb. 217, für elektrische Lichtbogenschweißungen mit verschiedenen Elektroden in Abb. 218 wiedergegeben sind. Das Kerbschlagverhalten des ungeschweißten Blechmaterials ist in den beiden Abbildungen vergleichshalber wiedergegeben. Es wurde festgestellt, daß bei Gasschmelzschweißungen (Abb. 217) die Kerbschlagzähigkeitswerte im Schweißmaterial durchweg niedriger liegen als die im Grundwerkstoff; eine Ausnahme

---

[1] Zeyen, K. L.: Techn. Mitt. Krupp, Techn. Ber. (1939) S. 96/120.

bildet nur die Schweißung mit sehr hoch mit Cr und Ni legiertem Schweißdraht. Aus Abb. 218 geht deutlich der Einfluß der chemischen Zusammensetzung und der Umhüllung der Elektroden auf die Kerbschlagzähigkeit der Schweißnaht hervor. Auch bei dieser Schweißmethode ergibt die Elektrode mit austeniti-

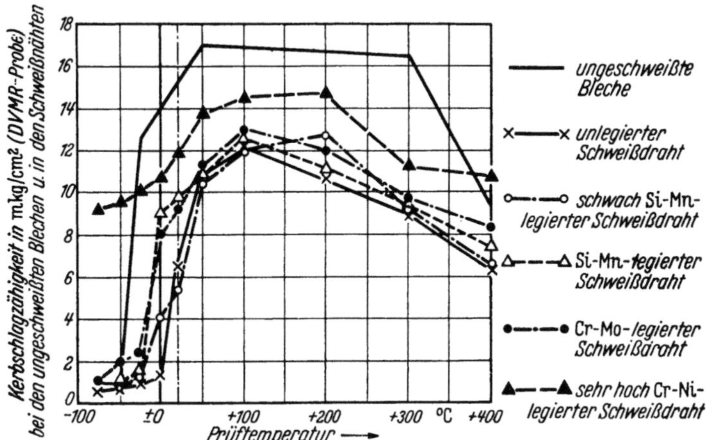

Abb. 217. Schweißnaht-Kerbschlagzähigkeit bei der Gasschmelzschweißung mit verschiedenen Schweißdrähten. Die Proben wurden nach dem Schweißen nicht wärmebehandelt (nach K. L. ZEYEN).

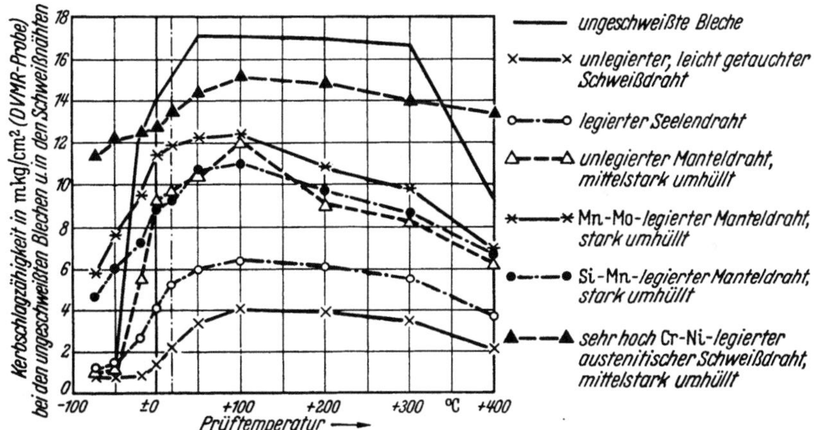

Abb. 218. Schweißnaht-Kerbschlagzähigkeit bei der elektrischen Lichtbogenschweißung mit verschiedenen Elektroden. Die Proben wurden nach dem Schweißen nicht wärmebehandelt (nach K. L. ZEYEN).

schem Chrom-Nickel-Stahl bis zu — 75° C, soweit wie Prüfungen durchgeführt wurden, die höchsten Kerbschlagzähigkeitswerte.

4. Stahlguß.

Maschinenteile aus unlegiertem oder legiertem Stahl, deren Herstellungskosten wegen ihrer Form sowohl auf spanlosem Wege über Warm- oder Kaltverformung als auch über spanabhebende Arbeitsweise zu groß wären, können aus Stahl gegossen werden. Um ein Kleingefüge zu erhalten, das im Gegensatz zu Gußgefüge bei plötzlichen Beanspruchungen unempfindlich gegen Bruch ist, und um die Gußspannungen herabzusetzen, wird Stahlguß vor der Bearbeitung normalerweise entweder geglüht oder vergütet. Für Stahlguß dessen Arten, Eigenschaften und Prüfungen gelten Normen, und zwar DIN 1681 und 17245.

Auch für Stahlgußteile an Maschinen und Apparaturen, die bei tiefen Temperaturen Verwendung finden, gelten die allgemeinen, für Maschinenteile und Konstruktionen üblichen Berechnungsweisen. Da auch Stahlguß so wie die geschmiedeten Stähle bei tiefen Temperaturen eine Erhöhung der Streckgrenzen- und Bruchfestigkeitswerte aufweist[1], besteht bei langsam sich ändernden Beanspruchungen bei tiefen Temperaturen keine erhöhte Bruchgefahr. Auch bei Stahlguß ist es besonders die Widerstandsfähigkeit gegenüber der Sprödbruchbildung bei tiefen Temperaturen, die z. B. mit Hilfe von Kerbschlagszähigkeitsproben festgestellt wird und die je nach Wichtigkeit des Teiles einen Mindestwert nicht unterschreiten soll.

Kerbschlagzähigkeitswerte[2], wie sie an verschiedenen legierten und wärmebehandelten Stahlgußsorten nach Tab. 13 festgestellt wurden, sind zusammen mit den anderen mechanischen Qualitätswerten in Tab. 14 wiedergegeben.

Tabelle 13. *Zusammensetzung der geprüften Stahlgußsorten. Gehalt in %.*

Stahlguß-Nr.	C	Mn	Si	Cr	Ni	Mo	V	Al
1	0,20	0,62	0,40	—	2,91	—	—	—
2	0,16	0,66	0,42	—	4,91	—	—	—
3	0,19	1,36	0,31	—	—	—	—	0,36
4	0,20	1,53	0,45	—	—	—	—	0,59
5	0,17	1,55	0,38	1,05	—	—	—	0,67
6	0,17	1,25	0,41	1,97	—	—	—	0,13
7	0,17	0,60	1,07	0,97	—	—	—	0,03
8	0,18	0,67	0,99	1,14	—	—	—	0,41
9	0,15	0,62	0,96	1,03	—	—	0,18	—
10	0,17	0,55	1,04	0,93	—	—	0,40	—
11	0,16	1,28	0,43	2,60	—	0,11	0,16	—
12	0,18	15,20	0,86	12,00	—	1,10	0,61	—
13	0,28	15,15	1,40	11,40	—	1,19	0,62	Ti: 0,27
14	0,23	0,49	0,33	—	—	—	—	—

Während die Stahlgußsorten 7, 8 und 14 bei −80° C nicht mehr den üblichen Mindestwert der Kerbschlagzähigkeit erreichen, ist die Verwendbarkeit der Stahlgußsorte 2 und der austenitischen Chrom-Mangan-Legierungen 12 und 13 bis zu Temperaturen von mindestens −180° C möglich.

5. Grauguß.

Aus dem Eisenwerkstoff Gußeisen, der in seiner Grundmasse dem Stahlgefüge entspricht und der einen Teil des Gesamtkohlenstoffgehalts in graphitischer Form abgeschieden enthält, werden Teile hergestellt, die sich aus Stahl entweder wegen ihrer Form mit Hilfe eines Formgebungs- oder Verbindungsverfahrens nicht wirtschaftlich herstellen lassen oder deren Beanspruchungen nicht so hoch sind, daß Stahlguß als Werkstoff erforderlich ist. Außerdem kommt Grauguß

---

[1] Zum Beispiel R. Walle: Stahl u. Eisen Bd. 52 (1932) S. 489/490.
[2] Juretzek, C., u. W. Trommer: Stahl u. Eisen Bd. 63 (1943) S. 447.

Tabelle 14. *Vergütung und mechanische Eigenschaften der geprüften Stahlgußsorten.*

Stahlguß-Nr.	Ver-gütung	$\sigma_{0,2}$ kg/mm²	σ_B kg/mm²	δ % $(l = 5\,d)$	ψ %	Kerbschlagzähigkeit mkg/cm²			
						$+20°$	$-40°$	$-80°$	$-180°$
1	Öl	43,6	61,4	23,0	53	12,0 12,3		4,3 4,4	1,9 1,9
2	Öl	57,3	69,5	27,0	68	21,4 22,1		12,7 12,8	2,6 2,7
3	Öl	43,3	52,4	26,0	69	15,7 17,1		5,7 5,7	1,8 1,9
4	Öl	42,0	52,1	26,0	64	17,0 21,1		7,1 8,6	2,0 2,0
5	Öl	48,2	60,8	17,6	44	12,0 15,9		6,4 7,9	1,9 2,0
6	Öl	45,2	56,1	24,8	73	22,1 23,1		6,6 9,1	1,6 1,7
	Luft	41,6	53,4	27,6	69	20,3 21,4		8,4 11,1	1,3 1,6
7	Öl	40,7	58,2	26,0	71	17,4 19,8		1,3 1,7	0,4 0,5
8	Öl	43,4	60,9	24,0	58	6,7 6,8		1,1 1,1	0,4 0,5
9	Öl	49,0	60,2	25,0	71	17,7 20,0		9,4 9,6	1,6 1,7
	Luft	44,4	55,6	24,6	66	14,3 15,3		2,8 3,0	0,3 0,4
10	Öl	52,2	66,3	23,0	71	16,4 18,6		8,0 9,0	1,7 1,7
	Luft	46,4	60,4	22,6	71	16,0 17,2		3,9 4,9	1,4 1,6
11	Öl	45,8	60,6	23,2	79	15,4 17,2		2,8 3,0	1,6 1,7
12	Öl	30,5	74,6	36,0	38	17,2 17,9		11,0 11,0	3,5 4,0
13	Öl	31,8	75,0	34,0	36	15,7 18,0		9,0 10,0	4,0 4,4
14	Luft	33,1	52,0	24,0	51	13,0 13,6	6,9 7,4	0,7 0,7	0,1 0,1

für solche Teile in Frage, die die besonderen Eigenschaften des Gußeisens, wie z. B. großes Dämpfungsvermögen, aufweisen sollen. DIN 1691 enthält die Grundlagen über die Güteklassen, Erprobungen, Eigenschaften usw. von legiertem und unlegiertem Gußeisen.

Über das Verhalten der mechanischen Eigenschaften von Gußeisen bei tiefen Temperaturen sind eine Reihe von Untersuchungen durchgeführt worden[1]. Im allgemeinen wurde mit fallender Versuchstemperatur steigende Zugfestigkeit festgestellt und z. B. bei -100 bis $-120°$ C eine Zunahme um 10 bis 15% gefunden. Die Kerbschlagzähigkeit fällt bis zu diesem Temperaturbereich bei perlitischem Gußeisen um etwa 30%, bei solchem mit Kugelgraphit (sphärolitisches Gußeisen) bis um 90% gegenüber den Werten bei 20° C ab. Abkühlung

---

[1] Zum Beispiel PARDUN, C., u. E. VIERHAUS: Gießerei Bd. 15 (1928) S. 99/102. — G. N. J. GILBERT: Foundry Trade J. Bd. 89 (1950) S. 149/161 u. 179/189.

auf tiefe Temperaturen ergibt bei nachfolgender Prüfung bei normaler Temperatur keine Verschlechterung der Eigenschaften. Die Erhöhung der Zugfestigkeit mit abnehmender Temperatur wirkt sich nicht auf die Dimensionierung und Haltbarkeit aus; der Abfall der Kerbschlagzähigkeit mit abnehmender Temperatur erfordert, wegen der an und für sich schon bei normaler Temperatur geringen Kerbschlagzähigkeit, für Teile, die tiefen Temperaturen ausgesetzt werden, die Beachtung günstiger Formgebung und die Vermeidung schlagartiger Beanspruchungen.

B. Die Nichteisenmetalle.

I. Allgemeines.

Bereits beim Eisen ließ sich zeigen, welche große Rolle die Art des Kristallgitters für das Verhalten bei tiefen Temperaturen spielt. Die stabilen Austenite mit ihrem flächenzentrierten kubischen Gitter sind den Ferriten und Perliten in jedem Falle überlegen. Eine Übersicht über die bei den Metallen auftretenden Kristallgitter ist deshalb von Interesse. Tab. 15[1] gibt eine Zusammenstellung für eine Reihe von Gebrauchsmetallen. Man sieht, daß von den acht aufgeführten Metallen nicht weniger als vier, nämlich Aluminium, Nickel, Kupfer und Blei, das günstige flächenzentrierte Gitter haben, bei dem sich ja so leicht Gleitebenen ausbilden können. Auch eine Reihe von Legierungen dieser Metalle gehören dem gleichen Gittertyp an. Tab. 16 gibt eine Auswahl solcher Legierungen.

Tabelle 15. *Kristallgitter verschiedener Metalle.*

Metall	Gitter	Axen in kX^2	Gleitflächen	Spaltflächen	Kleinster Atomabstand in kX^2
Mg	A_3	$a = 3,2033$ $c = 5,1998$ $\frac{c}{a} = 1,6233$	(0001) bei 20 bis 225° (10$\bar{1}$1) über 225° (10$\bar{1}$2) Zwillingsfläche	(0001)	3,190
Al.	A_1	$a = 4,0413$			
Ni	A_1	$a = 3,5167$ bei 20° C			
Cu	A_1	$a = 3,6086$	(111) (111) Zwillingsfläche		2,551
Zn	A_3	$a = 2,6594$ $c = 4,9370$ $\frac{c}{a} = 1,8564$	(0001) bei 25° (10$\bar{1}$2) Zwillingsfläche	(0001)	2,6594
β-Sn normal . .	A_5	$a = 5,8195$ $c = 3,1750$			
α-Sn (unter 13,2° C) . . .	A_4	$a = 6,46$			
Pb	A_1	$a = 4,94$ Å			

A_1 = kubisch-flächenzentriert
A_3 = hexagonal
A_4 = Diamant-Typ
A_5 = tetragonal
siehe auch Abb. 164 bis 167, S. 411

Ein besonderes Interesse beansprucht das A_3-Gitter. Im Idealfalle, wenn nämlich $c/a = 1,633$ ist, stellt auch dieses Gitter wie das A_1-Gitter den Fall der dichtesten Kugelpackung dar, jedoch ist es viel ärmer an Ebenen größter

---

[1] Nach Metals Handbook, 1948 Edition (s. Fußnote 1, S. 420). — J. D'Ans u. E. Lax: Taschenbuch für Chemiker und Physiker (s. Fußnote 4, S. 411). — M. Hansen: Der Aufbau der Zweistofflegierungen, S. XII—XV. Berlin: Springer 1936, u. a. m.
[2] 1 kX = 1,00202 Å.

Tabelle 16. *Kristallgitter einiger Legierungen.*

Legierung	Zusammensetzung	Gittertyp	Achsen in kX	Kleinster Atomabstand in kX
Messing	95% Cu, 5% Zn	A_1	$a = 3{,}620$	2,559
	90% Cu, 10% Zn	A_1	$a = 3{,}63$	2,57
	85% Cu, 15% Zn	A_1	$a = 3{,}643$	2,577
	80% Cu, 20% Zn	A_1	$a = 3{,}654$	2,584
	70% Cu, 30% Zn	A_1	$a = 3{,}677$	2,600
Bronze	Cu-2 Be, 0,25 Co[1]	A_1	$a = 3{,}565$	homogenisiert mit 2,1% Be in Lösung,
			$a = 3{,}604$	ausgehärtet bei 300° C
Ni-Legie-rungen	57% Ni, 20% Mo, 20% Fe	A_1	(Hast alloy)	
	85% Ni, 10% Si, 3% Cu	A_1	α- u. Silicid-Phase	
	60% Ni, 24% Fe, 16% Cu	A_1		
	35% Ni, 50% Fe, 15% Cr	A_1		

Atomdichten, so daß also die Ebene (0001) sich stark von den anderen unterscheidet. Das trifft vor allem dann zu, wenn das Achsenverhältnis größer als 1,633 wird, was beispielsweise beim Zink der Fall ist. Die Sprödigkeit dieses Metalls ist zum Teil hierin begründet.

Für nähere Einzelheiten sei auf die Spezialliteratur verwiesen[2].

II. Kupfer und seine Legierungen.

1. Kupfer.

Nur ganz geringe Mengen von Kupfer kommen gediegen vor, der weitaus größte Teil wird aus Erzen, vornehmlich aus sulfidischen Erzen, gewonnen.

Tab. 17 enthält die wichtigsten physikalischen Konstanten[3,4] für Kupfer.

Was die *mechanischen Eigenschaften* angeht, so sind sie im nicht kaltdeformierten Zustand des Materials von der Provenienz des Kupfers abhängig, und zwar weniger die Festigkeit selbst als vielmehr die Einschnürung, d. h. also die Zähigkeit. WEBSTER, CHRISTIE und PRATT[5] geben die in Tab. 18 niedergelegten Zahlen für vier verschiedene Kupfersorten an, aus denen man sieht,

---

[1] Oder 0,32% Ni; amerikanische Bezeichnungsart.

[2] Siehe Fußnote 3 u. 4, S. 411.

[3] Siehe Fußnote 1, S. 448.

[4] HANSEN, M.: Werkstoffhandbuch Nichteisenmetalle, 1927, D 4/5.

[5] WEBSTER, W. R., J. L. CHRISTIE u. R. S. PRATT: Trans. Amer. Inst. min. metallurg. Engrs. Bd. 104 (1933) S. 166, nach H. CARPENTER u. J. M. ROBERTSON, Metals, S. 1240. London, New York, Toronto: Oxford University Press 1935.

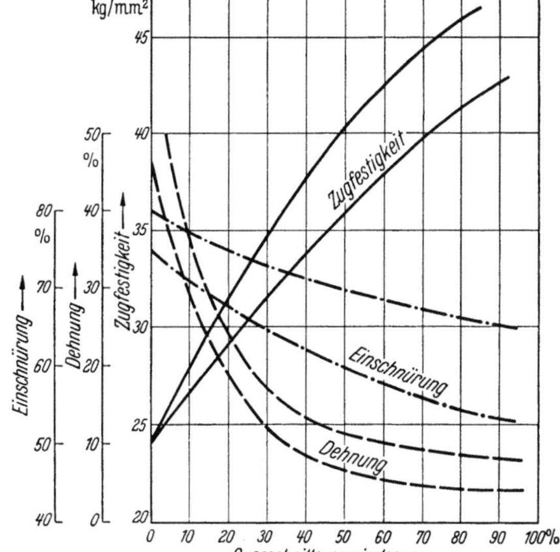

Abb. 219. Einfluß des Kaltziehens auf Zugfestigkeit, Dehnung und Einschnürung von Kupfer (verschiedene Forscher, zusammengestellt nach CARPENTER und ROBERTSON).

daß vor allem das sonderbehandelte Leitungskupfer (O.F.H.C. = oxygen-free high-conductivity copper), das nur geringe Mengen an Einschlüssen enthält, eine besonders gute Zähigkeit hat.

Des weiteren sind die Festigkeitseigenschaften vom Zustande der Kaltbearbeitung abhängig. Abb. 219 gibt nach Carpenter und Robertson[1] zusammenfassend die Ergebnisse der Arbeit von Webster, Christie und Pratt[2], von Alkins[3] und von Krupkowski[4] wieder. Durch unterschiedlichen Reinheitsgrad des Probematerials und verschiedenen Ablauf der Kaltverformung ergeben sich Streubereiche für die festgestellten Kennwerte.

Tabelle 17. *Physikalische Eigenschaften von Kupfer.*

Spez. Gewicht (Wichte) bei 20°C	8,96 g/cm³
Spez. Gewicht (Wichte) bei 1083° C (fest)	8,32 g/cm³
Spez. Gewicht (Wichte) bei 1083° C (flüssig)	7,93 g/cm³
Schmelzpunkt	1083° C
Spezifische Wärme bei 20°C	0,092 kcal/kg ° C
Latente Schmelzwärme	50,6 kcal/kg
Linearer Wärmeausdehnungkoeffizient bei 20°C	$16,5 \cdot 10^{-6} \cdot °C^{-1}$
Elektrischer Widerstand bei 20°C	$1,67 \cdot 10^{-6}\,\Omega$ cm
Wärmeleitzahl bei 20° C	$339 \pm 1,8$ kcal/m h° C
Spez. magnetische Suszeptibilität $\varkappa$ { bei 18° C	$0,086 \cdot 10^{-6}$
bei 1080° C	$0,077 \cdot 10^{-6}$
bei 1090° C	$0,054 \cdot 10^{-6}$ (flüssig)
bei −259 bis −253° C	$0,097 \cdot 10^{-6}$
Elastizitätsmodul je nach Reinheitsgrad	12000 — 12700 kg/mm²

Tabelle 18. *Mechanische Eigenschaften einiger Kupfersorten.*

Kupfersorte	Zugfestigkeit kg/mm²	Dehnung %	Einschnürung %
O.F.H.C.	24,1	49	93
Electrolyte T.P.	24,1	49	73
Lake T.P.	24,1	49	75
mit Phosphor desoxydiert	24,1	50	81

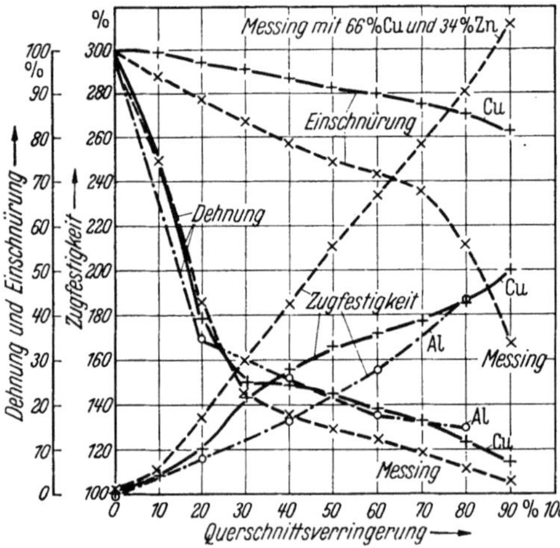

Abb. 220. Prozentuale Änderung der mechanischen Eigenschaften von Kupfer und Aluminium und von α-Messing durch Kaltdeformation (errechnet nach Metals Handbook).

Verglichen mit anderen Metallen, z. B. Messing, ist die Festigkeitssteigerung durch Kaltdeformation bei Kupfer nicht sehr bedeutend (Abb. 220)[5].

Die Festigkeitssteigerung nach Kaltdeformation kann durch Glühung wieder rückgängig gemacht werden. Deformationsgrad, Glühtemperatur und Zeit sind die wichtigsten Faktoren, die diesen Prozeß

[1] Carpenter, H., u. J. M. Robertson, S. 1242, siehe Fußnote 5, S. 449.
[2] Siehe Fußnote 5, S. 449.
[3] Alkins, W. G.: J. Inst. Met. Bd. 46 (1932) S. 304.
[4] Krupkowski, A.: Rev. Metall. Bd. 28 (1931) S. 529.
[5] Errechnet nach Angaben Fig. 1 in Metals Handbook 1948, S. 868.

beeinflussen. Abb. 221 gibt einige der Erweichungstemperaturen in Abhängigkeit von der Querschnittsverminderung an, wie sie ALKINS und CARTWRIGHT[1] an silberfreiem O.F.H.C.-Kupfer mit 99,953% Cu und 0,041% O_2 fanden. Diese Erweichungstemperaturen korrespondieren in etwa mit der Temperatur beginnender Rekristallisation. Je höher die Kaltdeformation ist, bei um so niedrigerer Temperatur kann man glühen, um sie zu beseitigen. Dabei kann eine längere Glühzeit eine höhere Temperatur ersetzen.

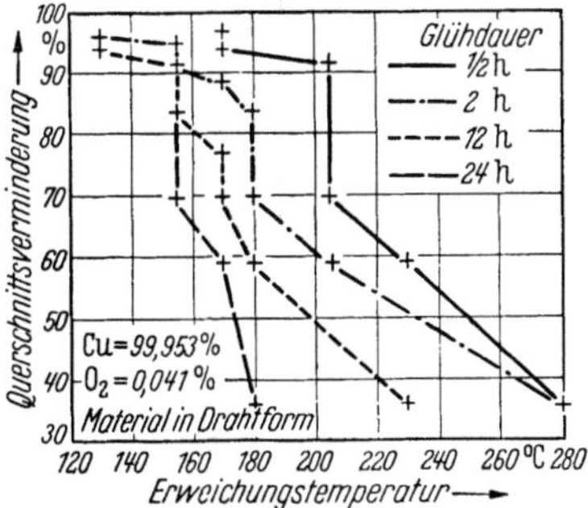

Abb. 221. Erweichungstemperatur von kaltgezogenem Kupfer in Abhängigkeit von der Zeit (nach ALKINS und CARTWRIGHT).

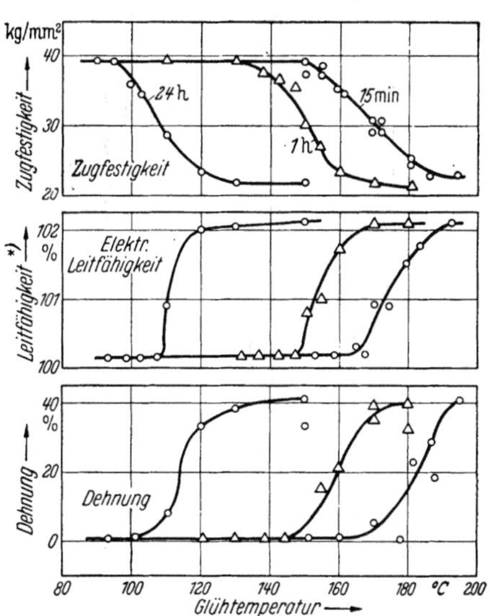

Abb. 222. Rekristallisationsdiagramm von Kupfer nach J. S. SMART jr. (75% Querschnittsverringerung).

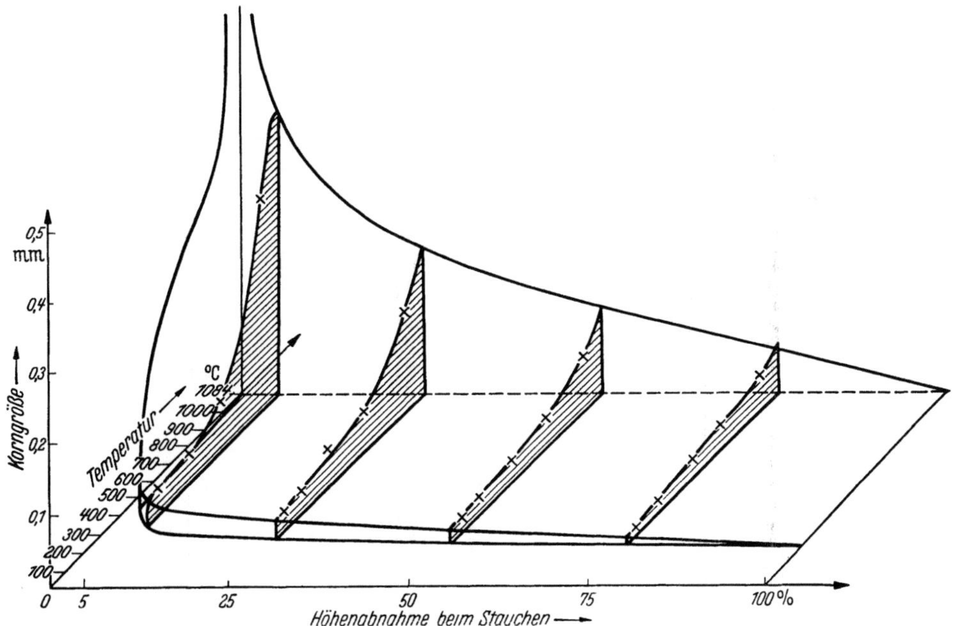

Abb. 223. Rekristallisationsdiagramm des Kupfers (nach RASSOW und VELDE).

---

[1] ALKINS, W. E., u. W. CARTWRIGHT: J. Inst. Met. Bd. 52 (1933) S. 221; nach CARPENTER u. ROBERTSON, S. 1243, vgl. Fußnote 5, S. 449.

Tabelle 19. *Festigkeitseigenschaften von Kupfer bei tiefen Temperaturen.*

Werkstoff	°C	σ_S kg/mm²	σ_B kg/mm²	δ %	ψ %	Kerbschlag-zähigkeit	Quelle
1. Kupfer 99,985% Stab 1″ ⌀, geglüht.	Raumtemp.	5,98[1]	22,05	48	77	5,945[2]	COLBECK, E. W., u. W. E. MACGILLIVRAY: The Mechanical Properties of Metals at Low Temperatures, Part II. Non-Ferrous Materials, Trans.Inst.Chem. Eng. Bd.11 (1933) S.107; nach P. LITHERLAND TEED: The Properties of Metallic Materials at Low Temperatures S. 163. London: Chapman and Hall Ltd., 1950.
	— 10	6,30[1]	22,50	40	78	—	
	— 40	6,46[1]	23,80	47	77	6,221[2]	
	— 80	7,09[1]	27,10	47	74	6,083[2]	
	—120	7,56[1]	29,00	45	70	6,221[2]	
	—180	8,03[1]	35,70	58	77	6,913[2]	
	geschlagen bei Raumtemperatur nach Abkühlung auf —180° C					6,774[2]	
2. Stab mit 99,9% Cu, geglüht.	Raumtemp.	8,97	23,0	58	44		STRAUSS, J.: Metals and Alloys for Industrial Applications requiring extreme Stability. Trans. Amer. Soc. SteelTreat. Bd. 16 (1929); nach TEED S. 163, s. oben.
	—183	12,9	35,4	63	68		
3. Elektrolytkupfer, Stab-material, geglüht 1 h 700° C.	20	3,94	24,1	51	71	10,0[3]	KRUPKOWSKI, A.: Propiétés Mécaniques du Cuivre. Rev. Mét. Bd. 28/29 (1932); nach TEED, S. 163/165, s. oben.
	— 78	9,92	29,3	50	74	9,5[3]	
	—183	8,66	36,5	51	83	9,1[3]	
4. Elektrolytkupferstab, kalt bearbeitet (ohne nähere Angaben).	20	37,6	41,2	8	52	6,6[3]	KRUPKOWSKI, A.: a. a. O.; nach TEED, S. 164, 165, s. oben.
	— 78	40,8	42,5	12	57	8,0[3]	
	—183	42,1	45,7	11	61	7,4[3]	
5. Elektrolytkupfer 40 mm ⬜, Cu 99,96 bis 99,98, warm gewalzt.	20	5,04[4]	22,05	55	70	—	PESTER, F.: Festigkeitsprüfungen an Stangen u. Drähten bei tiefen Temperaturen. Z. Metall-kde.Bd.24 (1932),H. 3,S. 67—70, H. 5, S.115/120; nach TEED, S. 163, s. oben.
	— 20	5,04[4]	23,75	56	70	—	
	— 60	5,19[4]	25,65	57	67	—	
	— 77	5,04[4]	26,45	57	68	---	
6. Kupferdraht von 6,35 mm auf 2,1 mm in 6 Zügen kalt gezogen, ~88,9% Kaltbearbeitung[5].	20	—	46,9	1,1	57	—	PESTER, F.: Die Festigkeitseigenschaften von elektrischem Leitungsdraht bei tiefen Tempera-turen. Z.Metallkde. Bd.22 (1930),H. 8, S. 261/63.
	0	—	48,7	1,8	56	—	
	— 20	—	49,0	1,2	56	—	
	— 30	—	49,6	1,9	54	—	
	— 60	—	50,5	2,0	58	---	

[1] 0,1%-Grenze.
[2] Standard Izod-Probe, mkg.
[3] mkg/cm², Probe 10 · 8 · 100 mm, Spitzkerb 45°.
[4] 0,2%-Grenze.
[5] Prozentuale Querschnittsabnahme bei jedem Zuge gleich; keine Zwischenglühung.

Tabelle 19. (*Fortsetzung.*)

Werkstoff	°C	σ_S kg/mm²	σ_B kg/mm²	δ %	ψ %	Kerbschlag-zähigkeit	Quelle
7. Kupferdraht von 6,35 mm auf 2,8 mm in 4 Zügen kalt gezogen, ~80,7% Kaltbearbeitung[1].	20	—	44,1	2,0	56	—	Ebenda
	0	—	45,0	2,5	57	—	
	—20	—	46,0	2,5	58	—	
	—30	—	46,3	2,8	58	—	
	—60	—	48,0	3,5	56	—	
8. Kupferdraht von 6,35 mm auf 3,6 mm in 3 Zügen kalt gezogen, ~67,9% Kaltbearbeitung[1].	20	—	41,25	2,0	57	—	Ebenda
	0	—	42,25	2,1	57	—	
	—20	—	43,15	2,0	57	—	
	—30	—	43,80	3,0	57	—	
	—60	—	45,20	4,0	57	—	
Stabkupfer, ungeglüht	+20	6,0	23,7	41,5	67,0	—	Ergebnisse STRIBECK nach F. PESTER: Z. Metall-kde. Bd. 24 (1932), H. 3, S. 67/70, H. 5, S. 115/120.
	—80	6,0	26,5	45,5	64,7	—	
Stabkupfer, geglüht	+16	3,8	23,7	40,5	62,6	—	
	—80	4,2	26,5	39,3	61,0	—	
Kupfer I, hart	+20	—	43,8	8,1	71,1	—	Ergebnisse RUDELOFF nach F. PESTER. Z. Metallkde. Bd. 24 (1932), H. 3, S. 67/70, H. 5, S. 115/120.
	—20	—	44,6	10,3	71,4	—	
	—80	—	44,4	9,3	71,9	—	
Kupfer I, geglüht	+20	—	28,6	48,6	80,5	—	
	—20	—	30,6	52,9	79,3	—	
	—80	—	30,3	50,6	79,3	—	
Kupfer II, geglüht	+20	—	23,9	43,7	58,2	—	
	—20	—	25,7	49,1	59,7	—	
	—80	—	25,5	42,8	58,4	—	
Kupfer III, hart	+20	—	34,0	6,1	50,7	—	Ergebnisse RUDELOFF nach F. PESTER: Z. Metallkde. Bd. 24 (1932), H. 3, S. 67/70, H. 5. S. 115/120.
	—20	—	34,9	8,3	52,4	—	
	—80	—	35,3	7,3	48,2	—	
Kupfer III, geglüht	+20	—	23,8	44,9	64,0	—	
	—20	—	25,8	48,3	64,5	—	
	—80	—	24,5	42,7	62,8	—	
Kupfer	Raumtemp.	—	27,2	37,5	77,0	Brinellhärte: 63 kg/mm²	De HAAS, W. J., u. R. HADFIELD, nach CAR-PENTER u. ROBERTSON, S. 1249, s. Fußnote, 5 S. 449.
	—252,8	—	46,75	60,0	75,0	Brinellhärte: 130 kg/mm²	

[1] Prozentuale Querschnittsabnahme bei jedem Zuge gleich; keine Zwischenglühung.

Abb. 222 zeigt die Zusammenhänge zwischen den Eigenschaften und der Glühtemperatur kaltverformten Kupfers von Smart jr.[1]; Abb. 223 ist ein Rekristallisationsdiagramm von Rassow und Velde[2]. Auch Hanemann[3] stellte ein solches Diagramm auf; er wählte für Reckung und Glühung gleiche Temperaturen. Sein Diagramm ähnelt dem von Rassow und Velde.

Die Rekristallisationstemperatur wird durch dem Metall in geringfügiger Menge zugesetzte Elemente verändert. Von den verschiedenen Veröffentlichungen zu diesem Problem seien die von Widmann[4] erwähnt (Abb. 224). Die Angaben stimmen nicht immer mit denen anderer Forscher überein, z. B. mit Bezug auf Eisen und

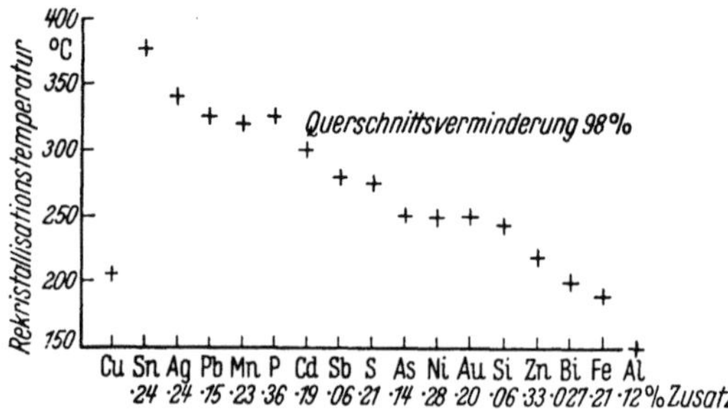

Abb. 224. Einfluß von Verunreinigungen auf die Rekristallisationstemperatur kaltverformten Kupfers[3] (nach H. Widmann).

Aluminium, für die man auch viel stärkere Erhöhungen der Rekristallisationstemperatur findet.

Von besonderem Interesse im Rahmen dieses Handbuches sind die Eigenschaften des Kupfers bei *niedriger Temperatur*. Tab. 19 faßt eine Reihe von Beobachtungen an reinem Kupfer zusammen. Man kann ganz allgemein sagen, daß abnehmende Temperatur die Verformungsfähigkeit des geglühten und auch des kalt bearbeiteten Kupfers erhöht oder wenigstens nicht erniedrigt. Es kann außerdem noch bemerkt werden, daß eine Abkühlung auf —180° C und eine Wiedererwärmung die Widerstandskraft gegen Schlagbeanspruchung zusätzlich hebt. Diese beiden Phänomene sind physikalisch noch nicht aufgeklärt. Colbeck und MacGillivray[5, 6] beobachteten ähnliches auch bei einer Reihe von Kupferlegierungen.

Die Abb. 225 und 226 zeigen weitere Werte für die mechanischen Eigenschaften reinsten Kupfers an, und zwar nach Smith[7],

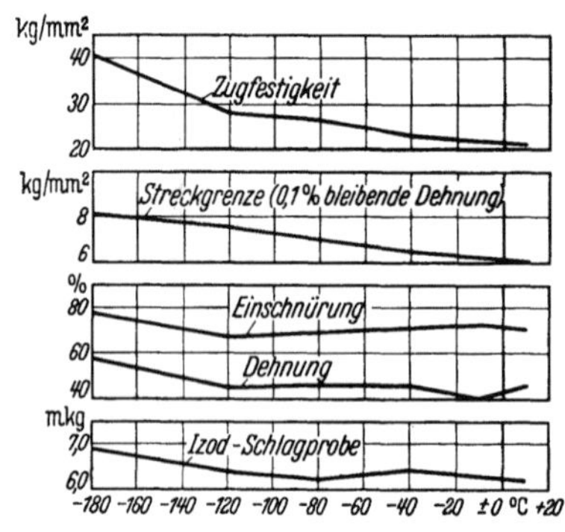

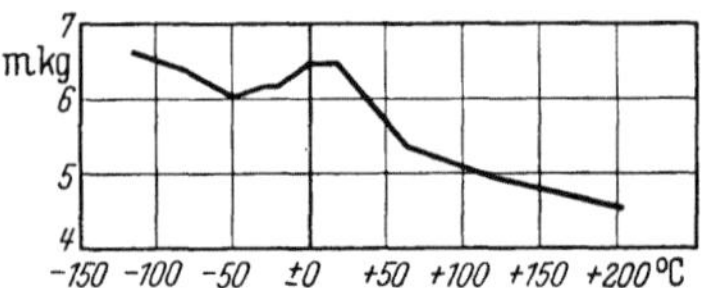

Abb. 225. Mechanische Eigenschaften geglühten Kupfers (99,985% Cu) bei tiefen Temperaturen (nach Smith).

Abb. 226. Schlagfestigkeit geglühten, desoxydierten Kupfers (99,95% Cu, 0,025% P) bei tiefen Temperaturen (nach Metals Handbook 1948).

[1] Smart jr.. J. S.: Metals Handbook, 1948 Edition, S. 903.

[2] Rassow, E., u. L. Velde: Z. Metallkde. Bd. 12 (1920) S. 369.

[3] Hanemann, H.: Z. Metallkde. Bd. 17 (1925) S. 316.

[4] Widmann, H.: Z. Phys. Bd. 45 (1927) S. 200; nach Carpenter u. Robertson, S. 1246, siehe Fußnote 5, S. 449.

[5] Colbeck, E. W., u. W. E. MacGillivray: Trans. Inst. Chem. Engrs. (London) Bd. 11 (1933) S. 107.

[6] Litherland Teed, P.: The Properties of Metallic Materials at Low Temperature, S. 163. London: Chapman and Hall Ltd. 1950.

[7] Smith: Proc. Amer. Soc. Test. Mat. Bd. 39 (1939) S. 642; nach Metals Handbook, 1948 Edition, S. 905.

nach COPPER und BRASS: Research Association und nach American Brass Company[1].

PESTER[2] untersuchte an reinen amerikanischen Elektrolytkupferbarren mit 99,96 bis 99,98% Cu, die ½ Stunde bei 800° geglüht und auf einen Querschnitt von 40 × 40 mm heruntergewalzt wurden, die Festigkeit bei sinkender Temperatur (Abb. 227), die das übliche Bild ergibt. Er zieht auch die Belastbarkeit bei wechselnder Beanspruchung (Abb. 228) mit in den Kreis der Betrachtungen. Man sieht, daß bei gleicher Wechselbiegezahl die Durchbiegungen mit abnehmender Temperatur größer werden, also auch die Biegewechselfähigkeiten mit abnehmender Temperatur zunehmen.

Derartige Versuche wurden später von SCHWINNING[3] auf einer mit DOGERLOH[4] zusammen entwickelten Spezialschwingungsmaschine mit längs geschmirgelten Stäben von 5 mm Durchmesser wiederholt (Tab. 20), wobei der gleiche Effekt festgestellt wurde. Die korrespondierenden statischen Festigkeitswerte sind in Tab. 21 enthalten.

Alle diese Werte zeigen die allgemeine Tendenz, daß die Zugfestigkeit bei niedrigen Temperaturen merklich, die Streckgrenze etwas, wenn auch nicht so stark wie die Zugfestigkeit steigt. Vor allem aber wächst die Dehnung, während die Einschnürung gleichbleibt oder auch um ein geringes größer, jedenfalls aber nicht kleiner wird. Wie die

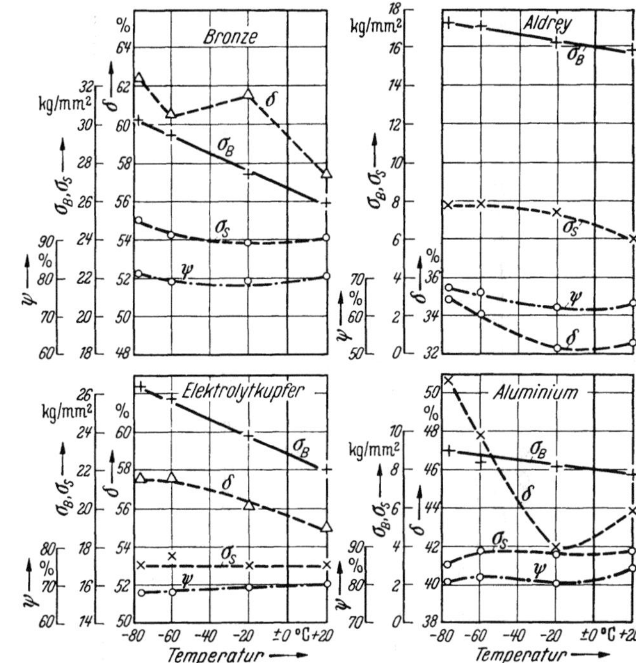

Abb. 227. Mechanische Eigenschaften verschiedener Metalle bei tiefen Temperaturen (nach F. PESTER).

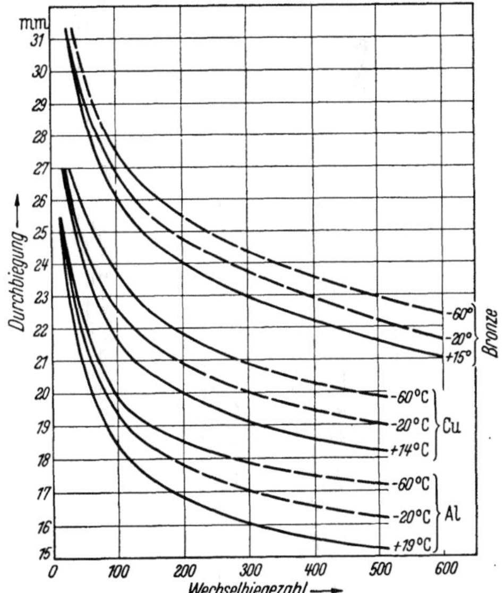

Abb. 228. Haltbarkeit verschiedener Metalle bei tiefen Temperaturen und wechselnder Beanspruchung (nach F. PESTER).

---

[1] Metals Handbook, 1948 Edition, S. 908.
[2] PESTER, F.: Z. Metallkde. Bd. 24 (1932) S. 67/70 u. 115/120 (warmgewalztes Elektrolytkupfer mit 99,96 bis 99,98% Cu).
[3] SCHWINNING, W.: Z. VDI Bd. 79 (1935) S. 35/40.
[4] DOGERLOH, E.: Z. Metallkde. Bd. 23 (1931) S. 186/188.

Tabelle 20. *Biegewechselfestigkeit bei verschiedenen Temperaturen.*

Werkstoff	°C	Biegewechselfestigkeit σ_{wb} in kg/mm²			$\triangle \sigma_{wb} = \dfrac{\sigma_{wb\,t} - \sigma_{wb\,20°}}{\sigma_{wb\,20°}} \cdot 100$ in %		σ_{wb}/σ_B [1]		
		Zahl der Lastwechsel (Umläufe)							
		$5 \cdot 10^5$	10^6	10^7	$5 \cdot 10^5$	10^6	$5 \cdot 10^5$	10^6	10^7
Kupfer, hart	+20	19,4	17,0	9,5	—	—	0,47	0,42	0,23
gezogen	−25	21,3	19,0	—	+9,8	+11,8	0,51	0,45	—
	−40	22,8	20,6	—	+17,5	+21,2	0,53	0,48	—
Kupfer, weich	+20	10,7	9,8	7,4	—	—	0,45	0,41	0,31
geglüht	−25	13,8	12,7	—	+29,0	+29,6	0,55	0,51	—
	−40	13,3	(12,2)	—	+24,3	—	0,50	—	—
Reinaluminium,	+20	8,9	8,4	7,6	—	—	0,61	0,57	0,52
hart gezogen	−25	} 9,6	9,0	—	+7,86	+7,15	0,66	0,62	—
	−40			—			0,59	0,56	—
Aldrey[2], aus-	+20	} 12,6	11,3 {	10	—	—	0,43	0,38	0,34
gehärtet, hart	−25			—	0	0	0,40	0,36	—
gezogen	−40	14,0	13,0	—	+11,1	+15,0	0,45	0,42	—
Bondur[2],	+20	} 16,4	14,2 {	9,7	—	—	0,36	0,31	0,21
ausgehärtet	−25			—	0	0	0,36	0,31	—
	−40	14,2	(11,5)	—	−13,4	—	0,31	—	—
Duralumin 681	+20	} 14,2	12,6 {	11,5	—	—	0,33	0,29	0,27
B[2], ausgehärtet	−25			—	0	0	0,32	0,29	—
	−40			—	0	0	0,32	0,29	—
Duralumin	+20	} 16,4	14,1 {	11,8	—	—	0,32	0,28	0,23
DM 31[2] ausge-	−24			—	0	0	0,32	0,27	—
härtet	−40			—	0	0	0,32	0,27	—

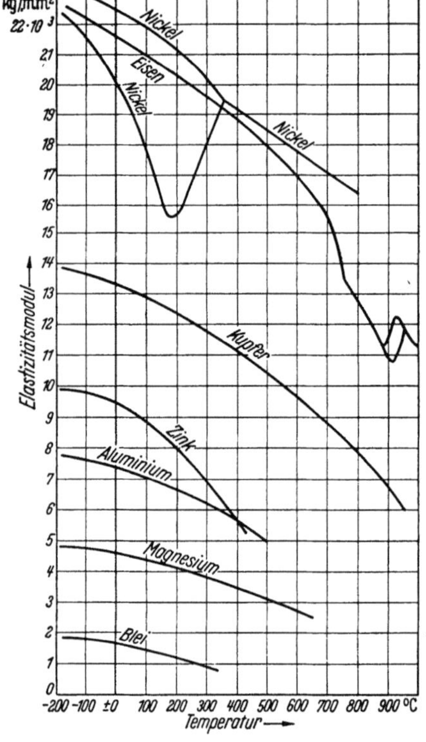

Abb. 229. Temperaturabhängigkeit des Elastizitätsmoduls reiner Metalle (nach W. Köster).

Untersuchungen von Schwinning[3] zeigen, wirken sich tiefe Temperaturen auf die Eigenschaften kaltgezogenen Kupfers im gleichen Sinne aus (Tab. 20).

Bei einer Untersuchung über die Abhängigkeit des Elastizitätsmoduls reiner Metalle von der Temperatur untersuchte Köster[4] auch reines Kupfer (Abb. 229). Mit sinkender Temperatur steigt wie bei den anderen Metallen auch bei Kupfer der Elastizitätsmodul.

Den *wahren* Ausdehnungskoeffizienten bei tiefen Temperaturen untersuchten Dorsey[5], Keesom[6] und Buffington und

---

[1] σ_B = statische Zugfestigkeit in kg/mm².
[2] Aluminiumlegierungen; siehe S. 485.
[3] Siehe Fußnote 3, S. 455.
[4] Köster, W.: Z. Metallkde. Bd. 39 (1948) S. 1/9.
[5] Dorsay, G.H.: Phys.Rev.Bd.25(1907)S.88.
[6] Keesom, W. H.: Z. phys. Chem. Bd. 130 (1927) S. 658.

Tabelle 21[1]. (*Statische Festigkeitswerte zu Tabelle 19.*)

	°C	$\sigma_{0,05}$ kg/mm²	$\sigma_{0,2}$ kg/mm²	σ_B kg/mm²	δ_{10} %	ψ %
1. Kupfer, hart gezogen	+20	32,6	39,6	40,9	5,4	56
	−25	34,4	40,3	41,9	6,0	58
	−40	35,5	41,2	43,0	4,9	58
2. Kupfer, weich geglüht	+20	4,5	5,8	23,9	47,2	71
($^1/_2$ h 650°)	−25	4,3	4,8	25,0	44,2	(72)
	−40	4,2	5,0	26,5	46,6	75
3. Reinaluminium 99,5% Al,	+20	12,5	13,1	14,7	14	78
hart gezogen	−25	11,7	12,4	14,5	10,3	(77)
	−40	12,8	13,9	16,2	11,3	78
4. Aldrey[2], ausgehärtet, hart	+20	24,4	26,3	29,4	12,7	57
gezogen	−25	24,4	26,8	31,2	12,8	58
	−40	21,8	27,0	31,3	(11,6)	58
5. Bondur[2], ausgehärtet	+20	30,7	33,6	42,2	18,8	45
	−25	30,3	33,1	45,6	18,9	36
	−40	31,0	31,1	45,9	19,9	(41)
6. Duralumin 681 B[2], aus-	+20	31,6	34,3	43,3	16,9	48
gehärtet	−25	32,2	35,0	43,8	15,4	45
	−20	32,2	34,9	44,2	15,0	48
7. Duralumin DM 31[2], aus-	+20	37,8	40,7	50,8	16,3	37
gehärtet	−25	36,9	40,0	51,1	17,6	32
	−40	36,0	39,5	51,9	17,1	33

LATIMER[3] (Abb. 230)[4]. Als *mittlere* Ausdehnungskoeffizienten zwischen −190° und 0 °C gibt HANSEN[5] nach HENNING und DITTENBERGER $14,0 \cdot 10^{-6}$ °C^{-1} an, der vielleicht ein wenig größer ist als derjenige, der sich nach Abb. 230 ergäbe.

Wichtig sind beim Kupfer auch stets Leitfähigkeit für Wärme und Elektrizität.

[1] Kerbschlagzähigkeitswerte für Al 99,5%, Al 98/99%, Messing (56% Cu), Lautal normal, Scleron sind in Abb. 260 enthalten. Schlagprobe 8 × 10 × 55 mm mit 3 mm Rundkerb.

[2] Aluminiumlegierungen; siehe S. 485.

[3] BUFFINGTON, R. M., u. W. L. LATIMER: J. Amer. chem. Soc. Bd. 48 (1926) S. 2305.

[4] Nach Metals Handbook, 1948 Edition, S. 903.

[5] Siehe Fußnote 4, S. 449.

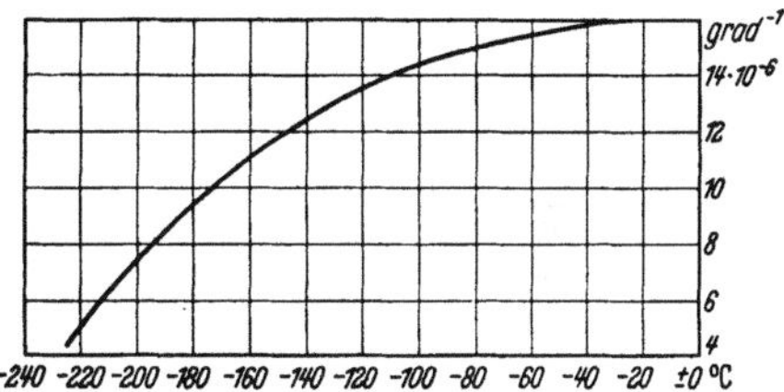

Abb. 230. Wahrer Ausdehnungskoeffizient von reinem Kupfer bei tiefen Temperaturen (nach DORSEY, KEESOM, BUFFINGTON und LATIMER).

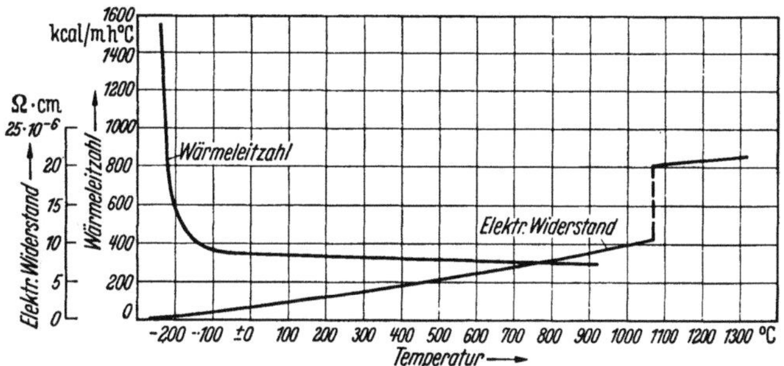

Abb. 231. Temperaturabhängigkeit der Wärmeleitzahl und des elektrischen Widerstandes von reinem Kupfer (nach verschiedenen Forschern).

Die Wärmeleitfähigkeit für reines Kupfer beträgt bei 20 °C 339 ± 1,8 kcal/m h °C.
Abb. 231 zeigt den Gang der Wärmeleitzahl mit der Temperatur nach verschiedenen Forschern[1]; sie nimmt mit sinkender Temperatur stark zu. Der Wert
für 20° C ist etwas höher, als ihn Hansen[2]
angibt. In Abb. 232 sind Wärmeleitzahlen bei
ganz tiefen Temperaturen nach Mendelssohn[3]
eingetragen. Bei Kupfer, Zink und Aluminium
tritt ein Maximum der Leitzahl auf. Mendels-
sohns Werte in Watt/cm ° C sind von den
Verfassern umgerechnet in kcal/m h ° C. Die
Abhängigkeit des elektrischen Widerstandes
von der Temperatur ist zusammen mit der
Wärmeleitzahl in der gleichen Abb. 231 wiedergegeben, und zwar nach Messungen derselben
Forscher. Mit sinkender Temperatur nimmt
er beträchtlich ab, ohne daß Supraleitfähigkeit
einträte.

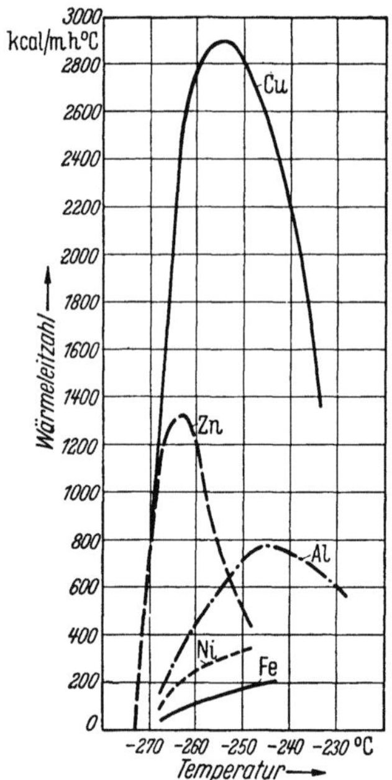

Abb. 232. Wärmeleitzahl verschiedener Metalle
bei tiefen Temperaturen (nach K. Mendelssohn).

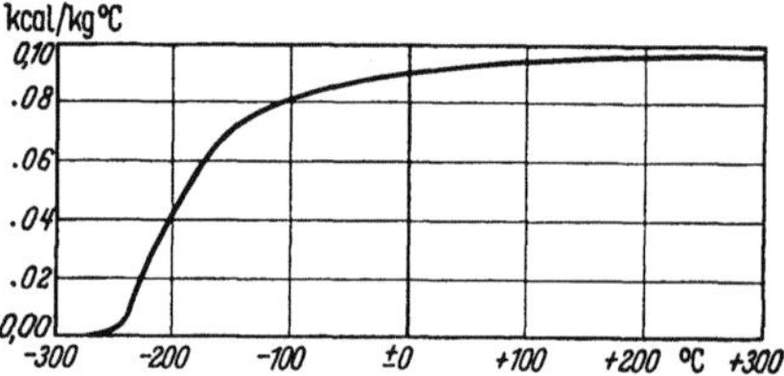

Abb. 233. Spezifische Wärme von reinem Kupfer bei
verschiedenen Temperaturen (nach verschiedenen
Beobachtern).

D'Ans und Lax[4] geben das Verhältnis R_t/R_0 des Widerstandes bei t ° zu dem
bei 0° C wie folgt an:

t° C =	− 253	−192	−78	+100	+200	+300
R_t/R_0 =	0,006	0,148	0,649	1,433	1,866	2,308

Diese Zahlen stimmen gut mit den Werten der Abb. 231 überein.

Durch Kaltdeformation wird der elektrische Widerstand um ein geringes geändert[5, 6].

Die spezifische Wärme bei verschiedenen Temperaturen zeigt Abb. 233 nach
verschiedenen Beobachtern[7]. Während sie von 1100 bis 0° C fast linear
abfällt, sinkt sie bei tiefen Temperaturen viel schneller ab.

Was den Einfluß von Verunreinigungen im Kupfer angeht, so wurde schon
oben darauf hingewiesen, daß Phosphor in geringen Mengen die mechanischen
Eigenschaften nicht sehr schädigt. Abb. 234 ist nach Angaben von Carpenter

---

[1] Nach Metals Handbook, 1948 Edition, S. 903, wo weitere eingehende Literaturangaben sich finden.

[2] Siehe Fußnote 4, S. 449.

[3] Mendelssohn, K.: Inst. Intern. Froid, Annexe 1952-1 au Bull. Inst. Intern. Froid,
S. 69/70.

[4] D'Ans, J. u. E. Lax: S. 1211, s. Fußnote 4, S. 411.

[5] Matsuda, P.: Sci. Rep. Tôhoku Univ. Bd. 14 (4) (1925) S. 343.

[6] Nach Carpenter u. Robertson, S. 1250, siehe Fußnote 5, S. 449.

[7] Nach Metals Handbook, 1948 Edition, S. 903, wo weitere Literatur zu finden ist.

und ROBERTSON[1] entworfen und zeigt, daß in der Tat Phosphor bis etwa 1,0%
auf gewalztes und geglühtes Kupfer nicht schädigend wirkt. Tab. 22 gibt eine
kurze Zusammenstellung einiger wichtiger Elemente in ihrer Wirkung als Ver-

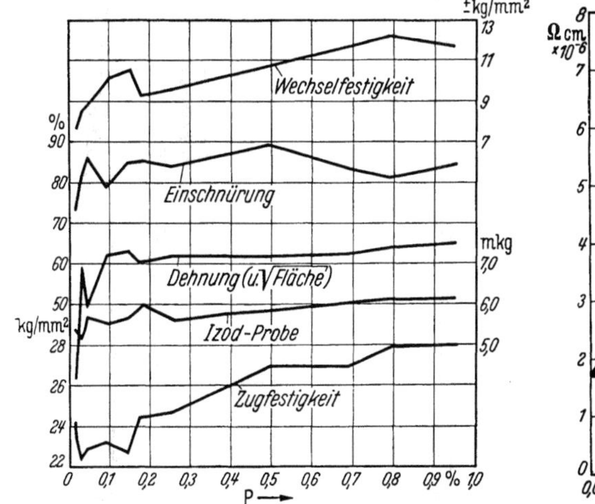

Abb. 234. Einfluß von Phosphor auf die mechanischen Eigenschaften von Kupfer (nach Angaben von CARPENTER und ROBERTSON.)

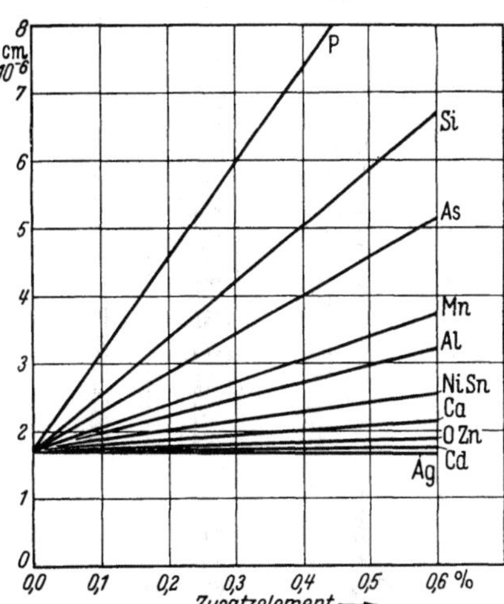

Abb. 235. Einfluß von Zusatzelementen auf den elektrischen Widerstand von Kupfer. (Nach CARPENTER und ROBERTSON.)

unreinigungen auf Kupfer. Sie ist gleichfalls vornehmlich nach CARPENTER und
ROBERTSON[2] zusammengestellt. Silizium wirkt in kaltgehärtetem Kupfer offenbar stärker festigkeitssteigernd als im geglühten.

Den Einfluß von Zusatzelementen auf den elektrischen Widerstand des
Kupfers bei Raumtemperatur zeigt Abb. 235[3].

Tabelle 22.
Einwirkung einiger Elemente auf die Eigenschaften von Kupfer bei Raumtemperatur.

	O₂ 0,015 → 0,36	Fe 0,06 → 2,09
Zugfestigkeit in kg/mm²	22,75 → 26,2	22,8 → 34,8
Dehnung in %	58,4 → 34,2	57,1 → 33,7
Einschnürung in %	74,6 → 38,2	73 → 79
Kerbschlagzähigkeit in mkg/cm²	6,77 → 2,21	nimmt zu
Wechselfestigkeit in kg/mm²	8,04 → 9,6 → 8,04[4]	9,45 → 14,17

Zugfestigkeit in kg/mm².

% Silicium[5]	geglüht	Kaltgehärtet durch plastische Deformation um 99,8%
0,076	25,5	54,5
0,181	28,0	55,5
0,312	26,4	57,8
0,433	27,6	62,6
0,697	28,8	72,4
0,902	30,7	78,3

[1] S. 1258, siehe Fußnote 5, S. 449.
[2] S. 1250ff., siehe Fußnote 5, S. 449.
[3] Nach CARPENTER u. ROBERTSON, S. 1264, siehe Fußnote 5, S. 449.
[4] Für 0,016 → 0,04 → 0,17% O₂.
[5] Nach E. VOCE: J. Inst. Met. Bd. 44 (1930) S. 331; nach CARPENTER u. ROBERTSON, S. 1258, siehe Fußnote 5, S. 449.

2. Kupferlegierungen[1].

Zu den Kupferlegierungen gehören Messing und Sondermessing, Zinnbronzen, Sonderbronzen und Rotguß. Messing ist eine aus Kupfer und Zink mit überwiegendem Kupfergehalt und eventuell etwas Bleizusatz bestehende Legierung. Messinge mit Kupfergehalten von 67% und mehr heißen Tombak. Sondermessinge enthalten außer Kupfer und Zink noch gütesteigernde Sonderbestandteile, unter die Blei *nicht* zählt. Zinnbronze ist eine Kupfer-Zinn-Legierung mit überwiegendem Kupfergehalt; sie kann nachweisbare Phosphorgehalte enthalten und heißt dann als Gußlegierung Phosphor-Zinnbronze, als Knetlegierung Phosphorbronze. Sonderbronzen sind Zwei- und Mehrstofflegierungen mit überwiegendem Kupfergehalt, die an Stelle des Zinns ein oder mehrere andere Metalle (ausgenommen Zink) enthalten; solche Metalle sind z. B. Aluminium, Beryllium, Blei, Magnesium, Wolfram usw. Rotguß endlich ist eine Legierung aus Kupfer, Zinn und Zink mit überwiegendem Kupfergehalt und gegebenenfalls etwas Bleizusatz. Ist Phosphor nachweislich enthalten, bezeichnet man die Legierung als Phosphorrotguß. Daneben gibt es noch andere Kupferlegierungen, z. B. Neusilber (Packfong, Alpacca), das ein nickelhaltiges Messing ist.

a) Messing und Sondermessing. Messing ist eine Kupfer-Zink-Legierung, sein Konstitutionsdiagramm in den für die praktische Verwendung in Frage kommenden Grenzen zeigt Abb. 236[2], das weitestgehend mit dem von Bauer und Hansen[3] übereinstimmt. Technisch hat es nur bis etwa 46% Zn Interesse. Von den sechs möglichen festen Phasen treten in Messing nur die α- und β-Phasen auf. Obwohl Zink ein hexagonales Gitter besitzt, ist α-Messing dennoch vom Typ des flächenzentrierten kubischen Gitters, wobei Zink den Gitterparameter des Kupfers von 3,607 Å bis auf 3,693 Å bei 38,1% Zn und 400° C weitet[4]. Die β-Phase ist eine Zwischenphase mit raumzentriertem kubischen Gitter, deren Parameter von 2,942 Å auf 2,949 Å ansteigt, wenn der Zinkgehalt sich von 46,2% auf 49,5% erhöht[2]. Legierungen aus reinen β-Mischkristallen werden nicht verwendet. Der raumzentrierte β-Mischkristall, bei dem ja zum Elementarbereich zwei Atome gehören und der bei 50,69% Zn genau so viele Zink- wie Kupferatome enthält, hat oberhalb 470° C eine rein statistische Verteilung der Kupfer- und Zinkatome

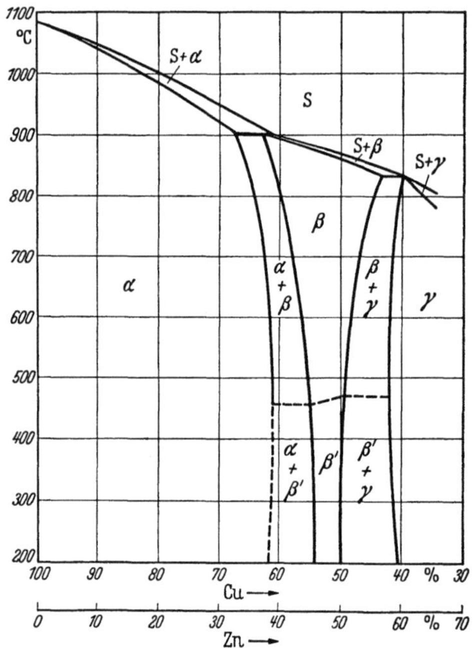

Abb. 236. Konstitutionsdiagramm Kupfer-Zink.

[1] Vgl. DIN 1718 vom Nov. 1941.

[2] Nach G. V. Raynor: Inst. Met. (Lond.), Annotated Equilibrium Diagram Series, Nr. 13, 1944; vgl. Metals Handbook, 1948 Edition, S. 1206.

[3] Bauer, O., u. M. Hansen: Mitt. Mat.-Prüfungsamt, Berlin-Dahlem, Sonderheft IV, Berlin 1927; nach Werkstoffhandbuch Nichteisenmetalle, 1927, E. 1/2.

[4] Carpenter u. Robertson, S. 1269, siehe Fußnote 5, S. 449.

Tabelle 23. *Messingsorten*.

Benennung	Kurzzeichen	Zusammensetzung %	Bearbeitung[2]	Festigkeitseigenschaften		
				σ_B kg/mm²	σ_S kg/mm²	δ_{10} %
Knetlegierungen						
Messing 90[1a]	Ms 90	Cu 89,5 bis 91,5	8	—	—	—
Messing 80[1b]	Ms 80	Cu 78 bis 82	8	30 bis 38		45 bis 10
Messing 72[1c]	Ms 72	Cu 71,5 bis 74	5, 6, 7 (8)	31		50
Messing 70[1d]	Ms 70	Cu 68 bis 71	5, 6 (8), 9	—		—
Messing 63[1e]	Ms 63	Cu 62 bis 65; Pb 0 bis 0,5	5, 6, 7, 9	29 bis 52		45 bis 5
Messing 63 Pb	Ms 63 Pb	Cu 62 bis 65; Pb 0,5 bis 2		29 bis 52		45 bis 5
Messing 60[1f]	Ms 60	Cu 59 bis 62; Pb 0 bis 0,8	2, 3, 1, 4	34 bis 56		30 bis 10
Messing 60 Pb	Ms 60 Pb	Cu 59 bis 62; Pb 0,5 bis 2		34 bis 56		30 bis 10
Messing 58[1g]	Ms 58	Cu 56,6 bis 59,5 Pb $\leqq$ 3	2, 3, 1	37 bis 63		25 bis 5
Messing 56	Ms 56	Cu 54,5 bis 56,5; Pb 0 bis 2,5		—		—
Sondermessing 76	SoMs 76	Cu 75 bis 77; Al 1,5 bis 2,5		29 bis 40	8 bis 20	45 bis 30
Sondermessing 70	SoMs 70	Cu 68 bis 71; Si 0,3 bis 0,7; Ni 0 bis 0,5; Al + Mn + Fe 0,5 bis 3,5		60		
Sondermessing 68	SoMs 68	Cu 66 bis 70; Si 0,8 bis 1,1 oder P 0,2 bis 0,4		36 bis 45	12 bis 31	20 bis 6
Sondermessing 64	SoMs 64	Cu 62 bis 66; Al 5 bis 8 Mn 3 bis 5, Fe 1,5 bis 3,5	2, 3	80	—	10
Sondermessing 59	SoMs 59	Cu 58 bis 60; Mn 1 bis 2 Al $\leqq$ 0,8; As 0,2 bis 0,3		50 bis 40	30 bis 18	25 bis 20
Sondermessing 58	SoMsAl 1	Cu 56 bis 60; Al $\leqq$ 1; Mn 0,5 bis 2	2, 3	45 bis 40	18 bis 15	15
	SoMsAl 2	Cu 56 bis 60; Al 1 bis 3, Mn 0,5 bis 2,5; Fe 0 bis 2; Si 0 bis 0,5	2, 3	60 bis 55	25 bis 22	10
Gußwerkstoffe						
Gußmessing 60	GMs 60	Cu 58 bis 62; Pb 0 bis 2	1	25	—	10
Sondergußmessing 68.	SoGMs 68	Cu 66 bis 70; P 0,2 bis 0,4	1	—		—
Sondergußmessing 57.	SoGMs 57	Cu 54 bis 60; Al 0 bis 2; Mn 1 bis 3 Fe 0 bis 2; Si 0 bis 0,5	1	45 bis 60	18 bis 25	20 bis 10

[1] Frühere Bezeichnungen: a) Rottombak, b) Hellrottombak, c) Schaufelmessing, d) Halbtombak (Lötmessing), allerdings mit nur 67% Cu, e) Druckmessing, f) Schmiedemessing (Muntz-Metall), g) Hartmessing (Schraubenmessing).

[2] Es bedeuten: 1 Bearbeiten mit spanabhebenden Werkzeugen, 2 Warmpressen, 3 Schmieden, 4 mäßiges Biegen und Prägen, 5 Ziehen, 6 Drücken, 7 Prägen, 8 Kaltbearbeiten, 9 Hartlöten mit leichtflüssigem Schlaglot oder Silberlot.

auf die Gitterpunkte. Unterhalb 470° jedoch werden die Eckatome von Kupfer und die Mittelatome von Zink eingenommen, es tritt eine Ordnung ein, die übrigens mit einer Änderung der spezifischen Wärme verbunden ist[1].

Ihrem Gitteraufbau gemäß sind die α-Messingkristalle vor allem durch Kneten gut kalt verarbeitbar, warm hingegen nur bei hohem Reinheitsgrad der Legierung und hoher Temperatur. Spanabhebend sind sie nicht besonders gut bearbeitbar, das Material schmiert. Die β-Mischkristalle mit dem raumzentrierten kubischen Gitter sind härter und daher kalt schwer zu kneten, aber leicht spanabhebend zu bearbeiten; warm lassen sie sich gut verformen, vor allem in hohen Temperaturbereichen. Der ungleichmäßige Werkstofffluß bei Legierungen im Gebiete $(\alpha + \beta)$ erklärt, warum sie so schwer in der Wärme zu verarbeiten sind. Der β-Mischkristall ist chemisch weniger beständig als der α-Mischkristall. Man muß deshalb, wenn man bei der Grenzlegierung mit 62 bis 63% Cu eine homogene Legierung als Enderzeugnis erhalten will, die Knet- und Wärmebehandlung so führen, daß keine β-Mischkristalle mehr vorhanden sind. Anderseits kann man Legierungen, die neben einem Überschuß von β-Kristallen bei Raumtemperatur und gewöhnlicher Abkühlung noch α-Kristalle enthalten, durch Abschrecken von hoher Temperatur weitgehend im β-Zustand erhalten und bessere Bearbeitbarkeit mit spanabhebenden Werkzeugen, größere Härte und Festigkeit bei allerdings sinkender Dehnung erzielen, wenn man die Abscheidung von α-Kristallen auch nicht *ganz* vermeiden kann.

Eine Zusammenstellung der handelsüblichen Messingsorten nach DIN 1726 März 1948 enthält Tab. 23. Daneben gilt in beschränktem Umfang noch DIN 1709 vom September 1937. Die Normblätter geben auch Hinweise für die Verwendung. Die Angaben über gut durchführbare Formgebungsverfahren der verschiedenen Messingsorten sind dem Normblatt DIN 1709 entnommen, gleichfalls die Angaben über die früheren Bezeichnungen. Vergleicht man die Angaben über die Bearbeitung mit der Konstitution (Abb. 236; s. S. 460), so findet man eine sinnvolle Übereinstimmung: Ms 90 und Ms 80, die vor allem kalt bearbeitet werden, bestehen völlig aus den flächenzentrierten kubischen α-Kristallen. Das gilt auch noch für Ms 72 und Ms 70, für die Ziehen, Drücken und Prägen vorgesehen ist. Die Messingsorten Ms 60, 58 und 56 dagegen bestehen aus $(\alpha + \beta)$-Kristallen, und zwar enthält Ms 60 etwa 23%, Ms 58 etwa 47% und Ms 56 sogar fast 70% β-Mischkristalle. So wird für diese Legierungen vornehmlich Warmpressen und Schmieden neben spanabhebender Bearbeitung angegeben.

Bei der Kaltverarbeitung verhalten sich die Messingsorten grundsätzlich wie reines Kupfer, d. h., sie werden mit zunehmender Deformation kalt gehärtet, wobei Festigkeit und Streckgrenze steigen, Dehnung und Einschnürung aber fallen, wie Abb. 220 (s. S. 450) an einem Druckmessing zeigt. Der Einfluß rekristallisierenden Glühens auf die Festigkeit, Dehnung und Korngröße eines ähnlichen gelben Druckmessings mit 65% Cu und 35% Zn bei den verschiedenen Kaltdeformationsgraden zeigt Abb. 237 nach Pratt[2]. Man sieht, daß auch hier, wie übrigens bei allen anderen Messingsorten gleichfalls, dieselben Rekristallisationsgesetze wie bei Kupfer gelten. Rekristallisationsdiagramme üblicher Art stellten Bass und Glocker[3, 4] für Ms 70 und Ms 63 auf, wobei auch darauf hingewiesen wird, daß bei Ms 63 die rekristallisierten α-Mischkristalle

---

[1] Vgl. hierzu die klaren Ausführungen in Carpenter u. Robertson, a. a. O., S. 358ff., 365ff. u. 1270, s. Fußnote 5, S. 449.

[2] Nach Metals Handbook, 1948 Edition, S. 879.

[3] Bass, A., u. R. Glocker: Z. Metallkde. Bd. 20 (1928) S. 179.

[4] Nach K. Ewig-Danes: Werkstoffhandbuch Nichteisenmetalle, 1927, E 5.

wegen vorhandener Reste von β-Mischkristallen kleiner ausfallen als bei Ms 70 unter gleichen Bedingungen. Die Rekristallisation von Ms 85 bei Warmverformung behandelte WITTNEBEN[1, 2].

Tabelle 24. *Physikalische Eigenschaften von Messing.*

Cu/Zn %	Wärme-leitzahl kcal/m h °C	Elektr. Widerstand $\Omega \cdot cm$	Mittlerer linearer Wärmeaus-dehnungs-koeffizient °C^{-1} bei 0 bis 300° C	Spez. Ge-wicht g/cm³	Elastizitäts-modul (Zug) kg/mm²	Bear-beitbar-keit[3] %	Amerikanische Bezeichnung
100/0	$339 \pm 1,8$	$1,673 \cdot 10^{-6}$	$17,7 \cdot 10^{-6}$	8,94	11950	20	Pure Copper
95/5	202	$3,1 \cdot 10^{-6}$	$18,1 \cdot 10^{-6}$	8,86	11950		Gilding Metal
90/10	162	$3,9 \cdot 10^{-6}$	$18,2 \cdot 10^{-6}$	8,80	11950	20	Commercial Bronze
85/15	137	$4,7 \cdot 10^{-6}$	$18,7 \cdot 10^{-6}$	8,75		30	Red Brass
80/20	118	$5,4 \cdot 10^{-6}$	$19,1 \cdot 10^{-6}$	8,67		30	Low Brass
70/30	104,5	$6,2 \cdot 10^{-6}$	$19,9 \cdot 10^{-6}$	8,53	11250		Cartridge Brass
65/35	101	$6,4 \cdot 10^{-6}$	$20,3 \cdot 10^{-6}$	8,47			Yellow Brass
60/40	104,5	$6,2 \cdot 10^{-6}$	$20,8 \cdot 10^{-6}$	8,39	10550	40	Muntz Metal

Tab. 24 gibt eine Zusammenstellung einiger physikalischer Daten[4]. Die Veränderungen der Eigenschaften sind eine klare Funktion des Zinkgehalts. Die Bearbeitbarkeit durch schneidende Werkzeuge verbessert sich mit zunehmendem Zinkgehalt. Die gute Zerspanbarkeit des Automatenmessings wird durch den Bleizusatz gewonnen. Damit und durch Zusätze von Selen und Tellur kann man alle Messingsorten in ihrer Schneidbarkeit verbessern.

Was den Einfluß tiefer Temperaturen angeht, so gibt Tab. 25 eine Reihe charakteristischer Werte der Festigkeitseigenschaften wieder nebst den Quellen, denen die Werte entnommen sind. Die Tabelle zeigt, daß das, was für Kupfer gilt (siehe Tab. 19), im großen und ganzen auch für die Messingsorten Gültigkeit hat, nämlich daß bei tiefen Temperaturen die Zähigkeit geglühter und kalt deformierter Messinge nicht absinkt (vgl. alle Legierungen der Tab. 25) und daß nach Abkühlung auf $-180°$ und erneuter Prüfung bei Raumtemperatur die Zähigkeit gleichfalls nicht geschädigt ist (vgl. Nr. 1 und 2 der Tab. 25). Ein Bleizusatz (vgl. Nr. 5 und 6 sowie 8 und 9 der Tab. 25) ändert offenbar nur die absolute Höhe der Schlagfestigkeit.

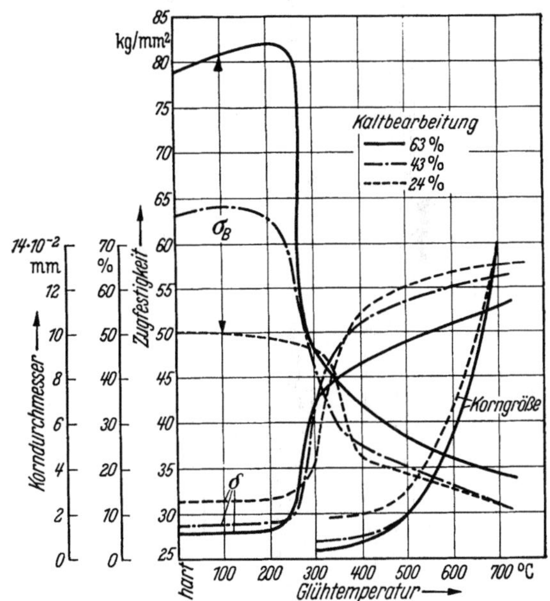

Abb. 237. Einfluß rekristallisierenden Glühens auf Zugfestigkeit, Dehnung und Korngröße kaltverformten Messings mit 65% Cu und 35% Zn (nach R. S. PRATT)

[1] Siehe Fußnote 4, S. 462.
[2] WITTNEBEN, A.: Z. Metallkde. Bd. 20 (1928) S. 316.
[3] Automatenmessing mit 61,5% Cu, 35,5% Zn und 3,0% Pb ist gleich 100 gesetzt.
[4] Nach Metals Handbook, 1948 Edition, S. 885, 903/917.

Tabelle 25. *Mechanische Eigenschaften von Messingsorten bei tiefen Temperaturen.*

Legierung	°C	σ_S kg/mm²	σ_B kg/mm²	δ %	ψ %	Kerbschlagzähigkeit	Quelle
1. Cu-Zn mit 30,5% Zn; 0,1% Fe, geglüht	Raumtemp.	19,8[1]	35,9	49	77	9,1[2]	Colbeck, E. W., u. W. E. Gillivray: Trans. Inst. Chem. Engrs. (Lond.) Bd. 11 (1933), S. 107; nach Metals Handbook, 1948 Edition, S. 213/14 und nach Teed S. 166 u. 169, s. Fußnote 6, S. 454.
	— 10	20,2[1]	37,3	49	77	—	
	— 40	18,9[1]	38,4	58	77	9,1[2]	
	— 80	19,2[1]	40,2	60	79	9,5[2]	
	—120	19,7[1]	43,0	55	78	9,8[2]	
	—180	20,8[1]	51,6	75	73	10,9[2]	
	Bei Raumtemperatur nach Abkühlung auf —180° C					9,1[2]	
2. Cu-Zn-Pb-Sn mit 38,85% Zn; 1,43% Mn; 1,25% Pb; 0,92% Sn; 1,08% Fe, geglüht	Raumtemp.	16,85[3]	50,8	28	44	2,8[4]	Colbeck u. MacGillivray: a. a. O., nach Teed S. 168 u. 171, s. oben.
	— 10	19,5[3]	49,5	33	41	—	
	— 40	19,4[3]	53,0	29	45	2,9[4]	
	— 80	18,95[3]	53,0	31	43	3,0[4]	
	—120	19,5[3]	56,8	35	45	2,9[4]	
	—180	20,2[3]	66,6	37	41	2,9[4]	
	Bei Raumtemperatur nach Abkühlung auf —180° C					2,8[4]	
3. Cu-Zn mit 33% Zn, 2 h bei 550° C geglüht	Raumtemp.	27,5	39,9	50	72	14,4[5]	Broniewski,W.,u.K.Wesolowski:Rev. Mét. Bd. 30 (1933), nach Teed S. 166 u. 169, s. oben.
	— 78	30,6	43,0	50	77	16,9[5]	
	—183	40,2	53,6	51	71	14,2[5]	
4. Messingstab mit 71,6% Cu, geglüht	+ 18	6,6	28,5	83	76	11,8[6]	Russell, H. W.: Symposium on Effect of Temperature on the Properties of Metal ASTM und ASME 1931, nach Teed S. 166 u. S. 169, s. oben.
	0	6,92	30,1	80	79	11,9[6]	
	— 30	7,25	30,4	76	80	12,4[6]	
	— 80	8,5	34,2	75	80	12,3[6]	
5. Rotmessing mit 40% Zn, 2 h bei 550° geglüht	+ 20	14	40,6	51	76	8,6[7]	Wie 3. Nach Teed, S. 166 u. 170, s. oben.
	— 78	15,75	43,2	53	75	8,6[7]	
	—183	19,7	53,5	55	71	8,3[7]	
6. Rotmessing mit 40% Zn u. 1,32 Pb, 2 h bei 550° geglüht	+ 20	14,5	37,2	50	63	4,4[8]	Wie 3. Nach Teed, S. 166 u. 170, s. oben.
	— 78	17,3	38,4	50	64	4,9[8]	
	—183	20,3	48,7	51	62	4,6[8]	
7. Naval Brass (Schiffsmessing) mit 36,96% Zn; 0,31% Sn; 0,08% Pb, hart gezogen	Raumtemp.	37,9	50,5	24	65	5,3[9]	Gillett, H.W.: Impact Resistance and Tensile Properties of Metal at Sub-AtmosphericTemperature.ASTM.1941,nachMetals Handbook, 1948 Edition, S. 213/14 und nach Teed S. 167 u. 170, s. oben.
	— 41	40,7	52,3	26	65	5,1[9]	

8. Messing mit 40% Zn, kaltbearbeitet	Raumtemp.	56,0	—	20	66	5,1[10]	Wie 3. s. oben.	Nach TEED, S. 187 u. 171,
	— 78	58,3	—	21	68	5,3[10]		
	—183	69,0	—	24	64	5,3[10]		
9. Messing mit Blei. Zusammensetzung: 40% Zn; 1,32% Pb, kaltbearbeitet, 12% Querschnittsverringerung	Raumtemp.	44,7	—	27	57	2,2[11]	Wie 3. s. oben.	Nach TEED, S. 187 u. 171,
	— 78	49,5	—	27	59	2,5[11]		
	—183	60,8	—	31	57	2,2[11]		

[1] 0,1%-Grenze. — [2] Standard Izod-Probe; mkg. — [3] 0,1%-Grenze. — [4] Standard Izod alle Proben gebrochen. — [5] mkg/cm²; Probe 8·10·100 mm mit Spitzkerb 45°. — [6] Charpy-Probe mit 10 mm² Querschnitt und Spitzkerb; mkg/cm². — [7] mkg/cm²; Probe 8·10·100 mm mit Spitzkerb 45°. — [8] mkg/cm²; Probe 8·10·100 mm mit Spitzkerb 45°. — [9] Standard Izod-Probe. — [10] mkg/cm²; Probe 8·10·100 mm mit Spitzkerb 45°. — [11] mkg/cm²: Probe 8·10·100 mm mit Spitzkerb 45°.

Studien über die Festigkeit von autogenen Schweißverbindungen bei tiefen Temperaturen machten HOLLER und SCHNEDLER[1]. Unter den untersuchten Legierungen befindet sich auch ein Druckmessing mit 62,58% Cu und 37,05% Zn. Die Werte für Zugfestigkeit, Dehnung und Einschnürung zeigen die Abb. 238 bis 240, und zwar für ungeschweißte und geschweißte Proben, letztere mit Schweißraupen. Die Werte für die geschweißten Proben liegen zwar unter denen für das volle Material, der Gang der Festigkeitswerte mit der Temperatur ist aber der gleiche, d. h., eine Neigung zum Trennungsbruch ist nicht vorhanden, der Werkstoff bleibt zäh.

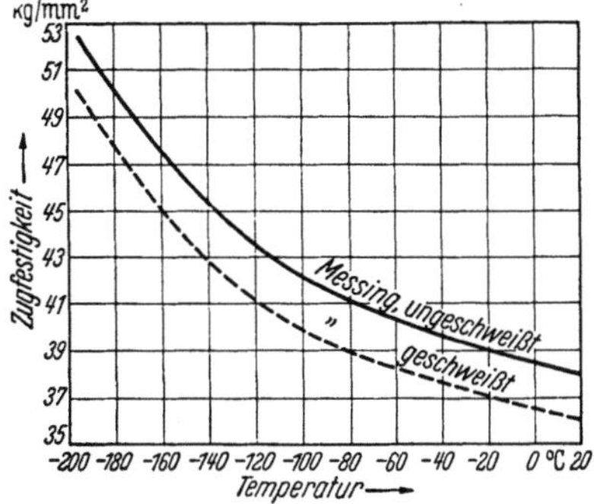

Abb. 238. Zugfestigkeit von geschweißtem und ungeschweißtem Messing in Abhängigkeit von der Temperatur (nach HOLLER und SCHNEDLER).

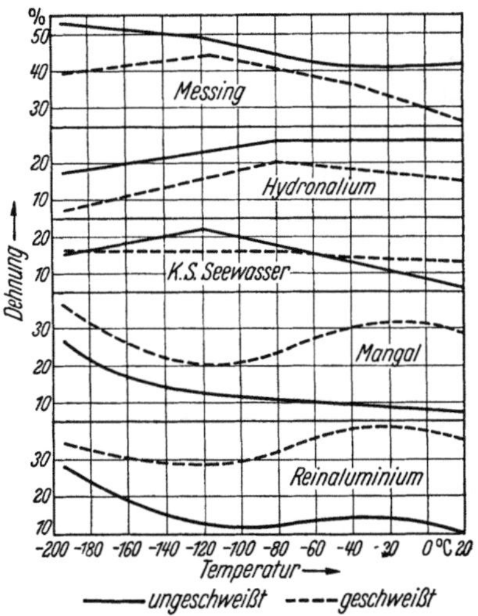

Abb. 239. Dehnung verschiedener geschweißter und ungeschweißter Werkstoffe in Abhängigkeit von der Temperatur (nach HOLLER und SCHNEDLER).

[1] HOLLER, H., u. H. SCHNEDLER: Autogene Metallbearb. Bd. 35 (1942) S. 316/321 u. 325/328.

Angaben über Leitfähigkeit für Wärme und elektrischen Strom und andere Eigenschaften als Funktionen der Temperaturen unter 0° C waren den Verfassern nicht greifbar. Auch für Sonder- und Gußmessingsorten fanden sich keine Werte. Es ist aber anzunehmen, daß sie sich nicht sehr viel anders verhalten als die bisher besprochenen Legierungen.

b) Zinnbronzen und Sonderbronzen. Wenn man gemeinhin von Bronze spricht, dann meint man damit im allgemeinen die Zinnbronze. Sie ist wohl die älteste von allen Bronzearten. Abb. 241[1] gibt den für die Technik in Frage kommenden Teil des Konstitutionsdiagramms wieder. In der Abbildung sind die

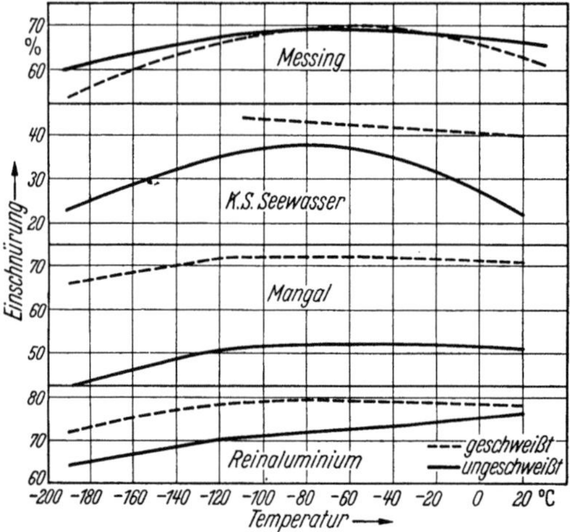

Abb. 240. Einschnürung verschiedener geschweißter und ungeschweißter Werkstoffe in Abhängigkeit von der Temperatur (nach Holler und Schnedler).

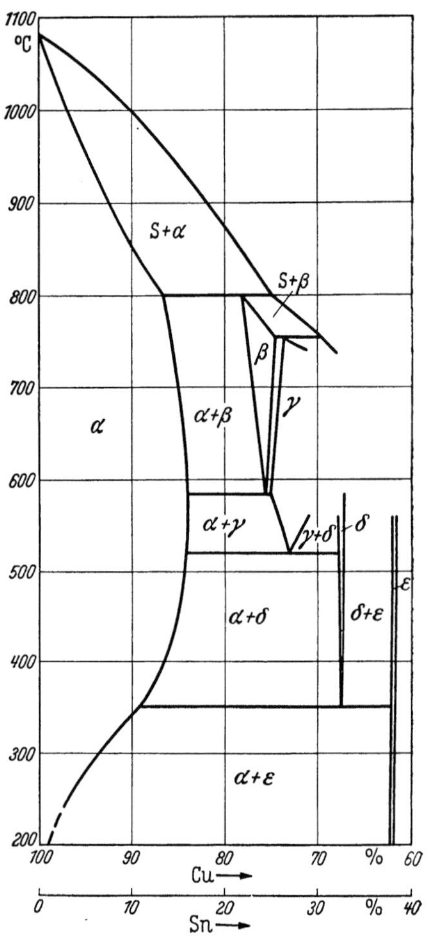

Abb. 241. Konstitutionsdiagramm Kupfer-Zinn.

wirklichen Gleichgewichte eingetragen, die sich aber in der Praxis meist erst nach sehr langen Glühzeiten einstellen. Für den praktischen Gebrauch kann man annehmen, daß das von Hansen[2] entworfene Diagramm die Verhältnisse ausreichend genau wiedergibt, daß nämlich unterhalb 520° C der α-Kristall nicht mehr δ- bzw. ε-Kristalle abscheidet, sondern bis Raumtemperatur erhalten bleibt. Auch die Entmischung der δ-Mischkristalle unterhalb 350° C findet meist nicht statt, so daß das (α + β)-Gebiet sich bei Raumtemperatur von etwa 14% bis 32,4% Sn erstreckt.

Tab. 26 enthält die in Deutschland verwendeten Zinnbronzen. Abgesehen von GBz 20, die im (α + δ)-Gebiet liegt, befinden sich alle anderen Bronzen im α-Mischkristallbereich, der also vornehmlich ausgenutzt wird.

---

[1] Vornehmlich nach G. V. Raynor: Inst. Met., Annotated Equilibrium Diagram Series, Nr. 2 (1944); vgl. Metals Handbook, 1948 Edition, S. 1204.
[2] a. a. O., S. 631, siehe Fußnote 1, S. 448.

Tabelle 26. *Zinnbronzesorten.*

Benennung	Kurz-zeichen	Zusammen-setzung	Festigkeitseigenschaften			
			σ_B kg/mm²	σ_S kg/mm²	δ_{10} %	Brinellhärte (10/1000/30) kg/mm²
Knetlegierungen						
Zinnbronze 4[1]	SnBz 4	Sn 3,5 bis 4,5	—	—	—	
Zinnbronze 6[1, 2]	SnBz 6	Sn 5,0 bis 6,5	56 bis 75	—	5	150 bis 220
Zinnbronze 8[1]	SnBz 8	Sn 7,0 bis 8,5	—	—	—	
Gußbronzen					δ_5	
Gußbronze 10[2]	GBz 10	Sn 10	20		15	60
Gußbronze 12[1]	GSnBz 12	Sn 11 bis 13	20		8	
Gußbronze 14[2]	GBz 14	Sn 14	20		3	85
Gußbronze 20[2]	GBz 20	Sn 20	15		—	170

Bereits die Tab. 26 zeigte an den Gußbronzen, daß eine wesentliche Wirkung des Zinns darin besteht, den Kupferkristall zu härten. Abb. 243 läßt es noch deutlicher erkennen; es wirkt bedeutend stärker als Zink, allerdings nicht annähernd

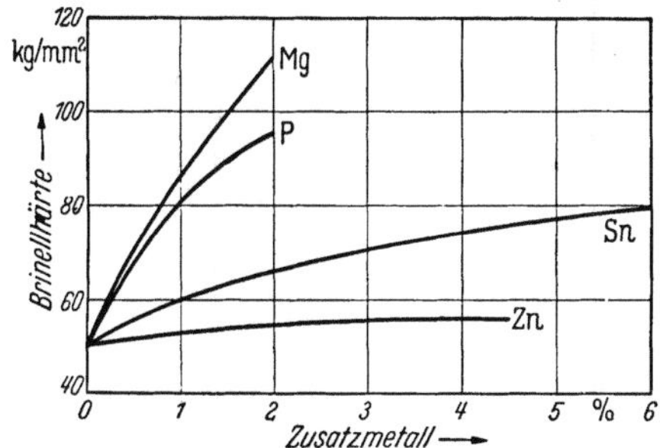

Abb. 242.
Einfluß von Legierungselementen auf die Brinell-härte von Kupfer.

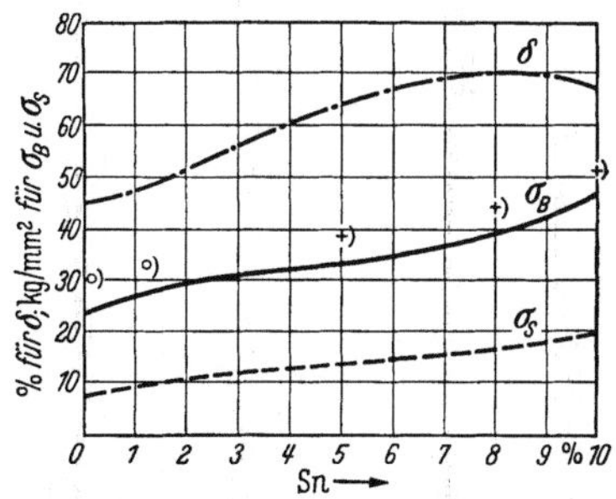

°) Elastizitätsmodul: 11 920 kg/mm².
*) Elastizitätsmodul: 11 210 kg/mm².
Abb. 243. Einfluß von Zinn auf die Festigkeitseigen-schaften von Kupfer (nach Metals Handbook.)

so stark wie Phosphor und Magnesium. Sein Einfluß auf Streckgrenze, Zugfestigkeit und Dehnung geht aus Abb. 243 hervor[3]. Die Härtesteigerung durch Kaltdeformation wird bei Zinnbronze gleichfalls beobachtet. Abb. 244 zeigt das an einer Phosphorbronze[4].

Tabelle 27. *Einfluß des Zinngehaltes auf die Eigenschaften von Bronzen.*

Legierung	Linearer Wärme-ausdehnungs-koeffizient zwischen 20 u. 300° C · ° C⁻¹	Spez. Wärme kcal/kg °C	Wärmeleitzahl kcal/m h °C	Elektr. Widerstand Ω · cm
99,92 Cu — 0,04 O_2	$17,7 \cdot 10^{-6}$	0,09	336	$1,71 \cdot 10^{-6}$
98,75 Cu — 1,25 Sn	$17,8 \cdot 10^{-6}$	0,09	177	$3,6 \cdot 10^{-6}$
95 Cu — 5 Sn	$17,8 \cdot 10^{-6}$	0,09	68,5	$9,6 \cdot 10^{-6}$
92 Cu — 8 Sn	$18,2 \cdot 10^{-6}$	0,09	54	$13,0 \cdot 10^{-6}$
90 Cu — 10 Sn	$18,4 \cdot 10^{-6}$	0,09	47	$16,0 \cdot 10^{-6}$

---

[1] DIN 1726, März 1948.
[2] DIN 1705, April 1939; SnBz 6 heißt dort „Walzbronze 6" mit Kurzzeichen WBz 6.
[3] Nach Metals Handbook, 1948 Edition, auf verschiedenen Seiten.
[4] Metals Handbook, 1948 Edition, S. 923.

Die Änderung der Wärmeausdehnung, der spezifischen Wärme, der Wärmeleitfähigkeit und des elektrischen Widerstandes mit wachsendem Zinngehalt
erkennt man aus Tab. 27, die nach Werten aus Metals Handbook unter
Berücksichtigung der Angaben von Hansen[1] zusammengestellt ist.

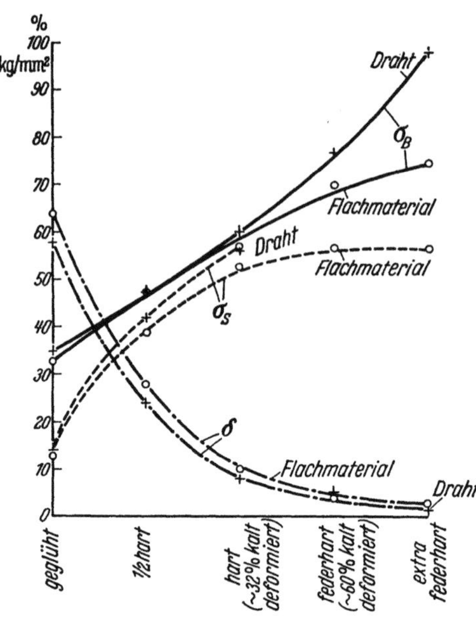

Abb. 244. Einfluß der Kaltverformung auf die mechanischen Eigenschaften einer Phosphorbronze mit 95%
Cu und 5% Sn   (nach Metals Handbook).

Beobachtungen über die Eigenschaften bei tiefen Temperaturen
liegen nicht sehr zahlreich vor. Pester[2]
zog bei seinen schon besprochenen
Versuchen auch Bronzestäbe und
Bronzedrähte mit in den Kreis seiner
Betrachtungen. Er definiert seine
Bronze allerdings nicht, sondern gibt
nur an, daß das verwendete Kupfer
Elektrolytkupfer war, mit Magnesium
desoxydiert (99,5% Cu, 0,5% Mg),
$^1/_2$ Stunde bei 880 bis 890° C geglüht
und auf Knüppel von 40×40 mm²
abgewalzt wurde. Abb. 227 (S. 455)
zeigt die erhaltenen Werte zusammen
mit denen für Kupfer, Aluminium
und Aldrey; sie geben das übliche
Bild. Auch die Schwingungsfestigkeit
wurde nach der von ihm ausgebildeten
Methode untersucht, sie ist in Abb. 228
dargestellt.

Auch kaltgezogenen Bronzedraht
von 10 mm Durchmesser im Aus-
gangsquerschnitt, der in 7 Zügen auf
2,8 mm Durchmesser mit 93,18% Verformung und in 8 Zügen auf 2,1 mm
Durchmesser mit 95,4% Verformung gebracht wurde, hat Pester[3] untersucht.
Tab. 28 gibt die Werte wieder. In Tab. 29 endlich sind einige Güteziffern mitgeteilt, die Teed[4] in seiner Zusammenstellung nach Angaben von Strauss[5],
Gillett[6] und De Haas und Hadfield[7] gesammelt hat und die sich völlig in
das bekannte Bild einfügen.

Tabelle 28.
Einfluß tiefer Temperaturen auf die Eigenschaften kaltgezogenen Bronzedrahtes.

°C	2,1 mm ⌀ entspricht 95,4% Kaltdeformation			2,8 mm ⌀ entspricht 93,18% Kaltdeformation		
	σ_B kg/mm²	δ %	ψ %	σ_B kg/mm²	δ %	ψ %
+20	63,4; 64,6	1,6; 1,1	70	60	1,9	73; 70
0	65	1,8	71	60,9	1,9	70
−20	66	1,8	69	61,8	1,9	68
−30	66,7	1,9	71	62	2,1	73
−60	69	2,0	71	63,8	2,0	70

[1] Hansen, M.: Werkstoffhandbuch Nichteisenmetalle, 1927, F 2.
[2] Siehe Fußnote 2, S. 455.
[3] Pester, F.: Z. Metallkde. Bd. 22 (1930). S. 261/263.
[4] S. 172, siehe Fußnote 6, S. 454.
[5] Strauss, J.: Trans. Amer. Soc. Steel Treating Bd. 16 (1929).
[6] Gillett, H. W.: Amer. Soc. Test. Mat., 1941.
[7] De Haas, W. J., u. R. Hadfield: Phil. Trans. roy. Soc. Lond., Series A, Bd. 232 (1933).

Tabelle 29. *Festigkeitswerte von Phosphorbronzen.*

Werkstoff	°C	σ_S kg/mm²	σ_B kg/mm²	δ %	ψ %	Kerbschlag-zähigkeit mkg	Quelle
1. Phosphorbronze Cu 95,7; Sn 4,0; P 0,3.	Raum-temp. −183	40,2 50,5	43,3 65,5	36 56	65 58		STRAUSS, J.: Trans. Amer. Soc. Steel Treating Bd. 16, nach TEED, S. 172, s. Fuß-note 6, S. 454.
2. Phosphorbronze, hartgezogen, Cu 95,61; Sn 3,99 P 0,40.	Raum-temp. −41	59,5 59,8	61,3 63,8	20 20	70 68	6,5[1] 6,1[1]	GILLETT, H. W.: Amer. Soc. Test. Mat. 1941, nach TEED, S. 172, s. oben.
3. gegossene Phos-phorbronze, Guß-zustand, Cu 88,42; Sn 10,6; Zn 1,6.	Raum-temp. −253	20,6 32,6	32,0 40,8	30 18	36 39		DE HAAS, W. J., u. R. HADFIELD: Phil. Trans. roy. Soc. Ser. A, 232, 1933, nach TEED, S. 172, s. oben.

Was nun die *Sonderbronzen* angeht, so versteht man nach DIN 1718 vom November 1941 darunter „Zwei- oder Mehrstofflegierungen mit überwiegendem Kupfergehalt, die sich von der Zinnbronze dadurch unterscheiden, daß an Stelle des Zinns ganz oder teilweise ein oder mehrere andere Metalle oder Elemente (ausgenommen Zink) getreten sind. Der Mindestgehalt an Kupfer beträgt 60%. Hinzulegiert werden Aluminium, Beryllium, Blei, Magnesium, Mangan, Wolfram usw. Die entsprechenden Sonderbronzen heißen: Aluminiumbronze, Beryllium-bronze, Bleibronze, Blei-Zinn-Bronze usw." In Tab. 30 sind einige Sonderbronzen zusammengestellt, die in das Normblatt DIN 1726 vom März 1948 aufgenom-men und in Deutschland üblich sind. Unter den amerikanischen Legierungen gibt es ähnliche, nur sind sie in einer viel mannigfaltigeren Weise abgestuft, so daß sehr viel mehr Sorten angeführt werden. Es muß für Einzelheiten auf das Schrifttum[2] verwiesen werden, woselbst sich auch Angaben über die Eigen-schaften bei Raumtemperatur finden.

Nun ist ganz allgemein zu den Festigkeitseigenschaften zu sagen, daß sie bei den knetbaren Legierungen genau so wie bei reinem Kupfer, bei Messing und Zinnbronze vom Grade der Kaltbearbeitung abhängen. Das wurde bei den er-wähnten Legierungen aber so häufig gezeigt, daß die Verfasser glaubten, dies hier nicht wieder durch graphische Darstellungen belegen zu müssen, sondern sich in Tab. 30 unter „Bemerkungen" mit dem Hinweis „Festigkeit je nach Kaltdeformationsgrad" und in der Spalte „Kennzeichnende Gütewerte" unter σ_B und δ mit Angabe der Grenzwerte für weich und hart begnügen zu können. Beim Gußmaterial kann durch Schleuderguß in Metallkokillen die Festig-keit merklich gesteigert und die Gleichmäßigkeit der zu Seigerungen neigenden Gefüge verbessert werden kann. Das gilt natürlich nicht nur für Bronze, sondern auch für Messingsorten. Tab. 31 gibt eine kleine Übersicht nach Metals Handbook[3].

---

[1] Runde Izod-Proben.
[2] Zum Beispiel Metals Handbook, 1948 Edition, S. 925/942.
[3] 1948 Edition, S. 853.

Tabelle 30. *Sonderbronzen nach Normblatt DIN 1726.*

Benennung	Kurzzeichen	Zusammensetzung %	Kennzeichnende Gütewerte				Bemerkungen
			σ_B kg/mm²	σ_S kg/mm²	δ_{10} %	Brinellhärte kg/mm²	
Knetlegierungen							
Aluminiumbronze Aluminium-Mehrstoff- Bronze	AlBz 4 AlMBz 10	Al 3,5/5 Al 8/11 Fe 1,5/5 Mn 0/5 Si 0/1	30/60 60	— —	50/80 10	50/130 130	Korrosionsbeständige Teile in chemischen Betrieben, insbes. Kali- u. Papierindustrie, Bänder u. Draht für Federn, Anlauf- u. Dämpferstäbe in Elektrotechnik, Festigkeit je nach Kaltdeformationsgrad. Bei hohen Anforderungen an Laufeigenschaften, Korrosionsbeständigkeit und Warmfestigkeit, z. B. für Schnecken u. Schneckenräder, Büchsen u. Membranen unter Seewasser; Anlauf- u. Dämpferstäbe in der Elektrotechnik.
Kupfer-Nickel- Legierung (Konstantan, Rheotan u. a.)	CuNi 45	Ni 42/46	spez. elektr. Widerstand[1] 0,50 $\Omega \cdot$ mm² $\cdot$ m⁻¹. Temperaturbeiwert 0,00004.				Elektr. Widerstände unter 1,0 mm² Drahtquerschnitt, sowie für größere Querschnitte, sofern Oxydier- u. Lötbarkeit erforderlich; Thermoelemente, thermische Auslöser, nicht magnetische Teile für Bildröhren.
Manganbronze	MnBz 1	Mn 0,5/1,0	Erichsen-Tiefung bei 1 mm Blechdicke $\geqq$ 12,5 mm				Anglasringe u. sonstige Teile für Glasmetallverschmelzung von Elektronenröhren (Legierung im Vakuumerschmelzen).
Manganbronze 14	MnBz 14	Mn 13/15 Fe 0,5/1,5	spez. elektr. Widerstand bei 20° C: 0,50 $\Omega \cdot$ mm² $\cdot$ m⁻¹. Temperaturbeiwert $\pm$0,000025.				Elektrisch wie CuNi 45; Federn für Pumpen in Seewasser u. aggressiven Wassern im Bergbau.
Mangan-Mehrstoff- Bronze (Manganin)	MnMBz 12	Mn 12 Ni 2	spez. elektr. Widerstand[1] bei 20° C: 0,43 $\Omega \cdot$ mm² $\cdot$ m⁻¹. Temperaturbeiwert 0,00001.				Widerstand von Meßbrücken u. Präzisionsmeßgeräten.
Mangan-Mehrstoff- Bronze 13	MnMBz 13	Mn 13 Al 3 Fe $\leqq$ 1	spez. elektr. Widerstand[1] bei 20° C: 0,50 $\Omega \cdot$ mm² $\cdot$ m⁻¹. Temperaturbeiwert 0,00002.				Widerstände in der Stark- u. Schwachstromtechnik, sofern nicht weich gelötet wird; ähnlich wie CuNi 45.

Siliziumbronze 2	SiBz 2	Si 1,5/3,5 Mn $\leqq$ 1	34/85 elektr. Leitfähigkeit[1]: $4/7\ m\cdot\Omega^{-1}\cdot mm^{-2}$	—	48/3	—	Hochbeanspruchte Teile in der chemischen Industrie; stromführende Federn; Metalltücher u. feine Gewebe. Festigkeit je nach Kaltdeformationsgrad.
Leitbronze	LtBz	Cu $\geqq$ 97 Cd, Mg, Si, Zn einzeln oder zu errechnen als Rest.	elektr. Leitfähigkeit[1]: Bronze 1 $48\ m\cdot\Omega^{-1}\cdot mm^{-2}$ Bronze 2 $36\ m\cdot\Omega^{-1}\cdot mm^{-2}$ Bronze 3 $18\ m\cdot\Omega^{-1}\cdot mm^{-2}$				Elektr. Leitungen; Kontakte von elektr. Geräten; Backen von Stumpfschweißmaschinen u. Elektroden von Widerstandsschweißmaschinen; Federn mit hoher Strombelastung.
Silberbronze	AgBz	Ag 2/6 Cd 0/1,5	Elektr. Leitfähigkeit[1]: $48\cdot m\cdot\Omega^{-1}\cdot mm^{-2}$				Elektroden von Widerstandsschweißmaschinen zum Schweißen von Stahl; Gitter und Streben von Röhren.
Berylliumbronze	BeBz 2	Be 1,5/2,5	135/95	—	4/3	—	Teile von höchsten Anforderungen an elastische Nachwirkung; Härte, Abnutzungswiderstand, Wärmeleitfähigkeit, chemische Beständigkeit, Ermüdungsfestigkeit, Federeigenschaften, funkenfreie Werkzeuge. Festigkeit je nach Kaltverformung u. Aushärtung.
Rotmetall 5	Rm 5	Sn 4/6; Zn 4/6	35/70	—	50/8	—	Gleitorgan, Federn, Manometerrohr. Festigkeit je nach Kaltdeformation.
Neusilber (Knetlegierungen)							
Neusilber 65/12	Ns 65/12	Cu 64/66; Ni 11/13 Zn Rest	35/50	—	40/10	—	Für Sonderzweck der Elektrotechnik, Feinmechanik u. Optik; Medizinmechanik.
Neusilber 57/12 Pb	Ns 57/12 Pb	Cu 56/58; Ni 11/13 Pb 1,5/2 Zn Rest	35/52	—	30/8	—	Für Sonderzweck der Elektrotechnik, Feinmechanik u. Optik; Medizinmechanik.
Gußlegierungen							
Aluminium-gußbronze 9	GAlBz 9	Al 8/10	35	—	12^{2}	80	Hochbeanspruchte Schnecken und Schneckenräder, warmfeste u. korrosionsbeanspruchte Maschinenteile, möglichst nur in Verbundausführung.

[1] Der spezifische elektrische Widerstand und die elektrische Leitfähigkeit sind der Norm DIN 1726 entsprechend auf einen Draht von 1 mm² Querschnitt und 1 m Länge bezogen. Zur Umrechnung auf die in diesem Buche üblichen Maße, nämlich 1 cm² Querschnitt und 1 cm Länge sind die angegebenen Zahlen für den elektrischen Widerstand durch 10000 zu dividieren, die für die elektrische Leitfähigkeit mit 10000 zu multiplizieren. — [2] Bezieht sich auf δ_5.

Tabelle 30 (*Fortsetzung*).

Benennung	Kurzzeichen	Zusammensetzung %	Kennzeichnende Gütewerte				Bemerkungen
			σ_B kg/mm²	σ_S kg/mm²	δ_{10} %	Brinellhärte kg/mm²	
		Gußlegierungen					
Aluminium-Mehrstoff-Gußbronze 10	GAlMBz 10	Al 8/12 Pb 0/2 Cu + Al ≧ 85	55	—	10[1]	130	Korrosionsbeständige u. verschleißfeste Teile für chemische Betriebe; Beizgeräte; Schnecken u. Schneckenräder, sowie korrosionsbeanspruchte Konstruktionsteile bei hohen dynamischen Anforderungen; in allen Fällen möglichst nur in Verbundausführung.
Bleibronze 25	PbBz 25	Pb 18/30 Fe+Mn+Si+Sb 0/3	—	—	—	23/55	Verbundlager.
Blei-Zinn-Bronze 13	PbSn 13	Pb 12/14 Sn 6/9	15	—	8	60	Lager, Gleitorgane, korrosionsbeanspruchte Gußstücke für chemische Betriebe.
Blei-Zinn-Bronze 22	PbSnBz 22	Pb 17/24; Sn 3/6,5 Sb ≦ 1 Si ≦ 1, Ni ≦ 1	15	—	5	50	Lager, Gleitorgane, Verbundguß.
Rotguß 5	Rg 5	Cu 83/86; Sn 5/6; Pb 3/5, Zn Rest, Sb ≦ 0,3; Fe ≦ 0,2 Mn ≦ 0,2; Bi ≦ 0,01 Al ≦ 0,01; Mg ≦ 0,01 S ≦ 0,5; As ≦ 0,15 Ni ≦ 0,5; P ≦ 0,2	15	—	10[1]	60	Sandguß; Korrosionsbeanspruchte Maschinenteile u. Armaturen.
Rotguß 5	SlRg 5 (als Schleuderguß)		25	—	12[1]	75	Schleuderguß: Gleitlager; Büchsen u. ähnliche auf Verschleiß hochbeanspruchte Teile; Verbundguß.

[1] Bezieht sich auf δ_5.

Tabelle 31. *Festigkeitseigenschaften von Kupferlegierungen.*

		σ_S kg/mm²	σ_B kg/mm²	$\delta_{2''}$ %	ψ %
Aluminiumbronze Typ: 87,5% Cu; 3,5% Fe; 9% Al.	Sandguß	20,3	55,6	39,8	39,5
	Schleuderguß	22,6	61,5	40,1	42,5
Rotguß Typ: 88% Cu; 6% Sn; 1,5% Pb; 4,5% Zn.	Sandguß	14,85	29,1	39,3	32,5
	Schleuderguß	14,90	34,3	60,6	40,1
Rotguß Typ: 88% Cu; 8% Sn; 4% Zn.	Sandguß	16,8	32,8	24,8	27,8
	Schleuderguß	19,05	36,2	55,0	53,5
Blei-Zinn-Bronze Typ: 70% Cu; 5% Sn; 25% Pb.	Sandguß	13,66	25,1	24,4	22,7
	Schleuderguß	17,40	36,0	42,0	41,0
Sondergußmessing 57 Typ: 59% Cu; 1% Fe; 1% Al; 1,1% Sn; 38,7% Zn; 0,2% Mn (amerikanisch: Mn-Bronze)	Sandguß	18,55	50,4	30,3	30,1
	Schleuderguß	23,3	54,4	37,2	38,0

Man kann die Sonderbronze in gewisse Gruppen unterteilen. Eine erste Gruppe bilden die Aluminiumbronzen. Abb. 245 zeigt das Kupfer-Aluminium-Schaubild, dem zu entnehmen ist, daß im Falle des Gleichgewichtes die Legierung theoretisch bis 9,6% Al, praktisch, wegen Seigerung bis etwa 7% Al, aus plastischen α-Kristallen besteht, darüber bis 16,2% aus (α + δ)-Kristallen. Der δ-Kristall macht das Material spröde. Er entsteht durch Aufspaltung aus dem β-Kristall, der schon etwas härter als der α-Kristall ist, jedoch nicht so hart wie der δ-Kristall. Diese Aufspaltung geht aber träge vor sich und kann leicht, z. B. schon durch Abkühlung an der Luft, unterdrückt werden, wodurch die Sprödigkeit vermieden wird. Wenn sich durch langsame Abkühlung das (α + δ)-Eutektikum bilden kann, spricht man von „Selbstausglühung". Durch Zugabe von Eisen kann man die Umwandlungsgeschwindigkeit des β-Mischkristalls noch verzögern, und so findet man denn dieses Element gerade in Aluminiumbronze

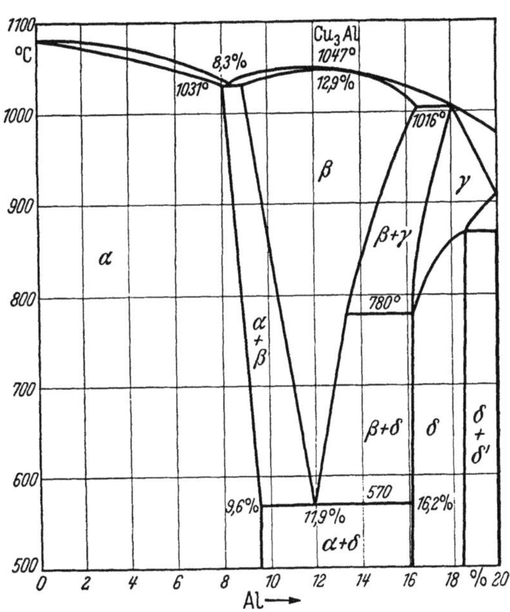

Abb. 245. Konstitutionsdiagramm Kupfer-Aluminium.

vertreten. Den Einfluß steigender Ablöschtemperaturen auf die Härte bei verschiedenen Al-Gehalten zeigt Tab. 32, die ein Auszug aus einer Tafel ist, die CARPENTER und ROBERTSON[1] nach Messungen von MATSUDA mitteilen. Überschreitet die Ablöschtemperatur 550°, dann verschwindet in allen drei Legierungen der δ-Bestandteil; die eutektische Legierung mit 12% Al geht gänzlich in den

---

[1] S. 1323, siehe Fußnote 5, S. 449.

β-Kristall über und behält ihre Härte bis zur Ablöschtemperatur von 1000° C. Die beiden anderen Legierungen bestehen nach dem Ablöschen von 600° C aus $(\alpha + \beta)$-Kristallen und gehen immer mehr in den β-Kristall über, wodurch die Härte wieder langsam steigt. Durch Anlassen nach Abschrecken kann die Umwandlung des β-Kristalls nachgeholt werden, wodurch die Härte sich sinngemäß ändert. Tab. 33 zeigt dies, wiederum nach Carpenter und Robertson[1].

Tabelle 32. *Brinellhärte von Aluminiumbronze in* kg/mm^2.

Behandlung	9,77 % Al	10,87 % Al	12,15 % Al
Langsam abgekühlt	120	175	200
Abgelöscht bei 550° C	120	173	270
Abgelöscht bei 600° C	107	192	153
Abgelöscht bei 650° C	110	160	152
Abgelöscht bei 700° C	119	185	153
Abgelöscht bei 750° C	140	217	152
Abgelöscht bei 800° C	145	218	153
Abgelöscht bei 850° C	153	218	152
Abgelöscht bei 900° C	155	220	153
Abgelöscht bei 950° C	160	218	152
Abgelöscht bei 1000° C	165	221	153

Tabelle 33. *Brinellhärte von Aluminiumbronze in* kg/mm^2.

Behandlung	9,77 % Al	10,87 % Al	12,15 % Al
Abgelöscht von 900° C	155	220	153
Angelassen bei 100° C	154	224	153
Angelassen bei 200° C	153	218	154
Angelassen bei 250° C	162	230	158
Angelassen bei 300° C	166	233	155
Angelassen bei 350° C	166	242	155
Angelassen bei 400° C	153	245	181
Angelassen bei 450° C	149	234	191
Angelassen bei 500° C	143	184	234
Angelassen bei 550° C	130	186	225
Angelassen bei 600° C	110	145	162

So hat man drei Gruppen von Aluminiumbronzen, nämlich:

Bronze mit 4 bis 7 % Al und etwa 0,5 % Fe, geeignet für Warm- und Kaltkneten,

Bronze mit 7 bis 11% Al, 3 bis 4% Fe und 2% Ni und Mn, geeignet für Warmverarbeitung, wobei diejenigen mit 9 bis 11% Al im allgemeinen von 850° C im Wasser abgelöscht und auf 400° angelassen werden, wenn hohe Härte benötigt wird; auf 625° C läßt man sie an, wenn eine gute Kombination von Festigkeit und Geschmeidigkeit verlangt wird,

Bronze mit 7 bis 15% Al als Gußbronze, wobei allerdings meist nur der Bereich von 7 bis 11% Al ausgenutzt wird, so daß man etwa die Kombination verwendet: 7 bis 9% Al, 2 bis 4% Fe und 1% andere Elemente oder 7 bis 9% Al, 1% Fe und 1,5% andere Elemente und endlich 9,5 bis 10,5% Al und 2% andere Elemente.

Eine zweite große Gruppe bilden die Sonderbronzen mit Ausscheidungshärtung, d. h. Bronzen, bei denen man durch Lösungsglühen und Abschrecken einen übersättigten Mischkristall stabilisieren kann, aus dem dann durch An-

---

[1] S. 1324, siehe Fußnote 5, S. 449.

lassen („Altern", „Veredeln", „Aushärten") später die in Übersättigung vorhandene Komponente bei verhältnismäßig tiefen Temperaturen ausscheiden und infolge ihres hierdurch erreichten feinen Dispersionsgrades die Festigkeit steigern kann. Man hat an sich eine große Anzahl solcher Legierungen, aber praktisch kommen eigentlich nur fünf Typen in Frage, nämlich 1. Kupfer-Nickel-Silizium-, 2. Kupfer-Kobalt-Silizium-, 3. Kupfer-Nickel-Aluminium-, 4. Kupfer-Kobalt-Aluminium- und 5. Kupfer-Beryllium-Legierungen. Auf Einzelheiten kann nicht eingegangen werden; man sehe hierzu das einschlägige Schrifttum, z. B. CARPENTER und ROBERTSON[1] oder Metals Handbook[2] ein, woselbst auch die Spezialliteratur angegeben ist. Nur des Beispiels halber seien in Tab. 34 einige Zahlen von BROWNSDON, COOK und MILLER[3] für eine Nickel-Aluminium-Bronze mit 92,5% Cu, 6% Ni und 1,5% Al (nach CARPENTER und ROBERTSON[4]) und in Tab. 35 einige Ziffern für Berylliumbronze[5] mitgeteilt. Man erkennt deutlich sowohl bei der Nickel-Aluminium- als auch bei der Beryllium-Bronze die eingetretene Wirkung der Ausscheidungshärtung.

Tabelle 34. *Ausscheidungshärtung bei Nickel-Aluminium-Bronze.*

	Vickers-Härte kg/mm²	σ_B kg/mm²	$\delta_{2''}$ %
Abgeschreckt von 900° C	68	34,6	48
Angelassen 2 h bei 300° C	68	34,6	47
Angelassen 2 h bei 400° C	125	45,6	36
Angelassen 2 h bei 500° C	142	56,4	34
Angelassen 2 h bei 600° C	194	69,7	20
Angelassen 2 h bei 700° C	119	45,4	30
Angelassen 2 h bei 800° C	80	34,6	48

Tabelle 35. *Ausscheidungshärtung und Kalthärtung bei Berylliumbronze.*

Behandlung	σ_S kg/mm²	σ_B kg/mm²	δ %
Lösungsglühung und Ablöschung	17,5	50,5	50
Lösungsglühung und Ablöschung, Kaltdeformation um 20,7%	43,5	66,6	12
Lösungsglühung und Ablöschung, Kaltdeformation um 37,1%	49,7	75,1	6
Lösungsglühung und Ablöschung und Aushärtung . . .	56,1	123,0	5

Tabelle 36.
Ausscheidungshärtung einer Berylliumbronze Cu-2Be-0,25Cr (oder 0,35Ni) nach Kaltdeformation.

	σ_B kg/mm²	Aushärtetemperatur ° C	Aushärtezeit h
Weich	105,5	315	3
¼ hart	112,5	315	2½
½ hart	119,5	315	2
Hart	126,5	315	2

[1] S. 1333/1340, siehe Fußnote 5, S. 449.
[2] 1948 Edition, S. 880.
[3] BRONSDON, COOK u. MILLER: J. Inst. Met. Bd. 52 (1933) S. 153.
[4] S. 1338, s. Fußnote 5, S. 449. — [5] Nach Metals Handbook, 1948 Edition, S. 934.

Tabelle 37. *Sonderbronzen.*

Legierung	Tempe-ratur °C	σ_S kg/mm²	σ_B kg/mm²	δ %	ψ %	Kerbschlag-zähigkeit	Quelle
1. Kupfer-Nickel.	Raumtemp.	19,51[1]	36,20	26	78	10,6[2]	Colbeck, E. W., u.
79,71% Cu	— 10	20,15[1]	39,45	28	77	—	W. E. MacGillivray:
20,58% Ni	— 40	20,50[1]	41,80	29	77	11,2[2]	Trans. Inst. Chem. Eng.
0,11% Mn	— 80	20,30[1]	43,30	29	76	10,9[2]	(Lond.) 11 (1933) S. 107,
0,03% Si	—114	20,50[1]	46,50	28	75	11,6[2,3]	nach Teed, S. 175 u. 177,
Spuren Fe, geglüht	—180	22,82[1]	51,75	36	72	11,8[2]	s. Fußnote 6 auf S. 454.
	geschlagen bei Raumtemperatur						
	nach Abkühlung auf —180° C					12,5[2]	
2. Kupfer-Nickel	Raumtemp					9,1[4]	Smith, C. S.: Parc.
69,27% Cu	— 30					8,2[4]	Amer. Soc. Test. Met. 39
29,54% Ni	— 80					8,2[4]	(1939) S. 642, nach Teed,
0,57% Mn	—115					8,3[4]	S. 178, s. oben.
0,62% Zn							
geglüht							
3. Kupfer-Nickel	Raumtemp.	13,70	42,2	40	77	11,1[2]	Colbeck u. MacGil-
54,36% Cu	— 10	12,96	46,5	47	78	—	livray: s. oben, nach
45,78% Ni	— 40	14,80	47,6	43	78	11,8[2]	Teed, S. 175 und 178,
0,39% Mn	— 80	15,60	50,8	48	75	11,1[2]	s. oben.
0,26% Co	—120	16,85	54,3	48	74	11,5[2]	
0,15% Si	—180	18,43	63,0	57	76	11,9[2]	
0,07% Fe	geschlagen bei Raumtemperatur						
geglüht	nach Abkühlung auf —180° C					11,5[2]	
4. Kupfer-Nickel	+ 20		38,4[5]			9,4[6]	Smith, C. S.: s. oben,
74,28% Cu	+ 3					9,7[6]	nach Teed, S. 171, s. oben.
19,49% Ni	— 18					8,4[6]	
5,43% Zn	— 30					7,7[6]	
0,80% Mn	— 50					7,7[6]	
geglüht	— 80					7,7[6]	
	—115					7,3[6]	
5. Aluminiumbronze	+ 20	18,75[1]	54,4	26	29	3,3[2]	Colbeck, E. W., u.
91,1% Cu	— 10	18,90[1]	54,2	33	30	3,3[2]	W. E. MacGillivray:
7,31% Al	— 40	18,90[1]	56,0	35	36	3,3[2]	s. oben, nach Teed,
0,056% Fe	— 80	19,05[1]	58,1	31	30	2,9[2]	S. 173 und 176, s. oben.
1,02% Zn	—120	19,40[1]	61,9	32	31	2,9[2]	
0,018% P	—180	20,60[1]	67,5	29	30	3,5[2]	
geglüht							
6. Aluminiumbronze	Raumtemp.	35,1	59,0	20	16	2,8[2]	Gillett, H. W.:
89,57% Cu	—41	37,0	67,9	17	16	3,5[2]	Amer. Soc. Test. Met.
9,89% Al							(1941), nach Teed, S. 173,
0,60% Fe							s. oben.
hartgezogen							
7. Aluminiumbronze	Raumtemp.	33,7	62,5	45	47	—	Strauss, J.: Trans.
mit Eisen	—183	59,7	79,0	38	42	—	Amer. Soc. Steel Trent-
88% Cu							ing 16 (1929), nach
9% Al							Teed, S. 173, s. oben.
3% Fe							
Behandlung un-							
bekannt							

[1] 0,1-Grenze. — [2] Izod-Proben, mkg. — [3] Temperatur —120° C.
[4] Charpy-Probe, mkg. — [5] Nach Metals Handbook, 1948 Edition, S. 213.
[6] Charpy-Probe mit Rundkerb, mkg.

Legierung	Temperatur °C	σ_S kg/mm²	σ_B kg/mm²	δ %	ψ %	Kerbschlagzähigkeit	Quelle
8. Nickel-Aluminium-Bronze 92,3% Cu 5,86% Ni 1,73% Al wasserabgeschreckt von 900° C.	Raumtemp. −10 −40 −80 −120 −180	8,0[1] 9,6[1] 11,4[1] 11,5[1] 10,6[1] 16,1[1]	36,2 34,8 39,2 40,3 43,3 46,3	42 40 41 43 45 49	80 80 80 79 82 82	8,2[2] — — — — 9,3[2]	COLBECK, E.W., u. W. E. MACGILLIVRAY: s. oben, nach TEED, S.175 und S.177, s. oben.
	geschlagen bei Raumtemperatur nach Abkühlung auf −180%.					8,0[2]	
9. Dieselbe, wasserabgeschreckt von 900° C und 2 h angelassen bei 550° C.	Raumtemp. −10 −40 −80 −120 −180	— 38,6[1] 43,3[1] 36,2[1] 44,6[1] 38,6[1]	63,9 70,4 73,0 70,8 76,0 75,3	24 23 24 23 26 26	50 48 57 57 63 67	5,5[2] — — — — 7,6[2]	Dieselben.
	geschlagen bei Raumtemperatur nach Abkühlung auf −180°					5,8[2]	
10. Siliziumbronze 2,75% Si 0.97% Mn 0,15% Fe kaltgezogen	Raumtemp. ± 0 −80 −190	— — — —	52,2 53,6 58,2 70,3	40 31 32 36	75 70 72 72	— — — —	SMITH C. S.: s. oben, nach TEED, Seite 173, s. oben.
11. Siliziumbronze 95,75% Cu 3,05% Si 0,98% Mn 0,17% Fe geglüht.	Raumtemp. −30 −80 −115	— — — —	43,8[7] — — —	— — — —	— — — —	9,1[4] 10,4[4] 9,5[4] 8,9[4]	SMITH, C. S.: s. oben, nach TEED, Seite 176, s. oben.
12. Siliziumbronze 94,5% Cu 4,5% Si 1,0% Mn gewalzt. Behandlung unbekannt.	Raumtemp. −183	23,9 27,8	47,4 61,8	49 51	45 41		STRAUSS, J.: s. oben, nach TEED, Seite 172, s. oben.
13. Berylliumbronze 97,63% Cu 2,02% Be 0,62% Ni 0,09% Fe geglüht.	Raumtemp. −41	27,4 31,3	50,8 52,8	46 46	58 59	6,5[2] 7,1[2]	GILLETT, H. W.: s. oben, nach TEED, S.173 u. 276, s. oben.
14. Berylliumbronze 2,5% Be. Draht mit 2 mm ∅, unvergütet (nicht ausgehärtet) vergütet (ausgehärtet 16 min bei 280°)	+20 −70 +20 −70	— — — —	62,0 69,4 108,5 118,5	80,2 22,0* 2,2 2,9	58,3 68,7 25,2 39,8	— — — —	WALLE, R.: Z. Metallkde. Bd. 25 (1933), Heft 5, S. 123. *) Offenbar Druckfehler (nach hier nicht mitgeteilten Steigerungsprozenten müßte es 87,42 heißen).
15. Berylliumbronze 97,35% Cu 2,56% Be 0,034% Fe wasserabgeschreckt von 800° C, angelassen 2 h bei 300° C.	Raumtemp. −10 −44 −80 −120 −180	88,2[1] 89,0[1] 83,4[1] 103,8[1] 97,6[1] 109,0[1]	131,1 133,2 132,9 141,9 139,0 150,7	2,6 0,8 0,4 0,4 0,4 3,0	5 9 5 5 4 6	0,3[2] — — 0,4[2] 0,3[2] 0,4[2]	COLBECK, E.W., u. W. E. MACGILLIVRAY: s.oben, nachTEED, S.174 und 176/77, s. oben.
	geschlagen bei Raumtemperatur nach Abkühlung auf −180°.					0,3[2]	

[7] Nach Metals Handbook, 1948 Edition. S. 213

Legierung	Tempe-ratur °C	σ_S kg/mm²	σ_B kg/mm²	δ %	ψ %	Kerbschlag-zähigkeit	Quelle
16. Dieselbe; wasser-abgeschreckt von 800° C.	Raumtemp.	17,5[1]	53,5	36	50	5,7[2]	Dieselben.
	— 80	20,5[1]	61,0	38	54	5,5[2]	
	—180	35,1[1]	78,8	41	57	5,5[2]	
17. Neusilber 64,0% Cu 18,7% Zn 17,0% Ni 0,3% Mn							Strauss, J.: s. oben, nach Teed, Seite 174, s. oben.
geglüht	Raumtemp.	20,8	45,6	47	62	—	
	—183	26,9	58,1	57	70	—	
kaltgezogen	Raumtemp.	48,6	52,0	22	54	—	
	—183	56,5	65,9	36	63	—	
18. Neusilber 55,15% Cu 30,59% Ni 14,30% Zn geglüht	Raumtemp.	19,7[1]	52,9	33	53	11,1[2]	Colbeck, E. W., u. W. E. MacGillivray: s.oben, nachTeed, S.175 u. 177, s. oben.
	— 10	19,5[1]	53,5	32	50	—	
	— 40	20,2[1]	55,0	34	52	12,0[2]	
	— 80	19,4[1]	58,4	39	52	11,5[2]	
	—120	20,2[1]	63,1	38	52	11,1[2]	
	—180	20,0[1]	73,2	41	55	12,0[2]	
	geschlagen bei Raumtemperatur nach Abkühlung auf —180°.					11,485	
19. Rotguß 5% Zn, 5% Sn 5% Pb gegossen	Raumtemp.	—	—	—	—	0,8[2]	Gillett, H. W.: s. oben, nach Metals Hand-book, S. 213.
	—51	—	—	—	—	0,8[2]	
	—60	—	—	—	—	0,8[2]	

[1] 0,1-Grenze — [2] Jzod-Proben, mkg.

Man sieht überdies bei der Berylliumbronze, daß die Aushärtung noch stärker festigkeitssteigernd wirkt als die Kaltdeformation. Die Kaltdeformation nach der Lösungsglühung und vor der Aushärteglühung kann aber die Aushärtung beschleunigen. In Tab. 36[1] ist gezeigt, um wieviel die Aushärtezeit bei 315° C durch Kalthärtung verkürzt wird. Der Vorgang wird nicht nur durch die Kalthärtung beschleunigt, sondern die erhaltene Härte wird auch erhöht.

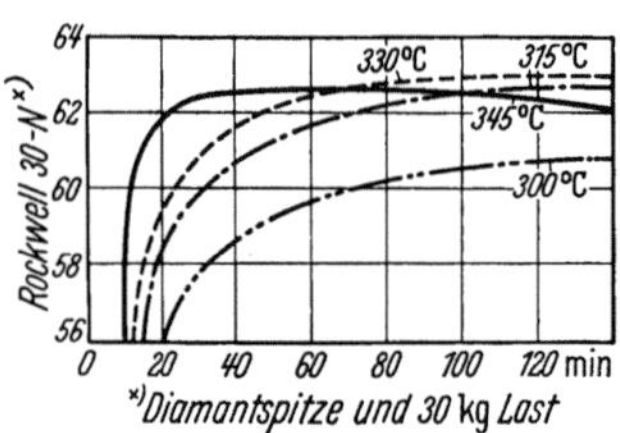

Abb. 246. Einfluß der Aushärtungszeit auf die Rockwell-Härte von kaltgewalzten Berylliumbronze-Bändern, 0,71mm dick; Kaltwalzung nach dem Lösungsglühen, dann Ausscheidungsglühung (nach Metals Handbook).

Abb. 246[2] zeigt einige Zeithärtekurven für vier verschiedene Aushärtetemperaturen. Das Material ist kalt vordeformiert. Masing[3] und Dahl[4] konnten zeigen, daß durch Erhöhung des Be-Gehaltes von 1,32 auf 4% und einer Aushärtung bei 350° C nicht nur die Härte von unter 300 auf 526 steigt, sondern auch die Aushärtezeit von mehr als 40 Stunden auf 1 Stunde fällt.

Was nun endlich die Eigenschaften bei *tiefen Temperaturen* angeht, so ist in Tab. 37 das greifbare Material zusammengetragen, soweit es sich auf Streckgrenze, Zugfestigkeit, Dehnung, Einschnürung und Schlagfestigkeit bezieht. Die Legierungen sind ihrer Zusammensetzung nach geordnet, und zwar nach den Gruppen: Nickelbronze, Aluminiumbronze, Nickel-Aluminium-Bronze, Siliziumbronze, Berylliumbronze, Neusilber und Rotguß. Es mag sein, daß

[1] Metals Handbook, 1948 Edition, S. 880. [2] Metals Handbook, 1948 Edition, S. 935.
[3] Masing. G.: Z. Metallkde. Bd. 20 (1928), S. 19/21.
[4] Dahl, O.: Z. Metallkde. Bd. 20 (1928) S. 22/24.

sich darunter Legierungen befinden, die ihrem Typ nach nicht in Tab. 30 aufgeführt sind, da ein großer Teil des Materials amerikanischen und englischen Quellen entstammt; in den amerikanischen Standards findet man eine größere Mannigfaltigkeit von Sonderbronzen als in den deutschen (siehe S. 469). Es sei für Einzelheiten in bezug auf die Legierungen auf das Metals Handbook[1] verwiesen. Man sieht nun sogleich, daß reine Nickelbronzen, Aluminiumbronzen und Siliziumbronzen das übliche Bild zeigen, d. h. sie bleiben zäh bis zu tiefen Temperaturen. Die vergütbaren Nickel-Aluminium-Bronzen und die aushärtbaren Berylliumbronzen werden durch die Wärmebehandlung schon bei Raumtemperatur spröde oder wenigstens weniger zäh und behalten diese Eigenschaft auch bei tiefen Temperaturen bei.

Tab. 38 enthält die Elastizitätsmodule einer Berylliumbronze im Zustande des übersättigten Mischkristalls und ausgehärtet, sowie einer ausgehärteten Nickel-Aluminium-Bronze. Im großen und ganzen ist einAnstieg der Module mit sinkender Temperatur feststellbar, wennschon die Werte nicht ganz widerspruchsfrei sind.

Tabelle 38. Sonderbronzen.

Legierung	Temperatur °C	Elastizitäts-modul kg/mm²	Quelle
1. Berylliumbronze: 97,35% Cu, 2,56% Be, 0,034% Fe, von 800° C in Wasser abgeschreckt, 2 h bei 300° angelassen (siehe Nr. 15, Tab. 37).	Raumtemp. — 10 — 40 — 80 —120 —180	15050 13900 16470 15950 16420 14460	COLBECK, E. W., u. W. E. McGILLIVRAY, nach TEED, S. 180, s. Fußnote 6, S. 454.
2. Dieselbe wie 1., nur von 800° in Wasser abgeschreckt (siehe Nr. 16, Tab. 37).	Raumtemp. — 80 —180	11920 15180 15220	Dieselben.
3. Nickel-Aluminium-Bronze: 92,3% Cu, 5,86% Ni, 1,73% Al, von 900° C in Wasser abgeschreckt, 2 h bei 550° angelassen (siehe Nr. 8, Tab. 37).	Raumtemp. — 10 — 40 — 80 —120 —180	13820 14310 10600 15730 17080 14600	Dieselben.

Das Sinken des Moduls bei —10° C im Falle der ausgehärteten Berylliumbronze und der ganz starke Abfall des Moduls bei —40° bei der Nickel-Aluminium-Bronze erscheint nicht ganz einleuchtend und ist vielleicht eine Fehlbeobachtung.

In Tab. 39 sind einige Ausdehnungskoeffizienten für tiefe Temperaturen zusammengestellt.

Tabelle 39. Lineare Wärmeausdehnungskoeffizienten von Sonderbronzen.

Legierung	Temperatur °C	Linearer Wärmeausdehnungskoeffizient °C⁻¹	Quelle
1. Constantan (60% Cu, 40% Ni)	—191 bis +16	$12{,}22 \cdot 10^{-6}$	International Critical Tables Bd. 2, S. 453, nach Metals Handbook, 1948 Edition, S. 205.
2. Kupfer-Nickel (50% Cu, 50% Ni)	± 0 bis +40 —182 bis ± 0	$13{,}71 \cdot 10^{-6}$ $11{,}802 \cdot 10^{-6}$	AYOAMA u. ITO, Tôhoku Univ. Science Rep. 27(1939) S. 348/64.
3. Kupfer-Nickel (99% Cu, 1% Ni)	± 0 bis +40 —182 bis ± 0	$15{,}865 \cdot 10^{-6}$ $14{,}12 \cdot 10^{-6}$	Dieselben.

---

[1] s. Fußnote 2, S. 469.

III. Aluminium und seine Legierungen.

1. Aluminium.

Die charakteristischen Eigenschaften von Aluminium sind das geringe spezifische Gewicht, die Geschmeidigkeit, die hohe Leitfähigkeit für Elektrizität und Wärme und die gute Beständigkeit gegen Oxydation und Korrosion. Seine Legierungen haben häufig eine gesteigerte Festigkeit, die zum Teil auf einer Ausscheidungshärtung beruht; die elektrische Leitfähigkeit des Aluminiums wird aber durch Legierungszusätze meist verschlechtert und häufig auch seine Korrosionsbeständigkeit.

Aluminium[1] wird überwiegend aus Bauxit gewonnen, einem Gemenge aus Eisenoxyd- und Tonerde-Hydrogel, und zwar fast ausschließlich nach dem Bayer-Verfahren. Der erste Arbeitsgang besteht darin, ein reines Tonerdehydrat mit nicht mehr als $0,04\%$ Verunreinigungen zu erhalten, indem man das zerkleinerte Erz mit Natronlauge behandelt und das im Erz enthaltene Aluminiumoxyd so in ein Natriumaluminat überführt; die Verunreinigungen bleiben als Rotschlamm ungelöst zurück. Aus der Aluminatlauge wird die gelöste Tonerde unter Einwirkung zugesetzten und suspendierten Tonerdehydrates in Form eines Trihydrates ausgefällt und zur Entfernung des Hydratwassers in Drehrohröfen bei 1200 bis 1300° C kalziniert. Die so gewonnene reinste Tonerde wird in mit Kohle ausgekleideten Elektrolyseöfen in Kryolith, einem Natrium-Aluminium-Fluorid, gelöst und elektrolysiert, wobei die Ofenwanne Kathode ist und Elektroden aus praktisch aschefreiem Koks als Anoden dienen. Das Aluminium scheidet sich flüssig am Boden ab.

In Deutschland unterscheidet man zwei Arten reinen Aluminiums: *erstens* das Reinaluminium H (Hüttenaluminium), nämlich einmal „das unmittelbar aus den Rohstoffen hüttenmännisch gewonnene, auf der Aluminiumhütte in Form gegossene und mit dem Hüttenzeichen versehene Metall"[2] oder auch „das aus den beim Verarbeiten von Hüttenaluminium in einem Walzwerk anfallenden Abschnitten und/oder aus Neumaterial im eigenen Betrieb oder in einer Aluminiumhütte sachgemäß umgeschmolzene, in Formen vergossene Metall" und *zweitens* das Umschmelzaluminium U, das bestimmten Reinheitsbedingungen entspricht und „das ganz oder teilweise aus Abfallmaterial und oder Rückständen erschmolzen ist"[2]. Beim Hüttenaluminium unterscheidet man die vier Gruppen Al 99,8 H, Al 99,7 H, Al 99,5 H und Al 99 H, wobei die Zahl den Aluminiumgehalt angibt. Für elektrische Leiter stellt man Leitaluminium E-Al her, das etwa Al 99,5 H entspricht, wobei aber die Summe der Verunreinigungen Ti $+$ Cr $+$ V nicht größer als $0,03\%$ sein darf. Das Umschmelzaluminium wird in drei Qualitäten geführt, nämlich Al 99,5 U, Al 99 U und Al 98 U.

Tab. 40 gibt einige physikalische Werte von Reinaluminium wieder[3].

Da Aluminium genau so wie Kupfer ein flächenzentriertes kubisches Gitter hat, ist zu erwarten, daß es sich in seinen mechanischen Eigenschaften, besonders mit Bezug auf Plastizität, qualitativ ähnlich wie Kupfer verhält. So zeigt Abb. 247 die Kalthärtbarkeit von Aluminium[4] mit $99,07\%$ Al; die Bezeichnungen O, H_{12}, H_{14}, H_{16} und H_{18} entsprechen amerikanischem Brauch und fallen annähernd mit den im Diagramm angegebenen Kaltdeformationen zu-

---

[1] Vgl. Aluminium-Taschenbuch, 10. Aufl. Düsseldorf: Aluminium-Zentrale E. V., 1951.

[2] DIN 1712, 3. Ausg. März 1943, Blatt 1.

[3] Nach A. v. Zeerleder und Forschungsanstalt AJAG Neuhausen, entnommen dem Aluminium-Taschenbuch, S. 18, siehe oben.

[4] Metals Handbook, 1948 Edition, S. 811.

Tabelle 40. *Physikalische Eigenschaften von reinem Aluminium.*

Kristallstruktur:	A_1, $a = 4,04$ Å
Erstarrungsschwindung:	6,5%
Schmelzpunkt:	$\sim 658°$ C
spez. Gewicht bei 20°:	2,70 g/cm³
spez. Gewicht bei 700°:	2,38 g/cm³
Wärmeleitzahl bei 0°:	180 kcal/m h ° C
Wärmeleitzahl bei 100°:	183,6 kcal/m h ° C
Wärmeleitzahl bei 200°:	187,2 kcal/m h ° C

Linearer Wärmeausdehnungskoeffizient von 20 bis 100°: $24,0 \cdot 10^{-6} \cdot °C^{-1}$
20 bis 200°: $24,9 \cdot 10^{-6} \cdot °C^{-1}$
20 bis 300°: $25,8 \cdot 10^{-6} \cdot °C^{-1}$
20 bis 400°: $26,8 \cdot 10^{-6} \cdot °C^{-1}$
20 bis 500°: $29,9 \cdot 10^{-6} \cdot °C^{-1}$
20 bis 600°: $28,5 \cdot 10^{-6} \cdot °C^{-1}$

Spezifische Wärme bei 20°: 0,214 kcal/kg ° C
100°: 0,223 kcal/kg ° C
300°: 0,245 kcal/kg ° C
500°: 0,266 kcal/kg ° C
658° fest: 0,27 kcal/kg ° C
658° flüssig: 0,25 kcal/kg ° C
700°: 0,25 kcal/kg ° C

Mittlere spezifische Wärme von 0 bis 658°: 0,25 kcal/kg ° C

Latente Schmelzwärme: 92,4 kcal/kg

Elektrische Leitfähigkeit bei 20° C weichgeglüht bei 300°: 36 bis 36,5 $\cdot 10^4 \cdot \Omega^{-1} \cdot cm^{-1}$
weichgeglüht bei 500°: 34 bis 35 $\cdot 10^4 \cdot \Omega^{-1} \cdot cm^{-1}$
hart: 33 $\cdot 10^4 \cdot \Omega^{-1} \cdot cm^{-1}$
bei 660° flüssig: 4 $\cdot 10^4 \cdot \Omega^{-1} \cdot cm^{-1}$

Spez. elektr. Widerstand bei 20°, weichgeglüht bei 300°: 2,78 bis 2,74 $\cdot 10^{-6} \Omega \cdot cm$
weichgeglüht bei 500°: 2,94 bis 2,86 $\cdot 10^{-6} \Omega \cdot cm$
hart: 2,86 bis 2,82 $\cdot 10^{-6} \Omega \cdot cm$

Spezifischer elektrischer Widerstand, gegossen: $\sim 3,0 \cdot 10^{-6} \Omega \cdot cm$
bei 600° flüssig: $2,5 \cdot 10^{-6} \Omega \cdot cm$

Supraleitfähigkeit beginnt bei: 1,14° K

Magnetische Suszeptibilität bei 18°: $+0,6 \cdot 10^{-6}$ cm³/g

sammen. Bezieht man die Werte auf den nicht deformierten Zustand (0) als 100, dann erhält man ein Maß für die Kaltverfestigung. In Abb. 220 (S. 450) sind die Ziffern eingetragen (nur die Dehnung des Rundstabes ist berücksichtigt). Man erkennt, daß Aluminium etwa im selben Maße kalt härtet wie Kupfer. Abb. 248 zeigt Zugfestigkeit, Streckgrenze und Dehnung kaltverformten Materials bei Raumtemperatur und erhöhter Temperatur[1]. Bis etwa 150° bleibt der Einfluß der Kaltdeformation erhalten; bei etwa 200° rekristallisiert das um 80% deformierte Material, ab etwa 250° auch das um 40% kaltdeformierte und erreicht die

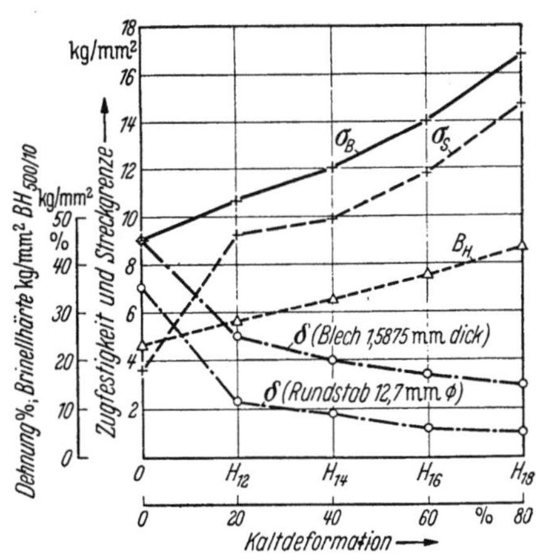

Abb. 247. Kalthärtung von Aluminium (99,07 % Al) (nach Metals Handbook).

---

^[1] Metals Handbook, 1948 Edition, S. 810.

Werte des nicht deformierten Werkstoffes oder liegt gar noch darunter. Auch Scherfestigkeit und Wechselfestigkeit steigen durch Kaltdeformation[1] an (Abb. 249), die Scherfestigkeit prozentual nicht so stark wie die Zugfestigkeit,

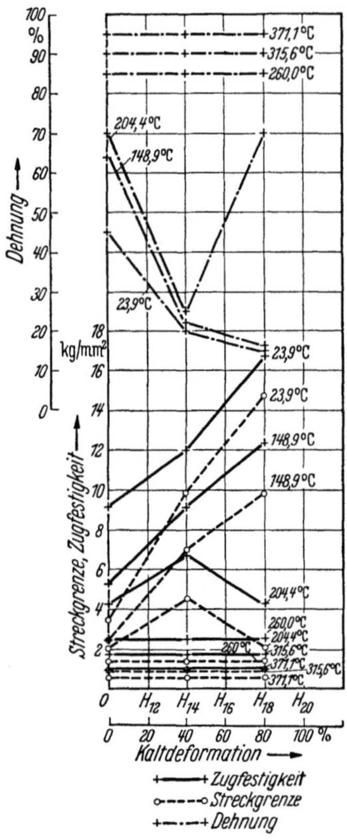

Abb. 248. Mechanische Eigenschaften von kaltverformtem Aluminium bei verschiedenen Temperaturen (nach Metals Handbook).

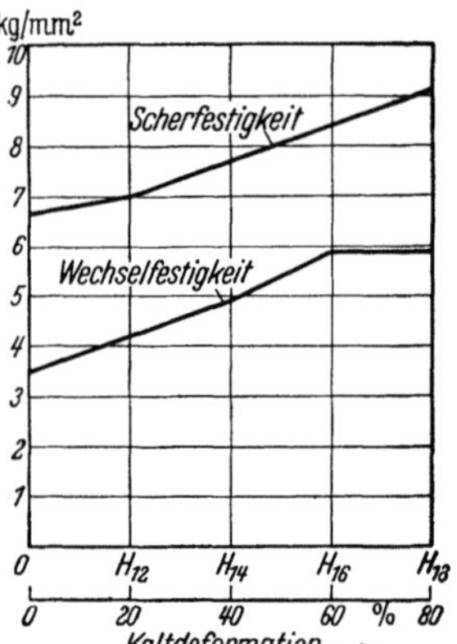

Abb. 249. Kalthärtung von Aluminium (nach Metals Handbook).

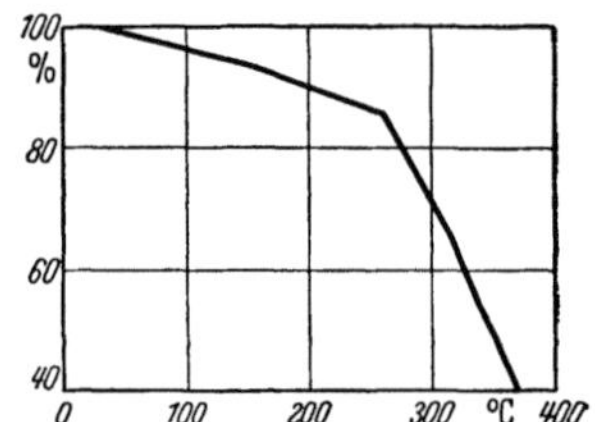

Abb. 250. Abhängigkeit des Elastizitätsmoduls von Aluminium von der Temperatur (nach Metals Handbook).

die Wechselfestigkeit bis H_{16} (entsprechend 80% Kaltdeformation) etwa in gleichem Maße wie die Zugfestigkeit. Der Elastizitätsmodul beträgt, unabhängig vom Kaltdeformationsgrad, etwa 7030 kg/mm² [1], seine Veränderung mit steigender Temperatur gibt Abb. 250[1] wieder, wobei der bei 24° C festgestellte Elastizitätsmodul gleich 100 gesetzt ist. Der Gleitmodul beträgt, gleichfalls unabhängig vom Deformationsgrad, 2700 kg/mm², die Poissonsche Zahl 0,33 [1].

Auch Aluminium wird nach Kalthärtung durch Rekristallisation weichgemacht, wobei eine geringe Korngröße angestrebt wird. Abb. 251 gibt ein Rekristallisationsdiagramm von technischem Aluminium wieder, das Rassow und Velde[2] aufstellten. Das von Hornauer[3] an Reinaluminium mit 99% Al aufgestellte Diagramm ist qualitativ identisch. Mit „Rekristallisationsschwelle" wird die niedrigste Temperatur bezeichnet, bei der Rekristallisation beginnt;

---

[1] Siehe Fußnote 4. S. 480.
[2] Rassow, E., u. L. Veedes: Z. Metallkde. Bd. 13 (1921) S. 557.
[3] Hornauer, H.: Aluminium-Taschenbuch, S. 20, siehe Fußnote 1, S. 480.

sie ist wie allgemein eine Funktion des Grades der Kaltverformung und der
Glühzeit (Abb. 252[1]): lange Glühzeiten können höhere Temperaturen ersetzen.
Auch der Reinheitsgrad beeinflußt die Geschwindigkeit der Rekristallisation

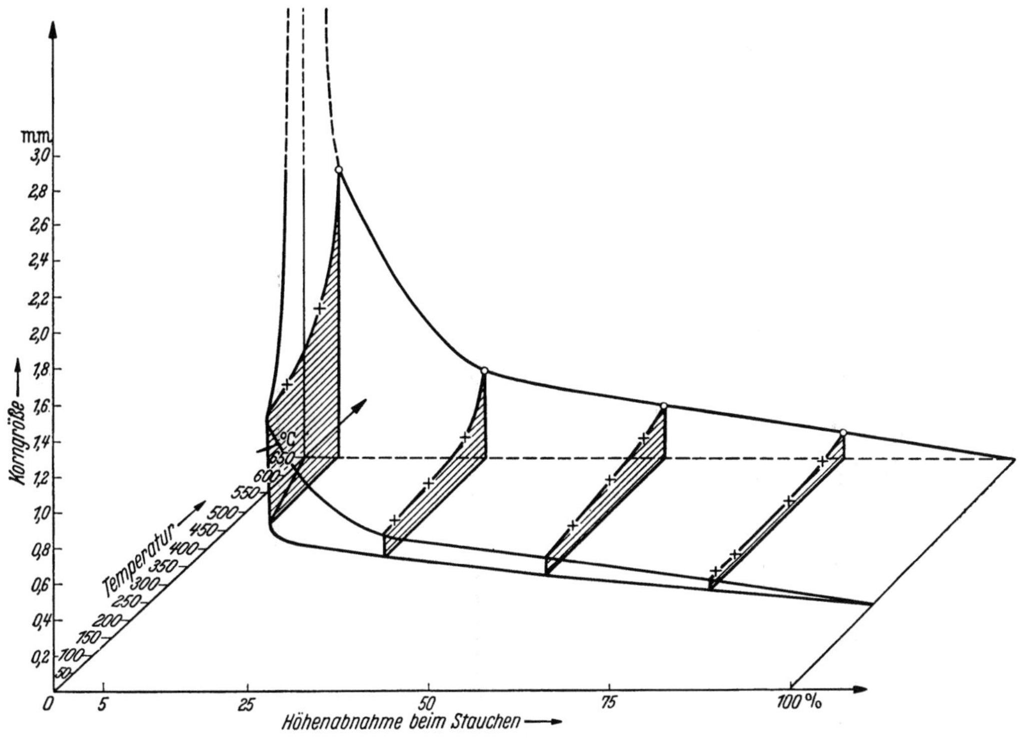

Abb. 251. Rekristallisationsdiagramm des Aluminiums (nach RASSOW und VELDE).

stark. Der praktisch angewendete Temperaturbereich für das rekristallisierende
Glühen liegt zwischen 300 und 350°.

Man beobachtet auch nach der rekristallisierenden Glühung eine, wenn
auch nicht bedeutende, Kornstreckung, die daher rührt, daß nicht in Lösung
gegangene Verunreinigungen als langgestreckte Einschlüsse das Kornwachstum
nach einer Richtung behindern und so trotz
Glühung eine gerichtete Struktur zurück-
lassen.

In Ergänzung zu Tab. 40 zeigen Abb. 253
und 254 den Gang der spezifischen Wärme
und der Enthalpie in Abhängigkeit von der
Temperatur oberhalb 0° C. Es fällt dabei
vor allem die außerordentlich hohe latente
Schmelzwärme auf, die mehr als das 1,8fache
der von Kupfer ist.

Der elektrische Widerstand von Aluminium

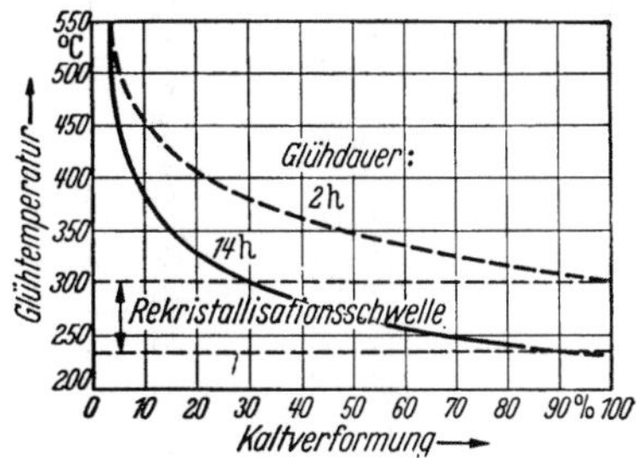

Abb. 252. Niedrigste Rekristallisationstemperatur von Aluminium in Abhängigkeit von Verformungsgrad und Zeit
(nach Aluminium-Taschenbuch).

---

[1] Aluminium-Taschenbuch, S. 200, siehe Fußnote 1, S. 480.

ist in Tab. 40 angegeben. Durch Kaltdeformation wird er wie bei Kupfer erhöht, wie Matsuda[1] zeigen konnte. Tab. 41 zeigt die Werte für kaltgewalztes Aluminium, wobei die Werte für Kupfer[1] wiederholt sind. Bedenkt man, daß der Festigkeitsanstieg bei einer Deformation von 60% für Kupfer etwa 170% beträgt (vgl. Abb. 219, S. 449) für Aluminium etwa 145% (vgl. Abb. 247, S. 481)

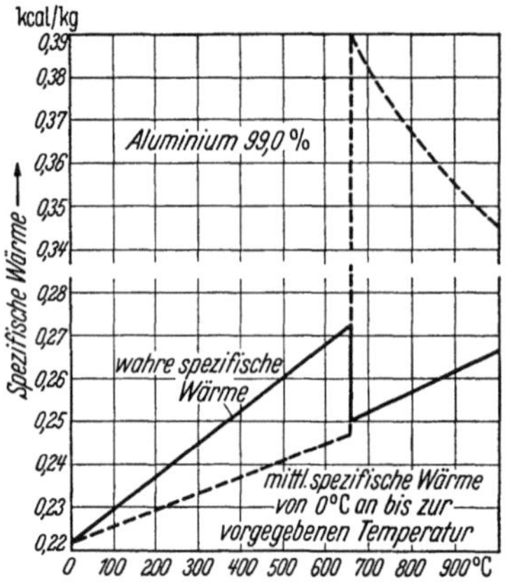

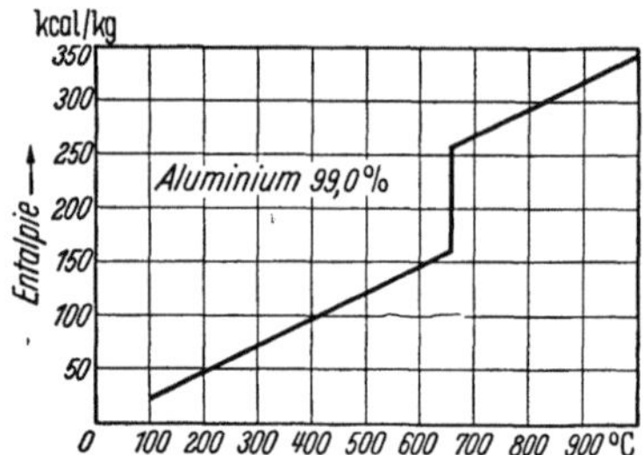

Abb. 253. Abhängigkeit der spezifischen Wärme des Aluminiums von der Temperatur (nach Metals Handbook).

Abb. 254. Abhängigkeit der Entalpie des Aluminiums von der Temperatur (nach Metals Handbook).

Tabelle 41. *Einfluß des Kaltwalzens auf den elektrischen Widerstand des Aluminiums.*

Dickenabnahme in %	Vergrößerung des elektrischen Widerstandes in %	
	Kupfer	Aluminium
20,0	1,3	5,2
38,4	1,9	5,7
50,0	1,7	5,8
60,0	2,1	6,4

dann sind, damit verglichen, die Anstiege des elektrischen Widerstandes nur unbedeutend.

Was den Einfluß niedriger Temperaturen angeht, so zeigt Abb. 255 den Verlauf von Streckgrenze, Zugfestigkeit, Dehnung, Einschnürung und Kerbzähigkeit (Standard Izod-Probe) eines reinen Aluminiums (0,07% Fe, 0,054% Si) nach einer Arbeit von Colbeck und MacGillivray[2]. Wie bei Kupfer bleibt auch bei Aluminium die Zähigkeit erhalten, während zugleich die Festigkeit noch steigt. Abb. 256 zeigt diesen Tatbestand an der Izodprobe für Aluminium, Kupfer und Nickel auf der einen Seite und für Eisen auf der anderen nach Untersuchungen von Colbeck und MacGillivray[3] noch einmal zusammenfassend. Vor allem zeigt sie den

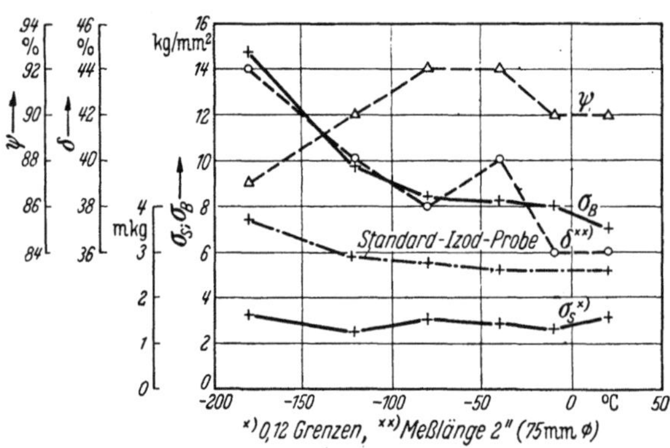

Abb. 255. Einfluß tiefer Temperaturen auf die mechanischen Eigenschaften von Aluminium (0,07% Fe; 0,054% Si) (nach Colbeck und MacGillivray).

[1] Siehe Fußnote 5, S. 458.

[2] Colbeck, E. W., u. W. E. MacGillivray: Trans. Inst. Chem. Engrs. (Lond.) Bd. 11 (1933), S. 107; nach P. Litherland Teed, S. 16 u. 35, siehe Fußnote 6, S. 454.

[3] S. 89, nach P. Litherland Teed, S. 11.

großen Unterschied im Verhalten zwischen dem raumzentrierten kubischen Eisen und den flächenzentrierten kubischen Metallen. Daß der Einfluß einer Kaltdeformation auf die mechanischen Eigenschaften auch bei tiefen Temperaturen, zum mindesten bis $-80°$ C, erhalten bleibt, erkennt man aus Abb. 257 nach Werten der Aluminum Company of America[1].

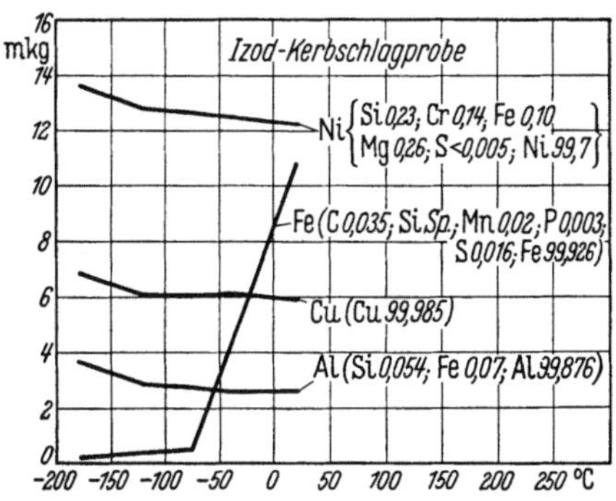

Abb. 256. Kerbschlagbiegefestigkeit von Aluminium, Eisen, Nickel und Kupfer bei tiefen Temperaturen (nach COLBECK, MCGILLIVRAY und MANNING).

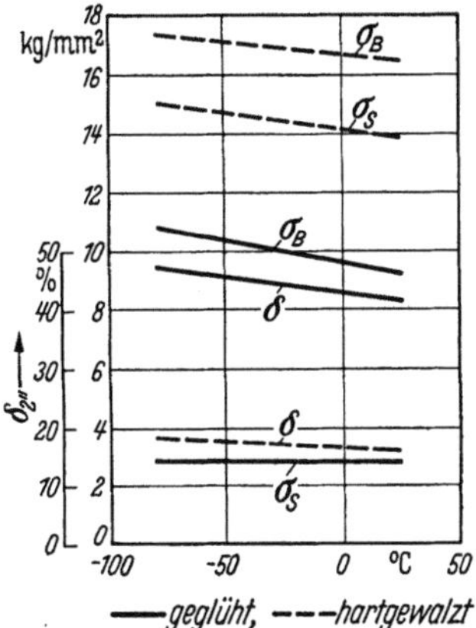

Abb. 257. Mechanische Eigenschaften von hartgewalztem und von geglühtem Aluminium in Abhängigkeit von der Temperatur (nach Metals Handbook).

Der spezifische elektrische Widerstand reinen Aluminiums nimmt mit sinkender Temperatur[2] ab (Abb. 258); bei $1,14°$ K wird Supraleitfähigkeit erreicht.

2. Aluminiumlegierungen.

Die Festigkeit von reinem Aluminium ist verhältnismäßig niedrig. Erst durch Zulegieren bestimmter Elemente kommt man in Bereiche, die vom Festigkeitsstandpunkt aus die Legierungen interessant machen. Als hauptsächliche Zusätze kommen in Frage: Kupfer, Magnesium, Mangan, Silizium und Zink, weniger häufig Nickel, Eisen, Kobalt, Titan und Chrom. Außer mit Silizium und Zink bildet Aluminium mit den Zusätzen harte und spröde intermetallische Verbindungen, wie z. B. Al_2Cu (Kupferaluminid), Al_3Mg_2 (Magnesiumaluminid), usw. oder ternäre Verbindungen, wie Al_4Si_2Fe, oder Verbindungen der Legierungszusätze untereinander, wie Mg_2Si (Magnesiumsilizid) usw. Einzelheiten müssen in der Spezialliteratur nachgesehen werden[3].

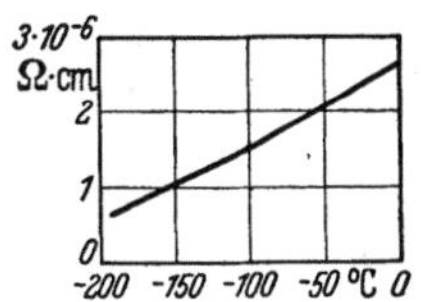

Abb. 258. Abhängigkeit des spez. elektrischen Widerstandes von reinem Aluminium von der Temperatur (nach The Metal Industry Handbook and Directory).

Die wichtigsten der Zusätze, wie Cu (bzw. Al_2Cu), Si, Mg (bzw. Al_3Mg_2), Zn, Mg_2Si, bilden Mischkristalle mit Aluminium, wobei die Löslichkeit des zugesetzten Elementes im Aluminium mit fallender Temperatur kleiner wird. Damit sind die Voraussetzungen für Ausscheidungshärtung geschaffen. Vor allem die Zusätze Kupfer, Magnesium,

---

[1] Nach Metals Handbook, 1948 Edition, S. 213.

[2] The Metal Industry Handbook and Directory, London 1946, nach LITHERLAND TEED, S. 42, siehe Fußnote 6, S. 454.

[3] Im Aluminium-Taschenbuch (siehe Fußnote 1, S. 480) ist auf den S. 106/112 ein großer Schrifttumsnachweis enthalten, auf den aufmerksam gemacht sei. Es sei vor allem auf das Handbuch von A. VON ZEERLEDER: Technologie des Aluminiums und seiner Leichtlegierungen, 5. Aufl. Leipzig: Akad. Verl.-Ges. 1947, verwiesen.

Tabelle 42. *Aluminiumlegierungen.*

Kurzzeichen nach DIN 1725 Blatt 2	Zusammensetzung (außer Al) %	Kennzeichnende Eigenschaften	Verwendung	Behandlung	σ_S kg/mm²	σ_B kg/mm²	δ %	Brinell-härte kg/mm²	Kerbschl.-zähigkeit mkg/cm²
		Knetlegierungen.							
1. AlCuMg	Cu 2,5/5,0 Mg 0,2/1,8 Mn 0,3/1,5	Bei Raumtemperatur aushärtend, sehr hohe Festigkeit, plattiert gute Korrosionsbeständigkeit, insbes. gegen Seewasser.	Für mechanisch hochbeanspruchte Bauteile.	weich	6/12	18/24	20/15	>70	
				ausgehärtet und nachgerichtet	20/30	34/44	20/12	125/90	3,5/4,5
				ausgehärtet und kalt verfestigt	28/50	45/58	10/2	110/120	
2. AlCuMgPb	Wie 1. dazu Pb+Sn+Cd+Bi 0,5/2,5	Bei Raumtemperatur aushärtend, hochfeste Legierung für Automatenbearbeitung.	Für spanabhebende Bearbeitung.	ausgehärtet und nachgerichtet	25/30	38/42	20/12	90/120	
				ausgehärtet und kalt verfestigt	30/34	42/48	12/6	110/140	
3. AlMgSi	Mg 0,6/1,4 Si 0,6/1,6 Mn 0,6/1,0 Cr 0 /0,3	Warmaushärt., bei Raumtemperatur in beschränkt. Umfange aushärtend, mittlere Festigkeit, gute Verformbarkeit mit Korrosionsbeständigkeit.	Für mittlere mechan. Beanspr. bei guter chem. Beständigkeit.	weich	5/7	11/13	25/15	30/40	5/8
				kalt ausgehärtet u. nachgerichtet	10/15	20/26	20/12	50/60	3/6
				warm ausgehärtet u. nachgerichtet	18/22	28/32	14/10	70/95	2/4
				warm ausgehärtet u. kalt verfest.	18/40	29/42	10/2	70/100	2/3
4. AlMgSiPb	Wie 3. dazu Pb+Sn+Cd+Bi 0,5/2,5	Wie 3.	Für spanabhebende Bearbeitung.	kalt ausgehärtet	19/20	22/30	25/15	60/80	
				warm ausgehärtet	22/28	28/35	15/5	80/110	
5. E AlMgSi (Aldrey)	Mg 0,4/0,5 Si 0,5/0,6	Warmaushärtbar, gute Korrosionsbeständigkeit, gute elektr. Leitfähigkeit (30 m · Ω^{-1} · mm⁻²).	Für Leitungsdraht.	warm ausgehärtet u. kaltverfestigt	28/35	32/38	10/2	100/120	

	Zusammensetzung	Eigenschaften	Verwendung	Zustand					
6. AlMg 3 Si	Mg 2,0/4,0 Si 0,5/0,8 Mn 0,3/0,8	Gut schweißbar, gute chemische Beständigkeit, gut polierbar.	Für mittlere mech. Beanspruchung bei hoher Witterungsbeständigkeit (Behälterbau, Schweißkonstruktionen).						
7. AlMg 3	Mg 3,0/4,0 Mn 0 /0,4 Cr 0 /0,3	Hohe Festigkeit bei 7 % Mg, mit sinkendem Mg-Gehalt abnehmend; gute Verformbarkeit und Schweißbarkeit, sehr gute chemische Beständigkeit gegen Seewasser u. schwach alkalische Lösungen, besser als Reinaluminium u. andere anplattierte Legierungen. Wichte: AlMg 3: 3 bis 2,65 kg/dm³, AlMg 5 und 7 2,6 kg/dm³.	Für mittlere und hohe Festigkeitsansprüche und bei benötigter hoher Korrosions- u. Seewasserbeständigkeit im Schiffbau, in der chem. Industrie u. in der Nahrungsmittelindustrie.	weich halbhart	8/12 13/18	18/21 22/25	22/15 14/8	45/60 65/70	8/10
8. AlMg 5	Mg 4,0/5,5 Mn 0 /0,8 Cr 0 /0,3			weich	9/15 15/22	22/28 25/31	20/15 14/8	55/65 70/80	9/10
9. AlMg 7	Mg 5,5/7,5 Mn 0 /0,8 Cr 0 /0,3			weich halbhart	15/19 20/25	30/34 34/38	22/15 14/8	70/85 90/95	6/9 5/7
10. AlMgMn	Mg 1,5/3,0 Mn 0,5/1,5 Cr 0 /0,3	Mittlere Festigkeit, chem. u. Seewasserbeständigkeit wie 7., 8. u. 9., gut schweißbar.	Bei mittlerer mech. Beanspruchung, hoher Witterungs- u. Seewasserbeständigkeit; für Fahrzeugverkleidung, Nahrungsmittel- u. chem. Industrie.	weich halbhart hart	8/12 13/18 20/24	18/22 22/23 24/28	20/15 8/4 6/3	45/60 55/65 65/75	3/4 2,3/3,5
11. AlMn	Mn 1,0/1,5 Cr 0/0,3	Festigkeit höher als Reinalumin., gute Korrosionsbeständigkeit und Schweißbarkeit.		weich halbhart hart	4/6 10/12 13/20	9/11 12/14 16/22	30/20 12/5 6/4	20/30 35/45 40/45	>10
12. AlCuNi	Cu 3,5/4,5 Ni 1,8/2,2	Aushärtend bei Raumtemp., gute Warmfestigkeit.	Mech. hochbeanspr. warmfeste Preßteile u. Schmiedestücke (Zylinderköpfe, Motorenkolben).						
13. AlSiCuNi	Si 11,5/13,5 Cu 0,4/1,5 Mg 0,8/1,5 Mn 0 /0,5 Ni 1,0/2,0	Warmfeste Legierung mit guten Laufeigenschaften.	Kolbenlegierung für Brennkraftmasch.						

Tabelle 42. (Fortsetzung.)

Kurzzeichen nach DIN 1725 Blatt 2	Zusammensetzung (außer Al) %	Kennzeichnende Eigenschaften	Verwendung	Behandlung	Festigkeitseigenschaften				
					σ_S kg/mm²	σ_B kg/mm²	δ %	Brinellhärte kg/mm²	Kerbzähigkeit mkg/cm²
			*Sand- und Kokillengußlegierungen.*						
1. G AlSi	Si 11 /13,5 Mn 0,3/0,5	Eutektische Legierung mit guten Gießeigenschaften, gut schweißbar, gute chem. Beständigkeit.	Verwickelte, auch dünnwandige, chem. beanspruchte Gußstücke, auch für Nahrungsmittelindustrie.	Sandguß	8/9	17/22	4/8	50/60	0,8
				Sandguß (geglüht)	9/10	18/22	6/10	50/60	0,9
				Kokillenguß	9/11	20/26	3/7	55/70	0,9
				Kokillenguß (geglüht)	9/11	20/26	6/10	50/60	1,2
2. G AlSi(Cu)	Si 11/13 Mn ≧ 0,5 Verunreinigungen größer als bei 1.	Wie 1.	Wie 1.	Sandguß	8/10	15/22	1/4	50/60	
				Kokillenguß	9/12	18/26	2/4	55/75	
3. G AlSiMg	Si 9/10 od. 11/13 Mg 0,25/0,4 Mn 0,3 /0,5	Untereutektisch und eutektische Legierung, gut gießbar, aushärtbar, somit wie 1.	Wie 1.; bei Verschleißbeanspr. Si 11/13.	Sandguß	9/11	18/24	2/5	55/65	
				Sandguß (ausgehärtet)	17/26	22/30	1/4	80/110	0,4
				Kokillenguß	11/15	20/26	1/4	65/85	
				Kokillenguß (ausgehärtet)	20/28	24/32	1/4	85/115	0,6
4. G AlSiMg(Cu)	Si 8,5/10,5 Mg 0,2/0,4 Mn ≧ 0,5	Wie 3.	Wie 3.	Sandguß	Wie 3.	Wie 3.	Wie 3.	Wie 3.	
				Sandguß (ausgehärtet)	Wie 3.	Wie 3.	Wie 3.	Wie 3.	
				Kokillenguß	Wie 3.	Wie 3.	Wie 3.	Wie 3.	
				Kokillenguß (ausgehärtet)	Wie 3.	Wie 3.	Wie 3.	Wie 3.	
5. G AlSi 5 Cu 1	Si 5,0/6,0 Cu 1,2/1,6 Mg 0,4/0,6	Sehr gut vergießbar, aushärtbar, gut schweißbar.	Verwickelte, auch dünnwandige, schwingungsfeste Gußstücke für höchste Beanspr.	Sandguß	10/14	16/22	1/3	65/80	
				Sandguß (ausgehärtet)	17/26	21/28	0,5/2	80/110	
				Kokillenguß	12/15	18/23	1/3	70/85	
				Kokillenguß (ausgehärtet)	20/26	23/30	0,5/2	85/115	
6. G AlSi 9 (Cu)	Si 7,0/11,0	Gut gießbar; schweißbar.	Schwierige, dünnwandige u. flüssigkeitsdichte Gußteile.	Sandguß	10/14	15/12	1/3	65/85	
				Kokillenguß	11/15	17/22	1/2	70/90	

	Zusammensetzung	Eigenschaften	Verwendung	Gußart					
7. G AlMgMn	Mg 1,5/3,0 Mn 0,6/1,3 Si ≦ 1,3 Ti ≦ 0,3 Cr ≦ 0,3	Chem. sehr gut, beständiger gegen Seewasser u. schwach alkalische Lösungen, besser als Reinaluminium, aushärtbar je nach Si-Gehalt.	Für mittlere u. hohe mech. Beanspr.; Schiffs- u. Schiffsmaschinenbau, Feuerlöschwesen, Nahrungsmittel- u. chem. Industrie. Bauwesen, Armaturen- u. Apparatebau.	Sandguß Sandguß (ausgehärtet) Kokillenguß Kokillenguß (ausgehärtet)	8/10 13/16 9/12 15/18	14/19 21/28 15/26 23/33	3/8 2/8 3/8 4/15	50/60 70/90 50/60 65/9(	
8. G AlMg 3	Mg 1,5/3,5 Mn ≦ 0,6 Si ≦ 1,3 Ti ≦ 0,3 Cr ≦ 0,3	Wie 7.	Wie 7.	Sandguß Sandguß (ausgehärtet) Kokillenguß Kokillenguß (ausgehärtet)	Wie 7. Wie 7. Wie 7. Wie 7.	Wie 7. Wie 7. Wie 7. Wie 7.	Wie 7. Wie 7. Wie 7. Wie 7.	Wie 7. Wie 7. Wie 7. Wie 7.	~0,4 ~0,4 0,6 0,5
9. G AlMg 3 (Cu)	Mg 1,5/4,0 Mn ≦ 0,8 Si ≦ 1,3 Ti ≦ 0,3 Cr ≦ 0,3	Chem. gut beständig, gut polierbar.	Mechan. mittelhoch- u. hochbeanspr. Teile für Bauwesen, Apparatebau usw.	Sandguß Kokillenguß	8/10 9/11	14/18 14/20	2/6 3/8	50/65 50/65	
10. G AlMg 5	Mg 4,5/5,5	Wie 7.	Auch für verwickelte Gußteile, f. Außen- u. Innenarchitektur, Nahrungsmittel- u. chem. Industrie. Für mechanisch hochbeanspr. Gußstücke (Zylinderköpfe) G AlMg 5 mit 0,6% Cu.	Sandguß (unbehandelt) Kokillenguß (unbehandelt)	9/10 9/10	16/19 17/25	2/5 3/8	55/70 60/80	0,3/0,6
11. G AlSi 5 Mg	Si 4/6 Mg 0,5/0,8 Mn 0,2/0,6 Ti ≦ 0,2	Gute Gießbarkeit, aushärtbar, mittlere bis hohe Festigkeit, gut polierbar, gute chem. Beständigkeit.	Chem. u. Nahrungsmittelindustr., Armaturen. Apparatebau, Beschlagteile.	Sandguß Sandguß (ausgehärtet) Kokillenguß Kokillenguß (ausgehärtet)	10/13 15/29 12/16 16/29	15/18 18/30 17/20 20/30	1/3 0,5/4 1,5/5 1/5	60/70 70/100 60/80 70/105	

Tabelle 42. (Fortsetzung.)

Kurzzeichen nach DIN 1725 Blatt 2	Zusammensetzung (außer Al) %	Kennzeichnende Eigenschaften	Verwendung	Behandlung	σ_S kg/mm²	σ_B kg/mm²	δ %	Brinell-härte kg/mm²	Kerbzähig-keit mkg/cm²
12. G AlSi 6 Cu 3	Si 5,5/7,0 Cu 2,0/4,0 Mn 0,4/0,6	Gut gießbar, schweißbar.	Für Gußteile mittlerer und höherer Festigkeit.	Sandguß	12/16	16/20	1/3	65/80	
13. G AlCrSi	Cu 4,0/7,0 Si 2,0/4,0	Gut gießbar, höhere Härte, gut bearbeitbar.	Normalbeanspruchte Gußteile ohne Stoßbeanspruchung.	Sandguß	12/18	17/22	1/3	70/100	
				Kokillenguß	12/16	16/20	0,5/2	75/100	
					13/17	17/22	0,2/2	80/110	
14. G AlCu	Cu 5,5/7,0		Kokillenguß für Bestecke.						

Silizium, Zink usw. wirken ausscheidungshärtend. Der Vorgang besteht aus einem Lösungsglühen bei Temperaturen von 500° C und darüber, anschließendem Abschrecken in kaltem Wasser, Öl, durch einen Luftstrom oder einen Sprühnebel und aus einem Auslagern bei Raumtemperatur oder erhöhter Temperatur bis 200° C. Die Dehnung sinkt merkwürdigerweise bei diesem Aushärtungsvorgang nur ganz unwesentlich.

Das Zulegieren mancher Elemente zu Aluminium beeinträchtigt seine guten Korrosionseigenschaften. In diesem Sinne wirken unter bestimmten Umständen Kupfer und Eisen. Andere Elemente sind dann harmlos, wenn sie im Mischkristall vorhanden sind, wenn die Legierung also homogen ist, aber schädlich, wenn sie zur Ausscheidung gelangen, das Gefüge also heterogen machen, z. B. Silizium und Mangan. Beständigkeitstabellen, z. B. im Aluminium-Taschenbuch[1] orientieren über den Angriff vieler Medien.

Von den in Deutschland geführten Knet- und Gußaluminiumlegierungen gibt Tab. 42 nach DIN 1725, Januar 1945, und nach Aluminium-Taschenbuch[2] im Auszug einen Überblick; Tab. 43 enthält die Druckgußlegierun-

[1] Aluminium-Taschenbuch, 10. Aufl., S. 102/106 mit über 400 Chemikalien, siehe Fußnote 1, S. 480.

[2] S. 33 u. f.; siehe Fußnote 1, S. 480.

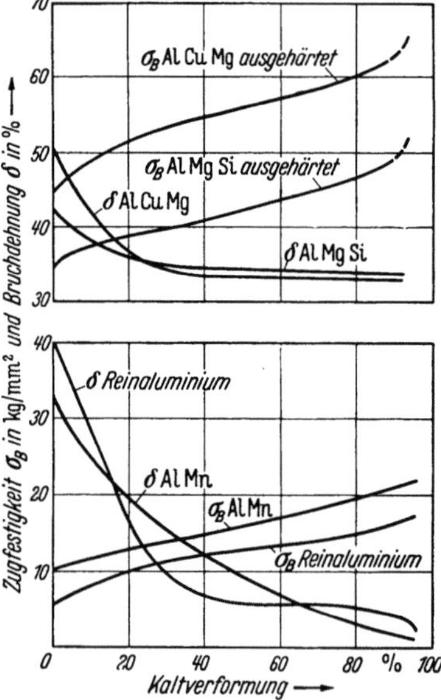

Abb. 259. Verfestigung von Reinaluminium und einigen Al-Legierungen durch Kaltverformung (nach v. Zeerleder).

Tabelle 43. *Druckgußlegierungen von Aluminium.*

Kurzzeichen	Zusammensetzung (ohne Al) %	Mechanische Eigenschaften			Verwendung und allgemeine Eigenschaften
		σ_B kg/mm²	δ_5 %	Brinellhärte kg/mm²	
1. D AlSi 13	Si 11/13 Mn 0.2/0,7 Mg 0/0,5	18/26	3,0/1,0	60/80	Verwickelte Gußstücke, flüssigkeitsdicht, gute chem. Beständigkeit.
2. D AlSi 7	Si 6/10 Mn 0,2/0,7 Mg 0/0,5	17/24	3,0/1,0	55/75	Wie 1.
3. D AlMgSi	Mg 0,3/2,5 Si 1,5/5 Mn 0/1,5	16/19	3,0/1,0	55/75	Gußstücke, chem. Beständigkeit, gute Polierbarkeit.
4. D AlMg 9	Mg 6/10 Mn 0,2/0,7	19/27	3,0/1,0	65/85	Hohe chem. Beständigkeit, gute Polierbarkeit.
5. D AlSiCu	Si 5/6,5 Cu 2/3 Mn 0,2/0,6	19/23	2,5/1,0	55/75	Gußstücke aller Art.

gen. Als noch nicht ins Normblatt aufgenommene Gußlegierung sei G AlZnCu erwähnt, mit 3,0 bis 5,0% Cu, 4,0 bis 8,0% Zn, bis 1,5% Si, bis 1,2% Fe, bis 0,3% Ni, bis 0,6% Mn, bis 0,4% Mg, bis 0,3% Pb und bis 0,1% Sn, die eine Streckgrenze von 9 bis 13 kg/mm², eine Zugfestigkeit von 15 bis 20 kg/mm², eine Dehnung (δ_5) von 3 bis 1% und eine Brinellhärte von 65 bis 80 kg/mm² besitzt und für einfache Gußstücke verwendet wird, die vor allem eine sehr dünnflüssige Schmelze erfordern. Weitere Einzelheiten zur Kennzeichnung der verschiedenen Legierungen enthält die Spezialliteratur.

Wie Reinaluminium lassen sich auch seine Legierungen kaltverformen, wobei die gleichen Effekte beobachtet werden, nämlich Steigerung der Festigkeit, Abnahme der Dehnung. Abb. 259 gibt Beispiele nach v. ZEERLEDER[1].

Über die Eigenschaften der Aluminiumlegierungen bei tiefen Temperaturen liegen eine Reihe von Veröffentlichungen vor. Bereits im Jahre 1930 veröffentlichten SCHWINNING und FISCHER[2] eine umfangreiche Arbeit über den Einfluß der Kälte auf Aluminiumlegierungen. Die untersuchten Legierungen sind:

Duralumin, Typ Al-Cu-Mg mit etwa 2,5 bis 5,5% Cu, 0 bis 1,0% Si, $\leq$1,2% Mn, 0,2 bis 2% Mg.
Lautal, Typ Al-Cu mit etwa
Construktal, Typ Al-Cu-Mg-Cu mit etwa } 4,5 bis 5,5% Cu, 0,2 bis 0,5% Si.
Scleron, Typ Al-Zn-Cu mit etwa 12% Zn, 2 bis 3% Cu, 0,5 bis 1,0% Mn, 0,1% Li, 0,05% Ti, 0,5% Si.

Der Werkstoff lag als normal vergütete Rundstangen mit 18 bis 22 mm Durchmesser vor und hatte bei Raumtemperatur mechanische Eigenschaften, die Tab. 44 wiedergibt. Dazu wurden noch zwei Aluminiumbleche von 4 mm Dicke des Vergleiches halber herangezogen, die durch die Werte der

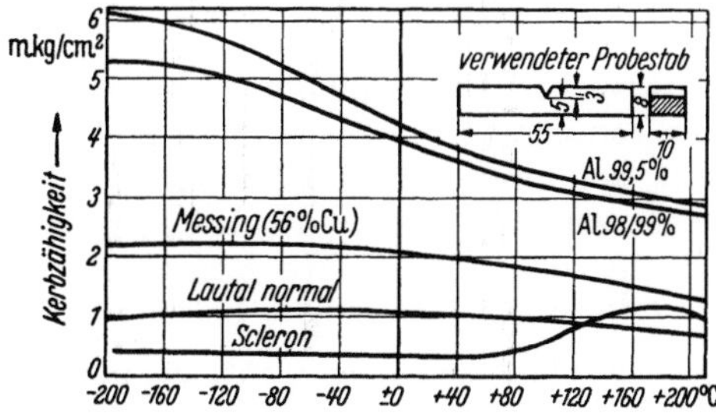

Abb. 260. Abhängigkeit der Kerbzähigkeit von Leichtmetallegierungen und Messing von der Temperatur (nach SCHWINNING und FISCHER).

<hr>

[1] Vgl. Aluminium-Taschenbuch, S. 195, siehe Fußnote 1, S. 480.

[2] SCHWINNING, W., u. F. FISCHER: Z. Metallkde. Bd. 22 (1930), S. 1/7.

Tabelle 44. *Mechanische Eigenschaften von Rundstäben aus Aluminiumlegierungen.*

Legierung	$\sigma_{0,2}$ kg/mm²	σ_B kg/mm²	δ %	ψ %	Größte Dehnung im Bruchquerschnitt %	Formänderungsarbeit mkg/cm³	Kerbschlagzähigkeit bei 20° C in mkg/cm² (Mittelwerte von 8 bis 10 mm dicken Blechen)
Duralumin .	25,1	41,3	20,6	36,3	57	7,88	1,9
Lautal . . .	22,9	39,5	23,3	35,8	56	8,28	1,6
Constructal .	29,3	42,0	21,3			8,4	1,3
Scleron . .	38,7	48,3	14,0			6,3	0,6

Tabelle 45. *Mechanische Eigenschaften von Blechen aus Aluminiumlegierungen.*

Legierung	σ_B kg/mm²	δ %	ψ %	Größte Dehnung im Bruchquerschnitt %
Al-Blech I, 99,5% Al	14,1	7,8	62,5	167
Al-Blech II, 98 bis 99% Al . . .	14,7	7,0	60,6	154

Tab. 45 charakterisiert sind. In den Abb. 260 bis 262 sind die Werte für Kerbzähigkeit und Härte niedergelegt. Während die Kerbzähigkeit von Aluminium bei tiefen Temperaturen noch ansteigt, bleibt sie bei Scleron und Lautal, ähnlich wie bei Messing Ms 56, das zum Vergleich herangezogen ist, bis zu den tiefsten Temperaturen praktisch auf gleicher Höhe (Abb. 260). Auch der Versuch, durch größere Probenbreite einen Sprödbruch herbeizuführen, ändert bei Aluminium und Lautal nichts am Ergebnis (Scleron wurde nicht mit großer Probenbreite

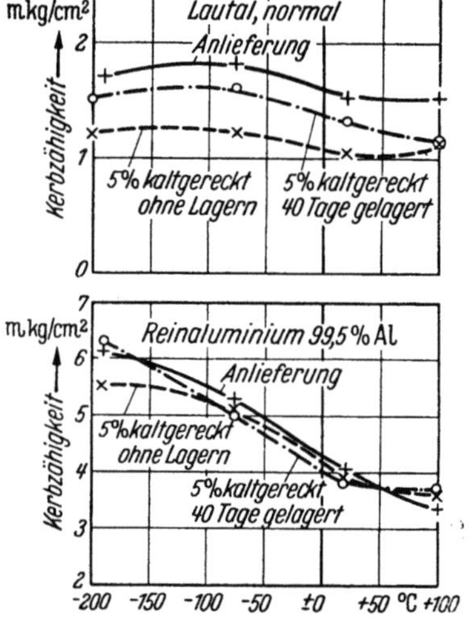

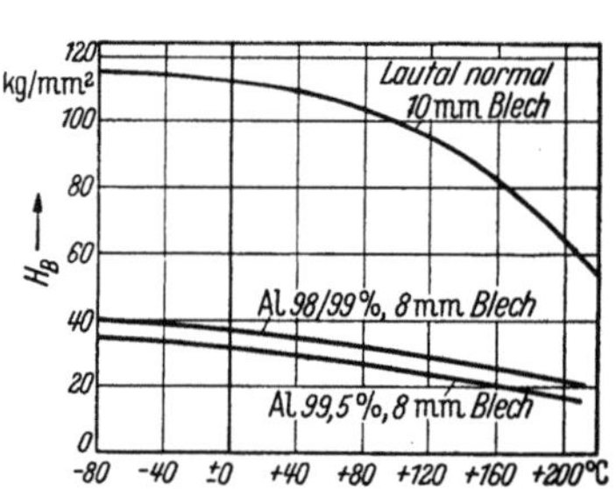

Abb. 261. Abhängigkeit der Brinellhärte von der Temperatur für Bleche von 8 und 10 mm Dicke (nach Schwinning und Fischer).

Abb. 262. Kerbschlagzähigkeit von Reinaluminium und Lautal in Abhängigkeit von der Temperatur (nach Schwinning und Fischer).

untersucht.) Die Brinellhärte nimmt bei Aluminium und Lautal mit abnehmender Temperatur zu (Abb. 261). Kaltreckung ohne Lagerung setzt die Kerbzähigkeit bei Lautal zwar ganz generell etwas herab, auslagern während 40 Tagen verbessert sie wieder, an der Bruchart wird aber nichts geändert; das gleiche gilt für das untersuchte Reinaluminium I (Abb. 262).

Güldner[1] untersucht bei tiefen Temperaturen die Kerbzähigkeit von:

1. Lautal: 4,62% Cu, 0,45% Fe, 0,29% Mg, 0,56% Mn, 0,74% Si (Legierung VLW 13, bei 500° geglüht und in Wasser abgeschreckt; VLW 14, bei 500° geglüht, in Wasser abgeschreckt und bei 120 bis 130° angelassen).

---

[1] Güldner, W. A.: Z. Metallkde. Bd. 22 (1930), S. 257/260.

2. Duralumin: 3,95% Cu, 0,5% Fe, 0,05% Mg, 0,56% Mn, 0,12% Si (Legierung 681B veredelt und Legierung 681B geglüht).

3. Deutsche Legierung (Sand- und Kokillenguß): 2,4% Cu, 11,22% Zn, 0,59% Fe, 0,14% Si.

4. Amerikanische Legierung (Sand- und Kokillenguß): 8,75% Cu, 0,47% Fe.

1. und 2. sind Knet-, 3. und 4. Gußlegierungen. Zur Untersuchung benutzte GÜLDNER die Kerbschlagprobe nach MENAGER von der Größe 10·10·55 mm und Schlagquerschnitt 8·10 mm mit Rundkerb. GÜLDNER faßte wie folgt zusammen: „Die Untersuchung der Temperaturabhängigkeit der Werkstoffe ergab bei geglühtem Lautal geringe Zunahme, bei veredeltem Lautal, veredeltem und geglühtem Duralumin geringe Abnahme und bei den Gußlegierungen gleichbleibende Kerbzähigkeit.“

Im Zuge seiner Untersuchungen über das Verhalten von Drähten bei tiefen Temperaturen untersuchte PESTER[1] auch Aldrey-Draht (EAlMgSi; siehe Tab. 42). Ein Reinaluminiumdraht stand zum Vergleich zur Verfügung; er wurde wie der bereits oben erwähnte Bronzedraht vorbehandelt (siehe S. 468). Die Ergebnisse enthält Abb. 263.

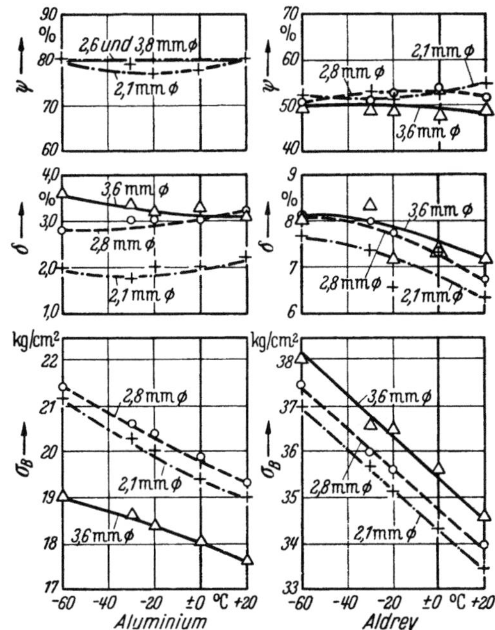

Abb. 263. Mechanische Eigenschaften von kaltgezogenem Reinaluminium und Aldrey in Abhängigkeit von der Temperatur (nach F. PESTER).

Sie gibt das übliche Bild eines Materials, das mit sinkender Temperatur keinen Zähigkeitsverlust erleidet.

BOLLENRATH und NEMES[2] untersuchten eine Reihe von Leichtmetallen, von denen sie auf der Aluminiumbasis folgende auswählten:

1. Duralumin (Typ AlCuMg) 681B veredelt mit 3,64% Cu, 0,47% Mg, 0,57% Mn, 0,23% Si, 0,23% Fe.

2. Duralumin (Typ AlCuMg) 681ZB veredelt mit 4,21% Cu, 0,73% Mg, 0,63% Mn, 0,39% Si, 0,25% Fe.

3. VLW 14 (Lautal; Typ AlCu) Richtanalyse: 4,4 bis 5,5% Cu, 0,2 bis 0,5% Si.

4. VLW 23 (Scleron; Typ AlZnCu) Richtanalyse: 12,0% Zn, 2 bis 3% Cu, 0,5 bis 1,04% Mn, 0,1% Si, 0,05% Ti, 0,5% Si.

5. VLW 32 (Silumin; Typ AlSi) Richtanalyse: 12 bis 13,5% Si.

6. VLW 44 (Constructal; Typ?).

7. VLW 53 (Constructal 87; Typ?).

DADURIAN[3] hat nach BOLLENRATH und NEMES[4] für die Abhängigkeit des Elastizitätsmoduls von der Temperatur folgenden Zusammenhang angegeben:

$$E_{(t\,°C)} = E_{(20°\,C)}[1 - \alpha(t - 20) - \beta(t - 20)^2] \tag{1}$$

BOLLENRATH und NEMES bestimmten die Konstanten α und β (Tab. 46).

---

[1] Siehe Fußnote 3, S. 468.

[2] BOLLENRATH, F., u. JOAN NEMES: Metallwirtsch. Bd. 10 (1931) S. 609/613 u. 625/630.

[3] DADURIAN, H. M.: Phil. Mag. (6) Bd. 42 (1921) S. 442.

[4] Siehe oben.

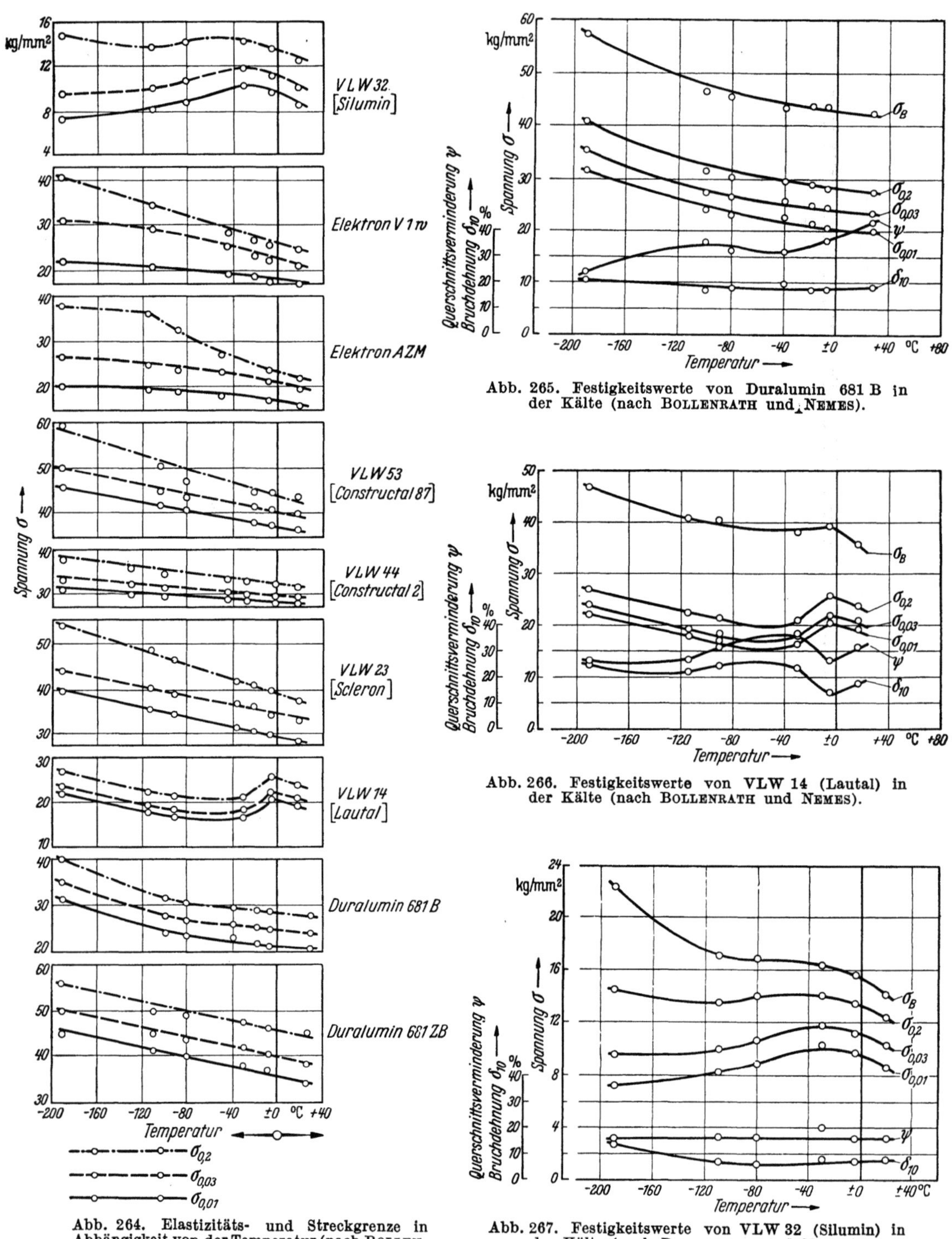

Abb. 264. Elastizitäts- und Streckgrenze in Abhängigkeit von der Temperatur (nach Bollenrath und Nemes).

Abb. 265. Festigkeitswerte von Duralumin 681 B in der Kälte (nach Bollenrath und Nemes).

Abb. 266. Festigkeitswerte von VLW 14 (Lautal) in der Kälte (nach Bollenrath und Nemes).

Abb. 267. Festigkeitswerte von VLW 32 (Silumin) in der Kälte (nach Bollenrath und Nemes).

Tabelle 46. *Werte der Konstanten α und β in Gleichung (1).*

Legierung	Elastizitäts-modul $E_{(20°)}$ kg/mm²	Temperaturkoeffizient		Gültig im Bereich von °C	bis °C
		α	β		
Duralumin 681 B	7050	$4,05 \cdot 10^{-4}$	—	110	—190
Duralumin 681 ZB	7180	$3,62 \cdot 10^{-4}$	—	25	—190
VLW 23 (Scleron)	6880	$4,42 \cdot 10^{-4}$	—	85	—190
VLW 32 (Silumin)	6650	$4,11 \cdot 10^{-4}$	$41,5 \cdot 10^{-7}$	80	—190
VLW 44 (Constructal 2) . .	6950	$5,55 \cdot 10^{-4}$	—	140	—190
VLW 53 (Constructal 87) .	7100	$5,61 \cdot 10^{-4}$	$9,47 \cdot 10^{-7}$	100	—190

Aus den Ergebnissen, die in ihrer Vollständigkeit hier nicht gebracht werden können, seien die Tab. 47 und als Beispiele die Elastizitäts- und Streckgrenzen sämtlicher untersuchten Legierungen in Abb. 264 wiedergegeben. Die Abhängigkeit der mechanischen Eigenschaften ist für Duralumin in Abb. 265, für Lautal in Abb. 266 und für Silumin in Abb. 267 gezeigt. Die Verfasser haben auch Schlagzugversuche durchgeführt. Die Ergebnisse für Raumtemperatur sind gleichfalls in Tab. 47 mitgeteilt, da man Zahlen über Schlagzugversuche selten in der Literatur findet. Mit wenigen Ausnahmen liegen die dynamischen Festigkeiten um 10 bis 20% über den statischen. Für Duraluminium 681 B und 681 ZB, für Lautal und Silumin wurden die Schlagfestigkeitswerte auch für tiefe Temperaturen ermittelt. Abb. 268 und 269 zeigen sie. Zusammenfassend finden die

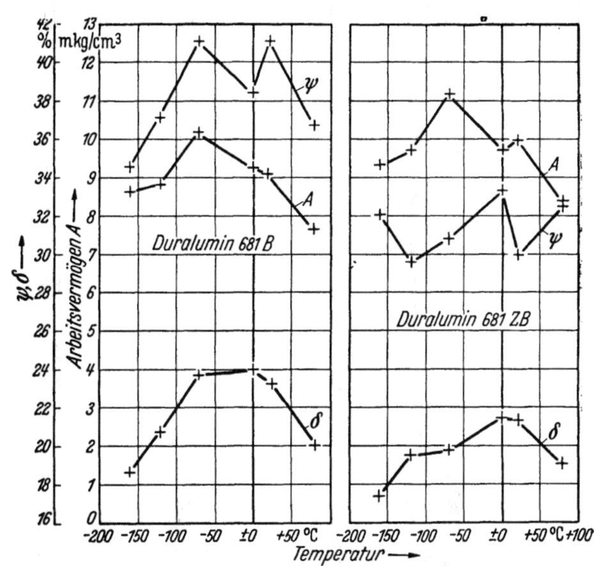

Abb. 268. Änderung des Arbeitsvermögens von Aluminiumlegierungen mit der Temperatur (nach BOLLENRATH und NEMES).

Verfasser, daß Elastizitätsmodul, Elastizitätsgrenze, Streckgrenze und Zugfestigkeit mit sinkender Temperatur zunehmen, wobei $\sigma_S : \sigma_B$ unverändert bleibt. Gewisse, für die Verwendung bei tiefen Temperaturen aber *nicht* ausschlaggebende Unregelmäßigkeiten beim Elastizitätsmodul, bei der Elastizitätsgrenze und Streckgrenze sind bei Legierungen mit freiem Siliziumgehalt vorhanden. Die Dehnung wird durch tiefe Temperaturen nicht wesentlich beeinflußt, dagegen nimmt die Einschnürung mit fallender Temperatur ab. Bei dynamischer Zugbeanspruchung werden die Festigkeitseigenschaften bei tiefen Temperaturen weniger beeinflußt als bei statischer.

Im Anschluß an seine früheren Untersuchungen an gezogenen Drähten[1] untersucht PESTER[2] wie das Kupfer und die Bronze auch das Aluminium mit Aldrey in Stabform.

Die Ergebnisse, die mit den bisherigen übereinstimmen, zeigt Abb. 267.

---

[1] Siehe S. 468, u. 493. — [2] Siehe Fußnote 3, S. 468.

Tabelle 47. *Festigkeitswerte einiger Aluminiumlegie-*

Legierung	Elastizitätsgrenze kg/mm²						Streckgrenze kg/mm²		
	$\sigma_{0,01}$			$\sigma_{0,03}$			$\sigma_{0,2}$		
	20°	−190°	Zunahme %	20°	−190°	Zunahme %	20°	−190°	Zunahme %
Duralumin 681 B . . .	20	31,2	56,0	23,6	35	48,3	27,6	40,6	47,0
Duralumin 681 ZB . .	34,5	45	30,4	39,2	50	27,6	45	56,5	22,2
VLW 14	19,5	22	12,8	20,8	23,8	14,4	23,7	27	13,9
VLW 23	28,5	40	40,5	33,2	44	32,5	38	54	42,1
VLW 32	8,42	5,2	−38,2	10,18	9,6	−5,7	12,38	14,45	16,7
VLW 44	18	21,5	19,4	19	23,8	25,3	22	28,2	28,2
VLW 53	36,2	46	27,0	39,8	50,7	27,4	44	60	36,2

Eine umfangreiche Untersuchung über Dauerbiegefestigkeit und Kerbschlag-biegefestigkeit legte Bungardt[1] vor. Angaben über die Ausgangsmaterialien enthält Tab. 48. Die Dauerbiegefestigkeit wurde auf den Schenckschen Maschinen

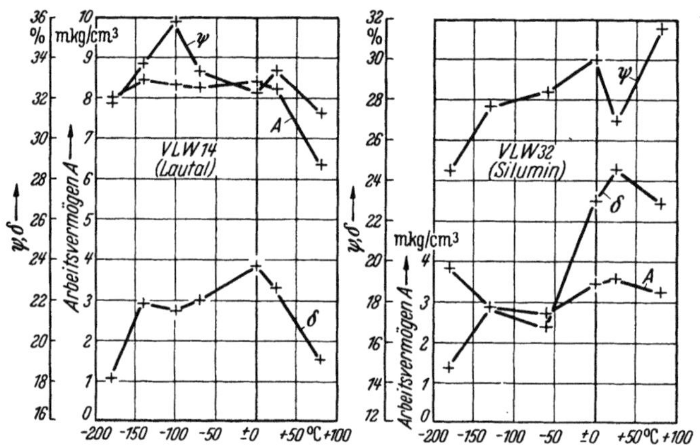

Abb. 269. Änderung des Arbeitsvermögens von Aluminiumlegierungen mit der Temperatur (nach Bollenrath und Nemes).

mit $20 \cdot 10^6$ Lastwechseln bestimmt, die Kerbschlagbiegefestigkeit auf einem 10 mkg-Pendelschlagwerk an DVM-Probe mit Spitzkerb. Es wurde das Mittel aus 8 bis 10 Einzelmessungen genommen. Abb. 270 und 271 zeigen die Ergebnisse. Die Legierungen 10 und 11 sind offenbar stärker kaltverformt als die anderen, woher die verhältnismäßig niedrige Kerbzähigkeit rührt. Sie sind deshalb nicht unmittelbar mit den anderen Legierungen in ihren Eigenschaften vergleichbar. Bungardt selbst vergleicht seine Resultate mit denen der Literatur. Johnson und Oberg[2] sowie Boone und Wishart[3] beobachteten bei 40°, bezogen auf $500 \cdot 10^6$ Lastwechsel, eine Erhöhung der Dauerbiegefestigkeit um 2,1 bzw. 2,8 kg/mm² gegenüber Raumtemperatur, während Schwinning[4] an Duralu-minium DM 31 (Typ AlCuMg) bei −40° C und nur 10^6 Lastwechseln keinen Temperatureinfluß, an Bondur (Typ AlCuMg) bei −40° C und $5 \cdot 10^5$ Last-wechseln eine Abnahme der Dauerbiegefestigkeit um 2,7 bzw. 2,2 kg/mm² fest-stellte. Die Zunahme der Dauerbiegefestigkeit wird bei AlMg-Legierungen mit

[1] Bungardt, K.: Z. Metallkde. Bd. 30 (1938) S. 235/237.
[2] Johnson, J. B., u. T. Oberg: Metals & Alloys Bd. 4 (1933) S. 25.
[3] Boone, W. D., u. H. B. Wishart: Proc. Amer. Soc. Test. Mater. Bd. 35 II (1935) S. 147. — [4] Siehe Fußnote 3, S. 455.

rungen bei Raumtemperatur und tiefer Temperatur.

Spez. Arbeitsvermögen* A in mkg/cm³			Bruchdehnung* δ in %			Querschnittsverminderung* ψ in %		
stat.	dyn.	$\dfrac{\text{dyn.}}{\text{stat.}}$	stat.	dyn.	$\dfrac{\text{dyn.}}{\text{stat.}}$	stat.	dyn.	$\dfrac{\text{dyn.}}{\text{stat.}}$
7,85	9,17	1,17	20,3	22,5	1,10	37,68	40,80	1,08
7,46	9,51	1,28	17,8	21,4	1,20	31,40	30,18	0,96
7,35	8,543	1,16	22,2	22,7	1,02	27,82	33.4	1,20
—	—	—	—	—	—	—	—	—
2,38	3,618	1,52	19,2	24,6	1,28	29,38	27,02	0,92
—	—	—	—	—	—	—	—	—
—	—	—	—	—	—	—	—	—

* bei 20° C

steigendem Magnesiumgehalt kleiner. Von allen, auch anderen Legierungen
hat die Al-Mg-Legierung mit geringstem Magnesiumzusatz die stärkste Erhöhung
der Dauerbiegefestigkeit mit sinkender Temperatur (vgl. Abb. 270, Legierung 3

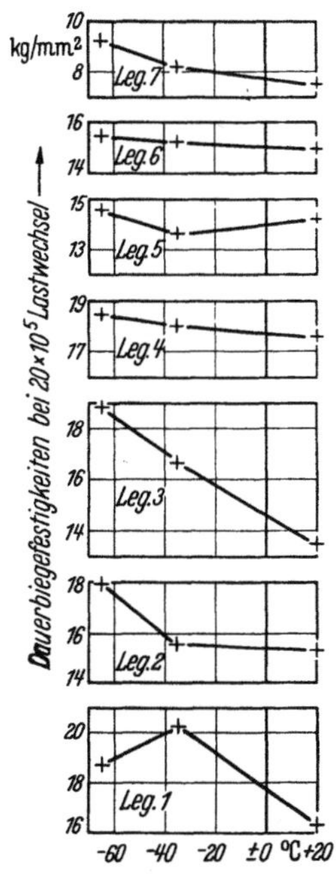

Abb. 270. Dauerbiegefestigkeiten einiger Aluminiumlegierungen in Abhängigkeit von der Temperatur (nach K. Bungardt).

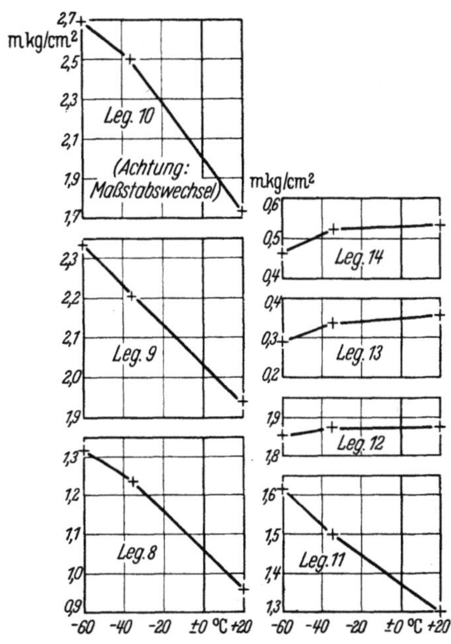

Abb. 271. Kerbschlagzähigkeiten von Aluminiumlegierungen in der Kälte (nach K. Bungardt).

gegenüber 4 und 5). An der Kerbzähigkeit zeigt sich das auch (vgl. Abb. 271,
Legierung 10 gegenüber 11 und 12). Dieser Befund scheint durch die Untersuchungen von Schwinning und Fischer[1], von Güldner[2] und Matthaes[3]
bestätigt zu werden.

Wellinger und Hofmann[4] untersuchten Aluminium mit 0,11% Si, gewalzt
(halbweich), in Rundstangen von 20 mm Durchmesser, AlMg 3 mit 0,37% Mn

---

[1] Siehe Fußnote 2, S. 491. — [2] Siehe Fußnote 1, S. 492. — [3] Matthaes, K.: Z.
Metallkde. Bd. 24 (1932) S. 176.
[4] Wellinger, K., u. A. Hofmann: Z. Metallkde. Bd. 39 (1948) S. 233/239.

Tabelle 48. *Statische Festigkeitseigenschaften einiger Aluminiumlegierungen.*

Legierung	Zusammensetzung								Statische Festigkeitseigenschaften				
	Cu %	Mg %	Mn %	Fe %	Si %	Ti %	Zn %	Al %	Lage der Probe zur Verformungsrichtung	$\sigma_{0,2}$ kg/mm²	σ_B kg/mm²	δ_{10} %	
1. AlCu Mg	4,39	1,08	1,16	0,46	0,63	0,01	—	Rest	parallel	35,5	47,9	17,0	Preß-stangen 15 mm Ø
2. AlCu Mg	3,75	0,91	0,84	0,47	0,42	0,01	—	Rest	parallel	34,6	45,8	18,6	
3. AlMg	0,03	4,68	0,26	0,35	0,15	0,007	—	Rest	parallel	10,2	25,8	23,7	
4. AlMg	—	6,57	0,18	0,70	0,11	0,007	—	Rest	parallel	26,2	36,5	13,4	
5. AlMg	0,04	8,93	0,28	0,44	0,12	0,01	—	Rest	parallel	16,6	35,4	15,1	
8. AlCuMg	4,27	1,22	1,21	0,37	0,42	—	—	Rest	⊥	31,2	47,4	12,6	Bleche von 11 mm Dicke
AlCuMg									∥	30,7	44,8	14,0	
9. AlCuMg	4,12	0,66	0,57	0,36	0,32	—	—	Rest	⊥	27,2	44,5	19,6	
AlCuMg									∥	26,6	44,0	20,3	
10. AlMg	—	4,97	0,25	0,20	0,14	0,003	—	Rest	⊥	26,7	33,2	9,6	
AlMg									∥	26,0	33,5	9,3	
11. AlMg	0,1	7,14	0,22	0,32	0,15	0,003	—	Rest	⊥	32,6	41,9	10,8	
AlMg									∥	29,9	40,1	11,6	
12. AlMg	0,4	7,73	0,18	0,40	0,16	0,003	0,98	Rest	⊥	16,5	37,4	26,6	
AlMg									∥	16,0	36,0	25,3	

und 2,8% Mg, gewalzt (hart) als 20mm dickes Blech (Probestäbe in Walzrichtung) und AlMgMn mit 2,04% Mn und 2,29% Mg, gewalzt (hart) als Flachstab von 50 · 15 mm² Querschnitt. Außer den üblichen Größen, wie Dehngrenze $\sigma_{0,2}$, Bruchdehnung δ_5, Brucheinschnürung ψ, Wechselfestigkeit σ_W bestimmten sie noch die auf den tatsächlichen Querschnitt bei beginnender Einschnürung bezogene Festigkeit σ_{Beff}, die Gleichmaßdehnung δ_g, die Gleichmaßquerschnittsverminderung ψ_g, und den Trennwiderstand σ_{Tr}. Die Schwingungsversuche wurden auf einem Zug-Druck-Pulsator von Schenck mit ± 1 t und einer Frequenz von 2500 Wechseln/min durchgeführt. Die Ergebnisse sind in den Abb. 272 und 273 enthalten, die wiederum die bisherigen Resultate bestätigen. Immerhin ist der Abfall von ψ bei tiefen Temperaturen bei den Aluminiumlegierungen im Gegensatz zu reinem Aluminium interessant. Endlich untersuchte Vosskühler[1] noch AlMg 3,5 und 7 (siehe S. 487) bei tiefen Temperaturen. Die Ergebnisse enthält Abb. 274, die die bisherigen Befunde bestätigt.

Auch für das Problem der geschweißten Werkstoffe liegen Angaben vor. So untersuchten Holler und Schnedler[2] die Eigenschaften autogengeschweißten, halbharten Aluminiumbleches mit 99,46% Al, 0,33% Fe und 0,21% Si, halbharten Hydronaliums (Typ AlMg) mit 2% Mg, KS-Seewassers (Typ AlMgMn)

[1] Vosskühler, H.: Z. Metallkde. Bd. 41 (1950) S. 144/150.
[2] Siehe Fußnote 1, S. 465.

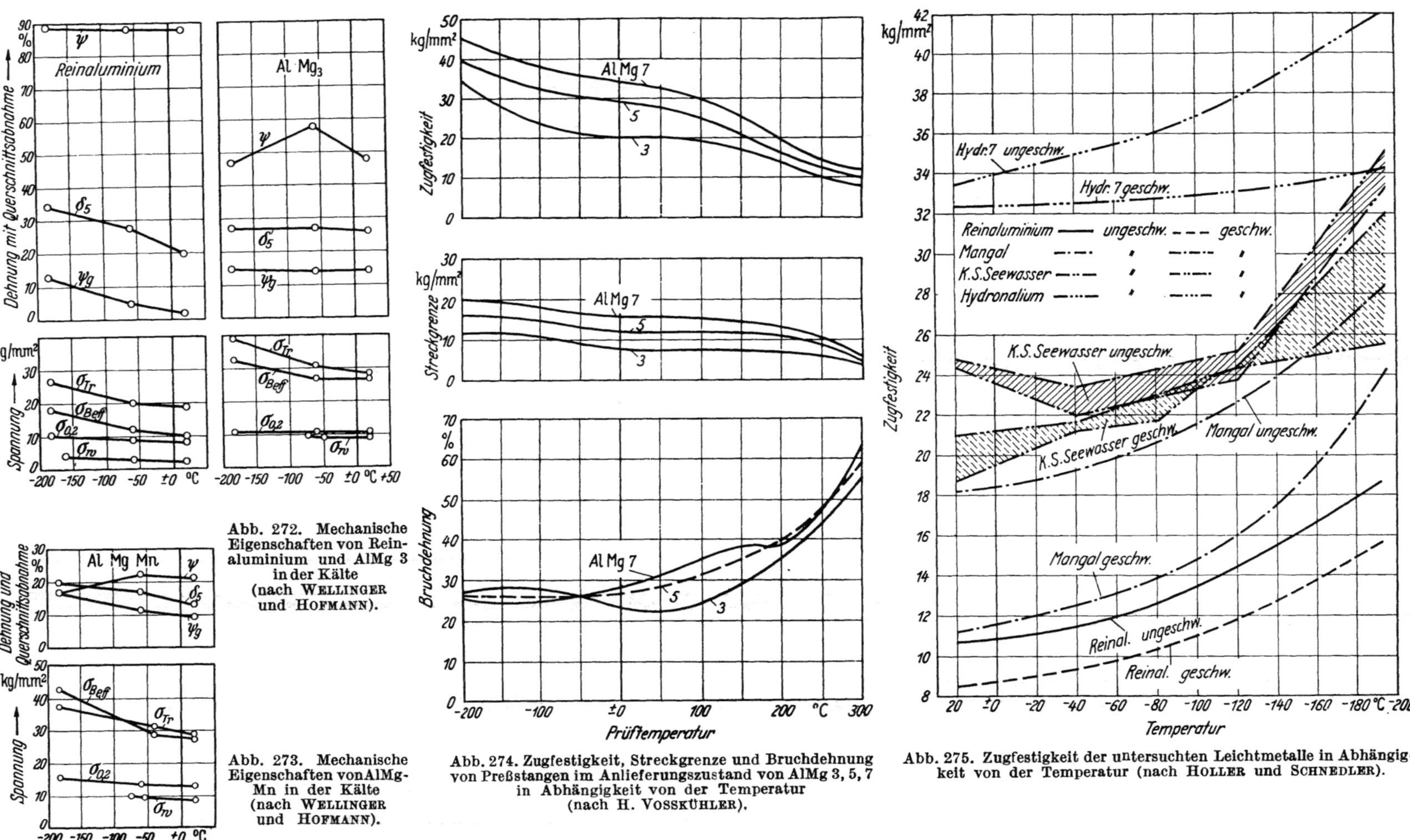

Abb. 272. Mechanische Eigenschaften von Reinaluminium und AlMg 3 in der Kälte (nach WELLINGER und HOFMANN).

Abb. 273. Mechanische Eigenschaften vonAlMg-Mn in der Kälte (nach WELLINGER und HOFMANN).

Abb. 274. Zugfestigkeit, Streckgrenze und Bruchdehnung von Preßstangen im Anlieferungszustand von AlMg 3, 5, 7 in Abhängigkeit von der Temperatur (nach H. VOSSKÜHLER).

Abb. 275. Zugfestigkeit der untersuchten Leichtmetalle in Abhängigkeit von der Temperatur (nach HOLLER und SCHNEDLER).

32*

Tabelle 49. *Spezifische Wärmen einiger Aluminiumlegierungen (Messing als Vergleich).*

Legierung	Spez. Wärme in kcal/kg °C zwischen	
	+20 und +100° C	+20 und −183° C
Al 99,5	0,224	0,179
AlMg 3	0,224	0,179
AlMg 5	0,225	0,180
AlMg 7	0,225	0,181
AlMg 9	0,226	0,183
Ms 63	0,095	0,083

und Mangals (Typ AlMn). In Abb. 275 ist die Zugfestigkeit graphisch aufgetragen.

MÄDER[1] untersuchte Bleche aus Rein-Al F 7, AlMg 3 F 18 (weich), AlMg 5 F 22 (weich), AlMg 7 F 30 (weich) und AlMgMn F 18 (weich). Die spezifische Wärme der untersuchten Legierungen zwischen 20 und 100° C bzw. zwischen 20 und −183° C im Vergleich zu Messing 63 enthält Tab. 49. Weitere Ergebnisse seiner Untersuchung über den Wärmeausdehnungskoeffizienten, die Streckgrenze, Zugfestigkeit, Dehnung, Kontraktion, Kerbschlagbiege- und Schlagzerreißfestigkeit bei Temperaturen zwischen 20° C und −183° C für geschweißte und ungeschweißte Werkstoffe sind in den Abb. 276 bis 280 enthalten. Alle Materialien bleiben unter den gewählten Verhältnissen zäh. Übrigens findet MÄDER bei seinen Legierungen AlMg 5, AlMg 3 und AlMgMn ein besseres Verhältnis der Festigkeit zwischen geschweißten und ungeschweißten Proben als HOLLER und SCHNEDLER.

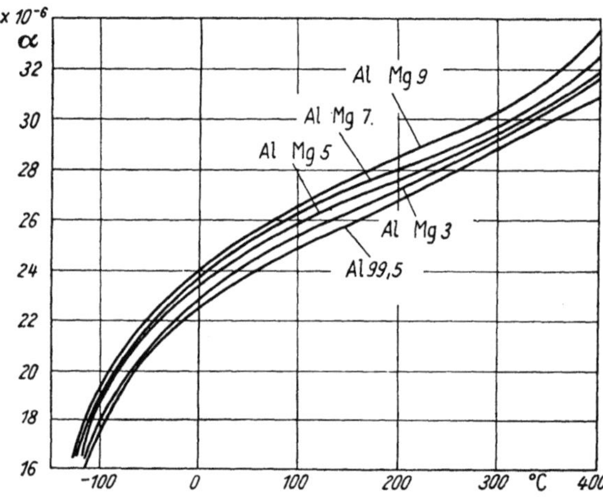

Abb. 276. Wärmeausdehnungskoeffizienten von Aluminium und AlMg-Legierungen (nach H. MÄDER).

Tabelle 50.
Festigkeitswerte einiger Schweißverbindungen von Aluminiumlegierungen bei Raumtemperatur.

Legierung	Art	Zusammensetzung				Brinellhärte HB 2,5/ 15,6/30 kg/mm²	$\sigma_{0,2}$ kg/mm²		σ_B kg/mm²		δ_{10} %	
		Mn %	Mg %	Si %	Fe %		längs	quer	längs	quer	längs	quer
Al 99,5	B	—	—	0,10	0,11	26	8,6	9,5	9,6	10,3	11,9	8,3
	Z	—	—	0,13	0,27	—						
AlMg 5	B	0,50	4,35	0,25	0,30	76	27,0	25,3	31,2	31,4	8,4	8,0
	Z	0,35	5,15	0,20	0,30	—						
AlMgMn	B	0,91	2,03	0,25	0,41	60	22,8	22,9	25,0	25,5	7,4	5,6
	Z	1,25	1,85	0,20	0,40	—						

B = Baustoff, *Z* = Zusatzwerkstoff

[1] MÄDER, H.: Metall Bd. 5 (1951) S. 1/5.

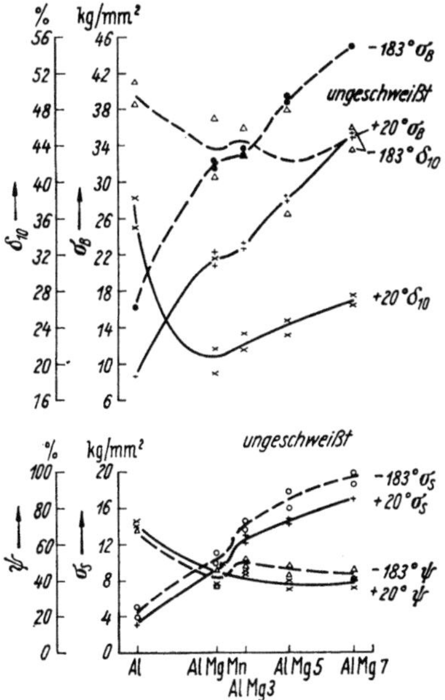

Abb. 277. Mechanische Eigenschaften einiger geschweißter Aluminiumlegierungen bei verschiedenen Temperaturen (nach H. MÄDER).

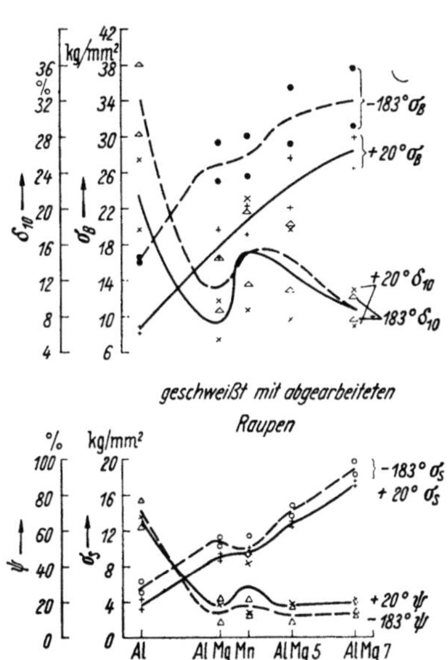

Abb. 278. Mechanische Eigenschaften einiger ungeschweißter Aluminiumlegierungen bei verschiedenen Temperaturen (nach H. MÄDER).

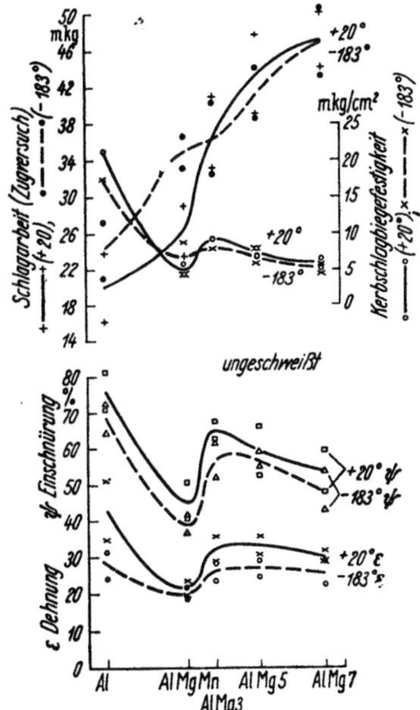

Abb. 279. Schlagzug- und Kerbschlagbiegefestigkeit einiger ungeschweißter Aluminiumlegierungen ψ bei verschiedenen Temperaturen (nach H. MÄDER).

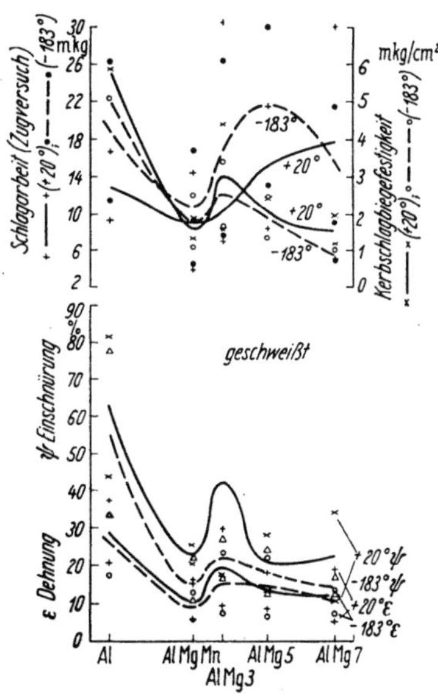

Abb. 280. Schlagzug- und Kerbschlagbiegefestigkeit einiger geschweißter Aluminiumlegierungen bei verschiedenen Temperaturen (nach H. MÄDER).

Matting und Müller-Busse[1] untersuchten die Kerbzähigkeit von Leichtmetallschweißverbindungen, und zwar von Al 99,5, AlMg 5 und AlMgMn. Tab. 50 gibt Zusammensetzung und mechanische Eigenschaften der 12 mm dicken halbharten Bleche und die Zusammensetzung des Zusatzwerkstoffes an. Der Zugversuch wurde mit einem Flachstab von 160 mm Meßlänge vorgenommen, geschweißt wurde mit Wasserstoff-Sauerstoff-Flamme längs der Walzrichtung der Bleche, der Schweißdraht hatte 8 mm Durchmesser. Die Bleche hatten V-Naht und einen Fugenwinkel von 60°; die Fuge wurde in einer Lage ausgeschweißt. Als Schlagprobe wurde die DVM-Probe verwendet (10 · 10 · 55 mm, 40 mm Stützweite, Rundkerb 3 mm tief, Radius 1 mm).

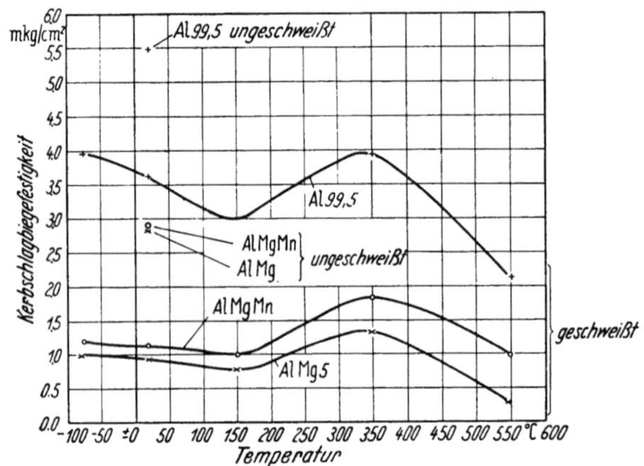

Abb. 281. Kerbschlagzähigkeiten von Leichtmetall-Schweißverbindungen (nach Matting und Müller-Busse).

Abb. 281 zeigt die Ergebnisse. Nur Reinaluminium hatte, allerdings schon bei Raumtemperatur, Verformungsbruch, die Legierungen nur Trennungsbrüche.

Zusammenfassend kann man sagen, daß auch die Aluminiumlegierungen im allgemeinen durch Kälte nicht stärker verspröden.

IV. Zink und seine Legierungen.

1. Zink.

Zink[2] wird ganz überwiegend aus seiner Schwefelverbindung, der Blende (ZnS), gewonnen. Galmei ($ZnCO_3$), das Zinkerz des Altertums und Mittelalters, das aber auch noch in der Neuzeit verhüttet wurde, spielt heute keine Rolle mehr, da es praktisch völlig abgebaut ist. Die Verhüttung geht nun prinzipiell so vor sich, daß zunächst das Sulfid oxydierend geröstet und in ein Oxyd übergeführt wird. Das Oxyd wird dann mit Kohlenstoff reduziert. Die Reduktionstemperatur liegt über dem Verdampfungspunkt, so daß das Zink als eines der wenigen Metalle in dampfförmigem Zustande anfällt. Durch Zinkelektrolyse gewinnt man ein besonders reines Erzeugnis (99,99% Zn).

In Deutschland unterscheidet man nach DIN 1706 vom Juli 1943 sechs verschiedene Feinzinkarten, drei Arten raffinierten Hüttenzinks, eine Sorte Rohzink und drei Arten Umschmelzzink (Tab. 51).

In den Vereinigten Staaten von Amerika unterscheidet die American Society for Testing Materials[3,4] die in Tabelle 51 gleichfalls angegebenen Grade.

Die Auswahl zur Verwendung ist eine ähnliche, wie sie in der deutschen Norm empfohlen wird.

---

[1] Matting, A., u. A. Müller-Busse: Metall Bd. 6 (1952) S. 586/589.

[2] Vgl. Zink-Taschenbuch, hrsg. von der Zinkberatungsstelle G. m. b. H. Berlin. Halle (Saale): Wilhelm Knapp 1942.

[3] ASTM Standard Specification for Slab-Zinc (Spelter) (B 6-46).

[4] Nach Metals Handbook, 1948 Edition, S. 1077.

Tabelle 51. *Zinksorten nach DIN 1706 und nach ASTM Standard Specification B 6—46.*

Benennung	Kurzzeichen	Verwendung
Feinzink[1] 99,995	Zn 99,995	Lösliche Anoden, Folien; Feinzinklegierungen mit überwiegendem Aluminiumgehalt, insbesondere magnesiumfreien Legierungen.
Feinzink 99,99	Zn 99,99	Lösliche Anoden, Feinzinkbleche, -bänder und -folien; Feinzinklegierungen mit überwiegendem Aluminiumgehalt.
Feinzink 99,975	Zn 99,975	Bleche, Bänder, Folien und Drähte aus Feinzink und Mischzink; Feinzinklegierungen mit überwiegendem Kupfergehalt, Tiefziehmessing, Neusilber.
Mischzink[2]	MZn	
Hüttenzink[3] 99,5	Zn 99,5	Mischzinkbleche und -bänder; Messing.
Hüttenzink 98,5	Zn 98,5 }	Handelszinkbleche, -bänder und -drähte, Verzinkung, Farben; Rotguß, Messing, Neusilber.
Hüttenzink 97,5	Zn 97,5 }	
Umschmelzzink[4] 96	UZn 96	Verzinkung, Farben.

$$\begin{array}{llll}
1\,a & \text{Special High Grade} & \text{mit Pb} + \text{Fe} + \text{Cd} \leq 0{,}010\%, & \text{Al} = 0\% \\
1 & \text{High Grade} & \text{mit Pb} + \text{Fe} + \text{Cd} \leq 0{,}10\%, & \text{Al} = 0\% \\
2 & \text{Intermediate Grade} & \text{mit Pb} + \text{Fe} + \text{Cd} \leq 0{,}50\%, & \text{Al} = 0\% \\
3 & \text{Brass Special} & \text{mit Pb} + \text{Fe} + \text{Cd} \leq 1{,}0\%, & \text{Al} = 0\% \\
4 & \text{Selected} & \text{mit Pb} + \text{Fe} + \text{Cd} \leq 1{,}25\%, & \text{Al} = 0\% \\
5 & \text{Prince Western} & &
\end{array}$$

Tabelle 52. *Physikalische Eigenschaften von Zink.*

Spez. Gewicht bei 25° C	$7{,}13\ \mathrm{g/cm^3}$
Erstarrungsschwindung (479° C bis Raumtemperatur)	7,28 Vol.-%
Schmelzpunkt	419,46° C
Verdampfungspunkt	906° C
Linearer Wärmeausdehnungskoeffizient bei 0° C	$29{,}5 \cdot 10^{-6} \cdot {}^\circ\mathrm{C}^{-1}$
Linearer Wärmeausdehnungskoeffizient bei −100° C	$26{,}0 \cdot 10^{-6} \cdot {}^\circ\mathrm{C}^{-1}$
Linearer Wärmeausdehnungskoeffizient (polykristallin) 20 bis 250° C	$39{,}7 \cdot 10^{-6} \cdot {}^\circ\mathrm{C}^{-1}$
Linearer Wärmeausdehnungskoeffizient längs a-Achse 0 bis 100° C	$15{,}0 \cdot 10^{-6} \cdot {}^\circ\mathrm{C}^{-1}$
Linearer Wärmeausdehnungskoeffizient längs c-Achse 0 bis 100° C	$61{,}5 \cdot 10^{-6} \cdot {}^\circ\mathrm{C}^{-1}$
Linearer Wärmeausdehnungskoeffizient flüssig 500 bis 600° C	$60{,}0 \cdot 10^{-6} \cdot {}^\circ\mathrm{C}^{-1}$
Spezifische Wärme bei 20° C	$0{,}0913\ \mathrm{kcal/kg\ }{}^\circ\mathrm{C}$
Latente Schmelzwärme	$24{,}09\ \mathrm{kcal/kg}$ [5]
Latente Verdampfungswärme	$426{,}6\ \mathrm{kcal/kg}$
Wärmeleitzahl bei 25° C (polykristallin)	$97\ \mathrm{kcal/m\ h\ }{}^\circ\mathrm{C}$
Elektrische Leitfähigkeit im Vergleich zum Kupfer	28,27%
Elektrischer Widerstand (polykristallin) bei 20° C	$5{,}92 \cdot \Omega \cdot \mathrm{cm}$
Elektrischer Widerstand längs a-Achse bei 20° C	$5{,}88 \cdot \Omega \cdot \mathrm{cm}$
Elektrischer Widerstand längs c-Achse	$6{,}16 \cdot \Omega \cdot \mathrm{cm}$
Elektrischer Widerstand (flüssig) bei 419,46° C	$35{,}3 \cdot \Omega \cdot \mathrm{cm}$
Supraleitfähigkeit bei	$0{,}84 \pm 0{,}05°\ \mathrm{K}$
Spez. magnetische Suszeptibilität	$-0{,}15 \cdot 10^{-6}\ \mathrm{cm^3} \cdot \mathrm{g^{-1}}$

[1] Feinzink wird durch Elektrolyse oder durch Raffination im Destillationsverfahren gewonnen.

[2] Mischzink wird aus Hüttenzink und Feinzink hergestellt.

[3] Hüttenzink wird durch Destillation, gegebenenfalls unter Anschluß einer Raffination durch Umschmelzen hergestellt.

[4] Umschmelzzink wird durch Umschmelzen aus Altzink und aus Zinkabfallmaterial hergestellt.

[5] Bei D'Ans u. Lax. S. 340 (s. Fußnote 4, S. 411) werden 1,8 kcal. $\cdot$ mol^{-1} angegeben, was 27,5 kcal/kg entspricht.

Tab. 52[1] enthält eine Reihe wichtiger physikalischer Daten über Zink, Tab. 15[2] enthielt bereits die Angaben über die Kristallstruktur. Eine auch nur flüchtige Durchsicht der Werte zeigt, wie stark beim Zink die Kristallstruktur durchschlägt. Es handelt sich bei diesem Metall um das hexagonale System, wobei der Einfluß der Basisfläche deshalb auch noch besonders groß wird, weil das Achsenverhältnis c/a nicht den theoretischen Wert von 1,634 der dichtesten Kugelpackung hat, sondern den größeren von 1,864. Die c-Achse ist um mehr als 14% länger, als sie theoretisch sein sollte. Daher haben die Eckatome der Elementarzelle zwar jeweils unter sich den Abstand von 2,6648 Å, der kürzeste Abstand eines Mittelatoms von den ihm am nächsten benachbarten Eckatomen beträgt aber 2,9129 Å. Es liegt also nicht ganz dichteste Kugelpackung vor. So ist denn die Basis (das Pinakoid) Gleitfläche und Spaltfläche, während die hexagonale Pyramidenfläche Zwillingsfläche ist. Am deutlichsten merkt man die Eigenart des hexagonalen Einkristalls von Zink an der Wärmeausdehnung, die in Richtung der c-Achse mehr als viermal so groß ist wie in Richtung einer a-Achse. Aber auch der elektrische Widerstand ist längs der c-Achse fast 5% größer als längs der a-Achse. Das polykristalline Material verhält sich natürlich quasiisotrop und stellt sich in Wärmeausdehnung und elektrischem Widerstand etwa auf einen Mittelwert zwischen a- und c-Achse ein. Elektrischer Widerstand und Wärmeausdehnung sind beträchtlich größer als bei Kupfer und Aluminium, die Leitfähigkeit für Wärme und Elektrizität bedeutend kleiner. Die Schmelzwärme ist sehr viel kleiner als bei Kupfer und Aluminium, der Schmelzpunkt liegt bedeutend tiefer.

Auch bei den mechanischen Eigenschaften ist der Einfluß des hexagonalen Gitters und vor allem der überragende Einfluß der Basisfläche als Gleitebene mit den drei in ihr liegenden Achsen [2110], [1210] und [1120] als Gleitrichtungen zu beobachten, besonders bei Einkristallen. In diesem Falle verhält sich bei einer Zugbeanspruchung genau senkrecht zur Basisfläche das Material durchaus spröde, da ein Abgleiten wegen einer fehlenden Schubkraftkomponente in der Gleitebene nicht eintreten kann, und unter bereits geringer Last tritt Bruch durch Spaltung nach der Basisfläche ein. Die Zugkraft muß mit der Basisfläche einen Winkel bilden, wenn Gleitung eintreten soll. Dieser Winkel ist von der Temperatur abhängig und beträgt nach Mark, Polany und Schmid[3] bei 20° C etwa 10 bis 20°, bei 120 bis 180° C etwa 8 bis 10° und bei 200° C etwa 2 bis 4°. Überschreitet der Winkel die angegebene Größe, dann setzt Gleiten ein, und zwar in derjenigen Achsenrichtung, die die größte resultierende Schubspannung erhält. Träte unter der Zugbeanspruchung nur ein Gleiten ein, so würde der als Zylinder gedachte Kristall (Abb. 282[4]) von der Ausgangsstellung X mit PP als Kraftrichtung, AB, CD

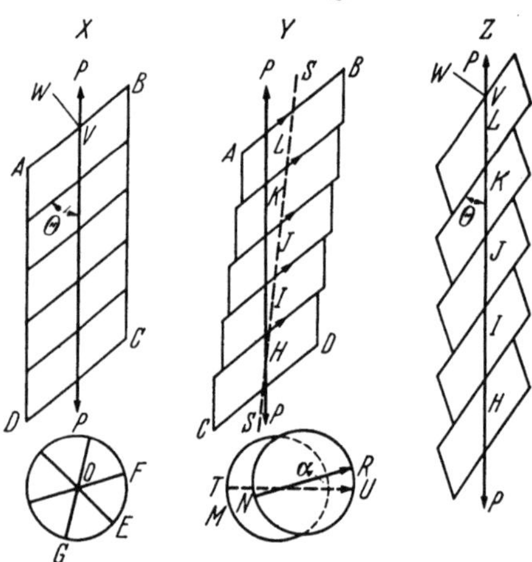

Abb. 282. Gleitvorgänge (nach Carpenter und Robertson).

---

[1] Nach Metals Handbook, 1948 Edition, S. 1086/1088, wo die näheren Quellennachweise zu finden sind, und nach Zink-Taschenbuch, S. 91, siehe Fußnote 2, S. 502.

[2] Siehe S. 448.

[3] Mark, H., M. Polany u. E. Schmid: Z. Physik Bd. 12 (1927) S. 58.

[4] Nach Carpenter u. Robertson, S. 98, siehe Fußnote 5, S. 449.

usw. als basale Gleitebenen und OF als Gleitrichtung in die Stellung Y übergehen. Der Winkel zwischen PP und SS einerseits und NR und TU andererseits muß aber durch die Einspannbedingungen des Kristalls in der Zerreißvorrichtung

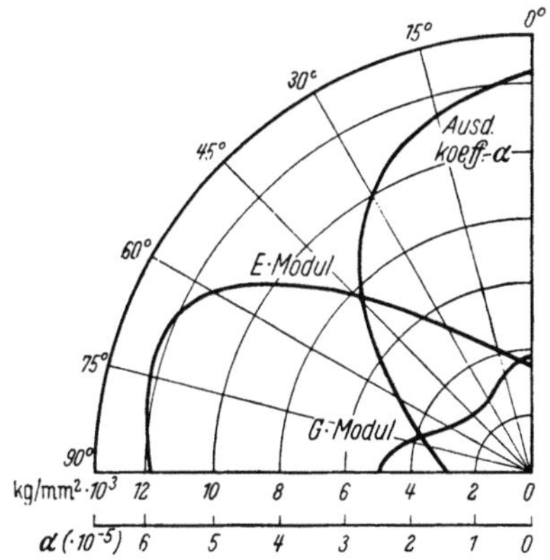

Abb. 283. Anisotropie physikalischer Eigenschaften des Zinkkristalls (nach E. GRÜNEISEN und E. GOENS).

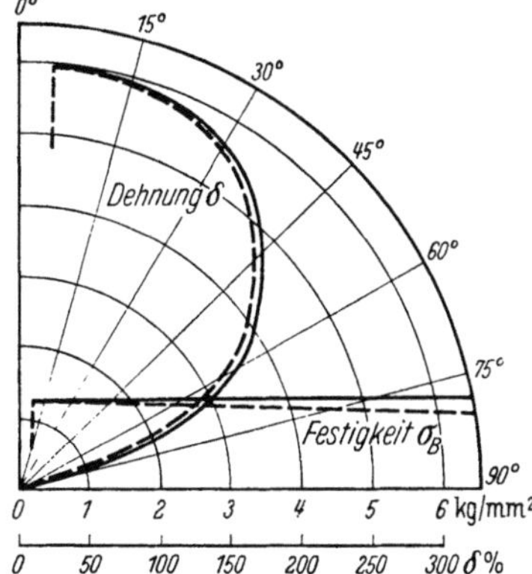

Abb. 234. Anisotropie der Festigkeitseigenschaften des Zinkkristalls (nach E. GRÜNEISEN und E. GOENS).

verschwinden (Stellung Z): der deformierte Teil des Kristalls wird bandförmig, und Längungen um das Vier- bis Fünffache werden beobachtet. Die Festigkeitseigenschaften müssen also in hohem Maße von der Richtung abhängen, in der der Einkristall beansprucht ist. Die Abb. 283 zeigt nach GRÜNEISEN und GOENS[1] die Anisotropie für Elastizitäts- und Gleitmodul, Abb. 284[2] die Dehnung und Zugfestigkeit (0° ist c-Achse, 90° eine der drei a-Achsen). Die hohe Verformungsfähigkeit des Zinks wird noch dadurch vergrößert, daß neben der Basisfläche als Gleitfläche eine Pyramidenfläche als Zwillingsfläche in Aktion treten kann (Abb. 285)[3]. Die dadurch geschaffenen plastischen Deformationen sind zwar nur klein, aber die Zwillingslamelle kann die Möglichkeit zu neuen Translationen bieten, nachdem durch Drehung der Kristallpakete (Abb. 282, Stellung Z) die alten erschöpft sind. Abb. 283 zeigt übrigens auch noch den Gang des thermischen linearen Ausdehnungskoeffizienten in Abhängigkeit von der Kristallrichtung und ergänzt damit Tab. 48.

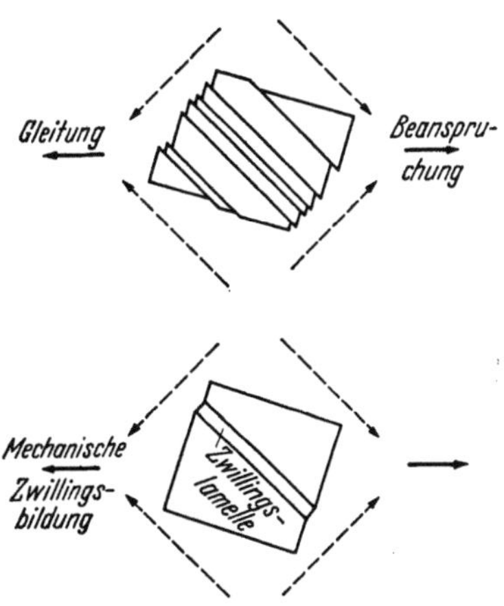

Abb. 285. Verformung eines Einkristalls durch Gleitung und durch Zwillingsbildung (nach ROBERT H. MEYER).

Wenn auch der polykristalline Körper mit regellos verteilten Kristallachsen nicht diese so starke Anisotropie in den Eigenschaften zeigt wie der Einkristall, so kann sie unter bestimmten Umständen dennoch in hohem Grade vorhanden sein. Schon beim Erstarren zeigt Zink die Neigung, Säulenkristalle auszubilden, d. h. eine „Textur" anzunehmen, die Kristalle bevorzugt nach einer Richtung wachsen zu lassen. NORTHCOTT[4] fand bei Untersuchungen

---

[1] Nach Zink-Taschenbuch, S. 47, siehe Fußnote 2, S. 502.

[2] Nach Zink-Taschenbuch, S. 49.

[3] Nach ROBERT H. HEYER, Engineering Physieve Metallurgy, S. 3. New York: D. van Nostrand Company 1944.

[4] NORTHCOTT, L.: J. Inst. Met. Bd. 60 (1937) S. 229, nach CARPENTER u. ROBERTSON, S. 1427, siehe Fußnote 5, S. 449.

von gegossenem Zink Festigkeiten von 4,5 bis 6,04 kg/mm² in Längsrichtung der Kristalle und 0,78 bis 2,58 kg/mm² quer dazu. Die Izodprobe ergab quer zur Wachstumsrichtung 0,802 bis 0,871 mkg, in Wachstumsrichtung 0,691 bis 0,802 mkg.

Warmgewalztes Handelszink[1], das durch den Walzprozeß eine Kristallorientierung erhielt, zeigte in Walzrichtung eine Zugfestigkeit von 12,6 bis 16,5 kg/mm² und Dehnungen von 35 bis 66% auf den zwei Zoll langen Stab bezogen; rechtwinklig dazu ist die Festigkeit 15,75 bis 22,0 kg/mm² und die Dehnung 14 bis 26%. Auch kaltgewalztes Zink zeigt nicht etwa, wie die meisten anderen Metalle, ein stetes Ansteigen von Streckgrenze, Zugfestigkeit und Härte mit zunehmendem Deformationsgrad. Vielmehr werden bei bestimmten Deformationsgraden Maxima erreicht, die damit zusammenhängen, daß dann die Ausrichtung der Kristalle durch die Deformation in einer Weise erfolgt ist, die ein weiteres Abgleiten der Kristallpakete erschwert. Bei fortgesetzter Kaltdeformation stellt sich, z. B. unterstützt durch Zwillingsbildung nach einer Pyramidenfläche, eine Walztextur ein, die ein erneutes Gleiten der Kristallteile wieder gestattet und damit zu niedrigeren Festigkeiten

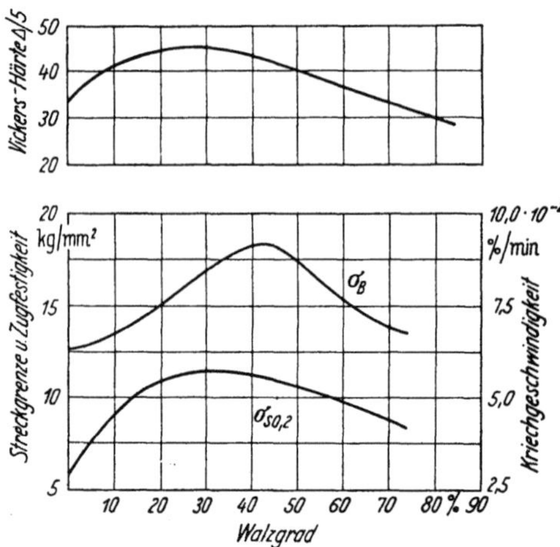

Abb. 286. Einfluß von Walzgrad auf die Festigkeitseigenschaften von Feinzink (nach R. Chadwick).

führt. Abb. 286 zeigt nach Chadwick[2] dieses Phänomen: bei 20 bis 40% Dickenabnahme hat dieses Feinzink ein Maximum in Streckgrenze, Zugfestigkeit und Vickershärte[3].

Endlich spielt auch die Belastungsgeschwindigkeit bei Zink eine ganz entscheidende Rolle. Abb. 287 veranschaulicht diesen Effekt nach Arbeiten des U.S. Bureau of Standards[4], die sich auf Arbeiten von Sachs stützen. Über den Grad der Kaltbearbeitung und die Glühtemperatur fanden sich in der im Augenblick zur Verfügung stehenden Quelle[5] keine Angaben.

Bei einem solchen Ansprechen der Festigkeitseigenschaften auf die Belastungsgeschwindigkeit muß die Dauerstandfestigkeit bereits bei Raumtem-

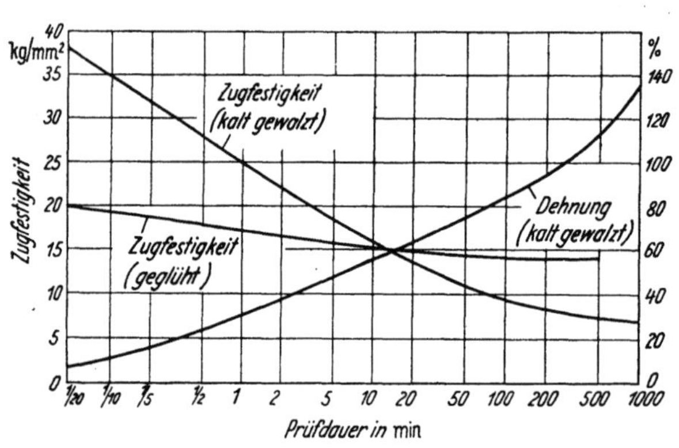

Abb. 287. Einfluß der Prüfdauer auf Festigkeit und Dehnung kaltgewalzten und geglühten Zinks (nach U. S. Bur. Stand.).

<hr>

[1] Nach Carpenter u. Robertson, S. 1428, siehe Fußnote 5, S. 449.

[2] Chadwick, R.: J. Inst. Met. Bd. 51 (1933) S. 307, nach Zink-Taschenbuch, S. 45, siehe Fußnote 2, S. 502.

[3] siehe Din 50133.

[4] U. S. Bur. Stand. Circ. Nr. 395 (1931), nach Carpenter u. Robertson, S. 1428, siehe Fußnote 5, S. 449.

[5] Carpenter u. Robertson, siehe Fußnote 5, S. 449.

peratur eine maßgebende Rolle spielen. LÖHBERG[1] widmet dieser Frage seine Aufmerksamkeit. Aus seiner Arbeit geht hervor, daß man mit der üblichen Definition der Dauerstandfestigkeit nach DVM (Dehnungsgeschwindigkeit in der 25. bis 35. Stunde $\leq 10 \cdot 10^{-4}\%/h$, dabei gesamte plastische Dehnung nach der 45. Stunde $< 0,2\%$) nicht durchkommt. Er extrapoliert zwar für ein 99,99%-Zink einen Wert von etwa 1,3 kg/mm², zieht ihn aber selbst in Zweifel. Abb. 288 zeigt Kriechfestigkeiten[2] („Dauerstandfestigkeit") bei Zugbeanspruchungen, die sich allerdings nicht auf reines Zink, sondern auf Kokillenguß-zinklegierungen beziehen. Zamak 3 enthält 3,5 bis 4,3% Al, höchstens 0,1% Cu und 0,038 bis 0,08% Mg, Zamak 5 hat 3,5 bis 4,3% Al, 0,75 bis 1,25% Cu und 0,03 bis 0,08 Mg; in beiden Legierungen beträgt Pb höchstens 0,007%, Cd und Sn höchstens je 0,005%, Fe höchstens 0,100%. Nur die Werte für 1 Tag, 100 Tage und 1 Jahr sind experimentell bestimmt, die für 5 und 10 Jahre extrapoliert.

In der Kurve „Anfangsdehnung" ist die Dehnung enthalten, die sich unmittelbar nach Aufbringen der Last einstellt. Sie ist vorwiegend elastisch und geht daher bei Entlastung zurück. In der Kurve für „1 Tag", „100 Tage", „1 Jahr" usw. sind diese Anfangsdehnungen mit enthalten; sie setzen sich also aus elastischen und plastischen Dehnungen zusammen. Die bei 4,64 kg/mm²

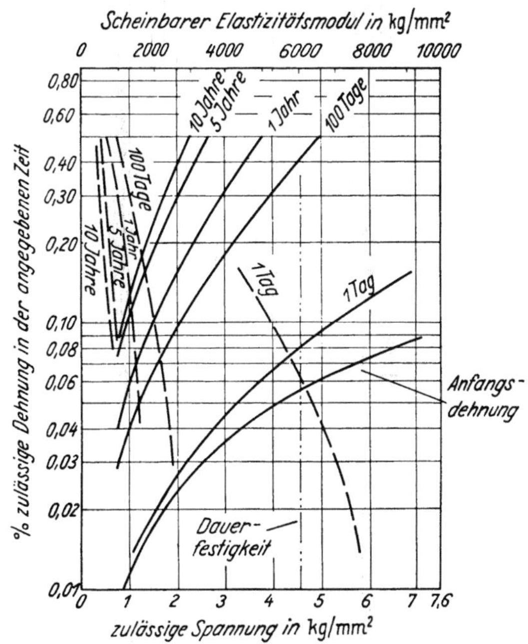

Abb. 288. Dauerstandfestigkeit von Zinklegierungen Zamak-3 (Sp G ZnAl 4) und Zamak-5 (Sp G ZnAl 4Cu 1) (nach Metals Handbook).

senkrecht gezogene Linie „Dauerfestigkeit" zeigt die Spannung an, die unter keinen Umständen überschritten werden darf, wenn Schwingungsbeanspruchung vorliegt. Man sieht, wie überaus klein die zulässigen Spannungen werden, wenn man die Kriechfestigkeit in Rechnung setzt.

Was nun die mechanischen Eigenschaften bei Temperaturen unter 0° C betrifft, so weiß man, daß ganz allgemein Werkstoffe mit hexagonalem Kristallgitter stark kälteempfindlich sind[3-6]. Angaben über die Festigkeitswerte von reinem Zink[7]

<hr>

[1] LÖHBERG, K.: Z. Metallkde. Bd. 31 (1939) S. 279/283, und Zink-Taschenbuch, S. 55, siehe Fußnote 2, S. 502.

[2] Nach Metals Handbook, 1948 Edition, S. 1081, Fig. 5.

[3] MUSATTI, J.: Metallurg. Ital. Bd. 22 (1930) S. 1052.

[4] ANDERSON, H. A.: Symp. Eff. Temp., S. 271/289.

[5] TEMPLIN, R. L., u. D. A. PAUL: Symp. Eff. Temp., S. 290/315.

[6] BUNGARDT, W.: Z. Metallkde. Bd. 30 (1938) S. 235/237.

[7] BAYER, K., u. A. BURKHARDT: Z. Metallkde. Bd. 31 (1939) S. 131.

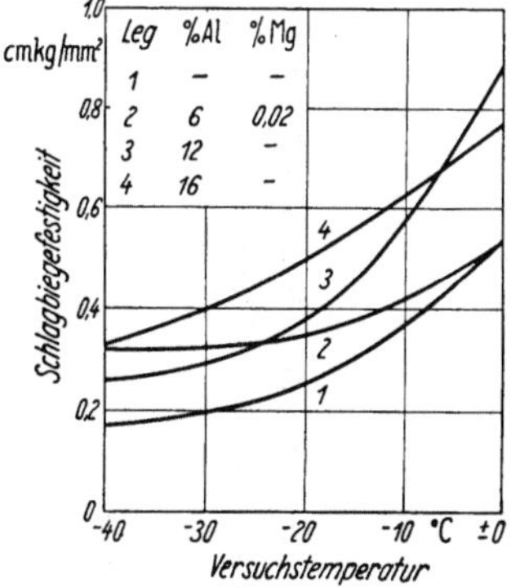

Abb. 289. Elektrolytzink mit Aluminiumzusätzen (Kokillenguß) (nach BAYER und BURKHARDT).

bei tiefen Temperaturen sind spärlich, mehr findet man über Zinklegierungen. Das mag daher kommen, daß reines Zink an Stellen, wo Kräfte zu übertragen sind, weniger häufig verwendet wird als seine Legierungen[1]. In einer Arbeit von Bayer und Burkhardt[2] findet man eine Kurve für die Schlagfestigkeit reinen Zinkes bis −40° C. Kurve 1 der Abb. 289 gibt diese Werte wieder, die zeigen, daß das hexagonale Zink kälteempfindlich ist[3].

2. Zinklegierungen.

Die Hauptlegierungselemente für Zink sind Aluminium und Kupfer; das Normblatt DIN 1724 vom Juli 1944 gibt die in Tab. 53 aufgeführten Legierungen an. Die Ziffern bei den Kurzzeichen bedeuten die ungefähren Gehalte in Prozent; chemische Symbole ohne Ziffern besagen, daß das Element in einer Menge unter 1% vorhanden ist. Die in Amerika gebräuchlichen Legierungen sind den deutschen ähnlich.

Tabelle 53. *Zinklegierungen nach DIN 1724*

Benennung	Kurzzeichen	Zusammensetzung %	Verwendung
a) Knetlegierung			
Feinzinkknetlegierung	ZnFe	Fe 0,1/0,2	Elektrische Leitungen.
Feinzinkknetlegierung	ZnAl 1 Fe	Cu 0,1/0,3; Mg 0,005/ 0,0155; Fe 0,3/1,6; Mn 0,15/0,35.	
Feinzinkknetlegierung	ZnAl 15	Mg 0,02/0,05	Autoschlauch- ventile.
Feinzinkknetlegierung	ZnAl 4 Cu 1	Mg 0,12/0,05	Auf Automaten bedingt ver- arbeitbar; Stanzzwecke.
Feinzinkknetlegierung	ZnCu 4 Pb 1	Al 0,05/0,2	Automatenteile.
Zinkknetlegierung	ZnMn 1 Pb	Mn 0,4/0,7; Pb 0,5/1,5 Cd 0,05/0,15; Al 0,1/0,4	
b) Gußlegierungen.			
α) Sand- und Kokilenguß			
Feinzinkgußlegierung . . .	GZnAl 1		
Feinzinkgußlegierung . . .	GZnAl 4		
Feinzinkgußlegierung . . .	GZnAl 4 Cu 1		
Feinzinkgußlegierung . . .	GZn Al6 Cu 1		
Zinkgußlegierung	GZnCu 5 Pb 2		
β) Druckgußlegierung.			
Feinzinkdruckgußlegierung	DZnAl 4		
Feinzinkdruckgußlegierung	DZnAl 2 Cu 1		
Feinzinkdruckgußlegierung	DZnAl 4 Cu 1		
Feinzinkdruckgußlegierung	DZnAl 4 Cu 3		

Das Zweistoffsystem Zink-Aluminium (Abb. 290) ist verhältnismäßig ein-fach. Zink bildet mit Aluminium η- und β-Mischkristalle, die bei 380° C einen Aluminiumgehalt von etwa 1% bzw. 17% haben; der η-Mischkristall hat ein

---

[1] Nach Metals Handbook, 1948 Edition, S. 1078, verteilt sich das Zink im Jahre 1946 in den USA wie folgt: Galvanisieren 40,4%, Messing 18,6%, gewalztes Zink 11,7%, Ko-killenguß 25,9%, andere 3,2%.

[2] Siehe Fußnote 7, S. 507.

[3] Siehe weitere Quellenangaben bei Bayer u. Burkhardt, S. 131, siehe Fußnote 7, S. 507.

hexagonales, der β-Mischkristall ein flächenzentriertes kubisches Gitter. Bei Raumtemperatur enthält der η-Mischkristall nur noch etwa 0,05% Al. Bei 380° bilden η- und β-Mischkristalle ein Eutektikum mit etwa 5% Al. Bei 272° wandelt sich der β-Mischkristall, der inzwischen seinen Aluminiumgehalt von 17% auf etwa 21% erhöht hat, in ein Gemisch von β'-Mischkristallen mit etwa 70% Al und η-Mischkristallen mit etwa 0,5% Al um. Der β'-Mischkristall hat übrigens wie der β-Mischkristall flächenzentriertes kubisches Gitter. Diese Umwandlung ist insofern wichtig[1,2], als mit ihr eine Volumenschrumpfung verbunden ist, die bei der eutektischen Legierung, also einer mit 21% Al, über 1 Volumen-

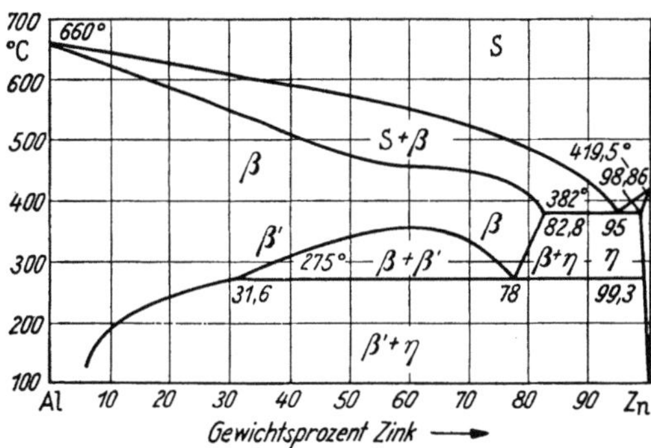

Abb. 290. Konstitutionsdiagramm Zink-Aluminium.

prozent, d. h. fast 0,4 Längenprozent betragen kann: sie läuft auch bei Raumtemperatur ab, ist meist nach 2 bis 3 Stunden annähernd beendet, erzeugt aber selbst nach Monaten und Jahren noch kleine Volumenschwankungen.

Das System Zink-Kupfer ist in Abb. 291 wiedergegeben. Es interessieren hier nur die ε- und η-Mischkristalle, die beide ein hexagonales Gitter dichtester Kugelpackung besitzen. Zink bildet mit Kupfer bei 424° C und einem Cu-Gehalt von 1,9% ein Peritektikum, wobei der korrespondierende η-Mischkristall 2,68% Cu enthält; bei Zimmertemperatur hat der η-Mischkristall etwa 0,3% Cu.

Das ternäre System Zink-Aluminium-Kup-

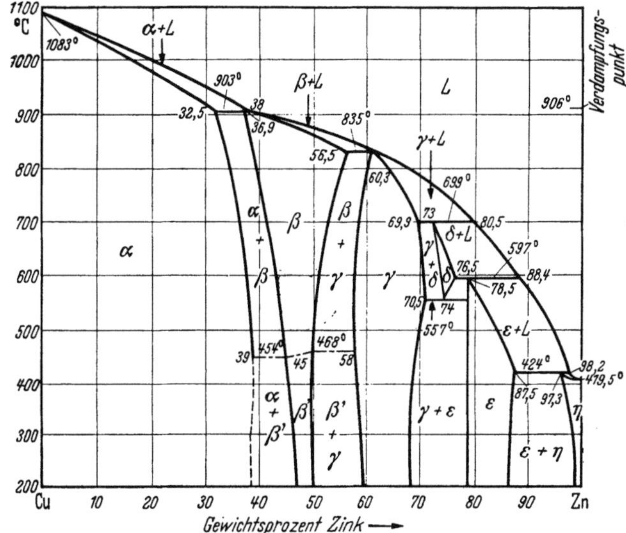

Abb. 291. Konstitutionsdiagramm Kupfer-Zink.

fer ist insofern etwas kompliziert, als in der Zinkecke das eutektische Zink-Aluminium-System, das sich zunächst nach tiefen Temperaturen hin entwickelt, mit dem peritektischen Zink-Kupfer-System, das sich schnell nach höheren Temperaturen hin ausdehnt, zusammenstößt. Der Raum der Dreistoff-η-Mischkristalle aus Zink, Aluminium und Kupfer wird nach oben hin durch eine verwundene Fläche abgeschlossen, die die schaubildliche Darstellung verwickelt macht. Außerdem stellt sich selbst nach längeren Glühungen nur träge ein Gleichgewicht ein. Es sei deshalb hier auf die Wiedergabe dieses Systems verzichtet.

[1] Vgl. Zink-Taschenbuch, S. 33/34, siehe Fußnote 2, S. 502.
[2] Vgl. ERICH GEBHARDT: Z. Metallkde. Bd. 33 (1941) S. 297/305, wo auch die Verhältnisse im ternären Zn-Al-Cu-System besprochen werden.

Interessierte Leser mögen die Spezialliteratur einsehen[1]. Wichtig ist nur, daß sich in der ternären Legierung der Zerfall des dann kupferhaltigen β-Kristalls genau so vor sich geht wie der des kupferfreien, nur wird die Zerfallsgeschwindigkeit vergrößert. Bei etwa Raumtemperatur wird aus der Umsetzung: Kupfer-Zink-Phase + Aluminium-Zink-Phase = Zinkmischkristall + ternäre Phase eben diese ternäre Phase mit etwa 55% Cu, 15% Zn und 30% Al gebildet, was unter erheblicher Volumzunahme vor sich geht. Durch geeignete Wahl des Aluminium- und Kupfergehaltes (Cu : Al = 20:1) kann die Maßänderung auf ein Minimum gebracht werden. Den ganzen Vorgang, d. h. β-Zerfall und Ausscheidung der ternären Phase, nennt man „Alterung". Eisen, Mangan und Blei als Zusatzelemente in kleinen Mengen beschleunigen diesen Zerfallsprozeß; Zinn, Kadmium, Lithium und Magnesium verlangsamen ihn. Zinklegierungen verspröden schon bei geringen Magnesium- und Lithiumzusätzen durch Bildung intermetallischer Verbindungen.

Auch in den Legierungen findet man die für Zink charakteristischen Eigenschaften wieder. Auf das Kriechen bei Raumtemperatur wurde früher schon an Hand der Gußlegierungen Zamak 3 und 5 hingewiesen (S. 503, Abb. 287). Löhberg[2] untersuchte es auch an einer Legierung mit 10% Al, 2% Cu und 0,03% Mg und stellte fest, daß selbst bei einer Spannung von 3,2 kg/mm² die Dehnungen nicht mehr abklingen.

Die gleiche Legierung zeigt auch das merkwürdige Verhalten, daß durch Ziehen die Festigkeit zunächst erniedrigt, die Dehnung und die Einschnürung erhöht, die Brinellhärte nach anfänglichem Anstieg bei hohen

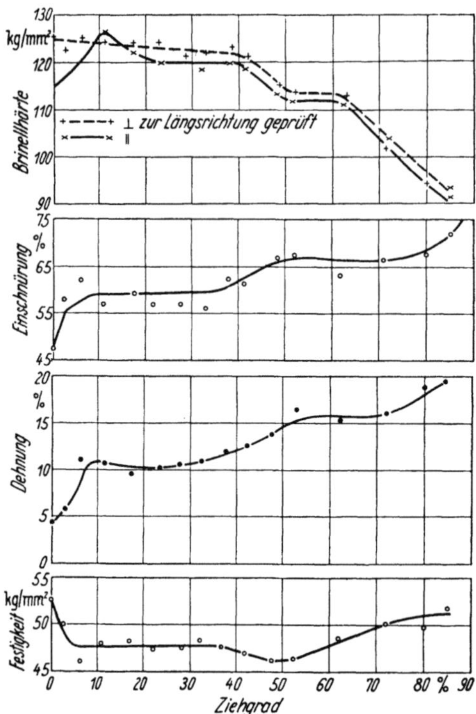

Abb. 292. Ziehgrad und Eigenschaften einer Legierung mit 10% Al, 2% Cu, 0,03% Mg, Rest Feinzink. Festigkeitseigenschaften (nach E. Schmid).

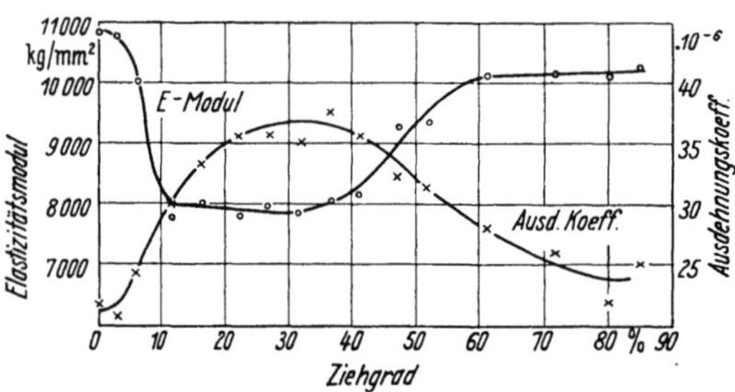

Abb. 293. Ziehgrad und Eigenschaften einer Legierung mit 10% Al, 2% Cu, 0,03% Mg, Rest Feinzink. Ausdehnungskoeffizient und Elastizitätsmodul (nach E. Schmid).

Ziehgraden erniedrigt wird (Abb. 292[3]). Ausdehnungskoeffizient und Elastizitätsmodul verhalten sich, nach derselben Quelle, gleich merkwürdig (Abb. 293).

---

[1] Über den Aufbau und die Volumenänderungen der Zink-Kupfer-Aluminium-Legierungen in Z. Metallkde. Bd. 33 (1941) u. Bd. 34 (1942) mit Arbeiten von W. Köster, K. Moeller u. E. Gebhardt auf verschiedenen Seiten.

[2] Siehe Fußnote 1, S. 507.

[3] Schmid, E.: Z. Metallkde Bd. 31 (1939) S. 125/130; siehe auch Zink-Taschenbuch, S. 51/52, siehe Fußnote 2, S. 502.

Die Alterung führt aber, im Gegensatz zu der bei Kupfer- und Aluminiumlegierungen, nicht zu einer Steigerung der Härte und Festigkeit. Vielmehr sinken Härte, Dehnung und Schlagbiegefestigkeit mit Annäherung an das Gefügegleichgewicht, wobei vor allem ein Kupfergehalt nachdrücklich wirkt, wie Tab. 54[1] zeigt.

Im Walzmaterial sind aus früher erörterten Gründen (gerichtete Kristallisation) die Eigenschaften eventuell abhängig von der Walzrichtung (Tab. 55).

Über die mechanischen Eigenschaften bei Temperaturen unter 0° C ist folgendes zu sagen: Grundsätzlich nimmt die Schlagbiegefestigkeit mit sinkender Temperatur ab, d. h. die Neigung zum Sprödbruch zu, wobei sich der Übergang von der Hochlage in die Tieflage in einem verhältnismäßig engen Tempera-

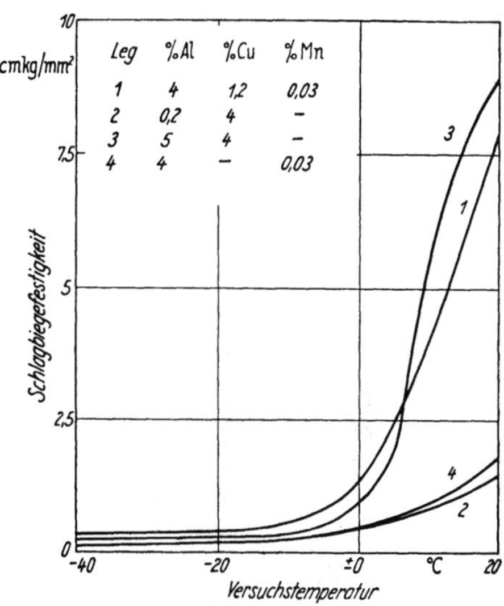

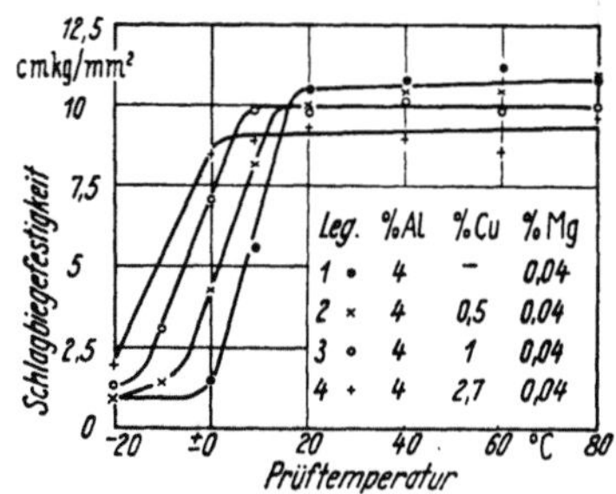

Abb. 294. Schlagbiegefestigkeit von Zinkspritzgußlegierungen bei tiefen Temperaturen (nach A. Burkhardt).

Abb. 295. Gegossene Handels-Zinklegierungen (Kokillentemperatur 200 bis 250°) (nach Bayer und Burkhardt).

turbereich abspielt. Burkhardt[2] untersuchte an Druckgußlegierungen diese Eigenschaft und fand dabei, daß das Abfallgebiet durch Kupferzusatz zu tieferen Temperaturen verschoben wird (Abb. 294). Bayer und Burkhardt[3] zeigten nun, daß gegossene Handelszinklegierungen (Abb. 295) diese Sprödigkeit gleichfalls in hohem Maße aufweisen, der Kupfereinfluß ist an Legierung 1 und 4 zu erkennen. Steigende Aluminiumgehalte verbessern sowohl bei gegossenen (Abb. 296) wie auch bei gepreßten Legierungen (Abb. 297) die Schlagbiegefestigkeit. Dabei liegt bei gepreßten Zinklegierungen die Schlagbiegefestigkeit überhaupt beträchtlich höher als bei Gußlegierungen, ja sogar höher als die von Messing Ms 85.

Tabelle 54. *Festigkeitseigenschaften frisch hergestellter und künstlich gealterter Spritzgußlegierungen.*

Eigenschaft	DZnAl 4		DZnAl₄ Cu 1		DZnAl₃ Cu 4	
	Anlieferung	gealtert	Anlieferung	gealtert	Anlieferung	gealtert
Festigkeit in kg/mm²	27 bis 28	24 bis 25	30 bis 32	24 bis 27	33 bis 35	25 bis 28
Dehnung in %	4 bis 6	5 bis 7	3 bis 5	5 bis 6	6 bis 7	1 bis 2
Schlagbiegefestigkeit in cmkg/mm²	10 bis 12	11 bis 14	9 bis 11	3 bis 6	6 bis 8	2 bis 3

[1] Nach Zink-Taschenbuch, S. 62, Tab. 2, siehe Fußnote 2, S. 502.
[2] Burkhardt, A.: Technologie der Zinklegierungen, S. 92. Berlin: Springer 1937.
[3] Siehe Fußnote 7, S. 507.

Tabelle 55. *Festigkeitseigenschaften gewalzter Zinklegierungen.*

		Walzrichtung:			
		σ_B kg/mm²	$\perp$ σ_B kg/mm²	δ %	$\perp$ δ %
Warmgewalztes }	Band ZnCu 1 . . .	16,85	22,45	20	15
Kaltgewalztes }		22,45	28,10	5	3
Warmgewalztes }	Band ZnCu 1 mit	19,65	25,30	20	10
Kaltgewalztes }	0,01 Mg	26,0	33,75	20	2

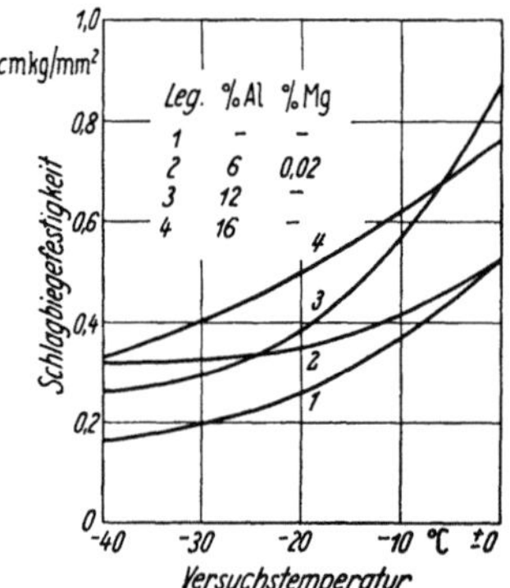

Abb. 296. Elektrolytzink mit Aluminiumzusätzen (Kokillenguß) (nach BAYER und BURKHARDT).

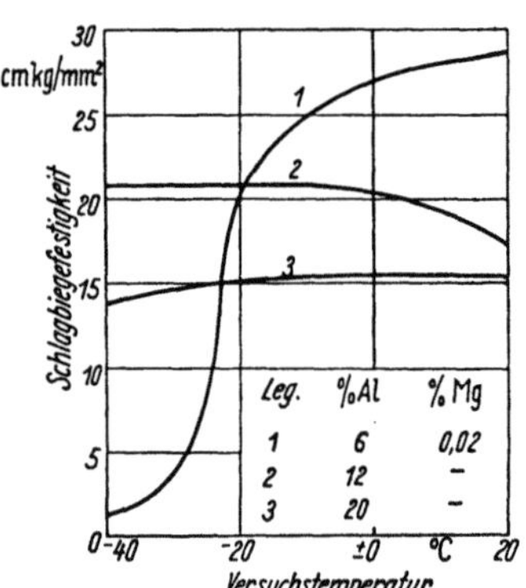

Abb. 297. Schlagbiegefestigkeit von Preßzink mit Aluminiumzusätzen (nach BAYER und BURKHARDT).

Das ist wichtig, da Konstruktionen aus Knetlegierungen viel knapper in den Dimensionen gehalten werden als Gußlegierungen. So zeigen denn (siehe Abb. 297) Preßzinklegierungen mit 16% Al und mehr bei 20° C zwar Schlagbiegefestigkeiten, die geringer sind als die von Legierungen mit 6% Al, die aber bei — 40° C immer noch erhalten sind. Allerdings reagieren diese Legierungen mit 12 bis

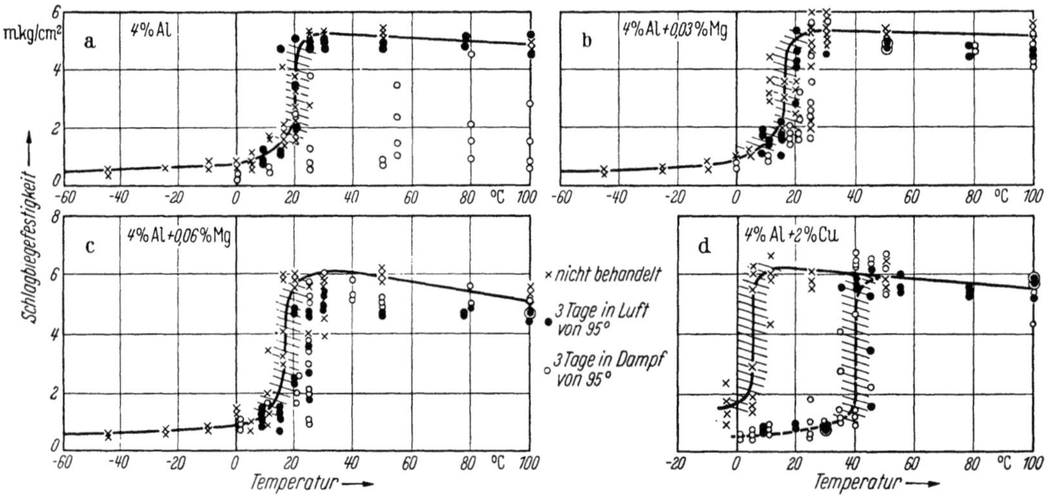

Abb. 298. Schlagbiegefestigkeit von Spritzgußlegierungen (nach ERDMANN-JESNITZER und HOFMANN).

20% Al auf Kupferzusätze insofern schlecht, als durch Zugabe von 1 bis 2% Cu wieder ein deutlicher Zähigkeitsabfall in der Kälte zu beobachten ist.

Einen interessanten Beitrag zum Problem der Temperaturabhängigkeit der Schlagbiegefestigkeit und der Kerbzähigkeit bei Zinklegierungen lieferten ERDMANN-JESNITZER und HOFMANN[1]. DZnAl 4-Legierungen, zum Teil mit geringen Magnesiumzusätzen, aber auch eine solche mit Kupfergehalt wurden unbehandelt, gealtert und korrodiert auf ihre Schlagbiege-

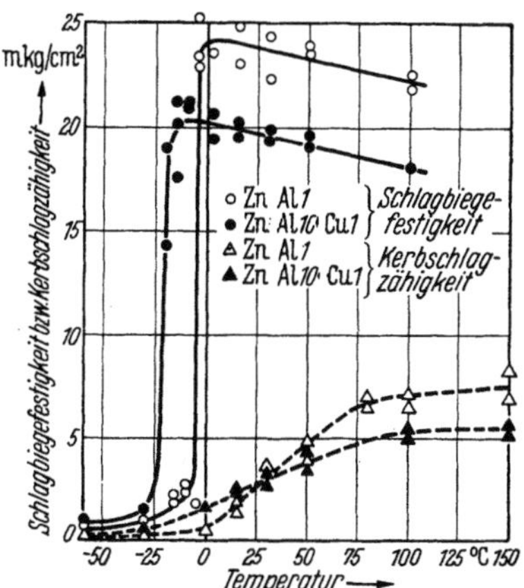

Abb. 299. Schlagbiegefestigkeit und Kerbschlagzähigkeit von Preßstangen der Legierung ZnAl 1 und ZnAl 10 Cu 1 (nach ERDMANN-JESNITZER und HOFMANN).

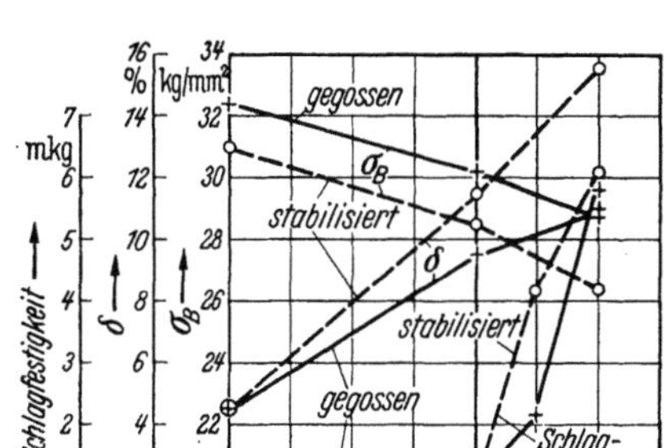

Abb. 300. Mechanische Eigenschaften einer Kokillenguß-Zinklegierung vom Typ G Zn Al 4 in Abhängigkeit von der Temperatur (nach TEED).

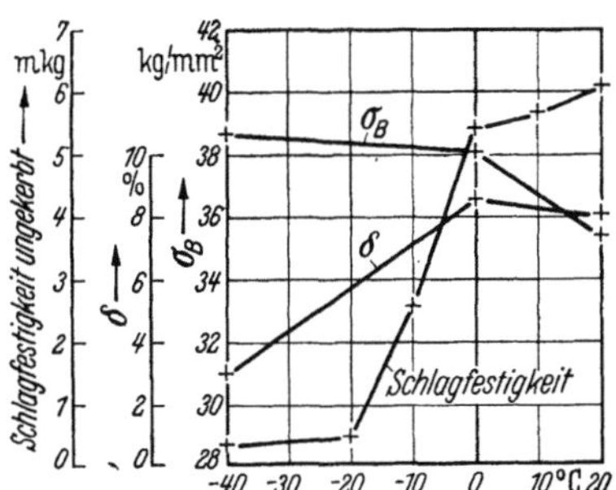

Abb. 301. Mechanische Eigenschaften einer Kokillenguß-Zinklegierung vom Typ G Zn Al 4 Cu 1 in Abhängigkeit von der Temperatur (nach TEED).

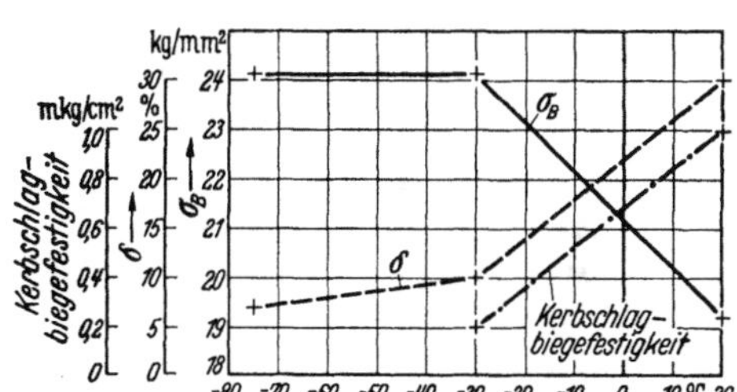

Abb. 302. Mechanische Eigenschaften einer Zink-Automatenlegierung in Abhängigkeit von der Temperatur (nach GOERENS und MAILÄNDER).

festigkeit untersucht (Abb. 298). Außer geringen Verschiebungen des Steilabfalls der Schlagbiegefestigkeit wirkt sich der Magnesiumzusatz günstig auf die Verkleinerung des Streufeldes bei den korrodierten Proben aus (Teilbild 2 und 3 gegenüber 1), ein Kupferzusatz nur bei nicht behandelten Proben, indem der Steilabfall zu etwas tieferen Temperaturen verschoben wird. Preßlegierungen verhalten sich bezüglich der Schlagbiegefestigkeit ähnlich (Abb. 299).

Festigkeitswerte eines Kokillengusses etwa vom Typ G ZnAl 4 werden von TEED[2] nach einer anonymen Stelle des Ministry of Supply (1943) mitgeteilt (Abb. 300). Die Versprödung dieser Legierung erkennt man an der mit der

---

[1] ERDMANN-JESNITZER, F., u. W. HOFMANN: Z. Metallkde. Bd. 34 (1942) S. 216/19.
[2] S. 195, siehe Fußnote 6, S. 454 (stabilised bedeutet offenbar „gealtert", d. h. bei 95° C behandelt).

Temperatur absinkenden Dehnung und vor allem an der absinkenden Schlagfestigkeit, während die Zugfestigkeit steigt. Dasselbe beobachtet man an einer
Legierung vom Typ G ZnAl 4 Cu 1, gleichfalls nach Teed[1], der sie einer anonymen Mitteilung des Ministry of Supply (1943) entnimmt (Abb. 301) und an
der man durch Vergleich mit Abb. 300 wiederum die Verschiebung des Steil-
abfalles der Schlagfestigkeiten zu tiefen Temperaturen durch Kupfer erkennt.

An einer Automatenlegierung mit 1,4% Pb zeigen Goerens und Mailänder[2]
gleichfalls den Anstieg der Festigkeit und den Abfall der Dehnung und der Kerbzähigkeit mit sinkender Temperatur (Abb. 302).

V. Nickel und Nickellegierungen.

Bei weitem das meiste Nickel, nämlich etwa 85%, wird aus sulfidischen
Erzen gewonnen, vor allem aus Eisennickelkies (Fe, Ni)S als dem wichtigsten,
das stets mit $CuFeS_2$ vergesellschaftet ist und 1 bis 5% Ni und 1 bis 5% Cu
enthält. Etwa 10% des Nickels stammt aus oxydischen, kupferfreien Erzen mit
1 bis 7% Ni, z. B. aus Garnierit $(NiMg)SiO_3$. Ganz wenig Nickel, etwa 5%, wird
aus arsenidischen Erzen hergestellt, z. B. Rotnickelkies NiAs, Weißnickelkies
$NiAs_2$, Arsennickelkies (NiAsS) usw. Die sulfidischen Erze werden zunächst
geröstet, dann im Flammofen eingeschmolzen, wodurch man einen Rohstein
gewinnt, der in einem Trommelkonverter zu einem Nickel-Kupfer-Feinstein
verblasen wird[3]. Mit den nächsten Operationen, dem „Tops-Bottoms-Smelting"
des Orford-Verfahrens, werden Nickel und Kupfer weitgehend getrennt, das
so erhaltene, verunreinigte Nickel wird durch chemische, metallurgische oder
elektrolytische Verfahren weiter gereinigt.

Auf Skizzierung der möglichen Arbeitsgänge sei hier verzichtet[4].

Nur ein geringer Teil des Nickels wird als Reinnickel verwendet, das meiste
Nickel geht in Legierungen. Die Inco (International Nickel Co.), die 90% der
Nickelerzeugung kontrolliert, gibt für die Verwendung folgende Ziffern an[5]:

Verwendung des Nickels	Vor 1934 %	1938 %
Zum Legieren von Stählen	35	60
Nickelgußeisen	4	3
Eisen-Nickel-Legierungen	—	3
Ni-Cu-Legierungen und Neusilber	18	14
Monelmetall	9	—
Nickelbronze, -messing, Lagermetalle, Aluminiumlegierungen	4	2
Widerstandsmaterial (Cr-Ni)	3	3
Nickelhalbzeug (Reinnickel)	17	9
Vernickelungen	10	6
	100	100

1. Nickel.

In Tab. 56 sind die wichtigsten Eigenschaften reinen Nickels zusammengestellt.

---

[1] Siehe Fußnote 6, S. 454.

[2] Goerens, P., u. R. Mailänder: Forsch.-Arb. Ing.-Wes. Bd. 295 (1927) S. 18, nach
Teed, S. 196; siehe Fußnote 6, S. 454.

[3] „Steine" sind metallurgische Verbindungen des Metalls mit Schwefel, „Speisen"
solche mit Arsen.

[4] Siehe hierzu z. B. Chemische Technologie, Metallurgie/Allgemeines, hrsg. von K. Winnacker u. E. Weingaertner S. 288/297. München: Carl Hanser Verlag 1953.

[5] Siehe K. Winnacker u. E. Weingaertner, S. 297, vgl. Fußnote 4, S. 514.

An reinem Nickel führt das Normblatt DIN 1727 vom Januar 1944 die in Tab. 57 aufgezählten Sorten an.

Der Gebrauch reinen Nickels als Konstruktionsmaterial ist nur spärlich und geht aus Tab. 57 hervor. Bezüglich Kalthärtung und Erweichung durch Glühung nach Kaltreckung verhält sich Nickel wie jedes andere Metall; deshalb braucht nicht näher darauf eingegangen zu werden.

Die Abhängigkeit des Elastizitätsmoduls von der Temperatur zeigt Abb. 229 (S. 456) nach Köster[1]. Angaben über die mechanischen Eigenschaften verschiedener technischer Nickelsorten bei normalen und tiefen Temperaturen enthält Tab. 58.

Abb. 303 gibt als Beispiel die Werte von Colbeck und MacGillivray graphisch wieder. Der Werkstoff bleibt bis zu den tiefsten Temperaturen zäh; er verhält sich wie Kupfer, es ist den früheren Ausführungen nichts hinzuzufügen.

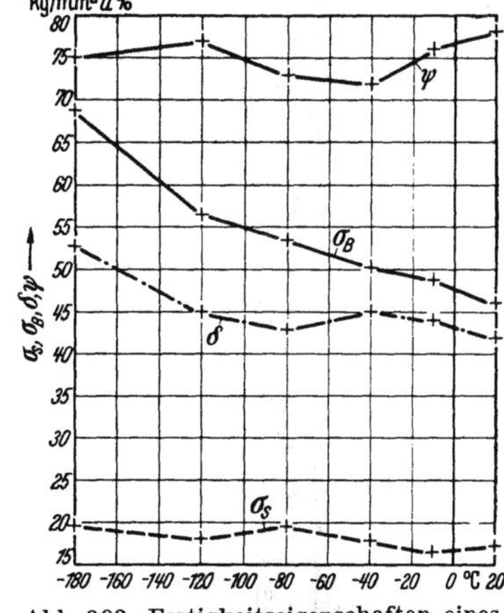

Abb. 303. Festigkeitseigenschaften eines Nickelstabes (99,72% Ni) bei tiefen Temperaturen (nach Colbeck und MacGillivray).

2. Nickellegierungen.

An Nickellegierungen kommen praktisch nur die mit Kupfer, mit Chrom und mit Eisen in Betracht. Das Konstitutionsdiagramm Nickel-Kupfer ist sehr einfach; die beiden Metalle bilden im festen Zustande eine geschlossene Reihe von Misch-

Tabelle 56[3]. *Eigenschaften von reinem Nickel.*

Spez. Gewicht	8,90 g/cm³
Schmelzpunkt	1455° C
Spezifische Wärme zwischen 20 und 300° C	0,1123 kcal/kg °C
Spezifische Wärme bei 500° C	0,1265 kcal/kg °C
Schmelzwärme	73,8 kcal/kg
Linearer Wärmeausdehnungskoeffizient bei −173° C	$6{,}6 \cdot 10^{-6} \cdot °\mathrm{C}^{-1}$
Linearer Wärmeausdehnungskoeffizient bei − 73° C	$11{,}3 \cdot 10^{-6} \cdot °\mathrm{C}^{-1}$
Linearer Wärmeausdehnungskoeffizient zwischen 0 und 100° C	$13{,}3 \cdot 10^{-6} \cdot °\mathrm{C}^{-1}$
Linearer Wärmeausdehnungskoeffizient zwischen 25 und 600° C	$15{,}5 \cdot 10^{-6} \cdot °\mathrm{C}^{-1}$
Elektrischer Widerstand bei 20° C	$6{,}84\,\Omega \cdot \mathrm{cm}$
Wärmeleitzahl bei −190° C	108 kcal/m h °C
Wärmeleitzahl bei −100° C	83 kcal/m h °C
Wärmeleitzahl bei 0° C	75 kcal/m h °C
Wärmeleitzahl bei 100° C	72 kcal/m h °C
Wärmeleitzahl bei 300° C	54 kcal/m h °C
Wärmeleitzahl bei 500° C	50 kcal/m h °C
Magnetische Permeabilität μ für ein Feld $\mathfrak{H} = 1000$ Örsted $\cdot$ cm⁻³	400
Zugfestigkeit, geglüht	32,2 kg/mm²
Streckgrenze, geglüht	5,96 kg/mm²
Dehnung, geglüht	30%
Einschnürung	70%
Brinellhärte	85 kg/mm²
Elastizitätsmodul	21050 kg/mm²

[1] Siehe Fußnote 4, S. 454.

[2] Colbeck, E. W., u. W. E. MacGillivray: Trans. Inst. Chem. Engrs. Bd. 11 (1933), nach Teed, S. 189 u. 191, siehe Fußnote 6, S. 454.

[3] Teils nach Metals Handbook, 1948 Edition, S. 1046, teils nach Carpenter u. Robertson, S. 1387, vgl. Fußnote 5, S. 449, teils nach D'Ans und Lax S. 1125, vgl. Fußnote 4, S. 411.

Tabelle 57. *Nickelsorten nach DIN 1727.*

Benennung	Kurzzeichen	Zusammensetzung %	Kennzeichnende Gütewerte	Verwendung	Bemerkungen
Nickel 99,6	Ni 99,6	Ni $\geq$ 99,6; Zn, Cd, Pb und Sn = 0%.	Temperaturkoeffizient des elektr. Widerstandes bei 20° C 0,0060 bis 0,0063.	Chemische Geräte, Plattierungen, Widerstandsthermometer, Brückenzweige in Bolometerverstärkern; Elektroden für elektr. Lampen, Innenteile für Elektrodenröhren (Glühkathoden).	Bei Verwendung für Elektrodenröhren eisenfrei.
Nickel 98,7	Ni 98,7	Ni $\geq$ 98,7	Anoden zäh und möglichst gleichmäßiges Gefüge.	Anoden.	—
Nickel 98	Ni 98	Ni $\geq$ 98	weich: Zugfestigkeit 40 bis 45 kg/mm² Bruchdehnung 30 bis 45% Brinellhärte 80 bis 90 kg/mm² hart: Zugfestigkeit 75 kg/mm² Bruchdehnung 1% Brinellhärte 180 bis 200 kg/mm²	Chemische Geräte, insbesondere als Plattierung, Innenteile für Elektronenröhren (besonders Anoden und sonstige Aufbauteile, dabei weitgehend als Plattierschicht auf Eisen), Innenteile für elektr. Lampen u. Eisenwiderstände (besonders Elektroden, dabei weitgehend als Plattierschicht auf Eisen); Zahnstifte und Einlagen für Edelmetallzahnstifte.	Bei Verwendung von Elektronenröhren frei von Cu, Cd, Pb; Mn bis 0,5; Einsatz für chem. Geräte und dann, wenn andere Werkstoffe nicht genügen.

kristallen mit flächenzentriertem kubischem Gitter. Irgendwelche sprunghaften Änderungen der Eigenschaften sind nicht zu erwarten. Das Konstitutionsdiagramm Nickel-Chrom realisiert den

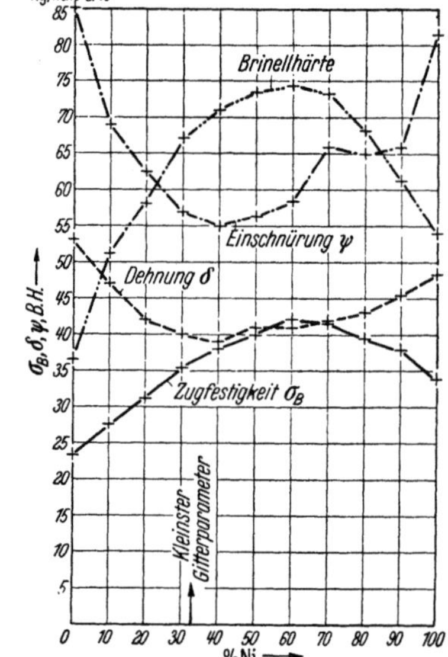

Abb. 304. Festigkeitseigenschaften hochreiner Nickel-Kupfer-Legierungen. (nach Braniewski und Kulesza).

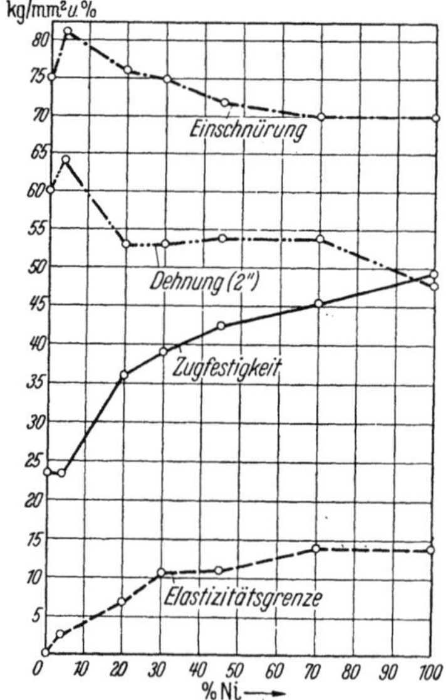

Abb. 305. Festigkeitseigenschaften handelsüblicher, geglühter Nickel-Kupfer-Legierungen. (nach Jones, Pfeil und Griffith).

Fall begrenzter Mischkristallbildung auf beiden Seiten mit Eutektikum und abnehmender Löslichkeit der Zusatzkomponente im jeweiligen Grundmetall mit sinkender Temperatur. Das Eutektikum liegt bei 53% Chrom und 1346° C. Nickel löst bei dieser Temperatur 47% Cr und Chrom 37% Ni. Bei Raumtemperatur geht der Chromgehalt von 47% auf 45%, der Nickelgehalt von 37 % auf

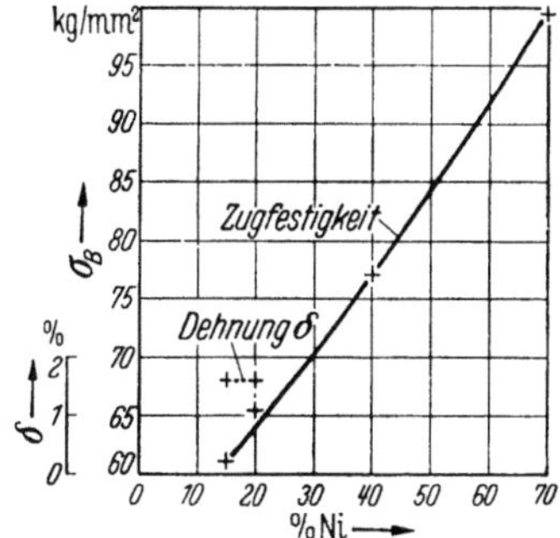

Abb. 306. Festigkeit und Dehnung von Drähten aus Kupfer-Nickel-Legierungen nach Querschnittverminderung um 96,5% (nach CARPENTER und ROBERTSON).

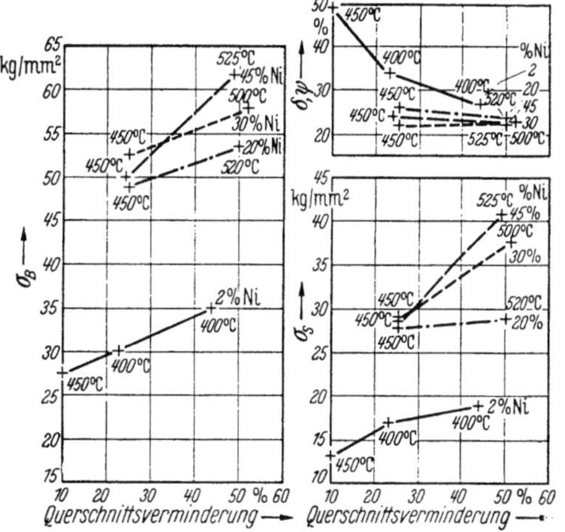

Abb. 307. Wirkung einer einstündigen Erhitzung auf die Festigkeitseigenschaften kaltverarbeiteter Kupfer-Nickel-Legierungen (nach JONES, PFEIL und GRIFFITH).

7% herab. Bis 45% Chrom liegt flächenzentriertes, darüber raumzentriertes kubisches Gitter vor.

Die Nickel-Eisen-Legierungen bilden nach der Erstarrung zunächst unmagnetische γ-Mischkristalle mit flächenzentriertem kubischem Gitter. Bis 36% Ni tritt bei Temperaturen zwischen 200 und 600° C nur noch eine magnetische Umwandlung auf, wobei das Gitter flächenzentriert kubisch bleibt. Unterhalb dieser Nickelkonzentration nach der Eisenseite hin tritt die bekannte γ-α-Umwandlung zum raumzentrierten kubischen Gitter und zur magnetischen Modifikation hin auf.

a) Nickel-Kupfer-Legierungen. Einen allgemeinen Überblick über die Festigkeitseigenschaften hochreiner Nickel-Kupfer-Legierungen gibt Abb. 304 nach BRONIEWSKI und KULESZA[1]. Die ununterbrochene Reihe von Mischkristallen kommt im steten Übergang der Eigenschaften gut zum Ausdruck. Abb. 305 zeigt die Eigenschaften handelsüblicher geglühter Nickel-Kupfer-Legierungen nach JONES, PFEIL und GRIFFITH[2] und Abb. 306 die gezogener Drähte nach 96,5prozentiger Querschnittsverminderung, mitgeteilt von CARPENTER und ROBERTSON[3]. Durch Kombination von Kaltziehen und Glühen kann man sehr günstige Festigkeitseigenschaften erhalten, wie JONES, PFEIL und GRIFFITH[2] gleichfalls feststellten (Abb. 307).

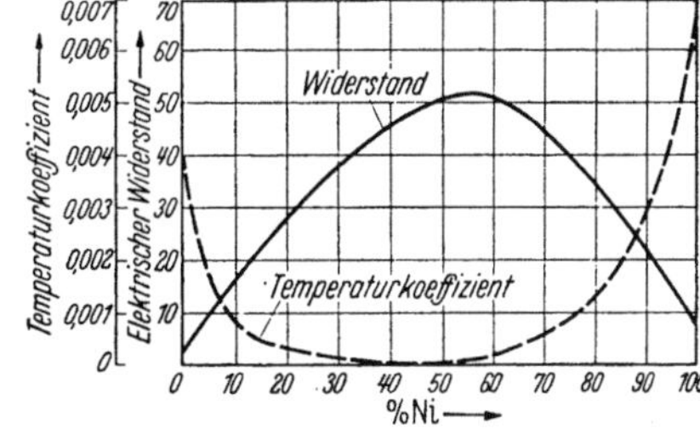

Abb. 308. Elektrischer Widerstand und Temperaturkoeffizient der Nickel-Kupfer-Legierungen (nach U. S. Bur. Stand.).

---

[1] BRONIEWSKI, W., u. S. KULESZA: Métaux et Corrosion Bd. 12 (1937) S. 17, nach CARPENTER u. ROBERTSON, S. 370, siehe Fußnote 5, S. 449.

[2] JONES, D. G., L. B. PFEIL u. W. T. GRIFFITH: J. Inst. Met. Bd. 46 (1931) S. 423, nach CARPENTER u. ROBERTSON, S. 1392, siehe Fußnote 5, S. 449.

[3] a. a. O, S. 1393, siehe Fußnote 5, S. 449.

Tabelle 58. *Mechanische Eigenschaften technischer Nickelsorten.*

Werkstoff	°C	Festigkeitseigenschaften				Kerbschlag-zähigkeit	Quelle
		σ_S kg/mm²	σ_B kg/mm²	δ %	ψ %		
1. Nickelstab mit 0,15% Fe kalt ge- zogen 93% Quer- schnitts- veränderung*	+25 −185	— —	93,5 109,0	1 3	58 54	— —	RUSSELL, H. W.: Symp. Effect, Temp. on Prop. Metals, ASTM u. ASME 1931 nach TEED, S. 189, s. Fußn. 6, S. 454.
2. Nickelstab, 1 Zoll ∅ Ni 99,7 % Fe 0,1 % Co 0,14% Mn Spuren Mg 0,26% Si 0,23% S < 0,005% gewalzt u. geglüht	Raumtp. −10 −40 −80 −120 −180	17,3[1] 16,7[1] 17,8[1] 19,4[1] 18,2[1] 19,7[1]	46,1 49,0 50,4 53,6 56,6 68,8	42 44 45 43 45 53	78 76 72 73 77 75	12,3[2] — 12,6[2] 12,7[2] 12,9[2] 13,7[2]	COLBECK, E. W., u. W. E. MAC GILLIVRAY: Trans. Inst. Chem. Eng. Bd. 11 (1933), nach TEED, S. 189 u. 191, s. oben.
	geschlagen bei Raumtemperatur nach Abkühlung auf −180° C					12,6[2]	
3. Stab, 5/8″ ∅, kalt gezogen mit C 0,14 % Fe 0,10 % Mn 0,24 % Si 0,032% Cu 0,03 %	Raumtp. −76 −40	48,2 71,6 —	72,5 78,8 —	16 22 —	68 61 —	27,5[3] 30,7[3] 27,9[3] 30,8[3] 28,3[3] 30,8[3]	ROSENBERG, J. S.: J. Res. Nat. Bur. Stand. Bd. 25 (1944) nach TEED, S. 189 und 191, s. oben.
4. Ni 99,27% C 0,09% Si Spuren Mn 0,11% Cu 0,20% Fe 0,28%	Raumtp. −182	— —	45,5 72,1	43 51	— —	— —	DE HAAS, W. J., u. R. HADFIELD: Phil. C. Trans. roy. Soc. A. Bd. 232 (1933) nach TEED, S. 189, s. oben.
5. Ni 99,4% C 0,07% Si — % Mn 0,38% Cu — % Fe — % geschmiedet	Raumtp. −253	63,8 82,2	73,5 101,0	12 22	71 64	— —	Wie 4.
6. Ni 99,2% C 0,1% Si — % Mn 0,1% Cu 0,2% Fe 0,4% warm gewalzt	Raumtp. −183	38,1 57,3	65,4 85,5	33 47	46 57	— —	STRAUSS, J.: Trans. Amer. Soc. Steel Trea- ting Bd. 16 (1929), nach TEED, S. 189, s. oben.
7. unbekannt warm gewalzt	+20 −191	38 57	65 86	32,7 46,7	45,5 57,2	— —	HANEL, R.: Z. VDI Bd. 81 (1937), S. 410/414.
8. Ni 99,8% Fe 0,15% geglüht	−20 −185	— —	43 60	23,5 22,0	75 58	— —	Derselbe
9. dasselbe hart gezogen	+20 −185	— —	93 100	1,06 3,12	58 54	— —	Derselbe.
			Brinellhärte HB kg/mm²				
10. Ni 98,7 % * C 0,05% Mn 0,39%	+20 −79 −190	—	98 — 120		9[4] 8[4] 2[4]		RUSSELL, H. W.: Symp. Effect, Temp. on Metals Chicago (1931) S. 685, nach R. HANEL s. oben.

[1] 0,1-Grenze. — [2] Standard Izod, mkg. — [3] Standard Charpy, mkg. — [4] Fremond-Probe, mkg/cm². * Die Angaben der chemischen Analyse überschreiten 100%; die angegebenen Ziffern sind der Quelle entnommen.

Von besonderem Interesse sind dann noch die elektrischen Verhältnisse, die Abb. 308 nach Angaben des U.S. Bureau of Standards[1] zeigt. Man beachte den hohen Widerstand bei etwa 50 bis 60 Gewichtsprozenten Nickel und den kleinen dazugehörigen Temperaturkoeffizienten; von dieser Eigenschaft der Legierungen mit 50 bis 60% Ni wird Gebrauch gemacht. Eine Reihe dieser Legierungen hat eine ausgezeichnete Widerstandsfähigkeit gegen korrosive Angriffe.

In Deutschland sind die in Tab. 59 angegebenen Nickel-Kupfer-Legierungen genormt (DIN 1727, Januar 1944).

Tabelle 59. *Nickel-Kupfer-Legierungen nach DIN 1727.*

Benennung	Kurz-zeichen	Zusammen-setzung %	Kenn-zeichnende Gütewerte *	Verwendung	Bemerkungen
1. Nickel-legierung Ni 78 Cu	Ni 78 Cu 5	Ni 75 bis 80 Cr 1,5 bis 3 Cu 4 bis 6 Fe Rest	$\mu_5 \sim 11000$ $\mathfrak{H}_c < 0{,}1$ Örsted	Übertrager und Meßwandler mit $\mu_5 > 3000$ oder $\mu_{max} > 20000$; Abschirmungen für Restfelder unter 0,1 Örsted (bei max. Wandstärke von Relaiseisen mit $\mathfrak{H}_c$ unter 0,1).	
2. Nickel-legierung NiCuMo	NiCuMo	Ni 75 Cu 18 Mo 3 bis 4 Fe Rest	$\mu_5 \sim 20000$ $\mathfrak{H}_c < 0{,}03$ Örsted	Wie oben, jedoch für Relaiseisen mit $\mathfrak{H}_c < 0{,}03$	Beispiele für Zusammensetzung: Ni 74%; Cu 9%; Mo 3%; Fe Rest (Kurzzeichen Ni Cu 9 Mo) oder Ni 70% Cu 17%; Mo 3%; Fe Rest (Kurzzeichen: NiCu 17 Mo).
3. Nickel-legierung Ni 67 Cu	Ni 67 Cu	Cu 30 bis 32 Mn 0 bis 1 Ni Rest	weich: σ_B 45 bis 55 kg/mm² δ 35 bis 40% hart: σ_B 70 bis 80 kg/mm² δ 5%	Chemische Geräte, z. B. Säurefilter; Innenteile für Elektronenröhren (insbesondere Federwerkstoff); Schweißdrähte für Gußeisen.	

Ein Teil dieser Legierungen, vor allem Nr. 1 und 2, geht in die elektrische Industrie und ist für unsere Betrachtung von geringer Wichtigkeit. Von ganz hohem Interesse dagegen ist Legierung Nr. 3, die unter dem Namen *Monel-Metall* bekannt ist. Für diese Legierung wird annähernd soviel Nickel verbraucht wie für alle anderen Nickel-Kupfer-Legierungen zusammen. CARPENTER und ROBERTSON[2] geben zur allgemeinen Kennzeichnung dieser Legierungen für die Festigkeitseigenschaften die Zahlen der Tab. 60 an.

Die Wechselfestigkeit geglühten Materials wird mit $\pm 25{,}2$ kg/mm², die von kaltdeformiertem mit $\pm 34{,}6$ kg/mm² angegeben. Die Temperatur zum Weichglühen kalt bearbeiteten Materials liegt je nach Deformationsgrad zwischen 450 und 800° C, die Schmiedetemperatur zwischen 1150 und 1030° C.

---

[1] U. S. Bur.-Stand. Informat. Circ. Nr. 100 (1921), nach CARPENTER u. ROBERTSON S. 1393, siehe Fußnote 5, S. 449.

[2] S. 1396, siehe Fußnote 5, S. 449.

* μ_5 ist die Permeabilität bei einem Wechselfeld von 5 m Oe (siehe DIN 41 301, August 1943, S. 2, $\mathfrak{H}_c = $ Koerzitivkraft in Oe.

Tabelle 60. *Festigkeitseigenschaften von Monel-Metall.*

	σ_E kg/mm²	σ_B kg/mm²	δ %	ψ %
Gewalzt und geglüht	14,2 bis 20,5	45,6 bis 59,8	35 bis 55	65 bis 75
Schmiedestücke		56,6 bis 72,5		
Geglühte Bleche		45,6 bis 56,6		
Federdraht		97,6 bis 123		

Auch ausscheidungshärtende Varianten der Nickel-Kupfer-Legierungen sind bekannt, wobei die Ausscheidung durch die Legierungselemente Aluminium, Silizium, Eisen oder Mangan hervorgerufen wird.

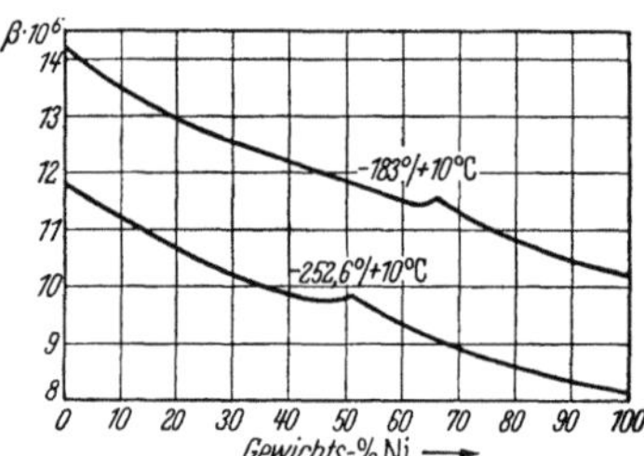

Abb. 309. Wärmeausdehnungszahl der Nickel-Kupfer-Legierungen bei tiefen Temperaturen (nach Krupkowski und de Haas).

Was die Eigenschaften in der Kälte angeht, so zeigt Abb. 309 nach einer Arbeit von Krupkowski und de Haas[1], daß sich eine Unstetigkeit in den Werten der Ausdehnungszahl beim Übergang vom ferro- in den paramagnetischen Zustand ergibt. Die Unstetigkeitsstelle verschiebt sich mit sinkender Temperatur zu tieferen Nickelgehalten. Weiterhin liegen gerade für Monel-Metall, d. h. also für die wichtigste der hier in Frage kommenden Legierungen, Werte über die mechanischen Eigenschaften bei verschiedenen Temperaturen vor, die Tab. 61 enthält. Monel-Metall verhält sich bei tiefen Temperaturen demnach wie reines Nickel oder wie Kupferlegierungen.

b) Nickel-Eisen-Legierungen. Die Nickel-Eisen-Legierungen kommen für den vorliegenden Zweck nur in beschränktem Umfange in Frage. Abgesehen von den Legierungen, die wegen ihrer besonderen magnetischen Eigenschaften in der Meßgerätetechnik häufig angewendet werden, sei auf solche Legierungen hingewiesen, die wegen ihrer niedrigen Wärmeausdehnungskoeffizienten gebraucht werden z. B.:

$$\text{bei } 30\% \text{ Ni } \quad 6 \cdot 10^{-6} \,°\text{C}^{-1}$$
$$\text{bei } 36\% \text{ Ni } \quad \quad 0 \quad °\text{C}^{-1}$$
$$\text{bei } 60\% \text{ Ni } 10 \cdot 10^{-6} \,°\text{C}^{-1}$$

Der Invar-Stahl mit 36% Ni hat zwischen 0 und $+200°$ C einen Ausdehnungskoeffizienten von praktisch Null. Das Platinit enthält 46% Ni und hat den Ausdehnungskoeffizienten des Platins und Glases. Es wird als Einzelschmelzdraht verwendet. Dieselbe Stahlgruppe hat übrigens auch eine besonders geringe Wärmeleitzahl von etwa 8,5 kcal/mh°C.

Ferner interessieren Eisen-Nickel-Legierungen mit über große Temperaturspannen konstantem Elastizitätsmodul. Bei 29 und 45% Ni ist der Temperaturkoeffizient etwa gleich 0, bei 36% Ni geht er durch ein Maximum, und unter 29% bzw. über 45% Ni ist er negativ. Durch Zusatz von 12% Cr wird er für ein Material von 36% Ni gleich 0, darunter und darüber negativ. Man benutzt diese Eigenschaften im Elinvar (36% Ni, 12% Cr, 1 bis 2% Mn, 4% W und 0,14% C) mit Konstanz des Elastizitätsmoduls zwischen 0 und 40° C.

---

[1] Krupkowsky, A., u. W. J. de Haas: Proc. Amst. Bd. 32 (1929) S. 912 u. 921, nach Z. Metallkde. Bd. 23 (1931) S. 196.

Tabelle 61. *Festigkeitseigenschaften von Monel-Metall.*

Werkstoff	°C	Festigkeitseigenschaften				Kerb-schlag-zähigkeit	Quelle
		σ_S kg/mm²	σ_B kg/mm²	δ %	ψ %		
1. Monel-Metallstab 1″ ∅ Ni 69,58% Cu 28,86% Fe Sp. Si Sp. Mn 0,28% geglüht	Raumtp. −10 −40 −80 −120 geschlagen bei Raumtemperatur nach Abkühlung auf −180°.	14,6[1] 17,9[1] 17,5[1] 19,1[1] 20,2[1]	49,7 54,5 56,2 60,0 64,4	41 48 47 40 41	75 77 76 74 74	12,4[2] 12,8[2] 12,4[2] 12,9[2] 13,4[2] 12,7[2]	COLBECK, E. W., u. W. E. M. GILLIVRAY: Trans. Inst. Chem. Eng. Bd. 11(1933) nach TEED, S. 190 und 192, s. Fuß-note 6, S. 454.
2. Monel-Metall Ni 67,0% Cu 28,0% Fe 2,0% Mn 2,5% C und Si 0,5% warm gewalzt	Raumtp. −183	31,0 49,7	64,4 94,9	46 54	67 67	— —	STRAUSS, J.: Trans. Am. Soc. Steel Treating, Bd. 16(1928) nach TEED, S. 190, s. oben.
3. Monel-Metallstab ⁵/₈″ ∅. Ni 67,76% Cu 29,2 % Fe 1,7 % Mn 1,0 % Al 0,10% C 0,18% Si 0,06% kalt gezogen	Raumtp. −40 −76	66,1 70,4	73,0 83,0	18 22	71 70	23,5/26,3[3] 24,0/28[3] 23,5/26,3[3]	ROSENBERG, S. J.: J. Res. Nat. Bur. Stand. Bd. 25(1940) nach TEED, S. 190 und 192, s. oben.
4. Stab Cu 28,85% Fe 1,78% Mn 0,99% C 0,08% Si 0,01% kalt gezogen	Raumtp. −40 −76	— — —	65,6 72,4 —	33 38 —	72 71 —	8,6[3] 8,6[3] 8,7[3]	TAMMANN, G., u. E. L. DREYER: Z. anorg. Chem. Bd. 199 (1931) nach TEED, S. 190 und 192, s. oben.
5. Stab ⁵/₈″ ∅ Ni 64,55% Cu 29,9 % Fe 1,7 % Mn 0,25% Al 3,1 % C 0,23% Si 0,27% kalt gezogen und an-gelassen auf Brinell-härte 300 kg/mm²	Raumtp. −40 −76	88,6 — 94,1	110,0 — 121,0	15 — 17	37 — 41	3,7[3] 3,9[3] 3,9[3]	ROSENBERG, S. J. nach TEED, S. 191 und 192, s. oben.
6. „H“-Monel Cu 29,5% Si 3,0%	Raumtp. −154,4	Brinellhärte 210 kg/mm²				6,1[4] 6,5[4]	MUDGE, W. A.: Incr. Magazine nach Metals Handbook S. 215.
7. „K“-Monel Cu 29,9 % Al 3,1 % Si 0,27% kalt gezogen und angelassen	Raumtp. +4,4 −40	—	110,2			3,7[5] 3,9[5] 3,9[5]	GILLETT, H. W.: Im-port Resistance and Ten-sile Properties of Metals at subatmospheric Tem-peratures, nach Metals Handbook S. 215.

[1] 0,1-Grenze.   [2] Standard Izod, mkg.   [3] Charpy Standard, mkg.   [4] Charpy Spitzkerb, mkg.   [5] Charpy Rundkerb, mkg.

Tabelle 61. (Fortsetzung.)

Werkstoff	°C	Festigkeitseigenschaften				Kerb-schlag-zähigkeit	Quelle
		σ_S kg/mm²	σ_B kg/mm²	δ %	ψ %		
8. Ni 65 bis 66% Cu 29 bis 30% Mn 3 bis 3,5% Fe 3 bis 3,5% Monel-Metall warm gewalzt	+20 −185/−190	31,0 49,8	64,4 95,4	45,7 53,3	66,9 67,0		Russell, H. W.: Symposium on Effect of Temperature on Metals. Chicago 1931, S. 658: nach R. Hanel, Z. VDI Bd. 81 (1931) Nr. 14, S. 410/14.
kalt gezogen	+20 −40	— —	66 72	33,0 37,5	71,7 71,4		
Zustand unbekannt	+20 ±0 −20 −40 −60 −75					8,6 11,2 9,1 8,6 8,3 8,7	*Brinellhärte* 208 kg/mm² 203 kg/mm² 218 kg/mm² 222 kg/mm² 218 kg/mm² 227 kg/mm²

c) Nickel-Chrom-Legierungen. Auch die Nickel-Chrom-Legierungen haben für das vorliegende Thema nur ein beschränktes Interesse; vornehmlich stellen diese Legierungen die Werkstoffe für Teile, die hohen Temperaturen ausgesetzt sind.

Tabelle 62. *Festigkeitseigenschaften von Nickel-Chrom-Legierungen in der Kälte.*

Werkstoff	Temp. °C	Festigkeitseigenschaften					Quelle
		σ_S kg/mm²	δ_B kg/mm²	δ %	ψ %	Kerb-schlag-zähigkeit	
1. Inconel, Stab ³/₈″ ⌀, 0,06% C, 13,4% Cr, 8,4% Fe, 0,54% Mn, warm gewalzt, erhitzt auf 954° C, abgelöscht in Alkohol	Raumtp. −40 −76	25,4 — 29,5	66,1 — 74,5	37 — 40	65 — 64	18,0[1] 18,7[1] 18,4[1]	Rosenberg, G. J.: J. Res. Nat. Bur. Stand. Bd. 25 (1940), nach Teed, S. 189 u. 192, s. Fußnote 6, S. 454.
2. Dasselbe wie 1., kalt gezogen, erwärmt auf 274° C, an Luft abgekühlt	Raumtp. −40 −76	103,2 — 109,0	106,9 — 115,2	7 — 10	49 — 51	6,5/8,0[1] 6,5/9,8[1] 4,6/8,7[1]	Derselbe.
3. Legierung mit 59,3% Ni, 0,46% C, 14,40% Cr, 2,41% Mn 0,21% Si, 23,2% Fe, geschmiedet	Raumtp. −253	79,3 95,0	85,6 122,3	— 29	58 41	— —	De Haas, W. J., u. R. Hadfield: Phil. Trans. roy. Soc. A, Bd. 232 (1933).
4. Nichrom mit 78,9% Ni, 0,31% C, 18,5% Cr, 1,41% Mn, 0,20% Si, — % Fe, von 1000° in Wasser abgelöscht, geschmiedet	Raumtp. −253	72,8 97,6	93,5 132,4	28 35	52 50	— —	Dieselben.

Charpyprobe 10 × 10 mm.   [1] Standard Charpy, mkg.

Ein weiteres Anwendungsgebiet finden die Nickel-Chrom-Legierungen wegen ihrer guten Korrosionsbeständigkeit. So verwendet man z. B. zum Pasteurisieren von Milch Gefäße aus einer Legierung mit 80% Ni, 14% Cr und 6% Fe (Inconel), deren Beständigkeit bei diesem Prozeß der von Nickel nach LAQUE und SEARLE[1] bei weitem überlegen ist. Von dieser Legierung, sodann einer vom Typ 60% Ni, 24% Fe, 16% Cr und von Nichrom (20% Cr, 80% Ni) finden sich auch Angaben über Festigkeitswerte bei tiefen Temperaturen, die in Tab. 62 zusammengestellt sind.

VI. Zinn und seine Legierungen.

Zinn wird durch reduzierendes Verschmelzen des Kassiterits (SnO_2) gewonnen, wobei die Schwierigkeit zu bewältigen ist, daß der Schmelzpunkt des Zinns bei 232°C, die Reduktionstemperatur des Oxydes aber bei 1000 bis 1100°C liegt.

Über die Verwendung von Neuzinn (virgin tin) in den Vereinigten Staaten von Amerika orientiert Tab. 63[2].

Tabelle 63. *Anwendung von Zinn in den Vereinigten Staaten von Amerika.*

	Durchschnitt in %	
	1938 bis 1941	1942 bis 1945
Galvanisch und feuerverzinntes Weißblech und „terneplate"[3]	50,2	46,8
Lote	15,7	14,7
Lagermetall (Babbitt), Spritzguß	6,4	7,9
Messing und Bronze	7,3	20,7
Folien	3,5	0,5
Tuben	5,1	0,9
Chemikalien	0,2	0,1
Zinnoxyd	1,0	<0,1
Verzinnung (außer Bleche)	3,6	5,0
Weißmetall (White metal)[4]	1,5	<0,1
Letternmetall	0,2	0,1
Rohre	1,2	0,3
Galvanisierung	1,3	<0,1
Verschiedenes	2,8	3,0
	100,0	100,0

Reines Zinn spielt also als Konstruktionsmaterial praktisch keine Rolle, es kommt eigentlich nur als Überzugsmaterial in Frage. Die Legierungen aber sind wichtig.

1. Zinn.

Einige wichtige Eigenschaften von reinem Zinn enthält die Tab. 64.
Bemerkenswert am Zinn ist, daß es in zwei Modifikationen auftritt. Das

[1] LAQUE, F. L., u. H. E. SEARLE: Technical Information, Bulletin T-26, May 1838, Development and Research Division. The International Nickel Company, Inc., 67 Wall Street, New York 5, N. Y.

[2] Metals Handbook, 1948 Edition, S. 1063.

[3] Terneplates sind Eisenbleche, die einen Überzug aus einer Legierung von 15 bis 25% Sn und 85 bis 75% Pb haben.

[4] Die Grenzen zwischen Babbitts und White metal sind völlig schwankend. CARPENTER und ROBERTSON (S. 1424 u. S. 1439, s. Fußnote 5, S. 449) verstehen unter Babbitts Nr. 4 u. Nr. 5 und White metal Legierungen mit 70 bis 90% Pb, 20 bis 10% Sb und 0 bis 12% Sn und unter Babbitts Nr. 1, 2 u. 3 Legierungen mit 50 bis 80% Sn, 4 bis 15% Sb, 2 bis 10% Cu und 0 bis 33% Pb. Unter White metal wird aber manchmal auch ein Spurstein mit 75% Cu verstanden.

tetragonale β-Zinn (weißes Zinn) mit 4 Atomen im Gitter ist das bei Raumtemperatur stabile. Es sollte zwar im Gleichgewicht bei 13,2° C in das kubische α-Zinn (graues Zinn) mit 8 Atomen im Gitter übergehen, wobei das spezifische Gewicht von 7,3 auf 5,75 kg/l heruntergeht und wodurch das Material aufgelockert wird, zu Pulver zerfällt oder mindestens lokal „Warzen" bekommt („Zinnpest"). Jedoch verläuft diese Umwandlung äußerst träge, und es bedarf selbst unter begünstigenden Umständen einer Unterkühlung zu bedeutend niedrigeren Temperaturen, ehe graues Zinn auftritt. Bei $-40°$ C ist die größte Umwandlungsgeschwindigkeit erreicht. Bereits die üblichen Verunreinigungen verzögern stark oder verhindern gar praktisch die Umwandlung. Wismut z. B. verhin-

Tabelle 64. *Eigenschaften von reinem Zinn.*

Spez. Gewicht bei $+$ 1° C (α-Zinn)	5,77 g/cm³
Spez. Gewicht bei $+15°$ C (β-Zinn)	7,30 g/cm³
Erstarrungsschwindung	2,7 %
Volumänderung bei der Umwandlung von β- in α-Zinn	27 % Ausdehnung
Schmelzpunkt	231,9° C
Umwandlungstemperatur $\beta \rightarrow \alpha$	13,2° C
Mittlerer linearer Wärmeausdehnungskoeffizient (polykristallin):	
weißes Zinn 0 bis 100° C	$23 \cdot 10^{-6} \cdot °C^{-1}$
-163 bis $+18°$ C	$16 \cdot 10^{-6} \cdot °C^{-1}$
weißes Zinn 20 bis 231° C	$23 \cdot 10^{-6} \cdot °C^{-1}$
graues Zinn -163 bis $+18°$C	$5,3 \cdot 10^{-6} \cdot °C^{-1}$
Linearer Wärmeausdehnungskoeffizient (Einkristall) in Richtung a-Achse bei 20° C	$30,5 \cdot 10^{-6} \cdot °C^{-1}$
Linearer Wärmeausdehnungskoeffizient (Einkristall) in Richtung b-Achse bei 20° C	$15,45 \cdot 10^{-6} \cdot °C^{-1}$
Spezifische Wärme von 0 bis 100° C (β-Zinn)	0,0534 kcal/kg °C
Spezifische Wärme von 8 bis 13° C (α-Zinn)	0,0493 kcal/kg °C
Latente Schmelzwärme	14,5 kcal/kg
Latente Umwandlungswärme (bei Abkühlung)	4,46 kcal/kg
Wärmeleitzahl bei 0° C	57,6 kcal/m h °C
Elektrischer Widerstand (polykristallin) bei 20° C	$1150 \cdot 10^{-6}$ Ω/cm
Elektrischer Widerstand längs a-Achse bei 20° C	$1430 \cdot 10^{-6}$ Ω/cm
Elektrischer Widerstand längs b-Achse bei 20° C	$990 \cdot 10^{-6}$ Ω/cm
Elektrischer Widerstand (flüssig) bei 231,9° C	$4810 \cdot 10^{-6}$ Ω/cm
Supraleitfähigkeit	bei 3,71° K:

	a-Achse	c-Achse
α-Zinn (graues Zinn) kubisch (Diamantgitter)	6,46 kX	— kX[1]
β-Zinn (weißes Zinn) tetragonal	5,8195 kX	3,1750 kX

dert schon in Zusätzen von 0,1 % diese Umwandlung unter allen möglichen Umständen, Antimon und Blei gleichfalls, Gold, Silber und Nickel in geringerem Umfange. Anderseits beschleunigen Zink, Aluminium, Magnesium, Kobalt, Mangan und Tellur die Umwandlung. Aber gerade diese Elemente sind im Handelszinn selten vorhanden. Starke Kaltbearbeitung beschleunigt an sich auch die Umwandlung; aber diese Wirkung kann leicht durch eine Glühung des Materials behoben werden. Ernstliche Befürchtungen, daß man mit Blockzinn oder hochzinnhaltigen Legierungen bei Lagerung oder Verwendung in tiefen Temperaturen Unannehmlichkeiten haben könne, sind praktisch gegenstandslos. Allerdings sollte man beachten, daß das Material frei von Aluminium und Zink sein soll und daß Zinn, welches für längere Zeit bei tiefen Temperaturen gehalten werden muß, 0,1 % Bi oder wenigstens 1 bis 2 % Sb oder Pb enthält.

Tab. 65[2] enthält zwar die Festigkeitswerte bei Raumtemperatur, jedoch sind die in Tab. 66[2] wiedergegebenen Kriechfestigkeiten bei Raumtemperatur wichtiger.

---

[1] 1 kX $=$ 1,00202 Å.   [2] Metals Handbook, 1948 Edition, S. 1072.

Tabelle 65. *Mechanische Eigenschaften von Zinn bei Raumtemperatur.*

Zustand des Metalls	σ_B kg/mm²	δ %	Brinell-härte kg/mm²	Elastizitäts-modul kg/mm²	Kerbschlag-zähigkeit mkg (Izod)	Scher-festigkeit σ_a kg/mm²
Gußzustand	2,18	55	5,3	4220 bis 4560	1,9	2,04
Kokillenguß	1,47	69	—	—	–	—
Blech, 2,54 mm dick, geglüht.	1,68	96	—	—	—	—
Folie	1,54	—	—	—	—	—

Elastizitätsmodul bei 225° C . . . . 1052 kg/mm²
POISSONsche Zahl 0,33
Gleitmodul (Torsion) . . . . 1685 kg/mm²

Tabelle 66. *Kriechfestigkeit von Zinn bei Raumtemperatur.*

a) Draht von 2,54 mm ⌀

Spannung kg/mm² . .	0,053	0,109	0,161	0,218	0,274	0,379	0,544
Zeit in Tagen	28	28	28	28	28	28	3
Dehnung in %	0	0	0,70	3,0	8,5	10,5	Bruch

b) Gewalztes Band, 2,54 mm dick

Spannung kg/mm² . .	0,112	0,137	0,228	0,281	0,330	0,428	0,720
Zeit in Tagen	551	551	173	79	21	4,6	0,5
Dehnung in %	3,5	7,0	101 Bruch	122 Bruch	119 Bruch	105 Bruch	78 Bruch

Das für die Zähigkeit sehr ungünstige tetragonale Gitter des weißen Zinns macht sich natürlich in der Kerbschlagsbiegefestigkeit bei niedrigen Temperaturen bemerkbar, wie GREAVES und JONES[1] zeigen konnten (Abb. 310). Man beachte den starken Abfall der aufzuwendenden Schlagarbeit unter 0° C.

Das, was an reinem Zinn ausgenutzt wird, ist seine Beständigkeit gegen chemische Angriffe besonderer Art, die es zum Überzug bei Konservenblechen für leichtverderbliche Lebensmittel prädestiniert. Weiter wird es für ähnliche Zwecke als Folie oder als Tube verwendet, soweit nicht Blei oder Aluminium an seine Stelle getreten sind.

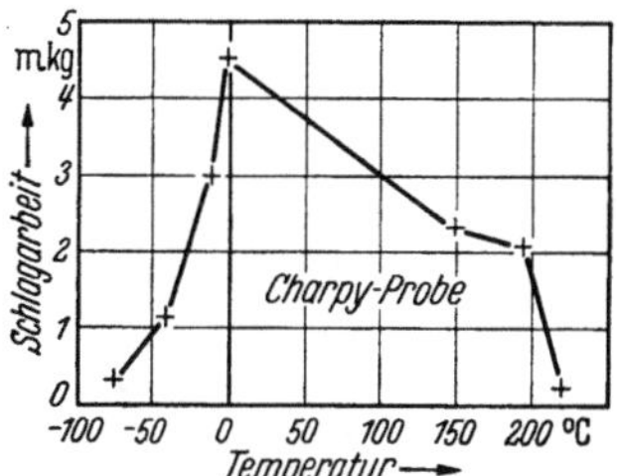

Abb. 310. Schlagfestigkeit von weißem Zinn in Abhängigkeit von der Temperatur (nach GREAVES und JONES).

2. Zinnlegierungen.

Zinn ist Zusatzelement für eine Reihe von Legierungen. Es wird gebraucht in Loten, Lagermetallen, Folien, Tuben, Letternmetallen, Weißmetall, Bronze (schon besprochen) und Britanniametall (91% Sn, 7% Sb, 2% Cu).

VII. Blei.

Blei wird vorwiegend aus seinen Erzen und Abfallmaterialien (Bleiglanz, Weißbleierz, Glätte, Abstrich, Bleistein usw.) durch Röstreaktions- oder Röstreduktionsschmelzen gewonnen. Im ersten Falle röstet man einen Teil des

---

[1] GREAVES, R. H., u. J. A. JONES: J. Inst. Met. Bd. 34 (1925) S. 85, nach P. LITHERLAND TEED, S. 199, siehe Fußnote 6, S. 454.

Schwefels ab und benutzt das entstandene Oxyd, um den anderen Teil des Schwefels damit zu entfernen. Im zweiten Falle röstet man allen Schwefel ab und reduziert das entstandene Oxyd mit üblichen Reduktionsmitteln, wie Kohlenstoff oder Kohlenmonoxyd.

Tab. 67[1] gibt eine Übersicht über die Verwendung von Blei in den Vereinigten Staaten von Amerika für die Jahre 1937 und 1944. (Die short-tons des Originals sind in Prozente umgerechnet.)

Tabelle 67. *Verwendung von Blei in den Vereinigten Staaten von Amerika.*

	1937 %	1944 %		1937 %	1944 %
Bleiweiß	12,7	5,5	„Terneplate"[2]	0,9	0,6
Bleimennige, Bleiglätte	8,4	7,3	Folien	3,2	1,8
Akkumulatorenbatterien	28,3	28,2	Lagermetall	2,2	3,8
Kabelmäntel	13,3	12,0	Lote	3,2	3,8
Baubedarf	6,6	6,4	Letternmetall	2,5	2,3
Tetraäthylblei	3,2	7,8	Dichtungen	2,2	2,9
Automobile	1,8	0,1	Verschiedenes	5,7	11,7
Munition	5,8	5,8			
				100,0	100,0

Tabelle 68. *Eigenschaften von Blei.*

Spez. Gewicht bei 20° C	11,34 g/cm³
Spez. Gewicht bei 327° C (fest)	11,00 g/cm³
Spez. Gewicht bei 331° C (flüssig)	10,66 g/cm³
Schmelzpunkt	327,35° C
Spezifische Wärme (0 bis 100° C)	0,0305 kcal/kg °C
Schmelzwärme	6,26 kcal/kg
Mittlerer linearer Wärmeausdehnungskoeffizient (0 bis 100° C)	$29,5 \cdot 10^{-6}$ °C^{-1}
Elektrischer Widerstand bei 20° C	$20,648 \cdot 10^{-6}$ $\Omega \cdot$ cm
Wärmeleitzahl bei 0°	30 kcal/m h °C
Zugfestigkeit	1,1 bis 1,575 kg/mm²
Dehnung	50% (bei 203,2 mm Meßlänge)
	118% (bei 50,8 mm Meßlänge)
Einschnürung	100%
Brinellhärte	3 kg/mm²
Kristallgitter	flächenzentriert kubisch mit $a = 4,92$ Å

---

[1] Nach Metals Handbook, 1948 Edition, S. 944.
[2] s. Fußnote 3, S. 523.

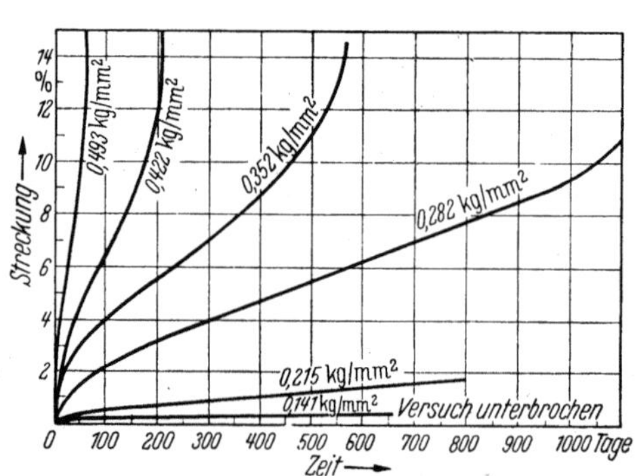

Abb. 311. Kriechkurven von Blei (nach McKeown).

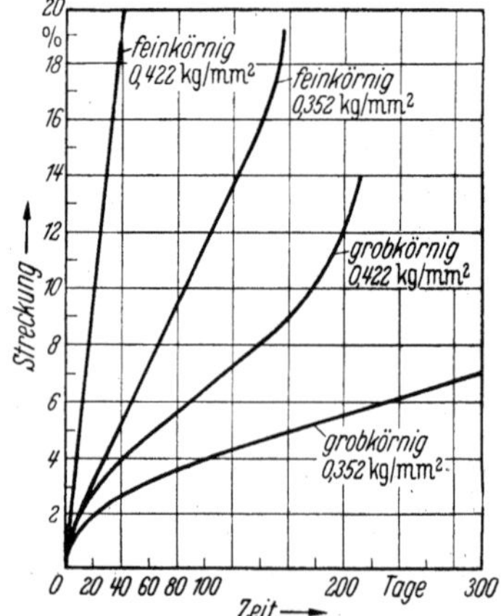

Abb. 312. Kriechkurven von Blei (nach McKeown).

.Die größte Menge Blei wird für Akkumulatorenplatten und Kabelmäntel verbraucht. Gemäß DIN 1728, Mai 1944, wird Blei in Deutschland in sieben Qualitäten mit 99,99 bis 98,5% Pb geliefert. Seine wichtigsten Eigenschaften enthält Tab. 68[1].

Es muß bedacht werden, daß beim Blei fast in noch höherem Maße als beim Zinn die Kriechgrenze, nicht die Zugfestigkeit von Bedeutung ist, da die Rekristallisation schon bei Raumtemperatur beginnt. Die Abb. 311 und 312 zeigen Kriechkurven nach Arbeiten von McKeown[2], und zwar Abb. 312 für grobkörniges (Korngröße 0,84 mm^2) und feinkörniges (Korngröße 0,01 mm^2) Blei.

Was die Eigenschaften von Blei bei tiefen Temperaturen angeht, so liegen nicht viele Resultate vor. Nix und MacNair[3] geben an, daß die Wärmeausdehnungszahl bei 27° C 29,3 · 10^{-6} und bei −173° C 25,5 · 10^{-6} °C^{-1} beträgt. Pomp, Krisch und Haupt[4] sowie Molnar[5] geben die in Tab. 69 niedergelegten Festigkeitswerte für tiefe Temperaturen an, wobei leider Angaben über die Zusammensetzung des Bleis fehlen.

Tabelle 69. *Festigkeitswerte von Blei.*

Temperatur °C	σ_B kg/mm^2	δ %	Kerbschlag-zähigkeit mkg/cm^2	Quelle
Raumtemp.	2,04	33	2,3	A. Pomp u.
−184	4,41	40	3,8	Mitarbeiter.
−254	—	—	4,5	
+15	2,52	52	—	A. Molnar.
−20	5,04	40	—	
−40	5,29	31	—	
−75	10,70	24	—	

VIII. Zusammenfassung.

Faßt man die vorstehenden Tatbestände und Überlegungen in großen Zügen zusammen, dann muß man feststellen, daß abgesehen von Zink und seinen Legierungen mit hexagonalem und Zinn mit tetragonalem Gitteraufbau alle anderen Metalle dank ihres geeigneten Gitters bei tiefen Temperaturen frei von Sprödigkeit sind. Selbst Aushärtungserscheinungen oder Kaltdeformation senken die die Zähigkeit anzeigenden Eigenschaften, nämlich Dehnung und Einschnürung, nicht nennenswert unter die Werte herunter, die sie bei 20° haben und die natürlich meist tiefer sind als die bei nicht ausgehärteten oder nicht kaltdeformierten Metallen.

Angaben über die chemische Einwirkung der Kältemittel auf die Metalle sind in Band IV, Abschnitt VI, 4b zu finden.

---

[1] Nach Carpenter u. Robertson, S. 1411, siehe Fußnote 5, S. 449.

[2] McKeown, J.: J. Inst. Met. Bd. 60 (1937) S. 201, nach Carpenter u. Robertson, S. 1415/1416, siehe Fußnote 5, S. 449.

[3] Nix, F., u. D. MacNair: Phys. Rev. Bd. 61 (1942) S. 74/78, nach Metals Handbook, 1948 Edition, S. 205.

[4] Pomp, A., K. Krisch u. G. Haupt: Mitt. K.-Wilh.-Inst. Eisenforschg. Ed. 21 (1939) S. 219/230.

[5] Molnar, A.: C. R. Acad. Sci., Paris Bd. 190 (1930) S. 1423, nach Litherland Teed, S. 201, siehe Fußnote 6, S. 454.

Nichtmetallische Werkstoffe.

Von

Dr.-Ing. S. Kiesskalt,

Professor an der Technischen Hochschule, Aachen.

Mit 10 Abbildungen.

Vorbemerkungen.

Die nichtmetallischen Werkstoffe spielen in der Kältetechnik als gestaltfeste, „starre" Konstruktionsmaterialien etwa im Sinne der Metalle wie Stahl und Bronze eine geringe Rolle. Soweit sie überhaupt praktisch ausreichend formbeständig sind, wie Vinidur und Polystyrol, verschlechtern sich ihre festigkeitsmechanischen Eigenschaften wie Dehnung, Kerbempfindlichkeit, Arbeitsvermögen, im allgemeinen unter 0° C erheblich. Eine beachtliche Ausnahmestellung nehmen praktisch nur die Bakelite (S. 543ff.) ein. Um so mehr stehen die „plastischen" Kunststoffe als Dichtungs- und Membranbaustoffe[1], auch als Apparateauskleidungen und nicht korrodierende Förderbänder im Vordergrund. Sie finden mit rasch fortschreitender Aufklärung der stoffphysikalischen Zusammenhänge und der damit Hand in Hand gehenden chemischen und verarbeitungstechnischen Verbesserungen immer stärkeren Einsatz. Grundlegend ist daher die genaue Kenntnis ihres plastischen Verhaltens[2], hier insbesondere die Zusammenhänge zwischen Belastung und Verformung, die durch das Hookesche Proportionalitätsgesetz in keiner Weise mehr beschrieben werden können und oft nicht umkehrbar und zudem zeitabhängig sind. Dazu treten ferner noch die Diffusionserscheinungen, die zugleich für die Verpackungsmaterialien, etwa für gefrorene Lebensmittel, Bedeutung haben. Diese werkstoffmechanischen Grundlagen seien daher in allgemeinerer Betrachtung vorausgestellt, wobei allerdings das Schrifttum in bezug auf den Einfluß tieferer, kältetechnisch wichtiger Temperaturen nur aus wenigen, vorwiegend deutschen und amerikanischen Quellen fließt. Eine erweiterte stoffphysikalische Betrachtung einiger Erscheinungen an dieser Stelle sei auch damit begründet, daß die meisten Anomalien dieser neueren Werkstoffe gerade im Bereich zwischen 0° und etwa − 80° C praktisch und theoretisch gleich wichtig sind.

---

[1] SCHWAIGERER, S., u. KOBITSCHZ: Techn. Bd. 2 (1947) S. 425—430 u. 489—493.

[2] Hierzu die umfangreiche kritische Literaturbesprechung von TH. PÖSCHL: Mechanik der festen Körper Bd. 2. Physik i. regelm. Ber. 1941, H. 2; ferner in rheologischer Sicht J. M. BURGERS u. G. W. SCOTT BLAIR: Report on the principles of rheological nomenclature. Amsterdam: North-Holland Publishing Cy. 1949.

A. Plastische Kunststoffe.

I. Festigkeitsmechanik der kautschukelastischen Werkstoffe.

1. Plastizität und Einfrierpunkt.

ROELIG[1] hat zunächst an Weichgummi und Buna im Hinblick auf Entwicklungsprobleme der Fahrzeugbereifung das statische und dynamische Festigkeitsverhalten eingehend untersucht und später auf eine große Anzahl anderer

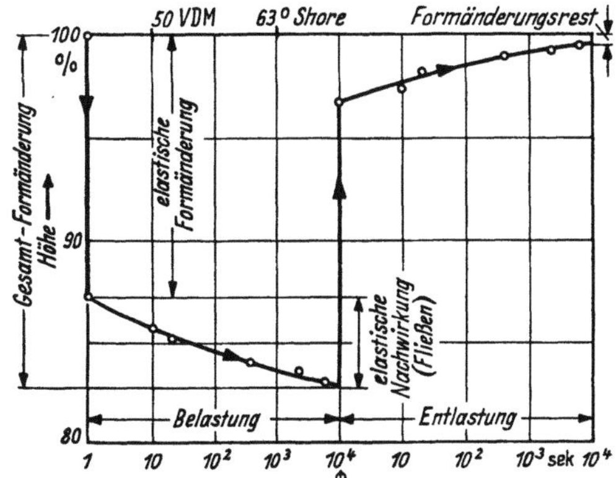

Abb. 313. Zeitlicher Verlauf der Formänderung eines Weichgummizylinders (20 Ø × 20 mm) unter konstanter Druckbelastung von 10 kg/cm² und bei Entlastung (nach ROELIG, Z. VDI).

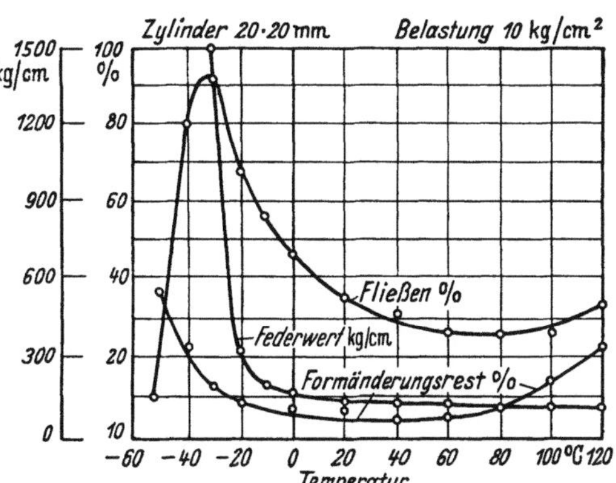

Abb. 314. Abhängigkeit der elastisch-plastischen Eigenschaften einer spritzbaren Weichgummisorte von der Temperatur und ihre Beziehungen (nach ROELIG, Z. VDI). (Ordinate in % d. Gesamtformänderung.)

Kunststoffe seine Methoden und Erkenntnisse angewandt. Die Abb. 313 bis 315 geben die typischen Diagramme in Abhängigkeit von Zeit und Temperatur wieder, wobei in Abb. 313 zunächst die praktisch wichtigsten Erscheinungen und Begriffe aufgegliedert und definiert werden, und zwar für die sogenannte statische, besser quasistatische oder langzeitige Beanspruchung. Abb. 314 stellt dann die Temperaturabhängigkeiten bis −50° C der in Abb. 313 herausgeschälten plastischen Erscheinungen dar, während in Abb. 315 speziell das „Fließen" verschiedener Werkstoffe (sogenannte Laufflächenmischungen) verglichen wird. Es zeigt sich schon jetzt, daß die kennzeichnenden Unterschiede im Gebiet niedriger Temperaturen besonders scharf hervortreten, mehr noch, daß man diese plastischen Werkstoffe offensichtlich gerade durch ihr Verhalten in der Kälte schärfer charakterisieren kann. Dies bedeutet zugleich eine Antwort auf die Frage ihrer Verwendbarkeit in der Kältetechnik, die die klassische Festigkeitslehre weder qualitativ noch quantitativ geben kann.

Beim Aufbringen der Beanspruchung im Druckversuch nach Abb. 313, der z. B. dem Zusammenpressen einer Dichtung zwischen zwei Flanschen entspricht, tritt zunächst eine sofortige Zusammendrückung als elastische, wenn auch meist nicht lastproportionale HOOKEsche Formänderung ein. Sie ist im Prinzip bei sofortiger Entlastung auch wegumkehrbar, obwohl bei dieser dann als „dynamisch" anzusprechenden Verformung eine Dämpfung mit meßbarer Erwärmung erfolgt. Diese Dämpfung wird technisch maßgebend, wenn solche nichtmetallischen Werkstoffe etwa im Ventilbau als Federungskörper oder in schwing-

---

[1] ROELIG, H.: Z. VDI Bd. 87 (1943) S. 347—351, ebenda weitere Literaturangaben.

technisch ausgebildeten Kleinkompressoren eingesetzt werden sollten. Da solche Beanspruchungen praktisch noch nicht häufig sind, kann sich die Darstellung auf diesen Hinweis begnügen, zumal ein auftretendes Bedürfnis schon umfangreiches Material über Prüfmethoden, Auswertung und einschlägige Stoffphysik auf dem Gebiet der Entwicklung von Kraftwagenreifen vorfinden würde[1].

Kennzeichnend für die Gesamtheit dieser plastischen Werkstoffe ist nun nach Abb. 313, daß sich unter ruhender Last, also gleichbleibender Druckbelastung, an die elastische Formänderung eine elastische Nachwirkung, das sogenannte „Fließen" anschließt, das anfangs rascher, dann asymptotisch abklingend verläuft. Man sagt, der Werkstoff „kriecht" oder zeigt „kalten Fluß"; in der Praxis läßt dann etwa die Dichtwirkung zwischen Flanschen nach. Durch Veränderung der Mischungskomponenten, vor allem durch die Einarbeitung fester, feinverteilter Füllstoffe, wie Ruß, Quarzmehl usw., kann diese unerwünschte Erscheinung erheblich beeinflußt werden. Roelig gibt z. B. für Weichgummi an, daß dieses Fließen bei 20° C zwischen 5 und 40% der Gesamtformänderung als Bezugsgröße betragen kann. Nach einigen Stunden (genormt nach DIN 53510/11 mit 4 Stunden) ist der Vorgang abgeklungen. Bei der anschließenden Entlastung verbleibt dann aber nach der Rückfederung als Folge der Plastizität ein zeitabhängiger *Formänderungbetrag*, dessen wiederum asymptotisch abklingender Restwert ebenfalls ein Maßstab für das eingeschränkt elastische Verhalten ist.

Kurven nach Abb. 313 werden auf üblichen Druck/Zug-Materialprüfmaschinen bei verschiedenen Temperaturen aufgenommen. Ihre Auswertung nach Abb. 314 in Abhängigkeit von der Temperatur vermittelt weitere Einblicke. Daß mit steigenden Temperaturen diese Werkstoffe plastischer werden, der Formänderungsrest und das Fließen also rasch zunehmen, während Federwert bzw. Druckmodul als Maß für die Erweichung abnehmen, lehrt die allgemeine Erfahrung[2]. Dagegen überrascht der starke Anstieg aller drei Größen mit sinkender Temperatur. Das bedeutet jedoch nicht eine stärkere elastische Formänderung, die ja im Gegenteil mit steigendem Druckmodul geringer wird. Es erfolgt vielmehr stärkeres Fließen, und ebenfalls erhebliche Veränderungen der Kohäsion anzeigend, verbleibt ein immer größerer Formänderungsrest. Diese typischen Erscheinungen werden für den untersuchten Werkstoff etwa ab −20° auffällig. Die elastische Nachwirkung durchläuft dann bei −30° einen physikalisch wichtigen Höchstwert, während der Druckmodul, zugleich kennzeichnend für diese nun eingetretene Verhärtung, den zehnfachen Wert gegenüber dem bei normalen Temperaturen erreicht. Diese Gummisorte ist bei −55° völlig „eingefroren", nachdem sie schon vorher, mindestens von −15° ab, technisch infolge Rißbildung unbrauchbar wurde[3].

In Abb. 315 werden die kennzeichnenden Fließkurven von Naturgummi (*a*) und zwei Bunasorten (*b, c*) verglichen. Letztere sind wohl bei Temperaturen über etwa +80° (Reifen) dem Naturgummi überlegen, doch ist allein letzterer bei −40° noch nicht eingefroren. Es gelang aber, andere synthetische Kautschuksorten mit noch tieferen Einfriertemperaturen (besser Einfrier*zonen*) zu entwickeln. Tab. 1 gibt die Temperaturen der festigkeitsmechanischen Maximal-

---

[1] Roelig, H.: Gummiztg. u. Kautschuk Juni/Juli 1943; Kautschuk Bd. 15 (1939) S. 7; ferner Kautschuk u. Gummi Bd. 2 (1949) S. 287.

[2] De Waard, R. D.: Mod. Plastics Bd. 27 (1949) S. 115, 118, 164, 166 u. 168.

[3] Wie auch bei anderen kolloiden Systemen hoher Zähigkeit ist übrigens die Einfriergeschwindigkeit klein, die Gleichgewichtseinstellung erfordert nach H. Roelig bis zu mehreren Wochen.

werte für mehrere Kunststoffe als sogenannte „Einfriertemperaturen" wieder. Sie sind grundsätzlich die untersten Grenzen technischer Anwendbarkeit[1].

Tabelle 1. *Einfriertemperaturen.*

Perbunan	— 40° C
Buna S	— 50° C
Naturkautschuk . . .	— 60° C
Zahlenbuna	— 65° C
Buna SW	— 70° C
(Siliconkautschuk . . .	—100° C)

Die Einfriereffekte an Weichgummi können auch durch Verfolgung des Schubmoduls und der Relaxation bei Torsionsbeanspruchung in der Kälte sichtbar gemacht werden[2]; diese Untersuchungen ergaben außerdem, daß die Prüfzeiten bis zu 10 Tagen und länger bemessen werden sollten.

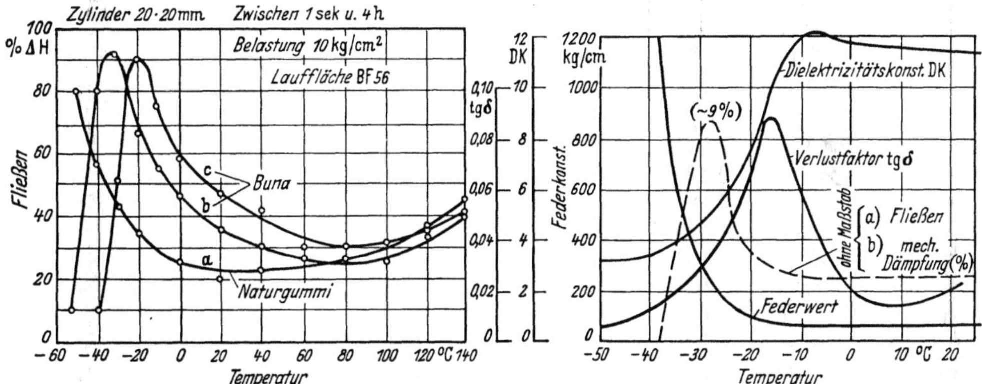

Abb. 315. Vergleich der Temperaturabhängigkeit der elastischen Nachwirkung (Fließen) von Naturgummi und zwei Bunasorten (nach Roelig, Z. VDI).

Abb. 316. Vergleich der Temperaturabhängigkeit von mechanischen und dielektrischen Stoffwerten nach H. Roelig für Perbunan (ungefüllt vulkanisiert).

2. Dielektrische Analogie.

Es sei im Sinne eines vertieften Einblicks noch kurz auf die stoffphysikalisch begründeten Parallelerscheinungen eingegangen, wie sie einerseits im Gebiet schnell verlaufender mechanisch-dynamischer Wechselbeanspruchungen und andererseits im elektrischen Hochfrequenzfeld als dielektrische Effekte auftreten. Roelig-Leverkusen hat auch hier umfassende Forschung geleistet[3] (vgl. auch S. 532). Mißt man nämlich auf mechanisch rasch schwingenden Wechseldruckmaschinen, z. B. bei 15 Hz, unter Vorspannung den dynamischen E-Modul (Federwert) und ermittelt die mechanische Dämpfung aus der Fläche der Hystereseschleife zwischen Belastungs- und Entlastungszug in Abhängigkeit von der Temperatur, so erhält man nach Abb. 316 (Kurve *b*) Darstellungen, die den Fließwerten nach Abb. 314 ganz ähnlich sind. Dabei tritt zwar beim dynamischen Versuch die Dämpfung an Stelle des statischen Fließens, aber der Höchstwert der Dämpfung entspricht wieder völlig dem Beginn des steilen

---

[1] Yarsley, V. E., u. G. C. Ives: World Refrig. Bd. 4 (1953) Nr. 4, S. 193/203. Ergänzende Werte für weniger häufig verwendete Werkstoffe in gleicher Darstellung. (Das mechanische Ersatzbild für die elastisch-plastische Deformation nach Abb. 313 wurde nicht von Burgers, sondern bereits von Maxwell angegeben!)

[2] Mooney, M., u. W. E. Wolstenholme: Industr. Engng. Chem. Bd. 44 (1952) S. 335 bis 342. — [3] Roelig, H., u. W. Heidemann: Kunststoffe Bd. 38 (1948) S. 125/130.

Ansteigens des dynamischen Moduls. Bei der Einfriertemperatur wird die Dämpfung annähernd 0, die Werkstoffe werden durch Versprödung keramischen Materialien ähnlich und brechen bei der Überschreitung der Druckfestigkeitsgrenze wie diese verformungslos zusammen. Die dynamisch ermittelte Einfriertemperatur liegt im übrigen etwas höher als die statisch bestimmte, was grundsätzlich ohne Belang ist, da diese Kohäsionserscheinungen der hochmolekularen Werkstoffe als kinetische Vorgänge von den absoluten Temperaturen abhängen, ganz anders also als die metallischen Zusammenhaltmechanismen.

Molekularkinetisch ähnliche Ursachen hat die ebenfalls von Roelig[1] aufgefundene Nachbarschaft des sogenannten DK-Sprungs (Sprung der Dielektrizitätskonstante) und des dielektrischen Verlustmaximums dieser Werkstoffe im Hochfrequenzgebiet, Abb. 316. Für Dipolflüssigkeiten hatte bereits Debye dieses dielektrische Wertepaar verknüpft. Darüber hinaus wurde nun im Sinne einer dielektrischen bzw. mechanischen Analogie ermittelt, daß der Kehrwert des E-Moduls und die DK einerseits, andererseits die mechanische Dämpfung und der dielektrische Verlustwinkel $tg\,\delta$ in ihren Temperaturabhängigkeiten zumindest für Kautschukpolymerisate ähnlich verlaufen. Man hat sich das qualitativ so vorzustellen, daß mit abnehmender Temperatur die Zähigkeitswerte rasch anwachsen und, damit unmittelbar verknüpft, die Beweglichkeit der Dipolmolekülketten gegenüber angelegten Hochfrequenzfeldern abnimmt, sie also zur Ausrichtung mehr Energie verbrauchen. Diese Erscheinung kommt mit sinkender Temperatur quantitativ als Zunahme des dielektrischen Verlustfaktors $tg\,\delta$ und analog der mechanischen Nachwirkung des Fließens sowie der mechanischen Dämpfung zum Ausdruck. In dieser Zone kommt es aber, wenn auch verlustreich, noch zur Ausrichtung der kleinsten Volumbereiche. Mit dem „Einfrieren", d. h. der Festlegung dieser Volumbereiche, nehmen das plastische Fließen und die Dämpfung rasch ab und als dielektrisches Maß für die innere Beweglichkeit auch $tg\,\delta$. Da sich nun aber die Dipole der Substanz nicht mehr ausrichten können, fällt die Dielektrizitätskonstante (DK) sprungartig ab, während in mechanischer Hinsicht das Material metallähnlich hart wird, d. h., Federwert oder Modul nehmen sinngemäß schnell zu. — Die Ergebnisse sind übrigens auch von praktischer kältetechnischer Bedeutung insofern, weil Kabel in einem weiten Temperaturbereich von vielleicht -40 bis $+80°$ mechanisch *und* elektrisch befriedigen müssen. Die dielektrische Prüfmethode mit einer normalen Hochfrequenzbrücke aber erlaubt auf Grund der aufgefundenen Parallelität zum mechanischen Verhalten eine rasche Durchmusterung von Verarbeitungsversuchen auf dem Misch- und Vulkanisiersektor im Kältegebiet und mußte schon deshalb erwähnt werden.

3. Kinetik.

Zum Abschluß dieser stoffphysikalischen Grundlagenbetrachtung der Kautschukelastizität seien noch die kinetischen Eigenschaften kurz berührt[2]. Von den Füllstoffen abgesehen liegt im Anwendungsbereich zwischen der Einfrier- und Fließtemperaturzone eine Verteilung von Großmolekülen vor, deren Kettenglieder bereits eine gegenseitige innere Beweglichkeit aufweisen, die aber doch noch zwischen den Ketten sogenannte Haftpunkte haben. Dieses in unserem Zusammenhang wichtige plastische Zustandsgebiet nennt Überreither[2] eine „Flüssigkeit mit fixierter Struktur". Die in Wirklichkeit immer vorliegende

---

[1] Roelig, H.: ETZ Bd. 63 (1942) S. 465—466.
[2] Überreither, K.: Kautschuk Bd. 19 (1943) S. 11—15.

statistische Verteilung von Kettenlängen bedingt zudem noch, daß die kurzen Ketten schon bald geschmolzen sind. Ihre Wirkung kann bei fast allen Kunststoffen von Fall zu Fall noch durch eingemischte Weichmacher, insbesondere im Gebiet tiefer Temperaturen, beeinflußt werden[1,2] (vgl. A II).

Verfasser hat schließlich, von diesen Zusammenhängen ausgehend, darauf aufmerksam gemacht, daß für die in der Verfahrenstechnik gelegentlich notwendige *Kaltmahlung* von Substanzen, die bei Raumtemperatur weich sind oder schmieren, die zerkleinerungstechnisch wirklich erforderliche „Versprödungstemperatur" mittels der einfachen dielektrischen Methode bestimmt werden sollte. Die Kenntnis der optimalen Kohäsionsbereiche schließt die Wahl unnötig und damit unwirtschaftlich niedriger Temperaturen aus[3].

II. Allgemeine Anwendungstechnik plastischer Kunststoffe.

Die üblichen technologischen Prüfmethoden und die für den normalen Gebrauch als zulässig betrachteten Stoffwerte sind u. a. im Deutschen Normenwerk ausführlich festgelegt. Die stoffphysikalischen Betrachtungen im Abschnitt A I wurden aber vorausgestellt, um dem Fachmann vertiefte Unterlagen für Auswahl und kritische Bewertung zu geben, die er vor allem dann braucht, wenn neue Wege eingeschlagen werden sollen[4]. Sehr viele polymerisierte Werkstoffe aus chemisch definierten, monomeren synthetischen Grundstoffen stehen heute zur Verfügung; genannt seien: die Bunaarten (Butadien), Oppanol (Polyisobutylen), Chloropren (2-Chlor-1,3-butadien, in USA als Neoprene bekannt), Perduren oder Thiokol (Polysulfide), Weichigelit (Polyvinylchlorid, PVC), Igamid (Superpolyamide), Trolitul (Styrol), Polythen (Polyäthylen) und neuerdings in USA auch die Silicone[5] als anorganische Plastika mit eingebauten organischen Gruppen. Außerdem sind deren vielfältige Mischpolymerisate zu nennen. Diese Stoffe dürften allein schon für jeden Bedarfsfall bei geklärten Forderungen eine Lösung darbieten. Darüber hinaus liefern die außerordentlich abwandelbaren Polymerisationsbedingungen (in Lösung, Block oder Emulsion) der modernen Chemie der Makromoleküle, ferner die Möglichkeiten weiterer Varianten durch Mischpolymerisationen wie bei Perbunan (Butadien + Akrylsäurenitril), schließlich die Mischungstechnik (Schwefel, Zinkoxyd, Ruß, Kieselsäure, insbesondere auch *Weichmacher*, Beschleuniger usw.), Vulkanisation oder Kondensation, orientierende Reckung u. dgl. eine Überzahl von technischen Hilfsstoffen, die die Auswahl an natürlich entstandenen Werkstoffen, wie Asbest, Zellulose u. dgl., weit übertreffen. Gegenüber Naturprodukten haben diese anpassungsfähigen synthetischen Erzeugnisse zudem meist eine gleichmäßigere Qualität.

Die Kältetechnik stellt an sie fallweise folgende Forderungen:

---

[1] GLOOR, W. E.: Industr. Engng. Chem. Bd. 39 (1947) S. 1125.

[2] GEHMANN, S. D., D. F. WOODFORD u. C. S. WILKINSON: Industr. Engng. Chem. Bd. 39 (1947) S. 1108.

[3] RUMPF, H: Kunstst. 44 (1954) S. 98.

[4] Einen Einblick in die vielseitigen Verwendungsvorschläge und Probleme gibt der amerikanische Tagungsbericht von O. H. YOXSIMER über die Anwendung von Kunststoffen in Kälte. Refrig. Engng. Bd. 58 (1950), S. 235—241. — Desgleichen schildert V. E. YARSLEY den englischen Stand der Kunststoffanwendung in der Kältetechnik. Proc. Inst. Refrig. Bd. XLVIII (1951/52) S. 201—215 (London).

[5] Gesamtübersicht dieser in Deutschland noch nicht verfügbaren, teilweise für die Kältetechnik sehr interessanten, aber recht teueren Werkstoffe vgl. E. ESCALES: Kunststoffe Bd. 37 (1947) S. 1—4, auch E. PRINZ: Technik Bd. 2 (1947) S. 457—458 auf Grund amerikanischer zitierter Quellen. — S. NITZSCHE betont in Chem. Ing. Techn. Bd. 23 (1951) S. 16 die flache Temperaturviskositätskurve der Siliconöle und die Kältebeständigkeit des Siliconkautschuks bis —100° C.

Mechanische Stoffwerte, vor allem Weichheit, Dehnung, bestimmtes plastisches oder elastisches Verhalten (etwa für Dichtungen), Zug-, Druck-, Einreiß-, Haftfestigkeiten (Abschnitt A III);

chemische Stabilität und zeitliche Unveränderlichkeit der Stoffwerte auch gegen feuchte Atmosphären und gegen Kältemittel im flüssigen und gasförmigen Zustand sowie gegen Schmierstoffe; damit eng zusammenhängend Eignung für Oberflächen- und Korrosionsschutz, oft auch Geruchs- und Geschmacksfreiheit bei Verarbeitung von Lebensmitteln (A IV), zweckbedingtes Diffusionsverhalten (A V). Sehr oft entspricht ein bestimmter Kunststoff an sich diesen Anforderungen, nicht aber der gewählte Weichmacher; nach Klärung der Ursachen wird dann die Erfahrung des Chemikers meist Austauschstoffe finden lassen, wobei die feste Einbindung (Ausdiffundieren, Extraktionen) bei den in Frage kommenden Temperaturen, aber auch die fungiciden Eigenschaften mancher Weichmacher besonders zu berücksichtigen sein werden[1].

III. Prüftechnik, Normen[2], zulässige Festigkeitswerte.

Für die praktische Auswertung der im Abschnitt A I wiedergegebenen Darlegungen sei noch bemerkt, daß die amerikanische Literatur die *Einfriertemperatur* als „Brittle-point"[3] bezeichnet. Eine offizielle Normung dieser wichtigen Größe liegt aber noch nicht vor. Roelig schlägt vor, diejenige Temperatur zu wählen, bei der der *E-Modul* das Zehnfache seines Wertes bei $+20°$ erreicht hat. Englische Vorschläge (1946) erwägen die Festlegung der Temperatur, bei der der *Torsionsmodul* eines Stabes das Zehnfache seines Wertes bei $0°$ erreicht. Beide Festlegungen würden somit leidlich übereinstimmen. Die praktische Erfahrung lehrt, daß unterhalb dieses Temperaturbereiches z. B. Stulpendichtungen brechen, Flanschdichtungen undicht werden usw. Eine technologische Kurzprüfung für die Kältefestigkeit von Kunstoffolien hat die Badische Anilin- & Soda-Fabrik, Ludwigshafen, entwickelt[4]; die Probestreifen werden zu Schleifen gebogen und mit einem Fallhammer im Kälteschrank zerschlagen; das Bruchbild wird bereits Anhaltspunkte für den Einsatz geben.

Um die Kältebeständigkeit von Werkstoffen, wie z. B. Filme und Folien aus Papier, Kunststoffen usw., bei niedrigen Temperaturen feststellen zu können, wurde von der Firma Karl Frank G.m.b.H., Weinheim-B., das in Abb. 316a dargestellte Gerät für Zug-Knick-Beanspruchung entwickelt. Der Vorzug des Gerätes besteht in einer hohen Meßgenauigkeit und Differenzierung von einzelnen Gruppen bei einem nur geringen Aufwand von Kälte; die Ergebnisse sind völlig unabhängig von der Hand des Prüfers, wobei sich die Prüfung auf alle Arten von Filmen und Folien erstreckt.

Allgemeinverbindlich für die Prüfung organischer Kunststoffe in Kälteschränken sind die Temperaturstufen nach DIN 53893 (1944), nämlich $+5°$, $-5°$, $-20°$, $-40°$, $-60°$ und $-80°$ C ($0°$ C ebenso wie $+100°$ C sind wegen möglicher Pendelungen um den Gefrier- bzw. Siedepunkt etwa begleitenden Wassers und damit verbundener Unstetigkeiten zu vermeiden). Die Durchführung von Kälteprüfungen an Kunststoffen behandeln eingehend die VDI-

---

[1] McCormack, C. E., u. R. H. Baker: Weichmacher für kältefeste Neoprene und Schimmelbeständigkeit. Report BI-247. Du Pont de Nemours 1952.

[2] Der Hinweis auf Normblätter (z. B. DIN . . .), VDI-Richtlinien (z. B. VDI . . .) usw. erfolgt im Text.

[3] Russel, J. J.: Industr. Engng. Chem. Bd. 32 (1940) S. 509—512 (Brittle-point etwa Versprödungspunkt).

[4] Wellinger, K., u. G. Stähli: Kunststoffe Bd. 33 (1943) S. 103—104.

Richtlinien 2025 (1944) und auch HOFMEIER[1]; von großem Einfluß sind bei diesen „lebenden" Werkstoffen Abkühlungs- und Verformungsgeschwindigkeiten sowie Kühldauer und klimatisierende Einflüsse (VDI-Richtlinien 2024/1944). Die allgemeinen Richtlinien „Prüfung von Klimaeinwirkungen" nach DIN 50010

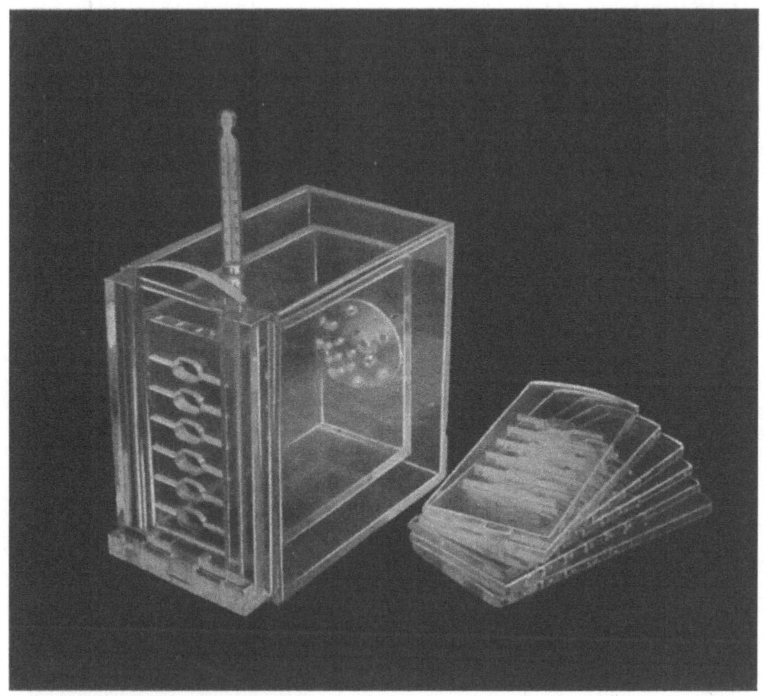

Abb. 316a. Kältebeständigkeitsprüfgerät für Filme und Folien der Fa. Karl Frank G.m.b.H., Weinheim-B.

(Entwurf 1952) sehen Prüfklimate bei Tiefkälte von $-70° \pm 3°$ C, Kälte von $-30° \pm 2°$ und „feuchte Kälte" von $-20° \pm 2°$ und 70% relativer Luftfeuchtigkeit (schwierig zu reproduzieren!) vor; letztere wird für nichtmetallische Werkstoffe besonders zu beachten sein. Die Vorschriften über tage- und auch wochenlange Behandlungszeiten sind sehr wichtig, weil sich alle Gleichgewichte in diesen makromolekularen Sytsemen hoher Strukturzähigkeit nur langsam einstellen[2]. Von großem Einfluß auf die zulässigen Beanspruchungen ist ferner die geometrische Form des Werkstückes (z. B. Kerb- und Einreißfestigkeit). All dies, zusammengenommen mit der im Vergleich zu metallischen Werkstoffen ungewöhnlichen Variationsbreite in der Anwendung der plastischen Kunststoffe, läßt es nicht zu, Festigkeitstabellen im herkömmlichen Sinn aufzustellen. Man wird auf Grund der dargelegten Erscheinungen die konstruktive Frage von Fall zu Fall klären und dann den Rat erfahrener Lieferfirmen einholen.

Prozentuale Abschätzungen des Temperatureinflusses auf die Biegefestigkeit gestattet Tab. 2 nach ST. DANIELSKI (BASF 1942).

---

[1] HOFMEIER, H.: Kunststoffe Bd. 34 (1944) S. 200.

[2] Das technische Komitee Iso/TC 61 „Plastics" schlug 1952 eine vorbehandelnde Klimatisierung zur Erreichung eines definierten Ausgangszustandes von 88 Stunden (16 Stunden Nachtlagerung + 3 Tage) vor; vgl. DIN-Mitt. Bd. 32 (1953) S. 124.

Tabelle 2. *Abhängigkeit der Biegefestigkeit bezogen auf verschiedene Temperaturen.*

Material	Stabform	Anstieg bzw. Abfall in %, bezogen auf die Biegefestigkeit bei + 20° C								
		+ 60° C	+ 40° C	+ 20° C	+ 10° C	+ 0° C	− 10° C	− 20° C	− 30° C	− 40° C
Polystyrol EF.	Kleinstab	−38	−17	—	+10,3	+ 23	+ 29	+ 41	—	+ 60
Polystyrol III	Kleinstab	−44	−25	—	+ 6	+ 12	+ 18	+ 34	—	+ 50
Igelit PCU	Kleinstab	−54	−28	—	+18	+ 24	+ 31	+ 47	—	+ 65
IgelitMP.TypS.	Kleinstab	—	−32	—	+26	+ 35	+ 53	+ 72	—	+117
Trolit W	Kleinstab	−95	−42	—	+32	+ 66	+106	+145	—	+246
Igamid A	Kleinstab	−72	−60	—	—	+ 35	+ 42	+ 50	+ 60	+ 80
Igamid B	Kleinstab	−56	−36	—	+30	+ 65	+144	+250	+294	+294
Igamid 6 A	Kleinstab	−81	−65	—	+95	+149	+170	+200	+220	+246
Igamid 85 B	Kleinstab	−77	−53	—	+73	+193	+273	+350	+390	+450

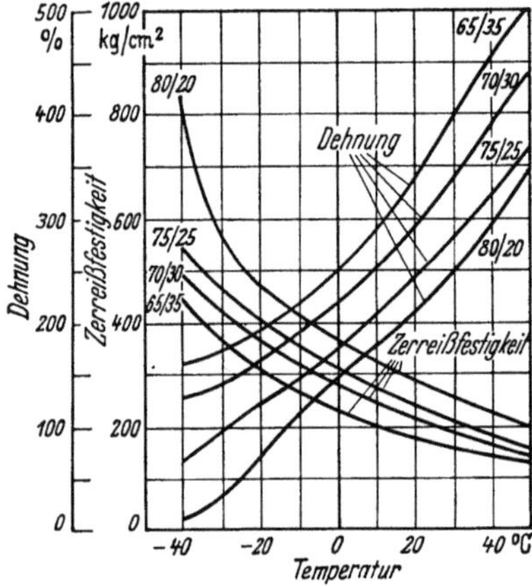

Abb. 317. Igelitweichfolien.
Weichmacher: Plastomoll TAH.

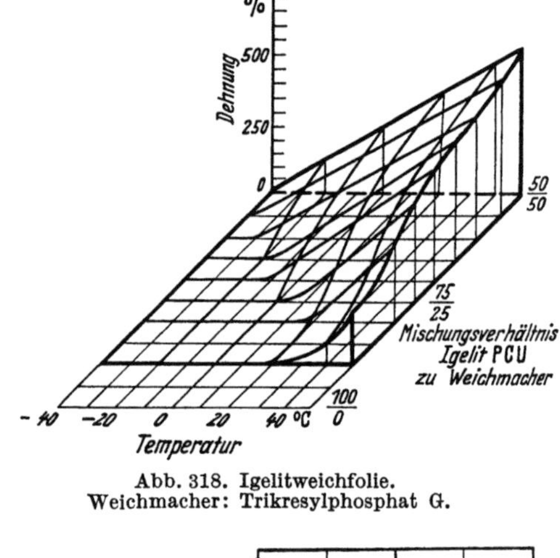

Abb. 318. Igelitweichfolie.
Weichmacher: Trikresylphosphat G.

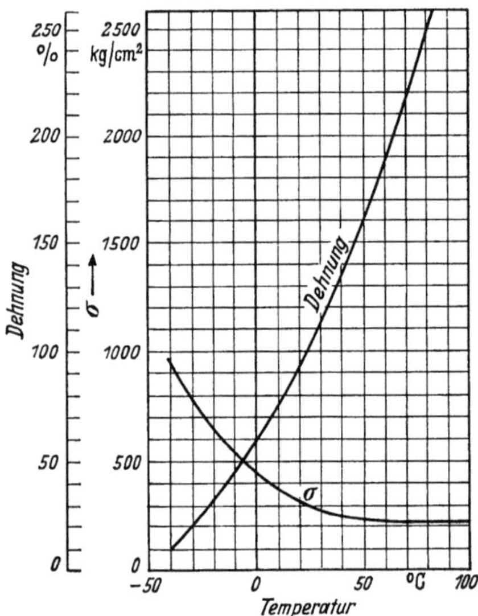

Abb. 319. Igamid. (σ = obere Streckgrenze.)

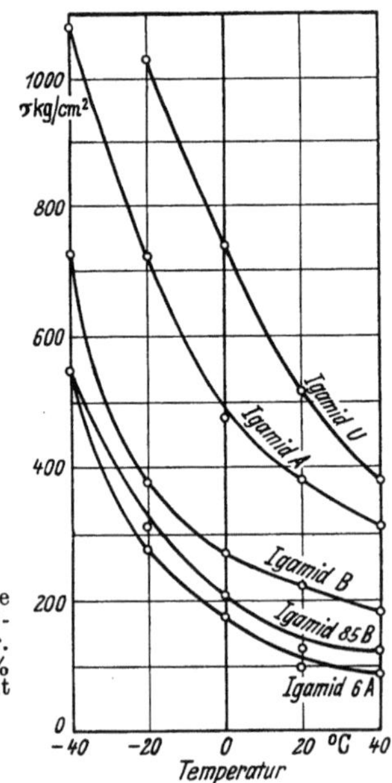

Abb. 320. Igamide. Obere Streckgrenze in Abhängigkeit von der Temperatur. Probest. 3 Mon. in 100% relativer Luftfeuchtigkeit gelagert.

Abb. 317—320. Temperaturabhängigkeit der Festigkeitswerte von Kunststoffen (nach St. Danielski, 1942; pers. mitgeteilt durch BASF-Ludwigshafen, Abt. Kuro).

Weitere Festigkeitswerte in Abhängigkeit von Temperaturen bis herab zu — 40° C und auch für verschiedene Weichmachergehalte von Igelitweichfolien bzw. Igamiden zeigen aus gleicher Quelle (BASF, unveröffentlicht) Abb. 317 bis 320. Stereodiagramme nach Abb. 318 sind besonders aufschlußreich, erfordern aber sehr zahlreiche Messungen, um z. B. den Einfluß von Weichmachermischungsverhältnissen in weiten Temperaturbereichen übersichtlich darstellen zu können.

Am Rande interessiert noch die mechanische Kältebeständigkeit gewisser organischer „Gläser", wie Plexiglas M 222 (Polymethylmethakrylat), angesichts ihrer Verwendung im Kraftfahr- und Flugwesen als Sicherheitsglas, das ja auch bei tiefen Temperaturen bis etwa — 40° nicht verspröden darf. Tatsächlich ist beispielsweise für Plexiglas M 222 die den Gebrauchswert kennzeichnende Schlagbiegefestigkeit zwischen + 20° und — 50° C mit dem beachtlichen Wert von 20 cm kg/cm^2 konstant bei nur wenig ansteigender Zug- und Biegefestigkeit[1].

Gute Festigkeitswerte in der Kälte haben auch verschiedene Neoprentypen (Chloroprene), insbesondere Neoprene F—R[2].

IV. Oberflächen- und Korrosionsschutz, Auskleidungstechnik, Beständigkeitstabellen.

Die noch vor 20 Jahren ausschließlich auf den chemischen Apparatebau einschließlich der Rohrleitungen im Säuresektor beschränkte Auskleidungstechnik meist stählerner Werkstücke mit vulkanisierbaren, aufgeklebten Naturgummibahnen hat mit der neueren Entwicklung der leicht zu Folien zieh- oder auswalzbaren weichen Kunststoffe und Bunaarten einen starken Aufschwung erlebt. Die zunächst rüstungsbedingte Mangellage an korrosionsfesten, hochlegierten metallischen Werkstoffen, vor allem der VA-Stähle auf dem Gebiet der Lebensmitteltechnik unterstützte die Einführung dieser Techniken, insbesondere, wenn es bei dem Gefrieren von Lebensmitteln auf Sicherheit gegen Rost und Beständigkeit gegen Fruchtsäuren, gelegentlich auch gegen Säureaufschlüsse ankam. Es ist heute ganz sicher, daß die damals erreichte Vollkommenheit dieser Auskleidungen (Kaschierungen) ihnen einen dauernden Platz in der Konstruktionstechnik mit ganz neuen Lösungsmöglichkeiten verschafft.

Soweit es sich dabei um Lagergefäße handelt, tritt die Auskleidungstechnik vor allem auch in Wettbewerb zur *Emaillierung*, die an sich höchsten chemischen Beständigkeitsansprüchen[3] genügt, mechanisch aber gegen Stoß und Schlag empfindlich geblieben ist. Mit der örtlichen Zerstörung von Emaillierungen entsteht immer auch die große Gefahr von scharfen Splittern im Lagergut. Die Reparatur solcher Stellen muß dann mit selbst- oder wärmehärtenden Kunstharzen erfolgen, will man nicht das ganze Werkstück neu emaillieren lassen; das macht diese Technik kostspielig. Dazu kommen besondere Güteanforderungen an das Emailliereisen, die bei den erheblich gestörten Roheisen- und Schrottkreisläufen der Nachkriegszeit manchmal schwer erfüllbar sind. Die erhebliche Verminderung des Wärmedurchgangs, größenordnungsweise um den Faktor 10, hat Email mit den Folienauskleidungen etwa gemeinsam.

Die Technik der Folienauskleidungen von Apparaten aus Eisen, Leichtmetall, aber auch gelegentlich von Holz, Ausmauerungen oder Beton ist grund-

---

[1] BAUER, W.: Herstellung und Eigenschaften des Polymethakrylsäuremethylesters. Kunststoffe Bd. 38 (1948) S. 1—10, insbesondere S. 5.

[2] LAWRENCE, H. L.: Refrig. Engng. Bd. 41 (1941) S. 404, auch Z. ges. Kälteind. Bd. 49 (1942) S. 123. — [3] Säuren, Lösungsmittel, *nicht* aber Basen!

sätzlich folgende: Die Werkstücke müssen glatte Flächen haben und dürfen also keinesfalls schon narbig angefressen sein. Schweißnähte sind glatt zu schleifen. Genietete Teile müssen vermieden werden und erlauben auch bei Anwendung von besonderen Kunstgriffen zur Ableitung von Lufteinschlüssen keine Gewähr für einwandfreies Gelingen der Werkstättenarbeit. Kurz vor der Oberflächenschutzbehandlung sind die Werkstücke blankzustrahlen, am besten mit sauberem Stahlkies und ölfreier Preßluft. Sofort anschließend wird mit Lösungsmittel abgewaschen und dann der erste Klebstoffanstrich aufgetragen, der je nach Vorschrift in gewissen Zeitabständen zu wiederholen ist. Die Folien, z. B. 2 bis 4 mm starke Bunafelle, 2 mm Oppanol[1] oder 0,8 mm Vinidurfolien, werden dann zugeschnitten und von Hand in die Maschinenteile eingeklebt und luftblasenfrei mit kleinen handbetätigten Rollen angedrückt oder bei thermoplastischen Werkstoffen, wie Igelit, auch heiß aufgebügelt. Besondere handwerkliche Sorgfalt ist dem Stoß mit der nächsten Bahn zu widmen, z. B. durch schräggeschnittene Überdeckungen. Bei Oppanol werden diese Stöße durch schmale, elektrisch geheizte Messer „hammergeschweißt" (VDI 2007, August 1943), stärkere Igelitauskleidungen mit Heißluft und Kunststoffdrähten als Zusatzmaterial „verschweißt". Buna- und Naturgummiauskleidungen werden unter Druck mit Dampf oder Luft heiß vulkanisiert. Die Größe der Werkstücke wird hier nur durch die Maße der vorhandenen Vulkanisierkessel begrenzt. Es wurden aber darüber hinausgehend z. B. im zweiten Weltkrieg große, seegängige Fahrzeuge außen mit Bunafolien bekleidet, allerdings mit selbstvulkanisierenden Klebemitteln. — Über Kältebeständigkeit vgl. Tab. 1; die Klebstoffe sind nach den Vorschriften der Herstellerfirmen auszuwählen und lassen bei Raumtemperatur Haftfestigkeiten bis 60 kg/cm² an Metall, bei − 50° C aber 130 kg/cm² erreichen[2].

Die *chemische Beständigkeit* der üblichen Kunststoffe im allgemeinen ist unbegrenzt gegen verdünnte Säuren, auch Salzsäure, Salzlösungen, Sodaalkalität, Fruchtsäuren, im einzelnen vgl. Tab. 4. Fast alle sind unbeständig gegen Laugen. Vinidur- und Igamidfolien sowie eine neu ausgearbeitete Bunaqualität GF sind praktisch geruchs- und geschmacksfrei. Wenn auch die Kunststoffe selbst unbedenklich in bezug auf die Lebensmittelgesetzgebung sind, so erfordert die Wahl der Weichmacher große Sorgfalt. Fast alle sind jedoch unbeständig gegen organische Lösungsmittel, vor allem auch gegen ähnlich wirkende halogenierte Kältemittel, die diese Werkstoffe zur starken Quellung bringen können. In jedem Fall ist hier ein wenigstens qualitativer Laboratoriumsversuch angebracht.

Die Technik der Auskleidungen ist unter dem Gesamtbegriff „Oberflächenschutz mit Kunststoffen" (26 Seiten) an Hand zahlreicher Beispiele „Falsch/ Richtig" im VDI-Richtlinienwerk eingehend behandelt:

VDI 2011 (Sept. 1944): Verfahren, Eigenschaften und Anwendungen (allgemeine Grundlagen).

VDI 2012 (Sept. 1944): Gestaltung und Ausführung der zu schützenden metallischen Konstruktionen.

VDI 2015 (Sept. 1944): Oberflächenschutz aus Polyvinylchlorid (Vinidur).

VDI 2016 (Sept. 1944): Oberflächenschutz aus Polyisobutylen (Oppanol ORG).

Ferner auch:

VDI 2005 (Okt. 1942): Gestaltung und Anwendung von Gummiteilen.

VDI 2007 (Aug. 1943): Schweißen von Kunststoffen.

---

[1] Für den Einsatz in der Nahrungs- und Genußmitteltechnik sind außer der sonst üblichen grauschwarzen ORG-Qualität die weißen Marken O und OS von Interesse.

[2] Esch, W.: Gummi u. Asbest Bd. 6 (1953) S. 181.

Diesen Blättern seien Kurzangaben über die Anwendungsbreite und chemische Beständigkeit entnommen, soweit sie in der Kältetechnik interessieren (Tab. 3 und 4).

Tabelle 3. *Temperaturbereiche.*

Igelit, Vinidur	—10 bis +50° C (nach anderen schon ab 0° zu spröde).
Oppanol (ORG)	—50 bis reichlich +50° C.
Hartgummi, Naturgummi . . .	—20 bis +100° C.
Buna	—20 bis +130° C.
Weichgummi (Natur)	—50 bis + 70° bzw. +90° C.
	(Buna: neue Sonderqualitäten bis —70°.)
Silikone	teilweise —100° bis +300° C.

Mechanisch am beständigsten gegen Abrieb und Verschleiß ist im übrigen Weichgummi.

Tab. 4 ist eine gekürzte Wiedergabe der etwa 300 Substanzen umfassenden Beständigkeitsliste VDI 2011, wozu bemerkt sei, daß schon geringe Verunreinigungen des angreifenden Agens mit z. B. 0,5% aromatischen oder halogenierten aliphatischen Kohlenwasserstoffen namentlich für geklebte Konstruktionen bedenklich sein können; schließlich ist oft in Grenzfällen des Konzentrationsbereiches die Temperatur entscheidend. Es wurden außer den in der Kältetechnik üblichen Substanzen auch chemische Verbindungen aufgenommen, die als Arbeitsmittel in Absorptionskältemaschinen in Frage kommen können; ferner wurden Schädigungen durch technisch allgemein übliche, aber für den Kunststoffsektor doch zweckmäßig ausgewählte Reinigungsmittel berücksichtigt. Aus den gleichen Gründen wurden auch Beständigkeitsangaben für höhere Temperaturen und Drücke eingeordnet. Für die Probleme der Kältetechnik genügt schließlich der ergänzende Hinweis, daß Buna- und Naturgummiauskleidungen etwa die chemische Beständigkeit der Oppanolüberzüge besitzen.

Angreifende Agenzien verursachen hier im übrigen nicht die von den Metallen her bekannten Bilder des elektrolytischen Anfressens, des Lochfraßes oder gar des Kornzerfalls. In der Regel quellen die plastischen Kunststoffe mehr oder weniger stark auf, insbesondere in Berührung mit Lösungsmitteln oder Ölen. Abb. 321 läßt das vergleichsweise an der Gewichtszunahme und der zugehörigen Festigkeitsabnahme für Naturgummi und Perbunan bei Quellung in Benzin während 6 Tagen erkennen. Die Berührung mit Schmieröl wirkt ähnlich; die größere Stabilität des Perbunans gegen Schmieröle und Lösungsmittel ist anwendungstechnisch auch für Kältemaschinen wesentlich.

Die gelegentlich zu beobachtende Bildung großer oder auch vieler kleiner Bläschen in Auskleidungen rührt meist davon her, daß Substanzen durch den Kunststoff diffundierten und den Klebstoff ablösten. Risse, namentlich in Gummioberflächen, entstehen meist durch Nachvulkanisation (UV-Bestrah-

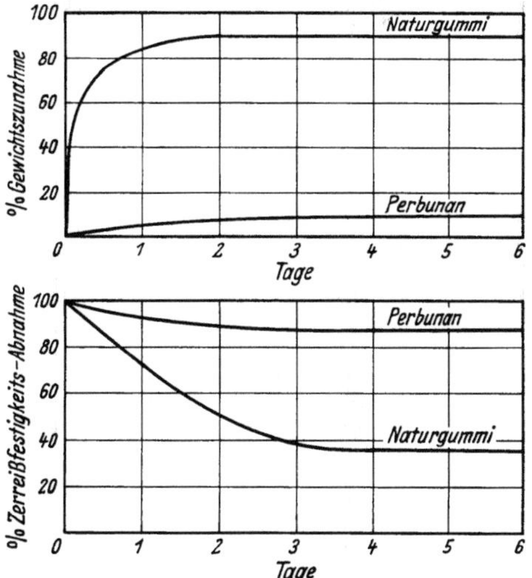

Abb. 321. Quellung und Festigkeit zweier Kautschukwerkstoffe in Benzin (Werkphoto Farbenfabriken Bayer, Leverkusen).

Tabelle 4. *Chemische Beständigkeit von Vinidur, Oppanol 0 und ORG.*

beständig . . . . ++
bedingt beständig . . . . . . +
unbeständig . . . . —
verdünnt unter 10% . . = verdünnt

Chemischer Angriff	Konz. %	Temp. °C	Vinidur Igelit	Oppanol 0	Oppanol ORG.
Abgase, CO$_2$-haltig	jede	60	++	++	++
		100		+	++
HCl-haltig	jede	60	++	++	++
HCl-haltig		100		+	++
SO$_2$-haltig	geringere	60	++	++	++
		100		+	++
Acrylsäureäthylester	100	20	—	—	—
Apfelsäure, wäßrig	1	20	++		
Äthylalkohol, wäßrig	jede	40	++	++	++
	96	60	+	++	++
	96	80		+	+
+ 2% Toluol	96	20	++		
Gärungsmaische	üblich	100		+	+
Essigsäure-Gärgem.	üblich	50	+	++	++
Ameisensäure	50	60	+	++	++
	100	60	—	—	—
Ammoniak, trocken gasförmig	100	60	++	++	++
flüssig	100	20	+	—	—
wäßrig	gesättigt	40	++	++	++
wäßrig	gesättigt	60	+	++	++
wäßrig	gesättigt	100		+	++
Benzin	100	60	++	—	—
Benzol	100	20	—	—	—
Benzoesaures Natron, wäßrig	bis 10	40	++	++	++
wäßrig	bis 10	60	+	++	++
Bierkulör	üblich	60	++	++	++
Bisulfit, wäßrig	verdünnt	40	++	++	++
wäßrig	verdünnt	60	+	++	++
wäßrig	k. ges.*	100		—	+
Borsäure, wäßrig	k. ges.*	60	+	++	++
Branntwein	üblich	20	++	ungeeign.	++
Calciumchlorid, wäßrig	verdünnt	40	++	++	++
wäßrig	verdünnt	60	+	++	++
wäßrig	k. ges.*	60	++	++	++
wäßrig	k. ges.*	100		+	++
Chlormethyl	100	20	—	—	—
Düngesalze, wäßrig	verdünnt	60	+	++	++
Essig (Weinessig)	üblich	60	+	++	++
Formaldehyd, wäßrig	verdünnt	60	+	++	++
Frigen	100	20	++	—	—
Glycerin, wäßrig	jede	60	++	++	++
Kaliumpermanganat	bis 6	60	++	+	+
Kochsalz, wäßrig	verdünnt	60	+	++	++
Kohlensäure, feucht	jede	60	+	++	++
wäßrig, 8 atü	k. ges.*	20	+	—	—
Kokosfettalkohol	100	60	+	—	—
Melasse	üblich	20	++	++	++
	üblich	80		+	++
Methylalkohol	100	40	++	++	++
	100	60	+	++	+
Methylenchlorid	100	20	—	—	—
Obstpulp	üblich	20	++	++	++
Öle und Fette	üblich	60	++	—	—
Salzsäure, wäßrig	bis 30	60	+	++	++

Tabelle 4. (Fortsetzung.)

Chemischer Angriff	Konz. %	Temp. °C	Vinidur Igelit	Oppanol O	Oppanol ORG.
Schwefeldioxyd, trocken	jede	60	+ +	+ +	+ +
feucht	jede	60	+	+ +	+ +
wäßrig, 8 atü .	k. ges.*	20	+	−	−
flüssig	100	−10	+		+
flüssig	100	20	+	−	−
Stärkesyrup	üblich	60	+ +	+ +	+ +
Tetrachlorkohlenstoff	100	20	+	−	−
	100	60	−	−	−
Traubenzucker, wäßrig	k. ges.*	20	+ +	+ +	+ +
	k. ges.*	80		+	−
Vinylacetat	100	20	−	−	−
Weine, rot und weiß.	üblich	20	+ +	ungeeign.	+ +
Weinsäure, wäßrig	bis 10	40	+ +	+ +	+ +
wäßrig	bis 10	60	+	+ +	+ +
Zitronensäure, wäßrig	bis 10	40	+ +	+ +	+ +
wäßrig	bis 10	60	+	+ +	+ +

* kalt gesättigt.

lung!) oder Oxydation[1]. Wichtig ist es auch, zu wissen, daß zwar gelegentlich der Kunststoff selbst nicht angegriffen wird, daß aber Weichmacher entweder herausdiffundieren oder herausgelöst werden. In solchen Fällen werden z. B. schlaffe Membranen an Meßgeräten durch Versprödung unbrauchbar, Dichtungsringe undicht usw. Auch hier bringen Alterungsschutzmittel und Füllstoffe oft erhebliche Verbesserungen.

Gegenüber diesen neuesten Oberflächenschutzverfahren haben im gesamten Apparatebau die Einbrennlacke auf Bakelitbasis stark an Bedeutung verloren. Chemisch und thermisch leisten letztere zwar mehr: sie sind auch gegen organische Lösungsmittel aller Art sowie gegen alle Kältemittel beständig, unbeständig nur gegen oxydierende Säuren und Alkalilaugen sowie Brom, aber einsatzfähig bis +180° C. Leider stellen sie an die Werkstättentechnik (Härtung bei 180° C) höhere Forderungen und sind grundsätzlich wie alle Anstrichdeckschichten mechanisch empfindlich und durch feine Poren gefährdet. Gewisses Interesse hat von den Einbrennlacken das Silasit[2], das durch Zusatz größerer Mengen von feinstgemahlenem hartem Siliziumstaub eine gegenüber normalen Bakelitlacken doppelte Wärmeleitzahl $\lambda = 0{,}6$ kcal m^{-1} h^{-1} grd^{-1} erreicht.

In den letzten Jahren wurde das Kunststoffflammenspritzen[3] in England und Deutschland entwickelt; die zu schützende Fläche wird mit einem Schweißbrenner erhitzt und dann in den Brennstrahl der Spritzpistole der feinpulverisierte, nicht härtbare Kunststoff eingesaugt und auf die Metallfläche geschleudert. So bauen sich millimeterstarke Schutzschichten auf, deren Porenfreiheit durch Prüfung mit dem elektrischen Funken kontrolliert werden kann. Der werkstättentechnische Aufwand ist gegenüber Folienauskleidungen gering. Am meisten verwendet wird Polyäthylen, das kältetechnisch besonders interessant und als Kettenkohlenwasserstoff sehr hydrophob und undurchlässig ist.

V. Diffusion.

Im Rahmen der Kältetechnik spielt die Diffusion eine entscheidende Rolle im Verpackungswesen gefrorener Lebensmittel (s. dieses Handbuch, Bd. X und XI). Die Fragestellung ist aber dort spezieller; es soll hier über fast ausschließlich

---

[1] SCHNEIDER, P.: Vortrag Kautschuk-Tagung Goslar 1953.
[2] WEHN, J.: Z. VDI Bd. 78 (1934) S. 16.
[3] GEMMER, E.: Werkstoffe u. Korrosion Bd. 2 (1951) S. 369—371.

amerikanische Forschungsergebnisse berichtet werden, die sich auf Diffusionsvorgänge an Dichtungen von Maschinen und Apparaten und an Membranen von Pumpen, Kompressoren und Ventilen (insbesondere automatischen Regelventilen) beziehen. Es sei vorweggenommen, daß immer das Ficksche Diffusionsgesetz als ein einfacher Ausdruck auch für die organischen Polymere gilt. Darüber hinaus wurden umfangreiche Arbeiten über die diffusionskinetischen Zusammenhänge in den Membranen durchgeführt. Die Diffusionskonstante D in einem Membranmedium hängt von der Temperatur ab wie folgt:

$$D = D_0\, e^{-\frac{E}{RT}}\ [\text{cm}^2\,\text{s}^{-1}].$$

Die Aktivierungsenergien E sind für die sogenannte aktivierte Diffusion danach zu bestimmen, ob sie von Lösungs- oder Absorptionsvorgängen begleitet ist.

Schließlich ergibt auch der Gesamtdurchgang (permeability) logarithmisch über $1/T$ aufgetragen eine Gerade, wie Sager und Sucher zunächst für Chloropren[1] nachgewiesen haben. Man kann daher die aus praktischen Gründen über $0°\,C$ gemessenen Werte in das Gebiet tieferer Temperaturen extrapolieren[2]. Die von Barrer[3] an 80 Systemen aller Art bestimmten Konstanten lassen erkennen, daß die Plastizität auf den inneren Diffusionsmechanismus praktisch ohne Einfluß ist, daß aber die Wechselwirkung zwischen den diffundierenden Teilchen und dem Medium, angenähert gekennzeichnet durch Löslichkeit und Selbstdiffusion, beträchtlich ist. Es gelang so, die Medien (kautschukähnliche Massen, Zellulosen, auch Gläser und Metalle) in typischen Gruppen zu ordnen. Wegen weiterer kinetischer Einzelheiten muß auf die umfangreichen Originalarbeiten verwiesen werden, doch seien daraus in einigen zweckmäßigen Zusammenstellungen zahlenmäßige Ergebnisse wiedergegeben. Sie dürften für die meisten praktischen Aufgaben gemeinsam mit dem oben angeführten logarithmischen $1/T$-Gesetz hinreichen, jedenfalls aber immer gute Fingerzeige geben.

Für Membranen aus Chloropren E verhalten sich die volumetrischen Gesamtdurchgänge verschiedener Gase bei 30 mm WS und Diffusion in Luft hinein wie folgt:

$$H_2 : He : CO_2 = 1 : 0,65 : 2,1.$$

Diese Verhältniszahlen bleiben für andere Kautschuksorten ungefähr dieselben; in relativen Zahlen (Wasserstoff = 1) wurden für den Durchgang verschiedener kältetechnisch wichtiger Gase und Dämpfe folgende Ordnungen gefunden:

$$\text{Luft} : H_2 : CO_2 : NH_3 : CH_3Cl : C_2H_3Cl = 0,22 : 1 : 2,9 : 8 : 18,5 : 200$$

Die Selektivität gegenüber einigen kältetechnisch besonders wichtigen Gasen ist also bei diesen weichen Werkstoffen so beträchtlich, daß Trennungsverfahren durch dünne durchlässige Membranen mittels Diffusion denkbar erscheinen. Weitere Werte und Literaturangaben findet man bei Sager[4].

Absolute Durchlässigkeitszahlen (Permeationskonstanten) für die Flächeneinheit (cm^2) bei $25°\,C$ in cm^3 je cm Dicke, 1 sec und 1 Torr Druckdifferenz gibt Tab. 5 für verschiedene Gase und Werkstoffe wieder:

---

[1] Sager, Th. P.: J. Res. Nat. Bur. Stand. Bd. 25 (1940) S. 309ff. — Th. P. Sager u. M. J. Sucher: J. Res. Nat. Bur. Stand. Bd. 22 (1939) S. 771.

[2] Vgl. Analogon zur Temperaturabhängigkeit des Leitvermögens fester Elektrolyte nach Arrhenius, z. B. H. Ulich: Phys. Chem. 2. Aufl. (1940) S. 248—249.

[3] Barrer, R. M.: Trans Faraday Soc. Bd. 38 (1942) S. 322—330; ferner Bd. 35 (1939) S. 628—643 u. 644—656; Bd. 36 (1940) S. 644—648; auszugsweise Kunststoffe Bd. 33 (1943) S. 212—213.

[4] Sager, Th. P.: J. Res. Nat. Bur. Stand. Bd. 25 (1940) S. 309ff. — Rubber Chem. a. Techn. Bd. 14 (1941) S. 444.

Tabelle 5. *Durchlässigkeitszahlen* [cm³/cm sec Torr] · 10^{10}.

	H_2	N_2	O_2	CO_2	NH_3
Naturgummi, vulk.	4,5	0,72	2,0	13,0	35,8
Guttapercha	0,8	—	—	—	—
Neopren E	0,9	—	—	1,9	—
Perbunan	3,2	—	—	—	—
Buna S	1,1	—	—	—	—

Schließlich läßt sich eine Richtwerttabelle mit befriedigender Übereinstimmung aus den verschiedenen Quellen für die Wasserdampfdurchlässigkeit (Verpackungen!) bei 25° C in g/cm h Torr für die wichtigsten, freilich nicht genau definierbaren Werkstoffe aufstellen (Tab. 6):

Tabelle 6. *Wasserdampfdurchlässigkeit (Permeationskonstanten)* [g/cm h Torr] · 10^8.

Thiokol	0,2	Guttapercha	1,0
Neopren, vulk.	2,6	Vinidur	0,8
Weichgummi	7,0	Polystyrol	1,3
Ebonit	1,5	Balata	1,7
Cellit	80	Papier	400

Für solche Messungen haben VIEWEG und GAST eine registrierende elektrodynamische Mikrowaage entwickelt[1].

Diese Diffusionsmessungen verlangen natürlich völlig porenfreie Prüffolien. Um diese und andere nicht immer leicht vermeidbare Fehlerquellen auszuschalten, haben CARPENTER und TWISS[2] besondere Methoden ausgearbeitet, die die oben erwähnten Parallelen zwischen Absorption und Diffusion nutzbar machen[3]; es handelt sich hier um wichtige, aber zum Teil recht verwickelte Zusammenhänge.

Wenig Beachtung fand bisher die Möglichkeit, den Gasdurchgang der Membranen auch durch die Wahl und Feinheit der Füllstoffe zu beeinflussen. An Kautschuk fanden VAN AMERONGEN[4] und Mitarbeiter, daß die Einarbeitung plättchenförmiger Füllstoffe, wie Aluminium- oder Glimmerpulver, die Gasdurchlässigkeiten um etwa 75% herabsetzt, übrigens ein weitgehend temperaturunabhängiger, also rein mechanischer Effekt. Er erklärt sich im wesentlichen durch den viel längeren Diffusionsweg um die undurchlässigen Füllstoffteilchen herum[5] und ist somit ein einfaches Hilfsmittel für viele ähnliche Fälle, sicherlich auch für Membranen aus Kunststoffen.

B. Gestaltfeste Kunststoffe.

I. Härtende, geschichtete und gefüllte Kunstharze.

Hierher gehören die vor 45 Jahren von BAEKELAND umwälzend in die Technik eingeführten, unter Hitze (bis 180° C) und Druck aus Phenol und Formaldehyd kondensierten, „härtbaren" Bakelite, deren vielseitige Anwendbarkeit als dauerhafte Massenartikel der Elektrotechnik und des täglichen Bedarfs allbekannt

---

[1] VIEWEG, R., u. TH. GAST: Kunststoffe Bd. 34 (1944) S. 117—119.

[2] CARPENTER, A. S., u. D. F. TWISS: Industr. Engng. Chem. Bd. 12 (1940) S. 99—108; deutsch auszugsweise Kunststoffe Bd. 36 (1946) S. 53—54.

[3] VAN AMERONGEN, G. J.: J. Appl. Phys. Bd. 17 (1946) S. 972—985.

[4] VAN AMERONGEN, G. J.: Der Einfluß von Füllstoffen auf die Gasdurchlässigkeit von Kautschuk. Vortragstagung Dtsch. Kautschuk-Gesellschaft Goslar 1953. — Dort auch zahlreiche Angaben über Diffusions- und Löslichkeitskoeffizienten sowie Aktivierungsenergien der Teilvorgänge.

[5] THIRION, P., G. J. VAN AMERONGEN u. R. CHASSET: Rev. Gen. Cautchouc Bd. 28 (1951) S. 684.

ist. Demgegenüber ist die ebenfalls stürmische Entwicklung der im Abschnitt A behandelten, meist plastischen Polymerkunststoffe erst knapp 20 Jahre alt. Auch ihre harten Typen (Polystyrole, Vinidur, vgl. Abschnitt B II) konnten die Weiterentwicklung der molekular dreidimensional vernetzten Bakelite nicht eindämmen, weder in der Herstellung immer größerer Gebrauchsteile (Kühlschrankgehäuse) noch bezüglich spezieller Maschinenteile (Gleitlager, gekapselte und baulich verwickelte Schaltorgane mit maßgerecht eingepreßten, fertigbearbeiteten Metallteilen, Chemiepumpen usw.). Die Kosten für die erforderlichen teueren Preßformen sind entscheidend für die Seriengröße. Auch in den Bakeliten spielen die Füllstoffe eine wichtige Rolle (Typen nach DIN 7704-08).

Mitzubesprechen sind in diesem Zusammenhang auch die aus Papier- und Textilbahnen geschichteten, mittels härtbarer Kunstharze verpreßten Hartstoffe in Platten oder gewickelten Rundkörpern (Rohre, Stangen), die auch als Halbzeug für beliebige spanabhebende Bearbeitung viel verwendet werden.

Über die hohe chemische und thermische Beständigkeit der Bakeliteinbrennlacke wurden die erforderlichen Angaben schon am Schluß des Abschnitts A IV gemacht. Wegen der Zusammensetzung, Verarbeitbarkeit und mechanischen Eigenschaften kann auf neuere Buchveröffentlichungen[1, 2, 3] und spezielle Handbuchbeiträge[4] verwiesen werden. Hier ist ergänzend auf das mechanische Verhalten der Bakelittypen in der Kälte einzugehen, das für Schichtstoffe neuerdings von Norelli und Gard bis $-55°$ C eingehend untersucht wurde[5], und zwar an je zwei Hartpapiersorten, Hartgeweben, Asbestgewebeplatten und einer aus Phenolharz und Glasgespinst[6] geschichteten Platte. Die Zug-, Druck- und Scherfestigkeiten unterscheiden sich nach der hier auszugsweise wiedergegebenen und umgerechneten Tabelle 7 zwar zahlenmäßig erheblich, die Spannungs-Dehungs-Diagramme sind aber im Verlauf recht verwandt.

Tabelle 7. *Festigkeitswerte geschichteter Kunstharz-Hartplatten (alles kg/cm²).*

Material	Gewebe- bzw. Einlage	% Phenolharz	°C	Zugversuch			Druck σ_{dB}[7]	Scherung σ_{aB}[7]
				σ_{zB}	$\sigma_{0,2}$	Modul E		
C	Asbest	40 bis 45	-55	828	710	$148 \cdot 10^3$	3860	1325
			-20	740	638	$141 \cdot 10^3$	3430	1144
			$+25$	660	542	$137 \cdot 10^3$	3430	1036
D	Alfapapier	50 bis 55	-55	1095	835	$154 \cdot 10^3$	3820	795
			-20	1050	778	$106 \cdot 10^3$	3400	798
			$+25$	865	597	$85 \cdot 10^3$	2810	810
E	Baumwolle, fein . .	50 bis 55	-55	1045	978	$107 \cdot 10^3$	3820	1378
			-20	965	711	$98 \cdot 10^3$	3190	1220
			$+25$	868	508	$85 \cdot 10^3$	3040	1042
F	Glasgewebe	35 bis 40	-55	3620	2160	$200 \cdot 10^3$	5180	1964
			-20	3120	2010	$218 \cdot 10^3$	4640	1792
			$+25$	2640	2010	$204 \cdot 10^3$	4890	1476

[1] Brandenburger, K.: Herstellung und Verarbeitung von Kunstharzpreßmassen (4 Bde.). München 1937.

[2] Mehdorn, W.: Kunstharzpreßstoffe und andere Kunststoffe, 3. Aufl. Berlin: Springer 1949. — [3] Pabst, F.: Kunststofftaschenbuch, 5. Aufl. Berlin 1940.

[4] Erk, S.: Werkstoffe für den Bau chemischer Apparaturen/Kunststoffe: Eucken-Jakob, Chem.-Ing. Bd. III/2, S. 360/400. Leipzig: akad. Verl. Ges. 1938.

[5] Norelli, P. N., u. W. H. Gard: Industr. Engng. Chem. Bd. 37 (1945) S. 580—585.

[6] Hierzu F. Bollenrath: Kunststoffe Bd. 36 (1946) S. 73—80; hier Versuche der TH. Aachen an Hartharzschichtstoffen mit Glasfasern und Harzgehalten $< 33\%$, die noch um 15 bis 20% höhere Festigkeiten als die oben behandelten amerikanischen Erzeugnisse aufweisen.

[7] Beanspruchung senkrecht zur Ebene der Einlageschichten („flatwise").

Bestimmt wurden die Druckfestigkeiten und für den Zugversuch auch die 0,2%-Fließgrenze, $\sigma_{0,2}$, als ungefähre Proportionalitätsgrenze und jeweils der zugehörige E-Modul. In diesem Bereich gilt, namentlich für Temperaturen unter etwa 70° C, das HOOKEsche Gesetz recht genau. Zur Frage der Warmfestigkeit sei erwähnt, daß bei +150° C die Fließgrenze noch $^1/_2$ bis $^1/_4$ des Wertes bei −55° C beträgt. Die Zerreißfestigkeit, der E-Modul sowie Druck- und Scherfestigkeit sinken ebenfalls bei +150° auf etwa die Hälfte der Stoffwerte bei −55° C. Die Anwendungsbreite und die verhältnismäßig geringen Temperaturabhängigkeiten aller Festigkeitswerte sind also für diese Kunststoffe beachtlich gut! Die Kantenfestigkeit war beim Druck- und Scherversuch nur halb so groß wie bei der Belastung senkrecht zu den Bahnflächen. Anorganische Füller ergaben übrigens eine noch geringere Temperaturabhängigkeit als die organischen. Die ermittelten Festigkeitswerte selbst liegen bei Raumtemperatur in der Größenordnung derer, die ERK (siehe Fußnote 4, S. 544) gesammelt hat. Zur Beurteilung der für den Konstrukteur wichtigen Kerb- und Stoßempfindlichkeit sei noch die Schlagbiegefestigkeit herangezogen, die bei Raumtemperatur im Mittel zwischen 20 und 50 cm kg/cm² beträgt. MEHDORN (siehe Fußnote 2, S. 544) gibt insbesondere S. 78ff. auch für nicht geschichtete Kunstharzpreßstoffe für den Bereich von −70° bis +200° C Biege- und Schlagbiegefestigkeiten in absoluten und Verhältniswerten sowie die prozentualen Änderungen tabellarisch an. Die durchgängig geringe Änderung der konstruktiv wichtigen Festigkeitswerte auch der Formpreßharze vom Bakelittyp um nur 10 bis 20% zwischen +20° und −70° C ist sehr wichtig. Ihre Biegefestigkeiten bei −70° liegen um 1000 kg/cm², die Schlagbiegefestigkeiten der kaltfesten Typen noch um 20 cm kg/cm².

Allerdings ist beim Zusammenbau mit Stahlteilen, vor allem beim Einpressen von Bolzen und Büchsen zu beachten, daß die lineare Wärmedehnung der Kunstharze mit 20 bis 50, für Polystyrol (Trolitul) sogar mit $100 \cdot 10^{-6}$ [Grad^{-1}] groß gegenüber nur etwa $11 \cdot 10^{-6}$ für Stahl ist (Sprengwirkung).

Die Ergebnisse der Kaltfestigkeitsversuche darf also der Kältemaschinenkonstrukteur nicht unterschätzen. BOLLENRATH (siehe Fußnote 6, S. 544) hat anwendungstechnische Beispiele wiedergegeben, die auch hier zu breiten Einsatzversuchen anregen müßten. Werkstoffgerechter Einsatz und Gestaltung unterscheiden sich charakteristisch von denen der Metalle, so daß der Rat des Kunststoffachmannes zu hören ist.

Nun darf freilich nicht übersehen werden, daß die wirtschaftliche und gestaltungstechnisch so elegante Verwendung von Fertigpreßteilen auf Bakelitgrundlage an mehrteilige Preßformen aus Sonderstählen mit hohen Werkzeugkosten gebunden ist, was immer auch an kostensparender Rationalisierung (Normung, Typenverständigung) vorher geleistet wurde. Stückzahlen von mehreren hundert in einer Serie sind daher die unterste Grenze. Zu denken ist nicht nur an Kühlmöbel, die preßtechnisch und der Wirkung nach vielleicht dem Radioempfangsgehäuse am ähnlichsten und in keiner Weise, auch nicht durch Schwitzwasser, korrosionsgefährdet sind, sondern auch an austauschbare Apparateteile, wie Zentrifugalpumpen einschließlich der Räder, Gehäuse sowie Ventile, Rohrformstücke, Behälterteile u. dgl. Ferner können die im folgenden Abschnitt behandelten guten Laufeigenschaften von Kunststoffgleitlagern durchaus zum Einsatz von Bakelit für Kleinzylinder und Apparateteile in Absorptionssystemen ermutigen. Sinnvoll angelegte Vorversuche mit spanabhebend hergestellten Teilen aus geschichtetem oder gewickeltem Handelshalbzeug können schließlich das technische Risiko ausschalten, das der Entschluß zum Preßformenbau sonst beinhaltet. Dahin zielende Einzelfertigungen oder Versuchsreihen werden übrigens ergänzend auch geklebte oder geschweißte oder auf andere billige Weise geformte, thermoplastische Teile heranziehen (vgl. Abschnitt B III).

Gute Anhaltspunkte für derartige Entwicklungen und zugehörige Prüfungen bieten die VDI-Richtlinien 2024 „Kunst- und Preßstoffe für klimatische Beanspruchungen" und das DIN-Einheitsblatt 53893, das im Bereich von $-80°$ bis $+250°$ C für regelmäßige Prüfung organischer Kunststoffe 20 Prüftemperaturen festlegt. Speziell mit den Kälteprüfungen an Kunststoffen beschäftigen sich die VDI-Richtlinien 2025.

II. Nichtmetallische Gleitlager.

'Ein beachtliches Sondergebiet sei abschließend hervorgehoben, ohne daß unter Hinweis auf eine reiche Fachliteratur im einzelnen auf Gestaltungsfragen und Versuchsergebnisse einzugehen ist: die Verwendung von Kunstharzen als Gleitlager[1]. Sie sind nicht nur in dem Sinn heißlaufsicher, daß sie mit der Welle nicht verschweißen können, sondern sie stellen bei nicht zu hoher Flächenpressung nur geringe Anforderungen an die Schmierung. Ähnlich wie Weichgummilager[2] laufen sie klaglos mit kleinen Reibungsziffern auch in Salzlösungen, selbst in reinem Wasser. Sonderqualitäten können mit feingemahlenem Graphit verpreßt werden und finden dann Verwendung an schwachbeanspruchten, aber schwer zugänglichen Stellen, können also völlig korrosionssicher etwa in Kältesole oder im Kältemittel selbst laufen[3], soweit nicht Quellung zu befürchten ist (A IV).

Ähnliches gilt auch für die vielfach erprobten, geräuscharm laufenden Zahnräder aus Hartgewebe[4], doch haben sich z. B. Kolbenringe aus diesen leistungsfähigen Werkstoffen bislang nicht eingeführt. Hervorgehoben sei, daß das Lagerspiel mit bis etwa $4°/_{00}$ des Durchmessers mit Rücksicht auf Wärmedehnung und Quellung grundsätzlich reichlicher sein muß als bei Bronzelagern. Nach Vorschlag von Heidebroeck benutzt man für Heißlagerstellen statt den die Reibungswärme schlecht ableitenden Kunststoffbuchsen auf die Zapfen aufgewickelte und gehärtete Laufflächen, wie z. B. bei den Schäferlagern[5]. Die Vorteile dieser Werkstoffe auch für gleitende Maschinenteile scheinen im Kältemaschinen- und Apparatebau noch nicht Allgemeingut geworden zu sein[6]. Neuerdings werden übrigens auch Polyamide (Nylon) als Gleitlagerwerkstoffe empfohlen.

III. Thermoplastische harte Konstruktionskunststoffe und ihre Verbindungstechnik.

Der im Abschnitt A IV als weicher Auskleidungswerkstoff des Oberflächenschutzes behandelte Kunststoff Polyvinylchlorid PCU (Weichigelit), aus Azetylen durch Salzsäuregasanlagerung und Polymerisation hergestellt, findet auch als gestaltfestes „hartes" Erzeugnis, dann aber weichmacher- und füllstofffrei, umfangreiche Verwendung. Er kommt als Halbzeug unter Handelsbezeichnungen[7]

---

[1] Vgl. u. a.: Z. VDI Bd. 84 (1940) S. 39, 159, 584, 691, 832; auch DIN E 16902 (1944) und DIN 7703 (1943). — [2] Bednar, A.: Rubber Age Bd. 65 (1949) S. 173—180.

[3] Vgl. wegen Einzelfragen: E. Schmidt u. R. Weber: Gleitlager. Springer 1953; dort umfangreicher Schrifttumnachweis und Konstruktionsbeispiele.

[4] Z. VDI Bd. 84 (1940) S. 606; Bd. 85 (1941) S. 8.

[5] Gilbert, E., u. K. Lürenbaum: Z. VDI Bd. 86 (1942) S. 139—144.

[6] Vgl. DIN 7703 Preßstofflager, dann auch Zusammenfassung in W. Mehdorn: Kunststoffpreßstoffe, 2. Aufl., 1949, S. 218—232.

[7] Die zahlreichen Handelsbezeichnungen der Kunststoffe, ihre zugehörige chemische Kennzeichnung und Verarbeitbarkeit sowie die Hersteller sind tabellarisch z. B. in den Ausgaben des Taschenbuches für Chemiker und Physiker, D'Ans, J., u. E. Lax, Verlag Springer, zusammengestellt.

wie Vinidur, Decelith u. a. in Form von Platten, Stangen, Rohren, Profilen usw. in die apparatebauenden Spezialwerkstätten und hat sich in wenigen Jahren in der chemischen und Nahrungsmittelindustrie ein weites Feld erobert. Bezüglich der chemischen Beständigkeit sei auf Tab. 4 verwiesen. Anwendbar im Temperaturbereich von äußerst $-10°$ bis $+70°$ C.

Harte PVC-Produkte sind vielseitig bearbeitbar: durch Pressen oder Strangpressen im wärmebildsamen Bereich über $+85°$ C (praktisch etwa bei $+130°$), dann durch Drehen, Bohren, Fräsen auf spanabhebenden Werkzeugmaschinen, schließlich durch Verschweißen mit Heißluft und durch Kleben. Sie ergänzen so für kleine und große Stückzahlen den Einsatz der härtbaren Kunststoffe, Abschnitt B I. Die werkstoffgerechte Gestaltung muß Rücksicht auf den besonderen Verformungs- und Kohäsionsmechanismus nehmen[1], so daß die von BUCHMANN aufgestellte Festigkeitstabelle 8 nur Anhaltspunkte geben kann.

Tabelle 8. *Festigkeitseigenschaften von Vinidurhalbzeug bei 20° C.*

Zugfestigkeit (3 min-Wert)	≈ 550 kg/cm²
Druckfestigkeit	≈ 750 kg/cm²
Biegefestigkeit	> 1100 kg/cm²
Dauerstandfestigkeit	≈ 190 kg/cm²
E-Modul für Zug	20 bis 30000 kg/cm²
Kugeldruckhärte	≈ 1600 kg/cm²
Schlagbiegefestigkeit	> 150 cmkg/cm²
Kerbschlagfähigkeit	> 10 cmkg/cm²

Mit sinkenden Temperaturen bis $-10°$ nehmen die Festigkeiten zu, die Dehnungen ($\sim 20\%$) nur wenig ab. Der Einfluß von Kerben auf die Gestaltfestigkeit ist groß, daher sollen auf beanspruchte Teile nicht unmittelbar Gewinde geschnitten werden. Alle Werte sind erheblich von der Dehngeschwindigkeit abhängig, doch gibt es eine echte Dauerstandfestigkeit, z. B. 190 kg/cm² für die Zugbeanspruchung.

Mit der Verarbeitung des Vinidurs und dem Aufbau von Werkstücken aus handelsüblichen Rohrteilen befassen sich außer den DIN-Blättern 8061 bis 8065 (1941) zahlreiche Veröffentlichungen[2, 3]. Spezielle Schweiß- und Klebmaterialien sind ebenfalls im Handel. Handwerkliche Ausbildung (Lehrberuf!) und Spezialerfahrungen sind unerläßlich. In Deutschland bestehen mehrere erstklassige Betriebe, die Serien- und Einzelaufträge ausführen. Manche Herstellwerke haben ausgezeichnete Beratungsstellen.

Genormt oder typisiert sind Ventile bis 100 mm Durchgang, Hähne und Rohrformstücke, teilweise gepanzerte Ausführungen, Zentrifugalpumpen und Ventilatoren, Laboratoriumsgeräte, Rührer, Wärmeaustauscher u. a. m.[4].

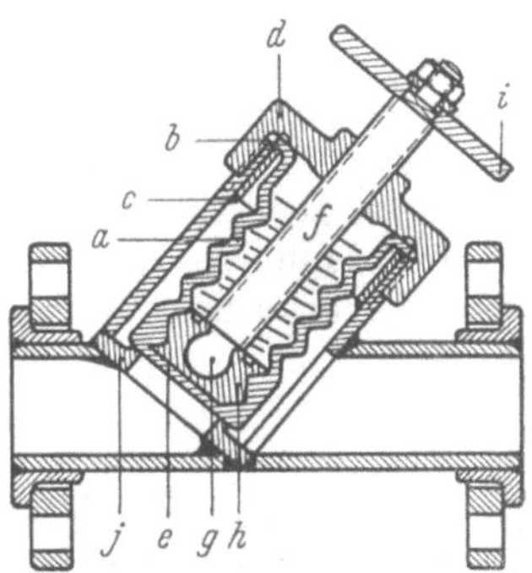

Abb. 322. Schnitt durch ein stopfbüchsenloses Rohrventil aus Hart-Igelit. *a* Federungskörper; *b* Verschlußgewinde; *c* Ventilkörper; *d* Abschlußkappe; *e* Ventilplatte (ggf. mit Pos. 1 vereinigt); *f* Ventilspindel (Metall); *g* Kugelhalterung; *h* Fassung; *i* Handrad; *j* Ventilsitz. (Pos. *c* u. *j* sind in ein Rohrstück eingeschweißt, Bauart Farbenfabriken Bayer Leverkusen, B. Pat. angem.)

---

[1] BUCHMANN, W.: Z. VDI Bd. 84 (1940) S. 245—431.

[2] VOIGT, P.: Das Werkstoffverhalten thermoplastischer Kunststoffe beim Schweißen. Chem. Techn. Bd. 1 (1949) S. 148—155.

[3] HERMELING, W.: Chem. Techn. Bd. 1 (1949) S. 155—158.

[4] KRANNICH, W.: Kunststoffe im technischen Korrosionsschutz. Handbuch für Vinidur und Oppanol. München 1949.

Eine lehrreiche Sonderkonstruktion eines stopfbüchsenlosen Ventiles aus harten und weichen Kunststoffen im Verbund mit Metallteilen zeigt Abb. 322; die vielfachen Möglichkeiten dieser neuen Werkstoffe sind an diesem Beispiel gut zu erkennen.

C. Sonstige Werkstoffe.

I. Holz.

Überraschend günstige Kaltfestigkeitswerte haben viele Holzarten[1], erwartungsgemäß insbesondere bei geringer Feuchtigkeit. E-Modul und Druckfestigkeit steigen mit sinkenden Temperaturen stark an, die Druckfestigkeit von gedarrter Buche z. B. von 800 kg/cm² bei $+80°$ C auf 1600 kg/cm² bei $-160°$ C. Die Bruchschlagarbeit von trockenem Schichtholz Sch-T-20-Bu beträgt bei $-50°$ C noch 80 cm kg/cm². Pockholz (harzreiches Hartholz vom Gujakbaum) kann für wenig gewartete Gleitlager Verwendung finden, dürfte aber in der Kältetechnik die Güte von Lignofol aus mit Kunstharzen verpreßten Holzfurnieren nicht erreichen. Wegen interessanter Einblicke in den Kohäsionsmechanismus beim Ausfrieren größerer Wassergehalte vgl. die Arbeit von Kollmann; sie sind als Modell für biologische Frostungen vielleicht wertvoller als für technische Anwendungen. Für den kältetechnischen Apparatebau könnten aber die neueren kunstharzverpreßten Schichthölzer Interesse finden.

II. Glas.

Die Zerreißfestigkeit von Glas wird als Beitrag zur Kohäsionsphysik eingehend untersucht[2], desgleichen der Temperaturgang der Biegefestigkeit bis $-40°$ C[3]. Alle Ergebnisse sind im mittleren Temperaturbereich stark von der Verformungsgeschwindigkeit abhängig, nicht aber im Gebiet der tiefen Temperaturen. Die Zerreißfestigkeit steigt bei Abkühlung von $+20°$ auf $-190°$ C um etwa 100%, z. B. auf 1800 kg/cm²; wesentlich ist aber, daß die Werkstücke sorgfältig thermisch entspannt sind. Glas dürfte dann für Apparateteile und stoßfrei laufende Lager brauchbar sein, wenn die Konstruktion das ohnehin geringe Verformungsvermögen berücksichtigt.

III. Textilien.

Ausführliche Ergebnisse über das Kälteverhalten von Seide und fadenbildenden Hochpolymeren, wie Nylon (ungereckt und gereckt), Kunstseide und anderen synthetischen Fasern[4], zwischen $+21°$ C bei 65% relativer Luftfeuchtigkeit und $-57°$ C lassen zunächst wieder den großen Einfluß der Beanspruchungsgeschwindigkeit erkennen; sie wurden zunächst für die Formänderungsarbeit an Fallschirmschnüren, die nicht dem Hookeschen Gesetz gehorcht, ermittelt. Bei den tiefen Temperaturen dieses Anwendungsfalles[5] lag

---

[1] Kollmann, F.: Die mechanischen Eigenschaften verschieden feuchter Hölzer im Temperaturbereich von -200 bis $+200°$ C. VDI-Forsch.-Heft 403. Berlin 1940; auszugsweise Küch, W.: Z. VDI Bd. 85 (1941) S. 674—675 (mit Druckfehlerberichtigung!).

[2] Smekal, A.: Ergeb. exakt. Naturw. Bd. 15 (1936) S. 106 ff., insbesondere S. 134 u 151.

[3] Holland, A. J.: J. Soc. Glass. Techn. Bd. 32 (1948) S. 5 ff.

[4] Kaswell, E. R.: Amer. Dyestuff Rep., Febr. 1949, S. 127—134.

[5] o. V.: Luftzielscheiben, aus Polyäthylenfäden gewebt, bleiben bei $-60°$ C auch bei Schleppgeschwindigkeiten von 480 km/h geschmeidig; vgl. Kunststoffe Bd. 43 (1953) S. 233.

die Bruchlast um durchschnittlich 17 bis 40% höher, während gleichzeitig die Dehnung im Mittel um 18 bis 50%, für ungerecktes Nylon sogar um 98% gegenüber Raumtemperatur abnahm. Entsprechend sinkt auch die resultierende Formänderungarbeit meistens ab; nur voll gerecktes oder mit Ameisensäure weichmacherähnlich angequollenes Nylon bildet technisch beachtliche, günstige Ausnahmen. Auch bei diesen Materialien steigt zwar die Bruchlast an, die Dehnung nimmt aber nur wenig ab oder wird in einzelnen Fällen gegenüber Raumtemperatur sogar erhöht, so daß dann das Formänderungsvermögen um mehr als 40% zunimmt. Diesbezüglich schneidet Nylon bei vergleichbaren Fadenstärken um den Faktor 3 besser ab als Seide. Für schlagartige Beanspruchung (Verformungsgeschwindigkeit 8 m/sec) sinkt die Brucharbeit bei Raumtemperatur gegenüber langsamer, sogenannter statischer Dehnung (rund 1,5 mm/sec) um 40% ab, bei $-57°$ C noch um 30%. Die Effekte bei dynamisch wiederkehrenden Belastungen entsprechen etwa den auf S. 531 dargestellten, sind aber für übliche kältetechnische Anwendungen nicht von praktischer Bedeutung. Abschließend sei bei der empfindlichen Werkstoffgruppe der natürlichen Textilien, namentlich von Baumwolle, Zellwolle usw. erwähnt, daß nicht nur tiefe Temperaturen, sondern auch die in Verdichtern vorkommenden Temperaturen um $+70°$ C, insbesondere aber die Austrocknungstemperaturen in kältetechnischen Anlagen bis $+110°$ C nichtmetallische Bauteile gefährden können[1]. Die Spaltprodukte aus chlorierten und fluorierten Kohlenwasserstoffen vom Typ der Freone wirken sich hier besonders schädlich aus. Ihre Umsetzungsprodukte können lange vor dem mechanischen Zerfall von Konstruktionsteilen durch Verharzen von Ventilen oder Reglern nachhaltige Betriebsstörungen verursachen.

Zusammenfassend zeigen diese Untersuchungen, daß die vollsynthetischen Werkstoffe den natürlichen überlegen sind und auch extremen kältetechnischen Bedingungen durch Weichmachereinstellungen und andere Vorbehandlungen vielseitig angepaßt werden können. Beim Aufbau zusammengesetzter Dichtungsmaterialien[2], wie It-Platten usw., kann man sich heute also auf die Ergebnisse zahlreicher Einzelforschungen stützen.

Weitere Angaben über das Verhalten von Kunststoffen gegenüber verschiedenen Kältemitteln findet man im Band IV dieses Handbuches, Abschn. VI, 4 b.

---

[1] STEINLE, H.: Die Temperaturbeständigkeit nichtmetallischer Stoffe in Kältemaschinen. Werkst. u. Korr. Bd. 3 (1952) S. 419—426, dort zahlreiches Schrifttum.

[2] Einzelangaben über Auswahl, Eigenschaften und Anwendung zusammengesetzter Dichtungsmaterialien und ihre Formgebung vgl. K. TRUTNOVSKY: Dichtungen. Berlin/Göttingen/Heidelberg: Springer 1949.

Namenverzeichnis.

Abrams, G. H. 105.
Adrian 129.
Alexander der Große 2.
Alfred der Große 97.
Algren s. Rowley, F. B. 328.
Alkins, W. E., u. W. Cartwright 450, 451.
Allcut u. Ewans 320.
Allen, F. W., W. T. Pentzer u. C. O. Bratley 149.
Allen, L. 47, 50.
Alt, H. 8.
Altenkirch, E. 41, 88, 89, 106, 159.
Amagat, E. H. 38.
Amerongen, G. J. van 543.
— s. Thirion, P. 543.
Amontons 7, 37.
Amundsen, I. 90.
Anaxagoras 20.
Anderson, H. A. 507.
Anderson, O. E. 100.
Anderson jr., E. O. 160.
Andrade, E. N., u. Y. S. Chow 415.
Andrews, H. I. 148.
Andrews, Th. 7, 10, 11, 12, 159.
Anquez, M. s. David, Ch. 219.
— s. Thévenot, R. 220.
D'Ans, J., u. E. Lax 411, 415, 448, 458, 503, 515, 546.
Aristoteles 4, 7, 22.
Arnim, W. v. 217.
Arnold, J. P., u. F. Pemman 87.
Arrhenius 542.
Athenäus 2, 3.
Audiffren 64, 65.
d'Auriac, F. 56, 80, 136, 143, 159.
Austin 421.
Avitus, V. 3.
Avogadro 38.
Awbery, J. s. Griffith, E. 362.
Ayoama u. Ito 479.

Bacon, F. 4, 21, 111, 112.
Badilkes, J. 384, 385.
Badin s. Tellier, Ch. 85.
Bäckström, M. 51.
Baekeland 543.
Bailly 25.

Baker, R. H. s. McGormack, C. E. 534.
Balard 85.
Baly, E. C. C. 41, 95.
Banfield, R. C. A. 34, 53, 142.
Bannard 150.
Barger, W. R., u. W. T. Pentzer 158.
Barrer, R. M. 542.
Bartel 142.
Barth, E. 215.
Bass, A., u. R. Glocker 462.
Batelli 38.
Batson, R. H. 223.
Bauer, O., u. M. Hansen 460.
Bauer, K. 22.
Bauer, W. 537.
Bayer, K., u. A. Burkhardt 507, 508, 511, 512.
Beadle 141.
Beattie, J. A. 39.
Becker, A. 8.
Becker, V. H. 103.
Bednar, A. 546.
Behrend, G. 47, 63, 88, 103, 113, 134, 135, 160.
Beick, R. M. s. Smith, R. L. 425.
Beisel, C. A. s. Heid, J. L. 130.
Bell, J. 48.
Bell-Coleman 48, 115.
Bellefon-Folliot 155.
Benjamin, H. 117, 120.
Bennet, H. 433, 437, 442.
Bennet, M. K. 205.
Benzler, H. s. Schmidt, Th. E. 105.
Bérard 7.
Berchtold 330, 331.
Berestneff, A. A. 89.
Berg, H. 71.
Bergman, A. M. 113.
Bernouilli, J. 22.
Berry, N. E. 89.
Berthelot, D. 34, 39.
Berthold, R. 20.
Bessemer 179.
Bevan 141.
Bichowsky, F. R. 89.
Bilkes, G. W. 362.
Birdseye, Cl. 128, 151.
—, u. B. Hall 121.
Bjarnason 128.

Black, J. 1, 6, 7, 8, 19, 51, 158, 160.
Bladgen 5, 159.
Blake, W. P. 100.
Blase, W. 72.
Bloume, L. 88.
Blümcke, A. 64.
Boas, W. s. Schmid, E. 412, 414.
Bobkoff, W. A., u. A. M. Manukjan 102.
Boerhaave, H. 7.
Börnstein 423.
Bollenrath, F. 544, 545.
—, u. J. Nemes 493, 494, 495, 496.
Boltzmann, L. 32.
Boone, W. D., u. H. B. Wishart, 496.
Borchardt 96.
Bordenave, L. 57, 131, 132.
Borgström, G. 217, 227.
Bosch 180.
Boselli, E. 224.
Bošnjaković, Fr. 42, 77.
— s. Merkel, F. 41.
Boudouard, Ch. 142.
Bouks, M. R. s. Walker, A. S. 248.
Boulvin, J. 33.
Bourne, J. 159.
Boutaric, A. 115.
Boyle, D. 42, 60, 61, 62, 63, 160.
Boyle, R. 4, 8, 37.
Brandeis 132.
Brandenberger, E. 411.
Brandenburger, K. 544.
Brannwell, F. 53.
Brass 455.
Bratley, C. O. s. Allen, F. W. 149.
Brendel 5.
Bridgeman 39.
Brier, B. H. 67.
Braun 5.
Broniewski, W., u. S. Kulesza, 516, 517.
—, u. K. Wesolowski 464.
Bronsdon, Cook u. Miller 475.
Brown, A. F. 413.
Browne, A. W. 89.
—, u. R. P. Nichols 90.
Bruckmayer, F. 376.
Brückner, M. 143.

Sachverzeichnis.

Handbuch der Kältetechnik.

Unter Mitarbeit zahlreicher Fachleute herausgegeben von Dr.-Ing. Dr. phil. nat. h. c. **Rudolf Plank,** o. Professor an der Technischen Hochschule Karlsruhe. In 12 Bänden.

Bisher sind erschienen:

Zweiter Band: **Thermodynamische Grundlagen.** Bearbeitet von Dr.-Ing. Dr. phil. nat. h. c. **Rudolf Plank,** o. Professor an der Technischen Hochschule Karlsruhe. Mit 169 Abbildungen. XII, 384 Seiten. Gr.-8°. 1953.

Ganzleinen DM 48.—

Bei Verpflichtung zur Abnahme des gesamten Handbuches:

Subskriptionspreis DM 38.40

Neunter Band: **Biochemische Grundlagen der Lebensmittelfrischhaltung.** Bearbeitet von M. Bier, New York, W. Diemair, Frankfurt a. M., H. Kühlwein, Karlsruhe, F. F. Nord, New York, K. Paech, Tübingen, G. Steiner, Heidelberg, J. E. Wolf, Karlsruhe. Mit 128 Abbildungen. XII, 519 Seiten. Gr.-8°. 1952.

Ganzleinen DM 96.—

Bei Verpflichtung zur Abnahme des gesamten Handbuches:

Subskriptionspreis DM 76.80

Die weiteren Bände werden behandeln:

Dritter Band: **Verfahren zur Kälteerzeugung und Grundlagen der Wärmeübertragung.**

Vierter Band: **Die Kältemittel.**

Fünfter Band: **Verdichter für Kältemaschinen.**

Sechster Band: **Wärmeübertragungsapparate, Zubehör, Verdichtungskälteanlagen, Betrieb, Automatik.**

Siebenter Band: **Sorptionskältemaschinen.**

Achter Band: **Erzeugung tiefster Temperaturen.**

Zehnter Band: **Anwendung der Kälte in der Lebensmittelindustrie.**

Elfter Band: **Lagerung und Transport.**

Zwölfter Band: **Die Awendung der Kälte in der Verfahrenstechnik.**

Wärmeübertragung im Gegenstrom, Gleichstrom und Kreuzstrom. Von Dr.-Ing. **H. Hausen**, o. Professor an der Technischen Hochschule Hannover. Mit 230 Textabbildungen. (Technische Physik in Einzeldarstellungen, Band 8.) XII, 464 Seiten. Gr.-8°. 1950. Ganzleinen DM 73.—

Einführung in den Wärme- und Stoffaustausch. Von Dr.-Ing. habil. **Ernst Eckert**. Mit 125 Abbildungen. VII, 203 Seiten. Gr.-8°. 1949.
DM 21.—, Ganzleinen DM 24.—

Der Wärme- und Kälteschutz in der Industrie. Von Dr.-Ing. habil. **J. S. Cammerer**. Dritte, verbesserte Auflage. Mit 126 Abbildungen. VII. 360 Seiten. Gr.-8°. 1951. Ganzleinen DM 36.—

Hilfsbuch für raum- und außenklimatische Messungen für hygienische, gesundheitstechnische und arbeitsmedizinische Zwecke. Mit Berücksichtigung des Katathermometers. Von Dr.-phil. habil. **Franz Bradtke**, Berlin, und Professor Dr. **Walther Liese**, Berlin. Zweite, verbesserte Auflage. Mit 37 Abbildungen. VII, 108 Seiten. 8°. 1952.
Ganzleinen DM 15.—

I, x-**Diagramme feuchter Luft** und ihr Gebrauch bei der Erwärmung, Abkühlung, Befeuchtung, Entfeuchtung von Luft, bei Wasserrückkühlung und beim Trocknen. Von Dr.-Ing. **Max Grubenmann**, Zürich. Dritte, ergänzte Auflage. Mit 35 Abbildungen und 3 Diagrammen. V, 46 Seiten. 4°. 1952.
DM 13.50

Die Kleinkältemaschine. Von Dr.-Ing. **Rudolf Plank**, o. Professor und Direktor des Kältetechnischen Instituts in Karlsruhe, und Dr.-Ing. **Johann Kuprianoff**, Stellvertr. Direktor der Reichsforschungsanstalt für Lebensmittelfrischhaltung in Karlsruhe, ehemals Obering. der Rob. Bosch GmbH. in Stuttgart. Zweite Auflage. (In Vorbereitung.)

Kältemaschinenöle. Von Dr. rer. nat. **Heinz Steinle**, Wissenschaftlicher Mitarbeiter der Robert Bosch GmbH., Stuttgart, Kältelaboratorium. Mit 60 Abbildungen. 146 Seiten. Gr.-8°. 1950. DM 12.—

Die metallischen Werkstoffe des Maschinenbaues. Von Dr.-Ing. **E. Bickel**, Professor an der Eidgenössischen Technischen Hochschule Zürich. Mit 456 Abbildungen. X, 442 Seiten. Gr.-8°. 1953. Ganzleinen DM 37.50

Berichtigungen

Seite   3,   8. Zeile v. o.: Statt Verwundung lies Verwunderung.

Seite 423,   7. Zeile v. o.: Statt Die Dinorm-Ausdehnungskoeffizienten lies Die linearen Ausdehnungskoeffizienten.

Seite 437,   Fußnote 3: Statt Rundkeil lies Rundkerb.

Seite 457,   1. Zeile v. o.: Statt (Statische Festigkeitswerte zu Tab. 19) lies (. . . zu Tab. 20).